Ekbert Hering · Jürgen Gutekunst · Ulrich Dyllong

Handbuch der praktischen und technischen Informatik

Professor Dr. Dr. Ekbert Hering
FH Aalen
Beethovenstraße 1
73430 Aalen

Dipl.-Ing. Jürgen Gutekunst
Eichenweg 18
72622 Nürtingen

Dr. Ulrich Dyllong
Scheelestraße 112
12209 Berlin

Die Deutsche Bibliothek – CIP-Einheitsaufnahme
Hering, Ekbert:
Handbuch der praktischen und technischen Informatik / Ekbert Hering; Jürgen Gutekunst;
Ulrich Dyllong.
2., neubearb. und erw. Aufl.
Berlin; Heidelberg; New York; Barcelona; Hongkong; London; Mailand; Paris; Singapur; Tokio:
Springer, 2000
ISBN 978-3-642-63192-4   ISBN 978-3-642-57287-6 (eBook)
DOI 10.1007/978-3-642-57287-6

Einband-Entwurf: Struve & Partner, Heidelberg
Satzherstellung mit LaTeX: PTP-Berlin, Stefan Sossna
Gedruckt auf säurefreiem Papier   SPIN: 10767963   62/3020 - 5 4 3 2 1 0

Ekbert Hering · Jürgen Gutekunst · Ulrich Dyllong

Handbuch der praktischen und technischen Informatik

Unter Mitarbeit von
Oswin Bihler, Andre Collavino, Ulrich Holzbaur, Bruno Jans,
Martin Kalischko, Ulrich Klauck, Friedrich Limbach,
Ilona Pollok, Wolfgang Rieg, Gerhard Sigmund,
Werner Simonsmeier, Thomas Stärk, Jörg Staudenmaier,
Manfred Thiel

Zweite, neubearbeitete und erweiterte Auflage

Mit 402 Abbildungen

Springer

Professor Dr. Dr. Ekbert Hering
FH Aalen
Beethovenstraße 1
73430 Aalen

Dipl.-Ing. Jürgen Gutekunst
Eichenweg 18
72622 Nürtingen

Dr. Ulrich Dyllong
Scheelestraße 112
12209 Berlin

Die Deutsche Bibliothek – CIP-Einheitsaufnahme
Hering, Ekbert:
Handbuch der praktischen und technischen Informatik / Ekbert Hering; Jürgen Gutekunst;
Ulrich Dyllong.
2., neubearb. und erw. Aufl.
Berlin; Heidelberg; New York; Barcelona; Hongkong; London; Mailand; Paris; Singapur; Tokio:
Springer, 2000

ISBN 978-3-642-63192-4   ISBN 978-3-642-57287-6 (eBook)
DOI 10.1007/978-3-642-57287-6

Einband-Entwurf: Struve & Partner, Heidelberg
Satzherstellung mit LaTeX: PTP-Berlin, Stefan Sossna
Gedruckt auf säurefreiem Papier   SPIN: 10767963   62/3020 - 5 4 3 2 1 0

Vorwort zur zweiten Auflage

Dieses Lehrbuch ist ein Kompendium der angewandten Informatik für Studierende der Naturwissenschaften und für Ingenieure in der Praxis, deren Arbeitswelt ohne Computer nicht mehr denkbar ist. In diesem Sinn soll das vorliegende Werk auch einen wichtigen Beitrag zur beruflichen Fort- und Weiterbildung leisten.

In der zweiten Auflage wurde das bewährte strukturierte Konzept und der praxisorientierte Inhalt dieses Lehrwerkes beibehalten. Einzelne Fehler wurden korrigiert und neuere Entwicklungen berücksichtigt, beispielsweise der *Microcontroller* in Abschnitt H 3.5. Insbesondere wurde dieses Werk um Einführungen in die aktuellsten Betriebssysteme (*Linux*) und Programmiersprachen wie *C++*, *Java* und *Internet-Programmiersprachen* (HTML) ergänzt.

Die Informatik hat sich in den letzten Jahren mit einem außergewöhnlich hohen Innovationstempo entwickelt. In jedem Gebiet der Ingenieurtätigkeit werden Computer eingesetzt. So muß sich der Ingenieur in allen Tätigkeitsfeldern – sei es im Maschinenbau, in der Elektrotechnik, im Apparatebau, in der Verfahrenstechnik, in der Fertigungs- oder Feinwerktechnik – ständig mit Fragen des Computereinsatzes auseinandersetzen. Deshalb werden von ihm Grundlagen der Informatik verlangt und in allen Bereichen ein solides praxisnahes Grund- und Anwendungswissen.

Im *Abschnitt A* werden die *Grundlagen der Informatik* vorgestellt, ohne die die einzelnen Abschnitte nicht verstanden werden können. Es handelt sich dabei um die Grundlagen der Informationstheorie, der Systemanalyse, den Einsatz von Kodierungsmethoden und die Grundzüge der Ergonomie.

Der *Abschnitt B* behandelt die *Komponenten der Hardware*, insbesondere den Aufbau von Rechnern und deren Architektur sowie die Speichermedien und die wichtigen Peripheriegeräte. Die Softwaresysteme, d. h. die *Betriebssysteme* und die *Datenbanken* werden im *Abschnitt C* vorgestellt.

Dem wichtigen Aspekt des *Software-Engineering*, d. h. der kostengünstigen und qualitätsbewußten Erstellung von Programmsystemen wird im *Abschnitt D* ein breiter Raum gewidmet. Es werden die *klassischen Methoden* an Hand von Beispielen abgehandelt, z. B. Struktogramme, Datenflußpläne, Petrinetze, Entity-Relationship-Modelle, das Jacksonverfahren sowie die objektorientierten Methoden. Weitere Abschnitte sind der *computerunterstützten Softwareerstellung (CASE)*, den *wissensbasierten Systemen*, der *künstlichen Intelligenz* und der *Fuzzy-Logik* gewidmet. Die Anforderungen an Software in Bezug auf *Qualität*, *Sicherheit* und *Projektmanagement* wird ausführlich dargestellt.

Der *Abschnitt E* beschäftigt sich mit betrieblichen und kommerziellen Informationssystemen und *Abschnitt F* mit Kommunikationssystemen.

Die *CA-Techniken* im Unternehmen, d. h. CAD, CAE, CAM, CAP und CAQ werden ausführlich im *Abschnitt G* behandelt. *Spezielle Anwendungen*, wie *Simulation*, *sicherheitskritische Software* und *Meßdatenerfassung und -auswertung* sind im Abschnitt H zu finden.

Im Abschnitt I werden *neue Betriebssysteme* wie Linux und *Programmiersprachen* (C++, HTML, Java) vorgestellt. Das Buch schließt im *Abschnitt J* mit den *Lösungen der Aufgaben*.

Jeder Abschnitt ist in der gleichen Weise gegliedert: Eine strukturierte Übersicht zeigt die Zusammenhänge auf. Beispiele aus der Praxis verdeutlichen die Gedankengänge, die durch Beispiele vertieft werden. Aufgaben mit Lösungen festigen beim Leser das vermittelte Wissen. Die weiterführende Literatur gibt Hinweise zur weiteren Vertiefung des Stoffes.

Zu danken haben wir den Mitarbeitern zahlreicher namhafter Firmen, die uns Informationen und aktuelles Bildmaterial zur Verfügung gestellt haben und unsere Manuskripte durchgesehen haben. Stellvertretend für viele möchten wir folgende Firmen nennen: *AESOP* in Stuttgart, Gebr. Heller Maschinenfabrik GmbH in Nürtigen, RAND Worldwide in Ellwangen, PSI in Berlin und SEL Alcatel in Stuttgart mit ihren zahlreichen fachkompetenten Mitarbeitern.

Ganz besonderer Dank gilt dem Springer-Verlag, deren Mitarbeiter für eine reibungslose und zügige Abwicklung in erfreulicher Atmosphäre sorgten. Hervorheben möchten wir die sorgfältige formale und fachliche Durchsicht von Manuskript und Bildern durch Herrn Dipl.-Ing. *Paul Laufens*, die ganz wesentlich zur Qualität des Werkes beigetragen hat. Weiterhin ist es uns ein Anliegen, unseren Ehefrauen, Kindern und Lebensgefährten zu danken für das große Verständnis für diese Arbeit, ohne das dieses Buch nicht hätte geschrieben werden können.

Wir hoffen, daß dieses Werk den Ingenieurstudenten eine gute Hilfe beim Erarbeiten des Wissens über die Informatik bietet und den Ingenieuren in der Praxis hilft, sich sehr schnell in dieses wichtige und sich ständig verändernde Gebiet einzuarbeiten und die Kenntnisse für ihre Aufgaben erfolgreich umzusetzen. Gern nehmen wir Kritik und Verbesserungsvorschläge entgegen, um zukünftige Neuauflagen optimieren und den Wünschen der Nutzer anpassen zu können.

Heubach   *Ekbert Hering*
Nürtingen   *Jürgen Gutekunst*
Berlin   *Ulrich Dyllong*
                                                                  Juli 2000

A Theoretische Grundlagen

A 1 Einführung

Jede Kultur besitzt zur Verständigung ihrer Menschen und zur Dokumentation ein Informationssystem, das Rechnen und Schreiben ermöglicht. Deshalb sind dort überall Symbole für Rechen- und Textzeichen zu finden und Vorschriften zu ihrer sinnvollen Kombination bzw. Verarbeitung (Rechenregeln und Wortzusammenhänge). Diese Informationen mit Hilfe von Rechenautomaten zu speichern, zu verarbeiten und weiterzugeben, ist Gegenstand der Informatik (engl.: Computer Science). Bild A-1 zeigt die Bereiche der Informatik, wie sie auch im vorliegenden Buch behandelt werden.

Zunächst werden die Grundlagen der *Informationstheorie* behandelt. Hier werden die entscheidenden *Begriffe* definiert, Maßstäbe zur *Messung* von Information vorgestellt, die *Kodierungsmethoden* behandelt und Fragen der *Ergonomie* bei Datenverarbeitungsanlagen beantwortet.

Um dem Zweck der Informatik, Informationen mit Hilfe von Rechnern zu verarbeiten, gerecht werden zu können, müssen *einerseits* die Geräte *(Hardware)* dafür bereitgestellt werden und andererseits die zu bearbeitenden Probleme über *Softwaresysteme* (Betriebs- und Datenbanksysteme) automatengerecht aufbereitet werden. Ein wichtiges Gebiet ist dabei die Lehre von den Methoden und Werkzeugen zur qualitäts- und kostenoptimalen Software-Erstellung *(Software-Engineering)*. Um Informationen über ganz spezielle Bereiche zu erhalten (z. B. über Märkte durch Markt-Informationssysteme), werden *Informationssysteme* entworfen. Die *betrieblichen Informationssysteme* bestehen bei der *rechnerintegrierten Fabrikation* (CIM: Computer Integrated Manufacturing) aus den Bausteinen Produktionsplanungs- und -steuerungssystemen (PPS) und der Betriebsdatenerfassung (BDE). Zu den *kommerziellen Informationssystemen* zählen das Rechnungswesen, die Kostenrechnung und spezielle Auswertungen betriebswirtschaftlich wichtiger Daten. Damit viele Bereiche miteinander kommunizieren können (z. B. die Konstruktion mit der Fertigung oder der Lieferant mit dem Kunden),

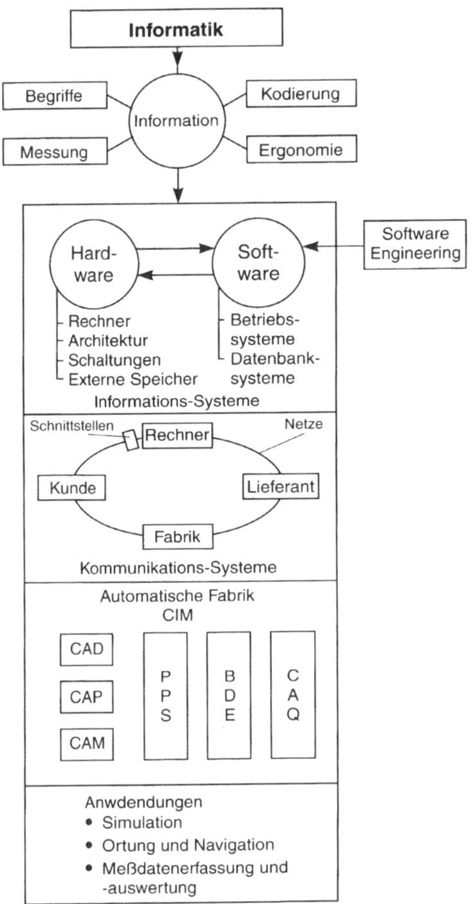

Bild A-1. Bereiche der Informatik.

müssen *Kommunkationssysteme* aufgebaut werden. Hierbei sind besonders die *Schnittstellen* zwischen den einzelnen Kommunikationseinheiten und die Verbindung untereinander durch *Bussysteme* und *Netze* von besonderer Bedeutung. Besonders wichtig für den Ingenieur sind im einzelnen die rechnergestützten Bausteine der Konstruktion (*CAD:* Computer Aided Design), der Fertigungsplanung (*CAP:* Computer Aided Planning), der Fertigung selbst (*CAM:* Computer Aided Manufacturing) und dem rechnergestützten Qualitätsmanagement (*CAQ:* Computer Aided Quality Management). Weitere ingenieurspezifische Anwendungsfelder sind die *Simulation von Fer-*

tigungsprozessen, die *Ortung und Navigation* als Beispiele für sicherheitskritische Software sowie die *Meßdatenerfassung und -auswertung.*

A 2 Informationstheorie

A 2.1 Grundbegriffe

Die beiden zentralen Begriffe sind *Nachricht* und *Information.* Der Unterschied liegt, wie Bild A-2 zeigt, darin, daß eine Nachricht erst durch *Interpretationsregeln* zu einer Information wird. Das bedeutet, die Nachricht wird *verstanden.* Wenn man beispielsweise die japanische Sprache nicht beherrscht, dann können japanische Nachrichten nicht als Information verstanden werden. Diese Interpretationsregeln haben eine ganz wichtige Bedeutung: Gleiche Nachrichten führen bei unterschiedlichen Interpretationsregeln zu *verschiedenen Informationen.* Deshalb ist es wichtig, daß für Nachrichten genau vereinbarte Interpretationsregeln gelten.

Eine Information besitzt, wie Bild A-2 weiter zeigt, unterschiedliche Aspekte: Sie kann mit *Informationsmessungen* statistisch ermittelt werden, sie kann unterschiedliche *Bedeutungen* besitzen *(Semantik)* und ihre *Wirkung* (Pragmatik) kann verschieden sein. Im folgenden wird in der *Informationstheorie* ausschließlich der statistische Gehalt von Informationen behandelt.

In Bild A-3 ist die *Informationsverarbeitung* als *Systemkette* dargestellt. Die Informationen gehen von einer *Informationsquelle* aus, die *Signale* aussendet. Solche Signale sind meßbare *physikalische Größen,* beispielsweise Strom, Spannung oder Druck. Diese Signale werden *gewandelt,* d. h. kodiert und anschließend *übertragen.* Auf dieser Strecke kann eine *äußere Störung* auftreten, welche die Signalverarbeitung verfälschen kann. Nach der Übertragung wird das Signal *rückgewandelt (dekodiert)* und steht als Information zur weiteren Auswertung zur Verfügung *(Informationssenke).*

Die Informationstheorie bezieht sich demnach insbesondere auf folgende drei Bereiche:

1. Messung von Information

Damit wird es möglich, die *Größe von Speichern* zu berechnen und entsprechend des Einsatzzweckes zu bauen.

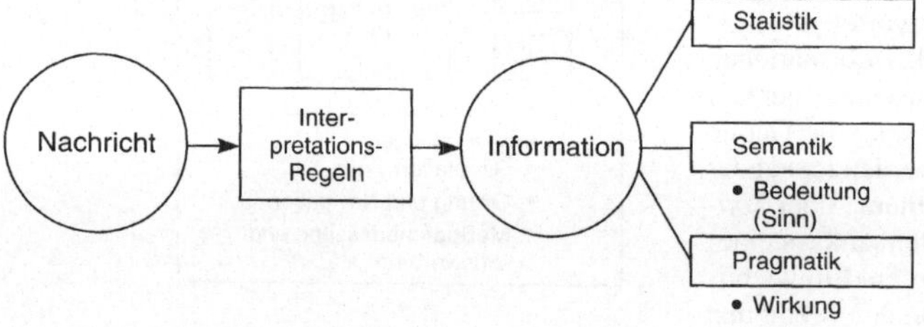

Bild A-2. Nachricht und Information.

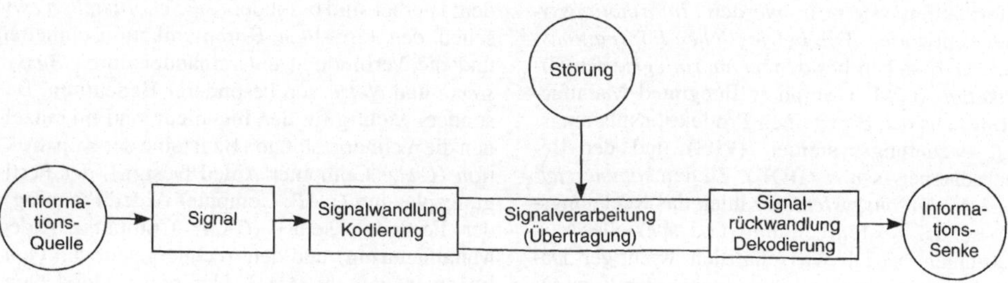

Bild A-3. Informationsverarbeitung als Prozeßkette.

2. Optimierung des Prozesses

Das informationsverarbeitende System nach Bild A-3 muß so ausgelegt werden, daß möglichst *viel Information* von der Quelle zur Senke übertragen wird. Eine wichtige Rolle spielt dabei die *optimale Kodierung* (Abschn. A 4.4.3.3).

3. Obere Grenze der Informationsverarbeitung

Dabei wird bestimmt, welche Informationsmenge in welcher Zeit höchstens übertragen werden kann. Ein Maß dafür ist die *Kanalkapazität*. Sie gibt die *Leistungsfähigkeit* von Systemen der Informationsverarbeitung an.

Die oben erwähnten Punkte werden besonders wichtig, wenn verschiedene Systeme aneinander *gekoppelt* werden, wie dies bei *Kommunikationssystemen* der Fall ist (Abschn. F). Die Systeme müssen über ihre *Schnittstellen* (Abschn. F 2) so aneinander angepaßt werden, daß die Weitergabe der Informationen *ohne Verzögerung* und *Verfälschung* geschehen kann.

A 2.2 Messung des Informationsgehaltes

Wie bereits erwähnt, werden nur die mathematischen Grundlagen der Informationstheorie nach SHANNON (C.E. SHANNON, geb. 1916) behandelt. Das Wesen der Information besteht darin, *Unsicherheit zu beseitigen.* Denn, bevor eine bestimmte Information eintrifft, sind viele Möglichkeiten wahrscheinlich. Doch nach dem Eintreffen der Information ist die Unsicherheit bezüglich des Eintreffens dieser Information beseitigt. Allgemein kann deshalb gesagt werden:

> Information ist beseitigte Unsicherheit.

Als Maß für die Information ist die *Zunahme der Wahrscheinlichkeit* für die richtige Voraussage eines Ereignisses. An einem Beispiel soll dies erläutert werden: Es wird angenommen, daß es nur zwei Möglichkeiten, nämlich „Nein" (0) und „Ja" (1) gäbe. Jede Möglichkeit hat die gleiche Eintreff-Wahrscheinlichkeit, nämlich $p = 0,5$. Ist die Information vorhanden (z. B. „Ja"), dann wird $p_0 = 0$ und $p_1 = 1$. Das bedeutet, mit *Sicherheit* ist „Ja" eingetreten. Eine der wichtigsten Fragen in der Informationstheorie ist, *wieviele Entscheidungen* notwendig sind, um eine Information aus einer Vielzahl von Nachrichten auszuwählen. Die elementare Entscheidung besteht immer aus *zwei Möglichkeiten.* Bild A-4 zeigt die Auswahl eines Zeichens aus den acht Zeichen „a" bis „h".

Soll eine bestimmte Nachricht, beispielsweise „e" ausgewählt werden, dann wird zum Ursprung O zurückgegangen. Zuerst wird entschieden, daß die Nachricht in der „unteren" Hälfte zu finden ist. Damit kommen nur noch die Zeichen „e", „f", „g" und „h" in Frage. Als nächstes wird „oben" eingegeben, womit nur noch die Zeichen e und f zur Auswahl stehen. Mit der weiteren Eingabe von „oben" wird das gewünschte Zeichen „e" ausgewählt. Es wurde gezeigt, wie mit jeweils *zwei verschiedenen Zuständen* eine Auswahl getroffen werden konnte. Solche *Kodierungen* werden *binäre Kodierungen* genannt und meist mit den beiden Signalen *0* und *1* dargestellt (Abschn. A 4). Bild A-4 zeigt auf der rechten Seite die entsprechenden Kodierungen. Es ist zu erkennen, daß mit *drei Binärsignalen* genau *acht* Informationen ausgesucht werden können. Dies wird im *Dualsystem* erkennbar; denn $2^3 = 8$.

Die Grundfrage der Informationstheorie, mit wieviel Binärzeichen eine spezielle Information ausgewählt werden kann, läßt sich somit beantworten:

> Mit *m Binärzeichen* kann aus 2^m Nachrichten eine spezielle ausgewählt werden.

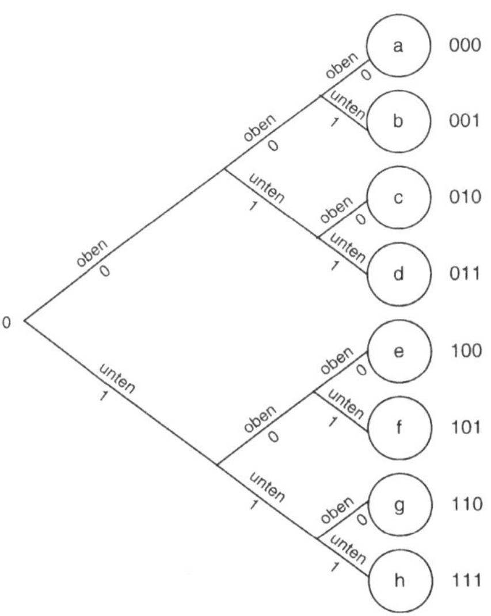

Bild A-4. Kodierung von Buchstaben mit 0 und 1 (Dualsystem).

Dies zeigt der Aufbau des *Dualsystems* in Tabelle A-1, das hier nur kurz dargestellt wird (Abschn. A 4):

Tabelle A-1. Auswahl der Informationen mit dem Dualsystem

Anzahl Binärsignale	Menge der Informationen
1	$2^1 = 2$
2	$2^2 = 4$
3	$2^3 = 8$
4	$2^4 = 16$
5	$2^5 = 32$
6	$2^6 = 64$
7	$2^7 = 128$
8	$2^8 = 256$
9	$2^9 = 512$
10	$2^{10} = 1024$

Umgekehrt kann auch die Frage beantwortet werden, *wieviele Binärzeichen* zur eindeutigen Identifizierung einer speziellen Information aus n Informationen benötigt werden. Dazu muß der *Zweierlogarithmus* aus der Zahl der Informationen gebildet werden (Lesen der Tabelle A-1 von rechts nach links). Es gilt:

> Mit ld(n) Binärzeichen kann eine spezielle Information aus n verschiedenen Informationen ausgewählt werden.

Dabei bedeutet ld den *Logarithmus dualis*, d. h. den Logarithmus zur Basis 2($\log_2 n$). Für die Umrechnung zum Zehnerlogarithmus (log) gilt:

$$ld(n) = 3,32 \log(n).$$

Es wird der *Entscheidungsgehalt* H_0 aus einer Anzahl von n Möglichkeiten errechnet zu:

$$H_0 = ld(n). \qquad \text{(A-1)}$$

Die Einheit ist Bit (von <u>bi</u>nary digi<u>t</u>). Dies ist die *Maßeinheit* der *Information*. Es kann gezeigt werden, daß es kein Verfahren gibt, das mit weniger Abfragen auskommt (bei gleicher Häufigkeit der Informationen).

Beispiel:

A 2-1: Wie oft muß mindestens gefragt werden, um eine Zahl zwischen 1 und 50 erraten zu können?

Lösung:
Die Anzahl der Mindestabfragen errechnet sich aus: ld(50) = 5,6. Das heißt, es sind mindestens 6 Fragen zu stellen.

Haben die jeweiligen Informationen jedoch *unterschiedliche relative Häufigkeiten* (oder Wahrscheinlichkeiten p), dann kann man mit *weniger Binärzeichen* auskommen. Dies zeigt Bild A-5.

Dabei werden die *relativ häufig* vorkommenden Zeichen („a" und „b") mit *möglichst wenig Binärzeichen* kodiert. Anders ausgedrückt kann man sagen:

> Der Informationsgehalt einer *häufig* vorkommenden *Information* ist *gering* und der einer *seltenen Information groß*.

Wie Bild A-5 zeigt, muß für die Information mit der relativen Häufigkeit p_i der Informationsgehalt von $ld(1/p_i)$ übertragen werden. So genügt für das Zeichen „a" ein Binärzeichen. Für das Zeichen „d" sind wegen der Seltenheit bereits drei Binärzeichen erforderlich.

Treten n Nachrichten mit den einzelnen Wahrscheinlichkeiten p_i auf, dann errechnet sich die *gesamte Unbestimmtheit* der Zustände, d. h. der *mittlere Informationsgehalt* oder die *Entropie H* zu:

$$H = \sum p_i ld(1/p_i) = -\sum p_i ld(p_i). \qquad \text{(A-2)}$$

Diese Gleichung bestätigt, daß der *Informationsgehalt* eines Ereignisses umso *größer* ist, je *seltener* dieses vorkommt. Diese Gleichung ist auch in der Thermodynamik zu finden. Die *thermodynamische Wahrscheinlichkeit,* bestimmte Moleküle in bestimmten Teilvolumina zu finden, wird *Entropie* genannt und mit obiger Formel berechnet. Deshalb wird auch hier der Begriff der *Entropie* verwendet.

Wie Bild A-5 zeigt, liegt der mittlere Informationsgehalt bei $H = 13/4$ Bit. Wären alle Informationen gleich verteilt (p_i jeweils 1/4), dann würden $H = 2$ Bit benötigt. Daraus ist zu erkennen, daß es sinnvoll sein kann, Kodes zu *optimieren* (Abschn. A 4.4.3.3), wie dies beim *Morse-Alphabet* geschieht. Der häufig vorkommende Buchstabe „e" ist ein Punkt (.), während der relativ selten vorkommende Buchstabe „y" aus 4 Zeichen besteht (-.- -).

Auf die Frage nach der *maximalen Entropie* H_{max} läßt sich folgende wichtige Antwort finden:

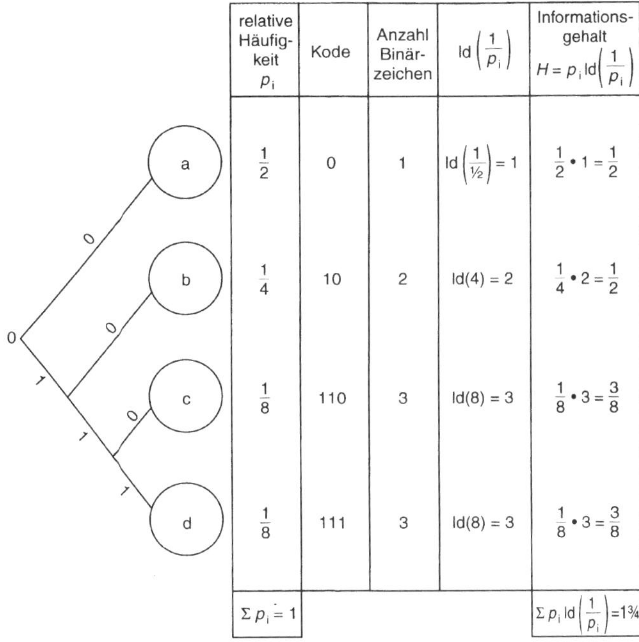

	relative Häufig-keit p_i	Kode	Anzahl Binär-zeichen	$\mathrm{ld}\left(\dfrac{1}{p_i}\right)$	Informations-gehalt $H = p_i\,\mathrm{ld}\left(\dfrac{1}{p_i}\right)$
a	$\dfrac{1}{2}$	0	1	$\mathrm{ld}\left(\dfrac{1}{\frac{1}{2}}\right)=1$	$\dfrac{1}{2}\cdot 1=\dfrac{1}{2}$
b	$\dfrac{1}{4}$	10	2	$\mathrm{ld}(4)=2$	$\dfrac{1}{4}\cdot 2=\dfrac{1}{2}$
c	$\dfrac{1}{8}$	110	3	$\mathrm{ld}(8)=3$	$\dfrac{1}{8}\cdot 3=\dfrac{3}{8}$
d	$\dfrac{1}{8}$	111	3	$\mathrm{ld}(8)=3$	$\dfrac{1}{8}\cdot 3=\dfrac{3}{8}$
	$\Sigma\,p_i = 1$				$\Sigma\,p_i\,\mathrm{ld}\left(\dfrac{1}{p_i}\right)=1\tfrac{3}{4}$

Bild A-5. Informationsgehalt und Häufigkeit von Zeichen.

Die *Entropie* ist dann *maximal*, wenn alle Ereignisse *gleich wahrscheinlich* sind.

Beispiel:

A 2-2: a) Mit wieviel Wägungen ist es möglich, aus 25 Kugeln die eine Kugel zu ermitteln, die schwerer ist als die anderen? b) Aus maximal wievielen Kugeln ist die schwerere noch zu ermitteln?

Lösung:
a) Aus Gl. (A-1) folgt für die Anzahl der Entscheidungen: $H = ld(25) = 4,65$ Bit. Da eine Wägung maximal drei Ergebnisse hat (leichter, schwerer, gleich schwer), ist die maximale Information einer Wägung $H_w = ld(3) = 1,59$ Bit. Die Anzahl der Wägungen errechnet sich dann aus: 4,65 Bit/1,59 Bit = 2,9, d. h. 3 Wägungen.

b) Mit 3 Wägungen und 3 Ergebnissen pro Wägung lassen sich aus maximal $3^3 = 27$ Kugeln die schwerere herausfinden.

Die deutsche Sprache enthält 30 Zeichen (26 Zeichen, 3 Umlaute und das Leerzeichen). Wären alle Zeichen gleich häufig, so entspräche dies einem mittleren Informationsgehalt von $ld(30) = 4,9$ Bit. Wegen der unterschiedlichen relativen Häufigkeit der Buchstaben (z. B. ist „e" sehr häufig und „q" selten) ergibt sich ein mittlerer Informationsgehalt von 4,11 Bit.

Tabelle A-2 zeigt die relativen Häufigkeiten der Buchstaben. In Tabelle A-3 sind die mittleren Informationsgehalte der verschiedenen Sprachen zusammengestellt.

Die Differenz zwischen dem maximalen Informationsgehalt $H_{\max}$ und dem tatsächlichen H_{real} gibt die *Redundanz* ΔH an:

$$\Delta H = H_{\max} - H_{\text{real}}. \qquad (A\text{-}3)$$

Die *Redundanz* enthält somit eine Nachricht, die *keine Information* darstellt und zum eindeutigen Übertragen von Information *unnötig* oder *überflüssig* ist. Für die Kommunikation sind aber redundante Teile sehr wichtig, weil dadurch fehlerhafte Informationen noch richtig verstanden werden können, wie folgender Satz zeigt:

„Fr...t Eu h d s Le ns".

Tabelle A-2. Mittlerer Informationsgehalt von Buchstaben der deutschen Sprache

Blank	0.151490		
e	0.147004	b	0.015972
n	0.088351	z	0.014225
r	0.068577	w	0.014201
i	0.063770	f	0.013598
s	0.053881	k	0.009558
t	0.047301	v	0.007350
d	0.043854	ü	0.005799
h	0.043554	p	0.004992
a	0.043309	ä	0.004907
u	0.031877	ö	0.002547
l	0.029312	j	0.001645
c	0.026733	y	0.000173
g	0.026672	q	0.000142
m	0.021336	x	0.000129
o	0.017717		

Tabelle A-3. Mittlerer Informationsgehalt der unterschiedlichen Sprachen

Sprache	mittlerer Informationsgehalt
deutsch	4,11 Bit
russisch	4,36 Bit
englisch	4,04 Bit
französisch	3,97 Bit

Sprachen enthalten zur Sicherheit der Informationsübermittlung *viel Redundanz*. Für die deutsche Sprache errechnet sich die Redundanz zu:

$$\delta H = 4,9\,\text{Bit} - 4,11\,\text{Bit} = 0,79\,\text{Bit}\,.$$

Die *relative Redundanz* δh beschreibt den prozentualen Unterschied zum maximalen Informationsgehalt nach Gl. (A-4):

$$\delta h = (H_{max} - H_{real})/H_{max}. \tag{A-4}$$

Sie beträgt für die deutsche Sprache:

$$\delta h = (4,9\,\text{Bit} - 4,11\,\text{Bit})/4,9\,\text{Bit} = 0,16$$
(oder 16 %).

Es kann auch allgemein mit $H = H_{real}$ und $H_0 = H_{max}$ ein *Wirkungsgrad* η definiert werden:

$$\eta = H/H_0 = 1 - \delta h. \tag{A-5}$$

Auch bei der technischen Informationsübermittlung werden *redundante Kodierungen* eingesetzt,

die *Fehler erkennen* (z. B. durch ein Prüfbit) und sogar *korrigieren* können (Abschn. A 4.4.3.2, Hamming-Abstand).

A 2.3 Informationsfluß und Kanalkapazität

Unter *Informationsfluß* I versteht man die *Informationsmenge* dM, die *pro Zeiteinheit* dt übertragen wird:

$$I = dM/dt. \tag{A-6}$$

Die Einheit ist Bit/Sekunde (Bit/s).

Die kleinste Zeiteinheit, die zum Übertragen eines Meßwertes gebraucht wird, ist die *Taktzeit* oder *Einschwingzeit* T_E. Wird ein *analoges Signal digital* mit der Abtastzeit t_A abgetastet, dann ergibt sich als *Grenzfrequenz* $f_g = 1/2t_A$. Den Zusammenhang zwischen Einschwingzeit T_E bzw. der *Tastfrequenz* f_a und der Grenzfrequenz f_g liefert das Shannonsche *Abtasttheorem*:

$$T_E = 1/2f_g \text{ oder } f_a = 2f_g. \tag{A-7}$$

Das bedeutet, daß die Tastfrequenz f_a mindestens *doppelt* so groß sein muß wie die Signalfrequenz f_g, oder daß je *Sinusschwingung* mindestens 2 *Abtastwerte* liegen müssen, wie Bild A-6 zeigt.

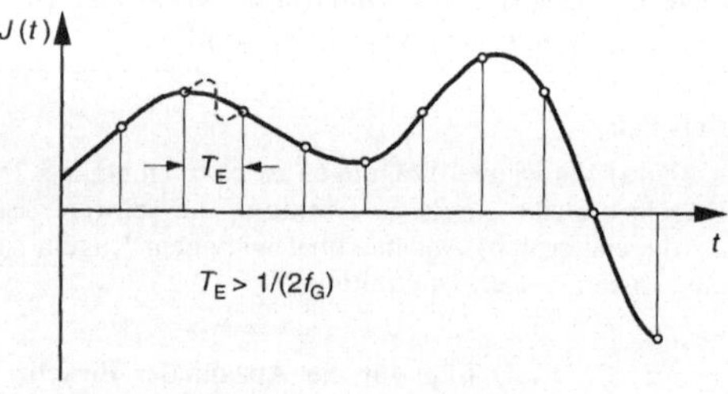

Bild A-6. Shannonsches Abtasttheorem.

Aus dem Zusammenhang nach Gl. (A-7) kann der *mittlere Informationsfluß* I aus der Entropie H und der Einschwingzeit T_E wie folgt errechnet werden:

$$I = H/T_E. \tag{A-8}$$

Beispiel:

A 2-3: Das Telefonnetz besitzt eine Grenzfrequenz f_g von 3,4 kHz. Wie groß muß die Abtastzeit für die Umwandlung in digitale Signale mindestens sein?

Lösung:
Nach dem Shannonschen Abtasttheorem (Gl. (A-7)) gilt:

$$T_E = 1/(2 \cdot 3400Hz) = 147\mu s.$$

Die Tastzeit muß also mindestens $147\mu s$ betragen. In Wirklichkeit wird alle $125\mu s$ abgetastet.

Die *Kanalkapazität C* gibt den *größtmöglichen Informationsfluß* über einen Übertragungskanal an. Meist wird weniger Informationsfluß I übertragen, als möglich wäre, so daß gilt:

$$I \le C. \qquad \text{(A-9)}$$

Eine Möglichkeit, die Kanalkapazität auszuschöpfen, besteht in der Übertragung durch einen *optimalen Kode* (Abschn. A 4.4.3.3).

A 2.4 Algorithmen

A 2.4.1 Begriff des Algorithmus

Die Bezeichnung *Algorithmus* geht auf den Araber Muhammed Al-Choresmi (oder Ibn Musa Al-Chwarismi) zurück, der um das Jahr 800 in der Stadt Khiva (heutiges Usbekistan) lebte. Er beschrieb in seinem Buch „Regeln zur Wiederherstellung und zur Reduktion" die Behandlung von Gleichungen. Damit gelang es ihm, den komplizierten Erbfall zu erklären, der sich ergab, wenn ein reicher Araber starb, der vier Frauen unterschiedlichen Standes und verschieden vielen Kindern hinterließ.

Ein Algorithmus (Bild A-7) kann folgendermaßen definiert werden:

Ein *Algorithmus* ist ein *Verfahren* zur Lösung von Problemen. Dazu wird angegeben, welche elementaren Schritte in welcher Reihenfolge zu erledigen sind.

Dieses Bild zeigt, daß Algorithmen nur für *lösbare* Probleme gefunden werden können. Zu Beginn des 20. Jahrhunderts stellte der berühmte Mathematiker Hilbert (D. HILBERT, 1862 bis 1945) eine Liste der bisher ungelösten Probleme auf und war der Meinung, daß diese mit genügend Scharfsinn gelöst werden könnten. Erst im Jahre 1931 gelang es Gödel (K. GÖDEL, 1906 bis 1978) mit seinem *Unvollständigkeitstheorem* nachzuweisen, daß es sehr viele Probleme gibt, für die es keine Algorithmen gibt. Das bedeutet aber auch, daß die meisten Probleme gar nicht mit Rechnern gelöst werden können, auch wenn die technische Entwicklung noch so stürmisch fortschreitet. Die Theorie der Algorithmenbildung ist in der Informatik sehr wichtig. Wegen der schwierigen mathematischen Behandlung werden in diesem Buch in einfacher Weise die Eigenschaften von Algorithmen und deren Durchführbarkeit besprochen.

Algorithmen begegnet man beinahe überall im Leben, seien es *Gebrauchsanweisungen* für technische Geräte, *Rezepte* zum Zubereiten von Speisen, *Vorschriften* zum Einnehmen von Medikamenten oder sonstige *Regeln.* Als Beispiel dient das Rezept zur Herstellung des schwäbischen Leibgerichtes *Spätzle (für vier Personen):*

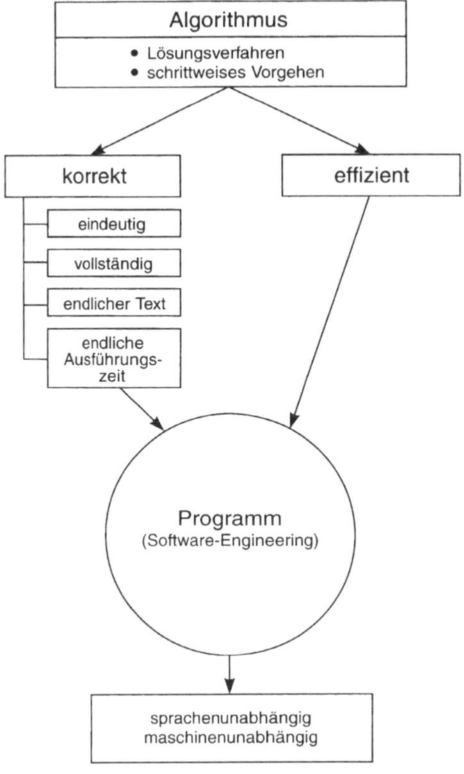

Bild A-7. Eigenschaften eines Algorithmus.

1. Topf mit 2 l heißem Wasser aufsetzen und 1 Teelöffel Salz und 1 Eßlöffel Öl hineingeben.
2. Spätzlesteig anrühren: 1 Pfund Mehl, 4 Eßlöffel Gries, 4 Eier, 1/4 l Wasser und 1 Kaffeelöffel Salz mit Rührquirl zu Teig rühren.

3. Spätzles-Maschine, Sieb und Kochlöffel naß machen.
4. Teig in Spätzles-Maschine füllen.
5. Spätzle in kochendes Wasser drücken, aufkochen lassen.
6. Spätzle mit Sieb aus kochendem Wasser entfernen. Heißes Wasser darüberlaufen lassen.
7. Wenn der Teig verbraucht ist, alle Geräte in kaltes Wasser tauchen und abwaschen.

Die meisten Algorithmen des täglichen Lebens sind selten genau ausformuliert und lassen einen erheblichen Spielraum für unterschiedliche Interpretationen, wie dies für die Zwecke der Informatik unbrauchbar ist.

A 2.4.2 Eigenschaften des Algorithmus

Wie Bild A-7 in der Mitte zeigt, muß ein Algorithmus *korrekt* und *effizient* sein. Die *Korrektheit* bezieht sich dabei auf folgende Punkte

Eindeutigkeit

Es muß sichergestellt werden, daß bei mehrfacher Ausführung desselben Problems durch unterschiedliche Ausführungsorgane immer *dieselbe Lösung* herauskommen muß.

Vollständigkeit

Ein Algorithmus kann sich nur auf Vorgänge beziehen, die genau festgelegt sind, und es ist nicht erlaubt, Daten zu verwenden, die erst in späteren Prozessen errechnet werden. Insofern läßt ein Algorithmus keinen Raum für Intuition und Kreativität.

Endliche Textlänge (statische Finitheit)

Die Anzahl der in einem Algorithmus verwendeten Texte muß endlich sein, ebenfalls die Bezeichnungen innerhalb der Anweisungen. Damit stellt sich aber ein durchaus ernst zu nehmendes arithmetisches Problem, beispielsweise bei der Verwendung eines unendlichen Dezimalbruchs wie der Zahl ”∞”.

Endliche Ausführungszeit (dynamische Finitheit)

Ein Algorithmus muß so geschrieben sein, daß das Problem in einer endlichen Zeit gelöst wird. Auch hier gibt es bei einfachen arithmetischen Zahlen bereits Probleme, beispielsweise bei $\sqrt{3} = 1,7320\ldots$ Diese Zahl hat unendlich viele Stellen und der Algorithmus ist deshalb nie mit der Berechnung fertig. Selbst wenn dieses numerische Problem gelöst ist, darf ein Algorithmus *keine Endlosschleife* enthalten, sondern muß nach einer endlichen Anzahl von Wiederholungen zum Schluß kommen.

Effizienz

Neben der Korrektheit des Algorithmus spielt auch die *Effizienz* des Algorithmus eine Rolle. Sie beschreibt den Zeit- und den Speicherverbrauch unterschiedlicher Algorithmen. Kann zwischen verschiedenen Algorithmen gewählt werden, dann ist immer dem Vorrang einzuräumen, der den geringsten Zeit- und Speicherverbrauch besitzt.

A 2.4.3 Realisierung des Algorithmus

Wie Bild A-7 weiter zeigt, wird ein Algorithmus in der Informatik durch ein entsprechendes *Programm (Software)* in eine solche Form übergeführt, daß eine Maschine die Anweisungen in der entsprechenden Reihenfolge abarbeiten kann. Dazu verwendet ein Programm entsprechende Daten- und Programmstrukturen und Werkzeuge des *Software-Engineering* (Abschn. D), um den Algorithmus effizient und korrekt programmieren zu können.

Es ist ganz wichtig, darauf hinzuweisen, daß die Algorithmen prinzipiell *sprachenunabhängig* und *maschinenunabhängig* sind. Programme müssen so geschrieben werden, daß die Maschine diese *versteht* (korrekter Satzbau oder *Syntax*), daß die Anweisungen *sinnvoll* sind *(semantisch* korrekt; z. B. ist der 35. April keine semantisch korrekte Angabe), und daß die Anweisungen *logisch* richtig sind. Wie hier gezeigt wird, treten in Programmen auch diese drei Fehlerklassen auf:

- *syntaktische Fehler,*
- *semantische Fehler* und
- *logische Fehler.*

Zur Suche dieser Fehler (engl.: *bug,* was eigentlich Käfer bedeutet) werden spezielle Werkzeuge eingesetzt, die man *Debugger* nennt. Während syntaktische Fehler sehr leicht zu finden sind, sind bereits semantische Fehler schwieriger zu erkennen. Sehr schwer ist es, logische Fehler zu finden (z. B. Verwendung der falschen Formel für die Berechnung des Flächeninhalts A eines Dreiecks

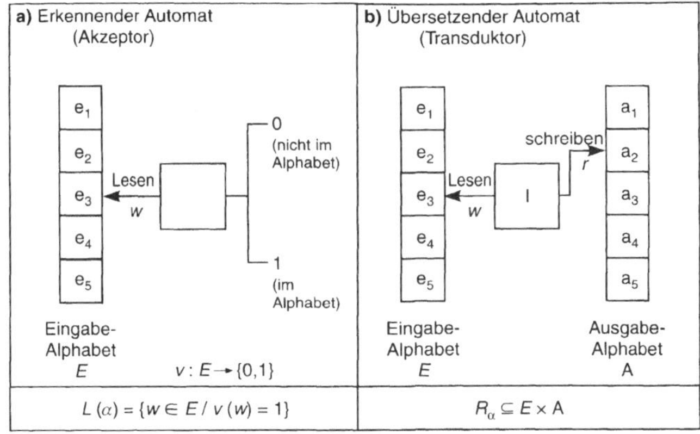

Bild A-8. Aufbau und Eigenschaften von Automaten.

als Produkt von Grundseite g multipliziert mit der Höhe h. $A = g \cdot h$ anstelle von $A = 0,5 \cdot g \cdot h$).

A 2.5 Automatentheorie

Im täglichen Leben begegnet man vielen Automaten: Bankautomaten, um Geld zu erhalten oder andere Automaten für Dinge des täglichen Bedarfs, wie Getränke, Essen, Süßigkeiten, Tabakwaren, Fahrkarten oder Telefon. Auch im häuslichen Bereich ist man von Automaten umgeben: Beispiele hierzu sind Kaffeeautomaten, Geschirrspül- und Waschmaschinen. Ferner sind die Automaten zur Steuerung von Produktionen oder zur Datenverarbeitung zu nennen. Im folgenden wird versucht, die Gemeinsamkeiten dieser Automaten mit Begriffen und deren Definitionen zu beschreiben. Dabei werden keine mathematischen Beweise geführt, sondern die Zusammenhänge an Beispielen veranschaulicht.

A 2.5.1 Einteilung der Automaten

Automaten können allgemein folgendermaßen beschrieben werden:

> Automaten sind Geräte, die nach einer Eingabe eine bestimmte Ausgabe tätigen.

Ein Getränkeautomat, wie er in Abschnitt A 2.5.2 besprochen wird, gibt nach erfolgter Geldeingabe das gewünschte Getränk aus. In dieser Weise geben auch Rechenautomaten mit Hilfe eines Programms und den erfolgten Eingabedaten eine Menge von Ausgabedaten aus. Wie Bild A-8 zeigt,

wird zwischen *erkennenden* Automaten *(Akzeptor)* und *übersetzenden* Automaten *(Transduktor)* unterschieden.

Erkennender Automat

Ein *erkennender Automat (Akzeptor)* merkt, ob ein eingelesenes Wort w innerhalb der Sprache L liegt. Der Automat α berechnet hierzu eine Ausgabefunktion $v: E \rightarrow \{0,1\}$. Ist das Wort w ein Element des Eingabealphabetes E, dann ist das Wort erkannt, d. h. der Ausgangszustand ist 1 (Wort ist im Alphabet). Im anderen Fall ist der Ausgangszustand 0 (Wort ist nicht im Alphabet). Formal kann dies für die Sprache $L(\alpha)$ folgendermaßen ausgedrückt werden:

$$L(\alpha) = \{w \in E \; v(w) = 1\}.$$

Übersetzender Automat

Übersetzende Automaten *(Transduktoren)* berechnen eine Relation R zwischen allen Elementen des Eingangsalphabetes E und allen Elementen des Ausgangsalphabetes A (das *kartesische Produkt)*. Demnach gilt:

$$R_\alpha \subseteq E \times A$$

Übersetzer von Sprachen, beispielsweise für die Sprache PASCAL, können als *erkennende* Automaten angesehen werden, wenn sie ein eingegebenes Programm nur auf die syntaktische Richtigkeit prüfen. Wird das syntaktisch korrekte Programm in Maschinensprache übersetzt, dann ist das ein *übersetzender* Automat.

A 2.5.2 Endlicher Automat

Ein *endlicher Automat* ist ein *mathematisches Beschreibungsmodell,* mit dem Eingaben *sofort* (d. h. ohne Verzögerung) zu Ausgaben verarbeitet werden. Die Eingabevariablen E, die internen Zustände des Automaten und die Ausgabevariablen A bestehen aus endlichen Mengen, und der Automat besitzt in diesem Modell *keinen Speicher.* Am Beispiel des Getränkeautomaten wird das allgemeine mathematische Modell hergeleitet.

Getränkeautomat

Wie in Bild A-9 im Teilbild a zu erkennen ist, kann der Benutzer des Automaten durch Einwurf eines Geldbetrages G eines von zwei möglichen Getränken, nämlich Bier (B) oder Limonade (L) erhalten. Das Geld G kann durch Drücken des Rückgabeknopfes R wieder zurückerhalten werden. Wird eine Wahltaste $W1$ oder $W2$ gedrückt, ohne daß genügend Geld eingeworfen wurde, dann ertönt ein Warnton Y.

An diesem Automaten sind *drei Zustände* zu erkennen:

1. Eingabezustand E

Der Eingabezustand wird durch eine *endliche Menge* von *Eingabezeichen E* beschrieben. Im vorliegenden Fall ist:

$$E = \{W1, W2, G, R\} \qquad \text{(A-10)}.$$

Das bedeutet: Es kann die Wahl-Taste $W1$ (Bier) oder $W2$ (Limo) gedrückt werden, ferner der Rückgabeknopf R, und es kann eine Geldmenge G eingegeben werden.

2. Interner Zustand I

Der Getränkeautomat befindet sich in jedem Augenblick in einem bestimmten internen Zustand. Dieser ist allgemein:

$$I = \{v, w\} \qquad \text{(A-11)}.$$

Das bedeutet, der Automat hat die beiden Zustände: Geld ausreichend vorhanden (v) oder Automat wartet (w).

3. Ausgangszustand A

Der Ausgangszustand A wird durch eine endliche Menge von *Ausgangszeichen* beschrieben. Es gilt im vorliegenden Beispiel:

$$A = \{B, L, X, Y\} \qquad \text{(A-12)}.$$

Das bedeutet: Es kann Bier (B), Limonade (L), Geld (X) herauskommen oder das Warnsignal (Y) ertönen.

Mit dieser Zustandsbeschreibung ist es aber *nicht möglich,* den *dynamischen Ablauf,* d. h. das *Verhalten* des Automaten zu beschreiben. Dazu dient, wie Bild A-9 b bzw. Bild A-9 c zeigt, die *Zustandstabelle* und der *Zustandsgraph.*

In der *Zustandstabelle* werden die *Eingangsvariablen* in den Zeilen mit den *internen Zustände* in den Spalten so verknüpft, daß die *Ausgabe* erkennbar wird. Der Eintrag in die Tabelle besteht aus einem Paar: das *erste Zeichen* gibt den *Folgezustand* des Automaten an und das *zweite Zeichen* zeigt die nach dem Übergang erfolgte *Ausgabe* an. In diesem Sinne läßt sich das erste Element der Zustandstabelle in Bild A-9 b folgendermaßen deuten: Wird die Eingabetaste W1 (Wunsch nach Bier) gedrückt und der Automat ist im inneren Zustand v (Geld ist vorhanden), dann geht er in den Zustand „warten" (w) über und gibt das Bier (B) aus: dargestellt durch die Kombination w/B. (Das Ausgabezeichen „-" steht für die leere Ausgabe).

Im *Zustandsgraph* wird das Verhalten des Automaten grafisch beschrieben. Dabei geht man in folgenden Schritten vor:

1. Schritt: Interne Zustände sind Kreise

Die *internen Zustände I* werden als *Kreise* (Knoten) gezeichnet. Es empfiehlt sich, den Startzustand zu markieren und die Endzustände durch Doppelkreise zu kennzeichnen.

2. Schritt: Verbinden der Zustände

Von den Knoten gehen Pfeile aus (gerichtete Kanten). Die *Pfeilspitzen* geben den *neuen internen Zustand* an, in den der Automat übergeht. Allgemein ist anzumerken, daß von jedem Knoten so viele Pfeile ausgehen, wie Eingabezeichen vorhanden sind (im vorliegenden Fall sind dies vier).

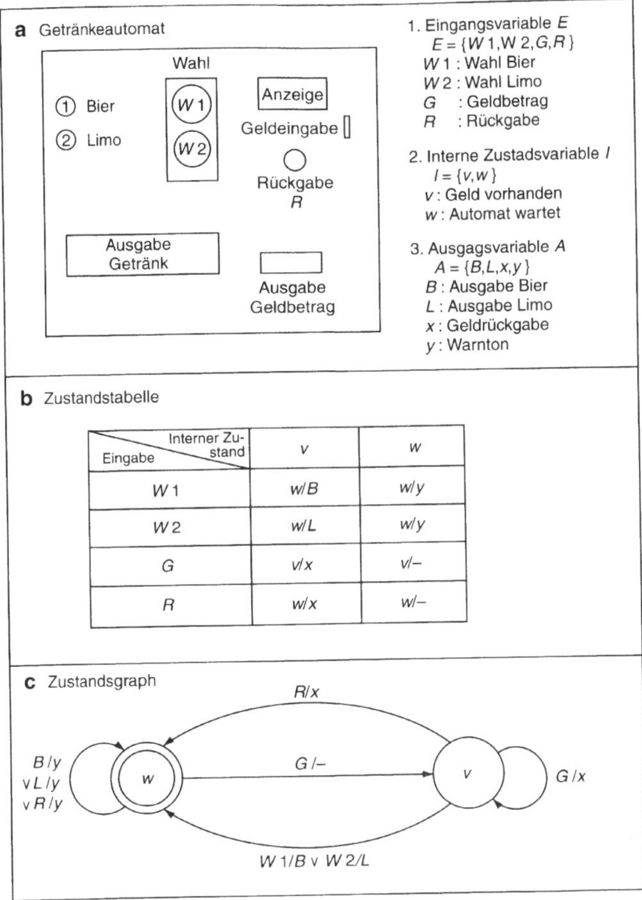

In diagram **b** the Zustandstabelle reads:

Eingabe \ Interner Zustand	v	w
$W1$	w/B	w/y
$W2$	w/L	w/y
G	v/x	$v/-$
R	w/x	$w/-$

Bild A-9. Getränkeautomat als endlicher Automat.

3. Schritt: Beschriftung der Kanten

Die Kante wird durch die *Eingabevariable* und die *Ausgangsvariable* (getrennt von einem Querstrich) beschriftet.

Die untere Kante in Bild A-9 (W1/B ∨ W2/L) kann deshalb folgendermaßen gelesen werden:

„Es ist genügend Geld eingeworfen worden (Zustand v). Wird die Taste W1 (Bierwunsch) gedrückt, dann wird B (Bier) ausgegeben, und der Automat ist im Wartezustand (Zustand w) - oder (v) es wird die Taste W2 gedrückt (Limowunsch), dann wird L (Limo) ausgegeben und der Automat wartet anschließend (Zustand w)."

Mathematisches Modell

Das mathematische Modell ist in Tabelle A-4 zusammengefaßt.

Danach ist ein endlicher Automat "α" darstellbar als *6-Tupel*:

$$\alpha = \{E, I, K, A, u, v\} \qquad (A\text{-}13).$$

Seine Eigenschaften sind:

1. Endliche Zahl von Eingangsvariablen

Die *endliche Zahl* von Eingangsvariablen bilden die Eingangszustände:

Tabelle A-4. Eigenschaften des endlichen Automaten

Endlicher Automat $\alpha = \{E, I, K, A, u, v\}$

Variable

E: Eingangsvariable $\{e_1, e_2, e_3 \dots\}$
I: momentane, interne Zustandsvariable $\{i_1, i_2, i_3, \dots\}$
K: künftige, interne Zustandsvariable $k_1, k_2, k_3, \dots\}$
A: Ausgangsvariable $\{a_1, a_2, a_3, \dots\}$

Funktionen

u: Übergangsfunktion $u: E \times I \rightarrow K$
v: Ausgangsfunktion $v: E \times I \rightarrow A$ (MEALY-Automat)
                          $v: E \times K \rightarrow A$ (MOORE-Automat)

Automaten-Gleichungen

$$K = u\,(E, I)$$
$$A = v\,(E, I) \qquad \text{MEALY-Automat}$$
$$A = v\,(E, K) \qquad \text{MOORE-Automat}$$

Typen

vollständig definiert: Übergangs- und Ausgangsfunktionen sind vollständig definiert.

MEALY-Automat: Vollständige Zustandstabellen sind vorhanden. Jedem Gesamtzustand ist ein innerer Zustand bzw. ein Ausgangszustand zugeordnet.

MOORE-Automat: Zwei vollständige Funktionstabellen: Die erste ordnet jedem Gesamtzustand einen künftigen inneren Zustand zu; die zweite der Kombination von momentanem Eingangszustand und künftigem inneren Zustand einen momentanen Ausgangszustand.

unvollständig definiert: Eine Zustandstabelle ist unvollständig.

trivial: Der Ausgangszustand ist nur abhängig vom Eingangszustand.

$E = \{e_1, e_2, e_3, \dots\}$.

Aus diesen Elementen werden *Folgen* von Eingangszuständen gebildet, die dem Automaten *nacheinander* zugeführt werden.

2. Endliche Zahl von Ausgangsvariablen

Der Automat besitzt ebenfalls eine *endliche* Zahl von *Ausgangsvariablen*.

$A = \{a_1, a_2, a_3, \dots\}$.

Die *Folge der Ausgangsvariablen* ist eine *Reaktion* auf die Folge der Eingangsvariablen. Das bedeutet, daß die Ausgangsvariable nicht nur vom momentanen Eingangszustand abhängt, sondern auch von allen bisher aufgetretenen Eingangszuständen.

3. Endliche Zahl von internen Zuständen

Mit einer endlichen Zahl von internen Zuständen können die Eingangszustandsfolgen registriert werden. Es sind die *momentanen* internen Zustände I von den *künftigen* internen Zuständen K zu unterscheiden.

4. Übergangsfunktion *u*

Aus der Kombination aller Eingangszustände mit allen momentanen internen Zuständen lassen sich die künftigen internen Zustände angeben:

$u: E \times I \rightarrow K$.

Diese Tabelle beschreibt den *Gesamtzustand* des endlichen Automaten.

5. Ausgangsfunktion v

Je nach Automaten-Typ wird die Ausgangsfunktion anders gebildet: Beim MEALY-Automaten wird die Ausgangsfunktion A bestimmt durch die momentanen Eingangsvariablen E und die momentanen internen Zustände I. Es gilt: $A = v(E,I)$ oder $E \times I \rightarrow A$. Beim MOORE-Automaten ist die Ausgangsfunktion aus der Kombination aller Eingangszustände mit den *künftigen* Zuständen gebildet. Es gilt $v: E \times K \rightarrow A$.

6. Automatengleichungen

Die *schaltalgebraische* Beschreibung über Boolesche Algebra oder Logikpläne (Abschn. A 4.3) der Übergangs- bzw. Ausgangsfunktionen wird *Automatengleichung* genannt.

A 2.5.3 Anwendung von endlichen Automaten

Mit endlichen Automaten können eine Reihe von Problemen beschrieben und gelöst werden. Eine Spezialität liegt im Bereich der *Sprachen* und ein anderes Anwendungsfeld im Entwurf *logischer Netzwerke*.

Sprache

Ein wichtiges Problem ist das *Wortproblem*, d. h. die Erkennung einer Symbolfolge. Beispielsweise soll ein gegebener Text nach einem bestimmten Stichwort durchsucht werden. Ein anderer wichtiger Fall ist die Prüfung einer Programmiersprache auf Fehler. Dies geschieht durch die *lexikalische Analyse* im *Scanner*. Dabei werden die Sprachelemente (z. B. für PASCAL) in folgende Bereiche zerlegt:

- *Wortsymbole* (z. B. begin, end, case, if, then, do);
- *Variablenbezeichnungen* (z. B. Bezeichnung von Variablen, Datentypen, Prozeduren, Funktionen);
- *Interpunktionszeichen* (z. B. Klammern, Strichpunkte, Kommata).

Entwurf logischer Netzwerke

Mit *Zustandszeitdiagrammen*, mit *Funktionstabellen* und mit *logischen Schaltungen* werden häufig Netzwerke entworfen. Falls die Funktionstabellen Widersprüche erzeugen, müssen diese durch die Einführung von *inneren Variablen* beseitigt werden. Bei komplizierten Aufga-

benstellungen, beispielsweise wenn ein Zustandsdiagramm nicht vorhanden ist oder mehrere innere Variable erforderlich werden, ist es mit der Methode der endlichen Automaten relativ einfach, diese zu entwerfen.

A 2.5.4 Kellerautomat

Während bei *endlichen* Automaten nur endliche Folgen verarbeitet werden können, ist es für weitere Probleme von Vorteil, wenn die Beschränkungen wenigstens nach einer Richtung hin wegfallen. Dies ist beispielsweise zur syntaktischen Überprüfung von Programmiersprachen wichtig. Dies leistet der *Kellerautomat*. Unter *Keller* oder *Stapel* (engl.: *stack*) versteht man eine Datenstruktur, die am *gleichen Ende zu- und abnimmt* (Bild A-10). Wie bei einem Stapel wird das neue Element am oberen Ende hinzugefügt und an demselben Ende wieder weggenommen. Dieses Verwaltungsprinzip heißt auch *LIFO* (last in first out: das zuletzt abgelegte Element wird als erstes wieder entfernt).

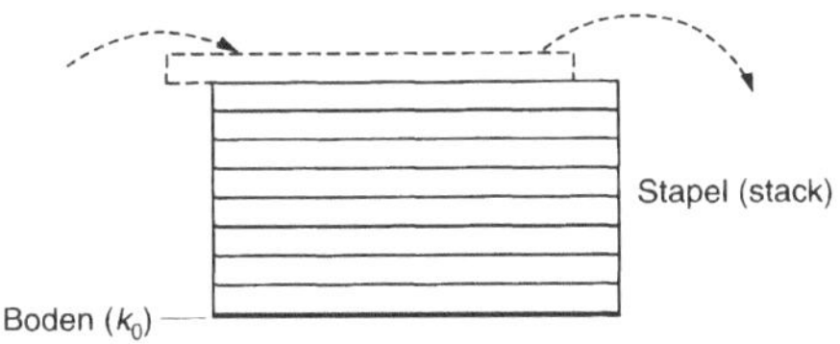

Bild A-10. Datenstruktur eines Stacks.

Ein *Kellerautomat* ist ein endlicher Automat, der um einen *Keller erweitert* wurde. Der Keller hat im wesentlichen zwei Vorteile: Zum einen können *Zustandsübergänge* als Folge des *zuletzt* gemerkten Zeichens stattfinden und zum anderen kann sich der Automat unendlich viele Zeichen merken, indem er den Keller auf- und abbaut. Die Wirkungsweise des Kellerautomaten wird an einem einfachen Rechenbeispiel $(5+(5+1)/2)/2$ für korrekte Klammerung erklärt (Bild A-11).

In Bild A-11 ist oben das *Eingabeband* zu sehen, das den arithmetischen Ausdruck enthält. An der Seite befindet sich das *Kellerband*. Das unterste Element ist das Grundzeichen „k_0". Der Kellerautomat beginnt mit seiner Arbeit. Das erste Zeichen für „(" (offene Klammer) wird gelesen und auf den Kellerpeicher gelegt, dann das zweite Zeichen „(". Diesen Zustand zeigt Bild A-11 unten. Wird anschließend das erste Zeichen

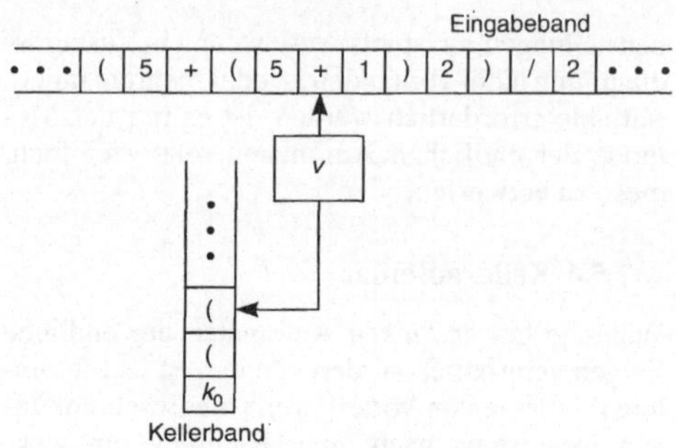

Bild A-11. Schema des Kellerautomaten.

für „Klammer zu" „)" gelesen, dann wird das letzte Zeichen „(" vom Kellerspeicher entfernt. Beim letzten „)" verschwindet auch die letzte „(", so daß das Grundelement k_0 wieder zurückbleibt. In diesem Fall war die Klammerung korrekt. Falls Klammern übrigbleiben oder fehlen, erscheint eine entsprechende Fehlermeldung. Ähnliche Untersuchungen zur Syntax sind beispielsweise bei arithmetischen Operationen ($+, -, \times, /$ müssen zwischen zwei Variablen stehen) und anderen formalen Konstrukten durch einen Kellerautomaten möglich. Voraussetzung dafür ist eine Sprache, die *kontextfrei* ist, wie alle Computerprogrammiersprachen. Das bedeutet, daß die Zeichen *nicht von den Zeichen ihrer Umgebung,* sozusagen vom Kontext, abhängig sind.

A 2.5.5 Turing-Maschine

Dieses Automatenmodell wurde von Turing (A.M. TURING, 1912 bis 1954) entwickelt und erlaubt es, jeden Algorithmus zu bearbeiten. Die Turing-Maschine besteht aus einem nach

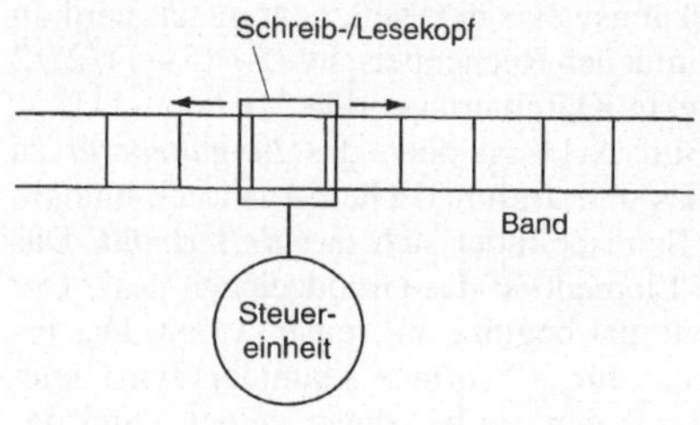

Bild A-12. Schema der Turing-Maschine.

beiden Seiten hin *unbegrenzten Band,* einem *Schreib/Lesekopf* und einer *Steuereinheit* (Bild A-12). Im Gegensatz zum Kellerautomaten, bei dem nur das oberste Element zugänglich war, ist bei der Turing-Maschine jedes Element zugänglich.

Die Turing-Maschine kann ein Feld lesen oder beschreiben. Die Steuereinheit befiehlt die Bewegungsfolgen, die als *endlicher Automat* entwickelt sein kann, so daß seine *Zustandstabelle* angibt, welche Bewegungen (vorwärts und rückwärts) in Abhängigkeit der bereits erfolgten Eingaben erfolgen. Durch schrittweises Lesen bzw. Schreiben (auch als Zwischenspeichern) wird ein Algorithmus auf der Maschine ausgeführt.

A 3 Systemanalyse und Systementwicklung

A 3.1 System, Systemanalyse und Systementwicklung

Ein *System* kann man folgendermaßen definieren (Bild A-13):

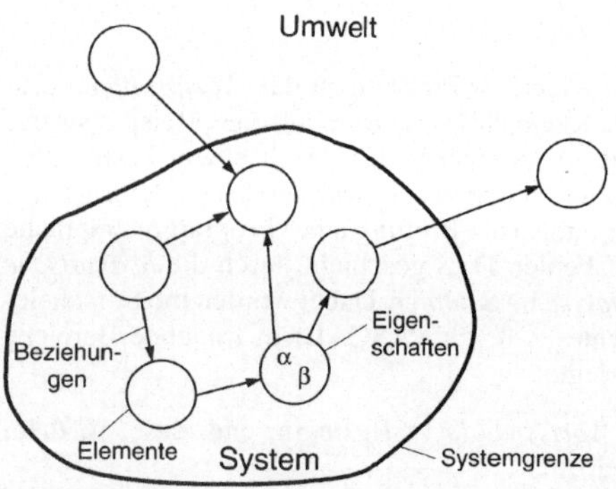

Bild A-13. Offenes, dynamisches System und seine Eigenschaften.

Unter einem System versteht man eine Vielzahl von *Elementen,* die miteinander in *Beziehung* stehen. Das System wird noch bestimmt durch die *Eigenschaften der Elemente,* deren *Beziehungen* und die *Systemgrenzen.*

Bezogen auf ein *Software-System* ergeben sich folgende Entsprechungen (Tabelle A-5):

Systeme werden häufig in folgende Klassen eingeteilt:

Tabelle A-5. Der Systembegriff in der Software

Bestandteile des Systems	Entsprechung in der Software
Elemente	*Daten* (Objekte der Datenverarbeitung) und die *Aktionen*, die diese Daten verändern (z.B. Anweisungen eines Programms) oder erzeugen (z.B. durch mathematische Funktionen).
Eigenschaften	Attribute der einzelnen Elemente (z.B. Wertebereich von Zahlen oder die Art der Zeichen wie numerisch).
Beziehungen	*Statisch* oder *dynamisch* in Bezug auf die Daten (z.B. statische und dynamische Link-Bibliotheken).
Grenzen	Festlegen des *Umfangs* einer Software. Es wird bestimmt, welche Teile der Software außerhalb der festgelegten Grenzen liegen. Wichtig ist, bereits bei der Softwareerstellung die *Schnittstellen* zu den anderen Systemen zu beachten.

- *Dynamische Systeme*
  Systeme, bei denen ein Austausch zwischen den Elementen stattfindet, beispielsweise Material-, Informations- oder Energieflüsse.

- *Offene Systeme*
  Systeme, die mit der Umgebung in Beziehung stehen.

- *Hierarchische Systeme*
  Systeme, die eine klare Gliederung in Untersysteme zulassen.

In der *Systemanalyse* wird ein Problem systematisch analysiert und durch geeignete Methoden der gewünschten Lösung zugeführt. In der Informatik befaßt sich die Systemanalyse mit der Entwicklung *computergestützter Informationssysteme,* die technische, wirtschaftliche und organisatorische Aufgaben lösen. Dabei werden nicht nur Daten verarbeitet, sondern durch die Interaktion mit den Teilnehmern Informations- und Kommunikationssysteme entwickelt, die sich in Richtung einer *integrierten Informationstechnik* entwickeln (Abschn. E 1, Bild E-1 und Bild E-4 sowie Abschn. F 1).

Die Systemanalyse ist ein Bestandteil der *Systementwicklung.* Wie Bild A-14 verdeutlicht, wird die Entwicklung durch die *Planung* des Systems und die *Organisation* der Elemente des Systems bestimmt. Um die Systeme mit vertretbaren Kosten, in der erforderlichen Qualität und in annehmbarer Zeit realisieren zu können, müssen entsprechende *Methoden* (z.B. des Software-Engineering nach Abschnitt D) eingesetzt und die Arbeiten dokumentiert werden. Im einzelnen geht man von der *Systemumgebung* aus und ermittelt die *Zielspezifikation* des Anwenders. In weiteren Schritten der *stufenweisen Verfeinerung* werden die einzelnen Systemelemente spezifiziert. Im Anschluß daran beginnt der eigentliche Entwicklungsprozeß. Er beginnt mit der *Soll-Konzeption* für die *Organisation* der Informationsflüsse und der Kommunikationsstrukturen und endet mit der *Systemimplementierung* der erarbeiteten *Hard- und Softwarelösung.*

Bei der Entwicklung komplexer Software werden in der Praxis häufig die Kosten und die Zeiten überschritten und Programme fertiggestellt, die nicht nur unwirtschaftlich sind, sondern auch häufig den Wünschen des Anwenders nicht entsprechen. Deshalb sollte man sich bei der Systementwicklung die unterschiedlichen Probleme der Anwender und der Entwickler ständig vergenwärtigen (Tabelle A-6).

A 3.2 Phasenkonzepte

Informationssysteme sind in der Regel komplexe Systeme. Sie zu entwerfen, zu entwickeln und zu realisieren stellt hohe Ansprüche an das Projekt-

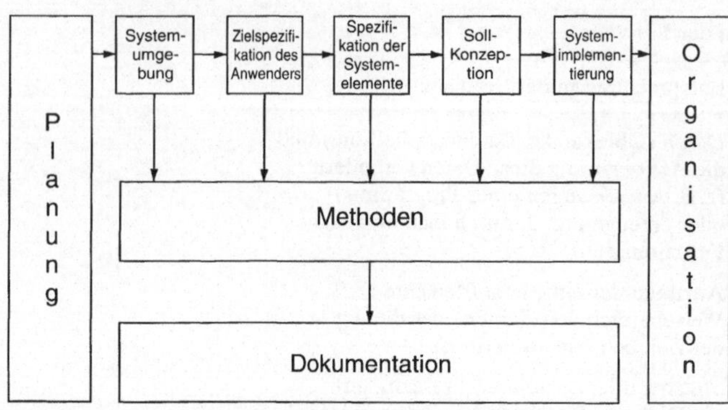

Bild A-14. Schema der Systemanalyse.

Tabelle A-6. Probleme der Anwender und der Entwickler bei der Systemanalyse

Problemart	Anwender	Entwickler
Fachlich	Schwierigkeiten bei der vollständigen Beschreibung der Systeme. Zu geringe Kenntnis von den Möglichkeiten der Umsetzung der Fachanforderungen in Software.	Komplexität bei Software steigend (mangelhafte Kenntnis über die Methoden und Werkzeuge des Software-Engineering). Kürzer werdende Realisierungszeiten.
Menschlich	Fachabteilungen sprechen eine andere Sprache als Personen der DV (unterschiedliche Ziele und unterschiedliche Beurteilung gleicher Ziele). Fachabteilungen werden nicht in die Systementwicklung einbezogen. Fachabteilungen müssen sich auf die Arbeit der Entwickler verlassen.	Änderung von Anforderungen während der Realisierung. Unsicherheit in Bezug auf die Methoden des Software-Engineering.
Wirtschaftlich	Software entspricht nicht den fachlichen Anforderungen. Viele Fehler in der Testphase.	Termine und Kosten werden nicht eingehalten. Mangelhaftes Projektmanagement.

Management. Es empfiehlt sich dabei, in Teilschritten, sogenannten *Phasen,* vorzugehen. Diese Phasen bauen so aufeinander auf, daß die nächste erst begonnen werden kann, wenn die vorhergehende abgeschlossen ist. Auf diese Weise sind Zeit, Kosten und Funktionalität der einzelnen Abschnitte gut zu kontrollieren.

Wie Bild A-15 zeigt, kann man zehn *Entwicklungs-Phasen* unterscheiden, wobei die ersten vier Phasen zur Systemanalyse gehören.

1. Vorstudie

In dieser Phase werden die zu betrachtenden Arbeitsgebiete und die zu erreichenden Ziele festgelegt *(Systemabgrenzung),* ferner die Informationen zusammengestellt *(Systemerhebung),* die man braucht sowie die Methoden, wie man diese Informationen ermittelt (z. B. Mengen- und Zeitgerüst sowie der Kosten einer Fertigung mit der Erhebungsmethode von Fragebögen). Die gesammelten Informationen werden anschließend

Erratum - S. XVII

Bei der buchbinderischen Arbeit wurde die letzte Seite des Inhaltsverzeichnisses nicht berücksichtigt. Wir bitten, das Versehen zu entschuldigen.

Hering, Gutekunst, Dyllong
Handbuch der praktischen und technischen Informatik, 2. Auflage
© Springer-Verlag Berlin Heidelberg 2000

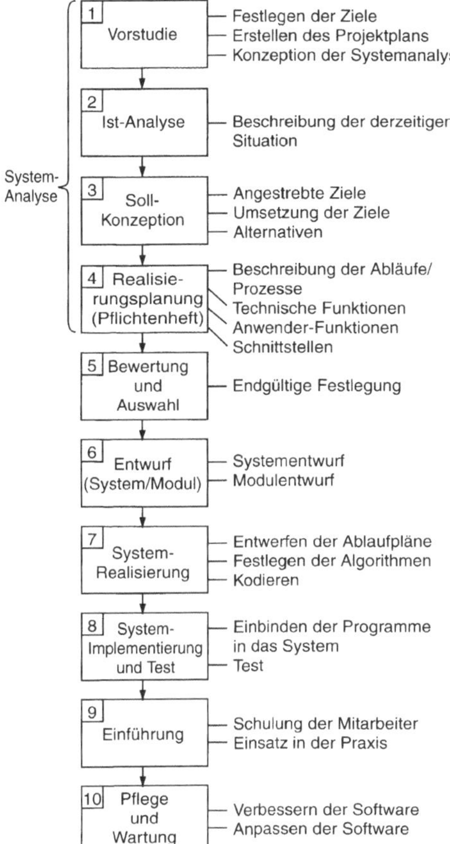

Bild A-15. Phasenmodell der Systementwicklung.

ausgewertet *(Faktenanalyse)*. Mit *ABC-Analysen* wird festgestellt, welche Aufgaben die wichtigsten sind.

2. Ist-Analyse

Hier wird die derzeitige Situation beschrieben (z. B. Dateien, Datenflüsse, Kosten, Zeiten, Zuverlässigkeit).

3. Soll-Konzeption

In der nächsten Phase wird festgelegt, welche Aufgaben das zu entwickelnde System erfüllen muß *(Festlegen der Ziele bzw. der Funktionalitäten)*

und mit welchen *Lösungsansätzen* diese Ziele erreicht werden können.

4. Realisierungs-Planung (Pflichtenheft)

An dieser Stelle wird festgelegt, mit welchen *technischen Mitteln* (Hardware und Software), unter welchen *organisatorischen Voraussetzungen,* in welcher *Zeit* und mit welchen *Kosten* die gewünschte Soll-Konzeption zu realisieren ist. Dies wird in einem *Pflichtenheft* zusammengestellt.

5. Bewertung und Auswahl

Während in der Realisierungs-Planung verschiedene Alternativen denkbar sind, müssen in dieser Phase die einzelnen Varianten bewertet und ausgewählt werden.

6. Entwurf

In dieser Phase wird die ausgewählte Soll-Konzeption in ein DV-System umgesetzt. Das DV-System wird insgesamt als System und in seinen einzelnen Bestandteilen (Modulen) entworfen. Das bedeutet, es werden die Daten- und Programmstrukturen entworfen, die Algorithmen festgelegt sowie die Zugriffsverfahren und die Speicherungsstrukturen definiert.

7. System-Realisierung

In dieser Phase werden die Datenstrukturen und ihre Beziehungen festgelegt, die Ablauflogik entworfen und die Algorithmen festgelegt. Anschließend erfolgt die *Kodierung*.

8. System-Implementierung und Test

Die kodierten Programmteile werden in dieser Phase in das bestehende DV-System eingebunden. Die Programmteile werden für sich und in der Systemumgebung getestet.

9. Einführung

In dieser Phase wird das entwickelte EDV-System dem Betrieb übergeben, die Dokumentation ausgehändigt und die Schulungsinhalte und -termine für die Mitarbeiter festgelegt.

10. Pflege und Wartung

Das System muß während des Praxiseinsatzes optimiert werden, und die vorhandenen Fehler

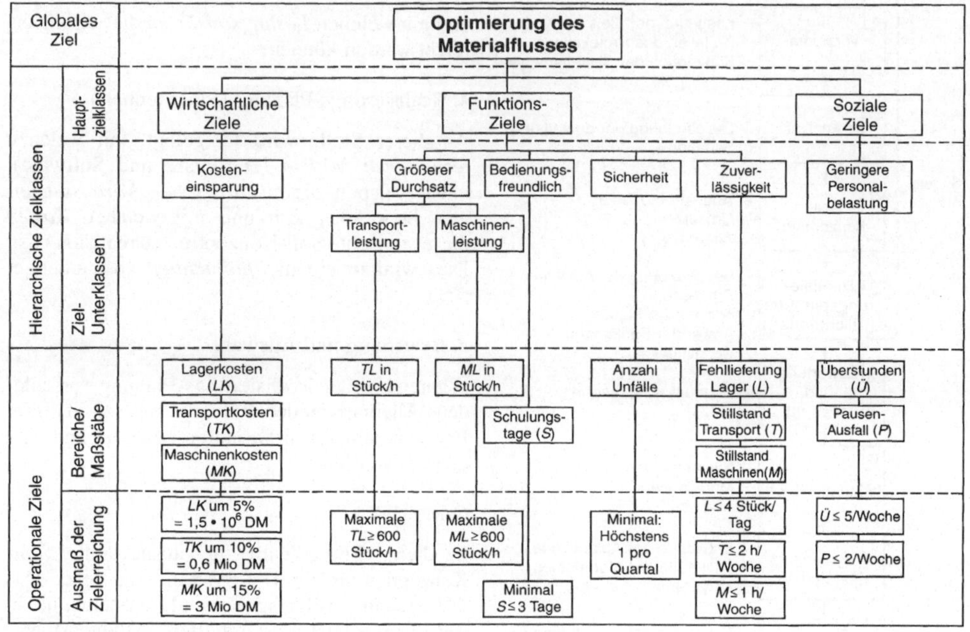

Bild A-16. Beispiel für eine Zielfindung und -festlegung.

müssen behoben werden. Neue Anforderungen zwingen zu ständigen Anpassungen der einmal entworfenen Systeme.

A 3.2.1 Vorstudie

Die Vorstudie dient nach Bild A-15 drei Zwecken:

- Bestimmung der Ziele,
- Erstellen des Projektplanes und
- Konzeption der Systemanalyse.

Bestimmung der Ziele

Wenn keine Ziele vereinbart werden, dann weiß man nicht, was man tun soll. Deshalb ist die wichtigste Aufgabe der Vorstudie als Basis für die gesamte Systementwicklung die Bestimmung der Ziele (es sei denn, die Ziele wurden bereits vorher festgelegt). Die Ziele werden zwischen Auftraggeber und -nehmer vereinbart und dienen der *Orientierung* während der Systementwicklung. Die Ziele müssen, meist ausgehend von einem globalen Ziel, als *konkrete Aufgabenstellungen (operationale Ziele)* formuliert werden. Nur dann kann

der Erfolg als Maß und Grad der Zielerreichung festgestellt werden. Sinnvollerweise wird vom allgemeinen (globalen) Ziel Stufe um Stufe folgendermaßen verfeinert:

- Globale Zielfestlegung,
- hierarchische Zielgliederung in Haupt- und Unterklassen,
- operationale Ziele festlegen und Maßstäbe bestimmen sowie
- Festlegen des Ausmaßes der Zielerreichung (quantifiziertes Ziel).

Bild A-16 zeigt dieses Vorgehen an Hand der Optimierung des Materialflusses.

Weil es so sehr wichtig ist, die richtigen Ziele zu finden und sie auch klar zu formulieren, wurde eine Checkliste entwickelt (Tabelle A-7).

Es muß jedoch an dieser Stelle darauf hingewiesen werden, daß die in der Vorstudie ermittelten Ziele *nicht endgültig* sein müssen. Während der Ist- und Soll-Analyse kann sich herausstellen, daß sich Verschiebungen ergeben. Auf diese Flexibilität muß bereits bei der Erstellung und Formulierung der Ziele geachtet werden.

Tabelle A-7. Checkliste zur Festlegung von Zielen

Anforderung	Bemerkung	Beispiel
Unterscheidung in Muß-Ziele und Kann-Ziele (operationale Ziele)	Dadurch wird erkennbar, was unbedingt notwendig ist und was wünschenswert ist, d. h. auf welche Anforderungen verzichtet werden könnte.	Muß-Ziele: Anwesenheitszeiten erfassen. Kann-Ziele: Krankheits-Statistik erstellen.
Hierarchische Strukturierung der Ziele	Unterteilung des Zielsystems in Unterziele.	Unterteilung in: • technische Ziele, • wirtschaftliche Ziele, • soziale Ziele.
Formulierung muß lösungneutral erfolgen	Ziele müssen sich an Wirkungen ausrichten, nicht aber an konkreten Lösungen.	Fehlerfreie und eindeutige Erfassung der Anwesenheitsdaten (nicht: Erfassung durch Magnetkarte).
Beschreibung der Konflikte und deren Lösung	Es gibt Teilziele, die im Widerspruch zueinander stehen. Diese Widersprüche müssen erkannt und eine Lösung angegeben werden.	Programm soll sehr umfangreich sein, schnell zu erlernen und darf nur 5000,– DM kosten.
Zusammenstellung der positiven Wirkungen und der negativen Wirkungen	Die mit den Zielen erreichten Wirkungen müssen in positive und negative Wirkungen unterteilt werden.	Positive Wirkungen: Gerechter Zeitlohn. Negative Wirkungen: Möglichkeit der Personen-Überwachung.

Erstellen des Projektplanes

Wie bei jedem Projekt (s. Abschn. D 8) müssen folgende vier Aspekte berücksichtigt werden:

- *Tätigkeiten*
  (Was soll gemacht werden?).
- *Verantwortliche*
  (Wer soll das machen?).
- *Termine*
  (Bis wann muß es fertig sein?).
- *Kosten*
  (Welche Kosten dürfen höchstens enstehen?).

Um den Projektplan grafisch zu erstellen, bedient man sich der Methode der Netzplantechnik (NPT nach DIN 69 900). Die einzelnen Tätigkeiten werden nacheinander oder parallel dargestellt. Tätigkeiten, die nacheinander ablaufen, können erst begonnen werden, wenn die vorherige Tätigkeit fertig ist. Parallele Tätigkeiten können gleichzeitig bearbeitet werden. Um die gesamte Projektzeit möglichst gering zu halten, sollte man möglichst viele Tätigkeiten parallel einplanen. Für jede Tätigkeit wird ein Kästchen mit den oben aufgeführten Informationen erstellt (Bild A-17).

Neben dem Festlegen der Tätigkeiten ist die *Organisation* der Projektgruppe von besonderer Bedeutung für den Projekterfolg. Folgende Punkte müssen besonders beachtet werden:

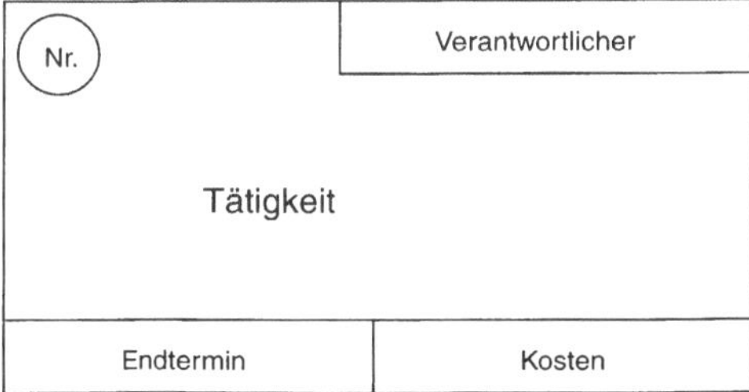

Bild A-17. Tätigkeitselement eines Netzplans.

Tabelle A-8. Kriterien zur Bewertung von Mitglieder in einem Projekt-Team

Kriterien zur Fachkompetenz	gut	mittel	schlecht
Erfahrung im Projektmanagement			
Spezialist für ...			
Übersicht über Methoden und Werkzeuge			
.			
.			
.			

Kriterien zur Team-Kompetenz			
Überzeugungsvermögen			
Durchsetzungsvermögen			
Verhandlungsgeschick			
Kooperationsfähig			
Zuverlässig			
Belastbar			
Produktivität			
.			
.			
.			

- *Zusammensetzung*
  Für die Zusammensetzung des Projekt-Teams ist darauf zu achten, daß einerseits die *Fach-Qualifikation* stimmt und andererseits die Teamfähigkeit der Personen sichergestellt ist. Tabelle A-8 zeigt Kriterien zur Beurteilung der Mitarbeiter in einem Projekt.

- *Werkzeuge*
  Es müssen der Stand der Aktivitäten und der Projektfortschritt gemessen werden. Dazu dienen Netzpläne, Tabellen und Grafiken. Es muß festgelegt werden, mit welchen Werkzeugen welche Aktivitäten kontrolliert werden. Ferner werden die Formen der Präsentationstechniken festgelegt sowie die Projektarbeit systematisch geplant.

- *Berichtswesen*
  Im Berichtswesen wird festgehalten, welche Informationen erfaßt und zu welchen Mitarbeitern mit welchen Werkzeugen und in welcher Ausführlichkeit (Detaillierungsgrad) berichtet werden soll. Im Berichtswesen stehen vor allem klare Informationen (Zahlen) zu den angefallenen Zeiten (und den abgeschätzten Restzeiten bis zur Fertigstellung), zu den aufgezehrten Kosten (und den Restkosten bis zur Fertigstellung) und der Qualität des Produktes.

- *Konzeption der Systemanalyse*
  Die in Bild A-15 gezeigten Phasen zwei bis vier

der Systemanalyse müssen genauestens geplant werden.

A 3.2.2 Ist-Analyse

Mit der Ist-Analyse wird die augenblickliche Situation beschrieben:

- Aufgaben und Tätigkeiten,
- Abläufe,
- Informationen und Kommunikation,
- Mengengerüst und Datenvolumen,
- Sachmittel: Maschinen, Geräte, Räume,
- Arbeitsplätze: Arbeiten, Leistungen, Qualifikationen und
- Kosten.

Dabei gilt es, folgendes zu tun:

- Abgrenzen des Systems von der Umwelt,
- Formulierung der einzelnen Aufgaben,
- Ermitteln der Einflußgrößen,
- Ermitteln der Schwachstellen,
- Suchen nach Ursachen und
- Prüfen der Zuverlässigkeit von Informationen.

Für die Aufgabe der Optimierung des Materialflusses nach Bild A-16 bietet sich folgende

Tabelle A-9. Checkliste zur Optimierung des Materialflusses

Tätigkeiten	Ergebnis	Dokument
Erfassen der Dateien		
Transportdatei		DT 1
Maschinendatei		DM 1
Datei der Personalzeiten		DP 1
Datei der Kostenarten für Lager, Transport und Maschinen		DK 1
Erfassen der wichtigen Daten (Zeit-, Mengen- und Kostengerüst):		
Transport-Daten:	400 Stück/h	
Maschinen-Daten:	500 Stück/h	
Personal-Daten:	10 Überstunden pro Woche	
	4 Pausenausfälle pro Woche	
Lagerkosten:	1,725 Mio DM	
Transportkosten:	0,667 Mio DM	
Maschinenkosten:	3,53 Mio DM	
Erfassen der Datenflüsse		DF 1
Erfassen der Geräte und Maschinen		
Lager		DL 2
Transport		DT 2
Maschinen		DM 2
Meßgeräte		DG 1
Erfassen der Arbeitsplätze		DA 1
Erfassen der Kosten		s. DK 1
Prüfen des Ist-Zustandes	Ja/Nein	
Prüfung auf Vollständigkeit		
Prüfung auf Zuverlässigkeit		
Prüfen auf Richtigkeit		
Liste der fehlenden Informationen:		

Checkliste an (Tabelle A-9). Dabei sind die Ist-Zustände für die einzelnen Tätigkeiten entweder als Zahlenwert direkt verfügbar oder werden in dem aufgeführten Dokument bereitgestellt. Nach der Erfassung des Ist-Zustandes muß kritisch überprüft werden, ob die Ist-Zustände *vollständig, zuverlässig* und *richtig* sind. Je nach Ergebnis müssen die fehlenden Informationen nachträglich erfaßt werden.

A 3.2.3 Soll-Konzeption

Die Soll-Konzeption umfaßt zunächst die Festlegung der Ziele *(Bedarfs-Analyse)*. Dabei müssen folgende Punkte berücksichtigt werden:

- Forderungen des Auftraggebers,

- Änderungen der bestehenden Aufgaben und Funktionen,

- Neue Aufgaben und Funktionen,

- Neue Systemabgrenzung,

- Informationen, die zur Erfüllung notwendig sind,

- Informationsquellen.

Anschließend wird in der Soll-Konzeption festgehalten:

- Alternative Realisierungskonzepte,

- Kosten,

- Zeiten,

- Risiken.

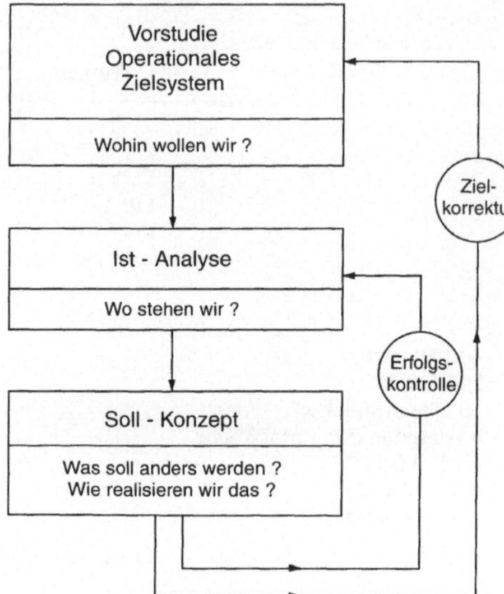

Bild A-18. Regelkreisstruktur der Systemanalyse.

Bild A-18 zeigt die Regelkreisstruktur der Systemanalyse von der Vorstudie bis zur Soll-Konzeption im Zusammenhang. Es ist zu erkennen, daß die *Vorstudie* ein *operationales Zielsystem* (z. B. nach Bild A-16) liefern muß. Dann kann in einem *Soll-Ist-Vergleich* der Erfolg gemessen werden. Bei der Entwicklung der Realisierungsalternativen kann sich herausstellen, ob die in der Vorstudie angestrebten Ziele überhaupt erreichbar sind, oder ob eine *Zielkorrektur* erfolgen muß.

A 3.2.4 Realisierungs-Planung (Pflichtenheft)

Das Pflichtenheft (Überführung der Kundenanforderungen (Lastenheft), Systembeschreibung, Anforderungsdefinition oder requirements specification genannt) ist das Ergebnis der Systemanalyse nach Bild A-15. Es soll der Nachweis geführt werden, daß das System

- die Forderungen des Anwenders (Lastenheft) korrekt und vollständig erfüllt,
- die Forderungen realisierbar sind und
- wie die Lösungen zu prüfen sind.

Das Pflichtenheft dient der *Kommunikation* zwischen Anwender und dem Entwickler. Deshalb muß es in einer Sprache geschrieben werden, die beide verstehen können. Das bedeutet, daß auf entwicklerspezifische Ausdrücke verzichtet werden muß. Beim Pflichtenheft für Software (Abschn. D 1) bedeutet dies, daß auf alle DV-spezifischen Ausdrücke verzichtet werden muß, wenn der Anwender die Anforderungen und die Lösungen verstehen will.

Ein Pflichtenheft enthält den in Tabelle A-10 dargestellten, prinzipiellen Aufbau.

Nicht im Pflichtenheft stehen dürfen konkrete Realisierungen, wie bei Software beispielsweise Programmstrukturen, spezielle Datenstrukturen und ausführliche Programmabläufe.

A 3.2.5 Bewertung und Auswahl

Zur Bewertung und zur Auswahl von Alternativen dient die *Nutzwert-Analyse*. Für die einzelnen Alternativen werden zunächst die Kriterien zur Bewertung festgelegt. Diese werden dann entsprechend ihrer Bedeutung aus Sicht des Anwenders bewertet. Das Produkt aus Gewicht und Punktzahl ergibt den Einzelnutzwert für jedes Kriterium. Der Gesamtnutzwert errechnet sich aus der Summe aller Einzelnutzwerte. Die Alternative mit dem höchsten Gesamtnutzwert ist die beste. Wird eine ideale Alternative mitgeführt, die jeweils den höchsten Einzelnutzwert erhält, dann kann ermittelt werden, zu wieviel Prozent die einzelnen Alternativen einem idealen Produkt am nächsten kommen.

Als Beispiel wird eine Aufgabe aus Bild A-16 gewählt, die Alternativen sucht und bewertet, um die *Transportleistung zu erhöhen*. Als Alternativen stehen zur Verfügung: Ein 2. Gabelstapler (2. G), ein neuer Gabelstapler mit doppelter Ladefläche (Gn) und ein fahrerloses Transportsystem (FTS). Mitgeführt wird eine ideale Alternative (Ideal).

Allgemein geht man bei der Nutzwert-Analyse in folgenden Schritten vor:

1. Aufstellen eines Kriterienkataloges

Die Kriterien sind in Tabelle A-11 zu sehen.

2. Bestimmung der Prioritäten und Errechnen der Gewichtung

Für die Kriterien werden Prioritäten aus Anwendersicht vergeben (wichtigste Priorität = 1). Es ist darauf zu achten, daß möglichst wenig gleiche Prioritäten vorkommen, um die unterschiedliche

Tabelle A-10. Prinzipielle Gliederung eines Pflichtenheftes

Gliederungspunkt

1	Einleitung		7	Beschreibung der Prozeß-Schnittstellen
1.1	Vorwort		7.1	Schnittstellen zwischen den Teilsystemen
1.2	Inhaltsverzeichnis		7.2	Bussysteme, Netze und Kopplungen
1.3	Abkürzungs- und Sachwortverzeichnis		8	Beschreibung der Dialog-Schnittstellen
1.4	Version		8.1	Bildschirmmasken
			8.2	Ausgabe der Listen und Protokolle
2	Beschreibung des Systems		8.3	Grafikausgaben
2.1	Abgrenzung des Systems		9	Notwendige Betriebsmittel
2.2	Systembeschreibung		9.1	Räume
2.2	Systemanforderung		9.2	Hardware
2.2.1	Betriebsarten		9.3	Systemsoftware
2.2.2	Leistungsdaten			
2.2.3	Verhalten bei Störungen		10	Projektablauf
3	Beschreibung der Maschinen und Geräte		10.1	Tätigkeitsplanung
			10.2	Personalplanung
3.1	Transportmaschinen		10.3	Terminplanung
3.2	Bedienmaschinen		10.4	Kostenplanung
3.3	Prozeßmaschinen		10.5	Meilensteine
3.3	Hardware-Konfiguration		10.6	Prüfungen
3.4	Eingesetzte Software			
			11	Abnahme des Systems
4	Beschreibung der Systemkomponenten und Funktionen		11.1	Ablauf
			11.2	Protokoll
4.1	Darstellung der Systemstruktur		11.3	Regelung zur Nachbesserung und Gewährleistung
4.2	Beschreibung der Funktionen			
5	Beschreibung der technologischen Funktionen		12	Einführung
			12.1	Übergabe des Systems
6	Beschreibung der Anstoßereignisse		12.2	Schulung der Mitarbeiter

Tabelle A-11. Kriterien, Prioritäten und Gewichtung für Alternativen

Kriterien	Priorität	Gewicht
Raumbedarf	3	6
Emissionen	4	5
Sicherheit	2	7
Umbauarbeiten	8	1
Betriebskosten	6	3
Energieverbrauch	5	4
Reparaturen	7	2
Zuverlässigkeit	1	8

Bedeutung der einzelnen Kriterien deutlich erkennen zu lassen. Aus den Prioritäten lassen sich die Gewichtungen errechnen. Die höchste Priorität (1) erhält das höchste Gewicht. Dies wird folgendermaßen errechnet: Man addiert die höchste und die niedrigste Priorität (im Beispiel: $1 + 8 = 9$). Wird davon die die Priorität des jeweiligen Kriteriums abgezogen, so erhält man das Gewicht dieses Kriteriums (z. B. Kriterium „Sicherheit": $9 - 2 = 7$, d. h. das Gewicht ist 7). In Tabelle A-11 sind die Kriterien, ihre Prioritäten und Gewichte zusammengestellt.

3. Bewertung der Kriterien

Es werden für die Noten 1 (sehr gut) bis 6 (nicht erfüllt) entsprechend Tabelle A-12 Punkte vergeben.

4. Errechnen der Einzelnutzwerte für jedes Kriterium als Produkt aus dem Gewicht und der Bewertungszahl

5. Berechnung des Gesamtnutzwertes als Summe der Einzelnutzwerte

Tabelle A-12. Noten und Punktbewertung

Note	Punkte	Bemerkung
1	100	Optimal. In allen Belangen den Anforderungen entsprechend.
2	80	Kleinere Nachteile und Mängel. Leicht unter den gestellten Anforderungen.
3	60	Spürbare Mängel und Nachteile. Deutlich unter den gestellten Anforderungen.
4	40	Erhebliche Mängel und Nachteile. Weit unter den gestellten Anforderungen.
5	20	Kaum brauchbare Lösung.
6	0	Funktion nicht vorhanden oder nicht brauchbar.

6. Berechnung des Prozentsatzes der Ideallösung

Tabelle A-13 zeigt das Ergebnis. Dabei wurden die Merkmale nach fallendem Gewicht sortiert, um die wichtigsten Merkmale zuerst zu sehen. Es ist zu erkennen, daß die beste Alternative das Fahrerlose Transportsystem (FTS) ist, gefolgt von der Alternative, einen größeren Gabelstapler anzuschaffen. Im vorliegenden Fall wird empfohlen, ein FTS anzuschaffen. In Bild A-19 zeigt die grafische Auswertung als Nutzwert-Profil-Analyse.

Für alle anderen Aufgaben gemäß Bild A-16 werden ebenfalls Alternativen gesucht und analog bewertet. Zum Schluß sind alle Alternativen ausgewählt worden, so daß mit der nächsten Phase begonnen werden kann.

A 3.2.6 Entwurf des gesamten Systems und seiner Teile

Hierbei wird sowohl der gesamte Systementwurf erarbeitet als auch die einzelnen Module. Es gilt beispielsweise die Optimierung des Materialflusses nach Bild A-16 sowohl bei den einzelnen Modulen (d.h. operationalen Zielen), als auch im Hinblick auf die Hauptzielebene (wirtschaftlich, funktional und sozial), d.h. des gesamten Systems.

Tabelle A-13. Nutzwert – Analyse

Kriterien	Gewicht	Ideal		Zweiter Gabelstapler		Größerer Gabelstapler		FTS	
		Punkte	Nutzwert	Punkte	Nutzwert	Punkte	Nutzwert	Punkte	Nutzwert
Zuverlässigkeit	8	100	800	80	640	60	480	80	640
Unfallsicherheit	7	100	700	20	140	60	420	70	490
Raumbedarf	6	100	600	40	240	80	480	80	480
Emissionen	5	100	500	20	100	40	200	100	500
Energieverbrauch	4	100	400	40	160	80	320	80	320
Kosten	3	100	300	80	240	80	240	20	60
Reparaturen	2	100	200	30	60	60	120	70	140
Umbauarbeiten	1	100	100	100	100	100	100	20	20
Summe			3600		1680		2360		2650
Erfüllungsgrad					46,67%		65,56%		73,61%

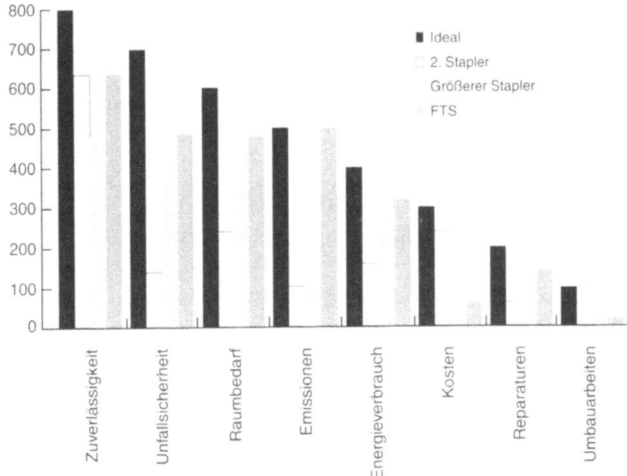

Bild A-19. Nutzwert-Profilanalyse.

A 3.2.7 System-Realisierung, System-Implementierung und Test, Einführung

Es handelt sich hier um die konkrete Lösung der Probleme und den Test. Bei der Software handelt es sich um den Entwurf der logischen Abläufe und der Modellierung der Daten sowie die Kodierung der Probleme, den Test und die Einführung. Diese Teile werden ausführlich im Abschnitt über Software-Entwicklung (D 1) abgehandelt.

A 3.2.8 Pflege und Wartung

Das System muß in der Praxiserprobung von seinen Fehlern befreit (gewartet) und den neuen Bedingungen angepaßt werden (Pflege).

A 3.2.9 Beispiel für eine Systemanalyse und Systementwicklung

In einer chemischen Fabrik wird Tonerde hergestellt. Dieses pulverförmige Produkt wird in Säcken zu 50 kg abgefüllt. Zum Versand werden jeweils 20 Säcke auf eine Palette gepackt und auf Lkw verladen (durchschnittlich 20 Paletten pro Lkw). Pro Sack ist ein Über- bzw. Untergewicht von 0,5 kg zulässig. Es kam zu folgenden Reklamationen: Die Lkws waren zu schwer beladen, und die Kunden beklagten Untergewicht. Es sollen Lösungen zur Verringerung der Reklamationen gefunden werden.

Dabei geht man enstprechend Bild A-16 vor:

1. Aufgabenbeschreibung, Zielvereinbarung und Festlegen der Meßgrößen

Die Aufgabe bestand darin, die unzulässig große Gewichtsabweichung (nach beiden Seiten) auf ihre Ursachen hin zu untersuchen und daraus Lösungsvorschläge zu erarbeiten. Das Ziel war, die zulässigen Gewichtstoleranzen (+/- 0,5 kg) einzuhalten. Als Meßgröße wurde die Anzahl der Reklamationen vereinbart.

2. Sammlung von Informationen zur Aufgabe und

3. Ordnen und Schwerpunkte bilden

Die Teilnehmer schrieben auf die Notizkarten alles, was ihnen spontan zur Aufgabenstellung einfiel. Beispielsweise

- unterschiedliche Feuchtigkeit der Tonerde,
- ungenaue Waage,
- Staubeinfluß auf die Waage,
- Unterschiede zwischen manueller und automatischer Abfüllung,
- unterschiedlicher Mengenzufluß über das Fördersystem,
- Aufstellort der Wiegeanlage,
- unterschiedliches Eigengewicht der Paletten,

- Verhältnis der reklamierten Versendungen zu nicht reklamierten.

Erfahrungsgemäß kommt es zu Mehrfachnennungen, die durch den dritten Schritt zusammengefaßt werden.

4. Vertiefte Untersuchung des ausgewählten Schwerpunktes

Bild A-20 zeigt das Ursache-Wirkungs-Diagramm der Aufgabe mit den Einflußgrößen: Maschine, Mensch, Produkt und Material und Bild A-21 ein genaueres Diagramm der Einflußgrößen.

5. Lösungsmöglichkeiten entwickeln

Ausgehend von den wesentlichen Ursachen, wurden folgende Maßnahmen abgeleitet (Tabelle A-14).

6. Bewerten der Lösungsmöglichkeiten, Auswahl des Lösungsvorschlages

Tabelle A-15 zeigt die Lösungsvorschläge.
  Es wurde die heutige Kostensituation auf Grund der Reklamationsanzahl und des Aufwandes zur Ursachenbeseitigung gegenübergestellt:

Gesamtaufwand im ersten Jahr: 48 000,– DM
Gesamtreklamationen: jährlich 90 (15% von 600 Auslieferungen pro Jahr);
Kosten je Reklamation: 800,– DM;
Reklamationskosten pro Jahr: 72 000,– DM.

Da im zweiten Jahr nur noch Lohnkosten in Höhe von 5 000,– DM anfallen, ist es sinnvoll, alle Maßnahmen durchzuführen.

7. Vorstellung des Lösungsvorschlages im Betrieb, Entscheidung der Verantwortlichen

Die Ergebnisse der Arbeit wurden in der Kantine allen Betroffenen, insbesondere der Geschäftsleitung präsentiert. Die dabei verwendeten Schaubilder blieben anschließend zur Information der Betriebsöffentlichkeit noch zwei Wochen hängen. Die Geschäftsleitung gab noch im Verlauf der Präsentation die benötigten Mittel frei.

8. Umsetzen und Überprüfen der Zielerreichung

Die beschlossenen Maßnahmen wurden im Verlauf von drei Monaten umgesetzt. Nach weiteren zwei Monaten war eine deutliche Abnahme der Reklamationen festzustellen. Ein Jahr nach der Präsentation war die Reklamationsrate auf 15 pro Jahr (hochgerechnet) gesunken. Damit wurde bereits im ersten Jahr ein Einspareffekt von 12 000,- DM erreicht (60 000,- DM Einsparung abzüglich 48 000,- DM Kosten).

A 4 Zahlensysteme und Kodierungsmethoden

A 4.1 Zahlensysteme

Der Umgang mit Zahlen in unserem täglichen Leben beschränkt sich in der Regel auf das *dezimale Zahlensystem*. Trotz seiner enormen Leistungsfähigkeit ist es für die digitale Verarbeitung in Rechnersystemen ungeeignet. Zum Einsatz kommen hier *binärer Zahlensysteme* mit den zwei Zuständen 0 und 1.
  Allen Zahlensystemen liegt folgendes Bildungsgesetz zugrunde (Gl.(A-14)):

$$Z = \sum_i X_i Y^i \quad i \in Z \quad 0 \le X \le Y \qquad \text{(A-14)}$$

Dabei ist X das *Argument,* das den Ziffernvorrat (z.B. im Dezimalsystem 0, 1, …,9) angibt, Y die Basis des Zahlensystems (im Dezimalsystem 10) und i die Stelle (i = 0,1, … n). Der Ziffernvorrat X (im Dezimalsystem 0 bis 9) muß stets um 1 kleiner als die Basis Y des Zahlensystems sein.
  Die Auflösung der Summenformel nach Gl. (A-14) zeigt den Aufbau des Zahlensystems deutlich.

$$Z = \dots X_3 Y^3 + X_2 Y^2 + X_1 Y^1 + X_0 Y^0 \\ + X_{-1} Y^{-1} \dots \qquad \text{(A-15)}$$

Argumente, die einen negativen Exponenten besitzen (in Gl. (A-15) beispielsweise $X_{-1} Y^{-1} \dots$), ergeben in jedem Zahlensystem die *Nachkommazahlen*. Der Umgang mit den so entstandenen *Gleitkommazahlen* und die Handhabung im *binären Zahlensystem* wird im Abschnitt A 4.2.2 erläutert.
  In der Digitaltechnik gibt es nur die beiden Zustände „*wahr*" (1) und „*nicht wahr*" (0). Es ist ein *binäres* Zahlensystem (d. h. es besteht aus zwei unterschiedlichen Zuständen), das als *Dualsystem* (Ziffern 0 und 1) bezeichnet wird.

Im dualen Zahlensystem ist die Basis stets 2. Das Argument einer jeden Stelle kann den Wert „0" oder „1" einnehmen.

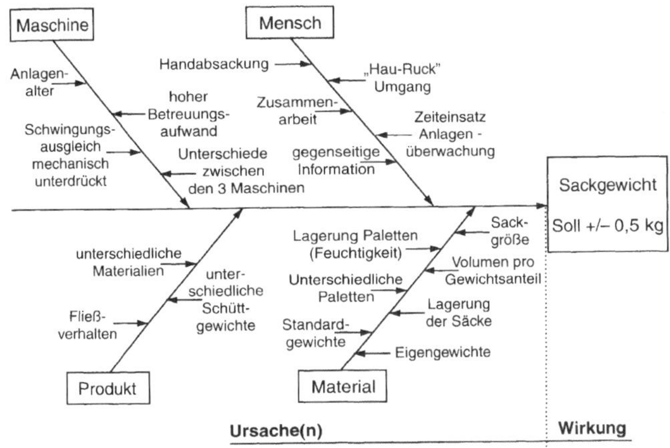

Bild A-20. Ursache-Wirkungs-Diagramm (global).

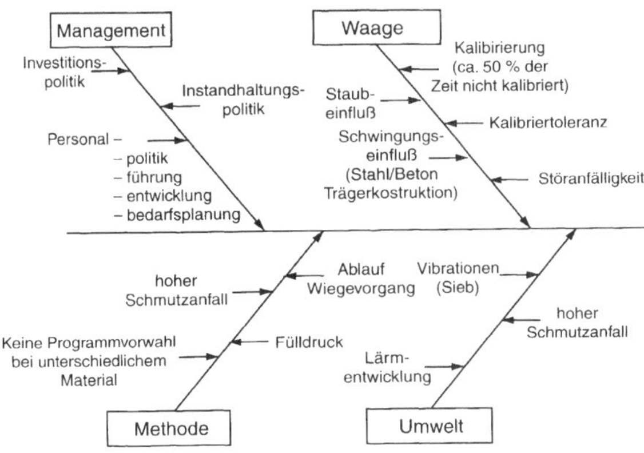

Bild A-21. Ursache-Wirkungs-Diagramm (speziell).

Tabelle A-14. Entwickeln von Möglichkeiten

Waage	• Abstützung der Trägerkonstruktion der Waage zur Verminderung von Vibrationen, • Abdeckung der Wiegemechanik, um diese staubarm zu halten, • Regelmäßige Kalibrierüberwachung der Waagen im Rahmen der vorbeugenden Instandhaltung.
Material	• Paletten trocken lagern (unter einem Dach), • Paletten-Eigengewicht und Sackgewicht anpassen und in das EDV-System eingeben.
Methode	• Einstellung der (manuell gesteuerten) Maschinen nach Produkt.

Tabelle A-15. Lösungsvorschläge

Lösungsmöglichkeit	Aufwand	Nutzen
Vibrationsarme Ausführung der Waage	Einbau einer T-Trägers (1000,– DM)	Ausschaltung der Störeinflüsse durch Vibrationen
Abdeckung der Wiegemechanik	Abdecken aller wiegemechanischen Funktionsteile (2000,– DM)	Kaum feststellbar, da beim Waagenhersteller keine tonerderesistenten Abdeckungen zu finden waren
Lagern der Holzpaletten unter Dach	Traglufthalle aus Hallenplatz (40000,– DM)	Einfluß der Paletten ausgeschaltet
Regelmäßiges Eichen der Waagen	Lohnkosten 100,– DM/Woche	Waagen sind exakt; Zeitersparnis gegenüber nachsorgender Instandhaltung

Tabelle A-16 zeigt eine Übersicht über die gebräuchlichsten Zahlensysteme, die auf einer dualen Darstellung beruhen, im Vergleich zum Dezimalsystem. Dabei ist die Wertigkeit der ersten vier Stellen (Y^0 bis Y^3) der einzelnen Zahlensysteme dargestellt, sowie das Zahlensystem in allgemeiner Formulierung angegeben. Die letzte Spalte zeigt die Summenschreibweise der einzelnen Zahlensysteme.

Im *Dualsystem* (Abschn. A 4.1.1) nennt man das Argument X auch *Bit*, ein Kurzwort, das aus dem englischen *binary digit* (binäre Einheit) abgeleitet wird.

Beispiel:

A 4-1: Setzt man in die Gl. (A-15) die Basis der einzelnen Zahlensysteme ein, so erhält man eine einfache Umrechnung in das bekannte Dezimalsystem. Zur Veranschaulichung wird die dezimale Zahl $Z_D = 269{,}3_D$ und die Binäre Zahl $Z_B = 0101{,}0_B$ nach Gl. (A-15) in ihre Argumente mit entsprechender Wertigkeit aufgelöst:

$$Z_D = 269{,}3_D$$
$$Z_D = \ldots 0 \cdot 10^3 + 2 \cdot 10^2 + 6 \cdot 10^1 + 9 \cdot 10^0 +$$
$$3 \cdot 10^{-1} + 0 \cdot 10^{-2} + \ldots$$
$$Z_D = \ldots 0 + 200 + 60 + 9 + 0{,}3 = 269{,}3_D$$

Für die dualen Zahlen ergibt sich:

$$Z_B = 0101{,}0_B$$
$$Z_B = \ldots 0 \cdot 2^3 + 1 \cdot 2^2 + 0 \cdot 2^1 + 1 \cdot 2^0 +$$
$$0 \cdot 2^{-1} + \ldots$$
$$Z_B = \ldots 0 + 4 + 0 + 1 + 0 = 5_D$$

Alle weiteren nicht aufgeführten Stellen haben stets das Argument „0", so daß diese Stellen keinen Beitrag zum Zahlenwert leisten.

A 4.1.1 Duales Zahlensystem

Das *duale Zahlensystem* ist das einfachste Zahlensystem, das sich realisieren läßt. Es hat die Basis 2, weshalb nach Gl. (A-14) das Argument die Werte 0 und 1 annehmen kann.

Da die Argumente stets kleiner als die Basis sein müssen, bleiben für das Dualsystem mit der Basis 2 lediglich die Zahlen 0 und 1 übrig. Würde man ein Zahlensystem mit der Basis 1 wählen, könnte das Argument nur noch den Wert 0 annehmen, womit sich kein Zahlensystem mehr aufbauen läßt.

Durch das Einsetzen der Basis 2 in die Gl. (A-14) erhält man für das Dualsystem:

$$Z = \sum_i X_i \, 2^i \quad i \in Z$$
$$0 \le X < 2 \qquad \text{(A-16)}$$
$$\text{also } X \in [0,1]$$

Die Zahlenkolonnen des dualen Zahlensystems unterliegen keinen Grenzen. Eine *acht Bit* breite Dualzahl besitzt beispielsweise die Argumente D0 bis D7, mit denen ein dezimaler Zahlenumfang von 0 bis 255 ($= 2^8 - 1$) dargestellt werden kann.

Tabelle A-16. Übersicht über die Zahlensysteme

Zahlensysteme		Allgemeine Darstellung: Wertigkeit der Stellen nach Gleichung (A-2)				Summen-Gleichung
		Y^3	Y^2	Y^1	Y^0	
Dezimalzahl	Wert:	10^3	10^2	10^1	10^0	$\sum_i X_i 10^i$
	dezimal	1000	100	10	1	
	dezimal	1000	100	10	1	
Dualzahl	Wert:	2^3	2^2	2^1	2^3	$\sum_i X_i 2^i$
	dual	1000_B	100_B	10_B	1_B	
	dezimal	8	4	2	1	
Oktalzahl	Wert:	8^3	8^2	8^1	8^{30}	$\sum_i X_i 8^i$
	oktal	1000_o	100_o	10_o	1_o	
	dezimal	512	64	8	1	
Hexadezimalzahl	Wert:	16^3	16^2	16^1	16^0	$\sum_i X_i 16^i$
	hexadezimal	1000_H	100_H	10_H	1_H	
	dezimal	4096	256	16	1	

Tabelle A-17. Zahlenbereich einer 8-Bit Dualzahl

	Most Significant Bit MSB ←							Least Significant Bit → LSB
Argument und Wertigkeit Dezimalwert	D7 2^7	D6 2^6	D5 2^5	D4 2^4	D3 2^3	D2 2^2	D1 2^1	D0 2^0
0	0	0	0	0	0	0	0	0
1	0	0	0	0	0	0	0	1
2	0	0	0	0	0	0	1	0
3	0	0	0	0	0	0	1	1
4	0	0	0	0	0	1	0	0
5	0	0	0	0	0	1	0	1
6	0	0	0	0	0	1	1	0
7	0	0	0	0	0	1	1	1
•	•	•	•	•	•	•	•	•
•	•	•	•	•	•	•	•	•
•	•	•	•	•	•	•	•	•
127	0	1	1	1	1	1	1	1
128	1	0	0	0	0	0	0	0
129	1	0	0	0	0	0	0	1
•	•	•	•	•	•	•	•	•
•	•	•	•	•	•	•	•	•
•								
253	1	1	1	1	1	1	0	1
254	1	1	1	1	1	1	1	0
255	1	1	1	1	1	1	1	1

Die Wertigkeit der Argumente ergibt sich aus ihrer Stelle, wie Tabelle A-17 verdeutlicht:

In Tabelle A-17 steht das Bit mit der *höchsten Wertigkeit* stets in der *linken Spalte*. Dieses Bit wird als *Most Significant Bit (MSB)* bezeichnet. Dagegen befindet sich das *niederwertigste* Bit (D0) in der *Spalte* ganz rechts. Man nennt es *Least Significant Bit (LSB)*.

Da bei binären Zahlen die Zählweise bei 0 beginnt, ist die größte darstellbare Zahl stets um eins kleiner als die Potenz des Arguments k zur Basis zwei. Die größtmögliche Zahl Z_{max} die bei einer bekannten Anzahl k von Argumenten darstellbar ist, läßt sich durch folgende Gleichung berechnen:

$$Z_{max} = 2^k - 1 \qquad \text{(A-17)}$$

Beispiel:

A 4-2: Eine vierstellige Dualzahl kann insgesamt 2^4 also 16 Werte annehmen. Da der Darstellungsbereich bei „0" beginnt, kann sie nur die natürlichen Zahlen bis einschließlich 15 beschreiben, eben 0, 1, 2, 3,... 12, 13, 14 und 15, insgesamt also 16 Werte. Der höchsten Wert ergibt sich nach (Gl. A-17) zu $2^4 - 1 = 15$.

Große Dualzahlen werden oft in Feldern von 8, 16 oder 32 Bit zusammengefaßt. Man spricht dann von einem *Byte* (8 Bit), *Word* (16 Bit) oder *Double Word* oder *Long Word* (32 Bit). Auch sind bereits einzelne Rechnerstrukturen mit einer Wortbreite von 64 Bit zu finden. Die gebräuchlichsten Bezeichnungen hierfür sind *Double Long* oder *Extended Long*. Bei einer Wortbreite von nur 4 Bit spricht man von einem *Nibble* (Abschn. A 4.1.2).

4 Bit = Nibble
8 Bit = Byte
16 Bit = Word
32 Bit = Long Word
64 Bit = Double Long

A 4.1.2 Hexadezimales Zahlensystem

Die Darstellung von großen Dezimalzahlen im dualen Zahlensystem hat sich als unübersichtlich und fehlerträchtig herausgestellt. Deshalb hat man einzelne Bits zusammengefaßt und auf der Basis des Darstellungsbereiches dieser Bitgruppe ein neues Zahlensystem aufgebaut.

Als sinnvolle Teilung zeigte sich die Zusammenfassung von *4 Bit* des Dualsystems. Dadurch können $2^4 = 16$ Zustände dargestellt werden. Zur Kennzeichnung werden die 10 Zahlen des Dezimalsystems (0 bis 9) und die 6 Buchstaben des Alphabetes (A bis F) herangezogen. Deshalb nennt man dieses Zahlensystem Hexadezimalsystem. Seine Basis ist 16 und es gilt:

$$Z = \sum_i X_i 16^i \quad i \in Z$$
$$0 \le X < 16 \qquad \text{(A-18)}$$
$$\text{also } X \in [0,15]$$

Bei der Zusammenfassung von 4 Bit spricht man auch von einem *Halbbyte* oder einem *Nibble*. Dieses *Nibble* kann als einstellige hexadezimale Zahl gerade diese 16 Zahlen (von 0 bis 15_D) darstellen.

Unter *Halbbyte* oder *Nibble* versteht man die Zusammenfassung von *4 Bit*. Damit können 16 Zustände dargestellt werden.

Tabelle A-18 zeigt das Halbbyte einer vierstelligen Dualzahl (D0 bis D3) sowie die 16 möglichen Werte des Argumentes X der Hexadezimalzahl nach Gl. (A-18). Auf diese Weise lassen sich beispielsweise *16 Bit* breite Dualzahlen durch eine *vierstellige* Hexadezimalzahl darstellen *(16 Bit = 4 Nibbles bzw. 4 Halbbytes)*.

A 4.2 Erweiterungen zum binären Zahlensystem

A 4.2.1 Negative Zahlen

Für die Darstellung *negativer Zahlen* muß ein *weiteres* Bit als Vorzeichenbit zur Verfügung gestellt werden. Dieses *Vorzeichenbit* besitzt den Wert „0" bei einer *positiven Zahl,* den Wert 1 bei einer *negativen Zahl.* Die einfachste Art, eine negative Zahl darzustellen, ist die *Vorzeichen-Betrags-Darstellung* (VBD).

Zur Veranschaulichung wird in der Vorzeichen-Betrags-Darstellung die dezimale Zahl 11 im Dualsystem sowohl positiv als auch negativ dargestellt:

$$0\ 1\ 0\ 1\ 1\ B \qquad = \qquad 11_D$$

Vorzeichenbit „0", d.h. positive Zahl

$$1\ 1\ 0\ 1\ 1\ B \qquad = \qquad -11_D$$

Vorzeichenbit „1", d.h. negative Zahl

Tabelle A-18. Darstellung des Wertebereiches des Argumentes einer Hexadezimalzahl

duale Darstellung				dezimale Darstellung		hexadezimale Darstellung
D3	D2	D1	D0	Z1	Z0	H0
2^3	2^2	2^1	2^0	10^1	10^0	16^0
0	0	0	0	0	0	0
0	0	0	1	0	1	1
0	0	1	0	0	2	2
0	0	1	1	0	3	3
0	1	0	0	0	4	4
0	1	0	1	0	5	5
0	1	1	0	0	6	6
0	1	1	1	0	7	7
1	0	0	0	0	8	8
1	0	0	1	0	9	9
1	0	1	0	1	0	A
1	0	1	1	1	1	B
1	1	0	0	1	2	C
1	1	0	1	1	3	D
1	1	1	0	1	4	E
1	1	1	1	1	5	F
vierstellige Zahl				zweistellige Zahl		einstellige Zahl

Dieses Beispiel verdeutlicht, daß die negative Zahl $-11D$ sich nicht von der positiven Dualzahl 27_D unterscheidet. Bei der Verwendung eines Vorzeichenbits muß deshalb der Entwickler durch die Angabe des Darstellungsbereiches für Eindeutigkeit sorgen. Eine mit Vorzeichen versehene fünfstellige Dualzahl hat den Wertebereich von -16 bis $+15$ und kann somit nie den Wert $+27$ einnehmen, wie eine vorzeichenlose fünfstellige Dualzahl (Darstellungsbereich: 0 bis $+31$).

Für die Verarbeitung in Prozeßsteuerungen oder in Signalverarbeitungs-Rechnern hat sich obige Darstellung von negativen Zahlen als ungeeignet erwiesen. Hier geht man allgemein in die Darstellung als *Zweierkomplement (ZK)* über. Die Bedeutung des Vorzeichenbits bleibt dabei erhalten: positive Zahlen werden mit einer führenden „0" gekennzeichnet, negative Zahlen mit „1". Die nachfolgenden Bits bei den negativen Zahlen bilden jedoch das Zweierkomplement zur positiven Zahl. Unter dem Zweierkomplement versteht man die *Ergänzung* der *positiven Zahl* auf die *Basis* des

Zahlensystems. So gilt für das Zweierkomplement des Hexadezimalsystems:

> Das Zweierkomplement (ZK) einer Hexadezimalzahl ist die Ergänzung auf ihre Basis 16. (A-19)

Zur Vervollständigung soll hier der Begriff des *Einerkomplements* erklärt werden. Es stellt die *Differenz* der bestehenden Zahl zur *maximal darstellbaren Zahl* dar und wird durch eine einfache *Inversion* (0 wird 1 und 1 wird 0) in der binären Schreibweise gewonnen.

> Das Einerkomplement (EK) einer Hexadezimalzahl ist die Ergänzung zur höchsten Zahl 15. Es ergibt sich aus dem Inversen der Dualzahl.

Beispiel:

A 4-3: Um den Umgang mit den Komplementzahlen zu veranschaulichen, soll das Zweierkomplement zur hexadezimalen Zahl 9_H gesucht werden:

$$1\ 0\ 0\ 1_B \qquad = 9_H$$

Das Zweierkomplement zur Zahl 9_H errechnet sich aus der Ergänzung zur Basis 16. Dies ergibt eine Differenz von 7_H:

ZK: $0\ 1\ 1\ 1_B = 7_H$

Zur Probe kann man nun die Zahl und ihr Zweierkomplement addieren, und es muß die Zahl null sowie ein Übertrag herauskommen:

$$
\begin{array}{rcl}
1\ 0\ 0\ 1_B & = & 9_H \\
0\ 1\ 1\ 1_B & = & 7_H \\
\hline
1\ 0\ 0\ 0\ 0_B & = & 10_H
\end{array}
$$
$\llcorner$ Übertrag

Da das Argument der Hexadezimalzahl nur *vier Bit* breit ist, kann der Übertrag durch diese einstellige Zahl nicht mehr dargestellt werden, so daß das Ergebnis dieser Addition null ist. Die Bildung des Zweierkomplements wird rechnertechnisch aus dem *Inversen* der positiven Zahl gebildet, zudem noch „1" hinzuaddiert wird. Es wird also das *Einerkomplement* um 1 erhöht.

$$
\begin{array}{ll}
1\ 0\ 0\ 1_B & \\
0\ 1\ 1\ 0_B & \text{Inverse zur positiven Zahl} \\
& \text{(Einerkomplement)} \\
1_B & \text{Addition von 1} \\
\hline
0\ 1\ 1\ 1_B & \text{Zweierkomplement der positiven Zahl}
\end{array}
$$

Die Verwendung von Zahlen im Zweierkomplement wird stets in Verbindung mit einem *Vorzeichenbit* vorgenommen, welches die Zweierkomplement-Darstellung eindeutig kennzeichnet. Tabelle A-19 gibt die Zahlen einer *5 Bit* breiten Zahl und ihr Zweierkomplement wieder. Durch das Vorzeichenbit müssen *6 Bit* bereitgestellt werden. Auch fällt auf, daß die Darstellung der Zahl null bei den positiven Zahlen und im Zweierkomplement gleich ist. Aus diesem Grund ist es möglich, die negative Zahl -32_D mit nur fünf Bits darzustellen.

A 4.2.2 Festkomma- und Gleitkommazahlen

In obigen Beispielen ist man stets von der *Festkomma-Darstellung* einer Zahl ausgegangen. Sie ist gekennzeichnet durch eine bestimmte Anzahl von *Vorkomma-* und *Nachkommastellen*. Im allgemeinen arbeitet man im hexadezimalen und binären Zahlensystem *ohne* Nachkommastellen. Dies hat den Nachteil, daß der Zahlenbereich zwar begrenzt ist, aber für Steuerungszwecke ausreicht. Auf dem Zahlenstrahl in Bild A-22 sind im oberen Teil die dualen Zahlen in Abhängigkeit ihrer Breite aufgetragen. Eine 16-Bit Zahl erreicht ihren maximalen Wert bei $2^{16} - 1$, also bei 65 535.

Eine wesentliche Erweiterung des Zahlenbereiches bringt das Hinzufügen eines *Exponenten*, wie im unteren Teil von Bild A-22 dargestellt ist.

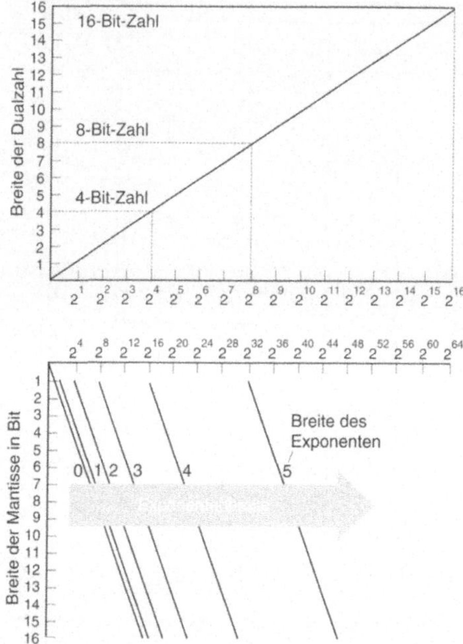

Bild A-22. Vergleich des Darstellungsbereichs von Dual- und Gleitkommazahlen.

Der Aufbau einer *binären Gleitkommazahl* ist dem einer Dezimalzahl gleich:

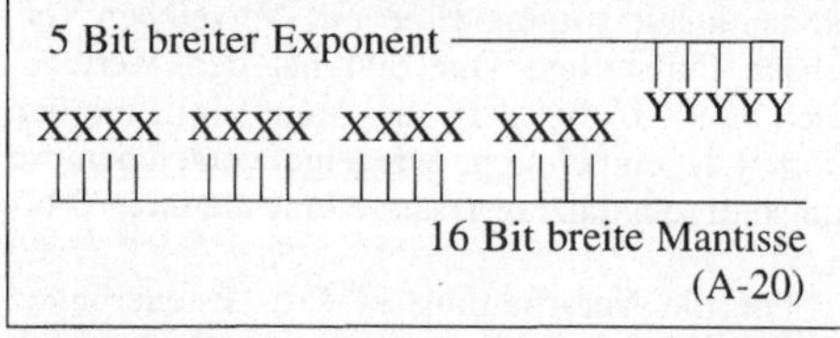

$$(A-20)$$

In der Regel wird eine andere Schreibweise benutzt:

$$(A-21)$$

Der *Exponent* ist dabei die *Hochzahl*, die angibt, wie oft die Basis mit sich selbst multipliziert werden muß (z.B. ist $2^3 = 2 \cdot 2 \cdot 2$). Die *Mantisse*

Tabelle A-19. Negative Dualzahlen in der Zweierkomplement Darstellung

positive Dualzahlen							negative Dualzahlen in Zweierkomplement Darstellung						
Dezimal-zahl	D5 VZ	D4 2^4	D3 2^3	D2 2^2	D1 2^1	D0 2^0	Dezimal-zahl	D5 VZ	D4 2^4	D3 2^3	D2 2^2	D1 2^1	D0 2^0
0	0	0	0	0	0	0	0	0	0	0	0	0	0
1	0	0	0	0	0	1	−1	1	1	1	1	1	1
2	0	0	0	0	1	0	−2	1	1	1	1	1	0
3	0	0	0	0	1	1	−3	1	1	1	1	0	1
4	0	0	0	1	0	0	−4	1	1	1	1	0	0
5	0	0	0	1	0	1	−5	1	1	1	0	1	1
6	0	0	0	1	1	0	−6	1	1	1	0	1	0
7	0	0	0	1	1	1	−7	1	1	1	0	0	1
8	0	0	1	0	0	0	−8	1	1	1	0	0	0
9	0	0	1	0	0	1	−9	1	1	0	1	1	1
10	0	0	1	0	1	0	−10	1	1	0	1	1	0
11	0	0	1	0	1	1	−11	1	1	0	1	0	1
12	0	0	1	1	0	0	−12	1	1	0	1	0	0
13	0	0	1	1	0	1	−13	1	1	0	0	1	1
14	0	0	1	1	1	0	−14	1	1	0	0	1	0
15	0	0	1	1	1	1	−15	1	1	0	0	0	1
16	0	1	0	0	0	0	−16	1	1	0	0	0	0
17	0	1	0	0	0	1	−17	1	0	1	1	1	1
18	0	1	0	0	1	0	−18	1	0	1	1	1	0
19	0	1	0	0	1	1	−19	1	0	1	1	0	1
20	0	1	0	1	0	0	−20	1	0	1	1	0	0
21	0	1	0	1	0	1	−21	1	0	1	0	1	1
22	0	1	0	1	1	0	−22	1	0	1	0	1	0
23	0	1	0	1	1	1	−23	1	0	1	0	0	1
24	0	1	1	0	0	0	−24	1	0	1	0	0	0
25	0	1	1	0	0	1	−25	1	0	0	1	1	1
26	0	1	1	0	1	0	−26	1	0	0	1	1	0
27	0	1	1	0	1	1	−27	1	0	0	1	0	1
28	0	1	1	1	0	0	−28	1	0	0	1	0	0
29	0	1	1	1	0	1	−29	1	0	0	0	1	1
30	0	1	1	1	1	0	−30	1	0	0	0	1	0
31	0	1	1	1	1	1	−31	1	0	0	0	0	1
							−32	1	0	0	0	0	0

VZ = Vorzeichen (0: +; 1: −).

entspricht dem *Argument* der Zahlensysteme. Da es sich jedoch um eine *Gleitkommazahl* handelt, ist der Darstellungsbereich der Mantisse nicht nur auf die ganzen Zahlen beschränkt, sondern deckt den gesamten *reellen Zahlenbereich* innerhalb des benutzten Zahlensystems ab.

Die untere Hälfte in Bild A-22 zeigt den Zahlenbereich der Gleitkommazahlen in Abhängigkeit von ihrer Mantissenbreite und der Breite des Exponenten. Wird der Exponent gleich null gesetzt, so entspricht diese Gerade genau dem Zahlenbereich von Festkommazahlen (Gerade in Bild A-22 oben).

Gleitkommazahlen können ebenfalls im Zweierkomplement dargestellt werden. Dies erweitert den Zahlenbereich nochmals erheblich, es muß jedoch, wie oben bereits erwähnt, ein Vorzeichenbit geführt werden.

In der Regel wird das Vorzeichenbit den Dualzahlen vorangestellt. Vereinzelt gibt es jedoch Systeme, die das Vorzeichenbit hinten anfügen (z.B. Siemens).

Die Basis des Exponenten ist zwei. So kann der Exponent im obigen Beispiel als größte positive Zahl $0\ 1\ 1\ 1\ 1_B$, also 15_D einnehmen. Die führende 0 gibt an, daß es sich um eine positive Zahl handelt. Zur Basis 2 gerechnet ergibt sich ein maximaler Multiplikator von 32767 ($= 2^{15} - 1$). Die größte negative Zahl erhält man aus dem Zweierkomplement zu $1\ 0\ 0\ 0\ 0_B$, was -16_D entspricht. Die Mantisse wird dann mit $-65536 (= -2^{16})$ gewichtet. Der kleinste Exponent kann natürlich 0 sein, wodurch die Zahl stets den Wert der Mantisse annimmt. Mit Hilfe des negativen Exponenten können sehr kleine reelle Zahlen dargestellt werden. Negative Zahlen erhält man durch das Zweierkomplement der Mantisse. Die vier Möglichkeiten der Vorzeichenkombinationen sind durch den Zahlenstrahl in Bild A-23 aufgezeigt.

Bewegt sich die Zahl im Wertebereich der Mantisse, ist es immer möglich, den Exponenten null werden zu lassen. Wie beim geläufigen Dezimalsystem beeinflußt die *Kommastelle* den Exponenten (siehe hierzu auch die Beispiele unten).

Beispiel:

A 4-4: Der Begriff *Gleitkommazahl* wird an einer dezimalen Zahl und an einer binären Zahl veranschaulicht. Dazu soll der Wert der Zahlen *konstant* bleiben, der Exponent sich aber in Abhängigkeit der Kommastelle ändern. Am deutlichsten kann das bei den dezimalen Zahlen nachvollzogen werden:

$$108_D = 108 \cdot 10^{0D} = 10,8 \cdot 10^{1D} = 1,08 \cdot 10^2$$
$$= 0,108 \cdot 10^3.$$

Das dies auch für das binäre Zahlensystem gilt, zeigt folgende Dualzahl:

$$01101100 \cdot 2^{000B} = 0110110,0 \cdot 2^{001B}$$
$$= 011011,00 \cdot 2^{010B}.$$

Aus diesem Beispiel wird auch der Begriff *Gleitkommazahl* ersichtlich. Beide Zahlen stellen die Zahl 108_D dar. Rückt man bei der binären Darstellung das Komma hinter das Vorzeichenbit, so erhält man die *normalisierte* Darstellung der Gleitkommazahl. Unter einer *normalisierten* Zahl versteht man eine Gleitkommazahl, bei der sich Mantisse und Exponent von der Wertigkeit nicht *überschneiden*. Dies ist dann der Fall, wenn die Mantisse Vorkommastellen besitzt wie beispielsweise 011,11... . Diese Vorkommastellen können ebenso die Werte 2^1 und 2^0 annehmen und zum Exponenten addiert werden. Gleiches gilt für Nachkomma-

stellen, die nicht unmittelbar nach dem Komma folgen. Für sie gilt, daß sie in diesem Fall vom Exponenten abgezogen werden können. Als normalisiert gilt eine Mantisse also nur dann, wenn die einzige Vorkommastelle das Vorzeichenbit ist, und die erste Nachkommastelle sich vom Vorzeichenbit unterscheidet (z.B. $M = 0,1101011001$).

A 4.3 Grundlagen der Booleschen Algebra

A 4.3.1 Binäre Verknüpfungen

Die Verknüpfungen innerhalb der binären Zahlensysteme werden auf die Gesetze des britischen Mathematiker und Philosophen George Boole (G. Boole, von 1815 bis 1864) zurückgeführt. Es handelt sich dabei um einen *Formalismus*, der in der Lage ist, *logische Aussagen* und *Funktionen* zu beschreiben, die *zwei Zustände* einnehmen können. Handelt es sich um Schaltvorgänge, spricht man von der *Schaltalgebra*, die Grundlage für jeden Rechner und jedes Anwenderprogramm ist.

Die Boolesche Algebra kennt zwei zulässige Zustände:

wahr   = logisch 1 = Spannung vorhanden
nicht wahr = logisch 0 = keine Spannung

(A-22)

Da ein Element der Booleschen Algebra diese beiden Zustände einnehmen kann, spricht man auch von *binären Elementen* (Abschn. A 4.1). Es gibt *drei binäre Basiselemente,* die *NICHT-Funktion* (Negation), die *UND-Funktion* (Konjunktion) und die *ODER-Funktion* (Disjunktion).

Eine Sonderform der ODER-Verknüpfung ist die *exklusive-ODER-Verknüpfung* (EXOR). Im Gegensatz zur obigen ODER-Funktion handelt es sich hierbei um ein *ausschließliches* ODER (entweder - oder), auch *Antivalenz* genannt. Die Antivalenz ist nur dann erfüllt, wenn sich die Eingangsvariablen unterscheiden.

In der Schaltalgebra wurde für die Antivalenz das Verknüpfungszeichen (Pluszeichen im Kreis) eingeführt. Die Verknüpfung selbst kann aus den bereits bekannten UND- und ODER-Verknüpfungen sehr einfach hergeleitet werden:

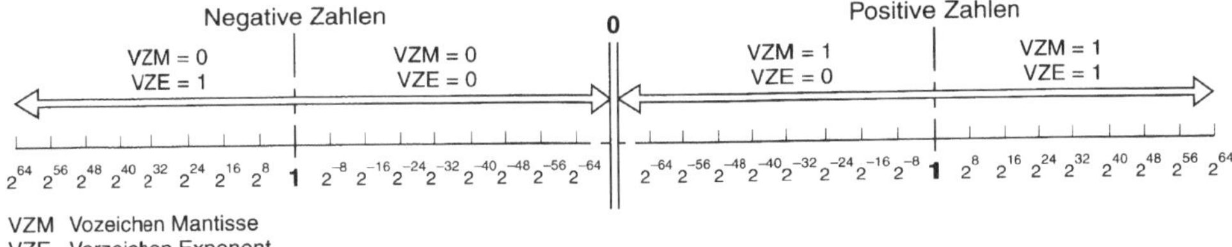

Bild A-23. Zahlenbereich einer Gleitkommazahl.

$$A = (\overline{E}_1 \cdot \overline{E}_2) + (E_1 \cdot E_2) \qquad \text{(A-23)}$$
$$A = E_1 \oplus E_2$$

Beide Gleichungen erfüllen die Wahrheitstabelle der Antivalenz in Bild A-24 (der Strich über dem Buchstaben bedeutet *Verneinung,* d.h. Negation).

A 4.3.2 Gesetze von Boole und De Morgan

Diese grundlegenden Verknüpfungen gehorchen den selben Rechenregeln, wie sie aus der Algebra bekannt sind. Boole hatte dies als erstes untersucht und sie in den folgenden Gesetzen der Schaltalgebra *(Boolesche Algebra)* zusammengefaßt.

1. Kommutativgesetz:

Das Kommutativgesetz erlaubt die Reihenfolge der Variablen innerhalb einer Operation zu verändern. Es gilt:

$$A + B = B + A \quad \text{und}$$
$$A \cdot B = B \cdot A \qquad \text{(A-24)}$$

2. Assoziativgesetz

Das Assoziativgesetz erlaubt die Vertauschung der Reihenfolge von gleichrangigen Operatoren:

$$A + B + C = (A + B) + C = A + (B + C) \quad \text{und}$$
$$A \cdot B \cdot C = (A \cdot B) \cdot C = A \cdot (B \cdot C) \qquad \text{(A-25)}$$

3. Distributivgesetz

Das Distributivgesetz ermöglicht das Ausmultiplizieren von Klammerausdrücken. Dabei ist auf die Rangfolge der Operatoren zu achten. Es gilt:

$$A \cdot (B+C) = A \cdot B + A \cdot C \text{ oder } (A+B) \cdot (A+C) =$$
$$A + B \cdot C \qquad \text{(A-26)}$$

4. Absorptionsgesetz

Die Absorptionsgesetze sind das wichtigste Mittel bei der Vereinfachung von Gleichungen (siehe Distributivgesetz). Durch sie ist festgeschrieben, unter welchen Bedingungen Variable zu Konstanten werden, sich auslöschen oder sich selbst wiedergeben. Es gilt:

$$A + 0 = A$$
$$A + 1 = 1$$
$$A \cdot 0 = 0$$
$$A \cdot 1 = A$$
$$A \cdot A = A$$
$$A + A = A$$

$$A + \overline{A} = 1$$
$$A \cdot \overline{A} = 0$$
$$A + (A \cdot B) = A$$
$$A \cdot (A + B) = A$$
$$A + \overline{A} \cdot B = A + B \qquad \text{(A-27)}$$

5. Doppelte Negierung

Wird eine Variable zweifach negiert, so heben sich die Negierungen auf. Somit gilt:

$$\overline{\overline{A}} = A \qquad \text{(A-28)}$$

Dies gilt auch dann, wenn die Variable mehrfach negiert ist. Beispielsweise reduziert sich eine dreifache Negierung der Variablen A auf eine einfache Negierung.

Beispiel:

A 4-5: Mit Hilfe von Tabelle A-20 soll die *ODER-Normalform* der Ausgangsvariablen Y gefunden werden. Diese soll anschließend mit den Gesetzen der Booleschen Algebra vereinfacht werden.

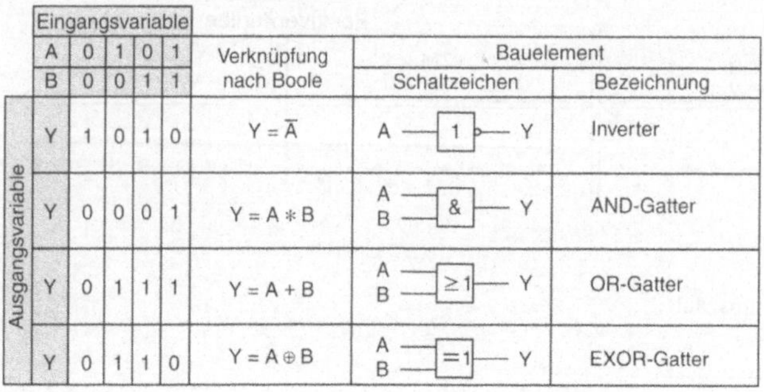

Eingangsvariable					Verknüpfung	Bauelement	
A	0	1	0	1	nach Boole	Schaltzeichen	Bezeichnung
B	0	0	1	1			
Y	1	0	1	0	$Y = \overline{A}$	A —[1]o— Y	Inverter
Y	0	0	0	1	$Y = A * B$	A, B —[&]— Y	AND-Gatter
Y	0	1	1	1	$Y = A + B$	A, B —[≥1]— Y	OR-Gatter
Y	0	1	1	0	$Y = A \oplus B$	A, B —[=1]— Y	EXOR-Gatter

(Ausgangsvariable)

Bild A-24. Übersicht über die Booleschen Verknüpfungen.

Tabelle A-20. Konjunktionstabelle zu Beispiel A 4–5

Eingangsvariablen				Ausgangs-variable	Vollkonjunk-tionen
A	B	C	D	Y	
0	0	0	0	0	
0	0	0	1	0	
0	0	1	0	0	
0	0	1	1	0	
0	1	0	0	0	
0	1	0	1	1	$\overline{A} * B * \overline{C} * D$
0	1	1	0	0	
0	1	1	1	1	$\overline{A} * B * C * D$
1	0	0	0	0	
1	0	0	1	0	
1	0	1	0	0	
1	0	1	1	0	
1	1	0	0	0	
1	1	0	1	1	$A * B * \overline{C} * D$
1	1	1	0	0	
1	1	1	1	1	$A * B * C * D$

Das Beispiel enthält vier *Vollkonjunktionen* (In Tabelle A-20 grau hinterlegt), bei denen der Ausgang $Y = 1$ wird. Ihre ODER-Verknüpfung führt nun zur *ODER-Normalform*:

$$Y = (\overline{A} \cdot B \cdot \overline{C} \cdot D) + (\overline{A} \cdot B \cdot C \cdot D) + (A \cdot B \cdot \overline{C} \cdot D) + (A \cdot B \cdot C \cdot D) \qquad \text{(A-29)}.$$

Zur Verdeutlichung wurden in dieser ODER-Normalform die vier Vollkonjunktionen in Klammern gesetzt. Nach dem Distributivgesetz kann hier die Variable D ausgeklammert werden, da sie in allen Vollkonjunktionen vorhanden ist:

$$Y = ((\overline{A} \cdot B \cdot \overline{C}) + (\overline{A} \cdot B \cdot C) + (A \cdot B \cdot \overline{C}) + (A \cdot B \cdot C)) \cdot D$$
$$\text{Distributivgesetz} \qquad \text{(A-30)}$$

In den verbleibenden Konjunktionen kann die Variable C durch das Absorptionsgesetz ($\overline{C} + C = 1$) eliminiert werden, im weiteren ebenso die Variable A:

$$Y = ((\overline{A} \cdot B) + (A \cdot B)) \cdot D$$
$$\text{Absorptionsgesetz}$$
$$Y = B \cdot D \qquad \text{(A-31)}.$$

Die zunächst sehr kompliziert aussehende ODER-Normalform für die Wahrheitstabelle läßt sich nach der Anwendung der algebraischen Regeln nach Boole durch eine *UND-Verknüpfung* der Variablen B und D realisieren (Gl. A-31).

6. Gesetze von De Morgan

Eine weitere wichtige Beziehung zwischen UND- und ODER-Verknüpfung fand der englische Mathematiker *De Morgan* (De Morgan, von 1806 bis 1871) und faßte sie in den beiden *Gesetzen von De Morgan* zusammen.

1. Gesetz von De Morgan

Negiert man eine ODER-Verknüpfung, so ist dies einer UND-Verknüpfung gleich, bei der die einzelnen Elemente negiert sind.

$$\overline{A + B + C + \ldots} = \overline{A} \cdot \overline{B} \cdot \overline{C} \cdot \ldots \qquad \text{(A-32)}$$

2. Gesetz von De Morgan

Negiert man eine UND-Verknüpfung, so ist dies einer ODER-Verknüpfung gleich, bei der die einzelnen Elemente negiert sind.

$$\overline{A \cdot B \cdot C \cdot \ldots} = \overline{A} + \overline{B} + \overline{C} + \ldots \qquad \text{(A-33)}$$

Beweis der De Morganschen Gesetze

Die De Morganschen Gesetze sind ein wichtiges Hilfsmittel in der Schaltalgebra bei der Optimierung von Gleichungen, in denen vor allem lange Negationen vorkommen. Diese Negationen können aufgelöst werden und ermöglichen so die Umrechnung von NOR-Schaltungen und NAND-Schaltungen (NOR = NOT-OR, NAND = NOT-AND, d.h. die Ausgänge der Basisverknüpfungen (OR und AND) sind negiert). Durch eine einfache Wahrheitstabelle läßt sich die Gültigkeit der Gesetze beweisen:

A	B	$A \cdot B$	$\overline{A \cdot B}$		$\overline{A}$	$\overline{B}$	$\overline{A} + \overline{B}$
0	0	0	1		1	1	1
0	1	0	1		1	0	1
1	0	0	1		0	1	1
1	1	1	0		0	0	0

$$\overline{A \cdot B} = \overline{A} + \overline{B}$$

Beweis des 1. De Morganschen Gesetzes für zwei Eingangsvariablen   (A-34)

A	B	$A + B$	$\overline{A + B}$		$\overline{A}$	$\overline{B}$	$\overline{A} \cdot \overline{B}$
0	0	0	1		1	1	1
0	1	1	0		1	0	0
1	0	1	0		0	1	0
1	1	1	0		0	0	0

$$\overline{A + B} = \overline{A} \cdot \overline{B}$$

Beweis des 2. De Morganschen Gesetzes für zwei Eingangsvariablen   (A-35)

Bei der Anwendung der Gesetze von De Morgan in einer Gleichung können deshalb Konjunktionen in Disjunktionen und umgekehrt umgewandelt werden. Beim Einfügen von Negationen ist darauf zu achten, daß stets *beide* Gleichungsseiten in der selben Weise behandelt werden. So gilt beispielsweise:

$$Y = A \cdot B \qquad \text{Konjunktion}$$
$$\overline{Y} = \overline{A \cdot B} \qquad \text{Konjunktion auf } \underline{\text{beiden}} \text{ Seiten negiert!}$$
$$\overline{Y} = \overline{A} + \overline{B} \qquad \text{Disjunktion nach 2. De Morganschen Gesetz}$$

Soll die Ausgangsvariable (hier Y) nicht negiert werden, so kann durch die doppelte Negation (Boolesches Gesetz nach Gleichung (A-28)) der Wert einer Seite ebenfalls erhalten werden. Zur Anwendung der De Morganschen Gesetze kann diese nun aufgebrochen werden:

$$Y = A \cdot B \qquad \text{Konjunktion}$$
$$Y = \overline{\overline{A \cdot B}} \qquad \text{doppelte Negation, nichts hat sich geändert}$$
$$Y = \overline{\overline{A} + \overline{B}} \qquad \text{Disjunktion nach Aufbrechen einer Negation und Anwendung des 2. De Morganschen Gesetzes}$$

Diese grundlegende Anwendung der De Morgansche Gesetze hat in der Praxis große Bedeutung. Damit kann ein Gleichungssystem an die gegebenen Voraussetzungen angepaßt werden. Diese Randbedingungen können sein

- Vorgabe der Bauelemente (Konjunktion oder Disjunktion),
- Vorgabe der Eingangsvariable (negiert oder nicht negiert) oder
- Vorgabe der Ausgangsvariable (negiert oder nicht negiert).

Bei der Berücksichtigung solcher Vorgaben wird man oft feststellen, daß nicht immer die Minimallösung realisierbar ist. Im nächsten Beispiel wird auf diese Randbedingungen eingegangen.

Beispiel:

A 4-6: Es soll eine bestehende Gleichung mit Hilfe der Gesetze von De Morgan in eine entsprechende Gleichung umgewandelt werden, die nur noch Konjunktionen enthält.

$$Z = (E \cdot \overline{F}) + (A + \overline{B} + C)$$
$$Z = \overline{\overline{(E \cdot \overline{F}) + (A + \overline{B} + C)}} \qquad \text{doppelte Negation}$$
$$Z = \overline{\overline{(E \cdot \overline{F})} \cdot \overline{(A + \overline{B} + C)}} \qquad \text{2. De Moransche Gesetz}$$
$$\overline{Z} = \overline{(E \cdot \overline{F})} \cdot (\overline{A} \cdot B \cdot \overline{C}) \qquad \text{2. De Morgansche Gesetz.}$$

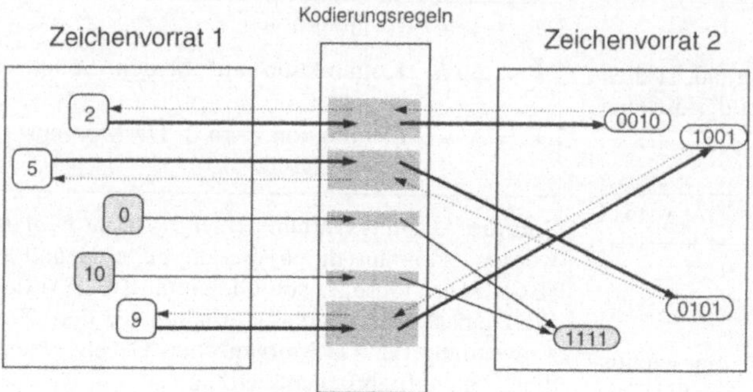

Bild A-25. Grundprinzip der Kodierung.

A 4.4 Kodes

Mit Kodes lassen sich aus einem Zeichenvorrat 1 mit Hilfe von Kodierungsregeln ein Zeichenvorrat 2 erzeugen (Bild A-25). Kodes haben eine *begrenzte Anzahl* von Elementen, die durch *Kodierung* aus einer vorhandenen Zahlenmenge entstehen. Die *Kodierungsregeln* legen dabei fest, wie die *Zielmenge* bei bekannten Ausgangsgrößen auszusehen hat.

Erfolgt die Zuweisung eines Elements aus dem Zeichenvorrat 1 einem Element des Zeichenvorrats 2, so spricht man von einer *eindeutigen, reflektierenden Kodierung,* da aus dem entstandenen Kodewort das Ausgangselement bestimmt werden kann. In Bild A-25 dunkel eingetragen ist auch ein Kodewort, das zwar *eindeutig* aber *nicht reflektierend* ist. Es kann durch zwei Ausgangselemente unabhängig von einander erzeugt werden.

Nicht reflektierende Kodes sind in der Regel eng mit ihrem Anwendungsgebiet verknüpft. Sie haben stets eine *Verkleinerung* des Zeichenvorrats zur Folge und werden deshalb zur *Optimierung* eines bestehenden Zeichenvorrats benutzt. Zur Verdeutlichung sei angenommen, daß in Bild A-25 das Kodewort „1 1 1 1" im Zeichenvorrat 2 beispielsweise eine Anzeigelampe steuert. Diese kann nun im Zeichenvorrat 1 durch die Elemente „0" und „10" aktiviert werden.

Die Mehrzahl der Kodes sind jedoch eindeutige, reflektierende Kodes. Die wichtigsten Vertreter sind in Bild A-26 zusammengestellt.

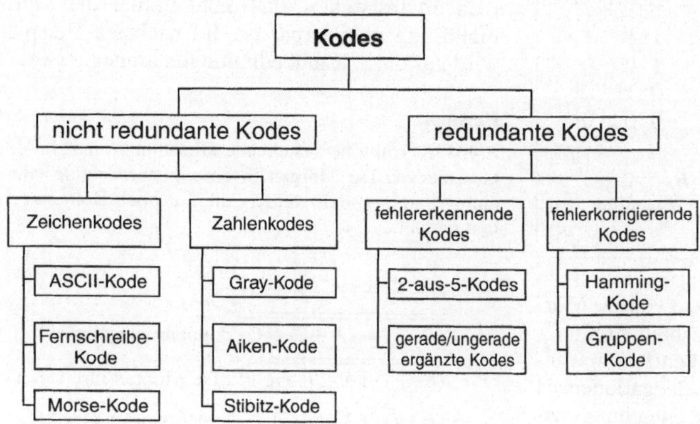

Bild A-26. Übersicht über die wichtigsten Kodes.

Tabelle A-21. ASCII-Tabelle nach CCITT-Kode Nr. 5

niederwertigeres Nibbel					höhenwertigeres Nibbel							
					D_7 = Parity Bit oder ungenutzt							
D_3	D_2	D_1	D_0		D_6 0	0	0	0	1	1	1	1
					D_5 0	0	1	1	0	0	1	1
					D_4 0	1	0	1	0	1	0	1
					0	1	2	3	4	5	6	7
0	0	0	0	0	NUL	DLE (TC7)	SP	0	@	P	`	p
0	0	0	1	1	SOH (TC1)	DC1	!	1	A	Q	a	q
0	0	1	0	2	STX (TC2)	DC2	..	2	B	R	b	r
0	0	1	1	3	ETX (TC3)	DC3	#	3	C	S	c	s
0	1	0	0	4	EOT (TC4)	DC4	$	4	D	T	d	t
0	1	0	1	5	ENQ (TC5)	NAK (TC8)	%	5	E	U	e	u
0	1	1	0	6	ACK (TC6)	SYN (TC9)	&	6	F	V	f	v
0	1	1	1	7	BEL	ETI (TC10)	'	7	G	W	g	w
1	0	0	0	8	BS (FE0)	CAN	(	8	H	X	h	x
1	0	0	1	9	HT (FE1)	EM	)	9	I	Y	i	y
1	0	1	0	A	LF (FE2)	SUB	*	:	J	Z	j	z
1	0	1	1	B	VT (FE3)	ESC	+	;	K	[	k	{
1	1	0	0	C	FF (FE4)	FS (IS4)	.	<	L	\	l	|
1	1	0	1	D	CR (FE5)	GS (IS3)	-	=	M	]	m	}
1	1	1	0	E	SO	RS (IS2)	.	>	N	^	n	~
1	1	1	1	F	SI	US (IS1)	/	?	O	_	o	DEL

Dabei unterscheidet man zwischen *redundanten* und *nicht redundanten* Kodes. Bei nicht redundanten Kodes wird der Darstellungsbereich des zugrunde liegenden Zahlensystems *maximal* ausgenutzt. Bei redundanten Kodes gibt es auch Kodewörter die *nicht* benutzt sind. Mit deren Hilfe lassen sich *Fehler*, die bei der Kodebildung oder Kodeübertragung entstanden sind, *erkennen* und *korrigieren*. (Abschn. A 4.4.3). Im weiteren werden die wichtigsten Kodes besprochen.

A 4.4.1 ASCII-Kode

Für die Datenübertragung und bei der Kopplung verschiedener digitaler Geräte hat man den *ASCII-Kode* (American Standard Code for Information Interchange) standardisiert. Er besteht aus einem 8-Bit Wort (Byte), bei dem das MSB (Most Significant Bit) das *Paritätsbit* (Prüfbit) darstellt, und die anderen sieben Bits ein Zeichen darstellen. So sind neben den Zahlen 0 bis 9 auch sämtliche Buchstaben (groß und klein) vorhanden sowie eine Reihe von Sonderzeichen. Aus diesem Grund wird der ASCII-Kode auch vorwiegend in der Textverarbeitung zur Erzeugung der Arbeitsdateien verwendet.

Wird das Paritätsbit benutzt, so können mit den sieben verbleibenden Bits 128 Zeichen dargestellt werden (s. Tabelle A-21). Dies ist der Standard ASCII-Zeichensatz nach CCITT Nr. 5. Bei gerader Paritätsprüfung wird das MSB auf „0" gesetzt, wenn die Anzahl der „1en" in den verbleibenden 7 Bits gerade ist, andernfalls auf „1". Bei ungerader Paritätsprüfung ist dies gerade umgekehrt. Die Paritätsprüfung dient vor allem der Fehlererkennung bei der Übertragung von ASCII-Dateien (z.B. bei seriellen Druckerschnittstellen, s. Abschn. A 4.4.3.1). Verzichtet man auf eine Paritätsprüfung, so wird das Prüfbit auf „1" gesetzt.

Der erweiterte ASCII-Zeichensatz (Tabelle A-22) verzichtet ebenfalls auf die Paritätsprüfung. Er verwendet das höchstwertigste Bit (MSB), um vom Standard ASCII-Zeichensatz auf die Erweiterung umzuschalten (Standard Zeichensatz: MSB = 0, erweiterter Zeichensatz: MSB = 1). Diese Variante kommt vor allem der Textverarbeitung zugute. Dadurch wird Platz geschaffen, um länderspezifischen Buchstaben und Zeichen darzustellen. Für Deutschland sind dies beispielsweise sämtliche *Umlaute* in groß und klein (Ä, ä, Ö, ö, Ü, ü) sowie das scharfe ß (z.B. ß = ASCII-Kode 225, steht auch für Beta). Aber auch

Tabelle A-22. Erweiterter ASCII Zeichensatz

niederwertiges Nibbel	höherwertiges Nibbel															
	0	1	2	3	4	5	6	7	8	9	A	B	C	D	E	F
0	NUL 000	DLE 016	SP 032	0 048	@ 064	P 080	` 096	p 112	Ç 128	É 144	á 160	░ 176	└ 192	╨ 208	∝ 224	≡ 240
1	SOH 001	DC1 017	! 033	1 049	A 065	Q 081	a 097	q 113	ü 129	æ 145	í 161	▒ 177	┴ 193	╤ 209	ß 225	± 241
2	STX 002	DC2 018	" 034	2 050	B 066	R 082	b 098	r 114	é 130	Æ 146	ó 162	▓ 178	┬ 194	╥ 210	Γ 226	≥ 242
3	♥ 003	DC3 019	# 035	3 051	C 067	S 083	c 099	s 115	â 131	ô 147	ú 163	│ 179	├ 195	╙ 211	π 227	≤ 243
4	♦ 004	DC4 020	$ 036	4 052	D 068	T 084	d 100	t 116	ä 132	ö 148	ñ 164	┤ 180	─ 196	╘ 212	Σ 228	⌠ 244
5	♣ 005	§ 021	% 037	5 053	E 069	U 085	e 101	u 117	à 133	ò 149	Ñ 165	╡ 181	┼ 197	╞ 313	σ 229	⌡ 245
6	♠ 006	SYN 022	& 038	6 054	F 070	V 086	f 102	v 118	å 134	û 150	ª 166	╢ 182	╟ 198	╟ 314	µ 230	÷ 246
7	BEL 007	ETB 023	' 039	7 055	G 071	W 087	g 103	w 119	ç 135	ù 151	º 167	╖ 183	╫ 199	╬ 215	τ 231	≈ 247
8	BS 008	CAN 024	(040	8 056	H 072	X 088	h 104	x 120	ê 136	ÿ 152	¿ 168	╕ 184	╩ 200	╪ 216	Φ 232	° 248
9	HT 009	EM 025	) 041	9 057	I 073	Y 089	i 105	y 121	ë 137	Ö 153	" 169	╣ 185	╔ 201	╛ 217	Θ 233	● 249
A	LF 010	SUB 026	* 042	: 058	J 074	Z 090	j 106	z 122	è 138	Ü 154	" 170	║ 186	╦ 202	╚ 218	Ω 234	∙ 250
B	VT 011	ESC 027	+ 043	; 059	K 075	[091	k 107	{ 123	ï 139	ø 155	‹ 171	╗ 187	╠ 203	█ 219	δ 235	√ 251
C	FF 012	FS 028	, 044	< 060	L 076	\ 092	l 108	| 124	î 140	£ 156	› 172	╝ 188	╬ 204	▄ 220	∞ 236	ⁿ 252
D	CR 013	GS 029	- 045	= 061	M 077	] 093	m 109	} 125	ì 141	Ø 157	¡ 173	╜ 189	═ 205	█ 221	φ 237	² 253
E	SO 014	RS 030	. 046	> 062	N 078	^ 094	n 110	~ 126	Ä 142	□ 158	« 174	╛ 190	╪ 206	█ 222	∈ 238	■ 254
F	SI 015	US 031	/ 047	? 063	O 079	_ 095	o 111	DEL 127	Å 143	ƒ 159	» 175	┐ 191	╧ 207	▀ 223	∩ 239	SP 255

Tabelle A-23. Steuerzeichen im ASCII-Kode

ASCII-Zeichen	englische Bezeichnung	deutsche Bezeichnung
ACK	acknowledge	Rückmeldung
BEL	bell	Klingel
BS	backspace	Rückschritt
CAN	cancel	ungültig
CR	carriage return	Wagenrücklauf
DC	device control	Steuerzeichen für Gerätesteuerung
DEL	delete	löschen
DLE	data link escape	Datenübertragungsumschaltung
EM	end of medium	Ende der Aufzeichnung
ENQ	enquiry	Stationsaufforderung
EOT	end of transmision	Ende der Datenübertragung
ESC	escape	Umschaltung
ETB	end of transmission block	Ende des Datenübertragungsblocks
ETX	end of text	Textende
FE	format effector	Formatsteuerung
FF	format feed	Papiervorschub
FS	file seperator	Hauptgruppen-Trennung
GS	group seperator	Gruppen-Trennung
HT	horizontal tabulation	Horizontal-Tabulator
IS	information separator	Informationstrennung
LF	line feed	Zeilenvorschub
NAK	negativ acknowledge	negative Rückmeldung
NUL	null	Füllzeichen
RS	record seperator	Untergruppen-Trennung
SI	shift in	Rückschaltung
SO	shift out	Dauerumschaltung
SOH	start of heading	Kopfanfang
SP	space	Leerzeichen
STX	start of text	Textanfang
SUB	substitute character	Substitution
SYN	synchronous idle	Synchronisierung
TC	transmission control	Übertragungssteuerung
US	unit separator	Teilgruppen-Trennung
VT	vertical tabulation	Vertikal-Tabulator

spanische, griechische und viele andere Zeichen stehen zur Verfügung. Dies macht deutlich, daß die Erweiterung des ASCII-Satzes unterschiedlich sein kann. Die Steuerzeichen im ASCII-Kode und ihre Bedeutung sind in Tabelle A-23 zusammengestellt.

A 4.4.2 Gray-Kode

Das duale Zahlensystem (Abschn. A 4.1.1), besitzt einen Nachteil: Beim Übergang von einer Dualzahl zur nächsten können sich *mehrere* Bits ändern. Das folgende Beispiel zeigt, daß beim

Übergang von der Zahl 7 auf die Zahl 8 vier Bits geändert werden.

```
        ·   ·   ·
    ·   ·   ·   ·   ·
7:  0   1   1   1
8:  1   0   0   0   Wechsel von 4 Bits!
    ·   ·   ·   ·   ·
        ·   ·   ·
```

Geschieht dieser Übergang nicht synchron, so können hier Fehler auftreten, die eine Verfälschung bis maximal des zu erkennenden Wertes ermöglichen (in diesem Beispiel, wenn der Übertrag auf das vierte Bit deutlich nach dem

Tabelle A-24. Übersicht über verschiedene Gray Kodes

dezimaler Wert	Gray Kodes		
	nicht zyklischer Gray Kode von 0 bis 9	zyklischer Gray Kode nach Glixon	zyklischer Gray Kode für die Zahlen 0 bis 15
0	0 0 0 0	0 0 0 0	0 0 0 0
1	0 0 0 1	0 0 0 1	0 0 0 1
2	0 0 1 1	0 0 1 1	0 0 1 1
3	0 0 1 0	0 0 1 0	0 0 1 0
4	0 1 1 0	0 1 1 0	0 1 1 0
5	0 1 1 1	0 1 1 1	0 1 1 1
6	0 1 0 1	0 1 0 1	0 1 0 1
7	0 1 0 0	0 1 0 0	0 1 0 0
8	1 1 0 0	1 1 0 0	1 1 0 0
9	1 1 0 1	1 0 0 0	1 1 0 1
10			1 1 1 1
11			1 1 1 0
12			1 0 1 0
13			1 0 1 1
14			1 0 0 1
15			1 0 0 0

zu null Setzen der ersten drei Bits kommt). Um den Fehler so klein wie möglich zu halten, sollte sich bei *jedem Übergang* nur *ein Bit* ändern. Man spricht dann auch von einem *einschrittigen* Kode, der sich nur in einer Stelle zu seinen benachbarten Zahlen unterscheidet. Realisiert wurde dies im *Gray-Kode* (E. Gray, 1835 bis 1901) nach Tabelle A-24.

Beim Gray-Kode, der die dezimalen Zahlen 0 bis 9 darstellt, ändert sich von einer Zahl zur nächsten stets nur ein Bit. In dieser Darstellung ist er die Basis für den erweiterten Gray-Kode, der alle 16 möglichen Kodeworte ausnutzt (Tabelle A-24, rechte Spalte). Nicht abgedeckt ist bei der Darstellung dezimaler Zahlen der Übergang von 9 auf 0: hier wechseln 3 Bits. Damit ist dieser Gray-Kode nicht zyklisch. Durch eine kleine Modifikation nach *Glixon* konnte jedoch auch dieser Übergang einschrittig gemacht werden, so daß dieser Gray-Kode nun auch für die Darstellung der dezimalen Zahlen 0 bis 9 zyklisch ist. In Tabelle A-24 ist diese Änderung grau unterlegt.

Der erweiterte Gray-Kode nutzt alle 16 Kodeworte aus. Er ist vom Basis-Kode (linke Spalte in Tabelle A-24) ausgehend grundsätzlich *zyklisch*.

Die Bildung des Gray-Kodes erfolgt aus den Dualzahlen (Abschn. A 4.1.1). Dabei wird die Ausgangszahl um eine Stelle nach links geschoben und anschließend mit sich selbst *modulo 2 addiert (Shift-Add-Verfahren)*. Durch Zurückschieben des Ergebnisses um eine Stelle nach rechts (Wegfall der letzten Stelle) erhält man den Gray-Kode. Bild A-27 zeigt dieses Prinzip an Hand der dualen Zahlen 1 bis 7.

Rechnertechnisch kann dies sowohl von einem Programm *(Software)* als auch durch ein Rechenwerk *(Hardware)* ausgeführt werden. Ein Beispiel für die wesentlich schnellere Hardware-Lösung sind Analog-Digitalwandler. Beide Vorgehensweisen sind in Bild A-28 gegenübergestellt.

Der Gray-Kode findet seine Anwendung sowohl bei linearen Wegmessungen, als auch bei der Bestimmung von Drehwinkeln. Dabei wird der Gray-Kode auf eine kreisförmige Kodescheibe von außen nach innen aufgetragen. Hier ist auf jeden Fall ein zyklischer Gray-Kode von Vorteil (Bild A-29).

A 4.4.3 Redundante Kodes

Redundante Kodes werden ebenfalls sehr häufig bei der Datenübertragung eingesetzt. Wie beim ASCII-Kode das Paritätsbit zur Fehlererkennung herangezogen werden kann (es ist ebenfalls redun-

Dezimalzahl	0	1	2	3	4	5	6	7
Dualzahl	000	001	010	011	100	101	110	111
Links-Shift	000←	001←	010←	011←	100←	101←	110←	111←
modulo 2 Addition	0000	0011	0110	0101	1100	1111	1010	1001
Rechts-Shift	→000	→001	→011	→010	→110	→111	→101	→100
Gray-Kode	**000**	**001**	**011**	**010**	**110**	**111**	**101**	**100**

Bild A-27. Gewinnung des Gray-Kodes aus Dualzahlen.

a Schaltungstechnische Lösung zur
Gewinnung eines 3-Bit Gray-Kodes

b Programmtechnische Lösung zur
Gewinnung des Gray-Kodes

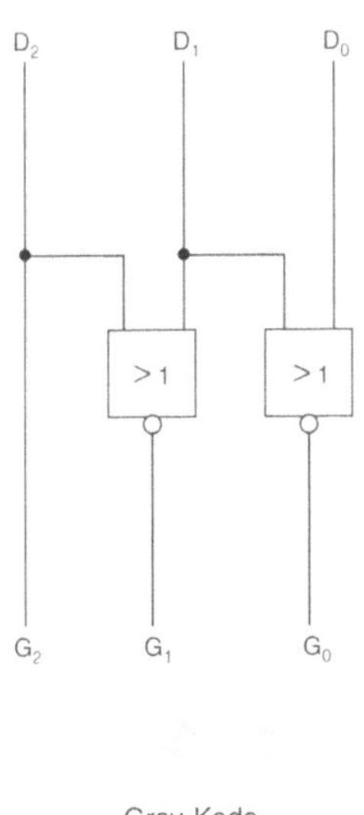

Bild A-28. Realisierung des Shift-Add-Verfahrens.

Bild A-29. Kreisteilung einer Winkelkodierscheibe im Gray Kode.

dant, da es zum *Informationsinhalt* nicht beiträgt), so sind diese redundanten Kodes speziell dazu ausgelegt, Fehler zu *erkennen* und gegebenenfalls zu *korrigieren*. Letzteres ist nur dann möglich, wenn die Redundanz auf die Fehlerstelle aufmerksam macht.

> Wird in einem Kode mehr als nur die Information übertragen, so ist dieser *redundant*. Diese Redundanz kann dazu verwendet werden, Fehler zu erkennen und gegebenenfalls zu korrigieren.

Die Redundanz sollte in einem sinnvollen Verhältnis zur übertragenen Information stehen. Dies hat für die Erkennung und Korrektur von Fehlern zur Entwicklung bestimmter Kodes geführt.

Grundsätzliche Verfahren zur Kodesicherung

Zur *Erkennung* oder *Korrektur* eines Fehlers ist Redundanz notwendig. Will man einen Fehler nur erkennen, so besteht eine einfache Möglichkeit darin, die übertragene Information zu wiederholen (50%ige Redundanz). Durch einfachen Vergleich ergibt sich bei richtiger Übertragung Übereinstimmung, im anderen Fall eine Fehlermeldung. Eine Korrektur ist damit nicht möglich.

Bei fehlerkorrigierenden Kodes muß die Redundanz noch weiter erhöht werden. Eine Möglichkeit besteht darin, die Information insgesamt dreimal zu senden (67%ige Redundanz). Da-

bei entstehen mit sehr hoher Wahrscheinlichkeit mindestens zwei gleiche Datenworte, die übereinstimmen und die richtige Information beinhalten.

Die oben aufgeführten Verfahren zur Fehlererkennung und Fehlerkorrektur lassen sich auf jegliche Art der Übertragung anwenden, sind aber nicht besonders effizient. Die Theorie der fehlererkennenden und korrigierenden Kodes geht von der Tatsache aus, daß bei einem voll ausgenutzten Kode *ein Fehler* in einem Kodewort ein *neues Kodewort* erzeugt. Also muß sich ein Kode, bei dem ein Fehler erkannt werden soll, mindestens in *zwei* Stellen des Kodewortes unterscheiden. Zwischen den benutzten Kodeworten liegen also *unbenutzte*, die auf einen Fehler hinweisen. Dieser Abstand wird auch als *Hammingdistanz* d_{min} bezeichnet, die auf den Grad der erkennbaren und korrigierbaren Fehler zurückschließen läßt. Eine Hammingdistanz von beispielsweise $d_{min} = 2$ liegt dann vor, wenn sich das nächste Kodewort in zwei Stellen unterscheidet.

A 4.4.3.1 Fehlererkennende Kodes

Zur einfachen Fehlererkennung muß wenigstens *ein* Bit spendiert werden. Am Beispiel des ASCII-Kodes ist dies das Paritäts-Bit D7. Durch ein solches Paritäts-Bit läßt sich jede Kodierung zur Fehlererkennung ergänzen. Am Beispiel der Dualzahlen von 0 bis 15 soll dies gezeigt werden (Tabelle A-25).

Das Paritäts-Bit D4 (auch Prüfbit genannt) ist die *Quersumme* der Bits D0 bis D3. Bei einer ungeraden Anzahl von Einsen wird das Paritäts-Bit „1", bei einer gerader Anzahl „0". So spricht man auch von einer *geraden Ergänzung* durch das Paritäts-Bit (engl.: even parity), im anderen Fall von einer *ungeraden Ergänzung* (odd parity).

Auf der Empfangsseite wird die Quersumme über alle fünf Bits gebildet, D0 bis D3 und Paritäts-Bit D4. Wurde der Kode richtig übertragen, so ergibt die *Quersumme* stets *null*.

> Ein Kode mit Paritätsprüfung wurde dann richtig übertragen, wenn seine Quersumme am Empfangsort bei gerader Paritätsprüfung null ergibt.

In obigem Beispiel (Tabelle A-25) wurden die Dualzahlen 0 bis 15 durch ein Prüfbit ergänzt. Es entstand so ein *dualergänzter Kode,* der statt *vier* nunmehr *fünf* Stellen besitzt.

Tabelle A-25. Dualzahlen mit Paritäts-Bit

Paritäts-Bit	Dualzahlen					Quersumme
	D4	D3	D2	D1	D0	
0	0	0	0	0		0
1	0	0	0	1		0
1	0	0	1	0		0
0	0	0	1	1		0
1	0	1	0	0		0
0	0	1	0	1		0
0	0	1	1	0		0
1	0	1	1	1		0
1	1	0	0	0		0
0	1	0	0	1		0
0	1	0	1	0		0
1	1	0	1	1		0
0	1	1	0	0		0
1	1	1	0	1		0
1	1	1	1	0		0
0	1	1	1	1		0

Es gibt noch eine ganze Reihe fünfstelliger Kodes, wobei die *2-aus-5-Kodes* eine besondere Bedeutung haben. Wie sich auch bereits aus der Bezeichnung ablesen läßt, handelt es sich dabei um fünfstellige Kodes, bei denen stets *zwei Stellen* auf „1", die restlichen auf „0" sind. Die Fehlererkennung beruht bei diesen Kodes ebenfalls auf der *Geradzahligkeitsprüfung:* bei richtigem Empfang der Datenworte muß die Quersumme stets null ergeben, da stets zwei Bits gesetzt sind. Wird während der Übertragung ein Bit verfälscht, so entsteht in jedem Fall eine ungerade Anzahl von Einsen, die erkannt wird.

Beispiele für 2-aus-5-Kode sind der *Walking-Kode* und der *7-4-2-1-0-Kode*. Beide Kodes sind in der Tabelle A-26 gegenübergestellt. Beim Walking-Kode werden zwei Bit-Paare (in Tabelle A-26 eingekreist) beim Übergang auf die nächste Zahl um zwei Stellen weitergeschoben. Es entsteht so der Eindruck, daß diese Paare (grau hinterlegt) durch die Zahlen 0 bis 9 durchlaufen (engl.: walking).

Der 7-4-2-1-0-Kode (Tabelle A-26, rechte Hälfte) soll an dieser Stelle als Vertreter weiterer 2-aus-5-Kodes stehen, deren Kodierung sich aus der *Wertigkeit* der benutzten Stellen ergibt. In diesem Fall besitzen die einzelnen Bits die Wertigkeit 7, 4, 2, 1 und 0. Durch Setzen von zwei Bits lassen sich alle Zahlen von 1 bis 9 darstellen.

Das Kodewort für null stellt eine Ausnahme dar und ergibt sich aus dem von den Zahlen 1 bis 9 nicht genutzten Kodewort.

A 4.4.3.2 Fehlerkorrigierende Kodes

Sollen Fehler nicht nur *erkannt,* sondern auch *korrigiert* werden, so muß die Redundanz weiter erhöht werden. Ein Zusammenhang zwischen der Redundanz und der möglichen Zahl der erkennbaren und korrigierbaren Fehler hat *Hamming* (R. Hamming) in seinen Gleichungen festgelegt. Der Abstand zweier benachbarter Kodewörter im Koderaum wird auch als *Hammingdistanz* d_{min} bezeichnet.

Für $d_{min} = 1$ bedeutet dies, daß sich die Kodewörter nur in einer Stelle unterscheiden, wie beispielsweise der *Gray-Kode*. Bei $d_{min} = 2$ unterscheiden sich die Kodewörter in zwei Stellen, wie dies bei den *2-aus-5-Kodes* der Fall ist.

Bei $d_{min} = 1$ kann ein Fehler weder erkannt noch korrigiert werden, da eine Verfälschung des Kodewortes immer zu einem *neuen gültigen Kodewort* führt. Wird hingegen ein Kode mit $d_{min} = 2$ in einer Stelle gestört (man spricht hier auch von einem Fehler mit dem *Gewicht 1*), so führt dies stets zu einem *ungültigen* Kodewort, so daß dieser Fehler erkannt wird. Deshalb gilt:

> Zur Erkennung eines einfachen Fehlers ist mindestens eine Hammingdistanz von $d_{min} = 2$ erforderlich.

Erhöht man die Hammingdistanz, so können entsprechend des erweiterten Koderaums auch Fehler mit einem höheren Gewicht erkannt werden. Für die maximale Anzahl $F_{E\,max}$ der erkennbaren Fehler gilt:

$$F_{Emax} = d_{min} - 1. \tag{A-36}$$

Die Korrektur eines Kodes ist möglich, wenn die fehlerhafte Kodezahl eindeutig einer gültigen Zahl im Koderaum zugeordnet werden kann. Der notwendige *Korrekturradius* r_k des *Korrekturraumes* ergibt sich nach Gl. (A-37) zu:

$$r_k < \frac{d_{min}}{2}. \tag{A-37}$$

Zur Korrektur eines Fehlers ist also mindestens eine Hammingdistanz von $d_{min} = 3$ notwendig, da sonst der Korrekturradius kleiner als 1 wird.

Tabelle A-26. 2-aus-5-Kodes

dezimaler Wert	Walking-Kode					7-4-2-1-0-Kode				
	D4	D3	D2	D1	D0	D4	D3	D2	D1	D0
0	0	0	0	1	1	1	1	0	0	0
1	0	0	1	0	1	0	0	0	1	1
2	0	0	1	1	0	0	0	1	0	1
3	0	1	0	1	0	0	0	1	1	0
4	0	1	1	0	0	0	1	0	0	1
5	1	0	1	0	0	0	1	0	1	0
6	1	1	0	0	0	0	1	1	0	0
7	0	1	0	0	1	1	0	0	0	1
8	1	0	0	0	1	1	0	0	1	0
9	1	0	0	1	0	1	0	1	0	0
						7	4	2	1	0

Wertigkeit der Stellen

Bild A-30 zeigt zwei Kodewörter mit einer Hammingdistanz von $d_{min} = 3$ und den dazugehörigen Korrekturraum.

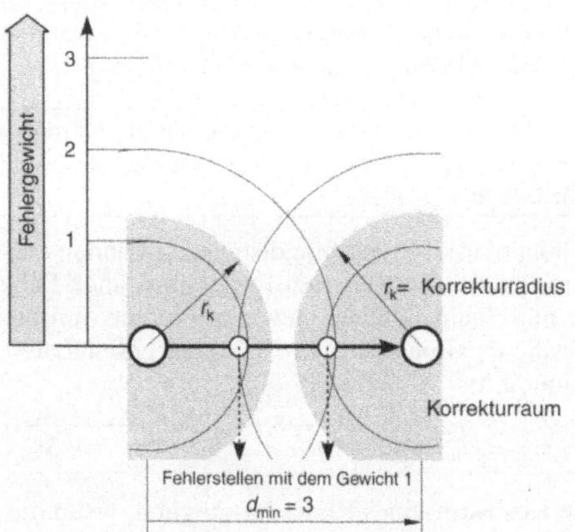

Bild A-30. Korrekturraum und Korrekturradius bei einer Hammingdistanz von $d_{min} = 3$.

Tritt bei dem Beispiel in Bild A-30 ein Fehler mit dem Gewicht 1 auf (Verfälschung des Kodes in einer Stelle), so wird er richtig zum nächsten Kodewort hin korrigiert. Er liegt innerhalb des durch den Korrekturradius beschriebenen Korrekturraums. Ein Doppelfehler (Gewicht $= 2$) führt

hingegen stets zu einer falschen Korrektur, da der Fehler nicht im gültigen Korrekturraum liegt und in den Einzugsbereich eines anderen gültigen Kodewortes fällt.

Bild A-31 zeigt den Korrekturraum für die Hammingdistanz $d_{min} = 4$. Hier werden in einem Kodewort maximal bis zu drei Fehler erkannt.

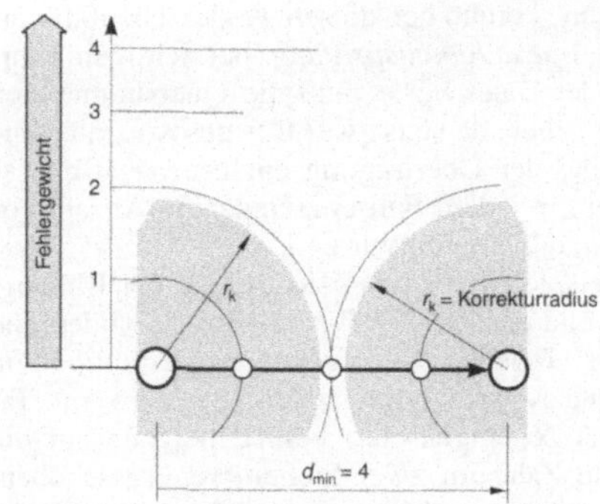

Bild A-31. Korrekturraum und Korrekturradius bei einer Hammingdistanz von $d_{min} = 4$.

Richtig korrigiert werden können jedoch ebenfalls nur einfache Fehler, da ein Doppelfehler auf der Schnittlinie beider Korrekturräume liegt und deshalb nicht mehr eindeutig zugeordnet werden kann. Der zum Korrekturraum gehörende Korrekturradius r_k ist demnach stets kleiner als die halbe Hammingdistanz. Bild A-31 veranschaulicht die Aussage der Gl. (A-37).

Die maximale Anzahl der *korrigierbaren Fehler* $F_{K\,max}$ wird durch den Korrekturradius bestimmt und läßt sich aus Gl. (A-37) und Bild A-31 direkt entnehmen:

$$F_{K\,max} < \frac{d_{min}}{2}. \qquad (A-38)$$

Da $F_{K\,max}$ nur ganze Zahlen annehmen kann, läßt sich aus obiger Ungleichung für d_{min} die Gl. (A-39) ableiten.

$$d_{min} = 2 \cdot F_{K\,max} + 1. \qquad (A-39)$$

Die Anzahl der erkennbaren Fehler (F_E), wenn nicht alle korrigierbar sind oder wenn nicht die maximale Anzahl von Korrekturen (also nur F_K) durchgeführt werden soll, ergibt sich nach:

$$F_E = d_{min} - 2 \cdot F_K - 1. \qquad (A-40)$$

Dabei gilt:

$$F_E \leq F_{E\,max}, \qquad (A-41)$$
$$F_K \leq F_{K\,max}. \qquad (A-42)$$

Beispiel:

A 4-7: Zur Veranschaulichung der Zusammenhänge der Gleichungen (A-36) bis (A-42) soll ein Kode mit einer Hammingdistanz von $d_{min} = 5$ angenommen werden. Nach Gl. (A-36) errechnet sich die maximale Anzahl der erkennbaren Fehler (wenn keine korrigiert werden) zu $F_{E\,max} = d_{min} - 1 = 4$. Das bedeutet, daß alle Kodewörter, die zwischen zwei gültigen Kodewörtern liegen, als Fehler erkannt werden. Es können also Fehler mit einem Gewicht von *4* noch erkannt werden. Der Korrekturradius ist dabei gleich null.

Bei Korrektur erhält man nach Umstellen von Gl. (A-39) die maximale Anzahl der korrigierbaren Fehler: $F_{K\,max} = (d_{min} - 1)/2 = 2$. Darüber hinaus können nach Gl. (A-40) keine weiteren Fehler F_E mehr erkannt werden, da $F_E = d_{min} - 2 \cdot F_K - 1 = 0$, *bei* $F_K = F_{K\,max}$. Bei einer Hammingdistanz von $d_{min} = 5$ können also maximal Fehler mit einem Gewicht von 2 richtig korrigiert werden. Fehler mit einem Gewicht von beispielsweise 3 würden in einen anderen Korrekturraum fallen und deshalb falsch korrigiert werden (Bild A-31). Soll die Korrektur nur bei einem Fehlergewicht von 1 erfolgen (Einschränkung des Korrekturraums), so können dafür weitere Fehler erkannt werden: $F_E = d_{min} - 2 \cdot F_K - 1 = 2$, *bei* $F_K = 1$. Bei

diesen erkannten Fehlern handelt es sich um Fehler mit dem Gewicht 2 und 3. Durch die Einschränkung des Korrekturraums wird also Platz geschaffen, um höherwertigere Fehler zu erkennen.

Um diese Anforderungen an die Fehlererkennung und -korrektur bei den bereits bekannten Kodes anzuwenden, müssen entsprechend *Kontrollstellen k* zu den vorhandenen *Nutzbits m* hinzugefügt werden. Man erhält so ein *Kodewort N*, das aus

$$N = m + k \qquad (A-43)$$

Stellen besteht. Der so entstandene Hamming-Kode gehört damit zu den *Gruppenkodes,* da er sich aus einer *Informationsgruppe* (m) und einer *Kontrollgruppe* (k) zusammensetzt.

Wieviele Kontrollstellen an einen Kode angefügt werden müssen, hängt von der Hammingdistanz d_{min} ab, und damit von dem *Gewicht* der *korrigierbaren* Fehler. Sollen beispielsweise alle einfachen Fehler korrigiert werden, so ist $d_{min} = 3$ (Bild A-30). Das bedeutet, daß sich ein Kodewort beim Übergang auf das nächste in drei Stellen unterscheiden muß. Für einen *Ein-Bit-Kode* (m = 1) müssen demnach 2 Kontrollbits hinzugefügt werden, um diese Bedingung zu erfüllen. Der Hammingkode besteht dann aus N = 3 Stellen. Aber bereits bei einem Kode mit m = 2 reichen die beiden Korrekturstellen nicht mehr aus: k muß hier 3 sein (Tabelle A-27). Der Zusammenhang ergibt sich allgemein für eine Hammingdistanz von $d_{min} = 3$ zu:

$$m = 2^k - k - 1 \qquad (A-44)$$

Für eine Hammingdistanz von $d_{min} = 4$ gilt:

$$m = 2^{k-1} - k. \qquad (A-45)$$

In Tabelle A-27 sind die Nutzbits und die notwendige Anzahl der Korrekturstellen bei den Hammingdistanzen $d_{min} = 3$ und $d_{min} = 4$ gegenübergestellt (nach Gl. (A-44) und Gl. (A-45)), ebenso die daraus resultierende Gesamtwortbreite.

Tabelle A-27 zeigt deutlich, daß die Kodesicherung bei großen Wortbreiten durch verhältnismäßig wenige Kontrollstellen erreicht werden kann. Bei 57 Nutzbits sind lediglich 6 Kontrollstellen notwendig, was eine Redundanz von weniger als 10% bedeutet. Zur Sicherung eines Halbbytes (4 Bit) ist dagegen eine Redundanz von annähernd 50% notwendig.

Tabelle A-27. Zusammenhang zwischen Nutzbits, Kontrollbits und Wortbreite nach Hamming

$d_{min} = 3$			$d_{min} = 4$		
Nutzbits m	Kontrollbits k	Wortbreite N	Nutzbits m	Kontrollbits k	Wortbreite N
1	2	3	1	3	4
2	3	5	2	4	6
3	3	6	3	4	7
4	3	7	4	4	8
5	4	9	5	5	10
6	4	10	6	5	11
7	4	11	7	5	12
8	4	12	8	5	13
9	4	13	9	5	14
10	4	14	10	5	15
11	4	15	11	5	16
26	5	31	26	6	32
57	6	63	57	7	64
120	7	127	120	8	128

Wird in die Gleichungen (A-44) und (A-45) die Hammingdistanz eingearbeitet, so ergibt sich Gl. (A-46) zu:

$$m = 2^{k-(d_{min}-3)} - [k - (d_{min} - 3)] - 1 \quad (A-46)$$

A 4.4.3.3 Redundanzoptimierte Kodes

Redundanzoptimierte Kodes stellen eine weitere wichtige Gruppe von Kodes dar. Ihre *Wortlänge* wird mit Hilfe unterschiedlicher Wahrscheinlichkeiten für das Auftreten eines Kodewortes optimiert. Die Kodes in den Abschn. A 4.4.1 bis A 4.4.3 weisen für jedes Kodeelement *Zeichenketten gleicher Länge* auf. *Statistisch optimierte* Kode hingegen haben *variable Zeichenketten,* die von der Auftrittswahrscheinlichkeit der Kodeworte abhängig sind. Bei gleichverteilter Wahrscheinlichkeit kann damit natürlich nichts gewonnen werden.

Grundsätzlich wird bei redundanzmindernden Kodes dem am *häufigsten* auftretenden Kodewort die *kürzeste Zeichenkette* zugewiesen und den am *seltensten* auftretenden Quellwörtern die *längsten* Kodewörter. Am Beispiel unseres Alphabetes würde man den Buchstaben E und D (häufiges Auftreten) kurze Zeichenketten und den Buchstaben X und Y (sehr seltenes Auftreten) lange Zeichenketten zuweisen. Damit wird bei den allermeisten Übertragungen eines solchen Kodes eine

deutliche Verringerung der Nachrichtenlänge erreicht, ohne daß der Nachrichteninhalt vermindert wird. Anwendung hat dieses Prinzip vor allem in der *Kommunikationstechnik* wie *Bildtelefon* und *Faxgeräte* gefunden.

Bekanntestes Beispiel für einen redundanzoptimierten Kode ist der *Morse-Kode.* Dabei handelt es sich um einen Kode, dessen statistische Verteilung nach obigen Kriterien empirisch ermittelt wurde. Bild A-32 zeigt den zum Morse-Kode gehörenden Kodebaum.

Beim Morse-Kode handelt es sich um einen *ternären Kode,* also einem Kode, der aus *3 Elementen* besteht *(Punkt, Strich* und *Zwischenraum).* Der Zwischenraum muß dabei als selbständiges Element betrachtet werden, da aus ihm beispielsweise auch der Wortzwischenraum erzeugt werden muß. Dementsprechend besitzt der Kodebaum in Bild A-32 auch 3 Richtungen, die miteinander verknüpft den entsprechenden Kode ergeben. Der Wahrscheinlichkeit im Alphabet entsprechend sind die am häufigsten auftretenden Buchstaben E und T mit dem jeweilig kürzesten Kodewort kodiert: 1 Punkt bzw. 1 Strich. Der Zwischenraum zwischen den Buchstaben wird als häufigstes Element überhaupt auch einstellig behandelt und automatisch nach jedem Buchstaben angehängt. Der Wortzwischenraum wird aus drei Zwischenräumen gebildet (hier wird bereits deutlich, daß der Morsekode an manchen Stellen eben-

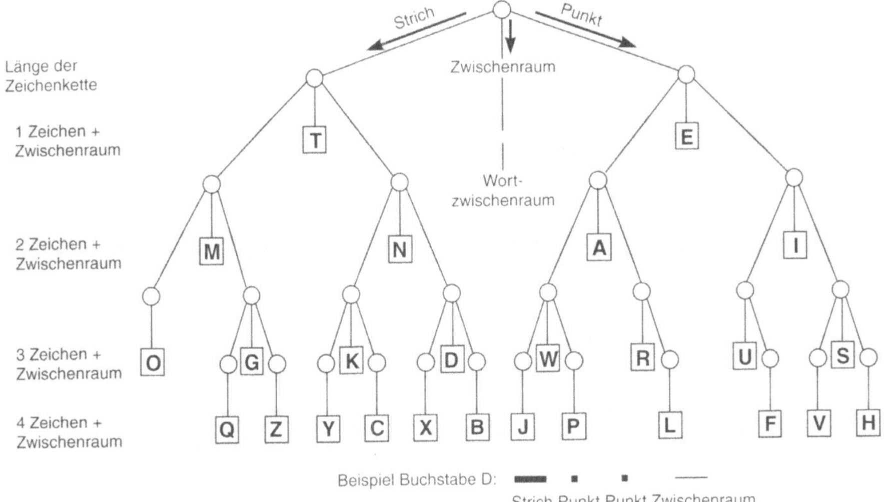

Bild A-32. Kodebaum für den Morsekode.

falls *redundant* ist, da ein Kodewort mit 2 Zwischenräumen nicht existiert).

Eine vollständige Ausnutzung des Kodebaumes ist dann gegeben, wenn aus *jedem* Knotenpunkt des Baumes *drei Zweige* hervorgehen, entsprechend dem ternären Kode. Bei allen Knoten vor den Endpunkten ist dies nicht der Fall, was auf die nicht vollständige Ausnutzung des Kodebaumes hinweist.

Die günstigste Kodewortlänge kann bei gegebenen *Wahrscheinlichkeiten* p_k durch ein *analytisches Verfahren* nach Shannon ermittelt werden. Unvollständige Kodebäume können dabei in einem zweiten Schritt so korrigiert werden, so daß sich ein vollständiger Kodebaum ergibt.

Für binäre Kodierungen eignet sich eine *halbgrafische Methode* nach *Shannon-Fano*. Sie liefert stets einen *vollständigen* Kodebaum. Voraussetzung ist, daß die Wahrscheinlichkeiten p_n der Quellensymbole bekannt sein muß. Sie werden in einer Tabelle mit fallender Wahrscheinlichkeit eingetragen. In einer zweiten Spalte werden die einzelnen Wahrscheinlichkeiten in umgekehrter Reihenfolge, also von unten nach oben, zur Summe sk addiert. Da die Kodeworte in der Umgebung von sk = 0,5 die höchste Wahrscheinlichkeit besitzen, werden ihnen die einstelligen Kodeworte „1" und „0" zugeordnet. Die entstandenen Untermengen links und rechts von sk = 0,5 werden in gleicher Weise behandelt: Sie gilt es in zwei möglichst gleiche Teile zu zerlegen, denen anschließend wieder „1" und „0" zugeordnet werden. Dies ist die zweite Stelle des Kodewortes. Die Aufteilung der *Reststämme* erfolgt solange, bis schließlich jede Untermenge gerade noch aus der maximalen Anzahl zuordenbarer Elemente (bei binärer Kodierung wie oben beschrieben sind das zwei) oder weniger besteht. Bild A-33 zeigt einen nach dieser Methode entwickelten Kodebaum.

Redundanzoptimierte Kodes nach Shannon-Fano bieten einen *höchstmöglichen Informationsgehalt* bezogen auf die Kodelänge. Sehr umfangreiche Telegramme können damit schnell und richtig übertragen werden. Solche Telegramme sind jedoch aufgrund der fehlenden oder sehr geringen Redundanz *besonders störanfällig*. Eine Verfälschung führt immer zu einem anderen gültigen Kodewort, Störungen der Kodelänge kann sogar die gesamte Information zerstören, da die *synchronen* Dekodiergeräte auf der Empfangsseite nicht mehr oder nicht gültig einrasten. Für die sichere Übertragung von Daten werden deshalb auch redundanzoptimierte Kodes mit *zusätzlichen Kontrollbits* ausgestattet, um so eine *Fehlererkennung* bzw. *-korrektur* zu ermöglichen. Der Vorteil einer schnellen Datenübertragung wird dabei nur geringfügig verkleinert.

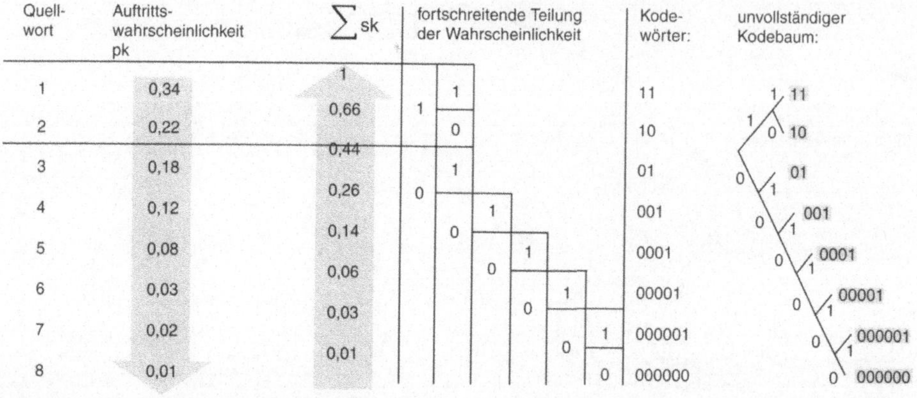

Quell-wort	Auftritts-wahrscheinlichkeit p_k	$\sum sk$	fortschreitende Teilung der Wahrscheinlichkeit	Kode-wörter:	unvollständiger Kodebaum:
1	0,34		1 1	11	1, 11
2	0,22	0,66	1 0	10	0 10
3	0,18	0,44	1	01	01
4	0,12	0,26	0 1	001	001
5	0,08	0,14	0 1	0001	0001
6	0,03	0,06	0 1	00001	00001
7	0,02	0,03	0 1	000001	000001
8	0,01	0,01	0 0	000000	000000

Bild A-33. Vollständiger Kodebaum nach Shannon-Fano.

Zur Übung:

ÜA 4-1: Zu welcher Basis werden folgende Zahlensysteme gerechnet: Oktalsystem, Hexadezimalsystem, Dualsystem und binäres Zahlensystem?

ÜA 4-2: Es soll ein *nonales* Zahlensystem eingeführt werden.

a) welche Elemente besitzt die Basis des *Nonal-systems?*

b) welche sinnvolle Kennzeichnung des *Nonal-systems* ist möglich?

c) bei welcher Zahl erfolgt der Übertrag?

d) wie werden die dezimalen Zahlen 9, 10, 23 und 100 dargestellt?

ÜA 4-3: Auf einem Prozessordatenbus werden die Werte 0100.0011.1001.1111 (D15 - D0) gemessen.

a) welchem dezimalen Wert entspricht dies?

b) welcher hexadezimale Wert wird dargestellt?

c) wenn das MSB ein Vorzeichenbit ist, handelt es sich um eine positive oder negative Zahl?

ÜA 4-4: Folgende Zahlen in der VBD und ZK Darstellung sollen negiert werden:

a) 00000

b) 01111

c) 0 0100 0000 1100 1010

d) 0 0110 0111 1000 0101

e) $02C_H$

ÜA 4-5: Im Zweierkomplement werden negative Zahlen dargestellt. Es soll das Zweierkomplement folgender Zahlen gebildet und der dezimale Wert angegeben werden:

a) 0000 0000

b) 0111 1111

c) 0101 0101

d) 0011 0011

ÜA 4-6: Warum kann eine normalisierte Mantisse einer positiven Zahl nicht kleiner als 0.5_D werden?

ÜA 4-7: Man vereinfache mit Hilfe der Booleschen Algebra folgenden Ausdruck: $(A+B)\cdot(A+C)$. Welche Regeln wurden angewandt?

ÜA 4-8: Welche Gesetze beweisen den Zusammenhang zwischen Disjunktion und Konjunktion?

ÜA 4-9: Wann wird ein Zeichenvorrat als Kode bezeichnet?

ÜA 4-10:

a) Was versteht man unter einem einschrittigen Kode?

b) Nennen Sie ein Beispiel

c) Welche Vorteile werden ausgenutzt?

d) Welche Hammingdistanz hat ein einschrittiger Kode?

ÜA 4-11:

a) welche Hammingdistanz ist zur Erkennung von Fehlern notwendig?

b) welche Hammingdistanz ist zur Korrektur von Fehlern notwendig?

ÜA 4-12: Ein Kode besitzt die Hammingdistanz 6

a) Wieviele Fehler können maximal erkannt werden?

b) Wieviele Fehler können maximal korrigiert werden?

c) Wieviele können dann unter b) noch erkannt werden?

Weiterführende Literatur

Beuth, K.: Elektronik 4, Digitaltechnik. Würzburg: Vogel Verlag.

Philippow, E.: Taschenbuch der Elektrotechnik, Bd. 1 u. 2. München: Hanser Verlag.

Philippow,E.: Grundlagen der Elektrotechnik. Leipzig: Akadem. Verlagsges. Geest & Portig.

A 5 Ergonomie

Der Computer am Arbeitsplatz ist heute bereits eine Selbstverständlichkeit. In einer Zeit starken Wettbewerbsdrucks und eines schnellen Marktwandels werden nur diese Unternehmen eine Überlebenschance haben, die leistungsfähige und motivierte Mitarbeiter besitzen, die diese modernen Technologien einsetzen. Deshalb erhält eine gesundheitsgerechte Auswahl, Anordnung und Betrieb von Bildschirmarbeitsplätzen eine besondere Bedeutung.

A 5.1 Gesamtkonzeption

Wie Bild A-34 zeigt, darf sich die *Ergonomie* nicht auf den Rechner (Hardware) und den Arbeitsplatz beschränken. Es geht letztlich darum, alle Prozesse der Datenverarbeitung *dem Menschen anzupassen (kognitive* Ergonomie). Dazu gehört unter anderem auch eine sinnvolle Zeiteinteilung für die Dauer der Arbeit an Bildschirmarbeitsplätzen, eine benutzergerechte Software, die Möglichkeit der Mitarbeiter, ihre Arbeitsplätze mitgestalten zu lassen und eine gesundheitliche Aufklärung. In Bild A-34 sind diese *vier Kreise* der Ergonomie zu erkennen:

1. Kreis: Rechnersystem (Hard- und Software)

Bei der Hardware spielen für den Bildschirm beispielsweise Fragen der Zeichengröße und -schärfe oder die Flimmerfreiheit eine Rolle. Für

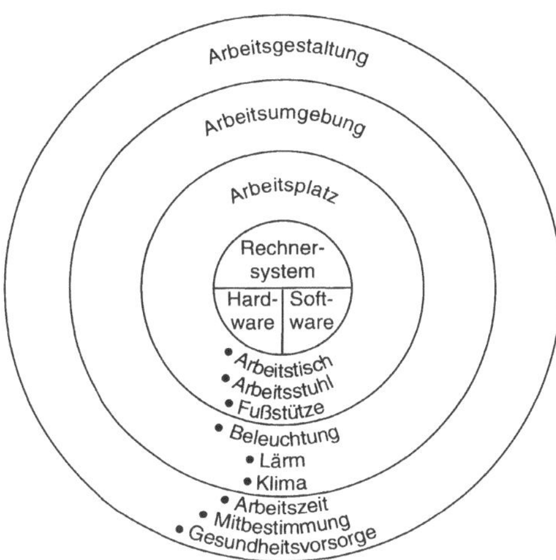

Bild A-34. Überblick über Software-Ergonomie.

die Software ist beispielsweise auf eine gute Benutzerführung zu achten.

2. Kreis: Arbeitsplatz

Besondere Anforderungen sind an den Arbeitsplatz zu richten: an den Arbeitstisch, den Arbeitsstuhl und die Fußstütze.

3. Kreis: Arbeitsumgebung

Hierbei handelt es sich um die *visuelle* (Beleuchtung), die *akustische* (Lärm) und die *klimatische* Umgebung.

4. Kreis: Arbeitsgestaltung

In diesen Kreis fallen unterschiedliche Bereiche: beispielsweise die Art der Aufgaben, die Zeiteinteilung, die Einbeziehung der Mitarbeiter bei der Raumgestaltung oder die Gesundheitsvorsorge.

A 5.2 Rechnersystem

Ein Rechnersystem besteht aus dem eigentlichen Gerät *(Hardware)* und den Programmen *(Software)*.

A 5.2.1 Hardware

Die Hardware setzt sich aus folgenden Teilen zusammen:

- Bildschirm,
- Eingabe von Information,
- Rechner und
- Ausgabegeräte.

Bildschirm

Bildschirme werden beurteilt nach ihrer

- Anzeigenart,
- Zeichengröße,
- Zeichenschärfe,
- Zeichenkontrast,
- Zeichengestalt,
- Zeilenabstand,
- Flimmern und
- Reflexe.

a) Anzeigenart

Von der Technik her unterscheidet man Bildschirmanzeigen mit der *Kathodenstrahlröhre* (CRT: Cathode Ray Tube), die vornehmlich im Bürobereich eingesetzt werden, mit *Flüssigkristallanzeige* (LCD: Liquid Crystal Device), die im mobilen Bereich Verwendung finden, oder *Plasmabildschirme* für besonders feingliedrige und scharfe Zeichnungen. Angezeigt werden können entweder *helle Zeichen* auf dunklem Grund oder *dunkle Zeichen* auf hellem Grund. Ferner sind noch *einfarbige* (monochrome) und *farbige* Bildschirme zu unterscheiden. Bei Farbbildschirmen müssen drei Farbpunkte (rot, grün, blau) gemischt werden.

b) Zeichengröße

Die Zeichengröße muß nach der Verteilung der *Sehschärfe* im Gesichtsfeld ausgesucht werden. In Abhängigkeit vom Sehabstand e wird folgende Gleichung verwendet:

$$\boxed{0{,}052 \ e \ < \ \text{Zeichengröße in mm} \ > \ 0{,}07 \ e \quad (A\text{-}47)}$$

Das bedeutet: Bei einer üblichen Sehentfernung von 50 cm soll die Zeichenhöhe zwischen 2,6 mm und 3,6 mm liegen. Die Zeichengröße sollte 2,6 mm nicht unterschreiten.

c) Zeichenschärfe

Die Zeichen auf dem Bildschirm sollten möglichst so scharf wie die *gedruckten* Zeichen sein. *Monochrome* Bildschirme sind im allgemeinen besser, weil sie schärfere Zeichen liefern.

d) Zeichenkontrast

Die unterste Grenze für den Zeichenkontrast liegt bei 1:3 (äußere Leuchtdichte zu Leuchtdichte der Bildschirmzeichen). Das heißt, ein Zeichen sollte mindestens 3-fach so intensiv sein wie seine Umgebung. Die optimalen Zeichenkontraste liegen zwischen 1:6 und 1:10. Für helle Zeichen auf dunklem Grund ist eine *obere Grenze* von 1:20 einzuhalten.

e) Zeichengestalt

Es ist zu raten, einen gewohnten Zeichensatz zu verwenden. Buchstaben mit ausgeprägten *Ober- und Unterlängen* sowie *Groß-* und *Kleinbuchstaben* dienen dazu, Informationen schnell zu erfassen.

f) Zeilenabstand

Texte müssen vom Zeilenende zum nächsten Zeilenanfang verfolgt werden können. In Abhängigkeit von der Zeilenlänge l, der Zeichengröße z kann der optimale Zeilenabstand d gefunden werden (alle Angaben in mm):

$$\boxed{d \ > \ 0{,}05l + z \qquad (A\text{-}48)}$$

Dabei ist d der Zeilenabstand in mm, z die Zeichengröße in mm und l die Zeilenlänge in mm. Für Korrekturen am Bildschirm sind Zeilenabstände von 1,5 mm bzw. 2 mm sinnvoll (größere Zeilen erfordern auch größere Zeilenabstände).

g) Flimmern

Der Bildschirm sollte absolut flimmerfrei sein.

h) Reflexe

Auf den Bildschirm auffallendes Licht sollte möglichst nicht in die Augen des Bedieners reflektiert werden. Dazu ist es ratsam, Bildschirme mit *optischer Entspiegelung* anzuschaffen.

Eingabe von Information

Informationen können in den Rechner eingegeben werden durch:

- Tastatur,
- Joystick,
- Maus,

- Tablett,
- Touchscreen und
- Sprache.

a) Tastatur

Es ist eine *seitliche Fingerführung* wichtig, die *konkave* Tasten ermöglichen. Die Tastengröße müssen *menschengerecht* sein, d. h. eine *Kantenlänge* (Durchmesser) von 12 mm bis 20 mm aufweisen und einen *Tastenabstand* zwischen 18 mm und 20 mm besitzen. Der *optimale Tastenweg* liegt zwischen 1 mm und 5 mm. Die Tasten sollten einen *spürbaren Auslösedruck* besitzen (für alle Tasten gleich: zwischen 0,25 N und 1 N) und eine schwarze Beschriftung aufweisen. Akustische Meldungen können die Arbeit am Bildschirm erleichtern.

Die Tastatur besteht aus *Buchstaben-, Zahlen-* und aus *Funktionstasten.* Je nach Aufgaben ist eine spezielle Tastenanordnung zu empfehlen. Größere Tastenfelder erfordern die Bewegung von *Hand und Arm.* Deshalb sollten häufig gebrauchte Tasten in Blöcken zu 3x4 Tasten zusammengefaßt werden, weil ein solcher 3x4-Block für das Auge gut zu überschauen und mit den Fingern noch leicht zu bedienen ist. Gefährliche Tasten, die das Programm zum Absturz bringen können, sollten eine Mehrfinger-Bedienung erfordern oder außerhalb des direkten Griffbereiches liegen.

b) Joystick

Mit dem Joystick wird der *Cursor* (Markierung der aktuellen Stelle) mit der Hand so bewegt, wie es dem Auge entspricht.

c) Maus

Damit wird der Cursor auf dem Bildschirm bewegt. Die motorische Beanspruchung ist besonders für ältere Menschen groß. Sehr anstrengend ist der *ständige Wechsel* zwischen Tastatur (z. B. Texteingabe) und Maus (z. B. Auswahl einer Funktion).

d) Tablett

Die einzelnen Funktionen sind auf Tabletts angeordnet, wie sie vor allem im CAD-Bereich (rechnergestützte Konstruktion) üblich sind. Es ist zu empfehlen, zusammengehörige Funktionen entsprechend zusammenhängend zu gruppieren. Es kann auf Dauer anstrengend sein, die Arbeit mit dem Auge (Bildschirm) und der Hand (Tablett) zu koordinieren.

e) Touchscreen

Bei diesem Eingabegerät wird mit einem Finger direkt auf die gewünschte Funktion am Bildschirm gezeigt. Die Koordination zwischen Hand und Auge ist optimal. Einschränkungen müssen hingenommen werden hinsichtlich der Auswahl der Funktionen (Bildschirmgröße) und der Breite des Zeigefingers.

f) Spracheingabe

Die Spracheingabe wird ein wichtiges Eingabemedium der Zukunft sein. Dazu ist eine starke *Sprachdisziplin* (bestimmter Wortschatz) und eine *Sprechdisziplin* (gleicher Tonfall) erforderlich.

Rechner

Hier ist zu prüfen, ob der Rechner getrennt vom Bildschirm untergebracht werden kann (z. B. als Tower-Ausführung), ferner ob die Ventilatorgeräusche gering zu halten sind. Der Rechner sollte wegen eventueller Reparaturen nicht zu aufwendig eingebaut sein.

Ausgabegeräte

Es sind zu unterscheiden:

- optische Ausgabegeräte und
- akustische Ausgabegeräte.

Zu den *optischen* Ausgabegeräten gehören die Drucker und Plotter. An die Schriftqualität und an die Zeichen sind dieselben Anforderungen zu stellen wie an den Bildschirm. Es ist zu empfehlen, einen möglichst *leisen* Drucker zu wählen, weil nachträgliche Schallschutzmaßnahmen nicht optimal sind.

Akustische Ausgabegeräte haben den Vorteil, daß diese Information *zusätzlich* zur bildlichen wahrgenommen werden kann. Die Lautstärke sollte mindestens 10 dB(A) über dem Geräuschpegel des Arbeitsplatzes liegen. Bei unbekannter Information wird ein Wert von 20 dB(A) vorgeschlagen. Die akustischen Ausgabegeräte ermöglichen *Sehbehinderten* die Arbeit mit dem Computer. Für Normalsichtige kann die akustische Ausgabe zur *Warnung* dienen oder zur Ausgabe, wenn das Auge überbeansprucht ist.

A 5.2.2 Software

Das Gebiet der *Software-Ergonomie* ist sehr differenziert und komplex. Software umfaßt eine aufgabenorientierte *(semantische)* Komponente und eine funktionsorientierte *(syntaktische)*. Das heißt, ein Software-Benutzer hat eine klare Aufgabe zu erledigen (semantisch) und benötigt dazu die Kenntnis der Wirkung von Funktionstasten oder Sprachbefehle (syntaktisch). Der Benutzer kann je nach Bedeutung der syntaktischen oder semantischen Komponente in folgende Gruppen eingeteilt werden:

- Anfänger
  (besitzt weder syntaktische noch semantische Kenntnisse);
- gelegentlicher Benutzer
  (besitzt semantische Kenntnisse, aber keine syntaktischen);
- Profi
  (besitzt sowohl semantische als auch syntaktische Kenntnisse).

Besondere Ansprüche an die Software-Ergonomie werden insbesondere erwartet an

- Benutzeroberfläche und die

- Kommunikation.

Benutzeroberfläche

Die Informationen auf dem Bildschirm sollten so gruppiert sein, daß sie *inhaltlich* zusammengehören und mit *einem Blick* erfaßt werden können.

Die Fülle der Informationen müssen für den Anwender *verdichtet* (kodiert) werden. Dies geschieht durch bestimmte Worte eines Menüs, durch spezielle Zeichen (Piktogramme) oder durch Abkürzungen. Die einzelnen Verdichtungsformen können durch *Größe, Helligkeit, Farbe* und *Ort* benutzergerechter angeboten werden.

Kommunikation

Dieses Feld beschreibt folgende Möglichkeiten, eine *Mensch-Maschine-Kommunikation* möglichst optimal zu gestalten:

- Befehle
  (Lernen von Kommandos, Funktionen und Anweisungen);

- Menüs
  (Vorgabe von Möglichkeiten; Auswahl durch Buchstaben oder Cursorbewegung durch Maus);
- Direktmanipulation
  (entweder eine *grafische Oberfläche* wie beim Macintosh oder in Windows mit der Auswahl durch die Maus oder mit *Pull-Down-Menüs,* die mehrfach gestaffelt sein können).

Qualitativ hochstehende Software muß nach DIN 66234 Teil 8 folgende Eigenschaften aufweisen:

- einfach und überschaubar,
- selbsterklärende Funktionen,
- steuerbar durch den Benutzer,
- erwartungsgerecht und
- fehlerrobust

(geringe Fehlermöglichkeit, klare Fehlerkennung und eindeutige Fehlerkorrektur).

Die *Qualität* der Kommunikation wird darüber hinaus durch folgende drei Merkmale bestimmt:

- Antwortzeit,
- Fehlermeldung und
- Hilfefunktion.

a) Antwortzeit

Die Antwortzeiten sollten erwartungsgemäß *kurz* und *konstant,* sowie auf den Arbeitsrhythmus des Benutzers eingestellt sein.

b) Fehlermeldung

Es ist eine allgemeine Weisheit, daß der Mensch aus *Fehlern lernt.* Deshalb sollten alle Fehlermeldungen auf den Verursacher positiv wirken. Folgende Empfehlungen lassen sich geben:

- immer an derselben Stelle ausgeben,
- konstant in Formulierung und Abkürzung sein,
- Wortwahl muß positiv und motivierend sein,
- Wortwahl muß konstruktiv sein (Maßnahmen zur Fehlerbehebung),
- genau den Fehler beschreiben und nur für diesen Hilfen anbieten (eventuell in mehreren Stufen).

c) Hilfefunktion

Mit der Hilfefunktion, die bereits fast einheitlich bei PC's mit der <F1>-Taste aufgerufen werden kann, werden dem Benutzer folgende Hilfestellungen gewährt:

- Darstellung der Möglichkeiten, um die Aufgaben zu erfüllen,
- richtige (syntaktische) Verwendung von Funktionen,
- Fehlerkorrektur der Syntax (auch über 4 bis 5 Anweisungen hinaus) und
- Orientierung, an welcher Stelle man sich befindet.

A 5.3 Arbeitsplatz

Die Gestaltung des Arbeitsplatzes betrifft den zweiten Kreis der Ergonomie in Bild A-34. Die ergonomische Gestaltung des Arbeitsplatzes ist zwar abhängig von der Art der Bildschirmarbeit (Bild A-35); dennoch lassen sich einige allgemeine Regeln angeben.

Im allgemeinen verursachen Bildschirmarbeitsplätze keine gesundheitlichen Gefahren. Allerdings sollten folgende Vorschriften beachtet werden:

- richtige Körperhaltung,
- Anordnung von Bildschirm, Beleghalter und Tastatur,
- Arbeitstisch, sowie
- Bürostuhl und Fußstütze.

a) Richtige Körperhaltung

In Bild A-36 wird gezeigt, daß auf eine richtige Körperhaltung geachtet werden muß, bei der das Gesäß vollständig auf der Sitzfläche ist und die Bandscheiben *gleichmäßig* belastet sind (Bild A-36 a).

Schiefe Körperbelastungen erhöhen einseitig den Druck auf den Rand der Bandscheiben und führen so zu vorzeitigem Verschleiß der Bandscheiben und zu Rückenschmerzen. Bild A-36 c zeigt die Körperstellen, an denen sich Schmerzen bemerkbar machen können. Deshalb ist dringend anzuraten, daß man sich öfters kontrolliert und vor allem längere und schiefe Körperhaltungen (z. B. bei Blenden des Bildschirms) vermeidet.

b) Anordnung von Bildschirm, Beleghalter und Tastatur

Bei der Aufstellung eines Bildschirms müssen folgende Fehler vermieden werden:

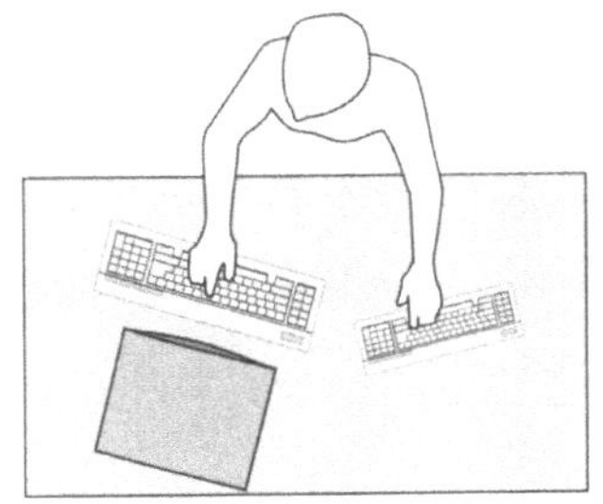

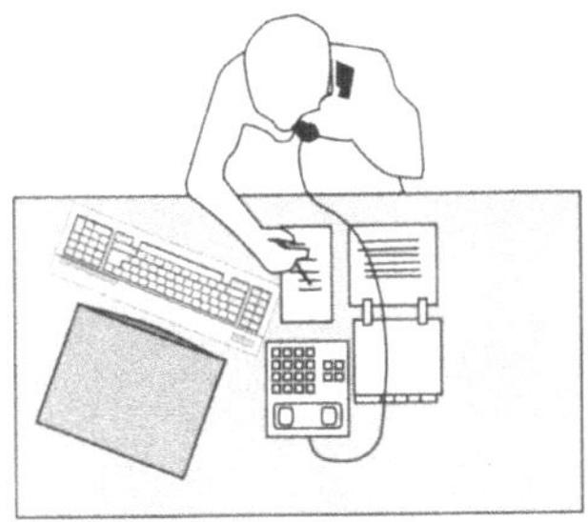

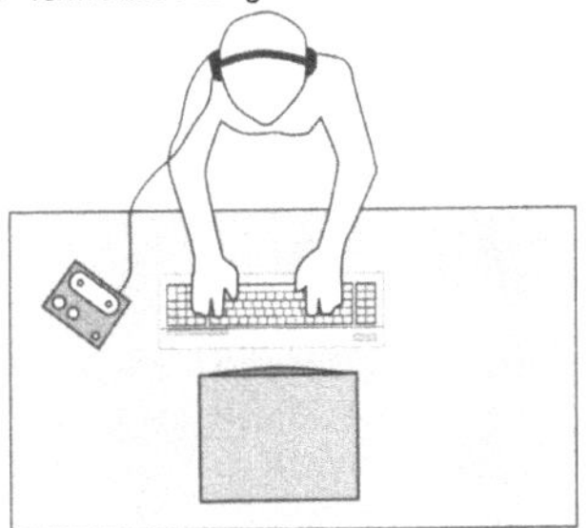

Bild A-35. Typische Tätigkeiten bei Bildschirmarbeitsplätzen (Quelle: BAD).

- zu große Hell-Dunkel-Kontraste,
- Spiegelungen und
- Blendungen.

Für die Aufstellung bedeutet dies: Die Blickrichtung vor dem Bildschirm ist *parallel* zur Fensterfront (Bild A-37). Bereiche direkt am Fenster sind zu meiden (Verwendung als Sozial- oder Besprechungsecke). Falls sich eine solche räumliche Anordnung nicht verwirklichen läßt, können

a Richtige Körperhaltung

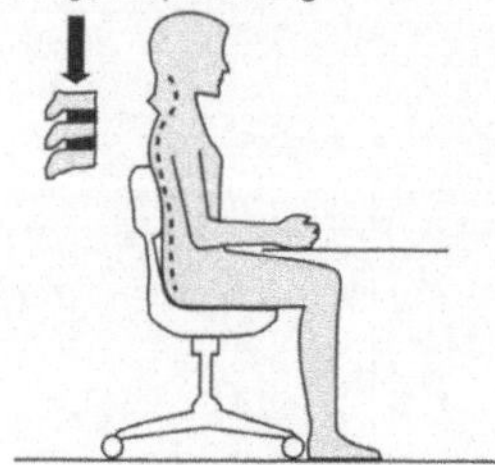

b Falsche Körperhaltung

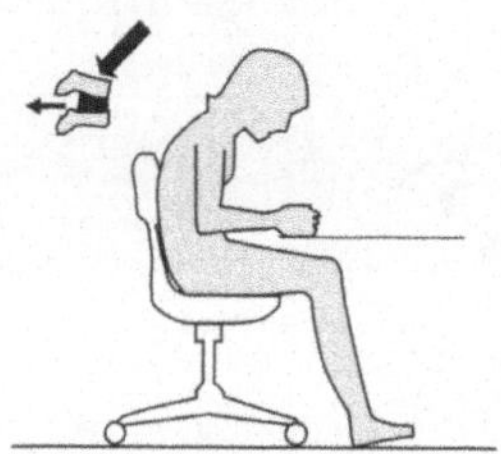

c Beschwerden

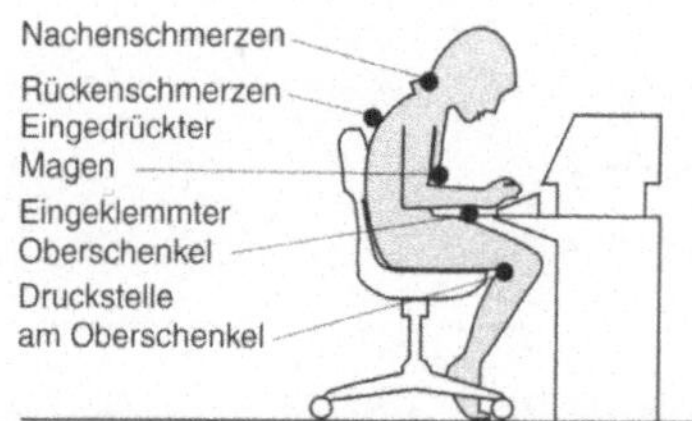

Bild A-36. Körperhaltung am Bildschirmarbeitsplatz (Quelle: BAD).

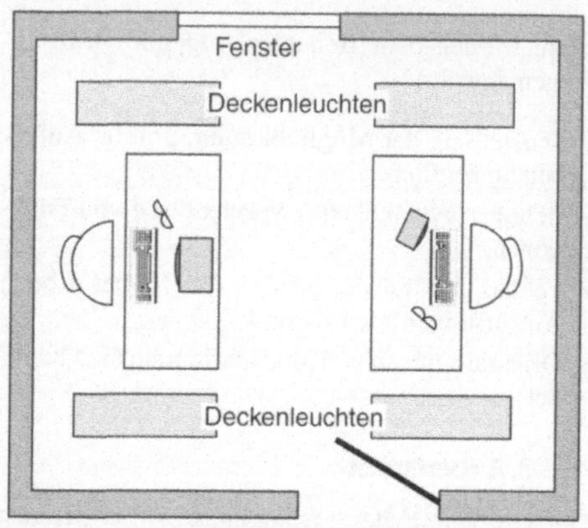

Bild A-37. Anordnung des Bildschirms (Quelle: BAD).

- Winkel zwischen Ober- und Unterschenkel bei aufgestellten Füßen 90° oder etwas mehr;

- Oberschenkel nicht zwischen Sitzfläche und Tischplatte einklemmen;

- Winkel zwischen Ober- und Unterarmen 90° oder etwas mehr;

- nur leicht geneigte Kopfhaltung (Bildschirmoberkante in Augenhöhe oder etwas darunter).

störende Blendungen und Reflexionen durch spezielle Lamellenstores verhindert werden.

c) Arbeitstisch

Am besten wäre ein *höhenverstellbarer* Tisch, der im Idealfall 72 cm hoch ist. Die sonstigen geeigneten Abmessungen für die Anordnung der Gegenstände und das Arbeiten am Bildschirm sind aus Bild A-38 zu entnehmen.

d) Bürostuhl und Fußstütze

Für die Sitzhöhe eines Bürostuhls gelten folgende Empfehlungen:

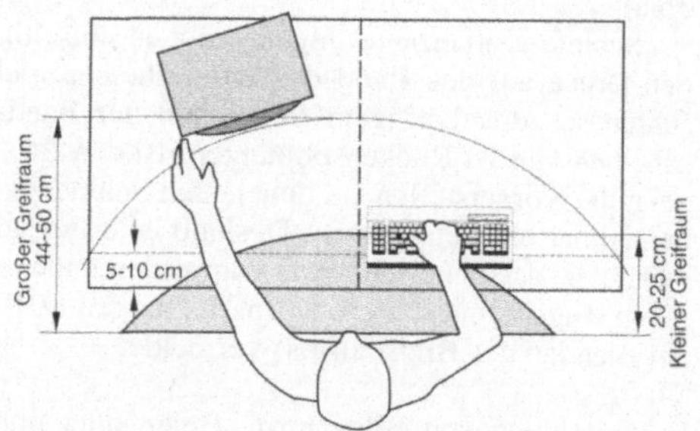

Bild A-38. Optimale Geometrie des Arbeitstisches (Quelle: BAD).

Bei der Sitzfläche ist zu empfehlen:

- Zwischen Kniekehle und Vorderkante der Sitzfläche sollte eine Handbreit Luft bleiben;
- gesamte Sitzfläche nutzen.

Für die Rückenstütze ist sinnvoll:

- Oberkante der Rückenstütze bis zur Mitte des Schulterblattes;
- Abstützung der Wirbelsäule an deren tiefster Einbuchtung.

Einen in dieser Weise ergonomisch gestalteten Arbeitsplatz zeigt Bild A-39.

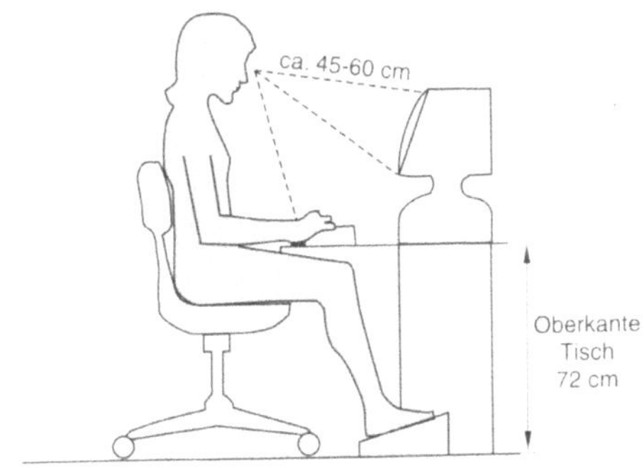

Bild A-39. Ergonomisch gestalteter Bildschirmarbeitsplatz.

A 5.4 Arbeitsumgebung

Die Arbeitsumgebung betrifft folgende Punkte:

- Beleuchtung,
- Lärm und
- Klima.

a) Beleuchtung

Nach DIN 66234 (Teil 7) und DIN 5035 soll die Beleuchtungsstärke zwischen 300 lx und 500 lx liegen. Die Leuchten sollten in Reihen brennen, die zum Fenster parallel liegen. Entscheidend ist auch die Verteilung der Beleuchtungsstärke, die vom Reflexionsgrad der umgebenden Gegenstände abhängig ist. So soll der Reflexionsgrad der Decke bei etwa 70% liegen und die der Wände zwischen 30% und 50%.

b) Lärm

Bildschirmarbeit erfordert hohe Anforderungen an das Auge, an die Feinmotorik und die Konzentration. Aus diesem Grund sollten zusätzliche akustische Lärmquellen vermieden werden. Hierzu zählen insbesondere Raumlüfter und Geräteventilatoren, aber auch Nadeldrucker und Plotter. Deshalb ist zu empfehlen, Tintenstrahl- oder Laserdrucker einzusetzen.

c) Klima

Dafür gelten die Richtlinien für die Büroräume. Es muß allerdings bedacht werden, daß die Geräte zur Erwärmung des Raumes beitragen. Nach den Vorschriften sollte die *relative Luftfeuchtigkeit* 40% bis 60% betragen, die *Luftgeschwindigkeit* Werte zwischen 0,1 m/s und 0,2 m/s aufweisen und die Raumtemperaturen zwischen 21°C und 23°C liegen.

A 5.5 Arbeitsgestaltung

Bei der Gestaltung der Arbeit mit Bildschirmarbeitsplätzen sind neben einer gründlichen *Einweisung* und *Schulung* folgende Gesichtspunkte von Bedeutung:

- Arbeitszeit,
- Mitbestimmung und
- Gesundheitsvorsorge.

a) Arbeitszeit

Das Gefühl der *Überbeanspruchung* muß den Mitarbeitern genommen werden. Dazu dient eine sinnvolle Mischung unterschiedlicher Tätigkeiten, wobei nach arbeitswissenschaftlichen Untersuchungen maximal 4 Stunden am Tag direkt am Bildschirm verbracht werden sollen. Bei *sich wiederholenden Arbeiten* und *ständigem Blickkontakt* mit dem Bildschirm ist eine Pause von 5 bis 10 Minuten je Stunde bzw. 15 bis 20 Minuten alle 2 Stunden sinnvoll. Pause bedeutet dabei nicht Ruhe, sondern auch das Beschäftigen mit anderen Aufgaben.

b) Mitbestimmung

Bei der Einführung von Computertechniken ist die Unternehmensleitung gut beraten, wenn sie versucht, die Angst vor einem befürchteten Arbeitsplatzabbau zu nehmen und klarzumachen, daß mit dem Werkzeug Computer die vorhandenen Mitarbeiter ihre Arbeit *besser* erledigen können. Deshalb sollten die Mitarbeiter vor der Einführung informiert und nach ihren Wünschen befragt werden. Nur wenn die Mitarbeiter an ihrem Bildschirmarbeitsplatz gerne arbeiten, weil sie ihn auch mitgestalten konnten (z. B. eigene Bilder oder Farben der Stühle und Tische), werden sie produktiver werden und weniger anfällig für Krankheiten.

c) Gesundheitsvorsorge

Alle Mitarbeiter am Bildschirm sollten gesundheitlich aufgeklärt werden; insbesondere über ihre Belastungen in folgenden Bereichen:

- Hand und Arm,
- Kopf, Nacken und Rücken,
- Augen und
- Haut.

Es ist anzuraten, ab und zu Bewegungsübungen zu machen, um vor allem die Brust- und Lendenwirbelsäule zu stärken.

A 5.6 Checkliste zur Ergonomie

In Tabelle A-28 werden die in den vorigen Abschnitten aufgezeigten Erkenntnisse als Checkliste zusammengefaßt, um einen schnellen Überblick zu erhalten. Werden die Fragen mit „Nein" beantwortet, dann sollte Abhilfe geschaffen werden.

Tabelle A-28. Checkliste zur Ergonomie

Fragen	Antwort	
Zeichen	ja	nein
Ist die Zeichengröße ausreichend? (Minimum: 2,6 mm bzw. 0,052*Sehweite in cm)	O	O
Ist die Schärfe der Zeichen ausreichend?	O	O
Kann die Helligkeit verstellt werden?	O	O
Genügt der Zeichenkontrast? (1:6 bis 1:1)	O	O
Sind Ober- und Unterlängen vorhanden?	O	O
Ist der Zeilenabstand ausreichend? (Minimum: 0,05*Zeilenlänge)	O	O
Sind die Zeichen flimmerfrei?	O	O
Sind die Zeichen reflexfrei?	O	O
Tastatur		
Sind die Tasten zwischen 10 und 20 mm breit	O	O
Besitzen die Tasten einen spürbaren Druckpunkt?	O	O
Sind die Tastenoberflächen konkav?	O	
Liegt der Auslösedruck zwischen 0,25 und 1 N?	O	O
Ist die Tastenbeschriftung schwarz?	O	O
Entsprechen die Buchstabentasten den Erwartungen?	O	O
Sind die Funktionstasten leicht find- und bedienbar?	O	O
Können Ziffern mit einer Hand eingegeben werden?	O	O
Können gefährliche Funktionen durch weit abliegende Tasten betätigt oder durch Mehrfachtasten ausgelöst werden?	O	O
Rechner		
Kann der Rechner leicht repariert werden?	O	O
Ist der Rechner leicht verschiebbar?	O	O
Drucker		
Sind die Zeichen von Druckqualität?	O	O
Sind die Drucker leise?	O	O
Software		
Wird der Ausbildungsstand der Benutzer berücksichtigt?	O	O
Sind die Informationen gut in Gruppen strukturiert?	O	O
Sind ähnliche Informationen immer am gleichen Ort?	O	O
Sind die Bezeichnungen und Abkürzungen verständlich?	O	O
Sind die Symbole gut verständlich?	O	O
Kommunikation		
Sind die Befehle einfach und überschaubar?	O	O
Sind die Funktionen selbsterklärend?	O	O
Kann der Benutzer die Funktionen steuern?	O	O
Sind die Eingaben fehlerrobust?	O	O
Ist die Antwortzeit kurz genug?	O	O
Sind die Fehlermeldungen positiv formuliert?	O	O
Ist die Wortwahl motivierend?	O	O
Ist klar, wie der Fehler zu beheben ist?	O	O
Ist die Hilfefunktion ausreichend?	O	O
Gibt es ein lesbares elektronisches Handbuch?	O	O

Tabelle A-28 (Fortsetzung)

Fragen	Antwort	

Arbeitstisch

	ja	nein
Beträgt die Höhe 72 cm?	O	O
Kann die Tischhöhe verstellt werden?	O	O
Ist die Größe ausreichend?	O	O
Ist unter dem Tisch ausreichend Platz für die Füße?	O	O

Arbeitsstuhl

	ja	nein
Ist der Stuhl höhenverstellbar? (40 bis 51 cm Sitzhöhe)	O	O
Hat der Stuhl eine Rückenlehne?	O	O
Ist keine elektrische Aufladung vorhanden?	O	O
Ermöglicht der Stuhl ein dynamisches Sitzen? (Drehachsen in der Nähe der Kniegelenke)	O	O
Ist der Winkel zwischen Ober- und Unterschenkel $>90°$?	O	O
Ist zwischen Kniekehle und Vorderkante der Sitzfläche eine Handbreit Luft?	O	O

Beleuchtung

	ja	nein
Ist die Beleuchtungsstärke zwischen 300 und 500 lx?	O	O
Liegen die Leuchten parallel zum Fenster?	O	O
Ist die Beleuchtung flimmerfrei?	O	O

Lärm

	ja	nein
Sind die Drucker geräuschlos?	O	O
Sind die Arbeitsplätze schallgedämpft?	O	O
Sind die Geräte mit Ventilatoren nicht auf dem Tisch?	O	O

Klima

	ja	nein
Beträgt die relative Luftfeuchtigkeit 40 bis 60%?	O	O

Arbeitszeit

	ja	nein
Arbeiten Sie nicht mehr als 4 Stunden pro Tag am Bildschirm?	O	O
Machen sie jede Stunde 5 bis 10 Minuten oder alle zwei Stunden 15 bis 20 Minuten eine andere Arbeit?	O	O

Mitbestimmung und Ausbildung

	ja	nein
Werden Sie bei der Gestaltung der Arbeitsplätze gefragt?	O	O
Werden Sie ausreichend geschult?	O	O

Gesundheitsvorsorge

	ja	nein
Werden Sie über Ihre gesundheitlichen Belastungen informiert?	O	O
Machen Sie von Zeit zu Zeit Entspannungsübungen?	O	O

B Hardware

Rechner und Rechnersysteme werden heute im allgemeinen Sprachgebrauch unter der englischen Bezeichnung *Computer* zusammengefaßt. *Funktionalität* und *Leistungsfähigkeit* sind dabei sehr unterschiedlich und werden von der Anwendung bestimmt. Die wichtigsten Baugruppen eines Computers zeigt Bild B-1 in der Übersicht.

Unter Hardware versteht man *alle* für den Betrieb notwendigen *Komponenten* und *Baugruppen,* einschließlich der *Datenübermittlungssysteme* und *Datenspeichersysteme,* bis hin zu den einzelnen Bauteilen der Komponenten.

> *Hardware* ist die Gesamtheit aller technischer Komponenten in einem Rechnersystem.

Dies sind beispielsweise

- Mikroprozessor,
- Steuerwerk,
- Arbeitsspeicher,
- Massenspeicher und
- serielle und parallele Schnittstellen für die Datenübertragung.

Hardware ist demnach alles Faßbare und real Vorhandene und vom Benutzer nur schwer Änderbare eines Rechnersystems. Die Flexibilität beschränkt sich nur auf den *Austausch* oder die *Ergänzung* von Baugruppen. Demgegenüber steht der Begriff der *Software,* die ein virtueller und leicht änderbarer Bestandteil eines Rechnersystems ist.

Der Aufbau heutiger Rechner setzt eine ganze Reihe moderner Bauelemente voraus. *Funktionalität, Integrationsgrad* und *Schnelligkeit* sind entscheidende Eigenschaften, welche die Funktion eines Computers oder einer Computer-Karte sicherstellen. In den folgenden Abschnitten wird auf die verschiedenen Bausteinfamilien für Rechner eingegangen und auf ihre speziellen Eigenschaften in bezug auf ihre Anwendung in der Rechnertechnik.

B 1 Digitale Bauelemente für Rechner

B 1.1 Logikfamilien digitaler Bausteine

Unter *digitalen Bauelementen* versteht man Schaltkreise, die in der Lage sind, die *Booleschen Gleichungen* (Abschn. A 4) zu realisieren. Anfang der 60er Jahre gelang es, mehrere Grundfunktionen auf einem einzigen Siliziumplättchen zu verwirklichen. Es entstand eine *monolithisch integrierte Schaltung,* und das Siliziumplättchen ging als *Chip* in den Sprachgebrauch der Entwickler ein. Diese einfachen Booleschen-Verknüpfungen werden als *Gatterfunktionen* bezeichnet (engl. Gate), da eine Information erst dann weiterverarbeitet werden kann, wenn die Verknüpfungsfunktion erfüllt ist.

> Unter einem monolithisch integrierten Schaltkreis versteht man die Realisierung mehrerer Gatterfunktionen auf einem Chip.

Diese ersten digitalen Schaltkreise umfaßten nur wenige Gatterfunktionen, wie UND (engl.: AND) und ODER (engl.: OR), die auch noch heute in allen Logikfamilien zu finden sind. Diese Bausteine werden als *Small Scale Integration* (SSI)-Bauteile bezeichnet, da die Integrationsdichte auf dem Chip gering ist. Steigt die Integrationsdichte, d. h. werden wesentlich mehr Funktionen auf einem Silizium-Plättchen verwirklicht, so spricht man von *Medium Scale Integration* (MSI) und *Large Scale Integration* (LSI) bis zu *Very Large Scale Integration* (VLSI). In neuester Zeit erlaubt die Technik eine Integration von mehr als 1 000 000 Transistoren, wofür der Begriff *Ultra Large Scale Integration* (ULSI) geprägt wurde. Beispiele für Bausteine mit niedriger Integrationsdichte bis hin zu hohen Integrationsdichten zeigt Bild B-2.

Zur Realisierung der Rechnerfunktion mit Hilfe dieser Bausteine bedient man sich der mathematische Beschreibung der Ausgangsvariablen in Abhängigkeit von den Eingangsvariablen. Dies kann beispielsweise mit Hilfe der Booleschen Algebra (Abschnitt A 4) erfolgen. Zur Umsetzung dieser Gleichungen in eine funktionierende Schaltung sind entsprechende Bauelemente (z. B. die Basiselemente UND, ODER, NICHT und Antivalenz) notwendig. In der Digitaltechnik werden diese Bauteile als *Logikfamilie* bezeichnet. Jede Logikfamilie besitzt spezielle *technische*

Mikroprozessorsystem

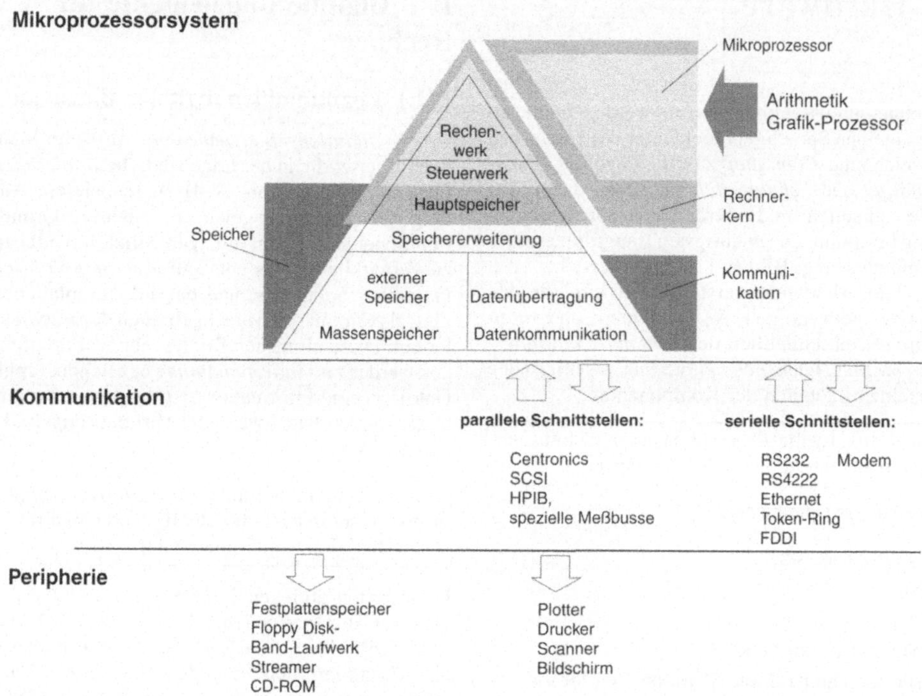

Bild B-1. Rechner-Hardware in der Übersicht.

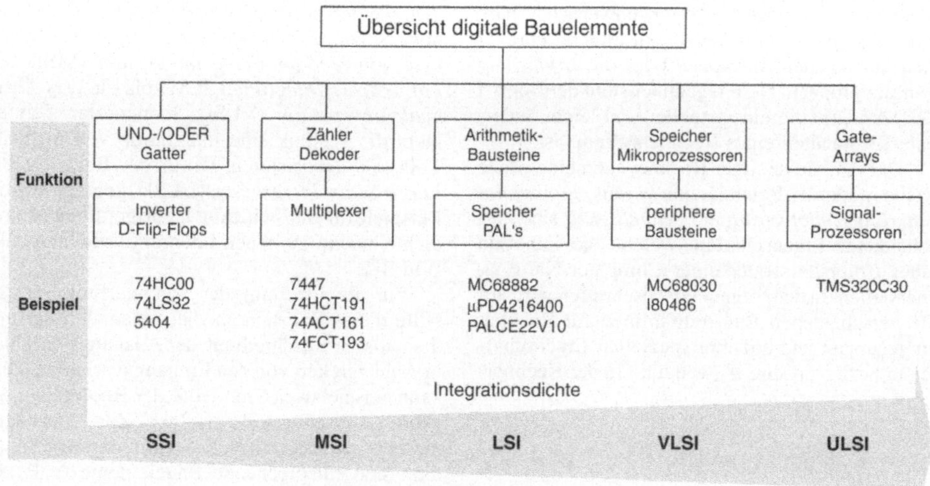

Bild B-2. Übersicht über die wichtigsten digitalen Bauelemente.

und *technologische* Eigenschaften, beispielsweise *Signalverzögerungszeiten, Taktfrequenz* und *Leistungsaufnahme.*

Eine Übersicht über diese grundlegenden Eigenschaften der unterschiedlichen Logikfamilien zeigt Tabelle B-1.

In Tabelle B-1 sind die Logikfamilien von links nach rechts nach abnehmender Schaltgeschwindigkeit geordnet. Die Schaltgeschwindigkeit beschreibt die typische *Verzögerungszeit,* die ein Puls am Eingang eines Gatters (z. B. eines Inverters) bis zum Ausgang erfährt. In den Datenbüchern ist diese Zeit mit *propagation delay* t_{pd} bezeichnet. Bei der Entwicklung von Rechnern und Signalverarbeitungskarten hat diese Zeit einen erheblichen Einfluß auf die Geschwindigkeit und Leistungsfähigkeit eines Rechnersystems.

Eine übliche Darstellung der Tabelle B-1 ist die grafische Zusammenfassung in Bild B-3. Es ist deutlich zu erkennen, daß die Logikfamilien auf CMOS-Basis (CMOS 4000, HC/HCT und AC/ACT) im Ruhezustand eine um mehr als vier Zehnerpotenzen geringeren Leistungsbedarf pro Gatter besitzen als beispielsweise LSTTL- oder FAST-Bauteile.

Neben diesen dynamischen Eigenschaften unterscheiden sich die Logikfamilien auch in ihren *Betriebsspannungen* sowie deren *Toleranzbereichen.* Der meist genutzte Bereich liegt bei der Digitaltechnik typischerweise bei einer Spannung von 5 V („5-Volt-Schaltungstechnik") und wird von den meisten Logikfamilien abgedeckt. Darüberhinaus lassen jedoch einige Logikfamilien einen ganz erheblichen Toleranzbereich für die Versorgungsspannung zu, so daß deren Einsatz auch unter anderen Betriebsbedingungen gewährleistet ist. In Bild B-4 sind die Versorgungsspannungstoleranzen einiger wichtiger Logikfamilien gegenübergestellt.

Der weite Versorgungsspannungsbereich der *CMOS-Familie* (Bild B-4) erlaubt beispielsweise deren Einsatz in bereits vorhandenen elektronischen Schaltungen, ohne für die Logik eine zusätzliche Versorgungsspannung bereitzustellen (z. B. in Steuerungen, die im Kleinleistungsbereich mit 12V betrieben werden). HC-Bauteile eignen sich sehr gut für batteriebetriebene Schaltungen, da sie noch bei einer Betriebsspannung von 2V arbeiten und einen kaum meßbaren Ruhestrom aufnehmen (Tabelle B-1).

Völlig aus dem Rahmen fällt hingegen die *ECL-Familie,* die eine negative Versorgungsspannung benötigt. Daneben muß noch eine weitere

Tabelle B-1. Schaltzeiten, Taktfrequenzen und Leistungsvergleich der Logikfamilien

Eigenschaften	CMOS Complementary MOS	TTL Transistor-Transistor-Logic	LSTTL Low-Power Schottky-TTL	HC(T) High-Speed CMOS	STTL Schottky-TTL	FAST Fairchild-Advanced-STTL	ECL Emitter-Coupled-Logic
Schaltgeschwindigkeit	35 ns	10 ns	8 ns	8 ns	4 ns	3 ns	1,0 ns
Flip-Flop-Taktfrequenz	7 MHz	15 MHz	30 MHz	50 MHz	75 MHz	100 MHz	500 MHz
Leistungsaufnahme	10 nW	10 mW	2 mW	25 nW	20 mW	4 mW	25 mW

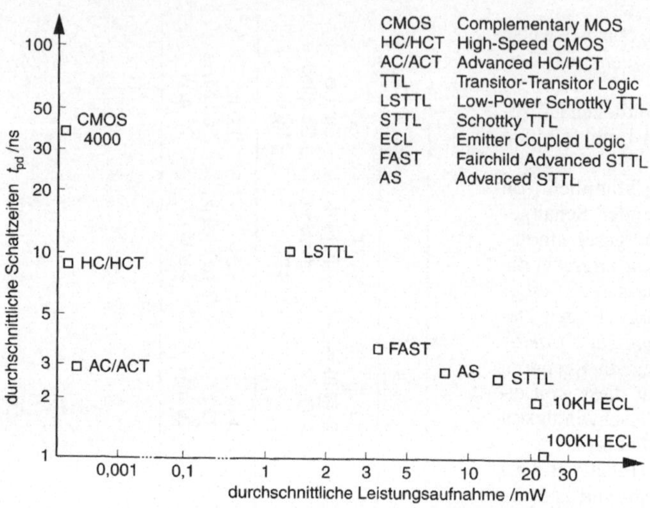

Bild B-3. Geschwindigkeits-Leistungs-Diagramm der Logikfamilien.

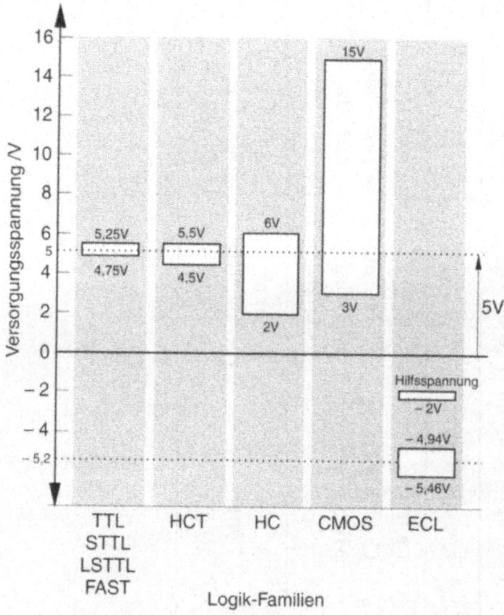

Bild B-4. Versorgungsspannungen der unterschiedlichen Logikfamilien.

Hilfsspannung zur Verfügung gestellt werden, so daß die ECL-Familie mit insgesamt drei Spannungspotentialen versorgt werden muß. Die ECL Bausteine haben jedoch die *kürzesten* Schaltzei-

ten aller Logikfamilien und sind somit seit ihrer Einführung 1962 durch Motorola auch heute noch die *schnellste Logikfamilie.*

Der Betrieb der verschiedenen Logikfamilien an unterschiedlichen Spannungen sowie die verschiedenen Technologien lassen eine *gemischte Verwendung* nicht ohne weiteres zu. Entscheidend dafür sind die garantierten Ausgangspegel für die logischen Zustände 0 und 1. Bild B-5 veranschaulicht deutlich, welche Grenzwerte für den Eingang und Ausgang eingehalten werden müssen.

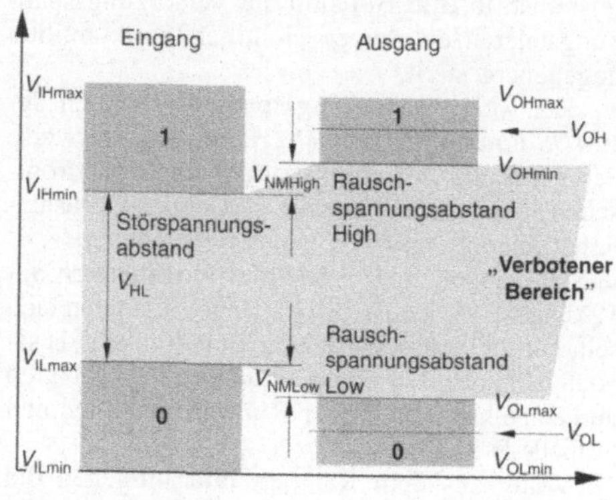

Bild B-5. Definition der Grenzspannungen.

Tabelle B-2. Verknüpfung unterschiedlicher Logikfamilien

von	nach HC	HCT	CMOS (5V)	CMOS (6 bis 15V)	TTL	ECL
HC	direkt	direkt	direkt	4104	direkt	10124
HCT	direkt	direkt	direkt	4104	direkt	10124
CMOS (5V)	direkt	direkt	direkt	4104	direkt	10124
CMOS (6 bis 15V)	4049 oder 4050	4049 oder 4050	4049 oder 4050	direkt	4049 oder 4050	Transistor
TTL	„pull-up" Widerstand	direkt	„pull-up" Widerstand	4104	direkt	10124
ECL	10125	10125	10125	Transistor	10125	direkt

Dabei gelten folgende Abkürzungen:

V_{IHmax} = maximale Eingangsspannung des Bausteins

V_{IHmin} = minimale Eingangsspannung für den High-Zustand

V_{ILmax} = maximale Eingangsspannung für den Low-Zustand

V_{ILmin} = minimale Eingangsspanunng

V_{OHmax} = maximale Ausgangsspannung bei High

V_{OHmin} = minimale Ausgangsspannung bei High

V_{OLmax} = maximale Ausgangsspannung bei Low

V_{OLmin} = minimale Ausgangsspannung bei Low

Daraus ergeben sich die Bedingungen für den schlechtesten Fall (worst case):

Störspannungsabstand:
$$V_{HL} = V_{IHmin} - V_{ILmax} \qquad \text{(B-1)}$$

Rauschspannungsabstand High:
$$V_{NMHigh} = V_{OHmin} - V_{IHmin} \qquad \text{(B-2)}$$

Rauschspannungsabstand Low:
$$V_{NMLow} = V_{ILmax} - V_{OLmax} \qquad \text{(B-3)}$$

Der Rauschspannungsabstand wird im Englischen als *Noise Margine* bezeichnet, was in den Gleichungen (B-2) und (B-3) zu den Abkürzungen V_{NMHigh} und V_{NMLow} führt. Im sicheren Betrieb der einzelnen Bausteine müssen diese Grenzwerte eingehalten werden. Für jede Logikfamilie fallen sie jedoch unterschiedlich aus, wie Bild B-6 in einer Übersicht zeigt.

Für die Betriebssicherheit gemischter digitaler Schaltungen sind die *Worst Case-Spannungspegel* (z. B. V_{OHmax} und V_{IHmin}) maßgebend. Bild B-6 verdeutlicht auch, daß bei der Zusammenschaltung unterschiedlicher Familien in den meisten Fällen eine Pegelanpassung notwendig ist. Speziell bei CMOS (Betrieb an einer Spannung > 5 V) und bei den ECL-Bausteinen (Betrieb an negativer Spannung) ist dies nur mit entsprechenden Umsetzbausteinen möglich. Müssen nur kleine Spannungsdifferenzen ausgeglichen werden, wie beispielsweise von TTL auf HC, so kann dies im einfachsten Fall über einen Widerstand erfolgen, der am Ausgang des TTL Gatters mit der +5 V Versorgungsspannung verbunden wird und die Ausgangsspannung zusätzlich zur Versorgungsspannung zieht (englisch: *pull-up)*. Einen Überblick über die gebräuchlichsten Anpassungsschaltungen zeigt Tabelle B-2.

Neben diesen im obigen Überblick beschriebenen gebräuchlichen Bauteilen, sind im Laufe der Jahre noch eine ganze Reihe von Bausteinfamilien entstanden, deren technische Eigenschaften auf eine ganz bestimmte Anwendung abzielen. Hier sind besonders die BICMOS-Bausteine (BCT-Familie) und die FCT-Bausteine hervorzuheben, die aufgrund ihrer sehr leistungsstarken

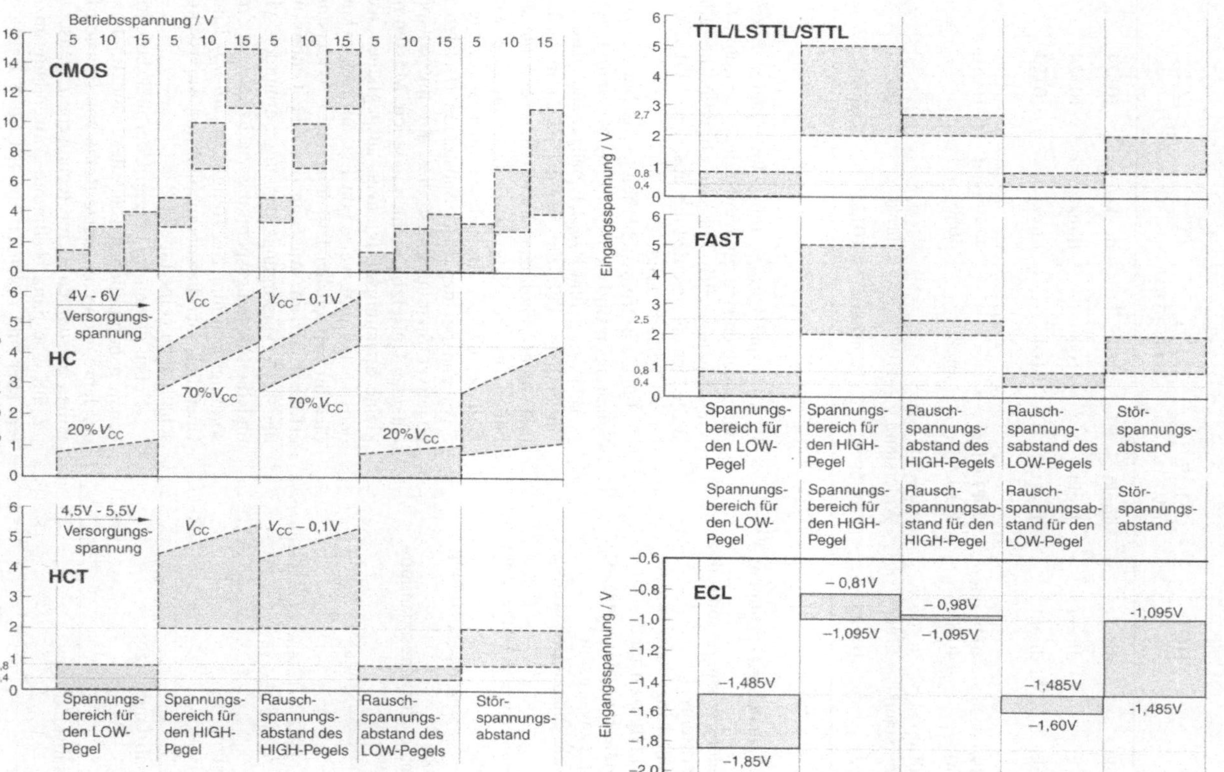

Bild B-6. Grenzwerte der einzelnen Logikfamilien.

Tabelle B-3. Trend und Häufigkeit eingesetzter Logikfamilien

Bauteil-kennzeichnung	Kurzbezeichnung	besondere Eigenschaften
74 xxx	Standard TTL	veraltet, nicht für Neuentwicklungen
74 S xxx	Schottky-TTL	erste sehr schnelle TTL Logik, hohe Stromaufnahme, werden sehr heiß
74 LS xxx	Low Power Schottky-TTL	bis Ende der 80er Jahre die meist verwendete Logik
74 F xxx	FAST	sehr schnelle Logik mit großer Belastbarkeit (bis 64 mA)
74 H xxx	High-Power TTL	praktisch keine Bedeutung mehr
74 L xxx	Low-Power TTL	praktisch keine Bedeutung mehr
4 xxx	4000er CMOS	erste CMOS-Familie mit einem Spannungsbereich von 3V bis 15V
74 HC xxx	HC-MOS	High-Speed CMOS ersetzt breitbandig die LS-Bausteine
74 HCT xxx	HCT	TTL kompatible High-Speed CMOS für gemischte Schaltungen LS-HCT
74 AC xxx	AC-MOS	weiterentwickelte HC-Bausteine mit sehr schnellen Schalteigenschaften
74 ACT xxx	ACT	zum Betrieb mit anderen schnellen Logik-Familien mit TTL kompatiblen Eingang
74 BCT xxx	BCT	CMOS Bauteil mit sehr schnellem bipolarem Ausgang, speziell für Bustreiber
74 FCT xxx	FCT	superschnelle Bausteine speziell für Hochleistungsrechenanlagen
MC10 xxx	MECL10	Motorola's ECL-Serie 10
MC10KH	MECL10KH	Motorola's ECL-Serie 10KH mit niedrigerem Stromverbrauch
F100K	100K-Serie	Fairchild's ECL-Serie 100K

am häufigsten eingesetzte Logikfamilien.

Aktuelle Bausteinfamilien.

Ausgangstufe zum Treiben von Bussystemen geeignet sind. Ohne näher auf diese Eigenschaften einzugehen, werden in Tabelle B-3 alle wichtigen Logikfamilien der letzten Jahre und vor allem der zukünftigen Jahre als Übersicht zusammengestellt. Dabei ist ein eindeutiger Trend zu den CMOS-Bauteilen festzustellen, die, wie bereits oben erwähnt, wegen ihrer geringen Ruhestromaufnahme erhebliche Vorteile in der Leistungsbilanz (und damit auch in der Erwärmung) aufweisen.

B 1.2 Speicherbausteine

Für den Aufbau von Rechnern sind *Speicherbausteine* mit die wichtigsten Bauelemente. Für die unterschiedlichen Anforderungen sind entsprechend unterschiedliche Speicher notwendig. So unterscheidet man in der Datentechnik grundsätzlich zwischen *Massenspeicher* und *Arbeitsspeicher (Hauptspeicher)*. Auf den Speicheraufbau und auf die Speicherhierarchie wird in Abschnitt B 3 ausführlich eingegangen.

Die Speicherbausteine gliedern sich in zwei große Gruppen:

- *nichtflüchtige* Speicher und
- *füchtige* Speicher.

Die sich daraus ergebenden Speicherfamilien zeigt Bild B-7 in einer Übersicht. Tabelle B-4 zeigt eine Auswahl über die große Vielfalt dieser Bauteile, geordnet nach ihrer Speichergröße. Diese Übersicht kann natürlich nicht vollständig sein, da der Halbleitermarkt ständigen Änderungen und Innovationen unterliegt.

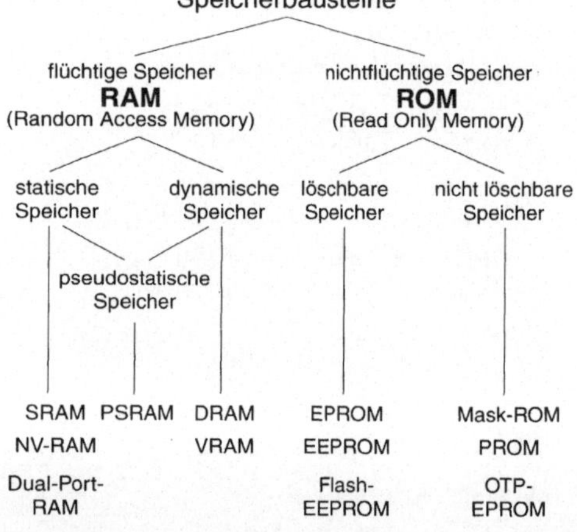

SRAM: Static Random Access Memory
NV-RAM: Non-Volatile-Random-Access Memory
PSRAM: Pseudo Static RAM
DRAM: Dynamic Random Access Memory
VRAM: Video-RAM
PROM: Programmable Read Only Memory
EPROM: Erasable Programmable Read Only Memory
EEPROM: Electrically Erasable Programmable Read Only Memory
OTP-EPROM: One Time Programmable-EPROM

Bild B-7. Übersicht über die wichtigsten Speichertechnologien.

Flüchtige Speicher verlieren ihren Inhalt, wenn die Versorgungsspannung abgeschaltet wird. Sie werden als *RAM* (Random Access Memory) bezeichnet und ermöglichen dem Benutzer, Daten sowohl auszulesen als auch einzuschreiben.

Nicht flüchtige Speicher behalten ihre Information unabhängig von der Betriebsspannung. Diese Information ist bei der Herstellung oder durch eine spezielle Programmierung in den Baustein *eingeschrieben* worden und kann nur in besonderen Fällen geändert werden. Aus diesem Grund kann die Information im Betrieb nur ausgelesen werden. Man spricht in diesem Fall von einem *Read Only Memory,* kurz *ROM*.

Die unterschiedlichen ROM-Familien werden ihren *Eigenschaften* entsprechend unterschiedlich programmiert (Abschn. B 1.2.2).

Die Größe der Speicherbausteine wird durch die Anzahl der *Speicherzellen* angegeben. Da jede Speicherzelle 1 *Bit* (Binary Digit), also die beiden Zustände „0" oder „1" speichern kann, erfolgt diese Angabe in Bit. Bei Speichern mit mehr als tausend Speicherzellen spricht man von *kBit* (kilobit) oder gar von *Megabit,* wobei gilt:

$$
\begin{aligned}
&\text{kBit} = 2^{10}\text{ Bit} = 1.024\text{ Bit} \\
&1\text{ MBit} = 1\text{ kBit} \times 1\text{ k Bit} = 1.048.576\text{ Bit}
\end{aligned}
$$

(B-4)

Speichergrößen in Rechnersystemen werden dagegen in *Byte* angegeben (1 Byte = 8 Bit). So werden für einen Speicher mit 64 kByte Größe acht Bausteine zu je 64 kBit benötigt.

B 1.2.1 Flüchtige Speicher

Flüchtige Speicher werden mit Hilfe von RAM-Bausteinen (Random Access Memory's) aufgebaut. Sie erlauben dem Benutzer den *wahlfreien Zugriff* (engl.: random access) auf jede Speicherzelle, um entweder Daten auszulesen oder einzuschreiben. Bei den flüchtigen Speichern werden zwei Arten von RAM-Bausteinen unterschieden: *statische RAM-Speicher* und dynamische RAM-Speicher.

Statische RAM-Speicher

Die Speicherelemente der statischen Speicher sind *Flip-Flop-Speicherzellen.* Ein Flip-Flop (kurz *FF)* ist eine bistabile Kippstufe, welches die beiden Zustände „0" und „1" in Abhängigkeit einer Steuerleitung einnehmen kann. Diese Flip-Flop-Speicherzelle ist das kleinste Element des RAM-Speichers. Der Zustand der Speicherzelle bleibt solange erhalten, bis eine andere Information eingeschrieben, oder die Versorgungsspannung abgeschaltet wird. Solange dies nicht geschieht, bleibt der Speicherzustand unbegrenzt (statisch) erhal-

Tabelle B-4. Wichtige Speicherbauelemente und ihre interne Organisation

Speichergröße in Bit	Anzahl der Pins	Technologie	Speicherart	Organisation			
				×1	×4	×8	×16
256	14	TTL	bipolare RAM	■	■		
		ECL	bipolare RAM	■	■		
1k	16	TTL	bipolare RAM	■	■		
		ECL	bipolare RAM	■	■		
4k	18	TTL	bipolare RAM	■	■		
		ECL	bipolare RAM	■	■		
		NMOS	statische RAM	■	■		
		CMOS	statische RAM	■	■		
8k	18	TTL	bipolare PROM		■	■	
16k	24	TTL	bipolare RAM		■		
		NOMOS, CMOS	statische RAM	■		■	
		NOMS	dynamische RAM	■			
		NMOS	EPROM			■	
		NMOS	Mask-ROM		■	■	
32k	24	NMOS	EPROM			■	
64k	28	NMOS	statische RAM	■		■	
		NMOS	dynamische RAM	■			
		NMOS	EPROM			■	
		CMOS	EPROM			■	
		NMOS	Mask-ROM			■	
128k	28	NMOS	EPROM			■	
		CMOS	EPROM			■	
256k	28	CMOS	statische RAM			■	
		NMOS	dynamische RAM	■	■		
		NMOS	EPROM			■	
		CMOS	EPROM			■	
512k	28	NMOS	EPROM			■	
		CMOS	EPROM			■	
		CMOS	Mask-ROM			■	
1 M	28/32/ 40	CMOS	dynamische RAM	■	■		
		CMOS	EPROM			■	■
		CMOS	statische RAM			■	■
2 M	30/32 40	CMOS	EEPROM			■	
		CMOS	EPROM			■	■
		CMOS	Mask-ROM			■	
4 M	30	CMOS	dynamische RAM	■	■		
		CMOS	statische RAM			■	
16 M	24/28	CMOS	dynamische RAM	■	■		
64 M	24/28	CMOS	dynamische RAM	■	■		
128 M	28/32	CMOS	dynamischer Speicher	■	■		
256 M	28/32	CMOS	dynamischer Speicher	■	■		

k = 1024 Bit, M = 1048 576 Bit.

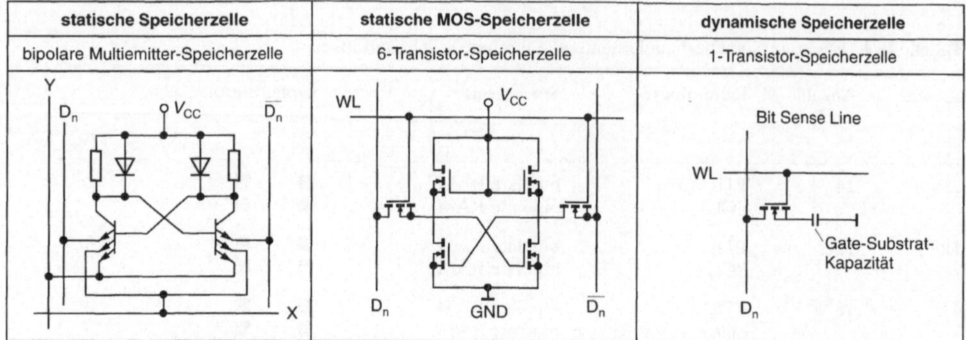

Bild B-8. Grundelemente der wichtigsten Speicher.

ten. Während dieses statischen Speicherzustandes ist die Leistungsaufnahme der Speicherzelle sehr gering.

Der Vorteil einer solchen Speicherzelle liegt darin, daß sie *sehr schnell* ist. Wird sie in einer bipolaren Technologie ausgeführt (TTL oder ECL), werden sogar Zugriffszeiten von <10 ns erreicht. Übliche CMOS-Speicher errreichen heute Zugriffszeiten von weniger als 70 ns.

> Unter Zugriffszeit (engl.: *access time)* versteht man die Zeit, die das Bauteil nach dem Anlegen der Adressen für die Bereitstellung der Information an den Datenausgängen benötigt.

In der *Zugriffszeit* sind demnach auch die Durchschaltzeiten der Adreßdekodierungen enthalten. Bild B-8 zeigt die Grundelemente der wichtigsten Speicher.

Bild B-8 zeigt links eine bipolare 2-Transistor-Speicherzelle. Die *Multiemitter-Transistoren* erlauben die Anwahl (Aktivierung) dieses einfachen Flip-Flop-Kerns. Ist eine der Ansteuerleitungen (*X* oder *Y*) oder beide auf Null-Volt-Potential, so können die Emitterströme gegen Masse abfließen, und die Speicherzelle ist deaktiviert. Erst wenn beide Leitungen auf „1" sind, kann der Emitterstrom über die Datenleitung D_n abfließen. Der Nachteil bipolarer Speicher gegenüber CMOS-Speicher ist der wesentlich höhere Strombedarf und die damit verbundene Wärmeentwicklung. Sie sind deshalb nur bis zu einer Größe von ca 16.000 Speicherzellen (16 kBit) sinnvoll nutzbar.

Ein wesentlicher Fortschritt bei der Energiebilanz wurde mit der *6-Transistor-Speicherzelle* in CMOS erzielt. Auch sie stellt ein *Flip-Flop* dar,

welches über die Datenleitungen D_n gesetzt und ausgelesen werden kann (Bild B-8, Mitte). Aktiviert wird der Speicherkern durch die Wortleitung WL, an die mehrere Speicherzellen angeschlossen sind. So können Speicher 8 Bit breit organisiert werden und stellen in einem Schreib-Lesevorgang ein Byte (8 Bit) zur Verfügung. Heute sind bereits mehr als 4 Millionen solcher Speicherzellen auf einem Chip integriert, was etwa *24 Mio. Transistorfunktionen* entspricht. Die Grenzen für eine noch höhere Integration sind dabei die bis heute erreichte maximale Chipfläche und die immer feiner werdenden Strukturen auf dem Chip ($1,0\mu$ und $0,8\mu$ feine Strukturen sind bei CMOS bereits realisiert).

Der Einsatzbereich für statische Speicher ist dann gegeben, wenn eine *hohe Geschwindigkeit* und kein allzu großer Speicherbedarf erforderlich sind. Ein typisches Beispiel dafür sind *Zwischenspeicher* in Rechnersystemen, sogenannte *Cache-Speicher* (Abschn. B 3.1.2), die bei einer Größe von 64 kByte eine Zugriffszeit von weniger als 7 ns besitzen. Dies ist nur durch den Einsatz sehr schneller statischer RAM-Bausteine möglich. Darüberhinaus bieten CMOS-RAM's wegen ihres geringen Ruhestroms und durch einen speziellen *Standby-Mode* (der Baustein liegt an der Versorgungsspannung, wird aber nicht aktiviert) die Möglichkeit, in batteriebetriebenen Systemen eingesetzt zu werden. So bleiben beispielsweise die Daten nach dem Ausschalten der Versorgungsspannung erhalten. In diesem Standby-Mode nehmen die Bausteine nur wenige *nW* Leistung auf (Abschn. B 1.2.3, Non Volatile RAM).

Dynamischer RAM-Speicher

Neben diesen Flip-Flop-Speicherelementen eignen sich auch die sehr kleinen *Substratkondensatoren* zum Speichern von Informationen. Dieses Prinzip wird bei den *dynamischen RAM's* angewandt. Sie speichern ihren Inhalt in der *Gate-Kapazität* durch einen Transistor *(1-Transistor Speicherzelle)*. Die sehr geringen Abmessungen dieses Kondensators ermöglichen nur sehr kleine Kapazitäten von wenigen *Femto Farad* (fF: 10^{-15}F). Aus diesem Grund muß der Ladungsabfluß so gering wie möglich gehalten werden. Eine bipolare Lösung ist deshalb ungeeignet, weil die *Leckströme* der Transistoren zu groß sind. Deshalb werden dynamische Speicher ausschließlich durch MOS-Transistoren realisiert (Bild B-8, rechts). Trotzdem läßt sich ein Ladungsabfluß nicht gänzlich vermeiden, weshalb die Speicherzelle *periodisch „aufgefrischt"* werden muß. Dies geschieht etwa alle 10ms. In dieser Zeit kann natürlich kein Zugriff auf den Dateninhalt erfolgen, weshalb die Speicherzellen im Durchschnitt langsamer werden. Eine Steuerlogik (engl.: refresh logic) sorgt dafür, daß es zwischen dem Auffrischen der Speicherzelle und dem Datenzugriff keine Kollisionen gibt.

Die normale Betriebsart der dynamischen Speicher setzt beim Lesen und Schreiben zuerst einen RAS-Impuls (Row Adress Strobe) und anschließend ein CAS-Impuls (Column Adress Strobe) voraus. Wird diese Reihenfolge verletzt, so handelt es sich entweder um einen illegalen Zugriff oder um einen Refresh-Zyklus.

Der *Refresh-Zyklus* eines dynamischen Speichers kann dabei auf drei verschiedene Arten durchgeführt werden:

1. *RAS-Only* Refresh-Cycle,
2. *CAS-Before-RAS* Refresh-Cycle,
3. *Hidden Refresh* Cycle.

Der Speicher erkennt einen *RAS-Only Cycle*, wenn das Signal RAS aktiv geschaltet ist, der Speicher nicht angewählt (die Steuerleitung *Chip Select* ist inaktiv) und CAS ebenfalls inaktiv ist (Bild B-9a). Die *Refresh-Logik,* die diesen *Refresh-Zyklus* startet, muß zu diesem Zeitpunkt eine definierte Adresse am Speicherbaustein anlegen. Sie wird als Row-Address (Reihenadresse) bezeichnet. Da keine Spaltenadresse (engl.: Column-Address) benötigt wird, erfolgt der Refresh für alle Speicherzellen mit dieser Reihenadresse. Die Refresh-Logik muß beim nächsten Refresh-Zyklus für eine kontinuierlich ansteigende Reihenadresse sorgen. Dabei ist Refreshadresse unabhängig von den eigentlichen Speicherzugriffen.

Der *CAS-Before-RAS* Refresh-Zyklus wird ebenfalls vom Speicher automatisch erkannt, da zwar ein gültiger Zugriff auf ihn erfolgt (das Chip-Select-Signal ist aktiv), aber die Reihenfolge der Steuersignale RAS und CAS vertauscht ist (Bild B-9b). Die Refresh-Logik braucht hier nur in bestimmten Zeitabständen den Speicher auf diese Art anzusteuern; denn ein interner Adreßzähler inkrementiert die Refresh-Adresse automatisch. Es ist demnach kein externer Zähler für die Refresh-Adresse notwendig.

Der *Hidden-Refresh* (Bild B-9c) verhält sich ähnlich wie der CAS-Before-RAS Refresh-Zyklus wird jedoch an einen gültigen Speicherzugriff angehängt. Dabei bleibt das CAS-Signal liegen, während RAS kurz inaktiv und anschließend wieder aktiv geschaltet wird. Die interne Refresh-Logik führt dabei den Refresh automatisch durch. Dabei bleiben die Datenleitung aktiviert, so daß es für das gesamte System als ein verlängerter Zugriff gesehen wird. Ansonsten greift aber der Refresh-Controller nicht in die Speicherzuteilung ein. Bild B-9 stellt die verschiedenen Refresh-Zyklen vergleichend gegenüber.

Durch die Reduzierung der Speicherzelle auf nur noch *einen Transistor* ist der Platzbedarf gegenüber der statischen Speicherzelle drastisch gesunken. Höchste Packungsdichten sind möglich, so daß heute bereits Bausteine zur Verfügung stehen, die mehr als 256 Mio. solcher Speicherzellen auf einem Chip vereinen. Derartige Speicher werden vor allem in großen *Hauptspeichern* eingesetzt, da sie trotz zusätzlicher Ansteuerlogik (für die Auffrischung der Speicherzellen) sehr *preisgünstig* sind.

B.1.2.2 Nicht flüchtige Speicher

Statische und dynamische Speicher zählen zu den flüchtigen Speichern, da sie ihren Inhalt verlieren, wenn die Versorgungsspannung abgeschaltet wird. Nicht flüchtige Speicher *behalten* dagegen ihre Information, auch wenn keine Betriebsspannung vorhanden ist. Dazu muß der Speicherinhalt durch einen von der Versorgungsspannung *unabhängigen* Prozeß in den Speicherchip geschrieben werden.

> Das Beschreiben von ROM-Speichern erfolgt systemunabhängig.

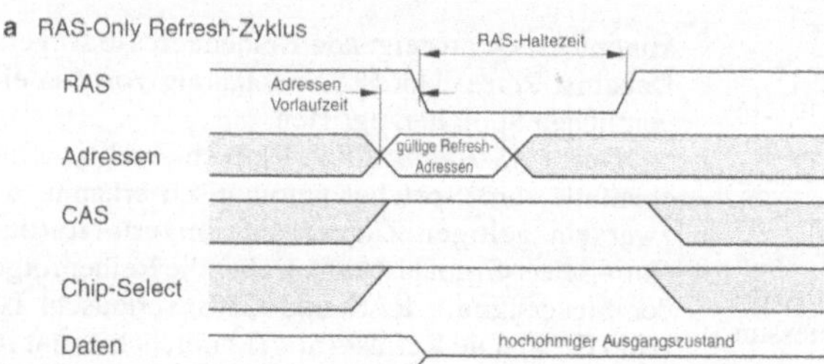

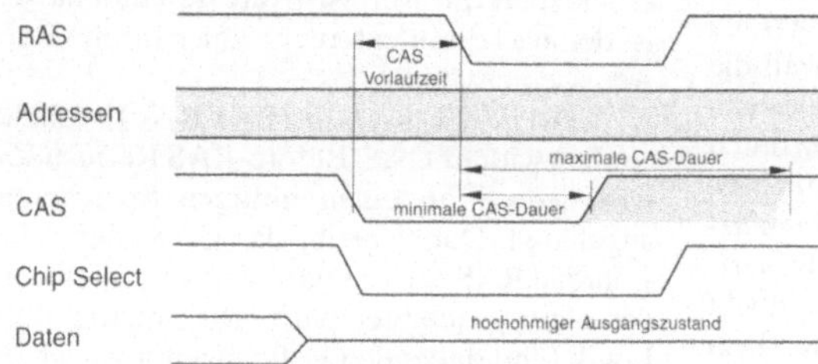

c Hidden- (versteckter-) Refresh-Zyklus

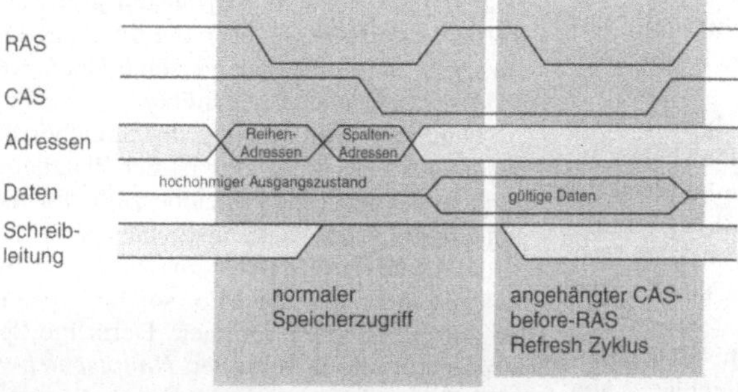

Bild B-9. Refresh-Zyklen bei dynamischen Speichern.

Dies erfolgt bei der Herstellung des Speichers oder durch spezielle Programmiergeräte im Labor (Ausnahme: EEPROM, s.u.). Es wird bereits deutlich, daß die Information in dieser Art von Speichern im Betrieb nur ausgelesen werden können, weshalb man von einem *Read Only Memory* (ROM) (Nur-Lese-Speicher) spricht. Die wichtigsten Familien der ROM-Bausteine sind

- Mask-ROM,
- PROM,
- EPROM,
- OTP-EPROM
- EEPROM und
- Flash-EPROM.

Mask-ROM

Beim *Mask-ROM* wird der Speicherinhalt während des Fertigungsprozesses durch den *letzten Herstellungsschritt* festgelegt. Dabei wird eine *Maske* aufgebracht, durch die nur bestimmte Verbindungen auf dem Chip mit Hilfe einer Metallisierung hergestellt werden. Der Speicherinhalt wird so nach den Angaben des Entwicklers direkt bei der *Chipherstellung* mit eingebracht. Dieses Verfahren wird nur bei sehr großen Stückzahlen und verhältnismäßig kleinen Speichern angewandt. Unter diesen Voraussetzungen ist der Mask-ROM mit Abstand die preisgünstigste Speichermöglichkeit. Er wird deshalb in großen Stückzahlen in der Konsumelektronik eingesetzt, beispielsweise bei der Steuerung in Haushaltsgeräten.

PROM

Das *PROM* (Programmable Read Only Memory) kann vom Benutzer selbst *einmalig* programmiert werden. Dazu besitzen PROM-Bausteine in ihren Speicherzellen kleine Sicherungen (engl.: *fuse-links*), die die Speicherzellen auf dem „1"-Zustand halten. Soll eine „0" einprogrammiert werden, so wird diese Sicherung durch einen definierten *Programmierstrom* beim Programmieren zerstört (engl.: *blow up*). Bild B-10 zeigt eine einfache PROM-Speicherzelle im unprogrammierten Zustand (die Sicherungen sind durch eine Wellenlinie dargestellt).

Neben den NMOS-PROM's (geringer Strombedarf) sind PROM's auch in den bipolaren Technologien TTL und ECL erhältlich. Diese sehr schnellen Speicher (Zugriffszeit unter 10 ns) werden auch für die Kodeumsetzung oder Datenkonvertierung benutzt (Abschn. A 4).

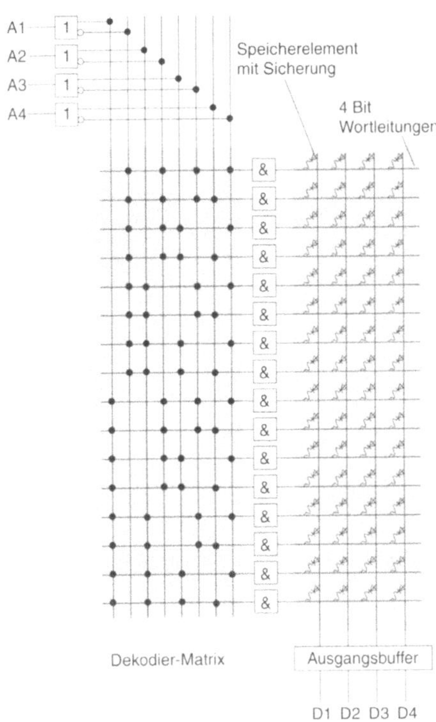

Bild B-10. Aufbau eines einfachen PROM's.

EPROM

Im Gegensatz zum PROM ist der Inhalt des *EPROM's* (Erasable Programmable Read Only Memory) nicht *irreversibel* eingebrannt, sondern kann mit Hilfe von ultraviolettem Licht wieder gelöscht werden. Das Programmieren erfolgt durch das Einbinden *heißer Elektronen* in die offene (isolierte) Basis des Zelltransistors, die bei einer Programmierspannung von 12,5 V entstehen (ältere Bausteine benötigen 21 V Programmierspannung). Durch die kapazitive Anziehung an diese Basis wird zusätzliche Ladung gebunden, was die Schwellspannung des Transistors verändert. Gelöscht werden kann dieser Vorgang nur durch ultraviolettes Licht, das durch seine energiereiche Strahlung die Elektronen über diese Schwellspannung befördert. Dazu besitzen die EPROM's auf der Oberseite des Keramikgehäuses ein kleines Fenster, unter dem direkt der zu bestrahlende Chip zu sehen ist. Im Betrieb wird zur Vermeidung von Datenverlusten dieses Fenster zugeklebt.

Als Sonderform werden bei Kleinserien auch Kunststoffgehäuse verwendet, die kein Fenster besitzen und somit wesentlich billiger sind, aber nicht mehr gelöscht werden können. Diese Bausteine bezeichnet man als OTP-EPROM's, was für *One-Time-Programmable*-EPROM steht. Damit sind sie in ihrer eingeschränkten Nutzung den PROM-Bausteinen sehr ähnlich, verfügen jedoch über eine größere Speicherkapazität und den selben Programmieralgorithmus wie EPROM-Speicherbausteine.

Die EPROM-Speicher sind heute die *Programmspeicher* für Steuerrechner aller Art. Sie sind durch komfortable Programmiergeräte einfach zu programmieren und durch die Herstellung großer Stückzahlen preiswert. Immer verbesserte Technologien bieten heute schon die Möglichkeit, 8 Megabit auf einem Chip zu realisieren. Das bedeutet, daß bereits ein Baustein einen Speicher-

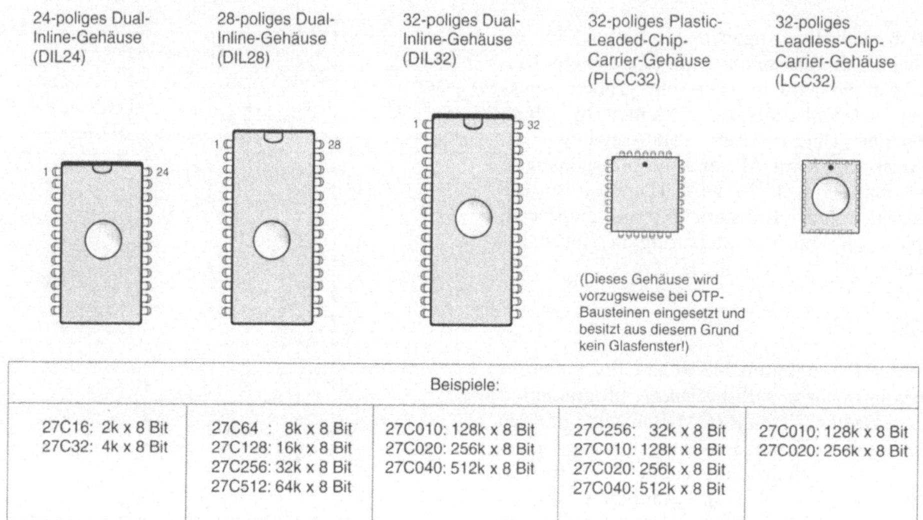

Bild B-11. EPROM's in unterschiedlichen Gehäusen und mit unterschiedlichen Speicherkapazitäten.

bereich von *1 Megabyte* zur Verfügung stellen kann. In Bild B-11 sind einige Bausteine und ihre Gehäusevielfalt aufgezeigt. Die Anschaltung dieser Bausteine ist exemplarisch am Beispiel des Dual-Inline-Gehäuses (DIL-Gehäuse) in Bild B-12 dargestellt. Dabei sind die unterschiedlichen Speichergrößen der Bausteine berücksichtigt.

Hinweis: Die Signalbelegung der unterschiedlichen Bausteingrößen ist so gewählt, daß die Signale der kleineren Bauform stets eine Teilmenge der größeren Gehäusevarianten sind. So befinden sich die Signale der Anschlüsse 1 bis 23 des 24-poligen Gehäuses bei den 28- und 32-poligen Gehäusen an der selben Stelle (Bild B-12). Dies erlaubt den Einsatz kleiner Speicherbausteine an Stellen, an denen der Entwickler größere EPROM-Bausteine vorgesehen hat.

EEPROM

Das *EEPROM* oder E^2PROM (Electrically Erasable Programmable Read Only Memory) basiert auf demselben Prinzip wie das EPROM. Die *Rückführung* der „heißen" Elektronen erfolgt jedoch nicht durch ultraviolettes Licht, sondern durch eine *Löschspannung,* die ein Überschreiben und Löschen des Bausteins im eingebauten Zustand ermöglicht. Dieses Rücksetzen des Bausteins kann nicht beliebig oft erfolgen. Etwa 100.000 Löschzyklen werden heute erreicht. Da-

nach sollte der Baustein ausgetauscht werden, da die Datensicherheit nicht mehr gewährleistet ist.

Eingesetzt werden die EEPROM's überall dort, wo *anlagenspezifische* Daten gehalten werden müssen. Dies ist beispielsweise bei der Sendereinstellung von Autoradios der Fall oder bei der Speicherung von *Kodenummern* zur *Benutzeridentifikation* in Sicherheitssystemen.

Flash-EEPROM

Die Flash-EEPROM Speicherzelle basiert auf einer Eintransistor-EPROM-Zelle. Sie ist nicht flüchtig und ähnlich der EEPROM-Speicherzelle elektrisch löschbar. Durch ihren sehr einfachen Aufbau lassen sich sehr hohe Integrationsdichten erreichen. Bild B-13 zeigt den stark vereinfachten Aufbau einer Flash-EEPROM Speicherzelle und das dazugehörige Schaltsymbol.

Wie beim EPROM erfolgt das Abspeichern der Dateninformation durch das Einbringen „heißer" Elektronen in einen potentialfreien Gate-Kanal, der als *Floating Gate* bezeichnet wird. Beim Löschen wird diese Information über den Source-Anschluß *abgesaugt.* Bild B-14 verdeutlicht diesen Vorgang.

Im Vergleich zu den EEPROM-Bausteinen lassen sich Flash-Bausteine sehr schnell löschen: etwa eine halbe Sekunde für 1 Mio. Speicherzel-

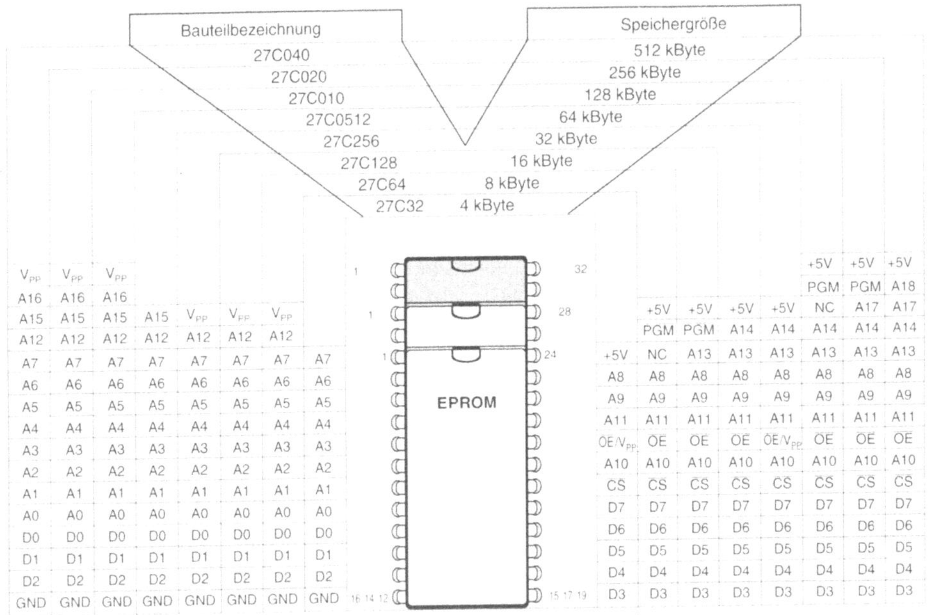

Bild B-12. Pinbelegung verschiedener EPROM-Bausteine im Dual-Inline-Gehäuse (DIL-Gehäuse).

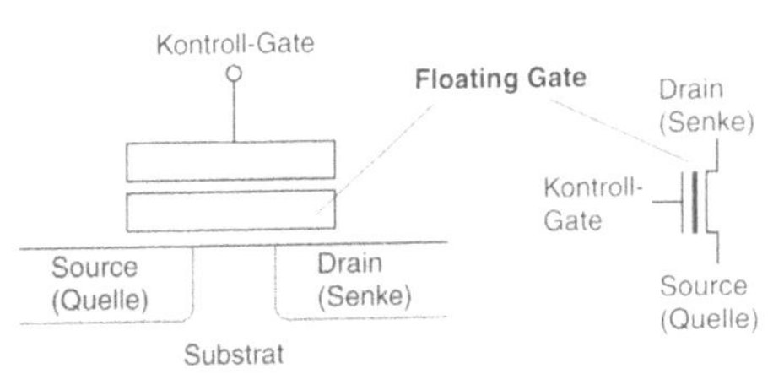

Bild B-13. Aufbau und Symbol der Flash-EEPROM-Speicherzelle.

len. Folgende Eigenschaften kennzeichnen diese neue Technologie:

- Byteweises beschreiben der Bausteine,
- blockweises Löschen,
- Zugriffszeit 100 ns,
- Programmierspannung von 12 V und 5 V möglich.

Da sich Flash-EEPROM's beim Löschvorgang selbst zerstören, ist die Lebensdauer auf 10.000 bis 100.000 Löschvorgänge pro Speicherblock

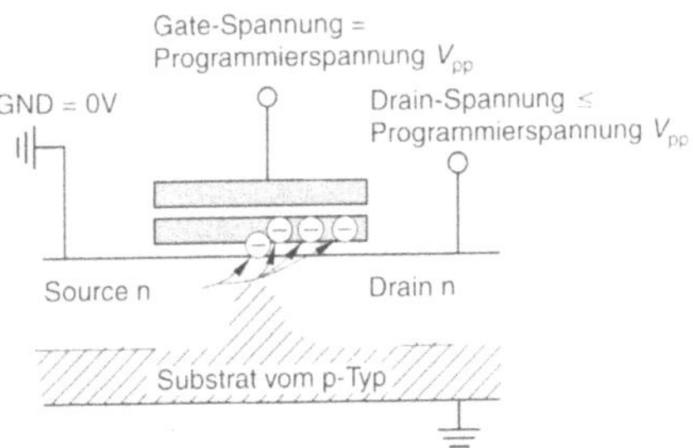

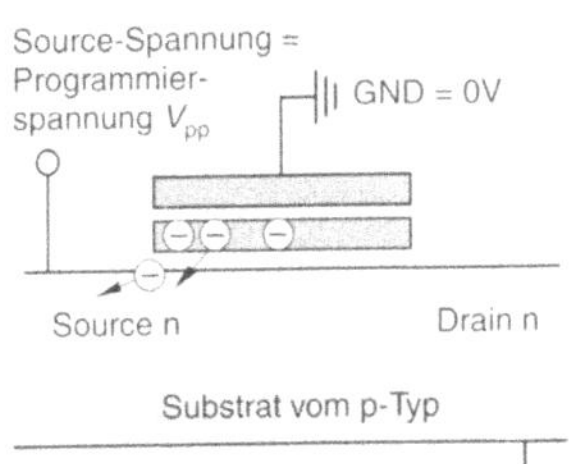

Bild B-14. Programmieren und Löschen einer Flash-Speicherzelle.

begrenzt. Die Schreib- und Löschvorgänge erfordern üblicherweise eine Programmierspannung von 12 V; inzwischen sind jedoch erste Produkte mit Programmierspannungen von 5 V (oder 3,3 V) verfügbar.

B 1.2.3 Sonderformen von Speicherbausteinen

Die industriellen Anforderungen nach Schnelligkeit und spezifischen Speicherlösungen haben zur Entwicklung einer ganzen Reihe von Sonderbausteinen geführt, vor allem bei den RAM-Speichern. Die wichtigsten Sonderformen sind dabei das *Dual-Port-RAM,* das *Non-Volatile-RAM* und die *hybriden Speicherbausteine.*

Dual-Port-RAM

Wie aus der Bezeichnung bereits hervorgeht, handelt es sich dabei um einen Speicher, auf den über *zwei Schnittstellen* zugegriffen werden kann (Dual-Port-RAM = Zwei-Tor-Speicher). Somit können beispielsweise *zwei Rechnersysteme* auf ein- und denselben *Datensatz* zugreifen. Bild B-15 zeigt den prinzipiellen Aufbau eines Dual-Port-RAM's.

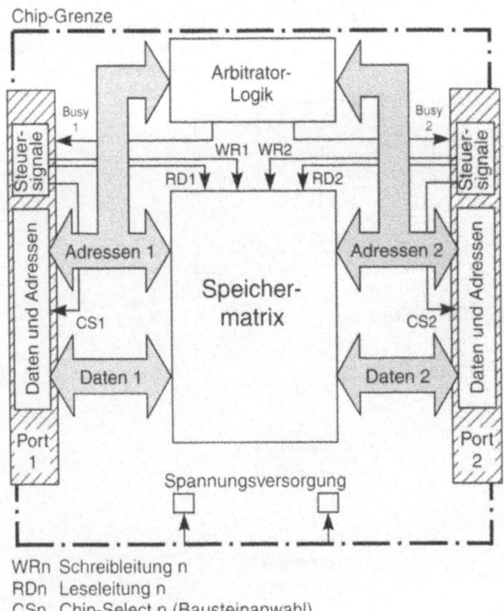

WRn Schreibleitung n
RDn Leseleitung n
CSn Chip-Select n (Bausteinanwahl)
n = 1 oder 2

Bild B-15. Aufbau eines Dual-Port-RAM's.

Der Zugriff über die beiden Schnittstellen wird dabei von einem Schiedsrichter (engl.: *arbitrator)* überwacht. Beide Seiten können *gleichzeitig* auf dem Chip aus einer beliebigen Speicherzelle lesen oder in sie schreiben. Voraussetzung dafür ist, daß beide Seiten nicht dieselbe Speicherzelle anwählen. In diesem Fall tritt die Arbitrations-Logik in Kraft, die dem ersten Zugreifer Vorrang einräumt und dies dem zweiten durch ein Steuersignal mitteilt (engl.: Busy-Signal). Dieser muß dann seinen Zugriff auf diese Speicherzelle wiederholen.

Dual-Port-RAM's gibt es heute bereits in einer Größe von mehreren kBytes. Sie werden dabei als *Briefkastensystem* für den Datenaustausch unterschiedlicher Rechner benutzt. So können beispielsweise Zwischenergebnisse einer mathematischen Prozessorkarte abgelegt werden, die anschließend von einem weiteren Rechner zur Weiterverarbeitung oder grafischen Darstellung abgeholt werden. Dabei arbeiten beide Rechner völlig *unabhängig* voneinander.

Sollen mehr als zwei Rechnersysteme auf ein und denselben Speicher zugreifen, so werden diese *Mehr-Tor-Speicher* (z. B. Drei-Tor-Speicher oder Vier-Tor-Speicher) im allgemeinen konventionell und durch eine externe Arbitrator-Logik aufgebaut. Das Problem ist dabei *nicht* die Integration auf einem Chip, sondern vielmehr die Unterbringung der *erforderlichen Anschlußpins* des Bausteins (pro Zugriffstor sind bei 1kByte Speicher 22 Pins notwendig).

Non Volatile RAM

Den Nachteil des *Datenverlustes* der RAM's beim Abschalten der Versorgungsspannung kann durch eine zusätzliche Batterie vermieden werden. Sie übernimmt nach dem Abschalten der Betriebsspannung die weitere Versorgung des Bausteins. Dabei spricht man von einem *batteriegepufferten Speicher.* Im Zuge der Miniaturisierung wurden RAM-Bausteine entwickelt, die auf der Oberseite unter einem Deckel zwei kleine Batterien beherbergen, so daß auf der Leiterplatte kein weiterer Platz für externe Batterien zur Verfügung gestellt werden muß. So entstand das *nicht flüchtige RAM* (engl.: *Non Volatile RAM).* Voraussetzung für batteriegepufferte Speicher sind *statische* RAM's, die keine *Refresh-Logik* benötigen.

Mit dem oben geschilderten Verfahren können sehr große RAM Speicher nach dem Abschalten der Versorgungsspannung gestützt werden. Nachteilig ist jedoch die *Wartung* der Batterien, da diese auch nur eine *endliche Betriebsdauer* besitzen. Deshalb wurde ein *NV-RAM* (Non Volatile RAM) entwickelt, welches zur Datensicherung ein *EEPROM* benutzt. Da die Datensicherung vom Benutzer *unbemerkt im Hintergrund* durchgeführt wird, wird bei manchen Herstellern auch von einem *Shadow-RAM* gesprochen. Der grundsätzliche Aufbau eines solchen NV-RAM's zeigt Bild B-16.

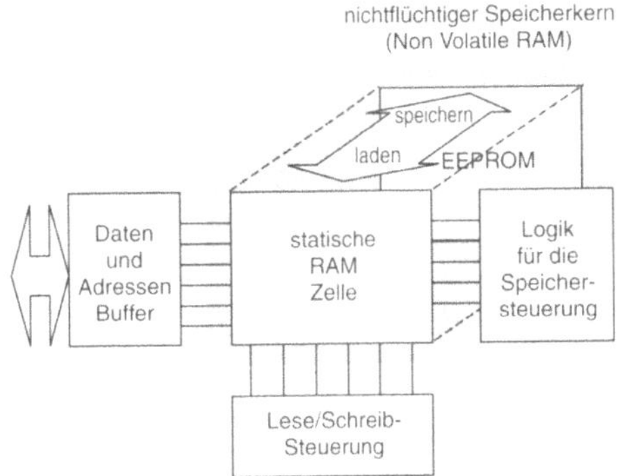

Bild B-16. Aufbau eines NV-RAM's mit EEPROM als Hintergrundspeicher.

Dem Anwender gegenüber verhält sich das NV-RAM genauso wie jeder andere *statische Speicherbaustein.* Es können mit diesem Baustein während des normalen Betriebs beliebig viele Lese- und Schreiboperationen durchgeführt werden. Der Benutzer greift dabei stets auf den *Vordergrundspeicher* zu, dem eigentlichen RAM. Ein direkter Zugriff auf das *dahinterliegende EEPROM* ist *nicht* möglich. Dies wird auch während des normalen Betriebs zu keiner Zeit angesprochen. Erst wenn die *Steuerlogik* für das Abspeichern in den Hintergrund aktiviert wird, wird der momentane Speicherzustand des RAM's in das EEPROM *gerettet.* Dieser *Rettungsvorgang* wird beispielsweise durch einen *Spannungswächter* ausgelöst, der die Versorgungsspannung überwacht und bei *Unterspannung* (z. B. beim Abschalten) den Speichervorgang des NV-RAM's aktiviert. Ein erneutes Anlegen der Versorgungsspannung veranlaßt den Baustein, den gesicherten Speicherinhalt *automatisch* in den *Vordergrundspeicher* (RAM) zu laden.

Das Einsatzgebiet dieser speziellen *Non Volatile RAM's* ist vielfältig. Es wird überall dort verwendet, wo nach einem Spannungsausfall mit vorher berechneten Daten weitergearbeitet werden muß (z. B. Festhalten der Koordinaten der Werkzeuge in einer Bearbeitungsmaschine). Auch *anlagenspezifische Daten* werden in solchen Speichern abgelegt, beispielsweise die interne Uhrzeit (Betriebsstundenzähler).

Hybride Speicher

Bei *hybriden Speichern* handelt es sich um Bauteile, die mehrere Speicherchips und die dazugehörigen Logik-Chips beinhalten. Angewandt wird diese Technik vor allem bei *statischen Speichern,* da wegen der 6-Transistor Speicherzelle die Integrationsdichte immer eine Generation hinter den dynamischen Speichern liegt. Die Forderung nach Speichern mit mehr als 1 MBit Speichergröße in einem Gehäuse führte zur Entwicklung dieser hybriden Speicher. Auch *thermische Anforderungen,* wie sie an militärische Bauelemente gestellt werden ($-55°C$ bis $+125°C$), können durch sehr große Chips nur schwer oder gar nicht erfüllt werden. In diesem Fall werden die erforderlichen Speicherbausteine ebenfalls durch mehrere kleine Chips realisiert, die in ein Gehäuse montiert werden. Bild B-17 zeigt den prinzipiellen Aufbau eines hybriden Speicherbausteins.

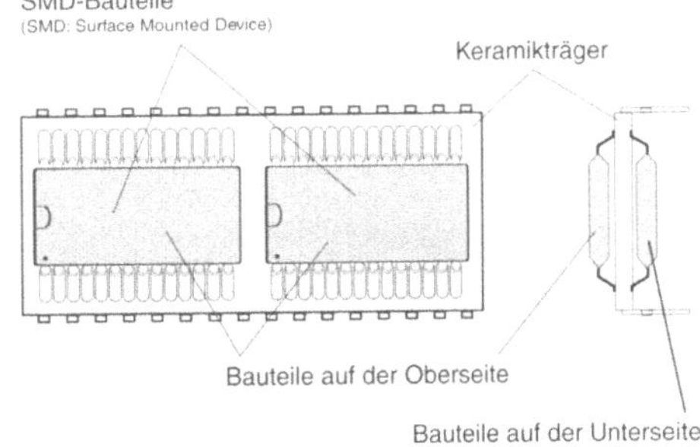

Bild B-17. Aufbau eines hybriden Speicherbausteins.

Die Abmessungen des gesamten Bausteins entsprechen dabei den üblichen Maßen der *Dual-In-Line-Gehäuse.* Die Bausteine, die auf dem Träger montiert werden, sind ausschließlich SMD-Bauteile (Surface Mounted Device). Ihr Gehäuse ist kaum größer als das Silizium-Plättchen, das sie umschließen. Übliche Gehäusebauformen für Speicherbauelemente in SMD-Technologie sind

- SOL: Small Outline-Gehäuse,
- PLCC: Plastic Leaded Chip Carrier,
- SOJ: Small Outline-Gehäuse mit J-förmigen Anschlüssen,
- Leadless Chip Carrier.

B 1.3 Mikroprozessoren

Die Bequemlichkeit des Menschen und sein Erfindungsreichtum haben ihn schon sehr bald Hilfsmittel schaffen lassen, die ihm vor allem bei immer wiederkehrenden Aufgaben die Arbeit erleichtern. Die bahnbrechendste Erfindung der Neuzeit vor diesem Hintergrund war sicherlich die Entwicklung der Rechenmaschine, heute allgemein als Computer bezeichnet. Dabei gab es zwei grundsätzliche Entwicklungsströmungen: auf dem amerikanischen Kontinent wurde vor allem die Entwicklung mit Hilfe von Röhren vorangetrieben, während in Deutschland die Relais-Schalttechnik bevorzugt wurde. Sie kam dabei der heutigen Vorstellung von Digitaltechnik („0" = aus, „1" = ein) am nächsten. Als Wegbereiter und Vater der Rechenmaschine gilt Professor Konrad Zuse (K. Zuse, geb. 1910), der bereits Ende der dreißiger Jahre seine ersten Rechenmaschinen Z1 und Z2 vorstellte. Die Z3 brachte schließlich 1941 den Durchbruch. Mit 600 Relais im Rechenwerk und 1400 Relais im Speicherwerk war dies der erste vollfunktionsfähige *22 Bit-Rechenautomat* der Welt (Bild B-18).

Bild B-18. Der Rechenautomat Z3 von Konrad Zuse. Foto: Deutsches Museum.

Für eine Multiplikation oder Division brauchte die Z3 damals rund 3 Sekunden. Nur 50 Jahre später erledigte dies ein 32-Bit Mikroprozessor in weniger als *100ns* (mehr als 30 Mio. mal schneller). Die Vielfalt der heute zur Verfügung stehenden *Mikrorechner* zeigt Bild B-19.

Aus Bild B-19 läßt auch ein Trend hin zu den leistungsfähigen 32 Bit-Prozessoren ableiten. Gerade in Forschung und Entwicklung ermöglichen sie die Bewältigung enormer Datenmengen. Alle großen Mikroprozessorhersteller, beispielsweise Intel und Motoren, arbeiten bereits heute schon an der Entwicklung von 64-Bit Mikroprozessoren. Trotzdem haben die 8-Bit Mikroprozessoren ihre Daseinsberechtigung nicht verloren. Sie findet man heute in großer Zahl (mit zunehmender Tendenz) im sogenannten „embedded system"-Bereich, wo in einer abgeschlossenen (engl.: embedded) Umgebung spezielle Aufgaben gelöst werden müssen. Dies sind neben steuerungstechnischen Aufgaben, beispielsweise in Klimageräten oder Solaranlagen, in zunehmender Weise Aufgaben im Konsum- und Unterhaltungsbereich. Bekannte Beispiele hierfür sind Waschmaschine, Trockner und CD-Spieler.

Die rasante Entwicklung und die Möglichkeit zu höchsten *Integrationsdichten* auf *einem Chip*, verringerten die Abmessungen der Mikroprozessoren auf wenige *Quadratmillimeter*. Neue Bezeichnungen und Einheiten wurden notwendig, um die Leistung dieser neuen Bauteile zu beurteilen und zu vergleichen. Im folgenden werden die wichtigsten erläutert.

Die maximale Anzahl der bearbeiteten Maschinenbefehle pro Sekunde wird in *MIPS* (Million Instructions Per Second) angegeben. Für die Rechner der kommenden Generation erwartet man *Rechenleistungen,* die bereits mit GIPS (Giga Instruction Per Second) angegeben werden können.

1 MIPS = 1 Million Befehle in der Sekunde	
1 GIPS = 1000 MIPS.	(B-5)

In der Regel wird bei der Angabe der Rechenleistung in MIPS die Dauer des kürzesten Befehls genommen und auf 1 Sekunde hochgerechnet. Man erhält so die maximal mögliche Rechenleistung des Prozessors, die in Wirklichkeit nur in Ausnahmefällen erreicht werden kann. Zur realistischen Beurteilung der Rechenleistung eignen sich daher besser kleine Programme, die als *Benchmark-Tests* bezeichnet werden. Solche Benchmarks stellen dabei einen *Befehlsmix* dar, in dem die Häufig-

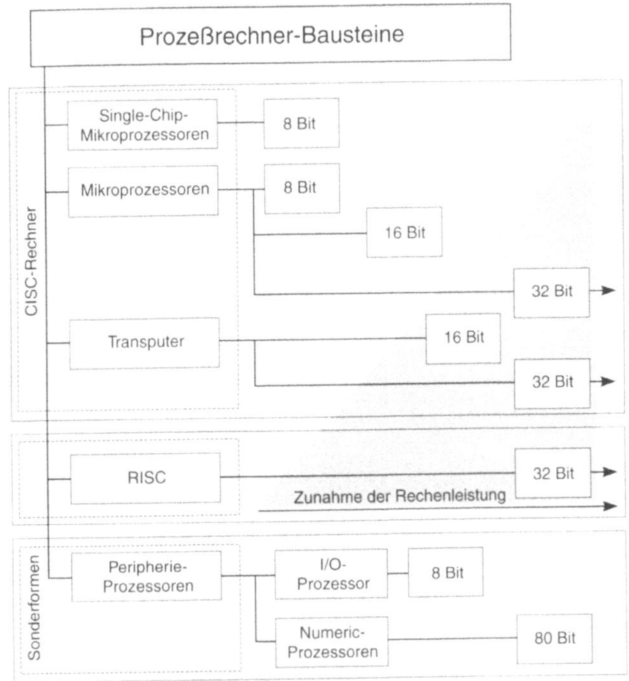

Bild B-19. Übersicht über Mikroprozessoren.

keit der auftretenden Befehle statistisch abgeleitet wurde. So wurde beispielsweise der Benchmark-Test DHRYSTONE in der Programmiersprache C geschrieben und besteht aus 51% Zuweisungen, 33% Steueranweisungen und 16% Funktionsaufrufen.

Benchmark-Tests testen daher nicht nur den Mikroprozessor alleine, sondern bis auf wenige Ausnahmen die gesamte Hardwarestruktur um den Rechnerkern (Abschn. B 2). Ebenfalls von Einfluß ist, wie effizient der Compiler das Hochsprachenprogramm (z. B. C) in den Mikroprozessor-Kode umsetzt. Soll daher die Leistungsfähigkeit von unterschiedlichen Rechnersystemen beurteilt werden, sollte auf allen Computern derselbe Benchmark-Test mit dem gleichen Compiler benutzt werden. Umgekehrt kann die Leistungsfähigkeit von Compilern untersucht werden, indem die verschiedenen Mikroprozessor-Kodes auf ein und der selben Hardware getestet werden.

Ein anderes Maß zur Beurteilung der Rechenleistung ist die Anzahl der *Gleitkommaoperationen*, die *pro Sekunde* durchgeführt werden. Sie werden in *FLOPS* (Floatingpoint Operation Per Second) angegeben.

> 1 kFLOPS = 1000 FLOPS
> 1 MegaFLOPS (MFLOPS) = 1.000.000 FLOPS
> 1 GigaFLOPS (GFLOPS) = 1.000 MegaFLOPS
> (B-6)

B 1.3.1 CISC-Mikroprozessoren

In den 80er-Jahren wurde die Entwicklung der Mikroprozessoren maßgeblich vorangetrieben. Dem ursprünglichen *8 Bit-Prozessor*, der mit *4 MHz* getaktet wurde, stehen heute *32 Bit-Prozessoren* mit einer Taktfrequenz von mehr als 600 MHz gegenüber. Die Weiterentwicklung dieser *Supermikros* (Hochleistungs-Mikroprozessoren) wird schon bald Taktfrequenzen von mehr als 1000 MHz erreichen.

Der Aufbau der Mikroprozessoren ist dabei in den wesentlichen *Funktionseinheiten* annähernd gleich geblieben. Ein besonderes Kennzeichen ist die *Interpretation der Maschinenbefehle* durch ein *internes Mikroprogramm*, das den Befehl

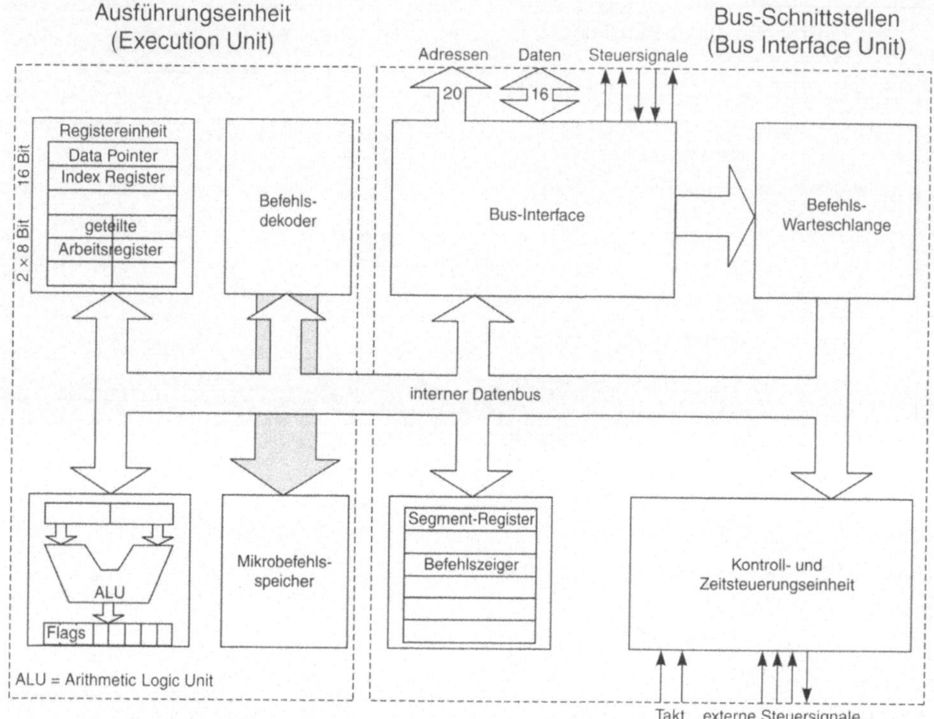

Bild B-20. Vereinfachtes internes Blockschaltbild eines Mikroprozessors.

in die notwendigen *Prozeßsequenzen* übersetzt. Die Abarbeitung des Befehls benötigt deshalb, in Abhängigkeit des *Mikrokodes, mehrere* Taktzyklen.

Bei Mikroprozessoren werden die Befehle in einen Mikrokode umgesetzt, der in mehreren Taktzyklen abgearbeitet wird.

Dadurch ist der *Mikroprozessor* in der Lage, sehr viele Befehle zu interpretieren und auszuführen (in der Regel versteht ein Mikroprozessor mehr als 200 Maschinenbefehle). Er zählt somit zu den *CISC-Rechnern* (CISC, Complex Instruction Set Computer).

Die Arbeitsweise des Mikroprozessor ist *stack-orientiert* (Abschn A 2.5.4, Bild A-10). Das bedeutet, daß der Prozessor *Zwischenergebnisse* in einem *reservierten Teil* des *Hauptspeichers,* also *außerhalb* des Mikroprozessors, ablegt. Dieser Speicherteil wird als *Stapelspeicher* oder *Stack*

bezeichnet. Er ist so angelegt, daß das *letzte* eingeschriebene Wort *zuerst* abgeholt werden muß (die Daten sind „gestapelt"). Gelegentlich wird der Stack auch als LIFO (Last In First Out) bezeichnet (Absch. A 2.5.4).

Den Aufbau eines Mikroprozessors zeigt Bild B-20. Es gibt das stark vereinfachte Blockschaltbild eines 16-Bit Mikroprozessors wieder.

Die zwei wesentlichen Funktionseinheiten des Mikroprozessors sind der *Rechnerkern* (engl.: Execution Unit) und die *Schnittstelleneinheit* (engl.: Bus Interface Unit). In der Schnittstelleneinheit gelangen ankommende Befehle zunächst in ein *Schieberegister,* der *Befehls-Warteschlange* (engl.: instruction queue). Von dort werden sie über einen internen Bus vom *Befehlsdekoder* abgeholt und in eine *Sequenz von Mikrobefehlen* umgesetzt. Diese enthält die Zuweisung der zu bearbeitenden Daten in die entsprechenden *Register* der Registereinheit und die Ausführung der Rechenoperation durch das *Re-*

chenwerk, die *ALU* (Arithmetic Logic Unit). Vom Ergebnis abhängig, setzt die ALU entsprechende *Flaggen* (engl.: flags). Die wichtigsten hiervon sind:

overflow flag: Rechenergebnis ist größer als durch den Prozessor dargestellt werden kann;

sign flag: gibt das Vorzeichen an (0 positive Zahl, 1 negative Zahl);

zero flag: zeigt an, daß das Rechenergebnis null ist;

carry flag: wird bei Ergebnissen gesetzt, die einen Übertrag erfordern.

Das Ergebnis einer Rechenoperation kann sowohl ein *Datum* (Wert) als auch eine *Adresse* sein, auf die in der weiteren Verarbeitung zugegriffen werden muß. Davon abhängig wird das Ergebnis über eine weitere *Registereinheit* der Schnittstelleneinheit an die eigentliche *Bus-Schnittstelle* (engl.: Bus Interface) weitergegeben und entweder auf den Daten-Bus oder den Adreß-Bus gelegt.

Im 32-Bit Mikroprozessor MC 68040 von Motorola sind die komplexen Funktionen auf einem Chip realisiert. Bild B-21 zeigt die feinen Strukturen des Silizium-Chips. Deutlich zu erkennen sind die beiden Cache-Speicher (Daten-Cache und Befehls-Cache), die sich am oberen und unteren Rand befinden. Funktions- und Arbeitsweise der Cache-Speicher wird im Abschnitt B 3 vertieft.

B 1.3.2 RISC-Prozessoren (Reduced Instruction Set Computer)

Die *Mikroprozessoren* und die *Super-Mikros* zählen in den meisten Fällen zu den CISC-Rechnern (Complex Instruction Set Computer). Sie sind durch die *Interpretation* der Befehle durch einen *Mikrokode* gekennzeichnet, der den Befehl in *mehreren Taktzyklen* abarbeitet (Abschn. B 1.3.1). Bei *RISC-Prozessoren* (Reduced Instruction Set Computer) erfolgt *keine* Umsetzung des Befehls durch ein Mikroprogramm. Für jeden Befehl in Maschinensprache steht ein *sequentielles Netzwerk* aus Gattern zur Verfügung, das die Ausführung des Maschinenbefehls in nur *einem einzigen Taktzyklus* ermöglicht.

> RISC-Prozessoren führen jeden Befehl in nur einem Taktzyklus aus.

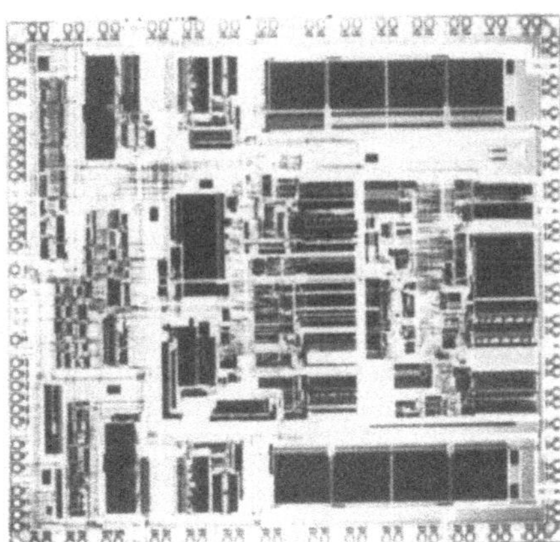

Bild B-21. Mikrochip des Motorola Prozessors MC68040. Werkfoto: Motorola.

Der dazu notwendige Gatteraufwand auf dem Chip erlaubt natürlich *nicht* die *Befehlsvielfalt*, die Mikroprozessoren durch den Mikrokode interpretieren können. Es steht somit nur ein *eingeschränkter Befehlssatz* (engl.: reduced instruction set) zur Verfügung. Ein weiterer Unterschied zu den Mikroprozessoren ist die meist *registerorientierte* Arbeitsweise von RISC-Rechnern. Im Gegensatz zur stack-orientierten Arbeitsweise werden Zwischenergebnisse *nicht* mehr in einem *Stapelspeicher* ausgelagert, sondern in einem *Register* auf dem Chip gehalten. Dies erlaubt einen wesentlich *schnelleren Zugriff* auf diese Daten.

> Die Arbeitsweise der RISC-Prozessoren ist registerorientiert.

Um diese Anforderung zu erfüllen, haben einige RISC-Prozessoren mehr als 100 interne Register.

RISC-Prozessoren basieren auf einer 32 Bit-Architektur, die vorwiegend in *CMOS-Technik* ausgeführt ist. Taktfrequenzen von mehr als 200 MHz sind Stand der Technik. Da mit jedem Takt ein Befehl ausgeführt werden kann, entspricht dies einer maximalen Leistung von *200 MIPS* (Millionen Instructions Per Second). Andere Technologien erlauben noch wesentlich höhere Taktfrequenzen. So entwickelte Texas Instruments bereits 1994 einen RISC-Prozessor in *Gallium-Arsenid Technologie (GaAs)*, der mit *200 MHz* getaktet wurde.

Daß dieser Hochtechnologiemarkt nicht nur von den Amerikanern und Japanern beherrscht wird, hat O. Müller 1990 mit seiner Firma *hyperstone electronics* bewiesen. Er entwickelte den ersten deutschen 32 Bit RISC-Prozessor, den hyperstone E1, der bei 25 MHz eine Rechenleistung von 25 MIPS erbringt und dabei auf Standard DRAM's (dynamische RAM's) zugreift. Bild B-22 zeigt den hochintegrierten Chip des hyperstone E1 mit seinen 144 Anschlüssen.

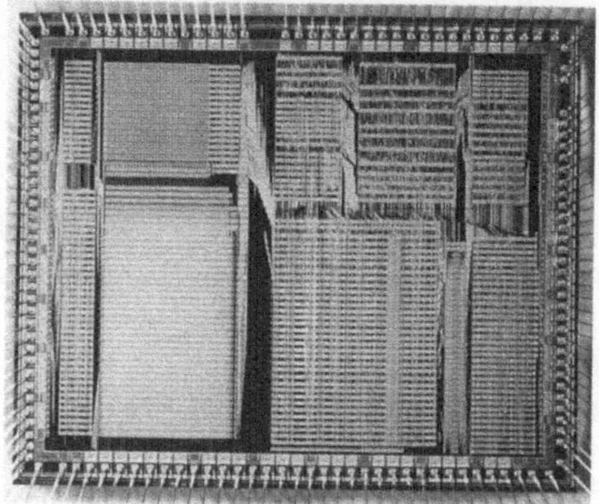

Bild B-22. RISC-Prozessor hyperstone E1. Werkfoto: Hyperstone Electronics.

Eine weitere drastische Erhöhung der Rechenleistung von RISC-Prozessoren erwartet man in den nächsten Jahren durch noch feinere Chip-Strukturen. Während die heutige Strukturbreite der Chips bei $1\,\mu m$ liegt (d. h. der Gate-Kanal der CMOS Transistoren beträgt nur $1\,\mu m$), erwartet man in den 90er Jahren eine weitere Verringerung auf $0,5\,\mu m$ oder sogar $0,3\,\mu m$.

B 1.3.3 Superskalare Mikroprozessoren

CISC- und RISC-Technologien haben sich in den letzten Jahren sehr stark weiterentwickelt. Immer feinere Strukturen lassen immer höhere Taktfrequenzen zu, die sich schließlich in ständig steigenden Rechenleistungen bemerkbar machen. Doch Taktfrequenzen oberhalb von 50 MHz werfen auch eine ganze Reihe von Problemen auf. So kann die Prozessorgeschwindigkeit nur eingeschränkt ausgenutzt werden, wenn die Bausteine um den Prozessorkern nicht in der Lage sind, den hohen Anforderungen an Taktrate und Übertragungsgeschwindigkeit gerecht zu werden. Aber auch die Abstrahlung elektromagnetischer Wellen (EMV, Elektromagnetische Verträglichkeit)

im Kurzwellen- und UKW-Bereich stellen zunehmend ein Problem dar. Oberwellen, die in jedem rechteckförmigen Signal vorhanden sind, reichen sogar weit in VHF- (Very High Frequenzy, Frequenzen größer als 100MHz) und UHF- (Ultra High Frequenzy, Frequenzen größer als 500MHz) Bereiche hinein.

So ist ein weiterer Ansatz zur Steigerung der Prozessorleistung der Umstieg auf mehrere parallel arbeitende Rechenwerke (Befehlsausführungseinheiten) in einem Mikroprozessor. Dies wird als *Superskalare Architektur* bezeichnet und ermöglicht das gleichzeitige Abarbeiten mehrerer Befehle.

> Ein superskalarer Mikroprozessor besitzt mehr als nur eine Befehlsausführungseinheit.

Die Befehlsausführungseinheiten sind dabei Rechenwerke, die entweder Festkomma-Operationen (z. B. Adreßrechnungen) oder Gleitkomma-Operationen (z. B. arithmetische Berechnungen) ausführen können.

Bild B-23 zeigt ein stark vereinfachtes Blockschaltbild des superskalaren Mikroprozessor MC68060 von Motorola. Er enthält zwei parallel arbeitende Rechnerkerne des Motorola Prozessors MC68040 sowie ein ebenfalls parallelarbeitendes Gleitkomma-Rechenwerk.

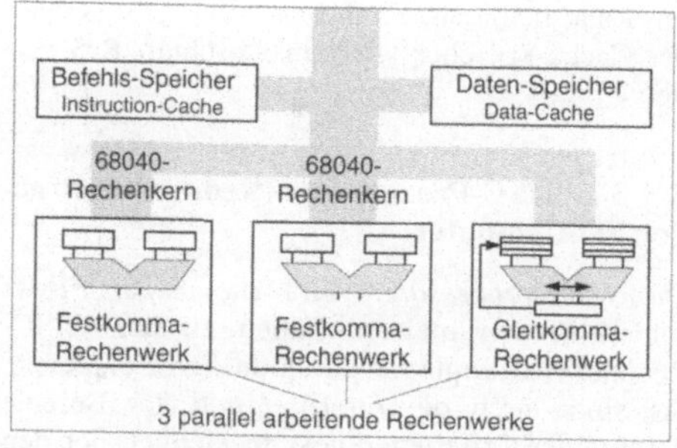

Bild B-23. Superskalare Architektur am Beispiel des Mikroprozessors MC68060 von Motorola.

B 1.3.4 Transputer

Die drastische Erhöhung der Rechenleistung durch die Super-Mikros und RISC-Prozessoren ist vor allem auf die *32-Bit-Architektur* und die immer kleiner werdenden *Chip-Strukturen*

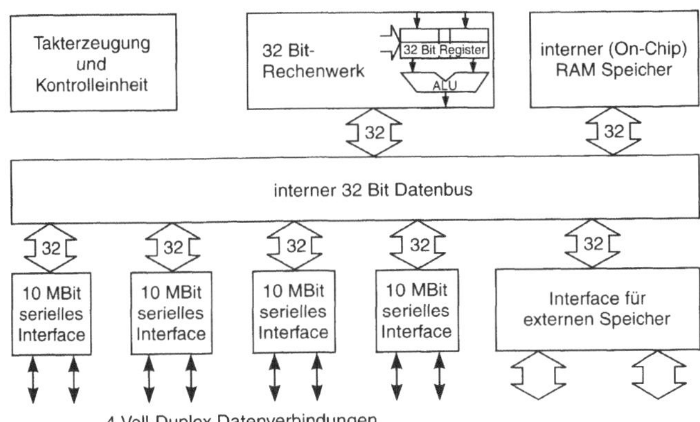

Bild B-24. Blockschaltbild eines Transputers.

in CMOS-Technik zurückzuführen. Heute schon werden bei den integrierten MOS-Transistoren *Kanalbreiten* von nur $0,8\,\mu m$ bei den schnellsten Prozessoren verwirklicht. Möglich ist dies nur durch *hochpräzise Masken,* die auf fotografischem Weg hergestellt werden. Eine weitere Steigerung der Rechenleistung auf diesem Weg scheint heute nur noch bedingt möglich, da diese feinen Strukturen schon nahe an der *Belichtungswellenlänge* liegen. Mit dem *Transputer* wird daher ein völlig anderer Weg beschritten, der in die Richtung *parallele Rechenleistung* weist. Transputer ist dabei ein Kunstwort, das sich aus den Worten Transistor und Computer zusammensetzt. Man wollte damit die hohe Flexibilität und den einfachen Aufbau beliebiger Rechnerstrukturen mit dem einfachen Zusammenschalten von Transistoren vergleichen.

Der Rechnerkern eines *Transputers* entspricht einem 16- bzw. 32-Bit-Mikroprozessor. Die *Befehlsinterpretation* erfolgt durch ein optimiertes *Mikrokode-Programm,* so daß der Transputer zu den *CISC-Rechnern* (Complex Instruction Set Computer) zählt (neue Transputergenerationen weisen hingegen eine eindeutige RISC-Struktur auf). Für die *stack-orientierte* Arbeitsweise wurde auf dem Chip ein sehr *schneller RAM-Speicher* integriert. Somit entfällt die externe Auslagerung der Zwischenergebnisse. Bild B-24 zeigt ein vereinfachtes Blockschaltbild eines Transputers.

Hauptmerkmal des Transputers sind jedoch seine *vier* sehr schnellen *seriellen Datenverbindungen.* Damit werden Übertragungsraten von *10 MBit pro Sekunde* in beiden Richtungen erreicht.

Diese bidirektionalen Datenkanäle arbeiten also *bitseriell* im *Voll-Duplex-Betrieb.*

> Transputer sind CISC-Rechner, deren Datenaustausch über sehr schnelle bidirektionale Datenkanäle läuft.

Mit diesen Verbindungen können *beliebig* viele Prozessoren in nahezu *beliebigen Netzen* miteinander verbunden werden. Die Rechenleistung wird auf die *Knoten* des Netzes verteilt. Bild B-25 zeigt einige grundlegende *Vernetzungsformen* von Transputern.

Welche der Netzstrukturen der Entwickler wählt, hängt maßgeblich von der Anwendung ab. Jeder dieser *Kommunikationskanäle* hat *direkten Zugriff* auf den Speicher. Das bedeutet, daß der Prozessorkern beim Datentransfer nicht beteiligt ist. Diese Zugriffsmöglichkeit wird als *DMA* (Direct Memory Access) bezeichnet und erlaubt bis zu *acht* Datenübertragungen gleichzeitig (vier aus dem und vier in den Speicher). Der Rechnerkern kann während dieser Datenübertragung ungehindert und somit *ohne Geschwindigkeitsverlust* seine Operationen durchführen. Der *DMA-Controller* stellt sicher, daß die *CPU* (Central Prozessing Unit) für den Datentransfer nicht benötigt wird.

Der Aufbau von Rechnernetzen nach Bild B-25 erlaubt *höchste Flexibilität.* Jedem Knoten stehen mehrere *Megabyte* externer Arbeitsspeicher zur Verfügung, auf den nur ein Rechner, der *Knotenrechner,* zugreifen kann. Dies gewährlei-

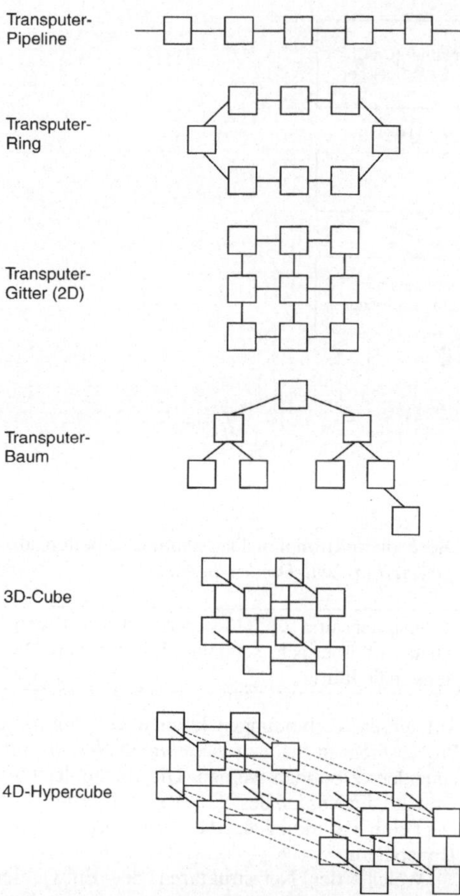

Bild B-25. Transputer-Vernetzung.

stet die echte Parallelität solcher Rechnerstrukturen, erfordert aber einen *regen Datenaustausch.* In *parallelen Rechensystemen* ist jeder Knotenrechner in der Lage, *sämtliche Aufgaben* zu erledigen. Demgegenüber stehen *verteilte Rechensysteme,* in denen jeder Knoten nur eine bestimmte Aufgabe zu lösen hat. Diese hohe Flexibilität des parallelen Konzepts setzt somit das gesamte Programm in allen Knotenrechnern voraus.

In parallelen Rechnersystemen ist in jedem Knotenrechner das vollständige Bearbeitungsprogramm vorhanden.

Parallel zu diesen Rechnern wurde auch die Programmiersprache *occam* entwickelt. Sie erlaubt eine hohe Ausnutzung der parallelen Rechnerstruktur, wodurch eine Optimierung der Rechenleistung möglich ist. Aber auch andere Hochsprachen werden zunehmend auf die parallele Verarbeitung durch Transputer adaptiert. So stehen heute auch die Programmiersprachen *Parallel-C* und *Parallel-Fortran* für die Programmierung von Transputern zur Verfügung.

occam

Hochintegrierte Technologien haben zur Verbreitung von Multitask- und Multiprozessor-Rechensystemen (Abschn. C 2) geführt. Mit Hilfe von Transputern ist es heute möglich, einen Multiprozessor-Rechner aus einzelnen Bausteinen aufzubauen, welche die einzelnen Funktionsblöcke wie Speicher, Prozessor und die zur Kommunikation notwendigen Bausteine beinhalten. Diese Mikrocomputer können anschließend wieder miteinander verbunden werden, wobei sich die Leistungsfähigkeit entsprechend steigern läßt. Somit können sie als Bausteine angesehen werden, die in gleicher Weise wie digitale Bausteine miteinander verbunden werden.

Diese veränderte hochflexible Struktur der Rechnerhardware übt Druck auf die Softwarehersteller aus, die entsprechenden *Primitives* (kleine Programm-Module), die für parallele Rechnerarchitekturen notwendig sind, zu entwickeln. Diese Primitives müssen nicht nur einfach handzuhaben sein und eine angemessene Ausdrucksstärke besitzen, sondern auch in einer Art und Weise auf dem Rechner implementierbar sein, welche die Vorteile der Architektur ausnutzt. *Occam* ist eine solche Sprache, deren Entwicklung eng mit der Entwicklung der Transputer einher ging und heute eine abstrakte Sprache ist, die sowohl eine Implementierungssprache als auch einen Beschreibungs-Formalismus darstellt. Obwohl occam mit dem Transputer verbunden ist, geht seine Anwendung über die Nutzung auf diesen Prozessoren hinaus, hin zur Anwendung auf jeglicher Hardware.

Der Name occam wurde aufgrund der einfachen Struktur gewählt. *William von Occam,* ein Philosoph des 14. Jahrhunderts, sagt man folgendes Sprichwort nach (bekannt als *Occams Razor)*: „Wesen sollten nicht jenseits ihrer Notwendigkeit multipliziert werden". Dies wird üblicherweise so verstanden, die Dinge einfach zu halten.

Transputer eignen sich vor allem bei der Verarbeitung sehr *großer Datenmengen.* Dies ist beispielsweise in den Forschungszentren und bei der *Simulation* in Entwicklung und Konstruktion der Fall. Parallelrechner mit Transputern können heute mehr als 4000 Prozessoren besitzen.

B 2 Rechner-Architekturen

Die Architektur eines Rechners bestimmt maßgeblich

- die Leistungsfähigkeit (absolute Rechenleistung),
- die Effizienz (Rechenleistung bezüglich der Hardwarekosten),
- die Ökonomie beim Datendurchsatz (z. B. direkter Speicherzugriff) und
- die Kosten (Gesamtkosten für ein lauffähiges System).

Die Architektur eines Rechensystems wird von folgenden Faktoren beeinflußt:

- Einsatzgebiet,
- die damit verbundenen anfallenden Datenmengen,
- Zugriffsmöglichkeiten auf externe Dienste,
- Umweltbedingungen (z. B. Büro oder Feld) und
- Qualitätsanforderungen (z. B. militärische Tauglichkeit) und
- Kosten.

Durch verbesserte Fertigungsmethoden und leistungsfähigere Architekturen ist vor allem in den letzten fünf Jahren eine erhebliche Zunahme der Rechenleistung erzielt worden. Dabei scheint die Chip-Fertigung langsam an ihre technischen und physikalischen Grenzen zu kommen, da der Aufwand für die Chipfertigung mit Strukturen $< 0,8 \mu m$ enorm ansteigt. Leistungszuwachs wird vor allem durch neue Architekturen erreicht, die eine wesentlich effizientere Kodeausnutzung und die parallele Abarbeitung der Befehle erlaubt. Pipelining und skalare Architektur sind die Schlagworte hierzu, die in Abschn. B 2.4 näher erläutert werden. Entwicklung und Trend des Leistungszuwachs bei Rechensystemen zeigt Bild B-26.

Jeder dieser oben angeführten Punkte hat einen erheblichen Einfluß auf die Rechner-Architektur und versucht, den ausgewählten Prozessor bestmöglichst auszunutzen. Das bedeutet, daß die Architektur um einen RISC-Mikroprozessor anders aussieht, als um einen CISC-Mikroprozessor (Abschn. B 1.3.1 und B 1.3.2), und daß ein Multiprozessorsystem eine völlig andere Architektur benötigt als eine Embedded System-Lösung oder eine lokale Single-Chip-Lösung.

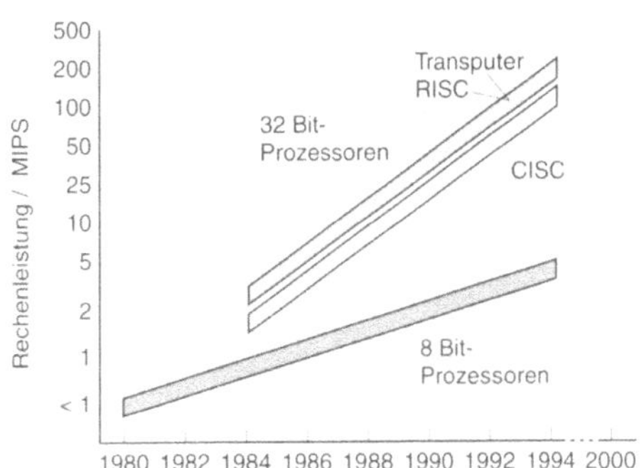

Bild B-26. Entwicklung der Rechnerleistung.

Die Vielzahl der dadurch möglichen Rechner-Architekturen kann deshalb an dieser Stelle nicht diskutiert werden (meist sind dies auch Firmengeheimnisse), sondern es werden hier die Grundlagen geschaffen, um den prinzipiellen Aufbau eines Mikrocomputers zu verstehen.

Grundsätzlich unterscheidet man zwei typische Rechnerarchitekturen: die *von Neumann-Architektur* und die *Harvard-Architektur*. Erstere ist die am weitesteten verbreitete. Deren Regeln und Prinzipien wurden bereits 1946 von John von Neumann aufgestellt und dienen heute noch uneingeschränkt als Grundlage moderner Rechner:

- Ein Rechner besteht aus Rechenwerk, Leitwerk, Speicher und Ein-/Ausgabegeräten (Schnittstellen);
- das Rechensystem ist unabhängig vom Problem, das darauf abgearbeitet wird. Sollen verschiedene Aufgaben auf einem Rechensystem gelöst werden, so geschieht dies durch Austausch des Programms;
- Befehle (Rechneranweisungen) und Operanden (z. B. Konstante oder Variable) sind im selben Speicher untergebracht;
- die Programmausführung erfolgt durch das sequenzielle Abarbeiten der Befehle im Speicher. Abweichungen von dieser Regel führen zu Sprüngen, die ebenfalls zulässig sind.

Während die meisten Punkte heute selbstverständlich sind, ist jedoch eine dieser Prinzipien von bedeutender Wichtigkeit in der Rechner-Architektur: wenn sich Befehle und Operanden denselben Speicherraum teilen, so teilen sie sich auch den Daten- und Adreßbus, um auf den Speicher zuzugreifen. Die Folge dieser Einschränkung ist, daß bei einer von Neumann-Architektur zuerst der *Befehl* und anschließend der notwendige *Operand* geholt werden muß. Zur Befehlsausführung sind, mit wenigen Ausnahmen, zwei Speicherzugriffe notwendig.

> Bei der *John von Neumann*-Architektur werden Befehl und Operand nacheinander aus dem Speicher geladen.

Der Befehlssatz moderner Mikroprozessoren erlaubt es, mit dem Befehl einen eingeschränkten Operanden zu laden. Weiter unten wird auf diese *Befehlsoptimierung* näher eingegangen.

Bild B-27 zeigt einen typischen von Neumann-Rechnerkern, wie er heute von den allermeisten Mikroprozessoren unterstützt wird.

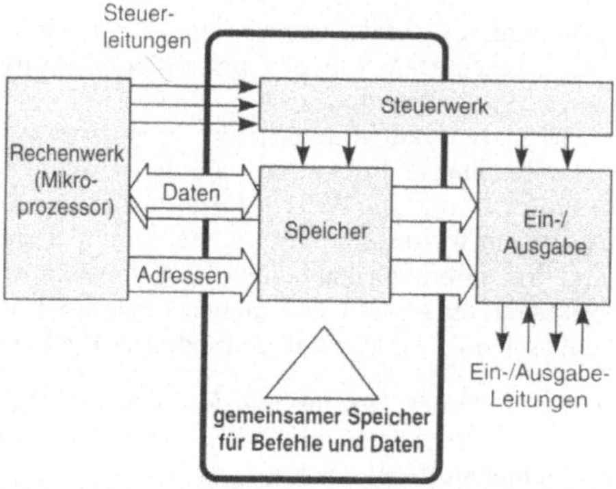

Bild B-27. Rechnerkern nach den John von Neumann-Prinzipien.

Die *Harvard-Architektur* umgeht diesen Nachteil, in dem sie für Befehle und Operanden getrennte Speicher und Busse zur Verfügung stellt. Ein Mikroprozessor, der nach der Harvard-Struktur aufgebaut ist, kann somit gleichzeitig Befehl und den zugehörigen Operanden laden. Dadurch wird die Rechenleistung enorm gesteigert. Sie wird aber aufgrund des erhöhten Aufwandes nur in sehr speziellen Fällen eingesetzt.

Die physikalische Trennung der beiden Speicherbereiche erfordert doppelt so viele Adreß- und Datenleitungen wie bei der von Neumann-Architektur.

Der Aufwand, der hierfür betrieben werden muß, hat einen erheblichen Einfluß auf die Entwicklung eines Rechnerkerns. Ein Harvard-

Prozessor besitzt viele Anschlüsse. Bild B-28 verdeutlicht die Aufteilung in Daten- und Programmspeicher bei einer Harvard-Architektur.

Die Harvard-Architektur bei Rechnerkarten findet man vor allem bei sehr schnellen Signalprozessoren, wie den TI340C30 von Texas Instruments oder bei 64-Bit RISC-Prozessoren, die es bereits vereinzelt auf dem Markt gibt. Grundsätzlich gilt für den Einsatz der Harvard-Architektur, daß die Aufgabenstellung (meist Echtzeitbetrieb) die aufwendige und teuere Systemkonzeption erforderlich macht.

Signalprozessoren haben dabei die Aufgabe, eingelesene Daten nach einem vorgegebenen Algorithmus zu verändern und anschließend einer weiteren verarbeitenden Einheit weiterzureichen. Dabei müssen sie die anfallenden Daten ohne große Verzögerung bearbeiten können. Die Harvard-Architektur ermöglicht, die Daten mit dem zugehörigen Befehl in den Signalprozessor zu laden, der binnen eines Taktzyklus die Operation ausführt. Das Ergebnis liegt anschließend am Datenbus an und kann im Speicher abgelegt werden. Der Befehlssatz eines Signalprozessors ist meist auf wenige komplexe, aber sehr effizient auszuführende Anweisungen begrenzt.

Signal-Prozessoren finden heute ihren Einsatz in Laserdruckern, Fotokopierern und vor allem in der Bildverarbeitung und Bildanalyse. Gerade dort lassen sich so Videobilder von Kameras in Echtzeit manipulieren, daß beispielsweise Farbretuschen oder Konturenerkennung ohne Verzögerung durchgeführt werden können.

Neuere Trends und Entwicklungen versuchen, beide Prozessorarchitekturen zu vereinen. Dabei sollen beide Vorteile, ein Speicherbus und gleichzeitiges Laden von Befehlen und Operanden, kostengünstig vereint werden.

Der einfachste Ansatz bietet hierbei die Umstrukturierung des Befehlssatzes der Mikroprozessoren. Koppelt man einen Operanden an den Befehl, so ist es auch bei einer von Neumann-Architektur möglich, mit einem Speicherzugriff Befehl und Daten zu holen. Vor allem bei den 32 Bit-Prozessoren, bei denen nicht die gesamte Datenbreite genutzt und somit nicht alle Bits zur Befehlsdekodierung benötigt werden, macht man von dieser Methode Gebrauch. Diese Befehle werden in der Assembler Programmiersprache meistens als „quick" (schnell) oder „immediate" (sofort) gekennzeichnet. Beispiele hierfür sind „ADDQ" *(add quick)* und „ORI" *(ODER immediate)*.

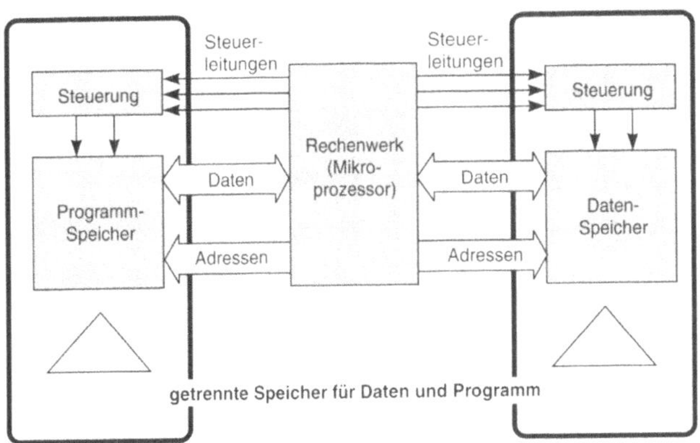

Bild B-28. Rechnerarchitektur mit Harvard-Struktur.

Beispiel:

B 2-1: Zur Veranschaulichung der „quick" oder „immediate"-Befehle soll ein MOVE QUICK- und ein normaler MOVE-Befehl miteinander verglichen werden.

MOVEQ #$1F,D0 lade Datenregister D0 mit dem Wert $1F_H$

Dieser Befehl wird vom Mikroprozessor in einem Speicherzugriff ausgeführt, da der MOVEQ Befehl 8 Bit für die absolute Variable $1F_H$ reserviert hat:

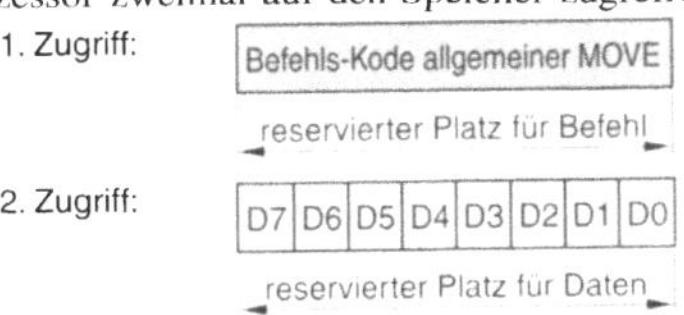

Die gleiche Operation kann auch durch einen normalen MOVE Befehl ausgeführt werden:

MOVE #$1F,D0 lade Datenregister D0 mit dem Wert $1F_H$

Bei der Ausführung dieses Befehls wird der Mikroprozessor zweimal auf den Speicher zugreifen:

1. Zugriff:

2. Zugriff:

Durch die Optimierung des Befehlssatzes kann so die Harvard-Struktur umgangen werden. Doch wie auch obiges Beispiel zeigt, ist dies nur für begrenzte Operanden möglich, meist auf 8 Bit beschränkt. Größere Operanden werden ausschließlich über den normalen Befehlssatz abgedeckt.
Diese Möglichkeit hat auch zur Entwicklung optimierter Compiler und Assembler geführt. Sie können in Abhängigkeit des Kontextes einen normalen MOVE-Befehl auch in den optimierten Maschinen-Kode für

MOVEQ überführen, ohne daß sich der Programmierer um diese Befehlsoptimierung kümmern muß.

B 2-2: An Hand dieses zweiten Beispiels soll gezeigt werden, daß es sich durchaus lohnt nachzuschauen, wie ein Mikroprozessor mit unterschiedlichen Operandenlängen (Daten) umgeht. Dazu soll der BLE-Befehl *(Branch Less or Equal)* des Motorola-Prozessors MC68030 stellvertretend für viele gleichartige Befehle betrachtet werden.

Der Befehl besteht im wesentlichen aus dem *Opcode* (Operation Code) und der Sprungweite (engl.: Displacement). Der Opcode für den Befehl umfaßt dabei stets 8 Bit, wovon 4 für die Bedingung der Verzweigung stehen. Eine der 16 Möglichkeiten ist dabei „Less or Equal" („kleiner oder gleich") mit dem Kode 1111. Erfolgt der Sprung innerhalb 256 Bytes, reichen 8 Bits für die Sprungweite (engl.: Displacement) aus. Der Opcode einschließlich Displacement umfaßt daher 16 Bit.

Wird die Sprungweite erhöht, muß der Rechner ein entsprechend größeres Datum aus dem Speicher holen. Dies kann zu einem weiteren Speicherzugriff führen. Dem Prozessor wird dies durch das zu Null Setzen *(Nullen)* des 8-Bit Displacements in obigem Beispiel angezeigt:

Ein Sprung mit einer Weite von 64 kByte < Sprung < 4 GByte erfordert ein 32-Bit Displacement. Dazu muß der Prozessor noch weitere 16 Bit einlesen. Das 8-Bit Displacement ist in diesem Fall FF_H.

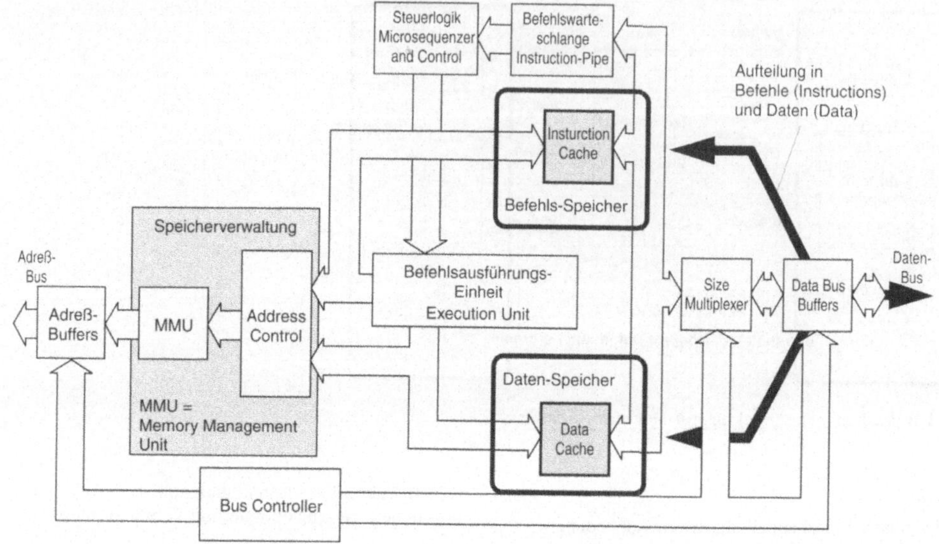

Bild B-29. Blockschaltbild des Motorola-Prozessors MC68030.

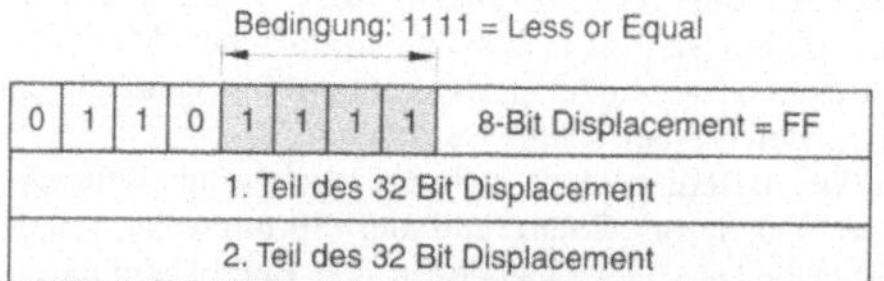

Das Beispiel verdeutlicht, daß kurze Programmschleifen (z. B. Warteschleifen) wesentlich effektiver abgearbeitet werden. Einige Compiler berücksichtigen dies.

Eine weitere Möglichkeit, die Vorteile beider Rechnerarchitekturen (von Neumann und Harvard) zu vereinen, zeigt beispielsweise der Aufbau des Mikroprozessors MC68030 von Motorola. Trotz einer nach außen hin eindeutigen von Neumann-Struktur bietet er auf dem Chip eine Harvard-Architektur. Nach dem Laden aus dem gemeinsamen Speicher werden Befehle und Operanden in zwei *getrennte* Cache abgelegt und stehen so parallel zur Verfügung. Bild B-29 zeigt diese Architektur.

Durch die ausschließlich interne Busaufteilung konnte die Schnittstelle zum externen Programmspeicher einfach gehalten werden.

B 2.1 Aufbau und Funktion eines Rechnerkerns

Die grundlegende Struktur des Rechnerkerns wird von der Architektur des Mikroprozessors (Har-

vard oder von Neumann) bestimmt. Er besteht aus einer Anzahl von Bauelementen bzw. Baugruppen, die unabdingbar notwendig sind, um den Betrieb des Mikroprozessors mit minimalem Aufwand sicherzustellen.

> Der Mikroprozessor ist die kleinste funktionsfähige Einheit eines Rechnerkerns.

Anzahl und Größe der Bauelemente spielen dabei eine untergeordnete Rolle, einzig das Vorhandensein ist wichtig. Zum Rechnerkern gehören:

- Mikroprozessor,
- Programmspeicher,
- Arbeitsspeicher,
- Steuerlogik (Adreßdekodierung),
- eine Kommunikations-Schnittstelle, in der Regel als serielle Schnittstelle ausgeführt.

Bei komplexen Rechnerkarten mit bestimmten und eingeschränkten Aufgaben kann sich der Rechnerkern aufgrund der prozessornahen Ereignisse erweitern. Beispiele hierfür sind:

- mathematischer Co-Prozessor und
- DMA-Controller für Mehrprozessorsysteme (DMA: Direkt Memory Access).

Bild B-30 zeigt einen einfachen Rechnerkern nach von Neumann, dessen Bedienung über die serielle Schnittstelle erfolgt.

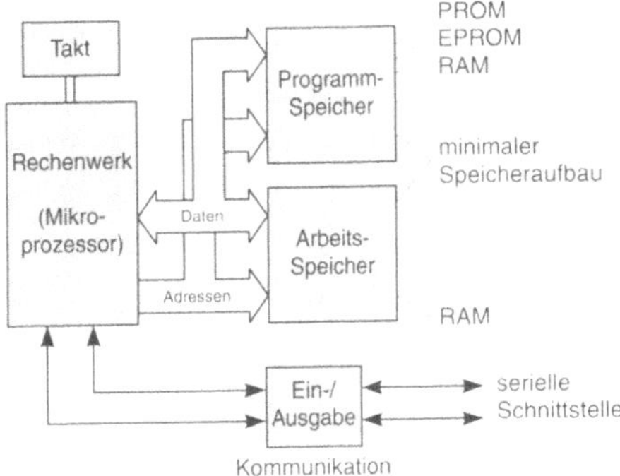

Bild B-30. Aufbau eines einfachen Rechnerkerns.

Das weite Gebiet der programmierbaren Peripheriebausteine, beispielsweise Netzwerk-Controller (Ethernet oder Feldbus), parallele Schnittstellen (Druckerschnittstelle, SCSI-Bus) oder Grafik-Controller, zählen nicht zum Rechnerkern. Die Funktion der einzelnen Baugruppen eines Rechnerkerns werden im folgenden erläutert.

Mikroprozessor

Als Kernstück einer Rechnerkarte ist der Mikroprozessor verantwortlich für die Ausführung von Programmen. Je nach Prozessortyp, ob RISC oder CISC (Abschn. B 1.3), werden die Befehle in einem oder mehreren Taktzyklen abgearbeitet. Dabei reicht die Taktfrequenz von 2,5 MHz bis zu 50 MHz und mehr. Die Komplexität des Mikroprozessors hat einen entscheidenden Einfluß auf den weiteren Umfang des Rechnerkerns.

Programmspeicher

Der Programmspeicher enthält die notwendigen Befehlsfolgen, die der Mikroprozessor ausführen soll. Er wird in der Regel als PROM oder EPROM (Abschn. B 1.2.2) ausgeführt, kann aber auch ein RAM sein, in welches das abzuarbeitende Programm von außen geladen werden muß. Diese Möglichkeit wird vor allem in Multiprozessor-Systemen genutzt, da dadurch ein flexibler Einsatz und ein schneller Programmwechsel gewährleistet wird.

Neben dem Programm selbst werden auch anlagentypische Werte im Programmspeicher (EPROM) und Rechenkonstanten abgelegt, beispielsweise Grenzwerte, die nicht überschritten werden dürfen.

Arbeitsspeicher

Der Arbeitsspeicher ist als RAM (Random Access Memory) ausgeführt. In ihm werden Zwischenergebnisse sowie aktuelle Adreßverzweigungen abgelegt. Letzteres ist vor allem dann wichtig, wenn eine Programmunterbrechung stattgefunden hat (Interrupt), bei dem der aktuelle Programmzustand gerettet werden muß, um nach der Unterbrechung an derselben Stelle weitermachen zu können.

Ist der Arbeitsspeicher groß genug, so kann in ihm eine Kopie des Programmspeichers angelegt werden. Dies hat den Vorteil, daß durch den wesentlich schnelleren Arbeitsspeicher der Programmablauf erheblich beschleunigt werden kann.

Adreßdekodierung

Da Programmspeicher und Arbeitsspeicher physikalisch voneinander getrennt sind, müssen sie durch ein Steuerwerk nach Anforderung angesprochen werden. Dies kann an irgendeiner Stelle des Adreßraumes sein, welche der Mikroprozessor zur Verfügung stellt. Besondere Beachtung bei der Entwicklung eines solchen Steuerwerkes muß man dabei dem ersten Zugriff nach dem Einschalten einer solchen Karte widmen: Nach dem Einschalten (Power-Up) oder RESET holt sich der Mikroprozessor seine erste Sprungadresse aus dem Programmspeicher und setzt dabei eine ganz bestimmte Adresse voraus. Bei den Motorola Prozessoren ist dies beispielsweise die Adresse 0000H, während die Intel Prozessoren ihren Boot-Trap (Anfangs-Sprung) bei FFF0H erwarten. Aufgabe der Adreßdekodierung ist sicherzustellen, daß in diesem Bereich der Programmspeicher liegt (im Arbeitsspeicher liegen nicht definierte Zustände vor, so daß dort nie ein Programmanfang liegen darf).

Kommunikations-Schnittstelle

Mindestens eine Schnittstelle muß dem Rechnerkern zugeordnet werden. Über sie erfolgt der Datenaustausch, der während der Programmabarbeitung notwendig ist. Dabei ist es zunächst unerheblich, ob dies über ein paralleles Bus-Interface erfolgt oder über eine serielle Schnittstelle. Wichtig hierbei ist zunächst, daß der Benutzer des Rechners Zugang zu dessen Ergebnissen erhält. In Rechensystemen ohne fest programmierten Programmspeicher, wird die Kommunikationsschnittstelle auch benutzt, um das eigentliche Programm in den Rechner zu laden, ähnlich dem Kopieren des Programms aus dem Programmspeicher. Dieser Vorgang wird als *Down Load* (Herunterladen) bezeichnet.

B 2.2 Einplatinen-Computer (SBC: Single Board Computer)

Die Erweiterung des Rechnerkerns zu einem vollständigen Rechensystem erfolgt durch eine Reihe von Peripherie-Bausteine (man beachte: der Rechnerkern, wie unter B 2.1 beschrieben, ist zwar vollständig funktionsfähig, kann aber über die Programmabarbeitung hinaus keine weiteren Dienste bieten; dies bleibt den Peripherie-Bausteinen vorbehalten). Einen Überblick über einige Peripherie-Bausteine gibt Tabelle B-5.

Die Wahl der notwendigen Peripherie-Bausteine hängt in erster Linie von der Aufgabe ab, welche die Rechnerkarte zu erfüllen hat. Bild B-31 zeigt den Aufbau eines Rechensystems mit Mikroprozessor.

B 2.3 Ein-Chip-Computer (SCC: Single Chip Computer)

Mit der fortschreitenden Integration und dem Aufbau immer komplexerer Chips gelang es, neben dem *Mikroprozessorkern* auch Peripherie-Bausteine (Tabelle B-5) auf *einem Chip* zu verwirklichen. Diesen Integrationsvorgang verdeutlicht Bild B-32. Dabei zeigt die linke Hälfte den Aufbau eines *Einplatinen-Rechners (Single Board Computer, SBC)*, wie er im Abschnitt B 2.2 beschrieben wurde. Die wichtigsten Bauteile sind dabei der *Programmspeicher* (EPROM oder ROM) sowie der *Arbeitsspeicher* (RAM), der auch den *Stapelspeicher* (Stack) zur Verfügung stellt (Bild B-30).

Bei der Integration zum Ein-Chip-Computer *(Single Chip Computer, SCC)* sind der Programmspeicher und der Arbeitsspeicher Bestandteil des Chips, wodurch der Rechnerbaustein nahezu unabhängig von externen Bausteinen wird.

> Bei einem Single Chip Computer sind Programmspeicher, Arbeitsspeicher und weitere Funktionen auf einem Chip integriert.

Wegen des vollständigen Rechnerkerns werden die Ein-Chip-Rechner auch als *Mikrocontroller* bezeichnet.

Der Programmspeicher kann sowohl als *EPROM-Speicher,* als auch als *Mask-ROM* aus-

Bild B-31. Aufbau eines Rechnersystems mit Mikroprozessor.

Tabelle B-5. Peripheriebausteine um einen Rechnerkern

Hauptgruppe	Untergruppe	Peripherie
Speicher	RAM	dynamische Speicher statische Speicher bipolare Speicher
	ROM	EPROM EEPROM Mask-ROM
	Sonstige	Mehrtor-Speicher Non Volatile RAM
Standard I/O	parallel	Centronics
	seriell	RS 232C, RS422A Ethernet, LAN
Leistungs I/O	direkt	paralle I/O-Ports Transistorausgangsstufen
	entkoppelt	Relais Optokoppler
Systembausteine	Prozess- unterstützung	Numerik-Prozessor DMA-Controller Interrupt-Controller Timer-Bausteine Spannungswächter Watchdog
	Benutzer- Schnittstellen	Grafik-Interface Keyboard-Controller Drucker-Interface

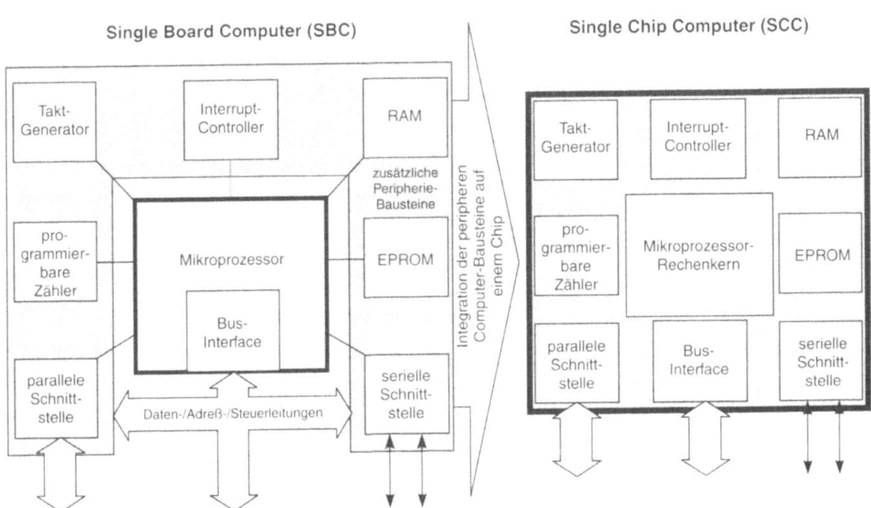

Bild B-32. Integration zum Single-Chip-Computer.

geführt werden (Abschn. B 1). Einige Hersteller bieten inzwischen Ein-Chip-Computer mit fest eingebautem *BASIC-Interpreter* an, zur direkten Programmierung in der Programmiersprache *BASIC*. Neben diesen Speichern zeigt Bild B-32 (rechte Hälfte) auch noch die Integration *paralleler* und *serieller* Schnittstellen.

Ist der Single-Chip-Rechnerbaustein mit einem EPROM ausgestattet, so besitzt sein Gehäuse ein Glasfenster, durch das mit Hilfe ultravioletter Strahlung der EPROM-Inhalt gelöscht werden kann. Einige Single-Chip-Mikrorechner in verschiedenen Gehäusen zeigt Bild B-33.

Bild B-33. Single-Chip-Computer.

Da der interne Speicher in seiner Größe begrenzt ist, kann bei den meisten Bausteinen über eine integrierte Bus-Schnittstelle zusätzlich *externer Speicher* angesprochen werden.

Ein-Chip-Computer sind heute vor allem in 8-Bit- oder 16-Bit-Technik ausgeführt, vereinzelt auch bereits in 32-Bit-Technik verfügbar. Ihr Einsatz erstreckt sich beispielsweise von der Waschmaschinensteuerung bis zu *verteilten Rechnern,* bei denen Teilprobleme an unterschiedlichen Stellen gelöst werden. Dies kann beispielsweise die Meßwertaufnahme und -bewertung in einer Fertigungsstraße sein. Einige Ein-Chip-Computer besitzen zu diesem Zweck auch einen eingebauten *Analog-Digital-Wandler*.

B 2.4 Parallelrechner

Zur Leistungssteigerung, insbesondere wenn es um die Abarbeitung mehrerer Programme auf einem Rechnersystem geht, werden sogenannte Parallelrechner eingesetzt. Dabei unterscheidet man bei der parallelen Auftragsabwicklung zwei grundsätzlich verschiedene Rechnerarchitekturen:

1. Quasi-Parallel-Rechner mit Multi-Tasking Betriebssystem;
2. Mehrprozessorsystem mit Buskopplung.

Die erste Möglichkeit erlaubt die gleichzeitige Abarbeitung mehrerer Programme auf *einem* Mikroprozessor. Die parallele Abarbeitung der Programme ist dabei nur scheinbar. Ein Rechnerkern, der nur aus einem Prozessor besteht, kann stets nur einen Befehl abarbeiten, der nur zu einem Programm gehört.

Für die Bearbeitung eines Programmes oder Programmteils bekommt der Rechner von einem Steuerprogramm (Betriebsystem) eine bestimmte Zeit zugewiesen. Nach Ablauf dieser Zeit arbeitet er am nächsten Programm in seiner Auftragsliste weiter, nicht jedoch, ohne vorher den aktuellen Stand zu sichern. Das schnelle Hin- und Herschalten zwischen den Programmen läßt den Eindruck zu, daß diese Programme parallel ausgeführt werden. Dieses Verfahren zur quasiparallelen Abarbeitung von Programmen wird *Zeitscheiben-Verfahren* (Abschn. C 1.2.2) genannt. Voraussetzung hierfür ist ein sehr leistungsfähiger Mikroprozessor.

Beim Zeitscheiben-Verfahren arbeitet der Mikroprozessor immer nur kurze Zeit an einem Programm und geht anschließend zum nächsten über, bis alle Programme in seiner Auftragsliste einmal berücksichtigt worden sind. Anschließend arbeitet er an der Stelle seines ersten Programmes weiter, wo er zuvor unterbrochen hat. Die einzelnen Programmteile werden als *Tasks* (engl.: Aufgaben) bezeichnet, das Weiterschalten von einem Programm zum anderen als *Taskswitch*. Ein Betriebssystem, welches diese Eigenschaften hat, wird *Multitasking*-Betriebssystem (Abschn. C 1.2.2) oder auch manchmal als *Task-Scheduler* bezeichnet. Beispiele hierfür sind das Betriebssystem UNIX von AT&T oder Windows NT von Microsoft.

Zeitscheibenverfahren können nach unterschiedlichen Anforderungen ablaufen. Dabei unterscheidet man zwischen

- konstanten Task-Zeiten (jede Task bekommt die gleiche Zeitdauer),
- konstante Gesamtzeit mit gleichen Task-Zeiten und
- konstante Gesamtzeit mit variablen Task-Zeiten.

In jedem Zeitschlitz wird dabei ein Programm bearbeitet. Das dritte Verfahren hat praktisch keine

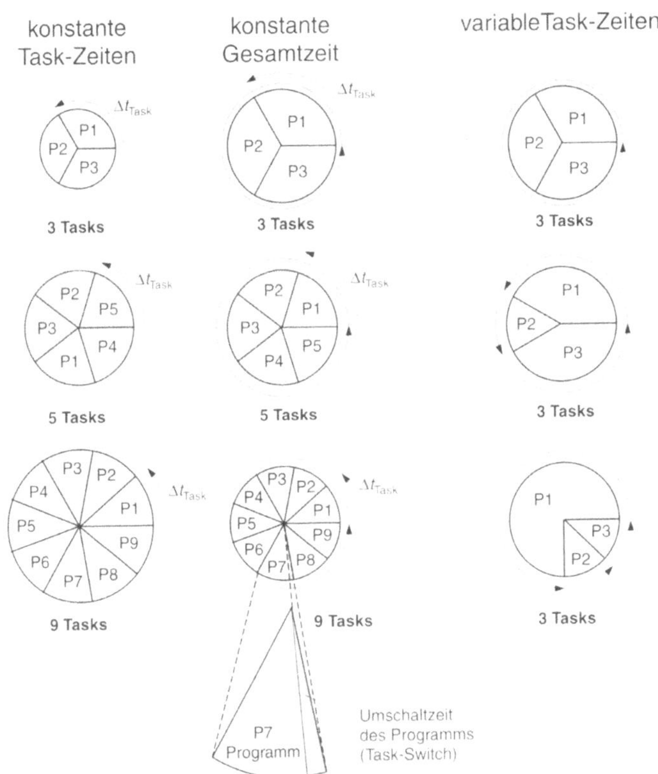

Bild B-34. Zeitscheibenverfahren (Multitasking).

Bedeutung, da variable Taskzeiten sehr aufwendig zu realisieren sind. Soll ein Prozeß länger als andere Prozesse bearbeitet werden, so kann dies auch bei den ersten beiden Verfahren durch mehrfachen Aufruf dieser Task erfolgen.

Der Vorteil des zweiten Verfahrens ist seine deterministische Wartezeit auch beim Aufruf weiterer Tasks. Dies ist vor allem in zeitkritischen Systemen gefordert.

Bild B-34 veranschaulicht den Ablauf der verschiedenen Zeitscheiben-Verfahren. Exemplarisch ist dabei auch der benötigte Task-Switch herausgezeichnet. Er ist an allen Trennstrichen zwischen den Tasks notwendig.

Die Parallelität wird hier also ausschließlich durch das Betriebssystem ermöglicht und ist somit eine reine Softwarelösung.

> Multitasking-Betriebssysteme erlauben die quasiparallele Abarbeitung von Programmen.

Nachteilig bei einer solchen Rechnerkonfiguration sind die für den Task-Wechsel (engl.: Task-Switch) notwendigen Operationen. Register und Daten müssen dabei gerettet werden und nehmen so einen erheblichen Teil der Bearbeitungszeit in Anspruch. Bei sehr vielen Tasks wird daher das System langsam und uneffizient.

Echte Paralleldatenverarbeitung ist daher nur auf mehreren Mikroprozessoren, Rechnerkernen oder Rechnern möglich. Die Rechenleistung des Gesamtsystems nimmt dabei mit der Anzahl der beteiligten Mikroprozessoren zu. Die Kopplung der Mikroprozessoren untereinander erfolgt durch einen Systembus. Grundsätzlich lassen sich diese Parallelrechner in zwei verschiedene Mehrprozessorsysteme unterteilen:

- *nebenläufige Rechensysteme,* d. h. jeder Rechner ist in der Lage, ein vollständiges Programm abzuarbeiten;

- *Pipelining-Rechensysteme,* bei denen jeder Rechnerkern auf das Ergebnis seines vorgeschalteten Rechners angewiesen ist.

Da sich diese Architektur nahezu beliebig erweitern läßt, spricht man hier auch von einer skalaren Architektur, ähnlich den parallel arbeitenden Mikroprozessoren in Abschnitt B 1.3.3.

Auf diese beiden grundsätzlich verschiedenen Rechnerarchitekturen soll in den folgenden Abschnitten näher eingegangen werden.

B 2.4.1 Nebenläufige Rechensysteme

Reicht ein Mikroprozessor zur Bewältigung nicht mehr aus, dann schaltet man oft mehrere *gleiche* Rechnersysteme parallel auf einen Bus. Läßt die Rechnerarchitektur dies zu, erhält man so auf einfache Weise die erforderliche Rechenleistung (engl.: computing performance, cp). Allerdings ist der Zuwachs der Rechenleistung auch mit einem zusätzlichen Aufwand in der Datenverwaltung und einem zusätzlichen Systembus und der notwendigen Bus-Zuteilung verbunden.

In Multiprozessor-Systemen arbeiten mehrere Mikroprozessoren gleichzeitig.

Rechnersysteme, die durch Hinzufügen weiterer Rechnerkerne (Parallelschaltung) ausgebaut werden können, werden als *nebenläufige Rechner* bezeichnet, da jeder Rechner für sich parallel und völlig unabhängig von anderen arbeitet.

Um diese Funktionalität zu ermöglichen, besitzen die einzelnen Rechnerkerne einen lokalen Bus, der über entsprechende Speicherbausteine an den übergeordneten Systembus angekoppelt werden kann. Diese Zuschaltung des Systembus unterliegt dabei strengen Regeln, da immer nur einer auf diesen Systembus zugreifen kann. Man spricht hier von einer *Bus-Arbitrierung* (Bus-Zuteilung). Meist übernimmt einer der Rechnerkarten diese Schiedsrichterfunktion und vergibt den Systembus auf entsprechende Anforderung. Dieser Rechner wird dann als *Systemcontroller* bezeichnet. Bild B-35 zeigt den Aufbau eines nebenläufigen Rechnersystems.

Ein Beispiel eines solchen Multiprozessor-Busses ist der VMEbus mit hierarchischer Busvergabe. Eine hierarchisch aufgebaute Busvergabe ermöglicht eine Busanforderung, die durch ihre *Dringlichkeit* (Priorität) gesteuert wird. So kann auch eine Busvergabe erfolgen, wenn der Bus gerade von einem anderen Rechnerkern benutzt wird. Dazu stehen beispielsweise beim VMEbus vier Bus-Request-Leitungen (Anforderungsleitungen) unterschiedlicher Gewichtung zur Verfügung.

B 2.4.2 Pipelining-Rechner

Neben parallelen Rechnersystemen ist auch eine Parallelisierung der Programmabarbeitung in einem Rechner möglich. Dies wird durch eine sogenannte *Pipeline-Struktur* erreicht.

Bei einer Pipeline-Struktur werden die einzelnen Aufgaben des Rechnerkerns durch Übergabestellen getrennt. Die Übergabestellen können dabei aus Speichern aufgebaut sein oder auch nur einfache Register sein. Jede Ebene (Pipelining-Ebene) setzt dabei auf das Ergebnis der vorigen Ebene auf. Damit kann sie parallel zur vorhergehenden Ebene, die ebenfalls bereits die nächsten Daten vorbereitet, das Ergebnis weiterverarbeiten. Diese Pipelining-Struktur ist nicht nur auf die gesamte Architektur eines Rechners beschränkt, sondern hat ihren Ursprung bei den Mikroprozessoren selbst. Bild B-36 zeigt eine stark vereinfachte Pipelinestruktur eines Mikroprozessors, der vier Pipelining-Ebenen besitzt.

1. Pipelining-Ebene

In ihr werden dem Rechenwerk (ALU, Arithmetic Logic Unit) die Operanden bereitgestellt. Dies können sowohl Adressen als auch Daten sein.

2. Pipelining-Ebene

Mit dem nächsten Takt wird das Ergebnis der ALU in das Pipeline-Register für den Multiplexer übernommen. Er leitet es entweder an die Adreßregister oder Datenregister weiter.

3. Pipelining-Ebene

Hier erfolgt die Übernahme in die Registerbänke des Prozessors.

4. Pipelining-Ebene

Sie ist die Schnittstelle des Prozessors. Hier werden entweder die berechneten Daten und Adressen bereit gestellt oder neue Daten von außen abgeholt. Diese Ebene wird auch oft parallel zur ersten und dritten ausgeführt, was eine effizientere Arbeitsweise des Mikroprozessors ergibt.

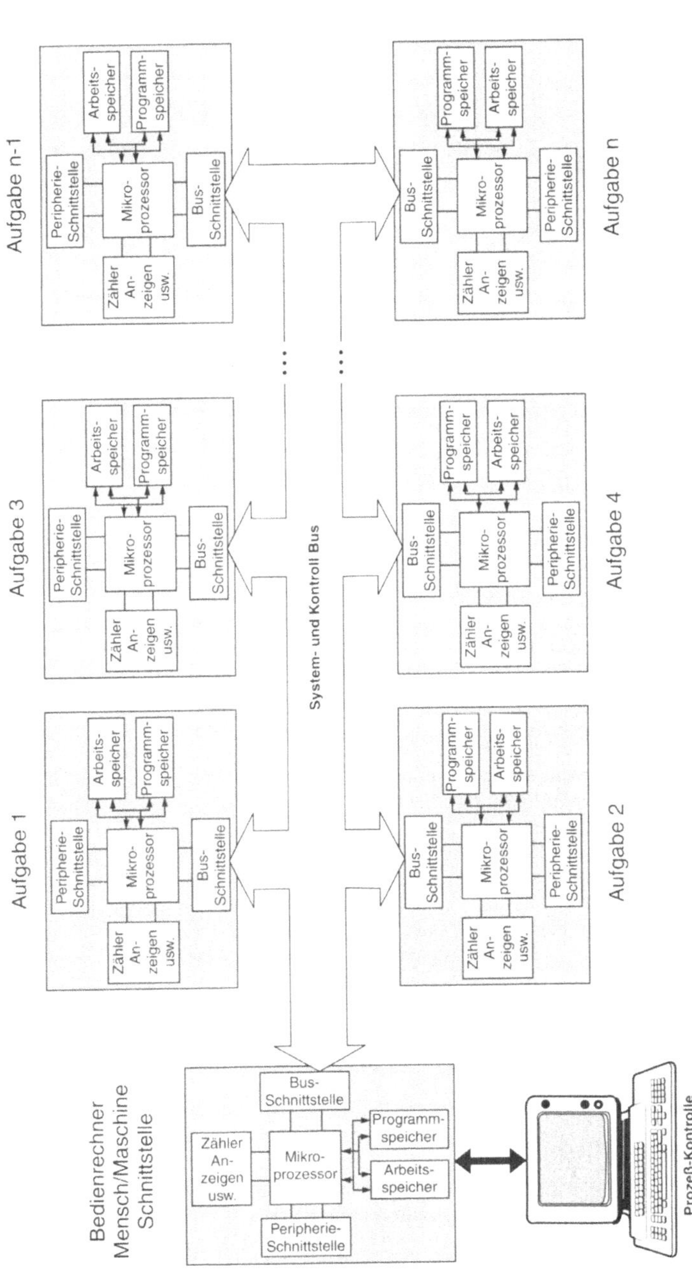

Bild B-35. Nebenläufiges Rechnersystem.

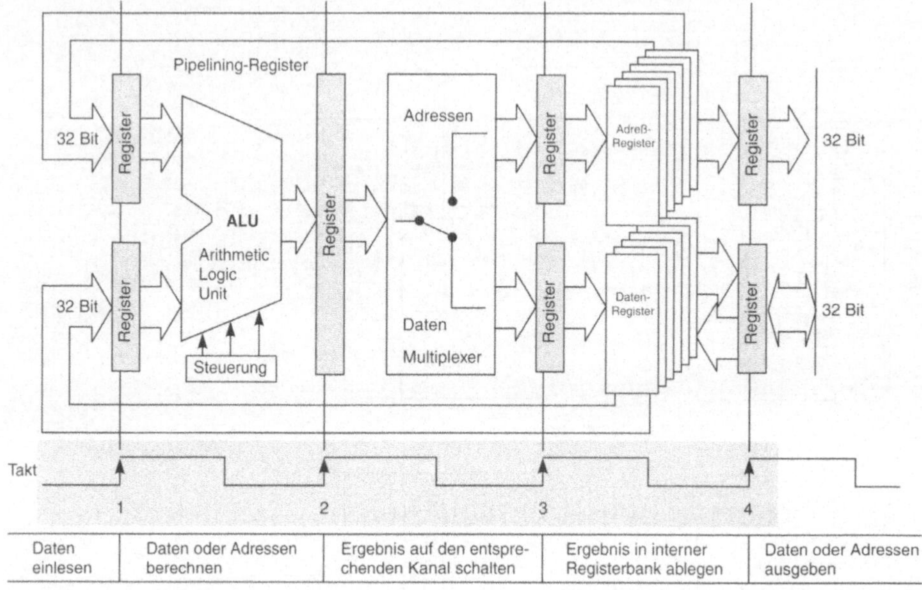

Bild B-36. Beispiel einer vierstufigen Pipeline in einem 32-Bit-Mikroprozessor.

Alle vier Pipelining-Ebenen arbeiten parallel. Während der Multiplexer das Ergebnis auf die richtige Registerbank leitet, berechnet die ALU bereits das nächste Ergebnis. Befehle, die mehrere Takte zur Abarbeitung benötigen, können so wesentlich schneller abgearbeitet werden. In Abhängigkeit der Pipelining-Architektur werden vor allem bei Schleifenberechnungen enorm hohe Datendurchsätze erreicht, da sich die Befehls- und Zugriffsfolge stets wiederholt. Ist die Pipeline gefüllt, so wird ein Befehl pro Taktzyklus abgearbeitet. Bild B-37 zeigt den Datenfluß innerhalb einer 5-stufigen Pipeline. Jeder Befehl besitzt dabei fünf Bearbeitungsschritte:

- Befehl holen (Instruction Fetch, IF),
- Lesen der Operanden (Read, RD),
- Bearbeitung im Rechenwerk durchführen (ALU),
- Speicherzugriff ausführen (Memory Cycle, MEM),
- Zurückschreiben der Ergebnisse (Write Back, WB).

Für jeden Bearbeitungsschritt benötigt der Prozessor einen Takt, so daß 5 Takte zur Abarbeitung eines Befehls notwendig sind. Aufgrund der

Pipeline-Struktur können jedoch parallel weitere Befehle bearbeitet werden. In Bild B-37 grau hinterlegt ist die gleichzeitige Bearbeitung von 5 Befehlen. Dabei wird bei jedem Befehl gerade ein anderer Bearbeitungsschritt durchgeführt. Die Ergebnisse der Befehle 1 bis 6 stehen schließlich mit jedem Takt zur Verfügung. Ohne Pipeline-Struktur würden zwischen jedem Ergebnis fünf Taktzyklen verstreichen.

Pipeline-Rechner werden vor allem bei sequentiell arbeitenden Programmen eingesetzt, da sie hier den größten Vorteil bieten. Nachteilig ist stets das *Füllen* und *Leeren* der Pipeline, wie es beispielsweise bei der Interruptbearbeitung notwendig ist. Kommandoteile, die bereits in die Pipeline geladen wurden (dies wird als *pre-fetch* bezeichnet), müssen gelöscht werden, und der erste Befehl der Programmverzweigung steht erst nach dem Durchlauf der gesamten Pipeline zur Verfügung. Es tritt ein Performance-Verlust auf, der je nach Häufigkeit einen Pipeline-Rechner erheblich verlangsamen kann. Durch entsprechende Programmierung wird dies jedoch deutlich verringert.

Die Anwendung der Pipeline-Struktur beschränkt sich nicht nur auf Mikroprozessoren. Sie

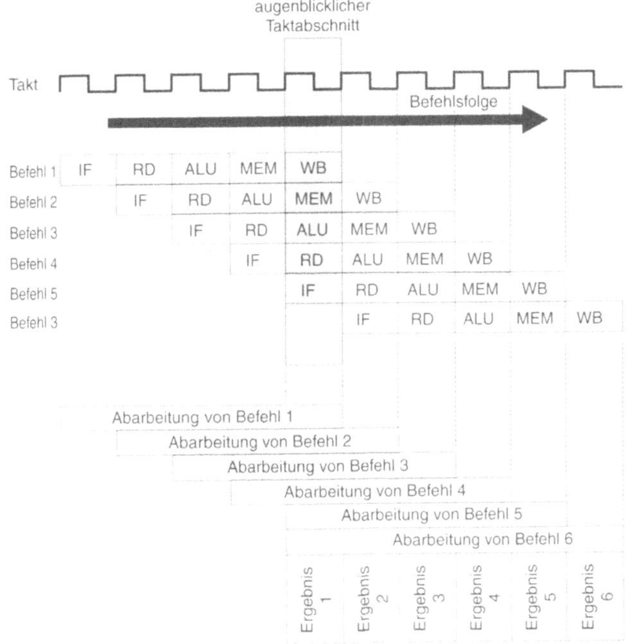

Bild B-37. Befehlsfolge in einer fünfstufigen Pipeline.

kann ebenfalls auf die Architektur eines gesamten Rechners ausgedehnt werden. Dabei können ähnlich wie in nebenläufigen Systemen dieselben Rechnerkerne hintereinander geschaltet werden.

> Bei Pipeline-Rechnern werden die einzelnen Rechnerkerne hintereinander geschaltet.

Wie eine solche Struktur aussehen könnte, zeigt Bild B-38. Dabei handelt es sich um eine dreistufige Pipeline, die im wesentlichen aus

- der Vorverarbeitung der Eingangsdaten (Pre-Processing),
- der eigentlichen Datenverarbeitung (Data-Processing) und
- der Datenaufbereitung (Nachverarbeitung, Post-Processing)

besteht. Darüberhinaus bedient man sich eines weiteren Rechners zur

- Visualisierung der Ergebnisse.

Die Einsatzgebiete solcher Pipeline-Rechner sind überall dort, wo sehr viele Datenmengen anfallen, wie beispielsweise bei der Bildverarbeitung. Als Beispiel sei hier auch die Berechnung dreidimensionaler Formen und Flächen angeführt. Diese Aufgabe kann auf drei Rechner verteilt werden:

- Rechner 1: Erstellen der 3D-Netzwerkstrukturen,
- Rechner 2: Herausrechnen unsichtbarer Linien und Kanten (engl.: remove hidden lines),
- Rechner 3: Erstellen der Flächen im Raum, Berechnung perspektivischer Verzerrungen, Einbringen von Lichtquellen.

Aber auch komplexe Regler oder Fertigungssteuerungen lassen sich auf einen solchen Rechner abbilden.

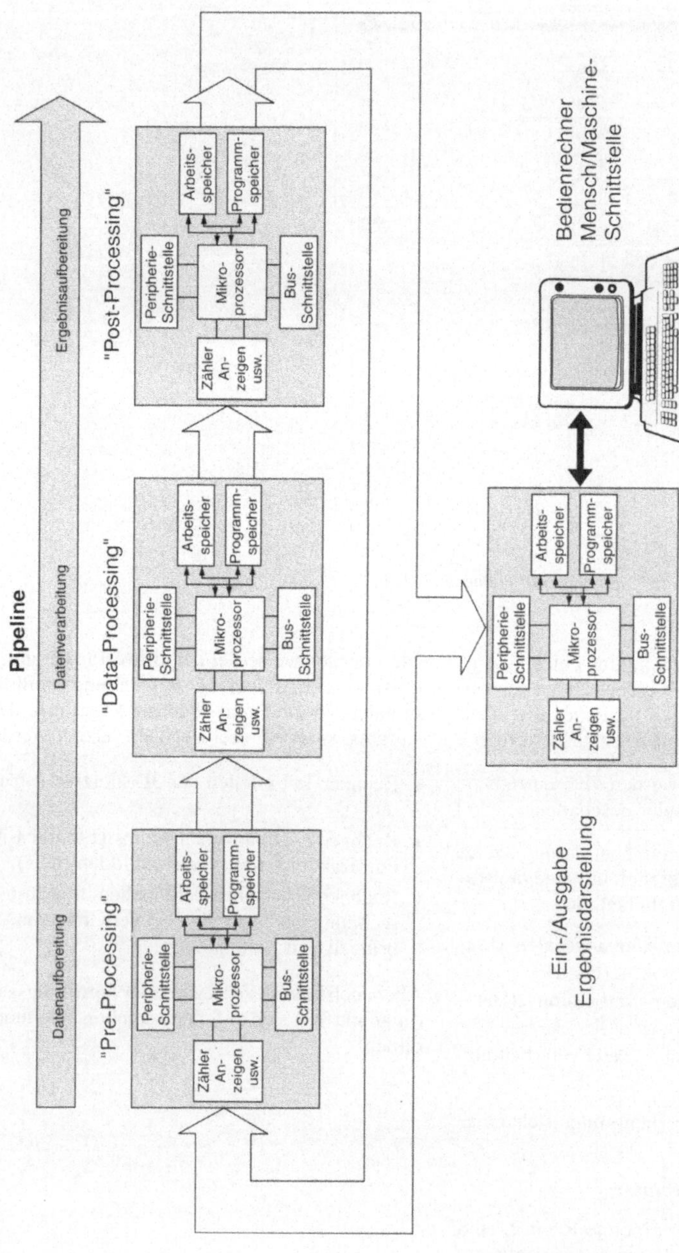

Bild B-38. Pipelining von Rechnerkernen.

B 3 Speicher in Rechnersystemen

Durch die immer größer werdenden Geschwindigkeiten der Mikroprozessoren als Folge stetig steigender und geforderter Rechnerleistung ist es notwendig geworden, ein hierarchisch gegliedertes Speicherkonzept zu entwickeln. In der prozessornahen Umgebung sind daher zwei unterschiedliche Speichertechnologien zu finden: ein sehr schneller Speicher, der sehr kurze Zugriffszeiten erlaubt und ein großer Arbeitsspeicher, der zwar langsamer aber dafür sehr kostengünstig aufgebaut werden kann (niedrige Kosten/Bit). Speicher, die sich nicht in der prozessornahen Umgebung befinden, sind meistens Massenspeicher und werden als Peripheriegerät (z. B. Floppy Disk, Festplatte, CD-ROM) angesprochen. Bei einem solchen hierarchischen, in Schichten aufgebauten Speichersystem, spricht man auch von einem *Multi-Level-Speicher-Design*.

In einem Multi-Level-Speicher ist der Zusammenhang Kosten/Geschwindigkeit von der Anzahl der Zugriffe und des gesamten Speicheranspruchs abhängig. Wird dieses Verfahren richtig angewandt, so kann in einigen Fällen der hohe Datendurchsatz des schnellen Speichers bei den vergleichsweise niedrigen Kosten des Massenspeichers genutzt werden. Damit wird ein hoher Durchsatz erreicht. Bei großen Rechnersystemen hat diese Aufteilung schon sehr lange ihren Einsatz. In den letzten Jahren hat sich diese Technik auch bei kleineren Computern durchgesetzt. Bei niedrigeren Speicherkosten werden dabei immer noch annehmbare Geschwindigkeiten erreicht. Bild B-39 zeigt die hierarchische Speicherstruktur, wie sie in vielen Rechnern benutzt wird.

Mit eingebunden in die hierarchische Speicherstruktur sind die Massenspeicher, beispielsweise Festplattenlaufwerke (Hard-Disk) und optische Laufwerke (CD-ROM). Sie bieten heute den größten Speicherplatz zur Archivierung von Daten bei den geringsten Kosten pro Bit. Ihre Speicherkapazität kann mehrere Giga-Byte (GByte) groß sein. Entsprechend langsam ist die Zugriffszeit. Demgegenüber stehen die in Bild B-39 dargestellten höheren Zugriffszeiten. Tabelle B-6 verdeutlicht nochmals in Zahlen, welche Größenordnungen erreicht werden. Ausgegangen wird dabei von einem Arbeitsspeicherzugriff, der heute üblicherweise in 200ns abgeschlossen ist.

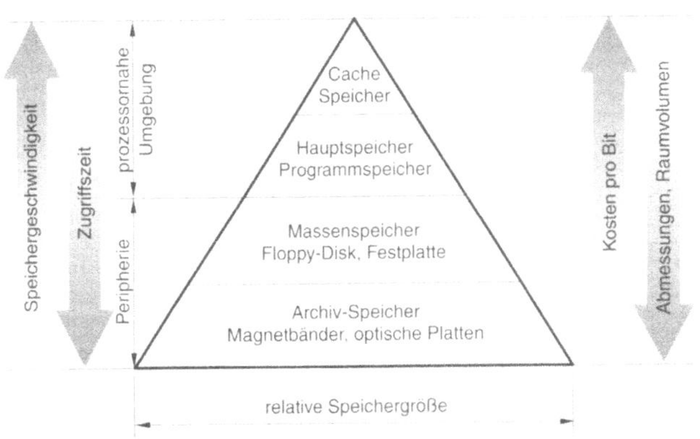

Bild B-39. Hierachische Speicherstruktur in einem Rechnersystem.

Tabelle B-6. Zugriffszeiten auf unterschiedliche Speicher

Speicherart	Zugriffszeit	Zugriffszeit relativ zum Arbeitsspeicher
interner Cache (1. Level Cache)	<40 ns	0,2
externer Cache (2 Level Cache)	<80 ns	0,4
Arbeitsspeicher	200 ns	1
Festplatte	10 ms bis 18 ms	50
Floppy Disk-Laufwerk	200 ms	1000
CD-ROM	250 ms	1200
Bandlaufwerk	mehrere Sekunden	–

B 3.1 Arbeitsspeicher eines Rechners

B 3.1.1 Hauptspeicher

Der Hauptspeicher eines Rechners oder einer Rechenanlage ist der wichtigste Speicherteil des Systems. In ihm werden alle wichtige Daten und Ergebnisse abgelegt oder zwischengespeichert, oder Programmteile oder ganze Programme ablauffähig gespeichert. Im Hauptspeicher werden auch Daten oder Programme von externen Schnittstellen, beispielsweise von seriellen Schnittstellen oder von Meßschnittstellen abgelegt. Der Hauptspeicher ist demnach Dreh- und Angelpunkt aller Daten vom oder zum Rechner sowie der Daten, die vom Rechner erstellt werden.

Der Hauptspeicher ist in der Regel durch dynamische Speicherbausteine aufgebaut. Sie haben den Vorteil, bei hoher Integrationsdichte nur wenig Platz einzunehmen. Bei niedrigen Kosten pro Bit erhält man so einen ökonomischen Speicher, der heute selbst bei kleineren Rechnern mehrere Mega-Byte groß ist. Bild B-40 zeigt einen dynamischen Hauptspeicher (Arbeitsspeicher), der auf dieser CPU-Karte eine Größe von 32 MByte besitzt.

Die maximale Größe des Hauptspeichers wird durch den zur Verfügung stehenden Adreßraum bestimmt. Kleinere Mikroprozessoren, wie der Z80 von Zilog, besitzen nur 16 Adreßleitungen. Damit ist sein Adreßraum auf 64 kByte beschränkt. Der I8086 von Intel besitzt bereits 20 Adreßleitungen, die eine maximale Speichergröße von 1 MByte zulassen. Mit jeder zusätzlich zur Verfügung stehenden Adreßleitung verdop-

Bild B-40. Beispiel eines Arbeitsspeichers von 32 MByte Größe.

pelt sich der Adreßraum. So kommt schließlich ein moderner 32-Bit-Prozessor mit 32 Adreßleitungen auf einen Adreßraum von 4 GByte. Solche Prozessoren werden heute bereits in PC's (486er) und VMEbus Rechner eingesetzt. Bild B-41 verdeutlicht nochmals diesen sehr schnellen Anstieg des verfügbaren Adreßraums in Abhängigkeit der Anzahl Adreßleitungen.

Mikrorechner mit 32 Adreßleitungen nutzen nur einen Teil des 4 GByte Adreßraums für ihren Arbeitsspeicher. Dieser wird dann in der Regel ab der Adresse 0H festgelegt. Der überwiegende Teil des Adreßraums wird zur Ansteuerung externer Baugruppen verwendet. Dazu ist ein definiertes Bussystem notwendig, beispielsweise der VMEbus. Auf ihn können mehrere Karten gesteckt werden, die dann einen bestimmten Platz im 4 GByte-Adreßraum der Rechnerkarte ein-

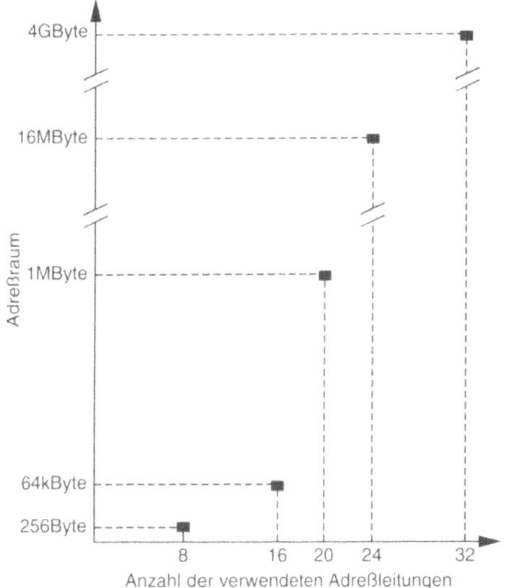

Bild B-41. Adreßraum verschiedener Hauptspeicher in Abhängigkeit der Anzahl verwendeter Adressen.

nehmen. Neben Peripherie-Karten wie Grafikkarten und Netzkarten, können so auch weitere Rechnerkarten in das System aufgenommen werden. Auch Speicherkarten zur Erweiterung des Hauptspeichers können einfach dazugesteckt werden. Da sich alle Systembaugruppen denselben Adreßraum teilen, jede Baugruppe also ein bestimmtes Adreßraumsegment erhält, spricht man hier von *speicherorientiertem Systemaufbau*. Dies wird in der Fachsprache als *Memory-Mapped-I/O* bezeichnet (I/O steht für Input Output).

> Wird die Peripherie im Adreßbereich des Speichers angesprochen, so spricht man von Memory-Mapped-I/O.

Im Gegensatz hierzu bieten einige Mikroprozessoren, beispielsweise der I8086 von Intel oder der Z80 von Zilog, die Möglichkeit, die Peripherie innerhalb eines reservierten Adreßraumes anzusprechen. Dazu haben sie ein spezielles I/O-Signal, das bei einem Peripherie-Zugriff aktiviert wird.

> Wird ein Zugriff auf die Peripherie durch ein spezielles Signal angezeigt, so wird dies als I/O-Mapped-I/O bezeichnet.

Bild B-42 zeigt eine mögliche Adreßraumaufteilung, wie sie für Rechnerkarten typisch ist

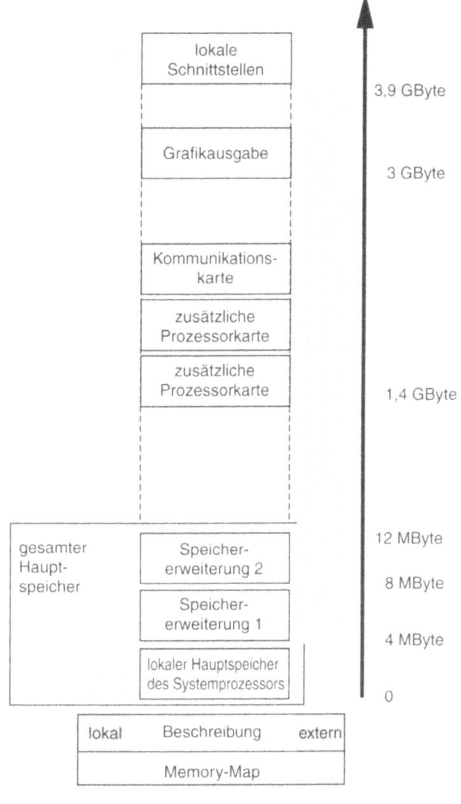

Bild B-42. Adreßraumaufteilung einer Rechnerkarte.

(Memory-Mapped-I/O). Dabei wird auch in interne und externe Zugriffe unterschieden.

In Bild B-42 wird ebenfalls deutlich, daß sich der Hauptspeicher eines Rechnersystems auch physikalisch an einem *anderen Ort* befinden kann wie der Mikroprozessor selbst. Ein Grund für die Auslagerung des Hauptspeichers ist mangelnder Platz. Organisatorisch ist er jedoch eng mit dem Rechnerkern verknüpft.

B 3.1.2 Cache-Speicher

Durch die ständig steigenden Prozessorgeschwindigkeiten ist bei der Speicherhierarchie ein Trend zu den RAM-Speichern festzustellen. Nur sie sind in der Lage, den Prozessor ausreichend schnell zu bedienen. Dabei werden typischerweise dynamische Speicher als Hauptspeicher (Ab-

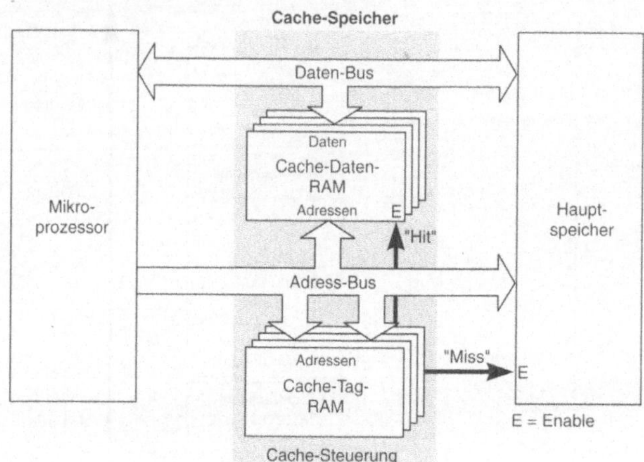

Bild B-43. Cache-Speicher zwischen Prozessor und Hauptspeicher.

schn. B 3.1.1) eingesetzt, und sogenannte High-Speed-Static-RAM (HSS-RAM) als schnelle *Zwischenspeicher* (engl.: *Cache*). Üblicherweise ist der Zwischenspeicher 8 kByte bis 512 kByte groß und dient als Puffer zwischen dem Hauptspeicher und dem Prozessor. Dieser kleine und sehr schnelle Zwischenspeicher wird als *Cache-Speicher* bezeichnet, da er einen Speicherort darstellt, in dem ein kleiner Teil ausgesuchter Daten vom Hauptspeicher abgelegt ist.

Die Adressen, deren Inhalt ein zweites Mal nach dem Hauptspeicher auch in diesem Speicher abgelegt ist, werden in einem weiteren Speicher festgehalten, dem *Cache-Tag-RAM*. Bild B-43 verdeutlicht dies in einem Blockschaltbild.

Führt der Prozessor gerade einen Speicherzugriff durch, wird seine Speicheradresse mit den Adressen verglichen, die sich gerade im Cache-Tag-RAM befinden. Bei Gleichheit (engl.: „match") befinden sich die Daten im Cache. Der Treffer wird als „*hit*" bezeichnet und wird innerhalb des kürzesten Speicherzyklus abgeschlossen. Wird keine Gleichheit bestätigt (als „*miss*" bezeichnet), wird der Zugriff auf den Hauptspeicher weitergeleitet, und der Prozessor für die Dauer des Zugriffs, der wegen der langsameren Bausteine länger dauert, in den Wartezustand geschaltet. Ob ein Hit stattgefunden hat, wird durch das Cache-Tag-RAM bestimmt. Das Zusammenspiel von Prozessor, Cache, Cache-Tag-RAM und Hauptspeicher verdeutlicht Bild B-43.

Da zusätzlich ein Vergleich zwischen der augenblicklichen Prozessoradresse und den Adressen im Cache-Tag-RAM gemacht werden muß, liegt es auf der Hand, daß das Cache-Tag-RAM eine sehr schnelle Zugriffszeit besitzen muß, um keine Leistungsminderung des Systems auch bei einem Hit zu erhalten. In einigen Designs wird deshalb das Cache-Tag-RAM mit denselben, sehr schnellen RAM-Bausteinen aufgebaut, wie der Cache selbst. Darüberhinaus wurden spezielle Cache-Adressen-Vergleicher entwickelt, die eine sehr schnelle Vergleicherlogik mit auf dem Chip besitzen und so bereits während des Speicherzugriffs den Hit melden oder unterdrücken können.

B 3.1.3 Aufbau großer Speichersysteme

Arbeitsspeicher (RAM-Speicher) oder *Programmspeicher* (EPROM-Speicher) bestehen aus mehreren Bauelementen. Dabei geben die Größe der Speicherbauteile und ihre interne Organisation die Architektur des Speichers vor.

Speicher können intern *bitweise* (1 Bit breit), *nibbleweise* (4 Bit breit, also ein Halbbyte), *byteweise* (8 Bit breit) oder sogar *wortweise* (16 Bit breit) organisiert sein. Das bedeutet, daß bei der Anwahl einer Speicheradresse *ein* oder *mehrere Bits* zur Verfügung gestellt werden. Tabelle B-4 (Abschn. B 1.2) zeigt einen Überblick über die wichtigsten Speicher und ihre mögliche interne Organisation.

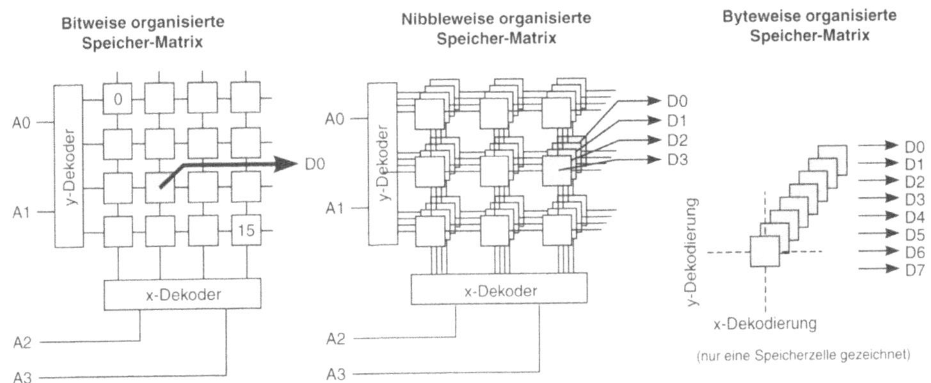

Bild B-44. Aufbau einer XY-Speichermatrix.

Das Rechnersystem gibt die Anzahl der notwendigen Bits in einem Speicher vor, ebenso den zur Verfügung stehenden *Adreßraum*. Werden beispielsweise EPROM-Speicher in einem Mikroprozessor-System (Abschn. B 1.2.2) eingesetzt, so kann ihre *byteweise Organisation* direkt ausgenutzt werden.

Der Aufbau des Speicher auf dem Chip erfolgt in einer *XY-Matrix*. Dadurch kann mit Hilfe eines Dekoders jede Speicherzelle angesprochen werden. Bei Speichern, die byteweise organisiert sind (es werden immer acht Speicherzellen auf einmal angesprochen), entfällt die X-Dekodierung auf der letzten Ebene, wie Bild B-44 zeigt.

Jede dieser *Matrizen* kann sich ihrerseits in einer *übergeordneten XY-Matrix* befinden, wodurch eine enorme Speicherkapazität erzielt wird. Die Kontroll-Logik steuert den Adreßbuffer sowie die Datenbuffer. Sie werden bei einem Schreibbefehl als *Eingangsbuffer* geschaltet und bei einem Lesebefehl als *Ausgangstreiber*.

Beispiel:

B 3-1: Es soll ein Speicher mit der Größe von 2 MByte durch EPROM-Speicherbauteile aufgebaut werden. Zur Verfügung stehen Bausteine, die eine Größe von 256 kBit haben und byteweise organisiert sind (Tabelle B-4). Es gilt die Anzahl der notwendigen Bausteine zu bestimmen.

Lösung:
Durch die *byteweise Organisation* der Speicherbausteine stellen diese einen Speicherraum von *32 kByte* zur Verfügung (1 Byte = 8 Bit, 8 Bit x 32k = 256 kBit, was der Größe des Speicherbausteins entspricht). Für einen 2 MByte Speicher gilt:

2 MByte $= 2 \times 1.048.576$ Byte   oder
2 MByte $= 2.097.152$ Byte.

Jedes EPROM stellt 32 kByte, also

32 kByte $= 32.768$ Byte

zur Verfügung. Demnach werden für den Aufbau eines 2 MByte-EPROM Speichers

$$N = \frac{2.097.152 \text{ Byte}}{32.768} = 64 \text{ Speicherbausteine}$$

benötigt. Würde man statt der 256 kBit-Speicher-Bausteine andere mit einer Größe von 4 MBit einsetzen, so verringert sich die Anzahl der Bauelemente von 64 auf nur noch 4, da diese 4 MBit-Bauteile *512 kByte* (nicht *kBit*) zur Verfügung stellen.

Die Entscheidung des Entwicklers werden neben obigen Überlegungen auch noch von der Betrachtung des *Platzbedarfs* und der *Kosten* beeinflußt.

B 3.1.4 Batteriegestützte Speicher

In sehr vielen Rechnersystemen werden neben den Arbeitsspeichern auch solche Speicher eingesetzt, die nach dem Ausschalten des Rechners weiterhin durch eine Batterie gepuffert werden. Solche batteriegestützten Speicher werden vor allem zum Speichern anlagenspezifischer Daten verwendet, oder für Daten, die erst durch lange Rechenprozesse gewonnen werden können und nach dem Einschalten sofort wieder zur Verfügung stehen müssen. Bekanntestes Beispiel eines batteriegestützten Speicher ist das Konfigurations-RAM (CMOS-RAM) im PC (Personal Computer), in dem beispielsweise der Typ der Festplatte und die Anzahl der Laufwerke eingegeben werden.

Für den Aufbau eines batteriegestützten Speichers sind statische Speicherelemente notwendig (Abschn. B 1.2). Sie werden nicht wie die anderen Bauteile der Schaltung direkt an die +5 Volt-Spannungsversorgung gelegt, sondern über getrennte Leiterzüge mit der Batterie verbunden. Damit die Batterie im Betriebsfall nicht belastet wird, ist sie über Dioden an den Speicher gekoppelt. Der Speicher versorgt sich so aus der üblichen Spannungsversorgung. Bild B-45 zeigt eine typische Konfiguration eines batteriegestützten Speichers.

Der Speicher in Bild B-45 hat eine Größe von 1 MByte. In solchen großen batteriegestützten Speichern werden neben wichtigen Daten auch ganze Programmteile gelagert. Gerade bei verteilten Prozessorsystemen (Mehrprozessorsystemen) erspart man sich so nach dem Einschalten das Herunterladen der Programme (engl.: *down-load*), das oft mehrere Minuten dauern kann. Das System ist somit sofort einsatzbereit.

Funktionsweise

Die Ankopplung eines batteriegestützen Speichers an die Versorgungsspannung erfolgt über eine Diode. Im Normalbetrieb erhält der Speicher so eine Versorgungsspannung, die um den Spannungsabfall der Diode geringer ist.

$$U_{RAM-\text{Betrieb}} = V_{CC} - U_D \qquad \text{(B-7)}$$

Um diesen Spannungsabfall so gering wie möglich zu halten, werden dafür Schottky-Dioden mit einer Flußspannung von 0,3 V eingesetzt. Man erhält so

$$U_{RAM-\text{Betrieb}} = +5V - 0,3V = 4,7V.$$

Eine weitere Schottky-Diode (Bild B-45) sperrt den Stromfluß in Richtung der Batterie. Sie ist notwendig, um eine Zerstörung der Batterie während des Betriebs zu verhindern. Sinkt die Betriebsspannung unter die Spannung der Batterie, so wird die Diode D2 leitend und die Batterie kann den Speicher stützen. Diode D1 verhindert dabei, daß ein Stromfluß in die gesamte Schaltung erfolgt und so die Batterie belastet. Am Speicher liegt nun eine Spannung von

$$U_{RAM-\text{Standby}} = U_{\text{Batt}} - U_{D2},$$
$$U_{RAM-\text{Standby}} = +3V - 0,3V = 2,7V.$$

Bei dieser verminderten Spannung ist ein Betrieb des Speichers nicht mehr zulässig. Nur Speicher mit einem Low-Power-Mode sind für diese Betriebsart geeignet. Über einen zusätzlichen Eingang (meistens als Chip Select 2, CS2, bezeichnet) können sie in einen „Schlafzustand" versetzt werden, in dem sie nur noch wenige (μA Strom aufnehmen. Gleichzeitig werden dadurch alle Ein- und Ausgangstreiber abgeschaltet, so daß bei unzulässigem Zugriff der Dateninhalt nicht zerstört wird.

Die Steuerung des Eingangs *CS2* übernimmt dabei die *Power-Down-Logik*. Bei Erkennen der Unterspannung legt sie diesen sofort auf „0". Sinkt die Spannung unter 4 V, werden die Zustände auf den Adreß- und Datenleitungen des Mikroprozessors instabil und damit undefiniert. Sollte dabei eine Adreßkombination auftreten, die einen Zugriff auf den batteriegestützen Speicher zur Folge hätte, so bleibt dieser ohne Wirkung. Das zeitliche Verhalten bei Spannungsausfall zeigt Bild B-46.

Ebenfalls deutlich zu erkennen ist in Bild B-46 die halbierte Versorgungsspannung und die drastisch verminderte Stromaufnahme.

Beispiel:

B.3-2: Im nachfolgenden Beispiel soll herausgefunden werden, wie lange der 1 MByte Speicher aus Bild B-45 von einer Lithium-Batterie gestützt werden kann. Dazu müssen zunächst alle notwendigen Daten aus den entsprechenden Datenblättern zusammengetragen werden.

Lösung:
Im Datenblatt des Speicherbausteins HM628128 von Hitachi wird bei der Ruhestromaufnahme in zwei Typen unterschieden: in eine Standard-Version und eine Low Power- (L-) Version. Da das Ziel ein batteriegestützer Speicher ist, wird man die L-Version wählen. Für sie wird typischer Weise eine Stromaufnahme von $I_{SB1-typ} = 2\mu A$ angegeben. Die maximale Ruhestromaufnahme beträgt jedoch $I_{SB1-max} = 100\mu A$, was bei einer „Worst Case"-Abschätzung wichtig ist.

Als Lithium-Batterie wird von VARTA der CR-1/3N gewählt. Diese Batterie besitzt eine Nennspannung von $U_{BAT} = 3V$, bei einer Kapazität von $P_{BAT} = 100mAh$.

Der Speicher in Bild B-45 besteht aus 8 Bausteinen. Die Ruhestromaufnahme des gesamten Speicher ergibt sich demnach typisch zu $I_{STBY-typ} = 16\mu A$ und schlechtestenfalls zu $I_{STBY-max} = 800\mu A$. Demnach beträgt der Leistungsverbrauch $16\mu Ah$ (bzw. $800\mu Ah$) pro Stunde. Betrachtet man nun die typischen Angaben, so ist die Lithium-Batterie in der Lage, den Speicher 6250 Stunden zu stützen. Dies entspricht 260 Tage. Unter Annahme der maximalen Werte verringert sich diese Zeit auf nur wenige Tage. Je nach Anwendungsfall ist damit diese Batterie für einen 1MByte Speicher zu klein gewählt worden.

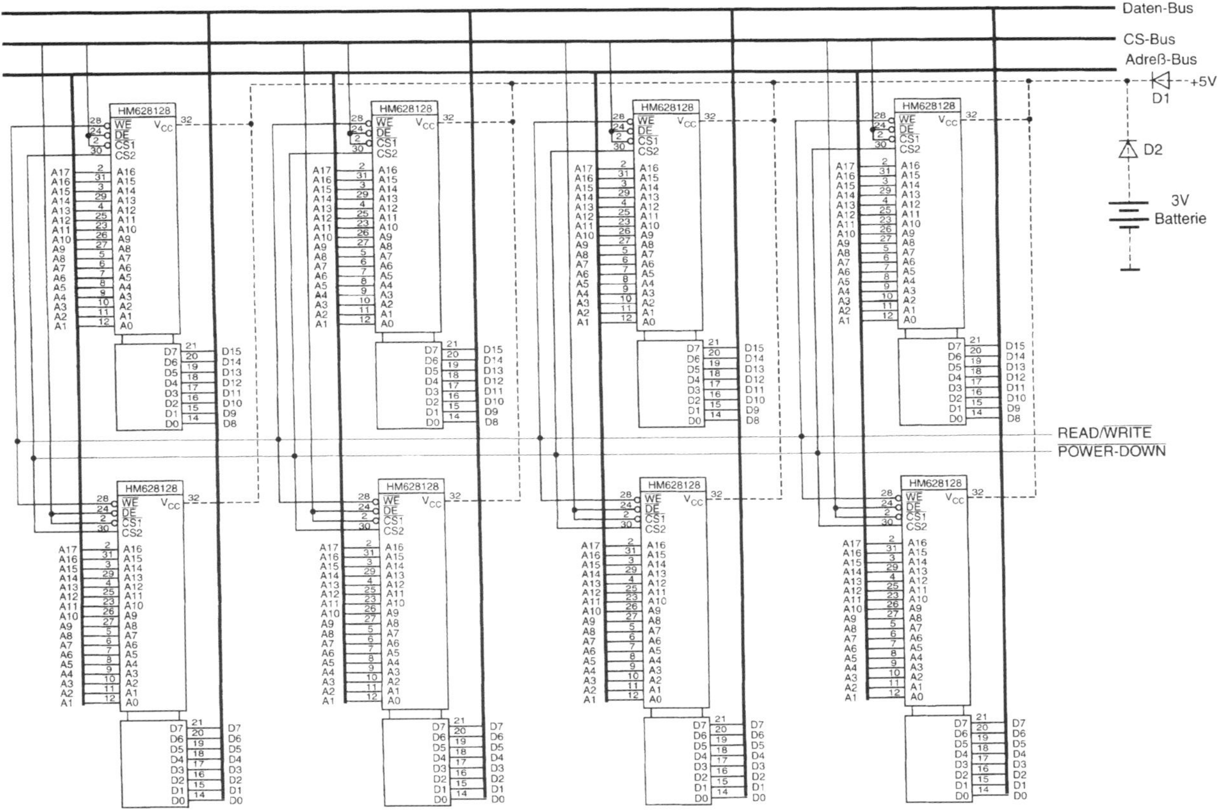

Bild B-45. Batteriegestützter Speicher.

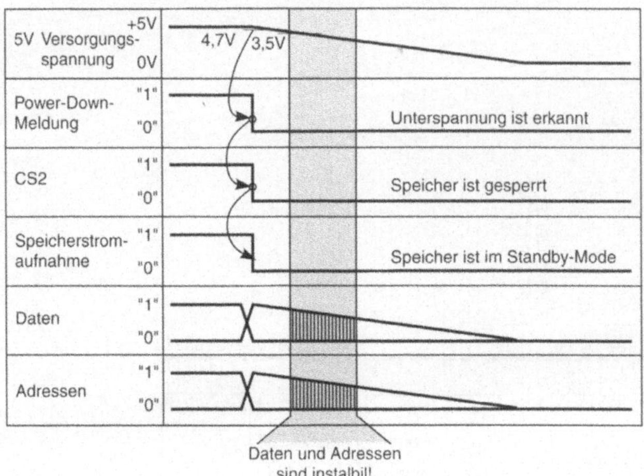

Bild B-46. Verhalten der Adreß- und Datenleitungen bei Spannungsausfall.

B 3.1.5 Virtuelle Speicherverwaltung durch die MMU

Heutige Mikroprozessoren müssen in der Lage sein, auch große Programme, die in einer Hochsprache geschrieben wurden, zu unterstützen. Um mit diesen Datenmengen umgehen zu können, besitzen heutige Mikroprozessoren eine *Speicherverwaltung (Memory Management Unit, MMU)*, die eine effektive Aufteilung der Speicher erlaubt.

Diese Verbesserung der Prozessorarchitektur bedeutet eine wesentliche Steigerung der Rechenleistung, die es vor allem mehreren Programmen erlaubt, gleichzeitig auf einem Rechnerkern innerhalb einer brauchbaren Zeit abzulaufen.

Wesentlich dazu beigetragen haben hochintegrierte Bausteine, die eine komplexe Speicherverwaltung in solchen Systemen hardwaremäßig unterstützen. Ohne alle Möglichkeiten in der Tiefe abzuhandeln, werden die wichtigsten Merkmale dieser Speicherverwaltungseinheit gezeigt. Dazu gehören

- Unterstützung des *virtuellen Speichers*,

- *hierarchische Speicherorganisation*,

- Schutz von Speicherbereichen vor unberechtigtem Zugriff *(Memory protection)* und

- Unterstützung von Mehrprozessor-Systemen *(Multiprocessing* und *Multiprogramming)*.

Solche Eigenschaften waren bisher nur großen Rechenanlagen, wie *Main-Frame-Computer* oder *Super-Mikros*, vorbehalten.

Bei jeder fortschrittlichen Speicherverwaltung ist es vor allem die Unterstützung des virtuellen Speichers, welche die Leistungsfähigkeit eines Mikroprozessor-Systems auszeichnet. Dabei können die Anwenderprogramme auf einen größeren Adreßbereich zugreifen als physikalisch vorhanden ist und dekodiert werden. Die Zuordnung virtueller Adressen zu physikalischen Adressen übernimmt in der Hardware die Memory Management Unit. Diese kann ein separater Baustein sein, der vom Prozessor programmiert wird, oder wie beim Motorola-Prozessor MC68030 mit auf dem Chip integriert sein. Bild B-47 veranschaulicht die Zuordnung virtuellen Speichers auf physikalische Adressen.

Die Speicherverwaltungseinheit (MMU) sorgt auch dafür, daß keine Überlappung im physikalischen Speicher erfolgt. Dies ist Grundvoraussetzung, daß in einem Multitasking Betriebssystem (Abschn. B 2.4) die Daten nicht zerstört werden. Eine weitere Aufgabe der MMU ist die Regelung von Schreibzugriffen auf bestimmte Speicherbereiche. So können bestimmte Bereiche, in denen beispielsweise das Betriebssystem des Rechners abgelegt ist, schreibgeschützt werden. Eine Zerstörung dieser Daten hätte den Absturz des Rechners zur Folge.

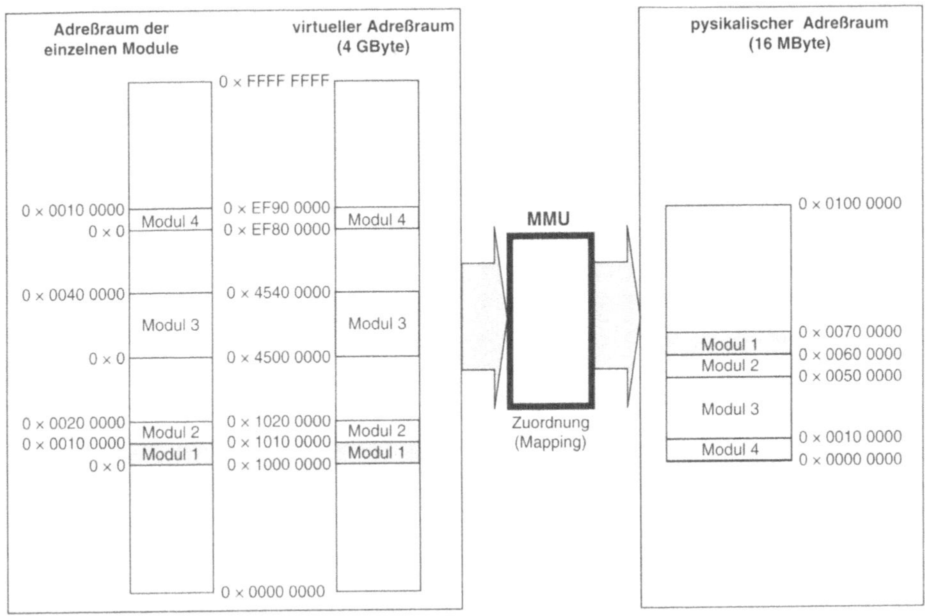

Bild B-47. Abbildung der virtuellen Adressen auf einen physikalischen Speicher durch eine Memory Management Unit.

Prinzipieller Aufbau

Computer-Systeme mit virtueller Speicherverwaltung unterstützen einen sehr großen Adreßraum, in dem mehrere unterschiedliche Speicher mit unterschiedlicher Größe und Geschwindigkeit nebeneinander existieren. In Bild B-48 ist ein vereinfachtes Bild eines hierarchischen Speichers mit zwei Ebenen dargestellt.

Die erste Organisationsebene wird als „*Main*", „*Primary*" oder „*Real Memory*", aus historischen Gründen oft auch als „*core*" bezeichnet. In dieser Ebene befinden sich auch die sehr schnellen Bustreiber sowie ein etwaiger Cache-Speicher. Der Cache kann sowohl virtuell als auch physikalisch oder beides sein, was die Leistungsfähigkeit deutlich erhöht. Der Motorola Prozessor MC68030 besitzt beispielsweise für 256 Byte Daten und 256 Byte Befehle je einen virtuellen Cache-Speicher auf dem Chip.

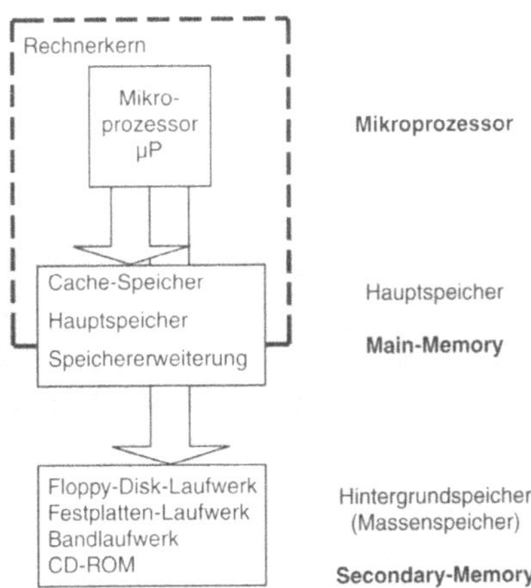

Bild B-48. Zweistufige Speicherhierarchie in der prozessornahen Umgebung.

> Mit Main-, Primary- oder Realmemory wird der prozessornahe Speicher bezeichnet.

Speicher in der zweiten Hierarchiestufe werden als „Backing"-, „Secondary"- oder „Auxiliary"-

Speicher bezeichnet. Üblicherweise handelt es sich dabei um Massenspeicher wie Festplattenlaufwerke, Floppy-Disk-Laufwerke oder Bandlaufwerke. Da die wirklichen Speichervorgänge unter den verschiedenen Prozessen geteilt werden müssen, kann jeder von ihnen einen großen virtuellen Adreßbereich belegen, während nur ein kleiner Teil den physikalischen Hauptspeicher benötigt.

> Bei Backing- oder Secondary-Memory handelt es sich um Massenspeicher im Hintergrund.

Virtuelle Adreßrechnung

Adressen, die während des Programmablaufs benutzt werden, werden als virtuelle Adressen bezeichnet. Adressen, die im Hauptspeicher zur Verfügung stehen, nennt man physikalische Adressen. Wird ein Prozeß ausgeführt, ist es die Aufgabe der MMU, die virtuellen Adressen in physikalische Adressen zu übersetzen (Bild B-47).

Grundsätzlich gibt es drei Möglichkeiten für die Zuordnung virtueller Adressen. Am bekanntesten dürfte dabei das *Paging* oder *Fixed-Size Block Mapping* sein, das bereits 1962 im ATLAS-Rechner vorgestellt wurde. Dabei werden die virtuellen und physikalischen Speicher in Blöcke fester Größe unterteilt. Die Größe beider Speicherabbilder ist gleich. Die Seiten (pages) werden vom Sekundärspeicher in die einzelnen Blöcke des Hauptspeichers, den *Page Frames,* übertragen. Ein Mechanismus für die Seitenzuordnung bestimmt, welche physikalische Seite zu einer gegebenen virtuellen Seite gehört. Üblicherweise werden zur Seitenanwahl die oberen Adreßbits dekodiert, während die unteren Adreßbits direkt auf die Seite durchgreifen und entsprechende Speicherplätze anwählen.

In Bild B-49 ist dies beispielsweise für einen 16 Bit-Mikroprozessor aufgezeigt. Während die unteren 16 Adreßbits direkt vom Prozessor gesteuert werden, werden die Adressen A16 bis A23 in einem zusätzlichen Register durch die MMU bereitgestellt. Auf diese Weise läßt sich der eingeschränkte Adreßbereich erheblich erweitern.

Nachteilig bei obiger Methode ist die starke Zerstückelung von Programmteilen durch die Seitensegmente. Abhilfe kann hier die Einführung *variabler Blocklängen* schaffen *(segmentation).* Auch die Kombination variabler und fester Blocklängen findet verschiedentlich Anwendung.

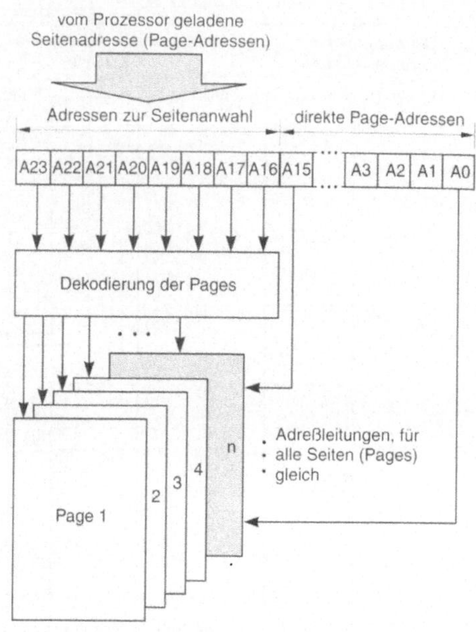

Bild B-49. Seitenanwahl durch die oberen Adreßbits.

Um *Demand-Paged Virtual Memory* (virtuelle Speicherverwaltung mit selbständigem Nachladen der Seiten) zu unterstützen, eine Sonderform des Paging, besitzt beispielsweise die MC68030 CPU eine integrierte paged memory management unit (PMMU), die ein automatisches Laden der Seiten erlaubt und eine Page-Fehlererkennung besitzt. Die PMMU übersetzt jede virtuelle Adresse in die entsprechende physikalische Adresse, unter der die entsprechenden Daten abgelegt sind. Der Ausdruck „demand" bedeutet dabei, daß der momentane Prozeß nicht im voraus wissen muß, wieviel virtueller Adreßraum benötigt wird. Das System interpretiert den Zugriff auf eine virtuelle Adresse als eine Aufforderung, diesen Speicher zu laden.

In einem Demand-Paged-System lädt das Betriebssystem die Seiten in den Rahmenspeicher, wenn der Prozeß sie zum erstenmal aufruft. Diese Demand-Paged MMU arbeitet dabei völlig selbständig in Zusammenarbeit mit dem virtuellen Cache und den Adreß-Pads. Ist der Zugriff auf den Cache nicht erfolgreich, stehen die Adressen an den Pads für einen externen Zyklus zur Verfügung. Um diese ganzen Aufgaben zu bewältigen, benötigt die MMU des MC68030 rund 15% der gesamten Chip-Fläche.

Adreßzuordnungs-Speicher (Address Translation Cache)

In den meisten früheren Rechnern wurden die Tabellen zum Übersetzen der virtuellen Adressen in physikalische Adressen im Hauptspeicher abgelegt. Dies ging zu Lasten der Leistungsfähigkeit des Rechners, da das Durchsuchen der Tabelle vor jedem Speicherzugriff denselben Zugriffsbedingungen wie der Speicherzugriff selbst unterlag. Um dies zu vermeiden, unterstützen moderne Prozessoren entweder eine Reihe von Registern, die als *Current-Page-Registers* bezeichnet werden, oder einen On-Chip-Cache. Dieser *Address Translation Cache* (ATC), manchmal auch als *Translation Look Aside Buffer* (TLAB) bezeichnet, beinhaltet die häufigsten zuletzt benutzten Einträge. Mit seiner Hilfe werden die virtuellen Adressen auf physikalische Adressen geschaltet. Da seine Speichergröße begrenzt ist, werden durch einen speziellen Algorithmus selten genutzte Zuordnungen durch aktuelle ersetzt.

Funktion und Arbeitsweise sowie die eingesetzten Algorithmen sollen an dieser Stelle nicht weiter erörtert werden.

B 3.2 Massenspeicher

Ein großer Teil der Arbeit der Computer und Mikrorechner findet in seinem Speicher statt. Dabei fallen eine ganze Reihe von Daten an, die es auszuwerten gilt. Um die ganzen Ergebnisse, Protokolle und andere Daten zu sichern, sind Massenspeicher notwendig, die in der Lage sind, über Jahre hinaus sehr große Datenmengen zu speichern, und von denen nach Bedarf die Daten wieder eingelesen werden können. Aufgrund unterschiedlicher Anforderungen gibt es entsprechende Massen- oder Hintergrundspeicher, wie nachfolgende Übersicht zeigt (Bild B-50).

B 3.2.1 Disketten-Laufwerke

Diskettenlaufwerke sind bei Mikrorechnern immer noch die wichtigsten Ein- und Ausgabe-Geräte zum Austausch von Programmen und Daten. Sie lösen damit die ursprünglich verbreiteten Lochstreifenleser und vereinzelt angewendeten Kassettendecks ab. Aber bereits heute ist absehbar, daß auch Diskettenlaufwerke einmal der Vergangenheit angehören werden und durch leistungsfähigere Datenträger mit höherer Speicherdichte, beispielsweise Memory Cards oder CD-ROM's ersetzt werden. Trotzdem soll an dieser Stelle der Aufbau und die Funktionsweise von Diskettenlaufwerken ausführlich beschrieben werden, da diese Grundlagen die Voraussetzung für alle weiteren hochintegrierten Aufzeichnungsverfahren sind.

Das Disketten-Laufwerk (kurz FDD: Floppy Disk Drive) und die dazugehörige Diskette (meist nur Floppy genannt) bilden zusammen das Speichersystem. Die Datenspeicherung erfolgt durch das Beschreiben der rotierenden Floppy durch einen Magnetstrom, ähnlich wie bei einer Tonbandaufzeichnung. Der Schreibkopf schleift dabei auf der Diskettenoberfläche und ist damit ständig in Kontakt mit ihr.

> Diskettenlaufwerke gehören zu den berührenden Aufzeichnungsverfahren.

Als Speichermedium dient dabei eine Folie (meist aus Polyester), die mit einer magnetischen Schicht überzogen ist. Der so entstandene Datenträger wird als Diskette bezeichnet (engl.: floppy disk). Gelegentlich sieht man auch noch die Bezeichnung Flexi-Disk, da die flexible Folie ebenfalls in einer flexiblen Kunststoff- oder Papphülle untergebracht ist. Der Trend geht jedoch zur Hartplastik-Box, die bei der 3,5"-Diskette bereits eingeführt ist. Den Aufbau einer Diskette zeigt Bild B-51. Darunter sind einige Beispiele handelsüblicher Disketten zu sehen (5¼" und 3,5"). Heute werden 3,5" Disketten bevorzugt eingesetzt. Bei diesen Disketten wird die beschichtete Folie durch eine Hartplastik-Box geschützt, was für die Datenzuverlässigkeit im Umgang mit Disketten vorteilhaft ist. Disketten im 2,5"- und 2"-Format sind zwar schon vereinzelt angekündigt, haben jedoch bisher noch keine Verbreitung gefunden.

Hinweis: Vereinzelt trifft man auch noch Disketten im 8"-Format (etwa 20 cm x 20 cm) an. Sie hatten ein Speichervermögen von 800 kByte und wurden als Maxi-Diskette bezeichnet. Verbesserte Laufwerke und Aufzeichnungsverfahren haben sie fast vollständig verdrängt.

Entsprechend den Disketten sind auch unterschiedliche Laufwerke notwendig. Bild B-52 zeigt ein 3,5"-Floppy-Disk-Laufwerk, das in der Lage ist, Disketten mit einer Speicherkapazität von 720 kByte, 1,44 MByte und 2,88 MByte zu lesen und zu beschreiben.

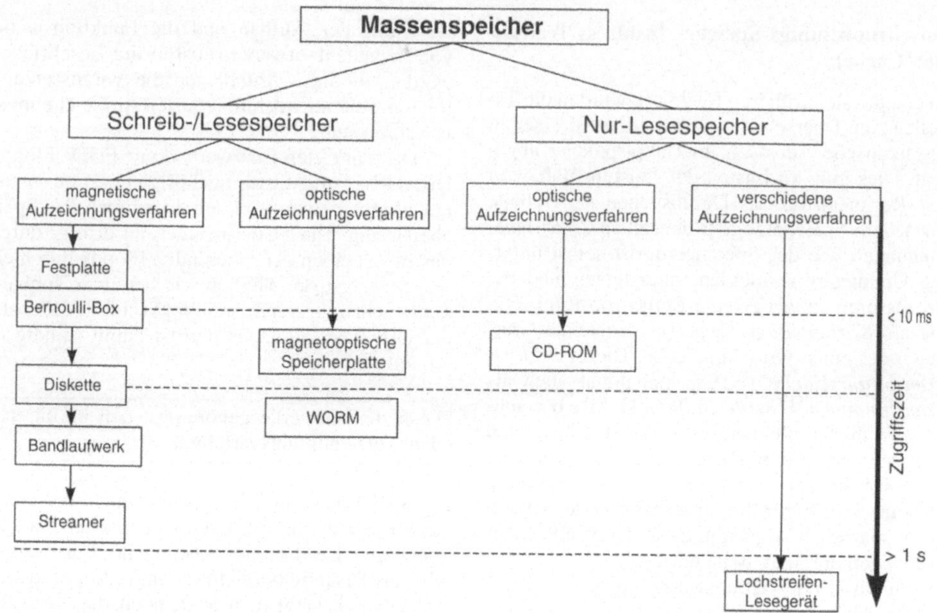

Bild B-50. Übersicht über Massenspeicher.

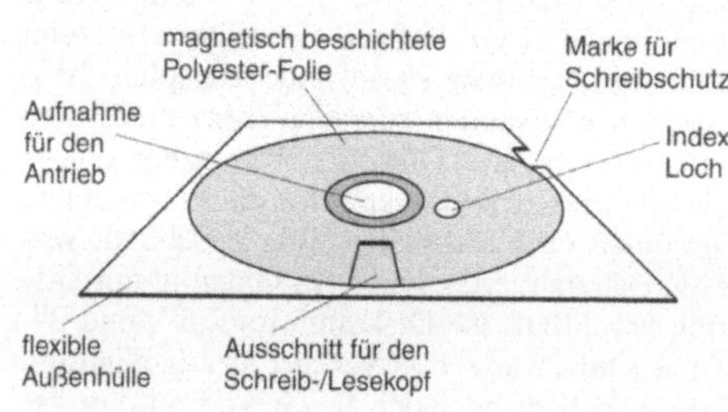

Bild B-51. Aufbau einer Diskette.

Bild B-52. 3,5"-Diskettenlaufwerk mit 2,88 MByte Speicherkapazität.

Aufteilung einer Speicherplatte

Um auf einer Diskette Daten abzuspeichern, muß diese *formatiert* werden. Darunter versteht man die Aufteilung der Diskettenoberfläche in Bereiche, die das Ablegen und Auffinden von Daten ermöglichen. Das Prinzip dieser Formatierung gilt grundsätzlich auch für andere rotierende magnetische Massenspeicher, wie Festplatten (Abschn. B 3.2.2), so daß im nachfolgenden allgemein von einer *Speicherplatte* gesprochen wird.

Die Formatierung einer Diskette oder Festplatte umfaßt die physikalische und logische Einteilung des Speichermediums.

Die physikalische Einteilung ist eine geometrische Einteilung der Speicherplatte. Man unterscheidet drei Bereiche (Bild B-53):

- Seite *(side)*,
- Spur *(track)*,
- Sektor *(sector)*.

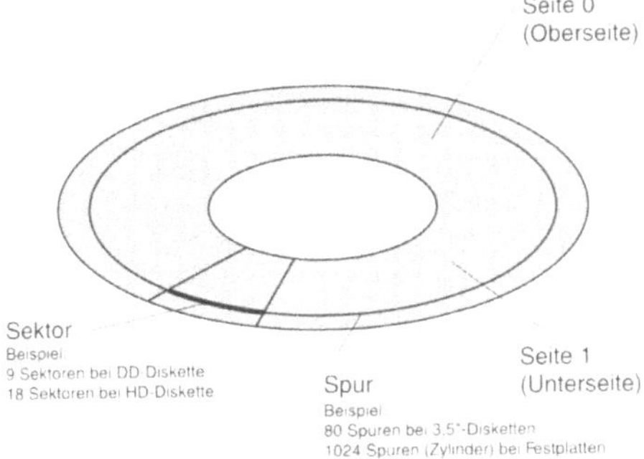

Bild B-53. Geometrische Aufteilung einer Speicherplatte.

Die logische Einteilung ist für das Abspeichern und Auffinden der Daten, also für die Zuordnung der physikalischen Bereiche untereinander notwendig. Dazu unterscheidet man folgende vier logische Bereiche:

- *boot block* (Urladebereich),
- *file allocation table FAT* (Zuordnungstabelle),
- *directory* (Inhaltsverzeichnis) und
- *data area* (Bereich für Daten und Programme).

Bild B-54 verdeutlicht die logische Aufteilung einer Speicherplatte.

Unter *side* (Seite) versteht man die beiden Seiten der Diskette. Dies kann entweder die Oberseite *(side 0)* oder die Unterseite *(side 1)* sein. Auf jede Seite kann mit einem Lese-/Schreibkopf zugegriffen und Daten gelesen oder abgelegt werden.

Jede Seite ist in konzentrische Ringe unterteilt, den *Aufzeichnungsspuren* (engl.: *tracks*).

Diese Spuren werden weiter in Sektoren unterteilt (Bild B-54), in die schließlich die Daten abgelegt werden. Die Sektoren auf einer Spur haben die gleiche geometrische Länge.

> Die Spuren (Tracks) werden radial in gleiche Sektoren unterteilt.

Wie Bild B-54 zeigt, werden die Sektoren nach innen (mit steigender Spurzahl) immer kürzer. Da alle Sektoren jedoch gleich viel Daten abspeichern können, steigt in den inneren Sektoren die Datendichte an. Die Aufzeichnungsdichte einer Spur wird in *Bits pro inch* (bpi) angegeben.

Ein Sektor kann typischerweise zwischen 128 Bytes und 1024 Bytes speichern. Für Disketten werden üblicherweise 512 Bytes gewählt, für Festplatten sowohl 512 Bytes als auch 1024 Bytes benutzt. Diese Vereinbarungen wurden festgelegt, damit beispielsweise Disketten unterschiedlichster Systeme ausgetauscht werden können. Darüberhinaus haben Systemprogrammierer die Möglichkeit, die Disketten im Rahmen der technischen Möglichkeiten zu formatieren.

Einige Floppy Disk Controller (FDC), beispielsweise der Baustein WD37C65A von Western Digital, können auch Sektoren mit 2048 Bytes angelegen. Auch die Aufzeichnungsdichte läßt sich variieren, so daß sich Barriumferrit-Disketten bis zu einer maximalen formatierten Kapazität von 2,88 MByte beschreiben lassen.

Für die Anpassung einer Diskette an ein Betriebssystem ist die Struktur der einzelnen Sektoren maßgeblich. Der Sektor einer Speicherplatte teilt sich in zwei Blöcke auf, die durch eine Lücke (engl.:gap) getrennt sind: dem Adreßfeld und dem Datenfeld. Die Anordnung der Blöcke zeigt Bild B-55.

Das Adreßfeld unterteilt sich weiter in

- Synchronisations Bits,
- Adreßmarke,
- Spur-Nummer,
- Kopfnummer,
- Sektor-Nummer,
- Sektor Länge (nur bei Floppy Disks) und
- Prüfbits;

und das Datenfeld in

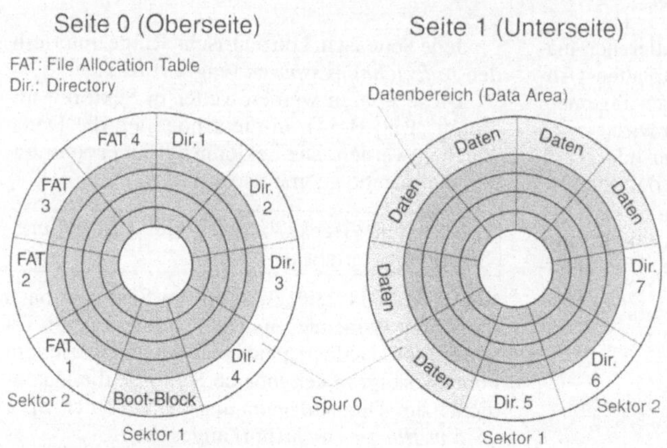

Bild B-54. Logische Aufteilung einer Speicherplatte.

- Datenadreß-Marke,
- Datenbytes,
- Prüfbits und
- Pause.

Das Adreßfeld wird allgemein als *Header* (Kopf) bezeichnet und beginnt mit einer Reihe von Nullen zur Synchronisation. Anschließend folgt die *Identification Field Adress Mark (IAM)*, die den Beginn des Adreßfeldes markiert. Anschließend werden im Kopf Track, Seite und der Sektor abgelegt. Diese Informationen belegen je ein Byte, bei Festplatten werden jedoch zwei Bytes für die Spur angelegt. Der Beginn des Datenfeldes wird durch die *Data Adress Mark* (DAM) angezeigt (Bild B-55). Dabei wird anhand des DAM-Eintrages die

Verfügbarkeit des Sektors gekennzeichnet. Tabelle B-7 stellt die wichtigsten Einträge zusammen.

Das Löschen eines Sektors erfolgt durch den DAM-Eintrag $F8_H$ oder $D8_H$. Der Floppy-Disk-Controller überspringt in diesem Fall das Datenfeld, so daß die Daten selbst unberührt bleiben. Spezielle *Restaurierungs-Programme* können so versehentlich gelöschte Daten wieder herstellen.

Reichen die üblichen 512 Byte eines Sektors nicht aus, um eine Datei abzulegen (dies ist meist der Fall), so müssen mehrere Sektoren miteinander *verkettet* werden. Diese verketteten Sektoren bilden dann einen *Cluster*.

Bei Disketten besteht ein Cluster üblicherweise aus zwei Sektoren. Sie werden fortlaufend

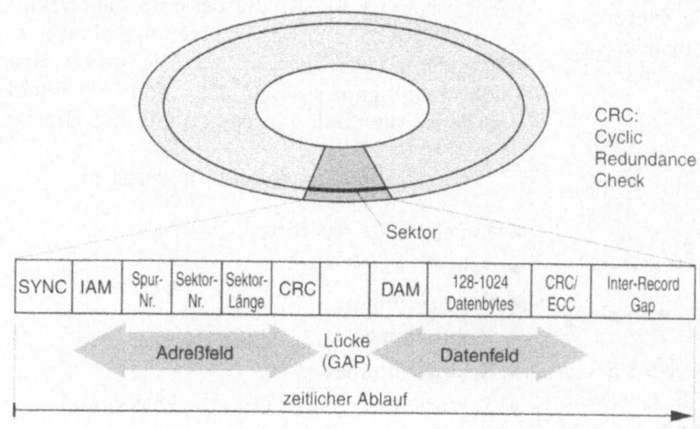

Bild B-55. Aufteilung eines Sektors.

Tabelle B-7. Einträge im Daten-Adressfeld (DAM, Data Adress Mark)

	Dateneintrag	Bedeutung
Datenfeld	FB h	Daten-Adreßmarke
Steuerfeld	F8 h	Adreßmarke für defekte Daten
	D8 h	Adreßmarke für gelöschte Daten
	FE h	Adreßmarke für schlechte Spur

h = hexadezimaler Zahlenwert.

ab der Zahl 2 durchnumeriert bis zur Gesamtzahl der Cluster plus 1. Die Clusterzuweisung erfolgt in der FAT (file allocation table).

Boot-Block, File Allocation Table und *Directory* sind für die Datenverwaltung auf der Speicherplatte zuständig. Sie ermöglichen den Datenzugriff in der *Data Area*. Dies wird als die logische Aufteilung der Diskette bezeichnet und ist in Bild B-54 dargestellt.

Der *Boot-Block*, manchmal auch als *Urladerbereich* bezeichnet, gibt dabei dem Betriebssystem Aufschluß über die physikalische Aufteilung der Platte und die Art der Datenspeicherung. Bei Disketten, die beispielsweise vom Betriebssystem DOS formatiert werden, werden in diesem Boot-Block zwölf Felder angelegt. Bild B-56 zeigt einen typischen Aufbau eines solchen Boot-Blocks.

Die Einträge im Boot-Block und deren Länge sind in Tabelle B-8 zu sehen.

Unmittelbar im Anschluß an den Boot-Block liegen die Felder mit den *Dateizuweisungen* (engl.: *File Allocation Table*, kurz FAT). Diese FAT-Einträge geben Aufschluß, welche Cluster eine Datei belegt. Darüber hinaus wird bei einer

DOS-formatierten Diskette im FAT Eintrag 0 und 1 die Art der Speicherplatte eingetragen. Die anderen FAT-Einträge beinhalten die Clusterzuweisung. Dabei gibt es drei festgelegte FAT Einträge:

- 000 H kein Eintrag, Cluster ist frei;
- FFF H letzter Cluster einer Datei;
- FF7 H Cluster defekt, unbenutzbar.

Alle anderen FAT-Einträge sind gültige Clusterzuweisungen.

Durch die Möglichkeit, Daten nicht nur zu schreiben und zu lesen, sondern auch zu löschen oder zu überschreiben, ist oft ein zusammenhängender Clusterbereich für neue Daten nicht verfügbar. Dies hat zur Folge, daß die Datei nicht hintereinander, sondern in unterschiedliche Cluster aufgeteilt wird. Das Zusammensetzen der einzelnen Fragmente erfolgt durch die Clusterzuweisung in der FAT.

Beispiel:

B 3-3: Die Zuweisung der Cluster mit Hilfe der FAT wird in diesem Beispiel erläutert. Bild B-57 zeigt eine Datei, deren Fragmente in 4 Cluster untergebracht sind.

Tabelle B-8. Einträge im Boot-Block

Feld-Nr.	Inhalt	Größe
1	Systembezeichnung im ASCII-Kode	8 Byte
2	Anzahl der Bytes pro Sektor	2 Byte
3	Anzahl der Sektoren pro Cluster	1 Byte
4	Anzahl der reservierten Sektoren	2 Byte
5	Anzahl der FAT-Kopien	1 Byte
6	max. Anzahl der Dateiverzeichnisse	2 Byte
7	max. Zahl der Sektoren	2 Byte
8	Formatkennzeichen	1 Byte
9	Anzahl der Sektoren pro FAT	2 Byte
10	Anzahl der Sektoren pro Spur	2 Byte
11	Anzahl der Seiten (Köpfe)	2 Byte
12	Anzahl gesonderter Sektoren	2 Byte

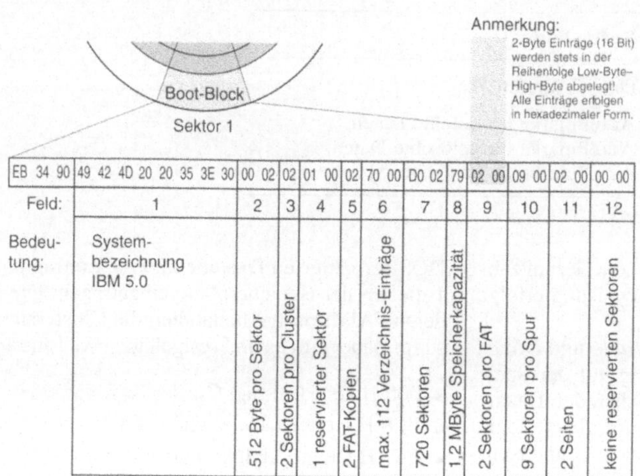

EB 34 90	49 42 4D 20 20 35 3E 30	00 02	02	01 00	02	70 00	D0 02	79	02 00	09 00	02 00	00 00
Feld:	1	2	3	4	5	6	7	8	9	10	11	12
Bedeutung:	System-bezeichnung IBM 5.0	512 Byte pro Sektor	2 Sektoren pro Cluster	1 reservierter Sektor	2 FAT-Kopien	max. 112 Verzeichnis-Einträge	720 Sektoren	1,2 MByte Speicherkapazität	2 Sektoren pro FAT	9 Sektoren pro Spur	2 Seiten	keine reservierten Sektoren

Bild B-56. Aufbau des Boot-Blocks.

Die dazugehörigen Einträge in der File Allocation Table sind getrennt herausgezeichnet:

Cluster 007H ist der *Start-Cluster* mit einem *Verweis* zum Cluster 01AH. Anschließend werden die Cluster 00AH und 00CH entsprechend der FAT-Zuweisung angesprochen. FFFH kennzeichnet im Cluster 00CH das Ende der Datei. Diese *Verkettung* verdeutlicht Bild B-57.

Aufzeichnungsverfahren

Um die Daten auf die Speicherplatte zu schreiben, werden unterschiedliche Aufzeichnungsverfahren verwendet. Die bekanntesten sind:

- NRZ-Verfahren (Non Return to Zero),
- FM (Frequenz-Modulation),
- MFM (Modifizierte Frequenz-Modulation) und
- RLL (Run Length Limited).

Im nachfolgenden soll auf jedes dieser vier Verfahren kurz eingegangen werden, auf die Grundlagen der Magnetisierungstechnik wird jedoch verzichtet.

Beim *Non Return to Zero* (NRZ)- Verfahren erfolgt ein Magnetisierungswechsel nur dann, wenn sich auch die Datenzustände („0" oder „1") ändern. Das bedeutet, die Aufzeichnung auf der Speicherplatte wird direkt vom Datenstrom abgeleitet. Soll eine Folge von Einsen aufgezeichnet werden, so kehrt auch das Aufzeichnungssignal nicht auf null zurück, woher dieses Verfahren seinen Namen hat.

> Beim NRZ-Verfahren erfolgt ein Magnetisierungswechsel nur bei einem Wechsel der Datenbits.

Dieses Verfahren setzt hohe Anforderungen an den Gleichlauf der Speicherplatte voraus. Aufgezeichnete Daten können nur dann fehlerfrei wieder ausgelesen werden, wenn die Lesegeschwindigkeit exakt mit der früheren Aufzeichnungsgeschwindigkeit übereinstimmt. Aus diesem Grund wird meist auf der Rückseite parallel zu den Daten der Schreibtakt abgelegt. Dies ermöglicht dann die Synchronisation beim Lesen der Daten. Besteht der Speicher aus mehreren Speicherplatten (Plattenstapel), so genügt zur Synchronisation lediglich eine mit dem Taktsignal beschriebene Seite (Bild B-58).

Das *FM-Verfahren* (Frequenz Modulations-Verfahren) legt hingegen neben den Daten auch den Takt ab. In jeder Speicherstelle wird dazu zu Beginn ein Taktimpuls geschrieben.

Soll eine „1" abgelegt werden, folgt nach dem Taktimpuls ein weiterer Impuls, der für die eigentliche Information steht. Wird eine „0" abgelegt, so bleibt die weitere Speicherstelle leer. Bild B-59 zeigt das Schreiben einer Bitfolge.

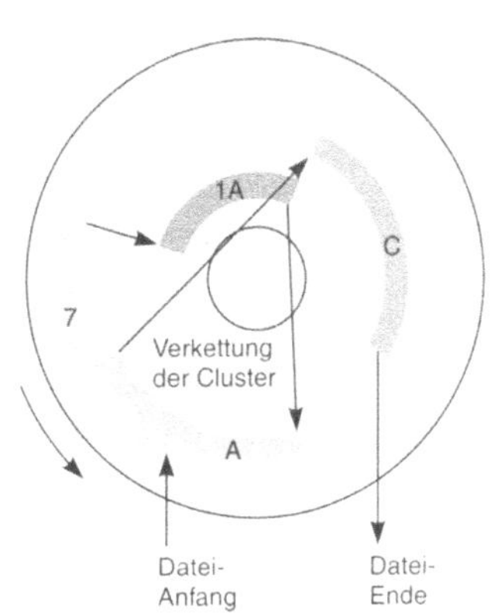

Cluster- Nummer	FAT- Eintrag	Bedeutung
000 h	FDF h	zweiseitige Speicherplatte
001 h	FFF h	mit doppelter Schreibdichte
002 h	000 h	Cluster unbenutzt
003 h	000 h	Cluster unbenutzt
004 h	000 h	Cluster unbenutzt
005 h	FFF h	Ende der Datei (letzter Cluster)
006 h	000 h	Cluster unbenutzt
007 h	01A h	nächster Cluster: 01A h
008 h	000 h	Cluster unbenutzt
009 h	000 h	Cluster unbenutzt
00A h	00C h	nächster Cluster: 00C h
00B h	FF7 h	Cluster nicht benutzbar
00C h	FFF h	Ende der Datei (letzter Cluster)
00D h	000 h	Cluster unbenutzt
:	:	:
01A h	00A h	nächster Cluster: 00A h

Bild B-57. Fragmentierung einer Datei.

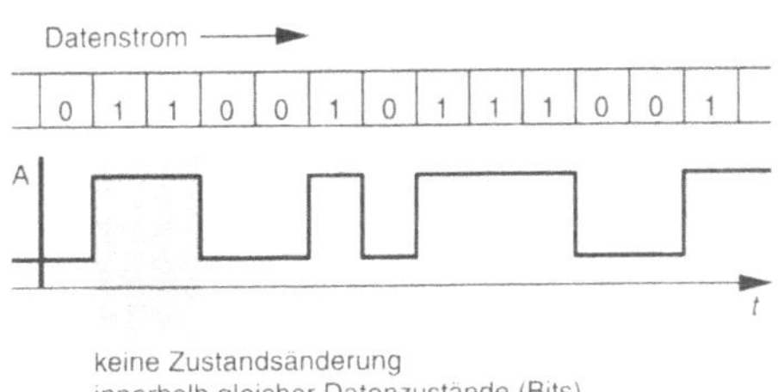

Bild B-58. NRZ-Aufzeichnungsverfahren.

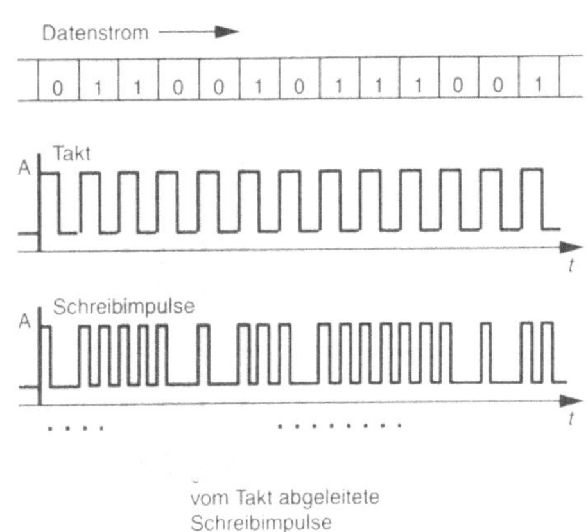

Bild B-59. FM-Aufzeichnungsverfahren.

Das Ablegen von Daten im FM-Verfahren benötigt deutlich mehr Speicherplatz als die anderen Verfahren. Die Aufzeichnungsdichte wird daher als gering bezeichnet. Disketten, die mit diesem Aufzeichnungsverfahren beschrieben wurden, werden daher als *Single Density* (SD) gekennzeichnet.

Obiger Nachteil tritt beim *Modifizierten Frequenz Modulations*-Verfahren (MFM-Verfahren) nicht auf. Dabei nutzt man die Tatsache, daß in einer Speicherstelle, in der eine „1" geschrieben werden soll, kein weiteres Taktsignal ablegt werden muß. Man verzichtet daher beim Schreiben einer „1" auf den Taktimpuls zu Beginn einer Speicherzelle und speichert lediglich das Datum in der Mitte ab. Damit wird die geometrische Länge gegenüber dem FM-Verfahren halbiert.

Wird eine „0" abgelegt, muß der Taktimpuls hinzugefügt werden. Dies geschieht am Anfang der Speicherzelle aber nur dann, wenn in der vorherigen Speicherzelle keine „1" geschrieben wurde.

Beim Modifizierten Frequenz-Modulations-Verfahren wird nur dann ein Taktimpuls in die Speicherzelle geschrieben, wenn in der vorherigen Speicherzelle und in der Zelle selbst keine „1" steht.

Bild B-60 verdeutlicht diese Art der Datenaufzeichnung, die auch als „Formatierung mit doppelter Schreibdichte" (engl.: double density format; DD) bezeichnet wird.

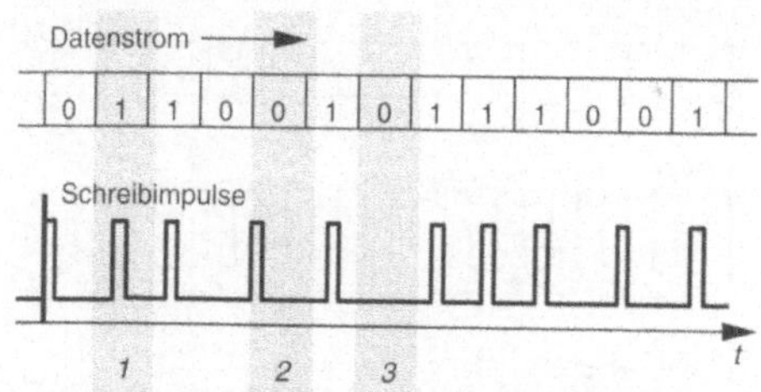

1 Schreibimpuls für das Datum "1"
2 Schreibimpuls für "0", wenn vorangegangenes Datum ebenfalls eine "0" war
3 kein Schreibimpuls für eine "0", wenn vorangegangenes Datum eine "1" war

Bild B-60. MFM-Aufzeichnungsverfahren.

Ein weiteres, weit verbreitetes Verfahren zur Datenaufzeichnung ist das RLL-Verfahren (Runs Length Limited). Dabei handelt es sich um ein Verfahren, das zunächst die Daten in eine doppelt so lange Information umkodiert, die aber aufgrund ihrer optimalen Abfolge von „0" und „1" deutlich kompakter abgespeichert werden kann.

> Beim RLL-Verfahren werden die Daten nach einer Kodiertabelle abgelegt. Dies erlaubt eine sehr kompakte Schreibweise auf der Speicherplatte.

Übliche RLL-Verfahren sind heute RLL 2,7 und RLL 1,7. *Runs Length Limited* kann dabei mit „eingeschränkter Bitfolgenlänge" übersetzt werden. Gemeint ist hier eine Einschränkung von „0"-Bitfolgen, die als *0-Runs* bezeichnet werden. Wird eine Kodierung nach RLL 2,7 verwendet, so werden mindestens 2, maximal jedoch 7 Nullen eingefügt.

Bei der Umsetzung der Daten nach RLL 2,7 wird aus einer Bitkette von n Zeichen eine Kette mit genau doppelt so vielen Bits, also 2n. Da die Bitfolge zwischen zwei Einsen mindestens zwei Nullen besitzt, kann diese Information auf einem Bitplatz der Speicherplatte abgelegt werden (ein Bitplatz läßt nur einen Flußwechsel zu).

Die Kodierung beim RLL-Verfahren ist kontextabhängig. Das bedeutet, daß neben dem zu kodierenden Bit vor allem auch die nachfolgenden Bits bei der Kodierung mit berücksichtigt werden müssen. Sie werden auch vereinzelt als *look-ahead Bits* bezeichnet. Streng genommen wird demnach nicht das einzelne Bit, sondern ein bestimmtes Bitmuster nach dem RLL-Verfahren ko-

Tabelle B-9. Kontextabhängige Kodierung beim RLL 2, 7-Verfahren

Bit	Kontext	RLL 2, 7-Kode	
1	0	10	00
1	1	01	00
0	00	10	0100
0	10	00	1000
0	11	00	0100
0	010	00	001000
0	011	00	100100

└─Verdoppelung der Bits!

diert. Tabelle B-9 zeigt die Umsetzung nach dem RLL-Verfahren 2,7 für einige Bitkombinationen. RLL-Verfahren werden üblicherweise bei Festplatten angewandt.

B 3.2.2 Festplatten-Laufwerke

Die Festplatte, oft auch Magnetplatte genannt, ist heute der am weitesten verbreitete Massenspeicher. Sein Einsatzgebiet erstreckt sich vom tragbaren Computer (Laptop oder Notebook) bis hin zu Großrechnern.

Bei Festplattenspeichern handelt es sich um einen Datenträger, auf denen die Information durch sehr kleine magnetische Felder aufgezeichnet wird. Dazu wird eine sehr dünne magnetisierbare Schicht aus Eisenoxid auf der Oberfläche eines nichtmagnetisierbaren Trägers, in der Regel einer Aluminiumscheibe, aufgebracht. Werden mehrere solche Platten übereinander geschichtet, so spricht man von einem *Magnetplattenstapel*.

Die Speicherplatten einer Festplatte drehen sich mit hoher Geschwindigkeit. Dadurch wird ein Luftpolster unter dem Schreib-Lesekopf aufgebaut, der ihn über der Speicherplatte schweben, oder besser fliegen läßt. Die *Flughöhe* beträgt dabei nur etwa $0{,}5\,\mu m$.

> Festplattenlaufwerke gehören zu den *berührungslosen* Aufzeichnungsverfahren.

Wie gering diese Flughöhe ist, verdeutlicht Bild B-61. Schon geringste Verunreinigungen können den Schreib-/Lesekopf aus der Spur werfen und somit die Daten zerstören. Festplattengehäuse sind aus diesem Grund auch *hermetisch* abgeschlossen und werden in Reinsträumen gefertigt.

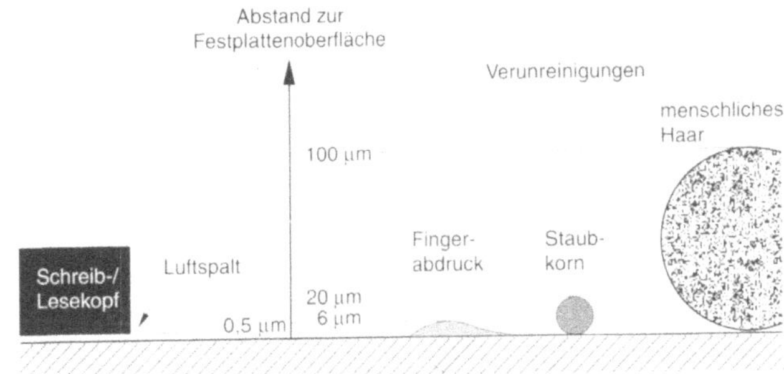

Bild B-61. Größenvergleich zum Luftspalt eines Schreib-/Lesekopfes.

Formatierung

Ebenso wie die Diskette ist die Festplatte in Spuren und Sektoren unterteilt. Sie werden als Zylinder bezeichnet, da bei einem Magnetplattenstapel die übereinanderliegenden Spuren einen Zylinder bilden, der von den Schreib-/Leseköpfen gleichzeitig angesprochen werden kann. Der Zylinder ist in weitere Sektoren unterteilt. Bild B-62 zeigt die Aufteilung einer Festplatte (ein Zylinder ist stellvertretend für die anderen herausgezeichnet).

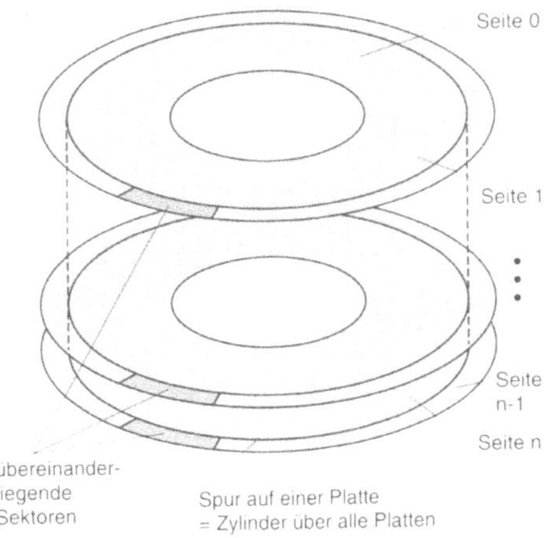

Bild B-62. Aufteilung eines Festplattenstapels in Zylinder.

Zur Steuerung der Köpfe wird bereits vom Hersteller eine Plattenoberfläche mit Servospuren versehen. Sie geben durch ein spezielles Puls-raster die augenblickliche Lage der Köpfe an eine Steuereinheit weiter, die ihrerseits durch einen Schritt- oder Tauchspulenmotor die Position verändert. Zur Vermeidung von Datenfehlern durch Drehzahlschwankungen der Platte, wird von der Servospur ein Schreib-/Lesetakt abgeleitet.

Eine Festplatte ist in einzelne Zylinder und diese wiederum in Sektoren unterteilt, den kleinsten adressierbaren Einheiten. Werden Daten auf der Festplatte abgelegt, so werden sie entsprechend ihrer Länge in mehreren Blöcken abgelegt, mindestens jedoch in einem. Dateien, die über mehrere Blöcken gespeichert sind, können sehr viel schneller gefunden und ausgelesen werden, wenn sie kontinuierlich aufeinander folgen. In diesem Fall spricht man von einem Interleave-Faktor von 1:1. Bei PC-Rechnern findet man auch noch Interleave-Faktor von 1:3 (PC-AT) und 1:5 (PC-XT). Bild B-63 zeigt die Gegenüberstellung der einzelnen Interleave-Faktoren. Um eine komplette Spur zu lesen, ist bei einem

- Interleave-Faktor von 1:1 eine Umdrehung notwendig,
- bei einem Interleave-Faktor von 1:3 drei Umdrehungen und
- bei einem Interleave-Faktor von 1:5 fünf Umdrehungen.

Ein weiterer wichtiger Punkt bei der Geschwindigkeit einer Festplatte ist die Übergabe der Daten an den Rechner. So sind beispielsweise bei verschiedenen Betriebssystemen Transferlängen von 1 kBit bis 8 kBit üblich. Beim Laden großer Dateien sind deshalb stets mehrere Lesebefehle

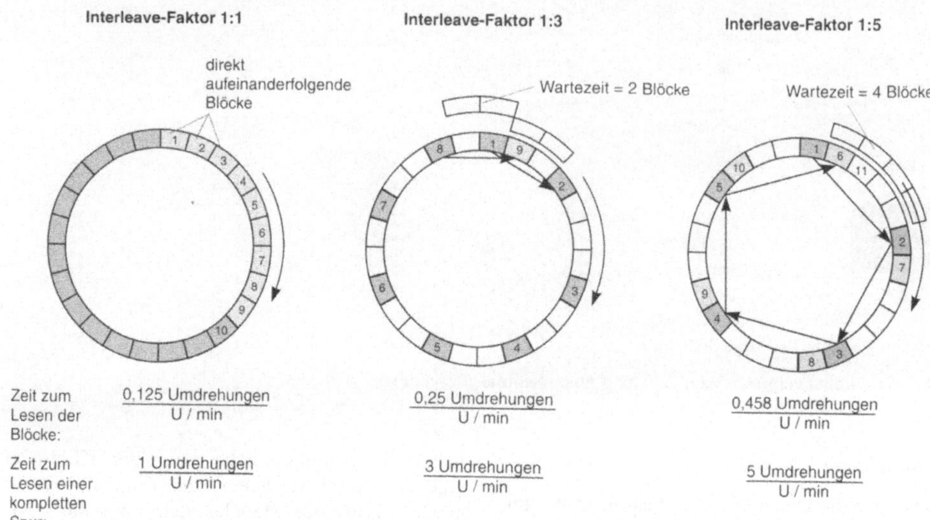

$$\text{Zeit zum Lesen der Blöcke:} \quad \frac{0,125 \text{ Umdrehungen}}{U / min} \qquad \frac{0,25 \text{ Umdrehungen}}{U / min} \qquad \frac{0,458 \text{ Umdrehungen}}{U / min}$$

$$\text{Zeit zum Lesen einer kompletten Spur:} \quad \frac{1 \text{ Umdrehungen}}{U / min} \qquad \frac{3 \text{ Umdrehungen}}{U / min} \qquad \frac{5 \text{ Umdrehungen}}{U / min}$$

Bild B-63. Interleaf-Faktor einer Festplatte.

notwendig. Dies kann zu einer drastischen Senkung des Datendurchsatzes führen. Der Grund dafür liegt in der verstrichenen Zeit von Befehlsausführungsende bis der nächste Read-Befehl erkannt und durchgeführt wird. Gerade bei 1:1 Platten ist diese Zeit wesentlich größer als die sogenannte „Gap-Zeit", die maximal zulässige Zeit zwischen den einzelnen Sektoren. In der Folge muß die Platte mehr als eine volle Umdrehung beschreiben, um auf den nächsten angewählten Block zugreifen zu können. Diese Zugriffs-Wartezeit (manchmal auch als Umdrehungswartezeit bezeichnet) wird als *Latency-Zeit* bezeichnet. Die Entstehung der Latency-Zeit verdeutlicht nochmals Bild B-64.

Moderne Festplatten besitzen aus diesem Grund ein „*Read-Ahead-Cache*", der vorausschauend bereits die nächsten Sektoren zwischenspeichert. Werden mit dem nächsten Read-Befehl eben diese Daten angefordert, können sie sofort aus dem *Zwischenspeicher* abgerufen werden, ohne auf den eigentlichen Sektor zu warten. Wird nicht der sequentiell logisch folgende Sektor angefordert, unterscheidet sich der Zugriff nicht von einem Erstzugriff, und die Information im Read-Ahead-Cache wird verworfen. Bei sehr großen Datenmengen und Systemen, die diese kontinuierlich sequentielle Speicherung auf der

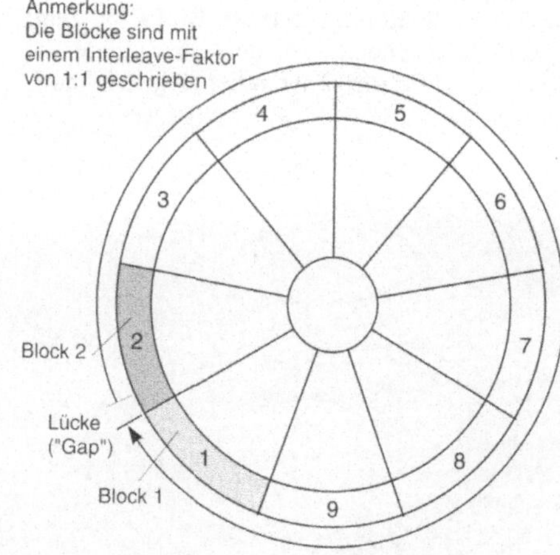

Bild B-64. Entstehung der Latency-Zeit.

Platte unterstützen, ist die Trefferquote sehr hoch. Vor allem beim Laden von Programmen in den Arbeitsspeicher ist ein Leistungsgewinn von 50% möglich.

Headcrash

Unter einem *Headcrash* versteht man das Aufschlagen des Schreib- / Lesekopfes auf die Speicherplatte. Dies kann durch

- Schockeinwirkung während des Betriebs,
- Abriß der Luftströmung am Schreib-/Lesekopf, beispielsweise durch Verschmutzung oder durch
- Nichteinnehmen der Parkposition

Bild B-66. Schreib-/Lesekopf in Parkposition.

Bild B-65. Zerstörte Spuren nach einem Headcrash.

geschehen. Der Schreib-/Lesekopf verläßt dabei seine Flughöhe und beschädigt die magnetische Schicht der Speicherplatte. Bei leichteren Headcrashes können die beschädigten Sektoren mit Hilfe eines speziellen Programmes markiert und so von einer zukünftigen Nutzung ausgeschlossen werden. Ein Headcrash mit fatalen Folgen zeigt Bild B-65: der Schreib-/Lesekopf hat hier die Magnetschicht von mehreren Spuren bis auf den Aluminiumträger abgehobelt und somit die gesamte Platte unbrauchbar gemacht. Alle gespeicherten Daten und Programme sind verloren.

Bild B-66 zeigt ein geöffnetes Gehäuse eines 3,5"-Festplattenlaufwerkes. Der kleine Schreib-/Lesekopf am Ende des Armes wird radial über die Spuren bewegt. Das Bild zeigt den Kopf in seiner *Parkposition,* die er auf der innersten Spur einnimmt. Diese Position kann entweder durch

- einen Befehl per Software oder
- beim Ausschalten des Plattenlaufwerkes

eingenommen werden. Im letzteren Fall wird die verbleibende Rotationsenergie des Plattenstapels ausgenutzt, um den Kopf in die Plattenmitte zu ziehen, bevor er seine Flughöhe verläßt. Der Antriebsmotor dient dabei als *Generator.* Der Kopf landet dabei in einem Bereich, der weder Daten noch Programme enthält.

Wird die Speicherplatte erneut eingeschaltet, muß solange gewartet werden, bis sich das Luftpolster zwischen Platte und Kopf aufgebaut und der Kopf seinen Arbeitsabstand eingenommen hat. Dies wird als *Hochlaufzeit* der Speicherplatte bezeichnet und beträgt bei kleinen Festplatten nur wenige Sekunden bis zu Minuten bei großen Plattenstapeln. Erst jetzt darf der Kopfmotor den Schreib-/Lesekopf auf die Spur null ziehen. Damit ist die Speicherplatte betriebsbereit.

B 3.2.3 Bernoulli-Laufwerk

Das *Bernoulli-Laufwerk* (Bernoulli-Disk-Drive) ist eine Sonderform von Floppy-Disk-Laufwerken. Es beruht auf den von *Daniel Bernoulli* (Daniel Bernoulli, 1700 bis 1782) erforschten Gesetzmäßigkeiten und Wechselwirkungen von ruhenden und bewegten Objekten in Luft. Im Gegensatz zu den Floppy-Disk-Laufwerken gehört das Bernoulli-Laufwerk zu den nicht berührungslosen Aufzeichnungsverfahren.

> Das Bernoulli-Laufwerk gehört zu den berührungslosen Aufzeichnungsverfahren.

Besonderes Merkmal dabei ist, daß die Speicherplatte im Ruhezustand im Laufwerk *hängt.* Im Betrieb wir sie durch die entstehende Luftströmung nach oben an die *Bernoulli-Platte* ge-

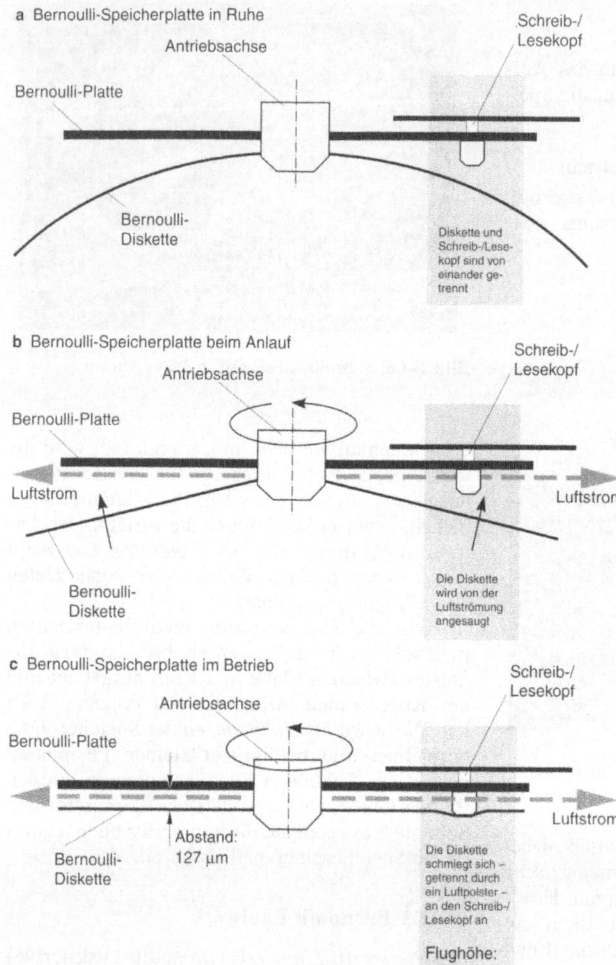

Bild B-67. Drei Betriebsphasen der Bernoulli-Speicherplatte.

saugt. Der entstehende Unterdruck sorgt dafür, daß die Speicherplatte in einem festen Abstand von 0,127mm unter der Bernoulli-Platte schwebt. Bild B-67 zeigt die drei Betriebszustände *Ruhe, Anlauf* und *Betrieb* einer Bernoulli-Platte.

Speicherplatten nach Bernoulli haben eine ganze Reihe von Vorteilen:

- unempfindlich gegenüber Verschmutzung,
- sehr hohe Erschütterungsfestigkeit,
- weiter Temperaturbereich,
- sehr schneller Datentransfer,
- einfacher Austausch der Datenträger (Diskette),
- sehr hohe Speicherkapazität und
- lange Lebensdauer.

Die Bernoulli-Speicherplatte hat eine Speicherkapazität von bis zu 90 MByte auf einer 8"-Diskette. Dies wird im wesentlichen dadurch erreicht, daß

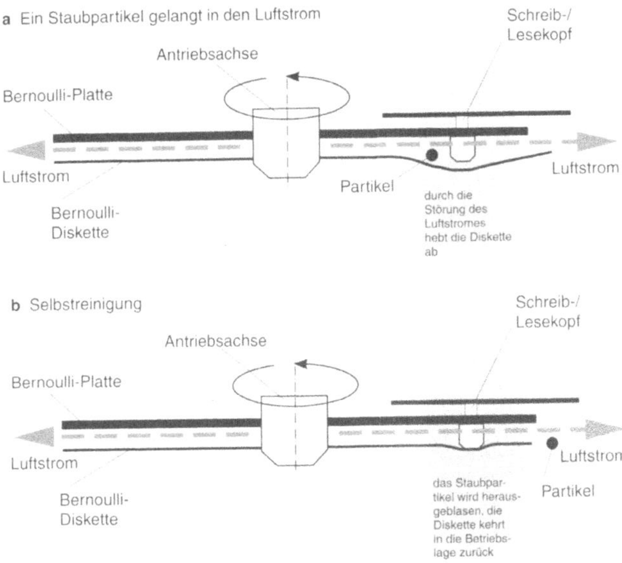

Bild B-68. Störung der Bernoulli-Speicherplatte durch ein Staubpartikel.

der Schreib-/Lesekopf - ähnlich wie bei der Festplatte - in einem extrem geringen Abstand über das Speichermedium fliegt. Da dieser Schreib-/Lesekopf ebenfalls nach den Gesetzmäßigkeiten von Bernoulli geformt ist, erreicht man so eine minimale Flughöhe von 130 nm. Die Strömungslehre von Bernoulli garantiert hierbei, daß der Kopf das Speichermedium niemals berührt.

Der eigentliche Vorteil des Bernoulli-Laufwerkes liegt jedoch in seiner Unempfindlichkeit gegenüber Staub und Erschütterungen. Dringt in ein solches Laufwerk ein Staubpartikel ein, so erfährt die Platte durch die definierten Luftströmungen eine *Selbstreinigung*. Bild B-68 verdeutlicht, wie durch den vorherrschenden Luftstrom ein Teilchen nach außen befördert wird. In diesem Fall hebt die Speicherplatte aufgrund des Strömungsabrisses kurz ab und gibt das Teilchen frei. Anschließend nimmt die Platte wieder ihren Betriebszustand ein.

Auch bei Erschütterungen und Schock verhält sich die Bernoulli-Speicherplatte sehr robust. Mechanische äußere Einwirkungen stören das Strömungsgleichgewicht und die Speicherplatte fällt aus ihrer Betriebslage. Während bei normalen Festplattenlaufwerken (Abschn. B 3.2.2) dies unweigerlich zu einem *Head-Crash* führen

würde (d. h. die Schreib-/Leseköpfe schlagen auf die starren Speicherplatten auf), bewirkt die hängende Anordnung der Bernoulli-Speicherplatte ein Ausweichen aus der kritischen Situation (Bild B-69). Sobald sich die Luftströmung wieder im Gleichgewicht befindet, kehrt die Diskette in die Normallage zurück.

Bei den oben aufgeführten Störfällen wird in keinem Fall der Dateninhalt zerstört. Für die Zeitdauer der Störungen und bis zur Rückkehr in die Betriebslage können keine Daten oder Programme übertragen werden. Der Bernoulli-Festplatten- Kontroller erkennt dies und meldet einen *Soft-Error*. Daraufhin wird der Lese- oder Schreibzugriff wiederholt. Die Bernoulli-Laufwerke weisen somit eine extrem hohe Datensicherheit auf.

B 3.2.4 Bandlaufwerke

Zur Speicherung und Archivierung sehr großer Datenmengen eignen sich *Bandlaufwerke*. Sie weisen heute die niedrigsten Kosten pro Bit auf.

Bandlaufwerke gibt es in unterschiedlichen Ausführungen:

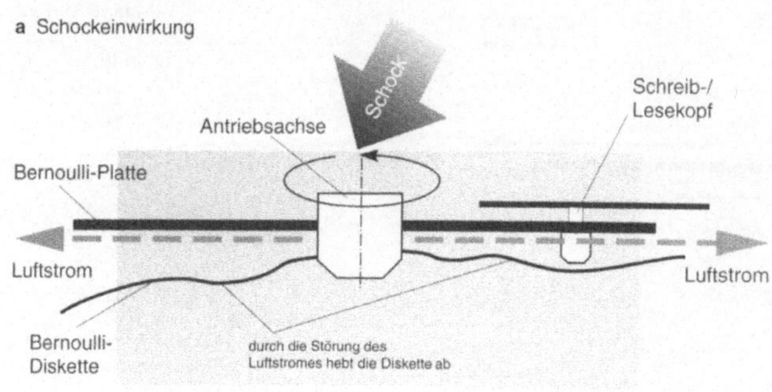

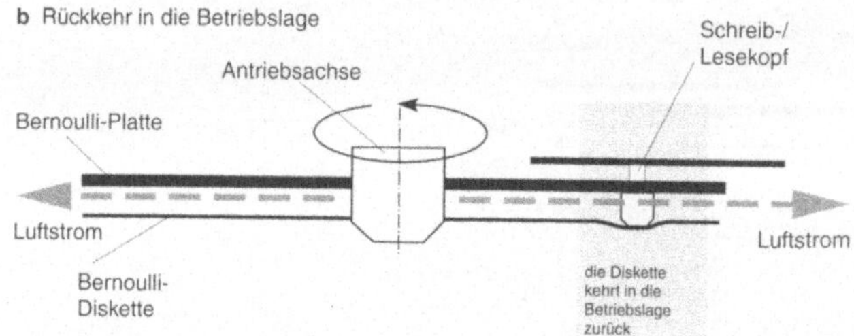

Bild B-69. Störung der Bernoulli-Speicherplatte durch Schockeinwirkung.

- Magnetband-Laufwerk (ähnlich wie ein Tonbandgerät),
- kompakte Bandlaufwerke (engl.: *Streamer*), bei denen das Band in einer Kassette untergebracht ist.

Die besonderen Vorzüge von Bandlaufwerken sind:

- einfaches Löschen und Beschreiben der Datenträger,
- die Datenträger sind auswechselbar,
- niedrige Kosten pro Bit.

Als nachteilig erweist sich der

- hohe mechanische Aufwand und
- die hohen Grundkosten der Geräte.

Das Verfahren zur Aufzeichnung der Daten auf ein Magnetband ist dem der Speicherplatte sehr ähnlich. Physikalisch stellen sich jedoch die konzentrischen Spuren (Abschn. B 3.2) als eine endlich lange Spur über die Gesamtlänge des Magnetbandes dar. Die Aufzeichnung auf dieser Spur erfolgt *blockweise*. Um die Speicherkapazität eines Bandlaufwerkes zu erhöhen, werden mehrere Spuren nebeneinander geschrieben.

Bild B-70 zeigt die Bandführung eines Bandlaufwerkes, das Spulendurchmesser bis 10,5 Zoll erlaubt (etwa 28 cm). Das Magnetband wird dabei über mehrere Antriebsrollen mit konstanter Geschwindigkeit am Schreib-/Lesekopf vorbeigeführt. Um beim Beschleunigen und Bremsen die Kräfte durch die Massenträgheit der Spulen zu verringern, wird das Magnetband beidseits des Kopfes in einer freihängenden (bei einigen Bandlaufwerken auch liegende) Schleife geführt. Die Schleifen durchlaufen dabei einen Vakuum-Kanal, der die Anfahr- und Bremskräfte auf die Bänder minimiert.

Die wichtigsten Daten, die ein solches Magnetbandlaufwerk erreichen kann sind:

- Einsatz von ½"-breiten Bändern,
- bis zu 18 Spuren,
- maximale Geschwindigkeit von 5 m/s,
- Beschleunigung: von 0 auf 5 m/s in 3,8 mm,
- Aufzeichnungsdichte: 6250 Zeichen pro Zoll,
- Aufzeichnungsgeschwindigkeit: 1,25 Millionen Zeichen/s.

Wesentlich einfacher aufgebaut sind *Streamer,* die heute im PC (Personal Computer) weite Verbreitung gefunden haben. Das notwendige Band ist

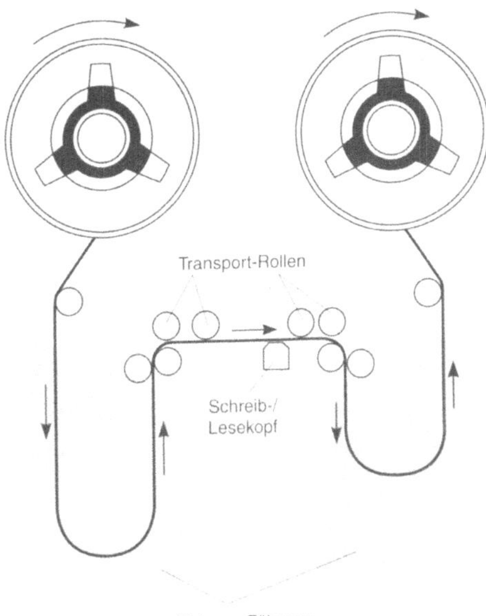

Bild B-70. Magnetband-Laufwerk.

in einer Kassette untergebracht und besitzt eine Breite von ¼ Zoll. Die mechanischen Anforderungen sind wesentlich geringer wie bei den großen Bandlaufwerken, erreichen aber auch Geschwindigkeiten von 2 m/s. Beschleunigungs- und Bremszeiten liegen jedoch erheblich höher.

¼-Kasetten gibt es mit unterschiedlichen Bandlängen: 137 m, 169 m und 183 m. In Abhängigkeit der Anzahl der Spuren ergeben sich dann Aufzeichnungskapazitäten von 45 MByte, 55 MByte und 60 MByte (bei 9 Aufzeichnungsspuren). Die modernsten Streamer können heute bis 18 Spuren aufzeichnen. Diese werden nach einem bestimmten Schema verschachtelt. Bild B-71 zeigt die Bandaufteilung sowie die Abstände für 9, 15 und 18 Spuren.

In Tabelle B-10 sind nochmals die wichtigsten Daten der unterschiedlichen Bänder und Aufzeichnungsverfahren zusammengestellt. Mit einem Programm, welches die Daten komprimiert, läßt sich die Speicherkapazität verdoppeln.

In der Datensicherung haben sich auch DAT-Laufwerke (Digital Audio Tape) etabliert. Sie wurden ursprünglich zur digitalen Aufzeichnung von Ton (Musik) entwickelt und sollten als Ergänzung zu Audio-CDs die Aufnahme von

Musikstücken in hoher Qualität ermöglichen. Dazu wurde das Analogsignal mit Hilfe von Analog/Digital-Wandlern digitalisiert und *binär* auf dem Band abgespeichert. Es lag nun nahe, solche Geräte auch zur Datensicherung heranzunehmen, in dem unter Umgehung der A/D-Wandler die Daten direkt auf das Band geschrieben werden.

Hinweis: Bereits Anfang der 80er Jahre wurden Audio Kassetten zur Datensicherung verwendet (z. B. die Datasette von Commodore). Dabei wurden die Daten analog durch ein Zweiton-Verfahren (FSK-Verfahren, FSK: Frequenzy Shift Keying) aufgezeichnet. Geschwindigkeit und Speicherkapazität waren jedoch schon damals unzureichend.

DAT-Laufwerke verwenden zur Datenaufzeichnung das Helical Scan-Verfahren (Schrägspurverfahren), das vor allem bei Videorecordern eingesetzt wird. Rotierende Köpfe schreiben dabei mit hoher Geschwindigkeit schräge, dicht nebeneinander liegende Spuren auf das langsam laufende Band. Dabei unterscheidet man bei den DAT-Laufwerken zwei unterschiedliche Systeme:

- DAT-Streamer und
- Video-DAT-Systeme.

DAT-Streamer verwenden ein 4 mm Band und bieten eine hohe Kapazität bei vergleichsweise geringen Kosten. Die 4 mm DAT-Bänder erlauben eine sehr kompakte Bauweise. Die Bänder sind gemessen an ihrer sehr hohen Speicherkapazität sehr günstig.

Bei den Video-DAT-Systemen kommt die bewährte Technik der Video Systeme zum Einsatz. Die 8 mm Bänder werden dabei von der Kopftrommel (Helical Scan) wie ein Videoband beschrieben. Dies erlaubt höchste Aufzeichnungsdichten, so daß auf einem einfachen 112 m Band mehr als 5 GByte Daten gespeichert werden können. Video-DAT-Systeme sind allerdings in Ihrer Bauform sehr groß.

Die Datenübertragungsrate der DAT-Laufwerke liegt bei maximal 500 kByte/s.

Ein weiteres sehr verbreitetes Bandaufzeichnungsverfahren ist der QIC-Standard. Dabei werden die Daten auf ein kompaktes 8 mm Band geschrieben (QIC: Quarter Inch Cartridge). Das Aufzeichnungsverfahren erlaubt Bandkapazitäten von 40 MByte bis zu mehr als 1 GByte. Die Besonderheit liegt dabei im integrierten Treibriemen, der einen relativ einfachen Bandantrieb ermöglicht. Nachteilig sind allerdings die entspre-

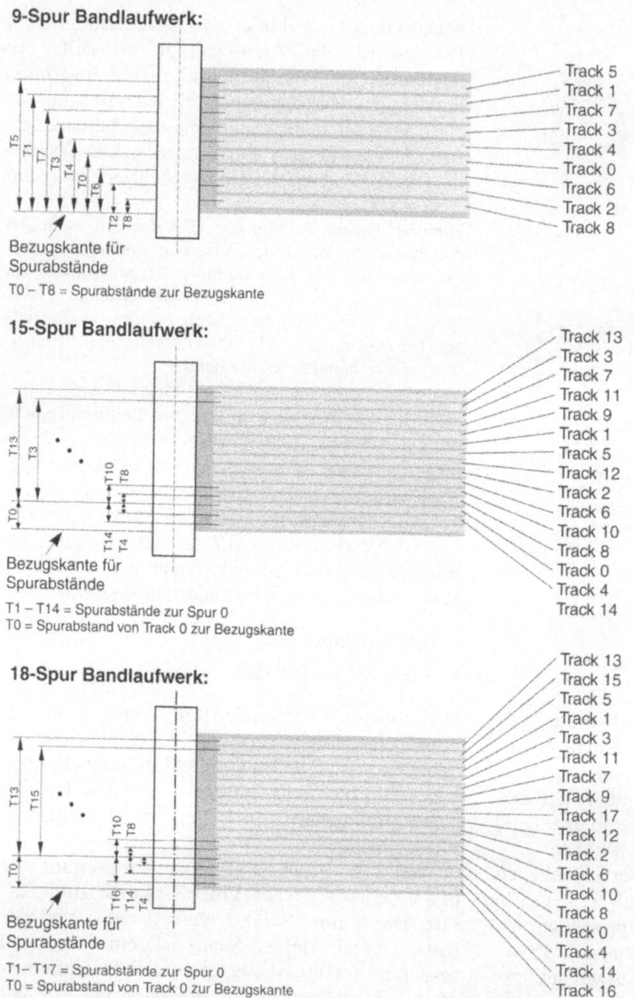

Bild B-71. Anordnung der Spuren bei 9-, 15- und 18-Spur Bandlaufwerken.

chenden Mehrkosten, die ein solches Band ständig mit sich bringt.

Unter dem QIC-Standard sind gleich mehrere Teilsysteme festgelegt worden. Der Urvater wurde im QIC-40 festgeschrieben, welcher das Aufzeichnungsverfahren für 40 MByte Bänder festlegt. Heute ist mit dem QIC-80 Standard ein weitverbreitetes Backup-System geschaffen worden, das in der Grundauslegung bei einem 205 Fuß langen Band die Speicherung von 80 MByte

erlaubt. Die XL Version erlaubt 50% mehr Daten abzuspeichern, was schließlich in einer Gesamtkapazität von 120 MByte resultiert.

Der QIC-Standard beschreibt neben dem Aufzeichnungsverfahren auch die notwendigen Schnittstellen. Grundlage zur Verwirklichung dieses Datenaufzeichnungsstandards war die Verwendung der in den meisten Rechnern vorhandenen Floppy-Disk Schnittstelle. Damit entspricht

Tabelle B-10. Aufzeichnungskapazität in Abhängigkeit von Bandlänge und Anzahl der Aufzeichnungsspuren

Bandlänge	Länge in „Fuß"	Speicherkapazität	Aufzeichnungs-dichte	Anzahl der Spuren
137 m	450 f	45 MByte	8000 bpi	9 Spuren
169 m	555 f	55 MByte	8000 bpi	9 Spuren
183 m	600 f	60 MByte	8000 bpi	9 Spuren
183 m	600 f	125 MByte	8000 bpi	15 Spuren
183 m	600 f	155 MByte	8000 bpi	18 Spuren

f = foot.
bpi = Bits per inch.

das Aufzeichnungsformat dem Datenformat der Floppy-Disks:

- MFM-Formatierung (MFM: Modifiziertes Frequenz Modulations Verfahren),

- 29 Sektoren,

- 1024 Bytes pro Sektor,

- Übertragungsrate:
  250 kByte/s (entspricht Double Density Disketten)
  500 kByte/s (entspricht High Density Disketten).

Die Bandgeschwindigkeit am Aufzeichnungskopf wird dabei von der Aufzeichnungsrate bestimmt:

- 25 Zoll/s bei 250 kBit/s
- 50 Zoll/s bei 500 kBit/s

Durch die Verknüpfung der Datenrate mit der Transportgeschwindigkeit bleibt das Format erhalten, was den Betrieb der Bänder in unterschiedlichen Systemen erlaubt.

Nicht festgelegt ist in den QIC-Standards die Datenkomprimierung, wie sie heute üblich ist. Dies erschwert den Datenaustausch zwischen Rechnern erheblich, so daß wenn auf diesen Punkt Wert gelegt wird, von einer Datenkompression abgesehen werden sollte. Die wichtigsten QIC-Standards sind:

- QIC-40, -80, -120, -525: Beschreibung von Aufzeichnungsverfahren,
- QIC-107: Beschreibung des Floppy-Disk Interface für AT Rechner,
- QIC-107: Beschreibung des Floppy-Disk Interface für PS/2 Rechner.

Quarter Inch Cardridges (QIC) werden durch den zunehmenden Einsatz von Personal Computern immer preiswerter. Entsprechend ausgefeilt ist auch die dazu notwendige Software (benutzerorientiert, menügesteuert).

B 3.2.5 Optische Massenspeicher

Optische Speicher stellen unter den Massenspeichern ein völlig neues Konzept dar. Ihnen wird bis Mitte der 90er Jahre die größte Wachstumsrate vorausgesagt. Mit ein Grund hierfür ist die rasche Standardisierung des Datenformats. Neben den CD-ROM's, die auf der Basis der *Audio Compact Disks* (Audio-CDs) entstanden und bis jetzt nur lesbar sind, gehen Forschung und Entwicklung immer mehr in Richtung wiederbeschreibbare optische Speicherplatten.

Bei den optischen Speicherplatten unterscheidet man heute drei wesentliche Anwendungs-Technolgien:

1. *CD-ROM* (Compact Disk Read Only Memory, nicht beschreibbar);

2. *WORM (Write Once Read Many*, einmal beschreibbar);

3. *MO* (magnetooptische Platte, mehrfach beschreibbar).

Standards für optische Speicher

Eine erste übergreifende Standardisierung optischer Speicher erfolgte im Februar 1982 durch Philips und Sony durch das sogenannte „Red-Book". Es reglementiert die Aufzeichnung von Audio-Signalen in einem vollständig digitalen Verfahren, das als *CD-DA* (Compact Disk-Digital Audio) bezeichnet wird. Von diesem Standard

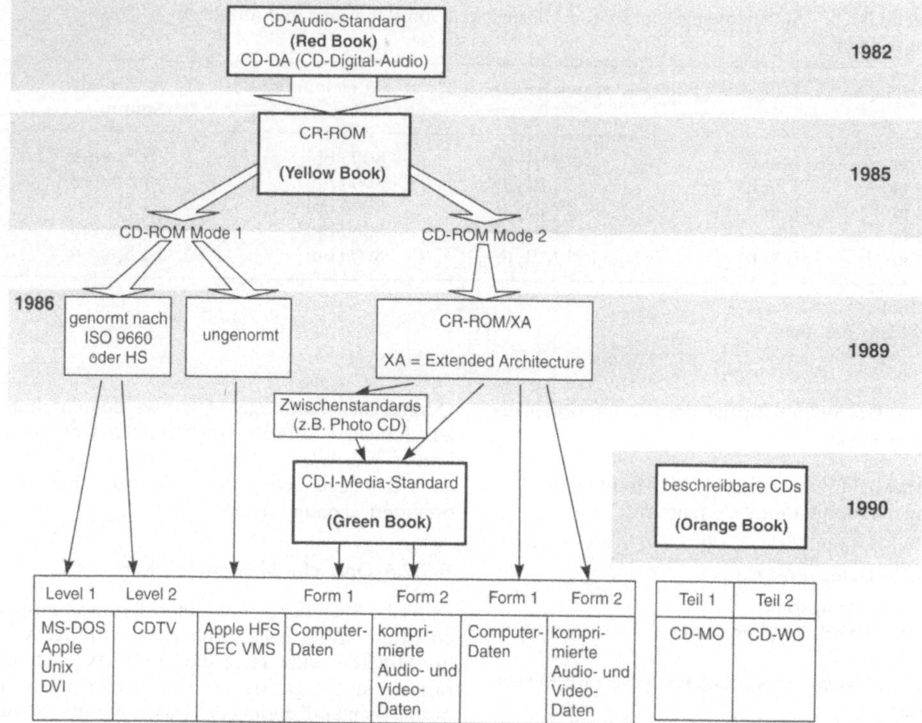

Bild B-72. Stammbaum der verschiedenen Standards für optische Speichermedien.

ausgehend wurden alle weiteren Festlegungen für die digitale Speicherung von Daten auf optischen Datenträgern getroffen. In Anlehnung an das *Red-Book* entstand das

- *Yellow Book* für CD-ROM's,
- *Green Book* als erweiterter Standard und das
- *Orange Book* für wiederbeschreibbare optische Speicher

wie MO-Speicher *(Magnetooptische* Speicher) und WORM-Speicher *(WriteOnceReadMany).* Alle Standardisierungen haben zum Ziel, die Verbreitung der optischen Speichermedien zu fördern, in dem alle Hersteller auf die Einhaltung dieser Standards angewiesen sind. Die Entwicklung und Vielfalt sowie die Zusammenhänge der Standards untereinander versucht Bild B-72 zu vermitteln.

CD-ROM Speicherplatte

Die digitale Information wird bei CD-ROM Speicherplatten (Compact Disk Read Only Memory) durch winzige Vertiefungen dargestellt, den *Pits.* Die Umgebung wird mit *Lands* bezeichnet. *Pits und Lands* bilden die digitale Information der CD-Speicherplatte und entsprechen der Einsen-Nullen-Folge binär kodierter Signale. Das Lesen dieser Information erfolgt durch die Abtastung der Pits mit Hilfe eines *Laserstrahles.* Sein Brennpunkt *(Fokus)* ist so eingestellt, daß er wenige μm unter der schützenden Oberfläche liegt und dort die eingepreßten Informationen störungsfrei auslesen kann. Staubkörner oder Fettflecken liegen außerhalb der Fokussierung und haben so keinen Einfluß auf das Erkennen der Information. Dies macht die CD-ROM unempfindlich in der Handhabung.

Im Gegensatz zu den magnetischen Speicherplatten sind die Datenspuren nicht in konzentrischen Ringen *(Tracks)* auf der CD-Speicherplatte angeordnet, sondern ähnlich wie bei der Schallplatte in einer *Spirale*. Die Gesamtlänge einer Datenspur erreicht dabei fast 6 km. Die Windungen liegen in einem Abstand von 1,6 μm, was einer Spurdichte von 16.000 TracksProInch *(TPI)* entspricht (zum Vergleich: Disketten erreichen eine Spurdichte von 96 TPI). Bild B-73 verdeutlicht die Begriffe Pits und Lands bei einer CD-ROM Speicherplatte.

Das Lesen der Compact Disk erfolgt mit konstanter Geschwindigkeit, was als *CLV-Verfahren* (Constant Linear Velocity) bezeichnet wird. Pits und Lands bewegen sich dabei mit einer Geschwindigkeit von 1,3 m/s unter dem Laserstrahl hinweg. Die Einhaltung der konstanten Abtastgeschwindigkeit ist nur durch die Variation der Drehzahl möglich: beim Lesen der inneren Spuren ist eine höhere Drehzahl, beim Lesen der äußeren Spuren eine entsprechend niedrigere Drehzahl notwendig. Bei der CD-ROM Speicherplatte mit etwa 12 cm Durchmesser liegt die Rotationsgeschwindigkeit zwischen 200 und 500 Umdrehungen pro Minute.

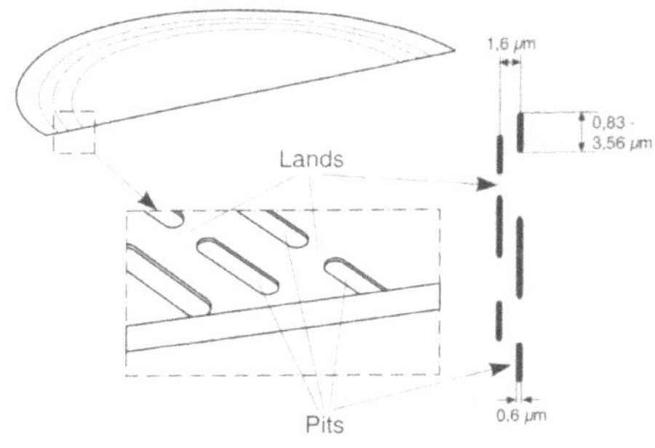

Bild B-73. Pits und Lands einer CD-ROM-Speicherplatte.

Nachteilig bei diesem Verfahren ist, daß neben der Positionierzeit des Kopfes vor allem auch eine Zeit zur Anpassung der Geschwindigkeit notwendig wird. Gute Laufwerke erreichen heute Zugriffszeiten von weniger als 250 ms (zum Vergleich: magnetischen Speicherplatten erreichen Zugriffszeiten < 10 ms).

Bei der Compact Disk werden drei Bereiche unterschieden:

- Inhaltsverzeichnis *(Lead-In-Bereich)*,
- Datenteil *(Data-Area)*,
- Ende der CD *(Lead-Out-Bereich)*.

Da eine CD von *innen nach außen* gelesen wird, belegt der Lead-In-Bereich (frei übersetzt: CD-Eingang) 4 mm des inneren Bereiches. Die darauf folgenden 33 mm stehen für Daten zur Verfügung. Der Lead-Out-Bereich (frei übersetzt: CD-Ausgang) benötigt etwa 1 mm am äußeren Rand. Bild B-74 verdeutlicht diesen Zusammenhang.

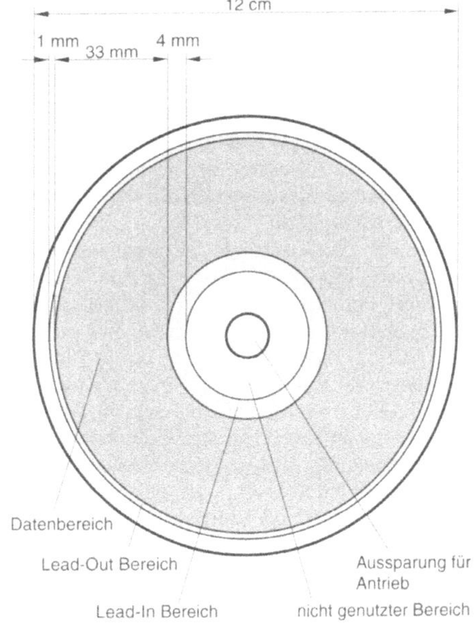

Bild B-74. Aufteilung einer CD-ROM-Speicherplatte.

Ergänzung: Die Aufzeichnug der Daten erfolgt durch eine besondere Kodierung, die hier kurz angesprochen werden soll. Da aus technischen Gründen (ohne näher darauf einzugehen) nicht alle 256 Werte eines 8 Bit Wortes abgelegt werden (verschiedene Bitfolgen müssen vermieden werden), müssen die Daten mit Hilfe einer Tabelle umkodiert werden. Die Datenworte werden dabei umfangreicher: um 8 Bit darzustellen sind bei CD-ROM-Speichern 14 Bit notwendig. Dieses Verfahren wird *Eight-To-Fourteen Modulation* (EFM) bezeichnet. Da in der Verkettung dieser EFM-Daten immer noch nicht zulässige Kombinationen auftreten können, werden zusätzlich noch 3 *Koppel-Bits* (auch als *Merge-Channel-Bits* bezeichnet) an die 14 Informations-Bits angehängt. Ein 8 Bit Datenwort wird schließlich durch 17 Bits dargestellt, die als *Channel-Bits* (Kanal-Bits) bezeichnet werden. Die technische Realisierung kann an dieser Stelle nicht weiter vertieft werden.

Ebenfalls im Red Book festgelegt ist der Aufbau der Datensektoren (Datenblöcke). Diese Datensektoren können auf drei unterschiedliche Arten angesprochen werden:

- über Tracks (bei der Audio-CD),
- über die Sektoren und
- über logische Blöcke,

die eine Untermenge der Sektoren sind. Die Adressierung der Sektoren und Blöcke erfolgt durch eine Zeitangabe in Minuten und Sekunden, ergänzt durch eine Zusatzinformation zum Sektor: MM:SS:DD (Minuten:Sekunden:Daten). Diese Art der Adressierung kann bei der Audio-CD nicht angewandt werden, da der Kopfsteuerblock *(Header)* fehlt.

Durch die konstante Auslesegeschwindigkeit (siehe oben) wird eine konstante Sektor-Lesezeit erzielt, die mit 1/75 s festgelegt ist. Jeder Sektor kann 2.352 Bytes speichern. Bei der CD-AD sind alle 2.352 Bytes Nutzdaten (digitalisierte Audiosignale). In der Anwendung als CD-ROM wurden noch Kontroll-Bytes eingefügt, die in zwei Datenblöcke abgelegt sind: Fehlererkennung-Kodes (Error Detection Code, EDC) und Fehlerkorrektur-Kodes (Error Correction Code, ECC). Mit Hilfe dieser Datenblöcke kann bei Kratzern oder vollständiger Abdeckung der Verlust einzelner Bits rekonstruiert werden.

Der Aufbau der Datensektoren nach den unterschiedlichen Standards ist in Bild B-75 zusammengestellt. Nach 12 Synchronisations-Bytes folgt bei den CD-ROM Speicherplatten der Steuerkopf *(Header)*. Er dient zur Identifikation des Sektors und ist vier Bytes groß. Die vier Bytes haben folgende Bedeutung:

- Byte 1: Minuten,
- Byte 2: Sekunden,
- Byte 3: Sektoren,
- Byte 4: Mode Byte, CD-ROM Mode 0, 1 oder 2.

Von Sony und Philips wurde Anfang 1989 der CD-ROM/XA-Standard erarbeitet, XA steht für *Extended Architecture*. Er erlaubt die Möglichkeit, unterschiedliche Sektoren und somit unterschiedliche Dateien miteinander zu verschachteln.

Ermöglicht wird dies durch die Erweiterung des Steuerkopfes durch einen *Sub-Header* (zusätzliche Sektorsteuerung), der insgesamt 8 Bytes umfaßt. Darin sind

- Dateinummer von verschachtelten Dateien,
- Kanalnummern,
- Submodi und
- Kodierungsart (für Audio- und Video-Informationen)

abgelegt. Die komplexe Verwaltung der Verschachtelung soll hier nicht näher erläutert werden.

In Abhängigkeit der verwendeten Kontrollmechanismen sinkt die Anzahl der Nutz-Bytes. Entsprechend verringert sich die Speicherkapazität der CD-ROM Speicherplatte. Sie berechnet sich aus der Gesamtspieldauer, die in den meisten Fällen mit 60 Minuten angegeben ist.

$$\text{Speicherkapazität} = 60 \text{ Min.} \cdot 60 \text{ Sek.} \cdot 75 \text{ Sektoren} \cdot \text{Nutzdaten/Sektor}$$

Tabelle B-11 stellt die Speicherkapazität der verschiedenen Standards bezogen auf eine Spieldauer von 60 Minuten gegenüber.

Die Spieldauer ist im Red-Book Standard nicht festgelegt, so daß die 60 Minuten-Grenze für die Hersteller nicht verbindlich ist. Einige Datenträger erreichen heute bereits eine Aufzeichnungsdauer von 74 Minuten, indem der äußere Bereich bis zum Rand der CD besser ausgenutzt wird. Sogenannte Audio-Single CDs (Durchmesser 8cm) erreichen eine maximale Spieldauer von 21 Minuten.

Die günstige Fertigung und die enorme Speicherkapazität macht die CD-ROM ideal geeignet zur Archivierung großer Datenmengen. Dies wird beispielsweise von der Firma Siemens genutzt, um die technischen Daten ihrer Halbleiterprodukte abzuspeichern. Dabei finden nicht nur alle Bauteile auf einer CD-ROM Platz, sondern es sind ebenfalls noch eine ganze Reihe von Applikationsschriften zu den einzelnen Produkten mit abgespeichert. Bild B-76 zeigt beispielhaft einige CD-ROM's, auf der ca 1 GByte Daten in komprimierter Form gespeichert sind.

Die CD-ROM-Laufwerke entsprechen in der Größe einem 5¼"-Floppy-Laufwerk. Bild B-77 zeigt den Einbau in einem Personal Computer. Neben dem Abspielen von Datenträgern sind diese Laufwerke auch in der Lage, Audio-CDs abzuspielen.

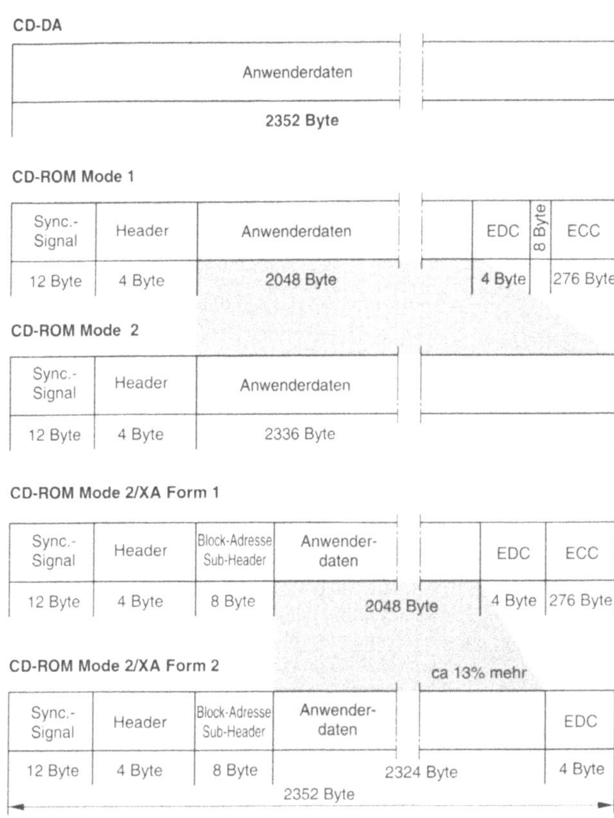

Bild B-75. Datenformate für Audio-CD und CD-ROM.

Tabelle B-11. Speicherkapazität der verschiedenen Standards

	Größe des Nutzdatenbereiches	Gesamtkapazität bei 60 Minuten Spieldauer
CD-DA (Audio-CD)	2.352 Byte	635 MByte
CD-ROM Mode 1	2.048 Byte	553 MByte
CD-ROM Mode 2	2.336 Byte	630 MByte
CD-ROM Mode 2, XA Form 1	2.048 Byte	553 MByte
CD-ROM Mode 2, XA Form 2	2.324 Byte	627 MByte

Bild B-76. Beispiele einiger CD-ROM-Speicherplatten zur Archivierung von Daten.

Bild B-77. CD-ROM Laufwerk eines PC.

Beschreibbare optische Speicherplatten

Beschreibbare optische Speicherplatten sind im Orange Book-Standard vom November 1990 festgeschrieben. Der Standard umfaßt zwei Teile:

- Teil 1: Wiederbeschreibbare optische Speicher (CD-MO),
- Teil 2: Einmal beschreibbare optische Speicher (CD-WO).

Während die *CD-WO* (Compact Disk-Write Once, auch als *WORM* bezeichnet, Write Once Read Many) kompatibel zu den anderen CD-ROM Standards ist, kann die *CD-MO* (magnetooptische Speicherplatte) nicht mit normalen CD-ROM-Laufwerken gelesen oder bespielt werden.

CD-WO, WORM

Die *Write Once Read Many*-Speicherplatte arbeitet nach demselben Prinzip wie die CD-ROM: die Information ist in *Pits* und *Lands* abgelegt, die auf einer Spirale von innen nach außen angeordnet sind.

Im Gegensatz zur mechanischen Prägung der CD-ROM, werden die *Pits* von einem Schreib-Laser in die unter der Oberfläche liegende Folie gebrannt. Dieser Einbrennvorgang ist irreversibel, so daß eine Beschreibung der WORM-Platte nur einmal erfolgen kann.

Die Folie besteht aus einem organischen Farbstoff, der seine Reflexionseigenschaften unter Einwirkung des Lasers verändert. Das Verfahren wurde von der japanischen Firma Taiyo Yuden entwickelt.

Bekanntestes Beispiel einer CD-WO ist die *Photo-CD*. Das Beschreiben der CD wird als *Session* bezeichnet und kann auch in mehreren Schritten erfolgen. In diesem Fall spricht man auch von einer *Multi-Session fähigen* CD-WO. Gerade bei der Photo-CD wird davon Gebrauch gemacht. Sie kann über 100 Bilder speichern, so daß Kleinbildfilme mit 36 Bilder auch nacheinander übertragen werden können.

CD-MO (magnetooptischer Speicher)

Magnetooptische Speicher nutzen den aus der Physik bekannten *Kerr-Effekt.* Das Trägermaterial besteht aus Polycarbonat, auf dem eine Terbium-Ferrit-Cobalt-Schicht (TE-/FE-/CO-Schicht) aufgebracht ist. Diese MO-Schicht ist beidseitig von einer dielektrischen Schicht eingeschlossen. Ein Reflektor lenkt den Schreib-/Lesestrahl des Lasers auf die Auswerteeinheit. Eine glasartige Schutzschicht macht diese magnetooptische Schicht unempfindlich gegenüber äußeren Einflüssen. Vor allem die Korrosionsgefahr dieser Materialien (sie gehören zu den *Seltenen Erden)* gilt es zu unterbinden. Eine weitere Schutzschicht komplettiert den Aufbau der MO-Platte. Bild B-78 skizziert den Aufbau.

Die MO-Schicht besteht aus einer Vielzahl *kleiner Dauermagnete (Magnetic Spots)*, die je nach Ausrichtung die digitale Information „0“ oder „1“ darstellen. Beim Beschreiben einer MO-Platte erhitzt ein Laser die MO-Schicht, wobei in

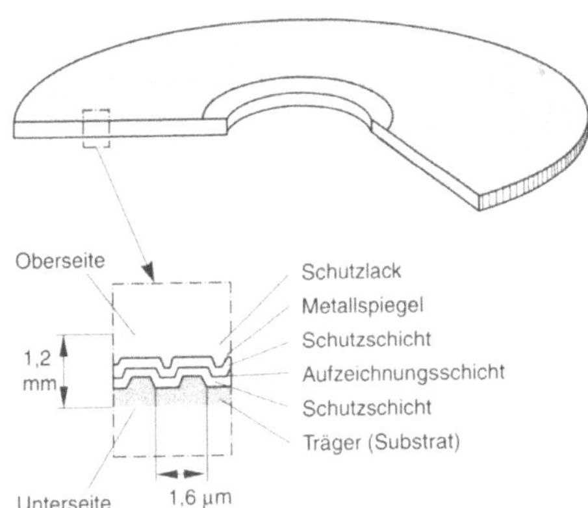

Bild B-78. Aufbau einer magnetooptischen Speicherplatte.

dessen Fokus eine Temperatur von etwa $200°C$ erreicht wird. Die *Koerzitivfeldstärke* H_C der magnetischen Teilchen wird dabei so gering, daß sie mit Hilfe eines externen magnetischen Feldes umgepolt werden können. Dieser Vorgang ist nur unter obigen Bedingungen möglich ($200°C$), so daß die abgespeicherte Information unter Raumtemperatur irreversibel ist.

Beim Lesen dieser MO-Schicht ändert der Laser in Abhängigkeit der magnetischen Ausrichtung seine Polarisationsebene. Dieser Effekt wird als *Kerr-Effekt* bezeichnet. Mit Hilfe zweier Polarisationsfilter kann nun festgestellt werden, wie die Ausrichtung der vom Laser überstrichenen MO-Schicht ist. Diese beiden Zustände spiegeln die digitale Information „0" und „1" wieder.

Der Lesevorgang erfolgt bei den heute eingesetzten MO-Laufwerken doppelt so schnell wie der Schreibvorgang, da der Heizvorgang auf die Courie-Temperatur entfällt. Der Laser wird dabei mit einer geringeren Energie betrieben.

B 3.3 Speicherkarten

Speicherkarten (engl.: *Memory Cards, MC)* sind Baugruppen im *Scheckkartenformat,* die aus *Halbleiterspeicher* aufgebaut sind und keinerlei mechanische Komponenten (ausgenommen der Stecker) besitzen. Es eignen sich alle Speichertechnologien (Abschn. B 1.2) zum Aufbau dieser Karten. Dies sind:

- statische Speicher (SRAM-Karten),
- dynamische Speicher (DRAM-Karten),

- EPROM Karten, meist als OTP *(One Time Programmable)* ausgeführt,
- ROM-Speicher *(Read Only Memory,* Nur-Lese-Speicher),
- Flash-Speicherkarten.

Mit dem Einzug der portablen Rechner, wie beispielsweise der Laptop- oder Note-Book-Computer, kam auch die weltweite Verbreitung der *Speicherkarte.* Hauptsächlich dient sie als direkter Ersatz von Floppydisk-Laufwerken oder zur Erweiterung des Hauptspeichers. Mit ihr können Daten und Programme auf kleinstem Platz abgespeichert, aus dem Rechnersystem entfernt und ausgetauscht werden. Das Floppydisk-Laufwerk mit seinen mechanischen Komponenten wurde ersetzt durch einen von außen zugänglichen Steckplatz, in den die Speicherkarte eingeschoben wird.

Aus heutiger Sicht wird ein sprunghafter Anstieg beim Einsatz von Speicherkarten erwartet, was vor allem durch die weltweite Standardisierung erreicht wurde. So sollen bis 1995 mehr als 60 Mio. Karten verkauft werden, während 1992 weltweit etwa 2,8 Mio. Speicherkarten verkauft worden sind.

B 3.3.1 Verschiedene Standards und Technologien für Speicherkarten

Als Mitte der 80er Jahre die ersten Speicherkarten auf den Markt kamen, entwickelte jeder Hersteller zunächst seinen eigenen Standard in bezug auf

- Größe (mechanische Abmessungen),
- Zahl der Anschlüsse,
- elektrische Kopplung zum Rechnersystem und
- Organisation der Daten auf der Karte.

Darüberhinaus wurden für besondere Einsatzbedingungen kontaktlose Speicherkarten entwickelt. Bild B-79 zeigt verschiedene Standards bei der Entwicklung der Speicherkarte.

Dies führte dazu, daß der Kunde sowohl beim Laufwerk, als auch bei den Speicherkarten auf einen Herstellers festgelegt war. Diese Tatsache blockierte lange Zeit die Marktakzeptanz dieses neuen Speichermediums.

Am auffälligsten sind die physikalischen Unterschiede der Hersteller, die die Verwendung der Karten in unterschiedlichen Systemen nicht erlaubt. So gibt es Speicherkarten mit

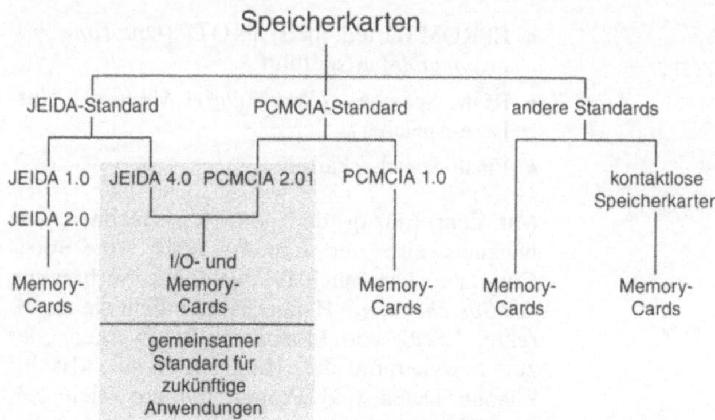

Bild B-79. übersicht über Speicherkartentechnologien.

- einer Steckerreihe und
- zwei Steckerreihen, sogenannte *Two-Piece-Karten*.

Die Karten können 34, 38, 40, 50 und 68 Kontakte in Form einer Buchsenreihe haben. Weniger Bedeutung erlangten Karten mit Direkt-Kontakten *(Card-Edge-Connector)*, bei denen der Kontakt durch Leiterzüge (Kupferbahnen) auf der Leiterplatte hergestellt wird (dies ist beispielsweise auch bei Karten für den PC der Fall). Bild B-80 zeigt einen Direktkontakt-Stecker. Durch unterschiedlich lange Ausführungen der Kontakte erreicht man ein sicheres Stecken und Lösen der Karte, auch während des Betriebes. Die voreilenden Kontakte führen dabei die Versorgungsspannungen, die nacheilenden Kontakten die Signale. Die Herstellung des vollständigen Kontaktes erfolgt dabei in drei Stufen:

1. Anschalten der Versorgungsspannung (Masse und Betriebsspannung),
2. Anschalten der Adreß- und Datenleitungen und
3. Anschalten der Steuerleitungen zur Freigabe der Speicherkarte.

Entfernt man die Speicherkarte aus ihrem Steckplatz, so gelten obige Punkte in umgekehrter Reihenfolge.

Diese Problematik unterschiedlicher Standards wurde auch von den Herstellern erkannt. So schlossen sich 1989 die wichtigsten Speicherkartenhersteller in den Vereinigungen *PCMCIA* (Personal Computer Memory Card International Association) und JEIDA (Japan Electronic Industry Development Association) zusammen, um eine gemeinsame Norm zu erarbeiten. In der JEIDA sind alle großen japanischen Elektronikkonzerne vertreten (Japan ist der größte Hersteller von Speicherkarten). In der von amerikanischen Firmen beherrschten PCMCIA-Vereinigung finden sich alle bedeutenden Elektronikfirmen der USA (z. B. Intel, IBM, Hewlett Packard, Sun, Texas Instruments) und auch einige europäische Speicherkartenhersteller (aus Deutschland beispielsweise die Firmen *SCM* und *Dr. Neuhaus*). Der PCMCIA-Standard 2.0 und der JEIDA-Standard 4.0 sind identisch und bilden die Basis aller zukünftigen Entwicklungen. Darauf wird in Abschnitt B 3.3.4 noch ausführlich eingegangen.

B 3.3.2 Technologien von Speicherkarten

Alle Technologien für Speicherbausteine eignen sich für den Aufbau von Speicherkarten (Abschn. B 1.2). Dies sind:

- statische Speicher (SRAM-Speicherkarten),
- dynamische Speicher (DRAM-Speicherkarten),
- EPROM Speicher, meist als OTP (One Time Programmable) ausgeführt, für
- PROM-Speicherkarten,
- ROM-Speicher (Read Only Memory, Nur-Lese-Speicher) für ROM-Karten und
- Flash-Speicherkarten, auf die im nachfolgenden noch ausführlich eingegangen werden.

Tabelle B-12 gibt einen Eindruck der Vielfalt und Anwendungen von Speicherkarten wieder. Im

Tabelle B-12. Technische Eigenschaften verschiedener Speicherkarten

Technologie	Speicherkarten				
	SRAM	ROM	OTP-EPROM	EEPROM	Flash-EEPROM
Kapazität	64kB, 128kB, 256kB, 512kB, 1MB, 2MB, 4MB	64kB, 128kB, 256kB, 512kB, 1MB, 2MB, 4MB,	256kB, 512kB, 1MB, 2MB	64kB, 128kB, 256kB, 512kB	256kB, 512kB, 1MB, 2MB, 4MB, 10MB, 20MB
Zugriffszeit	200 ns	250 ns	250 ns	250 ns	200 ns
Datenbusbreite	8Bit/16Bit	8Bit/16Bit	8Bit/16Bit	8Bit/16Bit	8Bit/16Bit
mehrfach beschreibbar	ja	nein	nein	ja	ja
Betriebsspannungen	5V	5V	5V/12,5V	5V	5V/12V
Batterie	Lithium Batterie	–	–	–	–
Lebensdauer	5 Jahre	–	–	–	–
Kartentyp	Typ I	Typ I	Typ I	Typ I	Typ I
Anwendung	Speichererweiterung Disketten-Ersatz	Font-Karten Terminal-Emulation	Font-Karten Terminal-Emulation	Programmspeicher anwenderspez. Daten	Festplatten-Ersatz Programmspeicher

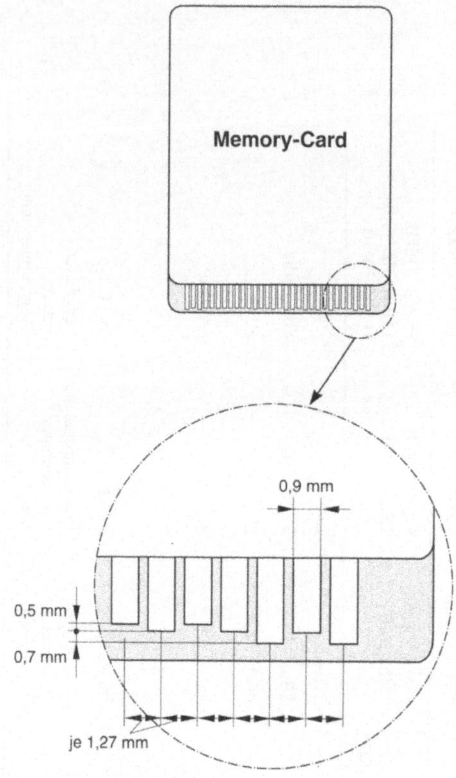

Bild B-80. Direktsteckkontakt (Card-Edge-Connector) bei Speicherkarten.

nachfolgenden werden die einzelnen Technologien und deren Einsatzmöglichkeiten aufgezeigt.

SRAM-Speicherkarte

Speicherkarten mit statischen Speichern (SRAM-Speicherkarten, SRAM: *Static Random Access Memory)* gehören zu den bevorzugten Speicherkarten. Ihre wesentlichen Eigenschaften sind:

- geringer Stromverbrauch,
- hohe Zugriffsgeschwindigkeit,
- Batteriepufferung möglich.

Statische Speicherbausteine sind in MOS-Speichertechnologie realisiert (MOS: Metall-Oxid-Silizium). Sie sind mit bistabilen Speicherelementen (Flip-Flops) aufgebaut und benutzen 4 oder 6 Transistoren zur Speicherung eines Bit (Abschn. B 1.2.1).

SRAM-Karten können unbegrenzt gelöscht und beschrieben werden. Dies erfolgt byte- oder wortweise. Die SRAM-Speicherkarte kann als

- Speichererweiterung und als
- „Diskette"

mit einer entsprechenden DOS-Formatierung (DOS = Disk Operating System) eingesetzt werden. Durch die Batteriepufferung ist ein Datenerhalt auch nach dem Ausschalten des Rechners möglich, so daß ein Datentransport (Datenaustausch) zu einem anderen Rechensystem erfolgen kann. Dies ist die bevorzugte Einsatzart von SRAM-Speicherkarten.

Nachteilig ist die noch geringe Speicherkapazität der SRAM-Bausteine. Speicherkarten mit mehr als 4 MByte Speicherkapazität sind heute noch nicht verfügbar. Dies wird sich mit der Verfügbarkeit hochintegrierter Speicher-Chips ändern.

DRAM-Speicherkarte

DRAM-Speicherkarten (DRAM: *Dynamic Random Access Memory*) spielen keine sehr große Rolle auf dem Speicherkarten-Markt, da sie ausschließlich als Hauptspeichererweiterung eingesetzt werden. Funktion und Arbeitsweise dynamischer Speicherbausteine sind im Abschn. B 1.2.1 näher erläutert. Sie können im Gegensatz zu den SRAM-Karten nicht durch eine Batterie gepuffert werden.

ROM-Speicherkarte (maskenprogrammierbare ROM)

ROM-Karten (ROM: Read Only Memory) sind vom Anwender nicht programmierbar. Die Daten werden während des Herstellungsprozesses fest in den Speicher eingebracht. Dies geschieht bei MOS-Technik beispielsweise durch das Öffnen eines Kontaktes zwischen dem Drainanschluß des MOS-Transitors und der Bitleitung. Das zu speichernde Informationsmuster wird mittels einer *Schablone* (auch als Maske bezeichnet) bei der Herstellung auf dem Chip aufgebracht. Diese *physikalische Programmierung* des Chips führt dazu, daß sich maskenprogrammierte Speicherkarten erst in großen Stückzahlen lohnen.

Einsatzgebiete von Mask-ROM's sind beispielsweise *Font-Karten* für Drucker. Sie haben eine Speicherkapazität von 128 kByte bis 8 MByte. Durch die ROM-Technologie behalten sie ihre Information auch außerhalb des Betriebs ohne Pufferbatterie.

OTP-Speicherkarte

OTP-ROM steht für *One-Time-Programmable-ROM*. Dabei handelt es sich um EPROM-Speicherbausteine, die wegen des fehlenden Quarz-Glasfensters nicht mehr gelöscht werden können (das Löschen erfolgt mit Hilfe von ultraviolettem Licht, Abschn. B 1.2.2). Der Wegfall dieses Quarzfensters führt dazu, daß ein wesentlich einfacheres und somit billiges Gehäuse verwendet werden kann. OTP-ROM's können vom Anwender selbst mit einem EPROM-Programmiergerät programmiert werden. Allerdings nur *einmalig*. Sie eignen sich für kleine Stückzahlen und werden vorzugsweise in der Industrie eingesetzt. Die Kapa-

zitäten der auf dem Markt erhältlichen OTP-ROM-Speicherkarten liegen zwischen 128 kByte und 2 MByte. Ihr Einsatzgebiet ist ähnlich dem der ROM-Speicherkarten bei Druckern, Terminals sowie kundenspezifischen Applikationen.

EPROM-Speicherkarte

Electrical Programmable ROM (EPROM) sind Speicherbausteine, die auf der Speicherung von Elektronenladungen auf einer Gate-Elektrode beruhen. Dieses Gate, das vollständig in Siliziumoxid eingebettet ist, hat keinen elektrischen Anschluß und kein definiertes Potential und wird daher als *floating gate* (schwebender Anschluß) bezeichnet. Es kann nur elektrostatisch von der Umgebung beeinflußt werden. Durch Aufladung des Gates läßt sich die Leitfähigkeit eines Transistors verändern und somit ein Informationszustand programmieren. Die Entfernung der Ladung ist elektrisch nicht möglich, sondern kann nur durch ultraviolettes Licht realisiert werden. Dies erfolgt durch ein Quarzglasfenster in einem speziellen Löschgerät.

Bei den Speicherkarten kommen EPROM's selten zum Einsatz, da sie relativ teuer im Vergleich zu OTP-ROM's sind. Lediglich bei der Entwicklung von systemnaher Software für Mikroprozessoren und bei anderen Spezialanwendungen werden sie eingesetzt.

EEPROM-Speicherkarte

Die elektrisch löschbaren und programmierbaren ROM's sind den oben erläuterten EPROM's vom Prinzip her ähnlich, es wurde lediglich die Möglichkeit geschaffen, die Speicherzellen elektrisch zu löschen. Dies erfolgt durch die Abführung der Ladung des Floating-Gates (eine Elektrode, die an kein Potential gebunden ist) an das Substrat.

Auch sie werden auf dem Sektor der Speicherkarten keine große Bedeutung erlangen, da sie sehr teuer und im Vergleich mit den Flash-Karte langsamer sind. Sie werden für Spezialanwendungen, wie beispielsweise bei kontaktlosen Speicherkarten eingesetzt.

Flash-Speicherkarte

Eine völlig neue Speichergeneration wurde Ende der 80er Jahre vorgestellt und erlang zunehmend an Bedeutung: die *Flash-Speicher*. Mit der Bezeichnung „Flash" wollte die Firma Intel, die diesen Speichertyp vorstellte, die enorme Geschwindigkeit bei den Schreib-/Leseoperationen beschreiben, die mit diesem nichtflüchtigen Speicher erreicht werden. Daher eignet sich Flash-Speicher-Technologie vor allem für nichtflüchtige Speicherkarten. Derzeit haben Flash-Karten noch keine großen Marktanteile, es wird aber davon ausgegangen, daß ihnen neben den SRAM-Karten die Zukunft des Speicherkarten-Marktes gehören wird. Bild B-81 zeigt einige Flash-Speicherbausteine, wie sie in modernen Speichersystemen eingesetzt werden. Auf die Besonderheiten der Flash-Speicherkarten wird in Abschnitt B 3.3.3 noch ausführlich eingegangen.

Bild B-81. Flash-Speicherbaustein.

Mixed Cards

Immer populärer werden Speicherkarten, auf denen mehrere unterschiedliche Speicherarten untergebracht sind. Dies gilt vor allem für die Kombination von Flash- und SRAM-Chips auf einer Karte. Der Vorteil dieser Kombination liegt darin, daß die im Flash-Speicher hinterlegten Programme nicht gepuffert werden müssen und der Komfort einer SRAM-Karte weiterhin erhalten bleibt.

B 3.3.3 Aufbau und Eigenschaften von Flash-Speicherkarten

Da Flash-Speicherkarten eine zukunftsorientierte Technologie darstellen, soll hier auf einige Besonderheiten hingewiesen werden.

Die *Flash-EEPROM Zelle* basiert auf einer Ein-Transistor-EPROM-Zelle. Sie ist nicht flüchtig und elektrisch löschbar.

Funktion und Arbeitsweise sind im Abschnitt B 1.2 näher erläutert.

Gemessen an gewöhnlichen EEPROM's lassen sie sich sehr schnell löschen. (etwa eine halbe Sekunde für 1 Mio. Speicherzellen). Flash-EEPROM's können byteweise beschrieben, aber nur blockweise gelöscht werden. Derzeit ist eine Blockgröße von 128 kByte typisch, der Trend geht jedoch hin zu kleineren Blockgrößen. Nachteilig ist bei Flash-EEPROM's, daß sie sich beim Löschvorgang selbst zerstören. Damit ist die Lebensdauer auf 10.000 bis 100.000 Löschvorgänge pro Speicherblock begrenzt. Die Schreib- und Löschvorgänge erfordern üblicherweise eine Programmierspannung von 12 V. Einige Hersteller bieten inzwischen erste Produkte mit Programmierspannungen von 5 V und 3,3 V.

Flash-Speicherkarten werden heute bis zu einer Kapazität von 40 MByte angeboten. Eine weitere Verringerung der Speicherdichte ist zu erwarten. Die Zugriffszeit auf die 40 MB-Speicherkarte beträgt 200 ns.

Flash-Speicher sind sehr zuverlässig. Ihre statistische durchschnittliche Ausfallrate (MTBF, *Mean-Time-Between-Failure*) beträgt 100 Jahre. Unempfindlichkeit gegen Schock und Vibration (ca. 1/100 im Vergleich zu motorgetriebenen Festplatten) macht sie auch für den rauhen Industrie-Einsatz tauglich.

Die Vorteile der Flash-Speicherkarte gegenüber Plattenspeichersystemen in der Zusammenfassung:

- hohe Zugriffsgeschwindigkeit,
- Unempfindlichkeit gegenüber – Schock
  – Vibration
  – Temperatur,
- geringes Gewicht und
- geringer Stromverbrauch.

Der Betrieb der Flash-Speicher setzt ein Verwaltungsprogramm voraus. Vor dem erneuten Beschreiben muß eine Flash-Zelle vollständig gelöscht werden. Dies ist jedoch nur blockweise möglich. Da die Zellen nur bis zu 100000 Löschvorgängen zulassen und sich das Zeitverhalten mit zunehmendem Löschen verschlechtert, sollten die Blöcke so selten wie möglich gelöscht werden. Das Verwaltungsprogramm muß vor allem eine starke Beanspruchung einzelner Zellen vermeiden, da die Schwächung eines einzelnen Blocks den gesamten Flash-Speicher unbrauchbar macht und zu einem früheren Totalausfall des Systems führen kann.

Flash-Speicher können nur begrenzt oft beschrieben werden!

Dieses spezielle Verwaltungsprogramm wird als *Flash-File-System* (FFS) bezeichnet und verwendet eine spezielle Datenstruktur und Datenorganisation, die obige Nachteile umgeht.

Hinweis: Das auf Personal Computern (PC) übliche DOS-Filesystem für Speicherplatten (Festplatte oder Floppy-Disk) kann bei Flash-Speichern nicht verwendet werden. Grund: Am Anfang des Datenträgers wird das Inhaltsverzeichnis *(Directory)* und die Zuordnungstabelle (FAT, *File Allocation Table*, Abschn. B 3.2) bei *jedem* Schreibzugriff verändert. Diese übermäßige Nutzung eines einzelnen Speicherbereichs, kann bei Flash-Speicherkarten durch die begrenzte Anzahl der Löschzyklen nicht angewandt werden.

Das Flash-File-System (FFS)

Flash-File-Systeme werden derzeit von Microsoft, SCM und Databook angeboten. Diese Systeme haben allesamt das Ziel, die Löschvorgänge auf den Flash-Speicherbausteinen auf ein Minimum zu reduzieren und somit die Lebensdauer zu erhöhen. Das Grundprinzip aller Flash-File-Systeme ist die *sukzessive Beschreibung* aller Bausteine. D.h., es werden *alle* Bausteine beschrieben, bevor der erste wieder gelöscht wird. Blöcke, die veraltete Informationen enthalten, werden als „nicht nutzbar" gekennzeichnet, neue werden in den freien Datenbereich eingetragen. Dies führt dazu, daß beispielsweise die Änderung des Inhaltsverzeichnisses nicht wie bei Speicherplatten in ausgewiesenen Sektoren, sondern in freien Speicherbereichen erfolgt. Das Inhaltsverzeichnis eines Flash-Speichers ist demnach über den ganzen Speicher verteilt. Bild B-82 verdeutlicht diesen Zusammenhang.

Bei dem Flash-File-System von Microsoft werden die Datenblöcke variabler Länge in verketteten Listen geführt. Sie können gelesen, gelöscht oder verändert werden. Ein Löschvorgang bedeutet keine physikalischen Löschung, sondern eine Kennzeichnung, daß die Daten ungültig und an anderer Stelle neu angelegt sind. Ist das Medium vollständig belegt, so muß der Speicher neu formatiert werden. Hilfsprogramme, wie beispielsweise die Norton Utilities oder PC-Tools, arbeiten mit diesem FFS nicht zusammen. Das File-System von Microsoft ist somit nicht mit der Filestruktur von Festplatten oder Disketten kompatibel. Alle übrigen DOS-Befehle werden unterstützt.

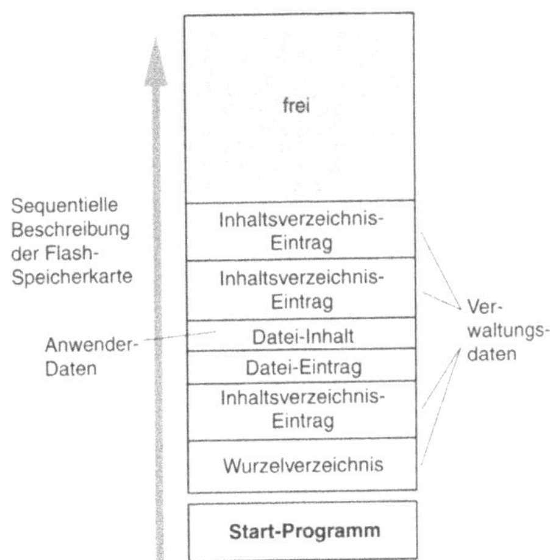

Bild B-82. Sequentieller Aufbau eines Flash-File-Systems.

SCM hat ebenfalls ein sehr leistungsfähiges FFS entwickelt. Hauptmerkmal dieses Filesystems ist ein zusätzlicher Chip auf der Karte, der als *Backup-Chip* arbeitet. Jeder Chip enthält neben den Informationen die Verwaltungsdaten der einzelnen Blöcke. Er ist in 512 Byte lange Sektoren aufgeteilt, ein Format, das DOS auch bei Festplatten und Disketten anwendet. Jeder Sektor hat einen Status (z. B. frei oder gelöscht). Erfolgt eine Änderung, so wird der Sektor als gelöscht gekennzeichnet und ein neuer angelegt. Erst wenn die Speicherkarte vollständig beschrieben ist, wird der Chip mit den meisten gelöschten (ungültigen) Sektoren in den Backup-Chip kopiert. Anschließend wird dieser Baustein physikalisch gelöscht und im folgenden als Backup-Chip verwendet. Der ursprüngliche Backup-Chip, der nur wenige Daten übernommen hat, wird in das übrige Filesystem eingegliedert. Seine freien Blöcke können nun für weitere Daten benutzt werden. Bild B-83 zeigt anschaulich die Datenübernahme eines vollständig ausgenutzten Bausteins durch den Back-Up Chip, seine physikalische Löschung und den weiteren Einsatz als neuer Back-Up Chip.

Nachteilig ist, daß dieses Verfahren einen hohen Verwaltungsaufwand erfordert. Es ermöglicht jedoch die Verwendung aller DOS-Standardkommandos (z. B. DELETE, COPY)

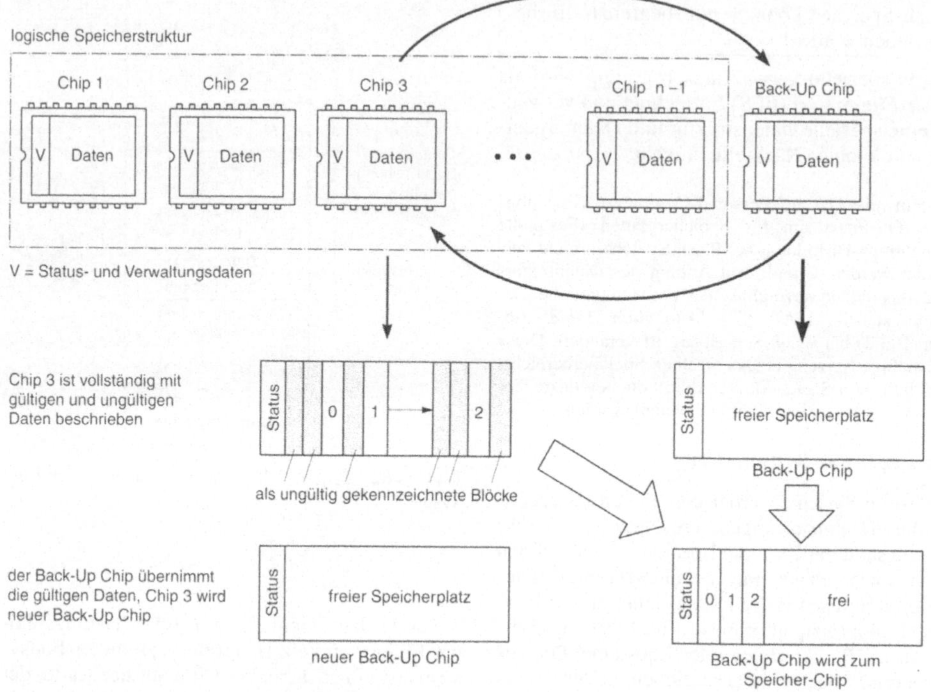

Bild B-83. Flash-File-System von SCM.

und es können sogar verschieden Kompressions-Algorithmen angewendet werden.

B 3.3.4 Speicherkarten nach dem PCMCIA-Standard

B 3.3.4.1 Mechanische Festlegung (Card Physical)

Die in Abschnitt 3.3.1 beschriebene Vereinigung der Speicherkartenhersteller führte im März 1990 zur PCMCIA-Norm 1.0 (PCMCIA = Personal Computer Memory Card International Association). Die japanischen Hersteller reagierten mit dem JEIDA 4-Standard (JEIDA = Japan Development Association), der dem PCMCIA 1.0 Standard entspricht, so daß erstmals eine weltweite Basis für die Weiterentwicklung der Memory-Cards gegeben war. In dieser Norm wurden die mechanischen und elektrischen Eigenschaften von Memory-Cards festgeschrieben. Wichtigste Punkte der PCMCIA-Norm 1.0 sind:

- 68 Anschlüsse,
- 16 Bit Datenbus,
- 26 Bit Adreßbus (64 MByte),
- 5-V-TTL-Pegel,
- Abmessungen: 86*54 mm, Dicke 3,3 mm, 5 mm oder 10,5 mm,
- Attributspeicher mit Informationen über Kartenkapazität, Zugriffszeit, Speichertechnologie und herstellerspezifischen Angaben.

Recht schnell hatte man erkannt, daß die PCMCIA-Normung nicht nur Speicherkarten, sondern auch die Entwicklung von I/O-Karten (I/O: Input/Output, z. B. Modemkarten oder Netzkarten) zuläßt. Diese Punkte wurden in der zweiten Version 2.0 im September 1991 ergänzt. Inzwischen gilt die modifizierte Version 2.01. I/O-Karten (Input/Output-Karten) gibt es bereits für alle wichtigen Kommunikationsanwendungen. Dies sind:

Bild B-84. I/O- und Speicherkarten nach dem PCMCIA-Standard. Werkfoto: SCM.

- Ethernet-Netzwerk Karte,
- SCSI-Bus Karte (SCSI: Small Computer System Interface),
- Modem-Karte,
- Fax-Karte,
- GPS-Karte (GPS: Global Positioning System),
- 1,8"-Wechselplatte.

Bild B-84 zeigt einige Vertreter von Speicherkarten und Schnittstellenkarten, wie beispielsweise eine Ethernet-Karte und eine Modem-Karte. Bild B-85 ergänzt in einer Übersicht die wichtigsten Speicherkarten und Peripheriekarten. In der linken Hälfte des Bildes ist ebenfalls die Verfügbarkeit der Speicherkarten aufgetragen.

Die Bauform und Abmessungen der Standard Speicherkarte nach der PCMCIA-Norm ist in Bild B-86 dargestellt. Um die zusätzliche Elektronik und die notwendigen Steckverbinder für Pe-

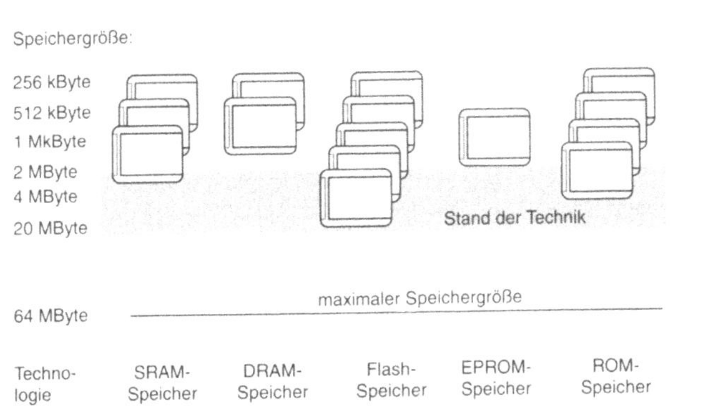

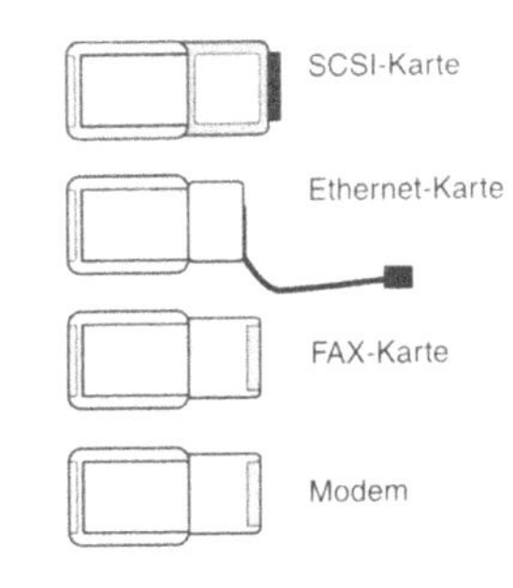

Bild B-85. Speicherkarten nach dem PCMCIA-Standard 1.0 und 2.01.

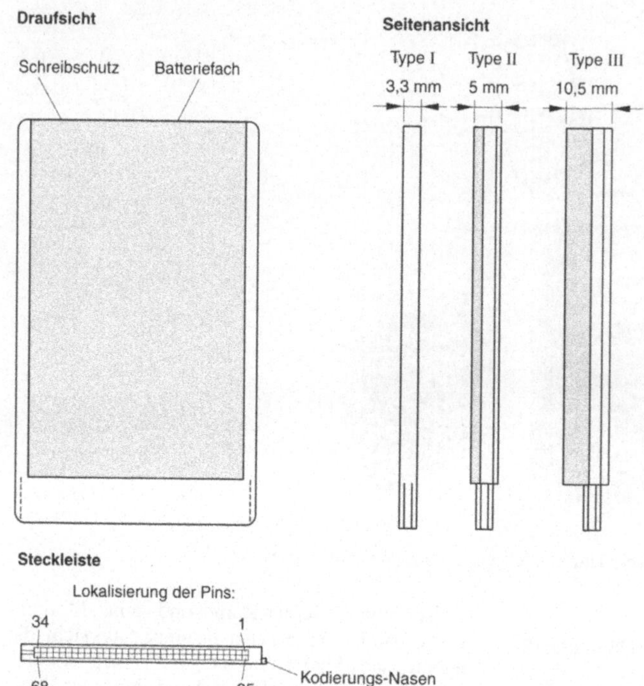

Bild B-86. Bauformen für Typ I, Typ II und Typ III Speicherkarten.

ripheriekarten aufnehmen zu können, wurde dieses Gehäuse erweitert. Bild B-87 zeigt die vorgeschlagenen Gehäuseformen nach dem PCMCIA-Standard 2.01.

Wichtiger Bestandteil der Normierung durch die PCMCIA-Vereinigung war die Festlegung der Signale am Stecker. Die Signalbelegung für Speicherkarten ist in Tabelle B-13 wiedergegeben. Grau hinterlegt ist der 16 Bit breite Datenbus. Die ergänzende Steckerbelegung zum Betrieb von I/O-Karten zeigt Tabelle B-14. Die zusätzlichen bzw. geänderten Signale für Peripherie-Karten sind hervorgehoben.

Speicherkarten verhalten sich in einem Rechnersystem physikalisch wie jeder übliche Speicher: die Anwahl der Speicherzelle erfolgt durch die Adressen, das zu lesende oder zu schreibende Datenwort wird über die entsprechenden Datenleitungen in Abhängigkeit von Steuerleitungen transportiert. Darüberhinaus wird der Zugriff auf den Attributspeicher durch das Signal REG (Register) ermöglicht. CE1, CE2 und A0 ermöglichen einen 8 Bit oder 16 Bit Zugriff auf die Karte. Die Organisation der Daten auf der Speicherkarte unterliegt ausschließlich der Software.

Bild B-88 zeigt einen einfachen Steuermechanismus zur physikalischen Ankopplung von Speicherkarten. Eine Besonderheit ist die Überwachung der Steuersignale in Abhängigkeit der Versorgungsspannung. Damit ist ein Stecken und Ziehen der Karten bei eingeschaltetem Gerät, also unter Spannung, möglich. Dies wird als *Hot-Removal* oder *Live Insertion* bezeichnet. Die Signale CD1 und CD2 (CD: *Card Detection*) erkennen die Speicherkarte und veranlassen die Steuerlogik die Signale in der Reihenfolge

- Versorgungsspannung,

- Adressen, Daten und schließlich

- Steuersignale

an die Speicherkarten anzuschalten. Beim Entfernen der Speicherkarte gelten obige Punkte in umgekehrter Reihenfolge.

Tabelle B-13. Steckerbelegung einer Speicherkarte nach dem PCMCIA-Standard

Pin Nr.	I/O Name	Signal-Name	Funktion	Pin-Nr.	I/O	Signal-Name	Funktion
1	GND	0V, Masse		35		GND	0V, Masse
2	I/O	D3	Datenleitung D3	36	O	CD1	Card Detect 1
3	I/O	D4	Datenleitung D4	37	I/O	D11	Datenleitung D11
4	I/O	D5	Datenleitung D5	38	I/O	D12	Datenleitung D12
5	I/O	D6	Datenleitung D6	39	I/O	D13	Datenleitung D13
6	I/O	D7	Datenleitung D7	40	I/O	D14	Datenleitung D14
7	I	CE1	Card Enable Low Byte	41	I/O	D15	Datenleitung D15
8	I	A10	Adresse A10	42	I	CE2	Card enable High Byte
9	I	OE	Output enable	43	I	RFSH	Refresh
10	I	A11	Adresse A11	44			reserviert
11	I	A9	Adresse A9	45			reserviert
12	I	A8	Adresse A8	46	I	A17	Adresse A17
13	I	A13	Adress 13	47	I	A18	Adresse A18
14	I	A14	Adresse A14	48	I	A19	Adresse A19
15	I	WE/PGM	Write enable	49	I	A20	Adresse A20
16	O	RDY	Ready/Busy	50	I	A21	Adresse A21
17		VCC	+5V Spannung	51		VCC	+5V Spannung
18		VPP1	Programmierspannung 1	52		VPP2	Programmierspannung2
19	I	A16	Adresse 16	53	I	A22	Adresse A22
20	I	A15	Adresse 15	54	I	A23	Adresse A23
21	I	A12	Adresse A12	55	I	A24	Adresse A24
22	I	A7	Adresse A7	56	I	A25	Adresse A25
23	I	A6	Adresse A6	57			reserviert
24	I	A5	Adresse A5	58	I	RESET	Karten Reset
25	I	A4	Adresse A4	59	O	WAIT	Wartesignal
26	I	A3	Adresse A3	60			reserviert
27	I	A2	Adresse A2	61	I	REG	Anwahl der Register
28	I	A1	Adresse A1	62	O	BVD2	Batteriekontrolle 2
29	I	A0	Adresse A0	63	O	BVD1	Batteriekontrolle 1
30	I/O	D0	Datenleitung D0	64	I/O	D8	Datenleitung D8
31	I/O	D1	Datenleitung D1	65	I/O	D9	Datenleitung D9
32	I/O	D2	Datenleitung D2	66	I/O	D10	Datenleitung D10
33	O	WP	Schreibschutz (WP)	67	O	CD2	Card Detect 2
34		GND	0V, Masse	68		GND	0V, Masse

Tabelle B-14. Steckerbelegung einer I/O-Karte nach dem PCMCIA-Standard

Pin Nr.	I/O	Signal-Name	Funktion	Pin Nr.	I/O	Signal-Name	Funktion
1		GND	0V, Masse	35		GND	0V, Masse
2	I/O	D3	Datenleitung D3	36	O	CD1	Card Detect 1
3	I/O	D4	Datenleitung D4	37	I/O	D11	Datenleitung D11
4	I/O	D5	Datenleitung D5	38	I/O	D12	Datenleitung D12
5	I/O	D6	Datenleitung D6	39	I/O	D13	Datenleitung D13
6	I/O	D7	Datenleitung D7	40	I/O	D14	Datenleitung D14
7	I	CE1	Card Enable Low Byte	41	I/O	D15	Datenleitung D15
8	I	A10	Adresse A10	42	I	CE2	Card enable High Byte
9	I	OE	Output enable	43	I	RFSH	Refresh
10	I	A11	Adresse A11	44	I	IORD	I/O-Lesezugriff
11	I	A9	Adresse A9	45	I	IOWR	I/O-Schreibzugriff
12	I	A8	Adresse A8	46	I	A17	Adresse A17
13	I	A13	Adresse 13	47	I	A18	Adresse A18
14	I	A14	Adresse A14	48	I	A19	Adresse A19
15	I	WE/PGM	Write enable	49	I	A20	Adresse A20
16	O	IRQ	Interrupt Request	50	I	A21	Adresse A21
17		VCC	+5V Spannung	51		VCC	+5V Spannung
18		VPP1	Peripherie-Versorgung	52		VPP2	Peripherie-Versorgung
19	I	A16	Adresse 16	53	I	A22	Adresse A22
20	I	A15	Adresse 15	54	I	A23	Adresse A23
21	I	A12	Adresse A12	55	I	A24	Adresse A24
22	I	A7	Adresse A7	56	I	A25	Adresse A25
23	I	A6	Adresse A6	57			*reserviert*
24	I	A5	Adresse A5	58	I	RESET	Karten Reset
25	I	A4	Adresse A4	59	O	WAIT	Wartesignal
26	I	A3	Adresse A3	60	O	INPACK	Input-Port Achnowledge
27	I	A2	Adresse A2	61	I	REG	Anw. Register und I/O
28	I	A1	Adresse A1	62	O	SPKR	Audio Signal (Speaker)
29	I	A0	Adresse A0	63	O	STSCHG	Status Changed
30	I/O	D0	Datenleitung D0	64	I/O	D8	Datenleitung D8
31	I/O	D1	Datenleitung D1	65	I/O	D9	Datenleitung D9
32	I/O	D2	Datenleitung D2	66	I/O	D10	Datenleitung D10
33	O	IOIS16	I/O-Port ist 16Bit breit	67	O	CD2	Card Detect 2
34		GND	0V, Masse	68		GND	0V, Masse

Signale ausschließlich für I/O-Karten

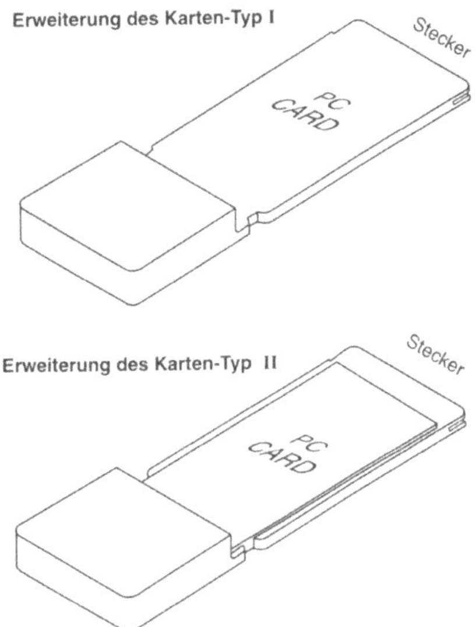

Bild B-87. Physikalische Erweiterung nach dem PCMCIA-Standard 2.01.

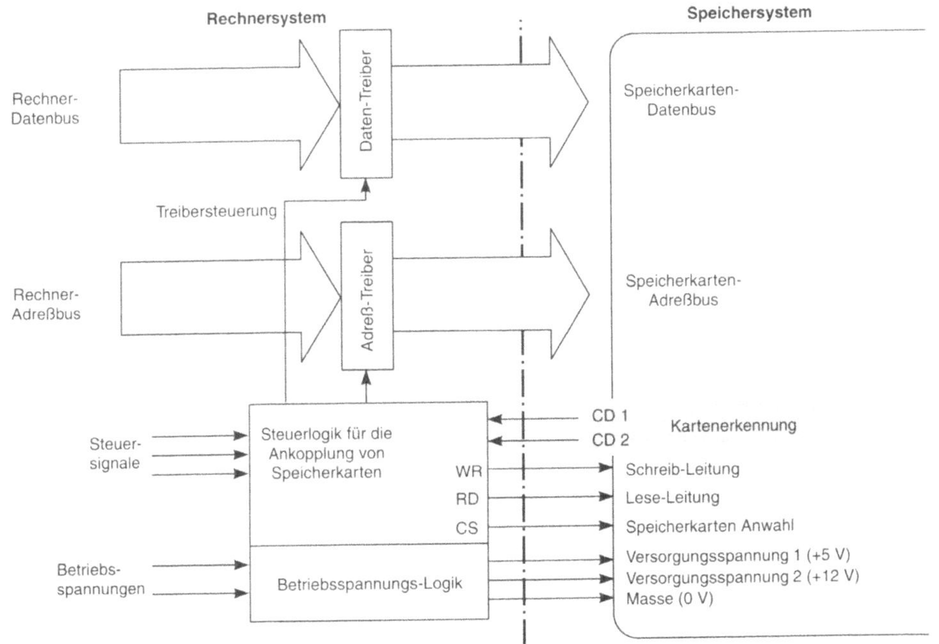

Bild B-88. Steckschnittstelle zu Speicherkarten.

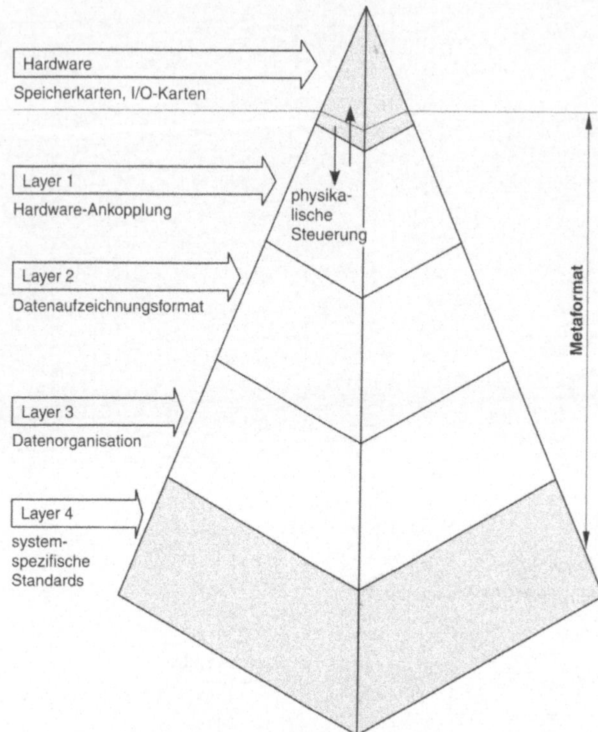

Bild B-89. Schichtenmodell des Metaformats nach dem PCMCIA-Standard.

B 3.3.4.2 Datenorganisation - Softwaremodell

Ebenfalls im PCMCIA-Standard festgelegt ist die Organisation der Daten auf Speicher- oder I/O-Karten. Dieser Teil der Spezifikation wurde sehr offen und daher mit viel Freiraum für zukünftige Entwicklungen definiert. Er gliedert sich in zwei Teile:

1. Card Metaformat
Das *Card Metaformat* ist eine Beschreibung der Speicherkarte, die im Attributspeicher abgelegt ist. Sie kann von anderen Rechnersystemen verarbeitet werden und dient der Austauschbarkeit der Speicherkarten. Die Daten sind in einer Kartenbeschreibung (engl.: *Card Information Structure,* CIS) abgelegt.

2. Execute In Place (XIP)
Execute In Place beschreibt eine Betriebsart, die es erlaubt, Programme direkt von der Speicherkarte aus zu starten und auszuführen. Dies ist vor allem für Applikationen von Interesse, da das Umkopieren in den Arbeitsspeicher entfällt.

Card Metaformat

Der PCMCIA-Standard schreibt das Ablegen von Karteninformationen im Attributspeicher in 4 Schichten vor. Diese werden als *Layer* bezeichnet, wovon zunächst vier definiert wurden:

- der *Kompatibilitätslayer* (Layer 1),
- das *Datenaufzeichnungsformat* (Layer 2),
- die *Datenorganisation* (Layer 3) und
- die *systemspezifischen Standards* (Layer 4).

Obwohl es die Norm so vorsieht, ist dies noch nicht bei allen Speicherkartenherstellern verwirklicht. Der erste Layer, der Kompatibilitätslayer, der die oben genannten Kartendaten enthält, muß jedoch in jedem Fall vorhanden sein. Die Daten sind in Form einer *verketteten Liste* abgelegt.

Diese wird als *Card Information Structure* (CIS) bezeichnet. Bild B-89 zeigt die 4 verschiedenen Schichten.

Kompatibilitätslayer (Layer 1)

Der Kompatibilitätslayer enthält die wichtigsten physikalischen Informationen der Karte, wie beispielsweise Größe und Speichertechnologie. Diese sind als verkette Liste von Datenblöcken variabler Länge, als sogenannte *Tupels*, realisiert (Bild B-90). Ein Tupel besteht aus

- dem Tupel-Kode (ein Byte),
- dem Tupel-Link (Verweis zum nächsten Tupel) und
- einem beliebig langen Tupel-Datenbereich.

Der Tupel-Kode enthält die Bedeutung des Tupels. So beschreibt beispielsweise der Tupel-Code CISTPL_DEVICE die Beschaffenheit des Hauptspeichers der Speicherkarte. Im Datenfeld stehen u. a. die *Device-ID* (Kartenidentifikation) und die *DeviceSize* (Kapazität der Speicherkarte). Die Device-ID setzt sich aus einem Kode zusammen, der die Speicherart kennzeichnet (z. B. SRAM-Karte) und einem Kode, hinter dem sich die Zugriffszeit auf die Karte verbirgt (ergänzt durch ein Schreibschutz-Bit). Das *Device-Size-Byte* gibt Auskunft über die Speicherkapazität der Karte. Weitere Beispiele für Tupel sind: *CISTPL_VERS_1* (Versions- und Seriennummer der Karte) oder *CISTPL_CONFIG* (Konfiguration der Speicher- oder I/O-Karte bez. Signalbenutzung).

Ein Beispiel für die Verkettung der Tupel zeigt Bild B-91. Es ähnelt sehr stark der Verkettung der Zuweisungtabelle (FAT) bei Diskettensystemen (Abschn. B 3.2.1).

Das Ende der Tupel-Kette wird durch den Tupel-Ende-Kode FFh angezeigt. Leere Tupel-Datenbereiche werden durch eine Null gekennzeichnet. In Tabelle B-15 sind die vom PCMCIA-Standard festgelegten Tupel-Kodes und ihre Bedeutung zusammengestellt.

Datenaufzeichungsformat (Layer 2)

Das Datenaufzeichnungsformat teilt dem Rechner mit, wie die Daten auf der Speicherkarte abgelegt sind. Auch diese Informationen sind als Tupel in die verkettete Liste aufgenommen (Tupel-Kodes ab 40 h). Folgende Datenformate sind dabei festgelegt:

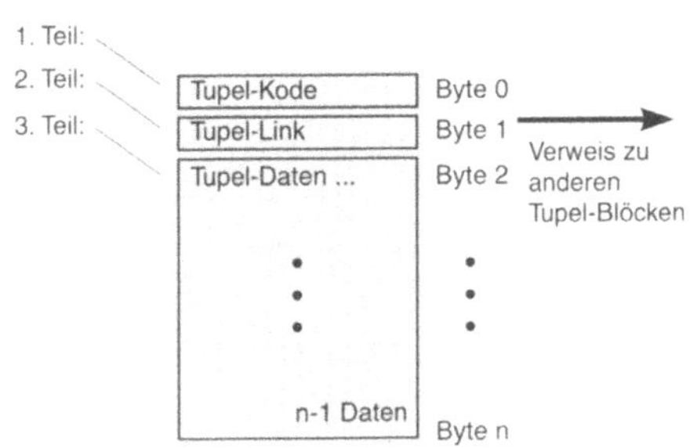

Bild B-90. Aufbau eines Tupel-Blocks.

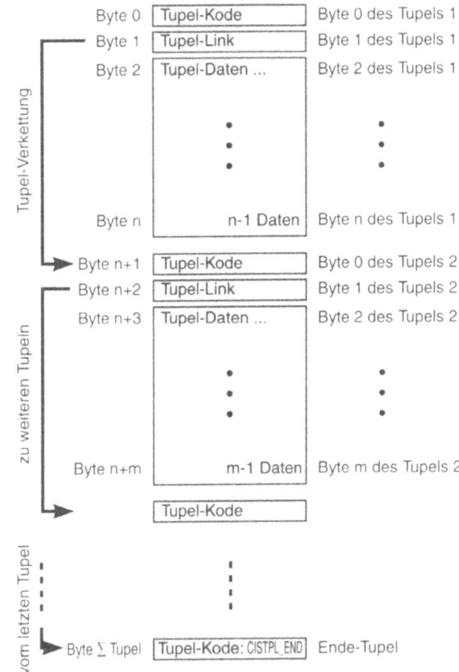

Bild B-91. Entstehung einer Karteninformation durch verkettete Tupel.

- Speichererweiterung und
- Emulation eines Plattenlaufwerkes.

Letzteres erlaubt die Speicherkarte entweder als Diskette oder auch als Festplatte anzusprechen. Dazu sind weitere Informationen in dieser Schicht spezifiziert:

Tabelle B-15. Tupel-Kodes nach dem PCMCIA-Standard

Kode	Kommando	Bedeutung
00 h	CISTPL_NULL	Null-Tupel, hat keine Bedeutung und wird ignoriert
01 h	CISTPL_DEVICE	beschreibt die Ausführung der Speicherkarte (Hardware)
02 h – 07 h	reserviert für Erweiterungen	
08 h – 0F h	reserviert für Erweiterungen	
10 h	CISTPL_CHECKSUM	Prüfsumme und Prüfsummenstrategie
11 h	CISTPL_LONGLINK_A	Longlink zum Attributspeicher
12 h	CISTPL_LONGLINK_C	Longlink zum Hauptspeicher
13 h	CISTPL_LINKTARGET	Ziel-Tupel für Longlink-Zugriffe
14 h	CISTPL_NO_LINK	verhindert einen Longlink-Zugriff
15 h	CISTPL_VERS_1	Informationen über Hersteller, Produktbezeichnung, Seriennummern etc.
16 h	CISTPL_ALTSTR	Auswahl des Zeichensatzes nach der ISO-Norm
17 h	CISTPL_DEVICE_A	Hardwarebeschreibung des Attributspeichers der Karte
18 h	CISTPL_JEDEC_C	Programmierinformation für den Hauptspeicher der Karte
19 h	CISTPL_JEDEC_A	Programmierinformation für den Attributspeicher der Karte
1 Ah – 3 Fh	reserviert für Erweiterungen	
40 h	CISTPL_VERS_2	Informationen über die logische Aufteilung der Karte (Partitionierung)
41 h	CISTPL_FORMAT	Informationen über die Formatierung der Karten
42 h	CISTPL_GEOMETRY	Information über die logische Einteilung in Tracks pro Zylinder, Zylinder und Sektoren
43 h	CISTPL_BYTEORDER	8/16 Bit Struktur der Karte
44 h	CISTPL_DATE	Datum und Zeit der letzten Formatierung
45 h	CISTPL_BATTERY	Datum und Zeit des letzten Batteriewechsels
46 h	CISTPL_ORG	Information über das Filesystem (z.B. Flash-File-System FFS)
47 h – 7 Fh	reserviert für Erweiterungen	
80 h – FEh	reserviert für herstellerspezifische Informationen	
FFh	CISTPL_END	Ende-Tupel, zeigt das Ende der Liste an

- Anzahl der Zylinder,
- Seiten (Tracks) pro Zylinder,
- Sektoren pro Spur (Track) und
- Partitionierung (Aufteilung).

Darüberhinaus werden in diesem Layer die Informationen über

- ein Fehlerprüfverfahren,
- dem verwendeten Algorithmus sowie
- Datum und Uhrzeit der letzten Formatierung

abgelegt.

Datenorganisation (Layer 3)

Die Datenorganisation beschreibt die Organisation innerhalb eines bestimmten *Speicherbereichs* (Partition) der Speicherkarte. Sie ist ebenso in Form der verketteten Liste abgelegt.

Mögliche Organisationsformen sind:

- ein DOS-File-System (oder das File-System eines anderen Betriebsystems),
- ein Flash-File-System,
- anwender- oder herstellerspezifische Organisationsformen.

Systemspezifische Standards (Layer 4)

Die hier definierten Standards sind nicht mehr Bestandteil der Tupel-Liste, sondern beziehen sich auf den Einsatz von Betriebssystemen. Folgende Spezifikationen liegen vor:

- ein Kartenformat für das DOS-Filesystem,
- ein Standard für Execute-In-Place (XIP),
- ein Standard für das Lesen älterer Karten ohne CIS-Struktur.

Execute-In-Place (XIP)

Execute-In-Place (XIP) beschreibt die Möglichkeit, eine Applikation auszuführen, ohne sie in den Hauptspeicher zu laden. Sie wird direkt auf der Speicherkarte gestartet und dort auch ausgeführt. Die Vorteile sind:

- es ist kein zusätzlicher Speicher im Hauptspeicher notwendig und
- es entstehen keine Ladezeiten; das Programm ist sofort einsatzbereit.

XIP-Speicherkarten werden in den Adreßraum des Rechners *eingeblendet*. Die absoluten Programmadressen werden dabei durch ein Zuweisungsverfahren (engl.: *Mapping*) auf die Speicherkarte umgeleitet. Es werden zwei Mapping-Verfahren unterstützt:

- LXIP entspricht dem Lotus/Intel/Microsoft (LIM) 4.0 Standard und arbeitet mit 16 kByte großen Seiten (Pages),
- EXIP unterstützt Applikationen, die im Intel 80386 Extended-Addressing-Mode arbeiten.

B 3.3.4.3 Schreib-Lesegeräte für Speicherkarten und ihre Schnittstellen

Memory Card Schreib-Lesegeräte werden in der Praxis oft als *MC*-Laufwerke bezeichnet. Dieser Begriff ist historisch gewachsen und eigentlich irreführend, da keine mechanischen Bewegungen in einem Halbleiterspeicher stattfinden. Der Ursprung leitet sich vom *Diskettenlaufwerk* ab.

Besondere Aufmerksamkeit bei Schreib-Lesegeräten ist der Schnittstelle zum Rechnersystem zu widmen. Der PCMCIA-Standard regelt zwar die physikalische, elektrische und logische Schnittstelle zur Memory Card sowie die Gestaltung der darüberliegenden Treiber, macht jedoch keine Aussage zur technischen Lösung der Ankopplung an das übergeordnete Rechensystem. So bieten alle Hersteller verschiedene Lösungen an, die auf vorhandene Standard-Schnittstellen zurückgreifen. Dies sind:

- PC-Bus-Systeme (für interne Laufwerke),
- SCSI-Bus (für externe Laufwerke, SCSI: Small Computer System Interface),
- serielle Schnittstelle (für externe Laufwerke) und
- parallele Schnittstelle (Centronics-Schnittstelle).

Bild B-92 zeigt diese Schnittstellen in einer Übersicht.

IDE (Integrated Drive Electronic)

Die meisten Rechnersysteme besitzen ein *AT-Bus-Interface* (AT: Advanced Technology), eine einfache Schnittstelle für Personal Computer. Ein Adapter schaltet die AT-Bus-Signale störungsfrei an die Elektronik der Speicherkarte weiter.

Als Ergänzung besitzt die AT-Bus-Interface-Karte eine weitere Schnittstelle, das *IDE-Interface*. IDE steht für *Integrated Drive*

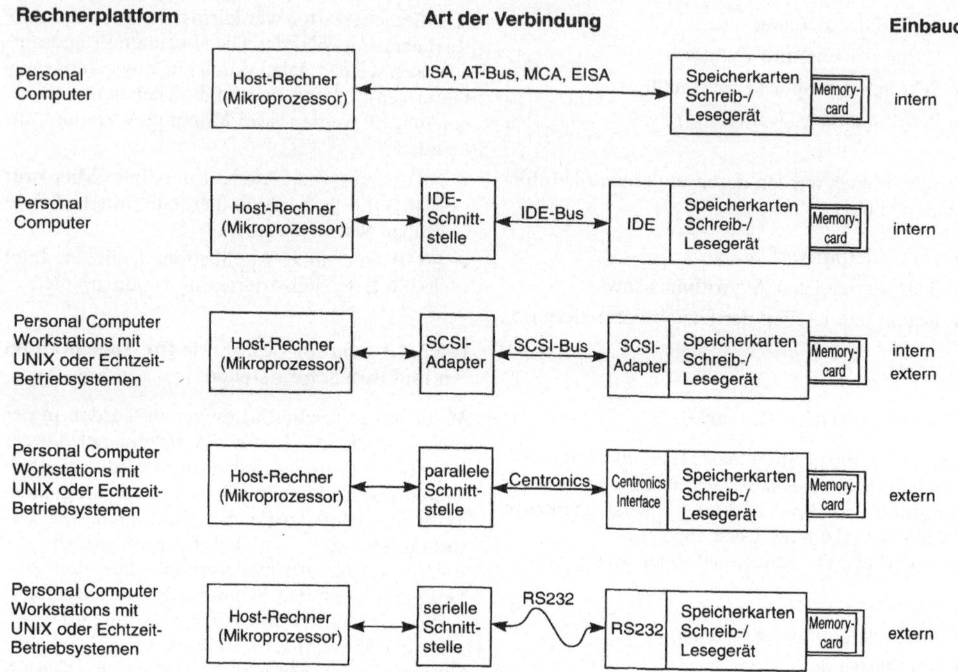

Bild B-92. Verschiedene Ankopplungen von MC-Laufwerken.

Electronic (integrierte Ansteuerungselektronik für Festplatten) und ist kompatibel zu anderen Festplatten-Schnittstellen. Ein IDE-Speicherkartenlaufwerk muß elektrisch und mechanisch (z. B. Signalbelegung der Stecker) dieser Schnittstelle entsprechen. Die Speicherkarte wird vom System wie eine *Speicherplatte* (Harddisk) behandelt und angesprochen. Die Vorteile dieser Ankopplung sind:

- das Speicherkartenlaufwerk kann direkt als Ersatz oder als zweite Festplatte in ein Rechnersystem (PC) installiert werden;
- der Benutzer sieht keinen Unterschied zwischen Festplatte und Speicherkarte.

Nachteilig ist hingegen, daß nur der PCMCIA-Standard 1.0 unterstützt wird, d. h. es können keine Peripherie-Karten in einem IDE-Laufwerk betrieben werden.

SCSI (Small Computer System Interface)

Die SCSI-Schnittstelle ist eine sehr flexible Schnittstelle, die als Bussystem bis zu 8 Teilneh-

mer erlaubt. Der SCSI-Datenbus ist ein 8 Bit breiter Parallelbus. Die angeschlossenen Geräte kommunizieren über einen standardisierten Befehlssatz miteinander. Um dieses aufwendige Softwareprotokoll durchzuführen, müssen die beteiligten SCSI-Controller einen erheblichen Teil der Datenübertragung selbständig durchführen.

SCSI-Busse sind sehr schnell, sehr flexibel und sehr leistungsfähig. Allerdings sind derzeit nur sehr wenige PCMCIA-Laufwerke mit SCSI-Schnittstelle verfügbar.

Zur Übung

ÜB 1-1: Was versteht man unter registerorientierter und stackorientierter Arbeitsweise von Mikroprozessoren?

ÜB 2-1: Worin unterscheidet sich die Harvard Rechnerarchitektur von der von Neumann?

ÜB 3-1: Worin liegen die Gefahren eines Cache-Speichers?

ÜB 3-2: Worin liegt der Unterschied von berührender und berührungslosen Aufzeichnungsverfahren? Zu welcher Kategorie gehört das Bernoulli-Laufwerk?

C Softwaresysteme

Unter Softwaresystemen werden Programme verstanden, welche sowohl die

- *Kommunikation* mit den Komponenten der Hardware herstellen (Betriebssysteme), als auch *den Ablauf der Programme* steuern und
- die *anwendungsnahe Verarbeitung* der Daten ermöglichen (Datenbanksysteme).

Der Unterschied zwischen beiden Arten von Softwaresystemen ist oft nicht mehr zu erkennen. Die Aufgaben sind meist integriert.

C 1 Betriebssysteme

C 1.1 Definition und Aufgaben

Betriebssysteme (engl.: *operating systems*) sind nach DIN 44300 folgendermaßen definiert:

> Betriebssystem (operating system): Die Programme eines digitalen Rechensystems, die zusammen mit den Eigenschaften der Rechenanlage die Basis der möglichen Betriebsarten des digitalen Rechensystems bilden und insbesondere die Abwicklung von Programmen steuern und überwachen. Eine Sprache, der ein Betriebssystem gehorcht, heißt Betriebssprache (operating language).

In Bild C-1 sind in einer Übersicht die Aufgaben der Betriebssysteme zusammengestellt und die Klasseneinteilung vorgenommen. Es ist zu erkennen, daß ein Betriebssystem die Aufgabe hat, die Programme zur *Steuerung und Verwaltung* der *Betriebsmittel* bereitzustellen und die *Ablaufsteuerung* der Anwenderprogramme zu gewährleisten. Die Betriebsmittel sind dabei die *Objekte* oder die *Hardware-Komponenten.* Sie bestehen nach Bild C-1 aus folgenden Teilen:

- *Zentraleinheit* (CPU) mit *Prozessor* und *Arbeitsspeicher* (Abschn. B1),
- *externe Speicher* (z.B. Platte, Diskette, Band),
- *Peripherie* (Ein- und Ausgabegeräte, z.B. Maus, Tablett, Drucker, Plotter) und
- *Benutzer* (mit dem Terminal: Tastatur und Bildschirm).

> Das Betriebssystem stellt das Bindeglied zwischen Applikation und Hardware dar.

Es stellt eine optimale Zusammenarbeit mit den verschiedenen Funktionen der Hardwarekomponenten sicher. Damit laufen, vom Betriebssystem kontrolliert, bestimmte *Prozesse* (Programmabläufe) ab. Für diese Prozesse erfüllt das Betriebssystem folgende Aufgaben:

- Zuteilung der Betriebsmittel (Hardware-Komponenten),
- Verwalten und Koordinieren der Zugriffe auf die Betriebsmittel,
- Kommunikation zwischen einzelnen Prozessen und
- Erzeugen und Löschen von Prozeßfolgen.

Für den Benutzer bleiben die meisten Aktivitäten des Betriebssystems verborgen. Über die Benutzerschnittstelle (z.B. Tastatur oder Bildschirm) kann er jedoch auf die Funktionen des Betriebssystems Einfluß nehmen. Damit ergeben sich folgende Vorteile:

- Kommunikation mit allen Teilen des Rechnersystems (Hardwarekomponenten),
- schnelle Reaktionszeiten,
- geringe Fehlermöglichkeiten und
- Schutz vor unerlaubten Zugriffen und Veränderungen.

Zusätzlich bietet ein Betriebssystem folgende Dienste:

- *Dienstprogramme* (z.B. Kopieren von Daten im Arbeitsspeicher auf die Festplatte).
- Diese Anwendungen werden in einer bestimmten Kommandosprache programmiert (z.B. bei MS-DOS oder UNIX) oder durch Anklicken von Icons und Pull-Down-Menüs (z.B. bei WINDOWS oder GEM) ausgeführt.
- Dazu gehört auch die Möglichkeit, Kommandofolgen in einer Beschreibungsdatei abzulegen und anschließend abzuarbeiten. Unter MS-DOS sind dies *Batch-Dateien*, beim Betriebssystem UNIX werden sie *Shell-Scripts* genannt.
- *Übersetzer* für bestimmte Programmiersprachen.
  Viele Betriebssysteme stellen Sprachübersetzer (Compiler oder Interpreter) bereit. Bei MS-DOS ist dies beispielsweise ein BASIC-Interpreter, bei UNIX SVR4 ein C-Compiler.
- *Ablaufsteuerung für Anwenderprogramme.*

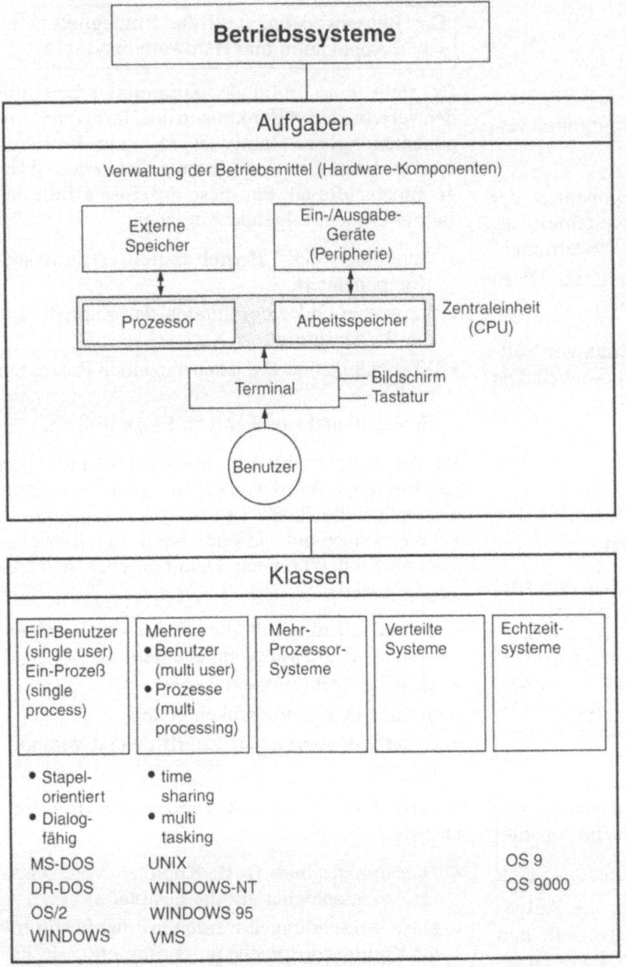

Bild C-1.   Aufgaben und Klassen von Betriebssystemen.

C 1.2 Klassen

Die Vielfalt der Rechner und Rechnerarchitekturen (Abschn. B 2) bedingt im Prinzip auch unterschiedliche Betriebssysteme. Dennoch ist der
Trend zu erkennen, daß Betriebssysteme immer
mehr unabhängig von der Hardware werden. Betriebssysteme werden im folgenden grob eingeteilt
nach ihren *Anwendungsbereichen* und nach ihrer *Leistungsfähigkeit* (Bild C-1). Eine Übersicht
über die heute gängige Betriebssysteme zeigt Tabelle C-1. Sie zeigt auch die unterschiedlichen An-

forderungen und Voraussetzungen der Betriebssy
steme in bezug auf die Hardware auf.

C 1.2.1 Betriebssystem für einen Benutzer und einen Prozeß

Dieses Betriebssystem ist nur für einen Proze
(single process) und für einen Benutzer *(singl
user)* ausgelegt. Wenn nur ein Prozeß nach den
anderen abgearbeitet wird, kann mit einem sol
chen Betriebssystem beispielsweise nicht gleich
zeitig ausgedruckt und Dateien im Arbeitsspei

Tabelle C-1. Übersicht über die Betriebssysteme

	MS-DOS 5.0/6.0	OS/2 2.x	Windows 3.1	Windows NT	UNIX SVR4	Next Step
Hardware Anforderungen						
Prozessor	8088 8086/286 i80386 i80486	i80386 i80486	i80386 i80486	i80386 i80486 DEC Alpha MIPS R4000	680×0 SPARC	680×0 i80486
minimaler Hauptspeicher	640 kByte	4 MByte	4 MByte	8 MByte	8 MByte	16 MByte
empfohlener Hauptspeicher	4 MByte	8 MByte	8 MByte	16 MByte	16 MByte	32 MByte
minimale Festplatte	20 MByte	30 MByte	70 MByte	100 MByte	100 MByte	200 MByte
Multiuser	nein	nein	nein	nein	ja	ja
Multiprocessing	nein	nein	nein	ja	ja	nein
Oberfläche	DOS	Presentation Manager	GDI Windows	GDI Windows	X.11 Motif	Display Postskript
DOS-Emulation	–	ja	ja	ja	Tools	Option
DOS-Windows Emulation	–	ja	ja	ja	nein	nein
Server Variante	–	–	–	ja	ja	bereits integriert
netzwerkfähig	nein	nein	nein	ja	ja	ja
echtzeitfähig	ja	ja	nein	nein	nein	nein

cher bearbeitet werden. Dieses Betriebssystem ist relativ einfach aufgebaut, da keine Betriebsmittel unterschiedlichen Benutzern zugeteilt, keine gleichzeitigen Datenzugriffe auf verschiedene Betriebsmittel verwaltet und keine gleichzeitig ablaufenden Prozesse koordiniert werden müssen.

In einem solchen Betriebssystem findet eine *Stapelverarbeitung* statt, in der einzelne Stapelaufträge nacheinander *(sequentiell)* bearbeitet werden. Ein Stapelauftrag besteht aus einem Programm, den zugehörigen Daten und den erforderlichen Steueranweisungen. Die Aufträge werden in der Reihenfolge ihres Eintreffens abgearbeitet *(FIFO-Strategie:* first-in-first-out). Dies wird auch als Stack- oder Batch-Betrieb bezeichnet (Stack = Stapel).

Der große Nachteil der Stapelverarbeitung einzelner Prozesse ist die schlechte Auslastung der Geräte. Während die Rechenoperationen im Rechner sehr schnell ablaufen, sind die Eingabe- und die Ausgabeeinheiten (z. B. Drucker oder Plotter) relativ langsam. Deshalb blockieren die langsamen Geräte die Zentraleinheit. Dieser Nachteil kann durch das Spooling (spool = simultaneous peripheral operation on-line) vermieden werden. Beim Spooling (Bild C-2) werden:

- die Eingabedaten auf ein Eingabeband (oder Eingabeplatte) geschrieben und

- die Ausgabedaten auf ein Ausgabeband (oder Ausgabeplatte bzw. Speicherkarte im Ausgabemedium).

Für die Ein- und Ausgabeprozesse werden in modernen Systemen auch *Zwischenspeicher* benutzt. Über Bänder bzw. Zwischenspeicher stehen der Zentraleinheit die Daten direkt zur Verfügung. Damit kann der langsame Ein- und Ausleseprozeß dieser Bandmaschinen unabhängig (quasi parallel) vom schnellen Rechenprozeß durchgeführt werden. Das Spooling von Daten wird heute auch bei Plattenspeichern und externen Speicherkarten durchgeführt. Die immer schneller werdenden Prozessoren würden ohne Spool-Verfahren in der Peripherie einen großen Teil ihrer Leistungsfähigkeit einbüßen. Dazu werden die Daten nicht mehr auf Bänder oder Platten ausgelagert, sondern in einem reservierten Teil des Hauptspeichers abgelagert. Der Zugriff auf diese *RAM-Disk* ist ungleich schneller als auf ein peripheres Betriebsmittel.

Typische Vertreter von dialogorientierten Betriebssystemen mit einem Benutzer und einem Prozeß sind die Betriebssysteme:

- MS-DOS (Microsoft disk operating system),
- DR-DOS (Digital Research disk operating system) und
- OS/2 (operating system 2 von IBM).

C 1.2.2 Betriebssystem für mehrere Benutzer und viele Prozesse

Die steigende Komplexität der Programme und die Forderung nach paralleler Prozeßbearbeitung machen Betriebssysteme notwendig, die diese Anforderungen unterstützen. Projektbezogenes arbeiten in einem Team muß dabei genauso unterstützt werden wie die gemeinsame Nutzung von Ressourcen und Betriebsmittel.

Mit diesem Betriebssystem können mehrere Benutzer *(multi user)* verschiedene Prozesse *(multi processing)* bearbeiten. Dadurch wird es möglich, verschiedene Aufgaben scheinbar gleichzeitig zu bearbeiten. Da die Aufgaben *(tasks)* dabei quasi-parallel erledigt werden, spricht man von einem *Multitasking*-Betriebssystem.

Sobald mehrere Prozesse gleichzeitig laufen können, muß entschieden werden, welcher Prozeß zuerst und wie lange laufen darf. Dies besorgt im Betriebssystem ein sogenannter *Scheduler* (Pla-

ner) auf der Grundlage bestimmter *Scheduling-Algorithmen.*

> In einem Multitasking-Betriebssystem sorgt ein Task-Scheduler für den Ablauf von mehreren Prozessen.

Folgende, teilweise sich widersprechende Forderungen müssen berücksichtigt werden:

- Geringst mögliche Antwortzeit für den Benutzer,
- größt möglichster Durchsatz (bearbeitete Aufträge),
- volle Auslastung der Zentraleinheit (CPU),
- angemessener Anteil an der Rechenzeit für jeden Prozeß.

Der Task-Scheduler sorgt dafür, daß beim Umschalten von einer Aufgabe zur anderen die Prozeßzustände *eingefroren* und in einem definierten Zustand hinterlassen werden. Dies ist Voraussetzung für das weitere Bearbeiten des Prozesses, wenn der Task-Scheduler diesen wieder aufruft. Dieser *Task-Switch* erfordert demnach einen bestimmten *Verwaltungsaufwand,* den das Betriebssystem leisten muß. Werden sehr viele Prozesse gestartet, können die Verwaltungszeiten ganz erheblichen Einfluß auf die Effizienz des Betriebssystems haben.

Folgende Algorithmen für das *Scheduling* sind gebräuchlich:

Rundlaufsteuerung   nach   der   Round-Robin Methode

Diesem Algorithmus liegt ein Zeitscheibenverfahren zugrunde, das jedem Prozeß eine bestimmte Bearbeitungszeit zuteilt, bevor der nächste Prozeß beginnt (Bild C-3). Da eine gewisse Zeitspanne zur Verwaltung und Sicherung des abgeschlossenen Prozesses erforderlich ist, müssen Bearbeitungs- und Sicherungszeit in einem günstigen Verhältnis stehen. Sind die Bearbeitungszeiten zu kurz, dann fallen zu hohe Verwaltungszeiten an und sind die Bearbeitungszeiten zu lang dann sind die Antwortzeiten schlecht. Wie Bild C 3 zeigt, liegt die Sicherungszeit bei etwa 5 ms und die am häufigsten eingestellte Bearbeitungszeit bei 100 ms.

Prioritätensteuerung

Bei der Round Robin-Methode waren alle Prozesse gleich wichtig und bekamen deshalb in glei

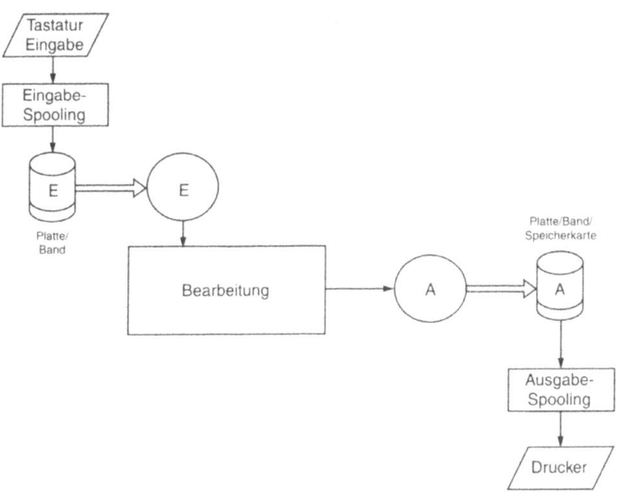

Bild C-2. Spooling-Prozeß.

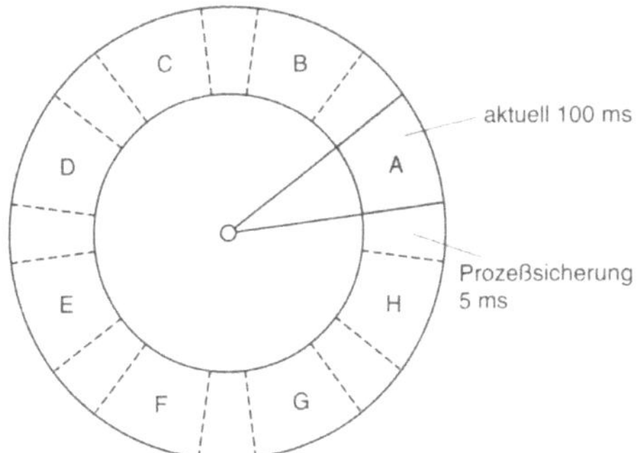

Bild C-3. Zeitscheibe.

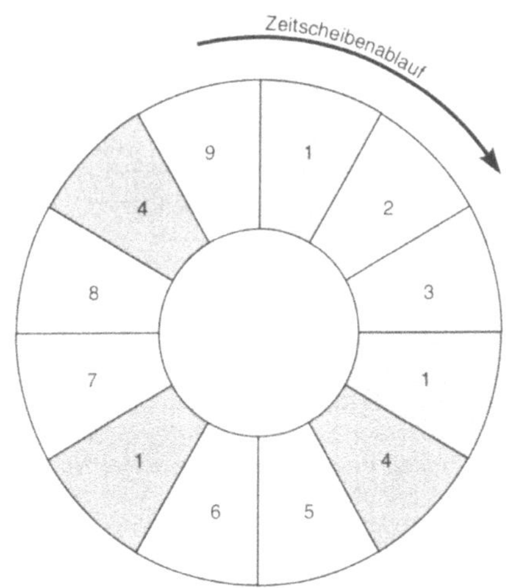

Prozeß 1   : hochpriorisierter Prozeß
Prozeß 2,3,5-9 : normale Benutzerprozesse
Prozeß 4   : höher priorisierter Benutzerprozeß

Bild C-4.   Priorisierung durch Mehrfachaufruf eines
Prozesses.

chen Zeitabständen immer wieder dieselbe Bearbeitungszeit zugewiesen. Im vorliegenden Fall
werden alle Prozesse mit Prioritäten versehen.
Diejenigen Prozesse mit der höchsten Priorität
werden zuerst gestartet. In Abhängigkeit von der
Priorität wird bei konstanten Zeitabschnitten ein
Prozeß mehrmals bei einem Umlauf der Zeitscheibe aufgerufen. Diesem Prozeß steht somit
mehr Rechenzeit zur Verfügung (Bild C-4). Auf
diese Weise kann es vorkommen, daß lang laufende Prozesse mit hohen Prioritäten die Zentraleinheit lange Zeit für sich beanspruchen. Deshalb
wird während des Prozeßlaufes in gewissen Zeitabständen die Priorität verringert. Auf diese Weise

werden auch andere Prozesse mit niedrigeren Prioritäten ausgeführt.

In der Praxis werden bestimmte Prozesse zu Gruppen zusammengefaßt. Diesen Gruppen werden Prioritäten zugeordnet. Innerhalb der Prozesse selbst wird dann die Round Robin-Methode angewandt.

Methode des kürzesten Prozesses (shortest job first)

Wenn die Laufzeiten bestimmter Prozesse bekannt sind, dann kann es sinnvoll sein, die Prozesse mit der kürzesten Laufzeit zuerst und die mit der längsten Laufzeit am Schluß auszuführen. Dies trifft beispielsweise bei Kommunikationsaufrufen zu, bei der die Datenmenge bekannt ist.

Zu den Betriebssystemen, die für viele Benutzer und mehrere Prozesse geschrieben wurden, gehören UNIX, WINDOWS 95, WINDOWS NT und VMS.

C 1.2.3 Mehrprozessor-Systeme

In Mehrprozessor-Systemen sind mehrere Prozessoren in netzartigen Strukturen miteinander gekoppelt, die alle auf den gleichen Arbeitsspeicher zugreifen (Abschn. B 2.4 und Bild B-25). In diesem Fall ist eine Parallelbearbeitung möglich, so daß mehrere Aufträge bearbeitet werden können. Der schwerwiegende Nachteil liegt darin, daß sich die Prozessoren gegenseitig behindern können.

> In einem Mehrprozessor-System können verschiedene Programmteile zeitgleich abgearbeitet werden.

Dabei unterscheidet man *homogene* und *heterogene* Multiprozessor-Systeme. Homogene Multiprozessor-Systeme sind Systeme, die mehrere gleiche Prozessoren verwenden. *Heterogene Systeme* erlauben hingegen die Verwendung *unterschiedlicher Prozessoren,* was ganz erheblichen Einfluß auf die Anpassung von Prozessen auf die Hardware hat. Diese Anpassung wird in der Regel vom Betriebssystem gemacht.

Beispiele für homogene Multiprozessor-Systeme sind die massiv parallelen Rechner von Cray sowie Transputer-Arrays der Parsytec GmbH, die mehrere Tausend Transputerrechnerkerne einsetzen. Heterogene Multiprozessorsysteme sind hingegen nicht so häufig anzutreffen, da die Portierung des Betriebssystems wesentlich aufwendiger ist. Meist setzt man wie am Beispiel

des PCs (Personal Computer) leistungsfähige Co-Prozessoren ein, die den Hauptprozessor nur für ganz spezifische Anwendungen entlasten (z. B. der mathematische Co-Prozessor von Weitek für numerische Fließkommaberechnungen oder der SCSI Script-Prozessor von NCR für die Datenkommunikation über den SCSI Bus (SCSI = Small Computer System Interface)).

C 1.2.4 Betriebssystem für verteilte Systeme

Verteilte Systeme sind Rechnersysteme, die in einem Netz miteinander verbunden sind. Für den Benutzer ist eine einheitliche Benutzeroberfläche vorhanden. Die Prozesse laufen an verschiedenen Orten ab. Die einzelnen Aufträge werden je nach Belastung der verteilten Prozessoren eingeteilt und dort bearbeitet. Der Benutzer hat in der Regel keinen Einfluß, an welchem Ort (auf welchem Rechnerkern) sein Prozeß (job) gestartet wird. Es ist naheliegend, auch verteilte Betriebssysteme zu entwickeln, die einzelne Aufgaben an ganz bestimmte Stellen abgeben (z. B. Druckerdienste). Folgende Vorteile sind zu nennen:

- Erhöhung des Auftragsdurchsatzes und der Rechenleistung,
- höhere Ausfallsicherheit, da die Bearbeitung auch von anderen Prozessoren durchgeführt werden kann,
- knappe Ressourcen (z. B. teure Geräte) können gemeinsam genutzt werden,
- leichte Erweiterbarkeit und
- höhere Sicherheit, da Kopien der Datenbestände an anderen Stellen vorhanden sein können.

Verteilte Systeme sind grundsätzlich Multiprozessorsysteme. Die Verbindungen zwischen den einzelnen Rechnern werden *Links* genannt. Das Protokoll und die Geschwindigkeit dieser Kommunikationskanäle bestimmen maßgeblich die Leistungsfähigkeit des Gesamtsystems.

C 1.2.5 Echtzeitsysteme

Wenn die *garantierte Einhaltung* bestimmter Zeiten absolut notwendig ist, dann sind Echtzeitsysteme im Einsatz. Dies ist insbesondere zur Erfassung von Meßdaten sowie für die Steuerung und Überwachung technischer Geräte und Prozesse der Fall.

Hauptsächliches Merkmal eines Echtzeitsystems ist sein *deterministisches Zeitverhalten.* D. h., daß die Reaktionszeiten von Programmaufrufen innerhalb einer bestimmten Zeitspanne liegen. Die absolute Zeit ist für die Definition von Echtzeitsystemen unbedeutend.

> Die Echtzeitfähigkeit eines Betriebssystems ist ausschließlich durch die garantierten Antwortzeiten bestimmt.

Ob ein System echtzeitfähig ist, bestimmt das Betriebssystem allein. Die Hardware, auch wenn es sich um eine sehr leistungsfähige Hardware handelt, hat keinen Einfluß auf obige Punkte. So ist beispielsweise ein Rechner mit dem Betriebssystem OS9 auf einem Motorola-Prozessor 68000 echtzeitfähig, während ein UNIX-Betriebssystem auf einer SPARC-Station der Firma Sun, die rund 50 mal schneller rechnet, nicht echtzeitfähig ist.

An solche Betriebssysteme werden folgende Forderungen gestellt:

- Alle Prozesse und Wartezustände werden zeitlich überwacht. Dies erfolgt mit *Realzeituhren* oder durch äquidistante Taktpulse, in deren Raster die Prozesse gestartet oder beendet werden.

- Die *Zeitverwaltung* ist sehr ausgefeilt. Die Prozesse können zu bestimmten Zeitpunkten angestoßen oder beendet werden.

- In einigen Unterbrechungsebenen können *Unterbrechungen* von Prozessen stattfinden. Die Bedingungen dafür werden meist vom Anwender programmiert.

- Die zeitkritischen Vorgänge sind prinzipiell immer im Arbeitsspeicher verfügbar *(speicherresident).*

- Aus Gründen der Schnelligkeit werden die Speicher *direkt adressiert.*

Diese Anforderungen kann ein Betriebssystem in der Regel nur auf einem *einzigen Rechnerkern* erfüllen. Bei Mehrprozessorsystemen muß das Betriebssystem die zeitliche Überwachung aller Prozesse garantieren.

Das in der Praxis am häufigsten eingesetzte Echtzeit-Betriebssystem ist OS 9 bzw. OS 9000.

C 1.3 Hardware-Komponenten

In Bild C-5 sind die Hardware-Komponenten und ihre Schnittstellen dargestellt. Die Komponenten sind:

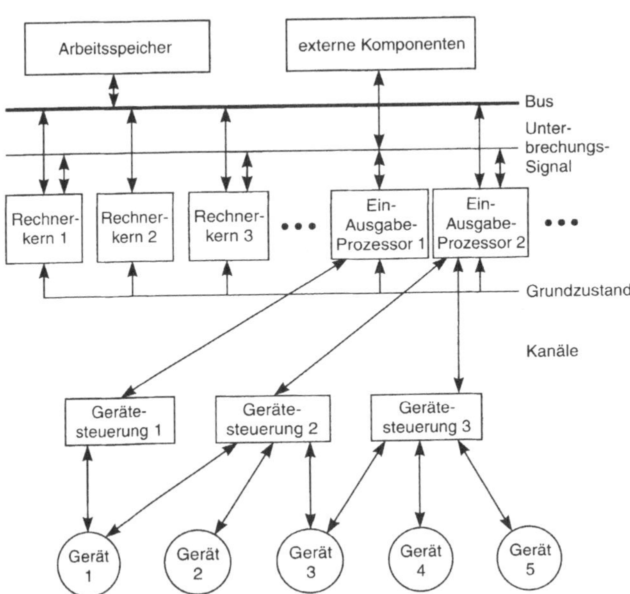

Bild C-5. Hardware-Komponenten und ihre Schnittstellen.

- Arbeitsspeicher,
- externe Komponenten (z. B. eine Systemuhr),
- Rechnerkerne,
- Ein-/Ausgabe-Prozessoren,
- Gerätesteuerung und
- Geräte.

Die Kommunikation zwischen diesen Komponenten bestimmt die Effizienz des Betriebssystems. Dazu stehen folgende Signalleitungen und Datenpfade zur Verfügung:

- *Bus* (Datenbus, Adreßbus und Steuerbus),
- Leitungen für *Unterbrechungssignale* (i.a. unterschiedlich priorisierte Interrupt-Leitungen) und
- Leitung zum *Setzen des Grundzustandes* für die Rechnerkerne und die Ein-Ausgabe-Prozessoren (Reset, Systemreset, interner Reset).

Der *Bus* verbindet die Rechnerkerne (Abschn. B 2.1) und die Ein-Ausgabe-Prozessoren mit dem Arbeitsspeicher. Er übermittelt Steuersignale, Daten und Adressen an die entsprechenden Komponenten. Diese *klassische Dreiteilung* der Busse beruht auf der von Neumannschen Rechnerarchitektur (Abschn. B 2). In Abhängigkeit der Systemkomplexität können in heutigen Rechnersystemen mehrere Adreß- und Datenbusse existieren.

Mit den Steuersignalen wird der Zugriff der Prozessoren auf den Bus koordiniert. Dazu gehören auch die *Unterbrechungsanforderungen,* üblicherweise als *Interrupts* oder *Exceptions* bezeichnet. Vor allem die Koordination der Prozessoren bei Buszugriffen ist wichtig: um den Datentransport auf einen Bus durchzuführen, muß er ausschließlich dem anfordernden Prozessor zur Verfügung stehen. Diese Aufgabe übernimmt ein *Busschiedsrichter* (engl.: arbitrator).

Eine Leitung für den *Grundzustand* der Rechnerkerne und der Ein-Ausgabe-Prozessoren ist notwendig, damit die Komponenten von einem definierten Zustand gestartet oder aufgerufen werden können. Dafür ist im System die *Reset-Leitung* zuständig. Man unterscheidet dabei den

- globalen Reset, den
- lokalen Reset und den
- Soft-Reset.

Der *globale Reset* kommt dem *Neustart* des Systems gleich. Er ist gleichbedeutend mit dem Einschaltvorgang *(power-up* Reset) und versetzt alle peripheren Komponenten sowie alle Rechnerkerne in den Grundzustand. Ein *lokaler Reset* (interner Reset) wirkt hingegen nur in einer physikalisch *eingeschränkten Umgebung.* Er findet vor allem dann Verwendung, wenn beispielsweise in einem Mehrprozessor-System ein Fehlverhalten eines Rechnerkernes vorliegt. Dieser kann mit einem lokalen Reset neu gestartet werden, während alle nicht beteiligten Rechner weiterarbeiten können.

Der *Soft-Reset* wird durch einen Befehl in der *Software* ausgelöst (z. B. RESET beim Motorola Assembler). Er ist eng mit dem lokalen Reset verbunden, da auch er beim Erkennen einer Notsituation einen physikalisch begrenzten Teil des Systems in den Grundzustand versetzt. Der Prozessor als Initiator wird nicht zurückgesetzt.

Die Durchführung eines Resets hat grundsätzlich den Programmabbruch und den unmittelbaren Übergang in den Grundzustand zur Folge. Eine Restaurierung der Unterbrechungsstelle ist nicht möglich. Lediglich der Soft-Reset erlaubt, bedingt durch entsprechende Stack-Operationen, bestimmte Programmmerker zu retten.

> Die Rücksetzung eines Rechnersystems in den Grundzustand ist in der Regel mit einem irreparablen Programmabbruch verbunden.

Die Ein-Ausgangs-Prozessoren sind mit den Gerätesteuerungen (und damit mit den Geräten) über sogenannte *Kanäle* verbunden. Dabei können von einem Ein-Ausgabe-Prozessor mehrere Kanäle ausgehen und auch zu einer Gerätesteuerung mehrere Kanäle führen. Diese Struktur hat folgende Vorteile:

- Erhöhung der Gerätesicherheit (bei defekter Leitung kann auf eine andere ausgewichen werden) und
- Erhöhung der Leistung durch die parallele Verarbeitung der Informationen.

Die Aufgabe der Rechnerkerne ist es, die Maschinenbefehle des Betriebssystems und der Anwenderprogramme auszuführen (Abschn. B 2.1).

Die Ein-Ausgabe-Prozessoren unterteilt man in zwei Klassen:

Kanalwerke
Sie sind in Großrechnern anzutreffen. Dort wird für die unterschiedlichsten Geräte eine *einheitliche Schnittstelle* für den Datentransport bereitge-

stellt. Verwaltet wird diese von der Kanalverwaltung, einer Schicht, die unterhalb der Geräteverwaltung liegt.

Ein-Ausgabe-Module
Jede Geräteklasse hat ein eigenes, auf sie zugeschnittenes Ein-Ausgabe-Modul. Es wird direkt von der entsprechenden Geräteverwaltung betrieben. Üblicherweise werden diese E/A-Moduln als *Gerätetreiber* oder einfach *Treiber* bezeichnet.
Der Ablauf eines Ein-Ausgabe-Auftrag durchläuft nachfolgende Schritte:

1. Alle Informationen über einen Auftrag werden in den Registern des Eingabe-Ausgabe-Prozessors abgelegt. Dies gilt allerdings nur dann, wenn der Rechnerkern Zugriff auf diese Register hat. Ist dies nicht der Fall, wird diese Information an einer bestimmten Stelle im Arbeitsspeicher abgelegt und der E/A-Prozessor lädt sich seinen Auftrag selbst in seine Register.

2. Vom Rechnerkern wird an den Ein-Ausgabe-Prozessor ein Startsignal gesendet. Damit beginnt der Auftrag. Dies kann entweder durch einen direkten Registerzugriff im E/A-Prozessor erfolgen, oder durch ein Start-Bit im gemeinsamen Teil des Hauptspeichers. Dieser Teil des Speichers wird auch *shared memory* genannt.

Diese Vorgehensweise ist sehr effizient, da die Kern-CPU erheblich entlastet wird. Der E/A-Prozessor fragt hierzu zyklisch ein Status-Bit im gemeinsamen Hauptspeicher ab, welches den Start der Ein-Ausgabe-Operation signalisiert. Neben diesem Start-Bit stellt der Rechnerkern auch die notwendigen Übergabe-Parameter bereit. Da hierzu keine Peripheriezugriffe notwendig sind (alles läuft im Hauptspeicher ab), wird ein maximaler Datendurchsatz vom Rechnerkern zu Ein-Ausgabe-Geräten erreicht. Beispiel eines solchen intelligenten E/A-Bausteins ist der SCSI-Prozessor 53C720 von NCR.

3. Bei Beendigung des Auftrags wird die Zustandsinformation (fehlerfrei, Fehler) in den Registern des Eingabe-Ausgabe-Prozessors (oder an einer bestimmten Stelle im Arbeitsspeicher) abgelegt.

4. Ende des Auftrags. Entweder wird vom Betriebssystem die Zustandsinformation periodisch abgefragt, oder es wird ein bestimmter Rechnerkern unterbrochen.

Im Zusammenhang mit intelligenten E/A-Bausteinen wird man immer die Unterbrechung des Rechnerkerns wählen. In diesem Fall spricht man von einem *Interrupt-gesteuerten Ereignis*. Während der Ein-Ausgabe-Prozessor seinen Auftrag erfüllt, arbeitet der Rechnerkern weiter (parallele Aufgabenteilung). Fragt das Betriebssystem hingegen ständig die Zustandsinformation des E/A-Bausteins ab, ist es während dieser Zeit für weitere Aufgaben blockiert. Eine Parallelisierung der Aufgaben ist nicht möglich.

5. Auswertung der Eingabe-Ausgabe-Zustandsinformation durch das Betriebssystem. In Abhängigkeit der erfolgreichen oder nicht erfolgreichen Durchführung des Auftrags muß das Betriebssystem weitere Maßnahmen einleiten. So erfolgt beispielsweise nach einem mißlungenen Diskettenzugriff unter MS-DOS die Frage: abrechen/wiederholen/übergehen?. Durch die Interaktion des Bedieners werden die Folgemaßnahmen eingeleitet.

C 1.4 Methoden zur Prozeßbeschreibung

Ein Prozeß ist ein genau definierter Ablauf in einem Rechensystem. Man unterscheidet dabei *Benutzerprozesse* (Ausführen von Benutzeraufträgen) und *Systemprozesse* (Ausführen von Programmen des Betriebssystems). Ein Benutzerprozeß kann beispielsweise das Übersetzen und Zusammenfügen von Programmen sein. Ein typischer Systemprozeß ist die ständige Abfrage des Tastaturpuffers, ob über die Tastatur Zeichen eingegeben werden. Dies gilt auch für alle übrigen Kommunikationskanäle.
Für einen geordneten Ablauf von Prozessen werden folgende Informationen benötigt:

Name des Prozesses
Er besteht aus einem internen und einem externen Namen. Der *interne Name* ist am System orientiert. Er besteht meistens unter einer fortlaufenden Nummer, zu der die Rechneradresse hinzugefügt wird. Dadurch ist die Bezeichnung auch in einem Netz eindeutig. Der Benutzer verwendet den *externen Namen*. Bei Benutzerprozessen wird die Kennung des Benutzers verwendet, während Systemprozesse einen definierten und unveränderlichen Namen besitzen.

Bezeichnung der bearbeiteten Aufträge
Bei Benutzeraufträgen können Informationen über die Priorität abgelegt werden.

Angabe der Prozeßhierarchie
Laufen in hierarchischen Baumstrukturen Prozesse ab, dann werden vom *Vater* (erzeugender Prozeß) *Söhne* (Ergebnisse des Prozesses) erzeugt. Um die Stellung in der Prozeßhierarchie

zu kennen, muß der Vaterprozeß und der entsprechende Sohnprozeß angegeben werden.

Festlegen der Zugriffsrechte
Hier werden die Zugriffsrechte auf die vom Betriebsystem verwalteten Betriebsmittel festgelegt sowie die Priorität des Prozesses.

Zustand des Rechnerkerns
Im Arbeitszustand werden die Zustandsinformationen an die Verwaltung des Rechnerkerns geschickt. Dabei sind zwei Zustände zu unterscheiden: der Normal- und der Alarmablauf.

Beschreibung der zugeordneten Objekte
Es werden die Zustände und Listen der gerade belegten Objekte festgehalten und die Informationen für die Freigabe vermerkt. Dies ist zur effizienten Verwaltung der knappen Betriebsmittel erforderlich und ermöglicht einen korrekten Start nach einem Fehlerabbruch.

Konten der Betriebsmittel
Dort werden die Betriebsmittel erfaßt, die während des Prozesses in Anspruch genommen wurden (z. B. die verbrauchte Rechenzeit).

C 1.4.1 Virtualisierung

Bild C-6 zeigt das Prinzip der Virtualisierung am Beispiel einer virtuellen Maschine. Die Eigenschaften realer Maschinen werden abgebildet, so daß eine virtuelle Maschine entsteht. Für diese Abbildung werden *Konfigurationstabellen* und *Geräte-Beschreibungstabellen* ausgewertet. Geräte mit ähnlichen Eigenschaften werden zu *Geräteklassen* zusammengefaßt. Auf diese Weise ist die virtuelle Maschine hardwareunabhängig geworden. Der Benutzer kommuniziert nur mit der virtuellen Maschine.

> Virtuelle Maschinen sind von der Hardware unabhängig.

Sie besitzt neben der Unabhängigkeit von der Hardware auch noch den Vorteil, daß sie benutzerfreundlicher ist als die reale Maschine. Dafür sorgen spezielle Programme, unter anderem auch das Betriebssystem. *UNIX* ist beispielsweise ein Betriebssystem, das dem Benutzer eine virtuelle Umgebung zur Verfügung stellt. Das Betriebssystem selbst hat die Aufgabe, die Abbildung auf die reale Maschine (die Hardware) durchzuführen.

Virtuelle Maschinen können jederzeit vervielfacht werden, weshalb auch die Anzahl der virtuellen Maschinen meist größer ist als die der

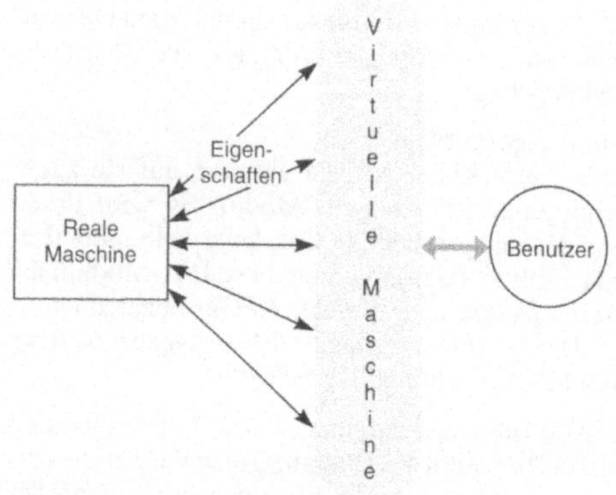

Bild C-6.   Schema einer virtuellen Maschine.

realen Maschine. Durch das Konzept der *Virtualisierung* können auch Schnittstellen bereitgestellt werden, die Eigenschaften besitzen, die nicht mehr oder noch nicht realisiert sind. Damit wird eine von der Entwicklung der Hardware weitgehend unabhängige Benutzung erreicht, und es können neue Hardware-Konzepte ausprobiert

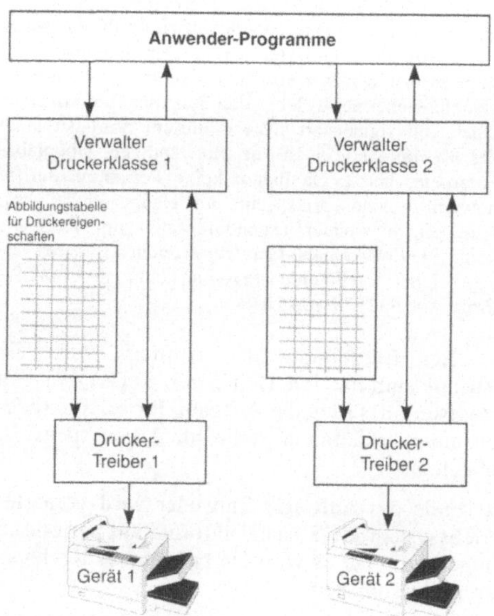

Bild C-7.   Methode der Virtualisierung für einen Drucker.

werden. Bild C-7 zeigt dies am Beispiel eines Druckers. Das virtuelle Ausgabegerät wird durch einen gerätespezifischen Treiber auf ein reales Gerät abgebildet. Wenn die konkreten Eigenschaften in Tabellen erfaßt sind, müssen nur die entsprechenden Tabellen eingelesen werden, um mit dem realen Gerät fehlerfrei kommunizieren zu können. Dies wird auch als Treiberschicht bezeichnet, dem Bindeglied zwischen der Software-Applikation und der Hardware.

Beispiel:

C 1-1: Autodesk, ein führender Hersteller von CAD-Software, bietet neben einer Reihe spezifischer Treiber für Drucker, Plotter und Grafikkarten auch eine offengelegte Softwareschnittstelle an. Dieser wird als ADI Treiber (ADI = Autodesk Interface) in die Applikation eingebunden. Hersteller beispielsweise von Grafikkarten, die nicht in der standardisierten Treiberliste geführt werden, können diesen *virtuellen Gerätetreiber* nutzen. Damit kann auch umgekehrt jede neuentwickelte Hardware auf eine bestehende Software adaptiert werden.

C 1-2: Ein weiteres Beispiel ist der Ablauf mehrerer Programme in Multitasking-Betriebssystemen. Hersteller von Software können nicht festlegen, in welchem Bereich ihre Applikation ausgeführt werden muß, da sie nicht wissen, ob dem Anwender dieser Bereich zur Verfügung steht. Das gleiche Problem entsteht bei der Ausführung von mehreren Programmen. So könnten beispielsweise zwei Programmpakete, die auf denselben Speicherbereich zugreifen, nicht gleichzeitig ablaufen. Das Multitasking-Betriebssystem ordnet daher diesen Programmen, die in einer virtuellen Umgebung ablaufen, eine reale Umgebung zu, die den Programmen den notwendigen Speicherplatz zuordnen. Allerdings setzt das Betriebssystem in den meisten Fällen die Unterstützung durch eine MMU (memory management unit, Abschn. B 3.1.5) voraus.

C 1.4.2 Schichtenaufbau

Betriebssysteme und ihre Dienstprogramme sind in Schichten aufgebaut. Die Schicht 0 ist immer die Hardware-Basis. Bild C-8 zeigt ein Beispiel für die Schichten. Anschließend an die Hardware kommen die Schichten des Betriebssystemkerns (Schicht 1 bis Schicht 6 in Bild C-8). Darauf bauen die Schichten für die Prozesse des Systems auf (Schicht 7 bis 10 in Bild C-8).

Im einzelnen handelt es sich um folgende Schichten:

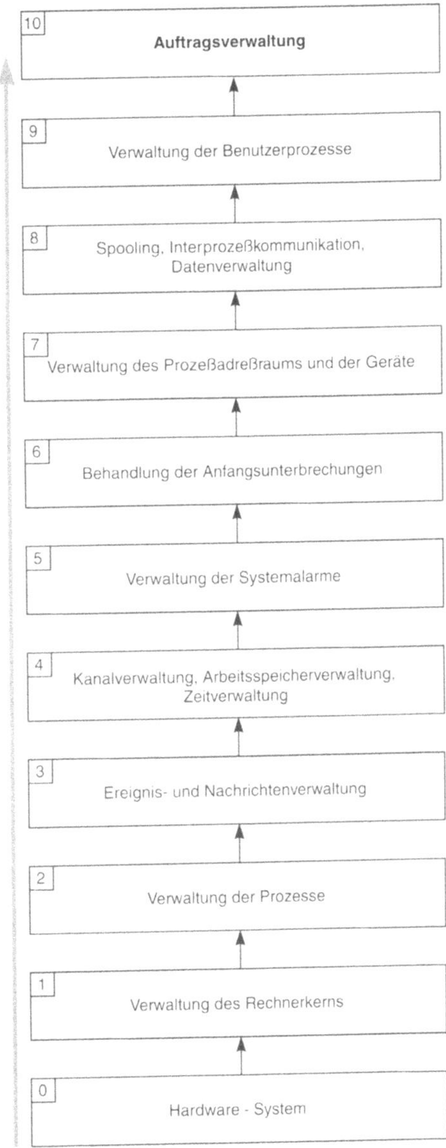

Bild C-8.   Schichtenaufbau der Betriebssysteme.

Schicht 0: Hardware-System

Schicht 1: Verwaltung des Rechnerkerns
In dieser Schicht wird die Zuteilung des Rechnerkerns (Abschn. B 2.1) vorgenommen.

Schicht 2: Verwaltung der Prozesse
Es werden hier die Prozesse erzeugt und wieder gelöscht, ferner die Alarme von Prozessen behandelt.

Schicht 3: Ereignis- und Nachrichtenverwaltung
Hier findet die Kommunikation des Rechners statt.

Schicht 4: Kanalverwaltung (Gerätetreiber), Verwaltung des Arbeitsspeichers und der Zeit
In der Kanalverwaltung werden die Ein- und Ausgabegeräte verwaltet, d. h. die Eingaben bzw. die Ausgaben den entsprechender Geräten mit den zugehörigen Treibern zugeordnet. Ferner wird der Arbeitsspeicher verwaltet sowie die Zeiten (Datum, Zeitdauer von Prozessen und Weckalarme zum Starten neuer Prozesse).

Schicht 5: Verwaltung der Systemalarme
Hier werden die Fehler behandelt, die bei der Unterbrechung des Rechnersystems auftreten (z. B. bei Stromausfall und Wiederanlauf).

Schicht 6: Behandlung der Anfangsunterbrechungen
In dieser Schicht werden die Unterbrechungen behandelt, die beim Eintritt in das Betriebssystem auftreten.

Schicht 7: Verwaltung des Prozeßadreßraums und der Geräte
Neben der Verwaltung der Programmadressen werden auch die Geräte verwaltet und zwar sowohl physikalisch als auch logisch (virtuelle Geräte).

Schicht 8: Spooling, Interprozeßkommunikation und Verwaltung der Daten
Hier werden die Aufträge vom Rechner den langsameren Ausgabegeräten zugewiesen (Spooling), die Kommunikation des Rechners mit der Peripherie sichergestellt und die Daten und ihre Zugriffe verwaltet.

Schicht 9: Verwaltung der Benutzerprozesse
Es werden die Benutzeraufträge verwaltet, indem die benötigten Betriebsmittel und die Dienstprogramme des Betriebssystems den Aufträgen zugeordnet werden.

Schicht 10: Auftragsverwaltung
In dieser Schicht werden die Reihenfolge der Aufträge festgelegt. Durch den Eingriff eines Operators können bestimmte Prozesse angehalten bzw. vorgezogen werden.

C 1.5 Kommunikation

C 1.5.1 Kommunikationsarten

Kommunikation ist der Austausch von Information (Abschn. F). In einem Betriebssystem werden einzelne Signale oder Nachrichten in Form von großen Datenströmen zwischen Sender und Empfänger ausgetauscht. Nach der Übersicht in Bild C-9 gibt es, je nach Komplexität der Informationen, folgende zwei Kommunikationsarten:

Schmalbandige Kommunikation
Bei ihr werden lediglich *Signale ausgetauscht* (z. B. das Melden eines Ereignisses), die Synchronisationen zwischen den Prozessen vorgenommen oder Alarme in bestimmten Prozessen gemeldet.

Breitbandige Kommunikation
Hierbei ist es möglich, große Datenmengen zu übertragen.

In der Breitbandkommunikation wird zwischen *impliziter* Kommunikation (ohne Unterstützung des Betriebssystems) und der *expliziten* Kommunikation (mit Unterstützung des Betriebssystems) unterschieden. Für beide Kommunikationsarten gibt es vier Möglichkeiten der Kommunikation:

1. *1:1-Kommunikation*
Es liegt nur ein Sender vor, der mit einem Empfänger kommuniziert.

2. *n:1-Kommunikation*
Mehrere Sender kommunizieren mit einem Empfänger.

3. *1:m-Kommunikation*
Ein Sender kommuniziert mit mehreren Empfängern (z. B. Rundspruch; broadcasting).

4. *n:m-Kommunikation*
Mehrere Sender kommunizieren mit mehreren Empfängern. Dies ist bei der expliziten Kommunikation bei Mailboxen der Fall. Dort werden verschiedene Nachrichten für verschiedene Empfänger abrufbereit gelagert.

Beispiel:

C 1-3: An Hand einiger Beispiele sollen typische Vertreter der oben angeführten Kommunikationsarten genannt werden.

a) Eine 1:1-Kommunikation stellt die serielle Datenübertragung nach dem RS232 Standard dar. Diese

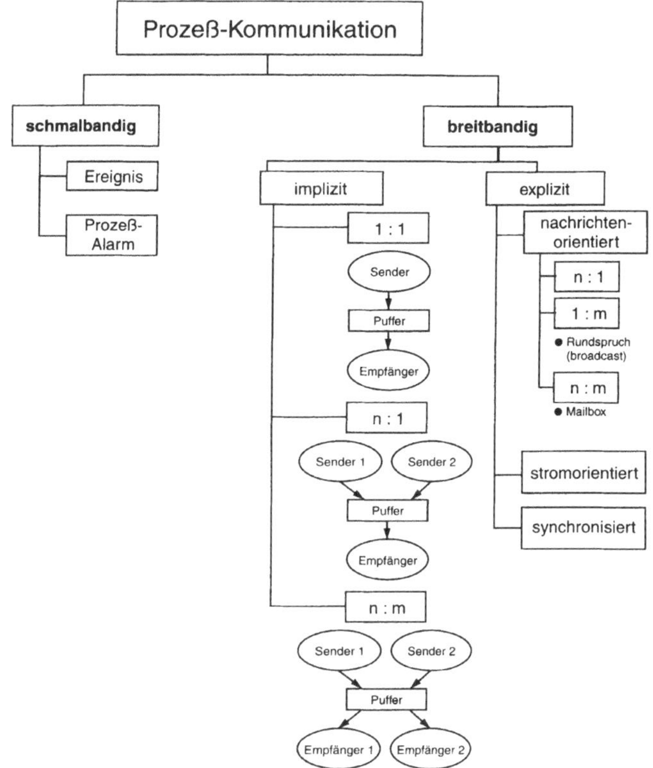

Bild C-9.   Arten der Prozeßkommunikation.

Kommunikationsart ist typisch für den Anschluß eines peripheren Gerätes an einen Rechner (z. B. eines Druckers): Es liegt nur eine Datenquelle (Rechner) und nur eine Datensenke (z.B. Drucker) vor.

b) Eine n:1-Kommunikation liegt beispielsweise bei Systemen vor, in denen sich mehrere Rechnerkerne oder Prozesse einen gemeinsamen Kommunikationskanal teilen. Dabei sind sehr hohe Anforderungen an den Empfänger zu stellen, da dieser die einzelnen Quellen unterscheiden muß. Ein Beispiel hierfür ist ein *Drucker-Server*, der die Druckanforderungen von vielen Rechnern bündelt und dem eigentlichen Drucker zuführt. Letzteres erfolgt auf der Basis der 1:1-Kommunikation unter a).

c) 1:m-Kommunikation ist typisch für Rundspruchmeldungen (broadcast) in Netzen. Nahezu alle Netze (z.B. Ethernet mit TCP/IP-Protokoll) bieten diese Dienste an. Grundsätzlich gibt es zwei Verfahren, Rundspruchmeldungen aus dem Datenverkehr herauszufiltern:

1. Der Empfänger nimmt grundsätzlich alle Telegramme auf und entscheidet dann, ob das Telegramm für ihn bestimmt war oder ob es sich um einen Rundspruch handelt. Alle anderen Telegramme werden verworfen. Diese Filterung ist eine reine Software-Lösung und setzt einen entsprechenden Kommunikationstreiber voraus.

2. Ein spezieller Baustein übernimmt die Ausfilterung von Nutzdaten und Rundspruchmeldungen für den Kommunikationsteilnehmer. Dies setzt eine zweikanalige Struktur des Empfangskanals voraus, die zum einen das Filter für broadcast und zum anderen ein programmierbares Filter für die Selektion der für den Teilnehmer bestimmten Telegramme enthält. Dieses programmierbare Filter ist in der Regel ein einfacher Vergleicher, der mit dem Bitmuster (Adresse) des Teilnehmers geladen wird. Diese Hardware-Lösung entlastet den Rechnerkern und kommt mit einem minimalen Software-Treiber aus.

d) Die n:m-Kommunikation ist die komplexeste Form des Datenaustausches. Neben Mailboxsystemen spielt sie vor allem bei der Kommunikation von Mehrprozessorsystemen über einen gemeinsamen Speicher eine Rolle. Dabei hat jeder Rechnerkern den wahlfreien Zugriff auf die Informationen im Speicher. Handelt es sich dabei um ein *Shared-Memory*, so kann jedoch stets nur ein Rechnerkern auf diesen Speicher zugreifen. Bei Mehrtorspeichern *(Multiport-Memory)* können alle Rechner gleichzeitig auf den Speicher, nicht jedoch auf die gleiche Speicherzelle zugreifen. Dies ist die effektivste Art der n:m-Kommunikation.

Bei der expliziten Kommunikation (mit Benutzung eines Betriebssystems) gibt es neben der nachrichtenorientierten Kommunikation (Austausch von Nachrichten) noch zwei weitere wichtige Formen:

eine stromorientierte Kommunikation,
bei der Zeichenströme zwischen zwei Prozessen übermittelt werden und

eine synchronisierte Kommunikation,
bei der eine Nachricht erst dann gesendet wird, wenn der Empfänger empfangsbereit ist.

Letzteres hat den Vorteil, daß keine Daten verloren gehen. Allerdings kann ein dauerhaft nicht bereiter Empfänger (Systemabsturz oder Empfänger ist ausgeschaltet) das iniziierende System erheblich behindern oder gar blockieren (Abschn. C 1.5.2).

C 1.5.2 Verklemmungen

Bei Verklemmungen oder Blockierungen sperren sich Prozesse gegenseitig, so daß alle Prozesse für immer warten. Diese Situation wird auch als *Dead-Lock* bezeichnet. Wie Bild C-10 zeigt, ist dies der Fall, wenn Prozesse auf ein Betriebsmittel warten, das nur durch den blockierten Prozeß freigegeben werden kann. Werden die Prozesse und die Betriebsmittel miteinander verbunden, dann entsteht ein Graph. In ihm sind die zugeordneten Betriebsmittel durch eine durchgezogene und die angeforderten durch eine gestrichelte Linie verbunden. Verklemmungen treten dann auf, wenn zyklische Strukturen im Graph vorhanden sind. Für Verklemmungen sind folgende vier Voraussetzungen notwendig:

1. *Exklusive Nutzung*
Jedes Betriebsmittel ist entweder genau einem Prozeß zugeordnet oder ist verfügbar.

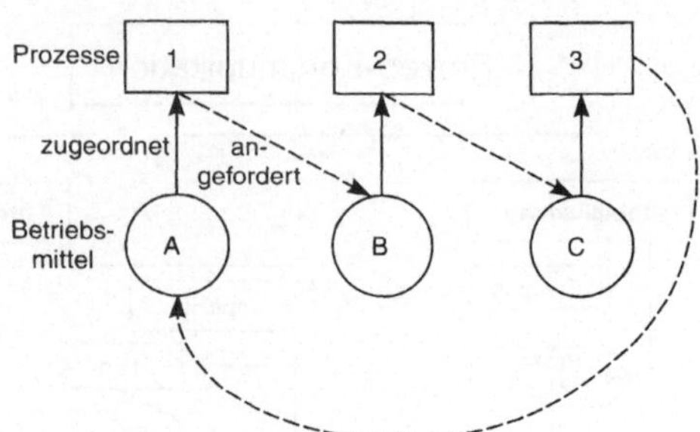

Bild C-10.   Verklemmungen.

2. *Warten*
Prozesse fordern Betriebsmittel an, die ihnen bereits zugewiesen sind.

3. *Nicht-Entziehbarkeit*
Zugeordnete Betriebsmittel können nicht wieder entzogen werden.

4. *Geschlossene Kette*
Es gibt eine geschlossene Kette von zwei oder mehr Prozessen, die alle auf ein Betriebsmittel warten, das durch den nächsten Prozeß gehalten wird (Bild C-10).

Verklemmungen werden im wesentlichen nach folgenden vier Verfahren behandelt:

1. *Keine Strategie*
Es wird keine Hilfestellung bei der Vermeidung von Verklemmungen gegeben. Wenn ein bestimmtes Betriebsmittel nicht frei ist, meldet das System einen Fehler. Es liegt nun am Benutzer, hierauf die richtige Antwort zu finden. Bei kleineren Systemen führt dies meist zu einem „Kaltstart" (Ein- und wieder Anschalten des Gerätes).

2. *Entdecken und Beheben*
Es wird gemeldet, wenn längere Wartezustände auftreten *(timeout)*. In diesem Fall muß der Operator in die Kette eingreifen und bestimmte Prozesse abbrechen, um die Verklemmung zu beseitigen.

3. *Vermeiden*
Es werden eine oder mehrere der oben aufgeführten Bedingungen nicht erfüllt, die zum Auftreten der Verklemmungen führen. Dann ergeben sich folgende Maßnahmen:

- Ordnen der Betriebsmittel und Belegen in dieser Reihenfolge.

- Die maximal möglichen Forderungen nach Betriebsmittel werden zu Beginn der Prozeßkette erfaßt. Es findet eine Reservierung statt, so daß kein Prozeß auf sein Betriebsmittel warten muß (2. Bedingung).

- Aufbrechen der geschlossenen Kette (Bedingung 4). Eine Möglichkeit wäre, für jeden Prozeß nur ein Betriebsmittel zuzulassen. Wenn er ein zweites braucht, muß er zuerst sein erstes zurückgeben. Eine zweite Möglichkeit besteht darin, bei einer Verklemmung den Prozeß auf einen früheren Zustand zurückzuversetzen. Ein dritter Weg ist folgender: Alle Betriebsmittel erhalten eine Nummer und werden in eine Reihenfolge gebracht. Es können nur Anforderungen entsprochen werden, die dieser Reihenfolge genügen. In diesem Fall sind keine geschlossenen Graphen möglich.

C 1.6 Ein-/Ausgabe-Systeme

In einem Ein-/Ausgabe-System wird der Zugriff auf Dateien geregelt und die Kommunikation mit den Ein-/Ausgabe-Geräten festgelegt. Das Ein-/Ausgabe-System besteht aus einzelnen, aufeinander aufbauenden Schichten (Bild C-11). Die unteren Schichten orientieren sich an der Hardware, während die oberen Schichten von den Anwendungsprogrammen abhängen. Geht man von den *Anwenderprogrammen* aus, so legt die Programmiersprache die entsprechenden *Ein- und Ausgabebefehle* fest. Anschließend kommen die Schichten für die *Dateiverwaltung:* die Katalogverwaltung, die Zugriffe (satzorientiert und blockorientiert) und die Abbildung des Dateiadreßraums auf logische Geräte. Im Anschluß daran folgen: die *Geräteverwaltung* für virtuelle und für reale Geräte, die *Kanalverwaltung* und zum Schluß die *Hardware.*

Die meisten Hardwaresysteme haben Ein- bzw. Ausgabeschnittstellen für die Geräte. Die Verbindung zwischen einem Prozeß und einem Kommunikationspartner (z. B. Ein- und Ausgabegeräte, Dateien, Teile des Betriebssytems, andere Prozesse) ist ein sogenannter *Zeichenstrom.* Der Zeichenstrom fließt durch ein sogenanntes *Tor (port)* des Prozesses. Die verschiedenen Tore eines Prozesses werden durch *spezielle Namen* unterschieden. Im Betriebssystem wird der Zeichenstrom durch die Angabe der Kommunikationspartner eindeutig festgelegt. Solche Namen können sein:

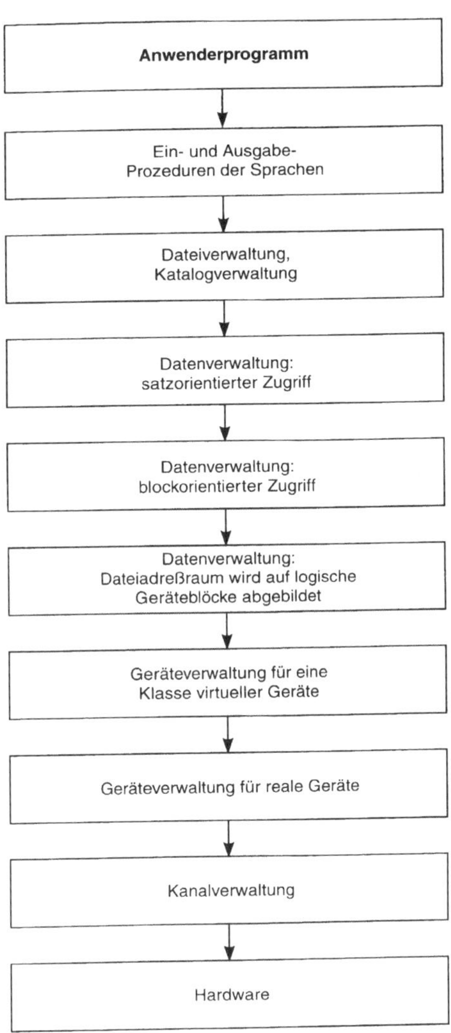

Bild C-11.   Schichten eines Ein-/Ausgabe-Systemes.

- Gerätenamen,
- Pfadnamen von Dateien und
- Prozeßnamen.

Die wichtigsten Informationen über eine Zeichenstrom sind in einem speziellen Kontrollblock enthalten.

Die in Bild C-11 dargestellten Schichten werden im folgenden kurz besprochen.

C 1.6.1 Ein- und Ausgabe-Prozeduren

Unter den Ein-/Ausgabe-Prozeduren versteht man die Befehle oder Prozeduren der Programmiersprache für die Ein- und Ausgabe. Diese Befehle können auch zu komplexeren Anweisungen in *Makros* zusammengefaßt werden. Dazu gehören:

open
Der Zugriff wird geöffnet, dem Zeichenstrom ein Tor zugewiesen und bei Bedarf spezielle Angaben zur Kommunikationsart festgelegt.

close
Abschluß der Bearbeitung.

get
Lesen von Zeichen in den Zeichenpuffer.

put
Ausgabe von Zeichen aus dem Puffer.

seek
Einstellen des Positionszeigers auf die angegebene Position.
Der seek-Befehl hat vor allem bei Floppy-Disk-Laufwerken und Festplattenspeichern große Bedeutung. Er dient zur direkten Positionierung des Schreib-/Lesekopfes über der angegebenen Spur (Track).

read
Lesen der Zeichen des Zeichenstroms.

write
Ausgabe über das Tor.

C 1.6.2 Datenverwaltung

Die Datenverwaltung umfaßt, wie Bild C-11 zeigt, folgende Schichten:

Katalogverwaltung
Sie verwaltet die Dateieinträge, d. h. den Namen, die Adressen und die Zugriffsrechte der Datei.

Dateiverwaltung
Hier werden die Speicherbereiche der Datei und die Attribute (Kennsätze) verwaltet sowie die Programme zur Dateiverarbeitung (erzeugen, löschen, öffnen, lesen, schließen).

Satzverwaltung
Es werden die Dateisätze verwaltet.

Blockverwaltung
Verwaltung der einzelnen Blöcke.

C 1.6.3 Geräteverwaltung

Die Verwaltung der virtuellen Geräte betrifft neben der Zuteilung der freien Geräte auch typische Verwaltungsaufgaben für einzelne Datenträger (belegen, freigeben, aufspannen, abspannen) sowie einzelne Zugriffsdienste (lesen, schreiben, abfragen). Sie ist damit auch für die Abhandlung der erfolgreichen bzw. nicht erfolgreichen Übertragung der Daten zuständig.

Gerätetreiber im Kern des Betriebssystems bestehen aus Ein-/Ausgabe-Moduln, die einen Empfangs- und einen Sendekanal besitzen. Sie besitzen entsprechende Empfangs-, Steuer- und Unterbrechungsregister.

C 1.6.4 Kanalverwaltung

Gerätetreiber hängen sehr stark von der Schnittstelle des Eingabe-Ausgabe-Moduls ab. Deshalb gibt es eine große Vielzahl von Gerätetreibern. Um dies zu vereinfachen, wurde in großen Rechenanlagen standardisierte Ein- und Ausgabeschnittstellen sowie Kanäle und Kanalwerke entwickelt (Abschn. C 1.3 und Bild C-5). Die Verbindungen weisen folgende Komponenten auf: Kanalwerk - Kanal - Gerätesteuerung und Gerät. Die einzelnen Kanalwerke sind programmierbar. Diese Programme steuern den Transport der Daten zwischen Arbeitsspeicher der Hardware und dem Gerät. Wichtige Befehle in diesen Programmen sind:

- Operationen (lesen, schreiben und halten);
- Anfangsadresse eines Puffers für die Daten im Arbeitsspeicher;
- Pufferlänge sowie
- Adresse des folgenden Befehls.

Wichtig sind die Start- und die Ende-Meldung der Kanalverwaltung, weiterhin Dienstprogramme (z. B. Warten auf den Anfang bzw. das Ende der Ein- oder Ausgabe).

C 1.7 Zugriffsschutz

Wenn mehrere Personen Rechensysteme benutzen, dann müssen die Zugriffe auf das Rechensystem selbst, auf die Dienstleistungsprogramme und auf die Daten kontrolliert werden. Der Schutz von Daten und Programmen ist heute von existentieller Wichtigkeit.

> Die Kontrolle über die Zugriffsrechte auf Da-
> teien und Hardware ist die Grundlage für eine
> geforderte Systemsicherheit.

Dabei gibt es unterschiedliche Ansätze:

- Objektschutz mit Ausweisen (Magnetkarten),
- Zugangskontrolle (Magnetkarten),
- Sicherheitsstufen mit abgestuften Zugangskon-
  trollen,
- Liste der berechtigten Personen (Zugriffslisten)
  und
- Paßworte.

Bild C-12 zeigt die wichtigsten Forderungen an
die Verfahren des Zugriffsschutzes:

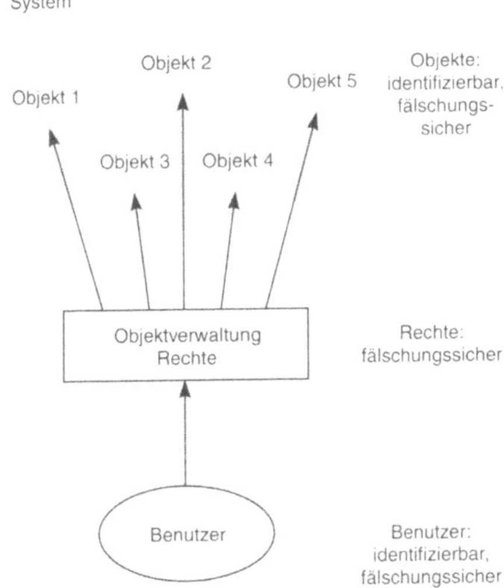

Bild C-12.   Forderungen an den Zugriffsschutz.

Benutzer
Der Benutzer muß eindeutig identifizierbar, und
seine Identifikation muß fälschungssicher sein.

Objekte
Das System, auf das zugegriffen wird, besteht aus
einzelnen Objekten. Auch für sie muß gelten, daß
sie eindeutig identifizierbar und ihre Eigenschaften fälschungssicher sein müssen.

Objektverwaltung
Der Zugang des Benutzers zu den Objekten des
Systems geschieht nicht direkt, sondern über eine
Instanz, die Objektverwaltung. In ihr werden die
Rechte der Benutzer festgelegt, die fälschungssi-
cher und manipulationsfest sein müssen. Ferner
muß die Weitergabe der Rechte genau kontrolliert
werden.

Die zu schützenden Objekte des Systems sind:

- Hardware-Komponenten,
- Kern des Betriebssystems,
- Plattenverwaltung und
- Dateiverwaltung.

Um diese Grundsätze mit relativ geringem Aufwand verwirklichen zu können, ist es sinnvoll,
Programme in einzelne Module aufzuteilen, für
die dann die Zugriffsrechte gegeben werden
können.

Besonders schwierig ist der Zugriffsschutz bei
verteilten Systemen. Denn dort gibt es keine zentrale Einheit, von der aus alle Komponenten kontrolliert werden können. Wichtig in diesen Systemen ist eine *fälschungssichere Identifizierung* des
Absenders. Dies wird zunehmend mit komplizierten Verschlüsselungstechniken erreicht.

Beispiel:

C 1-4: Anhand eines Beispiels soll die Verwaltung der
Zugriffsrechte durch das Betriebssystem UNIX auf verschiedene Dateien erläutert werden. Das Recht, eine
Datei zu lesen oder zu bearbeiten oder ausführen zu
können, wird *Privileg* genannt. Nicht jeder Benutzer
erhält alle Privilegien. Die Privilegien werden mit

- *r* für lesen (engl.: read),
- *w* für bearbeiten und zurückschreiben (engl.: write)
  und
- *x* für ausführen (engl.: execute)

gekennzeichnet. Auch die Benutzer werden klassifiziert. So existieren neben dem

- Eigentümer noch
- Gruppenmitglieder sowie
- alle anderen Benutzer

dieses Systems. Jeder dieser Systembenutzer erhält getrennte Zugriffsrechte.

In Bild C-13 ist ein Bildschirmabzug dargestellt,
der mit dem Kommando *ls-al* erzeugt wurde. Das
Kommando „ls" listet alle Dateien (Files) und Un-
terverzeichnisse (Sub-Directories) auf. Die Optionen *a*
und *l* (gekennzeichnet durch ein Minuszeichen) bedeuten „all" (alles) und „long format" (ausführliche Darstellung). Die zweite Spalte gibt dabei über die Zugriffsrechte auf die entsprechenden Dateien und Verzeichnisse Aufschluß. Die einzelnen Einträge in dieser
Spalte bedeuten

```
drwxrwxr-x  2 root  sys      512 Apr  8 21:13 home
drwxrwxr-x  2 root  root     512 Mar  7  1992 install
lrwxrwxrwx  1 root  sys        8 Sep 29 11:14 lib -> /usr/lib
drwxr-xr-x  2 root  root    8192 Aug 18 10:34 lost+found
drwxrwxr-x  2 root  root     512 Jul 27 03:08 mnt
drwxrwxr-x  5 root  root     512 Aug 26 15:18 oasys
drwxrwxr-x  3 root  sys      512 Aug 26 15:18 opt
-rw-rw-r--  1 root  sys  1130496 Sep 29 11:24 p
-rw-rw-r--  1 root  sys     8192 Sep 14 16:27 p1
-rw-rw-r--  1 root  sys     8192 Sep 15 14:24 p2
-rw-rw-r--  1 root  sys  2179072 Sep 21 15:07 p3
-rw-rw-r--  1 root  sys   606208 Sep 23 08:54 p4
dr-xr-xr-x  2 root  root    6432 Sep 29 16:28 proc
drwxrwxr-x  2 root  sys      512 Jan 24  1992 save
drwxrwxr-x  3 root  sys     1536 Sep 29 11:15 sbin
lrwxrwxrwx  1 root  sys        8 Sep 29 11:15 shlib -> /usr/lib
drwxr-xr-x  2 root  sys      224 Sep 29 11:16 stand
drwxrwxr-x  7 root  sys      512 Sep 29 11:17 sysvw
drwxrwxr-x  2 root  sys      512 May 12  1992 tftpboot
drwxrwxrwt  3 root  sys      512 Sep 29 16:22 tmp
drwxrwxr-x 27 root  sys     1024 Sep 29 12:00 usr
drwxrwxr-x 19 root  sys      512 Sep 29 16:21 var
drwxr-xr-x  5 root  root     512 Sep 29 12:11 vmsys
```

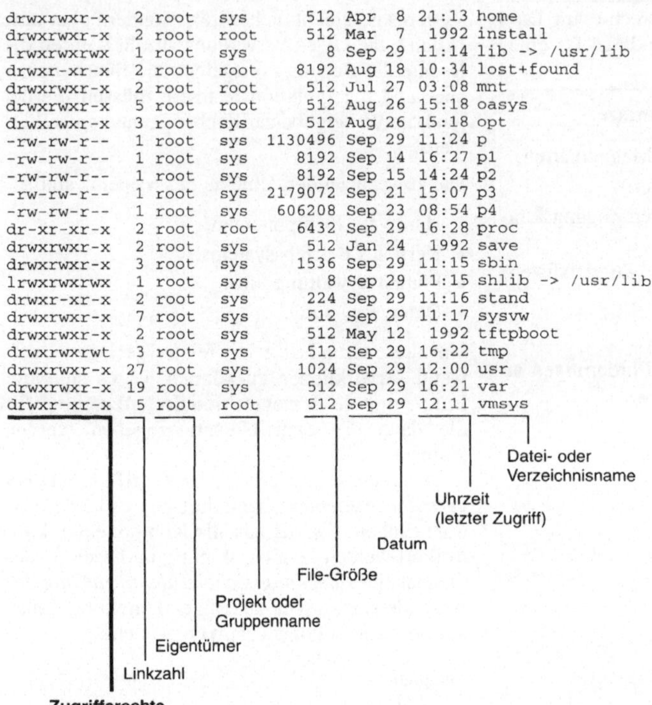

Bild C-13. Zugriffsrechte bei UNIX.

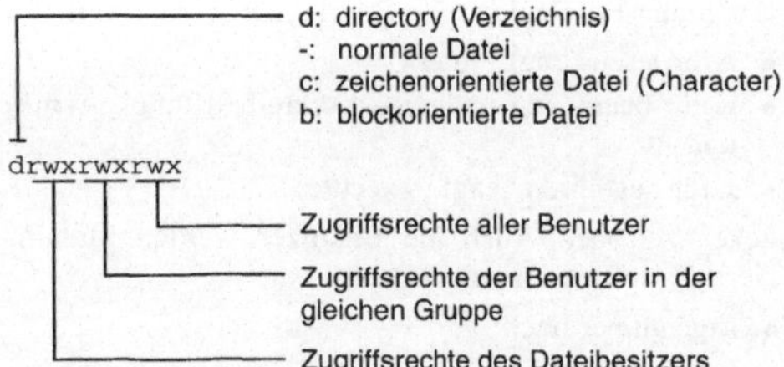

Beispiele für Einträge sind:

-rw-rw-r– Dies bedeutet, der Besitzer und die Benutzer
in der gleichen Gruppe dürfen diese Datei sowohl lesen als auch beschreiben. Alle anderen Benutzer dürfen
diese Datei nur lesen. Bei der Datei handelt es sich um
eine nichtausführbare Datei (z. B. eine Textdatei).

drwxr-xr-x läßt nur den Besitzer des Verzeichnisses
darin schreiben. Alle anderen Benutzer, auch aus der
gleichen Gruppe dürfen dieses Unterverzeichnis nur lesen und ausführen.

Die wichtigsten Kombinationen der Benutzerprivile-
gien sind in Tabelle C-2 zusammengestellt.

C 2 Datenbanksysteme

Ein Datenbanksystem (engl.: *data base system*)
besteht aus zwei Teilen (Bild C-14):

Datenbasis
In ihr werden die Daten bereitgehalten, die in
verschiedenen Dateien gespeichert sind.

Datenbank-Management-System (DBMS)
Mit ihm wird die Datenbasis verwaltet. Es sorgt
dafür, daß die Daten entsprechend bestimmter
Vorschriften gespeichert, verändert und bearbeitet
werden und verwaltet die *Zugriffe* der Benutzer
auf die Datenbasis. Die Zugriffsverwaltung dient
der *Datensicherheit* (Unverletzlichkeit der Daten)

Tabelle C-2. Wichtigste Benutzer-Privilegien

	Bedeutung	Einschränkung
-rw———	nur der Benutzer kann diese Datei einsehen und ändern	sehr hoch
-rwx———	wie oben, jedoch gilt dies für ausführbare Dateien oder Verzeichnisse	sehr hoch
-rw-rw———	die Datei ist für eine bestimmte Gruppe freigegeben (beispielsweise eine Projektgruppe)	hoch für Außenstehende
-rwxrwx———	wie oben, jedoch gilt dies für ausführbare Dateien oder Verzeichnisse	hoch für Außenstehende
-rw-rw-r———	der Eigentümer und seine „nähere" Umgebung (Gruppe) haben Lese- und Schreibrechte auf diese Datei, alle anderen dürfen nur hineinschauen	gering
-rwxrwxr-x	wie oben, jedoch gilt dies für ausführbare Dateien oder Verzeichnisse	gering
-rw-r——r———	Standardeinstellung: der Eigentümer darf die Datei sowohl lesen als auch ändern, alle anderen haben nur eine Leseberechtigung	hoch
-rwxr-xr-x	wie oben, jedoch gilt dies für ausführbare Dateien oder Verzeichnisse	hoch
-rw-rw-rw-	der Benutzer öffnet alle Zugriffsrechte für alle anderen Benutzer (sehr vertrauensselig)	keine
-rwxrwxrwx	wie oben, jedoch gilt dies für ausführbare Dateien oder Verzeichnisse	keine
-r———————	kaum sinnvolle Einschränkung der Zugriffsrechte, der Benutzer traut nicht mal sich selbst!	nicht sinnvoll
-r-x———	wie oben, jedoch gilt dies für ausführbare Dateien oder Verzeichnisse	nicht sinnvoll

grau hinterlegt ist die Standardeinstellung

und dem *Datenschutz* (erlaubter Zugriff auf personenbezogene Daten). Ferner stellt sie die Regeln dafür auf, wie die Benutzer mit der Datenbasis kommunizieren dürfen.

Ein Datenbanksystem dient dem Benutzer dazu, auf entsprechend beschriebene und gespeicherte Daten zuzugreifen und die Informationen abzufragen, die er wissen möchte. Dazu benutzt er bestimmte Anwenderprogramme, die mit der Datenbank zusammenarbeiten und einen einfachen Zugriff auf die Daten ermöglichen. In diesem Sinne sind Datenbanken ein Teil von *Informationssystemen* (Abschn. E), mit denen Daten von der Datenbank angefordert, nach bestimmten Kriterien ausgewertet und wieder in der Datenbank gespeichert werden.

Wie Bild C-14 zeigt, können mehrere Benutzer über verschiedene Anwenderprogramme gleichzeitig auf die Datenbank zugreifen, d. h. die unterschiedlichen Programme können mit demselben Datenbestand arbeiten.

Datenbanken bieten dem Benutzer folgende Vorteile:

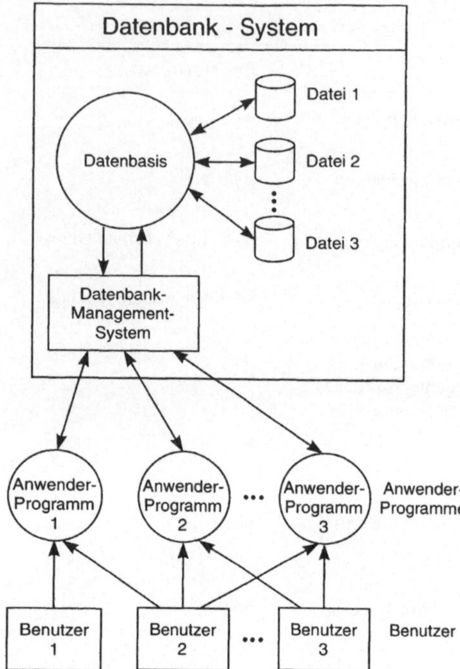

Bild C-14. Wirkungsweise einer Datenbank.

Datenunabhängigkeit

Die Programme sind *unabhängig* von der Datenbank. Deshalb können Programme verändert werden, ohne daß die Dateien ebenfalls geändert oder neu organisiert werden müssen. Ebenso können die Datenbestände ergänzt oder neu strukturiert werden, ohne daß die Anwenderprogramme davon betroffen sind.

Verminderung der Redundanz

Redundanz bedeutet, daß dieselben Daten mehrfach vorhanden sind. In Datenbanken werden die *Daten zentral* gehalten, d. h. nur einmal in der Datenbank abgespeichert. Dadurch wird die *Redundanz* der Daten verringert und es ergeben sich folgende weitere Vorteile:

- *Schnelle und eindeutige Aktualität*
  Die Daten sind sehr schnell auf dem neuesten Stand zu halten und sind für alle Benutzer dann in gleicher Weise aktuell (wenn dieselben Daten in unterschiedlichen Dateien vorhanden

sind, dann müssen sie immer in den entsprechenden Dateien aktualisiert werden).

- *Einfache und sichere Prüfung der Daten auf Korrektheit und Vollständigkeit*
  Wenn die Daten zentral und nur einmal abgespeichert werden, können sie ohne zusätzlichen Aufwand und schnell auf *Datenkonsistenz,* d. h. auf Korrektheit und Vollständigkeit überprüft werden.

- *Erhöhung der Datensicherheit*
  In einer zentral organisierten Datenbank ist es besser möglich, die Daten vor Mißbrauch und absichtlicher Fälschung zu schützen.

- *Erhöhung des Datenschutzes*
  In einer zentralen Datenbank ist es viel leichter möglich sicherzustellen, daß personenbezogene Daten nur denjenigen Personen zugänglich sind, die dafür befugt sind.

C 2.1 Daten und Datenstrukturen

C 2.1.1 Daten, Datei und Datenbank

Bild C-15 zeigt den Überblick und den Aufbau von Daten und Datenstrukturen bis hin zu Dateien und Datenbanken. Die einzelnen Bestandteile sind:

Speicherzelle (1 Bit)

Der *binären Kodierung* zufolge ist die kleinste Einheit eine Speicherzelle, in der das Zeichen „0" oder „1" stehen kann. Die Informationseinheit einer solchen Speicherzelle ist 1 Bit (Abschn. A 2.2).

Zeichen (engl.: character)

Acht dieser Speicherzellen sind 1 Byte und stellen ein *Zeichen* dar, das beispielsweise als Dualzahl im *ASCII-Kode* (Abschn. A 4.4.1) dargestellt sein kann. Die Zeichen können von unterschiedlichen Datentypen sein: numerische (aus Ziffern), alpha-Zeichen (aus Buchstaben, ohne nationale Sonderzeichen), Umlaute oder andere nationale Sonderzeichen (z. B. ä, ö, ü) und Sonderzeichen (z. B. !, ?, (, $). Ferner gibt es noch spezielle *Steuerzeichen,* mit denen die Peripheriegeräte angesteuert werden (z. B. der Seitenvorschub eines Druckers).

Datenfeld (engl.: field)

Ein Datenfeld hat einen *Feldnamen* (z. B. Postleitzahl). Den Inhalt eines Datenfeldes nennt man das

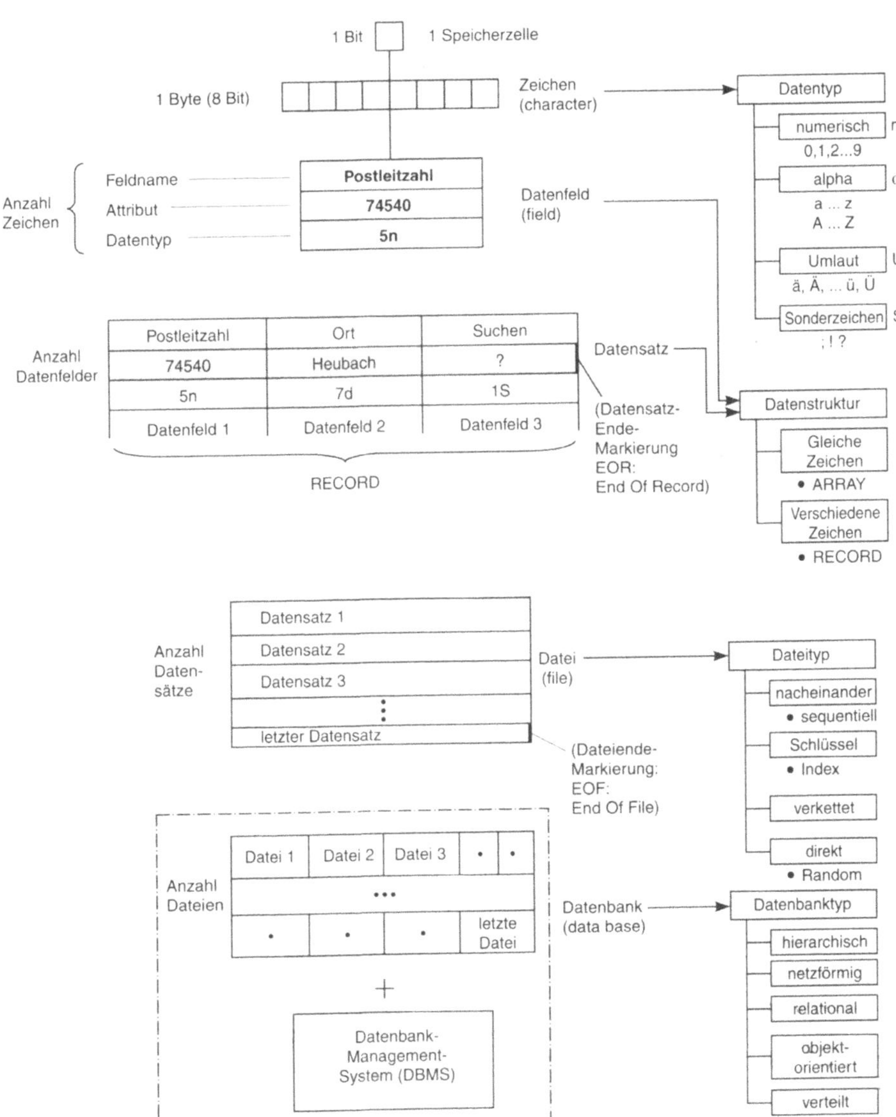

Bild C-15. Daten, Datenfelder, Dateien und Datenbanken.

Attribut. Häufig wird diesem auch noch der *Datentyp* zugeordnet. Während der Feldname gleichbleibt, enthält das Attribut ständig andere Informationen. Beispielsweise werden unter dem Feldnamen «Postleitzahl» eine Vielzahl an Postleitzahlen abgespeichert.

Datensatz

Ein Datensatz enthält eine Anzahl von Datenfeldern (z. B. Postleitzahl, Ort). Am Ende des Datensatzes steht die Markierung: *EOR* (End Of Record). Damit weiß der Rechner, an welcher Stelle der Datensatz zu Ende ist. Der Datensatz kann unterschiedliche Strukturen aufweisen: Sind alle Datenfelder mit Zeichen *desselben Datentyps* gefüllt (z. B. lauter Zahlen oder lauter Buchstaben), so liegt ein *ARRAY* vor. Bei Datenfeldern mit *unterschiedlichen Datentypen* ist ein *RECORD* vorhanden (die Bezeichnung wird üblicherweise verwendet und lehnt sich an PASCAL an).

Datei (file)

Eine Datei besteht aus einer *Anzahl* von *Datensätzen* (z. B. besteht eine Adreß-Datei aus einer Anzahl von Adreß-Datensätzen). Das *Ende der Datei* wird durch die Markierung *EOF* (End Of File) gekennzeichnet. Damit ist für den Rechner zu erkennen, an welcher Stelle die Datei zu Ende ist. Dateien sind unterschiedlich organisiert (z. B. sequentiell, mit Indizes, verkettet oder direkt), je nachdem wie komfortabel auf die einzelnen Datensätze zugegriffen werden kann.

Datenbank

Eine Datenbank besteht, wie Bild C-14 und Bild C-15 zeigen, aus einer Anzahl von Dateien (Datenbasis) und dem Datenbank-Verwaltungssystem (DBMS: Datenbank-Management-System). Dabei gibt es unterschiedliche Strukturen: hierarchische, relationale, netzförmige, objektorientierte und verteilte Datenbanken (Abschn. C 2.3).

C 2.1.2 Datenstrukturen

In Bild C-16 sind die unterschiedlichen Datenstrukturen zusammengestellt. Die Bezeichnungen orientieren sich an der PASCAL-Notierung. Es wird unterschieden in:

Einfache Datenstrukturen

Dazu gehören: *Dezimalzahlen* (je nach Länge der Dezimalstellen ist die Bezeichnung unterschiedlich, z. B. REAL), *Zeichen* (Einzelzeichen und mehrere Zeichen, z. B. CHAR), *Wahrheitswerte* (diese Zeichen können nur die Informationen „wahr" und „falsch" annehmen, z. B. BOOLEAN) und *ganze Zahlen* (je nach Anzahl der Stellen und Vorzeichen ist die Bezeichnung anders, z. B. INTEGER).

Zusammengesetzte Datenstrukturen

Die zusammengesetzten Datenstrukturen können aus Elementen *desselben Datentyps (ARRAY)* oder *unterschiedlichen Datentyps (RECORD)* bestehen. Die zusammengesetzten Datentypen können *eindimensional* als *Vektor* (mit einem Index), *zweidimensional* als *Matrix* (mit zwei Indizes: einem Spalten- und einem Zeilenindex) oder *dreidimensional* (mit drei Indizes: Spalte, Zeile und Höhe) organisiert sein. Eine Darstellung in mehr als drei Dimensionen ist meist nicht üblich.

Teile einer Grundmenge werden als *SET* bezeichnet. Auch eine *Datei* ist als zusammengesetzte Datenstruktur aufzufassen: sie ist zusammengesetzt aus einzelnen Datensätzen.

Standardmäßige Datenstruktur

Die Sprachen stellen standardmäßig bestimmte Datenstrukturen bereit (z. B. für Dezimalzahlen, ganze Zahlen und Zeichenketten). Sie sind von Sprache zu Sprache unterschiedlich.

Benutzerdefinierte Datenstruktur

Der Benutzer hat in manchen Sprachen (z. B. in PASCAL mit der Anweisung: TYPE) die Möglichkeit, Datenstrukturen selbst zu definieren und ihnen einen eigenen Namen für den Datentyp zuzuweisen.

Statische Datenstruktur

Hierbei bleibt die *Datenstruktur konstant,* d.h. die Anzahl der Datenelemente und der belegte Speicherplatz bleiben gleich. Die Werte, d. h. die Inhalte der Datenfelder sind veränderbar. Solche statische Datenstrukturen treten typischerweise in Formularen auf.

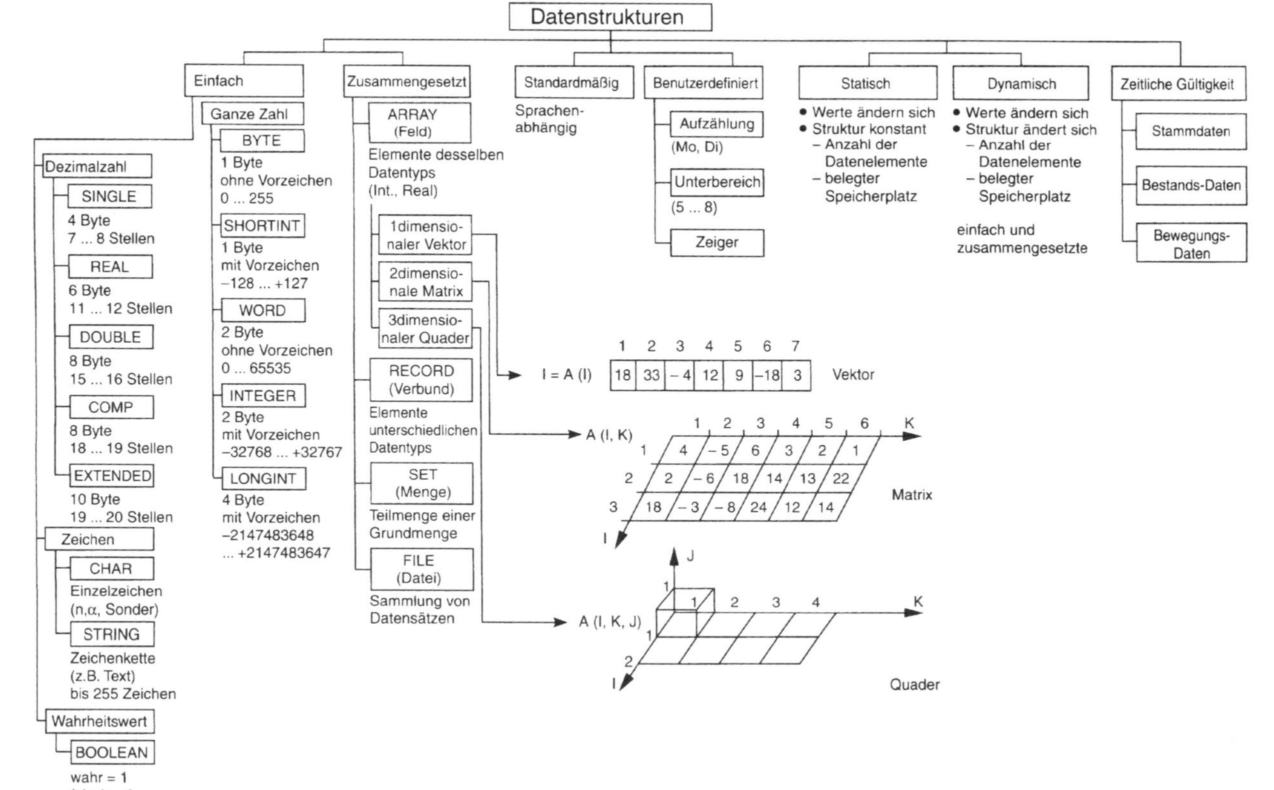

Bild C-16. Arten von Datenstrukturen.

Dynamische Datenstruktur

In einer dynamischen Datenstruktur ändern sich nicht nur die Werte in den Datenfeldern, sondern auch die Anzahl der Datenelemente und der belegte Speicherplatz. Welche Arten von dynamischen Daten es gibt und in welchen Fällen sie in der Praxis auftreten, zeigt Bild C-17.

Dynamische Daten können in verschiedener Weise organisiert werden:

- *Stacks (Stapel)*
  Die Daten sind nach dem Lifo-Prinzip (last in first out) als Stapel organisiert (Abschn. A 1.2.4.4), d. h. die Datenstruktur nimmt auf derselben Seite zu und wieder ab. Dies ist sinnvoll bei Rangierfolgen und wenn auf die aktuellen Daten häufiger zugegriffen werden muß als auf länger vergangene.

- *Warteschlangen*
  Die Daten sind nach dem Fifo-Prinzip (first in first out) organisiert.

- *Verkettete Listen*
  Die Daten werden durch einen *Zeiger* miteinander verknüpft. Am Ende der Daten stehen jeweils Nummern, die auf die nächsten Daten verweisen, die wiederum auf die folgenden usw. Am Ende der Datenkette steht die „ASCII-Null". Mit dieser Datenstruktur können Einfügungen und Löschungen bequem vorgenommen werden. Es müssen lediglich die Verweisnummern geändert werden. Auf diese Weise können sehr leicht die logischen Strukturen der Datenzusammenhänge verändert werden, ohne die physikalischen Strukturen (z. B. den Speicherplatz auf der Festplatte) zu ändern (Abschn. B 3.2, Bild B-57).
  Besondere Zeiger sind die *Anker*. Sie verbinden Dateien bzw. deren Segmente mit *unterschiedlichsten Organisationsniveaus* (Datei, Satz, Feld) und *Dateityps*. Beispielsweise eine Datei 1 mit einem Datensatz aus Datei 2.
  Bei der *doppelt verketteten Organisation* gibt es *zwei Zeigerfelder*. Der *erste Zeiger* weist auf den *Nachfolger* (wie bei der einfach verketteten Organisation), der *zweite* auf den *Vorgänger*.

Baumstrukturen

Bäume sind Informationen mit *mehr als einem Zeiger*. Dabei geht man von oben nach unten von einem Eltern-Kinder-Verhältnis aus. Das bedeutet: Ein Elternteil kann mehrere Kinder besitzen, aber die verschiedenen Kinder haben nur ein Elternteil. Mit diesen Baumstrukturen sind Suchvorgänge sehr schnell durchzuführen.

Graphen

Graphen sind Datenstrukturen, die untereinander *vernetzt* sind. Die Behandlung solcher Datenstrukturen, bei der die Daten von unterschiedlichen Vor-Daten abhängen und verschiedene Nach-Daten erzeugen, ist sehr kompliziert. Doch sind in der Praxis häufig solche vernetzten Datenstrukturen anzutreffen.

Zeitliche Gültigkeit

Je nach zeitlicher Gültigkeit lassen sich die Daten einordnen in:

- *Stammdaten*
  Zustandsorientierte Daten, die ihre Gültigkeit für sehr lange oder immer behalten (z. B. Kundennummer, Adresse, Telefon);

- *Bestandsdaten*
  Zustandsorientierte Daten, die nur kurzfristig bzw. nur einmal gelten (z. B. die momentane Stückzahl eines Teiles);

- *Bewegungsdaten*
  Prozeßorientierte Daten, die Veränderungen zwischen zwei Zuständen zeigen (z. B. Lagerzugänge oder verkaufte Stückzahlen).

C 2.1.3 Organisation von Dateien

Die Dateien sind nach folgenden *drei Prinzipien* organisiert (Bild C-18):

Sequentielle Organisation
Die Daten werden entsprechend ihrer Eingabe nacheinander abgespeichert. Nur in dieser Reihenfolge können sie auch wieder aufgefunden werden. Wird ein bestimmter Datensatz gesucht, dann muß die Datei von Anfang an durchsucht werden, bis der entsprechende Datensatz gefunden wird. Als Beispiel: Die Bücher einer Bücherei werden in der Reihenfolge der Buchabgabe in die Regale einsortiert. Wird ein bestimmtes Buch gesucht, dann müssen alle Bücher in allen Regalen von Anfang an durchsucht werden.

Index-sequentielle Organisation
Unter einem Index versteht man eine *Sortiervorschrift*. Beim Suchen wird zunächst der Index durchsucht, dann auf den Datensatz-Bereich zugegriffen und dort sequentiell weitergesucht.

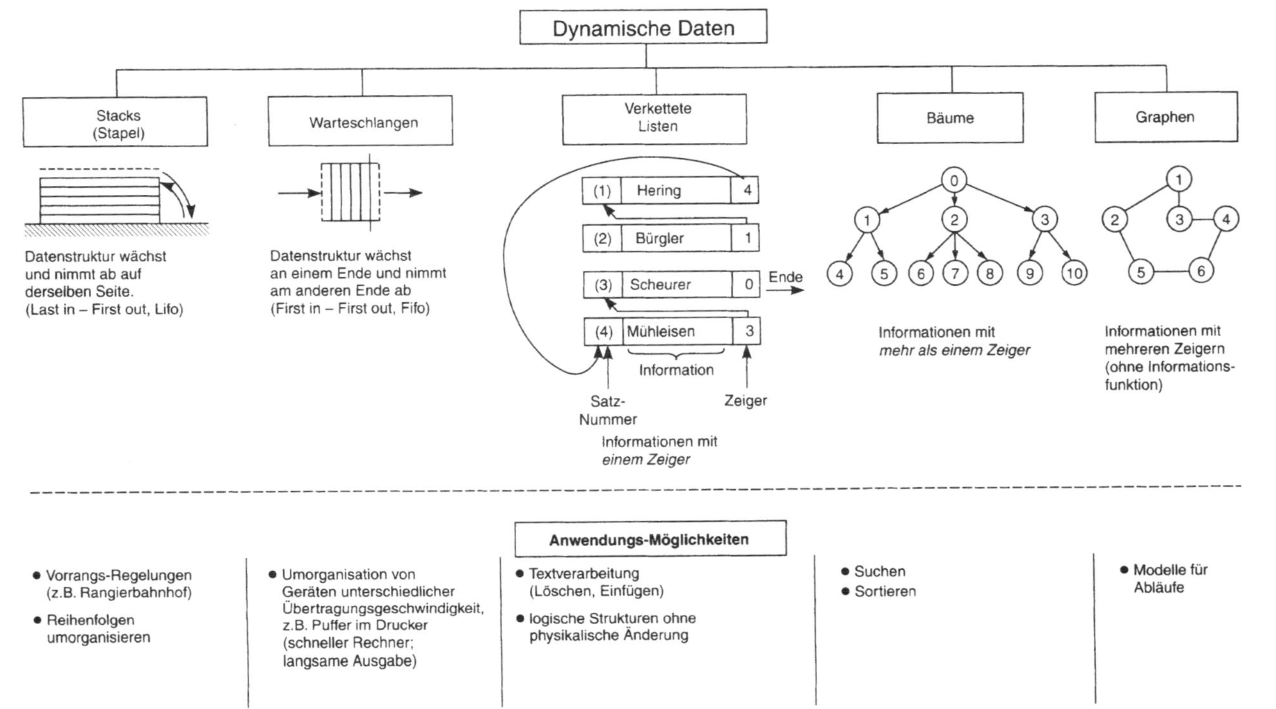

Bild C-17. Dynamische Datenstrukturen.

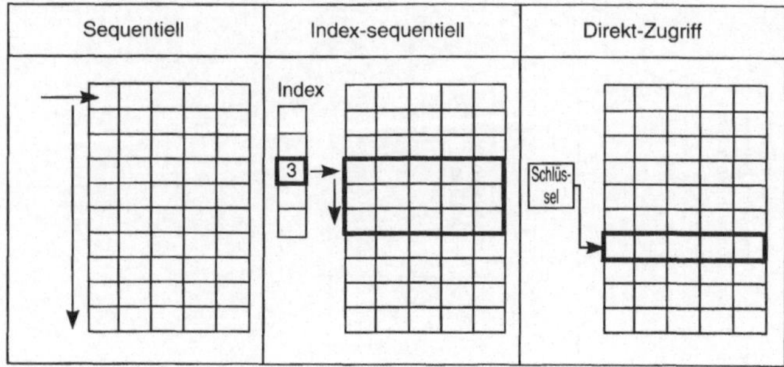

Bild C-18.   Organisationsarten von Dateien.

Als Beispiel: Die Bücher werden nach einem bestimmten Begriff (Index) in ein Regal eingeordnet. Der Buchtitel wird in eine Karteikarte eingetragen, in dem der Oberbegriff (Index) vermerkt ist. Wird das Buch gesucht, dann wird zunächst nach dem Regal gesucht und dann nach dem Buch, einem anderen Index (z. B. alphabetisch). In diesem werden dann die Bücher nacheinander durchsucht. Für den Index ist zusätzliche Speicherkapazität vorzusehen. Bei Platten wird für jede Spur oder jeden Block eine Spur als Indexspur bereitgestellt, die Informationen für die Blöcke enthält. Auf diese Weise kann direkt auf eine Spur zugegriffen und von dort aus weitergesucht werden.

Direkte Organisation
Der Zugriff ist über einen Schlüssel direkt möglich. Es gibt bestimmte Verfahren und Algorithmen, die aus dem Schlüssel direkt die Nummer des Datensatzes ermitteln (Schlüssel = Adresse des Datensatzes). Im vorliegenden Beispiel heißt das, daß die Lage des Buches genau bestimmt ist, beispielsweise: Regal-Nr. 43, Fach-Nr. 9 Platz-Nr. 5. Bei bekannten Datenstrukturen, die in Tabellen abgelegt sind, ist eine solche direkte Bestimmung oft möglich. Als Beispiel: In einem Unternehmen werden die Kosten in vielen Kostenstellen (I) in Form von 35 Kostenarten (K) monatlich (L) abgespeichert. Der Datensatz hat 75 Zeichen. Will man den Wert der Kosten für die I-te Kostenstelle (z. B. Fräserei, Nr. 22), der K-ten Kostenart (z. B. Kosten für Ausschuß und Nacharbeit, Nr. 44) im L-ten Monat (z. B. im Oktober, Nr. 10) wissen, dann kann die Lage der Adresse z. B. nach folgendem Schema berechnet werden:

$$\text{Adresse} = (I - 1) \cdot 35 \cdot 12 \cdot 75 + (K - 1) \cdot 12 \cdot 75 + (L - 1) \cdot 75 + 1.$$

Im vorliegenden Fall beträgt die Nummer der Adresse: 700 876.

C 2.1.4 Datenflüsse

Daten werden während des Programmdurchlaufs ständig verändert. Der Fluß der Daten durch die Programme wird im *Datenflußplan* nach DIN 66001 beschrieben. Sie zeigen folgendes:

- die Bearbeitungsvorgänge der Daten (z. B. Sortieren),

- die Datenträger, die bei der Ausführung eingesetzt werden (z. B. Eingabe über Bildschirm) und die Datenträger, auf denen die Ausgabe erfolgt (z. B. Festplatte),

- die Stationen und Wege, auf denen die Daten durch das Anwenderprogramm laufen (dargestellt durch Linien).

Nach DIN 66001 werden Sinnbilder (Bild C-19) für folgende drei Klassen verwendet:

1. Sinnbilder für die Flußlinien der Daten (Linien *mit* Pfeilspitze).

2. Sinnbilder für Bearbeitungsvorgänge.

3. Sinnbilder für die Datenträger der Ein- und Ausgabe.

Der Datenflußplan beschreibt die Dynamik des Informationsflusses und die Stationen des Datentransports. Der Informationsfluß wird dabei vom Anfang bis zum Ende *(input-orientiert)* oder aber von der Ausgabe aus bis zum Anfang *(output-orientiert)* dokumentiert. Ein output-orientiertes Vorgehen ist dann zu empfehlen, wenn den Datenträgern der Ausgabeinformationen besondere

Sinnbild	Benennung	Erläuterungen zur Anwendung
Flußlinien		
	Flußlinie (*flow line*)	Am Ende der Flußlinie muß immer ein Peil sein. Vozugsrichtungen: von oben nach unten, von links nach rechts.
	Transport der Datenträger	Zur besonderen Kennzeichnung eines Transportes der Datenträger unter Angabe des Absenders oder Empfängers.
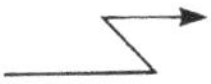	Datenübertragung (*communication line*)	Häufig verwendet bei Datenfernübertragung (z.B. über Telex oder Telefon).
Bearbeitungsvorgänge		
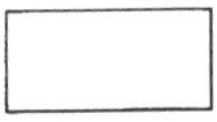	Bearbeiten, Operationen, allgemein (*process*)	Alle Bearbeitungsvorgänge sind mit diesem Sinnbild darzustellen, vor allem aber solche, die nicht weiter klassifiziert werden.
	Eingabe von Hand (*manual input*)	Darstellung der Dateneingabe von Hand (z.B. von Steuer-, Kontroll- oder Korrekturdaten über Tastatur).
	Mischen (*merge*)	
	Trennen (*extract*)	
	Mischen mit gleichzeitigem Trennen (*collate*)	
	Sortieren (*sort*)	
Datenträger		
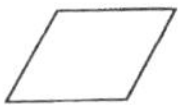	Datenträger allgemein (*input/output*)	Steht der Datenträger noch nicht fest oder ist er nicht durch die folgenden Sinnbilder darstellbar, wird dieses Sinnbild verwendet.
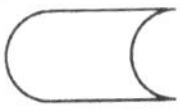	Datenträger vom Leitwerk gesteuert (*online storage*)	Im Sinnbild ist die Speicherart (z.B. Magnetplatte) anzugeben.
	Schriftstück (*document*)	Darunter fallen u.a. maschinenlesbare Vordrucke oder Listenausdrucke.
	Lochkarte (*punched card*)	Es empfiehlt sich, die Kartenart anzugeben (z.B. Lagerentnahmekarte).
	Lochstreifen (*punched tape*)	
	Magnetband (*magnetic tape*)	Es ist sinnvoll, die Dateinummer mit anzugeben oder bei Ausgabeänderung Sperrfristen einzutragen. Zugriffsart: sequentiell
	Plattenspeicher (*magnetic disk*)	Daten auf Speicher mit Direktzugriff.
	Anzeige (*display*)	Die Anzeige erfolgt in optischer (z.B. Bildschirm oder Plotter) oder akustischer Form (z.B. Summer).
		Daten im Zentralspeicher.

Bild C-19. Sinnbilder für die Datenflußpläne nach DIN 66001.

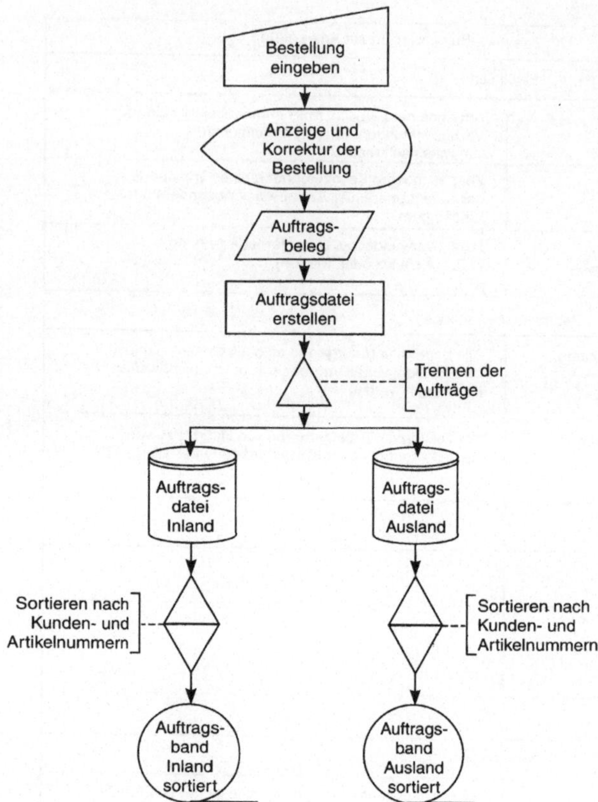

Bild C-20.   Datenflußplan für Auftragsdateien.

Aufmerksamkeit geschenkt werden muß. In diesem Fall werden zuerst die Datenträger beim Verlassen des Verarbeitungsprozesses festgelegt und anschließend die zur Verarbeitung notwendigen Input-Informationen.

Bild C-20 zeigt den Datenflußplan zum Erstellen von zwei Auftragsbändern: Ein Band für die Inlandskunden und ein anderes Band für die Kunden im Ausland. Es wird zunächst die Bestellung eingegeben und gegebenenfalls korrigiert. Anschließend wird eine Auftragsdatei erstellt. Diese wird in einem Trennvorgang in Dateien für das Inland bzw. das Ausland aufgeteilt. Jede Datei wird anschließend nach Kunden- und Auftragsnummern sortiert und auf einem Band abgespeichert.

Die Vorteile von Datenflußplänen sind:

- gute Entwurfs- und Kontrollmethode für komplizierte Datenströme und viele Datenträger;
- Feststellen organisatorischer Schwachstellen;
- Optimieren des Informationsflusses;
- datenorientierte Problembeschreibung.

Dagegen können keine logischen Programmabläufe erkannt werden. Deshalb lassen sich die Datenablaufpläne nicht als direkte Kodiervorgabe zur Programmerstellung verwenden.

C 2.1.5 Datenbeziehungen und Normalisierer von Daten (Coddsche Normalisierung)

Wie Bild C-15 zeigt, sind die Datenfelder die kleinsten Elemente einer Datenbank. Jedes Datenfeld besitzt einen Feldnamen (z. B. Art.-Nr.) über die der Zugriff erfolgt. Im Datenfeld sind die Informationen oder *Attribute* abgespeichert. Zwischen den Datenfeldern können folgende *drei Arten von Beziehungen (Assoziationen)* stehen (Bild C-21):

1:1-Assoziation
Sie besteht dann, wenn es zu jedem Wert x einen einzigen Wert y gibt und umgekehrt *(paarweise Zuordnung)*. Diese Beziehung ist an den einfachen Pfeilspitzen zu erkennen (z. B. eine Kundennummer entspricht genau einer Adresse).

1:m-Assoziation
Zu jedem Wert von x gibt es verschiedene Werte von y, aber zu jedem Wert von y gibt es nur einen Wert von x *(Mutter-Kinder-Beziehung;* dargestellt durch eine doppelte Pfeilspitze auf y und der einfachen Pfeilspitze auf x). Als Beispiel sei genannt: Ein Artikel kann von verschiedenen Kunden bestellt werden, aber ein Kunde bestellt nur einen bestimmten Artikel.

m:n-Assoziation
Zu jedem Wert x gibt es verschiedene Werte von y und umgekehrt (kenntlich an der doppelten Pfeilspitze auf x und y). Beispielsweise kann ein Kunde mehrere Bestellungen aufgeben und die gleiche Bestellung von mehreren Kunden herrühren.

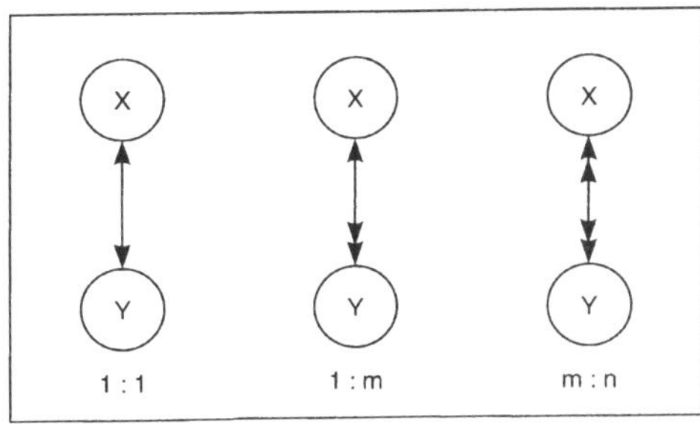

Bild C-21.   Arten von Assoziationen.

Beispiel:
Lieferschein für Bestellungen schreiben
Am Beispiel der Lieferscheinschreibung für bestellte Waren wird erklärt, wie *stabile Datenstrukturen* über *drei Normalisierungen* erzeugt werden können. Bei der Normalisierung werden, wie weiter unten an einem Beispiel erklärt wird, die Daten logisch so entkoppelt, daß ihre Wartung und Änderung möglich ist, ohne andere Daten zu beeinflussen oder mitzuverändern.

Darstellung der Dateien und ihre Beziehungen

Bild C-22 zeigt die drei Dateien:

- Kundendatei,
- Bestelldatei und
- Artikeldatei

und ihre Beziehungen.

Man sieht, daß zwischen den Kundendaten und den Bestelldaten eine m:n-Beziehung besteht. Das bedeutet: Ein Kunde kann mehrere Artikel bestellen und ein Artikel kann von mehreren Kunden angefordert worden sein. Zwischen den Bestelldaten und den Artikeldaten besteht eine m:1-Beziehung, da der bestellte Artikel genau einem gelagerten Artikel entspricht, aber ein Artikel auf Lager von mehreren Bestellungen angefordert werden kann.

Aus den Beziehungen zwischen den Datenfeldern der Kundendatei ist erkennbar, daß 1:1-Beziehungen vorliegen. Die Pfeilspitze zeigt nur auf die nachfolgenden Elemente. Das heißt: Für eine Kundennummer gibt es nur eine Anrede (ANR), eine Adresse (ADR), eine Telefonnummer (TEL) und eine Konditionenregelung (KON).

In Bild C-22 unten sind die Datenfelder für die Bestelldaten und die Artikeldaten zu sehen. Zwischen der Kundennummer und der Artikelnummer besteht eine m:n-Assoziation, da eine Kundennummer mehrere Artikelnummern enthalten kann und umgekehrt. Die restlichen Datenelemente der Bestell- und Artikeldatei weisen eine 1:1-Beziehung auf.

Festlegen der Schlüssel

Schlüssel sind Datenfelder einer Datei, mit denen die Datei eindeutig *identifiziert* wird. Ein solcher Schlüssel ist beispielsweise die Kundennummer (KDR) für die Kundendatei oder die Artikelnummer (ART) für die Bestell- und Artikeldatei. Das bedeutet, daß zwischen den Schlüssel-Datenfelder und den übrigen Datenfeldern ein 1:1- bzw. ein 1:m-Verhältnis besteht; denn der Schlüssel weist nur auf einen Wert für jedes Datenfeld.

Die Schlüsselfelder werden durch *Unterstreichung* gekennzeichnet oder durch einen *doppelten Rahmen* des Schlüssel-Datenfeldes.

Bei den Schlüsseln werden folgende Arten unterschieden:

- *Primärschlüssel (primary key)*
  Nur ein Datenfeld ist der Schlüssel;

Datei und Dateiaufbau

Beziehungen zwischen den Daten

1. Kundendatei
Sie beschreibt den Kunden.

KDN: Kundennummer
ANR: Anrede
ADR: Adresse
TEL: Telefonnummer
KON: Zahlungskonditionen

2. Bestelldatei
Hier sind die Bestellinformationen abgelegt.

ART: Artikelnummer
BEZ: Artikelbezeichnung
PRE: Preis
STK: Stückzahl

3. Artikeldatei
Hier stehen die Artikelinformationen.

ART: Artikelnummer
BEZ: Bezeichnung
PRE: Preis
ANZ: Anzahl auf Lager
LAO: Lagerort

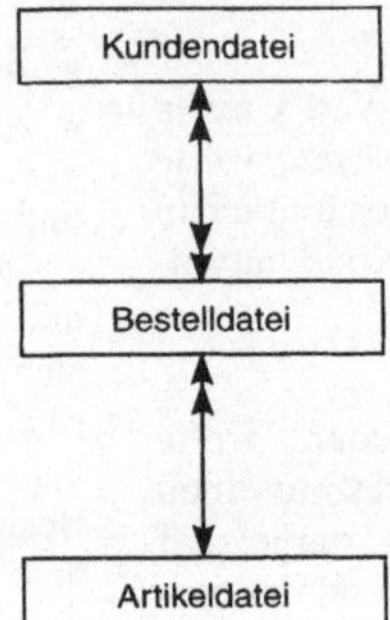

Beziehungen

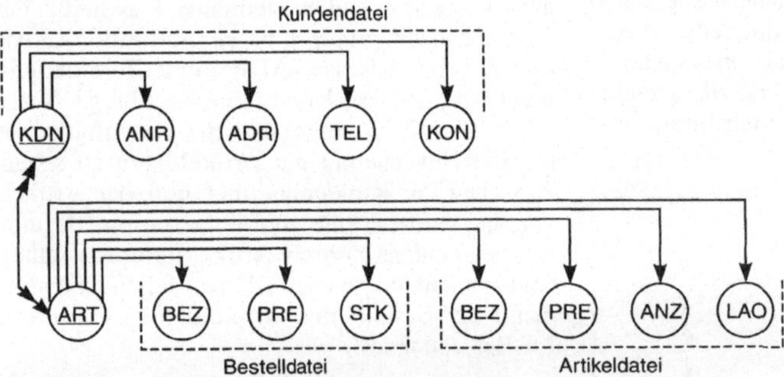

Bild C-22. Dateiaufbau und ihre Beziehungen.

- *Zusammengesetzter Schlüssel (concatinated key)*
  Mehrere Datenfelder bilden den Schlüssel;

- *Kandidaten für Schlüssel-Datenfelder (candidate key)*
  Mehrere Datenfelder können im als Primärschlüssel dienen (z. B. für die Kundendatei auch die Telefonnummer (TEL)).

Kanonische Datenstrukturen durch Normalisieren

In *kanonischen Datenstrukturen* sind die Datenfelder soweit irgend möglich nur *einmal vorhanden* und *logisch entkoppelt*. Dadurch können die Datenfelder leicht und ohne Fehler *geändert* werden. Ferner können neue Datenfelder hinzugefüg oder gelöscht werden, ohne daß das Hauptpro gramm geändert werden muß oder neue Daten strukturen aufgebaut werden müssen. Die Forde rungen nach *Fehlerfreiheit bei Änderungen, gerin ger Redundanz* und *leichter Wartbarkeit* erfülle die kanonischen Datenstrukturen. Um diese zu er reichen, müssen maximal *drei Normalisierunge* durchgeführt werden. Die Normalisierungen sin vor allem für die *relationalen Datenbanken* (Ab schn. C 2.3.3) unerläßlich.

Erste Normalform

Bei der ersten Normalform werden *sich wieder-holende Datenfelder* entfernt und dafür gesorgt, daß jede Datei nur *einen Primärschlüssel* hat.

Im vorliegenden Beispiel kommen folgende Datenfelder zweimal vor:

- Bezeichnung (BEZ),
- Preis (PRE).

Es werden zwei Dateien angelegt:

- eine Datei mit dem Primärschlüssel «Artikel-nummer» (ART). In ihr stehen die Bezeich-nung (BEZ), der Preis (PRE) und die Stückzahl (STK) und
- eine Datei mit dem Primärschlüssel «Lagerort» (LAO). In ihr stehen die Anzahl der auf Lager befindlichen Artikel (ANZ).

Das Ergebnis zeigt Bild C-23.

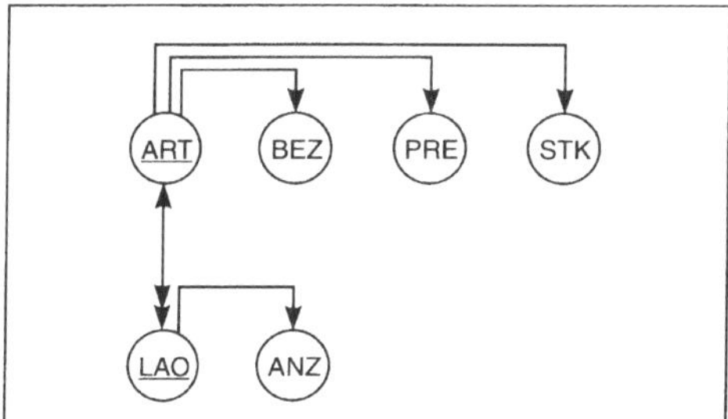

Bild C-23.   Erste Normalform.

Zweite Normalform

In die zweite Normalform müssen Dateien dann übergeführt werden, wenn

- der Schlüssel aus mehreren Datenfeldern be-steht, wobei ein Teil der Datenfelder vom ge-samten Schlüssel und ein anderer Teil von ei-nem Teil des Schlüssels abhängt (Bild C-24 a).

Nach Bild C-24 b sind die Datenfelder entkop-pelt, wenn der Schlüssel x_1 nur auf die Datenfel-der y_1 und y_2 zugreift, und der zusammengesetzte Schlüssel $x_1 + x_2$ lediglich auf das Datenfeld y_3. Die Schlüssel x_1 und $x_1 + x_2$ stehen in einer 1:m-Beziehung zueinander, so daß die Datenfelder y_1

und y_2 auch über den Schlüssel $x_1 + x_2$ verbunden sind.

Dritte Normalform

In diese muß transformiert werden, wenn es inner-halb der *nicht zum Schlüssel* gehörenden Daten-felder welche gibt, die auch andere Datenfelder als Schlüssel identifizieren können. In der dritten Normalform wird dieser potentielle Schlüssel als tatsächlicher Schlüssel definiert (Bild C-25 a).

Als Beispiel wird ein Mitarbeiter ausgesucht. Dieser arbeitet in einem Unternehmen, das ver-schiedene Werke besitzt. Die Datenstruktur und die Beziehungen zwischen den einzelnen Daten-feldern zeigt Bild C-25 b. Man sieht, daß eine 1:m-Beziehung zwischen Werk (WER) und Personal-nummer (PER) direkt besteht und indirekt über die beiden 1:m-Beziehungen Werk (WER) und Abteilung (ABT) sowie über Abteilung (ABT) und Personalnummer (PNR).

In der Dritten Normalform werden die Daten-elemente in der Weise unabhängig voneinander, als die Abteilung (ABT) als eigener Schlüssel zur Identifikation des Werkes (WER) verwendet wird (Bild C-25 b).

Nach Abschluß der Normalisierung liegen Da-teien vor, die *logisch entkoppelt* sind und folgende Eigenschaften aufweisen:

- jedes Datenfeld besitzt einen *eindeutigen Na-men* und kommt *nur einmal* vor (keine Wieder-holung);
- jede Datei weist einen *eindeutigen Schlüssel* auf;
- jedes Datenfeld ist vom *gesamten Schlüssel* abhängig;
- jedes Datenfeld ist von allen anderen Datenfel-dern innerhalb der Datei *unabhängig*.

C 2.2 Aufgaben von Datenbanksystemen

Datenbanksysteme erfüllen unterschiedliche Auf-gaben, wie Bild C-26 zeigt. Dazu gehören im wesentlichen:

Eingabe der Daten
Die Daten werden eingegeben, gespeichert und in den Arbeitsspeicher geladen.

Manipulation der Daten
Die Daten können gelöscht, hinzugefügt, geän-dert, kopiert und verschoben werden.

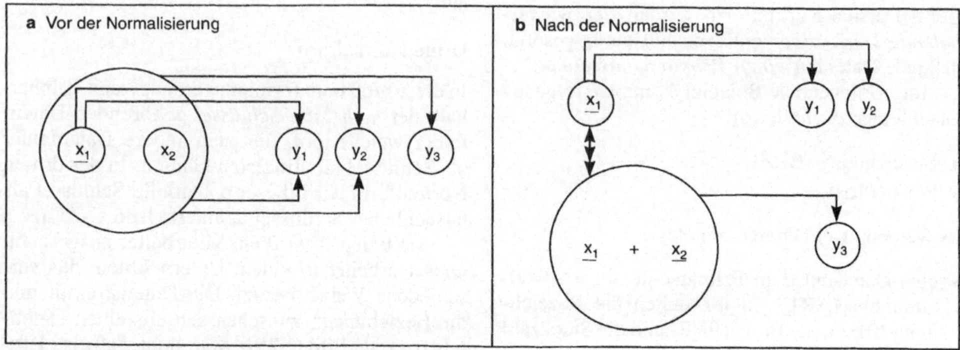

Bild C-24.   Zweite Normalform.

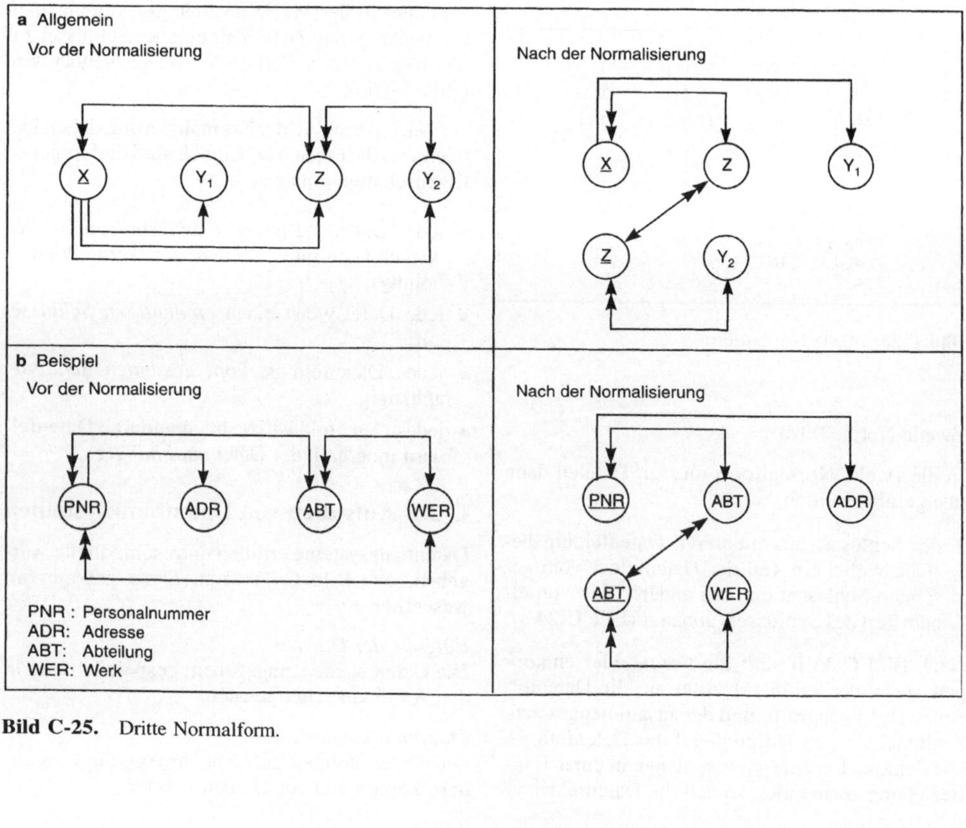

Bild C-25.   Dritte Normalform.

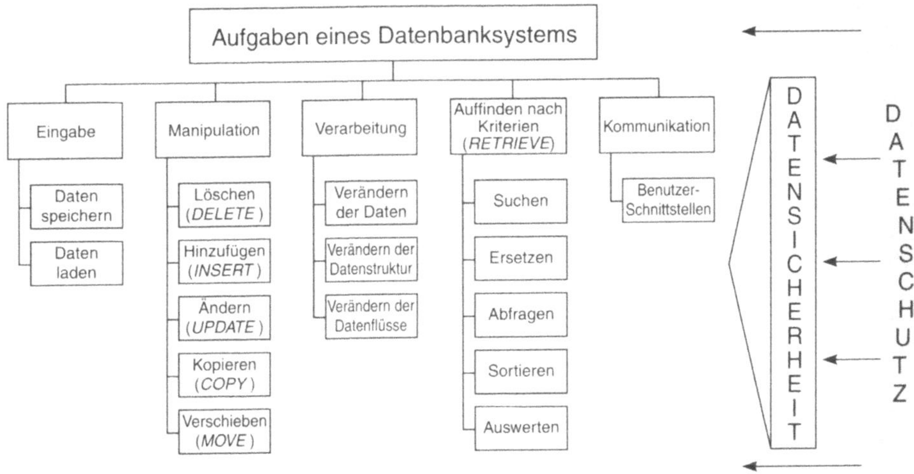

Bild C-26. Aufgabe eines Datenbanksystems.

Verarbeitung der Daten
Durch Anwenderprogramme werden die Daten, die Datenstruktur und die Datenflüsse verändert.

Auffinden nach Kriterien
Die Daten können nach bestimmten Kriterien durchsucht und ihre Informationen ersetzt werden. Mit gezielten Abfragen (Abschn. C 2.6) können die gewünschten Informationen gewonnen werden. Dazu kann auch eine *Datenbankabfragesprache* dienen (SQL: Search and Query Language, Abschn. D 6.3).

Sortieren
Die Daten können nach bestimmten Vorschriften (z. B. aufsteigend oder fallend) sortiert werden.

Auswerten
Die Daten einer Datenbank werden nach festgelegten Verfahren ausgewertet, um die richtigen Informationen an der richtigen Stelle zu erhalten (z. B. Informationen für die Geschäftsführung oder Informationen für den Werkleiter).

Kommunikation
Die Datenbank muß die Kommunikation mit anderen Software-Paketen, verschiedenen Benutzern und anderen Anforderungen ermöglichen. Dazu müssen klare Schnittstellen geschaffen werden. Vor allem muß die Datensicherheit und der Datenschutz gewährleistet sein.

Datensicherheit
Die Daten in Datenbanken müssen sicher sein, d. h. sie müssen geschützt werden gegen zufällige oder absichtliche Zerstörung oder Veränderung. Bild C-27 zeigt die Gefahren für die Daten auf und erläutert die Schutzmaßnahmen.

Als Gefahren sind insbesondere zu nennen:

- Katastrophen wie Feuer, Wasser oder andere Katastrophen.

- Zerstörung der Daten, Dateien oder Datenträger durch Sabotage oder Böswilligkeit oder den Diebstahl.

- Kriminalität in Form von unerlaubter Weitergabe der Daten (Spionage), Betrug oder Unterschlagung.

- Technische Defekte der Hard- und Software. Dadurch können Daten bzw. Dateien zerstört oder verändert werden.

- Menschliche Fehler beim Eingeben von Daten oder beim Bedienen der Rechenanlage sowie riskante Testläufe.

Um diesen Gefahren zu begegnen, können folgende Maßnahmen ergriffen werden:

- Schutz der Anlage durch Spezialschlösser, Alarmanlagen und Sprinklereinrichtungen.

- Überprüfung der technischen Sicherheit und der Benutzererlaubnis. Eine regelmäßige Re-

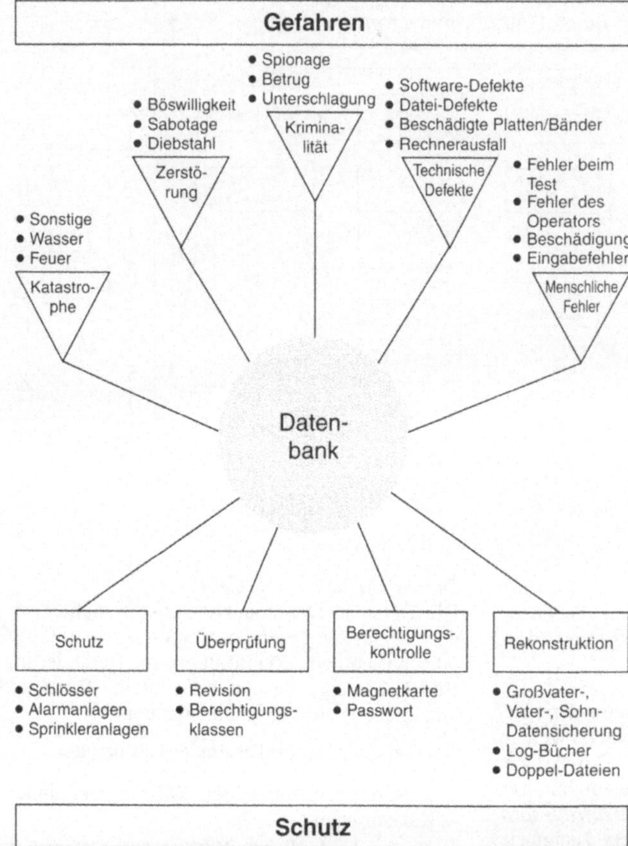

Bild C-27.   Schutzmaßnahmen zur Datensicherheit.

vision durch einen Sicherheitsbeauftragten ist wichtig.

- Die Berechtigungskontrolle in Form von Paßworten oder anderen Sicherheitskodes kann absichtliches Eindringen in verbotene Datenbereiche verhindern. Wichtig ist dabei, daß die Kodierungen ständig wechseln, um vor Mißbrauch schützen zu können.

- Trotz aller Sicherheitsmaßnahmen: Es muß sichergestellt werden, daß die veränderten oder geraubten Daten wiederhergestellt werden können. Dazu dienen Sicherheitskopien nach dem Großvater-, Vater- und Sohnprinzip oder das Führen von identischen Doppel-Dateien. Mit automatischen Log-Büchern können die Dateimanipulationen verfolgt werden, um den Ausgangszustand wiederherzustellen.

Die Sicherheitskopien werden als *Backup* bezeichnet. Man unterscheidet zwischen:

- *totalem Backup,* bei dem ein *vollständiges Duplikat* des Datensatzes erstellt wird und einem

- *inkrementellen Backup,* bei dem lediglich die seit dem letzten Backup geänderten Daten gesichert werden.

Beide Verfahren werden in der Praxis *automatisch* angewandt. So könnte beispielsweise täglich um 23 Uhr ein inkrementeller und Samstags um 6 Uhr ein totaler Backup erfolgen.

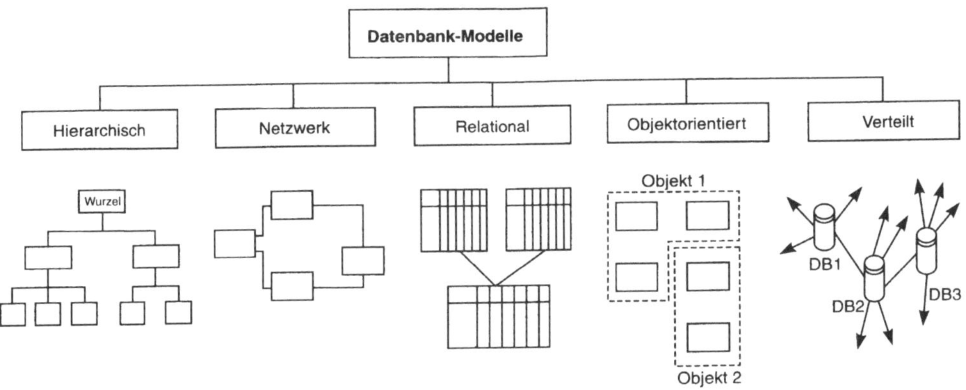

Bild C-28. Übersicht über die Datenbank-Modelle.

Datenschutz

Einzelne Personen und Organisationen haben das Recht zu erfahren, welche Daten über sie gespeichert werden und können bestimmen, was mit ihren persönlichen Daten geschieht und in welcher Form diese weitergegeben werden. Die Bestimmungen des Persönlichkeitsschutzes sind in Deutschland im Datenschutzgesetz gesetzlich geregelt. Datenschutzbeauftragte in Bund und Ländern sorgen dafür, daß sich der Mißbrauch personenbezogener Daten in Grenzen hält.

C 2.3 Datenbankmodelle

Wie Bild C-28 zeigt, werden fünf unterschiedliche Modelle eingesetzt. Sie unterscheiden sich in der Darstellungsform der Daten und ihren Beziehungen zueinander. Ein *Datenmodell* nach der Methode *Entity-Relationship* (ERM, Abschn. D 2.8) besteht aus seinen

Entities
(*Entity:* ein Ding oder Objekt, deren Eigenschaften als Daten gespeichert werden können, z.B. Kunden oder Lieferanten). Gleichartige Entities werden zu Entity-Typen zusammengefaßt (z.B. alle Lieferungen zum Entitytyp: Lieferung) und seiner

Beziehungen.

Bevor man sich auf ein bestimmtes Datenbankmodell festlegt, muß man die optimale Konzeption in bezug auf folgende drei Dimensionen auswählen:

- Art und Ort der *Datenspeicherung,*
- *technische* Realisierung und
- betriebswirtschaftliches *Kosten/Nutzen*-Verhältnis.

C 2.3.1 Hierarchisches Datenbankmodell

Hierarchische Modelle sind *Baumstrukturen* und haben, wie Bild C-29 am Beispiel der Gliederung eines Unternehmens zeigt, in der höchsten Ebene nur einen Knoten, die *Wurzel (root).* Kennzeichnend für dieses Modell ist, daß jeder Knoten *nur einen übergeordneten Knoten* besitzt. In hierarchischen Datenmodellen lassen sich nur *1:m-Beziehungen* darstellen (Eltern-Kind-Beziehungen), wie sie für die Bearbeitung von *sequentiellen Dateien* üblich sind. Diese Strukturen erlauben eine sehr schnelle Suche nach bestimmten Daten: man kann die Baumstrukturen direkt bis zum Ziel verfolgen.

C 2.3.2 Netzwerk-Modell

Hat ein Knoten *mehr als einen* übergeordneten Knoten, dann liegt eine *m:n-Beziehung* vor, die nicht mit dem hierarchischen Modell abzubilden ist. Man spricht von *Netzwerk-* oder *Plex-Strukturen* (Plex: komplexe Beziehungen mit Rückschleifen). Ein Beispiel zeigt Bild C-30. Die Lieferanten haben mehrere Artikel, wobei die verschiedene Lieferanten auch dieselben Artikel anbieten. Die Kunden kaufen ihre Artikel bei den verschiedenen Lieferanten ein, wobei der gleiche Artikel auch von mehreren Lieferanten bezogen

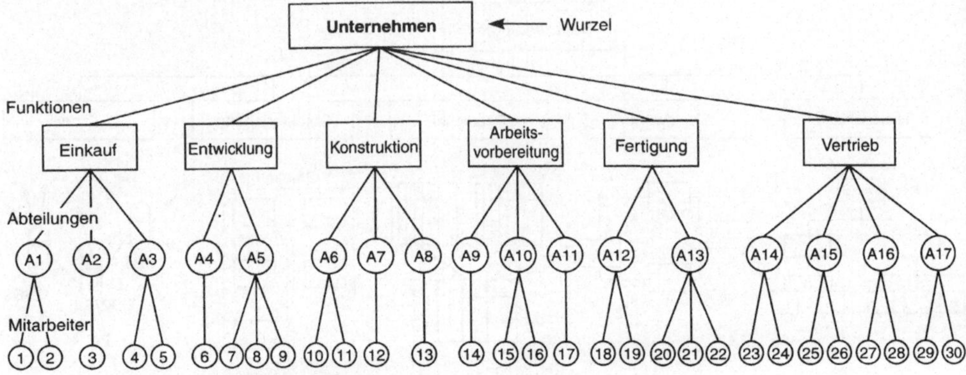

Bild C-29.   Hierarchisches Datenmodell.

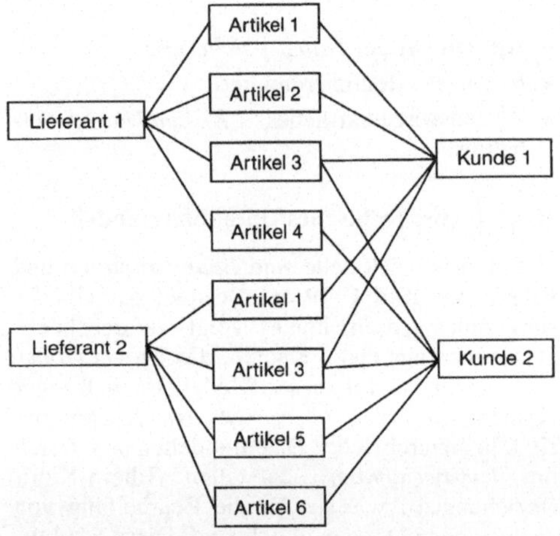

Bild C-30.   Netzwerk-Datenmodell.

werden kann. Der Vorteil besteht darin, in der Praxis häufig vorkommende, vernetzte Strukturen abzubilden. Die Nachteile sind:

- m: n-Beziehungen können nur mit *Redundanz* in hierarchische Bäume umgewandelt werden;
- Zu allen Daten muß deren Verbindung gespeichert werden. Damit ist nicht immer eine Datenunabhängigkeit gegeben.

C 2.3.3 Relationen-Datenmodell

Bei den Relationen werden die Beziehungen *(Relationen)* zwischen den Daten in *Tabellen* organi-

siert, wie Bild C-31 für eine Personaldatei zeigt. Es gibt folgende spezielle Bezeichnungen:

- *Relation* ist eine Tabelle als Ganzes,
- *Tupel* ist eine Zeile,
- *Domäne* ist eine Spalte,
- *Attribut* ist die Spaltenüberschrift und mit einem
- *Schlüssel* (einem bestimmten Attribut) wird der Datensatz zugänglich.

Ein relationales Datenbanksystem (RDBMS) besitzt nach Tabelle C-3 folgende Merkmale:

- 9 strukturelle,
- 16 manipulative und
- 3 Integritätseigenschaften.

Das Relationen-Modell bietet dem Benutzer folgende Vorteile:

- *verständliche* Darstellung in Tabellenform;
- *benutzerfreundlich,* da man nichts über Verbindungen, Zugriffspfade und andere Verkettungen wissen muß;
- *einfache Darstellung* und Speicherung, weil komplizierte Verweise nicht vorhanden sind;
- große *Datenunabhängigkeit,* da neue Relationen nach Bedarf geschaffen werden können. Ferner können Tupel und Domänen gelöscht bzw. erweitert werden (nur für normalisierte Datenstrukturen nach Abschn. C 2.1.5 möglich);
- *anwendungsunabhängige* Speicherung der Daten;

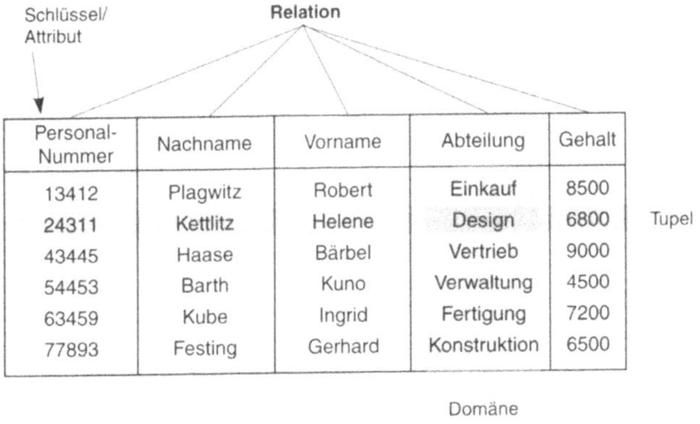

Bild C-31.   Relationen-Datenmodell.

Tabelle C-3. Eigenschaften einer relationalen Datenbank

Strukturelle Eigenschaften:

S1	Relationen mit passend zusammengestellten Ausmaßen (z.B. normalisierte Tabellen)
S2	Grundlagentabellen, welche die gespeicherten Daten repräsentieren
S3	Query-Tabellen (das Ergebnis jedes Abfragelaufes ist eine weitere Tabelle, die gespeichert und weiterverarbeitet werden kann)
S4	View-Tabellen (virtuelle Tabellen, die intern durch relationale Anweisung repräsentiert sind)
S5	Snapshot-Tabellen (Tabellen, die ausgewertet werden und mit einem Katalogeintrag versehen werden, z.B. Datum und Zeit der Erstellung und Beschreibung)
S6	Attribute (jede Spalte ist ein Attribut)
S7	Bereich (ein Set von Werten, die mehrere Zeilen und Spalten umfassen)
S8	Primärschlüssel (jede Tabelle wird durch eine oder mehrere Spalten eindeutig identifiziert)
S9	Fremdschlüssel (stellt einen Bezug zu anderen Relationen her)

Manipulative Eigenschaften:

M1	Auswahl des Vergleichsoperators ($=$, $\neq$, $>$, $<$, $\geq$ *und* $\leq$)
M2	Projektion
M3	Vergleichsoperatoren zusammenfügen
M4	Äußere Vergleichsoperatoren zusammenfügen
M5	Trennen
M6	Vereinigung
M7	Intersektion
M8	Unterschied setzen
M9	Äußere Vereinigung
M10	Relationale Zuweisung
M11	Vergleichsoperator vielleicht
M12	Vergleichsoperatoren zusammenfügen mit vielleicht
M13	Trennen – vielleicht
M14	Auswahl der Vergleichsoperatoren mit semantic override (S/O)
M15	Zusammenfügen der Vergleichsoperatoren mit semantic override (S/O)
M16	Trennen mit semantic override (S/O)

Integritäts-Eigenschaften

I1	Ganzheits-Integrität
I2	Bezugs-Integrität
I3	Anwender-definierte Integrität

• *flexibel* in der Abfrage der Daten und

• *mathematisch fundierte Abhängigkeiten* durch die *Relationen-Algebra*. Mit diesen *Operatoren* können Manipulationen von Daten exakt beschrieben werden. Beispielsweise fügt der Operator JOIN mehrere Dateien zusammen. Auf diese Weise können genau die für eine Bearbeitung gewünschten Daten bereitgestellt werden.

Mit den in Abschnitt C 2.1.5 vorgestellten Methoden der *Normalisierung* können *redundanzfreie* Relationen gewonnen werden.

C 2.3.4 Objektorientiertes Datenmodell

Objekte sind Dinge, welche die Wirklichkeit beschreiben. Wenn die Daten unabhängig von den Programmen verfügbar sein müssen, ist es sinnvoll, *Objekte* zu bilden und deren *Eigenschaften* zu beschreiben. In Bild C-32 sind als Beispiel die Objekte für ein Vertriebssystem zusammengestellt. Zum Objekt „Kunde" gehören die Adresse und weitere wichtige Daten. Die einzelnen Programme greifen auf diese Objekte zu, weshalb auch die Beziehungen zwischen den Objekten (durch Verbindungslinien in Bild C-32 dargestellt) bekannt sein muß. Ein Programm, das die Liste aller Aufträge mit Kundennamen und der Artikelbezeichnung ausdruckt, benötigt die in Bild C-32 zusammengefaßten Objekte.

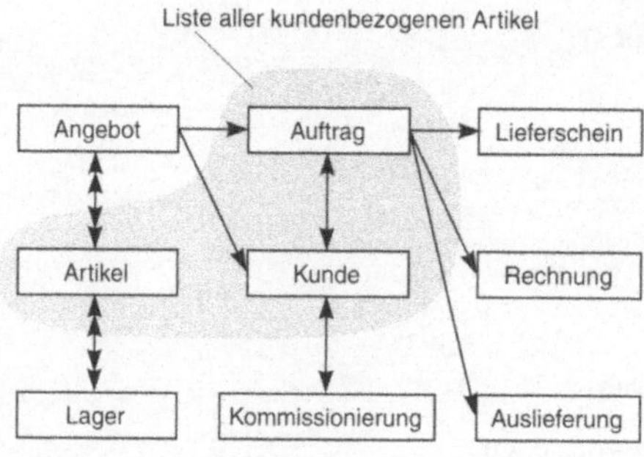

Bild C-32. Objektorientiertes Datenmodell.

Die Objekte und ihre Daten müssen *unabhängig* von der Auswertung sein. Das bedeutet, daß sie als *kanonische Datenstrukturen* in *Normalform* (Abschn. C 2.1.5) vorliegen müssen.

C 2.3.5 Verteilte Datenbank

In verteilten Datenbänken sind die Datenbestände, die zu einem logischen Anwendungsfall gehören, an *unterschiedlichen Stellen* eines Unternehmens und auf *verschiedenen Rechnern* zu finden (Bild C-33 a). Aus Sicherheitsgründen werden manche Daten doppelt (redundant) gespeichert. Eine verteilte Datenbank bietet unterschiedlichen Nutzern verschiedener Rechnersysteme die Möglichkeit, über ein *Netz* (Abschn. F) Zugriff zu *allen Daten* zu erhalten.

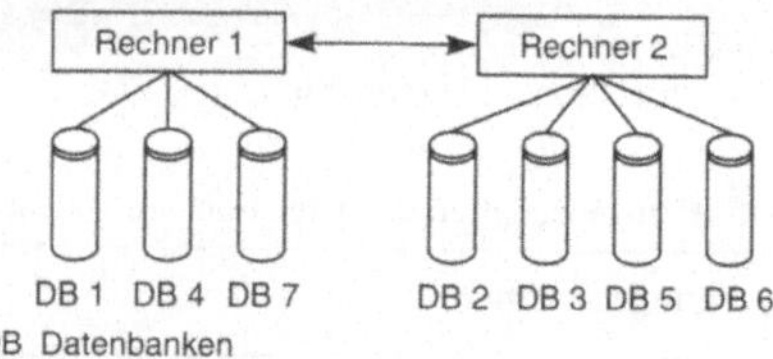

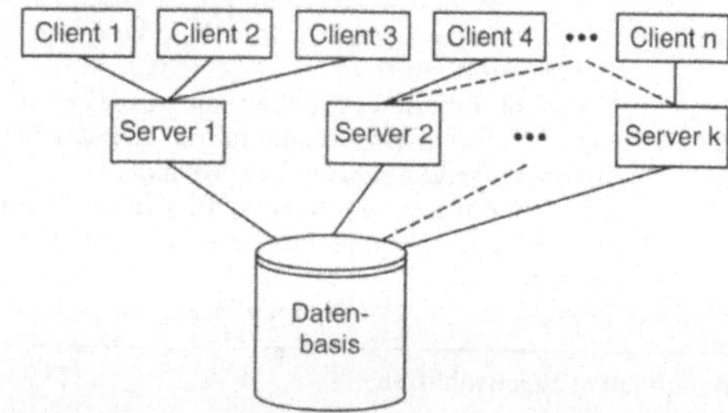

Bild C-33. Konzept der verteilten Datenbank.

Immer mehr Unternehmen werden in selbstverantwortliche Einheiten mit dezentralen Organisationsstrukturen aufgeteilt. Für solche Unternehmensstrukturen ist die *Dezentralisierung der Daten* in verteilten Datenbanken absolut notwendig.

Verteilte Datenbanken bieten dem Anwender folgende Vorteile:

• eigene Datenbestände und Rechnerleistung am Ort *(Autonomie)*,

• Sicherheit vor Zerstörung der Daten *(Sicherheit)*,

• flexible und kostengünstige Anpassung der Datenbestände *(Flexibilität)*,

- aktuellerer Datenbestand *(Akualität)*,

- bessere Antwortzeiten und bessere Kommunikation *(Zeit und Qualität)*,

- geringere Datenübertragungskosten und dadurch günstiges Preis-Leistungs-Verhältnis *(Kosten)*.

Der große Nachteil liegt darin, daß die Daten nicht überall ausreichend sicher vor Änderungen und berechtigtem Zugriff sind.

Mit der *Client-Multi-Server-Konzeption* (Bild C-33 b) können beliebig viele Bedienstationen *(Server)* eingesetzt werden, um die Datenzugriffe der zahlreichen Anwender *(Clients)* zu ermöglichen. Die Datensicherheit kann hier gewährleistet werden, weil die Daten *zentral auf dem* Server gehalten werden und die Änderungen und Zugriffe genau festgelegt werden können. Während die Daten auf dem Server genau definiert und nach genauen Regeln miteinander verbunden sind, können die Daten vom Benutzer (client) nach seinen individuellen Wünschen ausgewertet werden. Wichtig ist dabei, daß die Daten *zentral* auf dem Server verwaltet werden (z. B. Änderungen wie Löschen, Hinzufügen, Modifizieren). Der Kunde (client) bekommt vom Server nur die für ihn bestimmte *Sicht auf die Daten* (view). Die individuelle Auswertung erfolgt dann von Mitarbeitern vor Ort durch einen PC. Mit der Client-Server-Konzeption können auch bestehende (meist zentral auf Großrechnern installierte) DV-Lösungen in Unternehmen übernommen und an die neuen Anforderungen so angepaßt werden, daß kein völlig neues, kostspieliges DV-Konzept umgesetzt werden muß.

Mit verteilten Datenbanken oder der Client-Server-Philosophie ist es beispielsweise möglich, Entwicklungszeit eines Produktes dadurch zu sparen, daß viele Bearbeitungsstufen gleichzeitig durchgeführt werden (SE: *Simultaneous Engineering*). Wie Bild C-34 an einem Beispiel zeigt, soll ein Produkt entwickelt werden, das aus einzelnen Bauteilen besteht. Dabei soll die Arbeit in drei Abteilungen untersucht werden:

Entwicklung
In der Entwicklungsabteilung werden die Bauformen entwickelt, die technischen Eigenschaften eingestellt und das Teil probeweise hergestellt.

Konstruktion
Dort werden die Teile nach besonderen Kriterien konstruiert, z. B. nach dem möglichen Volumen,

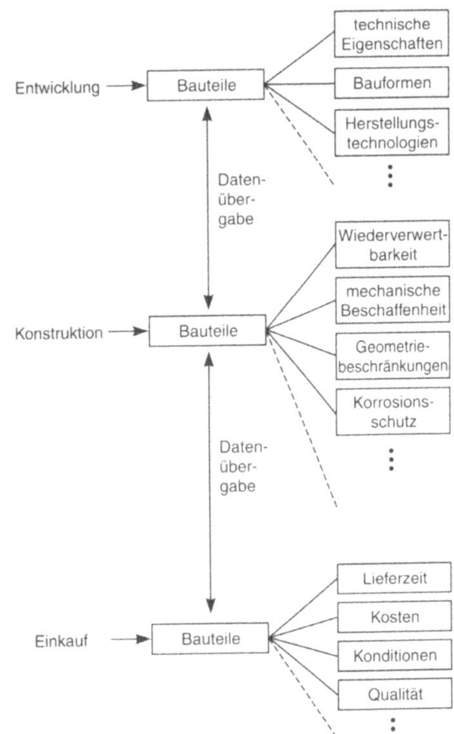

Bild C-34.   Gleichzeitige Verwendung von Daten für unterschiedliche Zwecke in verschiedenen Abteilungen.

nach der Wartbarkeit und Wiederverwertbarkeit oder unter Korrosionsgesichtspunkten.

Einkauf
Der Einkauf muß die gewünschten Teile besorgen. Dabei spielen Preise, Konditionen, Lieferzeit und Qualität eine wichtige Rolle.

Diese verschiedenen Anforderungen werden mit dem Konzept der verteilten Datenbank oder der Client-Server-Konzeption folgendermaßen gelöst: Während den Entwickler beispielsweise die Lötbarkeit und der Temperaturgang eines Widerstandes interessiert, sind für den Einkauf die Lieferzeit, die Konditionen und die Qualität von Bedeutung. Die Übergabe von einem Datenbanksystem zum anderen (verteilte Datenbanken oder Multiserver-Lösung) erfolgt durch definierte Schnittstellen und eindeutigen Bezügen (z. B. Sachnummer).

C 2.4 Architektur von Datenbanken

Die Architektur von Datenbanken umfaßt folgende drei Ebenen (Bild C-35):

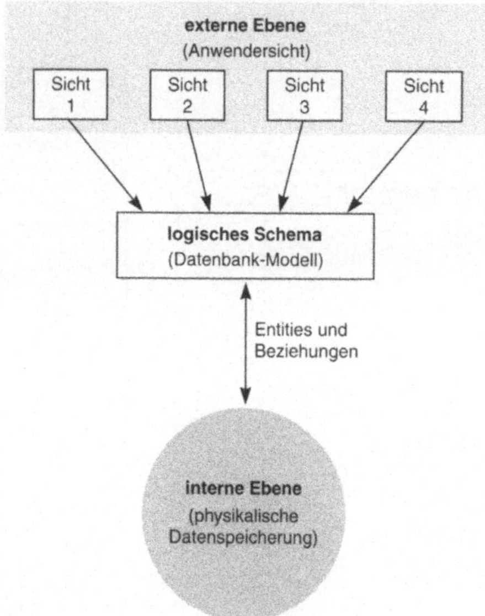

Bild C-35.   Drei-Ebenen-Architektur von Datenbanken.

Interne Ebene (physikalische Datenspeicherung)
Sie umfaßt die unterste Ebene, auf der die Daten *physisch gespeichert* werden (Abschn. B 3). Dort werden die *Speicherungsformen* und die *Zugriffswege* festgelegt. Die interne Ebene muß nach außen, d. h. dem Benutzer, nicht bekannt sein. Das bedeutet, der Anwender muß nicht wissen, *wo* und *wie* die Daten tatsächlich gespeichert sind.

Logisches Schema (konzeptionelle Ebene)
Während in der untersten Ebene nur eine Ansammlung von Daten ohne jede Beziehung und Bedeutung zu finden ist, stehen hier die Informationen, welche Dinge *(Entities)* gespeichert sind und *welche Beziehungen* zwischen ihnen bestehen. Der Aufbau dieser Ebene wird deshalb vom gewählten *Datenmodell* (Abschn. C 2.3) bestimmt.

Externe Ebene (Anwendersicht)
Diese Ebene stellt die Verbindung zwischen dem *Anwender* und dem Datenbanksystem her. Jeder Anwender möchte seine gewünschten Datenzusammenstellungen erfahren, d. h. bestimmte Informationen abrufen. Dazu benötigt er Kombinationen von Daten aus der untersten Ebene, die im logischen Schema, dem Datenbankmodell, verknüpft sind.

Die *Verbindung* zwischen den einzelnen Ebenen stellt das DBMS (Datenbank-Managementsystem) her, deren einzelnen Teile folgende Aufgaben erfüllen:

interne Ebene
Die Entwicklung, Implementierung und Verwaltung der physischen Datenspeicherung und -organisation besorgt der Datenbankverwalter *(database administrator)* mit der Datenspeicher-Beschreibungssprache (DSDL: Data Storage Description Language);

logisches Schema
Der Strukturverwalter *(enterprise administrator)* besorgt die Entwicklung und Pflege der Daten aus konzeptioneller Sicht mit der *Datenbeschreibungssprache* (DDL: Data Description Language);

externe Ebene (Anwendersicht)
Entwicklung der Datenbank aus Sicht des Anwenders mit der *Datenmanipulations-Sprache* (DML: Data Manipulation Language). Eine solche Sprache wird auch *Abfrage-Sprache* (QL: Query Language) oder *Such- und Abfrage-Sprache* genannt (SQL: Search and Query Language).

Die Architektur in *drei Ebenen* stellt sicher, daß der Anwender nichts mit der Art und Weise der Datenspeicherung zu tun hat. Deshalb können interne Änderungen beliebig oft durchgeführt werden, ohne die Auswertungen des Anwenders zu beeinträchtigen. Das Prinzip der *Datenunabhängigkeit* ist gewährleistet; denn der Anwender kann seine Informationen jederzeit erhalten, auch wenn sich die Speicherungsformen und Zugriffe geändert haben. Deshalb ist dieses Modell sehr stabil.

C 2.5 Entwurf von Datenbanken

C 2.5.1 Grundsätze

Ein Entwurf entwickelt die einzelnen Bausteine und deren Zusammenwirken so, daß sie eine Aufgabe lösen. Grundsätzlich wird eine große Aufgabe schrittweise in eine Reihe einfacher, überschaubarer Einzelaufgaben zerlegt, die sich durch einen Baustein beschränkter Größe lösen lassen. Für den Entwurf von Datenbanken werden die Werkzeuge des Software-Engineering (Abschn. D 2) eingesetzt, und es gelten die dort ausführlich dargestellten Entwurfsregeln. Zusammenfassend gelten für den Entwurf von Datenbanken folgende drei Grundsätze:

Modularität

Die einzelnen Module müssen so *unabhängig wie möglich* voneinander sein. Die Verbindung mit anderen Modulen erfolgt *ausschließlich* über festgelegte *Schnittstellen.* Die Modularität wird durch folgende Forderungen erfüllt:

Abstraktion
In den einzelnen Entwurfsschritten wird man sich aufs *Wesentliche* beschränken und unwichtige Einzelheiten weglassen.

Lokalisierung
Es werden *zusammengehörige Dinge* auch physisch zusammengefaßt. Beispiele dafür sind eine Zusammenfassung ähnlicher Unterprogramme oder die Zusammenfassung zusammengehöriger Daten in einem eigenen Datensatz. Im ersten Fall wird die Kommunikation zwischen den Modulen vereinfacht und im zweiten Fall die Zahl der Eingabe- und Ausgabe-Operationen vermindert.

Verstecken (information hiding)
Dazu werden bewußt bestimmte Einzelheiten *unsichtbar* gemacht. Üblicherweise ist dies bei Steuerdateien der Fall (z. B. Verdecken des Dateisteuerblocks). Durch das Verdecken werden die Module übersichtlicher und sie sind unabhängig von ihrer Implementierung.

Vollständigkeit

Es muß sichergestellt werden, daß alle Funktionen vollständig beschrieben sind. Insbesondere ist darauf zu achten, daß ein Anfangszustand genau definiert ist und daß für bestimmte Ausnahmesituationen klare Anweisungen gelten.

Verifizierbarkeit

Die einzelnen Module müssen einzeln getestet werden können, ob die verlangte Aufgabe auch tatsächlich erfüllt wird. Darüber hinaus muß auch das Zusammenwirken der einzelnen Module im Systemtest auf Fehlerfreiheit geprüft werden können.

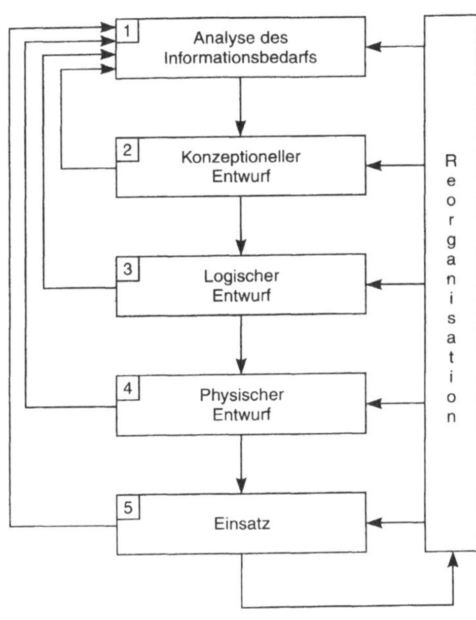

Bild C-36.   Phasen des Datenbank-Entwurfs.

C 2.5.2 Schema des Entwurfs

Ein Datenbankentwurf wird in folgenden Schritten (Bild C-36) durchgeführt:

Analyse des Informationsbedarfs

Der Informationsbedarf wird systematisch gesammelt. Dazu dienen verschiedene Formulare, wie ein

- Informations-Sammelblatt
  In ihm werden alle Informationen zur gestellten Problematik gesammelt. Dazu gehören Informationen zu:

  - Ziele der Aufgabe,
  - von den Zielen betroffene Objekte,
  - für die Ziele erforderliche Aktionen und deren Reihenfolge,
  - Ausnahmesituationen und ihre Behandlung;

- Verdichten der Informationen
  Die gesammelten Informationen werden hinsichtlich ihrer Verständlichkeit und Eindeutigkeit bereinigt und verdichtet. Gleiche Informationen werden zusammengefaßt, Wiederholungen und Redundanzen beseitigt;

- Klassifikation
  Die einzelnen Informationen werden nach Objekten, Operationen und Ereignissen getrennt. Objekte erkennt man an den Hilfsverben wie: „hat", „ist", „besteht aus" und „betrifft". Operationen sind gekennzeichnet durch Tätigkeitsworte (Verben), wie: „schreiben", „drucken" und „beschaffen".

Konzeptioneller Entwurf

Ein solcher Entwurf wird beschrieben durch die Menge der Gegenstände, d. h. den Systemelementen und den Beziehungen zwischen ihnen. Das bekannteste Modell ist das „Entity-Relationship-Modell" (Gegenstands-Beziehungs-Modell, Entity-Relationship-Modell ERM, Abschn. D 2.8).

Logischer Entwurf

Der logische Entwurf orientiert sich an den Datenbankmodellen, die in Abschnitt C 2.3 beschrieben werden.

Physischer Entwurf

Im physischen Entwurf wird der logische Entwurf so umgesetzt, daß sich für alle Benutzer ein gutes Leistungsverhältnis einstellt. Dazu wird folgendes definiert:

- Datenformate für die zu speichernden Sätze (Abschn.: C 2.1.2, Bild C-16),

- Zuweisung der Speicherplätze und Festlegen der Blockgröße sowie

- Festlegen der Zugriffsmethoden.

Einsatz

Anschließend wird die Datenbank eingesetzt. Im Laufe der Zeit ändern sich Ziele, Anforderungen und Aufgaben, so daß eine *Reorganisation* der Datenbank ins Auge gefaßt werden muß. Solche Reorganisationen sind durchzuführen bei:

- Gesetzesänderungen (z. B. Umstellung auf fünfstellige Postleitzahlen),

- zu langsamem Datendurchsatz und

- unwirtschaftlicher Speicherausnutzung.

C 2.6 Datenbankbenutzung und Datenbanksprachen

C 2.6.1 Typen von Datenbanksprachen

Mit Datenbanksprachen können Daten beschrieben, Dateien eingerichtet und schließlich dem Benutzer Zugriff auf die von ihm benötigten Informationen gewährt werden. Neben den großen Hardware- und Softwarehersteller wie beispielsweise IBM und SIEMENS hat auch die Organisation CODASYL (Conference on Data Systems Languages) einheitliche Datenbanksprachen entwickelt. In Abschnitt C 2.4 wurden die einzelnen Ebenen besprochen. Bild C-37 zeigt die speziellen Sprachen in den einzelnen Ebenen und die Berücksichtigung von *Datensicherheit* (in der physikalischen Ebene) und *Datenschutz* (Schutz vor unberechtigtem Zugriff in der Anwender-Ebene). In den verschiedenen Ebenen gibt es folgende Sprachen:

physikalische Datenspeicherung
Dort finden sich folgende Sprachen:

- Von CODASYL:
  DMCL (Device Media Control Language) und DSDL (Data Storage Description Language);
- Von IBM Data Language/1:
  PDBD (Physical Data Base Description);
- Von SIEMENS UDS:
  SSL (Storage Structure Language).

Die Daten müssen in der pysikalischen Ebene vor Änderungen, Löschungen und Beschädigungen geschützt werden.

Konzeptionelle Ebene
Die logisch zusammenhängende Beschreibung der Daten kann durch höhere Programmiersprachen (Abschn. D 6) erfolgen. Manche Sprachen haben dazu einen eigenen Definitionsteil für Daten (z. B. die Data Division in COBOL). Eine allgemeine, von Programmiersprachen unabhängige Sprache der Organisation CODASYL, ist die *Datenhantierungssprache* DDL (Data Description Language). IBM hat die Sprache DL/1 (Data Language 1) dafür geschaffen. Datenbanken, die in diesen beiden Sprachen entworfen wurden, können nur mit hohem Aufwand in die jeweils andere Sprache konvertiert werden. Deshalb ist der Auswahl dieser Sprachen hohe Aufmerksamkeit zu schenken; ferner wäre eine international genormte Sprache für die Datenkonvertierung von großem Vorteil.

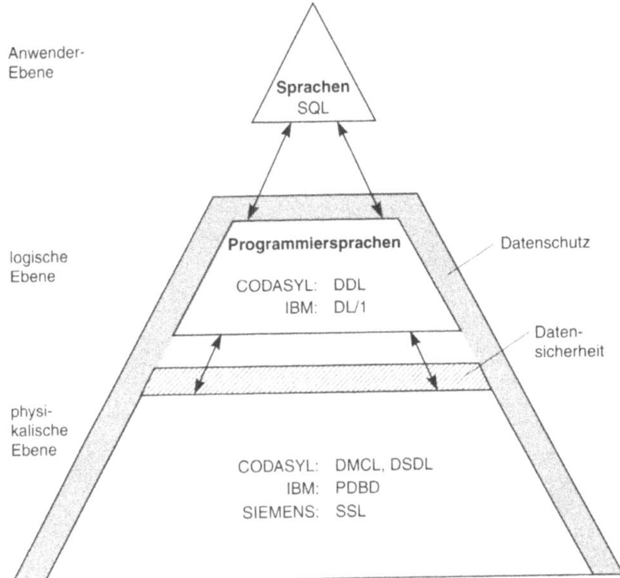

Bild C-37. Datenbanksprachen in den verschiedenen Ebenen einer Datenbank.

Ebene des Anwenders
Hier findet die Auswertung der Daten nach bestimmten Vorgaben statt. Die höheren Programmiersprachen sind in der Lage, die Daten entsprechend auszuwerten. Für den Benutzer sind spezielle und einfach zu bedienende Kommunikationsmittel entwickelt worden, die *Datenmanipulations-Sprachen* (DML: Data Manipulation Language). Spezielle *Datenbank-Abfragesprachen* (z. B. für relationale Datenbanken SQL: Search and Query Language) dienen dazu, Abfragen, Suchen und Verändern des Datenbestandes durchzuführen sowie spezielle Listen auszugeben.

In dieser Ebene muß sichergestellt werden, daß keine unerlaubten Zugriffe auf geschützte Daten stattfinden (Datenschutz; grauer Bereich in Bild C-37).

Für die Auswertung von Relationen einer relationalen Datenbank (RDBMS: Relationales Datenbank-Management-System) stehen die in Tabelle C-3 dargestellten manipulativen Möglichkeiten zur Verfügung. Mit folgenden vier Grundoperationen der Relationenalgebra lassen sich die Datenbestände bearbeiten:

- Vereinigung, Durchschnitt und Differenz (Bild C-38);

- Projektion von Domänen (PROJECT),

- Auswahl von Tupeln (SELECT) und

- Verbindung (JOIN) willkürlicher Relationen.

Als Beispiel wird eine Abfrage mit der Datenbanksprache SQL gewählt. Aus einer Adreßdatei mit dem Namen „Kunden" (Tabelle C-4) wird eine Auswahl nach verschiedenen Kriterien getroffen. Die zugehörigen SQL-Befehle lauten:

1. Auswahl (SELECT) des Feldes „Name" aus (FROM) der Datei „Kunden" und aufsteigendes Sortieren (ORDER BY) des Feldes „Name" (Ergebnis in Tabelle C-5):

SELECT *Name* FROM *Kunden*
ORDER BY *Name*;

2. Auswahl (SELECT) aller Datenfelder (*) aus (FROM) der Datei „Kunden", deren Postleitzahlen zwischen 72000 und 75000 liegen, oder genau 10119 beträgt (Ergebnis: Tabelle C-6):

SELECT * FROM Kunden
WHERE PLZ BETWEEN 73000 AND 75000
OR PLZ = 10119;

Tabelle C-4. Adreß-Tabelle

Nr.	Name	Vorname	Straße	PLZ	Ort
10	Festing	Gerhard	Gohlstr. 21	70597	Stuttgart
20	Straßacker	Elfriede	Hippelsweg 15	72250	Zuflucht
30	Plagwitz	Otto	Kuppelallee 33	10119	Berlin
40	Buschmann	Alois	Pipplweg 56	72074	Ulm
50	Knobelsdorff	Friedrich	Halloallee 24	19077	Ortkrug
60	Randstetter	Erwin	Frisch Straße 23	73430	Aalen
70	Degenweiler	Fritz	Nagoldweg 65	73540	Heubach

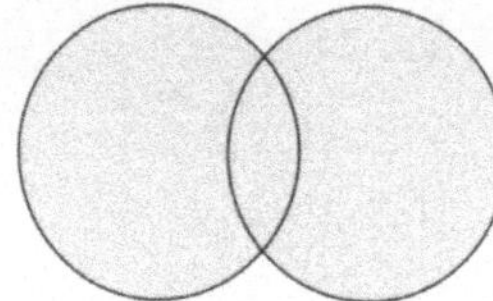

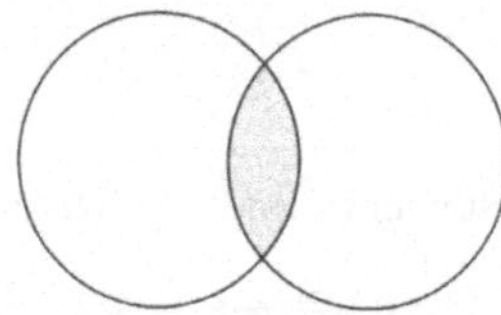

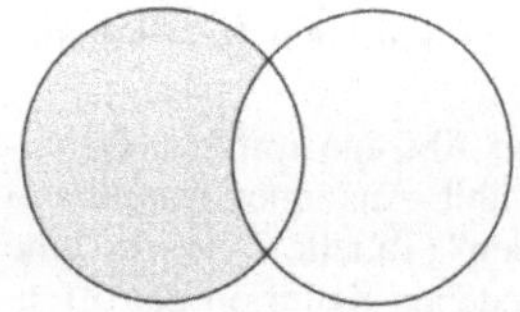

Bild C-38. Grundoperationen der Relationenalgebra.

Tabelle C-5. Auswahl der Namen und aufsteigende Sortierung

Name
Buschmann
Degenweiler
Festing
Knobelsdorff
Plagwitz
Randstetter
Straßacker

C 2.6.2 Typen von Abfragen

Abfragen beziehen sich auf *Objekte, Attribute* und *Werte von Attributen,* beispielsweise: Wieviel Stück (Attribut) der Teilenummer 4312 (Objekt) liegen auf Lager? In Tabelle C-7 sind die sechs einfachen Abfragen zusammengestellt. Es sind dies:

1. Typ $(A(O) =?)$:
„Welchen Wert hat das Attribut A des Objektes O?". Dies ist eine einfache Abfrage des Wertes eines Attributes. Das Attribut könnte beispielsweise die *Stückzahl* sein, nach dessen Wert *(Anzahl)* gefragt wird.

Tabelle C-6. Auswahl aller Datenfelder aus der Datei „Kunden", deren Postleitzahlen zwischen 73000 und 75000 liegen, oder genau 10119 beträgt

Nr.	Name	Vorname	Straße	PLZ	Ort
30	Plagwitz	Otto	Kuppelallee 33	10119	Berlin
60	Randstetter	Erwin	Frisch Straße 23	73430	Aalen
70	Degenweiler	Fritz	Nagoldweg 65	73540	Heubach

Tabelle C-7. Einfache Typen der Abfrage

Typ	Abfrage	Bemerkung	Beispiel
Typ 1	$A(O) = ?$	Welchen Wert hat das Attribut?	Wieviel Stück der Teilenummer 414 366 sind noch vorhanden?
Typ 2	$A(?) = , \neq, <, > W$	Welche Objekte haben den Wert, der gleich, ungleich, kleiner oder größer eines vorgegebenen Wertes ist.	Welche Teile haben einen Lagerwert von über 4000,– DM/ Stück?
Typ 3	$?(O) = , \neq, <, > W$	Liste aller Attribute, die für ein Objekt einen Wert haben, der gleich, ungleich, kleiner oder größer eines vorgegebenen Wertes ist.	Wieviele Teile des Typs 1345 gibt es, die im Einkauf teurer als 40,– DM sind?
Typ 4	$?(O) = ?$	Abfrage aller möglichen Informationen eines Objektes	Geben Sie alle Stücklisten-Daten des Fertigungsteils 885 534 aus.
Typ 5	$A(?) = ?$	Ausgabe der Werte eines bestimmten Attributes für alle Objekte	Geben Sie die eingekauften Stückzahlen aller im Werk 1 produzierten Teile aus.
Typ 6	$?(?) = , \neq, <, > W$	Ausgabe einer Liste für alle Attribute aller Objekte, deren Wert gleich, ungleich, kleiner oder größer eines vorgegebenen Wertes ist.	Gib alle Teile aus, die länger als 15 Minuten bearbeitet wurden.

2. Typ $(A(?) = , \neq, <, > W?)$:
„Welches Objekt hat ein Attribut A, dessen Wert W gleich, ungleich, größer oder kleiner als W ist?" Als Beispiel: Welche Teile sind in gleicher, kleinerer oder größerer Menge wie W (z. B. 500 Stück) vorhanden?

3. Typ $(?(O) = , \neq, <, > W?)$:
„Welches Attribut A des Objektes O hat einen Wert, der gleich, ungleich, kleiner oder größer als W ist?"

4. Typ $(?(O) = ?)$:
„Wie groß sind die Werte W sämtlicher Attribute A eines Objektes O?" Es werden alle Werte der Attribute ausgegeben.

5. Typ $(A(?) = ?)$:
„Wie groß ist der Wert W eines bestimmten Attributes A in allen Objekten O?" Zum gewünschten Attribut werden die Werte aller Objekte ausgegeben.

6. Typ $(?(?) = , \neq, <, > W?)$:
„Welche Attribute A der Objekte O besitzen einen Wert, der gleich, ungleich, größer oder kleiner als

W ist?" Hier werden alle Attribute aller Objekte mit dem Wert W abgefragt.
In vielen Fällen sind die Abfragen weitaus komplexer. Sie bestehen dann aus einer Kombination dieser elementaren Abfragetypen.

C 2.7 Tendenzen

C 2.7.1 Multimedia-Datenbanken

In Zukunft werden *Multimedia-Datenbanken* eine wichtige Rolle für die Bürokommunikation und der integrierten Fertigung spielen. Unter Multimedia versteht man die Zusammenfassung von:

- Texten,
- Grafik und Video sowie
- Sprache.

In solchen Datenbanken sind, meist an verschiedenen Stellen (verteilte Datenbanken, Abschn. C 2.3.5) folgende Daten verfügbar:

- *formatierte Daten* (in Datenfeldern, Datensätzen und Datenbanken organisierte Daten)

(z. B. Adressendatei, Lieferantendatei, Personaldatei, Maschinendatei, Werkzeugdatei);

- *Text-Daten* (variable Daten und Text-Retrieval-
Systeme)
(z. B. Texte für Dokumente, Anleitungen, Anmerkungen, Zusatzinformationen);

- *grafische Daten*
(z. B. Strichzeichnungen, Pixel-Bilder, Halb-
tonbilder, Farbbilder, Videobilder);

- *Sprache.*

C 2.7.2 Datenbank als umfassende Schnittstelle

Datenbanksysteme sind der Motor für die *Integration* im Unternehmen. Würden alle Programme
auf die gemeinsame Datenbasis zurückgreifen,
dann wären keine Datentransfers und Brücken-
programme mehr erforderlich, mit denen Daten des einen Programms in die anderen gebracht werden. Bild C-39 zeigt die Datenbank
als *umfassende Schnittstelle.* Zur Zeit herrscht
in den meisten Unternehmen noch eine klare
Trennung zwischen *betriebswirtschaftlicher* und
technischer Datenverarbeitung vor. Während die
betriebswirtschaftliche Datenverarbeitung in der
Produktionstechnik die Materialwirtschaft (Be-
darfsrechnung, Einkauf, Lager, Losgröße (Stück
pro Fertigung), Terminierung und Auftragsverfol-
gung) umfaßt, ist die technische Datenverarbeitung häufig auf die Bereiche CAD (Computer Aided Design; computerunterstütztes Konstruieren)

und CAM (Computer Aided Manufacturing; computerunterstützte Fertigung) beschränkt. Selbst
innerhalb dieser Bereiche gibt es häufig keine
gemeinsame Datenbasis. Für die Integration im
Sinne von CIM (Computer Integrated Manufacturing; computerintegrierte Fabrik, Abschn. E 2.3)
spielen immer mehr die *EDM-Systeme* (EDM: Electronic Data Management; elektronisches Daten-
Management) eine Rolle. Diese *zentrale Datenbasis* durchzieht wie ein zentrales Nervensystem
alle Anwendungen.

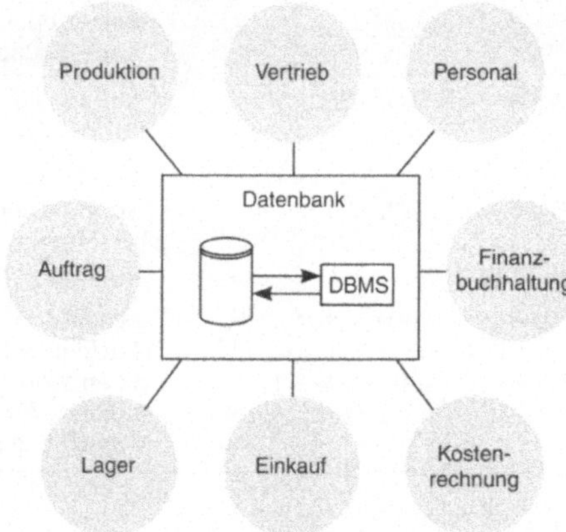

Bild C-39. Datenbank als universelle Schnittstelle.

D Software-Engineering

Software-Engineering *(Softwaretechnik)* erlaubt die Entwicklung von Software entsprechend Bild D-1. Eine Software wird in bestimmten *Phasen* erstellt (Abschn. D 1.2, Bild D-3), für die besondere *Methoden* eingesetzt werden. Man kann dabei zwischen den *klassischen Methoden* und den Methoden der *künstlichen Intelligenz* (Abschn. D 4) unterscheiden. Die klassischen Methoden können durch eigene *Software* unterstützt werden, so daß die Software-Erstellung computerunterstützt erfolgt (CASE: Computer Aided Software Engineering, Abschn. D 3). Die erstellte Software muß die geforderten *Qualitätsstandards* einhalten und die geforderten *Tests* bestehen. Wichtige Forderungen sind die nach *Sicherheit* der Software (Schutz vor unerlaubtem Zugriff und vor Veränderung von Programmen und Daten, beispielsweise durch Viren) und nach *benutzerfreundlicher Software* (Software-Ergonomie).

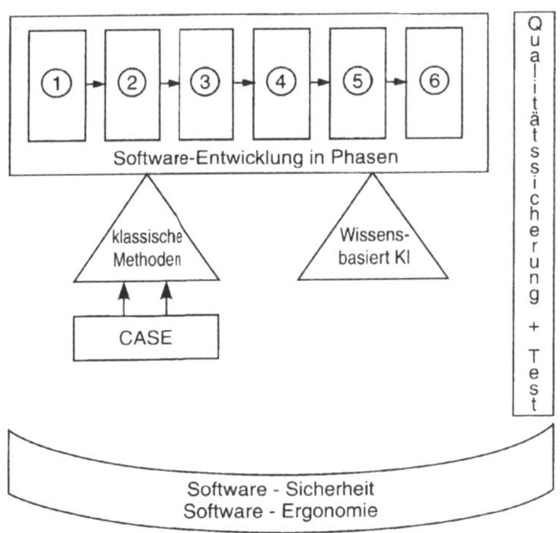

Bild D-1. Bereiche des Software-Engineering.

D 1 Software-Entwicklung

D 1.1 Merkmale von Software

Unter Software versteht man nach IEEE 729 die

- Programme (in einer höheren Programmiersprache als Quellkode oder als direkte Maschinensprache als Objektkode),
- zugehörige Dokumentation und
- Daten.

Software ermöglicht die *Kommunikation* zwischen *Mensch* und *Maschine* oder von Mensch zu Mensch über den Informationsaustausch mit der Maschine. Software dient dazu, daß der Mensch seine Aufgaben kreativer, wirtschaftlicher, in kürzerer Zeit mit geringeren Kosten und mit hohen Qualitätsansprüchen erledigen kann. Das bedeutet, daß folgende zwei Anforderungen an die Software gestellt werden:

- *Benutzerakzeptanz,* d. h. der bedienende Mensch muß die Software für gut befinden und
- *Ausbaufähigkeit,* da sich die Aufgaben und die technischen Möglichkeiten (z. B. Fortschritt in der Hardwareentwicklung) ständig ändern.

In Bild D-2 sind die Anforderungen im einzelnen aufgeführt. Für ein konkretes Software-Projekt werden die wichtigsten (oder alle) Merkmale ausgewählt und gewichtet. Diese Anforderungen werden vor allem beim Entwurf der Software berücksichtigt.

D 1.2 Software-Entwicklungs-Phasen

Der *Software-Lebenszyklus* besteht, wie Bild D-3 zeigt, aus dem *Entstehungszyklus* und dem *Einsatzzyklus.* In Abschnitt A 3.2 wurden *Phasenkonzepte* zur Systementwicklung vorgestellt. Die ersten 5 Phasen in Bild A-15 (im wesentlichen die Phasen der Systemanalyse, in der das System untersucht und die Ziele formuliert werden) entsprechen der ersten Phase der Software-Entwicklung nach Bild D-3. Die folgenden Phasen sind identisch.

Die Phasen sind im einzelnen:

Problemanalyse und Anforderungsdefinition (was ist zu entwickeln?)

Das Ergebnis einer *Systemanalyse* (Abschn. A 3) ist das *Mengen- und Zeitgerüst* der Informationen. Aus diesen Abläufen ergeben sich *Anforderungen*

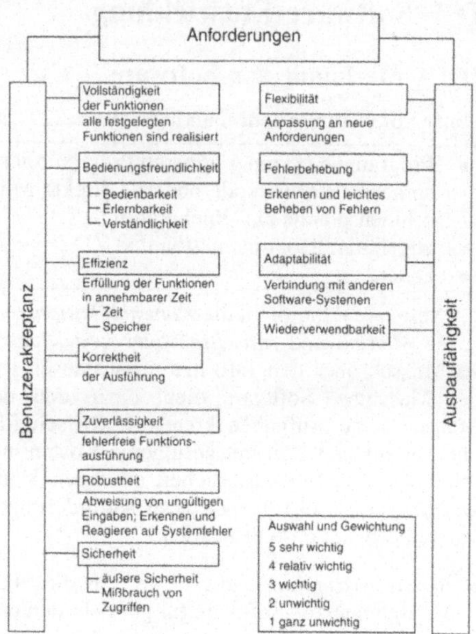

Bild D-2. Anforderungen an Software.

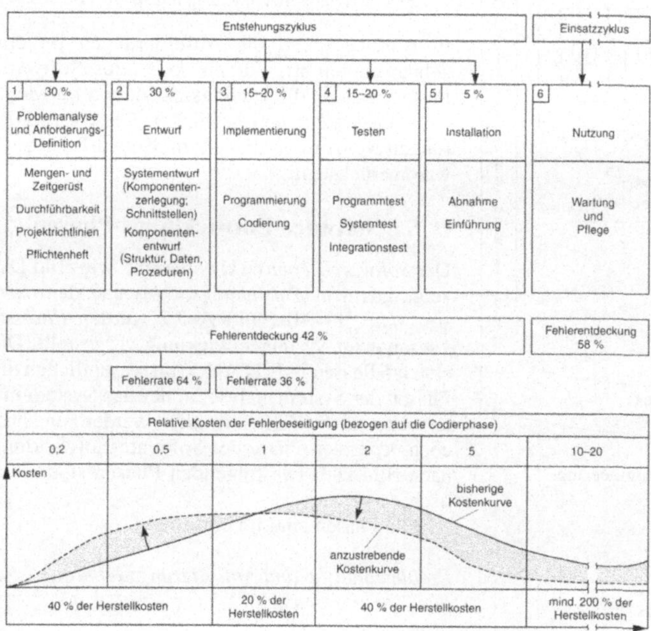

Bild D-3. Phasen der Software-Erstellung, Zeitaufwand und Kosten.

an die Hardware (Abschn. B), die *Kommunikation* bzw. *Vernetzung* (Abschn. F) und an die zu entwickelnde Software. An Hand einer *Durchführbarkeitsstudie* wird festgestellt, ob und wie die Software entwickelt werden kann. Das Ergebnis sind *Projektrichtlinien* und ein *Pflichtenheft,* in denen die Anforderungen und die Durchführung festgeschrieben werden.

Entwurf
(wie ist zu entwickeln?)

Er gliedert sich in den *System-, Komponenten-* und *Modul-Entwurf.* Ferner werden die *Datenstrukturen* und die zugehörigen *logischen Abläufe* sowie die *Schnittstellen* zwischen den einzelnen Programmteilen festgelegt.

Implementierung
(in welcher Sprache wird programmiert?)

In dieser Phase findet die *Programmierung* und *Kodierung* statt.

Testen
(erfüllt die entwickelte Software ihre Anforderungen?)

Es werden die einzelnen Programmteile, die Programme, die Komponenten und die Module getestet sowie das Zusammenwirken mit anderer Software geprüft.

Installation

Der Kunde nimmt die entwickelte Software ab, führt die Software ein und läßt die Mitarbeiter schulen.

Nutzung

Nachdem die Entwicklung der Software abgeschlossen ist, findet die Nutzung in der Praxis statt. In dieser Phase müssen noch auftretende Fehler behoben und Verbesserungen eingebaut *(Wartung* in Form von neuen Versionen der Software) und Änderungen (Pflege) vorgenommen oder die Hardware-Umgebung neu angepaßt werden.

Besonders wichtig sind der Zeitaufwand, die Kosten und der Fehleraufwand in diesen Phasen (Bild D-3):

Zeitaufwand

Etwa die Hälfte aller Zeit liegt *vor* der eigentlichen Programmierarbeit, wobei besonders die

Phase des Entwurfes sehr zeitintensiv ist (35% bis 40%). Die restlichen Phasen sind im Schnitt gleich zeitaufwendig. Das bedeutet, daß erst dann mit der eigentlichen Programmierung begonnen werden sollte, wenn die Phase 1 und 2 abgeschlossen ist, d. h., wenn man weiß, was und wie entwickelt werden muß.

Kosten

Für die Kosten gilt die *40-20-40-Regel* , d. h. die Analyse- und Entwurfsphase benötigen 40% der Kosten. 20% der Kosten entstehen bei der Implementierung und 40% der Kosten in den beiden Phasen Testen und Installation.

Fehlerkosten

Die Kosten für die Fehlerbehebung steigen von Phase zu Phase um das Doppelte. Bild D-3 zeigt dies bezogen auf die Phase der Implementierung. Beim Kunden einen Fehler zu beheben ist 10- bis 20-mal aufwendiger, als gleich richtig zu programmieren. Das bedeutet, daß besonders in den ersten beiden Phasen der Analyse und des Entwurfs möglichst fehlerfrei gearbeitet werden muß, damit die Fehlerkosten möglichst gering bleiben. Das bedeutet, daß man den Aufwand in diesen ersten Phasen zugunsten der anderen Phasen erhöhen sollte (schraffierte Kurve in Bild D-3). Dieser erhöhte Aufwand ist in Kürze amortisiert durch weniger Fehler in der Software. Ebenfalls wichtig ist, die in Abschnitt D 2 geschilderten Methoden und Werkzeuge vor allem in diesen Phasen einzusetzen.

Fehlerentdeckung

Wie aus Bild D-3 weiter zu entnehmen ist, werden die Hälfte aller Software-Fehler erst in der Nutzungsphase entdeckt. Aus dem ist ebenfalls zu entnehmen, wie wichtig es ist, im ganzen Software-Erstellungsprozeß sorgfältig zu arbeiten.

Alle diese Befunde zeigen übereinstimmend, daß es sehr wichtig ist, für die Phase der Festlegung, des Entwurfs und des Tests geeignete Methoden und Werkzeuge bereitzustellen. Fehler in diesen Phasen bedeuten stets hohe Folgekosten bei der Fehlerbeseitigung. Deshalb wird in Abschnitt D 2 vor allem den Methoden für diese Phasen große Aufmerksamkeit geschenkt.

D 1.3 Aufgaben des Software-Engineering

Software-Engineering als neue Ingenieurdisziplin hat folgende Ziele:

- Programme innerhalb kürzester Zeit, mit geringsten Kosten und dennoch höchster Qualität zu entwickeln;
- Programme benutzerfreundlich, ausbaufähig, an neue Anforderungen flexibel und kostengünstig anpaßbar und wiederverwertbar zu gestalten;

Um diese Ziele erreichen zu können, müssen

- die kreativ-schöpferischen und die logisch-analytischen Fähigkeit der Software-Entwickler geweckt werden und
- formalisierte, standardisierte und normierte Methoden und Hilfsmittel gezielt eingesetzt werden.

In diesem Sinne kann Software-Engineering folgendermaßen definiert werden:

Software-Engineering (Softwaretechnik) ist die systematische Verwendung von Methoden und Werkzeugen zur Herstellung und Anwendung von Software mit dem Ziel einer spürbaren Steigerung der Produktivität, Wirtschaftlichkeit und Rentabilität bei gleichzeitiger Erfüllung von hohen Qualitätsanforderungen.

D 2 Methoden

Methoden sind definierte, planmäßige Vorgehensweisen zur Erreichung vorgegebener Ziele. Für einen erfolgreichen Einsatz von Methoden für den Prozeß der Softwareentwicklung muß man sich an den biologischen Gegebenheiten orientieren. Dabei stellt man fest, daß die menschlichen Denkvorgänge im wesentlichen folgenden Beschränkungen unterliegen:

- *Gleichzeitig* kann nur eine beschränkte Anzahl von Informationen gegenwärtig sein;
- nur überschaubare und kleine Probleme sind deshalb für den Menschen erkenn- und lösbar;
- *Gedanken* können nicht parallel entwickelt werden, sondern nur nacheinander *(sequenti-ell)* ablaufen;

Werden diese Erkenntnisse für das Software-Engineering verwendet, dann müssen folgende Prinzipien beachtet werden:

Prinzip der Modularisierung

Umfangreiche und komplexe Aufgaben werden in kleinere, überschaubare und in sich geschlossene Teilbereiche (Moduln) zerlegt. Dadurch wird es möglich, hochkomplexe Anforderungen so aufzugliedern, daß sie dem menschlichen Erkenntnisumfang entsprechen. Darüber hinaus können die Teilaufgaben parallel erfüllt werden *(Simultaneous Engineering)*, so daß insgesamt eine schnellere Bearbeitung von Software-Problemen möglich ist.

Prinzip der hierarchischen Strukturierung

Die Abhängigkeiten der Teilaufgaben (Moduln) relativ zueinander sollen streng hierarchisch sein, d. h. von übergeordneten Begriffen zu untergeordneten führen *(Top-Down-Entwurf)*.

Prinzip der strukturierten Programmierung

Es erfolgt eine Beschränkung auf möglichst wenig logische Beschreibungselemente (bei Ablaufstrukturen auf die drei Grundbausteine Folge, Auswahl und Wiederholung) und auf rein lineare Denkprozesse (immer nur ein Block nach dem anderen).

Bild D-4 zeigt eine Übersicht über die wichtigsten Methoden des Software-Engineering. Dabei wurden nur diejenigen ausgewählt, die rechnergestützt eingesetzt werden (CASE: Computer Aided Software Engineering; Abschn. D 3). Jede Methode wird auf folgende drei Anforderungen hin untersucht:

- Möglichkeit, das Problem in voneinander hierarchisch abhängige Teile zu zerlegen;
- Unterstützung der Ablauf- bzw. Prozedurstrukturen: Folge, Auswahl, Wiederholung und Nebenläufigkeit;
- Berücksichtigung der Datenstrukturen.

Weil die objektorientierte Methode einen ganz anderen Ansatz wählt, nämlich Prozeduren und Daten zusammen zu betrachten, ist diese Möglichkei am rechten Rand dargestellt. Nach den Methoder sind die Bereiche angegeben, die für die Organisation der Software-Entwicklung notwendig sind Dazu gehören:

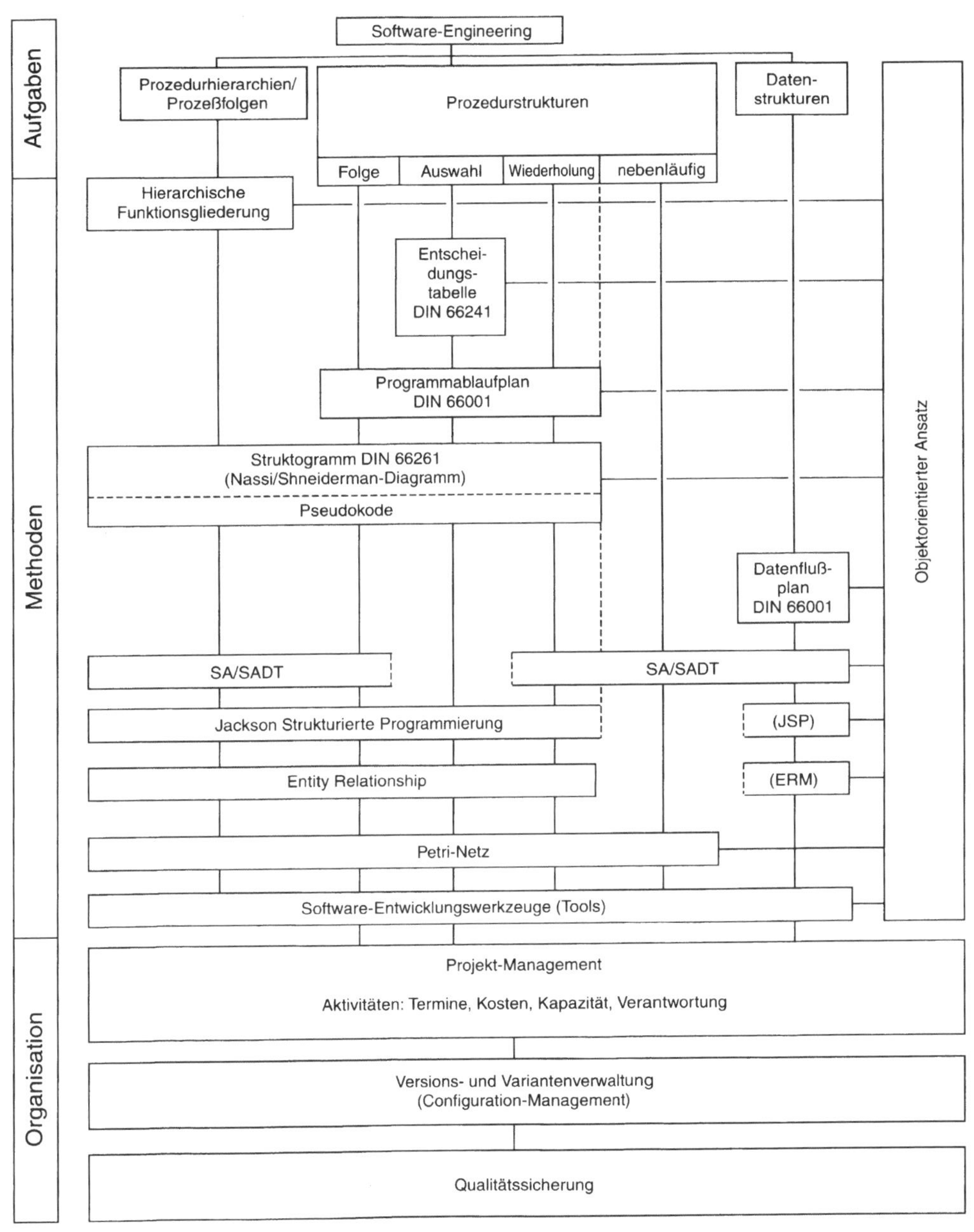

Bild D-4. Übersicht über die wichtigsten Methoden des Software-Engineering.

- *Projekt-Management*
  Das Festlegen der Termine, Kosten und der Kapazitäten sowie der Verantwortung für die einzelnen Tätigkeiten (Abschn. D 9);
- *Verwaltung der Versionen und Varianten*
- *Qualitätssicherung* (Abschn. D 7).

Alle Methoden haben eines gemeinsam: Sie sind *grafische* Hilfsmittel. Damit können komplexe Aufgaben *auf einen Blick* sichtbar gemacht werden. Im folgenden werden die einzelnen Methoden vorgestellt.

D 2.1 Hierarchische Funktionsgliederung

D 2.1.1 Beschreibung der Methode

Bei der hierarchischen Funktionsgliederung wird eine Aufgabe vom Allgemeinen zum Speziellen *(Top-Down)* gegliedert. Man erhält dadurch *baumartige, hierarchische* Strukturen. Die zu einem gemeinsamen Oberbegriff gehörenden Teile bilden einen *Programm-Modul*. Die einzelnen Programm-Module können dann getrennt programmiert und getestet werden.

Die einzelnen Hierarchiestufen werden, ihrem Rang entsprechend, von oben nach unten mit 0, 1, 2, 3, usw. durchnumeriert. Dadurch sind die hierarchischen Beziehungen der Teilbereiche untereinander klar erkennbar. Wird das Hierarchiediagramm von links nach rechts gelesen, dann wird der Leistungsumfang der einzelnen Hierarchiestufe sichtbar. Bei der Betrachtung von oben nach unten wird die Problemtiefe sichtbar.

Durch die hierarchische Funktionsgliederung wird die gesamte Aufgabe in ihren Zusammenhängen visualisiert und die einzelnen Programm-Module gezeigt. Dadurch wird dem Prinzip der *Modularität* von Programmteilen Rechnung getragen. Mit dieser Methode verschafft man sich einen Überblick über das Gesamtproblem und seine Zusammenhänge. Die hierarchische Funktionsgliederung dient als *Fahrplan* für die anstehende Umsetzung des Programms. Weitere Vorteile sind:

- klare Dokumentation der Software und ihre Teilfunktionen und eine

- einfache Wartung und Pflege des Softwaresystems durch klare Funktionsabgrenzungen.

D 2.1.2 Vorgehensweise und Beispiel

Um eine Aufgabe in seine Teile zu zerlegen, geht man in folgenden Schritten vor:

1. Schritt: Aufschreiben aller zu einer Aufgabe gehörenden Teilfunktionen.

2. Schritt: Bilden von Oberbegriffen und Einordnen aller Teilfunktionen in der Weise, daß eine Über-, Gleich- oder Unterordnung stattfindet.

3. Schritt: Zeichnen des Baumdiagramms. Die Oberbegriffe stehen oben und die direkten Unterbegriffe darunter.

In Bild D-5 ist eine hierarchische Funktionsgliederung für das Beispiel Rechnungsschreibung angegeben. Die erste Hierarchiestufe zeigt, daß dazu kundenspezifische (101), artikelspezifische (102) und rechnungsspezifische (103) Daten notwendig sind. Statistische Auswertungen (104) können ausgeführt werden, sind aber nicht Gegenstand dieses Programms (gestricheltes Rechteck). Jeder dieser Funktionsblöcke wird in weitere Unterfunktionen aufgeteilt, beispielsweise in die Funktion: Rechnungsendwert ermitteln (313), der seinerseits in drei Unterbereiche (431, 432 und 433) zerfällt.

Zur Übung

Ü D 2.1-1: Die Arbeitsstelle soll gewechselt werden. Dazu werden die Stellenanzeigen in den Zeitungen beurteilt. Die Beurteilungskriterien sollen hierarchisch so geordnet werden, daß oben die Hauptkriterien stehen und weiter unten die Unterpunkte.

D 2.2 Entscheidungstabelle nach DIN 66241

D 2.2.1 Beschreibung der Methode

Eine Entscheidungstabelle gibt an,

- unter welchen *Bedingungen* welche *Aktionen* ablaufen.

Mit folgenden fünf Begriffen ist eine Entscheidungssituation beschreibbar:

1. Voraussetzungen

Sie beschreiben den Zustand *vor* der Entscheidung. Die Beschreibung darf keinen Einfluß auf die Entscheidungsfindung haben.

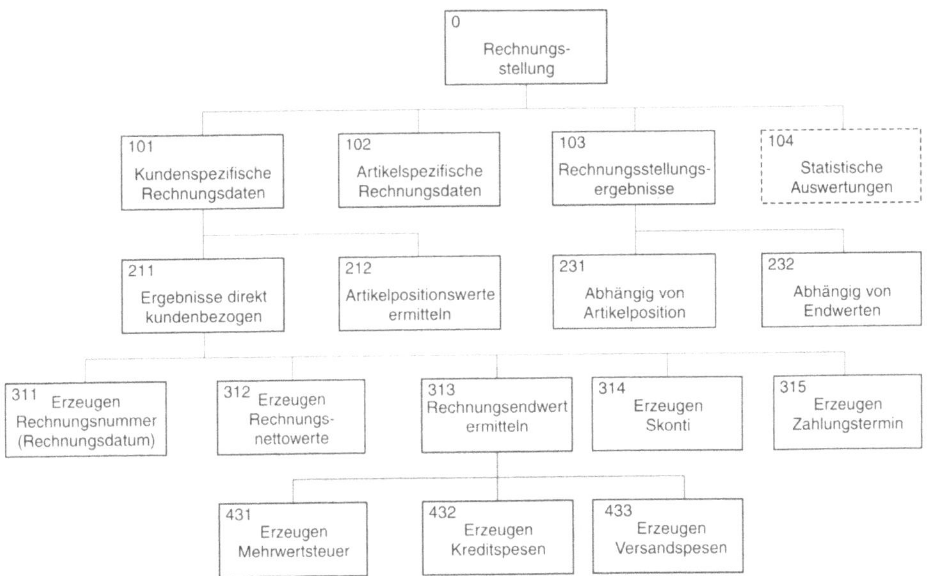

Bild D-5. Hierarchische Funktionsgliederung am Beispiel der Rechnungsschreibung.

2. Bedingungen

Sie geben an, welche Vorschriften oder *Regeln* für die Entscheidungsfindung zu beachten sind.

3. Aktionen

Sie beschreiben die Aktionen oder Handlungen, die unter bestimmten Bedingungen (bzw. Regeln) zustande kommen.

4. Vorschriften

In ihnen wird festgelegt, welche Aktionen in welcher Reihenfolge nacheinander durchzuführen sind.

5. Ergebnisse

Sie werden erreicht, wenn die Aktionen durchgeführt sind.

Eine Entscheidungstabelle hat, wie Bild D-6 zeigt, folgende zwei Teile:

Wenn-Bereich (Bedingungsteil)

In den Zeilen werden die einzelnen Voraussetzungen oder Bedingungen beschrieben. In einer Spalte werden diese Bedingungen mit logisch UND verknüpft. Je nachdem, welche Voraussetzungen erfüllt sind (Y, J, 1) oder nicht (N, 0), nicht definiert (#) oder ohne Bedeutung ($-$) sind, beschreibt eine solche Spalte die geforderten Bedingungsfälle oder *Entscheidungsregeln*. Im Bedingungsteil kann auch ein Text stehen, der als Bedingung formuliert wird, beispielsweise eine bestimmte Oberflächenbeschaffenheit. (Hinweis: Y: YES, J: Ja, 1 steht für logisch *wahr* und N: No bzw. Nein und 0 steht für logisch *falsch*).

Dann-Bereich (Aktionsteil)

Hier werden die Aktionen, d. h. die Handlungen, aufgeschrieben. In der Spalte wird unter der Regel (Erfüllen bestimmter Bedingungen) vermerkt, ob die Aktion ausgeführt (x) wird oder nicht (-). Mehrere Aktionen werden mit logisch UND verknüpft. Auch im Dann-Bereich kann ein Text stehen (z. B. Beachten bestimmter Sicherheitsvorschriften).

Eine *vollständige Entscheidungstabelle* mit n Bedingungen besitzt 2^n Entscheidungsregeln, da eine Beantwortung mit Ja oder Nein erfolgen kann. Um Aufgaben noch verstehen zu können,

	Problembeschreibung		Entscheidungsregeln R					
			R1	R2	R3		Rk	
Wenn (Bedingungen B)	B1	1. Bedingung						
	B2 ⋮	Bedingungen ———			Bedingungs-anzeiger			
	Bn	letzte Bedingung						
Dann (Aktionen A)	A1	1. Aktion						
	A2 ⋮	Aktionen ———			Aktions-anzeiger			
	Am	letzte Aktion						

Bild D-6. Schema einer Entscheidungstabelle.

sollte man bei vollständigen Entscheidungstabellen nicht mehr als 12 Bedingungen aufführen. Die Übersichtlichkeit kann auch dadurch gewahrt bleiben, daß nur die *zutreffenden Spielregeln* aufgeführt werden. Allerdings ist dann die Entscheidungstabelle *unvollständig*.

Folgende Besonderheiten sind beim Erstellen von Entscheidungstabellen zu beachten:

Redundanz

Wenn unterschiedliche Regeln zu derselben Aktion führen, dann liegt Redundanz vor (Bild D-7). Die entsprechenden Regeln werden zu einer *Hauptregel* zusammengefaßt, d. h. die Entscheidungstabelle wird *konsolidiert*.

Widerspruch

Ein Widerspruch liegt vor, wenn gleiche Entscheidungsregeln zu verschiedenen Aktionen führen (Bild D-7). Der Widerspruch muß beseitigt werden (Bild D-12 in Abschn. D 2.2.2).

SONST- oder ELSE-Regel

Es stellt eine *Ausnahmeregel* dar und gibt das Verhalten des Systems an, wenn *keine Regel* zutrifft. Sie enthält logischerweise auch keine Bedingungen, die erfüllt oder nicht erfüllt sind (leere Bedingungsspalte). Bei unvollständigen Entscheidungstabellen ist die ELSE-Regel unbedingt vorzusehen; denn sie beschreibt das Systemverhalten, wenn keine der zuvor festgelegten Regeln erfüllt ist. Die ELSE-Regel dient häufig zur Fehlerbe-

	Regeln				
	R1	R2	R3	R4	Else
Bedingung 1	J	J	J	–	
Bedingung 2	N	N	J	J	
Bedingung 3	N	–	J	J	
Bedingung 4	J	J	N	N	
Aktion 1	X	X	–	–	–
Aktion 2	–	X	X	X	–
Aktion 3	–	–	X	X	–
Fehlermeldung	–	–	–	–	X

Wider-spruch   Redun-danz

Bild D-7. Redundanz, Widerspruch und die SONST- bzw. ELSE-Regel in einer Entscheidungstabelle.

handlung eines Auswahlproblems und wird als Vor- oder Nachspalte ausgeführt.

Entscheidungstabellen-Verbund

Größere Probleme zerlegt man in einzelne Entscheidungstabellen (Entscheidungstabellen-Module), die man logisch miteinander als

- Folge,
- Verzweigung oder
- Wiederholung

verknüpfen kann (Bild D-8). Auf diese Weise können in Entscheidungstabellen auch Ablaufstrukturen berücksichtigt werden, wie sie

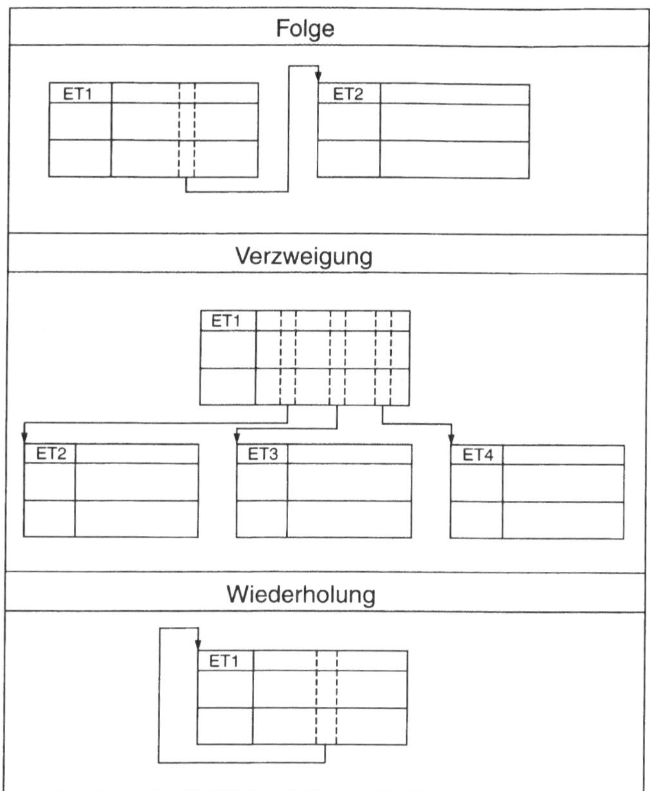

Bild D-8. Entscheidungstabellen-Verbund. Beispiele zur Verknüpfung von Entscheidungstabellen als Folge, Verzweigung und Wiederholung.

in den beiden folgenden Abschnitten beschrieben werden. In der Praxis spielt der Entscheidungstabellen-Verbund keine wichtige Rolle.

Erweiterte Entscheidungstabellen

Die Positionen für die Bedingungen oder Aktionen können Text enthalten. Dadurch können bestimmte Informationen in ihren Ursachen und Wirkungen *direkt* zugeordnet werden. Dies dient dazu, bestimmte Betriebserfahrungen über Entscheidungstabellen maschinell zu erfassen und ein *wissensbasiertes System* aufzubauen, wie es zum Einsatz von Expertensystemen oder für die Künstliche Intelligenz (Abschn. D 4) erforderlich ist.

Folgende Vorteile bieten Entscheidungstabellen:

- Klare Zusammenstellungen von logischen Sachverhalten in Bedingungen und Aktionen,
- Erfassen des Wissens von Ursache-Wirkungs-Vorgängen,
- gute Verständigung der Fachabteilung mit der Informatik-Abteilung,
- leicht erlernbar und verstehbar,
- Änderungen ohne großen Aufwand durchführbar,
- maschinell erstellbar und Prüfung auf Redundanz und Widerspruchsfreiheit,
- gute Dokumentation.

Entscheidungstabellen sind dann sehr empfehlenswert, wenn mehrere Personen an einem gemeinsamen Projekt beteiligt sind und auf sehr viele Alternativen reagiert werden muß.

Beispiel aus dem täglichen Leben:
Verkehrsverhalten an einer Kreuzung mit Ampelregelung

Das Verhalten des Autofahrers an einer Kreuzung kann folgendermaßen beschrieben werden:

Voraussetzung:	Der Autofahrer fährt auf die Kreuzung zu.
Bedingungssätze:	Ampel rot, Ampel gelb, Ampel grün, Ampel blinkt und Ampel ist defekt.
Aktionssätze:	Stoppen, Anfahren, Fahren, Verkehrszeichen beachten und Polizei verständigen
Vorschriften:	rot = Stoppen, rot und gelb = Anfahren, gelb = Stoppen, grün = Fahren, blinken = Verkehrszeichen beachten und Ampel defekt = Polizei verständigen.
Ergebnisse:	Der Autofahrer hat die Kreuzung überquert oder wartet vor der Kreuzung.

ET	Kreuzungsverhalten		Regeln					Else
			R1	R2	R3	R4	R5	
Wenn (Bedingungen B)	B1	Ampel rot	J	J	N	N	N	
	B2	Ampel gelb	N	J	J	N	N	
	B3	Ampel grün	N	N	N	J	N	
	B4	Ampel blinkt	N	N	N	N	J	
	B5	Ampel defekt	N	N	N	N	N	
Dann (Aktionen A)	A1	Stoppen	X	–	X	–	–	–
	A2	Anfahren	–	X	–	–	–	–
	A3	Fahren	–	–	–	X	–	–
	A4	Verkehrszeichen beachten	–	–	–	–	X	–
	A5	Polizei verständigen	–	–	–	–	–	X

Bild D-9. Beispiel einer Entscheidungstabelle: Verhalten eines Autofahrers vor einer Ampelkreuzung.

D 2.2.2 Vorgehensweise und Beispiele

Eine Entscheidungstabelle erstellt man in folgenden Schritten:

1. Schritt: Formulierung der Bedingungssätze (Wenn).

2. Schritt: Formulierung der Aktionssätze (Dann).

3. Schritt: Vollständige Formulierung der Regeln (Wenn-Kombinationen einer Spalte).

4. Schritt: Zuordnen der Regel zu den Aktionen.

5. Schritt: Prüfen der Entscheidungstabelle auf Widerspruchsfreiheit.

6. Schritt: Prüfen der Entscheidungstabelle auf Redundanz. Gegebenenfalls wird die Entscheidungstabelle entsprechend vereinfacht (konsolidiert).

Im folgenden werden einige Beispiele vorgestellt:

Bild D-9 zeigt ein Beispiel des Verhaltens eines Autofahrers vor einer ampelgesteuerten Kreuzung, Bild D-10 die Verarbeitung von Meßwerten

Verarbeitung von Meßwerten

Aufgabe: Beliebige nicht ganzzahlige Meßwerte sollen folgendermaßen verarbeitet werden:

a. Ausdrucken der Positionen der negativen Zahlen,

b. Sortieren und Ausdrucken der Positionen der Zahlen zwischen 0 und 100,

c. Unterdrücken der Zahlen zwischen 100 und 200 sowie über 500,

d. Bilden des Mittelwertes der Zahlen zwischen 200 und 300 sowie den Ausdruck des Mittelwertes und

e. Sortieren der Zahlen zwischen 300 und 500 sowie Ausdruck der sortierten Zahlen und deren Anzahl.

ET			Regeln				
Meßdatenauswertung			R1	R2	R3	R4	R5
Wenn (Bedingungen B)	B1	Zahl < 0	J	N	N	N	N
	B2	0 ≤ Zahl < 100	N	J	N	N	N
	B3	100 ≤ Zahl < 200	N	N	J	N	N
	B4	200 ≤ Zahl < 300	N	N	N	J	N
	B5	300 ≤ Zahl ≤ 500	N	N	N	N	J
	B6	Zahl > 500	N	N	J	N	N
Dann (Aktionen A)	A1	Unterdrücken	–	–	X	–	–
	A2	Position bestimmen	X	X	–	–	–
	A3	Zählen	–	X	–	X	X
	A4	Umspeichern	–	X	–	X	X
	A5	Ausdruck der Position	X	X	–	–	–
	A6	Ausdruck der Anzahl	–	–	–	–	X
	A7	Sortieren und Ausdruck	–	X	–	–	X
	A8	Mittelwert bestimmen und Ausdruck	–	–	–	X	–

Bild D-10. Beispiel einer Entscheidungstabelle: Verarbeitung von Meßwerten.

und Bild D-11 die Steuerung einer Waschmaschine. Mit dieser Entscheidungstabelle können die Programmbausteine direkt programmiert werden (z. B. in einem PROM, Abschn. B 1.2.2). Die *Wenn-Regeln* liegen dann als Dualzahl am *Eingang* des Bausteins. Sie werden durch Sensorsignale angezeigt. Die *Dann-Signale* werden als Dualzahl auf die *Ausgangsleitungen* des Bausteins gegeben und den Aktoren weitergeleitet. Auf diese Weise ist von der Entscheidungstabelle ausgehend, direkt ein Steuerungsprogramm in maschinenlesbarer Form entstanden. Die Entscheidungstabelle ist dabei Pflichtenheft, Ausführungs-

vorgabe, Prüfungsvorschrift und Dokumentation in einem.

Mit speziellen Programmen können Entscheidungstabellen maschinell erfaßt und geprüft werden. Dies ist bei komplexen Anwendungen wichtig, bei denen es um Sicherheitsanforderungen geht (z. B. bei der oben erwähnten Steuerung oder um Aufgaben im medizinischen Bereich). Bild D-12 zeigt ein Beispiel einer maschinell erfaßten Entscheidungstabelle mit den entsprechenden Prüfungsergebnissen.

ET / Waschmaschinensteuerung	R1	R2	R3	R4	R5	R6	R7	R8	R9	R10	R11	R12	R13	R14	R15	R16	R17	R18	R19	R20	R21	R22	R23	R24
Wenn (Bedingungen B)																								
B1 Stecker in Steckdose ist	0	1	1	1	1	1	1	1	1	1	1	1	1	1	1	1	1	1	1	1	1	1	1	1
B2 Netzschalter auf EIN steht	0/1	1	1	1	1	1	1	1	1	1	1	1	1	1	1	1	1	1	1	1	1	1	1	1
B3 Wäsche eingefüllt und Deckel geschlossen ist	0	0	1	1	1	1	1	1	1	1	1	1	1	1	1	1	1	1	1	1	1	1	1	1
B4 angezeigte Waschmittelmenge eingefüllt ist	0	0	0	1	1	1	1	1	1	1	1	1	1	1	1	1	1	1	1	1	1	1	1	1
B5 folgendes Programm gewählt ist: LEICHT VERSCHMUTZT 30°C	0	0	0	0	1	1	1	1	1	0	0	0	0	0	0	0	0	0	0	0	0	0	0	0
B6 STARK VERSCHMUTZT 30°C	0	0	0	0	0	0	0	0	0	1	1	1	1	1	0	0	0	0	0	0	0	0	0	0
B7 LEICHT VERSCHMUTZT 90°C	0	0	0	0	0	0	0	0	0	0	0	0	0	0	1	1	1	1	1	0	0	0	0	0
B8 STARK VERSCHMUTZT 90°C	0	0	0	0	0	0	0	0	0	0	0	0	0	0	0	0	0	0	0	1	1	1	1	1
B9 Wasser eingefördert ist	0	0	0	0	0	1	1	1	1	0	1	1	1	1	0	1	1	1	1	0	1	1	1	1
B10 Trommel 5 min gelaufen ist	0	0	0	0	0	0	1	1	1	0	0	1	1	1	0	0	1	1	1	0	0	1	1	1
B11 Trommel15 min gelaufen ist	0	0	0	0	0	0	0	0	0	0	0	0	1	1	0	0	0	0	0	0	0	1	1	1
B12 Wasser herausgepumpt ist	0	0	0	0	0	0	0	1	1	0	0	0	1	1	0	0	0	1	1	0	0	0	1	1
B13 Trommel 5 min geschleudert hat	0	0	0	0	0	0	0	0	1	0	0	0	0	1	0	0	0	0	1	0	0	0	0	1
Dann (Aktionen A)																								
A1 leuchtet Anzeige NETZ EIN	0	1	1	1	1	1	1	1	1	1	1	1	1	1	1	1	1	1	1	1	1	1	1	1
A2 leuchtet Anzeige: WÄSCHE EINFÜLLEN UND DECKEL SCHLIESSEN	0	1	0	0	0	0	0	0	0	0	0	0	0	0	0	0	0	0	0	0	0	0	0	0
A3 wird Wäsche gewogen, Menge Waschmittel berechnet u. angez.	0	0	1	0	0	0	0	0	0	0	0	0	0	0	0	0	0	0	0	0	0	0	0	0
A4 leuchtet Anzeige: WASCHPROGRAMM WÄHLEN	0	0	0	1	0	0	0	0	0	0	0	0	0	0	0	0	0	0	0	0	0	0	0	0
A5 fördert Pumpe Wasser ein	0	0	0	0	1	0	0	0	0	1	0	0	0	0	1	0	0	0	0	1	0	0	0	0
A6 wird Wasser auf 30°C aufgeheitzt	0	0	0	0	0	1	0	0	0	0	1	0	0	0	0	0	0	0	0	0	0	0	0	0
A7 wird Wasser auf 90°C aufgeheitzt	0	0	0	0	0	0	0	0	0	0	0	0	0	0	0	1	0	0	0	0	1	0	0	0
A8 dreht sich Trommel langsam	0	0	0	0	0	1	0	0	0	0	1	0	0	0	0	1	0	0	0	0	1	0	0	0
A9 schleudert Trommel	0	0	0	0	0	0	0	1	0	0	0	0	1	0	0	0	0	1	0	0	0	0	1	0
A10 stoppt Trommel	0	0	0	0	0	0	1	0	1	0	0	1	0	0	0	0	1	0	0	0	0	1	0	0
A11 wird Wasser herausgepumpt	0	0	0	0	0	0	1	0	0	0	0	1	0	0	0	0	1	0	0	0	0	1	0	0
A12 leuchtet Anzeige WÄSCHE GEWASCHEN	0	0	0	0	0	0	0	0	1	0	0	0	0	1	0	0	0	0	1	0	0	0	0	1

Bild D-11. Beispiel einer Entscheidungstabelle: Steuerung einer Waschmaschine.

Zur Übung

Ü D 2.2-1: Eine Entscheidungstabelle ist aufzustellen für die Bestellung eines Artikels.

Ü D 2.2-2: Für eine Auftragsbearbeitung gibt es folgende Möglichkeiten: Inland/Ausland, Ersatzteile oder Expreßauftrag. Zur Bearbeitung sind folgende Abteilungen zuständig: Abteilung Inland (ABI), Abteilung Ausland (ABA), Abteilung Ersatzteile (ABE) und Abteilung Expreß (ABX). Die Zuständigkeiten sollen in einer Entscheidungstabelle dargestellt werden.

Ü D 2.2-3: Platzbuchung bei einer Fluggesellschaft: Es gibt Karten für die erste und die zweite Klasse und die Aktionen: Buchung erster Klasse, Buchung zweiter Klasse und Warteliste. In eine Entscheidungstabelle sollen die Bedingungen und Aktionen zusammengefaßt werden.

D 2.3 Programmablaufplan nach DIN 66001

D 2.3.1 Beschreibung der Methode

Der Programmablaufplan (PAP) beschreibt mit grafischen Sinnbildern den Programmablauf oder die Reihenfolge logischer Operationen. Der Programmablaufplan hat folgende drei Teile (Bild D 13): *Eingabe* (Input) – *Verarbeitung* (Process) – *Ausgabe* (Output). Es wird, nach den Anfangs

a)

```
$BS01   TABLE        NAME=MESSDA2      BEDINGUNGEN=06          AKTIONEN=09       REGELN=06    §
  F     T                              R01   R02   R03   R04   R05   E06
```

		R01	R02	R03	R04	R05	E06
C01	Zahl < 0	J	N	N	N	N	
C02	0 <= Zahl < 100	N	J	N	N	N	
C03	100 <= Zahl < 200	N	N	J	N	N	
C04	200 <= Zahl < 300	N	N	N	J	N	
C05	300 <= Zahl < 500	N	N	N	N	J	
C06	Zahl >= 500	N	N	J	N	N	
A01	Unterdrücken			X			
A02	Position bestimmen	X	X				
A03	Zählen		X		X	X	
A04	Umspeichern		X		X	X	
A05	Ausdruck der Position	X	X				
A06	Ausdruck der Anzahl					X	
A07	Sortieren und Ausdruck		X			X	
A08	Mittelwert bestimmen und Ausdruck				X		
A09	Fehlermeldung					X	X

b)

```
$BS01   TABLE        NAME=MESSDA2      BEDINGUNGEN=06          AKTIONEN=09       REGELN=06
  F     T                              R01   R02   R03   R04   R05   E06

  C01                Zahl < 0           J     N     N     N     N
$BS02        SATZLG=080  ZEILENZAHL=000055           Aktuelle=35                          §
             DIE TABELLE IST FORMAL VOLLSTAENDIG.
             DIE ELSE-REGEL ENTHAELT FOLGENDE KONSTELLATIONEN:
        I 0 I 0 I 0 I 0 I 0 I 0 I 0 I 0 I 0 I 0 I 0 I 0 I 0 I 0 I 0 I 0 I
        I 0 I 0 I 0 I 0 I 0 I 0 I 0 I 0 I 0 I 1 I 1 I 1 I 1 I 1 I 1 I 1 I
        I 1 I 2 I 3 I 4 I 5 I 6 I 7 I 8 I 9 I 0 I 1 I 2 I 3 I 4 I 5 I 6 I
    ----+---+---+---+---+---+---+---+---+---+---+---+---+---+---+---+---+
 C 01I J I J I J I J I J I N I N I N I N I N I N I N I N I N I N I N I
    ----+---+---+---+---+---+---+---+---+---+---+---+---+---+---+---+---+
 C 02I N I N I N I N I J I N I N I N I N I N I N I N I J I J I J I J I
    ----+---+---+---+---+---+---+---+---+---+---+---+---+---+---+---+---+
 C 03I N I N I N I J I - I N I N I N I N I J I J I J I N I N I N I J I
    ----+---+---+---+---+---+---+---+---+---+---+---+---+---+---+---+---+
 C 04I N I N I J I - I - I N I N I J I J I N I N I J I N I N I J I - I
    ----+---+---+---+---+---+---+---+---+---+---+---+---+---+---+---+---+
 C 05I N I J I - I - I - I N I J I N I J I N I J I - I N I J I - I - I
    ----+---+---+---+---+---+---+---+---+---+---+---+---+---+---+---+---+
 C 06I J I - I - I - I - I J I J I - I - I N I - I - I - I J I - I - I
```

c)

```
$BS01   TABLE        NAME=MESSDA3      BEDINGUNGEN=06          AKTIONEN=09       REGELN=06    §
  F     T                              R01   R02   R03   R04   R05   E06
```

		R01	R02	R03	R04	R05	E06
C01	Zahl < 0	J	-	N	N	N	
C02	0 <= Zahl < 100	-	J	N	-	N	
C03	100 <= Zahl < 200	N	N	J	N	N	
C04	200 <= Zahl < 300	N	-	N	-	N	
C05	300 <= Zahl < 500	N	N	N	N	J	
C06	Zahl >= 500	N	N	J	N	N	
A01	Unterdrücken			X			
A02	Position bestimmen	X	X				
A03	Zählen		X		X	X	
A04	Umspeichern		X		X	X	
A05	Ausdruck der Position	X	X				
A06	Ausdruck der Anzahl					X	
A07	Sortieren und Ausdruck		X			X	
A08	Mittelwert bestimmen und Ausdruck				X		
A09	Fehlermeldung					X	X

Bild D-12. Rechnergestützte Verarbeitung von Entscheidungstabellen (mit LIBELLE von mbp); a) Erfassung, b) Prüfung auf Vollständigkeit, c) Widersprüche, d) Ergebnis der Analyse und e) fehlerhafte Regeln.

```
d  $BS01  TABLE       NAME=MESSDA3      BEDINGUNGEN=06          AKTIONEN=09          REGELN=06
     F     T                            R01  R02  R03  R04  R05  E06

     C01              Zahl  <  0        J    -    N    N    N
     C02        0  <= Zahl  <  100      -    J    N    -    N
   $BS02     SATZLG=080 ZEILENZAHL=000102          Aktuelle=73                                §
     TABLE       001     ERGEBNIS DER REDUNDANZPRUEFUNG:
                         DIE TABELLE ENTHAELT REDUNDANZEN UND/ODER WIDERSPRUECHE.
          I R I R I
          I 0 I 0 I
          I 2 I 4 I
          ----+--+--+
        R 01 IWUI  I
          ----+--+--+
        R 02 I  IWUI
          ----+--+--+
             R=REDUNDANZ  W=WIDERSPRUCH
             I=IDENTITAET U=UEBERSCHNEIDUNG E=SPALTENREGEL ENTHAELT ZEILENREGEL.
```

```
e  $BS01  TABLE       NAME=MESSDA3      BEDINGUNGEN=06          AKTIONEN=09          REGELN=06
     F     T                            R01  R02  R03  R04  R05  E06

     C01              Zahl  <  0        J    -    N    N    N
     C02        0  <= Zahl  <  100      -    J    N    -    N
   $BS02     SATZLG=080 ZEILENZAHL=000102          Aktuelle=85                                §
     TABLE       001     GEMEINSAME KONSTELLATIONEN BEI UEBERSCHNEIDUNGEN (WU ODER RU):
           I R R I R R I
           I 0 0 I 0 0 I
           I 1&2 I 2&4 I
          ----+-----+-----+
        C 01 I J   I N   I
          ----+-----+-----+
        C 02 I J   I J   I
          ----+-----+-----+
        C 03 I N   I N   I
          ----+-----+-----+
        C 04 I N   I -   I
          ----+-----+-----+
        C 05 I N   I N   I
          ----+-----+-----+
        C 06 I N   I N   I
```

Bild D-12. (Fort).

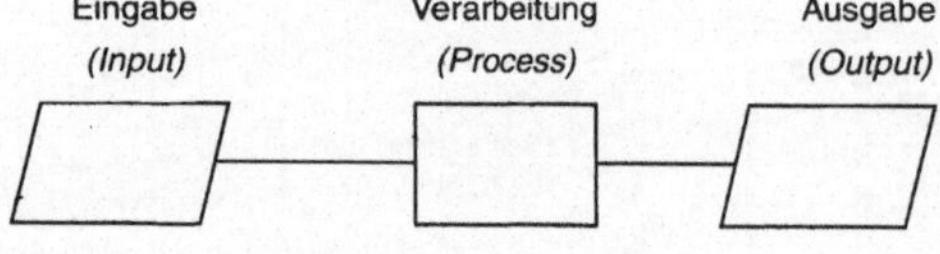

Bild D-13. Teile eines Programmablaufs.

buchstaben, auch als EVA- oder IPO-Prinzip bezeichnet.

Im Elementarbaustein „Verarbeitung" werden die in Bild D-14 dargestellten *drei elementaren Ablaufstrukturen* verwendet:

Folge bzw. Sequenz
(Verarbeiten von Anweisungen oder Ereignissen nacheinander, vom Anfang bis zum Ende; BEGIN ... END)

Auswahl bzw. Selektion
(Auswahl bestimmter Anweisungen oder Ereignisse)
Es gibt drei Varianten:

- eine *bedingte Auswahl*, d.h. die Auswahl nur einer Alternative *(monadic selective)* bei der Erfüllung einer Bedingung: IF THEN ... ENDIF;

- eine *alternative Auswahl* zwischen zwei Möglichkeiten *(dyadic selective)*, je nachdem, ob eine Bedingung erfüllt ist (THEN) oder nicht (ELSE), (IF THEN ELSE ... ENDIF) und

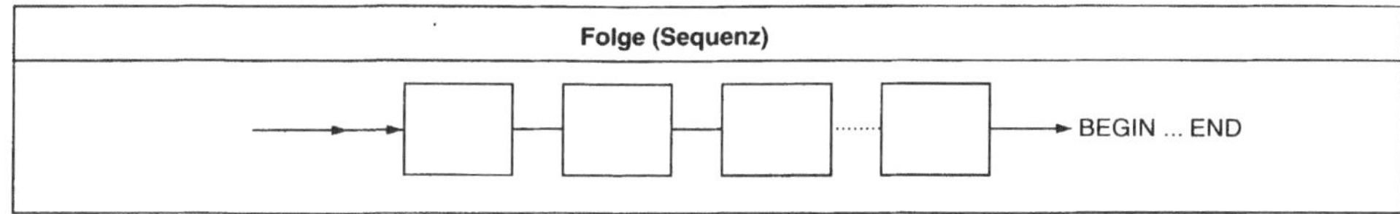

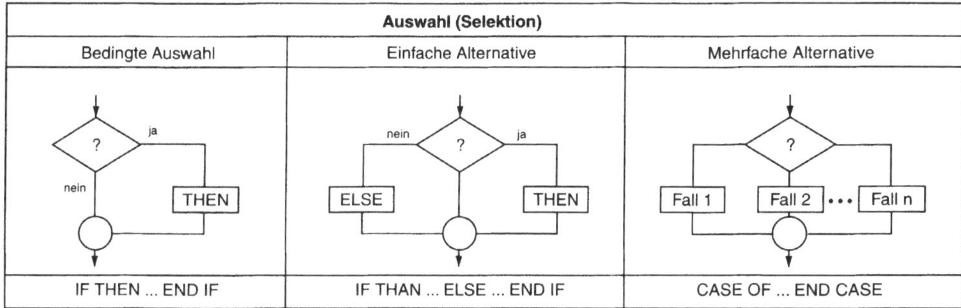

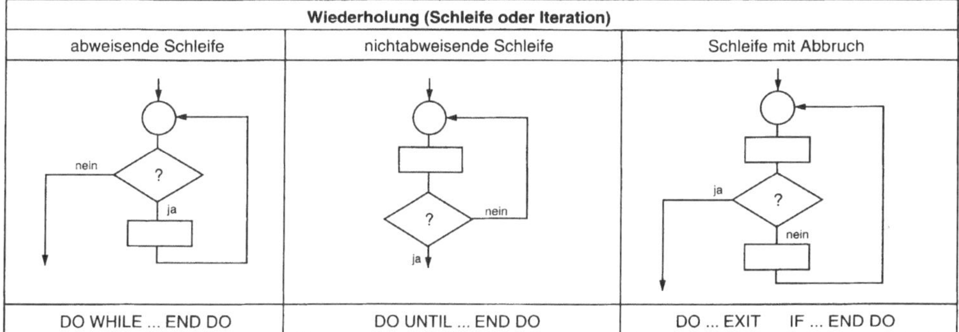

Bild D-14. Sieben elementare Ablaufstrukturen, ihre Bezeichnung, logische Abfolge und symbolische Kodierung.

- eine Auswahl aus *vielen Fällen (multiple exclusive selective)*, je nachdem, welche Auswahlparameter gewählt werden (CASE OF ... ENDCASE).

Wiederholung bzw. Iteration
(Wiederholung von bestimmten Anweisungen oder Ereignissen).
Eine Wiederholung wird in Form einer Schleife abgearbeitet. Davon gibt es folgende Arten:

- *abweisende Schleife (pre-tested iteration)*. Sie weist eine Tätigkeit ab, wenn die Ausführungsbedingung nicht erfüllt ist. Oder anders ausgedrückt: Eine Tätigkeit wird nur ausgeführt, *solange* die Ausführungsbedingung gilt (DO WHILE ... ENDDO). Wird die Ausführungs-

bedingung nie erfüllt, dann wird auch die Schleife nie durchlaufen;

- *nicht abweisende Schleife (post-tested iteration)*. Die Tätigkeit wird prinzipiell ausgeführt, bis die Schleifenendbedingung erfüllt ist (DO UNTIL ... ENDDO) und

- eine Schleife *(continuous iteration)*, die nur durch eine Abbruchbedingung verlassen werden kann (DO ... EXIT ... IF ... ENDDO).

Die Beschränkung der Beschreibung logischer Abläufe auf diese sieben elementaren Strukturbausteine ist eine der wichtigsten Voraussetzungen *strukturierter Programmierung*. Dadurch wird erreicht, daß der logische Fluß des Programms strikt von oben nach unten verläuft *(Top*

Down), und die einzelnen Strukturbausteine nur einen Eingang und einen Ausgang besitzen. Dieses Prinzip ist Grundlage der Programmbeschreibung mit Struktogrammen (Abschn. D 2.4). Auch wenn der Programmablaufplan keine strukturierte Programmierung erzwingt, so ist doch darauf zu achten. Die Vorteile sind:

- Programme werden besser verstanden,
- Programme können leichter dokumentiert werden,
- Erhöhung der Zuverlässigkeit und
- Änderungs- und Wartungsfreundlichkeit der Programme.

Die Sinnbilder nach DIN 66001 dienen zur Beschreibung von Programmen mit dem Programmablaufplan (Bild D-15).

D 2.3.2 Vorgehensweise und Beispiel

Es gibt kein bestimmtes Vorgehen beim Entwerfen eines Programmablaufplanes, weil dies von der Aufgabenstellung abhängig ist. Doch ist es sinnvoll, die Regeln der strukturierten Programmierung einzuhalten und an jeder Stelle des Programms zu fragen, ob eine Folge-, eine Auswahl- oder eine Wiederholungsstruktur vorliegt und welche Varianten zweckmäßigerweise auszuwählen sind.

Bild D-16 zeigt einen Programmablaufplan für das Sortieren von Zahlen nach dem *Select-Sort-Verfahren*. Das Sortieren findet mit dieser Methode durch Auswahl statt. Es stellt sicher, daß immer auf der am weitesten links stehenden Position (angezeigt durch den Index I) die kleinste Zahl steht. Durch Vergleich mit den Nachbarzahlen (angezeigt durch den Index K) und durch eventuelles Vertauschen wird dies erreicht. Der Positionszeiger I rückt von 1 aus immer weiter vor (bis zur vorletzten Zahl $I = N - 1$) und zeigt an, ab welcher Position noch zu sortieren ist.

Die Vorteile des Programmablaufplanes sind:

- ausführliche und genaue Beschreibung der Ablauflogik,
- Möglichkeit der strukturierten Programmierung und
- Sinnbilder sind direkt kodierbar.

Diesen Vorteilen stehen folgende Nachteile gegenüber:

- kein Zwang zur strukturierten Programmierung,
- stufenweise nicht weiter verfeinerbar, da es bereits die höchste Detaillierungsstufe beschreibt,
- bei umfangreichen Programmen schwer überschaubar,
- da bei Fällen nur drei Ausgänge vorliegen, ist das Bild bei vielen Fallunterscheidungen verwirrend,
- durch viele Verzweigungsmöglichkeiten an jede Stelle des Programms (auch rückwärts), sind Fehler möglich und fehlerfreie Änderung sehr schwer durchführbar.

Zur Übung:

ÜD 2.3-1: Das Verkehrsverhalten vor einer Ampelkreuzung nach Bild D-9 soll in einem Programmablaufplan dargestellt werden.

ÜD 2.3-2: Ein Programmablaufplan soll für folgende Aufgabe erstellt werden: Für jeden Artikel wird Rabatt in Höhe von 10% gewährt, wenn der Warenwert je Artikel über 2.000,- DM liegt und 20% bei einem Warenendwert je Artikel von 5.000,- DM. Liegt der gesamte Rechnungsbetrag je Kunde über 35.000,- DM, so wird ebenfalls 10% Rabatt gewährt. In allen anderen Fällen wird der Rechnungsbetrag rein netto zur Zahlung fällig.

D 2.4 Struktogramm nach DIN 66261 (Nassi-Shneiderman-Diagramm) und Pseudokode

D 2.4.1 Beschreibung der Methode

Struktogramme basieren auf den Gedanken der *strukturierten Programmierung*. Ihr Ziel ist es, eine zuverlässige, fehlerfreie, gut lesbare und wartungsfreundliche Software zu erstellen. Einer der wesentlichen Fehlerquellen sind nach eingehenden Studien die *Rücksprünge* mit GOTO. Sie sind in Struktogrammen kaum möglich. Das Wesen der strukturierten Programmierung wird an dieser Stelle noch einmal kurz wiederholt:

Hierarchische Aufgabengliederung mit der Möglichkeit, schrittweise zu verfeinern;

Beschränkung der logischen Strukturblöcke auf maximal sieben (Bild D-14) und die logische Trennung zwischen Auswahl und Wiederholung. Eine Wiederholungsstruktur darf auf keinen Fall durch eine bedingte Auswahl mit einem nachfolgenden GOTO-Sprung dargestellt werden;

Sinnbild	Benennung	Erläuterungen zur Anwendung
	Eingabe, Ausgabe (*input, output*)	Darstellung der Ein- oder Ausgabe durch externe Geräte. Die Beschriftung muß angeben, ob es sich um eine Ein- oder Ausgabe handelt.
	Operationen, allgemein (*process*)	Hiermit werden allgemeine Operationen dargestellt. Sie werden häufig zur Angabe arithmetischer Rechenoperationen verwendet (können aber auch logische Operationen beinhalten).
	Unterprogramm (*predefined process*)	Darstellung eines in sich geschlossenen Programmteils. Die Beschriftung muß eine eindeutige Zuordnung des Unterprogramms erkennen lassen.
	Programm-Modifikation (*preparation*)	Dient zur Vorbereitung von Operationen, z.B. der Änderung von Zählerzuständen.
	Verzweigung (*decision*)	Der Programmablauf kann durch eine oder mehrere Bedingungen verändert werden. Dabei ergeben sich mindestens zwei Ausgänge (Bedingung erfüllt = Ja und Bedingung nicht erfüllt = Nein).
	Wiederholung	Beide Teile bilden die Schleife. Der obere Teil markiert den Schleifenanfang, der mittlere Teil die Verarbeitung und der untere Teil das Schleifenende.
	Sprung	Sprung mit Rückkehr
	Sprung	Sprung ohne Rückkehr
	Unterbrechung	Eine andere Verarbeitung wird unterbrochen.
	Steuerung	Die Verarbeitungsfolge wird von außen gesteuert.
	Verfeinerung	In einer weiteren Darstellung findet eine Verfeinerung statt.
	Grenzstelle (*terminal interrupt*)	Darstellung von Anfang, Ende oder Zwischenhalt. Die entsprechende Eintragung erfolgt in das Sinnbild.
	Übergangsstelle (*connector*)	Der Übergang kann von mehreren Stellen aus, aber nur zu einer Eingangsstelle hin erfolgen. Zusammengehörige Übergangsstellen müssen gleiche Bezeichnungen tragen.
	Ablauflinien (*flow lines*)	Angabe der Ablaufrichtung. Vorzugsrichtungen sind - von oben nach unten und - von links nach rechts. Zur Verdeutlichung können Pfeilspitzen eingetragen werden, besonders bei Abweichungen von den Vorzugsrichtungen.
	Zusammenführung (*junction*)	Der Ausgang sollte immer mit einer Pfeilspitze gekennzeichnet werden. Zwei sich kreuzende Ablauflinien bedeuten keine Zusammenführung. Kreuzungen sollten aus Gründen der Übersichtlichkeit vermieden werden.
	Bemerkung (*comment*)	Es kann an jedes Sinnbild angefügt werden. Dient zur Anbringung von Bemerkungen.
	Parallelbetrieb (*parallel mode*)	Synchronisation beim Parallelbetrieb.
	Aufspaltung	Eine ankommende, mehrere abgehende Strecken.
	Sammlung	Mehrere ankommende, eine abgehende Strecke.
	Synchronisation	Ebensoviele ankommende wie abgehende Strecken.

Bild D-15. Sinnbilder für Programmablaufpläne nach DIN 66001.

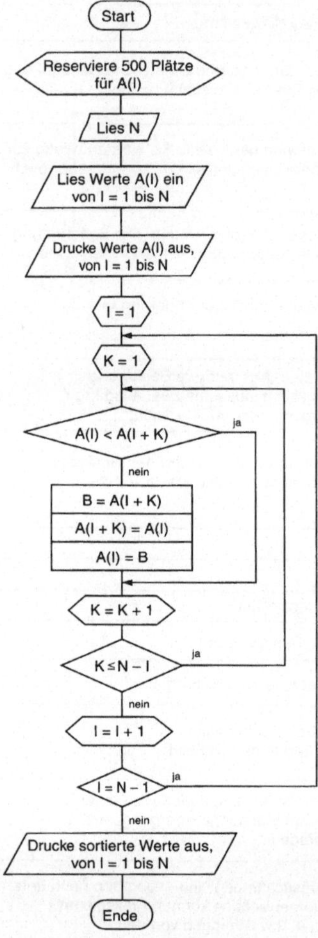

Bild D-16. Programmablaufplan eines Sortierprogramms nach dem Select-Sort-Verfahren.

Prinzip der Zweipoligkeit: Jeder Strukturblock hat nur einen Eingang und einen Ausgang (Bild D-17). Das hat zur Folge, daß jeder Strukturblock eine in sich geschlossene funktionale Einheit darstellt und sich entweder völlig außerhalb oder völlig innerhalb anderer Strukturblöcke befinden kann. Die einzelnen Strukturblöcke werden von oben nach unten durchlaufen. Bei diesem Prinzip wird garantiert, daß jeder Block nur Daten von seinem oberen Nachbarn erhält und nur an seinen unteren Nachbarn weitergibt. Im Struktogramm müssen daher die elementaren Strukturblöcke so aneinandergefügt werden, daß die gesamte Aus-

gangskante des vorhergehenden Strukturblocks mit der gesamten Eingangskante des folgenden Strukturblocks zusammenfällt. Mit diesem Prinzip der Zweipoligkeit von Strukturblöcken wird neben der *Überlappungsfreiheit* auch jeder *Sprung zu beliebigen Strukturblöcken* unterbunden (ausgenommen Sprünge ins Unterprogramm und zurück ins Hauptprogramm). Dadurch werden viele Fehler vermieden, die oft darauf beruhen, daß bestimmte Daten zu Stellen rückwärts transportiert werden, die schon bereits durchlaufen waren.

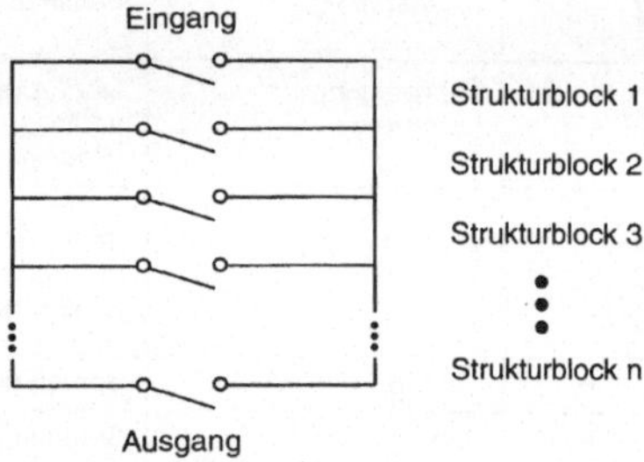

Bild D-17. Prinzip der Zweipoligkeit von Struktogrammen.

Im *Pseudokode* werden die grafischen Sinnbilder in Sprache umgesetzt. Allgemein gilt, daß die logischen Strukturen sowohl in den Programmablaufplänen als auch in den Struktogrammen direkt in prozedurale Sprachen (Sprachen der dritten Generation) umgesetzt werden können. Deshalb können Programmablaufpläne und Struktogramme sprachlich direkt kodiert werden. Bild D-18 zeigt auf der linken Seite die grafischen Sinnbilder und auf der rechten Seite die Umsetzung in die Sprachen Pascal, Basic und Fortran.

Jedes Sinnbild für die logischen Elementarstrukturen in Struktogrammen wird als Rechteck dargestellt, das – je nach Sinnbild – mit geraden Linien unterteilt wird (Bild D-18). Die obere Linie des Rechtecks zeigt den Beginn des Blockes an, und die untere Linie das Ende. Die in DIN 66261 zusätzlich angeführte Ersatzdarstellung verwendet nur gerade Striche zur Unterteilung und ist deshalb besonders gut geeignet, Struktogramme maschinell erstellen zu lassen.

D 2.4.2 Vorgehensweise und Beispiel

Die gesamte Problemlösung kann in einem Struktogramm nach der Struktur von Bild D-19 auf maximal einem DIN A3-Blatt aufgezeichnet werden.

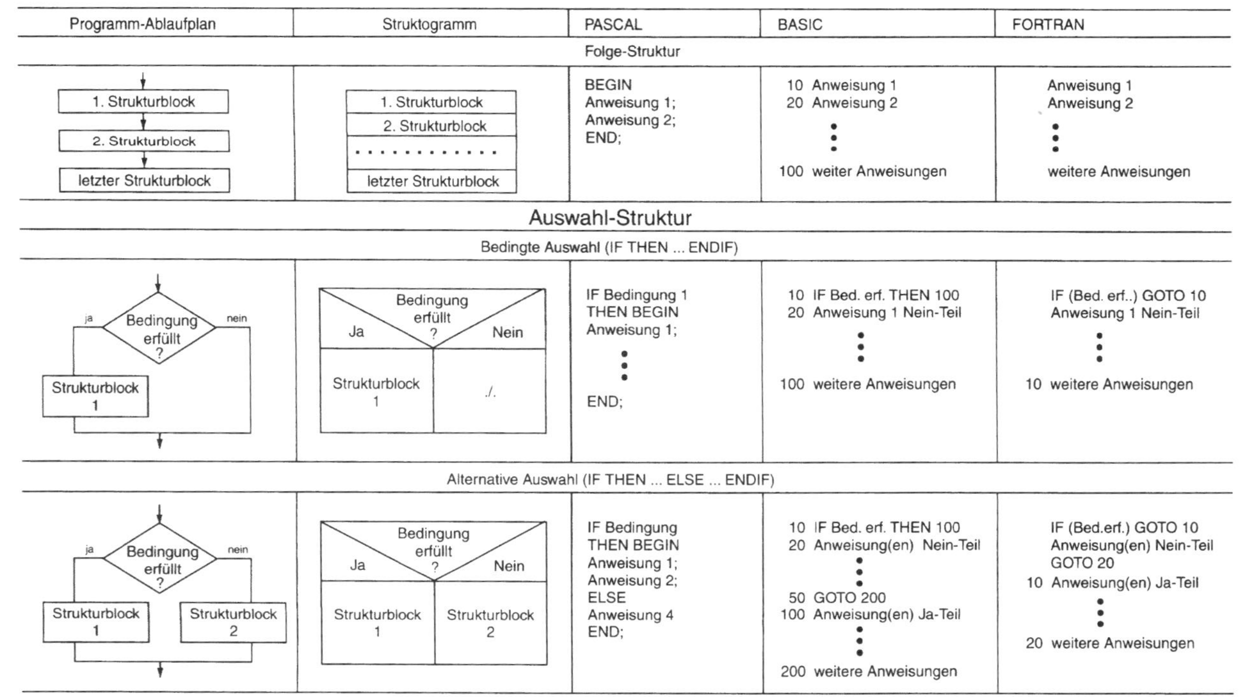

Bild D-18. Programmstrukturen bei Programmablaufplänen (DIN 66001) und Struktogrammen (DIN 66261) sowie deren Umsetzung in eine Programmiersprache.

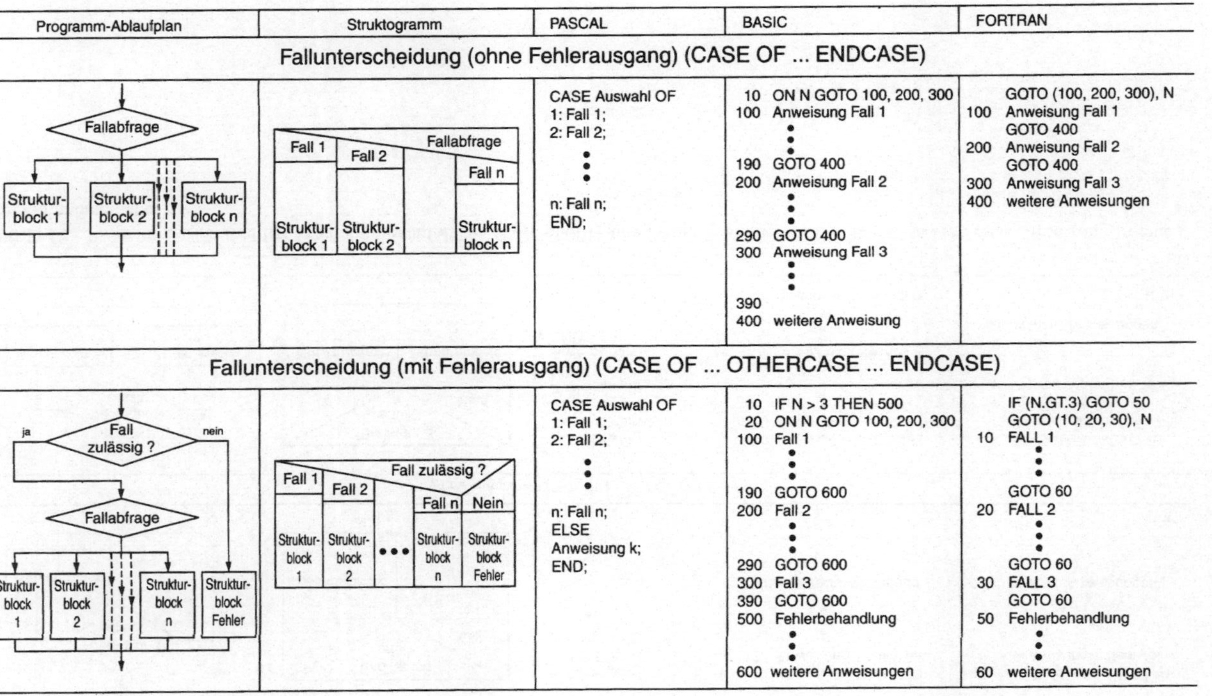

Bild D-18. (Fort).

Wiederholungs-Struktur

Programm-Ablaufplan	Struktogramm	PASCAL	BASIC	FORTRAN
Zählschleife				

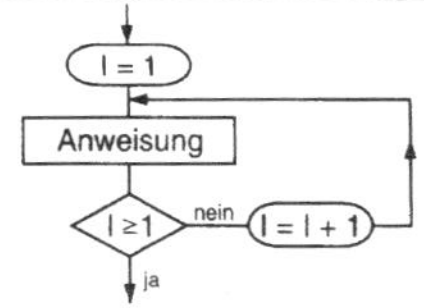 (Flussdiagramm: I = 1 → Anweisung → I ≥ 1? nein: I = I + 1, ja)	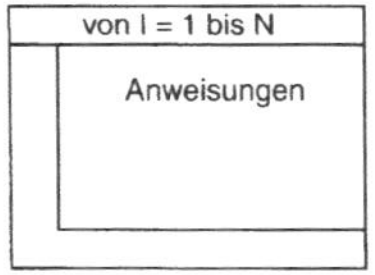 von I = 1 bis N
	Anweisungen
		FOR I : = Startwert
		TO Endwert DO
		BEGIN
		  Anweisung 1;
		  Anweisung 2;
		END;
			10 FOR I = Start TO END
			     STEP S
			20 Anweisung 1
			     ...
			90 NEXT I
			100 weitere Anweisungen
				DO 90 I = Start, N, S
				    Anweisung 1
				    ...
				90 CONTINUE
				    weitere Anweisungen

abweisende Schleife (DO WHILE ... ENDDO)				

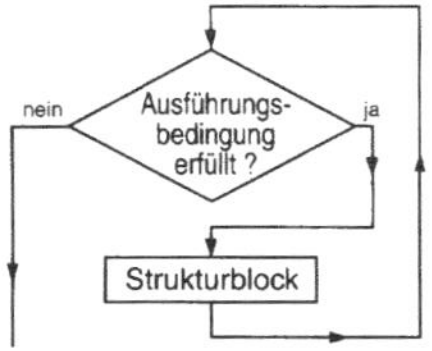 (Flussdiagramm: Ausführungsbedingung erfüllt? — ja: Strukturblock; nein)	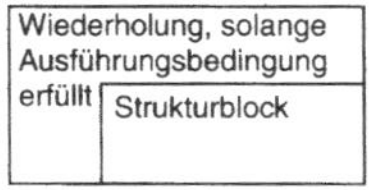 Wiederholung, solange Ausführungsbedingung erfüllt — Strukturblock	WHILE Bedingung
		DO BEGIN
		  Anweisung 1;
		  ...
		END;
			10 IF Bed. nicht erfüllt
			     THEN 100 erfüllt
			20 Anweisung 1
			     ...
			90 GOTO 10
			100 weitere Anweisungen
				1 IF (Bed. nicht erfüllt)
				   GOTO 2
				   Anweisung 1
				   ...
				   GOTO 1
				2 weitere Anweisungen

nicht abweisende Schleife (DO UNTIL ... ENDDO)				

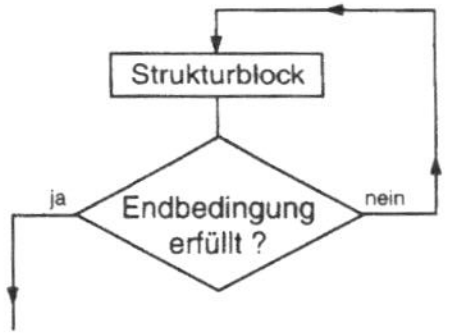 (Flussdiagramm: Strukturblock → Endbedingung erfüllt? — nein: zurück; ja)	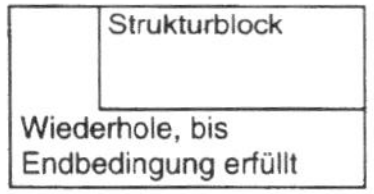 Strukturblock — Wiederhole, bis Endbedingung erfüllt	REPEAT
		  Anweisung 1;
		  Anweisung 2;
		UNTIL Bedingung;
			10 Anweisung 1
			20 ...
			90 IF Abbruch der Bed.
			     THEN 10 erfüllt
			100 weitere Anweisungen
				1 Anweisung 1
				   ...
				   IF (Abbruch der Bed. erf.)
				   GOTO 1
				   weitere Anweisungen

Bild D-18. (Fort).

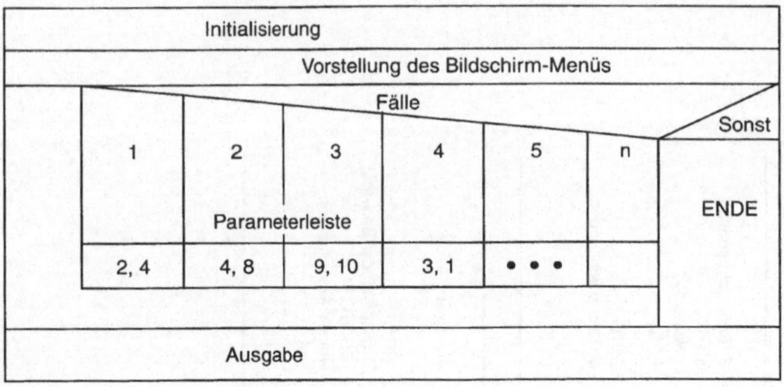

Initialisierung							
Vorstellung des Bildschirm-Menüs							
Fälle							Sonst
1	2	3	4	5	n		
Parameterleiste							ENDE
2, 4	4, 8	9, 10	3, 1	• • •			
Ausgabe							

Bild D-19. Prinzipielle Gesamtstruktur eines Programms.

Zunächst geschieht die übliche *Initialisierung* des Programms. Hierbei werden die Anfangswerte für bestimmte Variablen eingestellt. Anschließend stellt ein *Menü* das Programm in seinen Möglichkeiten vor. Die einzelnen Teile sind die *Programm-Module*. Sie können unabhängig voneinander erstellt und getestet werden. Die Module werden über eine *Fallauswahl* angewählt. Jedes Modul besitzt im unteren Bereich eine *Parameterleiste*. Dort stehen die Nummern der Programmteile, zu denen nach Ablauf des Moduls verzweigt werden kann. Diese Parameterleiste gibt sozusagen die *Schnittstelle* zu den anderen Programmteilen an. Welche Teile konkret ausgewählt werden, wird innerhalb des Moduls entschieden.

Neben den bereits oben erwähnten Vorteilen der Modulstruktur sind folgende weitere Vorteile zu erwähnen:

- *Wiederverwendbarkeit* der Module in anderen Programmen;
- *neue Anforderungen* werden als zusätzliche Module geschrieben und können so jederzeit eingebaut werden.

Wie aus Bild D-19 weiter zu erkennen ist, geschieht ein *definierter Ausstieg* aus dem Programm über den ENDE-Zweig. Anschließend erfolgt die Ausgabe und andere Tätigkeiten.

Das gesamte Struktogramm kann als einziger

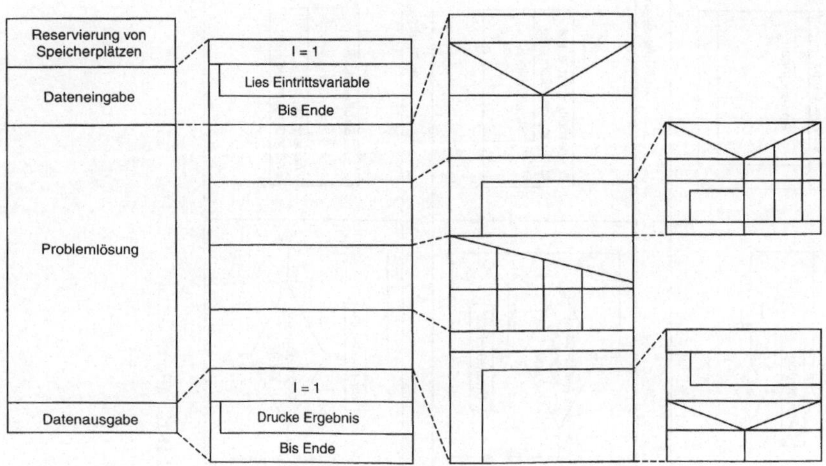

Bild D-20. Möglichkeiten der schrittweisen Verfeinerung in Struktogrammen.

Strukturblock zur Problemlösung betrachtet werden.

Als Vorgehensweise ist zu empfehlen: Zuerst sollte man die Grobstruktur der Gesamtaufgabe aufzeichnen. Anschließend werden, wie Bild 57 zeigt, die einzelnen Teile schrittweise verfeinert.

In Bild D-21 ist das Struktogramm und der Pseudokode für die Sortieraufgabe nach Abschn. D 2.3 (Bild D-16) zusammengestellt.

Die Vorteile der Struktogramme gegenüber den Programmablaufplänen ist so groß, daß in der Praxis fast ausschließlich Struktogramme eingesetzt werden. Programmablaufpläne sind nur für kleine, detaillierte Einzelaufgaben üblich.

Zur Übung

ÜD 2.4-1: Für das Verhalten an einer Ampelkreuzung nach Bild D-9 ist ein Struktogramm aufzustellen und der Pseudokode zu formulieren.

Struktogramm

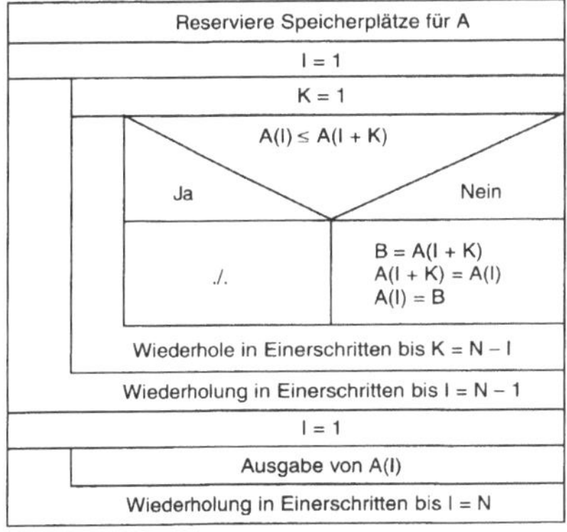

Pseudokode

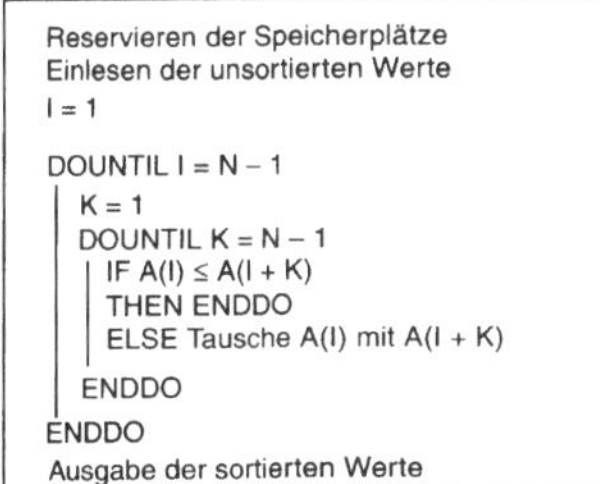

Bild D-21. Struktogramm und Pseudokode für eine Sortieraufgabe nach dem Select-Sort-Verfahren.

ÜD 2.4-2: Das Struktogramm und der Pseudokode soll für die Aufgabe ÜD 2.3-2 erstellt werden.

D 2.5 Datenflußplan nach DIN 66001, Informationsflüsse und Schnittstellen

D 2.5.1 Datenflußplan nach DIN 66001

Während eines Programmdurchlaufs verändern sich die Daten ständig: sie werden verarbeitet. Der Datenflußplan beschreibt – unabhängig von der Programmlogik – die Stationen, über die die Daten fließen und welche Veränderungen (z. B. Sortieren) dort vorgenommen werden. Der Datenflußplan liefert folgende Informationen:

- *Bearbeitungsvorgänge* der Daten (z. B. Sortieren),
- *Datenträger,* mit denen die Daten zur Ausführungsstation gebracht werden (z. B. Erfassung durch den Bildschirm) und die Datenträger, mit denen sie die Bearbeitungsstation verlassen (z. B. Ausgabe einer Liste),
- *Verbindungslinien* zeigen die Wege, auf denen die Daten die Bearbeitungsstationen durchlaufen.

In Abschnitt C 2.1.4 sind die in DIN 66001 dargestellten Sinnbilder gezeigt (Bild C-19) und ein Beispiel angegeben (Bild C-20).

D 2.5.2 Informationsflußplan

Die einzelnen Bereiche eines Unternehmens, vom Einkauf und Lager bis zu Fertigung und Vertrieb sind durch die Entwicklung, Produktherstellung und Vermarktung auf vielfältige Weise miteinander verbunden. Die Organisation regelt die Abläufe der einzelnen Tätigkeiten in den verschiedenen Bereichen. Der *Informationsflußplan* bietet eine *Strukturübersicht,* in der die einzelnen Bereiche und ihre Zusammenhänge dargestellt sind. Bild D-22 zeigt den Informationsflußplan zur Erstellung einer Software im Fensterbau. In den Rauten sind die Dateneingaben bzw. Datenausgaben zu sehen. Die dick umrandeten Rechtecke stellen die Tätigkeiten der Bearbeitung dar. In den Kreisen werden Dateien angezeigt, die extern verwendet werden. Die Dreiecke mit dem Zeichen „+" geben an, daß die Daten im nachfolgenden Rechteck addiert werden. In Bild D-22 ist zu sehen, über welche Stationen der Fensterauftrag fließt. Es wird zunächst ein Angebot erstellt. Wird das Angebot zu einem Auftrag, dann werden

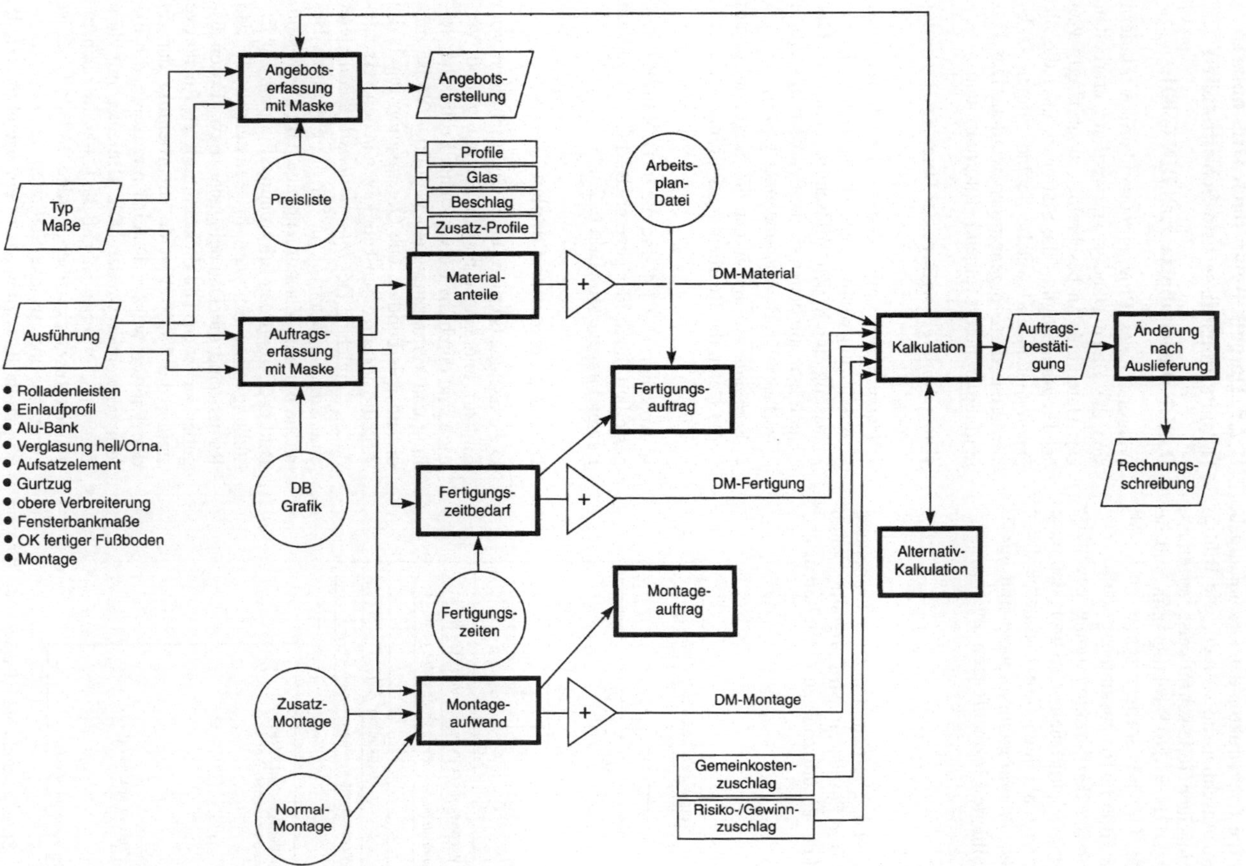

Bild D-22. Informationsflußplan für die Erstellung einer Software.

die Kosten der Materialanteile, der Fertigung und der Montage bestimmt. Zusammen mit den Zuschlagssätzen wird eine Kalkulation ausgeführt. Über eine Arbeitsplandatei wird der Fertigungsauftrag erstellt. Nach Ende des Fertigungsauftrags wird der tatsächlich ausgeführte Auftrag ausgeliefert und abgerechnet.

Der Informationsflußplan zeigt, ob die Beschreibung vollständig und die Zusammenhänge richtig dargestellt sind.

D 2.5.3 Beschreibung der Module und ihre Schnittstellen

Mit dem Informationsflußplan wird es, wie Bild D-22 zeigt, möglich, die *Module* der Software und ihre Schnittstellen zu beschreiben. Die Module sind in Bild D-22 durch dick umrandete Rechtecke gekennzeichnet. Die Ein- und Ausgänge der Module beschreiben die *Schnittstellen* zu den anderen Modulen.

Wie Bild D-22 zeigt, gibt es drei Arten von Modulen:

Funktions-Modul
Dort werden die logischen Abläufe festgelegt, meist in Form von Struktogrammen (Abschn. D 2.4, Bild D-19);

Daten-Modul
Hierzu werden die einzelnen Dateien nach den Methoden zur *Datenentkopplung* (Coddsche Normalisierung, Abschn. C 2.1.5) bearbeitet;

Datentransport-Modul
Es wird ein eigenes Datentransport-Modul programmiert, das in Verbindung mit der aktuellen Hardware (z. B. mit dem Betriebssystem) und der physischen Datenspeicherung steht. Entsprechend dieser Organisation werden die von den Funktions-Modulen benötigten Daten über das Datentransport-Modul der Programmverarbeitung übergeben, nach beendeter Bearbeitung wieder übernommen und in der entsprechenden Datei physikalisch abgelegt.
Der Vorteil besteht darin, daß sowohl die Programmfunktionen, als auch die Dateistrukturen keine Beziehungen zur aktuellen Hardware haben, d. h. hardwareunabhängig programmiert werden können. Ändert sich die Hardware oder die physikalische Speicherorganisation, dann muß weder das Programm noch die Datenstruktur angepaßt, sondern nur das Datentransport-Modul neu programmiert werden.

Beziehungen *(Cross-Referenzen)* zwischen Programmteilen untereinander *(Modul-Modul-Beziehung)* und zwischen Programmteilen und Dateien *(Modul-Datei-Beziehung)* dienen dazu, um zu erkennen:

- Welche Teile (Module oder Dateien) überhaupt verwendet werden und wie sie zusammengehören;
- welche Teile (Module oder Dateien) welche Programme beeinflussen;
- was bei Änderungen beachtet werden muß.

Tabelle D-1 zeigt den prinzipiellen Aufbau einer Modul-Modul-Cross-Referenz. Die Tabelle zeigt in der Zeile den aufrufenden Modul *(Aufrufer)* und in der Spalte das aufgerufene Modul *(Aufgerufener)*.

In Tabelle D-2 ist die Cross-Referenz zwischen Modulen und Dateien zu sehen. Die Bezeichnungen in den einzelnen Kreuzungspunkten geben an, ob die Dateien gelesen (L: Lesen), geschrieben (S. schreiben), sortiert (So: Sortieren), gelöscht (Lö: Löschen) oder auf den neuesten Stand gebracht werden (U: update).

Zur Übung

ÜD 2.5-1: Ein vereinfachter Datenflußplan für eine Lohnabrechnung soll erstellt werden.

ÜD 2.5-2: Für das Schreiben von Telefonrechnungen soll ein Datenflußplan erstellt werden.

D 2.6 Structured Analysis (SA) und Structured Analysis and Design Technique (SADT)

D 2.6.1 Beschreibung der Methode

In der *Strukturanalyse* (SA: Structured Analysis) mit *grafischen Symbolen* (DT: Design Technique) werden die geforderten Funktionen *hierarchisch* von oben nach unten (Top-Down-Prinzip) gegliedert. Eine Verfeinerungsstufe sollte maximal 6 Elemente enthalten. Die einzelnen Teile werden durch Rechtecke dargestellt, die mit Pfeilen verbunden werden und so eine *Netzstruktur* darstellen. Bild D-23 zeigt das Prinzip.

Die Rechtecke beschreiben die Teile und die *Pfeile* stellen die *Schnittstellen* dar. Alle Aussagen werden durch folgende zwei Komponenten dargestellt:

Tabelle D-1. Modul-Modul-Cross-Referenz

Aufrufer	Aufgerufener		
	Modul 1	Modul 2	Modul 3
Modul 1			
Funktion 1.1		×	×
Funktion 1.2			×
Funktion 1.3			
Funktion 1.4	×		
Modul 2			
Funktion 2.1	×		
Funktion 2.2			
Funktion 2.3	×	×	
Modul 3			
Funktion 3.1	×		
Funktion 3.2			
Funktion 3.3	×		
Funktion 3.4		×	
Funktion 3.5	×		

Hauptwort
Gibt das handelnde Subjekt oder das betroffene Objekt an;

Tätigkeitswort (Prädikat)
Gibt die Handlung, d. h. die Tätigkeit an.

Für die Programmierung bedeutet dies, daß die geforderten Programmfunktionen durch *Objekte* bzw. *Daten* (entspricht den Hauptwörtern) und *Tätigkeiten* bzw. *Aktivitäten* (entspricht den Tätigkeitswörtern) dargestellt werden können. So gesehen enthält jede Programmfunktion eine *aktive Komponente* (dargestellt durch ein Tätigkeitswort) und eine *passive Komponente* (dargestellt durch die Daten).

In SADT werden sowohl die *Aktivitäten* als auch die *Daten* samt ihren Beziehungen erfaßt. Dazu verwendet man als Symbole *Rechtecke* (zur Darstellung von Aktivitäten oder Daten) und *Pfeile*. Folgende Pfeilarten werden unterschieden:

- *waagrechter Pfeil* beschreibt den Eingang (input) und den Ausgang (output);
- *senkrechter Pfeil* gibt die *Steuerung* (oberer Pfeil) bzw. den *Mechanismus* (unterer Pfeil) an.

Bild D-24 zeigt die prinzipielle Darstellung im Aktivitäten- und Datenmodell.

Tabelle D-2. Modul-Datei-Cross-Referenz

Modul	Datei							
	Datei 1	Datei 2	Datei 3	Datei 4	Datei 5	Datei 6	Datei 7	Datei 8
Modul 1	L	S						
Modul 2		L	S	So				
Modul 3	L		U		Lö			
Modul 4		L		S	So	L		
Modul 5	L	L		S	So	So		
Modul 6	Lö	Lö		U			U	Lö

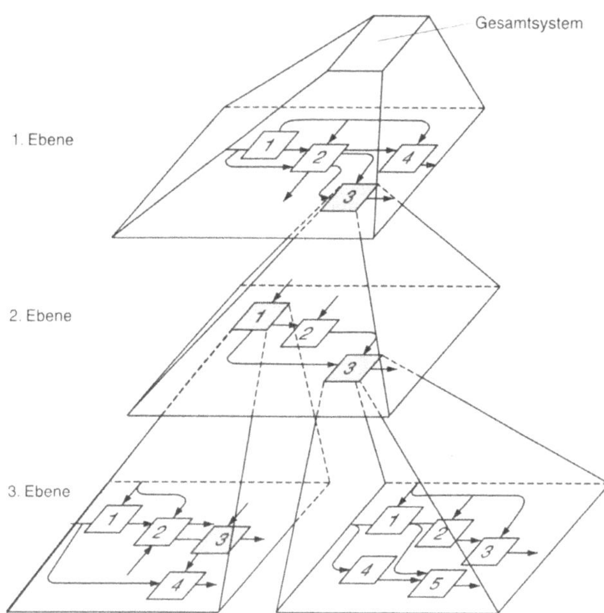

Bild D-23. Methode SADT.

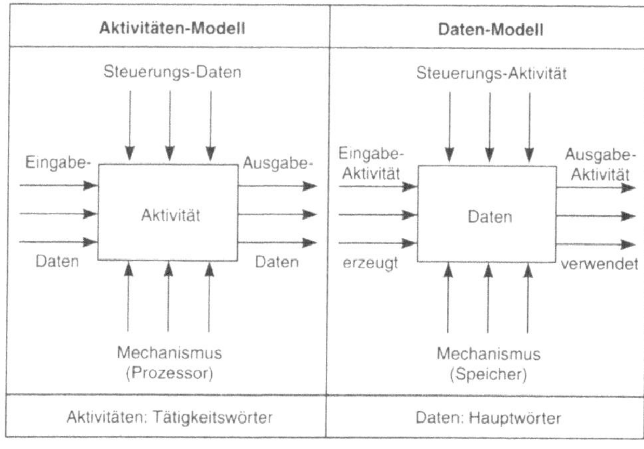

Bild D-24. Aktivitäten- und Datendiagramm.

D 2.6.2 Vorgehensweise und Beispiel

Das SADT-Modell wird in folgenden vier Stufen entwickelt:

a. Aufstellen des Aktivitätenmodells

1. Schritt: Erfassen der Funktionen

2. Schritt Einteilung in Aktivitäten und Daten

3. Schritt: Hierarchische Gliederung der Aktivitäten in bis zu 6 Aktivitäten pro Verfeinerung

4. Schritt: Festlegen der Schnittstellen zur Umgebung (Ein- und Ausgangsdaten sowie Steuerungs- und Mechanismuspfeile)

5. Schritt: Wiederholung von Schritt 3 und 4, bis die Verfeinerung ausreicht

6. Schritt: Kritische Überprüfung durch den *Autor-Kritiker-Zyklus*

Beim Autor-Kritiker-Zyklus werden die entworfenen SADT-Diagramme für die Aktivitäten vom Autor dem Anwender zur Prüfung vorgelegt. Sie werden solange verändert, bis der Anwender zufrieden ist. Dadurch, daß eine Kommunikation zwischen dem Software-Entwickler und dem Anwender zustande kommt, wird sichergestellt, daß der Anwender die Programme bekommt, die genau seinen Wünschen entsprechen. Zudem erfordert es vom Benutzer, seine Forderungen klar zu formulieren und SADT-Diagramme zu lesen.

b. Aufstellen des Datenmodells

7. Schritt: Hierarchische Gliederung der Daten in bis zu 6 Datenteile pro Verfeinerung

8. Schritt Festlegen der Schnittstellen zur Umgebung (Ein- und Ausgangsaktivitäten sowie Steuerungs- und Mechanismuspfeile)

9. Schritt: Wiederholung von Schritt 7 und 8, bis die Verfeinerung ausreicht

10. Schritt: Kritische Überprüfung durch den Autor-Kritiker-Zyklus

c. Vergleich der beiden Modelle

11. Schritt: Vergleich der Aktivitäten- und Datendiagramme

c. Zusammenstellung zusätzlicher Informationen.

12. Schritt: Informationen über das SADT-Diagramm

Zu diesen Informationen zählen:

- Titel, Autor, Datum
- Hinweis zum Status: Im Entwurf, abgestimmt (der Autor-Kritiker-Zyklus ist durchlaufen worden), abgenommen (Endprüfung bestanden)
- Folgediagramm
- zusätzliche erläuternde Diagramme (FED-Diagramme: For Exposition Only).

Am Beispiel der Rechnungsschreibung zeigt Bild D-25 die hierarchische Gliederung der notwendigen Aktivitäten: „Rechnungskopf schreiben", „Artikelpreis bestimmen" und „Rechnungsendbetrag ermitteln". In Bild D-26 ist für diese drei Bereiche das Aktivitätendiagramm zu sehen. Für die Tätigkeit „Rechnungskopf schreiben" sind die *Steuerungsdaten* (Pfeil von oben) die *Bestelldaten des Kunden.* Der *Mechanismus* (Pfeil von unten), der diese Aktivität unterstützt, ist der *Bestell-Sachbearbeiter.* Für die Aktivität „Artikelpreis bestimmen" bilden die *Artikeldaten* den Eingang (linker Pfeil). Die Ausgangsdaten (rechter Pfeil) sind der *Rechnungs-Nettobetrag* und die *Mehrwertsteuer.*

Aus dem Daten-Diagramm nach Bild D-27 sind für die Rechnungsschreibung die „Kunden-Daten", die „Artikel-Daten" und die „Rechnungs-Daten" maßgebend. Unterstützt werden sie (Pfeil von unten) durch die Mechanismen: Kunden-, Artikel- und Rechnungs-Datei. Die „Artikel-Daten" werden gesteuert von den *aufgegebenen Bestellungen.*

Die SADT-Methode bietet folgende Vorteile:

- Hierarchische Gliederung Top-Down,
- Übersichtlichkeit durch den Zwang, nicht mehr als 6 Rechtecke in einem Diagramm zu verwenden,
- einheitliche und gleichberechtigte Beschreibung von Aktivitäten und Daten sowie deren Schnittstellen,
- gutes Kommunikationsmittel zwischen Auftraggeber und Software-Entwickler.

Zur Übung

ÜD 2.6-1: Erstellt werden soll ein Hierarchie-Diagramm sowie die Aktivitäten- und Daten-Diagramme für eine vertreterbezogene Artikel-Umsatz-Statistik.

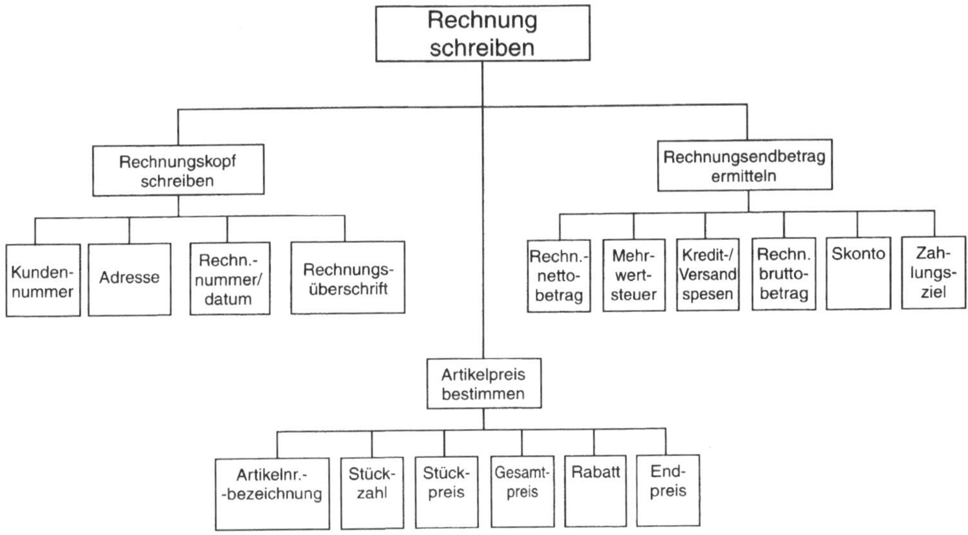

Bild D-25. Hierarchiediagramm der Aktivitäten.

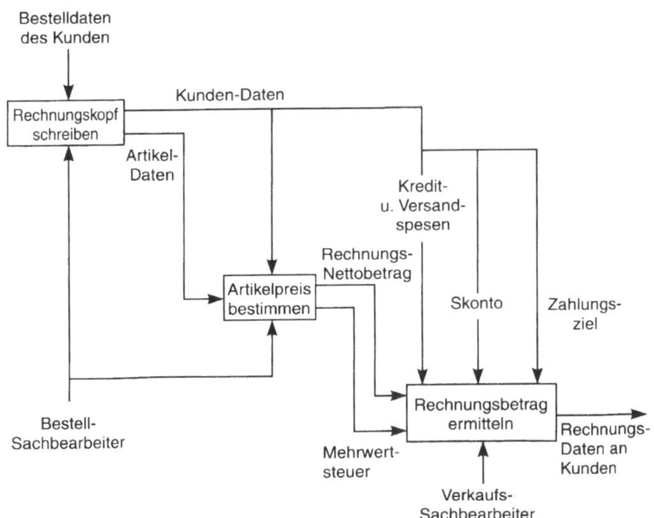

Bild D-26. Aktivitätendiagramm am Beispiel der Rechnungsschreibung.

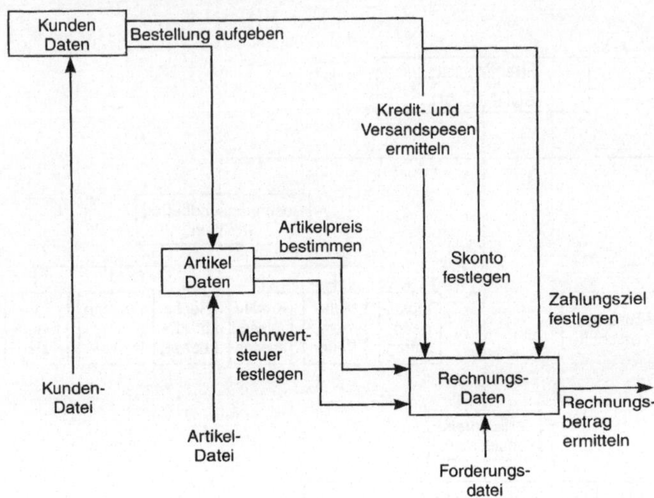

Bild D-27. Datendiagramm am Beispiel der Rechnungsschreibung.

D 2.7 Jackson Strukturierte Programmierung (JSP)

D 2.7.1 Beschreibung der Methode

Die Aufgabe der Datenverarbeitung besteht allgemein darin, Eingabedaten zu verarbeiten. Dabei entstehen Ausgangsdaten. JSP stellt die *Daten* in den Vordergrund und entwickelt aus der Datenstruktur für die Eingabe und für die Ausgabe die Struktur des Verarbeitungsprozesses (Bild D-28).

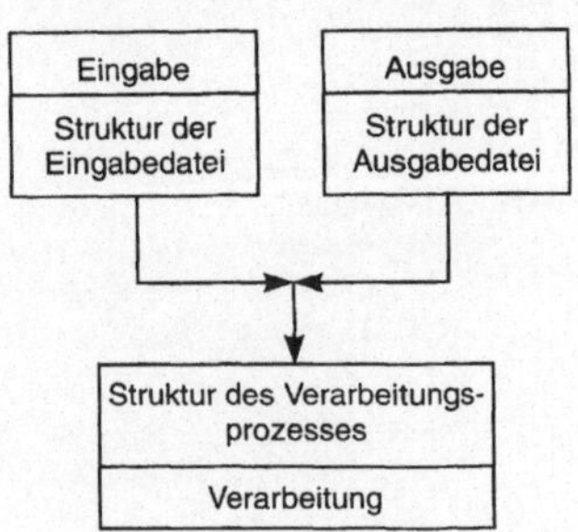

Bild D-28. Schema der Programmerstellung nach JSP.

Die Verbindung zwischen Datenströmen und Programmteilen wird in einem *System-Netzwerk-Diagramm* (SND) dargestellt (Bild D-29). Dabei

werden Dateien mit Kreisen und Programme mit Rechtecken gekennzeichnet (vereinfachte Darstellung eines Datenflußdiagrammes nach Abschnitt D 2.5.1).

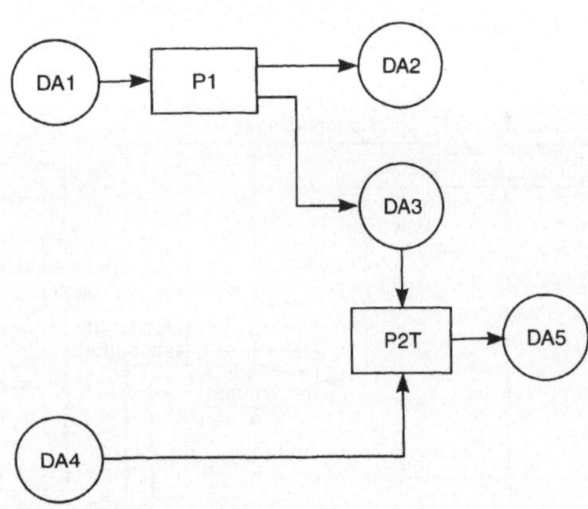

Bild D-29. System-Netzwerk-Diagramm (SND).

Die Daten werden mit den Ablaufstrukturen folgendermaßen verbunden:

- die Daten der Ein- und Ausgabe werden als hierarchischer Baum gegliedert und

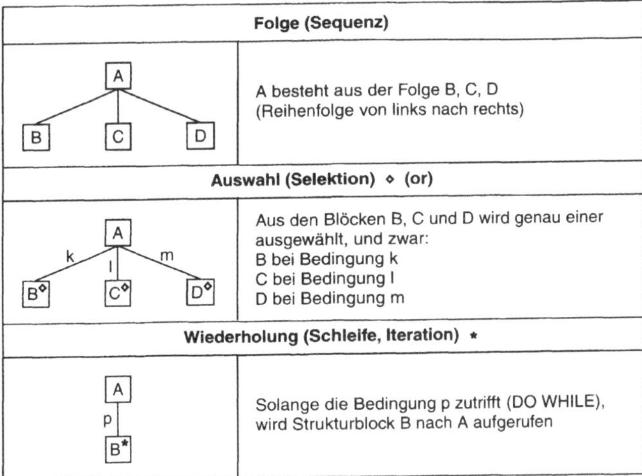

Bild D-30. Elementare Ablaufstrukturen bei JSP.

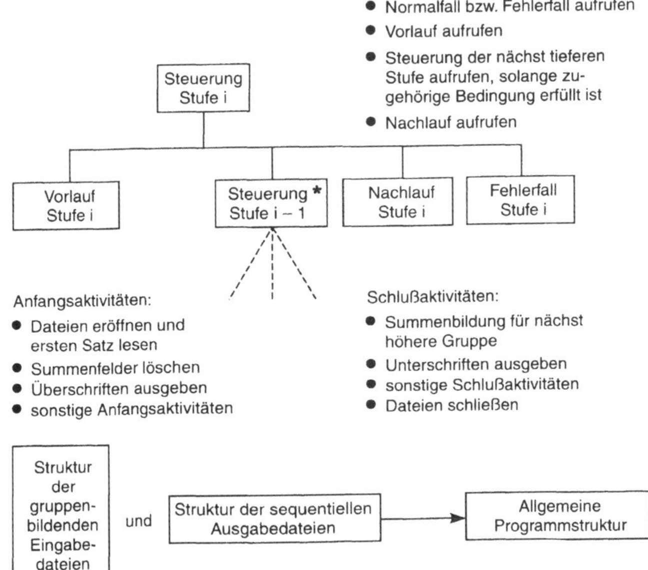

Bild D-31. Schematische Darstellung der Verarbeitung von Dateien und Satzgruppen nach DIN 66220.

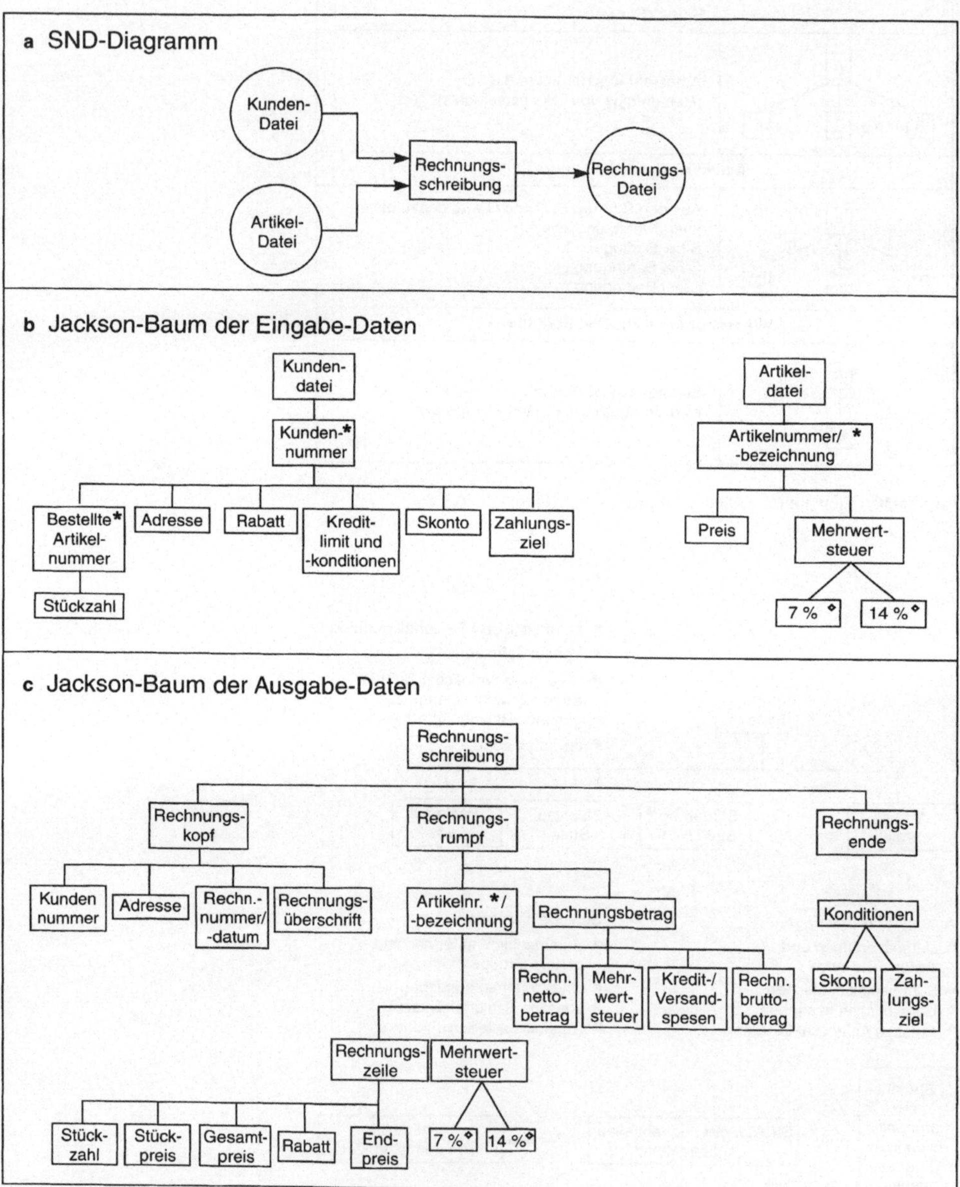

Bild D-32. Methode JSP am Beispiel der Rechnungsschreibung.

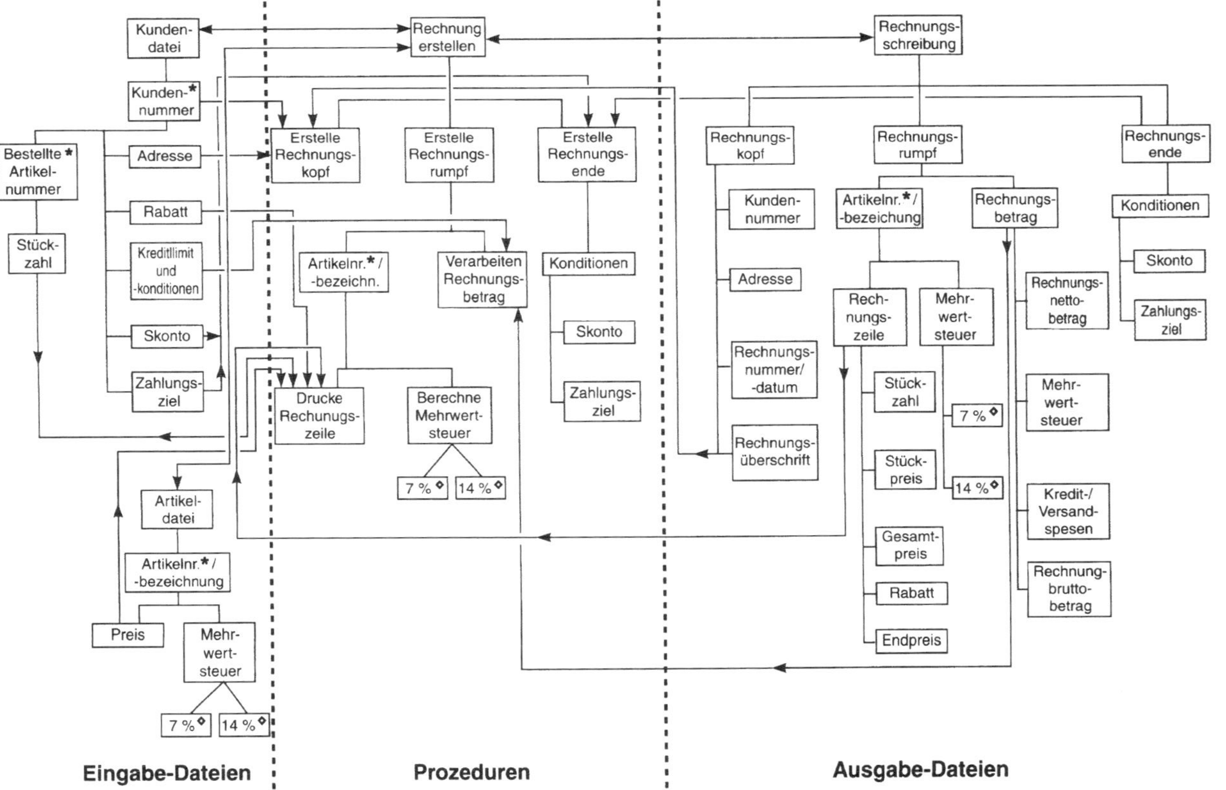

Bild D-33. Ermitteln der Programmstruktur aus den Eingabe- und Ausgabedaten.

- durch die drei elementaren Ablaufstrukturen Folge, Auswahl und Wiederholung (Bild D-30) gekennzeichnet.

D 2.7.2 Vorgehensweise und Beispiel

Bei der JSP ist es sinnvoll, in folgenden Schritten vorzugehen:

1. Schritt: Erstellen des System-Netzwerk-Diagramms (SND)

2. Schritt Datenstrukturen untersuchen und als Baumstruktur darstellen. Für alle Eingabe- und Ausgabedaten wird eine hierarchische Baumstruktur mit den entsprechenden Sinnbildern für die Ablauflogik (Bild D-30) erstellt

3. Schritt: Auffinden von Gemeinsamkeiten der Datenkomponenten in der Ein- und Ausgabe

4. Schritt: Programmstruktur entwerfen. Die gemeinsamen Datenkomponenten werden durch eine gemeinsame Bearbeitungsroutine zusammengefaßt

5. Schritt: Operationen auflisten und in die Programmstruktur eintragen

6. Schritt: Beschreibung der Ablauflogik und Festlegen der Bedingungen für Auswahl und Wiederholung

Bild D-31 zeigt den Fall, daß die Datei- und Programmstrukturen zusammenpassen. Der dargestellte Programmverlauf: Steuerung – Vorlauf – Steuerung tieferer Stufe – Nachlauf – Fehlerfall entspricht der in DIN 66220 dargestellten *normierten Programmierung.*

Die Methode JSP wird für die Rechnungsstellung angewandt. Bild D-32 zeigt das SND-Diagramm und das hierarchische Baumdiagramm für die Ein- und Ausgabedatei. In Bild D-33 ist dargestellt, wie aus den Ein- und Ausgabedaten das Verarbeitungsprogramm entwickelt wird.

Die Methode JSP ist sehr vorteilhaft, wenn die Strukturen der Ein- und Ausgabedaten sehr ähnlich sind und die Abarbeitung sequentiell (streng nacheinander) erfolgt. Sind die Verarbeitungsroutinen komplex, dann entstehen Strukturkonflikte (z. B. bei verschiedenen Zeitmaßstäben der Ein- und Ausgabekomponenten). Diese können zwar gelöst werden, jedoch sind in solchen Fällen ablauforientierte Methoden wie Struktogramme oder entscheidungsorientierte wie Entscheidungstabellen zu bevorzugen.

Zur Übung

ÜD 2.7-1: Mit der Methode JSP soll ein Programm zur vertreterbezogenen Artikel-Umsatz-Statistik entwickelt werden.

D 2.8 Entity-Relationship-Modellierung (ERM)

D 2.8.1 Wesen und grundlegende Begriffe

In ERM geht es darum, die Struktur von *Gegenständen* (Entities, Objekte), *Beziehungen* (Relations) und *Eigenschaften* (Attribute) zu beschreiben. Es wird eine grafische Darstellung zur Abbildung dieser Struktur herangezogen. Im Grunde genommen dient ERM dazu, ein bestehendes oder ein angestrebtes System zu analysieren, damit es als *Datenmodell* im Rechner abgebildet werden kann. In Bild D-34 sind die grafischen Elemente der Beschreibung zu sehen und in Tabelle D-3 sind die Begriffe zusammengefaßt.

Unter *Gegenständen* (Entities) werden hier beliebige Dinge der realen Welt verstanden , die in irgendeiner *Beziehung* (Relation) zueinander stehen. Die *Gegenstände* werden als *Rechteck,* die *Beziehungen* als *Raute* oder *verschiedene Liniengestaltungen* dargestellt. *Eigenschaften* (Attribute), dargestellt durch ein *ovalen Kreis,* können sowohl Gegenständen als auch Beziehungen zugeordnet werden. Die Beziehung zwischen Objekten ist quantitativer Art *(Konnektivität).* Es gibt die in Abschn. C 2.1.5 erwähnten Beziehungen (1:1), (1:n), (n:m). Alle Beziehungen lassen sich aus den in Bild D-34 dargestellten Grundbeziehungen darstellen.

D 2.8.2 Vorgehensweise und Beispiel

Die Aufstellung eines ERM-Modells setzt die Kenntnis der Funktionalität und der Daten des zu realisierenden Anwendungssystems voraus. Die Vorgehensweise erfolgt in folgenden Schritten:

1. Schritt: Ermitteln der Objekttypen

2. Schritt: Beschreibung der Objekttypen: Festlegung der Attributtypen

3. Schritt: Beschreiben der Beziehungen zwischen den Objekttypen

4. Schritt: Beschreibung der Attributtypen

Die Vorgehensweise der ERM-Modellierung wird an Hand eines Beispiels der Rechnungsschreibung verdeutlicht: Gesucht ist ein Datenmodell, das den

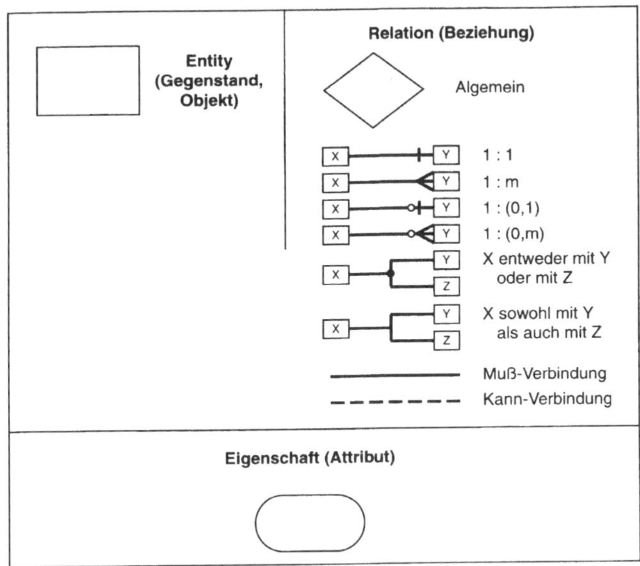

Bild D-34. Grafische Symbole bei ERM.

Tabelle D-3. Grundlegende Begriffe beim ERM

Begriff	Erklärung	Beispiel
Objekt (entity)	Eindeutig identifizierbares Element der Realität	Dr. Hans Triemel
Objekttyp	Gruppe aller gleichartigen Objekte	Mitarbeiter
Attribut	Eigenschaften des Objekttyps	Mitarbeiter-Nummer Mitarbeiter-Name Mitarbeiter-Anschrift Mitarbeiter-Einstellungsdatum
Schlüssel	Spezielles Attribut, das der Identifizierung des Objektes dient (gekennzeichnet durch #)	# Mitarbeiternummer
Wertebereich	Zulässige Werte für eine Eigenschaft	# Mitarbeiternummer = 10 Stellen, numerisch
Konnektivität	Quantitative Beziehung zwischen Objekten	Eine Abteilung hat mehrere Mitarbeiter (1 : n) 1 : 1, 1 : n, n : m
Zugehörigkeit	Muß- oder Kann-Beziehung zwischen den Objekten	Mitarbeiter kann Golf spielen

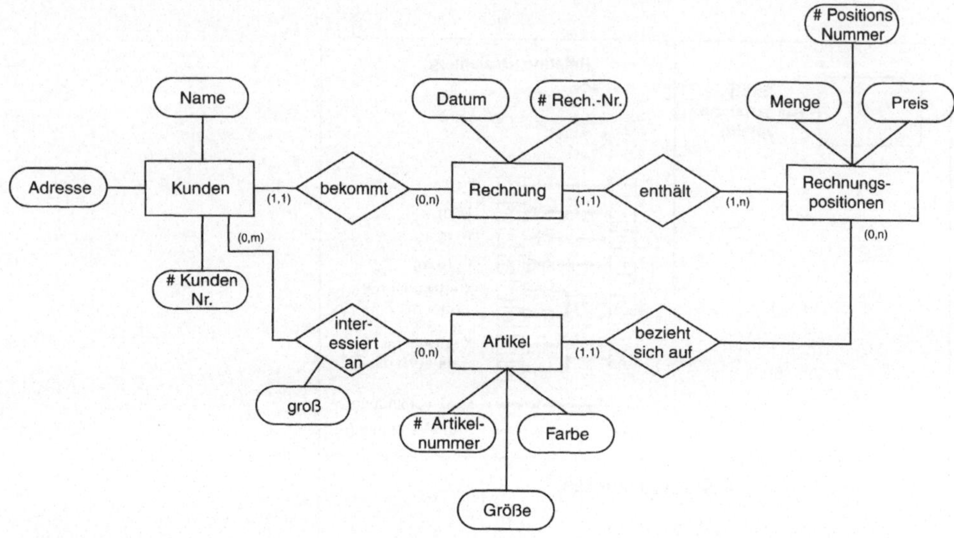

Bild D-35. ERM am Beispiel der Rechnungsschreibung.

Kunden über die Rechnung und Rechnungspositionen mit dem Produkt in Beziehung setzt. Die Systemanalyse brachte folgende Feststellung:

Der Kunde ist gekennzeichnet durch Name, Adresse und Kundennummer. Die Rechnung besteht aus Rechnungsdatum, Rechnungsnummer und Versandvorschriften und enthält Rechnungspositionen, in denen Mengen, Artikelbezeichnung und Preisangaben stehen. Der Artikel ist wiederum beispielsweise gekennzeichnet durch Art, Farbe und Größe. Zwischen den Entities gelten folgende Beziehungen:

Einem Kunden können keine bis beliebig viele Rechnungen gestellt werden (0,n). Eine Rechnung bezieht sich aber immer genau auf einen Kunden (1,1). Eine Rechnung kann mindestens eine oder aber beliebig viele Rechnungspositionen enthalten (1,n), die Rechnungsposition gehört immer zu genau einer Rechnung (1,1). Die Entity Artikel steht sowohl zu den Rechnungspositionen als auch zum Kunden in Beziehung. Die Rechnungsposition verweist immer auf genau einen Artikel (1,1). Der Artikel selbst kann aber in keiner (z. B. produzierter, aber nicht verkaufter Artikel) oder vielen Rechnungspositionen erscheinen (0,n). Für das Unternehmen kann es wichtig sein zu wissen, welche Kunden sich für welche Artikel interessieren und dieses Interesse im Rahmen des ERM-Modells zu quantifizieren. Zu diesem Zweck wird eine Relation erkannt, in der ein Kunde sich für keinen oder beliebig viele Artikel interessiert (0,m). Für einen Artikel kann es sein, daß sich dafür kein oder beliebig viele Kunden interessieren (0,m). In diesem Fall stellt der Grad des Interesses eine Eigenschaft dar, die der Beziehung zugeordnet werden kann. Das ERM-Modell für dieses Beispiel ist in Bild D-35 zu sehen.

Dieses Modell ist unmittelbar in eine relationale Datenbank abzubilden (Abschn. C 2.1). Die Entities werden Datenbanktabellen, die Eigenschaften werden Datenbankfelder. Der Datensatz ist eine Zeile in der Tabelle. Die Relationen im ERM können nicht direkt in der Datenbank abgebildet werden. Dazu werden Schlüsselfelder definiert. Üblicherweise wird dazu eine Eigenschaft ausgewählt (z. B. #Kundennummer), die als Schlüssel verwendet wird, der einen eindeutigen Zugriff zu dem Objekt ermöglicht. Dies ist der Primärschlüssel. Die Beziehungen (1, n) kann man einfach darstellen, indem der Primärschlüssel der einen Tabelle in die jeweils andere Tabelle aufgenommen wird (z. B. wird in der Rechnungsnummer die Kundennummer als Fremdschlüssel mit aufgenommen). Die Schlüssel sind durch die Kennzeichnung „#" zu erkennen. Die konkrete Umsetzung in einer Datenbank erfordert in der

Regel noch weitere Schritte, beispielsweise die Normalisierung der Datenstrukturen (Abschn. C 2.1.5).

Der Vorteil dieser Methode ist, daß man eine Datenstruktur recht eindeutig beschreiben kann, was über die Beschreibung der normalen Sprache hinausgeht und eine Umsetzung in relationale Datenbanken erlaubt. Der Nachteil ist, daß dieses Modell bei vielen Gegenständen mit unterschiedlichsten Beziehungen leicht unübersichtlich werden kann. Es gibt aber CASE-Werkzeuge (Abschn. D 3), die Strukturierungshilfen geben und die Übersicht erleichtern. Weitere Nachteile sind, daß man auf statische Datenstrukturen beschränkt ist und keine Möglichkeit hat, eine objektorientierte Modellierung zu betreiben.

Es gibt Varianten dieser Methoden, die zusätzliche Beschreibungsmittel enthalten (z. B. andere Darstellung von bestimmten Arten von Beziehungen). Auch zusätzliche Beschreibungselemente werden vorgeschlagen: Beispielsweise eine „is a"-Beziehung, die Untermengen einer Gruppe sind (z. B. Artikel kann ein Möbelstück oder Lebensmittel sein). Viele Werkzeuge verzichten auf eine direkte grafische Darstellung der Eigenschaften und beschreiben diese im Text. Dies hängt von der Vielzahl der entsprechenden Eigenschaften ab.

Zur Übung

ÜD 2.8-1: Gesucht wird ein ERM-Modell, das Mitarbeiter, Abteilungen und Projekte eines Betriebs zueinander in Beziehung setzt. Die Systemanalyse brachte folgende Feststellungen:

1. Der Mitarbeiter hat eine Personalnummer,

2. einen Namen (Vor- und Nachname),

3. ein Geburtsdatum und eine Anschrift,

4. er ist genau in einer Abteilung beschäftigt,

5. arbeitet an mehreren Projekten gleichzeitig,

6. jede Abteilung hat eine Nummer und einen Namen,

7. jedes Projekt hat eine Nummer und einen Namen,

8. in einer Abteilung sind mehrere Mitarbeiter beschäftigt,

9. an einem Projekt arbeiten mehrere Mitarbeiter,

10 es gibt auch Projekte ohne derzeitige Mitarbeiterzuordnung.

ÜD 2.8-2: Die Objekte eines Motors und ihre Beziehungen sollen in einem ERM-Modell erstellt

werden. Die ausführliche Beschreibung der Entities und ihre Attribute soll in einem Entitätenbericht erfolgen.

D 2.9 Petri-Netze

D 2.9.1 Beschreibung der Methode

Systeme bestehen aus Elementen, die miteinander in Verbindung stehen. Solche Zusammenhänge können deshalb in *Netzen* dargestellt werden, wie Bild D-36 zeigt. Dabei werden die *Elemente* häufig als Rechtecke gezeichnet (sie sind die *Knoten* des Netzes) und die *Verbindungen* als Linien (sie sind die *Kanten* des Netzes). Das *Petri-Netz* ist benannt nach Carl Adam Petri. Die Besonderheit dieses Netzes besteht darin, daß es *zwei verschiedene Knotentypen* aufweist:

● Einen *aktiven Knoten,* dargestellt durch ein Rechteck.
  Er wird *Aktivität* genannt und

● einen *passiven Knoten,* dargestellt durch einen Kreis.
  Er wird *Zustand* genannt.

Dabei gilt folgende Regel: Es dürfen nur Knoten *unterschiedlichen Typs* miteinander verbunden werden, d. h., auf einen aktiven Knoten muß ein passiver und dann wieder ein aktiver usw. folgen. Dieser Regel liegt die allgemeine Erfahrung zugrunde, daß ein *Zustand* durch eine *Aktivität* in einen *anderen Zustand* gebracht werden kann. Oder anders formuliert: Jede *Aktivität* hat eine *Zustandsänderung* zur Folge. Ist dieser neue Zustand eingetreten, dann werden andere Aktivitäten ausgelöst. Werden die *eingetretenen* Zustände mit *Marken* belegt, dann können die Zustandsfolgen durch die Bewegung der Marken verfolgt werden. Die Petri-Netze sind *lebendig* geworden und zeigen die *Dynamik* des Systems an. Das bedeutet, daß die Petri-Netze folgende zwei große Vorteile besitzen: Sie sind einerseits hervorragend geeignet zur *Modellbildung* und andererseits zur Analyse der *Dynamik* des Systems, d. h. zur *Simulation.*

Ein weiterer, großer Vorteil aller Netze, auch der Petri-Netze besteht darin, daß sie mathematisch mit der *Graphentheorie* behandelt werden können.

Die Abfolge von passiven und aktiven Zuständen kann in einem *zusammengesetzten Hauptwort* ausgedrückt werden. Für solche Aufgabenstellungen sind die Petri-Netze hervorragend geeignet. Bild D-37 zeigt die Sy-

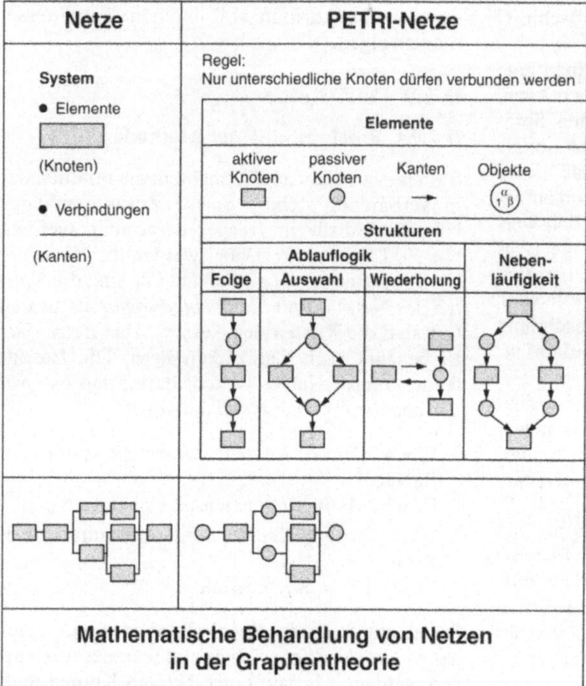

Bild D-36. Netze und Besonderheiten der Petri-Netze.

Element / Beispiel	Passives Element Verteilung, Speicherung	Aktives Element Ausführung
	Material	– Transport
	Energie	– Umwandlung
	Daten	– Verarbeitung
Verkehrs-netze	Strecken Straßen	Weichen Kreuzungen
Energie-systeme	Tank Netzverbund	Motor Kraftwerk
Informations-systeme	Telefon Bus Flip-Flop Register Speicher (RAM, ROM)	Terminal Rechner Steuerwerk Rechenwerk Zentraleinheit
Kausalketten	Diskrete Zustände	Kausale Verknüpfungen

Bild D-37. Darstellung von Systemen in Petri-Netzen.

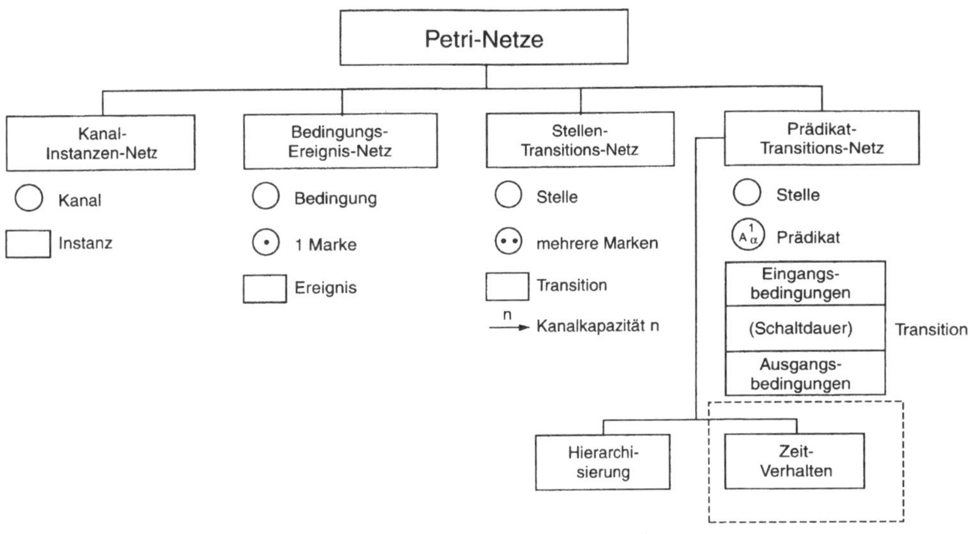

Bild D-38. Arten von Petri-Netzen.

steme des *Material-Transports,* der *Energie-Umwandlung* oder der *Daten-Verarbeitung.* Zur Analyse des Verhaltens von Verkehrssystemen, Energiesystemen und Informationssystemen sind die Petri-Netze deshalb hervorragend geeignet. Sie können – abstrakt gesprochen – diskrete Zustände durch kausale Verknüpfungen verbinden, um Kausalketten darzustellen, d. h. Verflechtungen zwischen Ursachen und Wirkungen zu modellieren.

2.9.2 Typen von Petri-Netzen und ihre Aussagemöglichkeiten

In Bild D-38 sind die *vier Petri-Netz-Typen* dargestellt, mit denen nicht nur die statischen Verknüpfungen der Systemelemente als Netze ersichtlich werden, sondern auch ihr dynamisches Verhalten. Folgende Sorten von Petri-Netzen gibt es:

Kanal-Instanzen-Netz

Im einfachsten Petri-Netz ist der *passive* Knoten der *Kanal* und der *aktive* Knoten die *Instanz.* Die Kanäle beschreiben die Informationsbestände und Informationswege im System und die Instanzen die Funktionen bzw. Aktivitäten. Dieser Netztyp steht am Anfang einer Modellbildung. Bild D-39

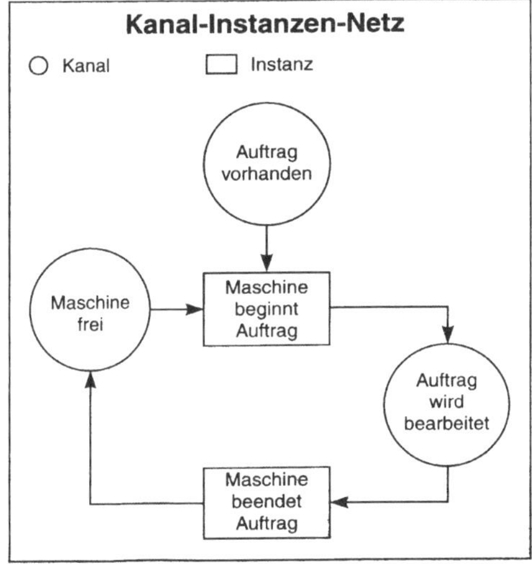

Bild D-39. Kanal-Instanzen-Netz einer Maschinenbelegung.

zeigt ein Kanal-Instanzen-Netz am Beispiel einer Maschinenbelegung.

Bedinguns-Ereignis-Netz

○ Bedingung   ⊙ 1 Marke   ▢ Ereignis

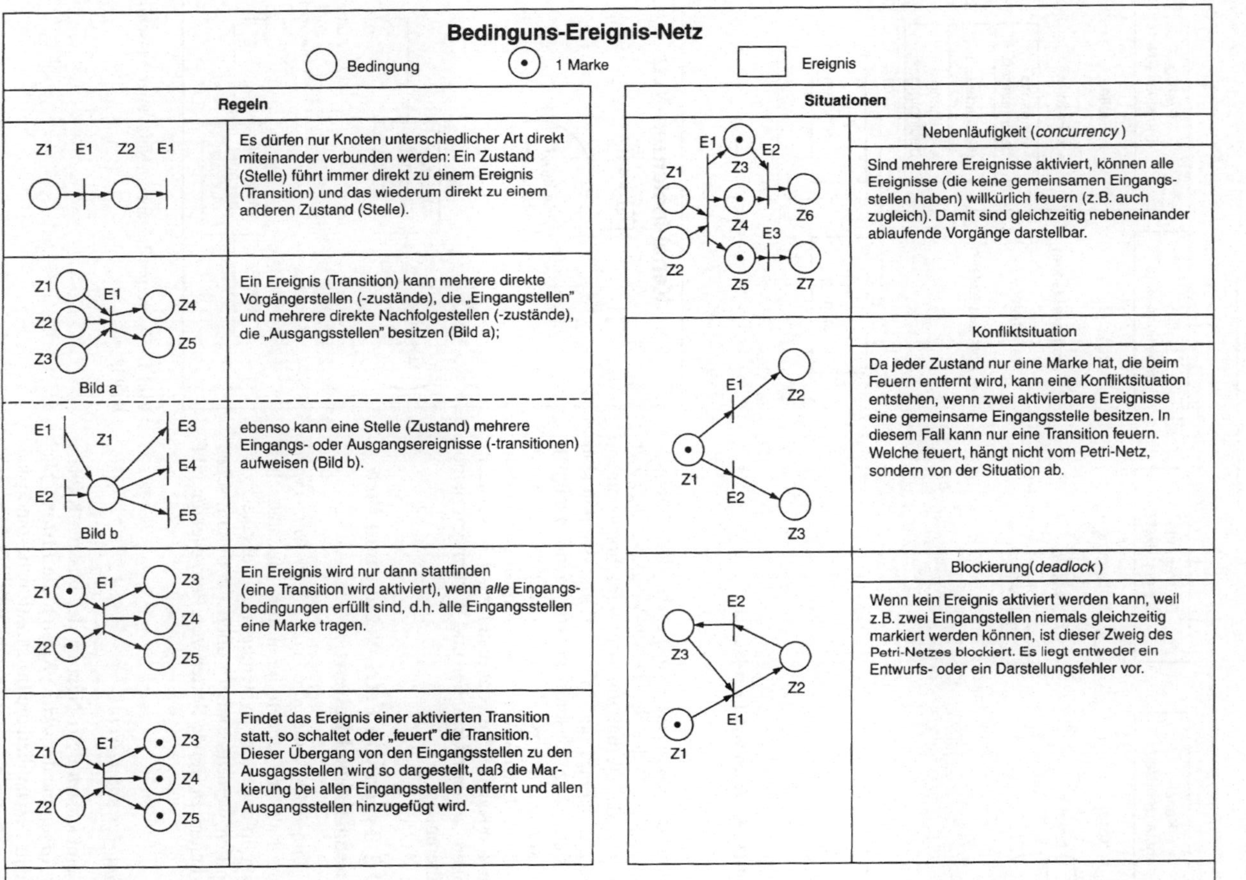

Regeln		Situationen	
	Es dürfen nur Knoten unterschiedlicher Art direkt miteinander verbunden werden: Ein Zustand (Stelle) führt immer direkt zu einem Ereignis (Transition) und das wiederum direkt zu einem anderen Zustand (Stelle).	**Nebenläufigkeit (*concurrency*)**	
			Sind mehrere Ereignisse aktiviert, können alle Ereignisse (die keine gemeinsamen Eingangsstellen haben) willkürlich feuern (z.B. auch zugleich). Damit sind gleichzeitig nebeneinander ablaufende Vorgänge darstellbar.
Bild a	Ein Ereignis (Transition) kann mehrere direkte Vorgängerstellen (-zustände), die „Eingangstellen" und mehrere direkte Nachfolgestellen (-zustände), die „Ausgangsstellen" besitzen (Bild a);	**Konfliktsituation**	
Bild b	ebenso kann eine Stelle (Zustand) mehrere Eingangs- oder Ausgangsereignisse (-transitionen) aufweisen (Bild b).		Da jeder Zustand nur eine Marke hat, die beim Feuern entfernt wird, kann eine Konfliktsituation entstehen, wenn zwei aktivierbare Ereignisse eine gemeinsame Eingangsstelle besitzen. In diesem Fall kann nur eine Transition feuern. Welche feuert, hängt nicht vom Petri-Netz, sondern von der Situation ab.
	Ein Ereignis wird nur dann stattfinden (eine Transition wird aktiviert), wenn *alle* Eingangsbedingungen erfüllt sind, d.h. alle Eingangsstellen eine Marke tragen.	**Blockierung(*deadlock*)**	
	Findet das Ereignis einer aktivierten Transition statt, so schaltet oder „feuert" die Transition. Dieser Übergang von den Eingangsstellen zu den Ausgagsstellen wird so dargestellt, daß die Markierung bei allen Eingangsstellen entfernt und allen Ausgangsstellen hinzugefügt wird.		Wenn kein Ereignis aktiviert werden kann, weil z.B. zwei Eingangstellen niemals gleichzeitig markiert werden können, ist dieser Zweig des Petri-Netzes blockiert. Es liegt entweder ein Entwurfs- oder ein Darstellungsfehler vor.

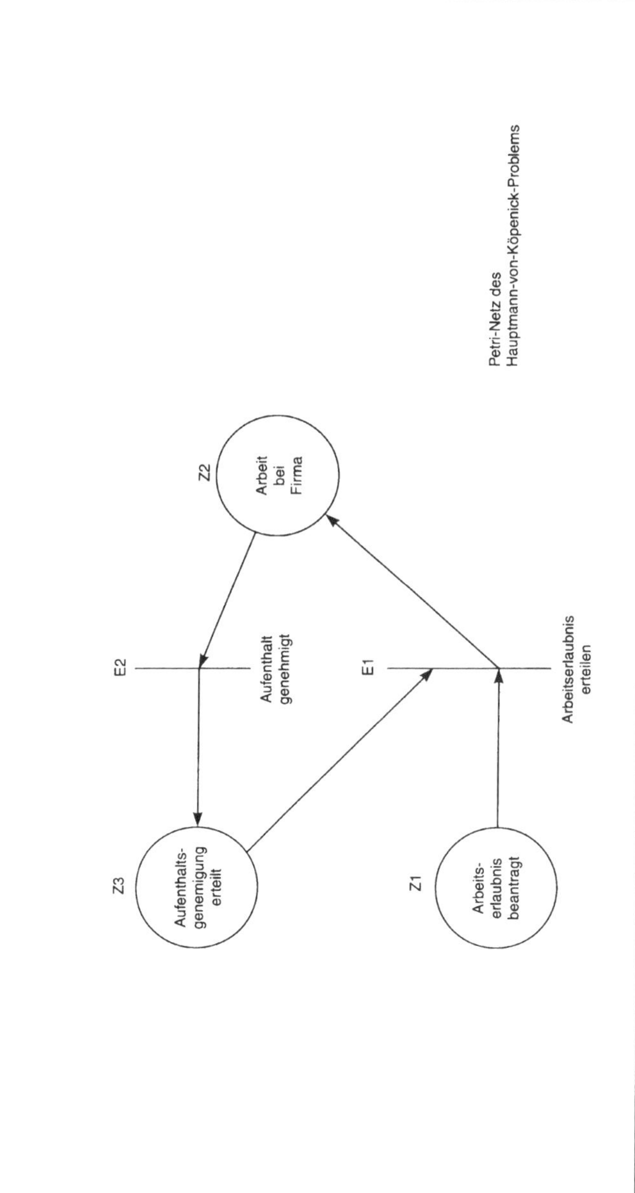

Bild D-40. Regeln in einem Bedingungs-Ereignis-Netz.

Bedingungs-Ereignis-Netz

Die *Zustände* sind gewissermaßen die *Bedingungen,* unter denen die Ereignisse stattfinden, die zu neuen Zuständen führen. Dieser ständige Wechsel von Ereignissen und neuen Zuständen zeigt die Dynamik des Systems und zwingt den Entwerfer dazu, zu überlegen,

- welche Zustände zu welchen Ereignissen führen und
- welche Ereignisse notwendig sind, oder welche Bedingungen erfüllt sein müssen, um die gewünschten Zustände zu erreichen.

Um die ablaufenden Prozesse verfolgen zu können, wird der Zustand, der *eingetreten* ist, *markiert.* Alle Stellen, deren Bedingungen erfüllt sind, tragen deshalb eine Marke. Für die Wanderung der Marken gelten die in Bild D-40 zusammengestellten Regeln.

Besonders wichtig ist die Möglichkeit, folgende drei Situationen darstellen und erkennen zu können:

- Nebenläufigkeit (concurrency),
- Konfliktsituationen und
- Blockierung (deadlock).

Vor allem die Möglichkeit, Konfliktsituationen und Blockierungen in einem Netz erkennen zu können, ist ein ganz großer Vorteil der Petri-Netze. Als Beispiel sei der bekannte *Hauptmann von Köpenick* erwähnt: Damit er eine Arbeitserlaubnis erhält, muß er eine Arbeitserlaubnis beantragen und eine erteilte Aufenthaltsgenehmigung beilegen, die er aber nur bekommt, wenn er bereits Arbeit bei der Firma hat, die er nicht haben kann, weil er keine Aufenthaltsgenehmigung hat. Die Petri-Netze eignen sich auch vorzüglich, um öffentliche Verwaltungsvorschriften oder andere Organisationen und logische Systeme zu untersuchen und festzustellen, an welcher Stelle Unklarheiten (Konfliktsituationen) vorhanden sind und wo Blockierungen auftreten.

Stellen-Transitions-Netz

Die Stellen dürfen *mehrere Marken* tragen und den Pfeilen wird eine *Übertragungskapazität* zugeordnet (Bild D-41). Der Vorteil dieser Art von Petri-Netzen liegt darin, daß – neben den oben erwähnten Aussagen zu Konflikten und Blockierungen – *Engpaßsituationen* und *Staueffekte* studiert werden können.

Prädikat-Transitions-Netz

Mit diesem Netztyp werden realistische Vorgänge modellierbar (Bild D-42). Sie besitzen folgende Erweiterungen:

- *individuelle* Marken,
- *Eingangsbedingungen* zum Schalten von Transitionen,
- *Zeitdauer* des Schaltvorgangs,
- *Ausgangsbedingungen* nach dem Schalten der Transitionen und
- Möglichkeit der *schrittweisen Verfeinerung* von groben Netzstrukturen.

Auf den einzelnen Stellen befinden sich *keine gleichartigen* Marken mehr, sondern *Prädikate,* die *individuelle Eigenschaften* besitzen. Nach frei formulierbaren Regeln können Objekte mit bestimmten Eigenschaften zusammengefügt oder getrennt werden. Diese Bedingungen werden als *Eingangsbedingungen* in die Transition eingegeben. Ebenso kann die *Schaltdauer* und die *Ausgangsbedingungen* festgelegt werden. Mit diesen Prädikat-Transitions-Netzen können reale Probleme bis auf die feinste Stufe modelliert werden. Als einfaches Beispiel dient ein Bestellvorgang:

Bild D-42 zeigt zwei Eingangsstellen: die eine für die *verfügbaren Artikel* und die andere für die *Bestellungen.* Auf beiden Stellen sind die entsprechenden Prädikate abgelegt: Für die verfügbaren Artikel die „Artikelnummer", der „Lagerort" und der „Preis" und bei den Bestellungen die „Adresse" und die „Artikelnummer". Geschaltet werden soll die Transition nur, wenn der verfügbare Artikel auch bestellt wurde. Dies ist im vorliegenden Beispiel für Artikelnummer 8184 und 0217 der Fall.

Eine *Schaltdauer* ist im vorliegenden Fall nicht angegeben. Als Ergebnis werden die bearbeiteten Bestellungen nach den *Ausgabevorschriften* auf die Ausgangsstelle „Bestellungen in Arbeit" ausgegeben, auf der sich im vorliegenden Beispiel noch der Vorgänger befindet.

Man sieht, daß beim Prädikat-Transitions-Netz die Objekte durch das Netz wandern. Während dieser Wanderung werden sie zusammengefaßt, geteilt oder ändern ihre Gestalt. Deshalb eignen sich diese Art von Petri-Netzen insbesondere zur Modellierung von

- Materialfluß,
- Produktionsfortschritt und
- Informationsfluß.

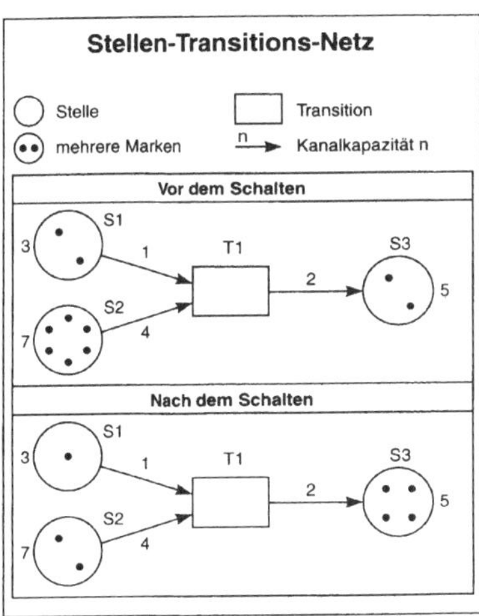

Bild D-41. Stellen-Transitions-Netz.

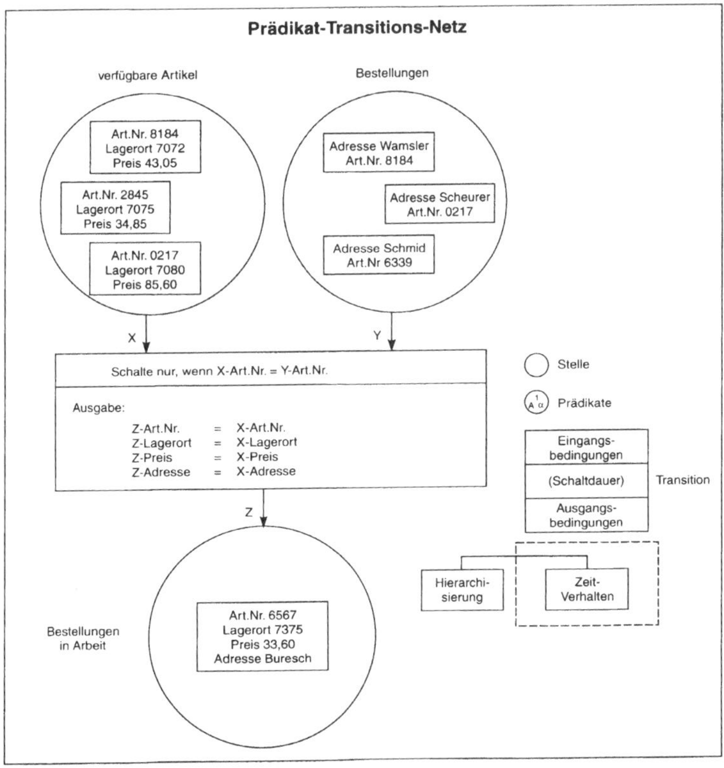

Bild D-42. Prädikat-Transitions-Netz.

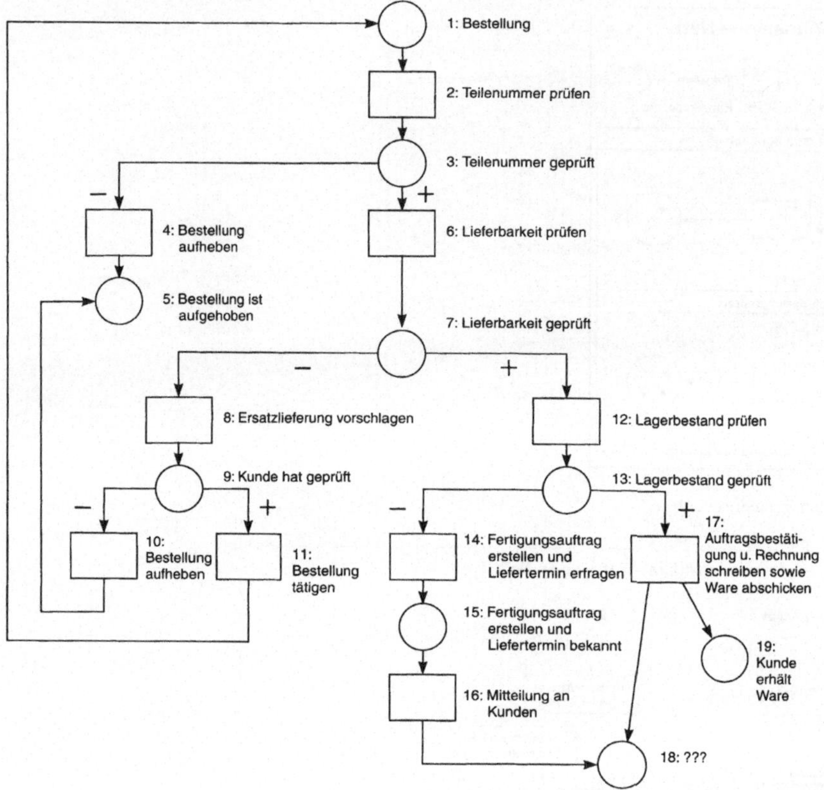

Bild D-43. Kanal-Instanzen-Netz am Beispiel der Ausführung einer Bestellung.

D 2.9.3 Vorgehensweise und Beispiel

1. Schritt: Aufstellen aller *Zustände* (Stellen), die im Problem auftreten können

2. Schritt Überprüfung der *Wichtigkeit* dieser Zustände. Nur notwendige und dringend erforderliche Zustände werden ins Netz-Modell übernommen. Eine spätere Verfeinerung ist ohne weiteres möglich

3. Schritt: Aufstellen aller *Zustandsübergänge* (Transitionen)

4. Schritt: Verbinden der Stellen mit den Transitionen durch Pfeile *(Netzstruktur)*. Dabei gilt die Regel, daß *prinzipiell Unabhängigkeit* angenommen wird, so daß Reihenfolgen nur erzeugt werden, wenn sie unbedingt notwendig sind.

5. Schritt: Prüfen des Netzes auf Richtigkeit

Für *Stellen-Transitions-Netze* sind folgende Punkte zu beachten:

- *Anzahl* der Marken für die Stellen,
- *Übertragungskapazität* der Transitionen.

Bei den *Prädikat-Transitions-Netzen* muß folgendes festgelegt werden:

- Angabe der *individuellen Eigenschaften* der Marken (z. B. Datenelemente).
- Festlegen der *Schaltbedingungen* am Eingang zu den Transitionen,
- *Berechnung* bzw. *Zuordnung* der Eingabe- zu den Ausgabeelementen in einer Transition.

Bild D-43 zeigt das Kanal-Instanzen-Netz für einen Bestellvorgang.

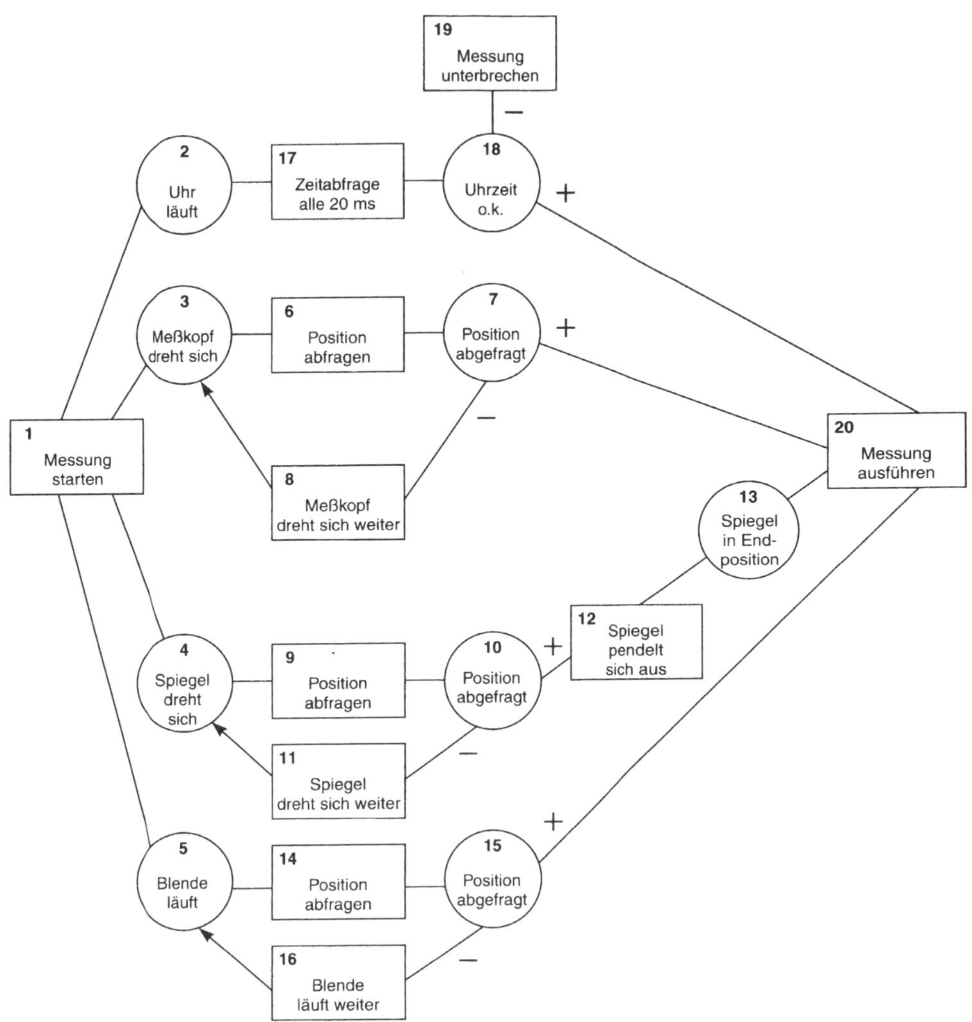

Bild D-44. Kanal-Instanzen-Netz am Beispiel eines Echtzeit-Meßvorgangs.

In Bild D-44 ist als Beispiel das Petri-Netz eines Echtzeitproblems eines Meßverfahrens aufgeführt. Insgesamt stehen für die Meßvorbereitungen höchstens 23 Sekunden zur Verfügung. Das bedeutet, daß der Meßvorgang spätestens nach 23 Sekunden beginnen muß. Folgende Operationen sind in dieser Zeit durchzuführen:

- Drehen des Meßkopfes in die gewünschte Position (max. 10 Sekunden);

- Drehen eines Spiegels (max. 10 Sekunden). Anschließend muß noch gewartet werden, bis der Spiegel sich ausgependelt hat;

- Anfahren einer Blendenposition.

Zur Überwachung steht eine Systemuhr mit der kleinsten Zeiteinheit von 20 ms zur Verfügung. Das Petri-Netz zeigt vier nebenläufige Prozesse: die Überwachung der Uhrzeit, das Drehen des Meßkopfes, das Drehen des Spiegels und die Ein-

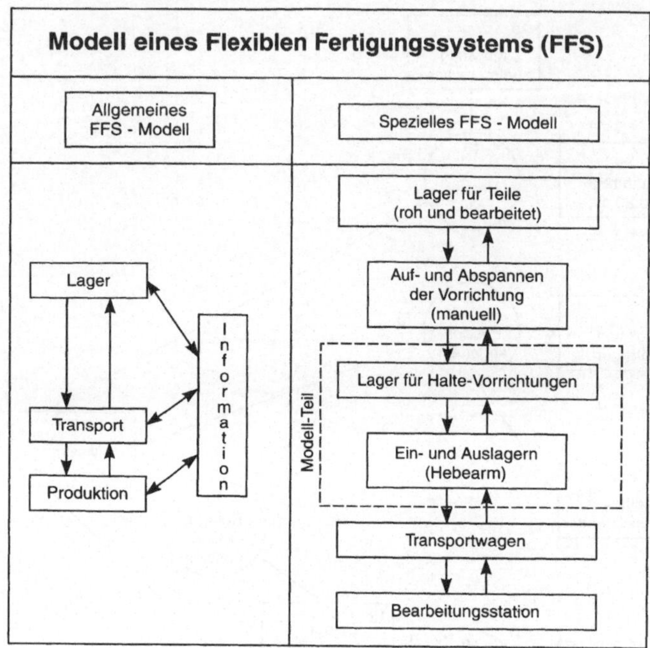

Bild D-45. Prinzip und Beispiel für ein flexibles Fertigungssystem (FFS).

stellung der Blende. Die vier Eingänge in die Aktivität „Messung ausführen" sorgen dafür, daß eine Messung nur ausgeführt werden kann, wenn alle vier Bedingungen erfüllt sind: Meßkopf, Spiegel und Blende sind richtig positioniert und die benötigte Zeit liegt unter 23 Sekunden.

Petri-Netze sind auch für Modelle der Produktionssteuerung (PPS) geeignet. Bild D-45 zeigt das allgemeine Modell eines *Flexiblen Fertigungssystems,* bestehend aus der Komponente Lager, Transport und Produktion, wobei alle Informationen, d. h. Zustandsinformationen und Strukturinformationen über einen Rechner verarbeitet werden, der das Steuerprogramm enthält.

Das spezielle Flexible Fertigungssystem besteht aus einem *Teilelager* (für Rohteile und bearbeitete Teile), einem Ort, in dem die Vorrichtungen für die Maschine manuell aufgespannt bzw. abgespannt werden. Die aufgespannten Rohteile wandern über Transportwagen zur Bearbeitungsstation, beispielsweise zu CNC-Maschinen. Nach der Bearbeitung werden sie durch die Transportwagen an die Stelle zurückgebracht, an der der

Hebearm den Transportwagen entlädt und wiede neu belädt.

Im *Modell-Teil für das Petri-Netz* wird das La ger für diese Haltevorrichtungen betrachtet und der Lagerarm, der zum einen die Teile bewegt die auf- bzw. abzumontieren sind und andererseit die ankommenden bearbeiteten Teile vom Trans portwagen hebt. In Bild D-46 ist das Petri-Net: der Komponente Vorrichtung zu sehen. Die ge strichelten Kreise und Pfeile zeigen die Teile au anderen Systembereichen, hier vom *Steuerungs teil* der Anlage. Die Tätigkeit „Vorrichtung ab und aufspannen" kann erfolgen, wenn folgend drei Bedingungen erfüllt sind:

- Ab-/Aufspannstation frei (Steuersignal),
- Ab-/Aufspannauftrag vorhanden (Steuersig nal) und
- Hebearm frei.

Das Ergebnis ist eine Vorrichtung, die zur Bear beitung ansteht. Sie wird mit dem Hebearm au einen Transportwagen gestellt und es beginnt di

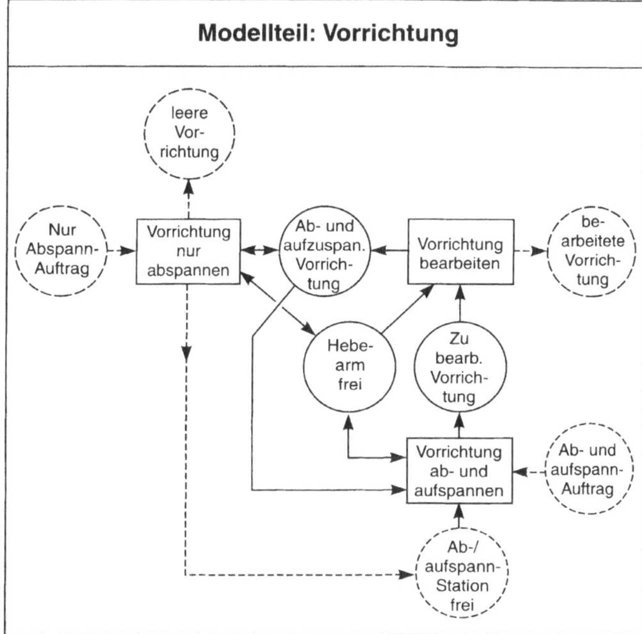

Bild D-46. Kanal-Instanzen-Netz des Modellteils der Vorrichtung.

Tätigkeit „Vorrichtung bearbeiten". Dabei wird als Steuersignal der Zustand „Vorrichtung in Bearbeitung" gesendet. Nach der Bearbeitung liegt der Zustand „Abzuspannende Vorrichtung" vor. Die Vorrichtung kann abgespannt werden, wenn der Hebearm frei ist und eine abzuspannende Vorrichtung vorliegt. Wird die Vorrichtung nur abgespannt, dann muß von der Steuerung das Signal „Nur Abspann-Auftrag" gesendet worden sein. Das Ergebnis des Abspannvorgangs ist eine „leere Vorrichtung".

Als Ergebnis eines Simulationslaufes mit Petri-Netzen erhält man Aussagen über:

- Auslastungsgrad der Systemteile (z. B. Auslastungsgrad der CNC-Maschinen bei 93%),
- Engpässe in den einzelnen Bereichen (Engpaß ist der Hebearm, da nur 3% der Zeit frei; deshalb kommt es zu erheblichen Wartezeiten an der Auf- und Abspannstation und an der Transportstation: durchschnittlich 18 Minuten; Maximum bei 73 Minuten).
- Möglichkeiten zur Erzielung minimaler Durchlaufzeiten,

- Ansätze zur Qualitätssteigerung und
- Vorschläge zur Kostensenkung (Fertigungskosten).

Petri-Netze bieten folgende Vorteile:

- Darstellung nebenläufiger (paralleler) Prozesse, z. B. interaktive Kommunikationen, wie stark Personen, Rechner oder Maschinen belegt sind. Beim Entwerfen der Petri-Netze ist deshalb auf folgende Punkte zu achten:
- Prozesse möglichst nebenläufig anordnen,
- künstliche Reihenfolgen vermeiden, das führt zur
- Beschleunigung aller voneinander unabhängiger Prozesse;
- universell zur Modellbildung einsetzbar, z. B. auch im Qualitätswesen, bei Vorschriften öffentlicher Verwaltungen, zum Entwurf von Kontrolldatenstrukturen;
- Eignung für verteilte Systeme (Systeme, deren einzelne Komponenten sich an verschiedenen Orten befinden) mit Nebenläufigkeit;

- Darstellung der Dynamik der einzelnen Systeme (z. B. Produktion oder Information). Durch Simulation interaktiver Prozesse können Konfliktsituationen und Blockierungen festgestellt werden.

- klar, anschaulich und verständlich, da sie eine Weiterentwicklung der natürlichen Systembeschreibung darstellen.

- technisch neutral, d. h. sie können auf jeder Hardware und mit (beinahe) jeder Programmiersprache realisiert werden.

- mathematisch fundiert; d. h. die Graphentheorie und die Boolesche Algebra bieten ein sicheres wissenschaftliches Fundament.

- rechnergestützt, d. h. es gibt zur Erstellung und zum Testen von Petri-Netzen Software.

- stufenweise verfeinerbar (top-down) und jederzeit erweiterbar;

Petri-Netze geben Aufschluß über folgende drei Aspekte:

- *Kommunikations-Aspekt* („Welche Daten- und Informationsflüsse gibt es im System?")

  - Welche Funktionsbereiche kommunizieren über welche Informationseinheiten miteinander? (z. B. Rechnerkopplung)

- *Kausal-Aspekt* („Welche kausalen Abhängigkeiten gibt es im System?")

  - welche Reihenfolgen sind zwingend vorgeschrieben?

  - welche Vorbedingungen sind für welche Aktionen erforderlich?

  - welche Aktionen führen zu welchen Zuständen?

  - in welcher Reihenfolge können die Aktionen ablaufen?

  - nach welchen Vorschriften werden die Abläufe gesteuert?

- *Ablauf-Aspekt* (Kombination von Kommunikations- und Kausal-Aspekt)

  - Welche Abfolge von Zustandsänderungen ist möglich?

  - Liegen Möglichkeiten der Blockierung vor?

  - Wie verhält sich das System bei Änderung der Netzstruktur? (Simulation)

  - Wo liegen die Engpässe (Maschinen, Personal)? (Kapazität)

- Wie hoch sind die Auslastungsgrade (Maschinen, Personal)? (Kapazität)

- Wie hoch sind die Durchlaufzeiten für Produkte, Material und Information? (Zeit).

Zur Übung

ÜD 2.9-1: Ein Petri-Netz zur Rechnungsschreibung soll entworfen werden.

ÜD 2.9-2: Für das Problem der Gewährung eines Kredites für den Autokauf soll ein Petri-Netz aufgestellt werden.

D 2.10 Objektorientierte Software-Entwicklung

D 2.10.1 Wesen der Objektorientierung

Die bisher besprochenen Methoden haben folgende Nachteile:

- Zwischen einzelnen Phasen der Softwareentwicklung (vor allem Analyse, Entwurf und Implementierung) werden die Informationen aus der vorangegangenen Phase nicht in die nachfolgende Phase automatisch, d. h. methodenverursacht, übernommen. Damit fällt jedesmal erneuter Schreib- und Denkaufwand an, um die Daten in das Modell der Folgephase zu übersetzen.

- Korrekterweise wird im Software-Engineering und in der Kunst der Modellierung von Systemen allgemein zwischen verschiedenen *Sichten* auf die Welt unterschieden: die Sicht auf die *Daten* und die *Funktionen.* Zwar trennt beispielsweise Structured Analysis (SA/SADT, Abschn. D 2.6) diese Sichten auf die Realität innerhalb ihrer Modellierung, aber die ebenso notwendigen Zusammenhänge dazwischen („Funktionen benutzen Daten" und „über Daten können bestimmte Operationen ausgeführt werden") werden nur sehr umständlich unterstützt. Dadurch können teilweise recht verwickelte Systemmodelle entstehen, die einen klaren Überblick erschweren.

Mit dem objektorientierten Ansatz treten die beiden oben erwähnten Probleme nicht auf. Objektorientierung ist darüber hinaus eine völlig neue Denkweise, die nicht allein auf das Software Engineering beschränkt ist. Bild D-47 zeigt die *statische Sicht* des objektorientierten Ansatzes. Es

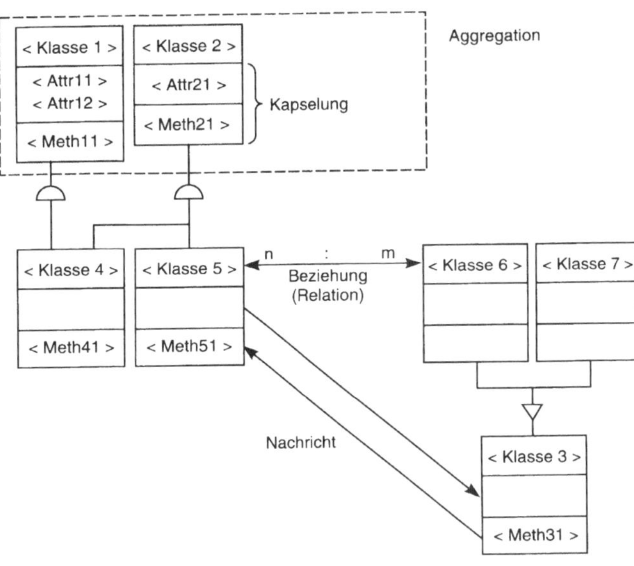

Bild D-47. Statische Eigenschaften des objektorientierten Modells.

zeigt alle Informationen, die zu einem objektorientierten Modell gehören. Dies sind im wesentlichen:

Objekte

Die Objekte (Instanzen einer Klasse) bestehen aus *Attributen* (bzw. Daten) und *Methoden* (bzw. Funktionen oder Anweisungen). Daten und Funktionen sind also nicht mehr getrennt, sondern sind im objektorientierten Ansatz eine Einheit. Es liegt eine *Kapselung* der Daten vor, weil man

an diese Informationen nur über die Methoden kommt (Verstecken von Information, *information hiding*).

Aggregation

Ein komplexes System besteht aus der Vereinigung verschiedener Klassen. Dies wird als Aggregation bezeichnet.

Bild D-48 zeigt die dynamischen Eigenschaften des objektorientierten Modells, die während der Laufzeit sich auswirken. Dies sind:

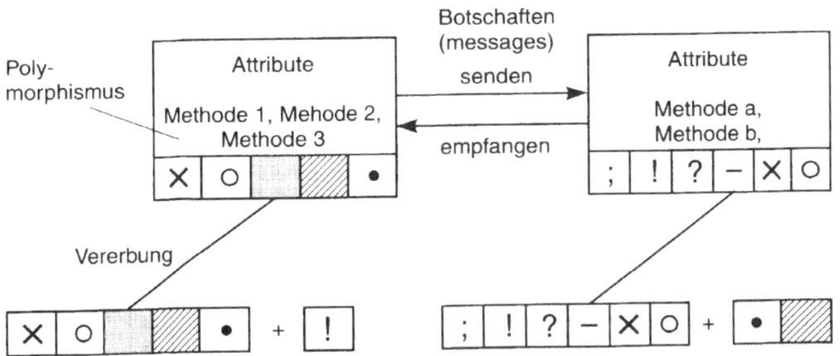

Bild D-48. Dynamische Eigenschaften des objektorientierten Modells.

Botschaften (Nachrichten, messages) senden bzw. empfangen

Die Methoden der einzelnen Objekte werden aktiviert, wenn sie durch entsprechende Botschaften angesprochen werden.

Polymorphismus

Objekte aus *verschiedenen Klassen* können *ähnliche Methoden* haben. Wird statt vieler ähnlicher Methoden nur *eine einzige* geschrieben, die erst dann in die spezielle, objekttypische Form gebracht wird, wenn das Zielobjekt bekannt ist (also zur Laufzeit – man spricht dann von *später Bindung*), liegt Polymorphismus vor.

Vererbung

Die Eigenschaften eines Objektes können dem nachfolgenden Objekt vererbt werden. Um auf dieser Basis neue Objekte zu schaffen, müssen nur wenige Eigenschaften neu bestimmt werden, weil ein großer Teil geerbt wurde.

Diese Eigenschaften werden im folgenden ausführlicher dargestellt.

Am Beispiel eines Schauspiels wird das Denken in der objektorientierten Methode gezeigt. Auch hier können die Zusammenhänge zwischen den Aktivitäten einzelner Schauspieler sehr kompliziert werden. Die Akteure mit ihren Handlungen auf der Bühne werden, etwas mechanistisch, auf jeweils einzelne, isolierbare Einheiten beschränkt. Jeder Schauspieler kennt seine Rolle, d. h., er spult auf ein Stichwort hin seine gelernte Rolle ab: er spricht und bewegt sich. Was ein Schauspieler tut oder spricht, kann nun wiederum das Stichwort (eine Nachricht) für einen anderen Schauspieler sein, ein weiteres Stück seiner Rolle zu spielen usw. Sogar dramaturgische Pausen können mit dieser Methode erklärt werden: ein Schauspieler reagiert auf die Nachricht einer Uhr: „dramaturgische Pause vorüber" und macht weiter. Das Beispiel „Schauspieler" wurde übrigens nicht von ungefähr gewählt: im Zusammenhang mit Objektorientierung wird auch vom „Aktormodell" gesprochen.

Dieses Modell kann noch verallgemeinert werden: zum einen kann auch der Vorgang „Umbau von Kulissen" von bestimmten Ereignissen (Nachrichten) angestoßen werden, und zum anderen kann man die Schauspieler abstrakter betrachten und von einzelnen *Typen* reden, etwa dem Typen des „jugendlichen Helden". Diese Typen zeichnen sich gerade dadurch aus, daß sie ganz *bestimmte Merkmale* und *Verhaltensweisen* haben, die die einzelne Verkörperung in einem bestimmten Theaterstück (also ein einzelner Schauspieler, der eine bestimmte Rolle von diesem Typ spielt) neben der speziellen Rolle im Stück grundlegend mitbestimmen.

An diesem Beispiel wird ein wichtiges Prinzip der Objektorientierung deutlich: jeder einzelne Aktor läßt sich ohne sonderliche Beachtung eines anderen Schauspielers beschreiben und er ist in eine *Hierarchie von Typen* eingebettet. Damit wird die Beschreibung von Systemen methodisch einfach. Beispielsweise ist die Integration von neuen Aktoren einfacher möglich als beispielsweise im SA-Modell.

In Tabelle D-4 werden die Begriffe des Beispiels in die Bezeichnungen des objektorientierten Modells übertragen.

In den folgenden Abschnitten wird eine Einführung in die Objektorientierung gegeben, und zwar mit Schwerpunkt auf die objektorientierte Analysephase *(OOA)*. Will man die objektorientierte Methode anwenden, ist vor allem anzuraten, in kleineren Entwicklungen zu experimentieren. Objektorientierung erfordert eine andere Denkweise, die sich radikal durch die ge-

Tabelle D4. Beispiel für Bezeichnungen im objektorientierten Modell

Objektorientiertes Modell	Beispiel
Klasse	Schauspieler
Methode	Rolle
Oberklasse	Typ
Objekt	bestimmter Schauspieler in einem konkreten Stück
Vererbung	Übernahme des Verhaltens
Nachricht (Botschaft)	Ereignis, auf das ein Schauspieler reagiert

samte Softwareentwicklung zieht, einschließlich der Programmierung. Es ist sinnlos, Analyse und Entwicklung objektorientiert durchzuführen, aber bei der Programmierung nicht auf eine objektorientierte Sprache zurückzugreifen.

D 2.10.2 Objektorientierte Sichtweise

In diesem Abschnitt werden die grundlegenden Begriffe der Objektorientierung vorgestellt, um dann im Abschnitt D 2.10.3 auf einige konkrete vorgeschlagene Konzepte hinzuweisen.

Wie bereits oben an einem Beispiel dargelegt wurde, stehen *handelnde Objekte* (Aktoren, Schauspieler, die ihre Rolle kennen und spielen) im Mittelpunkt dieses Konzeptes. Dies kommt der Sicht des Menschen entgegen, die Welt als *Menge von Dingen* zu sehen, die bestimmte Eigenschaften und bestimmte Verhaltensweisen aufweisen. Außerdem denkt er in *Abstraktionsebenen* und faßt so *systematisch* Teile zu einem Ganzen zusammen: ein Cabriolet ist eine bestimmte Sorte von PKW und dieses wiederum eine bestimmte Sorte von Kraftfahrzeugen. Die objektorientierte Sicht scheint ohnehin ökonomischer zu sein, da die Objekte, also die Daten, sich normalerweise viel seltener ändern als die Operationen, die darüber ausgeführt werden können.

Objekte

Ein Objekt ist ein isolierbares, einzelnes Exemplar eines konkreten oder abstrakten Dinges aus der Welt, beispielsweise ein ganz bestimmter Schauspieler, ein bestimmtes Auto, Haus oder Fenster auf dem Bildschirm. Sie haben einen eindeutigen Namen und sind charakterisiert durch *Eigenschaften* (Attribute, Daten), die ihrerseits bestimmte Werte haben. Ein Cabriolet hat beispielsweise Attribute wie

- Fahrgestellnummer,
- Farbe des Faltdaches,
- Anzahl der Räder.

Durch die Werte dieser Attribute ist ein Objekt von einem anderen unterscheidbar.

Allerdings sind Objekte nicht allein durch Attribute beschrieben. Sie enthalten zusätzlich *Methoden,* das sind Rollen, *Handlungsanweisungen* in Form von Prozeduren und Funktionen. Diese Methoden beschreiben, wie das Objekt in bestimmten Situationen reagieren soll.

Bild D-49 zeigt ein Beispiel für eine Objektbeschreibung. Ein Fenster einer grafischen Bedienoberfläche (z. B. in Windows) enthält verschiedene Objekte: einen Schiebebalken oder Knöpfe zum Schließen des Fensters und Schaltflächen. Alle diese Objekte kann man betätigen und man erhält die erwartete Reaktion. Objektorientiert bedeutet, daß diese Objekte über die dazu notwendigen Methoden verfügen. Die entsprechenden Attribute und Methoden sind in Bild D-49 zusammengestellt.

Klassen

Im oben genannten Beispiel können auf dem Bildschirm mehrere Fenster geöffnet werden. Unter objektorientierter Sicht bedeutet dies, daß die Menge aller Fenster, also Objekte mit den gleichen Attributen, systematisch als Abkömmlinge (Realisierungen, Instanzen) der gleichen Klasse beschrieben werden können. Eine Klasse beschreibt demnach die *allgemeine Vorstellung* von einem Objekt. Von dieser Klasse können mehrere Objekte (d. h. Instanzen dieser Klasse) vorkommen. Beim Schreiben eines Programms können somit viele Instanzen einer Klasse erzeugt werden. Demzufolge können auch Instanzen *während der Laufzeit* erzeugt werden.

Die Klasse der Fenster beschreibt demzufolge die *Eigenschaften,* die allen wirklich vorkommenden Fenstern (also den Objekten) *gemeinsam* sind. Die Objekte als Instanzen der Klasse weisen damit deren Eigenschaften auf. Analoges gilt für die *Methoden:* sie werden bei den *Klassen definiert* und von den *Objekten verwendet.* Folgendes Beispiel veranschaulicht dies: Die Klasse *Automobil* wird durch die Attribute nach Bild D-50 beschrieben. Die Klasse wird um einige Methoden erweitert, wie Bild D-51 zeigt.

Mit diesem Klassenkonzept wird ein wichtiges Merkmal des modernen Software Engineering verwirklicht. Die Eigenschaften von Objekten werden an einer Stelle gesammelt dargestellt und sind vor einem direkten Zugriff von außen geschützt. Man spricht hier von *Kapselung* oder *Verstecken* von Information *(information hiding).* Mit diesem Prinzip der Kapselung kann auf Attribute nur über die Methoden zugegriffen werden. Folglich müssen vor allem elementare Methoden zur Verfügung stehen, die auf Botschaften wie *gibFahrgestellnummer* reagieren.

Wenn von einer Botschaft die Rede war, dann wurde ein wichtiges Instrument der Objektori-

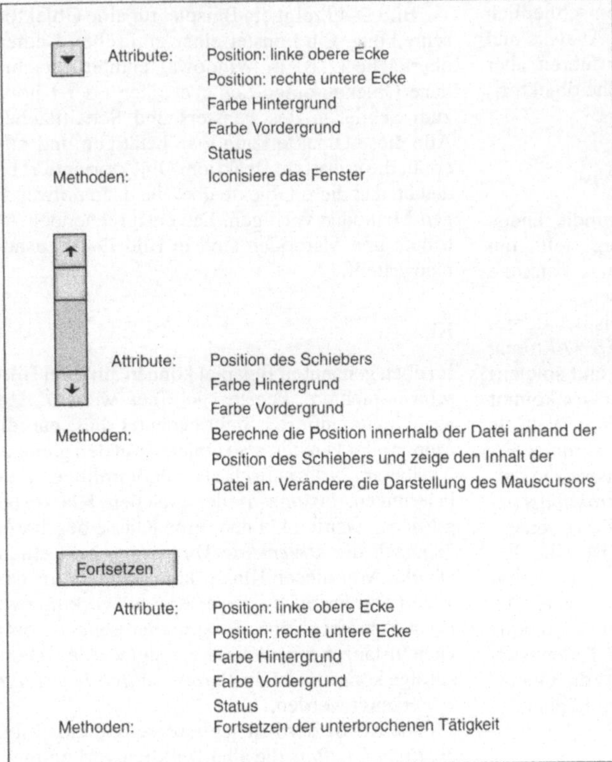

Bild D-49. Objekte eines Fensters.

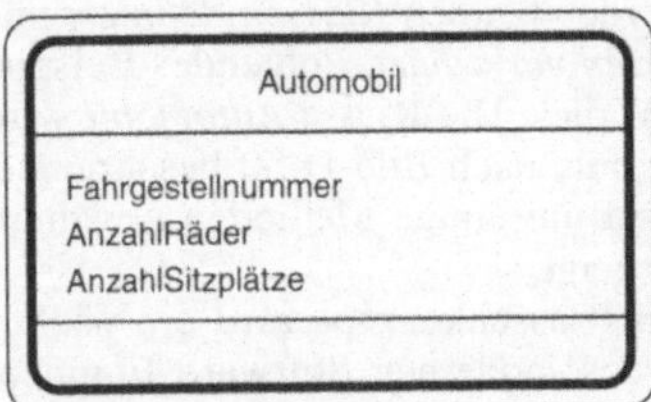

Bild D-50. Attribute der Klasse Automobil.

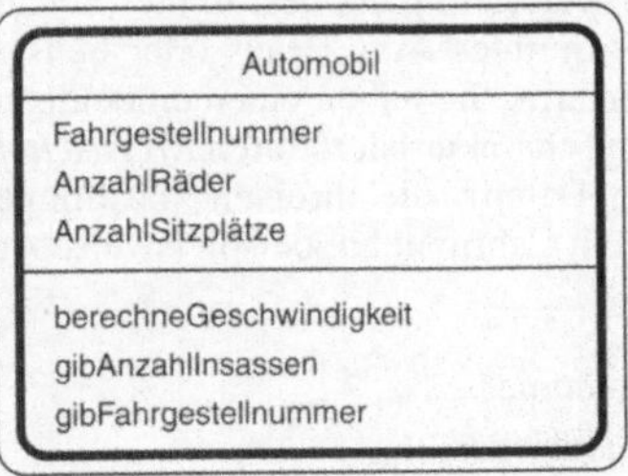

Bild D-51. Attribute und Methoden der Klasse Automobil.

entierung eingeführt. *Botschaften (Nachrichten, messages)* stellen die Kommunikation zwischen den Objekten sicher. Sie werden auf der Klassenebene modelliert. Wenn also ein Objekt *Auslieferlager* die Fahrgestellnummer eines bestimmten Autos für die Bearbeitung eines Vorganges braucht, sendet es die Nachricht *Gib die Fahr-*

gestellnummer an die betreffende Instanz der Klasse *Automobil*. Damit wird beim Empfänger der Nachricht die entsprechende Methode (*Gib die Fahrgestellnummer)* aktiv und liefert den gewünschten Wert.

Beziehungen

Wie bereits in anderen Modellen üblich, beispielsweise dem Entity-Relationship-Modell (Abschn. D 2.8), können auch beim objektorientierten Ansatz *Aussagen über Beziehungen* zwischen den Dingen der zu modellierenden Welt getroffen werden. Derartige Aussagen werden dabei auf der Ebene der Klassen gemacht. Man unterscheidet im objektorientierten Ansatz zwischen *semantischen* und *dynamischen Beziehungen*. Die *semantischen* Beziehungen beschreiben *Zusammenhänge* zwischen Klassen, wie sie aus dem Entity-Relationship-Diagramm bekannt sind. In den *dynamischen Beziehungen* geht es darum, welche Nachrichten an die Objekte versendet werden und wie diese darauf reagieren können.

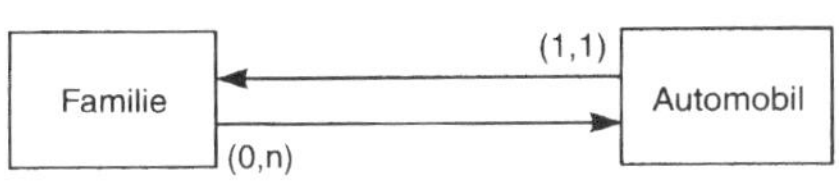

Bild D-52. 1:n-Beziehung zwischen Auto und Familie.

Semantische Beziehungen
Es stehen die üblichen drei Arten von Beziehungen zur Verfügung:

- Assoziation
  Eine Assoziation beschreibt die Beziehungen zwischen einzelnen Objekten. Dies können eine 1:1-, eine 1 : n- und eine m : n-Beziehung sein (Abschn. C 2.1.5, Bild C-21). In Bild D-52 ist die 1 : n-Beziehung zwischen einer Familie und Automobilen dargestellt. Die hier verwendete *Minimal-Maximal-Notation* sagt genau folgendes aus (man beachte, daß die Notation auf den ersten Blick vielleicht verdreht erscheint):
  eine Familie besitzt 0 oder n Automobile und 1 Automobil wird von 1 Familie besessen.

- Generalisierung und Vererbung
  Mit dem Konzept der Generalisierung ist das der Vererbung verbunden, und diese ist eine der wichtigsten und mächtigsten Eigenschaften objektorientierter Systeme. Eine wissenschaftlich saubere Vorgehensweise beim Definieren liegt vor, wenn ein Begriff ausgehend von einem bereits definierten allgemeineren Begriff durch Hinzufügen von spezifischen neuen Attributen eingeführt wird. Genau diese Vorgehensweise

liegt in der Objektorientierung vor: Wird z. B. ein Automobil durch Attribute wie *Fahrgestellnummer, AnzahlRäder* usw. definiert, dann stellt die Klasse *Cabriolet* eine Spezialisierung der Klasse *Automobil* dar und wird durch einschränkende Attribute wie *VerdeckAbnehmbar* definiert. Umgekehrt betrachtet ist die Klasse *Automobil* eine Generalisierung der Klasse *Cabriolet*. Die Klassen stehen in der Relation *ist ein* zueinander (Bild D-53).

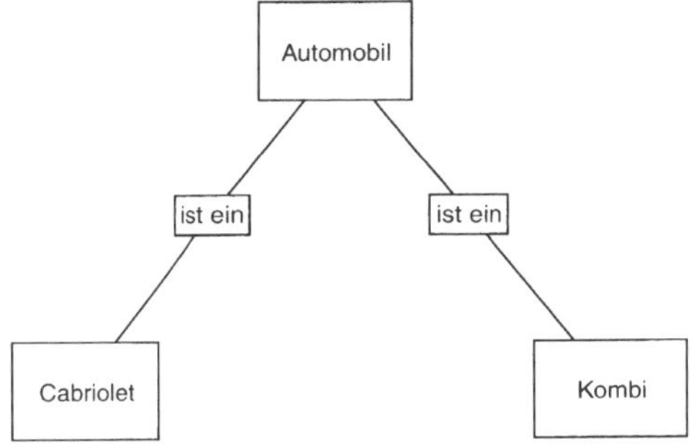

Bild D-53. Beispiel für eine Generalisierung.

Der Vorteil dieses Konzeptes besteht darin, daß in einer Generalisierungs- bzw. Spezialisierungsrelation nur die jeweils *spezialisierenden Eigenschaften* notiert werden müssen. Dadurch entsteht eine beträchtliche Arbeitserleichterung. Dies ist umso interessanter, da über diese Relation sehr umfassende Hierarchien aufgebaut werden können, deren oberste Klasse, von der alle Spezialisierungen ausgehen, in einigen Systemen als Klasse mit dem Namen *Objekt* vorgegeben sein kann, es also die Abstraktion aller in einem modellierten System auftretenden Objekte darstellt. Da über eine Spezialisierung die Eigenschaften der allgemeineren Klasse vererbt werden, besitzt *jede Klasse alle Eigenschaften* aller ihrer Generalisierungen. Das bedeutet, daß der Systementwickler sich über diese Eigenschaften viel weniger Gedanken zu machen braucht als in nicht objektorientierten Systemen. Diese *Vererbung* gilt im übrigen auch für die *Methoden:* alle Methoden, die beispielsweise die Klasse *Automobil* besitzt, kennt auch die Klasse *Cabriolet* – und noch einige cabriolet-spezifische dazu, wie z. B. *ÖffneVerdeck* oder *GibZustandVerdeck*. Das Konzept der Vererbung, soweit es bisher vorgestellt ist, deckt allerdings nicht alle Situationen in der realen Welt ab. So weist ein Amphibienfahrzeug Eigenschaften sowohl von Autos also auch von Booten auf. Objektorientiert ausgedrückt heißt das: die Klasse *Amphibienfahrzeug* erbt von den beiden Klassen *Automobil* und *Boot*. Also sind sowohl *Automobil* als auch *Boot* Generalisierungen von *Amphibienfahrzeug*. Man spricht dann von *Mehrfachvererbungen*. Dieser Zusammenhang ist in Bild D-54 dargestellt.

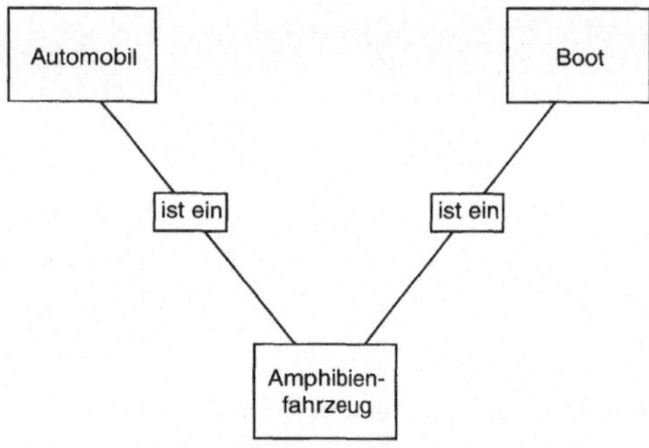

Bild D-54. Beispiel für Mehrfachvererbungen.

Aggregation

Denkt man an das modellierte Auto, dann fällt auf, daß eine wichtige Beziehung noch nicht beschrieben ist, nämlich daß ein Objekt der realen Welt aus anderen Objekten zusammengesetzt sein kann. Dieses wird durch die Aggregationsbeziehung (bezeichnet als: *Teil/Ganzes, Part-of, besteht aus, consists-of*) beschrieben. Für das sehr einfache Automodell ist dies in Bild D-55 zu sehen. Wie dieses Beispiel zeigt, können mit dieser Relation ebenfalls *komplexe Hierarchien* aufgebaut werden: ein Kolben ist Teil des Motors und dieser wiederum Teil des Automobils. Da damit auch ein Kolben Teil des Automobils ist, ist leicht ersichtlich, daß die Aggregationsrelation *transitiv* und im übrigen auch *asymmetrisch* ist.

In diesem Abschnitt wurden die semantischen Beziehungen vorgestellt, die im objektorientierten Ansatz modelliert werden. In der konkreten Anwendung werden alle Arten der Beziehungen in einem integrierten Modell dargestellt, wie es in Bild D-56 gezeigt wird.

Nachrichten

Wie bereits oben erläutert, können Objekte Nachrichten *(Botschaften, messages)* empfangen und senden. Beim Empfang einer Nachricht überprüft ein Objekt automatisch, ob es auf diese Nachricht reagieren kann. Es kann reagieren, wenn es eine entsprechende Methode kennt. Entweder verfügt es selbst über diese Methode oder es erbt sie über die Ist-ein-Beziehung (Generalisierung/Spezialisierung). Im Programmiersystemen wie C++ sind die *Methoden* als *Funktionen* realisiert. Eine *Nachricht* ist technisch gesehen dort ein *Funktionsaufruf an ein Objekt*.

Betrachtet man ein anderes Beispiel: An ein Objekt *Linie* gehe die Nachricht *„zeichne dich selbst"*. Die Linie verfügt über die Methode, dies zu tun. Soweit ist die Sache in Ordnung. Das System enthält aber auch noch andere Objekte, etwa ein Objekt *Kreis* und *Quadrat*. Diese Objekte sollen sich ebenfalls selbst zeichnen können. Alle genannten Objekte gehören verschiedenen Klassen an. Nun wäre es ziemlich unsinnig, für jede Klasse eine neue Methode zum Zeichnen ihrer selbst zu erfinden. Viel einfacher ist es, trotz unterschiedlicher Tätigkeit von einer einzigen Methode *zeichne dich selbst* auszugehen, wobei während der Laufzeit des Systems entschieden wird, auf welche Weise die Methode im Einzelfall angewandt werden soll. Dieses Konzept der Auswahl verschiedener Methoden im selben Objekt wird als *Polymorphismus* (Vielgestaltigkeit) bezeichnet.

D 2.10.3 Angebot an objektorientierten Methoden

In Abschn. D 2.10.2 wurde das allgemeine Prinzip objektorientierter Methoden beschrieben, ohne auf konkrete Entwicklungen einzugehen. Hier sollen einige der wichtigsten, zur Zeit diskutierten objektorientierten Methoden erwähnt werden.

Die Erfahrungen, die mit bislang gängigen Software Engineering Methoden gemacht wurden, gingen in die Entwicklung der neuen, objektorientierten Verfahren ein. Dadurch erreichten diese neuen Ansätze relativ schnell eine hohe Stabilität. Bei der Auswahl eines bestimmten Verfahrens für die Anwendung ist zu beachten, daß es rechnerunterstützt ist. Es sollte also ein CASE – Tool auf dem Markt erhältlich sein, das die gewünschte Methode unterstützt. Ohne die Verwendung eines rechnergestützten Werkzeugs ist

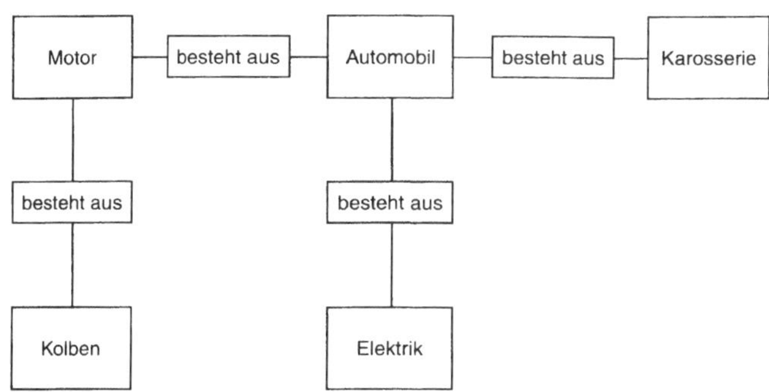

Bild D-55. Beispiel einer Aggregationsbeziehung.

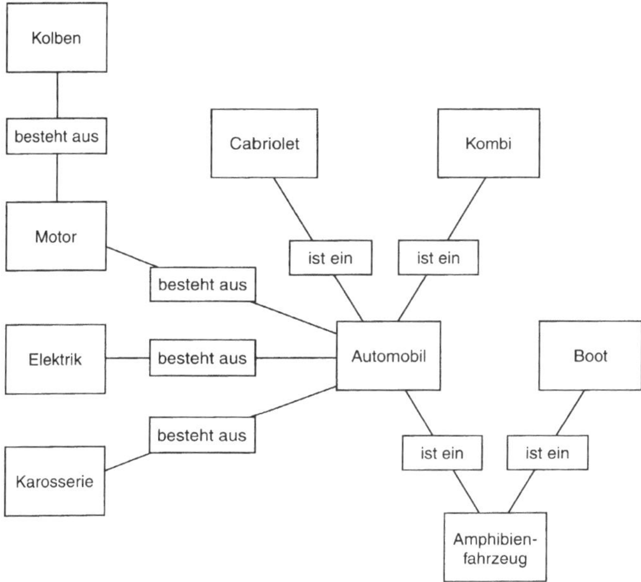

Bild D-56. Beispiel semantischer Beziehungen in einem einfachen, integrierten Modell.

die Anwendung einer objektorientierten Methode ein sehr mühseliges Unterfangen. Die Entscheidung für eine bestimmte objektorientierte Methode heißt also sinnvollerweise sowohl Auswahl der Methode an sich als auch die Auswahl des CASE-Tools. Neben der allgemeinen Verbreitung ist diese Werkzeugunterstützung für die Auswahl der hier vorgestellten Ansätze ausschlaggebend.

Die *Methode von Booch* ist weitgehend ausgereift und, vor allem seit der Modifikation 1992, sehr umfassend, und zwar in zweierlei Hinsicht. Erstens enthält sie Elemente von verschiedenen anderen Methoden (z. B. Coad/Yourdon, Rumbaugh u.a.) und zweitens unterstützt sie mit speziellen Nachrichten auch *Echtzeitanwendungen* oder allgemeiner ausgedrückt: das *Timing von Aktivitäten* kann modelliert werden. Aufgrund dieser Vielfalt verfügt die Booch-Methode über sehr viele verschiedene Symbole und in ihrer Gesamtheit komplexe Darstellungstechniken.

Der Methode von *Coad/Yourdon* merkt man stark die Herkunft aus dem Gebiet der Structured Analysis (SA) an. So wurde die Notation der Entity-Relationship-Diagramme weitgehend beibehalten. Interessant ist hier die Verwendung von sogenannten *Layern*. Das sind einzelne (transparente) Schichten im Modell, die getrennt modelliert und der Übersicht halber während des Modellierungsvorgangs ein- oder abgeschaltet werden können. Echtzeitanwendungen werden in diesem Modell nicht unterstützt. Insgesamt gesehen ist diese Methode im Vergleich zu Booch sehr viel einfacher angelegt.

Wiederum ein umfangreicheres Inventar an Techniken stellt die Methode von *Rumbaugh* zur Verfügung. Im Gegensatz zu Booch ist die Notation ziemlich knapp gehalten, was aber nicht bedeutet, daß die erstellbaren Modelle nicht detailliert sein können. Die notwendigen Beziehungen sind ebenso modellierbar wie das Zeitverhalten in Echtzeitanwendungen. Hierzu entwickelte Rumbaugh ein spezielles *dynamic model* mit Zustandsübergangsdiagrammen und Darstellungstechniken für die Modellierung von Ereignissen.

D 2.10.4 Objektorientierte Modellierung und Vorgehensmodelle

Aufgrund der gänzlich verschiedenen Sichtweisen von eher „traditionellen" Entwicklungsmoden wie beispielsweise Structured Analysis einerseits und der objektorientierten Methode andererseits, ergeben sich auch einige grundlegende Unterschiede in der Vorgehensweise beim Erstellen von Software. In beiden Systemen kann nach dem Lebenszyklusmodell vorgegangen werden, wobei allerdings, wie bereits erwähnt, im SA-Modell zwischen Analyse und Entwurf ein Methodenbruch (klare Trennung) auftritt. In den objektorientierten Methoden sind die Übergänge dagegen fließend. Dies wird vor allem dadurch erreicht, daß in den nachfolgenden Phasen jeweils die Information der vorangegangenen Phase erhalten bleibt und bei Bedarf ergänzt wird. Die Informationen aus der Entwurfsphase stellen also eine Ergänzung zu den Informationen aus der Analysephase dar.

Vor allem aber fordert die Objektorientierung geradezu ein *Prototyping* heraus: Man modelliert zuerst zentrale Klassen, testet bzw. beobachtet ihr Verhalten, präsentiert ihr Verhalten dem Auftraggeber und arbeitet auf dieser Basis weiter. Dieses spezielle Vorgehen kann als *evolutionäres Pro-*

totyping bezeichnet werden. Das Prototyping in objektorientierten Systemen ist viel eleganter als bei der herkömmlichen Vorgehensweise.

Eine objektorientierte Vorgehensweise kann Software entwickeln, die *wiederverwendet* werden kann. Dies ist ein großer Vorteil. Hält man sich an die Richtlinien, analog zum traditionellen Modulentwurf, den Nachrichtenfluß zwischen Klassen möglichst sauber zu entwerfen (für Fachleute: z. B. möglichst wenig sogenannte „Friend Relations" zu verwenden), dann entsteht eine hohe Unabhängigkeit der Klassen voneinander. Damit sind sie dann auch leicht in neuen Projekten wiederverwendbar. Dieser Effekt ist so interessant, daß (wiederverwendbare) Klassenbibliotheken für bestimmte Zwecke (z. B. zur Simulation) auf dem Markt käuflich angeboten werden.

Da auch beim Prototyping auf eine saubere Analyse-, Entwurfs- und Implementierungsphase Wert gelegt werden muß, werden im folgenden die objektorientierten Methoden in den Lebenszyklus-Phasen untersucht.

Analyse

Aufgabe der Analyse innerhalb der objektorientierten Entwicklung ist es, den Problembereich zu studieren und das von außen beobachtbare Verhalten des Systems zu beschreiben. Voraussetzung hierzu ist das Verständnis des zu analysierenden Systems. Bei der Analyse werden in erster Linie die Klassen beschrieben, wobei die Fachausdrücke des Bereichs verwendet werden sollen. Damit wird die Kommunikation mit den Fachabteilungen erleichtert. Als Ergebnis liegt somit eine Beschreibung dessen vor, *was* das System tun soll.

Typische Fragen, die sich der Systemanalytiker stellen muß, sind beispielsweise:

- Welches sind die Klassen und Objekte?
- Welches sind die Assoziationen zwischen den Klassen?
- Welche Generalisierungen können gebildet werden?
- Welche Teil/Ganzes-Beziehungen können gebildet werden?
- Welche Zustände kann ein Objekt einer Klasse annehmen?
- Welche Übergänge zwischen diesen Zuständen sind möglich?
- Auf welche Ereignisse muß das System reagieren?

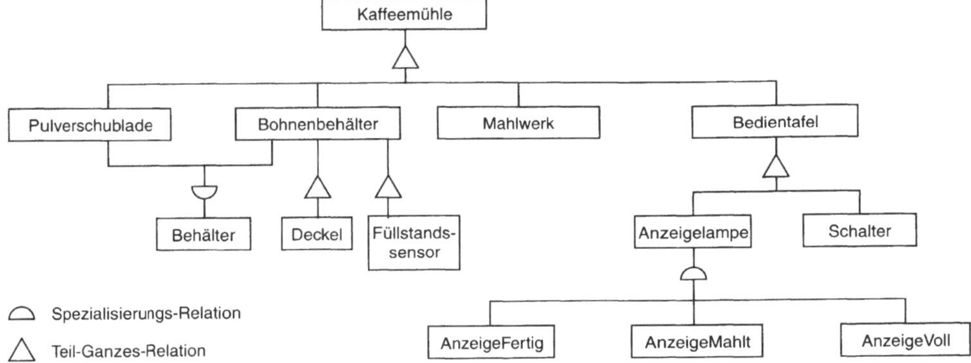

Bild D-57. Objekte und ihre Beziehungen für das Beispiel einer Kaffeemühle.

- Welche Nachrichten müssen ausgetauscht werden?
- Auf welche Nachrichten muß reagiert werden können, d. h.: welche Methoden gibt es?

Entwurf

In der Entstehungsphase wird das Analysemodell (was ist zu programmieren?) soweit verfeinert, daß festgelegt wird, *wie* die Software entwickelt wird. Es werden logische und physikalische Ergänzungen hinzugefügt. Sie beziehen sich auf folgende verschiedene Bereiche des Systems:

- *Benutzerschnittstelle,*
- *Prozeßmanagement* (d. h. Aufteilen in Komponenten, Bestimmung der zu verwendenden Hardware usw.),
- *Datenmanagement* (d. h. Entwerfen der Algorithmen der Methoden, Definition der Attribute der Klassen, Strategien zum Implementieren der Assoziation usw.).

Implementierung

Aufgabe dieser Phase ist es, das Entwurfsmodell in eine konkrete objektorientierte Programmiersprache zu übersetzen. Hier kommen spezielle objektorientierte Programmiersprachen wie Simula, Smalltalk, Eiffel und andere in Frage. In der Praxis scheinen sich aber zur Zeit *hybride Sprachen* durchzusetzen (C++, objektorientiertes Pascal). *Hybrid* bedeutet, daß die Objektorientierung auf normale prozedurale Sprachen aufgesetzt wurde, was allerdings gewisse Nachteile mit sich bringt.

Die Vorliebe für die hybriden Sprachen hat seinen Grund sicherlich darin, daß die Entwickler mit diesen Sprachen bereits vertraut sind und keine neue Sprache mehr lernen müssen.

D 2.10.5 Objektorientierte Vorgehensweise am Beispiel einer Kaffeemühle

Die Funktionsweise einer Kaffeemühle wird als Beispiel für eine objektorientierte Beschreibung herangezogen. Bild D-57. In Tabelle D-5 sind Teile der zugehörigen Attribute und Methoden zusammengestellt.

Zur Übung:

ÜD 2.10-1: Am Beispiel der Kaffeemühle (Bild D-57 und Tabelle D-5) soll für die Klasse *Schalter* die Methode *mahleEin* geschrieben werden.

ÜD 2.10-2: Welche Attribute besitzt die Klasse Pulverschublade?

D 3 Computerunterstützte Software-Entwicklung (CASE: Computer Aided Software Engineering)

D 3.1 Begriff und Entwicklung

Die Einführung moderner Methoden des Software-Engineerings kann einerseits zu einer spürbaren Verbesserung der Qualität größerer

Tabelle D-5. Beschreibung von Attributen und Methoden für das Beispiel Kaffeemühle

Zur Schreibweise:

Attribute	Name:	{Wertebereich}
Methoden	Name:	/* Kommentar */

Behälter

Attribute	Füllzustand: {leer, nicht leer, voll}	
Methoden	notiereFüllzustand ()	/* Setzen eines neuen Wertes bei Attribut „Füllzustand" */

Pulverschublade

Attribute	Status: {offen, geschlossen}	
Methoden	öffne	/* Öffnen der Schublade */
	notiereStatus ()	/* Setzten eines neuen Wertes bei Attribut „Status" */
	gibStatus	/* Liefern des aktuellen Wertes des Attributes „Status" */

Deckel

Attribute	Status: {offen, geschlossen}	
Methoden	öffnen	/* Öffnen des Deckels */
	schließen	/* Schließen des Deckels */
	notiereStatus ()	/* Setzen eines neuen Wertes bei Attribut „Status" */
	gibStatus	/* Liefern des aktuellen Wertes des Attributes „Status" */

Füllstandssensor

Attribute		
Methoden	gibFüllstand	/* Gib den aktuellen Füllstand aus */

Mahlwerk

Attribute	in Aktion: {ja, nein}	
Methoden	starte	/* Starte das Mahlwerk */
	stoppe	/* Stoppe das Mahlwerk */
	notiereStatus ()	/* Setzen eines neuen Wertes bei Attribut „in Aktion" */
	gibStatus	/* Liefern des aktuellen Wertes bei Attribut „in Aktion" */

Anzeigelampe

Attribute	Status: {an, aus}	
Methoden	schalte Ein	/* Einschalten der Lampe */
	schalteAus	/* Ausschalten der Lampe */
	notiereStatus ()	/* Setzen eines neuen Wertes bei Attribut „Status" */
	gibStatus	/* Liefern des aktuellen Wertes bei Attribut „Status" */

Schalter

Attribute	Status: {aus, mahlend, öffnend}	
Methoden	mahleEin	/* Einschalten des Mahlwerkes */
	mahleAus	/* Ausschalten des Mahlwerkes */
	öffneSchublade	/* Öffnen der Pulverschublade */
	notiereStatus ()	/* Setzen eines neuen Wertes bei Attribut „Status" */
	gibStatus	/* Liefern des aktuellen Wertes bei Attribut „Status" */

Tabelle D-5   (Fortsetzung)

Beschreibung von Methoden:

Zur Notation: Der Aufruf einer Methode bedeutet eine Nachricht an ein Objekt. Die Schreibweise

Objekt 1. Methode 1

bedeutet eine Nachricht an   *Objekt 1* , das mit der *Methode 1* reagiert.

Schalter: mahleAus

AnzeigeMahlt.schalte Aus

/* Man beachte: die Klasse *AnzeigeMahlt* verfügt nicht über diese Methode. Also wird die Methode *schalteAus* in der Generalisierungshierarchie weiter oben gesucht. Das OO-System wird fündig bei der Klasse *Anzeigelampe* . */

Deckel.öffne

Schalter: öffneSchublade

Pulverschublade.öffne
Pulverschublade.notiere Status (offen)

Mahlwerk:stoppe

AnzeigeFertig.schalte.Ein
AnzeigeMahlt.schalteAus

Softwaresysteme führen, läßt aber andererseits einige Probleme ungelöst und bringt neue mit sich. Mit Hilfe der Methoden ist es zwar möglich, umfangreiche Projekte einheitlich und systematisch zu planen und zu dokumentieren. Die Übersicht zu behalten und Konsistenz zu wahren, bleibt aber ohne technische Unterstützung weiterhin schwierig. Dazu kommt das Problem der Aktualisierung. Nachträgliche Änderungen an Entwürfen mit vielen Diagrammen, Tabellen und Beschreibungen können nur mit erheblichem Aufwand durchgeführt werden und leicht zu Konsistenzproblemen führen. Es besteht die Gefahr, daß Änderungen an den Softwaresystemen erfolgen, ohne daß die Planungsunterlagen entsprechend aktualisiert werden. Im Laufe der Zeit gibt es keine richtige Dokumentation mehr. Dies geschieht umso schneller, je umfangreicher, komplexer und verflochtener die Projekte werden.

Andererseits ist durch die modernen Engineeringmethoden (Abschn. D 2) eine systematische Basis für eine *Automatisierung* der Entwurfs- und Realisierungsphasen von Softwareprojekten gegeben. Daher wurden verschiedene rechnergestützte Hilfsmittel entwickelt, die es erlauben, den Methodeneinsatz zu automatisieren und damit die oben genannten Probleme zum Teil zu lösen. Solche Hilfsmittel entstanden typischerweise im Zusammenhang mit größeren Projekten und waren auf deren spezifische Anforderungen zugeschnitten. Heute werden zahlreiche Standardprogramme angeboten, die Unterstützung für die verschiedensten Entwicklungsaufgaben bieten. Häufig sind sie aus den projektbezogenen Hilfsmitteln entstanden. Unter dem Schlagwort *Computer Aided Software Engineering* (CASE: Rechnergestützte Softwareentwicklung) gibt es nunmehr eine Vielzahl von Werkzeugen, mit denen alle Phasen der Softwareentwicklung mehr oder weniger vollständig abgedeckt werden. Insbesondere die analyse- und entwurfsbezogenen Werkzeuge bedienen sich dabei oft interaktiver grafischer Bedienoberflächen, die eine komfortable und übersichtliche Arbeit ermöglichen. Dazu stehen heute leistungsstarke, relativ preiswerte Arbeitsplatzrechner zur Verfügung. Die Anwendung von CASE-Tools bei der Planung und Durchführung von größeren Software-Entwicklungsprojekten ist daher weit verbreitet und bei großen Projekten häufig zwingend vorgeschrieben.

D 3.2 Gründe für den CASE-Einsatz

Mit dem Einsatz von rechnergestützten Hilfsmitteln zur Software-Entwicklung werden folgende Ziele verfolgt:

- *Erhöhung der Qualität* der entwickelten Software. Durch automatische Konsistenzprüfungen können Fehler frühzeitig aufgedeckt werden, die anders schwer zu vermeiden sind und später nur aufwendig korrigiert werden können. Mit Hilfe von Testwerkzeugen kann auch überprüft werden, ob ein fertiges Produkt den Anforderungen entspricht.

- *Verbesserte Wartbarkeit* der entwickelten Software. Die Konsequenzen späterer Modifikationen des fertigen (bzw. im Entwicklungsprozeß fortgeschrittenen) Produktes können leichter übersehen werden, Fehlfunktionen können leichter lokalisiert werden.

- *Erhöhung der Effizienz* bei der Entwicklung. Durch entsprechende Hilfsmittel können die verschiedenen Phasen des Entwicklungsprozesses beschleunigt und vereinfacht werden. Klarheit und Konsistenz der mit Werkzeugunterstützung erstellten Vorgaben erleichtern die Realisierung und helfen Fehler zu vermeiden.

- *Verbesserte Koordination* der Teamarbeit. Entsprechende Hilfsmittel erleichtern die Spezifikation von klar abgegrenzten Teilaufgaben mit exakt spezifizierten Schnittstellen bei der Programmentwicklung. Die Konsistenz der Schnittstellen ist Voraussetzung für das Zusammenspiel der Teilaufgaben. Größer werdende Softwareprojekte bedingen entsprechend große Teams, deren Arbeit koordiniert werden muß.

- *Automatisierung der Dokumenterstellung.* Die Erstellung und Pflege der bei größeren Softwareprojekten umfangreichen Dokumente (Spezifkationen, Dokumentationen) ist mit beträchtlichem Aufwand verbunden. Mit CASE-Werkzeugen werden die Dokumente automatisch generiert und konsistent mit dem erstellten Produkt gehalten.

- *Vereinfachung des Projektmanagements.* Mit Hilfe von CASE-Werkzeugen geplante Projekte können leichter in Teilaufgaben mit bestimmbarem Umfang zerlegt und der Grad der Erfüllung kontrolliert werden.

D 3.3 Einzelwerkzeuge im Software-Entwicklungsprozeß

Der Begriff CASE wird auf eine Vielzahl unterschiedlichster Hilfsmittel angewendet. Dabei werden häufig nicht nur Werkzeuge zur systematischen Analyse und zum systematischen Design darunter verstanden, sondern auch Implementierungshilfsmittel (intelligente Editoren, integrierte Entwicklungsumgebungen) und Testwerkzeuge. In diesem Zusammenhang wird auch zwischen *Upper CASE* und *Lower CASE* unterschieden (Bild D-58). Im folgenden soll schwerpunktmäßig die Anwendung rechnergestützer Hilfsmittel für die Anwendung von Methoden in den Phasen der Anforderungsanalyse und des Designs (Lower CASE) behandelt werden. Werkzeuge für die nachfolgenden Phasen Implementierung, Test und Wartung *(Upper CASE)* – sollen nur insoweit einbezogen werden, als sie in umfassende Systeme integriert sind.

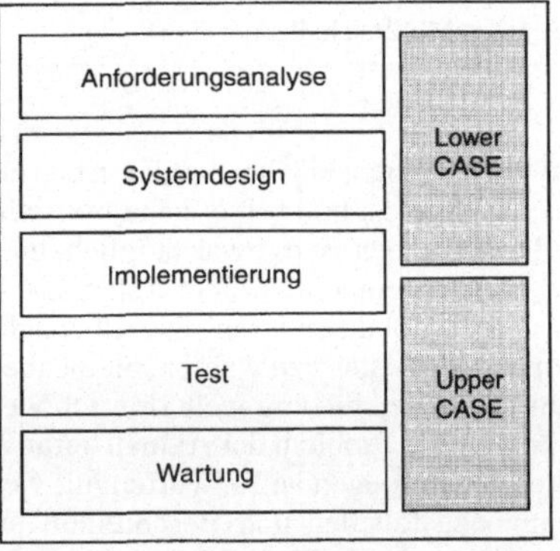

Bild D-58. Upper CASE und Lower CASE

Wie erwähnt, dienen die CASE-Werkzeuge der Umsetzung von Entwicklungsmethoden. Dabei zeigt sich, daß in letzter Zeit eine Konzentration auf wenige, allgemein verbreitete Methoden stattfindet, die von allen wichtigen Werkzeugen unterstützt werden. Dies sind:

- *Struktured Analysis* (SA nach De Marco oder Gane/Sarson, Abschn. D 2.6) für die funktionsbezogene Anforderungsanalyse;

- *Struktured Analysis mit Real-Time-Erweiterung* (SA/RT nach Hatley/Pirbhay oder Ward/Mellor) und Zustandsdiagramme für die Anforderungsanalyse von Echtzeitsystemen;

- *Structured Design* (SD, Abschn. D 2.6) für das funktionale Systemdesign;
- *Entity Relationship Modelling* (ERM, Abschn. D 2.8).

Eine Reihe von früher verbreiteten Methoden (z. B. SADT, JSP, Petri-Netze) befinden sich auf dem Rückzug und werden daher immer seltener von Software-Werkzeugen unterstützt. Bezüglich der objektorientierten Methoden hat dieser Konzentrationsprozeß noch nicht stattgefunden. Hier gibt es noch eine Reihe konkurrierender methodischer Ansätze.

Die folgende Liste enthält eine Übersicht der gebräuchlichsten Arten von Einzelwerkzeugen. Sie kann nicht vollständig sein, da eine Vielzahl unterschiedlicher Hilfsmittel vorhanden sind. Auch die hier aufgeführten werden in den unterschiedlichsten Varianten und Kombinationen angeboten. Den modernen Werkzeugen gemeinsam ist aber, daß sie in der Regel über einen grafischen Editor zur komfortablen Bearbeitung von Diagrammen verfügen. Bei manchen Werkzeugen kann man durch einfaches Setzen von Parametern zwischen verschiedenen Darstellungsweisen strukturell ähnlicher Entwürfe umschalten (z. B. zwischen der Darstellung von SA-Diagrammen nach De Marco oder nach Gane und Sarson). Die Diagrammeditoren werden ergänzt um Dialogmasken zur Bearbeitung ergänzender strukturierter Daten. Oft besteht auch die Möglichkeit der Eingabe von Freitext zur Beschreibung einzelner Elemente.

D 3.3.1 Werkzeuge zur Analysephase

- *Datenflußdiagramme* zur Beschreibung von funktionalen Zusammenhängen (SA);
- *Steuerflußdiagramme* zur Beschreibung von dynamischen Zusammenhängen (SA/RT);
- *Zustands-Übergangs-Diagramme* zur Beschreibung von dynamischen Zusammenhängen;
- *Funktionsbäume* zur Beschreibung von funktionalen Hierarchien;
- *Entscheidungstabellen* zur Beschreibung von logischen Abhängigkeiten;
- *Data Dictionary* zur Beschreibung der Zusammensetzung von Datenströmen und -speichern (SA);
- *Datenmodell-Diagramme* zur Beschreibung des normalisierten Datenmodells (ERM) und

- *Masken- und Listenlayouts* zur Beschreibung der Mensch-Maschine-Schnittstellen.

D 3.3.2 Werkzeuge zur Designphase

- *Modulstrukturdiagramme (Structure Charts)* zur Beschreibung des Strukturellen Aufbaus eines Softwaresystems und der Schnittstellen (SD);
- *Nassi-Shneiderman-Struktogramme* zur Beschreibung logischer Abläufe innerhalb von Programm-Moduln und
- *Denormalisierungs-Werkzeuge* zur Abbildung des Datenmodells auf ein relationales Datenbankdesign.

D 3.3.3 Werkzeuge zur Implementierungsphase

- Generatoren zur Erstellung von *Datenbankdefinitionen* und *-Zugriffsroutinen* aus dem denormalisierten Datenbankdesign und
- Generatoren zur Erstellung diverser *Quellkodebestandteile* aus Modulstrukturdiagrammen, Nassi-Shneiderman-Struktogrammen, Masken- und Listenlayouts oder Entscheidungstabellen.

D 3.3.4 Übergreifende Werkzeuge (nicht einer Phase zuzuordnen)

- *Prototyping-Werkzeuge* zur probeweisen Realisierung von Teilfunktionen und
- *Reverse-Engineering-Werkzeuge* zur Generierung von Analyse- und Designdokumenten (z. B. Moduldiagramme, Nassi-Shneiderman-Struktogramme, ER-Modelle) aus bestehenden Programmen.

D 3.4 Integrierte Entwicklungsumgebungen

Obwohl viele der oben aufgeführten Einzelwerkzeuge auch isoliert angewendet werden können, ist es sinnvoll, sie zu kombinieren und im Zusammenhang anzuwenden. Zum Teil beschreiben die verschiedenen Werkzeuge Sachverhalte, die identisch sind oder in enger Beziehung miteinander stehen. So wird sich beispielsweise das Data Dictionary zu einem Datenflußdiagramm *(Structured analysis)* auf dieselben Datenelemente beziehen, die auch im Datenmodell des *Entity-Relationship-*Modells vorkommen. Allerdings ist die Sichtweise bzw. Problemstellung jeweils unterschiedlich, so daß man nicht das eine Werkzeug durch das andere ersetzen kann.

Neben den *horizontalen* Zusammenhängen *(innerhalb einer Phase)* zwischen den Werkzeugen gibt es auch *vertikale* Zusammenhänge (von einer Entwicklungsphase zur nächsten). So können beispielsweise die Ergebnisse der funktionalen Analyse – mit Zwischenschritten – in ein funktionales Design umgesetzt werden, und ein relationales Datenbankdesign kann aus dem *Entity-Relationship*-Modell entwickelt werden. Sowohl bezüglich der horizontalen als auch der vertikalen Zusammenhängen ist es sinnvoll, eine einheitliche Datenbasis zu verwenden. Dadurch kann nicht nur Mehrfacherfassung von Daten vermieden, sondern auch die übergreifende Integrität überprüft werden.

Neben den inhaltlichen Gesichtspunkten ist es auch vom Gesichtspunkt einer einheitlichen Arbeitsumgebung und aus organisatorischen Gründen sinnvoll, die verschiedenen CASE-Einzelwerkzeuge zu integrierten Paketen zusammenzusetzen (ICASE: *Integrated CASE*). Es befindet sich auch eine Anzahl von integrierten CASE-Produkten auf dem Markt, die verschiedene sich ergänzende Einzelwerkzeuge miteinander kombinieren und mehrere Phasen der Software-Entwicklung (mit unterschiedlicher Gewichtung) abdecken. Integrierte CASE-Werkzeuge können einige zusätzliche Vorteile bieten, die über die bloße Integration der Einzelwerkzeuge hinausgehen:

- Verwendung einer *einheitlichen Bedienoberfläche,* aus der mit allen Funktionen auf gleiche Weise umgegangen werden kann;
- Verwendung einer *einheitlichen Entwicklungsdatenbasis (repository),* in der alle für die Entwicklung einer Anwendung relevanten Daten im Zusammenhang gespeichert werden und einer einheitlichen Versionsverwaltung unterworfen werden können;
- *einheitliche Zugriffsschutz-Mechanismen,* mit denen Zugriffsrechte von Mitarbeitern auf die Bestandteile der zu entwickelnden Anwendung geregelt und beispielsweise konkurrierende Änderungen verhindert werden können.
- Generierung *zusammenhängender Dokumentationen* nach einem einheitlichen Schema.

Neben der Integration der CASE-Werkzeuge (im engeren Sinne) sind in solche Pakete bisweilen auch andere im Zusammenhang mit der Softwareentwicklung stehende Komponenten eingebunden. So bieten beispielsweise Datenbank-, 4GL- (4. Generation Language; Sprache der 4. Generation, Abschnitt D 6.3) und auch Hardware-Hersteller CASE-Umgebungen an, die einen unmittelbaren Übergang auf ihr sonstiges Produktspektrum bieten.

Allerdings ist die Integration von CASE-Werkzeugen auch mit folgenden schwer überwindbaren Problemen verbunden:

- Den integrierten Werkzeugen liegen häufig *unterschiedliche Methodenansätze* zugrunde, die sich nur schwer integrieren lassen. So haben das Data Dictionary der strukturierten Analyse und das Entity-Relationship-Modell zwar offenbar miteinander zu tun. Es ist jedoch nicht einfach zu bestimmen, wie die Verbindung zwischen beiden herzustellen ist.
- Beim Übergang von *einer Phase zur anderen* kann es zu einem Methodenbruch kommen. Das ist beispielsweise beim Übergang von der Strukturierten Analyse zum Strukturierten Design der Fall. Manche CASE-Hersteller lösen das Problem, indem sie mit getrennten Entwicklungsdaten arbeiten. Dabei kann zwar die Grundlage der zweiten Phase aus der ersten generiert werden; danach ist aber die Konsistenz zwischen beiden nur noch schwer sicherzustellen.
- Die Verwendung integrierter CASE-Werkzeuge legt deren Anwender weitgehend auf einen Hersteller fest. Es müssen unter Umständen Einzelbestandteile verwendet werden, obwohl sie vielleicht von geringerer Qualität sind oder sich für den verfolgten Zweck weniger eignen als andere Produkte, die aber nicht integrierbar sind.

D 3.4.1 Rahmenmodelle für die Werkzeugintegration

Um die Möglichkeit der Kombination von Einzelwerkzeugen verschiedener Hersteller zu eröffnen, bedarf es eines normierten Architekturmodells. Dadurch wird festgelegt, welche Aufgaben ein Bestandteil zu erfüllen hat und wie es sich in das Ganze einordnet.

Ein solches Architekturmodell stellt das *CASE Environment Framework Reference Model* der European Computer Manufacturers Association (ECMA) von 1991 dar. Wegen seiner übli-

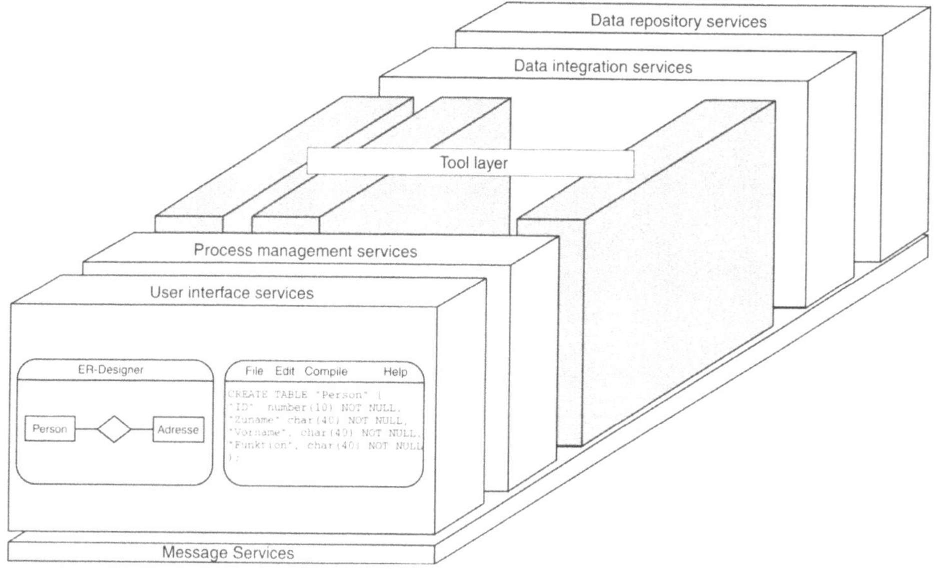

Bild D-59. ECMA-Referenzmodell.

chen grafischen Darstellung (Bild D-59) wird es häufig als *Toaster-Modell* bezeichnet. Nach diesem Modell werden in einer integrierten CASE-Umgebung folgende Funktionen übergreifend wahrgenommen:

- Die *Data Repository Services* dienen der Speicherung der Entwicklungsdaten auf unterer Ebene.
- Die *Data Integration Services* sorgen für eine von der physikalischen Speicherung unabhängigen, abstrahierten Zugriff auf die Entwicklungsdaten und sind zuständig für Versions- und Konfigurationsverwaltung.
- Die *Process Management Services* bilden eine Schicht zwischen der Benutzerschnittstelle und den eigentlichen Werkzeugen; sie verwalten die Zugriffsmöglichkeiten der Anwender und stellen eine Abstraktionsebene zu den Werkzeugen dar.
- Die *User Interface Services* stellen eine konsistente Bedienoberfläche zur Verfügung und dienen der Trennung von Oberfläche und Funktionalität.
- Die *Message Services* dienen dem Informationsaustausch zwischen den anderen *Services*

sowohl untereinander als auch mit den eigentlichen Werkzeugen.

Die einzelnen CASE-Werkzeuge ordnen sich nach diesem Modell mittels festgelegter Schnittstellen so ein, daß sie über die *Message Services* mit den *Data Integrations Services* und den *Process Management Services* verbunden sind und stellen ihre Dienste gewissermaßen unsichtbar zur Verfügung.

Das ECMA-Modell wird in Beschreibungen von ICASE-Werkzeugen häufig verwendet und dient, zumindest in Europa, als allgemein anerkannter, aber sehr abstrakter Architektur-Rahmen. Wie weit es seiner eigentlichen Bestimmung, die Basis zur Integration von Werkzeugen verschiedener Hersteller zu definieren, gerecht wird, kann derzeit nicht gesagt werden, da es kaum Realisierungen in diesem Sinne gibt.

Eine bekannte Alternative zu dem ECMA-Modell besteht im *AD/Cycle*-Modell der Firma IBM (AD: *application development,* d. h. Anwendungsentwicklungszyklus). Es hat eine ähnliche Struktur, ist aber in vieler Hinsicht konkreter ausgestaltet, hat aber keine über den proprietären Bereich hinausgehende praktische Bedeutung.

Tabelle D-6. Attributtabellen im CASE-Werkzeug

Attribut für entity „Person"

Name	Domäne	Datentyp	Status
ID	Person ID	long	Primary key
Zuname	Text 40	char [41]	Not null
Vorname	Text 40	char [41]	Not null
Funktion	Text 40	char [41]	Not null

Attribut für entity „Adresse"

ID	Adress ID	long	Primary key
Person ID	Person ID	long	Foreign key
Straße	Text 40	char [41]	Not null
Ort	Text 40	char [41]	Not null
Land	Text 40	char [41]	Not null

D 3.4.2 Datenaustausch zwischen Werkzeugen

Auch wenn keine direkte Integration von CASE-Werkzeugen verschiedener Hersteller zur einer einheitlichen Umgebung gegeben ist, so besteht doch ein Interesse an offenen Schnittstellen, damit einerseits die Möglichkeit einer Übertragung von Arbeitsergebnissen zu anderen Werkzeugen besteht, mit denen Folgephasen abgedeckt werden. Außerdem muß aus Gründen der Hersteller-unabhangigkeit gefordert werden, daß die Entwicklungsdaten prinzipiell auch mit einem anderen Werkzeug weiterbearbeitet werden können.

Mit dem *Portable Common Tool Environment* (PCTE), einem europäischen Standard zur Werkzeugintegration, ist zwar eine standardisierte Schnittstelle für den Datenaustausch zwischen CASE-Anwendungen gegeben; die Implementierung dieser Schnittstelle in den Werkzeugen kann aber eher als Ausnahme angesehen werden. Häufiger realisiert sind Export- und Importfunktionen mit Hilfe nichtstandardisierter Austauschformate, die zwar einen Datenaustausch prinzipiell ermöglichen, dabei aber zumindest Konvertierungen der Formate erforderlich machen.

Ein Datenaustausch zwischen CASE-Werkzeugen ist jedoch ohnehin problematisch, da keine einheitlichen internen Strukturen gegeben sind, selbst wenn auf gleichen Methoden aufgesetzt wird. Oftmals werden aber in den CASE-Werkzeugen unterschiedliche Varianten oder Erweiterungen der jeweiligen Funktionen verwendet, die eine Übertragung der Entwicklungsdaten weiter erschweren. Beispielsweise kann ein ER-Modell von einem Werkzeug, das 1:1-Relationen zuläßt, nicht auf ein anderes übertragen werden, in dem solche Relationen nicht darstellbar sind.

D 3.5 Beispiel einer CASE-orientierten Anwendungsentwicklung

Im folgenden soll an einem Beispiel aus der Datenmodellierung die Anwendung eines CASE-Werkzeugs vorgeführt werden. Dabei wird gezeigt, wie ausgehend von einem *Entity-Relationship*-Modell bis zur Generierung von Datenbank-Definitions- und Zugriffsroutinen fortgeschritten werden kann. Ausgangspunkt ist ein einfaches ER-Modell, das nur zwei Entities mit einer einfachen 1:n-Beziehung enthält. Es handelt sich dabei um eine Personendatenbank, in der einem Personendatensatz eine beliebig große Anzahl von Adressen zugeordnet werden kann. Zu jedem Personendatensatz muß mindestens ein Adreßdatensatz vorhanden sein (Bild D-60). Die im Beispiel sehr einfach gehaltenen Attributtabellen zu den beiden Entities sind Tabelle D-6 zu sehen.

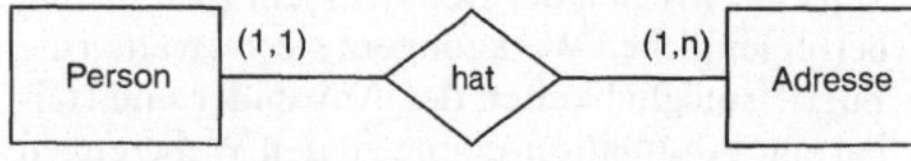

Bild D-60. ER-Modell einer Beispielanwendung in CASE-Werkzeug.

Bereits aus diesem einfachen Modell können mit Hilfe des CASE-Werkzeuges verschiedene Anwendungsteile automatisiert erstellt wer

Tabelle D-7. Generierte SQL-Anweisungen zum Anlegen der Datenbanktabellen

```
CREATE TABLE "Person"  (
        "ID"            number (10)         NOT NULL,
        "Zuname"        char (40)           NOT NULL,
        "Vorname        char (40)           NOT NULL,
        "Funktion"      char (40)           NOT NULL
);
CREATE UNIQUE INDEX "ind_Person"
ON "Person" (
        „ID"
);
CREATE TABLE "Adresse" (
        "ID"            number (10)         NOT NULL,
        "PersonID"      number (10)         NOT NULL,
        "Strasse"       char (40)           NOT NULL,
        "Ort"           char (40)           NOT NULL,
        "Land"          char (40)           NOT NULL
);
CREATE UNIQUE INDEX „ind_Adresse"
ON "Adresse" (
        "ID"
);
```

den. Hier abgebildet sind: generierte SQL-Anweisungen zum Anlegen der Datenbanktabellen (Tabelle D-7), generierte Strukturtypendefinitonen für eine C-Headerdatei (Tabelle D-8) und eine Zugriffsroutine in C mit Embedded SQL zum Lesen eines Datensatzes anhand des gegebenen Primärschlüssels (Tabelle D-9).

Tabelle D-8. Generierte C-Headerdatei

```
/***     Table Adresse       ***/
typedef struct _t_Adresse {
      AdressID  ID;
      PersonID  PersonID;
      Text40    Strasse;
      Text40    Ort;
      Text40    Land;
}   t_Adresse;

/*** Table Person ***/

typedef struct _t_Person {
      PersonID  ID;
      Text40    Zuname;
      Text40    Vorname;
      Text40    Funktion;
}   t_Person;
```

D 3.6 Entwicklungstendenzen

In diesem Abschnitt sollen einige Faktoren diskutiert werden, die einen wesentlichen Einfluß auf die künftige Entwicklung im CASE-Bereich haben werden.

D 3.6.1 Downsizing und Ad-Hoc-Entwicklung

Unter *Downsizing* versteht man folgendes:

> Umfangreiche Programme und komplexe Anwendungen befinden sich nicht mehr auf großen zentralen Rechnern, sondern zunehmend auf kleineren, leistungsfähigen Arbeitsplatzrechnern (workstations).

Eine *Ad-Hoc-Entwicklung* ist folgendermaßen definiert:

> Unter einer Ad-Hoc-Entwicklung versteht man keine systematische Entwicklung, sondern eine spontane Entwicklung, die über entsprechende Werkzeuge schnell und sicher erstellt werden kann.

Infolge der enormen Erhöhung der Leistungsfähigkeit von Arbeitsplatzcomputern und Netzen ist es zu einem Trend der *Dezentralisierung* von Anwendungen gekommen. Statt auf

Table D-9. Generierte Zugriffsroutine zum Lesen eines Datensatzes

```
GLOBAL     int CDread_Person (inp, oup, stat)
INPUT      t_Person *inp;
OUTPUT     t-Person *oup;
           t_status *stat;
{
           ClearStatus(stat);
           CopyKeyToHostVar(inp);
           /* read data from database */
           EXEC SQL SELECT
                 "ID",
                 "Zuname",
                 "Vorname",
                 "Funktion"
           INTO
                 :h_1,
                 :h_2,
                 :h_3,
                 :h_4
           FROM "Person"
           WHERE
                 "ID"  =  :h_1
           ;
           if (sqlca.sqlcode ! = 0) {
                 CD-mkerr (sqlca.sqlcode>0?EDBNOTFOUND:EDBREAD,
                          sqlca.sqlerrm.sqlerrmc,
                          "Person",
                          "%ld",
                          "ID",
                          inp->ID
                 ) ;
           }
           CopyHostVarToRecord(oup);
           GetStatus (sqlca.sqlcode,EDBREAD,stat);
           retuirn stat->fcterr;
}
```

großen Zentralrechnern laufen die Anwendungsprogramme zunehmend auf Arbeitsplatzrechnern, die untereinander vernetzt und mit einem größeren Computer (Server) zur Datenhaltung verbunden sind. Gleichzeitig kommen immer mehr Werkzeuge (z. B. Datenbankprogramme mit integrierter Bedienoberfläche oder Listengeneratoren) auf den Markt, die es erlauben, mäßig anspruchsvolle Anwendungen ohne große Vorbereitungen spontan zu erstellen, unter Umständen sogar von den Anwendern selbst. Dabei gewinnt die Bedienoberfläche selbst, also die *Optik* und *Bedienerführung* der Programme, ein immer größeres Gewicht.

Auf diesem Gebiet dürften die mächtigen, aufwendigen und nicht ohne entsprechende Ausbildung zu bedienenden CASE-Werkzeuge an Bedeutung verlieren. Allerdings betrifft dies immer nur einen Teil der Anwendungen (vor allem einfache, unkritische Programme und Datenauswertungen). Deshalb wird die methodische Entwicklung korrespondierender Anwendungen immer wichtiger, um eine Entwicklung mit Ad-Hoc-Werkzeugen überhaupt zu ermöglichen. (z. B. muß ein entsprechendes Design gegeben sein, damit Anwender eigene Auswertungen aus zentralen Datenbanken erstellen können).

D 3.6.2 Offene und verteilte Software-Architekturen

Eine gegenläufige Entwicklung ergibt sich aus der – mit dem oben erwähnten Trend zum *Downsizing* zusammenhängenden – Tendenz zur Auflösung großer monolithischer Anwendungsprogramme in offene Softwaresysteme mit standardisierten Schnittstellen. Das ECMA-Referenzmodell (Abschn. D 3.4.1) ist selbst ein Beispiel für eine solche Architektur. Hier werden Anwendungspakete aus verschiedenen vorgefertigten Komponenten zusammengesetzt, die sogar von verschiedenen Herstellern angeboten werden können. Derartige Software-Architekturen stellen sehr hohe Anforderungen an die Designqualität (insbesondere bezüglich der Schnittstellen) und an das Versions- und Konfigurationsmanagement. Daher dürfte in diesem Bereich die Tendenz zum Einsatz rechnergestützter Hilfsmittel bei der Softwareentwicklung Auftrieb erhalten.

D 3.6.3 Objektorientierte Programmierung

Ein weiterer Faktor, der die Entwicklung der CASE-Werkzeuge beeinflussen wird, besteht in der zunehmenden Durchsetzung der objektorientierten Programmierung (Abschn. D 2.10) in der Anwendungsentwicklung. Der objektorientierte Ansatz bietet ein einheitliches Konzept für alle Phasen der Softwareentwicklung an, von der Anforderungsanalyse bis zur Implementierung. Damit können die Methodenbrüche, die jetzt bei der Integration sowohl innerhalb der Phasen (z. B. zwischen der Strukturierten Analyse und der *Entity-Relationship*-Modellierung) als auch zwischen den Phasen (z. B. zwischen der Strukturierten Analyse und dem Strukturierten Design) überwunden werden. Dazu kommt, daß die Vorteile der objektorientierten Anwendungsentwicklung, die beispielsweise aus der Vererbung und der Wiederverwendbarkeit resultieren, nur dann zum Tragen kommen, wenn die Entwicklungsprojekte entsprechend geplant werden. Schließlich neigen objektorientiert entwickelte Anwendungen auch dazu, durch die verschachtelten Objektreferenzen sehr komplex zu werden. All dies führt dazu, daß CASE-Werkzeuge bei derartigen Projekten von elementarer Wichtigkeit sind.

Heute gibt es gegenwärtig noch keine standardisierte oder zumindest dominierende Darstellungstechnik für objektorientierte Modelle. Andererseits sehen sich die Hersteller von CASE-Werkzeugen gezwungen, dem Bedarf Rechnung zu tragen und implementieren dementsprechend unterschiedliche objektorientierte Methodenansätze. Es ist aber zu erwarten, daß es nach einiger Zeit zu einer gewissen Vereinheitlichung kommt.

D 4 Wissensbasierte Systeme, Expertensysteme und künstliche Intelligenz

Künstliche Intelligenz ist der Versuch, den Computer mit Problemlösungsfähigkeiten und einem Verhalten auszustatten, das beim Menschen als *intelligent* gilt. Dazu gehört die *Verarbeitung von Wissen*, die *Modellierung der realen Welt* sowie die Fähigkeit *zu lernen* und mit *Unsicherheiten* umzugehen. Einer der wichtigsten Ansätze ist die Verwendung von Heuristiken, d. h. von Erfahrungswissen und von Regeln, die sich in der Praxis bewährt haben.

D 4.1 Wissensbasierte Systeme und künstliche Intelligenz im Überblick

D 4.1.1 Zielsetzung

Die klassischen Methoden der Informatik und der Softwareentwicklung stoßen dort an ihre Grenzen, wo Intelligenz oder komplexes Wissen für die Problemlösung unverzichtbar sind. Dieses Wissen wurde vom Menschen durch Lernen von Kindheit an oder aus Erfahrung gewonnen; es ist vage, unstrukturiert und häufig unbewußt. Um Probleme mit dem Computer lösen zu können, die Wissen, Erfahrung und Intelligenz voraussetzen, sind Methoden notwendig, die man mit dem Schlagwort *Künstliche Intelligenz* (KI oder AI: Artificial Intelligence) zusammenfaßt. Die Verarbeitung und Modellierung von *Wissen* hat dabei – und auch über die Künstliche Intelligenz hinaus – eine solche Bedeutung, daß man sie gleichberechtigt neben die Künstliche Intelligenz stellt. Ein wichtiger Anwendungsbereich, der gleichermaßen die Wissensverarbeitung und die KI repräsentiert, sind die *Expertensysteme* (XPS). Aufgrund ihrer Bedeutung werden sie als erstes behandelt, um damit in die Denkweise der KI einzuführen.

Tabelle D-10. Lösungsansätze der Künstlichen Intelligenz und der Expertensysteme im Vergleich

	Wissenschaftlicher Ansatz: Kognitiver Ansatz	Ingenieurmäßiger Ansatz: Intelligente Methoden	Ingenieurmäßiger Ansatz: Problemlösungsverhalten
Künstliche Intelligenz	Mit Hilfe von Computern Kenntnisse über das menschliche Denken zu bekommen.	Den Computer durch Methoden, die dem menschlichen Denken nachgebildet sind, intelligenter zu machen.	Computern ein Problemlösungsverhalten zu implementieren, das man beim Menschen als intelligent akzeptieren würde.
Expertensysteme	Mit Hilfe von Computern das Problemlösungsverhalten von Experten zu erforschen.	Diejenigen Methoden auf dem Computer zu verwenden, die dem Verhalten menschlicher Experten nachgebildet sind.	Computern ermöglichen, beim Lösen eng umrissener Problembereiche dieselbe Qualität der Problemlösung zu besitzen, die ein Experte hat.

D 4.1.2. Vergleich der Expertensysteme mit Künstlicher Intelligenz

Werden Expertensysteme und KI verglichen, kann dies von der Warte des Ingenieurs und des Informatikers aus gesehen werden, die Probleme mit Hilfe des Computers lösen wollen. Eine andere Blickweise ist die der *Kognitions-Forschung,* die das *menschliche Denken* erforscht und in der die methodischen und historischen Wurzeln der KI liegen. Tabelle D-10 zeigt eine Gegenüberstellung.

D 4.2. Expertensysteme und Wissensverarbeitung

Für Problemlösungen, die das Verständnis für komplexe Zusammenhänge oder Erfahrungswissen erfordern, muß der Computer Wissen verarbeiten und Beziehungen zur realen Welt berücksichtigen können. Das Wichtigste dabei ist die *Modellierung, Repräsentation* (Darstellung) und *Verarbeitung von Wissen* im Rechner. Dies gilt für viele Bereiche der KI, insbesondere aber für Expertensysteme. Expertensysteme sind ein Ansatz, intelligente Softwaresysteme für Aufgabenstellungen zu entwickeln, die menschliches Erfahrungswissen erfordern. Zu den beiden klassischen Bereichen: Algorithmen und Daten kommen bei Expertensystemen noch *Erfahrungswissen, Problemlösungsstrategien* und *Unsicherheit* als wesentliche Voraussetzungen der Problemlösung hinzu (Bild D-61).

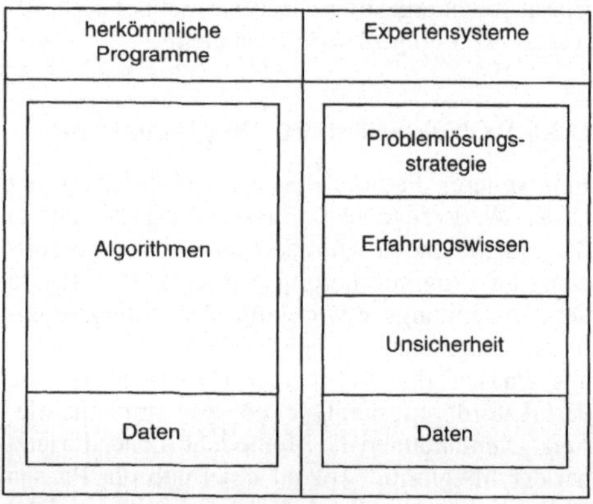

Bild D-61. Unterschied zwischen herkömmlichen Programmen und Expertensystemen.

D 4.2.1 Grundlagen und Definition

Ein Expertensystem kann folgendermaßen beschrieben werden:

> Ein Expertensystem ist ein wissensbasiertes System, welches das Problemlösungswissen eines oder mehrerer Experten zu einem bestimmten Aufgabenbereich beinhaltet und für diesen Aufgabenbereich die Problemlösungskompetenz eines Experten hat.

Diese Definition greift drei wichtige Aspekte des Expertensystems auf:

Tabelle D-11. Vergleich der Problemlösungsansätze zwischen klassischen Systemen und Expertensystemen

	Klassische Systeme	Expertensysteme
Wichtigstes Wissen	Formeln, Theorien	Erfahrungswissen
Wissen im System	implizit	explizit
Wichtigste Modelle	Grundlegende Modelle	Problemlösungsmodelle

- Es ist ein Wissensbasiertes System, d. h. das System verwendet und verarbeitet gespeichertes Wissen (Implementierungstechnik);
- es beinhaltet Expertenwissen, d. h. auf Erfahrung basierende Kenntnisse (Entwicklungsbasis) und
- es hat Problemlösungskompetenz, d. h. die Fähigkeit, Probleme zu lösen (Verhalten des Systems).

Der Unterschied zu herkömmlichen Programmen ist in Tabelle D-11 gegenübergestellt.

Die Vorteile der Expertensysteme sind:

- sie sind nicht auf Formelwissen und mathematische Modelle angewiesen,
- sie können Erfahrungswissen verarbeiten und mit anderem Wissen kombinieren,
- das Wissen wird im System explizit repräsentiert, damit sind die Schlußfolgerungen nachvollziehbar, überprüfbar und verifizierbar und

- dem Ersteller werden Programmierdetails etwa der Ein- und Ausgabe oder der Regelabarbeitung abgenommen.

Bild D-62 zeigt den allgemeinen Aufbau eines Expertensystems.

Ein Expertensystem besteht aus der *Wissensbasis* (Expertenwissen) und dem *Steuerungssystem* (Möglichkeiten zur Problemlösung). Das Steuerungssystem besteht, wie Bild D-62 zeigt aus folgenden Teilen:

Dialog-Komponente
Sie führt den Dialog mit dem Benutzer und ermöglicht dem Experten das Testen des Systems.

Erklärungs-Komponente
Sie erklärt die Vorgehensweise des Experten, liefert Begründungen und Rechtfertigungen für den Benutzer und hilft dem Ersteller bei der Fehlersuche und -behebung.

Wissenserwerbs-Komponente
Sieermöglicht die Eingabe und die Änderung des

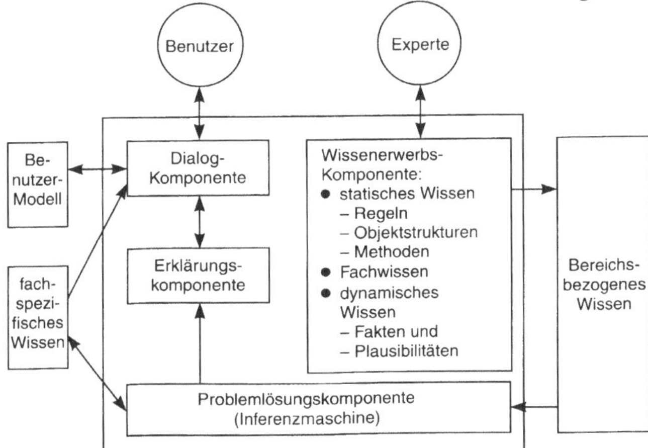

Bild D-62. Aufbau eines Expertensystems.

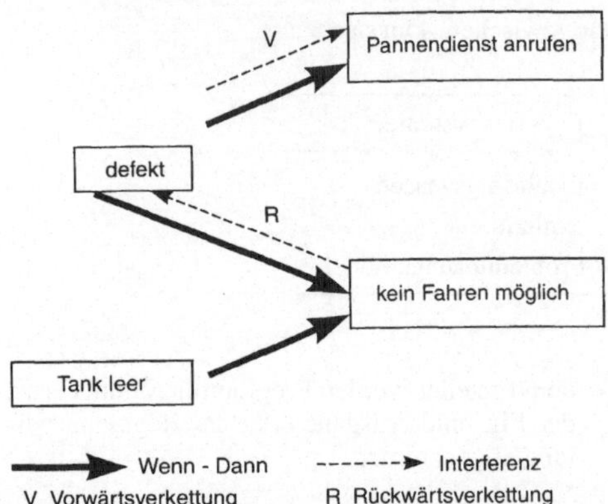

Bild D-63. Beispiel zur Kombination von Vorwärts-
und Rückwärtsverkettung.

Expertenwissens. Dieses Wissen besteht aus dem
statischen Wissen (Regeln, Objektstrukturen und
Methoden), dem *Fachwissen* und dem *dynamischen* Wissen (Fakten und Plausibilitäten).

Problemlösungs-Komponente (Inferenzmaschine)
Hier wird das Expertenwissen herangezogen, um
das Problem des Benutzers zu lösen.

Benutzer-Modell
Das System wird in die Lage versetzt, sich mit
den Vorlieben des Benutzers (z. B. Vorkenntnisse,
Risikofreude, Vorliebe für Grafiken) einzustellen
und entsprechend zu reagieren.

Die *Wissensbasis* kann nach der Herkunft des Wissens gegliedert werden in:

- bereichsspezifisches Wissen (vom Experten er-
  worben) und

- fachspezifisches Wissen (vom Benutzer eingegeben).

Die Ungewißheit des Wissens und die in allen
praktischen Problemen vorhandene *Unsicherheit*
machen es notwendig, sich auch mit der Modellierung und Verarbeitung von Unsicherheit zu
beschäftigen.

  Ein klassisches Beispiel für die Anwendung
von Erfahrungswissen ist die Wettervorhersage.
Die üblichen Methoden der Wettervorhersage
versuchen, aufgrund physikalischer Modelle die
Strömungen der Atmosphäre vorauszuberechnen.
Dies erfordert einen sehr hohen Aufwand für
Meßgeräte und Satelliten, an Entwicklungsarbeit

und Computern und liefert doch nur sehr grobe
Werte über sehr kurze Zeiträume. Expertenwissen liegt nun aber allgemein („Wenn der Luft-
druck fällt, wird das Wetter schlechter“) und für
bestimmte Regionen („Wenn die Mittagsspitze
morgens eine Nebelfahne hat, kommt ein Gewit-
ter“) als Erfahrungswissen vor. Ein Expertensystem nutzt dieses Erfahrungswissen und kommt
so mit relativ geringem Aufwand zu guten Ergebnissen.

D 4.2.2 Wissensverarbeitung und Wissens-
repräsentation

Die Wissensrepräsentation erfolgt üblicherweise
mit folgenden Methoden:

Regeln

Ein regelbasiertes System besteht aus einer Datenbasis mit den gültigen Daten und den Regeln,
die zur Herleitung neuer Daten dienen sowie der
Problemlösungskomponente (Inferenzmaschine)
zur Steuerung des Herleitungsprozesses. In einer
Regel werden logische bzw. empirische Zusammenhänge zwischen Aussagen festgelegt. Eine
Regel ist im einfachsten Fall von der Form:

> WENN Voraussetzung DANN Folgerung,

wobei Voraussetzung und Folgerung durchaus
komplexe Aussagen sein können, die auch Variablen enthalten. Wichtige Eigenschaften, die
gleichzeitig den Unterschied zu Entscheidungstabellen (Abschn. D 2.2) aufzeigen, sind:

- Regeln können vorwärts und rückwärts abgearbeitet und beliebig verknüpft werden,

- Variablen können in den Regeln verwendet
  werden. Bei der automatische Bindung von Variablen wird die Variable mit einem möglichen
  Wert belegt, dabei sucht das System selbst passende Werte für die Problemlösung,

- Unsicherheitsverarbeitung: Unsicherheit in den
  Regeln und in den Aussagen wird korrekt
  verknüpft und weiterverarbeitet.

Beispiele für Regeln sind:

> WENN Regen SEHR PLAUSIBEL ist,
> DANN ist es SEHR empfehlenswert, einen
> Schirm mitzunehmen.

Objekte und Frames

Damit wird es möglich, Daten strukturiert abzu-speichern und mit *Basiswissen* über ihre Verwen-dung zu versehen. Ein *Frame* zeigt die Struktu-ren aller Eigenschaften eines Objektes. Objekte können selbständig Berechnungen durchführen und über das Austauschen von Nachrichten mit-einander kommunizieren. Die Beschreibung der Objekte in den Frames geschieht durch *Slots*, die Attribute, Methoden oder andere Frames enthal-ten können, ähnlich wie in der objektorientier-ten Programmierung (Abschn. D 2.10). Frames können Spezialisierungen eines anderen Frames sein, so daß hier auch Vererbungskonzepte an-wendbar sind. Im folgenden ist dies an einem Beispiel sichtbar:

```
FRAME (OBJEKT): VW-Käfer
  VATER (SPEZIALISIERUNG VON): Auto
FRAME (OBJEKT): Auto
  VATER (SPEZIALISIERUNG VON): Fahr-
zeug
  SLOT (ATTRIBUT): Farbe
  SLOT (ATTRIBUT): Treibstoffverbrauch
  SLOT (METHODE): Berechne Treibstoffver-
brauch
  SUBFRAME (TEILOBJEKT, PART): Motor
FRAME (OBJEKT): Motor
  VATER (SPEZIALISIERUNG VON) An-
triebsaggregat
  SLOT (ATTRIBUT): Energielieferant IST
Kraftstoff
  SLOT (ATTRIBUT): PS-Zahl
  SLOT (ATTRIBUT): Art der Kühlung
```

In diesem Fall erbt das Objekt VW-Käfer vom Vater-Objekt Auto die Attribute Farbe und Treib-stoffverbrauch, vom Teil-Objekt Motor die PS-Zahl. Das Attribut Energielieferant, das vom Va-terobjekt Antriebsaggregat ererbt wurde, hat im-mer den Wert „Kraftstoff".

Constraints

Damit werden lokale Rand- und Nebenbedingun-gen festgelegt, die beachtet werden müssen (z. B. beim Auto die Fahrtauglichkeit im Winter).

D 4.2.3 Problemlösungskomponente (Inferenz-maschine)

Die Abarbeitung der Regeln wird durch ein spezi-elles Programm, die Inferenzmaschine (inference engine) übernommen. Die Inferenzmaschine ist im allgemeinen ein Teil der *Expertensystem-schale*, bei regelbasierten Systemen kann man sie als *Regelinterpreter* auffassen und implementie-ren. Wichtige Funktionen der Inferenzmaschine sind:

- Sie bestimmt automatisch die Regeln, die anzu-wenden sind, um gesuchte Fakten herzuleiten;
- sie bestimmt die Fragen an den Benutzer, wenn die Fakten nicht anders hergeleitet werden können;
- sie verknüpft die einzelnen Regeln mit dem vor-handenen Wissen, um so neues Wissen (Folge-rungen, Aussagen) herzuleiten;
- sie bestimmt die Objekte und Attribute, die benötigt werden, damit eine Regel eingesetzt werden kann;
- Sie verwaltet die Belegung von Attributen, die Vererbung und die Plausibilität von Aussagen.

In Bild D-64 ist das Prinzip der Inferenzmaschine dargestellt.

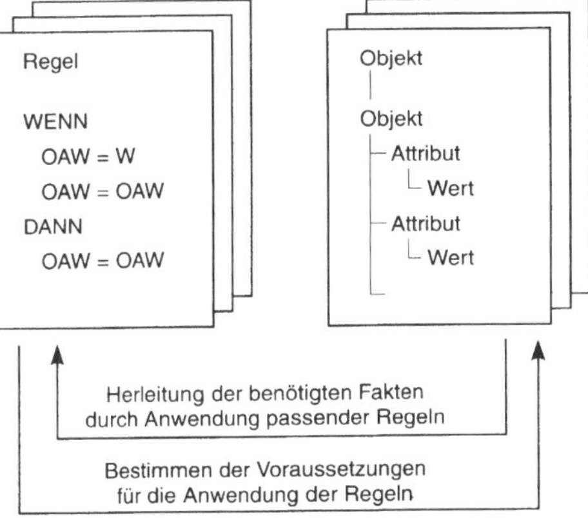

Bild D-64. Prinzip der Inferenzmaschine bei regelba-sierten Systemen.

Eine Inferenzmaschine besteht aus folgenden zwei Teilen:

Ablaufsteuerung
Es wird der Beginn festgelegt und die Strategien, mit denen Konflikte beseitigt werden.

Ablaufstrategie
Dabei wird festgelegt, in welcher Art die Regeln

abgearbeitet werden. Als reine Formen gibt es die *Vorwärtsverkettung* und die *Rückwärtsverkettung*. In der Vorwärtsverkettung wird die Regel „Wenn Voraussetzung dann Folgerung" interpretiert als: „Wenn die Voraussetzung gilt, kann man schließen, daß auch die Folgerung gilt." Beispielsweise: WENN Auto defekt, DANN kein Fahren möglich. Man schließt also aus der Tatsache, daß das Auto defekt ist darauf, daß man nicht fahren kann. Bei der Vorwärtsverkettung wird, ausgehend von einer vorhandenen Datenbasis, aus den Regeln Schlußfolgerungen gezogen und damit die Datenbasis verändert. Dies geschieht solange, bis keine Regeln mehr vorhanden sind. Damit sind lediglich Schlußfolgerungen aus einer bekannten Datenbasis möglich. In der *Rückwärtsverkettung* ist dieselbe Regel folgendermaßen anzuwenden: „Um die Folgerung zu zeigen, muß man zeigen, daß die Voraussetzung gilt" oder „Wenn die Folgerung diagnostiziert wurde, dann kann man auf die Voraussetzungen rückschließen". Mit der Rückwärtsverkettung kann man durch gezieltes Erfragen noch unbekannte Daten erfahren. Man kann beispielsweise, wenn das Auto nicht fährt, nicht nur auf die mögliche Ursache „defekt" schließen, sondern auch auf andere Ursachen, wie beispielsweise „Benzinmangel".

Rückwärts- und Vorwärtsverkettung kann man auch kombinieren. So kann man aus den folgenden drei Regeln:

> WENN Auto defekt, DANN kein Fahren möglich;
> WENN Tank leer, DANN kein Fahren möglich;
> WENN Auto defekt, DANN Pannendienst anrufen

und den Fakten:

> kein Fahren möglich und Tank nicht leer

durch Rückwärtsverkettung (R) auf „Auto defekt" schließen und dann durch Vorwärtsverkettung (V) die Aktion „Pannendienst anrufen" ableiten (Bild D-63).

D 4.2.4 Unsicherheit

Schon in den oben aufgeführten Regeln wurde deutlich, daß sie Erfahrungswissen repräsentieren, das auch Ausnahmen kennt und niemals absolut ist. Auch die Eingaben an das System können mit Unsicherheit behaftet sein. Deshalb müssen Expertensysteme – wie alle anderen intelligenten Sy-

steme – fähig sein, Unsicherheit zu verarbeiten. Eine mögliche Art der Unsicherheitsrepräsentation ist die *Fuzzy-Logik*. Die weiteren Ausführungen folgen in Abschn. D 5.

D 4.2.5 Entwicklung von Expertensystemen

Die Komplexität der Expertensystem-Entwicklung verlangt andere Methoden, Werkzeuge und Vorgehensweisen als in der klassischen Software-Entwicklung. Im folgenden werden die wichtigsten Methoden vorgestellt:

Expertensystem-Schalen

Um intelligente Systeme zu implementieren, können spezielle Sprachen und Werkzeuge eingesetzt werden, die den Entwicklungsaufwand verringern und die Entwicklung größerer Expertensysteme überhaupt erst ermöglichen. Die wichtigsten Programmiersprachen der Künstlichen Intelligenz sind *PROLOG* (PROgramming in LOGic), *LISP* (LISt Processing) und die objektorientierte Sprache *Smalltalk*.

Anstelle der Implementierung in einer klassischen oder einer KI-Sprache werden bei der Erstellung von Expertensystemen sogenannte Expertensystem-Schalen verwendet. Dies sind Programme, die es erlauben, Wissen in das System zu bringen (Wissensakquisitionskomponente), zu testen und das Wissen während der Konsultation abzuarbeiten (Inferenzkomponente). Außerdem enthalten Schalen im allgemeinen Module zur Erstellung der Benutzerschnittstelle (user interface) und ein automatisches Hilfemodul. Bild D-65 zeigt die Expertensystem-Entwicklung mit Hilfe einer Expertensystem-Schale.

Knowledge Engineering

Den Kernpunkt der Entwicklung von Expertensystemen stellt das Knowledge Engineering dar.

> Knowledge Engineering umfaßt das *Erfassen*, *Modellieren* und *Testen* von Expertenwissen.

Expertensystem-Entwicklung ist kein linearer, sondern ein zyklischer Prozeß, bei dem die Schritte Wissensakquisition, Implementierung und Testen unter Umständen sehr oft durchlaufen werden müssen. Die *Wissensakquisition*, d. h. das Erfassen und Strukturieren von Wissen, erfolgt durch Interviews und Durchspielen von Beratungsfällen mit dem Experten. Das Wis-

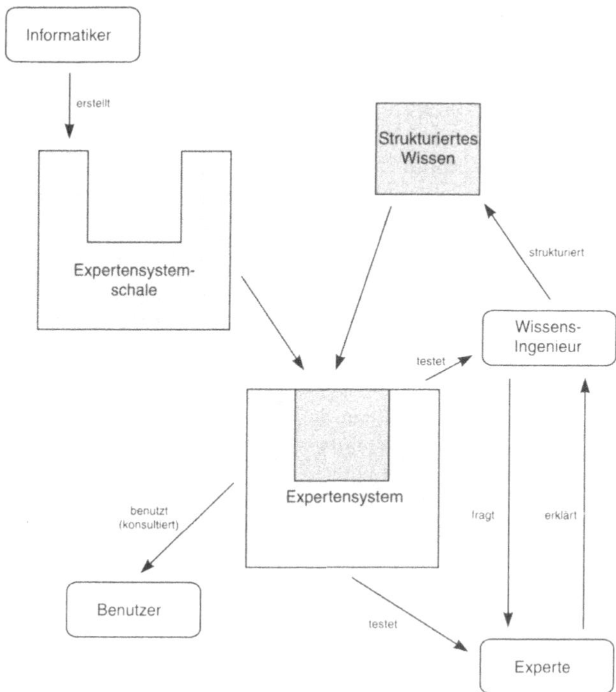

Bild D-65. Entwicklung eines Expertensystems.

sen wird formalisiert und modelliert, beispielsweise durch die grafische Niederlegung in *semantischen Netzen* (Begriffe und Beziehungen, wie im ERM, Abschn. D 2.8), in *Ablaufdiagrammen* (Problemlösungsverhalten) und in *Regeln.* Dieses formalisierte Wissen kann zunächst mit den Experten diskutiert und dann in das Expertensystem – zum Beispiel mit Hilfe einer Schale – implementiert werden.

Prototyping

> Beim Prototyping wird ein erstes lauffähiges Modell entworfen. An ihm werden Tests durchgeführt und Verbesserungen vorgenommen, bis man zum fertigen Produkt gelangt.

Für den späteren Einsatz des Expertensystems ist es wichtig, daß das System die Probleme des Benutzers richtig löst. Dies setzt ein korrektes Wissen, eine dem Expertenvorgehen angemessene Ablaufsteuerung und eine benutzerfreundliche Schnittstelle voraus. All dies kann man bei komplexen Aufgaben nicht auf einen Schlag erreichen. Vielmehr wird man zunächst einen oder mehrere Prototypen entwickeln, die dann laufend getestet und verbessert werden. Im Bereich der Expertensysteme ist eine vollständige Spezifikation des Systems nicht möglich, so daß das Testen und Verbessern des Systems ein wichtiger Teil des Entwicklungszyklus ist. So geht im Laufe des Entwicklungszyklus ein Prototyp allmählich durch Verbesserungen in das operationelle System über. Dabei soll das System vom Experten und von möglichst vielen zukünftigen Nutzern getestet werden. Das Durcharbeiten von praktischen Fällen *(Konsultationen)* kann zunächst anhand des nur auf dem Papier festgehaltenen Wissens, danach anhand des Prototyps und zuletzt mit dem fertigen System geschehen. Für die Bewertung sollten typische Problemfälle bereits während der Wissensakquisition erfaßt und mit dem erwarteten Problemlösungsverhalten zusammen festgelegt werden. Auf diese Weise hat man objektive

Vorgaben für die Beurteilung des fertigen Systems.

D 4.2.6 Beispiel für ein Expertensystem zur Klassifikation

Das folgende Beispiel der Flugzeugerkennung ist typisch für viele Aufgaben für Expertensysteme.

Klassifikation und Identifikation

Die *Klassifikation* eines Objekts erfolgt durch Zuordnung zu einer *Klasse von Objekten* (Typ) aufgrund von Wahrnehmungen oder Beschreibungen. Die *Identifikation* bestimmt nicht nur den Typ des Objekts, sondern das Objekt als Individuum. Klassifikation bestimmt den Typ (B 747), Identifikation das einzelne Objekt (LH-3125 Jumbo-Jet „Landsberg"). Insbesondere dann, wenn man das Objekt nicht selbst sieht, sondern die Beschreibung nur durch Sensoren oder durch einen Beobachter übermittelt wird, ist eine vollständige und genaue Information, die zu einer schnellen und eindeutigen Identifikation führt, die Ausnahme. In der Regel bekommt man von verschiedenen Beobachtern bzw. Sensoren unsichere, lückenhafte, fehlerbehaftete oder widersprüchliche Informationen. Es kann also kein klar und fest vorgegebenes Vorgehen bei der Lösung des Identifikationsproblems geben. Um so schwieriger ist es, dieses Problem datentechnisch zu lösen. Daher liegt es nahe, diese Aufgabe durch ein Expertensystem zu lösen.

Problembeschreibung

Das Ziel des im folgenden beschriebenen Systems ist es, unter 100 sehr ähnlichen Flugzeugtypen den Typ eines Flugzeugs anhand der Beschreibung durch den Benutzer zu erkennen. Der Benutzer sieht dabei ein Bild des Flugzeugs. Das System führt mit dem Benutzer einen Dialog, indem es dem Benutzer Fragen stellt, deren Antworten zur Identifikation des Typs führen. Die Antworten erhält das System nur in Form von Text-Eingaben. Dieses System DAVID (Demonstration For Aircraft Visual Identification) wurde bei Telefunken-Systemtechnik (heute DASA) entwickelt und implementiert. Dieselbe Struktur kann verwendet werden für Systeme zur Bestimmung von Pflanzen, zur Klassifikation von Pilzen (eßbar – giftig) oder zur Fehlersuche in einem komplexen elektrischen oder mechanischen Gerät. Zur Lösung des Problems muß das System

mit einigen Schwierigkeiten fertig werden, die typisch für Expertensystem-Anwendungen sind.

Vorgehen des Experten

Zunächst geht es beim Knowledge Engineering darum, zu ergründen, wie Fachleute das Problem lösen würden. Aus der Diskussion mit Experten (Wissensakquisition) wurde die Vorgehensweise herausgearbeitet:

- Der Experte fragt einige Merkmale ab, die es ihm erlauben, aus der großen Menge der ihm bekannten Flugzeuge eine kleinere Menge von in Frage kommenden Typen auszuwählen. Bei den Fragen sind die folgenden Hauptpunkte zu beobachten: Tragwerk, Leitwerk, Triebwerk und Rumpf.

- Der Experte kennt die Flugzeugtypen, die am häufigsten vorkommen, bzw. die er bisher am häufigsten identifizieren mußte. Er kann also zunächst stichprobenartig nach charakteristischen Merkmalen einiger dieser Flugzeuge fragen.

- Bei der Abfrage von Merkmalen wird der Typ systematisch bestimmt. Dabei wird auch technisches Wissen eingesetzt (z. B. die unterschiedliche Dimensionierung von Tragflächen, Leitwerk und Turbinen je nach benötigter Reichweite und Manövrierfähigkeit).

- Der Experte fragt gezielt nach solchen Merkmalen, mit denen er die verbliebenen Typen sicher identifizieren oder ausschließen kann.

- Aufgrund seiner Erfahrung weiß der Experte, in welcher Reihenfolge er nach den einzelnen Merkmalen fragen muß, um am schnellsten zur Lösung zu gelangen.

- Zum Schluß kann er sich durch gezielte Fragen nach charakteristischen Merkmalen vergewissern, den richtigen Typ erkannt zu haben.

- Die unterschiedliche Begriffswelt der verschiedenen Benutzer sowie die fließenden Übergänge zwischen den Begriffen können zur Folge haben, daß dasselbe Flugzeug von verschiedenen Benutzern unterschiedlich beschrieben wird. So wird die Form des Lufteinlasses von einem Benutzer als „oval", von einem anderen als „hochoval" bezeichnet. Ein Dritter könnte sie mit „abgerundet" und wiederum ein anderer mit „halbrund" beschreiben.

- Eine weitere Schwierigkeit ist die Tatsache, daß der Benutzer das eine oder andere Merkmal

(z. B.: Form des Seitenleitwerks), nach dem er gefragt wird, nicht beschreiben kann. Das kann sehr unterschiedliche Gründe haben und hat daher auch unterschiedliche Auswirkungen auf die Lösungsfindung:

- Wenn das Merkmal bzw. Objekt verdeckt ist, kann auf seine Lage geschlossen werden,
- wenn das Objekt nicht sichtbar ist, brauchen eventuelle weitere Merkmale nicht abgefragt zu werden,
- wenn das Objekt nicht vorhanden ist, kann daraus auf den Typ geschlossen werden.

Wissensstruktur

Das Wissen selbst soll hier nicht dargestellt werden. Das Faktenwissen ist jedem Buch über Flugzeugtypen zu entnehmen. Hier soll vielmehr die Art und Weise aufgezeigt werden, wie das Wissen über die Flugzeuge gegliedert werden kann. Die Wissensstruktur kann in Form eines statischen Objektbaumes (Frames) dargestellt werden (Bild D-66). Die Wurzel des Baumes ist das Objekt „Flugzeug". Darunter befinden sich die Unterobjekte wie beispielsweise Tragwerk, Leitwerk, Triebwerk usw. Diese Unterobjekte haben zum Teil selbst wieder Unterobjekte. Die Unterobjekte

stehen zu ihren Vaterobjekten in der Relation „ist Teil von". Die Eigenschaften der Objekte werden durch Attribute beschrieben.

Regeln

Im Expertensystem enthalten die Regeln nicht nur das Faktenwissen, sondern auch das Vorgehen wird durch die Regeln gesteuert. Außerdem werden die Querbeziehungen zwischen Benutzer- und Expertenbegriffen in Regeln verarbeitet. Zusätzlich werden Konfidenzfaktoren (Plausibilitätswerte) der Regeln und Fakten bestimmt. Durch die Trennung zwischen Benutzer- und Expertenbegriffen sowie der Möglichkeit, Konfidenzfaktoren zu benutzen, ist dieses System schon sehr gut in der Lage, auch die Unsicherheit des Beobachters zu berücksichtigen. Beispiele von Regeln sind:

Regel zur Verknüpfung von Eingabe und internen Annahmen:

```
IF Lufteinlaß Form = ,rund' EINGEGEBEN
THEN Lufteinlaß.Form = ,rund' ( 1.0 )
AND Lufteinlaß.Form = ,hochoval' ( 0.8 )
```

Regel der Grobauswahl (Fuzzy Set von Typen):

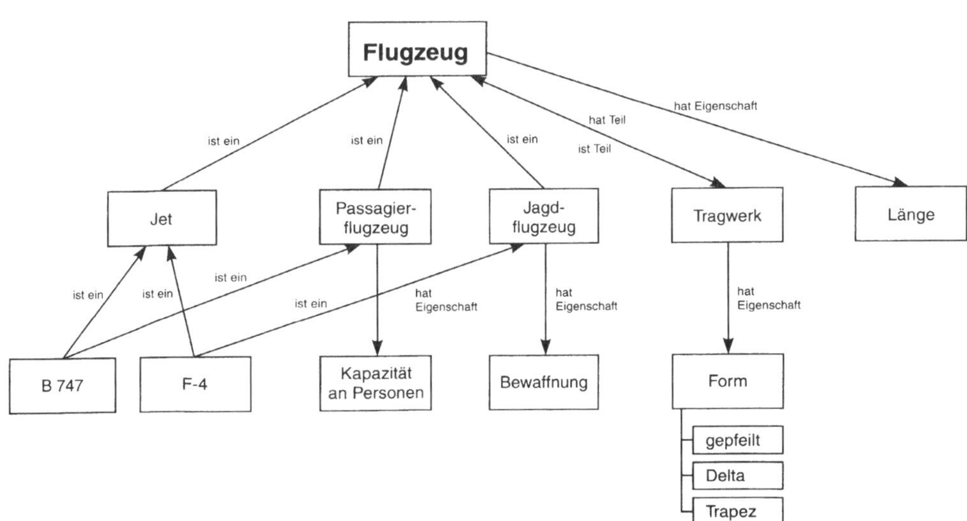

Bild D-66. Ausschnitt aus der Objektstruktur für das Beispiel der Flugzeugerkennung.

```
IF Lufteinlaß.Lage = ‚in oder unter der Nase‘
THEN Flugzeug = F-86 (1,0)
OR Flugzeug = MiG-17 (1,0)
OR Flugzeug = F-100 (0,9)
OR Flugzeug = F-16 (0,8)
```

Regel der Feinauswahl:

```
IF Flugzeug = F-16 MÖGLICH
AND Lufteinlaß.Abschrägung = nein
AND Tragflächen.Stellung = horizontal
AND Höhenruder.Lage_vertikal = ‚am Rumpf ;
mitte‘
AND  Höhenruder.Stellung  =  ‚negativ  V-
förmig‘
THEN  Flugzeug  =  F-16  SEHR  WAHR-
SCHEINLICH
```

Regel zur Verknüpfung von Eingabe und internem
Wissen:

```
IF Lufteinlaß Lage = ‚nicht sichtbar‘ EINGE-
GEBEN
THEN Lufteinlaß Form = ‚nicht sichtbar‘
AND Lufteinlaß Abschrägung = ‚nicht sichtbar‘
```

Die letzte Regel sorgt beispielsweise dafür, daß
der Benutzer, wenn er auf die Frage „Lage des
Lufteinlasses" mit „nicht sichtbar" geantwortet
hat, nicht noch nach der Form und Abschrägung
des Lufteinlasses gefragt wird. Das Erkennen solcher Zusammenhänge wird von einem Expertensystem erwartet.

D 4.2.7 Anwendungsbereiche von Expertensystemen

Expertensysteme werden beispielsweise für folgende Aufgaben eingesetzt (Bild D-67):

Diagnose und Wartung
Aus einer großen Datenvielfalt wird über Regeln und gegebenenfalls unter Berücksichtigung
unsicheren Wissens bestimmte Fälle festgelegt
und deren Ursachen ermittelt (z. B. Krankheiten,
Schwachstellen im Fertigungsbereich);

Beratung
Erteilen von Handlungsempfehlungen im Dialog
mit dem Menschen (z. B. Behebung von Fehlern
in einem Gerät, Investitions- und Anlageplanung);

Konfiguration
Aus parametrierten Kundenwünschen werden unter Berücksichtigung von Schnittstellen und Un-
verträglichkeiten komplexe Gerätekombinationen

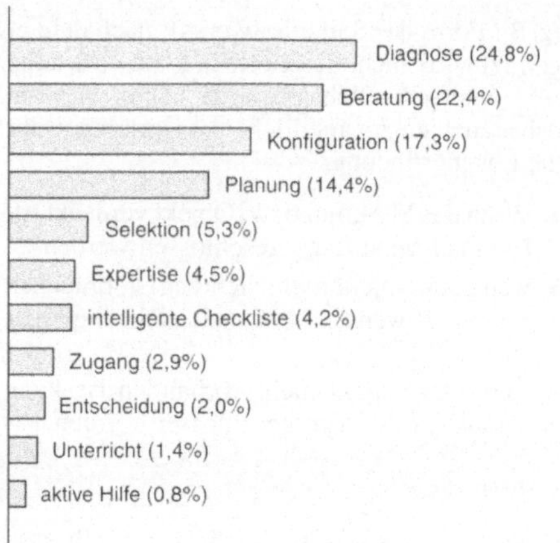

Bild D-67. Einsatz von Expertensystemen nach Auf-
gabenbereichen (Quelle: VDI-Richtlinie 5006).

bereitgestellt (z. B. Konfiguration von Rechnersystemen);

Planung
Aus einer Fülle von Möglichkeiten werden die
richtigen ausgewählt und Reihenfolge und Zeiten
geplant (z. B. Planung von Fertigungsabläufen);

Selektion
Auswahl aus einer Fülle von Möglichkeiten (z. B
Auswahl einer bestimmten Technologie zum Sin-
tern);

Expertise
Erstellen von Situationsberichten. Leiten aus der
Diagnose bereits die Therapie ab (z. B. Analyse
von Fehlerberichten);

intelligente Checkliste
Für hochkomplexe Entscheidungsprozesse dienen
sie als Gedächtnisstütze, um nichts zu vergessen
(z. B. Check einer Rakete vor dem Raumflug);

Zugang bzw. Abgang
Erklären wenig geschulten Personen den Umgang
mit komplexen Sachverhalten (z. B. Simulation
einer Konstruktion auf Kollisionsfreiheit). Dadurch findet ein Know-How-Transfer statt;

Entscheidung und Klassifikation
Automatische Entscheidungen werden gefällt, solange bestimmte Grenzwerte nicht überschritten
werden (z. B. Auslösen von Bestellungen);

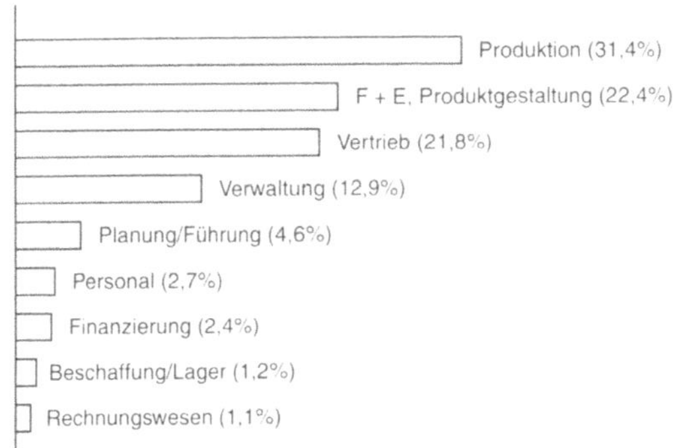

Bild D-68. Einsatz von Expertensystemen im Industriebetrieb (Quelle: VDI-Richtlinie 5006).

Unterricht
Weiterentwicklung des computergestützten Un-. terrichts (z. B. Mitarbeiterschulung über neue Produkte);

aktive Hilfe
Hilfen beim Mensch-Maschine-Dialog, um Fehler zu vermeiden (z. B. Hilfe beim Programmieren).

Bild D-68 gibt einen Überblick über die wichtigsten Anwendungen in der Industrie.

D 4.3 Künstliche Intelligenz (KI)

Aufgaben, die mit Intelligenz gelöst werden müssen, sind außerordentlich komplex. Sie lassen sich nicht unmittelbar mit einem klaren Algorithmus lösen, weil es diesen gar nicht gibt, oder weil seine Ausführung zuviel Zeit in Anspruch nehmen würde. Zur Lösung dieser Aufgaben bedarf es der Intelligenz, d. h. einer *denkbezogenen Information, Einsicht* und *Verständnis*. In diesem Sinne kann man Künstliche Intelligenz folgendermaßen definieren:

> Unter Künstlicher Intelligenz (KI) bzw. Artificial Intelligence (AI) faßt man alle Methoden zusammen, die es erlauben, intelligentes, menschliches Verhalten im Rechner nachzuvollziehen. Mit KI können mit dem Rechner Probleme gelöst werden, die Intelligenzleistungen voraussetzen.

D 4.3.1 Grundlagen und Überblick

Bild D-69 zeigt einen Überblick über die Künstliche Intelligenz: die *Kennzeichen* der komplexen, realen Welt, die *Aufgabengebiete* der KI und die *Methoden* zur Lösung der Aufgaben.

Kennzeichen der Wirklichkeit

Die Wirklichkeit in ein Modell abzubilden bedeutet, *sehr viele Elemente* mit *ungeheuer vielen Beziehungen* berücksichtigen zu müssen. Selbst wenn es dafür ein Lösungsverfahren (Algorithmus) gäbe, müßten so viele Kombinationen berechnet werden, daß ein Computer über viele Jahre rechnen müßte (Abschn. D 4.3.2, Tourenplanung). Meist sind aber die Probleme der realen Welt nicht so gut strukturiert, daß man bestimmte Algorithmen zur Lösung heranziehen könnte (z. B. zur Lösung linearer Gleichungssysteme den Gauß-Algorithmus oder zur Lösung linearer Optimierungen den Simplex-Algorithmus). Hier werden häufig *Erfahrungen (Heuristik)* zur Lösung der Probleme eingesetzt (Abschn. D 4.3.3). Die Wirklichkeit beinhaltet zusätzlich eine *enorm große Wissensfülle*. Sie systematisch zur Problemlösung heranzuziehen, dienen die Expertensysteme (Abschn. D 4.2). In der Realität spielen sehr oft *Bedeutungen* (Semantik) und *Unsicherheiten* eine wichtige Rolle.

Aufgabengebiete

Aus den Kennzeichen der realen Welt ergeben sich typische Aufgabengebiete, wie sie als Beispiele in Bild D-69 zusammengestellt sind. Es sind dies: *automatische Prozesse* (automatisches Beweisen, Sprachübersetzung und Spielen), *Unterhaltung in natürlicher Sprache, Bild- und Situationsverständnis,* der Umgang mit *Unsicher-*

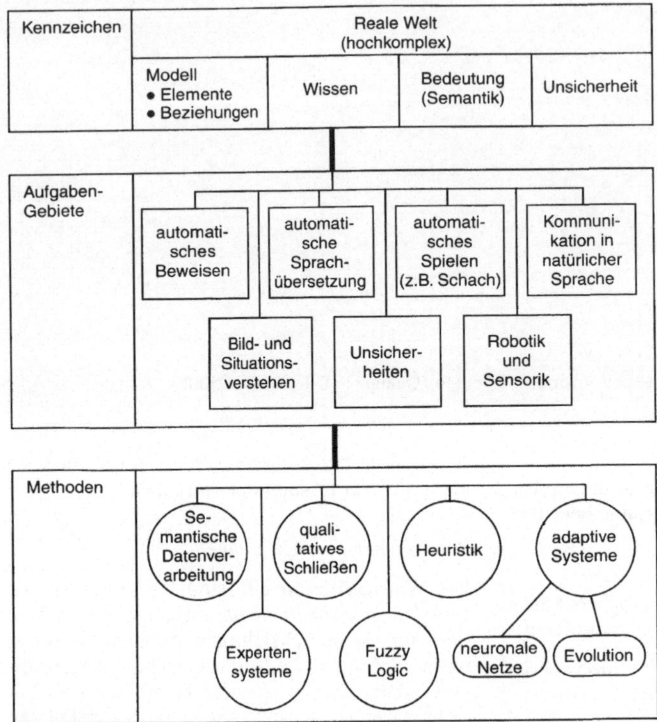

Bild D-69. Kennzeichen, Aufgaben und Methoden von KI.

heiten und im Technischen Bereich das Gebiet der *Robotik* und *Sensorik.*

Methoden

Um die gestellten Aufgaben zu lösen, werden folgende Methoden eingesetzt: *semantische Datenverarbeitung* (z. B. Verstehen von sprachlichen Bedeutungen bei der Textübersetzung), *qualitatives Schließen,* das Beziehungen qualitativer Art berücksichtigt (z. B. ein großer Stein auf eine kleine Kugel gesetzt, fällt um), *Heuristik,* in der der Erfahrungsschatz genutzt wird (z. B. beim Löten auf Leiterplatten muß die Temperatur während des Lötvorgangs steigen und am Ende fallen), *adaptive Systeme,* die sich der neuen Situation optimal anpassen (z. B. neuronale Netze oder Methoden der Evolution), *Expertensysteme* bei Aufgaben mit ungeheurer Wissensfülle (Abschn. D 4.2; z. B. Bestimmen von Krankheiten) und *Fuzzy-Logik* für die Beherrschung von Unsi-

cherheit. In den nachfolgenden Abschnitten werden ausgewählte Methoden kurz behandelt (Abschn. D 4.3.3).

D 4.3.2. Beispiele für den Einsatz von KI-Techniken

Die folgenden Beispiele sollen erläutern, wie die Komplexität realer Probleme zum extrem schnellen Anwachsen des Problemraums führt. Deshalb sind hier KI-Techniken äußerst hilfreich.

Touren- und Reihenfolgeplanung

Probleme der Reihenfolgeplanung (Scheduling) und der Tourenplanung tauchen nicht nur in Transportwesen auf, sie haben auch in der Produktion, Organisation und im Computerbereich wichtige Anwendungen. Die drei Modelle von Bild D-70 zeigen drei Verallgemeinerungen von Planungs- bzw. Reihenfolgeproblemen. Die Pro

Folge von n binären Entscheidungen	Reihenfolgeplanung (Maschinenbelegung)	Tourenplanung (Rundreise)
Anzahl Wege 2^n	$\binom{2n}{n}$	$(n-1)!$
$n = 8$ 256	12870	5040
$n = 16$ 65536	$6 \cdot 10^8$	$1{,}3 \cdot 10^{12}$
$n = 64$ $2 \cdot 10^{19}$	$2 \cdot 10^{37}$	$2 \cdot 10^{87}$

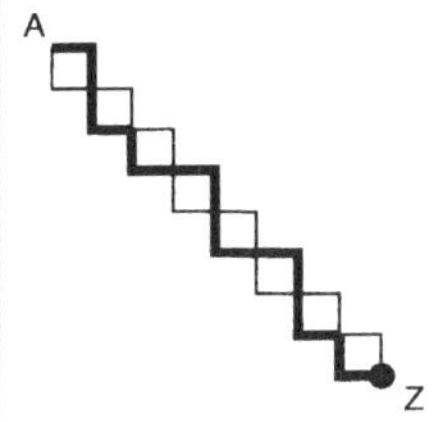

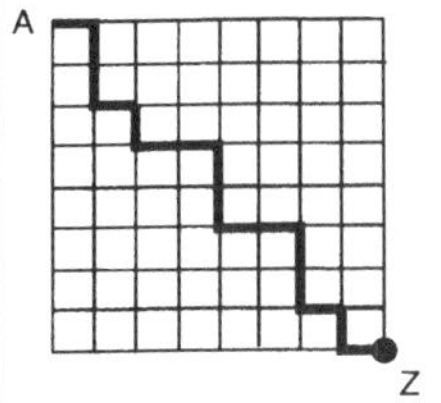

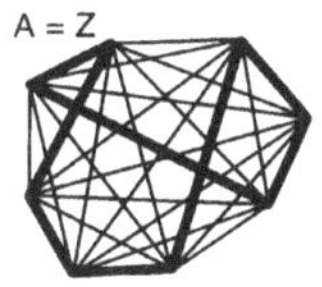

Bild D-70. Kombinatorische Explosion in Modellen.

bleme sind der grafischen Darstellung willen jeweils als Tourenplanungsprobleme dargestellt, fett gezeichnet ist jeweils ein möglicher Weg. Das erste Modell stellt Probleme dar, bei denen nacheinander n binäre Entscheidungen getroffen werden müssen. Im allgemeinen sind dies zwei Alternativen wie Investieren oder Konsumieren, im Wegemodell ist es die fortgesetzte Entscheidung zwischen rechtem und linkem Wegstück. Das zweite Modell ist typisch für Planungsprobleme, bei denen eine feste Anzahl von Schritten mit variabler Reihenfolge abgearbeitet werden kann, Die Suche nach einem optimalen Weg durch das n-mal-n Quadrat bedeutet nichts anderes, als die richtige Reihenfolge für n Schritte „rechts" und n Schritte „nach unten" zu finden. Das dritte Modell, die Rundreiseplanung, ist unter dem Namen des „Problem des Handelsreisenden" oder „travelling salesman" bekannt; es beschreibt Probleme, bei denen n Tätigkeiten in freier Reihenfolge optimal kombiniert werden sollen. Die kombinatorische Explosion in diesen Modellen der Reihenfolge- und Tourenplanung erklärt, warum man bei Planungsproblemen (z. B. PPS) immer auf Heuristiken angewiesen ist. Solche Planungsprobleme lassen sich beispielsweise mit heuristischen Lösungsverfahren behandeln. Der Mensch geht bei der Planung meist so vor, daß er mit einem groben Plan startet und diesen dann verfeinert und verbessert.

Steuerung dynamischer Systeme

Die Steuerung dynamischer Systeme ist ein Modell, das auf viele Probleme der realen Welt anwendbar ist. Diese reichen von technischen Problemen (Stabilisierung, Regelung) bis hin zu betriebs- und volkswirtschaftlichen Aufgaben (Controlling, Finanzsteuerung). Das *invertierte Pendel mit Wagen* ist hierfür ein gutes technisches Modell (Bild D-71). Das Problem besteht darin, durch Ausüben einer Kraft auf den Wagen sowohl den Wagen am Platz als auch das Pendel senkrecht zu halten. Es ist nicht nur vom *Balancieren* her bekannt, sondern hat als *shuttle-Problem* auch direkte praktische Anwendungen und viele Analogien, die von der Steuerung von Kernreaktoren bis zur Stabilisierung des Geldwerts reichen. Selbst das einfache invertierte Pendel, bei dem der Wagen fehlt und das Pendel direkt durch Einwirkung einer Kraft stabilisiert werden soll, hat viele interessante und wichtige Analogien (z. B. aufwandsminimale Regelungen).

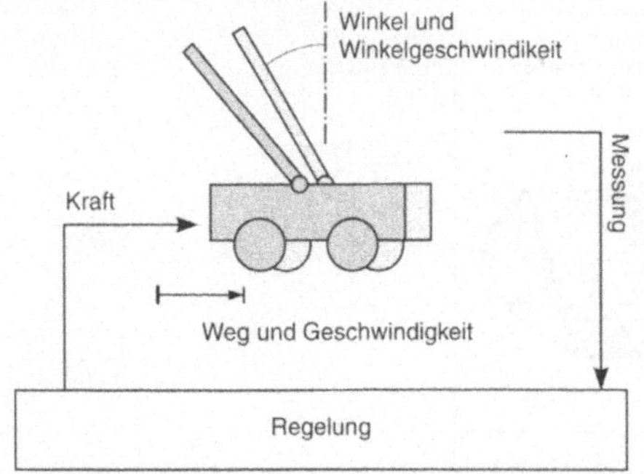

Bild D-71. Invertiertes Pendel mit Wagen als Modell für die Steuerung instabiler Systeme.

Dieses Problem kann linearisiert mit den Methoden der Regelungstechnik oder Kontrolltheorie behandelt werden, was aber für das echte System keine befriedigende Lösung ergibt. Werden Ort, Winkel und Geschwindigkeiten mit nur je 9 Werten diskretisiert (d. h. jeweils 4 positive bzw. negative Werte und der Wert 0), erhält man $9^4 = 6561$ mögliche Zustände. Selbst bei einer Extremwertsteuerung mit nur 3 Werten (0 und maximal rechts/links) erhalten wir 3^{6561} mögliche Regelgesetze.

Das menschliches Problemlösen geht bei solchen Problemen von drei Punkten aus:

- Erfahrung mit dem System (z. B. beim Balancieren),

- Erfahrung mit ähnlichen (kleineren oder analog aufgebauten) Systemen und

- vorausschauendes Überlegen, was eine Aktion bewirken wird.

Als Problemlösungsansätze der KI können genutzt werden:

- Adaptives Lernen: Neuronale Netze, Boxes und Evolutionsstrategien;

- Verarbeitung von Erfahrungswissen: Expertensysteme (Abschn. D 4.2), Fuzzy Control und Lernen des vom Menschen vorgegebenen Regelgesetzes durch neuronale Netze sowie

- vorausschauendes Planen: on-line: Deduktionssysteme, Qualitatives Schießen off-line: Modellbasiertes Planen, Evolutionsstrategien, Simulation.

D 4.3.3 Ausgewählte Methoden der KI

Im folgenden werden die in Bild D-69 aufgeführten Methoden näher beschrieben. Sie sind keine vollständige Darstellung der Problemlösungstechniken, sondern als Einführung in Prinzipien und Funktion von KI-Methoden zu vestehen.

Semantische Datenverarbeitung und Modellbildung

Eine Grundlage für die Methoden der künstlichen Intelligenz ist die interne Darstellung und Manipulation der realen Welt (Bild D-69). Die Begriffe *Semantische Datenverarbeitung,* d. h. die Berücksichtigung der *Bedeutung* bei der Verarbeitung von Daten, und die *Wissensverarbeitung,* d. h. die Modellierung und das Verarbeiten von Wissen, führen beide auf dasselbe: eine möglichst vollständige Modellierung des für die Problemlösung wichtigen Ausschnitts der Wirklichkeit und die Darstellung dieses Modells im Rechner. Die Modelle und ihre Beziehung zur Realität stehen also im Zentrum der Bemühungen, die *modellbasierte Datenverarbeitung* bildet eine wichtige Komponente intelligenten Verhaltens.

Realweltverstehen und qualitatives Schließen

Wenn ein Computer durch Sensoren oder Effektoren direkten Kontakt mit der Realität hat, ist es notwendig, daß er elementare Zusammenhänge, die für jeden Menschen klar sind, versteht und richtig interpretieren kann. Einfache Beispiele für das Realweltverstehen sind das Lösen von Dreisatzaufgaben und das Interpretieren von Lagebeziehungen. Um in der einfachen Blockwelt von Bild D-72 den Befehl „setze B auf D" aus-

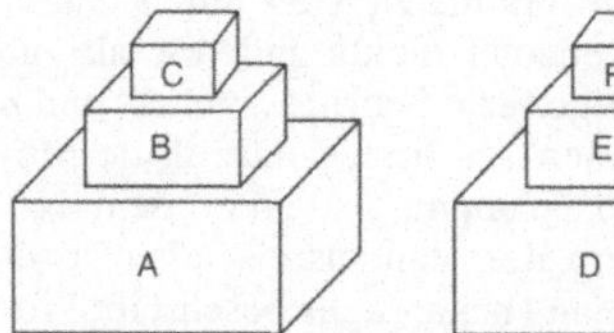

Bild D-72. Blockwelt als einfaches Verstehen der realen Welt.

zuführen, muß ein Roboter nicht nur die Koordinaten der Blöcke haben, sondern auch das Wissen, was es bedeutet, daß ein Block auf einem anderen liegt. Dazu gehört eine interne Repräsentation der Lagebeziehungen und das Wissen, das es erlaubt, die Beziehung „F liegt indirekt auf D" herzuleiten und die für diesen Fall richtigen Aktionen abzuleiten.

Weitere wichtige Bereiche sind das *qualitative Schließen* und die *qualitative Physik*. Es geht dabei darum, daß der Computer Schlüsse ziehen kann wie: „ein größerer Stein wiegt normalerweise mehr als ein kleinerer" oder „wenn man ein volles Glas umdreht, läuft es aus", ohne dazu das Problem vollständig (also unter Angabe aller Volumina und spezifischen Gewichte bzw. ohne Zuhilfenahme von FEM-Methoden) durchrechnen zu müssen.

Heuristik

In Heuristiken werden bisher gemachte *Erfahrungen* mit der Lösung ähnlicher Aufgaben zugrundegelegt. Auch wenn sie nicht immer zu einem mathematisch exakten Optimum führen, so sind Heuristiken viel einfacher und führen meist schneller zur Lösung. Ein typisches Vorgehen bei Heuristiken ist, daß nacheinander Entscheidungen getroffen werden, die eigentlich nicht voneinander unabhängig sind (dieses Prinzip wird z. B. auch bei Phasenmodellen angewandt). Dadurch werden bestimmte Lösungen ausgeschlossen, die nur eine geringe Chance haben, optimal zu sein, oder die nur unwesentlich besser sind.

Generell kann man ein grobes Modell einer auf Erfahrung basierenden Problemlösung folgendermaßen angeben.

1. Bestimmen eines Ausgangsplans (wieder mit entsprechenden Schritten),
2. Einschränkung der zu betrachtenden Möglichkeiten (durch Auswahl),
3. Verfeinerung des Plans (wieder mit entsprechenden Schritten),
4. Verbesserung des Plans (wieder mit entsprechenden Schritten).

Die einzelnen Schritte lassen sich rekursiv wieder so darstellen und gehen auch wieder in einen der anderen Schritte über, wenn kein befriedigendes Ergebnis erzielt wurde.

Heuristiken sind Vorgehensweisen, die zwar theoretisch nicht begründet, aber praktisch erfolgreich sind. So kann man die gesamte KI als Heuristik betrachten: Was als Basis erfolgreichen menschlichen Problemlösens dient, wird

auch eine gute Basis für die Implementierung auf dem Computer sein. Bei Expertensystemen (Abschn. D 4.2) wurde speziell das erfahrungsbasierte Vorgehen des Experten als Heuristik betrachtet. Beispiele für solche Heuristiken, die auf erfolgreichen natürlichen Vorbildern beruhen, sind:

- Begrenzung der betrachteten Möglichkeiten mit dem Vorbild menschlichen Problemlösens,
- Evolutionsverfahren mit dem Vorbild der natürlichen Evolution durch Mutation und Selektion und
- neuronale Netze mit dem Vorbild des Gehirns bzw. des Auges.

Als Beispiel wird das *heuristische Suchverfahren* vorgestellt.

Die Hauptschwierigkeit beim Lösen von Realweltproblemen ist, daß der Suchraum viel zu viele (häufig unendlich viele) Elemente hat. Die kombinatorische Explosion, d. h. die extrem starke Zunahme des Suchraums bei wachsender Elementezahl, führt dazu, daß eine vollständige Bestimmung und Betrachtung aller Elemente in realen Problemen nicht möglich ist. Zu den Zahlenangaben der obigen Beispiele ist anzumerken, daß bei einer Bearbeitungszeit von nur 1 ms pro Element in einem Jahr gerade $3 \cdot 10^{10}$ Elemente betrachtet werden können. Für 10^{13} Elemente braucht man also schon 300 Jahre. Heuristische Suchverfahren haben nun verschiedene mögliche Strategien, die Suchzeiten zu verkürzen:

- *Begrenzung* der betrachteten Möglichkeiten oder *der Suchtiefe:* Ein typisches Beispiel dafür ist das eingeschränkte Durchsuchen von Bäumen: Von den Zweigen des Baums wird nur derjenige weiterverfolgt, der das bessere Ergebnis verspricht.
- Angabe eines *einfachen Verfahrens*, nach dem eine Lösung bestimmt wird. So beispielsweise die Methode, immer als nächsten Schritt denjenigen zu wählen, der den größten Erfolg verspricht.
- Suche mit *zufällig generierten* und *modifizierten* Elementen *(Evolutionsverfahren).*

Am Beispiel der Rundreiseplanung mit 10 Punkten und dem geometrischen Abstand als Kostenkriterium kann man sich die Wirkung von Heuristiken gut klarmachen. Die Anfangsheuristik „Gehe immer zum nächsten Nachbarn" und die Verbesserungsheuristik „Verhindere Kreuzungen durch Eckenaustausch" führen zu verschiedenen – nicht notwendigerweise optimalen – Lösungen des Tourenplanungsproblems. Im Bild D-73 sind verschiedene Lösungen gezeigt, die alle auf diesen beiden Heuristiken beruhen. Die am Austausch aufgrund der Heuristik beteiligten 4 Ecken (zu je 2 Kanten) sind jeweils dick gezeichnet, der letzte Schritt ist ein etwas komplexerer Austausch mit einer Heuristik, die 5 Ecken (und je 3 Kanten) betrachtet.

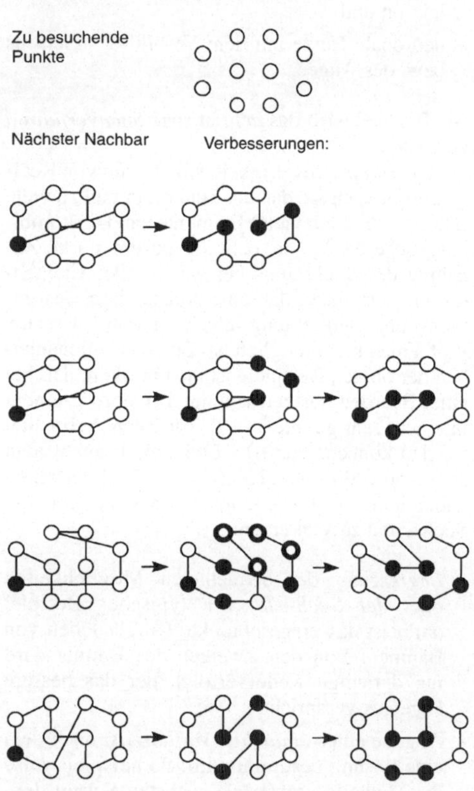

Bild D-73. Heuristische Lösungen des Rundreiseproblems.

Adaptive Systeme

Einer der wichtigsten Aspekte der Intelligenz ist die Fähigkeit zu lernen. *Lernen* bedeutet, das *Verhalten* in Abhängigkeit von gemachten Erfahrungen so zu *ändern*, daß es *erfolgreicher* wird. Dies

geschieht dadurch, daß interne Zustände (Parameter, Modelle) des Systems modifiziert werden. Dabei geschieht diese Anpassung nicht nur einmal, sondern laufend (in Zyklen), was nicht nur die Verwendung einfacher Lernverfahren erlaubt, sondern auch die *Anpassung (Adaption)* an eine sich verändernde Realität möglich macht.

Die am besten strukturierte Methode des Lernens beruht auf der *Veränderung* (Modifikation) des internen Modells (Wissen über die reale Welt). Die Grundstruktur dieses Lernprozesses entspricht dem aus der Technik bekannten *Kalman-Filter* (Bild D-74) und funktioniert so, daß aus den Differenzen zwischen Modell (intern) und Beobachtung (extern) die notwendigen Änderungen (Adaptionen) im Modell bestimmt werden.

Eine andere Möglichkeit ist das reine *Verhaltenslernen*. Dazu wird das Verhalten des Systems im Rechner abgebildet. Dies kann beispielsweise dadurch geschehen, daß jedem Zustand der Außenwelt eine Aktion zugeordnet wird. Dies ist das einfache *Boxen-Modell:* Jeder Zustand entspricht einem Kästchen, in das die Aktion eingetragen wird. Am einfachsten wird dies dadurch erreicht, daß man jeder Komponente des Zustandsraums eine Kante eines Rechtecks bzw. mehrdimensionalen Würfels zuordnet. Das System verhält sich nun so, daß abhängig vom Zustand die eingetragene Aktion durchgeführt wird (entspricht Bild D-75 ohne die in die Tiefe zeigenden Komponenten „+", „0", „–").

Im adaptiven System wird nach jedem Zyklus (der im Extremfall nur aus einer Aktion bestehen kann) das Verhalten des Systems bewertet. Je nach Erfolg oder Mißerfolg wird das Verhalten verändert, d. h. der Inhalt des Kästchens wird modifiziert, erfolgreiche Strategien werden verstärkt, Mißerfolge führen zur Abschwächung. Eine primitive Methode dafür ist, einfach bei Mißerfolgen den Inhalt des Kästchens zu verändern. Effizienter ist es, jede Kombination aus Zustand und Aktionen anhand ihres Erfolgs zu bewerten. Dazu wird in jede Box für jede Aktion ein Zähler für Erfolg und Mißerfolg installiert (Bild D-75). Im Zustand z wird zunächst diejenige Aktion a mit dem höchsten Erfolgswert E_{za} ausgewählt. Je nach Ergebnis wird der Erfolgszähler der zu Zustand z und Aktion a gehörenden Zelle um 1 erhöht oder erniedrigt gemäß der Formel $E_{za}^{neu} = \lambda E_{za}^{alt} \pm 1$, wobei λ der Lernparameter das Lernverhalten steuert (Je größer λ ist, umso weniger gehen neu gemachte Erfahrungen in das Verhalten ein). Die Steuerung

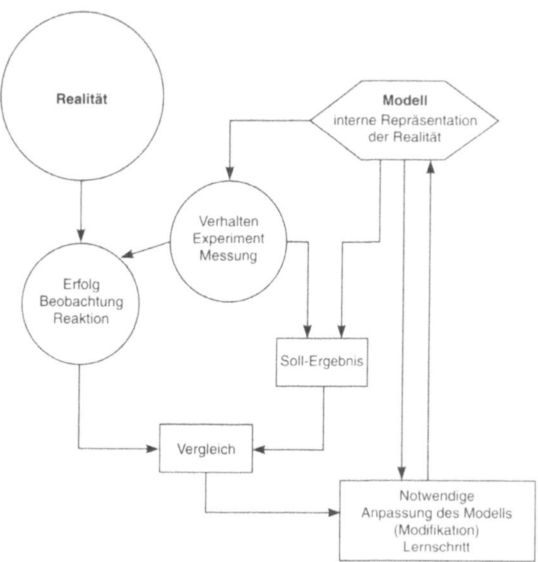

Bild D-74. Lernen durch Anpassung des Modells.

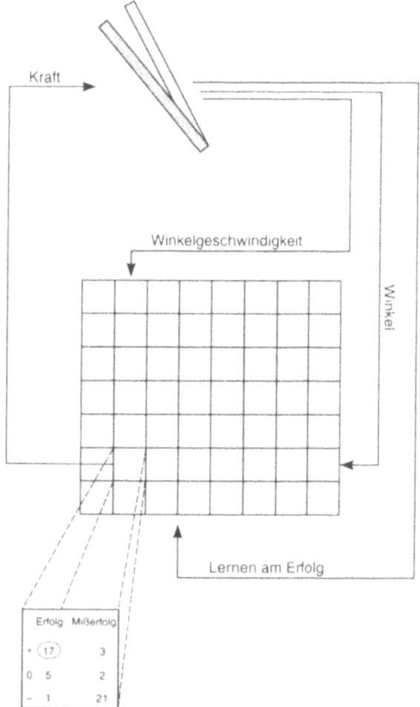

Bild D-75. Boxen-Modell für die Regelung des invertierten Pendels.

dieser Adaption kann auch durch Evolutionsverfahren geschehen.

Neuronale Netze

Neuronale Netze sind *spezielle adaptive Systeme,* deren Architektur dem menschlichen Gehirn nachempfunden ist. Der interne Zustand des Systems stellt hier nicht ein Modell der realen Welt dar, sondern nur eine Verknüpfung von Eingabe und Ausgabe des Systems. Die Information, die in dem neuronalen Netz steckt, ist auf die einzelnen Verarbeitungsknoten (Neuronen) verteilt. Dadurch benötigen neuronale Netze im einfachsten Fall keinerlei Modellierung der realen Welt. Sie brauchen aber immer eine große Menge an Daten, mit denen das Netz lernen kann. Die meisten neuronalen Netze haben eine *Lernphase* (Trainingsphase) und eine *Arbeitsphase.* In der Trainingsphase werden durch Verstärkungslernen die Verarbeitungsknoten (Neuronen) und ihre Verbindungen (Synapsen) so verändert, daß in der Arbeitsphase das gewünschte Verhalten auftritt. Das Lernen kann entweder frei *(assoziatives Lernen)* oder *überwacht* (trainieren von Vorgaben) geschehen. In Bild D-76 ist dies für das invertierte Pendel zu sehen.

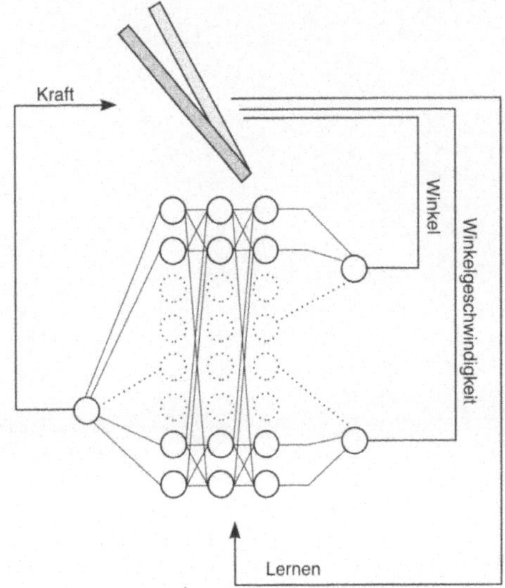

Bild D-76. Neuronales Netz zur Regelung des einfachen invertierten Pendels.

Evolutionsstrategien

Evolutionsstrategien basieren auf einer ständigen Wiederholung eines Zyklus *Mutation* (zufällige Veränderungen) und *Selektion* (Auswahl). Dabei werden nur diejenigen selektiert, die nach dem *Darwinschen Prinzip* (Überleben des Tauglicheren) für die veränderten Bedingungen besser geeignet sind. Für die KI-Methode bedeutet dies: Aus einem vorhandenen Element (Variable, Zahl, Plan, Parametersatz) werden durch Mutation (Bild D-77) und eventuell durch Kombination (Bild D-78; Kreuzung zweier Elemente) neue Elemente erzeugt (generiert), unter denen dann eines oder wenige als Basis der nächsten Generation ausgewählt werden. Der Vorteil solcher Evolutionverfahren liegt darin, daß sie zum einen sehr schnell gute Lösungen bringen und daß zum anderen die Zielkriterien nicht als Funktionen vorliegen müssen. Sie eignen sich beispielsweise zur Optimierung von Strömungsgeometrien, wie es die Bilder D-77 und D-78 für einen 180°-Rohrkrümmer zeigen. Ebenso können sie zum Lernen guter Verhandlungsstrategien oder zur Steuerung von Lernprozessen eingesetzt werden.

Bild- und Sprachverstehen

Einen optischen Eindruck oder einen gesprochenen Satz versteht der Mensch nur deshalb richtig, weil er den Zusammenhang und Hintergrund *(Kontext)* und die Vorgeschichte dazu kennt. Die Eindrücke kann er mit der üblichen Erfahrung bewerten. Optische Täuschungen und Witze zeigen die Verblüffung, wenn die Erfahrungswerte zu keinen üblichen Lösungen führen. Auch bei der automatischen Übersetzung ist Hintergrundwissen notwendig. Nur durch die Kenntnis des Kontextes kann ein Computer beispielsweise zwischen den beiden möglichen Übersetzungen „Der Schnaps ist gut, aber das Steak kann nicht empfohlen werden" und „Der Geist ist willig, aber das Fleisch ist schwach" unterscheiden. Ein System, das Bilder oder Sprache richtig verarbeiten will, muß also auf verschiedenen Ebenen arbeiten, wie in Bild D-79 dargestellt ist.

Für solche Aufgaben werden sogenannte *blackboard-Architekturen* eingesetzt, bei denen verschiedene Agenten jeweils eine Ebene der Interpretation und Problemlösung bearbeiten, das Bild bzw. den Text analysieren und die Konsistenz mit den Ergebnissen der anderen Agenten sicherstellen. So kann die Unmöglichkeit der Objekte aus Bild D-80 erst auf einer sehr hohen Ebene der Bildverarbeitung erkannt werden.

Fuzzy-Logik und Fuzzy-Control

Mit der Fuzzy-Logik wird die in der realen Welt vorhandene Unsicherheit im Computer dargestellt. Sie kann mit klassischen Algorithmen und mit Methoden der KI kombiniert werden. Wenn Begriffe modelliert werden, die Beziehung zu reellen Zahlen haben, kann man sogenannte *linguistische Variable* verwenden. Dabei wird einer sprachlich ausgedrückten Größe (z. B. „alt" oder „schnell") für jeden Wert (d. h. für jede reelle Zahl) eine bestimmte Plausibilität zugeordnet. Liegt nun ein reeller Meßwert (Eingabegröße für den Regler) vor, so wird in der *Fuzzyfizierung* jeder linguistischen Variablen diejenige Plausibilität zugeordnet, die diesem Meßwert entspricht. Die anschließende Inferenz arbeitet dann genauso mit Regeln und Unsicherheiten wie bei Expertensystemen. In der abschließenden *Defuzzyfizierung* wird dann (z. B. durch Bestimmung der Punkte mit maximaler Plausibilität oder durch Bildung eines mit den Plausibilitäten gewichteten Mittelwerts) aus den einzelnen Plausibilitäten für die linguistischen Variablen wieder ein reeller Wert

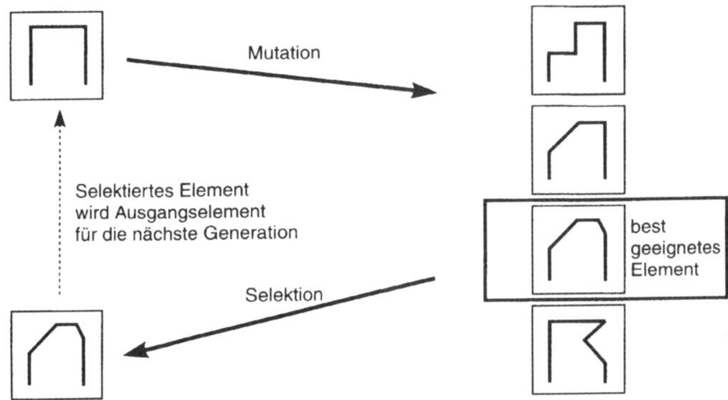

Bild D-77. Einfache Evolutionsstrategie mit Mutation und Selektion.

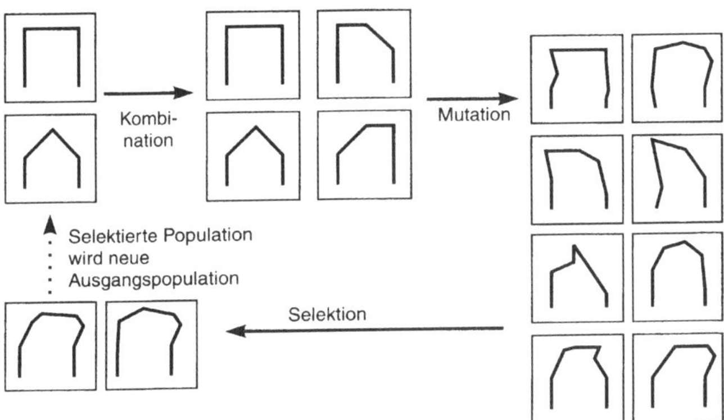

Bild D-78. Evolutionsstrategie mit Kombination und einer Basispopulation von zwei Elementen.

als Ausgabewert (Stellgröße für das zu regelnde System) bestimmt. Bild D-81 zeigt das regelbasierte Fuzzy-Control für das invertierte Pendel. Weitere Ausführungen zur Fuzzy-Logik sind in Abschn. D 5 nachzulesen.

D 4.3.4 Vorgehen bei der Erstellung von KI-Systemen

Ein generelles Vorgehen bei der Erstellung intelligenter Systeme läßt sich nur sehr grob angeben, da jede Aufgabe andere Aspekte hat und andere Methoden erfordert (Bild D-69). Generell ist zu sagen, daß es sich hier immer um eine Software-Entwicklung handelt, für die dieselben Prinzipien des Software-Engineering (Abschn. D 2) gelten wie für jede andere Software auch. Unterschiede ergeben sich dort, wo *Lernfähigkeit (Adaptivität)*

gefordert ist, Systemeigenschaft ist oder die Basis des intelligenten Verhaltens bildet. Hier spielen die Lernzyklen eine wichtige Rolle. Das Testen ist bei intelligenten Systemen noch wichtiger als bei konventionellen Systemen, da heuristische Methoden und Intelligenz kaum formalisierbar sind. Die wichtigsten Schritte zur Erstellung eines KI-Systems kann man folgendermaßen zusammenfassen:

- *Modellierung der realen Welt und der Aufgabenstellung:* Das Problem und der relevante Teil der Welt müssen modelliert werden. Als Basis der Computerimplementierung muß das Modell der Realität geeignet formalisiert werden. Auch die Aufgabenstellung, die häufig nur vage beschrieben ist, muß exakt beschrieben werden. Dazu können beispielsweise Fallbei-

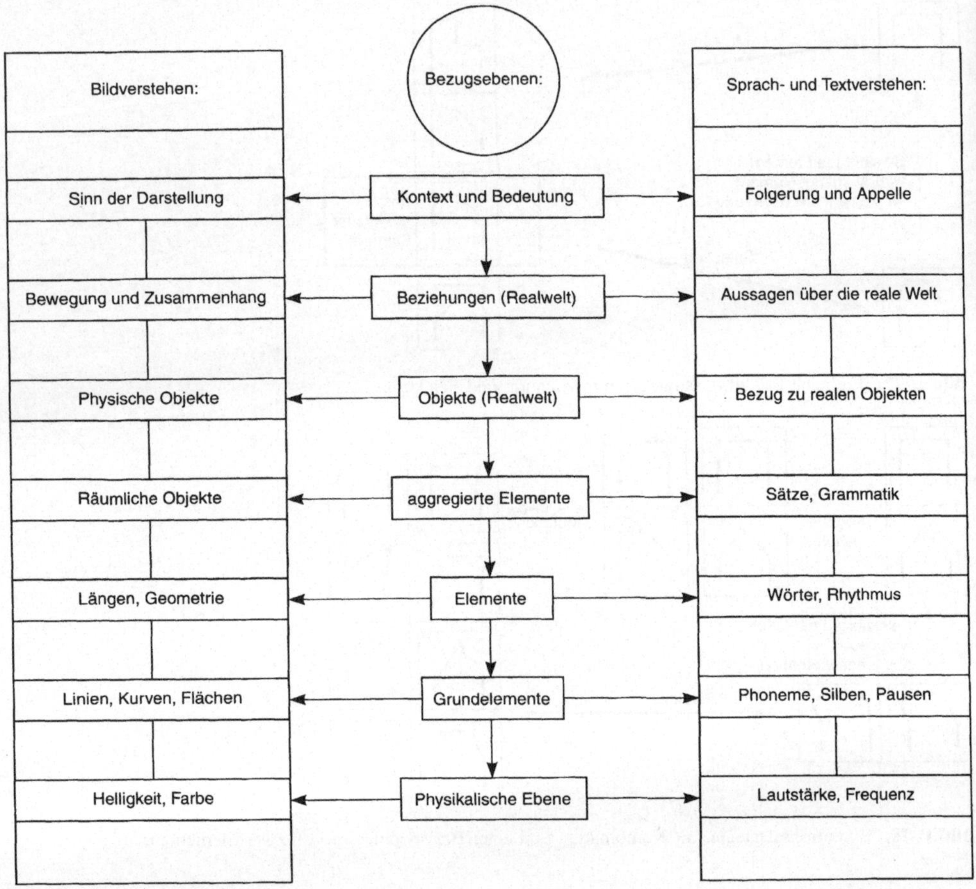

Bildverstehen:	Bezugsebenen:	Sprach- und Textverstehen:
Sinn der Darstellung	Kontext und Bedeutung	Folgerung und Appelle
Bewegung und Zusammenhang	Beziehungen (Realwelt)	Aussagen über die reale Welt
Physische Objekte	Objekte (Realwelt)	Bezug zu realen Objekten
Räumliche Objekte	aggregierte Elemente	Sätze, Grammatik
Längen, Geometrie	Elemente	Wörter, Rhythmus
Linien, Kurven, Flächen	Grundelemente	Phoneme, Silben, Pausen
Helligkeit, Farbe	Physikalische Ebene	Lautstärke, Frequenz

Bild D-79. Ebenen der Bild- und Sprachverarbeitung.

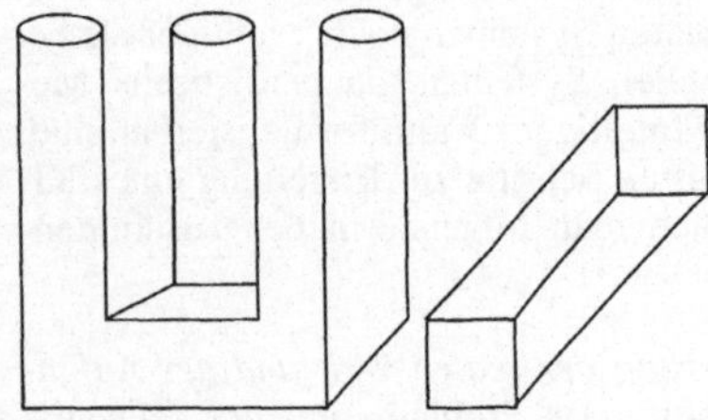

Bild D-80. Unmögliche Objekte.

spiele mit der zu erreichenden Lösung gesammelt werden.

- *Modellierung menschlichen Problemlösens:* Das menschliche Problemlösungsverhalten kann als Basis dienen. Dazu muß es – ähnlich wie bei Expertensystemen – analysiert werden.

- *Bestimmung, Auswahl und Test geeigneter Heuristiken:* Sofern exakte Verfahren nicht verfügbar oder zu aufwendig sind, müssen Heuristiken bestimmt werden. Basis dafür können das menschliche Problemlösungsverhalten, exakte Lösungen einfacherer Probleme oder Vereinfachungen von exakten Lösungen sein. Die Heuristiken müssen ausgiebig getestet werden.

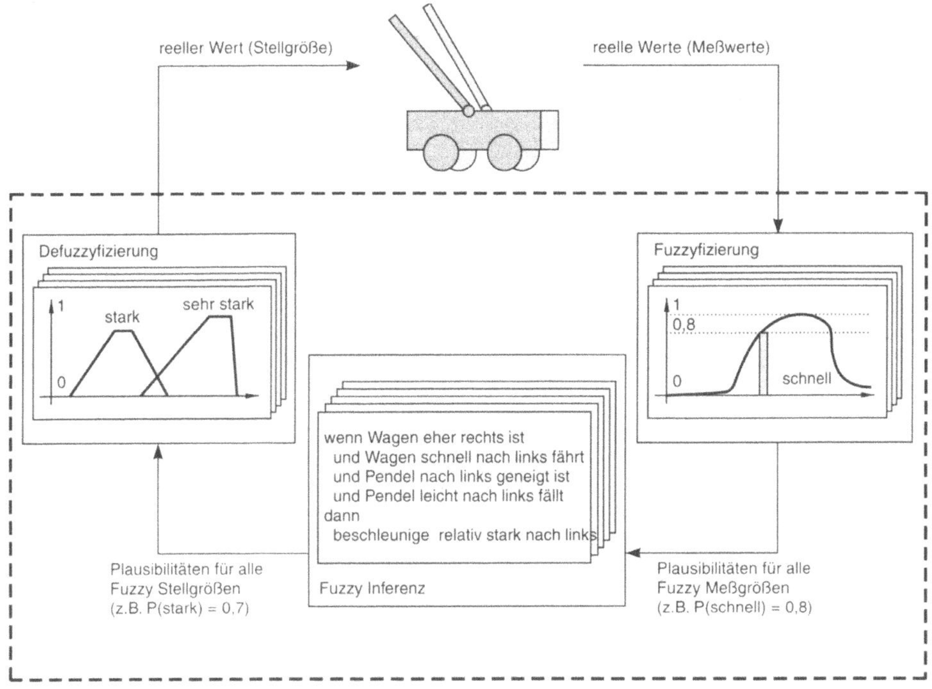

Bild D-81. Regelbasierte Fuzzy-Control für das invertierte Pendel.

- *Lernen und Test:* Falls das System adaptiv ist, muß es Lösungsmuster bekommen, an denen es lernen kann. Der Test muß grundsätzlich mit anderen als den gelernten Aufgaben erfolgen.

- *Einsatz und Änderung:* Ein intelligentes System ist niemals fertig. Die Anpassung kann entweder automatisch intern (adaptives System), automatisch extern (durch ein überwachendes System) oder durch Software-Änderungen (wie bei jedem anderen Software-System) geschehen.

Zur Übung:

ÜD 4-1: Bestimmen Sie eine Menge von Regeln, die aufgrund der allgemeinen Wetterlage (Wetterkarte, Wolken, Barometer) und des geplanten Vorhabens (Spaziergang, Gang ins Büro) entscheidet, ob der Beratene einen Regenschirm mitnehmen soll.

ÜD 4-2: Stellen Sie das Wissen zusammen, das notwendig ist, einen Kunden zu beraten, ob er einen Tisch-PC, einen Tower oder einen Laptop kaufen soll.

ÜD 4-3: Zeigen Sie, daß sich unter den Tourenplänen von Bild D-73 auch der optimale, d. h. der mit dem kürzesten Weg, befindet.

ÜD 4-4: Stellen Sie eine Heuristik auf, wie man die Zahlung eines bestimmten Geldbetrags mit möglichst wenig Münzen abwickelt.

ÜD 4-5: Versuchen Sie, nur durch Spielen eine optimale Strategie für Tic-Tac-Toe zu lernen. Versuchen Sie, diesen Lernprozeß zu formalisieren (Boxen-Modell) und in Software umzusetzen.

D 5 FUZZY-Logik

Seit Anfang der 90er Jahre wird die *Fuzzy-Logik* technisch umgesetzt. Dieser völlig neue Denkansatz basiert auf Theorien, die bereits 1965 von Prof. Lotfi A. Zadeh von Berkeley Universität in Kalifornien veröffentlicht wurden. Er gilt allgemein als der „Vater der Fuzzy-Logik". Der Grundgedanke der Fuzzy-Logik beruht in der menschlichen Fähigkeit, trotz vieler unpräziser Informationen eindeutige und richtige Entscheidungen zu treffen. Dabei wird im wesentlichen die *verbale Beschreibung von Zuständen,* wie beispielsweise kalt, warm, groß oder klein, mit der Erfahrung verknüpft, um so das Richtige zu veranlassen.

Die ersten Anwendungen der Fuzzy-Logik waren im Bereich der Konsumartikel. Inzwischen hat die Fuzzy-Logik Einzug in viele Produkte (z. B. Fotoapparat, Waschmaschine oder Rasierapparat) und in alle Bereiche der Datenverarbeitung gehalten und ist zu einer ernst zu nehmenden Wissenschaft herangewachsen. Bild D-82 zeigt eine Übersicht der drei wichtigsten Einsatzbereiche:

- Fuzzy-Control (Fuzzy-Regelung),
- Fuzzy-Expertensysteme und
- Fuzzy-Analyse (Fuzzy-Datenanalyse).

Bevor auf die Grundsätze und mathematische Grundlage der Fuzzy Theorie eingegangen wird, wird zunächst an Hand eines kleinen Beispiels die Denkweise erklärt, die sich hinter dem Begriff *Fuzzy* verbirgt.

„Fuzzy-Logik" wird allgemein als „unscharfe Logik" oder zum Teil auch als „mehrwertige Logik" bezeichnet (fuzzy = fusselig, faserig, kraus, verschwommen, trüb). Dies ist aber keinesfalls als *ungenaue* Logik zu interpretieren. Vielmehr ist Fuzzy eine Wissenschaft, mit deren Hilfe unscharfe Eingangsbedingungen zu einer exakten Schlußfolgerung führen. Der Grundgedanke der Fuzzy-Logik liegt in der Beschreibung der Fuzzy-Abhängigkeiten in Anlehnung an unserem Sprachgebrauch. Dies ist beispielsweise *groß, laut, viel* oder *hell.* Die Möglichkeit der Interpretation dieser Aussagen ist das Kernstück der Fuzzy-Logik.

Das folgende Beispiel erleichtert den Einstieg in diese neue Denkweise.

Beispiel:

D 5-1. Eine Bergbahn soll die Kumpel mit einer mittleren Geschwindigkeit von 30 km/h in den Stollen fahren. Die Aussage *mittlere Geschwindigkeit* gilt für einen Bereich von 25 km/h bis 35 km/h. In einem binären System gilt folgender Zusammenhang:

- mittlere Geschwindigkeit = 1 [25km/h $\leq v \leq$ 35 km/h]
- mittlere Geschwindigkeit = 0 [$v <$ 25km/h ;$v >$ 35 km/h]

Fuzzy-Logik		
Fuzzy-Control Regelungs-Systeme	**Fuzzy-Logic** Expertensysteme	**Fuzzy-Analysis** Datenanalyse
Einsatzgebiet: Industrie-Steuerungen Regelwerke Konsumartikel	Leitsysteme Prozeßüberwachung Planungshilfe	optische und akustische Mustererkennung
Beispiele: Robotersteuerung, Kransteuerung, Flugzeugenteisung, Videokamera, Fotoapparat, Staubsauger.	Ablaufsteuerung in der Fertigung, Personalplanung Materialplanung	Körperschallanalyse zur Werkzeugüberwachung, Bildverarbeitung zur Positionierung von Werkstücken

Bild D-82. Übersicht über Fuzzy-Logik.

Nach unserem Empfinden ist jedoch eine Geschwindigkeit von 25km/h eine *niedrige* mittlere Geschwindigkeit und 35 km/h schon eher eine *hohe* mittlere Geschwindigkeit. Während das binäre System innerhalb dieses Intervalls keine Entscheidung zuläßt, ist es mit Hilfe der Fuzzy-Logik möglich, die Abweichungen von der idealen mittleren Geschwindigkeit zu beschreiben und als Konsequenz die Geschwindigkeit gegebenenfalls nachzuregeln. Dazu muß die zweiwertige Logik (binäre Logik) verlassen werden und es erfolgt eine Zuordnung der Geschwindigkeit mit einem bestimmten Zugehörigkeitsgrad zur mittleren Geschwindigkeit. Die ideale mittlere Geschwindigkeit erhält dabei den Zugehörigkeitsgrad „1".

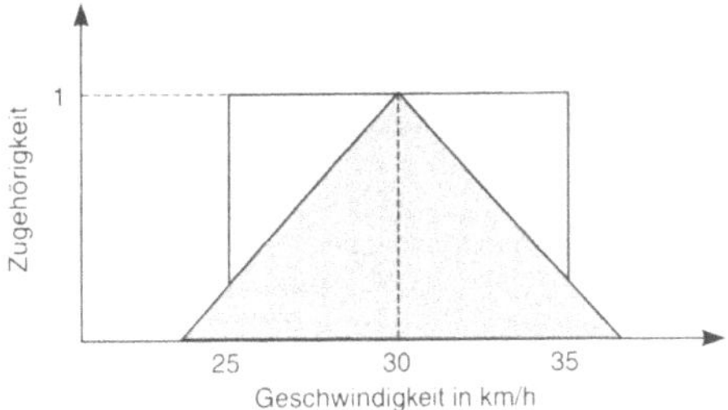

Bild D-83. Definition der mittleren Geschwindigkeit im dualen und im Fuzzy-System.

Bild D-83 zeigt anschaulich den Unterschied zwischen binärer Logik und Fuzzy-Logik. Man kann auch sagen, daß die Fuzzy-Logik ein *analoges Verhalten* im Bereich zwischen 0 und 1 aufweist, während die binäre Logik eben nur zwei Zustände, *wahr* und *nicht wahr,* kennt. Auf die Unterschiede wird weiter unten noch ausführlich eingegangen.

Obiges Beispiel zeigt, daß der Ein- und Ausstieg in die Welt der Fuzzy-Logik durch geeignete Methoden vollzogen werden muß. Im Vorgriff auf die ausführlichen Erklärungen zeigt Bild D-84 den Informationsfluß in ein und aus einem Fuzzy-System. Dabei werden die exakt definierten Größen, wie sie beispielsweise von Sensoren geliefert werden, in unsere vage Beschreibung transformiert. Erst diese *Fuzzyfizierung* ermöglicht anschließend den einfachen Gebrauch verbal definierter Abhängigkeiten. Die Rücktransformation, *Defuzzyfizierung,* liefert anschließend exakte Ergebnisse für den Prozeß.

D 5.1 Begriffe zur Fuzzy-Set Theorie

Die Grundlagen zur Fuzzy-Logik sind in der Fuzzy-Set Theorie niedergeschrieben. Sie bestimmt, wie bei der Algebra, die Verwendung verschiedener Operatoren und deren Zusammenfassung zu Funktionen. Dazu ist die Einführung einer Reihe neuer Begriffe notwendig. Diese sind:

* linguistische Variablen,
* Terme,

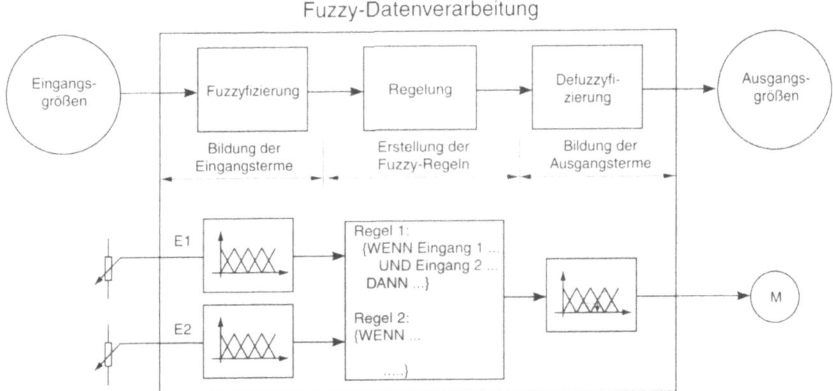

Bild D-84. Datenfluß in einem Fuzzy-Regelsystem.

- Basisvariablen,
- Zugehörigkeitsgrad und Zugehörigkeitsfunktion,
- Inferenz und
- plausibles Schließen.

D 5.1.1 Linguistische Variablen

Eine *Variable* ist in jedem Rechensystem eine Größen, die sich ändern kann. Sie besteht aus zwei Teilen:

- dem Variablen*namen* und
- dem Variablen*wert*.

Die klassische Algebra verwendet *deterministische Variablen,* deren Werte aus Zahlen bestehen (z. B. die Variable *Nummer:* 10, 20, 30,...). Die Variablenwerte sind exakte Angaben. Im Gegensatz hierzu werden *linguistische Variablen* durch Begriffe aus unserem Sprachgebrauch beschrieben (z. B. die linguistische Variable *Temperatur:* hoch, mittel, niedrig). Die linguistischen Variablenwerte sind keinesfalls exakt, sondern müssen erst aufgrund von *Wissen* mit Inhalt gefüllt werden. Linguistische Variablenwerte werden *Terme* genannt. Die Klassifizierung des Variablentyps (deterministisch oder linguistisch) erfolgt demnach durch die Zuordnung der Werte oder Terme. Der Variablenname selbst gibt keinen Aufschluß über den Typ, wie folgendes kleines Beispiel zeigt:

> Eine linguistische Variable wird durch Terme beschrieben.

Beispiel:

D 5-2: Anhand der Variablen „Alter" soll der Unterschied zwischen dem linguistischen und deterministische Typ verdeutlicht werden:

Variablennamen	Variablenwerte ≫	Variablentyp
Alter	[..., 16, 28, 85; ...]	deterministische Variable
Alter	[jugendlich, jung, greis]	linguistische Variable

Es ist klar zu erkennen, daß der Variablennamen noch keinen Schluß auf den Variablentyp zuläßt.

Linguistische Variablen werden stets durch mehrere Terme beschrieben (Hinweis: das gleiche gilt für deterministische Variablen, die ebenfalls durch mehrere Werte beschrieben werden. Würde eine Variable nur durch einen Wert beschrieben, so handelt es sich um eine Konstante).

D 5.1.2 Terme

Terme bilden die verbale Beschreibung der Variablenwerte und sind somit der eigentliche Inhalt der Variablen. Sie entsprechen den Variablenwerten der deterministischen Variablen und stammen aus einer definierten Grundmenge. Terme können beispielsweise wie folgt lauten:

- naß, feucht, beschlagen, trocken;
- kalt, kühl, lauwarm, warm, sehr warm, heiß;
- roh, medium, durch;
- weit entfernt, entfernt, nah, kurz davor, da.

Die Terme bilden das Bindeglied zwischen dem unscharfen Denken (der unscharfen Ausdrucksweise) und der numerischen Verarbeitung. Damit eine exakte Wertzuweisung erfolgen kann, werden sie auf einer *Basisvariablen* abgebildet und *gewichtet*.

> Mit Hilfe der Basisvariablen werden Terme inhaltlich definiert.

Bild D-85 verdeutlicht den Zusammenhang zwischen linguistischer Variablen, Terme und Basis-Variablen am Beispiel der linguistischen Variable „Raumtemperatur". Die Variable Raumtemperatur wird dabei durch folgende Terme beschrieben:

- zu kalt,
- angenehm,
- zu hoch,
- unerträglich.

Die einzelnen Terme werden von der exakt definierten Basisvariablen gewichtet. Diese Gewichtung, die in Bild D-85 anschaulich zu sehen ist, wird als *Zugehörigkeitsgrad* bezeichnet. Werden alle Zugehörigkeitsgrade über der x-Achse als geschlossene Kurve aufgetragen, so erhält man die *Zugehörigkeitsfunktion*. Am Term *angenehm* sei dies in Bild D-86 exemplarisch dargestellt.

D 5.1.3 Zugehörigkeitsfunktion

Der Begriff der Zugehörigkeit zu einer Menge ist aus der Mathematik bekannt und wurde bereits Ende des letzten Jahrhunderts durch Georg Cantor (G. Cantor, 1845 bis 1918) geprägt. In der binären Logik und der Mengenlehre ist die Zugehörigkeit eines Elementes die Voraussetzung für weitere Entscheidungen. Beides zeigt Bild D-87.

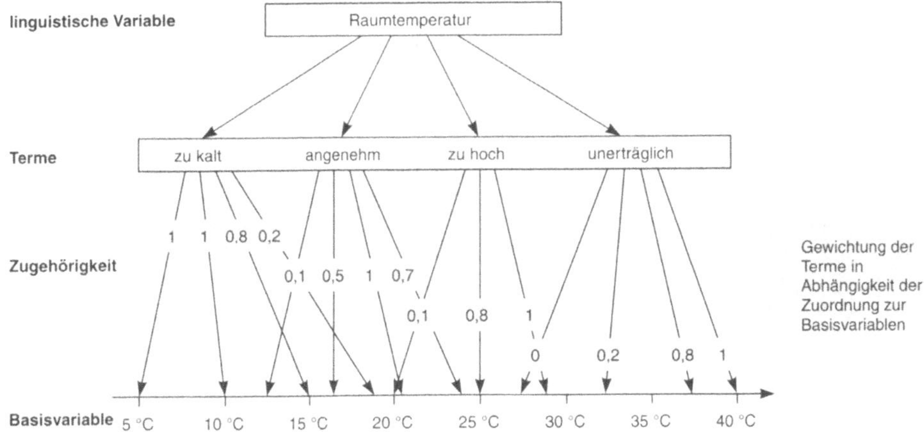

Bild D-85. Zusammenhang zwischen linguistischer Variable, Terme und Basisvariable.

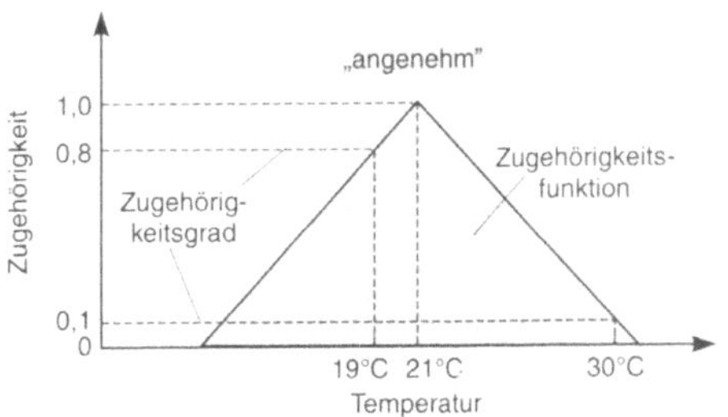

Bild D-86. Zugehörigkeitsfunktion des Terms „angenehm".

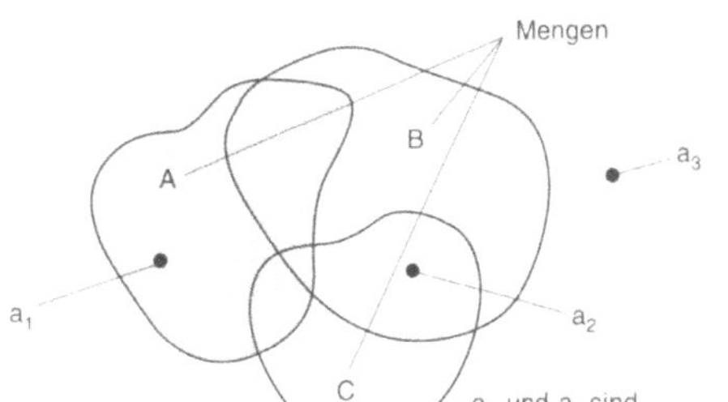

In Bild D-87a läßt sich die Zugehörigkeit der Elemente a_1, a_2 und a_3 wie folgt beschreiben:

$$a_1 \in A,$$

$$a_2 \in B \wedge C,$$

$$a_3 \notin A \vee B \vee C.$$

In allen Fällen gilt die Zuordnung: *wahr* bzw. *nicht wahr*, ausgedrückt im Wahrheitsgehalt 0 oder 1. Die Mengen A, B und C werden als *Sets* bezeichnet. Sets werden aus einer Stammenge U gebildet, aus der alle Elemente zur Prüfung der Zugehörigkeit zu Mengen stammen. So sind beispielsweise die Elemente a_x, die die Menge P der Primzahlen bestimmen, aus der Stammenge der natürlichen Zahlen N.

Im Bild D-87b ist beispielhaft das Verhalten einer Thermostatschaltung in einem Rechnersy-

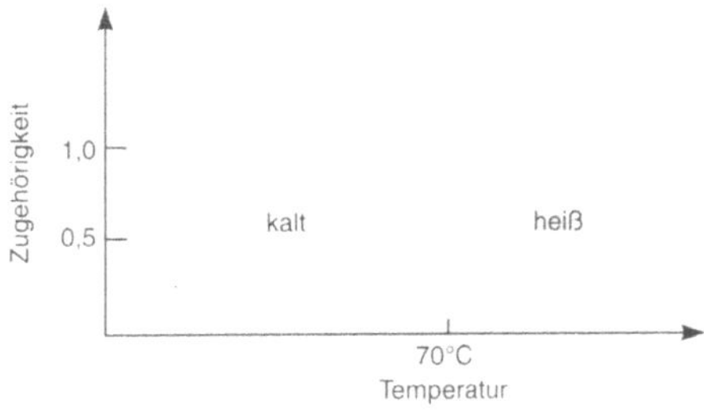

Bild D-87. Eindeutige Zugehörigkeit bei Mengen und in der dualen Logik.

stem aufgezeigt. Es gilt:

$\Theta < 70° \in \{kalt\},$

$\Theta \geq 70° \in \{heiß\}.$

Die geschweiften Klammern beschreiben dabei Mengen, die für deterministische Variablen mit Werten gefüllt sind. In diesem Beispiel sind die Begriffe *kalt* und *warm* als Oberbegriff solcher Mengen zu sehen und hat nichts mit den Termen zu tun, wie sie in der Fuzzy-Logik üblich sind (verbal, linguistische Ausdrucksweise) zu tun. Das Beispiel zeigt auch deutlich, daß für den Thermostaten eine Temperatur von 69,5°C *kalt* bedeutet.

Die Fuzzy-Logik kennt diese scharfe Abgrenzung nicht. Sie kennt die *teilweise* Zugehörigkeit, die durch den *Zugehörigkeitsgrad* ausgedrückt wird. Nachfolgendes einfaches Beispiel soll dies verdeutlichen.

In der Fuzzy-Logik wird die Zugehörigkeit eines Elementes zu einer Menge durch den *Zugehörigkeitsgrad* festgelegt.

Beispiel:

D 5-3. Dieses Beispiel verdeutlicht den Unterschied zwischen digitaler, scharfer, und unscharfer (Fuzzy-) Logik. Dazu soll der Begriff „heiß" betrachtet werden.

In unserem Sprachgebrauch ist eine Temperatur von 60°C heiß. Definiert man in einem digitalen System 60°C = heiß = logisch „1", so wird das Ereignis *heiß* exakt bei 60°C eintreten. 59°C werden hingegen als *nicht heiß* erkannt (d. h. der Zugehörigkeitsgrad von 59°C ist 0). Dies ist in der dualen Logik richtig, widerspricht jedoch unserer Erfahrung.

Mit Hilfe der Fuzzy-Logik läßt sich dieser Übergang *unscharf* darstellen. 59°C werden als *weniger heiß* erkannt und durch die Gewichtung des Terms *heiß* beschrieben. Der Term *heiß* wird bei 59°C beispielsweise mit einem Zugehörigkeitsgrad von 0,95 gewichtet, was ihn noch *ziemlich heiß* erscheinen läßt. In Bild D-88 sind beide Aussagen anschaulich gegenübergestellt. Man sieht auch deutlich, das eine Temperatur von 20°C auch in der Fuzzy-Logik nichts mehr mit dem Term heiß zu tun hat.

Das Intervall, indem das Maximum und Minimum definiert ist, wird in der Regel zwischen 0 und 1 angegeben und reflektiert damit auf die duale Logik. In diesem Fall spricht man von einer *normierten Zugehörigkeit,* die stets als Maximum den Zugehörigkeitsgrad 1 besitzt. Die Aneinanderreihung der Zugehörigkeitsgrade, die *Zugehörigkeitsfunktion,* beschreibt alle Zugehörig-

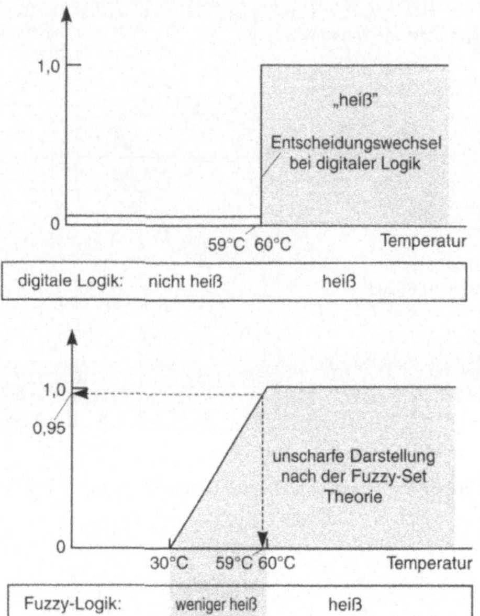

Bild D-88. Digitale und unscharfe Entscheidung.

keitsgrade von 0 bis 1 und von 1 bis 0. Analog zur Mengenlehre, wird die Zugehörigkeitsfunktion bei der Fuzzy-Logik als *Fuzzy-Set* bezeichnet.

Eine *normierte Zugehörigkeitsfunktion* liegt dann vor, wenn die einzelnen *Zugehörigkeitsgrade* in einem Intervall von 0 bis 1 liegen.

Zur Vereinfachung der Zugehörigkeitsfunktion wird meist eine abschnittsweise definierte Funktion mit Geraden verwendet (in Bild D-86 beispielsweise ein Dreieck). Darüber hinaus kann die Zugehörigkeitsfunktion beliebige Kurvenzüge annehmen. In Bild D-89 sind einige Möglichkeiten aufgezeigt, sowie Abänderungen für den Beginn und das Ende einer Basisvariablen.

Unter *Fuzzy-Set* versteht man die vollständige Beschreibung einer Zugehörigkeitsfunktion.

Der im Bild D-86 dargestellte Term „angenehm" beschreibt nur einen Teil der linguistischen Variablen „Raumtemperatur". Die vollständige Beschreibung umfaßt beispielsweise die weiteren Terme „heiß", „warm", „angenehm", „kühl" und „kalt". Man erhält so eine Schar von Zugehörigkeitsfunktionen, die Bild D-90 wiedergibt. Die

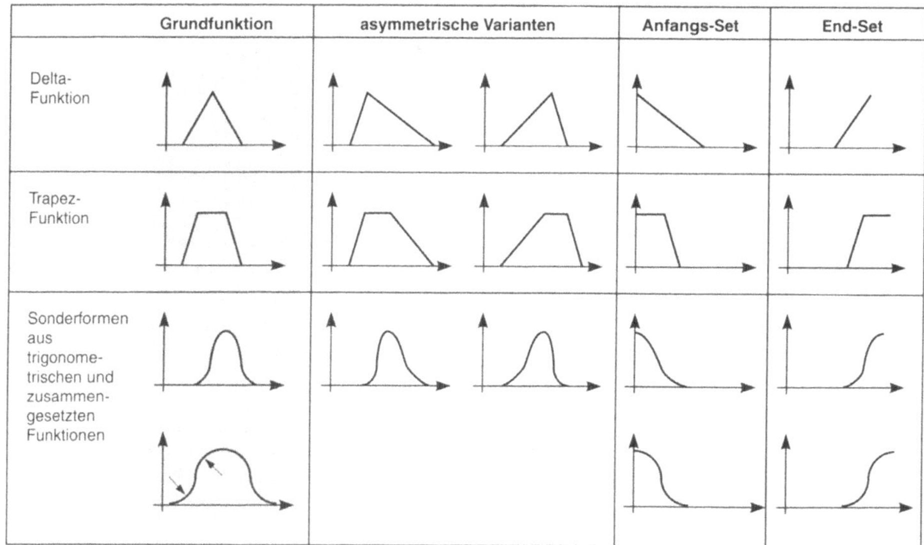

Bild D-89. Verschiedene Zugehörigkeitsfunktionen.

linguistische Variable Raumtemperatur ist damit vollständig beschrieben.

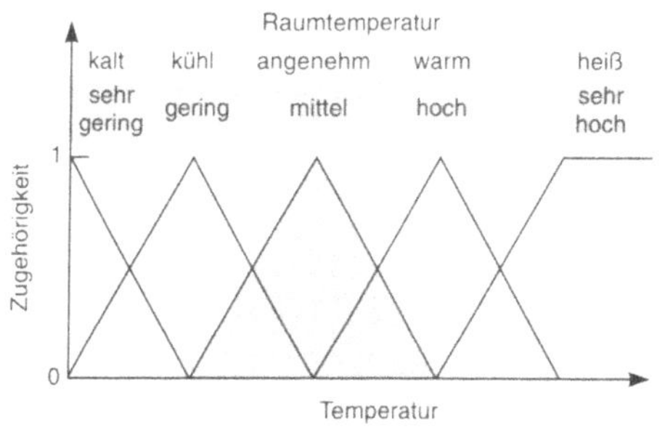

Bild D-90. Vollständige Beschreibung der linguistischen Variablen „Raumtemperatur".

Ebenfalls in Bild D-90 eingetragen sind sogenannte *Norm-* oder *Grund*begriffe. Für eine linguistische Variable, die beispielsweise durch fünf Terme beschrieben werden, können diese wie folgt lauten: *sehr gering, gering, mittel, hoch* und *sehr hoch*.

Die Überlappung der Zugehörigkeitsfunktionen der einzelnen Terme stellt dabei die Mono-

tonie der linguistischen Variablen sicher. Würden sich beispielsweise die Terme kalt und angenehm bei der Temperatur 20°C ablösen und nicht schneiden, so könnte über diese Temperatur keine Aussage getroffen werden. Sie wäre weder angenehm noch kalt, würde also zur Raumtemperatur nichts beitragen. Allgemein kann man sagen:

Eine linguistische Variable wird durch Fuzzy-Sets vollständig beschrieben.

D 5.1.4 Inferenz

Bislang wurde die Beschreibung der Eingangsvariablen in der Fuzzy-Logik betrachtet. Von dieser Darstellung ausgehend, muß nun der Schluß zur Aktion, die auch als Konsequenz bezeichnet wird, gezogen werden. Die Schlußweise, wie von einem unscharfen Eingangszustand auf einen Ausgangszustand geschlossen wird, wird *Inferenz* genannt.

Unter Inferenz versteht man den Übergang von einem Eingangszustand zu einem Endzustand aufgrund geltender Bedingungen.

In der Fuzzy-Logik wird dies verbal mit einer *Wenn-Dann* Beschreibungen vollzogen. So könnte beispielsweise eine einfache Inferenz wie folgt lauten:

WENN das Auto schnell ist, DANN bremse.

Allgemein ausgedrückt:

> WENN A, DANN B.

Die Fuzzy-Logik sieht für diese Inferenz folgende Schreibweise vor:

$$\underset{\text{Prämisse}}{A} \quad \underset{\text{Implikation}}{\rightarrow} \quad \underset{\text{Konsequenz}}{B} \qquad \text{(D-1)}$$

Die linke Seite der Implikation wird *Prämisse,* die rechte Seite *Konsequenz* genannt. Der Pfeil → wird dabei als *Implikation* bezeichnet.

Obiges einfache Beispiel reicht nicht aus, um eine Aktion zu rechtfertigen, wie das Abbremsen eines Autos. Die Straße könnte ja frei sein und kein Verkehrszeichen die Fahrt reglementieren. Deshalb kann die rechte Seite der Implikation um weitere Eingangsbedingungen ergänzt werden, die (analog zur Mengenlehre) durch eine UND- bzw. ODER-Verknüpfung die Entscheidung beeinflussen. Man erhält so folgende Fuzzy Regel:

> WENN {Ereignis A}
> UND {Ereignis B}
> UND {...}
> ...
> DANN {Ausgang X}   (D-2)

In gleicher Weise gilt:

> WENN {Ereignis A}
> ODER {Ereignis B}
> ODER {...}
> ...DANN {Ausgang X}   (D-3)

Die englischen Operatoren lauten:

- IF (WENN),
- AND (UND),
- OR (ODER) und
- THEN (DANN).

Die Verknüpfung obiger Eingangsbedingungen ähnelt sehr stark der binären Logik. Tatsächlich kennt man in der Fuzzy-Logik ebenfalls die Operatoren UND, ODER und NICHT. Man muß jedoch beachten, daß die Eingangsvariablen auf unscharfe Mengen abgebildet werden. Die Schreibweise für diese Operatoren ist in Anlehnung an die Mengenschreibweise:

$\wedge$ = UND (engl.: AND)
$\vee$ = ODER (engl.: OR)
$\neg$ = NICHT (engl.: NOT)

Welche der Eingangsbedingung nun den hauptsächlichen Einfluß auf die Ausgangsmenge hat, wird durch die MIN-MAX-Bedingung festgelegt. Dabei gilt:

> Der Wahrheitsgehalt zweier Aussagen, die ODER-verknüpft sind, entspricht dem *Maximum* der Wahrheitsgrade der beiden einzelnen Aussagen. (Maximum-Regel für ODER-Verknüpfungen).

Und:

> Der Wahrheitsgehalt zweier Aussagen, die UND-verknüpft sind, entspricht dem *Minimum* der Wahrheitsgrade der beiden einzelnen Aussagen. (Minimum-Regel für UND-Verknüpfung).

Mit diesen Aussagen ist man in der Lage, mit verschiedenen Eingangs-Variablen zu einem Ergebnis zu kommen. Folgendes kleine Beispiel soll dies verdeutlichen.

Beispiel:

D 5-4: Zur Steuerung eines Brennkessels sind die Eingangsgrößen *Temperatur* und *Kesseldruck* bekannt. Sie bilden die linguistischen Variablen für ein Fuzzy-System. Es soll das Ventil für die Brenngaszufuhr gesteuert werden. Folgende Inferenzen werden aufgestellt:

Regel 1:

WENN	die Temperatur = sehr hoch,
ODER	der Druck = hoch,
DANN	Ventil = gedrosselt.

Regel 2:

WENN	die Temperatur = hoch,
UND	der Druck = normal,
DANN	Ventil = halb offen.

Es sei angenommen, daß für eine Temperatur von 680°C folgende Zugehörigkeitsgrade gelten: sehr hoch = 0,8, hoch = 0,4, mittel und niedrig = 0. Der Druck wird mit 22 bar gemessen und hat damit folgende Zugehörigkeitsgrade: niedrig = 0, normal = 0,6 und hoch = 0,8. Für die Regel 1 gilt die Maximum-Regel der ODER-Verknüpfung, so daß gilt:

$$\max\{0,8; 0,4\} = 0,8.$$

Analog dazu gilt für die UND-Verknüpfung:

$$\min\{0,4; 0,6\} = 0,4.$$

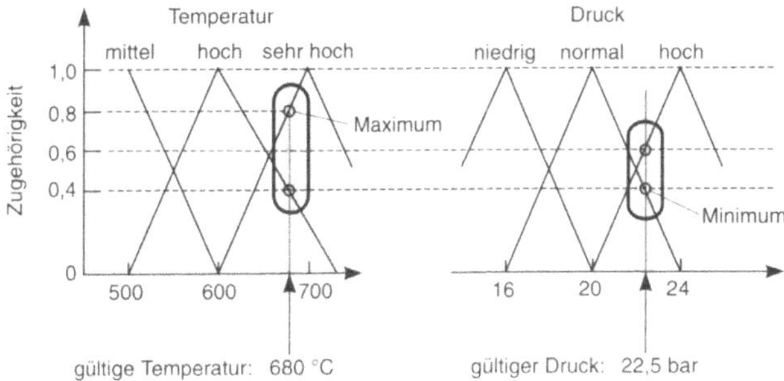

Bild D-91. Minimum- und Maximum-Verknüpfung der Terme.

Das bedeutet, daß beide Regeln auf das Ventil Einfluß nehmen und zwar:

Regel 1 verlangt ein zu 0,8 gedrosseltes Ventil,
Regel 2 ein zu 0,4 halb offenes Ventil.

In Bild D-91 sind beide Inferenzen anschaulich dargestellt.
Beide Aussagen werden miteinander verknüpft und ergeben schließlich einen exakten Wert.

D 5.1.5 Defuzzifizierung

Nachdem die Eingangsvariablen in obiger Weise erfaßt und definiert sind, gilt es eine Ausgangsgröße bereitzustellen, die als Folge der Eingangsgrößen gesehen werden kann. Die Ausgangsgröße muß dabei wieder auf einen exakt definierten Wert zurückgeführt werden, der keinesfalls „unscharf" wie seine Eingangsgrößenbeschreibung sein darf.
Das Vorgehen zur Erlangung exakter Stell- und Regelgrößen entspricht der Umkehrung der Fuzzyfizierung der Eingangsbedingungen: Es werden für die Konsequenz *Schlußfolgerungsterme* (Fuzzy-Sets) definiert. Sie bilden, wie bei den Eingangsvariablen, die linguistische Ausgangsvariable auf einer Basisvariablen ab.

> Schlußfolgerungsterme beschreiben die Konsequenz über einer Basisvariablen.

Für das in Beispiel D 5-4 zu steuernde Ventil zeigt Bild D-92 die Schlußfolgerungsterme. Die Abszisse zeigt dabei die Basisvariable, für obiges Beispiel in m³/h. In gleicher Weise könnte auch der Drehwinkel eines Stellmotors für dieses Ventil auftragen werden, in Bild D-92 ebenfalls anschaulich dargestellt.

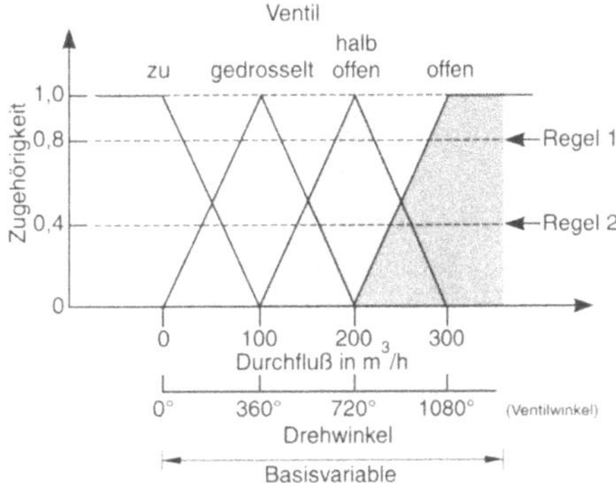

Bild D-92. Schlußfolgerungsterme der linguistischen Variablen „Ventilstellung".

Werden Delta-Funktionen wie im obigen Beispiel zur Beschreibung der Schlußfolgerungsterme verwendet, so gibt es zwei Verfahren zur Bildung der *Schlußmenge*:

- MAX-MIN-Inferenz,
- MAX-PROD-Inferenz.

Bei MAX-MIN Inferenz werden die Schlußfolgerungsterme in der Höhe der Eingangswahrscheinlichkeit abgeschnitten. Bild D-93 a zeigt dieses Vorgehen an Hand folgender Bedingung:

WENN die Drehzahl = mittel
UND der Druck = hoch
DANN Ventilstellung = offen.

Da bei der UND-Verknüpfung das Minimum gilt, wird der Schlußfolgerungsterm in der Höhe der kleinsten Wahrscheinlichkeit *abgeschnitten*.
Die MAX-PROD Inferenz *skaliert* hingegen die Schlußfolgerungsterme mit der auf sie zutref-

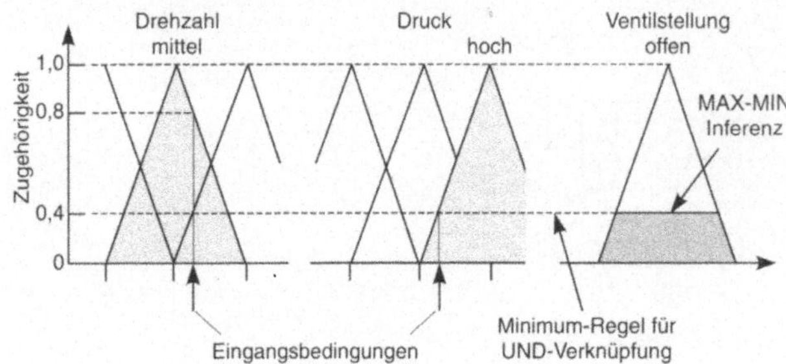

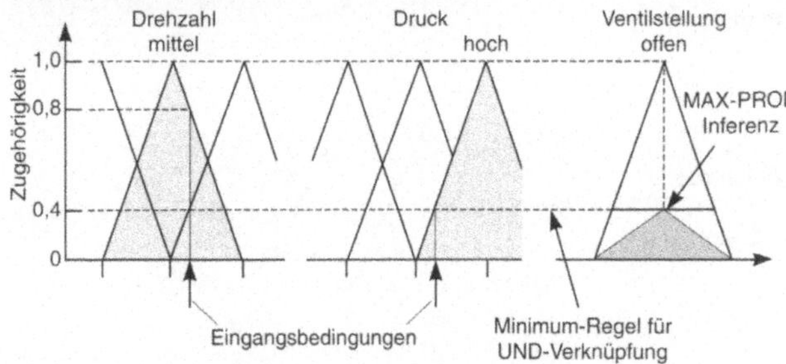

Bild D-93. Zwei Verfahren zur Bildung der Schlußmenge.

fenden Wahrscheinlichkeit. In Bild D-93 b ist dies am selben Beispiel wie oben veranschaulicht. Zusammenfassend kann gesagt werden:

> Bei der *MAX-MIN Inferenz* werden die Schlußfolgerungsterme abgeschnitten; bei der *MAX-PROD Inferenz* werden die Schlußfolgerungsterme mit der für sie gültigen Wahrscheinlichkeit multipliziert (skaliert).

Die in beiden Beispielen grau hinterlegte Fläche stellt dabei die unscharfe *Schlußmenge* dar, aus der schließlich das exakte Ergebnis abgeleitet wird.

Dies gilt für alle Regeln, die ein System beschreiben. Die Fortsetzung des Beispiels D 5-4 verdeutlicht dies.

Beispiel:

D 5-5: Im Beispiel D 5-4 wurden die linguistischen Variablen *Temperatur, Druck* und *Ventil* beschrieben und zwei Regeln aufgestellt. Für eine Temperatur von 680°C ergab sich eine Beschreibung des Ventils zu 0,8 drosseln und zu 0,4 halb offen. Beide Inferenz-Methoden sollen angewandt werden. Das Ergebnis ist

in Bild D-94 dargestellt und es ergibt sich in beiden Fällen eine große unförmige Fläche als Schlußmenge. Aus dieser wird nun schließlich das exakte Ergebnis gewonnen.

Die so gewonnene Menge ist nach wie vor eine unscharfe Menge, die im nachfolgenden Schritt auf einen exakten Wert zurückgeführt werden muß. Diese Überführung wird allgemein als *Defuzzifizierung* bezeichnet.

> Defuzzifizierung ist die Ableitung eines exakten Ergebnisses aus einer unscharfen Menge.

Dazu wurden eine ganze Reihe von Verfahren entwickelt. Einige davon sind:

- Schwerpunktmethode (Gravitäts-Methode),
- Höhenmethode (Singletons oder Centroid-Methode),
- Maximum-Height-Left Methode,
- Maximum-Height-Right Methode und
- Lineare Methode nach Prof. Frank.

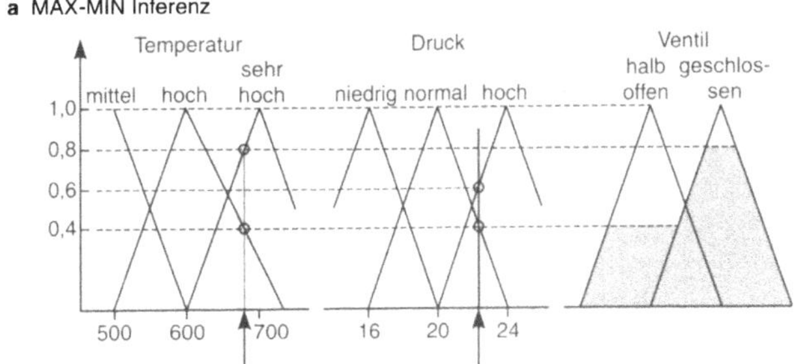

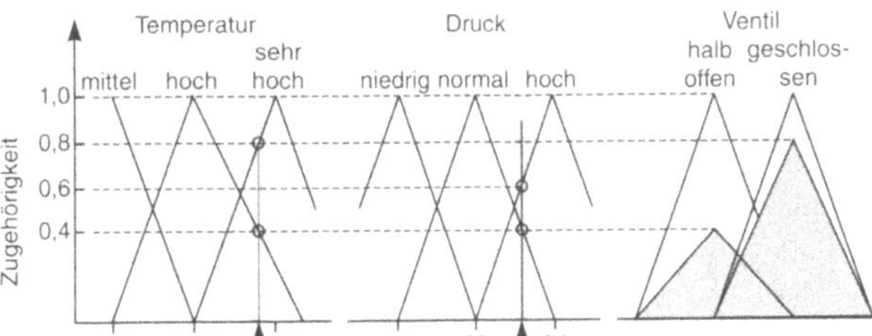

Bild D-94. MAX-MIN- und MAX-PROD-Inferenz für eine Ventilsteuerung.

Die gebräuchlichsten Methoden sind die *Schwerpunktsmethode* und die *Centroid-Methode*. Bei der Schwerpunktsmethode wird der Flächenschwerpunkt der skalierten Mengen (in Bild D-94 grau dargestellt) bestimmt. Der Abszissenwert des Schwerpunktes (Lot auf die x-Achse) ergibt eine eindeutige Projektion auf die Basisvariable der Ausgangsgröße. Man erhält die exakte Entscheidung dieser Fuzzy-Inferenz. Für das Beispiel in D 5-4 und D 5-5 ist dies in Bild D-95 nochmals deutlich herausgezeichnet. Man sieht, daß bei der Berechnung des Flächenschwerpunktes die Fläche, die zu 0,8 skaliert wurde, maßgeblichen Einfluß auf die Stellgröße hat. Das Ventil muß demnach auf einen Wert von 142 m³/h eingestellt werden.

Eine weitere gebräuchliche Methode zur Vereinfachung der Berechnung von exakten Ausgangsgrößen erhält man bei der *Centroid-Methode*, bei der eine Zuordnung von „*Singletons*" zu den Ausgangstermen erfolgt. Dabei geht die Abbildung eines Terms durch die Zugehörig-keitsgrade verloren und es wird das Maximum (Zentrum) repräsentiert. Bild D-96 zeigt die Vereinfachung der Ausgangsterme anhand des bereits bekannten Bildes D-92. Jede Linie ist dabei als Term aufzufassen und steht für eine Aktion des Ausgangskreises. Dies ermöglicht einen einfacheren algorithmischen Ansatz zur Findung des genauen Ausgangswertes.

Die Bildung der MAX-MIN- oder MAX-PROD-Inferenz führen bei der Centroid-Methode zum selben Ergebnis: Sie werden auf das Ergebnis der Eingangsbedingungen skaliert. Das aus Beispiel D 5-5 bekannte Bild D-94 wird zur Vedeutlichung der Eigenschaften nochmals in Bild D-97 mit Singletons dargestellt.

Das Singleton mit dem größten Zugehörig-keitsgrad nimmt auch den größten Einfluß auf die Basisvariable ein. Dies kann als *Entropie* des Singleton aufgefaßt werden.

Alle oben aufgeführten Defuzzyfizierungs-Verfahren sind in Bild D-98 gegenübergestellt. Es wird deutlich, daß je nach Methode unterschied-

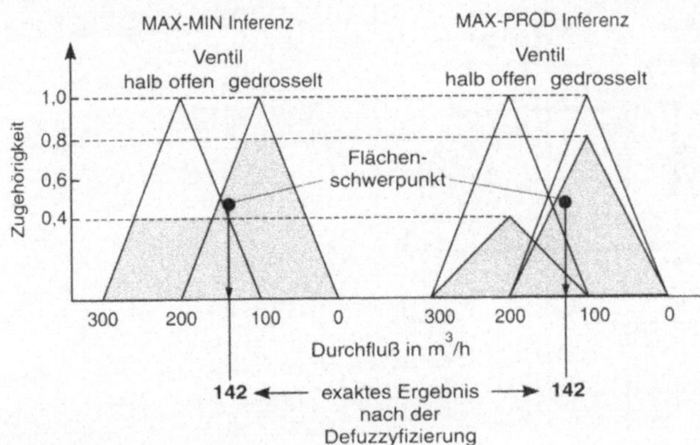

Bild D-95. Schwerpunktmethode bei MAX-MIN- und MAX-PROD-Inferenz.

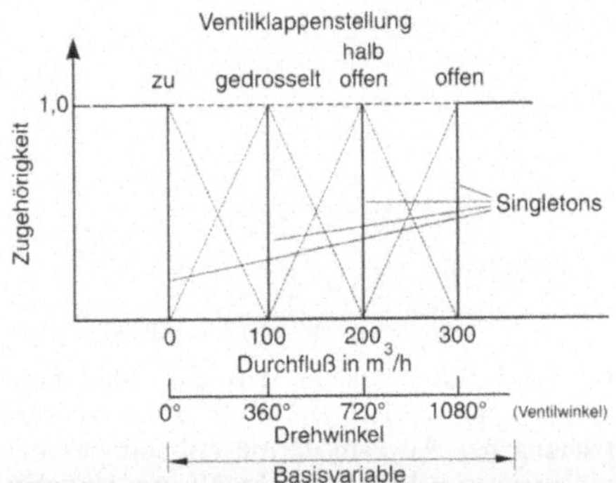

Bild D-96. Schlußfolgerungssysteme der linguistischen Variablen „Ventilstellung" als Singletons dargestellt.

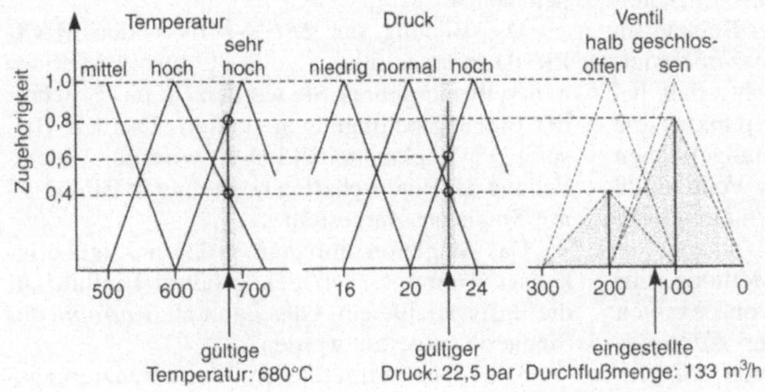

Bild D-97. Anwendung der Singletons auf eine Ventilsteuerung.

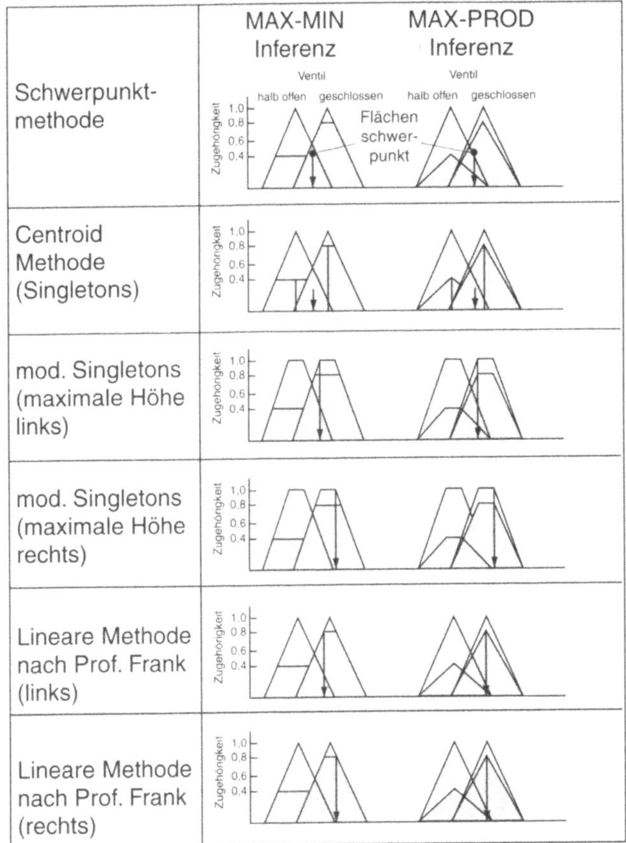

Bild D-98. Unterschiedliche Methoden zur Defuzzyfizierung.

liche Ergebnisse zu erwarten sind, so daß bei der Auswahl der Methode sehr sorgfältig vorgegangen werden muß. Einige Methoden bleiben auch nur speziellen Funktionen vorbehalten, beispielsweise die Maximum-Hight-Left- und -Right-Methode. Sie kann nur bei trapezförmigen Eingangstermen sinnvoll angewandt werden. Die Lineare Methode nach Prof. Frank läßt sich nur sinnvoll auf MAX-MIN-Inferenzen anwenden, bei MAX-PROD-Inferenzen führt der linke und der rechte Ansatz zu demselben Ergebnis (Bild D-98).

Hinweis:
Da die Zugehörigkeitsfunktionen der Eingangsvariablen meist dreiecks- oder trapezförmig sind, findet man in den verschiedenen Fachbüchern entsprechende Abkürzungen für die Darstellung der Terme:

– Λ für Dreiecksfunktionen (Deltafunktion),

– Π für Trapezfunktionen,

– Z für ein nach links offenes Trapez und

– S für ein nach rechts offenes Trapez.

Z und S werden ausschließlich am Anfang und am Ende eines Variablenbereiches eingesetzt (Bild D-89).

D 5.1.6 Plausibles Schließen

Die Verarbeitung des Wissens um Eigenschaften, die wir einem Objekt oder Zustand zuordnen, wird *plausibles Schließen* genannt. Der plausible Schluß ist ausschließlich aufgrund unserer Erfahrung möglich.

Unter plausiblem Schluß versteht man eine Folgerung über gegebene Eingangsbedingungen hinaus.

Nachfolgendes Beispiel soll dies an einer alltäglichen Gegebenheit anschaulich darstellen:

Implikation *(Wissen):* weiche Birnen sind reif
(formal: WENN die Birne weich ist,
            DANN ist sie reif).

Der plausible Schluß läßt Eingangsbedingungen zu, die zunächst durch obige Inferenz nicht definiert sind:

Prämisse *(Gegebenheit):*
            sehr weiche Birnen
Folgerung *(plausibler Schluß):*
            sind sehr reif.
(formal: WENN die Birne sehr weich ist,
            DANN ist sie sehr reif).

Damit sind Schlußfolgerungen möglich, die uns in der dualen Logik verwehrt sind. In der dualen Logik schließen sich *weich* und *sehr weich* gegenseitig aus.

Das plausible Schließen setzt weitere Kenntnisse (Wissen, Erfahrungen) voraus, die als *Monotonie des Ereignisses* angesehen werden.

D 5.2 Mathematische Beschreibung unscharfer Mengen

Im vorangegangenen Teil wurde der Schwerpunkt auf die linguistische Beschreibung von Problemen und eine Einführung in die Denkweise der Fuzzy-Logik gegeben. Im zweiten Teil wird der mathematische Ansatz zur Beschreibung unscharfer Mengen betrachtet.

Die Schreibweise für unscharfe Mengen lehnt sich dabei stark an die klassische Mengenlehre an, wie im vorangegangenen Abschnitt bereits teilweise dargestellt. Klassische Mengen werden üblicherweise mit Großbuchstaben gekennzeichnet, wie beispielsweise A, B und C im Bild D-87 Abschnitt D 5.1. Zur Kennzeichnung unscharfer Mengen werden die Großbuchstaben mit einer Tilde $(\tilde{\ })$ gekennzeichnet, beispielsweise die unscharfe Menge $\tilde{A}$. Die allgemeinste Form zur Beschreibung einer unscharfen Menge $\tilde{A}$ zeigt Gl. D-4:

$$\tilde{A} := \left\{ \left(x, \mu_{\tilde{A}}(x) \right) ; x \in X \right\} \qquad \text{(D-4)}$$

Dabei spricht man von einer unscharfen Menge auf X, wobei X die Gesamtheit (Stammenge) aller

Elemente x darstellt. $\mu_{\tilde{A}}(x)$ gibt an, zu welchem Grad das Element x zu dieser Menge gehört und wird als *Zugehörigkeitsgrad* des Elementes x bezeichnet. Bei einer unscharfen Menge kann jedes Element x nur in Verbindung mit $\mu_{\tilde{A}}(x)$ auftreten.

Eine unscharfe Menge $\tilde{A}$ ist dann vollständig beschrieben, wenn zu jedem Element x ein Zugehörigkeitsgrad $\mu_{\tilde{A}}(x)$ existiert.

Beispiel:

D 5-6. Dieses Beispiel zeigt einen Anwendungsfall für ein Fuzzy-Expertensystem zur Entscheidungshilfe: Die Produktivität einer Maschine wird in Stück pro Schicht gemessen. Es soll die unscharfe Menge $\tilde{O}$ *optimale Maschine* gebildet werden. Dazu wird zunächst die Stammenge (hier: *Stück pro Schicht)* von verschiedenen Maschinen angelegt. In diesem Beispiel umfaßt sie 7 Elemente:

$$S = \{50, 60, 80, 100, 120, 180, 200\}.$$

Die unscharfe Menge *optimale Maschine* $\tilde{O}$ könnte beispielsweise für ein mittleres Unternehmen, das neben der Stückzahl pro Schicht auch Anschaffungskosten, Service und Wartung berücksichtigen muß, wie folgt aussehen:

$$\tilde{O} = \left\{ \left(x_1, \mu_{(x1)} \right) ; \left(x_2, \mu_{(x2)} \right) ; \left(x_3, \mu_{(x3)} \right) ; \right.$$
$$\left. \ldots ; \left(x_7, \mu_{(x7)} \right) \right\},$$
$$\tilde{O} = \{ (50,0), (60,0), (80, 0.2), (100, 0.8),$$
$$(120,1), (180, 0.5), (200,0) \}.$$

In Bild D-99 sind diese Elemente über der X-Achse *Stück pro Schicht* aufgetragen.

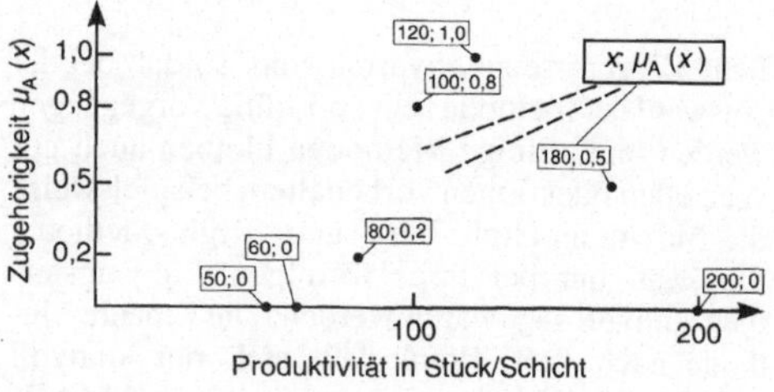

Bild D-99. Bildung einer unscharfen Menge durch Gewichtung der einzelnen Daten.

Der Zugehörigkeitsgrad $\mu_{\tilde{A}}(x)$ kann dabei alle reellen Werte von 0 bis 1 annehmen. Es gilt:

$$\mu_{\tilde{A}} : X \rightarrow \mathbb{R}. \qquad \text{(D-5)}$$

Betrachtet man ausschließlich Elemente, deren Zugehörigkeitsgrad einen bestimmten Schwellwert, der mit α bezeichnet wird, überschreitet, so erhält man die *α-Schnittmenge*.

> Die α-Schnittmenge einer unscharfen Menge $\tilde{A}$ wird durch die Zugehörigkeitsgrade beschrieben, für die gilt:
> $$\mu_{\tilde{A}}(x) > \alpha,$$
> wobei gilt:
> $$\mu_{\tilde{A}}(x)_{min} \leq \alpha \leq \mu_{\tilde{A}}(x)_{max}.$$

Ein Sonderfall der α-Schnittmenge erhält man für $\alpha = 1$ und $\alpha = 0$. Im ersten Fall erhält man die *leere Menge* $\emptyset$, weshalb dieser Sonderfall ohne Bedeutung ist. Für $\alpha = 0$ erhält man alle von null *verschiedenen* Zugehörigkeitsgrade. Dies wird als die *stützende Menge* $S_{\tilde{A}}$ bezeichnet wird.

> Die stützende Menge $S_{\tilde{A}}$ einer unscharfen Menge $\tilde{A}$ wird durch folgende Zugehörigkeitsgrade beschrieben:
> $$\mu_{\tilde{A}}(x) > 0.$$

Anhand der Fortführung des Beispiels D 5-6 sollen diese Begriffe verdeutlicht werden.

Beispiel:

D 5-7. Die stützende Menge $S_{\tilde{O}}$ aus der unscharfen Menge *optimale Maschine* $\tilde{O}$ besteht aus allen Elementen, deren Zugehörigkeitsgrad > 0 ist. $S_{\tilde{O}}$ lautet:

$$S_{\tilde{O}} = \{80, 100, 120, 180\}.$$

Die betriebswirtschaftliche Leitung des mittleren Unternehmen beschließt nun, nur Maschinen in die engere Auswahl zu nehmen, die das Anforderungsprofil zu mehr als 50% erfüllen. Es gilt also die Schnittmenge S_α für $\alpha > 0.5$ zu finden. Sie lautet:

$$S_\alpha = \{100, 120\}.$$

Die stützende Menge und S_α sind im Bild D-100 eingetragen.

Hinweis:
Bei der allgemeinen Darstellung der Fuzzy-Logik drängt sich bald der Gedanke auf, zwei Grenzwerte des Zugehörigkeitsgrades zu formulieren und näher zu betrachten:

$$\mu_{\mu\tilde{A}}(x) = 0 \text{ und}$$

$$\mu_{\mu\tilde{A}}(x) = 1.$$

Werden ausschließlich diese Zugehörigkeitsgrade zugelassen, also $\mu_{\tilde{A}}(x) = [0,1]$, so erhält man die scharfe

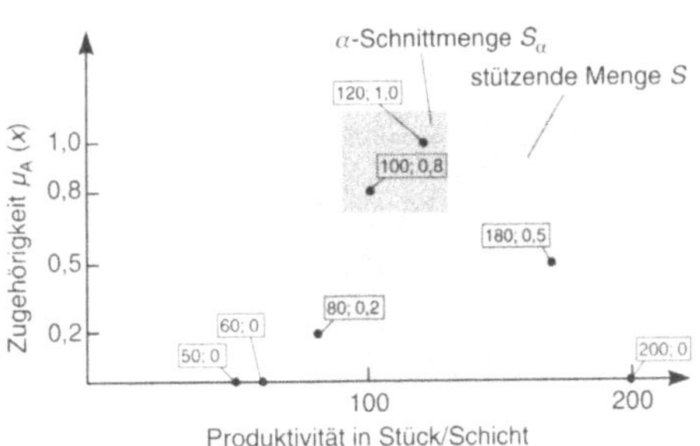

Bild D-100. α-Schnittmenge und stützende Menge.

Zuordnung der binären Logik. Vor diesem Hintergrund kann man sagen, daß die binäre Logik ein Sonderfall der Fuzzy-Logik darstellt.

D 5.2.1 Minimum- Maximum-Regel

Bereits in Abschnitt D 5.1 wurde die Minimum-Regel für die UND-Verknüpfung und die Maximum-Regel für die ODER-Verknüpfung definiert. In der Mengenlehre haben sich für die UND und ODER-Verküpfung von Mengen die Begriffe *Schnittmenge*, gekennzeichnet durch das Symbol $\cap$, und *Vereinigungsmenge*, gekennzeichnet durch das Symbol $\cup$, eingebürgert. Dies führt dazu, daß in der Literatur oft zwei verschiedene Schreibweisen für Fuzzy-Operatoren anzutreffen sind. Im folgenden sollen beide bei der formalen Definition der UND- und ODER-Verknüpfung verwandt werden.

Minimumregel für die UND-Verknüpfung (Schnittmenge): Es gilt:

> $$\mu_{\tilde{Z}}(x) = \mu_{\tilde{A} \wedge \tilde{B}}(x)$$
> $$= \min\left(\mu_{\tilde{A}}(x), \mu_{\tilde{B}}(x)\right), \, x \in X$$
> $$\mu_{\tilde{Z}}(x) = \mu_{\tilde{A} \cap \tilde{B}}(x)$$
> $$= \min\left(\mu_{\tilde{A}}(x), \mu_{\tilde{B}}(x)\right), \, x \in X \qquad \text{(D-6)}$$

Dabei ist $\mu_Z(x)$ die unscharfe Zielmenge, die sich durch die UND-Verknüpfung von -A und -B ergibt.

In gleicher Weise gilt für die ODER-Verknüpfung (Vereinigungsmenge):

> $$\mu_{\tilde{Z}}(x) = \mu_{\tilde{A} \vee \tilde{B}}(x)$$
> $$= \max\left(\mu_{\tilde{A}}(x), \mu_{\tilde{B}}(x)\right), \, x \in X$$
> $$\mu_{\tilde{Z}}(x) = \mu_{\tilde{A} \cup \tilde{B}}(x)$$
> $$= \max\left(\mu_{\tilde{A}}(x), \mu_{\tilde{B}}(x)\right), \, x \in X \qquad \text{(D-7)}$$

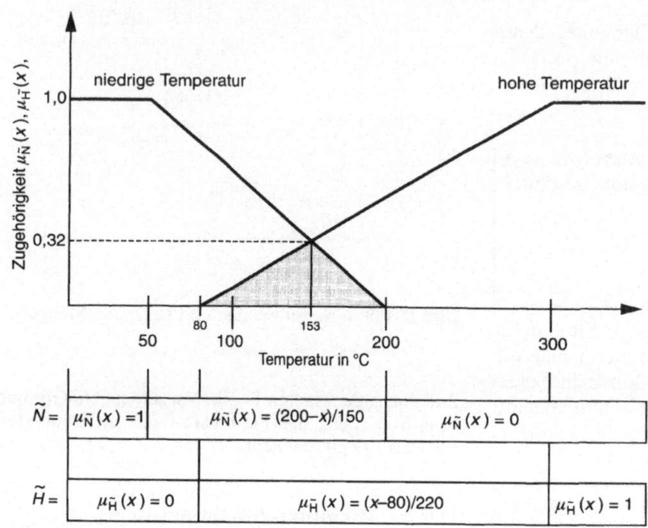

Bild D-101. Abschnittsweise definierte Funktionen zur Bildung der Terme.

Die Anwendung dieser Regeln gilt für alle Elemente x aus der Menge X. Die Bedingung ist zwingend, so daß gilt:

$$\forall x \in X,$$

was soviel bedeutet wie: für alle Elemente von x. $\forall$ wird als *All-Quantor* bezeichnet.

D 5.2.2 Mathematische Beschreibung von Termen

Die Handhabung der Zugehörigkeitsfunktionen von Termen basiert auf den algebraischen Grundsätzen. Exemplarisch werden zwei Trapezfunktionen beschrieben, wie sie üblicherweise am Anfang und am Ende einer linguistischen Variablen Verwendung finden.

Die Funktion wird in abschnittsweise definierte, stetige Teilfunktionen zerlegt, wie Bild D-101 zeigt. Die zwei unscharfen Mengen (Terme) sind: niedrige Temperatur $\tilde{N}$ und hohe Temperatur $\tilde{H}$. Für die Zugehörigkeit der Elemente von $\tilde{N}$ und $\tilde{H}$ läßt sich folgender algebraischer Zusammenhang erstellen:

$$\mu_{\tilde{N}}(x) = \begin{array}{ll} 1 & ;\ x < 50 \\ (200 - x)/150 & ;\ 50 \leq x \leq 200 \\ 0 & ;\ x > 200 \end{array}$$

und:

$$\mu_{\tilde{H}}(x) = \begin{array}{ll} 0 & ;\ x < 80 \\ (x - 80)/220 & ;\ 80 \leq x \leq 300 \\ 1 & ;\ x > 300 \end{array}$$

Auf diese Weise lassen sich alle Terme durch zusammenfügen einzelner Kurvenzüge beschreiben.

D 5.2.3 Berechnung der Defuzzyfizierungsmethoden

Im folgenden sollen die für die Berechnung der Schwerpunkts- und Centroid-Methode notwendigen Gleichungen zusammengestellt werden. Sie lassen sich allesamt aus den algebraischen Grundlagen ableiten.

Schwerpunktmethode:

Der Flächenschwerpunkt einer beliebigen Fläche läßt sich wie folgt berechnen:

$$x_c = \frac{\int\limits_a^b x\,(f_1(x) - f_2(x))\,dx}{S} \tag{D-8}$$

Dabei bedeuten:

x_c: x-Koordinate des Flächenschwerpunktes,

$f_1(x)$, $f_2(x)$: obere bzw. untere Funktion, die die Fläche einschließen,

a, b: Grenzen der unscharfen Fuzzy-Menge,

S: Flächeninhalt der umschlossenen Fläche.

S ist hier allgemein dargestellt, wird in der Literatur jedoch oft durch das bestimmte Integral angegeben.

Ist der Schwerpunkt einer Fläche zu bestimmen, die aus mehreren Teilflächen besteht, wird in der Regel zur Vereinfachung auf eine Summenformel zurückgegriffen. Dabei wird der Schwerpunkt der einzelnen Zugehörigkeitsfunktionen berechnet und über folgende Beziehung mit einander verknüpft:

$$x_c = \frac{\sum\limits_{i=1}^{N} w_i\, c_i\, S_i}{\sum\limits_{i=1}^{N} w_i\, S_i} \qquad \text{(D-9)}$$

i ist der laufende Index für die Anzahl der Flächen für die gilt:

S_i: Inhalt der i-ten Flächen,

c_i: x-Wert (Abszissenwert) des i-ten Schwerpunktes der i-ten Fläche,

w_i: Grad der Prämissenerfüllung als Ergebnis der Minimum- oder Maximum-Regel.

Die Flächenschwerpunktmethode wird in der Literatur auch oft mit Gravitätsmethode bezeichnet und mit COA abgekürzt (COA: Center of Area).

Mittelwert der Maximalwerte (Singleton-Methode)

Die Singletons stellen eine Vereinfachung gegenüber der Flächenschwerpunkts-Methode dar. Die Defuzzyfizierung mit Hilfe der Singletons (Mittelwert der gewichteten Maximalwerte) läßt sich durch folgende einfache Summenbildung realisieren:

$$x_c = \frac{1}{n} \sum_{i=1}^{N} x_i^{\max} \qquad \text{(D-10)}$$

Dabei gilt:

n: Anzahl der Maximalwerte (Singletons),

$x_i^{\max}$: x-Position des Maximums (Singletons) der i-ten Funktion.

D 5.3 Entwicklungsmethoden und Hilfsmittel

Nach dem die Fuzzy-Logik auf erhebliche Resonanz in der Forschung und Industrie gestoßen ist, wurden eine ganze Reihe von Entwicklungswerkzeugen vorgestellt. Alle haben das gemeinsame Ziel, dem Anwender die Umsetzung des sprachlichen Gebrauchs auf die logische Ebene so einfach wie möglich zu machen.

Das Ergebnis ist ein ablauffähiger Programmkode. Dabei ist folgende Problematik zu beachten: die Entwicklung von Fuzzy-Logik Systemen ist zunächst unabhängig von den ausführenden Rechnern (Zielsystemen). Sie ist problemorientiert und kann daher die Vielfalt der Rechnerplattformen nicht bedienen. Die meisten Entwicklungstools stellen daher einen Pre-Compiler zur Verfügung, dessen Ergebnis ein Quell-Kode in einer Hochsprache ist, wie beispielsweise ANSI-C. Dies ermöglicht die Portierung auf unterschiedliche Plattformen. Bild D-102 zeigt diese Entwicklungsstufen auf.

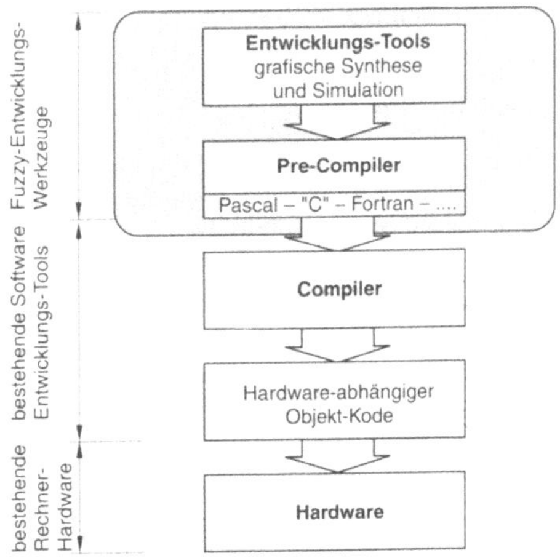

Bild D-102. Entwicklungsumgebung für die Fuzzy-Logik.

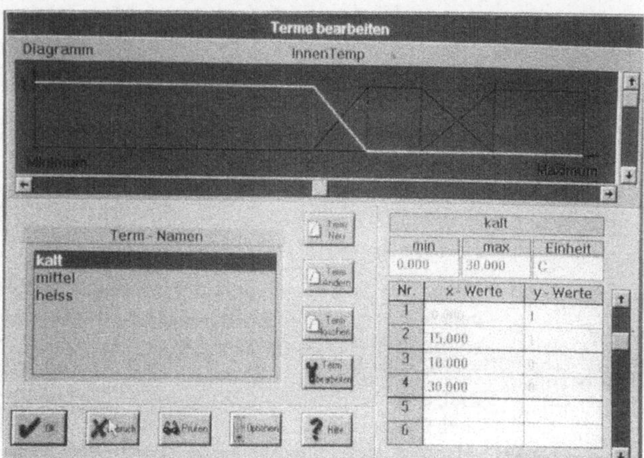

Bild D-103. Grafische Bearbeitung von Termen.

In Bild D-102 sind die einzelnen Phasen einer Fuzzy-Logik Systementwicklung im Ablauf dargestellt. Diese umfassen folgende Phasen:

- Entwicklung des wissensbasierten Fuzzy-System mit Hilfe eines Fuzzy-Entwicklungswerkzeuges zur Eingabe der Regeln,

- Pre-Compiler zur Erstellung eines genormten Quell-Kodes,

- Compiler für die zur Verfügung stehende Hardware

und schließlich die

- Portierung des ablauffähigen Objekt-Kodes auf die Ziel- Hardware.

Der erste Teil, die Entwicklung des Fuzzy-Systems (in Bild D-102 hervorgehoben), erfolgt völlig unabhängig vom Zielsystem.

Entwicklungswerkzeuge für Fuzzy-Logik

Inzwischen bieten eine ganze Reihe von Softwarehäusern sehr leistungsfähige Tools an, die meist unter DOS oder MS-Windows laufen. Allen gemein ist die grafische Eingabemöglichkeit zur Definition der linguistischen Variablen. Im wesentlichen werden drei Methoden unterstützt:

- tabellarische Eingabe,
- Eingabematrix und
- grafische Eingabe.

Bild D-103 zeigt eine grafische Möglichkeit zur Bearbeitung der Eingangsterme. Dabei kann der weiß hervorgehobene Term mit Hilfe des Mauszeigers an den Ecken in die gewünschte Position gezogen werden. Parallel dazu besteht auch die Möglichkeit, exakte Werte in Beschreibungstabellen einzutragen. Die Ausgabefunktionen werden in gleicher Weise wie die Eingangsvariablen definiert.

Die Produktionsregeln werden mit Hilfe eines Regelbasis-Editors erstellt, der entweder als Matrix oder als Beschreibungsdatei ausgeführt ist. Die Matrix erlaubt eine schnelle Erkennung von Unsymmetrien der Regelbasis und die Vermeidung redundanter Regeln. In Bild D-104 sind beide Möglichkeiten zu sehen. Bei der Matrixschreibweise (Bild D-104 b) bilden die linken beiden Spalten die Eingangsvariablen und deren Zustände ab, die rechte Spalte die Zustände der Ausgangsvariablen. Die einzelnen Fuzzy-Regeln sind dabei von links nach rechts zu lesen. Das Beispiel der Regel 5 in Bild D-104 b soll dies verdeutlichen:

WENN der Abstand *sehr niedrig*
 UND die Geschwindigkeit *sehr hoch*,
DANN muß die Bremskraft *voll* sein.

Nachdem alle Ein- und Ausgangsvariablen definiert und die Verknüpfungsregeln aufgestellt sind, erfolgt im nächsten Schritt die Auswahl der geeigneten Defuzzyfizierungsmethode. Die einzelnen Entwicklungstools unterstützen dies durch eine

a.

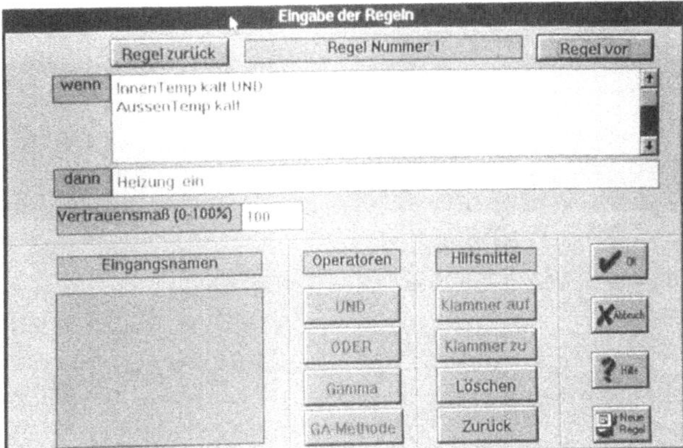

b..

Bild 104. Werkzeuge zur Aufstellung der Fuzzyregeln.

entsprechende Auswahl. Dabei wird in der Regel eine sofortige Überprüfung der Auswirkung am Bildschirm ermöglicht. Bild D-105 zeigt ein solches Auswahlverfahren unter Windows. Im Hintergrund ist erkennbar, daß sich die gewählte Einstellung direkt an der Applikation kontrollieren läßt.

Ein weiteres grafisches Hilfsmittel bietet die Erstellung eines 3D-Kennfeldes (Bild D-106). Mit Hilfe des Kennfeldes läßt sich die Geschlossenheit der Funktion sowie etwaige Sprünge aufzeichnen.

Die Stärke der einzelnen Entwicklungstools liegt in der hardwareunabhängigen Simulation der aufgestellten Regeln. Hier zeigt sich der Vorteil der grafischen Implementierung der linguistischen Variablen. Die Beeinflussung der Ausgangsvariablen durch Veränderungen, die an den Eingangsvariablen vorgenommen werden, kann direkt am Bildschirm nachvollzogen werden. So hat man bereits während der Entwicklungsphase eine stetige Kontrolle über die angewandten Regeln (Bild D-105).

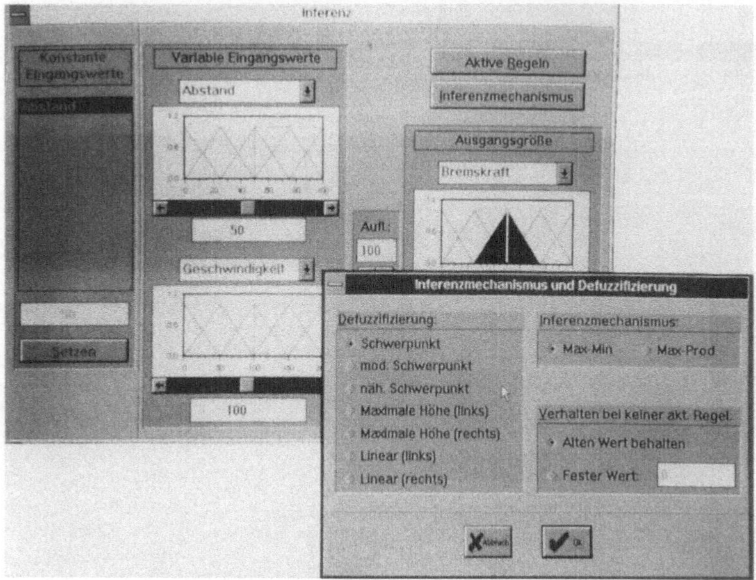

Bild D-105. Anwendung verschiedener Inferenz-Mechanismen.

Für den Benutzer solcher Tools bleibt die Mathematik im Hintergrund. Durch die Anwahl eines bestimmten Inferenzverfahrens werden ihm automatisch alle Hilfsmittel zur Verfügung gestellt und die entsprechenden Berechnungsverfahren integriert. Er kann sich so auf die Anwendung und die Aufstellung der Fuzzy-Regeln konzentrieren.

Zur Übung

ÜD 5-1: Bestimmen Sie bei den nachfolgenden Termen, ob es sich dabei um deterministische Variablen oder linguistische Variablen handelt: 2.33, warm, 20, zwanzig, knapp zwanzig, Druck=200 bar.

ÜD 5-2: Um welchen Variablentyp handelt es sich bei der Variable *Geschwindigkeit?*

ÜD 5-3: Zur Beurteilung von Gebäudegrößen soll die linguistische Variable „hoch" definiert werden.

a) Erstellen Sie die Wertepaare der unscharfen Menge $\tilde{A}$ für 1 bis 6 Stockwerke. Gehen Sie dabei von Ihren eigenen Einschätzungen aus.

b) Tragen Sie diese Punkte in einem Diagramm auf.

ÜD 5-4: Erstellen Sie die Standardzugehörigkeitsfunktionen zur Beschreibung linguistischer Variablen mit 3, 5 und 7 Termen. Gehen Sie dabei von einem Wertebereich von 0% bis 100% auf der X-Achse aus.

ÜD 5-5: Ein schienengebundenes Fahrzeug wird mannlos gesteuert. Die Erfassung der Distanz zu Kreuzungspunkten erfolgt mit der linguistischen Variablen „Entfernung". Sie wird durch die Terme sehr weit, weit, nah und sehr nah beschrieben. Die Geschwindigkeit wird durch die Terme niedrig, mittel und hoch beschrieben. Als Ergebnis soll ein automatischer Bremsvorgang von diesem Schienenfahrzeug eingeleitet werden.

a) Wie könnte die grafische Beschreibung der linguistischen Variablen aussehen?

b) Folgende Fuzzy-Regeln werden angewandt:
WENN die Entfernung *weit* ist
UND   die Geschwindigkeit *hoch* ist,
DANN Bremse *leicht.*

WENN die Entfernung *sehr weit* ist
ODER die Geschwindigkeit *niedrig,*
DANN Bremse *nicht.*

Stellen Sie die Minimum- und Maximum-Regeln für eine Geschwindigkeit von 75 km/h

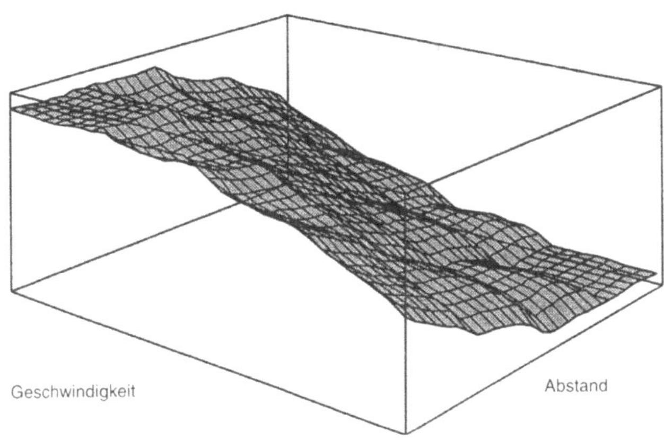

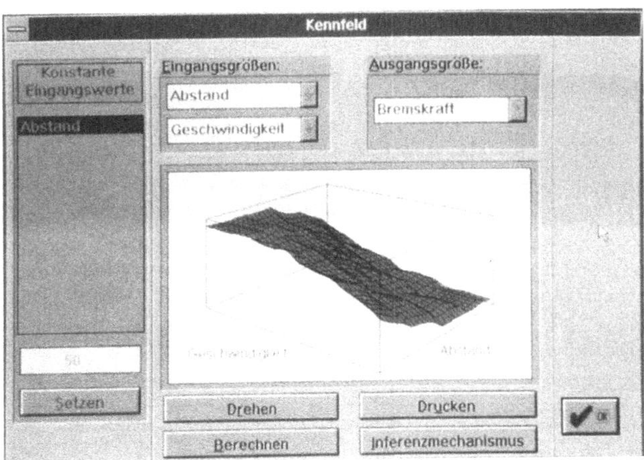

Bild D-106. Darstellung eines Regelkennfeldes.

und einer Entfernung von 220 m auf und tragen Sie diese in das Diagramm von a) ein.

c) Übertragen Sie dies auf die Ausgangsvariable und stellen Sie mit Hilfe der MAX-PROD Inferenz fest, ob und wie stark gebremst werden muß.

d) Stellen Sie weitere Fuzzy-Regeln auf.

e) Wenden Sie auf das Ergebnis von c) weitere Inferenz-Regeln an.

ÜD 5-6: Gegeben ist die unscharfe Menge $\tilde{O}$, die das ideale Familienauto in Abhängigkeit der Motorleistung (in PS) beschreibt: $\tilde{O} = \{(27,0), (42,0.2), (75,0.4), (100,0.8), (120,1), (150,1), (180,0.8), (200,0.5), (240,0.1), (300,0), (315,0)\}$.

a) Bestimmen Sie die stützende Menge S der unscharfen Menge $\tilde{O}$.

b) Bestimmen Sie die α-Schnittmenge für Fahrzeuge, die mindestens zu 0.8 diese Anforderung erfüllen.

c) Tragen Sie beides in ein Schaubild ein.

D 6 Programmiersprachen

Programmiersprachen dienen dazu, Aufgaben mit Hilfe von Sprachelementen so zu formulieren, daß sie mit dem Rechner gelöst werden können. Mit fortschreitender Hard- und Softwareentwicklung und höheren Anforderungen wurden für die verschiedensten Zwecke Sprachen entwickelt, die im folgenden vorgestellt werden.

D 6.1 Generationen der Programmiersprachen im Überblick

Bild D-107 zeigt die *Generationen* der Programmiersprachen im Überblick. Die *erste Generation* waren reine Maschinensprachen, die eine Befehlsformulierung nur in binärer (bzw. in oktaler oder hexadezimaler) Form zuließen. In der *zweiten Generation* entstanden ab 1955 die maschinennahen und in der *dritten Generation* ab 1960 die problemnahen, ablauforientierten Sprachen, die heute noch überwiegend im Einsatz sind. 1970 kamen die Sprachen der *vierten Generation* (4GL: Fourth Generation Language) auf, die sich vor allem durch eine grafische Oberfläche (GUI: Graphic Unit Interface), eine Datenbankanbindung und eine anwenderfreundliche Programmerstellung auszeichnen, ferner Anwendungen der wissensbasierten Systeme der künstlichen Intelligenz erlauben. Die Programmiersprachen der *fünften Generation* sind objektorientiert und ähneln immer mehr der natürlichen Sprache des Menschen.

D 6.2 Programmiersprachen der ersten bis dritten Generation

Ein Überblick über die Programmiersprachen der ersten bis zur dritten Generation ist in Bild D-108 zu sehen:

Sprachen der ersten Generation
Dies sind Maschinensprachen, d. h. die Programmierung bzw. Befehlsformulierung findet direkt im binären (2), oktalen (2^3) oder hexadezimalen (2^4) Zahlenkode statt. Die Programme waren sehr unübersichtlich und stark fehlerbehaftet, konnten aber auf einem einfachen Lochstreifen direkt abgespeichert werden.

Sprachen der zweiten Generation
Hier wird eine *maschinennahe* Sprache verwendet (Assembler). Die Übersetzung in den Dual-Kode geschieht 1:1. Solche Programme dürfen nicht speicherintensiv sein, um die Hardwaregrenzen nicht zu überschreiten.

Sprachen der dritten Generation
Zu diesen Sprachen gehören die höheren Programmiersprachen. Sie gehören zu den *prozeduralen* Sprachen, weil sie an den logischen Abläufen orientiert sind mit den elementaren Blöcken Folge,

1. Generation	2. Generation	3. Generation	4. Generation	5. Generation
• Maschinensprache – Binär – Oktal – Hexadezimal	Maschinennahe Sprachen • Assembler • ALGOL	Problemnahe Sprachen • FORTRAN • COBOL • BASIC • ADA • PL/1 • C • PASCAL • MODULA 2 • GPSS • DYNAMO • EXAPT	Datenbankorientiert Grafische Oberfläche (GUI) Werkzeuge zur Programmentwicklung Künstliche Intelligenz • WINDOWS • SQL • LISP • PROLOG • FORTH	Objektorientiert natürliche Sprachen • C++ • SMALLTALK
1945	1955 1960		1970	1980 199(

Bild D-107. Programmiersprachen im Überblick.

Verzweigung und Wiederholung (Abschn. D 2.3), die in Programmablaufplänen oder Struktogrammen abgebildet sind. Die *Verarbeitungsstrukturen* sind die *aktiven Elemente,* welche die *Daten* als *passive Elemente* verändern. Den höheren Programmiersprachen ist gemeinsam, daß *Compiler* die Programmanweisungen in den Maschinenkode umsetzen. Damit sind die höheren Programmiersprachen völlig unabhängig von der Hardware. Wie Bild D-108 ferner zeigt, gibt es spezielle Programmiersprachen für die Bereiche:

- Bereich der Technik und Naturwissenschaft,
- kaufmännischer Bereich,
- Bereich der Fertigung und Produktion sowie
- Bereich der Simulation.

Die höheren Programmiersprachen unterstützen im wesentlichen die heutigen Anforderungen an eine Programmiersprache:

- leistungsfähiger Sprachumfang;
- Modul-Design. Durch getrenntes Entwerfen und Testen von Modulen ist eine sichere Programmierung und eine Steigerung der Produktivität der Programmierer möglich;
- hohe Programmsicherheit durch strukturiertes Programmieren;
- computerunterstützte Programmierwerkzeuge (z. B. Struktogrammgeneratoren);
- Portabilität auf Quellkodeebene und
- universelle Anwendbarkeit.

D 6.3 Programmiersprachen der vierten Generation (4GL)

Unter Sprachen der vierten Generation versteht man nicht nur reine Programmiersprachen, sondern auch *Werkzeuge* für Informationssysteme und Benutzeranwendungen (Applikationen) sowie die *Datenbankabfragesprachen* (SQL: Search and Query Language; Abfragesprachen).

Bild D-109 zeigt eine Übersicht über die Eigenschaften der Sprachen der vierten Generation mit einigen Beispielen. Dabei kann man folgende vier Bereiche unterscheiden:

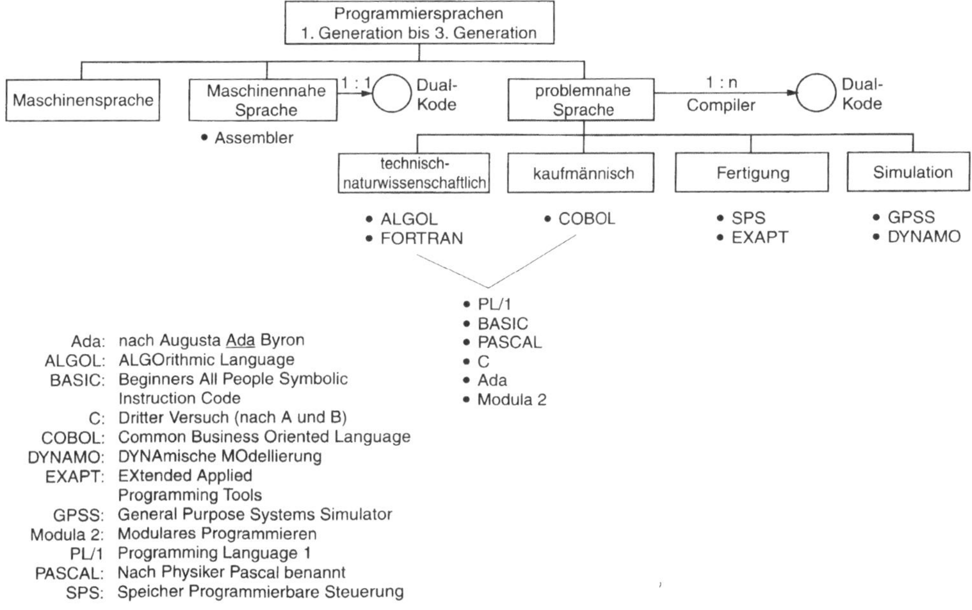

Bild D-108. Übersicht über die Programmiersprachen der ersten bis dritten Generation.

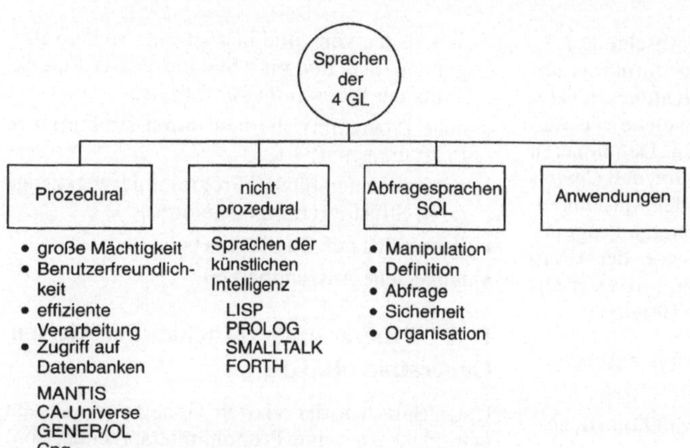

Bild D-109. Eigenschaften der Sprachen der vierten Generation.

Prozedurale Sprachen

Die prozeduralen Sprachen der vierten Generation zeichnen sich durch folgende Eigenschaften aus:

• Prozedurale Mächtigkeit
Es sind alle Sprachelemente vorhanden, die für technisch-wissenschaftliche und kaufmännische Anwendungen notwendig sind.

• Benutzerfreundlichkeit
Für ungeübte Programmierer wie für Profiprogrammierer ist die Sprache genauso leicht zu beherrschen. Dafür sorgen umfangreiche, integrierte Hilfsmenüs und Menüsteuerungen.

• Effiziente Verarbeitung
Die Verarbeitungsleistung sollte mindestens verdoppelt werden. Ferner muß die Sprache voll *interpretierend* sein, um die unnötig vielen Compilierläufe einsparen zu können. Eine interaktive Änderung und Prüfung vorhandener oder neu erstellter Programme erhöht die Effizienz.

• Zugriff auf Datenbanken (DBMS) und Techniken der Datenstrukturierung (z. B. VSAM)
Die Prozeduren müssen die gängigen Datenstrukturen in Verbindung mit den marktüblichen Datenbanken bearbeiten können.

Ein Beispiel für eine prozedurale Sprache der vierten Generation ist MANTIS.

Nicht prozedurale Sprachen

In diesen Sprachen wird das Problem ausführlich beschrieben (was zu lösen ist) und nicht, wie, d. h. mit welchen Prozeduren es zu lösen ist. Dazu wird das Problem mit natürlichen, leicht erlernbaren Sprachelementen beschrieben. Eine häufig verwendete Möglichkeit ist die Verwendung von Regeln, um Verhaltensweisen zu beschreiben. Dies wird im wesentlichen bei den Sprachen der Künstlichen Intelligenz (KI, Abschn. D 4) verwendet, die in Bild D-109 aufgeführt sind.

Abfragesprachen (SQL)

SQL (Search and Query Language) ist nicht nur eine *Abfragesprache*, die dazu dient, aus einer Vielzahl in Datenbanken gespeicherter Daten die gewünschten Informationen zu erhalten. Sie deckt alle Anforderungen der Datenbanktechnik ab, insbesondere:

• Datenmanipulation
(Änderung der Daten innerhalb der Datenbank: Datensätze einfügen (INSERT), löschen (DELETE) und ändern (UPDATE));

• Datendefinition
(Festlegen der Datenstrukturen innerhalb der Datenbank als Tabellen und Sichten; es werden Daten definiert (CREATE), gelöscht (DROP) oder geändert (ALTER));

- Datenwiedergewinnung
  (Lesen der Daten aus der Datenbank und Gewinnen der gewünschten Informationen mit dem Befehl SELECT);
- Datenschutz
  (Festlegen der Zugriffsrechte, d. h. Lesen und Ändern, für die Informationen aus der Datenbank);
- Datensicherheit
  (Sicherung der Daten und Gewährleistung eines sicheren Datenablaufs durch eine Transaktionssteuerung);
- Datenorganisation
  (Verwaltung der gesamten Datenbank).

Anwendungen

Für den Benutzer wird es einfach, seine eigenen Anwendungen zu schreiben. Dazu stehen ihm Werkzeuge (Tools) zur Verfügung. Die Werkzeuge der 4GL-Sprachen erfüllen folgende Anforderungen:

- Leichte Erlernbarkeit der Werkzeuge,
- Unterstützung der Kommunikation mit dem Anwender,
- Integration der Programmier- mit den Entwurfswerkzeugen,
- automatische Umsetzung der Anwendermodelle in ausführbare Programme unterschiedlicher Software- und Hardwareumgebungen,
- automatische Anpassung der Anwendungen auf neue Hardwareplattformen, andere Betriebssysteme, Rechnernetze, Datenbanksysteme und Benutzeroberflächen.

Die Sprachen der 4GL-Generation sind nach vielen Seiten offen. In Bild D-110 sind die wichtigsten Schnittstellen zusammengestellt.

D 6.4 Programmiersprachen der fünften Generation

Zu diesen Sprachen gehören die *objektorientierten Sprachen* wie C++ und SMALLTALK. Ferner wird eine Sprache eingesetzt, die sehr stark der natürlichen Sprache ähnelt. Die Sprachen der Zukunft werden vor allem folgenden Trends gerecht werden:

- einfache und klare Konzepte,
- Einbindung von unterschiedlichen Datenformaten in verschiedenen Netzen,

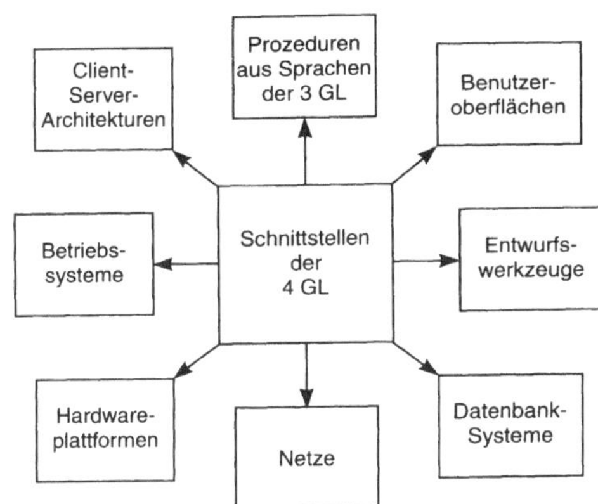

Bild D-110. Schnittstellen der 4GL-Konzepte.

- Interaktion mit dem Benutzer und Dialogfähigkeit und
- Entwicklung interpretierbarer Sprachen mit effizienter Ausführung auf PC's.

D 7 Software-Qualitätsmanagement und Test

D 7.1 Aufgaben des Software-Qualitätsmanagements

D 7.1.1 Definitionen

Im folgenden werden die Begriffe Software, Qualität, Qualitätssicherung bzw. Qualitätsmanagement definiert, wie sie in den Normen festgelegt sind.

Definition von Software
Unter *Software* (Abschn. D 1.1) versteht man nach IEEE 729 die

> *Programme* (Quellkode und Objektkode), die zugehörige *Dokumentation* und die *Daten.*

Definition von Qualität
Qualität ist nach DIN 55350/ISO 8402 folgendermaßen definiert:

> Qualität ist die Gesamtheit der *Merkmale* und *Merkmalswerte* eines Produktes oder einer Dienstleistung bezüglich ihrer *Eignung, festgelegte* und *vorausgesetzte Erfordernisse* zu erfüllen.

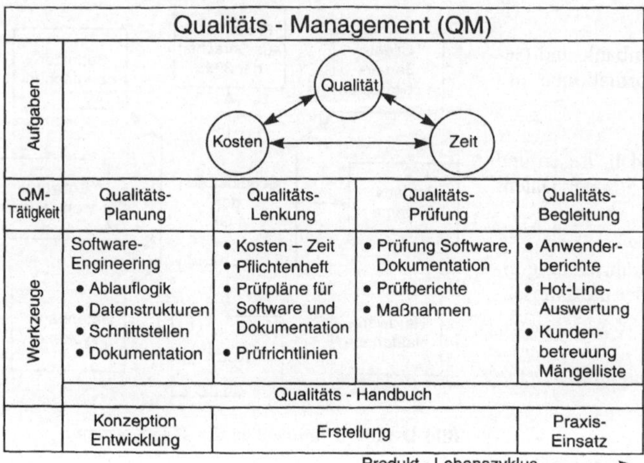

Bild D-111. Qualitätsmanagement für Software.

Definition von Qualitätssicherung bzw. Qualitätsmanagement
In DIN 55350, Teil 11 (Fassung Mai 1987) lautet die Definition von Qualitätssicherung:

> Qualitätssicherung ist die Gesamtheit der Tätigkeiten des Qualitätsmanagements, der Qualitätsplanung, der Qualitätslenkung und der Qualitätsprüfung.

Auf die Software bezogen, bedeutet dies:

> Qualitätssicherung ist die Gesamtheit aller Hilfsmittel und Methoden, die man einsetzt, um den Anforderungen an den Entwicklungs- und Wartungsprozeß von Software gerecht zu werden.

D 7.1.2 Notwendigkeit und Aufgaben

Das Management von Softwarequalität wird immer wichtiger. Dafür sind im wesentlichen zwei Gründe verantwortlich:

1. Verstärkter Einsatz von Software

Software spielt in allen Bereichen der *industriellen Produktion* (vom Einkauf bis zum Vertrieb), im *kaufmännischen und administrativen Bereich* (z. B. Kostenrechnung und Kalkulation), bei der Erstellung von *Dienstleistungen* (z. B. in öffentlichen Verwaltungen oder bei Banken und Ver-

sicherungen), aber auch in den *Produkten selbst* (z. B. als Steuerung von Maschinen, in Fahrzeugen und Elektrogeräten sowie in der Unterhaltungselektronik) eine immer wichtigere Rolle. Zunehmend an Bedeutung gewinnt auch die Software für das *Qualitätsmanagement (CAQ:* Computer Aided Quality Management). Die Besonderheiten von *sicherheitskritischer Software* werden wegen ihrer Bedeutung gesondert in Abschn. H 7 am Beispiel der Software für Ortung und Navigation beschrieben.

2. Mangelhafte Software

Bei der Erstellung von Software treten immer wieder folgende Probleme auf:

• erhebliche Terminüberschreitungen,

• zu hohe Erstellungskosten,

• Mängel beim Einsatz,

• mangelnde Dokumentation (Handbücher) sowie

• aufwendige Pfleg- und Wartbarkeit.

Wie Bild D-111 zeigt, liegen die *Aufgaben* des Qualitätsmanagements von Software in den Bereichen:

• *Termine,*

• *Kosten* und

• *Qualität* (Festlegen der Anforderungen).

In Bild D-112 sind die Aufgaben und die zu ergreifenden Maßnahmen nochmals ausführlich dargelegt: Es geht darum, Produkte und Dienstleistungen in *kürzerer Zeit* herzustellen, dabei die *Kosten zu verringern* und die *Qualität zu erhöhen*. Nur wenn dies gelingt, wird man in den Hochlohnländern wettbewerbsfähig bleiben. Die Ansätze zur Verwirklichung dieser Forderungen werden mit den Schlagworten: *lean production (lean management), flache Hierarchien, Selbstverantwortung* der Mitarbeiter und Erhöhung der *Flexibilität* und *Produktivität* bezeichnet. In der Produktion versucht man durch wenig Lagerbestand und eine *Direktanlieferung* (JiT: Just in Time), diese Ziele zu erreichen. Im Qualitätsmanagement geht man dazu über, *vorbeugende* Methoden einzusetzen (Qualität zu konstruieren und nicht zu prüfen) und den Mitarbeitern die *direkte Qualitätsverantwortung* zu übertragen.

das *Pflichtenheft* (Beschreibung der Anforderungen) zusammen mit allen Beteiligten aufgestellt sowie *Prüfpläne* und *Prüfrichtlinien* für die Software und die Dokumentation erstellt.

3. Qualitäts-Prüfung
Hier werden die *Tests* durchgeführt, *Prüfberichte* erstellt und *Maßnahmen* zur *Beseitigung* der festgestellten *Mängel* aufgeführt.

Wie Bild D-113 zeigt, sind die Elemente Qualitätsplanung, Qualitätsprüfung und Qualitätslenkung die Bausteine eines *Qualitäts-Controllings*. Dabei wird Controlling als Steuerungsinstrument verstanden, um ein Ziel zu erreichen. Das Ziel wird in der Qualitätsplanung beschrieben, der Ist-Zustand durch die Qualitätsprüfung festgestellt. Die Abweichungen vom Ziel werden durch geeignete Steuerungsmaßnahmen der Qualitätslenkung korrigiert.

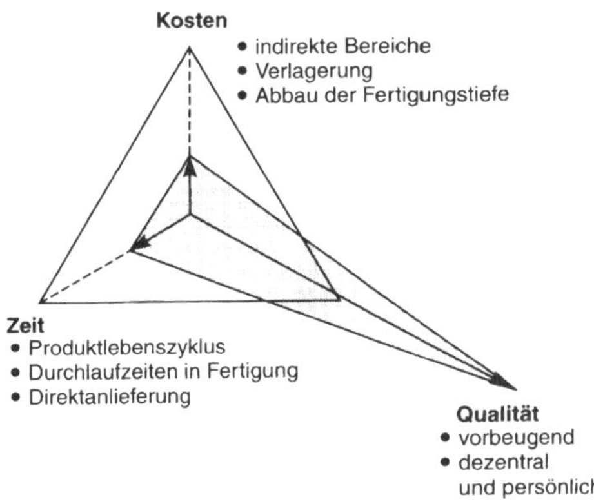

Bild D-112. Anforderungen an Unternehmen.

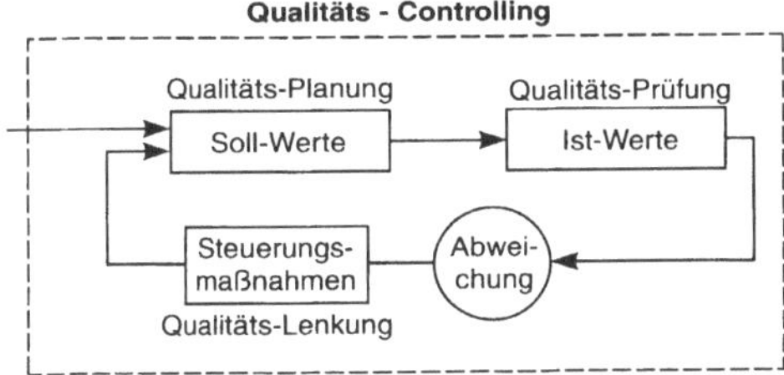

Bild D-113. Regelkreis des Qualitäts-Controlling.

Die *Qualitätssicherungs-Aktivitäten* und ihre *Werkzeuge* werden in folgenden vier Bereichen eingesetzt:

1. Qualitäts-Planung
Die Methoden des *Software-Engineering* sorgen dafür, daß von Anfang an *(präventiv)* fehlerfreie Software erstellt werden kann. Bewährte Methoden sind dabei die Modellierung der *Ablauflogik,* der *Datenstrukturen* und das *Schnittstellen-Design* sowie deren *Dokumentation*.

2. Qualitäts-Lenkung
Es werden die *Kosten-* und *Zeitabläufe* festgelegt,

4. Qualitäts-Begleitung
Während des Praxis-Einsatzes der Software dienen Informationen aus den *Anwenderberichten,* der *Hot-Line* oder der *Kundenbetreuung* zur ständigen Verbesserung der Software.

Für alle diese Bereiche und Maßnahmen spielt der Einsatz von Software eine wichtige Rolle, weil die Ziele nur erreicht werden können, wenn alle Informationen

• aktuell,

• schnell,

• sicher,

• in der gewünschten Verdichtung und

• grafisch auf einen Blick

zur Verfügung stehen.

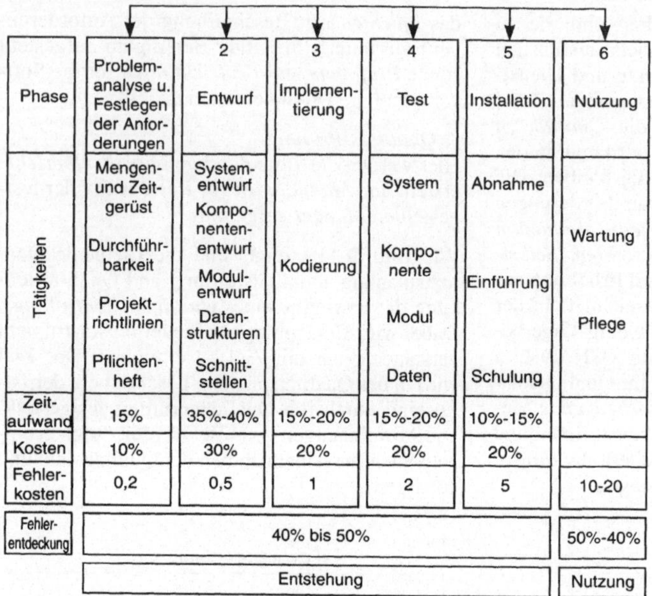

Phase	1 Problem-analyse u. Festlegen der Anforderungen	2 Entwurf	3 Implemen-tierung	4 Test	5 Installation	6 Nutzung
Tätigkeiten	Mengen- und Zeit-gerüst Durchführ-barkeit Projekt-richtlinien Pflichten-heft	System-entwurf Kompo-nenten-entwurf Modul-entwurf Daten-strukturen Schnitt-stellen	Kodierung	System Kompo-nente Modul Daten	Abnahme Einführung Schulung	Wartung Pflege
Zeit-aufwand	15%	35%-40%	15%-20%	15%-20%	10%-15%	
Kosten	10%	30%	20%	20%	20%	
Fehler-kosten	0,2	0,5	1	2	5	10-20
Fehler-entdeckung	40% bis 50%					50%-40%
	Entstehung					Nutzung

Bild D-114. Bereiche der Software-Qualitätssicherung.

D 7.2 Phasenmodell, Fehlerkosten und Software-Produktivität

D 7.2.1 Phasenmodell

Eine Software durchläuft während ihres Lebens-zyklus die in Abschn. D 1 und in Bild D-3 be-schriebenen Phasen. Sie werden in Bild D-114 noch einmal unter dem Gesichtspunkt der Fehle-rentstehung und -behebung zusammengestellt. Es handelt sich dabei um folgende Phasen:

1. Problemanalyse und Festlegen der Anforderungen

In dieser ersten Phase wird die *Durchführbarkeit* des Software-Projektes geprüft, das *Mengengerüst* an Daten und das *Zeitgerüst* für das Projekt ermittelt. Am Ende steht das *Pflichtenheft,* in dem die *Anforderungen* an die Software genau festgelegt werden.

2. Entwurf

Die im Pflichtenheft festgelegten Anforderungen werden als System, als Komponente und als Modul entworfen, ferner die Datenstrukturen festgelegt und die Schnittstellen beschrieben (Bild D-116); sie sind die *Objekte der Qualitätssicherung.*

3. Implementierung

In dieser Phase findet die Kodierung statt.

4. Test

Es wird das System, seine Komponenten, die Module und das gesamte Programm getestet;

5. Installation

Die Software wird offiziell abgenommen, installiert und eingeführt;

6. Nutzung

Es beginnt die Nutzungsphase durch den Kunden

D 7.2.2 Qualitätskosten

Zu den *Qualitätskosten* zählen folgende Kosten:

Fehlerkosten

Dies sind die Kosten für die Fehlerbehebung. Wie aus Bild D-114 hervorgeht, verdoppeln sich die Kosten für die Fehlerbehebung von Phase zu Phase. Etwa die Hälfte aller Fehler werden erst in der Nutzungsphase entdeckt, was eine sehr teure Fehlerbehebung notwendig macht. Aus diesen Tatsachen erkennt man, wie wichtig es ist, bei Software-Projekten eine *präventive Qualitätssicherung* zu betreiben.

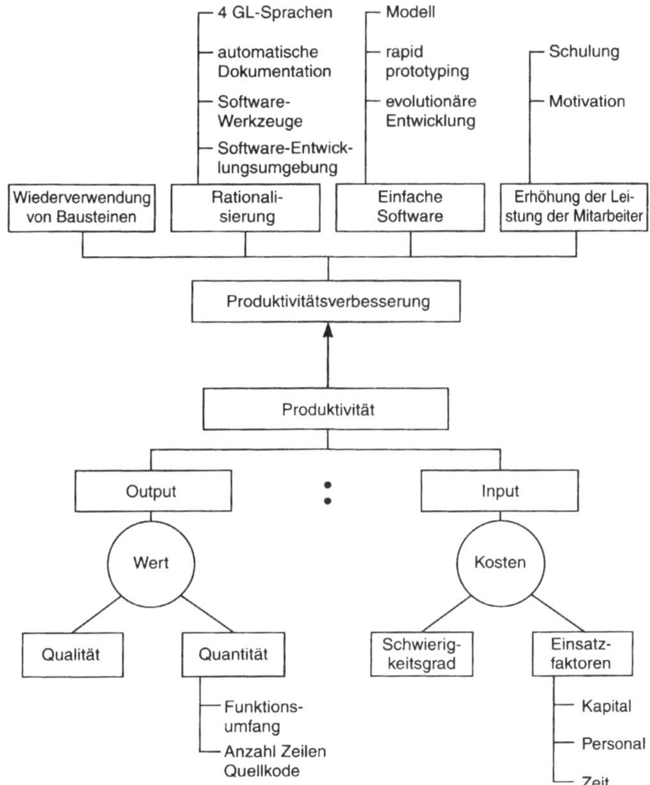

Bild D-115. Produktivität und Produktivitätsverbesserung von Software.

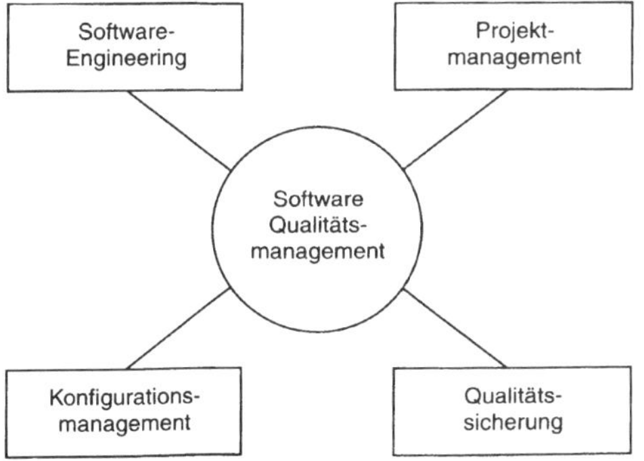

Bild D-116. Bausteine des Software-Qualitätsmanagements.

Kosten der Qualitätsprüfung
Hierzu zählen die

- Kosten für die Prüfung (Test) der Module, Komponenten und Systeme,
- die Testkosten für fremderstellte Software,
- die Kosten der Testsoftware und deren Wartung und
- die Kosten für die Dokumentation der Testergebnisse.

Fehlerverhütungskosten
Das sind Kosten, die bei der vorbeugenden Qualitätssicherung anfallen. Dazu zählen insbesondere die Werkzeuge und Methoden des Software-Engineering (Abschn. D 2).

Wie bereits oben ausgeführt, muß man die Fehlerkosten senken. Dazu ist es meist nötig, die Fehlerverhütungskosten geringfügig zu erhöhen.

D 7.2.3 Software-Produktivität

Unter Produktivität versteht man das Verhältnis von Output zu Input. Wie Bild D-115 zeigt, kann man bei Software unter *Output* den *Wert* des Programms verstehen (dargestellt als Funktionsumfang oder Anzahl kodierter Zeilen) und unter *Input* die *Kosten* der Programmentwicklung. Diese hängen vom *Schwierigkeitsgrad* der Software ab und von den Einsatzfaktoren wie *Kapital, Personal* und *Zeit*.

Möglichkeiten zur *Produktivitätsverbesserung* bestehen in der

- Wiederverwendung von Software-Bausteinen,
- Rationalisierung der Softwareerstellung durch Sprachen der vierten Generation, entsprechender Werkzeuge des Software-Engineering, einer komfortablen Entwicklungsumgebung und der Möglichkeit einer automatischen Dokumentation,
- Entwicklung einfacherer Software und die
- Erhöhung der Leistung der Mitarbeiter durch Schulung und Motivation.

D 7.3 Werkzeuge des Software-Qualitätsmanagements

Wie Bild D-116 zeigt, gibt es für das Software-Qualitätsmanagement folgende vier Bereiche:

- Qualitätssicherung,
- Software-Engineering (Abschn. D 2),

- Projektmanagement (Abschn. D 9) und
- Konfigurationsmanagement.

Unter *Konfiguration* versteht man nach ISO: „Konfiguration ist die Anordnung eines Rechnersystems oder Netzwerks, das durch die Anzahl, Eigenschaften und Hauptmerkmale seiner funktionalen Einheiten definiert ist." Insbesondere kann sich der Begriff *Konfiguration* sowohl auf Hardware- als auch auf Software-Systeme beziehen.

Software unterliegt einem ständigen Wandel und Anpassungswünschen. Ungeplante und unkontrollierte Änderungen an vielen einzelnen Softwareelementen sind oft die Ursache von zusätzlichen Softwarefehlern, die es zu vermeiden gilt. Das *Software-Konfigurationsmanagement* bietet alle Hilfsmittel, Werkzeuge und Methoden für die *Entwicklung* und *Pflege* einer Software. Damit wird eine systematische Weiterentwicklung der Software möglich, indem kontrolliert *Änderungen* (Revisionen) und *Ergänzungen* (Varianten und Zusatzfunktionalitäten) eingebracht werden.

Das Konfigurationsmanagement steht nach Bild D-117 vor folgenden Schwierigkeiten:

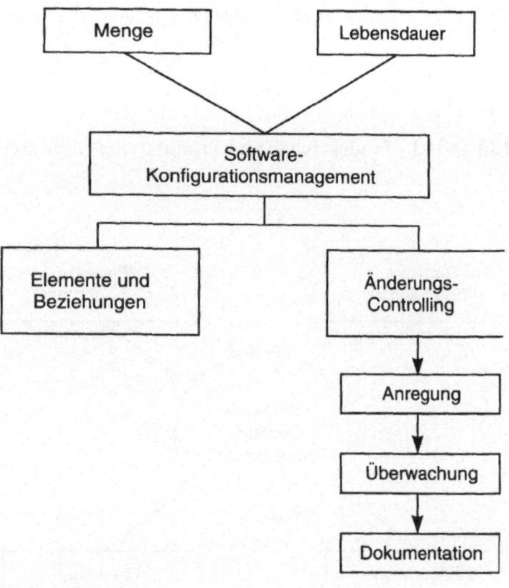

Bild D-117. Bereiche des Software-Konfigurationsmanagements.

Verwaltung der Mengen
Die meisten Informationssysteme in Unternehmen sind sehr groß und komplex. Das bedeutet, es müssen sehr viele einzelne Softwareelemente und ihre mannigfaltigen Beziehungen verwaltet werden.

Stellung der Software im Lebenszyklus
Die einzelnen Bausteine können in unterschiedlichen Phasen des Lebenszyklus vorliegen: Als Entwurf, als Modul oder in kodierter Form. Die Änderung dieser Zustände muß in ihren Beziehungen koordiniert erfolgen, um konsistente Softwareelemente zu erhalten.

Die Aufgaben des Software-Konfigurationsmanagements sind nach Bild D-117:

- *Erfassen der Elemente und der Struktur eines Software-Systems*

- *Änderungs-Controlling*
  Das bedeutet die Steuerung der Änderungen, ausgehend von der

  - Anregungen für Änderungen
    Dazu gehören Problemmeldungen, Fehlermeldungen und Änderungsanforderungen. Es wird entschieden, ob und wann diese Informationen zu Änderungen führen;

  - Überwachung der Änderungen
    Die Softwareelemente und ihre Beziehungen müssen konsistent bleiben. Dazu werden die Änderungen entsprechend überwacht und Abweichungen sofort gemeldet.

  - Dokumentation der Änderungen
    Alle Änderungen in den Elementen und deren Beziehungen werden erfaßt und dokumentiert.

Grundlage des Konfigurationsmanagements ist ein Konfigurationsplan, der nach IEEE 828 folgende Elemente enthält:

- Einführung

  - Zweck,
  - Geltungsbereich,
  - Definitionen und
  - Quellenangaben.

- Management

  - Organisation,
  - Verantwortlichkeiten,
  - Schnittstellen,

- Grundsätze, Weisungen und Verfahren sowie
- Umsetzung des Konfigurationsplanes.

- Elemente des Software-Konfigurationsmanagements

  - Bestimmung der Konfiguration,
  - Steuerung der Änderung,
  - Buchführung,
  - Audits und Reviews,
  - Werkzeuge, Verfahren und Methoden,
  - Kontrolle der Lieferanten und
  - Aufzeichnungs-, Archivierungs- und Dokumentationsgrundsätze.

Zur effizienten Umsetzung des Konfigurations-Managements muß eine *Software-Produktionsumgebung* geschaffen werden, die folgenden Anforderungen genügt:

- Rechnergestützte Werkzeuge, Methoden und Vorgehensmodelle;
- modulare, wiederverwendbare Programmierbausteine;
- rechnergestütztes System zum Wiederfinden und Einsetzen der modularen Bausteine und
- automatische online Hilfe- und Lernunterstützung.

D 7.4 Bestimmungsgrößen der Software-Qualität

Die Merkmale für die Softwarequalität für die Programme und Daten sowie für die Dokumentation sind in Bild D-118 zusammengestellt. Eine ähnliche, aber nicht so ausführliche Übersicht über Merkmale von Software ist auch in Bild D-2 des Abschn. D 1.1 zu finden. Für bestimmte Softwareentwicklungen sind unterschiedliche Merkmale wichtig. Die einzelnen Kriterien werden für die konkrete Software ausgewählt und ihrer Bedeutung gemäß gewichtet. Anschließend wird die Software nach diesen Qualitätsmerkmalen geprüft und die Ergebnisse in einem Prüfbericht festgehalten.

D 7.5 Software-Qualitätsmanagement an einem Beispiel

Die einzelnen Schritte zum Software-Qualitätsmanagement werden am Beispiel einer automatischen *photometrischen Konzentrationsbestimmung* erläutert. Die Konzentration einer gesuchten Lösung, die sich in der Küvette befindet,

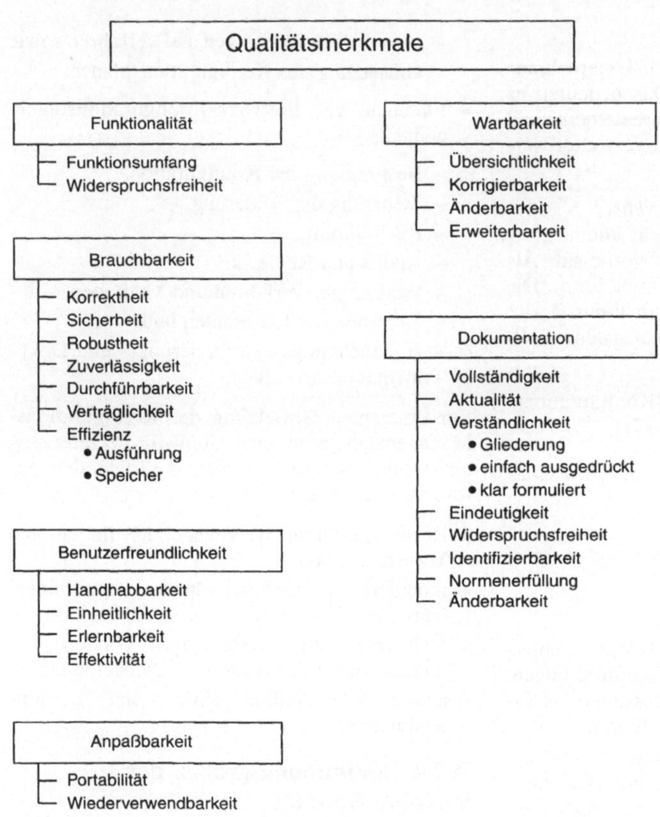

Bild D-118. Qualitätsmerkmale von Software.

wird durch das Verhältnis der Lichtintensitäten mit und ohne Substanz gemessen. Es gilt folgendes Gesetz:

$$\text{EXTINKTION} = \text{EPS} \cdot \text{Konzentration} \cdot \text{Dicke}$$

Die Extinktion E wird am Photometer abgelesen, wobei gilt:

$$E = -\lg(I / I_0)$$

Dabei sind:

I	Intensität des Lichtes nach Durchgang durch die Küvette,
I_0	Ausgangsintensität des Lichtes,
EPS	molarer, dekadischer Extinktionskoeffizient in l/(mol cm), spezifisch für Ionen- bzw. Molekülart,
Konzentration	Konzentration der gesuchten Lösung, die sich in der Küvette befindet (mol/l),
Dicke	Dicke der Küvette, in der sich die zu bestimmende Lösung befindet (in cm).

Während früher die Eingabe der Art der Substan manuell erfolgte, die Bestimmung der Extinktio und der Konzentration mit einem Taschenrechne ermittelt und in ein Laborblatt eingetragen wurde soll jetzt eine *automatische Meß- und Auswer tungsmethode* entwickelt werden. Die dazu not wendige Software soll sowohl im Hause selb: (intern) als auch durch Fremdfirmen (extern) er stellt werden.

Bild D-119 zeigt ein Modell-Bild am Beispi der automatischen photometrischen Konzentrat onsbestimmung. Die einzelnen Teile wurden nu

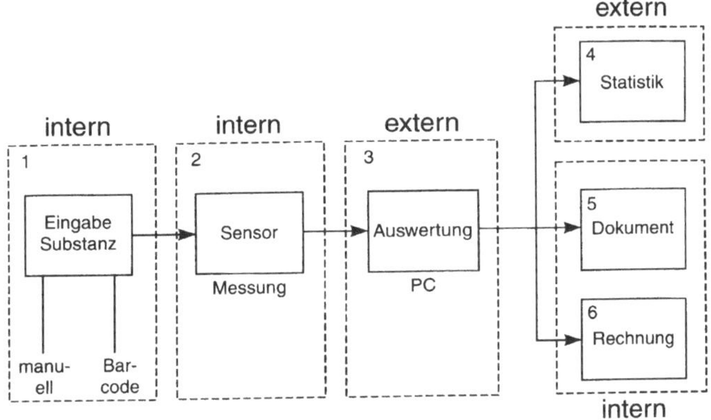

Bild D-119. Modell-Bild der photometrischen Konzentrationsbestimmung.

meriert und eingezeichnet, welche Teile im Unternehmen selbst programmiert und welche nach außen vergeben werden sollen. Dies ist vor allem für die Schnittstellenbeschreibung notwendig. Dieses Modell-Bild kann man stufenweise verfeinern, indem für einzelne Systemelemente ebenfalls Modell-Bilder erstellt werden.

D 7.5.1 Software-Qualitätsplanung

Ein wichtiges Werkzeug für die Software-Qualitätsplanung ist das Software-Engineering (Software-Technik, Abschn. D 2). Darunter versteht man die systematische Verwendung von *Methoden* und *Werkzeugen* zur Herstellung und Anwendung von Software. Ziel ist es dabei, in einer vorgegebenen Zeit und innerhalb budgetierter Kosten die im Pflichtenheft festgelegten Funktionen möglichst fehlerfrei zu programmieren (höchste Qualität). Ferner muß das Programm *wartbar* sein und den *Datenschutzbestimmungen* entsprechen.

Alle Methoden des Software-Engineering verfolgen dasselbe Ziel, die Aufgabenstellung für *alle Beteiligten* klar zu definieren und die Bearbeitungsschritte festzulegen, damit die Spezialisten der *Fach-* und der *DV-Abteilung* eine *gemeinsame Kommunikationsbasis* haben. Auf diese Weise wird zu einem sehr frühen Zeitpunkt sichergestellt, daß die *richtigen* Aufgaben programmiert werden. Von den vielen Methoden des Software-Engineering werden hier nur diejenigen vorgestellt, die sich in der Praxis am besten bewährt haben.

D 7.5.2 Visualisierung der Aufgabenstellung

Im ersten Schritt wird das Projekt *zusammen mit allen Beteiligten visualisiert,* d. h. als *Schema-* oder *Blockbild* gezeichnet. Dadurch wird das System zunächst in seine *Elemente* aufgeteilt, die miteinander verbunden sind. Auf diese Weise ist die Programmieraufgabe *insgesamt* und die *Teile* erkennbar. Ferner sollte festgelegt werden, welche Teile durch welche Abteilungen (intern oder extern) zu bearbeiten sind. Dieses *Modell-Bild* der Aufgabe (Bild D-119) dient zur besseren Kommunikation zwischen den verschiedenen Bearbeitern. Es kann nicht oft genug betont werden, daß die *Visualisierung* der Aufgabe die wichtigste Voraussetzung für den Erfolg von Software-Projekten ist; denn dadurch hält sich jeder Beteiligte auch bei der Detailarbeit das Gesamtprojekt vor Augen.

D 7.5.3 Gliederung

In diesem Schritt findet eine Gliederung des Software-Projektes statt. Folgende Gliederungsmöglichkeiten sind, je nach Anwendungsfall, sinnvoll:

Elektrische Schaltbilder
Sie zeigen die elektrischen Schaltungen zwischen den einzelnen Elementen.

Informationsflußbilder
In ihnen werden die Informationsflüsse zwischen den Systemteilen dargestellt. In Bild D-120 wird dies am Systemelement *Sensor* (Element 2) gezeigt. Man sieht, daß zunächst der Sensor aus-

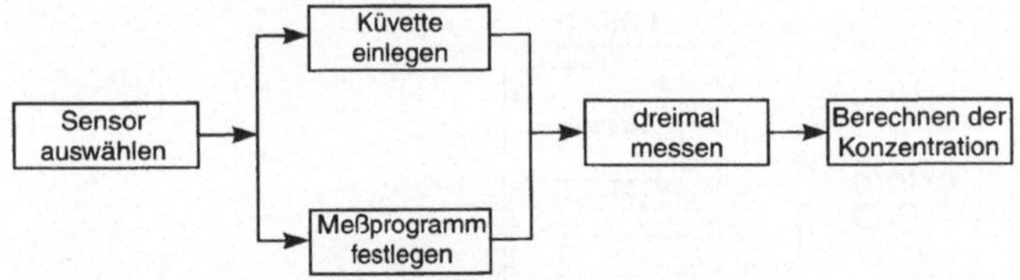

Bild D-120. Informations-Flußbild des Elements Sensor.

gewählt werden muß. Anschließend muß die Küvette eingelegt und das Meßprogramm festgelegt werden. Dann wird gemessen (dreimal) und die Konzentration des Stoffes bestimmt.

Logische Blockschaltbilder
Die Steuerungslogik einzelner Teile wird mit den bekannten Verfahren nach DIN 40 170 dargestellt.

Hierarchische Gliederung
Die Aufgabe wird *schrittweise verfeinert*. In einer hierarchischen Gliederung wird klar, in welcher Weise die einzelnen Teile voneinander abhängen.

D 7.5.4 Pflichtenheft und Schnittstellenbeschreibung

Im Pflichtenheft stehen

● die Anforderungen der Benutzer,

● die technischen Anforderungen der Fachabteilungen und, soweit erforderlich, auch

● die DV-mäßige Umsetzung durch Programme und Dateien; ferner ist zu empfehlen, bereits hier die Prüfungen festzulegen.

Ferner sollten Informationen enthalten sein über:

● Merkmale, die durch die Anforderungen beeinflußt werden (z. B. modulares Programmieren beeinflußt die Änderbarkeit positiv) und

● Gewichtung der einzelnen Anforderungen.

Diese Informationen werden in den letzten beiden Spalten des Pflichtenheftes angegeben und haben folgende Bedeutung:

Beeinflussung

● + positive Beeinflussung

● − negative Beeinflussung

Gewichtung

1 zwingend erforderlich,

2 dringende Empfehlung,

3 wünschenswert.

Als Beispiel wird das Pflichtenheft für die *statistische Auswertung* (Teil 4 nach Bild D-119) vorgestellt (Tabelle D-12).

Bei Schnittstellen handelt es sich um *Verbindungen* zwischen einzelnen *Systemteilen (Systemschnittstellen,* Bild D-119) oder um Verbindungen zwischen einzelnen *Modulen* oder *Programmteilen*. Sinnvollerweise werden solche Schnittstellen in einer *Schnittstellen-Matrix* oder *Cross-Referenz* beschrieben, wie sie beispielsweise in Tabelle D-13 für die Verwendung von Dateien in verschiedenen Modulen angegeben ist. Die Bezeichnungen in den Spalten bedeuten: Lesen (L), Löschen (Lö), Speichern (S), Sortieren (So).

D 7.5.5 Methoden des Software-Engineering

Von den Methoden des Software-Engineering wurden folgende ausgewählt:

● Struktogramme nach DIN 66 261

Struktogramme dienen zur Beschreibung der *Ablauflogik*. Die Symbole für die *Folge, Auswahl* und *Schleife* werden nach DIN 66 261 gezeichnet. Sinnvollerweise wird die Ablauflogik in die drei Phasen: *Eingabeteil, Verarbeitungsteil* und *Ausgabeteil* (EVA) eingeteilt. Bild D-121 zeigt ein Struktogramm am Beispiel der Berechnung der Konzentration.

● Entscheidungstabelle nach DIN 66 241

In einer Entscheidungstabelle werden im *Wenn-Bereich* die Bedingungen festgelegt, unter denen im *Dann-Bereich* Aktionen ablaufen. Auf diese Weise stehen in den einzelnen Spalten die *Regeln,*

Tabelle D-12. Pflichtenheft für die statistische Auswertung

Nr.	Anforderung	Beeinflussung des Merkmals	Gewichtung
	Umsatzentwicklung		
1	Umsatz je Kunde	Verknüpfbarkeit +	1
2	Umsatz je Probe	Verknüpfbarkeit +	1
3	Umsatz je Region		3
	Kostenstruktur		
4	variable Kosten je Kunde	Verknüpfbarkeit +	1
5	variable Kosten je Probe	Verknüpfbarkeit +	1
	Deckungsbeiträge (DB)		
6	DB je Kunde	Verknüpfbarkeit +	1
7	DB je Probe	Verknüpfbarkeit +	1
	ABC-Auswertung		
8	Kunden-Umatz-ABC-Analyse		1
9	Proben-Umsatz-ABC-Analyse		1
10	Region-Umsatz-ABC-Analyse		3
	Zeiträume		
11	monatlich	Anpaßbarkeit +	2
12	quartalsweise	Anpaßbarkeit +	1
13	halbjahresweise	Anpaßbarkeit +	1
14	jahresweise	Anpaßbarkeit +	1
	Standardsoftware für Ausgabe als Tabelle oder Grafik		
15	Einrichten einer Tabelle		1
16	Datenübernahme	Korrektheit +	2
17	Kalkulation mit statistischen Funktionen und Zeitfunktionen	Korrektheit +	2
18	Grafische Auswertung: Linie, Balken, Kreis	Korrektheit +	1
19	Grafik in Textprogramm exportierbar	Anpaßbarkeit + Wiederverwendbarkeit +	2 1
20	Verändern der Grafikgröße	Anpaßbarkeit +	1
21	Wahl verschiedener Schriftarten	Anpaßbarkeit +	2

Tabelle D-13. Modul-Datei-Cross-Referenz

Modul	Datei					
	D1	D2	D3	D4	D5	D6
M1	S	Lö				
M2			L	L	Lö	
M3	L	So	Lö	Lö	S	
M4	S	S	L			S
M5		L		S		So

nach denen die *Aktionen* ablaufen. Zur sicheren Auswahl von Alternativen und zur sicheren Programmierung sind die Entscheidungstabellen ein sehr gutes und für alle Beteiligten verständliches Hilfsmittel. Bild D-122 zeigt die Entscheidungstabelle für die photometrische Messung von HCl.

Nach DIN 66 241 werden die Bedingungen für „Ja" (Y oder J) und „Nein" (N) belegt und die Aktionen mit einem Kreuz (×) versehen, wenn sie zutreffen, sonst mit einem „–". Werden die Bedingungs- und Aktionsfelder für Nein mit „0" und für Ja mit „1" ausgefüllt, dann stellt die Entscheidungstabelle ein *Programm* dar, das in die *Bauteile direkt* programmiert werden kann (z. B. als ROM), wobei der Wenn-Teil als *Eingang* und der Dann-Teil der *Ausgang* des Bauelements ist.

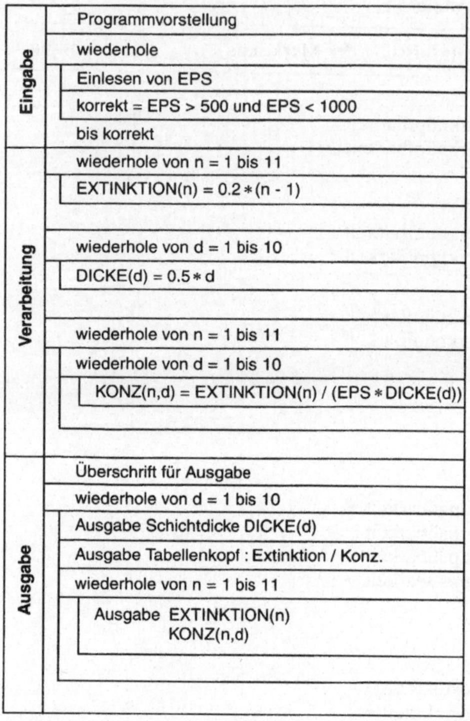

Eingabe	Programmvorstellung
	wiederhole
	Einlesen von EPS
	korrekt = EPS > 500 und EPS < 1000
	bis korrekt

Verarbeitung	wiederhole von n = 1 bis 11
	EXTINKTION(n) = 0.2 * (n - 1)
	wiederhole von d = 1 bis 10
	DICKE(d) = 0.5 * d
	wiederhole von n = 1 bis 11
	wiederhole von d = 1 bis 10
	KONZ(n,d) = EXTINKTION(n) / (EPS * DICKE(d))

Ausgabe	Überschrift für Ausgabe
	wiederhole von d = 1 bis 10
	Ausgabe Schichtdicke DICKE(d)
	Ausgabe Tabellenkopf : Extinktion / Konz.
	wiederhole von n = 1 bis 11
	Ausgabe EXTINKTION(n) KONZ(n,d)

Bild D-121. Struktogramm zur Berechnung der Konzentration.

Entscheidungstabelle ml HCl									
Wenn	einschalten	J	J	J	J	J	J	J	J	J
	HCl eingeben	N	J	J	J	J	J	J	J	J
	Rührer anstellen	N	N	J	J	J	J	J	J	J
	Indikator hinzugeben	N	N	N	J	J	J	J	J	J
	Pürette bis Ø füllen	N	N	N	N	J	J	J	J	J
	Photometer anschalten	N	N	N	N	N	J	J	J	J
	1 Tropfen zugeben	N	N	N	N	N	N	J	N	J
	Endpunkt erreicht	N	N	N	N	N	N	N	J	J
Dann	Anzeige Netz ein	X	X	X	X	X	X	X	X	X
	Anzeige HCl eingeben	X	–	–	–	–	–	–	–	–
	Anzeige Rührer an	–	X	X	X	X	X	X	X	–
	Zutropfen des Indikators (3 Tropfen)	–	–	X	–	–	–	–	–	–
	Pürette füllen (0,1 N NaOH)	–	–	–	X	–	–	–	–	–
	Photometer anschalten	–	–	–	–	X	X	X	X	–
	1 Tropfen 0,1 N NaOH hinzugeben	–	–	–	–	–	X	–	X	–
	Messung durchführen	–	–	–	–	–	–	X	–	–
	Anzeige Verbrauch in ml	–	–	–	–	–	–	–	–	X

Bild D-122. Entscheidungstabelle zur photometrischen Messung von HCl.

• Datenstrukturen und Datenflußpläne nach DIN 66001

Die Daten werden durch die Programme dauernd verändert. Um diese Veränderungen der Information sichtbar zu machen, werden *Datenflußpläne* nach DIN 66001 entworfen. Am Beispiel für die Auswertung der Daten in einer Statistik (Teil 4 nach Bild D-119) oder als Dokument (Teil 5 nach Bild D-119) bzw. als Rechnung (Teil 6 nach Bild D-119) ist in Bild D-123 ein Datenflußplan dargestellt.

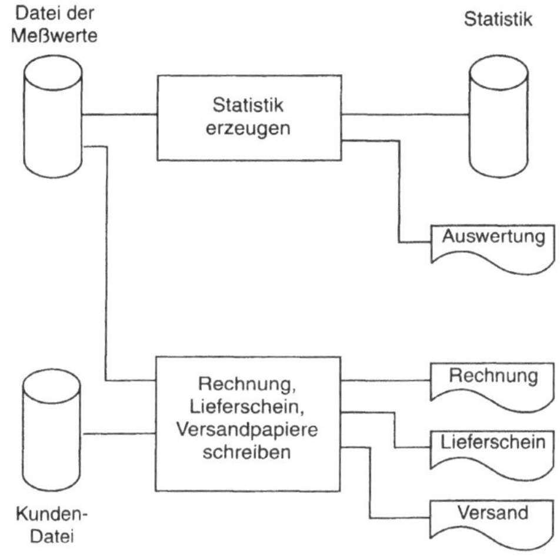

Bild D-123. Datenflußplan zur Auswertung von Daten.

Die verarbeiteten Daten stehen in einzelnen *Dateien.* Der Aufbau der Datei für die Meßwerte und die Kundendatei sind stark vereinfacht in Bild D-124 dargestellt. Wie daraus zu entnehmen ist, besitzen Dateien sogenannte *Schlüssel* (als Kasten mit doppeltem Rand gekennzeichnet). Mit diesen Schlüsseln werden die Dateien eindeutig *identifiziert.* Im vorliegenden Fall besitzt die Datei der Meßwerte zwei Schlüssel: die Probennummer und die Kundennummer; die Kundendatei den Schlüssel Kundennummer. Über den Schlüssel Kundennummer stehen beide Dateien miteinander in Beziehung, so daß die entsprechenden Auswertungen über das Programm vorgenommen werden können (beispielsweise die Rechnungsschreibung).

Dateien sollten möglichst *unabhängig* voneinander sein, damit sie änderbar sind, ohne andere Datenstrukturen zu beeinflussen. Bei sehr komplexen Dateien ist die *Entkopplung* der Datenstrukturen mit speziellen Verfahren zu erreichen (Coddsche *Normalisierung,* Abschn. C 2.1.5). Damit wird sichergestellt, daß die Daten, die einer ständigen Änderung unterworfen sind, schnell und sicher geändert werden können, ohne andere Daten zu beeinflussen.

Moderne *Datenbank-Systeme* (Abschn. C 2) erlauben ein bequemes Erfassen von Daten, die *zentral* gepflegt werden können. Die *Auswertung* der Datenmengen kann *dezentral* erfolgen, indem zu den verschiedenen Dateien Beziehungen *(Relationen)* hergestellt werden können *(relationale Datenbanken).* Mit einer speziellen Datenbank-Abfrage-Sprache (SQL: Search and Query Language) können die gewünschten Auswertungen von jedem Benutzer vorgenommen werden.

D 7.5.6 Dokumentation

Die Merkmale für die Dokumentation sind in Bild D-118 zusammengestellt worden. Daraus wurden entsprechende Merkmale ausgewählt, gewichtet und ein Prüfplan erstellt. Das Ergebnis wird in einem *Prüfbericht* (Abschn. D 7.5.7.3) dokumentiert. Sinnvollerweise wird zwischen der *Programmentwicklungs-Dokumentation* und der eigentlichen *Programm-Dokumentation* unterschieden.

• Programmentwicklungs-Dokumentation nach DIN 66 231

Wird Software in verschiedenen Abteilungen oder, wie im vorliegenden Beispiel, intern und extern entwickelt, dann ist es ratsam, die einzelnen *Entwicklungsabschnitte* samt den zugehörigen *Schnittstellen* zu dokumentieren. Dann kann sichergestellt werden, daß

• eine klare Abstimmung zwischen den verschiedenen Programmierabteilungen vorliegt und damit eine reibungsfreie Zusammenarbeit zwischen diesen möglich ist;

• die Programmentwicklung klar überprüft werden kann und

• das Programm gezielt weiterzuentwickeln ist.

Ein Plan für die Entwicklungs-Dokumentation zeigt Tabelle D-14.

Im folgenden werden die einzelnen Bereiche der Entwicklungs-Dokumentation kurz erklärt. Je

Datei der Meßwerte

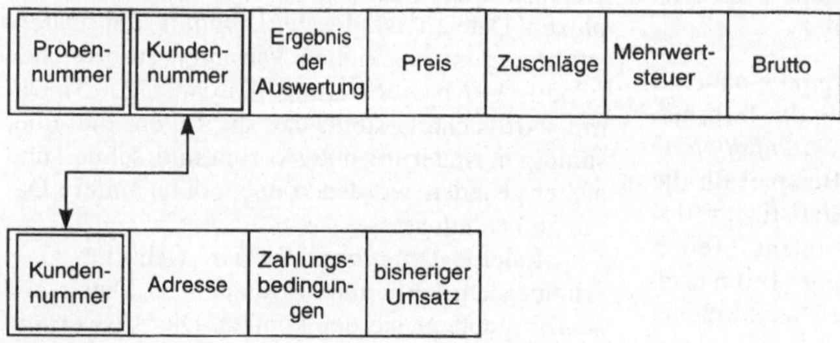

Kundendatei

Bild D-124. Datei der Meßwerte und Kundendatei.

Tabelle D-14. Plan für die Entwicklungs-Dokumentation nach DIN 66 231

Nr.	Titel	Schnittstellen-Beschreibung	Nr.	Titel	Schnittstellen-Beschreibung
1	Auftrag		223.5	Material	
2	Systemunterlagen		223.6	Immobilien, Inventar	
201	Systembezeichnung		224	Personal	
202	Systemziele		225	Organisationseinheiten	
21	Vorgaben		231	Prüfung	
211	Fachaufgabe		232	Prüfziele	
212	Daten		233	Prüffälle	
213	Kennwerte				
214	Auflagen		24	Einführung	
215	Begriffe		241	Einführungs-Umstellverfahren	
22	Lösung		242	Schulung	
221	Programmorganisation		243	Einführungserfahrung	
222	Datenorganisation		3	Bewertungen	
223	Sachmittel		301	Kosten/Nutzen	
223.1	Zentraleinheiten		302	Stärken/Schwächen	
223.2	Datenperipherie		303	Bewertungsergebnis	
223.3	Prozeßperipherie				
223.4	Sonstiges Gerät		4	Entscheidungsprotokoll	

nach Umfang der Software muß man die einzelnen Punkte individuell anpassen.

- *Auftrag*
  An dieser Stelle wird der Auftrag formuliert und die Ergebnisse beschrieben, ferner die Unterlagen für das Projekt sowie die Auflagen (vor allem der Abgabetermin) festgelegt.
- *Systemunterlagen*

  – Fachaufgabe
  Die Fachaufgabe beschreibt alle Aufgaben (logische Funktionen und ihre hierarchische Gliederung), welche die festgelegten Ergebnisse erzeugen, und zwar unabhängig von der technischen Realisierung.

  – Daten
  Dazu gehören alle Daten, die als Eingangsdaten dem Programm zur Verfügung stehen müssen, sowie alle Ausgangsdaten, die das Programm liefern muß.

  – Kennwerte
  Hier werden die Datenmengen, ihre Häufig-

Tabelle D-15. Gliederung einer Programm-Dokumentation

Gliederungspunkt	Bemerkung
1. Programm	
Programmbezeichnung	Programmname, Variante, Version, Freigabedatum
Deskriptoren	Stichwörter, die das Programm beschreiben
Speicherbedarf	Programmgröße in kByte
Programmbedarf	Betriebssystem, sonstige Programme
Programmiersprachen	Angabe der verwendeten Sprachen
Dateien	verwendete Dateien, Größe und Dateiorganisation
2. Funktion und Aufbau des Programms	
Aufgaben	Beschreibung der Aufgabe in verständlicher Sprache
Lösung der Aufgaben	Vereinbarungen (z. B. Rundungen), Algorithmen und Fehlerbehandlung
Aufbau des Programms	Gliederung des Programms in Module, Bausteine mit Schnittstellen, Übersetzer- und Binderlisten
Programmablauf	grafische Beschreibung (z. B. Struktogramme nach DIN 66 261)
Datenfluß	Datenflußpläne nach DIN 66 001
Datensicherung	
3. Installation und Test	
Übergabeform	Art und Weise, wie das Programm übergeben wird
Test	Festlegen der Testverfahren und der Testfälle
4. Programmbetrieb	
Gerätebedarf	Zentraleinheit und Peripherie
Rechnerkopplung	Anzahl der gekoppelten Rechner und die Kopplungsstruktur
Datenübertragung	Beschreiben der Netze mit den Protokollen
Bedienung	Anweisungen für den Einsatz und für Störfälle

keit und die zeitliche Verteilung (z. B. die Zeitpunkte, an denen bestimmte Daten bereitstehen müssen) festgelegt.

- Auflagen
  Dies betrifft technische Auflagen (z. B. auf Grund der vorhandenen Hardware) oder fachliche Auflagen (z. B. wegen der bestehenden Organisation), aber auch sicherheitstechnische Belange (z. B. Datensicherheit).

- Begriffe
  Es ist zu empfehlen, alle in den Programmen verwendeten Begriffe und ihre Definition alphabetisch zusammenzustellen (Glossar).

- Lösung
  Die Lösung beschreibt, in welcher Weise die gestellte Aufgabe erfüllt wird. Dazu gehören insbesondere die *Programmorganisation* (Eingabe- und Ausgabedaten, Schlüssel, logischer Programmablauf, verwendete Algorithmen, Programmiespra-

che), die *Datenorganisation* (Dateibezeichnung, Dateiinhalt, Dateiverknüpfungen, Dateiorganisation, Blockung, Speicherbedarf, Zugriffsart und Zugriffsregeln, Satzaufbau und Satzinhalt, Schlüssel), die *Sachmittel* (notwendige Geräte, Material), das *Personal* und die *Organisation* (Aufgaben, Verantwortliche und Termine).

- Prüfung
  Es werden die Ziele der Prüfung festgelegt sowie die *Prüfverfahren* und *Prüffälle*.

- Einführung und Schulung
  Es ist wichtig, die Mitarbeiter in die Software einzuführen und im Umgang mit der Software zu schulen.

- **Bewertung**

  - Stärke/Schwächen
    Mit einer *Nutzwertanalyse* werden die Kriterien benannt und gewichtet, nach denen eine

Bewertung der Stärken bzw. Schwächen erfolgen soll. Anschließend folgt die Beurteilung des gewählten Verfahrens mit anderen Alternativen.

– Kosten/Nutzen
Die Kosten der Software-Projekte werden abgeschätzt und dem Nutzen gegenübergestellt.

● *Entscheidungsprotokoll*
In diesem Protokoll wird die Entscheidung festgehalten und gegebenenfalls begründet.

● Programm-Dokumentation nach DIN 66 230

Programmsysteme, Programm-Module und Programmbausteine werden nach Tabelle D-15 dokumentiert.

D 7.5.7 Software-Prüfung

D 7.5.7.1 Audit

In Anlehnung an die ANSI-Norm N45.2.10-1973 kann man ein Audit folgendermaßen definieren:

In Audits wird zum einen die Sinnhaftigkeit und Wirksamkeit von Vorgehensweisen, Anweisungen und Standards geprüft und zum anderen deren Einhaltung.

Nach Bild D-125 gibt es folgende drei Arten von Audits:

Produktaudit
Es werden die Produkte (meist durch Stichproben) daraufhin untersucht, in welcher Weise sie die Qualitätsmerkmale erfüllen (Bild D-118).

Prozeßaudit
In diesem Audit werden die Arbeitsschritte von Abläufen auf ihre Vollständigkeit, auf ihren Grad der Zielerreichung und Effizienz geprüft und Verbesserungen eingebracht.

Systemaudit
Hierbei wird geprüft, ob alle Funktionen eines Systems erfüllt sind, die Strukturen richtig und effizient arbeiten und den vorgegebenen Anforderungen genügen. Gegebenenfalls werden Verbesserungsvorschläge erarbeitet und entsprechende Maßnahmen eingeleitet.

In der Praxis werden Produkt-Audits am häufigsten eingesetzt. Bei den Prozeßaudits auditiert man das gesamte Projektmanagement auf die Einhaltung der festgelegten Standards, der eingesetzten Methoden und Werkzeuge des Projektmana-

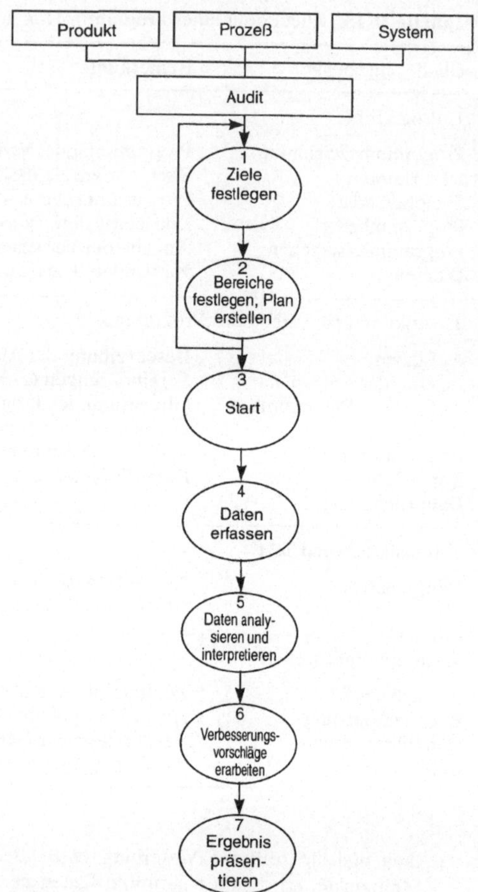

Bild D-125. Arten von Audits und ihre Durchführung.

gements und die Wirksamkeit des Projektmanagements (Projektteam und Projektorganisation).

Audits dienen dazu, Produkte, Prozesse und Systeme nach einem einheitlichen Verfahren von neutraler Seite aus zu bewerten, um gezielt und schnell wirksame Verbesserungen einzubringen und umzusetzen. Ein Audit wird nach Bild D-125 in folgenden sieben Stufen durchgeführt:

1. *Ziele festlegen*
Es wird das Gebiet des Audits und die erwarteten Ergebnisse (Ziele) festgelegt.

2. *Bereiche festlegen und Pläne erstellen*
An dieser Stelle wird der Anwendungsbereich des Audits, der Umfang und die Bewer-

tungsmaßstäbe des Audits festgelegt sowie ein
Auditplan erstellt.

3. Start
Zu Beginn des Audits werden die auditierten
Stellen und Personen vom Auditteam zu einer
Eröffnungskonferenz eingeladen. Hierbei werden die Ziele und der Zweck des Audits deutlich herausgestellt und klargestellt, daß es sich
um eine gemeinschaftliche Aktion zur Verbesserung handelt und nicht um ein Verhör bestimmter Mitarbeiter.

4. Daten erfassen
An Hand von festgelegten Checklisten und Be-
wertungsmerkmalen und -maßstäben werden
die wichtigsten Daten erfaßt.

5. Daten analysieren und interpretieren
Die Daten werden untersucht und interpretiert,
und zwar von jedem Mitglied des Auditteams
einzeln. Wenn größere Abweichungen auftreten, wird nach einem gemeinsamen Konsens
gesucht.

6. Verbesserungsvorschläge erarbeiten
Die Analysen dienen als Grundlage, um Verbesserungsvorschläge zu erarbeiten.

7. Ergebnis präsentieren
Am Schluß werden die Ergebnisse vorgestellt
und in einem Abschlußbericht festgehalten.

D 7.5.7.2 Review

Nach IEEE 729-1983 wird ein Review folgendermaßen definiert:

> Ein Review ist ein mehr oder weniger formal
> geplanter und strukturierter Analyse- und Be-
> wertungsprozeß, in dem Projektergebnisse ei-
> nem Team von Gutachtern präsentiert und von
> diesem kommentiert oder genehmigt werden.

Das Review hat zum Ziel, in allen Phasen
des Software-Entstehungsprozesses (Bild D-114)
möglichst *frühzeitig Fehler zu erkennen,* auf die
Einhaltung der Qualitätsstandards zu achten und
eine *Einhaltung* des *Kostenbudgets* und des *Zeit-
rahmens* sicherzustellen.
Nach Bild D-126 läuft ein Review in folgenden fünf Schritten ab:

1. Schritt: Planung
Es werden die Prüfziele festgelegt und die Checklisten entwickelt, nach denen geprüft wird. Ferner
wird die Reviewzeit vereinbart (etwa 150 Anweisungen sind in einer Stunde maximal zu prüfen).

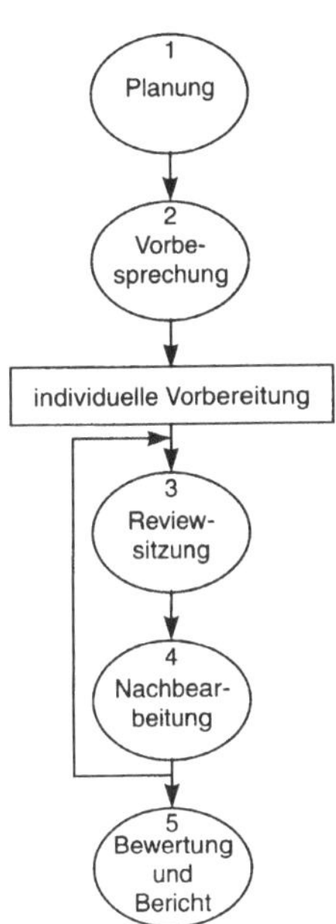

Bild D-126. Ablauf eines Reviews.

2. Schritt: Vorbesprechung
Die Vorbesprechung dient dazu, allen Teilnehmern am Review einen Überblick über die Objekte, Ziele, Zeiten und Checklisten zu geben und
sie gegenseitig abzustimmen. Anschließend erfolgt eine *individuelle Vorbereitung,* bei der jeder
Reviewteilnehmer sich an Hand verschickter Unterlagen auf die Reviewsitzung vorbereitet und
mit dem Moderator eventuelle Unklarheiten ab-
stimmt.

3. Schritt: Review-Sitzung
An Hand von Checklisten führen die einzelnen
Mitglieder ihre Reviews durch. Eine Auswer-
temöglichkeit für die Zusammenstellung der Fehler ist in Tabelle D-16 zu sehen. Dieser Mängel-
bericht ist ein wesentlicher Teil des Review-
Berichtes und liefert die Vorgabe zur Fehlerbeseitigung.

4. Schritt: Nachbearbeitung
Anhand der Fehlerliste im Reviewbericht werden
die beschriebenen Fehler beseitigt.

5. Schritt: Bewertung
In der letzten Sitzung wird festgestellt, ob alle
Fehler beseitigt wurden und keine neuen aufge-

Tabelle D-16. Mängelliste für ein Review

System:	Release:	Moderator:	Datum:

Stand im Produktionszyklus:

Analyse	Grobentwurf	Feinentwurf	Kodierung	Test

Position	Dokument	Mängel	Typ	Mängelklasse
___	___	___	___	___
___	___	___	___	___
___	___	___	___	___
___	___	___	___	___
___	___	___	___	___
___	___	___	___	___
___	___	___	___	___
___	___	___	___	___
___	___	___	___	___
___	___	___	___	___
___	___	___	___	___
___	___	___	___	___
___	___	___	___	___
___	___	___	___	___

Mängeltyp: D: Daten; S: Syntax: L: Logik; I/O: Input Output; I: Performance
M: Mitarbeiter; D: Dokumentation; T: Testumgebung und Testabdeckung; SO: Sonstiges Mängelklasse;
f: falsch; u: unvollständig; ü: überflüssig

treten sind. Anschließend wird ein Schlußbericht verfaßt, welcher der Geschäftsführung vorgelegt wird.

In der Praxis werden zwei verschiedene Durchführungsarten von Reviews durchgeführt: *Walkthrough* und *Inspektion*. Inspektionen prüfen vorher festgelegte Ziele, meist an Hand von Fragenkatalogen in Form von Checklisten. Bei Walkthroughs dagegen wird die Funktionalität durch Beispiele und Testfälle überprüft. Die Walkthroughs dienen neben der Fehlererkennung auch der Kommunikation zwischen den Teammitgliedern und den Softwareerstellern.

D 7.5.7.3 Prüfung (Test), Prüfpläne und Auswertung

Wie Bild D-127 zeigt, erstrecken sich die Prüfungen, je nach Stellung im Software-Lebenszyklus (Bild D-114) auf die *Module,* die *Integrationsprüfung,* die Prüfung des *gesamten Systems* und die *Abnahmeprüfung* durch den Kunden. Die einzelnen Aufgaben für die Prüfungen sind Bild D-127 zu entnehmen.

Prüfpläne für die Software
Das Deutsche Institut für Gütesicherung und Kennzeichnung e. V. (RAL) hat Güte- und Prüfbestimmungen für die Software (GuPS) in der RAL-

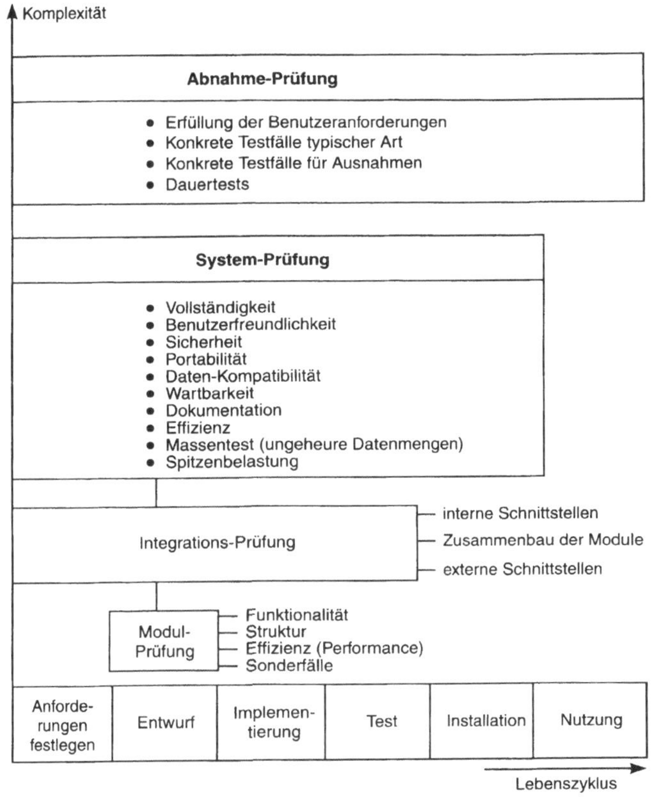

Bild D-127. Arten der Software-Prüfung.

GZ 901 veröffentlicht. In der Vornorm DIN 66 285 (Anwendungssoftware, Prüfgrundsätze) wurden diese übernommen. Die folgenden Ausführungen orientieren sich an dem Rahmenprüfplan für Software (RPP), wie er im Arbeitspapier 312 von der Gesellschaft für Mathematik und Datenverarbeitung (GMD) entwickelt wurde. Bild D-128 zeigt das Schema des Vorgehens.

Voraussetzungen für die Produktprüfung
Im ersten Schritt wird festgestellt, ob mit der Prüfung überhaupt begonnen werden kann. Dazu müssen alle *Unterlagen* vorliegen (Programme, Dokumentationen und Schulungsunterlagen) und die notwendige *Testapparatur* (Hardware oder Meßgeräte) bereitstehen. Der Prüfer muß die *Fehlerklassen* definieren, die sich auf die Programme (P) und die Dokumentation (D) beziehen. In Ta-

belle D-17 werden für die Programme und die Dokumentationen je nach Schwere des Fehlers unterschiedliche Fehlerklassen vorgeschlagen.

Mit der Checkliste in Tabelle D-18 wird entschieden, ob die Voraussetzungen für die Produktprüfung überhaupt vorliegen. Wird eine Frage verneint, sollte man keine Prüfungen vornehmen.

Prüfung der Produktbeschreibung (PB)
Wenn es sich um käufliche Standardsoftware handelt, sollte der Kunde bereits vor dem Kauf eine *Produktbeschreibung* (PB) anfordern. Die Qualität dieser Beschreibung beeinflußt in großem Maße die Kaufentscheidung. Tabelle D-19 zeigt eine Checkliste zur Überprüfung der Produktbeschreibung.

Überprüfung der Dokumentation
Die Dokumentation (Handbuch) enthält alle An-

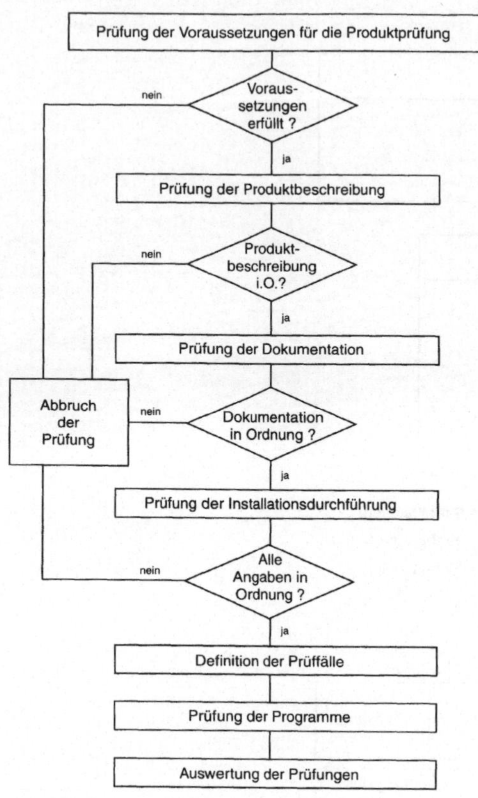

Bild D-128. Vorgehen bei der Software-Prüfung.

Tabelle D-17. Fehlerklassen in Programmen und Dokumentationen

Fehlerklasse	Art der Fehler
Programme	
P 1	Katastrophale Fehler (Absturz des Programms, Datenverlust, fehlende Funktion)
P 2	Andere Fehler des Programms (Inkonsistenz, falsche Fehlermeldungen)
P 3	Unschönheiten in den Programmen (uneinheitliche Masken- und Funktionstastenbelegung)
Dokumentationen	
D 1	Fehler in den Dokumenten (Handbuch beschreibt die Fehler falsch oder gar nicht, fehlerhafte Beispiele, fehlendes Inhaltsverzeichnis)
D 2	Unschönheiten in den Dokumenten (Dokumente sind uneinheitlich und ohne Stichwortverzeichnis)

Tabelle D-18. Voraussetzungen zur Produktprüfung

Liegen folgende Teile des Produkts vor?	Ja	Nein
Programm		
Produktbeschreibung		
Handbuch		
Schulungsunterlagen		
Installationsanleitung (wenn der Kunde selbst installiert)		
Steht die angegebene Hardware oder Testapparatur zur Verfügung		

Tabelle D-19. Prüfung der Produktbeschreibung

Produktbeschreibung (PB)	Ja	Nein
Ist die PB gut gegliedert?		
Ist die Produktidentifikation eindeutig?		
Sind die Funktionen der PB eindeutig beschrieben?		
Sind die Funktionen mit Beispielen erläutert?		
Ist die Mindestkonfiguration bekannt?		
Ist die für die Nutzung des Produkts notwendige Software genau angegeben (z. B. Betriebssystem)?		
Ist festgelegt, ob der Benutzer oder der Hersteller installiert?		
Falls der Benutzer installiert		
Sind alle Anforderungen bekannt, die der Benutzer für die Installation erfüllen muß?		
Enthält die PB Angaben zur Wartung?		
Sind die Angaben zur Wartung verständlich?		
Sind alle Anforderungen genannt, die der Benutzer für die Anwendung des Produkts erfüllen muß?		
Wird in der PB auf ein Handbuch hingewiesen?		
Ist die PB in sich widerspruchsfrei?		
Ist die PB einheitlich in der Benennung und Namensgebung?		

gaben, die der Benutzer für die Arbeit mit dem Programm benötigt. In diesem Programm sind die Funktionen und fachlichen Verarbeitungsschritte beschrieben. Es wird nach den Merkmalen des Bildes D-118 geprüft. Dazu wird eine Checkliste nach Tabelle D-20 vorgeschlagen.

Prüfung der Installationsdurchführung
Hier wird geprüft, wer das Programm (oder den Programmteil) installiert und ob das installierte Programm, wie vorgesehen, mit den anderen Programmteilen zusammenarbeitet. Eine Checkliste dazu ist in Tabelle D-21 zusammengestellt.

Definition der Prüffälle
An Hand des Pflichtenheftes wird eine *Funktions-*liste erstellt, welche die Prüffälle festlegt. Hier wird wie in einem Drehbuch genau festgelegt,

- welche Aktivitäten (Prüfungen, Testfälle) der Prüfer
- in welcher Reihenfolge durchführen muß,
- ob und welche Daten er dabei eingibt,
- welche Ausgabedaten oder
- welche Reaktionen des Programms er erwartet.

Tabelle D-22 zeigt ein Beispiel für einen Prüffall.
   Die Auswertung aller Prüffälle kann in einer Checkliste nach Tabelle D-23 erfolgen.
   Für jeden Prüffall müssen die *Prüfziele* für die im Pflichtenheft festgelegten Funktionen des

Tabelle D-20. Prüfung der Dokumentation

Dokumentation	Ja	Nein

Ist die Dokumentation vollständig?

Sind alle Funktionen eindeutig und vollständig erklärt?

Ist die Dokumentation in sich widerspruchsfrei?

Ist die Dokumentation einheitlich in Benennung und Namensgebung?

Ist die Dokumentation einheitlich strukturiert?

Hat die Dokumentation ein Inhaltsverzeichnis?

Hat die Dokumentation ein Stichwortverzeichnis?

Enthält die PB höchstens die in der Dokumentation beschriebenen
Funktionen?

Tabelle D-21. Prüfung der Installation

Bei Installation durch den Lieferanten	Ja	Nein

Entspricht die Hardware der Mindestkonfiguration?

Sind alle notwendigen Softwareprodukte mit ihrer Versionsnummer installiert?

Bei Installation durch den Kunden

Konnte die Installation nach der gelieferten Installationsanleitung
durchgeführt werden?

Falls die Installation durchgeführt werden konnte

War die Installation erfolgreich?

Hat der Hersteller Testfälle mitgeliefert, mit denen der Kunde die
erfolgreiche Installation nachprüfen kann?

Ist die Installationsanleitung in sich widerspruchsfrei?

Ist die Installationsanleitung einheitlich in Benennung und
Namensgebung?

Ist die Installationsanleitung einheitlich strukturiert?

Tabelle D-22. Beispiel eines Prüffalles

Prüffall-Nr. (lfd.Nr.)   _______________________________

geprüfte Funktion oder
Angabe   _______________________________

Eingaben   _______________________________

erwartetes Ergebnis   _______________________________

tatsächliches Ergebnis   _______________________________

Nummern der festgestellten
Fehler   _______________________________

Tabelle D-23. Auswertung der Prüffälle

Auswertung	Ja	Nein
Werden durch die Prüffälle alle in der PB aufgeführten Funktionen angesprochen?		
Werden durch die Prüffälle alle in der Dokumentation aufgeführten Funktionen angesprochen?		
Enthalten die Prüffälle alle Beispiele aus der Dokumentation?		
Sind für alle Prüffälle die Eingaben und das erwartete Ergebnis spezifiziert?		
Sind Prüffälle vorgesehen, mit denen das Verhalten des Produkts bei falscher Bedienung überprüft wird?		
Sind Prüffälle vorgesehen, mit denen Fehlermeldungen des Programms hervorgerufen werden?		

Programms entsprechend der Merkmale für Programme und Daten nach Bild D-118 festgelegt werden.

Prüfung der Programme

Jetzt erfolgt die eigentliche Prüfung an Hand der Merkmale nach Bild D-118. Das Ergebnis der Prüfung wird in einer Checkliste nach Tabelle D-24 festgehalten.

Auswertung der Prüfung

Die Auswertung der Software-Prüfung wird in einem *Prüfprotokoll* festgelegt. Aus ihm sollte insbesondere hervorgehen:

- der Verlauf der Prüfung,
- die Prüffälle und ihre Ergebnisse,
- die festgestellten Fehler.

Die grafische Auswertung der Merkmale und ihrer Gewichtung nach Bild D-118 ist in Tabelle D-25 erfaßt und in Bild D-129 grafisch ausgewertet. Die Gewichtung erfolgte von 1 (ganz unwichtig) bis 5 (sehr wichtig) und die Punktvergabe von 1 bis 10 (1 bis 2 ausreichend; 3 bis 5 befriedigend; 6 bis 8 gut, 9 bis 10 sehr gut). Wie Tabelle D-25 zeigt, werden insgesamt nur 65% der möglichen Punktzahl erreicht. Das entspricht der Note befriedigend bis gut. Die Erreichungsgrade der einzelnen gewichteten Merkmale sind in Bild D-129 zu sehen.

Qualitätsbegleitung

Nachdem die Software beim Kunden im Einsatz ist, stellen sich *Fehler* heraus, die vorher nicht gefunden werden konnten. Aber auch zusätzliche *Wünsche* der Anwender werden erkennbar.

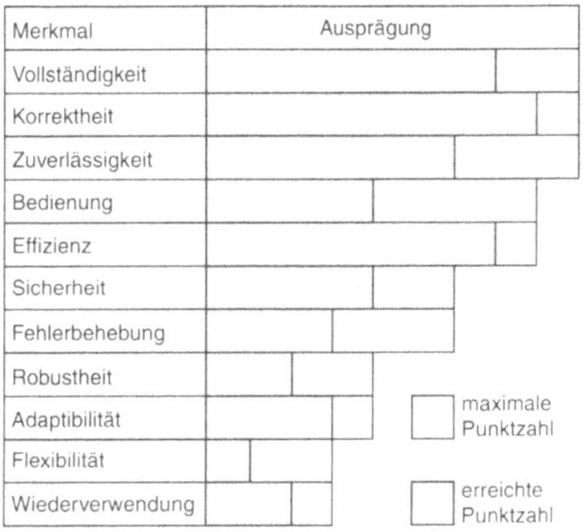

Bild D-129. Grafische Auswertung der Software-Prüfung.

Es empfiehlt sich, diese Erfahrungen beim Kunden systematisch auszuwerten (Tabelle D-26). Sie sind Grundlage der *Versionspolitik* (in welchen Zeitabständen welche Programmverbesserungen herauszugeben sind).

Wie aus Tabelle D-26 hervorgeht, sollten die Maßnahmen mit der höchsten Priorität (A) zuerst in Angriff genommen werden. Im vorliegenden Fall sind dies die Verbesserung der Merkmale: Zuverlässigkeit, Bedienungsfreundlichkeit und Robustheit. Bei der Bearbeitung der Maßnahmen für die Vollständigkeit der Funktionen sollten diejenigen Anforderungen herausgesucht werden, welche die meisten Kunden vermissen. Sie soll-

Tabelle D-24. Prüfung des Programms

Prüfung	Ja	Nein
Enthält das Programm alle in der PB aufgeführten Funktionen?		
Stimmen die erwarteten Ergebnisse mit den tatsächlichen Ergebnissen überein?		
Sind die Fehlermeldungen einheitlich aufgebaut?		
Weisen die Fehlermeldungen sachbezogen auf die Fehlerursachen hin?		
Weisen die Fehlermeldungen verständlich auf die erforderlichen Aktionen zur Korrektur hin?		
Sind die Masken einheitlich aufgebaut?		
Ist die Dialogsteuerung einheitlich aufgebaut?		
Ist der Dialogablauf einheitlich aufgebaut?		
Werden die Begriffe und Schlüsselwörter in der Programmausgabe einheitlich verwendet?		
Stimmen die Begriffe und Schlüsselwörter in der Programmausgabe mit denen aus der Dokumentation überein?		
Sind alle für den Benutzer zugänglichen Funktionen in der Dokumentation beschrieben?		

Tabelle D-25. Auswertung der Software-Prüfung

Merkmal	Gewicht	Punkte	Gesamt	Ideal
Vollständigkeit der Funktionen	5	7	35	50
Korrektheit	5	8	40	50
Zuverlässigkeit	5	6	30	50
Bedienungsfreundlichkeit	4	5	20	40
Effizienz	4	9	36	40
Sicherheit	3	6	18	30
Fehler-Behebung	3	5	15	30
Robustheit	2	4	8	20
Adaptabilität	2	8	16	20
Flexibilität	1	3	3	10
Wiederverwendbarkeit	1	6	6	10
Gesamt		67	227	350
prozentuale Erfüllung		61%	65%	100%

Tabelle D-26. Maßnahmenkatalog zur Software-Verbesserung

Kriterium	Maßnahme	Kosten	Zeit	Verantwortlicher	Priorität
Zuverlässigkeit	Systematisch Testfälle für die häufigsten Anwendungen entwickeln und durchführen	10.000,–	2 Monate	Bortelt	A
Bedienungsfreundlichkeit	Bessere Hilfe-Funktionen	3.000,–	1 Monat	Mendler	A
Robustheit	Weitere Sicherheitsabfragen einfügen	5.000,–	$1/2$ Monat	Rasch	A
Vollständigkeit	Häufigste gewünschte Funktionen	20.000,–	6 Monate	Fakner	B
Flexibilität	an die gebräuchlichsten Hardware-Plattformen anpassen	60.000,–	12 Monte	Raissig	C

ten in einer neuen Version enthalten sein. Nicht versäumen sollte man es, diese Verbesserungen entsprechend werbewirksam auszuwerten.

D 7.5.8 Software-Qualitäts-Controlling

Wie bereits in Abschn. D 7.1.1 geschildert und in Bild D-113 zu sehen, beschreibt Qualitäts-Controlling einen Steuerungsprozeß im Hinblick auf die erwarteten Qualitätsziele. Die Qualität der Software muß ständig überwacht werden, damit die Software die im Pflichtenheft niedergeschriebenen Anforderungen erfüllt, und zwar in der *vorgegebenen Zeit* und mit den *eingeplanten Kosten*. Dies geschieht mit den Methoden des *Projekt-Managements* (Abschn. D 9). Das *Projekt-Team* wacht über die *Funktionen* der Programme, die Einhaltung der *Termine*, der *Kosten* und damit der *Qualität*. Im folgenden werden einige Bausteine des Projekt-Managements am Beispiel vorgestellt.

Kosten-Zeit-Kurven

Mit diesen Kurven kann man die Kosten und die Zeit für Software-Projekte überwachen. Bild D-130 zeigt in Teilbild a) eine *Normkurve* für den zeitlichen Verlauf der Kosten (nach Bild D-114). Die Teilbilder b) und c) zeigen oft vorkommende Abweichungen, die allerdings stark übertrieben gezeichnet wurden.

In Bild D-130, Teilbild b) sieht man, daß nach Beendigung der Software-Entwicklung sowohl die Zeit als auch die Kosten gewaltig überschritten wurden. Das Gefährliche an diesem Verlauf ist, daß zunächst nur die Zeit verrinnt, aber relativ wenig Kosten anfallen. Deshalb wird die übliche Kostenkontrolle keinen Anlaß sehen, Korrekturen vorzunehmen. An diesem Beispiel wird klar, daß nicht nur Kosten und Zeit, sondern auch die *Erfüllung der Anforderungen* in der Zeit (im vorliegenden Fall: zu geringer Kostenanfall) überwacht werden müssen (am besten mit einem Netzplan nach Bild D-131). Im Teilbild c) ist eine klare Kostenüberschreitung nach einer geringen Zeit festzustellen. In diesem Fall ist relativ einfach zu erkennen, daß schnell korrigiert werden muß.

Aus den Kurvenverläufen ist klar zu erkennen, daß *kein linearer Zusammenhang* zwischen Zeit und Kosten besteht. Praxiserfahrungen zeigen, daß ganz bestimmten Software-Projekten typische Zeit-Kosten-Kurven zugeordnet werden können. Es ist deshalb zu empfehlen, fertige Projekte zu klassifizieren und ihre Zeit-Kosten-Kurven zu

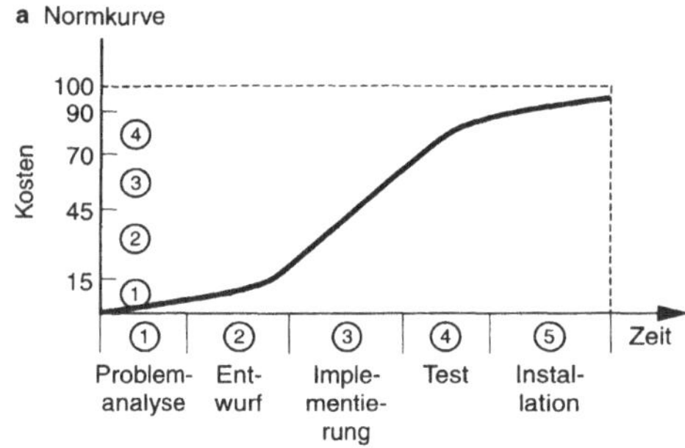

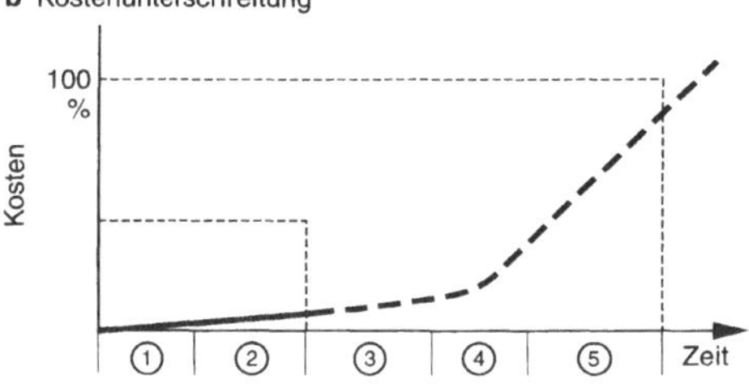

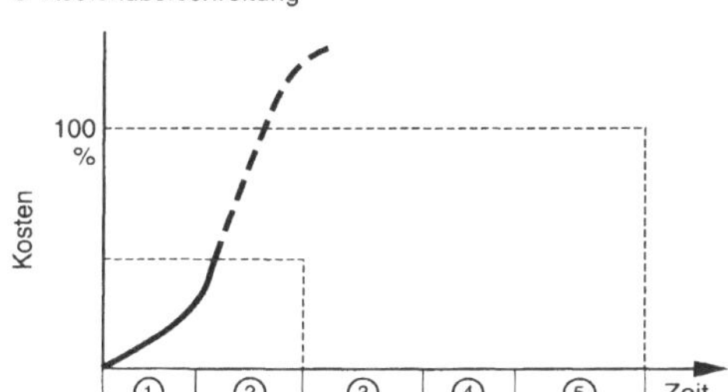

Bild D-130. Kosten-Zeit-Kurven.

erfassen. Mit diesen Erfahrungen können neue Software-Projekte immer besser geplant und kontrolliert werden.

Kosten-Zeit-Netz mit Soll-Ist-Vergleichen

Um den Entwicklungsstand (Kosten und Zeit) eines gesamten Software-Projektes aktuell überblicken zu können, empfiehlt es sich, die einzelnen Systemteile (nach Bild D-131) strahlenförmig aus einer Kreismitte zu ziehen und die Kosten bzw. die Zeiten einzutragen. An dieser *Kosten-Zeit-Spinne* nach Bild D-132 sieht man sofort den Zustand des gesamten Projektes. Die Kosten sind mit einer durchgezogenen Linie, die Zeit mit einer gestrichelten Linie gezeichnet.

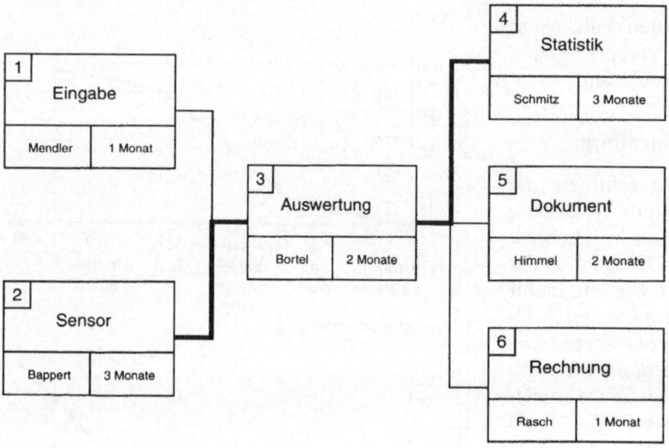

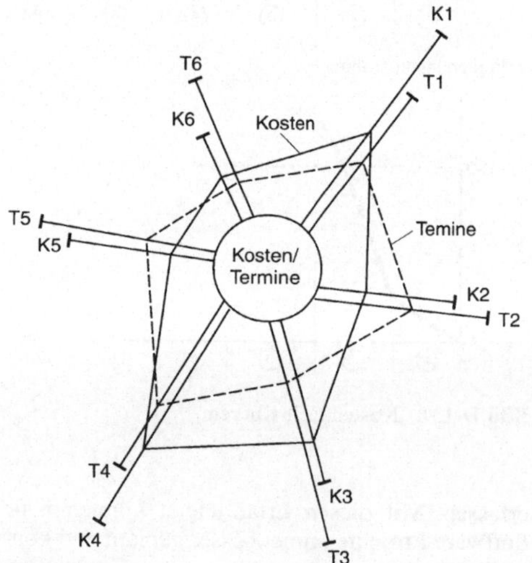

Bild D-131. Netzplan des Software-Projektes nach Bild D-119.

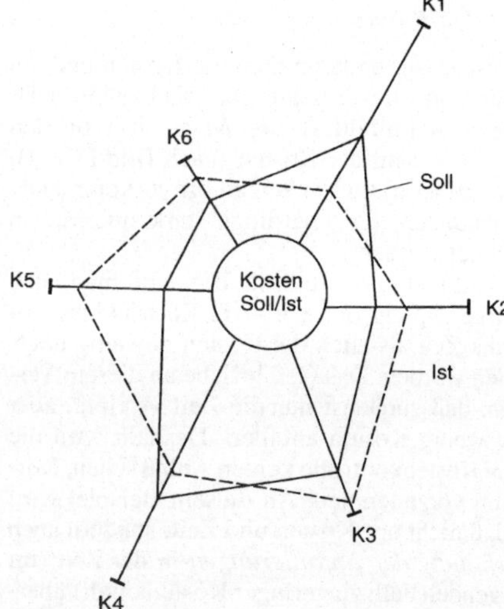

Bild D-132. Kosten-Zeit-Spinne.

Bild D-133. Kostenspinne mit Soll-Ist-Vergleich.

Wichtig ist, daß alle 14 Tage die Informationen über Kosten und Zeit beim Projektleiter abgegeben werden müssen (Information über den Projektstand ist eine *Bringschuld* und keine Holschuld). Nur dann kann ein Projekt sinnvoll überwacht werden. Bei umfangreichen Projekten kann es sinnvoll sein, zwei Diagramme zu zeichnen, eine Kosten- und eine Zeitspinne. Dort wird dann, wie Bild D-133 zeigt, die Abweichung des Soll-

(gestrichelte Linie) vom Ist-Zustand (durchgezogene Linie) erkennbar.

Netzplan

Wie bereits zuvor erwähnt, sollte ein Software-Projekt mit einem *Netzplan* (nach DIN 69 900) überwacht werden. Dabei wird entsprechend Bild D-119 auf jeden Fall ein Netzplan für das

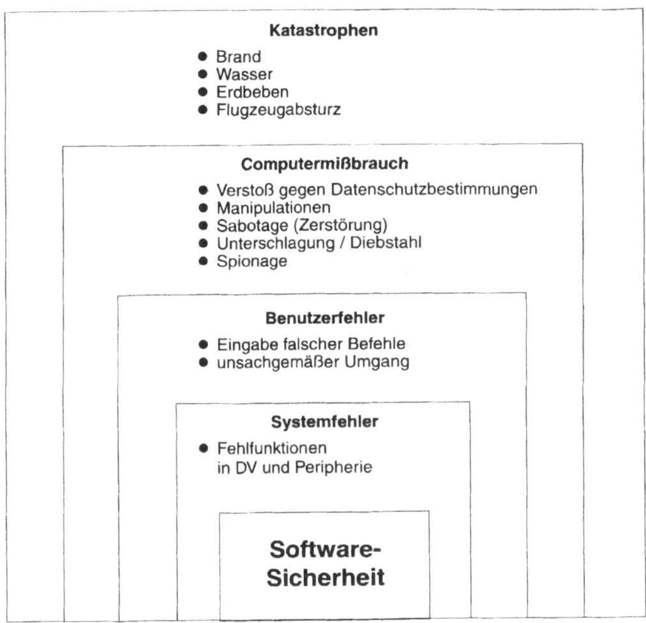

Bild D-134. Aspekte der Software-Sicherheit.

gesamte Projekt erstellt, wie er in Bild D-131 zu sehen ist. Die einzelnen Tätigkeiten sind in Kästchen angeordnet. In jedem Kasten steht die *Tätigkeit,* der *Verantwortliche* und der *späteste Zeitpunkt* der Fertigstellung. Alle Tätigkeiten sollten *möglichst unabhängig* voneinander (parallel) ablaufen, damit der Erstellungszeitraum verkürzt wird. Nur wenn es zwingend notwendig ist, wird eine Anordnung nacheinander zugelassen.

Wie Bild D-131 zeigt, kann aus dem Netzplan der *kritische Pfad* errechnet werden, d. h. der Weg mit *keinem zeitlichen Puffer.* Dieser Weg muß besonders sorgfältig geprüft werden, weil sich bei einer zeitlichen Verzögerung auf einem seiner Stationen das gesamte Projekt entsprechend verzögert. Im vorliegenden Beispiel beträgt der kritische Pfad 8 Monate (dicker Strich). Er durchläuft die Stationen Sensor (2; 3 Monate) - Auswertung (3; 2 Monate) - Statistik (4; 3 Monate).

Es ist aber dringend anzuraten, für die einzelnen Teilbereiche ebenfalls Netzpläne zu erstellen (für die externen Teile sollte man sich diese vorlegen lassen). Auf diese Weise ist eine sinnvolle Projektbegleitung möglich.

D 8 Software-Sicherheit und Ergonomie

Für die Entwicklung von Software ist die Sicherheit und die Ergonomie ein wichtiger Faktor. Die Ergonomie als die Wissenschaft von der Anpassung der Arbeitsbedingungen an die Bedürfnisse des Menschen wurde im Sinne von Ergonomie am Bildschirmarbeitsplatz, in der Hard- und Software bereits ausführlich und übergreifend in Abschn. A 5 behandelt. Deshalb ist dieser Abschnitt der Software-Sicherheit gewidmet.

D 8.1 Aspekte der Software-Sicherheit

In Bild D-134 sind die Bereiche der Software-Sicherheit zusammengefaßt. Sie sind nach der Schwere der Sicherheitsgefährdung gegliedert. Dabei handelt es sich um folgende Bereiche:

1. Katastrophen

Dazu zählen alle äußeren Einflüsse wie Blitzschlag, Brand, Wassereinbrüche, Erdbeben oder Flugzeugabstürze. Auch wenn die Eintrittswahrscheinlichkeit relativ gering ist, so ist doch der

Schaden im Ernstfall beträchtlich. Deshalb wird man gegen diese Katastrophen nur ganz wichtige Daten schützen.

2. Computermißbrauch

Dazu zählen alle menschlichen Handlungen, die ganz bewußt die Dienste der Computer mißbrauchen. Dabei sind alle Handlungen als kriminell einzustufen:

- Verstöße gegen Datenschutzbestimmungen (z. B. Bekanntmachen von Lohn- bzw. Gehaltsdaten).
- Manipulationen oder Fälschungen
  Dazu gehören:
  - Manipulationen der Eingabe (falsche Eingaben);
  - Manipulationen im Programmablauf (z. B. Änderung der Kontonummer, auf die überwiesen wird);
  - Manipulationen in bestimmten Programmteilen (z. B. Rundungsänderung bei Zinsrechnung);
  - Manipulationen der Ausgabe (Drucken falscher Listen).
- Sabotage oder Zerstörung
  Das sind:
  - Zerstören von Datenträgern (Disketten, Platten und Bänder);
  - Zerstören bzw. Verändern von Programmen und Daten durch Viren.
- Unterschlagung bzw. Diebstahl
  - Diebstahl von Hardware und Peripheriegeräten (z. B. Drucker oder Plotter);
  - Raubkopien von Software und
  - Erschleichung von Zugangsberechtigungen.
- Spionage
  Dies sind unberechtigte Einsichtnahme und Weitergabe von Firmengeheimnissen, insbesondere:
  - Anzapfen firmeninterner Datennetze;
  - Weitergabe von firmeninternen Daten auf Datenträgern und
  - Einbruch zur Informationsbeschaffung.

3. Benutzerfehler

Der Bediener kann durch unabsichtliches Handeln in der Software Fehler erzeugen. Dazu gehören:

- Eingabe falscher Daten bzw. falscher Befehle, so daß das System abstürzt oder versehentlich Programme löscht sowie
- unsachgemäßer Umgang mit dem Rechner, seiner Peripheriegeräte und den Datenträgern (z. B. mechanische Beanspruchung von Disketten oder Magnetfeld in der Nähe von Magnetbändern).

4. Systemfehler

Das DV-System und seine Umgebung kann fehlerhafte Funktionen aufweisen (z. B. Programmfehler oder Ausfall einer Stromversorgung).

D 8.2 Sicherheitsrisiken

Oberstes Gebot ist, daß

- das DV-System nicht unberechtigt verändert wird und daß
- kein unberechtigter Zugang zum System

möglich ist. Deshalb muß man folgende Vorkehrungen treffen:

Risikoanalyse
Das Risiko bei der Einführung eines Softwaresystems muß erfaßt werden.

Abschätzung der Risikofolgen
Die Folgen müssen den einzelnen Risiken zugeordnet werden. Es gibt schwere Folgen bei geringem Risiko (Erdbeben) und geringe Folgen bei hohem Risiko (nicht schwerwiegende Programmierfehler). Bei schweren Folgen muß bereits der Software- Erstellungsprozeß mit besonderer Sorgfalt durchgeführt werden (Abschn. H 2).

Konzeption von Sicherheitsmaßnahmen
Für die Risikoklassen und deren Gefährdungspotential müssen Sicherheitsmaßnahmen ergriffen werden, die zum einen technisch möglich und zum anderen auch wirtschaftlich vertretbar sind.

D 8.3 Sicherheitsmaßnahmen

Die einzelnen Maßnahmen für Konzeptionen zur Software-Sicherheit sind in Bild D-135 zusammengestellt. Man unterscheidet Maßnahmen zum *Ausfallschutz* und zum *Zugriffsschutz*.

D 8.3.1 Maßnahmen zum Ausfallschutz

Ein Ausfall ist dann gegeben, wenn die Hardware und die Peripherie sowie die Programme

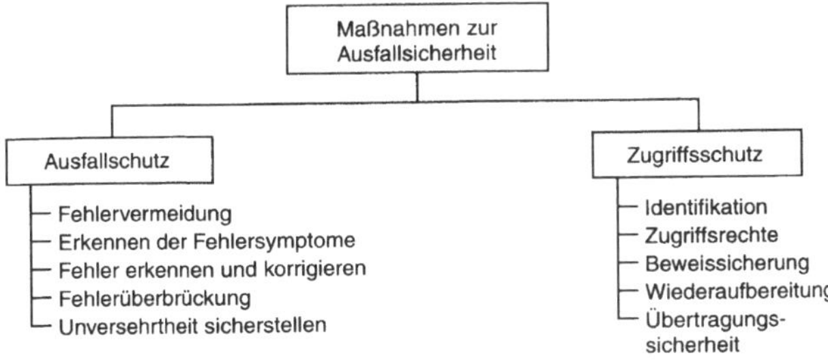

Bild D-135. Maßnahmen zur Ausfallsicherung.

oder deren Daten nicht verfügbar sind. In der in Abschn. D 8.2 vorgestellten Risikoanalyse wurde festgelegt, welche Teile beim Ausfall welchen Schaden anrichten. Deshalb wird festgelegt, welche Teile

- auf keinen Fall ausfallen dürfen, und welche Teile
- unter welchen Bedingungen zeitweise ausfallen dürfen.

Bild D-135 zeigt im einzelnen die zugehörigen Maßnahmen:

Fehlervermeidung
Dazu dienen die automatische Sicherung der Programme und Daten auf externen Datenträgern wie Disketten oder Bänder. Auch können entsprechende Warnungen eingebaut werden, um Fehlereingaben zu verhindern.

Erkennen von Fehlersymptomen
Damit lassen sich Situationen erkennen, die fehlerträchtig sind (z. B. GOTO-Befehle oder häufiger Zugriff auf Datenträger).

Fehler erkennen und korrigieren
Um Fehler zu erkennen und zu korrigieren, sind *Redundanzen* erforderlich. Bei der Fehlererkennung wird die Information wiederholt (50 % Redundanz) und verglichen. Es ist nur eine Fehlermeldung möglich (die ursprüngliche und die wiederholte Information stimmen nicht überein). Werden die Informationen dreimal gesendet (Redundanz von 67 %), dann können meist Fehler erkannt und die ursprüngliche Information zurückgesetzt werden (Fehlerkorrektur). Die einzelnen Möglichkeiten sind ausführlich in Abschn. A 4.4.3 beschrieben.

Fehlerüberbrückung
Ein Fehler, der erkannt wurde, kann so überbrückt

werden, daß kein Schaden auftritt. Im Prinzip läuft eine Fehlerüberbrückung folgendermaßen ab: Tritt ein Fehler auf, dann werden die geöffneten Dateien geschlossen, die temporären Dateien gelöscht und der Systemzustand festgehalten.

Unversehrtheit sicherstellen
Beim Übertragen von Informationen können Fehler auftreten, welche die gesamten Daten oder Programme unbrauchbar machen. Dazu genügt es oft, wenn ein Bit fehlerhaft übertragen wird. Wie bereits erwähnt, ist es deshalb wichtig, Redundanzen einzubauen, um die Unversehrtheit wiederherzustellen.

Besonders bösartige Fälle schädigen die Programme und Daten. In Bild D-136 sind sie zusammengefaßt. Dazu gehören:

- Viren
  Sie bestehen aus einem *Reproduktionsteil,* einem *Aktionsteil* und benötigen ein *Wirtsprogramm.* Im Reproduktionsprogramm werden andere, gesunde Programme (Wirtsprogramme) aufgespürt und der gesamte Viruskode (einschließlich Suchprogramm für Wirtsprogramme) in die Wirtsprogramme kopiert. Im Aktionsteil können unterschiedliche Aktionen ablaufen. Diese reichen von einer relativ harmlosen Meldung am Bildschirm, über Veränderung von Bildschirmzeichen (Herausrieseln von Buchstaben beim Herbst-Virus) bis zur kompletten Zerstörung von Dateien, Festplatten und sogar Hardwarebausteinen. Die Aktionen können durch bestimmte Ereignisse ausgelöst werden (z. B. am Freitag, den 13. oder beim 11. Start).

  - Folgende Anzeichen deuten auf eine Virusinfektion hin:

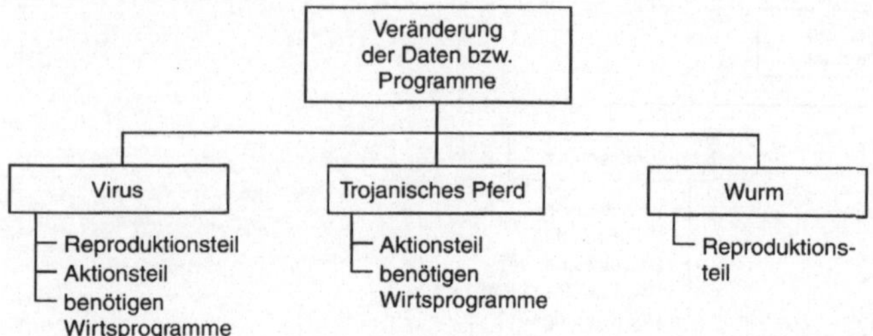

Bild D-136. Bösartiger Datenbefall durch Viren, Trojanische Pferde und Würmer.

- Programm braucht längere Ausführungszeit,
- Programm paßt nicht mehr in den Hauptspeicher,
- Programme geben unerwartete Ergebnisse aus,
- es mehren sich nicht übliche Fehlermeldungen.

Wenn ein Virusbefall vorliegt, sollten folgende Maßnahmen ergriffen werden:

- Identifizieren und Immunisieren der Datenträger durch ein Virusprogramm;
- Starten des Rechners von der Boot-Diskette aus mit einem Kaltstart (Diskette vorher schreibschützen!);
- Einspielen der schreibgeschützten Originaldisketten oder garantiert virusfreien Kopien;
- Benachrichtigen von Personen über eventuelle Infizierung der Programme.

Als vorbeugende Maßnahmen sind zu empfehlen:

- Ausschließlich Originalsoftware verwenden;
- Schreibschutz so oft wie möglich einsetzen;
- keine Benutzung ungeprüfter externer Software (z. B. Spielprogramme oder billige Public-Domain-Software);
- nur Benutzer mit Zugriffsberechtigung und unter Einhaltung der obigen Maßnahmen an den Rechnern arbeiten lassen;
- regelmäßige, virenfreie Datensicherung.

● Trojanische Pferde
Trojanische Pferde installieren sich in Wirtsprogrammen und spionieren dort in einem *nicht dokumentierten Aktionsteil* bestimmte Daten

oder Programmteile aus. Sie haben kein Reproduktionsprogramm, sondern wirken nur dort, wo man sie einsetzt. Beispiele dafür sind Programme, die heimlich Paßwörter sammeln oder bestimmte Daten aus Dateien herauslesen bzw. diese löschen.

● Würmer
Unter Würmern versteht man eigenständige Programme, die keine Wirtsprogramme benötigen, aber einen Reproduktionsteil besitzen. Sie werden gezielt eingespeist und einmal aktiviert. Die meisten Würmer schädigen Dateien und Programme nicht direkt. Ihre Wirkung zeigt sich durch eine Überlastung von Speichern oder in Netzen. Würmer kann man auch absichtlich einpflanzen, um Sicherheitsmängel, vor allem in Netzen, festzustellen.

D 8.3.2 Maßnahmen zum Zugriffsschutz

Mit den in Bild D-135 aufgeführten Maßnahmen kann ein wirksamer Zugriffsschutz erfolgen:

Identifikation
Der Benutzer muß zweifelsfrei erkannt werden (z. B. durch ein Paßwort, eine Kodekarte oder einen anderen Schlüssel).

Zugriffsrechte
Die Zugriffsrechte können sich auf das gesamte System beziehen oder auf Teilbereiche beschränken (z. B. auf bestimmte Programmteile, Dateien oder Datensätze innerhalb von Dateien). Die Zugriffsrechte müssen auch verwaltet werden, beispielsweise die Änderungen der Zugriffskodes.

Beweissicherung
Um Beweise zu sichern, kann man sämtliche Zugriffe nach Art und Zeit sowie die betroffenen Geräte und Programme bzw. Dateien mit einem

Log-Buch mitprotokollieren. Dann wird sichergestellt, wer zu welcher Zeit welche Programme und Dateien im Zugriff hatte.

Wiederaufbereitung
Werden die gleichen Programme oder Speicher von verschiedenen Personen benutzt, so muß sichergestellt werden, daß die nachfolgende Person nicht Zugang auf die Daten des Vorgängers hat. Häufig werden bei der Benutzung temporäre Dateien in den Speichern angelegt (z. B. auf der Festplatte oder bei Windows der „Zwischenspeicher"). Sie müssen vor einem Benutzerwechsel gelöscht werden.

Übertragungssicherheit
Mit diesen Maßnahmen wird verhindert, daß unerlaubte Personen Zugriff auf die übertragenen Daten haben (z. B. unerlaubte Zugriffe auf Faxnachrichten oder Nachrichten in der Mail-Box). Eine der wichtigsten Möglichkeiten ist die *Chiffrierung*. Das ist ein Verfahren der *Verschlüsselung*. Häufig wird das Verfahren des *Public Key* angewandt. Der Schlüssel hat ein nach komplizierten Berechnungsverfahren ermitteltes Kodewort, das öffentlich bekannt gegeben wird (public). Die bestimmten Partner verwenden relativ einfache *Zusatzdaten,* die nur ihnen bekannt sind, um die Nachricht zu verschlüsseln. Beispielsweise wird die Nachricht nach einer bestimmten Information gesendet (z. B. digital verschlüsselte Töne, Buchstaben oder Zahlenfolgen). Der Empfänger weiß dann, an welcher Stelle die für ihn bestimmte Information steht.

Jeder Schlüssel darf nur den berechtigten Personen zugänglich sein, weil sonst keine Sicherheit gewährleistet ist.

D 9 Software-Projektmanagement

D 9.1 Einführung und Begriffe

D 9.1.1 Einführung

Projektmanagement (PM) bietet neue Organisationsformen und Arbeitsmethoden, die es erlauben, komplexe Aufgaben, die keinen Routinecharakter haben, schneller und kostengünstiger abzuwickeln. PM ist eine Führungskonzeption mit organisatorischen und methodischen Ansätzen und beinhaltet alle Mechanismen eines modernen Führungsinstrumentariums: Zieldefinition, Strukturierung, Teamarbeit, Delegation, Motivation,

Entscheidung, Bewältigung von Konfliktsituationen und Dynamik.

D 9.1.2 Begriffsdefinitionen

Ein *Projekt* ist nach DIN 69900 ein Vorhaben, das im wesentlichen gekennzeichnet ist durch folgende Eigenschaften (Bild D-137):

- Einmaligkeit der Bedingungen in seiner Gesamtheit,
- Bereitschaft zum Risiko,
- klare Zielvorgaben,
- festgelegter Anfangs- und Endzeitpunkt,
- finanzielle, personelle oder andere Begrenzungen und eine
- projektspezifische Organisation.

Das *Software-Projektmanagement* gibt Antwort auf folgende Fragen:

- Wer bearbeitet welche Arbeitsschritte?
- in welcher zeitlichen Reihenfolge?
- Welche Geräte benötigt er dazu?
- Wann und
- wem ist Vollzug zu melden?

Demgegenüber hebt man im Rahmen der *Systementwicklung* im allgemeinen auf produktspezifische Aspekte ab. Die Fragen lauten dann:

- Wie soll das Produkt aussehen und
- welche Einzelschritte sind zur Systementwicklung notwendig?

Im *Projektmanagement* werden bis zur Erreichung der Ziele folgende vier Tätigkeiten wiederholt ausgeführt (Bild D-137):

1. Planung

Sie umfaßt die Festlegung klar umrissener Teilaufgaben, die zwischen Projektstart und -ende erledigt sein müssen, einschließlich des dazugehörigen Arbeitsaufwands.

2. Organisation

Sie dient dazu, die notwendigen Ressourcen, die zur Ausführung der im Rahmenplan spezifizierten Arbeit erforderlich sind, in der richtigen Menge, in der richtigen Qualität und zur richtigen Zeit bereitzustellen. Die Organisation schafft eine projektzielorientierte Struktur.

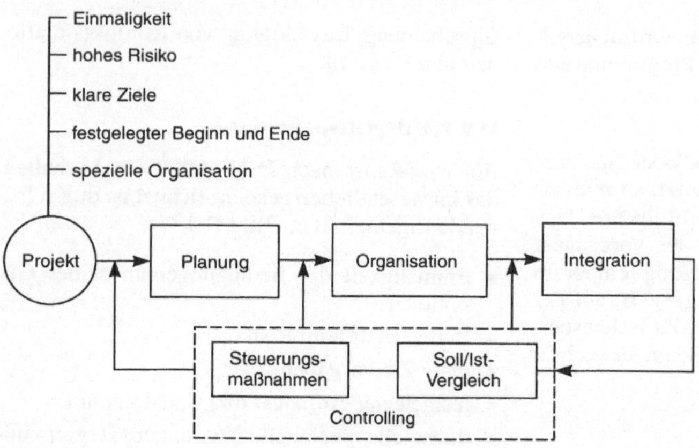

Bild D-137. Eigenschaften eines Projektes und Ablauf eines Projektmanagements.

3. Integration

Darunter versteht man die Gewährleistung des integrativen und reibungslosen Ressourceneinsatzes, insbesondere der Projektbeteiligten.

4. Controlling

Es besteht aus zwei Teilen: dem *Soll-Ist-Vergleich,* der ein ständiges Feedback liefert und den *Steuerungsmaßnahmen,* die zur Zielerreichung dienen. Falls die Ziele nicht erreichbar sind, müssen sie korrigiert werden oder die Organisation bzw. die Integration verändert werden.

D 9.2 Projektplanung

D 9.2.1 Projektbeteiligte

Projekte sind dynamische Gebilde, die ausschließlich in einem Team bearbeitet werden, wobei das Team im Zeitablauf aufgebaut wird und die einzelnen Teammitglieder bzw. Projektbeteiligten bestimmte Aufgaben erfüllen und intensiv miteinander kommunizieren müssen. Nach Fertigstellung der Software wird das Team schrittweise wieder aufgelöst. Aufbau und Abbau der Teams erfolgen bedarfsgerecht und rechtzeitig (Abschn. D 9.2.3). Tabelle D-27 zeigt die Projektbeteiligten, deren Aufgaben und den dafür in Frage kommenden Personenkreis.

D 9.2.2 Entwicklungseinheiten

Anwendungssysteme sind oftmals extrem groß, so daß es sinnvoll ist, die Anwendung in kleinere Entwicklungseinheiten aufzuteilen, die zeitlich möglichst gleichzeitig realisiert und genutzt werden. Dieses Vorgehen wird häufig auch als *inkrementale* d. h. schrittweise Anwendungsentwicklung bezeichnet und macht Teilsysteme schneller verfügbar.

Zunächst wird ein kleines Teilstück des Systems implementiert, und im Anschluß daran werden die anderen Systemkomponenten nacheinander hinzugefügt, bis das komplette System fertiggestellt ist. Das System ist während der Implementierung einsatzbereit, und seine Funktionalität steigert sich mit jedem hinzugefügten Bestandteil.

Hierzu ist eine Standard-DV-Systemarchitektur, der *Software-Rahmen,* bereitzustellen. Dieser Rahmen, im Bild D-138 schematisch beschrieben, schirmt konsequent die Software für die Datenbank, die Kommunikation zu Arbeitsplätzen und fremden Rechnern sowie für Drucker und andere Basis-Komponenten ab und ermöglicht somit ein schrittweises Einbinden der Anwendungskomponenten.

D 9.2.3 Personalplanung

Die Personalplanung im Rahmen eines Projekts sieht die folgenden Aktivitäten vor:

1. Termingerechtes Aufteilen des durch die Aufwandsschätzung ermittelten Gesamtaufwandes auf die einzusetzenden Mitarbeiter (Tabelle D-28).

2. Festlegen der notwendigen Qualifikation für einzelne Aktivitäten.

Tabelle D-27. Projektbeteiligte

Projektbeteiligte	Rollen und Aufgaben	einzusetzendes Personal
Mitarbeiter		
• Systemanalytiker	Analyse fachlicher Probleme und Konzeption.	erfahrene Mitarbeiter
• Anwendungs-programmierer	Programmieren der fachlichen Funktionen.	Berufsanfänger
• Spezialisten für Kommunikation, Datenbanken, Soft-warearchitektur	Implementierung der Software-Schichten (Anwendung ↔ Basis-Software z.B. CICS).	Spezialisten
Projektleiter	Projektleitung und fachlicher (Aufgabendefinition) sowie technischer (Systementwurf) Entwurf.	erfahrenster Mitarbeiter aus dem Pool der Systemanalytiker
Projektmanager	Betriebswirtschaftliche Verantwortung. Aufnahme von Änderungswünschen in Phasenplan. Festlegung von Qualitätszielen.	z.B. Wirtschaftsingenieur mit Informatikwissen
Fachvertreter	Bestimmen fachlicher Anforderungen an Software. Aufgabendefinition und Änderungen.	Vertreter des Auftraggebers und Repräsentant der späteren Software-System-Benutzer

3. Zeitgerechtes Beschaffen und Einarbeiten des benötigten Personals. Hierbei sind die nachstehenden Kriterien bzw. Maßnahmen zu beachten:

- Laufende Personalplanung auf Abteilungsebene,
- interne Stellenausschreibungen,
- rechtzeitiges Schalten von Stellenanzeigen,
- Einsetzen von jüngerem Personal beispielsweise in der Teilprojektleitung, d. h. der Versuch, Mitarbeiter an ihren Aufgaben wachsen zu lassen,
- kritische, technische Projektbereiche (z. B. Kommunikation oder Datenbanken) mit Spezialisten besetzen,

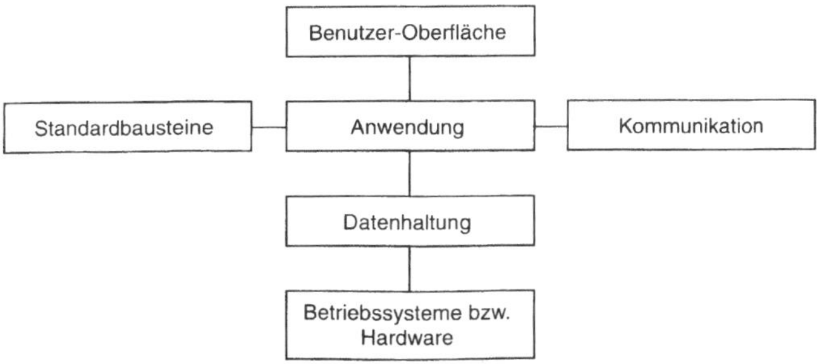

Bild D-138. Standardarchitektur von DV-Systemen.

- Herstellen von teamorientiertem Engagement, so daß jeder Mitarbeiter die Auswirkung seiner Aktivitäten auf den Bereich seines Kollegen mitbeurteilt und löst,
- Lösung von Terminproblemen nicht durch Überstunden über Monate hinweg, sondern durch offene und kooperative Diskussion mit dem Auftraggeber über die geforderte Funktionalität. Nach Möglichkeit vereinfachen, abmagern und auf spätere Version verschieben.

D 9.2.4 Meilenstein- und Terminplanung

Ein Phasenplan muß folgende Informationen enthalten:

1. Termine bezüglich Phasenbeginn und -ende *(Meilensteine)* sowie aufgabenspezifische Termine mit Meilensteinen und Qualitätssicherungs (QS)-Terminen.
2. *Zuordnung* von Mitarbeitern zu Aufgaben.
3. Festlegung der *Qualitätsziele* und ihrer *QS-Maßnahmen* mit Inhalt und *QS- Terminen.*
4. *Aufwandsschätzung* in Form von Bearbeiter-Zeiteinheiten.
5. Planung sonstiger Ressourcen (z. B. Fremdpersonal, Rechner und Tools).

Neben der Aufstellung und Fortschreibung der Phasenpläne ist die Projektleitung verpflichtet, das projektübergreifende Management in regelmäßigen Abständen oder auf Anfrage über den Projektstand zu informieren. In den Tabellen D-29 bis D-31 ist ein Phasenplan als Beispiel aufgeführt.

Aus der Tabelle D-29 sind Phasenbeginn und -ende ersichtlich. So beginnt beispielsweise die High-Level-Design-Phase (HLD-Phase) am 01.12.1993 und endet zum 15.02.1994, was zugleich dem HLD-Meilenstein entspricht. In die HLD-Phase fallen unter anderem der Systementwurf mit der Analyse fachlicher Probleme und der Konzeption sowie die Modulspezifikation und die Implementierung der Software-Schichten.

Die Bedeutung der weiteren Kurzbezeichnungen sind:

- *LLD* (Low-Level-Design); diese Phase beinhaltet die Kodierung, d. h. die Programmierung der fachlichen Funktionen.
- *CUT* (Code and Unit Test); diese Phase beinhaltet Tests bzw. Überprüfungen der Kodierung ganzer Teilbereiche.

- *FVT* (Function Verification Test); diese letzte Phase beinhaltet die Funktionsprüfung bzw. -kontrolle der gesamten Anwendungs-Software, einschließlich dem Zusammenspiel der einzelnen Teilbereiche. Dies kann in einer virtuellen Umgebung oder auf der Zielhardware erfolgen.

Die Tabelle D-30 steht in direktem Zusammenhang zur Tabelle D-29. Hier erfolgt die Zuordnung von Mitarbeitern zu den einzelnen Phasen. Man erkennt beispielsweise, daß in der LLD-Phase drei Mitarbeiter tätig sind. Mitarbeiter '/Name 1'/ ist von Phasenbeginn in der ersten Februar-Woche drei Wochen beschäftigt. Mitarbeiter '/Name3'/ beginnt ebenfalls zum 01.02.1994, arbeitet zwei Wochen in der LLD-Phase, setzt drei weitere Wochen aus und steigt in der zweiten März-Woche wieder ein.

Die Projektphase beginnt, sobald irgendein Mitarbeiter die ersten Tätigkeiten vornimmt und endet erst, wenn der letzte Mitarbeiter seine Phasenaufgaben erfüllt hat. Ein Meilenstein kennzeichnet somit den *Abschluß aller geplanten Aktivitäten* innerhalb einer Projektphase.

In der Tabelle D-31 erfolgt die genaue Zuordnung des Mitarbeiters '/Name2'/ auf die speziellen Aufgaben. Zusätzlich wird der geschätzte Aufwand in Bearbeitertagen angegeben, ebenso wie die Qualitätssicherungstermine, auch *Internal Reviews* genannt.

So beginnt vorgenannter Mitarbeiter beispielsweise in der HLD-Phase am 01.12.1993 mit der Funktion '/Konzeptionierung der Textbearbeitung'/. Hierfür wurden acht Bearbeitertage veranschlagt, weshalb die Aufgabe zum 10.12.1993 erledigt sein sollte. Als Prüftermin (Internal Review) ist der 17.12.1993 festgesetzt. Der Internal Review liegt meist ein bis zwei Wochen nach dem Abschluß der Teilaufgabe.

D 9.2.5 Projekttermine

Projekttermine beherrschen das Denken von Projektleitern mit nahezu magischer Kraft, obwohl in der Regel kein Projekt fehlschlägt, nur weil einmal ein Termin nicht eingehalten wurde. Projekte werden nur fallengelassen, weil sie die Bedürfnisse der Benutzer nicht kosteneffizient befriedigen können und nicht weil sie ein oder zwei Monate später als geplant fertiggestellt werden.

Unrealistische Liefertermine bzw. Fertigstellungstermine haben im wesentlichen vier Ursachen:

Tabelle D-28. Zuordnung von Projektaktivitäten auf Mitarbeiter

Aktivitäten/Phasen/Aufwand	einzusetzender Mitarbeiter
Systementwurf	→ wenige, besonders erfahrende Mitarbeiter
⇔ Software-Realisierung (Modulspezifikation, Konstruktion, Kodierung, Einzeltest)	→ erfordert zusätzliche Mitarbeiter
⇔ Integration des Systems	→ schrittweiser Abbau des Teams

1. Festhalten an einer zu einem früheren Zeitpunkt durchgeführten Aufwandsschätzung,

2. Wunschdenken eines nicht kompromißbereiten Anwenders,

3. Vorspiegeln falscher Tatsachen, wodurch der Anwender zur übereilten Zustimmung zu einem Projekt verleitet wird,

4. Wertänderung bei der sich der Wert eines ausgeführten Systems ab einem Stichtag beträchtlich verringert.

Aus unrealistischen Projektfristen lassen sich drei negative Folgeerscheinungen ableiten:

Verlust der Projektkontrolle
Ein unerfahrener Projektleiter könnte versuchen, einen Projekttermin durch Vorgabe eines extrem

Tabelle D-29. Phasenbeginn und -ende (Meilensteine)

Projekt-Phase	12/93	01/94	02/94	03/94	04/94	05/94	06/94	Meilensteine
HLD								15. 02. 1994
LLD								09. 04. 1994
CUT								30. 05. 1994
FVT								30. 06. 1994

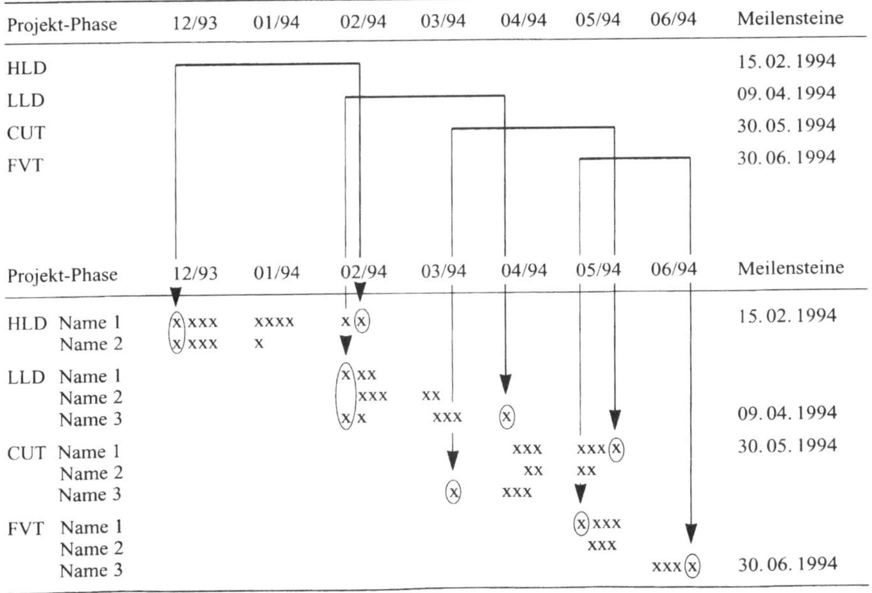

Projekt-Phase	12/93	01/94	02/94	03/94	04/94	05/94	06/94	Meilensteine
HLD Name 1	ⓧxxx	xxxx	x ⓧ					15. 02. 1994
Name 2	ⓧxxx	x						
LLD Name 1			ⓧxx					
Name 2			xxx	xx				
Name 3			ⓧx	xxx	ⓧ			09. 04. 1994
CUT Name 1					xxx	xxxⓧ		30. 05. 1994
Name 2					xx	xx		
Name 3				ⓧ	xxx			
FVT Name 1						ⓧxxx		
Name 2						xxx		
Name 3							xxxⓧ	30. 06. 1994

Tabelle D-30. Zuordnung von Mitarbeitern zu Phasen

Tabelle D-31. Mitarbeiterzuordnung auf Projektaufgaben

Zuordnung des Mitarbeiters Name 2 zu Aufgaben über gesamte Projektdauer

Beginn	BT	Ende	Int. Review	Funktion
01. 12. 1993	8	10. 12. 1993	17. 12. 1993	HLD Textbearbeitung
13. 12. 1993	9	23. 12. 1993	32. 12. 1993	HLD Funktionen A/B/C
27. 12. 1993	8	05. 01. 1994	14. 01. 1994	HLD Funktion D
07. 02. 1994	5	11. 02. 1994	18. 01. 1994	LLD Textbearbeitung
14. 02. 1994	9	25. 02. 1994	04. 03. 1994	LLD Funktionen A/B/C
28. 02. 1994	10	11. 03. 1994	18. 03. 1994	LLD Funktion D
18. 04. 1994	7	26. 04. 1994	29. 04. 1994	CUT Textbearbeitung
27. 04. 1994	8	06. 05. 1994	11. 05. 1994	CUT Funktionen A/B/C
09. 05. 1994	2	13. 05. 1994	20. 05. 1994	CUT Funktion D
09. 05. 1994	4	17. 05. 1994	20. 05. 1994	FVT Funktionen A/B/C
18. 05. 1994	2	20. 05. 1994	25. 05. 1994	FVT Textbearbeitung
24. 05. 1994	4	27. 05. 1994	03. 06. 1994	FVT Funktion D

hohen Projekttempos einzuhalten. Nachdem eilig die Analysephase abgeschlossen ist, stößt man bei der Programmierung oder den Abnahmetests auf gravierende Probleme. Das Ergebnis ist, es muß von vorne begonnen werden, oder das Projekt wird mitten in der Arbeit gestrichen.

Fertigstellung eines ineffizienten Systems minderer Qualität

Dies wird dadurch ermöglicht, daß sich negative Folgewirkungen von minderwertigen Systemen erst bemerkbar machen, nachdem sie ausgeliefert und eingesetzt sind. Durch unrealistische Projektfristen ist der Projektleiter genötigt, hinsichtlich Sorgfalt und Arbeitsaufwand, die zur Entwicklung eines qualitativ hochwertigen Systems eigentlich nötig wären, Abstriche zu machen.

Motivationsschwund bei Projektleiter und -mitarbeitern

Mitarbeiter, die dauernd mit unrealistischen Terminvorgaben konfrontiert sind, werden demotiviert. Man muß dem Mitarbeiter die Verantwortung dafür übertragen, gute Arbeit abzuliefern,

und ihm auch die Ressourcen und Möglichkeiten zu deren Erledigung an die Hand geben. Schließlich muß man anerkennen, daß er ein vorzeigbares Ergebnis abgeliefert hat.

D 9.3 Aufwandschätzung

D 9.3.1 Vorbemerkungen zur Aufwandsschätzung

Die Aufwandschätzung ist ein wesentlicher Bestandteil des Projektmanagements. Aufwände werden in Bearbeiter-Zeiteinheiten angegeben (beispielsweise Bearbeitertagen, -wochen oder -monaten). Die Aufwandsplanung gliedert sich in folgende zwei Bereiche, in die

1. *Aufwandsschätzung,* die zu *Beginn* steht, beispielsweise nach der *Function-Point-Methode* und in die

2. *Restaufwandsschätzung,* die periodisch wiederkehrt. Dabei erfolgt die Überprüfung und eine eventuelle Korrektur der letzten Aufwandsschätzung.

Schätzmethoden stehen und fallen mit den Ein-

Tabelle D-32. Formular zur Ermittlung der bewerteten Function Points

Stufe 1:	Zählen und Gewichten der 5 Komponenten für die einzelnen Geschäftsvorfälle = Σ	= unbewertete Function Points
Stufe 2:	Gewichten der 7 Einflußfaktoren	= ± 30 %
Stufe 3:	Ergebnis = Σ	= bewertete Function Points

gangsdaten, nämlich den Aussagen zum Umfang und zur Komplexität des zu erstellenden Systems. Die Schätzungen beruhen auf Daten, die sehr gut abgesichert werden müssen, um sichere Prognosen erhalten zu können.

Die *Projektkostenschätzung* stellt sich in den meisten Unternehmen als relativ schwierig dar, da nur wenige Informationen über die nach bestimmten Faktoren unterteilten Kosten vorheriger Projekte aufgezeichnet werden. Eine deutliche Verbesserung ist durch die Nutzung eines computerunterstützten Software-Entwicklung-Systems (CASE-System, Abschn. D 3) mit integrierter Projektdatenbank zu erreichen.

D 9.3.2 Erarbeitung von Schätzgrundlagen

Bevor eine Aufwandsschätzung sinnvoll durchgeführt werden kann, sind die vorliegenden Unterlagen zu dem Projekt zu untersuchen. Die Schätzverfahren liefern nur dann aussagekräftige Ergebnisse, wenn die Vorgaben für die Schätzmethode ausreichend genau für die korrekte Anwendung der Schätzmethode sind.

Der *Schätzzeitpunkt* ist erreicht, sobald die *Aufgabendefinition,* bestehend aus Pflichtenheft, Fachkonzept, Software-Anforderungen und Nutzer-Anforderungen vorliegt.

Sofern die notwendige Ausführlichkeit bzw. ein aussagefähiges Pflichtenheft noch aussteht, ist die weitere Vorgehensweise folgende:

- Die Vorgaben (bei betrieblichem Informationssystem sind dies die zu realisierenden Benutzerfunktionen, die Datenobjekte sowie die Benutzeroberfläche) sind einer kritischen Analyse zu unterziehen. Daraus ist auch der Projektstatus feststellbar. Ein Formular für den Projektstatusbericht ist in Tabelle D-42 abgebildet. Daraus läßt sich ableiten, was zunächst an der Aufgabendefinition noch zu tun ist.
- Datenobjekte und Funktionen bestimmen den Realisierungsaufwand und sind somit die Eingangsparameter beispielsweise der Function-Point-Methode. Sie sind jedoch meist sehr unterschiedlich durchdacht und verschieden ausführlich beschrieben. Hieraus folgt der Umkehrschluß, daß die korrekte Anzahl der Funktionen und Datenobjekte hochgerechnet werden muß. Dies geschieht entweder durch einen
- erfahrenen Projektmanager, der die Anzahl von Funktionen und Datenobjekten durch einen bestimmten Faktor erhöht (z. B. 1,36) oder

- durch den Einsatz eines Expertensystems, das durch ein Frage- und Antwortspiel, basierend auf gespeichertem Expertenwissen einen Faktor ermitteln kann (z. B. 1,36).

D 9.3.3 Schätzen des Gesamtaufwands für das Projekt

Nach der nunmehr erfolgten einwandfreien Ermittlung der Anzahl der Funktionen und Datenobjekte läßt sich eine Schätzmethode, wie die Function-Point-Methode, sinnvoll einsetzen.

D 9.3.3.1 Function-Point-Methode (FP-Methode)

Die FP-Methode stammt von IBM aus den USA und wird bei der Planung und Durchführung von Informationssystemen angewendet. Auch in Deutschland ist sie unter diesem Begriff bekannt. Die Function-Point-Methode wird deshalb so genannt, weil die geforderten *Funktionen* und Datenobjekte (Function) einer Software mit Hilfe eines *Punkte-Systems* (Point) bewertet werden. Dies geschieht nach genauen *Bewertungsregeln,* so daß der *Aufwand in Bearbeitertagen* bzw. -wochen geschätzt werden kann (Bild D-139).

Da es keinen eingeführten deutschen Begriff für die FP-Methode gibt und es auch nicht eingedeutscht werden sollte, wird bei nachfolgenden Ausführungen immer von der FP- Methode die Rede sein.

Die FP-Methode verfolgt folgende Ziele:

- Die *Bewertung* von Informations-Systemen und den darin enthaltenen Geschäftsvorfällen nach ihrem *Schwierigkeitsgrad* und Umfang.
- Die Ableitung des *Entwicklungsaufwands* aus dieser Bewertung, auf der Grundlage *unternehmenspezifischer Erfahrungswerte.*

Die *Vorteile* der FP-Methode sind:

- Orientierung an den *Projektanforderungen* hinsichtlich des Funktionsumfanges und der Komplexität.
- *Frühzeitige Anwendung* bei Projektbeginn und *ständiger Einsatz* während des Projektverlaufs.
- *Transparenz* und *Genauigkeit* der Ergebnisse, d. h. der Status des Projektes (geleistete Arbeit und entstandener Aufwand) ist ständig aktuell, und hinreichend genau verfügbar.
- *Anpassungsfähigkeit* und *Dynamik* durch die Gewinnung von unternehmensspezifischen Erfahrungsdaten.

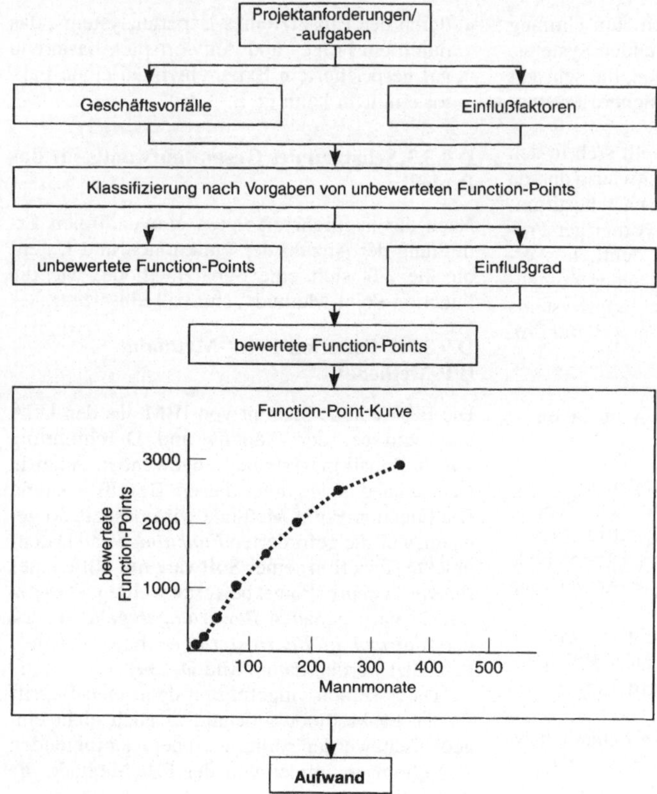

Bild D-139. Schritte der Function-Point-Methode.

- *Unabhängigkeit* von eingesetzten Verfahrenstechniken, Organisationsformen, Programmiersprachen und Standards.

Die *Nachteile* der FP-Methode sind:

- Die Bewertung eines Informations-Systems mit der Function-Point-Methode liefert *keine Wirtschaftlichkeitsrechnung,* Projektphasenplan (Meilensteine) und keinen *Einsatzplan* von Anwendungsentwicklern.
- Die Methode ist wegen der starken Ausrichtung an Datenobjekten, Funktionen bzw. Geschäftsvorfällen überwiegend nur bei der Aufwandsschätzung *betrieblicher Informations-Systeme* sinnvoll einsetzbar. Für systemnahe Software-Systeme, Kommunikations-Software oder Prozeß-Datenverarbeitung ist die Function-Point-Methode kaum verwendbar.

D 9.3.3.2 Schritte der Function-Point-Methode

Zur Ermittlung der Function-Points werden die Projektaufgaben *bzw.* die *Projektanforderungen* eines in sich geschlossenen Projekts aufgeteilt in

1. *Geschäftsvorfälle* oder Funktionen (Bild D-140) und
2. *Einflußfaktoren* (Bild D-141).

Sie üben auf eine Anwendungsentwicklung wesentlichen Einfluß aus. Aufgrund von *Bewertungsregeln* werden diese Geschäftsvorfälle (Tabellen D-33 bis D-39) und Einflußfaktoren (Tabelle D-40) für eine Anwendungsentwicklung *klassifiziert,* gezählt und gewichtet. Pro Geschäftsvorfall bzw. Funktion der in der Anwendungsentwicklung definiert wurde, werden die *Komponenten gezählt* und nach *Bewertungsregeln* in

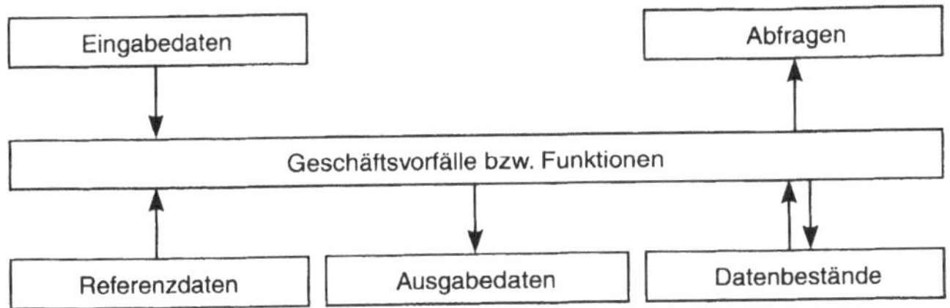

Bild D-140. Abgrenzung der Geschäftsvorfälle bzw. Funktionen.

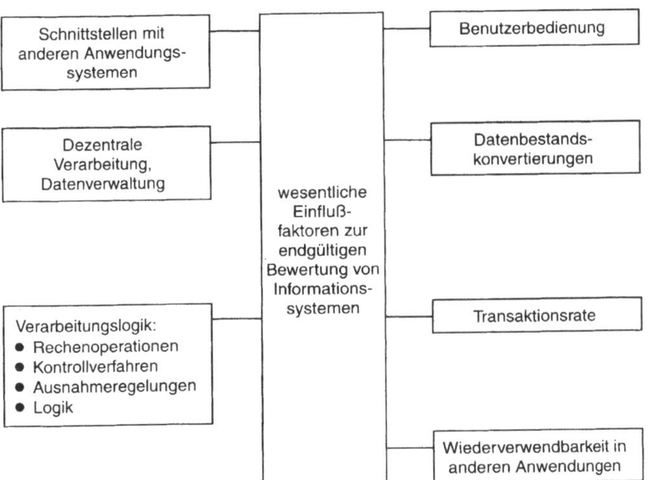

Bild D-141. Aufteilung der Einflußfaktoren.

Tabelle D-33. Bewertungsregeln für die Klassifizierung von Eingabedaten

Anforderungen	einfach	mittel	komplex
Eingabeprüfung	formal/ logisch	formal/ logisch	formal/DB-Zugriff
Anzahl der Verarbeitungszweige	wenige	mehrere	viele
Anzahl unterschiedlicher Datenelemente, -typen	1 bis 5	6 bis 10	>10
logische Datengruppen bei Bildschirmlayout	wenige	mehrere	viele
Service an Bedienerführung	gering	normal	hoch
Cursorführung	einfach	mittel	schwierig
Gewichtung	3	4	6

Tabelle D-34. Bewertungsregeln für die Klassifizierung von Ausgabedaten (Bildschirm- und Interfacedaten)

Anforderungen	einfach	mittel	komplex
Anzahl der Verarbeitungszweige	wenige	mehrere	viele
Anzahl unterschiedlicher Datenelemente, -typen	1 bis 5	6 bis 10	>10
logische Datengruppen bei Bildschirmlayout	wenige	mehrere	viele
Service an Bedienerführung	gering	normal	hoch
Cursorführung	einfach	mittel	schwierig
Gewichtung	4	5	6

Tabelle D-35. Bewertungsregeln für die Klassifizierung von Ausgabedaten (Druckausgaben in Listenform oder Formularen, zentrale oder dezentrale Drucke, Micro-Fiche und CD-ROM)

| Anforderungen | einfach | mittel | komplex |
Medium	L i s t e	L i s t e	L i s t e / Formular
Anzahl der Spalten	1 bis 6	7 bis 15	>15
Gruppenwechsel	1	2 bis 3	>3
Anzahl der Verarbeitungszweige	wenige	mehrere	viele
Druckaufbereitung von Datenelementen	keine	einige	viele
Umsetzen von Datenelementen	einfach	mittel	schwierig
Datenzugriffe und Verknüpfungen	wenige	mehrere	viele
Anforderungen an die Performance	keine	geringe	hohe
Gewichtung	4	5	7

Tabelle D-36. Bewertungsregeln für die Klassifizierung von Datenbeständen

Anforderungen	einfach	mittel	komplex
Anzahl der unterschiedlichen Datenelemente	1 bis 20	21 bis 40	>40
Anzahl Schlüsselbegriffe bzw. Satzarten	1	2	>2
Datenbestand vorhanden	ja	–	nein
Verwendete Datenstruktur wird verändert	nein	ja	–
Performance-Einflüsse	keine	wenige	viele
Wiederanlauf-Einflüsse	keine	wenige	viele
DDP-Konzept der Daten	nein	–	ja
Gewichtung	7	10	15

Tabelle D-37. Bewertungsregeln für die Klassifizierung von Tabellen

Anforderungen	einfach	mittel	komplex
Anzahl unterschiedlicher Datenelemente	1 bis 5	6 bis 10	> 10
Dimension	1	2	> 2
Gewichtung	5	7	10

Tabelle D-38. Bewertungsregeln für die Klassifizierung von Read-Only-Dateien

Anforderungen	einfach	mittel	komplex
Anzahl unterschiedlicher Datenelemente	1 bis 20	21 bis 40	> 40
Anzahl der Schlüsselbegriffe / Satzarten	1	2	> 2
Gewichtung	5	7	10

Tabelle D-39. Bewertungsregeln für die Klassifizierung von Abfragen

Anforderungen	einfach	mittel	komplex
Anzahl unterschiedlicher Schlüssel	1	2	> 2
Eingabeprüfung	formal	formal logisch	formal logisch Zugriff auf DB
Anzahl der Verarbeitungszweige	wenige	mehrere	viele
Anzahl unterschiedlicher Datenelemente, -typen	1 bis 5	6 bis 10	> 10
logische Datengruppen	wenige	mehrere	viele
Anspruch an Bedienerführung	gering	normal	hoch
Cursorhandhabung	einfach	mittel	schwierig
Gewichtung	3	4	6

die definierten Anforderungen: *einfach – mittel – komplex* eingestuft. Diesen Anforderungen sind bestimmte Gewichtungen als Zahlenwerte für unbewertete Function-Points zugeordnet. Die Summen aus den Bewertungen der Komponenten werden in ein Formular für die Bewertung nach Function-Points übertragen (Tabelle D-32). Entsprechend den Bewertungsregeln für die Einflußfaktoren (Tabelle D-40) werden diese analysiert gewichtet, je nach dem Grad ihrer Einflußnahme auf die Anwendungsentwicklung. Die Summe der Gewichte aus den sieben Einflußfaktoren liegt zwischen 0 und 60. Die Ein-

flußfaktoren können die Summe von unbewerteten Function-Points aus den Geschäftsvorfällen bzw. Funktionen um plus oder minus 30% verändern. Diese Spanne ist durch empirisch gewonnenen Untersuchungsergebnissen von A.J. Albrecht untermauert. Aus der Summe der Gewichte für die Einflußfaktoren wird nach einer vorgegebenen Formel (Abschn. D 9.3.3.5) ein Faktor zwischen 0,70 und 1,30 für den Einflußgrad ermittelt. Mit diesem Faktor wird die Summe der unbewerteten Function-Points multipliziert. Das Ergebnis sind *bewertete Function-Points.* Mit Hilfe dieses Wertes kann aus der FP-Tabelle der Firma IBM

Tabelle D-40. Bewertungsregeln für die Einflußfaktoren

Anforderungen	Bewertungsspanne
Schnittstellenproblematik	0 bis 5
Dezentrale Verarbeitung	0 bis 5
Transaktionsrate	0 bis 5
Verarbeitungslogik	0 bis 30
– Rechenoperation	(0 bis 10)
– Kontrollverfahren	(0 bis 5)
– Ausnahmeregelung	(0 bis 10)
– Logik	(0 bis 5)
Wiederverwendung	0 bis 5
Datenbestands-Konvertierung	0 bis 5
Benutzerbedienung	0 bis 5
Einflußfaktor	0 bis 60

Tabelle D-41. Function Point Tabelle (FP-Tabelle) der Firma IBM

ermittelte *Function Points* aus der FP-Methode	*Aufwand in Bearbeitermonaten* für Anwendungsentwicklung
50	5
250	17
500	36
1000	76
1500	122
2000	175
2500	245
2900	341

(Tabelle D-41) bzw. der FP- Kurve (Bild D-139) der geschätzte *Entwicklungsaufwand* für die Realisierung des Informationssystems in Bearbeiter- bzw. Mannmonaten abgelesen werden. Das genaue Rechenverfahren ist in Abschn. D 9.3.3.5 näher beschrieben.

D 9.3.3.3 Bewertungsregeln für Geschäftsvorfälle bzw. Funktionen

Entsprechend der Einteilung von Geschäftsvorfällen bzw. Funktionen werden spezifizierte Bewertungsregeln für Eingabedaten, Ausgabedaten, Abfragen, Datenbestände und Referenzdaten berücksichtigt.

1. Eingabedaten

Jede einzelne Dateneingabe, die in der Anwendung verarbeitet wird und unterschiedliche Verarbeitungsformen (Hinzufügen, Ändern, Löschen) bzw. unterschiedliche Formate (Diskette, Magnetplatte, Belegleser, Bildschirmeingabe, CD-ROM, Interface-Daten von anderen Anwendungen) aufweist, wird gezählt. Wird bei einer Online-Anwendung eine Ausgabe gleichzeitig als Eingabe verwendet, darf sie nur einmal und zwar als Ausgabe gezählt werden, sofern Ausgabe nicht modifiziert wurde und dadurch weitere Verarbeitungsschritte anfallen. Unterschiedliche Benutzermenüs mit Auswahlmöglichkeiten zählen als eine Eingabe. Abfragen mit Zugriffen auf mehrere Dateien, Zwischenspeicherungen und -sortierungen zählen als Eingaben.

Die vorgenannten Arten von Eingabedaten sind, sofern sie in der entsprechenden Anwendungsentwicklung auftreten, in der Tabelle D-33 einzuordnen. Danach ist, wie in Abschn. D 9.3.3.2 bereits beschrieben, die Summe dieser Geschäftsvorfallskomponenten in die Tabelle D-32 zu übertragen und in der beschriebenen Systematik fortzufahren.

2. Ausgabedaten

Jede einzelne Datenausgabe wird gezählt, wenn sie in der Anwendung verarbeitet wird und aus einem anderen Verarbeitungsteil kommt, oder ein unterschiedliches Format besitzt. Die Datenausgaben können erfolgen auf Diskette, Magnetplatte, Micro-Fiche oder CD-ROM, zentrale oder dezentrale Druckausgaben, Bildschirmausgaben, Interface-Daten an anderen Anwendungen. Bedienerinformationen, Fehlernachrichten, Bestätigungen werden nur einmal als Ausgabe gezählt. Bei Online-Anwendungen wird eine Ausgabe, die gleichzeitig als Eingabe dient, nur einmal als Ausgabe gezählt, sofern keine zusätzlichen Verarbeitungsschritte notwendig und die ausgegebenen Daten nicht verändert sind. Abfragen mit Zugriffen auf mehrere Dateien, Zwischenspeicherungen oder -sortierungen zählen als Ausgaben.

Die vorgenannten Arten von Ausgabedaten sind in der Tabelle D-34 bzw. D-35 einzuordnen, sofern auch sie in der Anwendungsentwicklung auftreten. Die weitere Vorgehensweise erfolgt entsprechend der Beschreibung bei den Eingabedaten.

Bei den nachfolgenden Geschäftsvorfallsarten erfolgen keine weiteren Erläuterungen mehr, sondern es wird nur noch auf die jeweilige Tabelle Bezug genommen, da die Vorgehensweise immer wie bei den Ein- bzw. Ausgabedaten verläuft.

3. Datenbestände

Jeder Datenbestand ist zu zählen, der von der Anwendung gelesen, geändert oder gelöscht *(Update-Funktionen)*, bzw. geschützt, geladen oder entladen *(Service-Funktionen)* wird. SORT-, Hilfe- oder sogenannte Zwischendateien werden nicht gezählt. Diese Datenbestandsarten sind in Tabelle D-36 einzuordnen.

4. Referenzdaten bzw. -dateien

Tabellen oder Read-Only-Datei sind zu zählen, wenn sie in den Anwendungen als Informationsträger benötigt werden. Diese Dateien dienen zur Bereitstellung von allgemeinen Zusatzinformationen, die nicht komplett verarbeitet oder nur gelesen werden. Tabellen, die aus EDV-technischen Gründen benötigt, aber nicht gepflegt werden, werden nicht gezählt. Bei Read-Only-Dateien wird, analog zu den Datenbeständen, jede logische Datengruppe aus Anwendersicht gezählt. Die Tabellen oder Read-Only-Dateien sind in Tabelle D-37 bzw. D-38 einzuordnen.

5. Abfragen

Bei einer Abfrage wird der Suchbegriff Online eingegeben, um die Abfrage zu starten. Die entsprechenden Informationen zum Suchbegriff, das Ergebnis des Suchlaufs, wird ebenfalls Online ausgegeben. Jede Abfrage ist zu zählen, die zu einem Suchen nach Informationen in einem Datenbestand führt und das Ergebnis der Abfrage dem Benutzer sichtbar wird. Jede unterschiedlich formatierte Online-Eingabe ist deshalb zu zählen. Nicht gezählt werden dürfen Abfragen, die durch spezielle Abfragesprachen (SQL: Search and Query Language) realisiert werden. Abfragen mit Zugriffen auf mehrere Dateien, Zwischenspeicherungen oder -sortierungen zählen nicht als Abfragen, sondern als Ein- bzw. Ausgaben. Die Abfrage-Arten sind in Tabelle D-39 einzuordnen.

D 9.3.3.4 Bewertungsregeln für Einflußfaktoren

Sieben Einflußfaktoren, die den Entwicklungsaufwand eines Informationssystems maßgeblich beeinflussen, werden eingeschätzt. Sie sind in der Tabelle D-40 mit ihrer jeweiligen Bewertungsspanne (von 0 bis 5) dargestellt und werden nachstehend beschrieben. Die Bewertungen bedeuten:

0: keinen Einfluß,

1: gelegentlicher Einfluß,

2: niedriger Einfluß,

3: mittlerer Einfluß,

4: bedeutsamer Einfluß und

5: starker Einfluß.

Aus der Summe der tatsächlichen Bewertungen der Einflußfaktoren ergibt sich der kumulierte Einflußfaktor, der in das Rechenverfahren im Abschn. D 9.3.3.5 einfließt.

Als hauptsächliche Einflußfaktoren sind zu nennen:

1. Schnittstellen mit anderen Anwendungen

Daraus ergibt sich die Schnittstellenproblematik, die mit den anderen Anwendungen abgestimmt werden muß.

2. Dezentrale Verarbeitung bzw. dezentrale Datenverwaltung

Die Verwaltung der Daten bzw. die Datenverarbeitung erfolgt dezentral auf anderen Rechnern im Rechnerverbund.

3. Transaktionsrate

An die Anwendung werden erhöhte Anforderungen zur Sicherstellung eines *günstigen Antwortverhaltens* gestellt.

4. Verarbeitungslogik

Dazu gehören:

- Schwierige, komplexe Rechenoperationen, Simulationen oder Hochrechnungen (Bewertungsspanne 0 bis 10);
- umfangreiche Kontrollverfahren zur Sicherstellung einer ordnungsgemäßen Verarbeitung der Daten (Bewertungsspanne 0 bis 5);
- Vielzahl von Ausnahmeregelungen, die in der Anwendung erforderlich sind (Bewertungsspanne 0 bis 10);
- schwierige, komplexe Logik in der Verknüpfung von verschiedenen logischen Datengruppen, die gleichzeitig verarbeitet werden müssen (Bewertungsspanne 0 bis 5).

5. Wiederverwendung in anderen Anwendungen

Die Programme der Anwendung sollen so entwickelt werden, daß sie auch in einer anderen Entwicklungsumgebung eingesetzt werden können. Für die Bewertung ist der prozentuale Anteil der Wiederverwendung maßgebend: bis 10% = 0; 10% bis 20% = 1; 20% bis 30% = 2; 30% bis 40% = 3; 40% bis 50% = 4; über 50% = 5 .

6. Datenbestands-Konvertierung (Wandelbarkeit)

Für die Datenbestands-Konvertierung sind beim Design, der Programmierung und dem Test besondere Maßnahmen zu ergreifen (z. B. von LOTUS-123 zu MS-EXCEL).

7. Benutzerbedienung

Einrichtungen, die dem Benutzer die Bedienung und den Wechsel bei Änderungen in der Anwendung erleichtern. Dazu zählen: *Menüführung, variable Abfragemöglichkeit* und *Benutzertabellen*.

D 9.3.3.5 Rechenverfahren

Das Rechenverfahren wird in folgenden sechs Schritten durchgeführt:

1. Schritt: Unbewertete Function-Points
Berechnung: Anzahl der Funktionen · Gewichtung

2. Schritt: Summe der unbewerteten Function-Points (FP's) aus Schritt 1 ermitteln
Berechnung: unbewertete FP's '/1'/ + unbewertete FP's '/2'/ + ... + unbewertete FP's '/n'/

3. Schritt: Summe der Einflußfaktoren ermitteln
Berechnung: Einzelfaktor '/1'/ + Einzelfaktor '/2'/ + ... + Einzelfaktor '/n'/

4. Schritt: Faktor des Einflußgrades ermitteln
Berechnung: $0,70 - (0,01 \cdot \Sigma$ der Einflußfaktoren aus Schritt 3)

5. Schritt: Bewertete Function-Points berechnen
Berechnung: Faktor Einflußgrad aus Schritt 4 · Σ der unbewerteten FP's aus Schritt 2

6. Schritt: Schätzung des Entwicklungsaufwandes
Berechnung: Der Entwicklungsaufwand für die Realisierung eines Informationssystems kann aus der FP-Tabelle der Firma IBM (Tabelle D-41) abgelesen werden.

Die Ermittlung der unbewerteten Function-Points aller Geschäftsvorfälle in Abschn. D 9.3.3.3 entspricht dem Schritt 1 des Rechenverfahrens innerhalb der FP-Methode. In Schritt 2 werden die unbewerteten FP's der einzelnen Geschäftsvorfälle aufsummiert. In Schritt 3 werden die Einzelfaktoren, wie bereits in Abschn. D 9.3.3.4 beschrieben, kumuliert und unter Schritt 4 der Faktor *Einflußgrad* ermittelt. In Schritt 5 wird das Produkt aus dem Faktor Einflußgrad und den kumulierten unbewerteten FP's gebildet. Man erhält die bewerteten FP's, aus denen man aus der FP-Tabelle den Entwicklungsaufwand ablesen kann (Tabelle D-41).

Ein Rechenbeispiel soll dies veranschaulichen:

341 Bearbeitermonate / 12 Monate = 28,4 Bearbeiterjahre. Bei 100.000,- DM Jahresverdienst sind dies Kosten von 2,8 Mio DM.
28,4 Bearbeiterjahre / z.B. 10 Bearbeiter = 2,8 Jahre Projektlaufzeit, in der die Kapazität von 10 Mitarbeitern am Projekt gebunden ist.

D 9.3.3.6 Rahmenbedingungen zum Einsatz der FP-Methode

Die FP-Methode ist im wesentlichen für kommerzielle Anwendungen geeignet und nicht für technische oder betriebssystemnahe.

Für *verschiedene Projekttypen* können im Rahmen einer Nachkalkulation jeweils *eigene Kurven* zur Umrechnung von FP's ermittelt werden. Die Streuungen zwischen Nachkalkulation und Aufwandsschätzung werden umso geringer ausfallen, je homogener die Zusammensetzung der Projekte ist, die für die Entwicklungsumgebung bezüglich des Personaleinsatzes, der technischen Umgebung, des Software-Einsatzes und des Projektmanagements ausschlaggebend sein kann.

Der günstigste Einsatzzeitpunkt für die FP-Methode ist nach Abschluß der Projektphase 1. Diese Phase 1 beinhaltet die Erfassung der Benutzeranforderungen, die Definition und Klärung von Schnittstellen, die Anforderungsbewertung und den organisatorischen Lösungsvorschlag. Damit sind die Eingangsdaten in die Function-Point-Methode genau festgelegt und dienen als solide Grundlage.

Die FP-Methode berücksichtigt *nicht* den Aufwand für das Management, für fällige Projektabgrenzungen und für die Hard- und Softwarebeschaffung.

Der Bearbeitermonat ist mit 130 Arbeitsstunden festgelegt, bei folgender Entwicklungsumgebung:

- hauptsächlich zentrale Online-Anwendungen,
- Verwendung höherer Programmiersprachen wie COBOL, C oder PL1,
- Einsatz separater Testsysteme,
- durchschnittliche Personalqualität,
- ständige Beteiligung der Anwender bei der Projektentwicklung,
- zentrale Projektorganisation,
- Einsatz von Entwicklungstools und
- die Durchführung von Qualitätssicherungsmaßnahmen.

D 9.3.3.7 Kombinierter Einsatz mehrerer Schätzmethoden

Selbst wenn die vorgenannte FP-Schätzmethode sorgfältig durchgeführt worden ist, sowie die Eingangsdaten bestens ermittelt wurden, ist der endgültig geschätzte Aufwand erst nach Abgleich mit den Ergebnissen aus weiteren Schätzmethoden festzulegen (Bild D-142), da eine Schätzmethode allein zu unsicher ist.

Nachfolgend wird der kombinierte Einsatz folgender drei Schätzmethoden vorgestellt:

● *Function-Point-Methode*
(bereits ausführlich besprochen)

● *Archiv von Referenzprojekten*
Man schätzt den Aufwand durch Rückgriff auf archivierte Referenzprojekte. Hier gilt es ein Untersuchungsobjekt aus dem Archiv herauszufiltern, das mit seinen Istdaten dem neuen Softwareprojekt sehr nahe kommt und somit als Grundlage zur Aufwandsschätzung dient. Dabei ist auf folgende aufwandsbestimmenden Ähnlichkeitsmerkmale zu achten:

- Anforderungen an Verfügbarkeit und Datensicherheit,
- Verteilung des Software-Systems auf mehrere Rechner,
- Teilung des Systems in Dialog- und Batch-Komplexe,
- Komplexität der Benutzeroberfläche (Masken, Feldbetrieb, Windows),
- Piloteinsatz der einzusetzenden Basis-Software,
- systemnahe Software (z. B. komplexe Druckersteuerung),
- Branche des Auftraggebers,
- Methoden und Entwicklungsumgebung des Auftraggebers (hilfreich oder hinderlich) sowie
- Größe und Komplexität des zu untersuchenden Projekts (Anzahl von Funktions- und Datenobjekten).

● *Delphi Methode*
Diese Methode beruht, in Anlehnung an das Orakel von Delphi, auf dem Grundsatz, Experten zu einem bestimmten Themengebiet zu befragen. Es werden also erfahrenen Projektmanager unabhängig voneinander die vorhandenen Informationen und Unterlagen gegeben. Jeder gibt eine Aufwandsschätzung nach seinem Erfahrungswissen ab. Im Anschluß daran werden die Abweichungen der Einzelergebnisse in einer gemeinsamen Sitzung zu einem von allen Beteiligten, unter Einbindung von Auftraggeber bzw. der Nutzervertreter, akzeptierten Mittelwert gebracht. Das Ergebnis ist der geschätzte Projektaufwand.

Die strukturierte Vorgehensweise dieser drei Methoden ist Bild D-142 zu entnehmen. Die drei vorliegenden Aufwandsschätzungen werden einer gründlichen *Abweichungsanalyse* unterzogen. Das Ergebnis ist der endgültige, relativ genaue, geschätzte Planprojektaufwand, basierend auf den vorhandenen Unterlagen und Informationen, den Istzahlen aus vergangenen, ähnlich gelagerten Projekten sowie dem enormen Erfahrungsschatz der befragten Projektmanager.

D 9.4 Projektverfolgung

Die Projektverfolgung erfolgt auf Projektebene sowie auf der Ebene der Entwicklungsergebnisse der einzelnen Mitarbeiter.

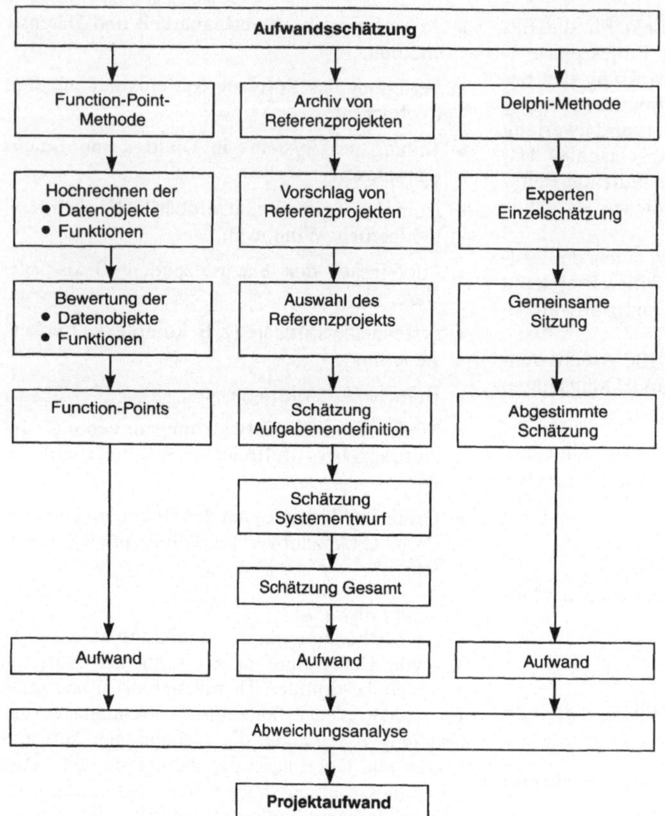

Bild D-142. Kombinierter Einsatz mehrerer Schätzfunktionen.

D 9.4.1 Verfolgung von Terminen und Aufwand auf Projektebene

Darunter versteht man folgende Aufgaben:

• Verfolgung der geplanten Meilensteine bzw. Termine,

• Verfolgung der geplanten Aufwände (Zeiten bzw. Kosten),

• Analyse etwaiger Planabweichungen,

• regelmäßige Restaufwandsschätzung mit eventueller

• Neuorganisation und Neuplanung auf Projektebene.

Der gesamte Bereich der Verfolgung des Projektfortschritts sowie eventueller Abweichungen setzt voraus, daß zum einen vorher Planvorgaben gemacht wurden und zum anderen Istaufwände während der Projektarbeit von jedem Mitarbeiter auf das entsprechende Projekt kontiert werden. Erst dadurch wird es möglich, Abweichungen vom Plan anhand der Istwerte festzustellen und entsprechende Maßnahmen einzuleiten.

Dazu ist ein Berichtswesen einzurichten, in Verbindung mit dem Einsatz eines Softwareprogrammes zur Projektverfolgung. Diese Software muß folgende Funktionen beinhalten:

Kontierung

Die im Rahmen der Projektarbeit entstandenen Kosten bzw. verbrauchten Zeiten werden über diese Funktion kontiert. Es werden alle Aktivitäten bzw. Dokumente (z. B. Modul-1) angezeigt, die der Mitarbeiter bearbeitet. Über diese

Funktion kann dann der Mitarbeiter die Dokumente bzw. die Tätigkeiten auswählen, an denen er gearbeitet hat, und den dafür geleisteten Aufwand (in Stunden) kontieren.

Planung

Planungswerte eines Projekts werden in übersichtlicher Form in dieser Funktion dargestellt.

Projektarbeit

Diese Funktion erzeugt eine Liste, die neben den aktuellen Planungswerten auch die konkreten Aufwände erfaßt.

Diagramme

Mit dieser Funktion werden beispielsweise Balkendiagramme erzeugt, mit denen der Projektleiter die *Termin- und Aufwandsplanung, bzw. eine Kombination daraus, darstellen kann. Darüber hinaus sollten sogenannte *Effogramme* erstellt werden können, welche die zeitliche Entwicklung des geplanten Aufwands sowie die zeitliche Verfolgung der kontierten, tatsächlich aufgelaufenen, Aufwände grafisch darstellen (Abschn. D 7.5.8, Bild D-130).

Berichtsverzeichnis und Sonstiges.

Neben der Notwendigkeit des vorgenannten Berichtswesens ist es für die Sicherung des Projekterfolgs unbedingt erforderlich, die *laufende* inhaltliche Überprüfung des Standes der Arbeit sowie das laufende, rechtzeitige Beseitigen von Behinderungen vorzunehmen, beispielsweise:

- Klären von Schnittstellen,
- Klären von fachlichen Vorgaben und
- Bereitstellen von notwendigen Entwicklungsrechnern.

Dabei müssen die Bearbeiter der Projekte ihre Arbeitszeiten, und die benötigten Zeiten bis zur Fertigstellung sowie den Grad der Fertigstellung (Status des Projekts) *selbst* den entsprechenden Stellen melden *(Bringschuld)*. Es ist unmöglich, daß der Projektleiter über alle Tätigkeiten diesen Überblick haben kann.

Grundsätzlich gilt, daß Planabweichungen im Aufwand und in den Terminen so früh wie möglich festgestellt werden müssen, weshalb ein laufendes Überwachen der Zahlen notwendig ist; denn die Kosten für die Fehlerbeseitigung verzehnfachen

sich von Phase zu Phase (Abschn. D 7.2.1). Deshalb ist die Aufgabe des Projektmanagements für die Softwareentwicklung: Optimales Koordinieren, Überwachen und Steuern der Tätigkeiten in den Phasen des Software-Engineering-Prozesses bzw. der im Rahmen des Projekts erforderlichen Einzeltätigkeiten, unter Kosten-, Zeit- und Qualitätsgesichtspunkten.

Eine Neuorganisation und eine Neuplanung sollte die Ausnahme bleiben und kommt nur zur Anwendung, wenn sich neue Anforderungen seitens der Fachseite ergeben oder sich entgegen dem technischen Entwurf unüberwindliche technische Hindernisse herausstellen.

Die systematische Erforschung der Ursachen für Abweichungen, geeignete Maßnahmen und die Schätzung des Restaufwandes sind ungleich schwieriger. Projektabweichungen gehen sehr oft aus den Abweichungen einzelner Projektarbeiter hervor, wie im nachfolgenden Abschnitt näher beschrieben wird. Darüber hinaus kann sich während des Prozesses der Softwareerstellung herausstellen, daß die Aufgabendefinition an einigen Stellen zu ungenau war. Dies führt zu vom Mitarbeiter nicht zu vertretenden Behinderungen mit erheblichem Konfliktpotential zwischen Auftraggeber und Auftragnehmer.

D 9.4.2 Verfolgung von Terminen und Aufwand auf Mitarbeiterebene

Hier tritt für die Projektleitung das vielschichtige Problem auf, Abweichungen rechtzeitig zu erkennen und inhaltlich richtig zu bewerten, sowie dann den eigentlichen Ursachen systematisch auf den Grund zu gehen und geeignete Abhilfe-Maßnahmen zu ergreifen.

Planabweichungen bei den Projektmitarbeitern können unterschiedlichste Gründe haben, wie beispielsweise:

1. Die Zielvorgaben werden vom Kunden geändert.

2. Das Modul wurde bei der Planung in seiner Komplexität unterschätzt.

2. Die Systembasis, die in der Regel vom Auftraggeber im Sinne von Basis-Software und Hardware vorgegeben wird, hält nicht das, was sie gemäß Dokumentation verspricht, wodurch das anfangs erstellte Konzept seine Tragfähigkeit verliert.

4. Die Systembasis beinhaltet Fehler, wodurch in der Anwendungs-Software Schwierigkeiten auftreten.

5. Die Mitarbeiter waren mangels Erfahrung überfordert.

6. Es exisitieren keine klaren Zielvorgaben, d. h. der Mitarbeiter kennt das von ihm erwartete Ergebnis nicht genau bzw. es läßt sich auch nicht durch den Mitarbeiter allein definieren.

7. Klare Vorgaben zur Testanforderung fehlen, d. h. der Mitarbeiter testet sein Modul, wobei nicht definiert ist, wieviele Testfälle noch zu bestehen sind.

8. Ein anfangs fehlendes tragfähiges Konzept auf Seiten des Mitarbeiters kann dazu führen, daß dieser sein Modul ständig überarbeitet und so nie ganz fertig wird.

Aus diesen oben erwähnten Gründen ist gut zu erkennen, daß die Planabweichungen vorwiegend durch Fehler oder Versäumnisse der Projektleitung entstehen. Weniger oft fallen, bei durchdachter Personalpolitik, Planabweichungen durch Fehler des einzelnen Mitarbeiters an.

Entscheidend für ein frühzeitiges Feststellen von Abweichungen ist, daß die Projektleitung in periodischen Abständen, beispielsweise jede Woche – bei kritischen Komponenten noch häufiger – die Aktivitäten der einzelnen Projektmitarbeiter überprüfen. Dies kann durch *Management by walking around* geschehen, d. h., dadurch daß der verantwortliche Projektleiter von Mitarbeiter zu Mitarbeiter geht und den Status des Projektes ermittelt. Dies ist sehr zeitraubend und stellt hohe Anforderungen an den Projektleiter. Deshalb ist es sinnvoller, daß jeder Mitarbeiter den Projektstatus zu bestimmten Zeiten selbst meldet. Der Projektleiter selbst übernimmt keine Aufgabe, sondern hilft seinen Projektmitgliedern bei ihren Problemen und räumt ihnen Hindernisse aus dem Weg. Diese Arbeitsweise von Projektleitern führt in der Regel zu sehr guten Projektergebnissen.

Die periodische Überprüfung der Aktivitäten muß klären, ob die Aktivität gemäß Phasenfeinplan im Plan ist oder ob eine Verzögerung zu erwarten bzw. bereits eingetreten ist. Diesen Umstand frühzeitig zu erkennen, ist oft nicht leicht, weshalb der Projektleiter vor allem bei seinen periodischen Überprüfungen jeweils die Restaufwände zu erfragen hat, diese in der Zeitreihe bewertet und dann den Arbeitsfortschritt transparent macht. Hierzu ist in jedem Falle eine intensive Kommunikation mit dem betreffenden Mitarbeiter erforderlich.

Ist eine Abweichung erkannt und analysiert, so ist eine Maßnahme durch die Projektleitung fällig. Gemäß den vorgenannten Beispielen können dies sein:

zu 2. (Überschätzung der Komplexität des Moduls): Im Einvernehmen mit dem Auftraggeber bzw. dem Nutzervertreter wird der Modul abgespeckt bzw. der ursprünglich geplante Umfang auf spätere Versionen verlagert.

zu 3. und 4. (fehlerhafte Systembasis): Zusammen mit dem Auftraggeber und dem Hersteller der Systembasis wird eine neue bzw. korrigierte Basis bereitgestellt oder bis dahin andere, von der Basis unabhängige Arbeiten vorgezogen, d. h., es wird eine Planänderung vorgenommen.

zu 5. (mangelnde Erfahrung der Mitarbeiter): Im Extremfall erfolgt eine Änderung der Personaleinsatz-Planung, um einer Überforderung eines Mitarbeiters zu begegnen.

zu 6. (keine klaren Zielvereinbarungen): Mit dem Auftraggeber bzw. dessen Fachvertreter wird eine Klärung der fachlichen Anforderungen erzwungen oder eine Schnittstellenkonferenz einberufen, welche die inhaltliche Klärung einer Schnittstellen-Spezifikation herbeiführt.

zu 7. (keine klaren Testvorgaben): Eine Testfall-Inspektion wird durchgeführt, die eindeutig festlegt, wieviele und welche Testfälle noch nachgewiesen werden müssen.

zu 8. (Arbeiten, ohne ein Ende zu finden): Das Modul wird als funktionsfähig eingestuft und dem Mitarbeiter aus der Hand genommen. Es geschieht häufig, daß die Mitarbeiter trotz bereits erfolgter Fertigstellung ihr Modul noch ständig verbessern wollen.

D 9.4.3 Unterstützung der Projektverfolgung in CASE-Systemen

Vielfach enthalten die zur Software-Entwicklung eingesetzten Werkzeuge Funktionen, die das Software-Projektmanagement unterstützen. Dies betrifft die sogenannten *integrierten Software-Entwicklungsumgebungen,* die auch Software-Produktionsumgebung (SPU), Software-Engineering Environment System (SEES) bzw. Integrated Project Support Environments (IPSE) genannt werden.

Durch die Integration von Projektmanagement-Funktionen in das computerunterstützte Softwareentwicklungs-System (CASE-System, Abschn. D 3) wird eine schnelle bzw. termingerechte Softwareentwicklung unterstützt. Dadurch steigt auch die Flexibilität des Projektmanagements. Daneben erlauben Projektrückverfolgungsfunktionen die kontrollierte Anpassung von Projektkosten und -zeiten, so daß das Projektziel erreicht wird.

Ein CASE-System kann automatisch einen Großteil der routinemäßig anfallenden Statusberichte (Abschn. D 9.4.5) erstellen, indem es die relevanten Informationen abfragt und regelmäßig einen Projektbericht ausdruckt. Dadurch können sich die Projektmitarbeiter auf das Berichtswesen beschränken, das mögliche Probleme betrifft, die für den Projektleiter von besonderem Interesse sind.

Das CASE-System bietet sich zudem als Werkzeuge für die Analysegruppe an, nämlich zur Entwicklung von Projektstatistiken, die bei künftigen Aufwandsschätzungen herangezogen werden können.

Allgemein enthält ein CASE-System eine integrierte Datenbank, in der Informationen zu den unterschiedlichsten Aspekten eines DV-Projekts abgelegt sind.

D 9.4.4 Projektverfolgungs-Werkzeuge wie Datenflußdiagramm, CPM-Chart und Gantt-Diagramm

Nach der Entwicklung eines Flußdiagramms, in dem die beabsichtigten Projektaktivitäten möglichst ausführlich aufgeführt sind, kann ein CPM (Critical-Path-Method)-Chart entworfen werden. Das CPM-Chart eines Netzplans veranschaulicht den zeitlichen Ablauf der betreffenden Sachverhalte, die im Flußdiagramm nicht berücksichtigt sind, einschließlich der Dauer einer Aufgabe, und liefert Angaben darüber, ob der Beginn einer Aufgabe von der Fertigstellung einer anderen abhängt. Demgegenüber zeigt das CPM-Chart nicht so deutlich wie das Flußdiagramm, in welcher Form die Ergebnisse einer Aufgabe als Eingabe für eine weitere Aufgabe dienen (Abhängigkeit).

Das *Gantt-Diagramm* (Balkendiagramm) veranschaulicht die Dauer jeder einzelnen Aufgabe und eventuell diejenigen Personen, welche die Aufgabe ausführen. Einem Gantt-Diagramm läßt sich jedoch nicht entnehmen, in welcher Form die Ergebnisse einer Aufgabe als Eingabe für eine andere Aufgabe dienen oder wie der Aufgabenbeginn von der Fertigstellung einer anderen Aufgabe abhängt.

D 9.4.5 Projektstatusberichte

Früher waren Projektstatusberichte langatmig, aber ungenau, sprachlich brilliant, aber unzutreffend und gewöhnlich nicht aktuell. Zudem beanspruchten sie einen Großteil der Zeit, die Projektleitern und -mitarbeitern zur Verfügung stand.

Einfachste Regel für einen effizienten Projektstatusbericht lautet: Außergewöhnliche Ereignisse gehören in den Bericht hinein, gewöhnliche hingegen nicht. Solange sich die Projektabwicklung innerhalb der Planvorgabe bewegt, braucht der Projektleiter keine ausführlichen Informationen. Hingegen benötigt er Informationen zu Aufgaben, die hinter den Anfertigungsfristen zurückbleiben oder vorzeitig abgeschlossen werden und zu Problemen, für die eine Lösung gefunden werden muß.

Planabweichungen müssen frühestmöglich mitgeteilt werden. Idealtypische Statusberichte verweisen auf eine Planabweichung zu dem Zeitpunkt, an dem eine Abweichung tatsächlich eintritt, und dies unabhängig davon, ob gerade ein Statusbericht fällig ist.

Der effiziente Statusbericht konzentriert sich auf solche Probleme, für deren Lösung die Entscheidung des Projektleiters erforderlich ist und unternimmt nie den Versuch, Schwierigkeiten herunterzuspielen, um so das Ansehen eines Projektleiters oder -mitarbeiters zu wahren.

D 9.4.6 Musterformulare

In den Tabellen D-42 und D-43 werden Musterformulare für das Software-Projektmanagement angeführt. In Tabelle D-42 ist es der *Projekt-Statusbericht* und in Tabelle D-43 ein *Filter zur Projektauswahl.* Damit kann eine Empfehlung ausgesprochen werden, ob ein Projekt sinnvollerweise bearbeitet werden sollte oder nicht.

Tabelle D-42. Projekt-Statusbericht

PROJEKTSTATUSBERICHT

Nr.:   vom   Seite 1

Projektbezeichnung: _______________________   Projektnummer: _______________

Projektleiter: _______________________

> *Gesamtsituation*
>
> ☐ planmäßig
>
> ☐ kritisch
>
> ☐ Hilfe erforderlich durch __________

1. Technische Situation

1.1   Im Berichtszeitraum durchgeführte Arbeiten und Stand der Arbeiten

1.2   Probleme/Auswirkungen/Maßnahmen

1.3   Spezifikation/Pflichtenheft

        ☐ Liegen vor

        ☐ Liegen nicht oder unvollständig vor

2.   Kosten-/Erlössituation

2.1   Anwendungsentwicklungkosten /-erlöse

	Soll (Projektbewilligung)	Ist
Kosten		
Erlöse		
Bearbeitermonate		

Begründung der Abweichung:

3.   Terminsituation

3.1   Status/Projektphase z.B. HLD

	Soll	Stand…
Projektphasenstart		
Projektphasenende (Meilenstein)		
Interval Review (Qualitätssicherung)		
Aufgabe erfüllt [in %]		

3.2   Abweichungen/Ursachen/Maßnahmen

____

Projektleiter, Datum, Unterschrift

Tabelle D-43. Ein „Filter" zur Projektauswahl

Filter zur Projektauswahl für Projekt-Nr.:

Filterkriterien	Gewichtung	Wertung				Wichtung × Wertung
		6	4	2	0	
Umsatz-/Projektvolumen über Projektlaufzeit	6	>10 Mio DM oder >700 BA's	4,5 bis 10 Mio DM oder 300 bis 700 BA's	1 bis 4,5 Mio DM oder 70 bis 300 BA's	<1 Mio DM oder <70 BA's	
Umsatz-/Projektrendite	6	>75	4 bis 7%	1 bis 4%	<1%	
Marktstrategie (Anwendung paßt zu bisherigen Entwicklungen…)	4	paßt sehr gut	paßt gut	bedingt notwendig	nicht enthalten	
Innovationen (neue Anwendung/ neue Tools/…)	4	Neue Technologie	setzt Trend	Detail- verbesserung	Stand Technik	
Wettbewerb (Einstieg bei Neukunden/…)	4	Türöffnung für Wettbewerb	Normale Wettbewerbs- situation	Mäßige Wettbewerbs- auswirkungen	keine Auswirkungen	
5-Jahres-Planung (ist Projekt bereits geplant, unabhängig von Kundenauftrag?)	2	enthalten	–	–	nicht enthalten	
Wichtigkeit für Kunden	2	unabdingbar	vorteilhaft	neutral	unwichtig	

Erreichte Punktzahl:

0 bis 65 Punkte → Empfehlung:	Projekt nicht bearbeiten	Ergebnis: _________
>65 Punkte → Empfehlung:	Projekt bearbeiten	_________

BA = Bearbeitermonat mit 130 Arbeitsstunden

E Informationssysteme

E 1 Einführung

E 1.1 Gegenstand von Informationssystemen

Wie bereits in Abschnitt A 2.1 ausgeführt, besitzt Information einen technisch meßbaren (statistischen) Gehalt, einen Aspekt der Bedeutung (*Semantik*) und löst Wirkungen aus (*pragmatischer Aspekt*). In diesem Abschnitt wird der Bedeutungsgehalt der Information mit der Kenntnis über bestimmte Sachverhalte und Vorgänge in der Umwelt gleichgesetzt. Der pragmatische Aspekt der Information bedeutet vor allem Wechselwirkung zwischen den Elementen der Information und den Informationsträgern (z. B. Menschen und Maschinen). Die Gesamtheit aller Elemente, die miteinander in Wechselwirkung stehen, bestimmen ein System.

Ein *Informationssystem (IS)* ist deshalb ein nach organisatorisch und technischen Prinzipien zusammengefaßtes Ganzes von Informations- und Kommunikationsbeziehungen zwischen Menschen und Maschinen bzw. Maschinen und Maschinen, die Informationen

- erzeugen,
- benutzen,
- ausgeben und
- vernichten.

E 1.2 Informationssysteme im Überblick

Daten dienen als Träger von Informationen. Die Beziehungen zwischen den Daten und ihre methodische Bearbeitung - das IS - wird durch Software realisiert. Rechneranlagen (Hardware) garantieren die schnellstmögliche Verarbeitung von Daten und realisieren somit ein IS (Bild E-1 oben).

Zwei Gruppen von IS sind zu unterscheiden (Bild E-1 Mitte):

Betriebliche IS

Betriebliche Informationssysteme sind Systeme, die die Führungsprozesse auf jeder Ebene des Unternehmens unterstützen, rechnergestützt arbeiten und in der Regel auf Datenbanksystemen aufgebaut sind.

Öffentliche IS

Alle nichtbetrieblichen IS werden Öffentliche IS genannt. Öffentliche Informationssysteme sind in der Regel Auskunftssysteme. Hier können aus den unterschiedlichsten Gebieten des öffentlichen Bereiches (z. B. Bibliotheks- oder Technologiedatenbanken) für den Anwender wichtige Informationen eingeholt werden.

Informationen und Informationssysteme können nicht als abgeschlossene Systeme behandelt werden. Sie wirken zielorientiert und dienen einem ständigen Soll-Ist-Vergleich, der mit seinen Abweichungen weitere Informationen (Maßnahmen) auslöst, um die Ziele besser anzusteuern oder die Zielsetzungen an die Gegebenheiten anzupassen. Deshalb weisen alle IS den Charakter eines *Regelkreises* auf (Bild E-1 unten).

E 1.3 Planung und Lebenszyklus von IS

Die Realisierung von IS unterliegt den üblichen Methoden der Softwareentwicklung mit folgenden Phasen (Abschn. D 1):

1. Planung,
2. Definition,
3. Entwurf,
4. Implementierung,
5. Abnahme und Einführung sowie
6. Wartung und Pflege.

Die ersten fünf Phasen umfassen die *softwaremäßige Entwicklung* des IS, die sechste Phase (Wartung und Pflege) bedeutet die *Erhaltung der Betriebsfähigkeit* und *Weiterentwicklung* des IS.

Um IS zu entwickeln, muß zunächst eine Aufgabenstellung klar definiert werden (welchem Zweck soll das IS dienen?). Daraus ergibt sich als wesentliches Element eines IS der *Informationsbedarf* (welche Informationen werden benötigt?). Anschließend werden die Informationen in der erforderlichen Qualität und Quantität erzeugt und im Sinne der Aufgabenstellung verarbeitet. Damit ist das IS entwickelt worden. An einem einfachen Beispiel wird das Vorgehen erläutert (Bild E-2).

- *Aufgabenstellung*
(*Welchem Zweck dient das Informationssystem?*)
Mitarbeitergerechte Entlohnung nach Zeitlohn.

- *Informationsbedarf*
(*Welche Informationen werden benötigt?*)
Ermittlung der Anwesenheitszeiten sind erforderlich.

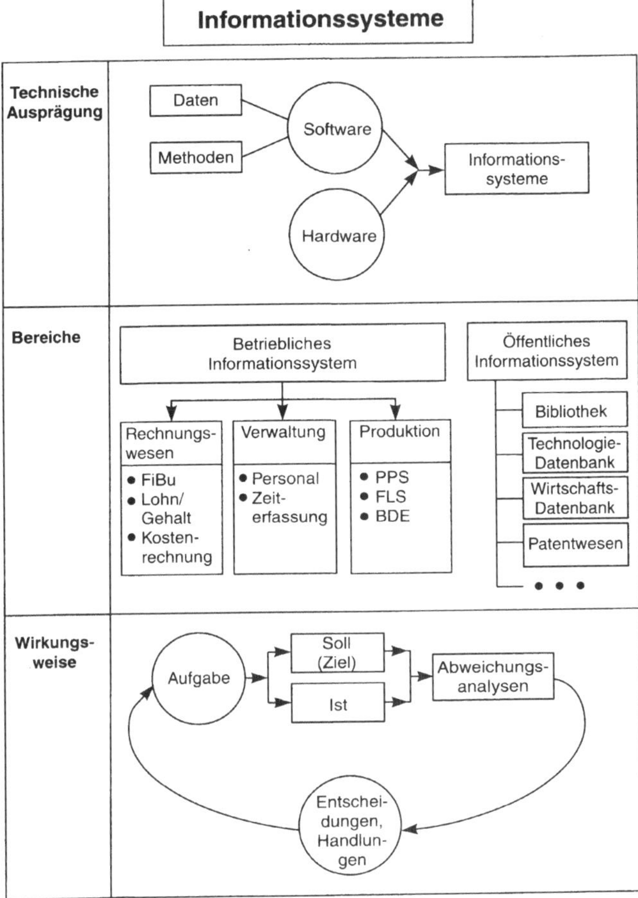

Bild E-1. Überblick über Informationssysteme.

● *Bedarf an Methoden der Informationserfassung*
Richtige Erfassung der Anwesenheitszeit.

● *Bedarf der Methoden der Informationsbearbeitung*
Verarbeitung der Anwesenheitszeiten gemäß des Entlohnungsmodells zur Ermittlung des Zeitlohns.

Wie jedes Softwaresystem unterliegen auch IS *Lebenszyklen* (Abschn. D 1). Zum einen werden sie im Laufe der Zeit durch innovative Neuerungen überholt und zum anderen steigen die Wartungs- und Weiterentwicklungskosten im Laufe der Zeit an, so daß das IS aus wirtschaftlichen Gründen abgelöst werden muß.

E 2 Betriebliche IS (Beispielfabrik mit CIM)

E 2.1 IS des betrieblichen Umfeldes

Informationssysteme in Unternehmen können nicht unabhängig von der Umwelt gesehen werden. Es gibt eine starke Wechselwirkung zwischen betrieblichen Informationssystemen und den Informationssystemen im Umfeld der betrieblichen

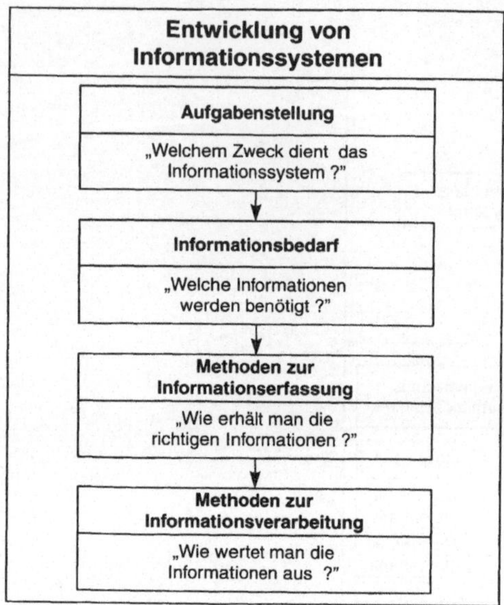

Bild E-2. Entwicklung von Informationssystemen.

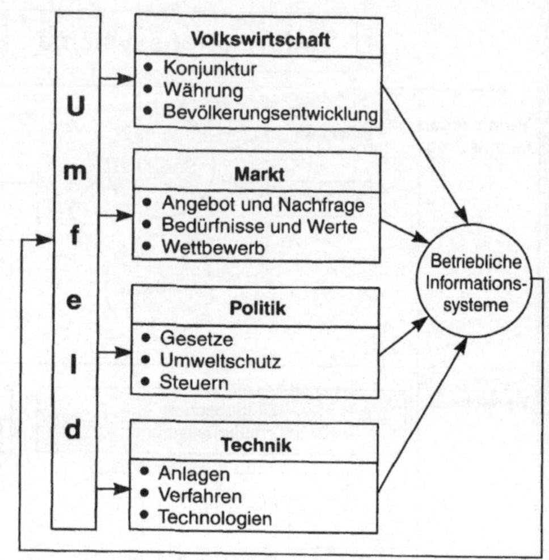

Bild E-3. Betriebliche Informationssysteme und Umfeld.

Geschehnisse. Wie Bild E-3 zeigt, sind dies insbesondere folgende Bereiche:

Volkswirtschaft
Der Einfluß konjunktureller Schwankungen beeinflußt die Aufgaben und Zielvorstellungen direkt. Daneben spielen auch noch Währungsschwankungen und soziodemographische Aspekte (z. B. Bevölkerungsentwicklung) eine entscheidende Rolle.

Markt
Entscheidende Faktoren hierbei sind die Entwicklung von Angebot und Nachfrage, die Bedürfnisse und Werte der Kunden sowie die Wettbewerbssituation.

Politik
Der Staat greift mit Gesetzen und Steuerregelungen, aber auch durch Auflagen im Umweltschutz in die betrieblichen Belange ein.

Technik
Moderne Verfahren und Technologien sind in heutiger Zeit ausschlaggebend für die Wettbewerbssituation der Unternehmen.

E 2.2 Innerbetriebliche IS

Innerbetriebliche IS lassen sich nach ihrer Stellung zur Produktion abgrenzen (Bild E-4). Man unterscheidet folgende Bereiche:

Produktionsnahe IS

Darunter fallen Produktionsplanung und -steuerung (PPS), die Fertigungsleitsysteme (FLS) und die Betriebsdatenerfassung (BDE), wie Bild E-4 im mittleren Kreis dargestellt.

Produktionsfernere technische IS

Zu ihnen zählen im wesentlichen die folgenden CA-Techniken (Abschn. G):

• Rechnergestützte Entwicklung (Computer Aided Design, CAD),
• Rechnergestützte Fertigungsvorbereitung (Computer Aided Planning, CAP),
• Rechnergestützte Qualitätssicherung (Computer Aided Quality Assurance, CAQ) und
• Werkzeugmaschinen-Steuerung (Computerized Numerical Control, CNC).

CAD, CAP und CAQ werden unter dem Begriff Computer Aided Engineering (CAE) zusammengefaßt.

Zum rechnergestützten Produktionsprozeß (Computer Aided Manufacturing, CAM) zählen:

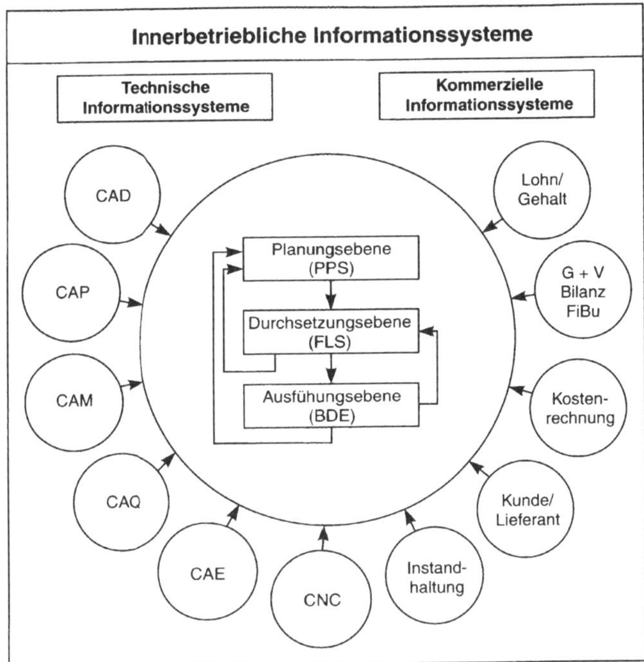

Bild E-4. Bereiche betrieblicher Informationssysteme.

- flexibler Transport,
- flexible Lagerung,
- flexible Handhabung,
- flexible Fertigung.

Dabei bedeutet *flexibel* die Anpassung der Produktionsprozesse an die konkreten Aufträge. Aus der Sicht der Informatik bedeutet „flexibel" programmierbar.

Produktionsfernere kommerzielle IS

Dazu zählen beispielsweise folgende Softwarepakete:

- Management-Informationssysteme (MIS, Abschn. E 3),
- Lohn und Gehalt,
- Gewinn- und Verlustrechnung (G&V) sowie Bilanz,
- Kostenrechnung,
- Kunden- und Lieferantenverwaltung,
- Instandhaltung.

E 2.3 Rechnergestützte Fabrik (CIM)

Unter der rechnergesteuerten Fabrik (Computer Integrated Manufacturing, CIM) wird im engeren Sinne die Integration der Bereiche CAE, CAM und PPS verstanden. Bei *CIM-Lösungen* werden mindestens zwei Teilgebiete unter einem gemeinsamen strategischen Konzept rechnergestützt miteinander verbunden (z. B. Integration von PPS, FLS und BDE). Da die Unternehmen historisch gewachsen sind, und die Datenverarbeitung in irgendwelchen Teilgebieten begonnen hat, ist der CIM-Gedanke in der Praxis in unterschiedlicher Ausprägung anzutreffen. CIM-Ansätze kann man grob in folgende Gruppen unterteilen:

Kommunikationsansatz (Computerhersteller)
Vorhandene Standardsoftware und Individuallösungen werden durch Netzwerk- und Rechnerkonzepte (Rechnerintegration, Kompatibilität) im Sinne eines durchgängigen Informationsflusses gekoppelt.

Integrationsansatz (Softwarehäuser)
Bereichsbezogene Softwarelösungen wurden in eine Gesamtlösung für die Unternehmen integriert.

Strategischer Ansatz (Beratungsunternehmen)
„CIM" wurde als eine Aufgabe des strategischen Managements gesehen.

Unternehmensspezifischer Ansatz (Anwender)
Zunächst werden die Unternehmensziele festgelegt und nach ihrer Priorität gewichtet. Anschließend werden die Aufgaben festgelegt, um diese Ziele zu erreichen. Beispielsweise soll das Ziel erreicht werden, kürzere Fertigungsdurchlaufzeiten zu erzielen. Dazu kann Gruppenarbeit in Fertigungsinseln mit automatisierten Vorrichtungen dienen.

Im weiteren Sinne ist CIM ein Integrationsbegriff, der alle technischen und administrativen Informationssysteme durch ein *strategisches Gesamtkonzept* auswählt und miteinander verbindet. Das gelingt nur, wenn ein *Systemansatz* für das Unternehmen als Ganzes zugrundegelegt wird. Ausdrücklich ist darauf hinzuweisen, daß eine reine Kopplung unterschiedlicher Einzellösungen (z. B. durch Datenaustausch mit verschiedenen Komponenten) in diesem Sinne kein CIM-Konzept darstellt. CIM bedeutet nicht die Aufsummierung der einzelnen CAD-Techniken einschließlich PPS. Das CIM-Konzept ist kein Schnittstellen-Verbund, sondern eine neue Qualität, die ein weitergehendes Verständnis des Integrationsbegriffes verlangt, nämlich den des *ganzheitlichen Systems*. Ein CIM-Konzept ist erst möglich, wenn allen Teilbereichen eines Unternehmens die *gleichen konzeptionellen Modelle* zugrunde gelegt werden. Erst dann sind Lösungen möglich, die aus den Anforderungen eines Unternehmens als Ganzes abgeleitet sind und die die einzelnen Unternehmensbereiche in ihren wechselseitigen zeitlichen und/oder funktionalen Abhängigkeiten betrachten.

Ein solches CIM-Konzept geht von drei Dimensionen eines Unternehmens aus:

- *Aufgabenbereiche*
  Produktion-Qualitätssicherung-Anlagentechnik/Instandhaltung-Personal;
- *Verantwortungsbereiche*
  Beschaffung-Leistungserstellung-Absatz;
- *Zeithorizonte*
  Vorbereitung-Planung-Durchsetzung-Ausführung.

Die Zusammenfassung in einer räumlichen Darstellung ergibt einen Würfel (Bild E-5). Die für die betriebliche Aufgabenabwicklung maßgeblichen Ziele und die zur Zielerreichung erforderlichen Aufgaben werden in diesem CIM-Würfel entsprechend ihrer Zeithorizonte, Verantwortungs- und Aufgabenbereiche in die betreffenden CIM-Teilwürfel bei klarer Trennung von Zielen, Aufgaben, Methoden und Daten eingeordnet.

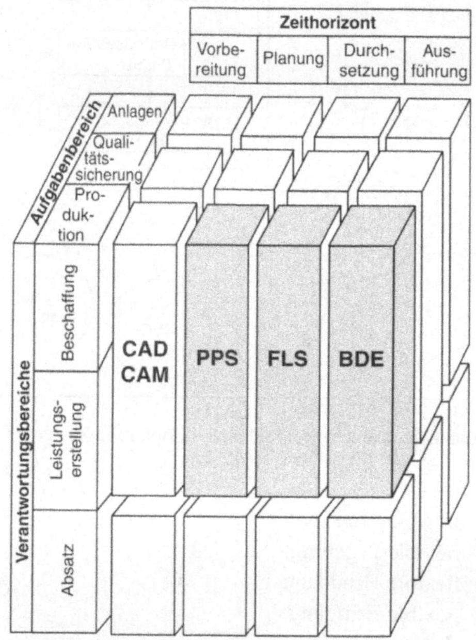

Bild E-5. CIM-Würfel nach PSI.

E 2.3.1 Produktion

Informationssysteme sind für Industriebetriebe vor allem im Produktionsbereich von entscheidender Bedeutung. Ohne ihren Einsatz wäre die Bewältigung von Massenvorgängen (Kunden-, Fertigungs- und Beschaffungsaufträge) nicht möglich. Zum anderen wirken sie auf die Gestaltung von Aufbau- und Ablauforganisationen der Unternehmen zurück. Im folgenden werden die Funktionen und Module in den Zeithorizonten Planung (PPS), Durchsetzung (FLS) und Ausführung (BDE) des CIM-Würfels für den Produktionsbereich eines Industriebetriebes dargestellt (grau unterlegter Teil von Bild E-5). Die Grobstruktur und Grundbegriffe in den einzelnen Zeithorizonten lassen sich nach Tabelle E-1 folgendermaßen angeben:

Tabelle E-1. Funktionen und Module von PPS, FLS und BDE

Grunddatenverwaltung

P	Primärbedarfsplanung
P	Grobplanung (Material und Kapazität)
S	Auftragsfreigabe

F	Feinplanung (Material und Kapazität)
L	Werkstoffsteuerung
S	Fertigungsleitstand

B	Zeiterfassung
D	Maschinendatenerfassung
E	Auftragsausführung

Es ist klar, daß die eingesetzten Informationssysteme die Situation im Unternehmen zu berücksichtigen haben. So werden PPS-Systeme in der Prozeßindustrie andere Module und Funktionen als in der Stückgutindustrie aufweisen. Ferner ist die oben angegebene Einteilung nicht eindeutig. Manche PPS-Systeme umfassen auch das, was hier mit FLS und BDE bezeichnet wird. Im folgenden werden die Module und Funktionen bei Einzel- und Serienfertigern am Beispiel eines ausgewählten PPS-Systems ausführlich erklärt (Bild E-6).

Bild E-6 stellt die modulare Struktur der PPS-, der FLS- und der BDE-Systeme dar. Die einzelnen Module sind nach inhaltlichen und software-ergonomischen Gesichtspunkten (Abschn. D 7) aufgebaut. Ferner verfolgt man mit der modularen Struktur auch den schrittweisen Auf- und Ausbau der Systeme *(Baukastenprinzip)*. Die in Bild E-6 dargestellten Module können von System zu System unterschiedlich sein. Ursachen dafür sind die unterschiedlichen Anforderungen der Unternehmen und der hohe Komplexitätsgrad solcher Systeme, wie er im CIM-Würfel nach Bild E-5 seinen Ausdruck findet. Manche der Module sind Zusatzfunktionen, die das System komfortabler und übergreifender machen. Im Bild E-6 ist auch der *Regelkreischarakter* der verschiedenen Systemkomponenten zu erkennen.

Im folgenden wird eine nähere Beschreibung der einzelnen Module für die Planungs-, Durchsetzungs- und Ausführungsebene des in Bild E-6 dargestellten, speziellen Systems angegeben.

Planungsebene (PPS)

Basissystem und Suchsystem

Das *Basissystem* (Bild E-7) verwaltet alle *auftragsneutralen Daten* sowie Fabrikkalender, Paßwortschutz und Sonderfunktionen. Die *Grunddatenverwaltung* enthält Datensätze und somit Dateien, die *nicht* von den einzelnen Anwendermodulen (z. B. Materialwirtschaft und Auftragspaketerstellung) generiert werden, sondern die als *Basisdateien* Voraussetzung für alle anderen Funktionen sind und somit vom *Anwender* angelegt werden müssen. Die Grunddatenverwaltung enthält folgende Dateien:

Artikelstammdatei

Alle Artikel, die vom PPS-System disponiert werden sollen, werden hier zusammengefaßt. Im einzelnen können dazu gehören: Werkstoffe/Material, Rohteile, Einzelteile, Baugruppen und Enderzeugnisse.

Texte

Die Textverwaltung hat die Aufgabe, für alle Module Informationen zu hinterlegen. Dazu ist die Fremdsprachenfähigkeit der Textverwaltung vorzusehen.

Stücklistendatei, Typstücklisten und Varianten

Hier werden Stücklisten nach der Baukasten-/Baugruppensystematik verwaltet. Dazu gehören: Strukturstücklisten, Mengenübersichtsstücklisten, Baukastenteileverwendung, Mengenübersichts-Teileverwendung und Strukturteile-Verwendung.

Belegungseinheitenstamm

In dieser Stammdatei sind alle Belegungseinheiten aufzunehmen, die innerhalb des Fertigungsprozesses eines Unternehmens zu disponieren sind. Unter Belegungseinheiten sind unter anderem zu verstehen: Einrichtungen (z. B. Öfen, Tauchbecken usw.), Maschinen als Einzeleinheiten, Maschinen zusammengefaßt zu Gruppen, Handarbeitsplätze, Vorrichtungen, Personal.

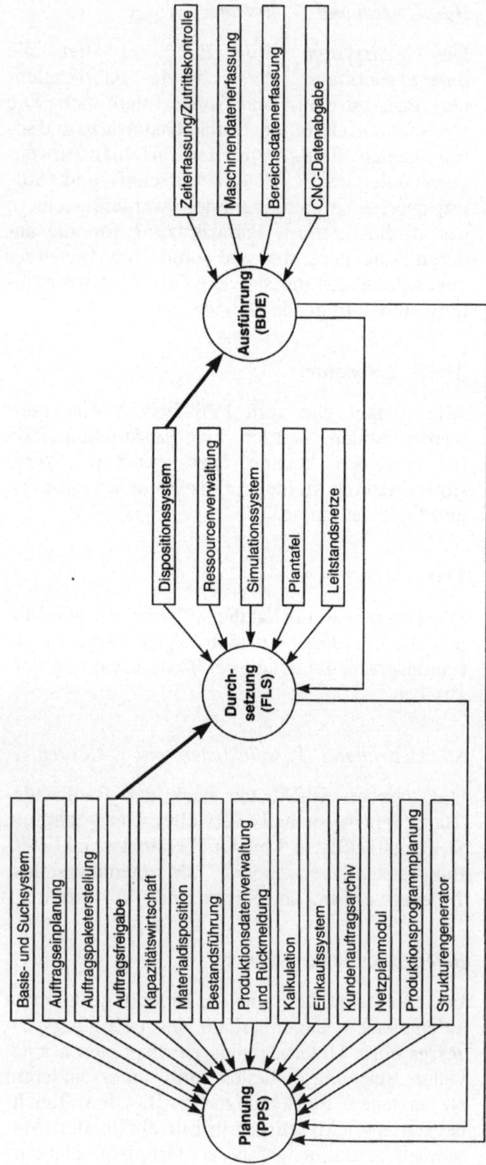

Bild E-6. Modulstruktur von PPS, FLS und BDE.

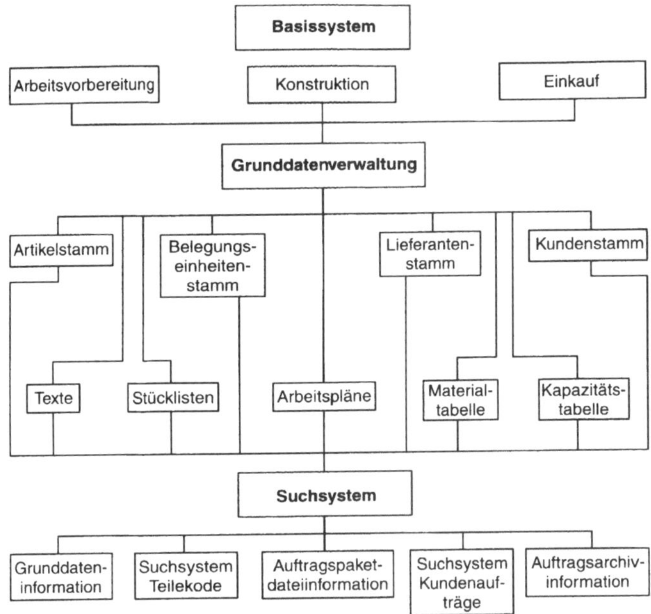

Bild E-7. Module des Basissystems.

Arbeitspläne

Die Arbeitspläne beinhalten alle Arbeitsgänge (Arbeitsfolgen und Fertigungsschritte), die zur Herstellung oder Bearbeitung eines Produktes notwendig sind. Jeder Arbeitsgang bezieht sich auf eine Kapazitätsbelegungseinheit, die im Belegungseinheitenstammsatz vorhanden sein muß. Ausgehend von der daraus resultierenden Datenverknüpfung können aus dem Belegungseinheitenstamm und den Arbeitsgangsätzen die Informationen für eine Durchlauf- und Kapazitätsterminierung abgeleitet werden.

Lieferantenstamm

In der Lieferantenstammdatei werden die Lieferanten und ihre Adressen verwaltet.

Einplanungstabellen (Tabellen für Material und Kapazität)

Die Einplanungstabellen für Material und Kapazität haben die Aufgabe, in verdichteter Form Informationen abzuspeichern, die insbesondere in der Angebots- und Auftragsübernahmephase benötigt werden, um kritische Ressourcen frühzeitig disponieren zu können.

Kundenstamm

Das *Suchsystem* (Bild E-7) ist ein ganzheitliches Informationsmodul, das dem Konstrukteur und Arbeitsvorbereiter als zentrale Arbeitsfunktion dient. Mit dem Suchsystem lassen sich durch Suchbegriffe ähnliche Aufträge, ähnliche Baugruppen, Teile und Produkte finden. Es gibt *zwei Suchstrategien:* zum einen das Suchen mit Hilfe eines *Teilekodes,* um die Standardisierung innerhalb eines Unternehmens durchzusetzen, und das Suchen über *Begriffe.* Beispielsweise kann man folgende Informationen abrufen:

- Grunddateninformation
  (z. B. alle Kunden mit gleicher Baugruppenstruktur);
- Auftragspaketdateiinformation
  (z. B. Zusammensetzung des Auftragspaketes);
- Auftragsarchivinformation
  (z. B. Informationen über Aufträge vergangener Jahre).

Auftragseinplanung

Die Auftragseinplanung (Bild E-8) prüft, wann und wie ein Angebot oder Auftrag unter Berücksichtigung von Material und Kapazität abgewickelt werden kann (Materialabsicherung und Kapazitätsabsicherung). Die Daten für eine Terminierung können beliebig grob oder detailliert sein. Die Auftragseinplanung liefert beispielsweise mögliche Liefertermine, Terminalternativen, Vorabbestellungen, Engpaßmeldungen. Ferner kann eine *Simulation* der günstigsten Liefertermine stattfinden. Die *Terminierung* der Aufträge erfolgt über *Meilensteine (Überwachung)* oder *kritische Ressourcen*. Die Auftragseinplanung kann zu einem *Vertriebssystem* erweitert werden.

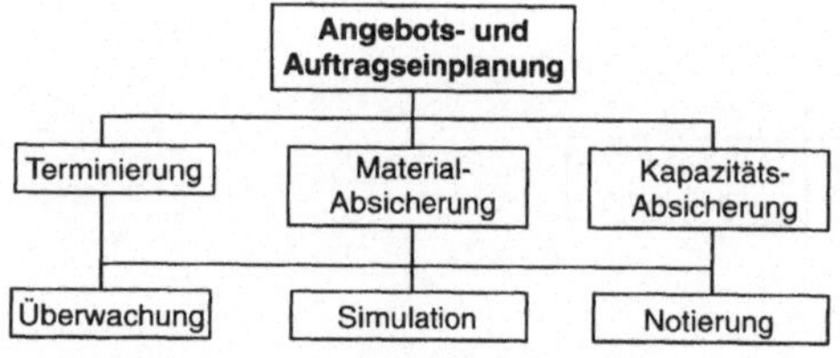

Bild E-8. Module der Auftragseinplanung.

Auftragspaketerstellung

Die Auftragspaketerstellung (Bild E-9) leistet die Zusammenstellung des Kundenauftrages. Der Auftrag besteht aus *Grunddaten* aus dem Basissystem und gegebenenfalls aus den Daten des *Kundenauftragsarchivs*. Die *Auftragsbearbeitung* aktualisiert durch *Konstruktion* (z. B. neue Stückliste) und durch die *Arbeitsvorbereitung* (z. B. neue Arbeitspläne). Die Ergebnisse der Auftragspaketerstellung sind *Stücklisten* und *Arbeitspläne,* die den Sollvorgaben, Istdaten und Kalkulationswerten genügen. Diese Arbeitspläne können *Grobpläne* oder *Detailpläne* sein.

Auftragsfreigabe

Die Auftragsfreigabe (Bild E-10) ist die Grobplanung im PPS-System, die Mengen und Termine berechnet sowie Verfügbarkeiten prüft. Sie bezieht sich auf die in der Auftragspaketerstellung erarbeiteten Kundenaufträge und erzeugt aus diesen machbare Fertigungsaufträge. Hier liegen

die Schnittstellen zu Fertigungsleitsystemen und Werkstattsteuerung (grau unterlegter Bereich in Bild E-6). Im einzelnen handelt es sich um folgende Punkte:

- Auftragsprüfung
  Hier erfolgt die Kontrolle, ob die Konstruktion bzw. die Arbeitsvorbereitung einen Kundenauftrag vollständig in das Auftragspaket eingetragen hat. Diese Kontrolle kann auch Teile des Auftrags betreffen. Bei einer auftragsbezogenen Fertigung sollte diese Funktion immer *vor der Freigabe* durchgeführt werden.

- Auftragsaktivierung
  Der Auftrag wird insgesamt oder in Teilen für die Fertigung freigegeben. Es entsteht ein *Fertigungsauftrag* bzw. mehrere *Werkstattaufträge*.

- Freigabe und Belegerstellung
  Im allgemeinen werden die entsprechenden Werkstattpapiere zusammen mit der Freigabe erstellt.

- Überwachung
  Die Auftragsabsicherung wird im Rahmen der Freigabe *automatisch* aufgerufen. Sie überprüft, ob für den freizugebenden Auftrag ausreichend Material vorhanden ist bzw. ob die benötigten Kapazitäten verfügbar sind. Ist dies nicht der Fall, werden Fehlteilmeldungen, Verzugsmeldungen und Bestellvorschläge ausgelöst.

Kapazitätswirtschaft

Die Kapazitätswirtschaft (Bild E-11) verwaltet alle nutzbaren und reservierten Kapazitäten aus der Auftrags- und Angebotseinplanung und aus der Auftragsfreigabe. Hier erhält man Aussagen über verfügbare und belegte Kapazitäten, über Übergangszeiten (Liege- und Transportzeiten), über Auslastungsprofile (grafisch), über Durchlauf- und Vorlaufzeiten sowie über Folgen von Umplanungen.

Materialdisposition

Die Materialdisposition (Bild E-12) plant und reserviert automatisch alle Aufträge für Serien- und Lagerteile. Dies kann entweder auf der Basis *bedarfsbezogener* (Auftragszusammensetzung bekannt) oder *verbrauchsbezogener* Verfahren (prognostizierter Bedarf) ablaufen. Ergebnisse sind beispielsweise Bestellvorschläge für den Einkauf, Losgrößen, Bestelltermine, Bestellverzugsmeldungen und Unterdeckung von Bedarfen.

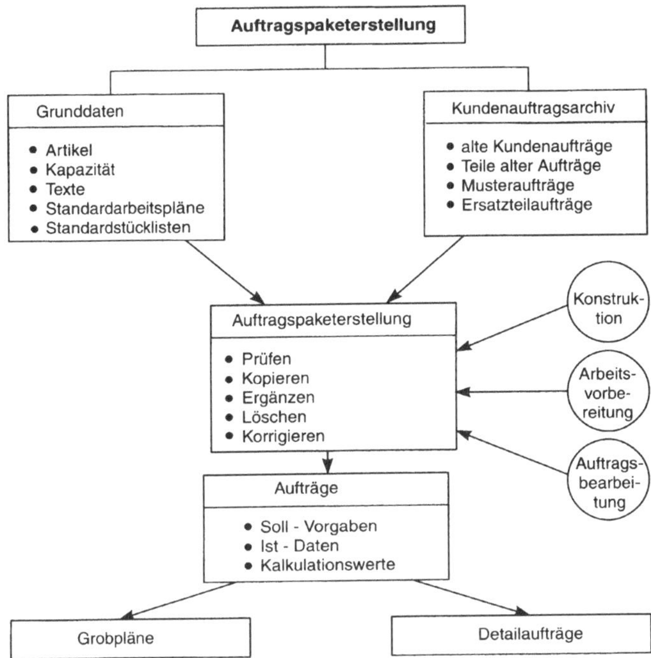

Bild E-9. Module der Auftragspaketerstellung.

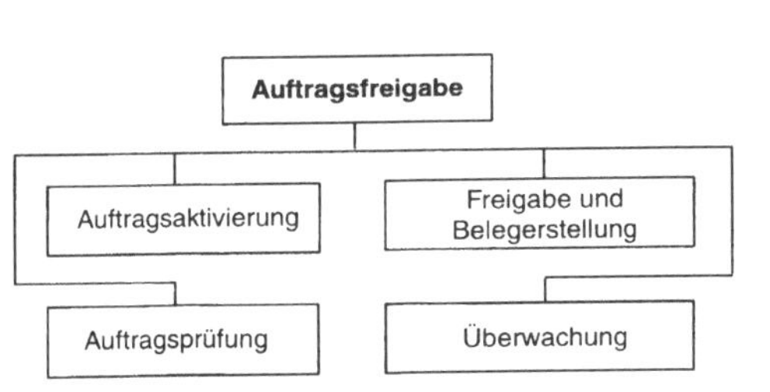

Bild E-10. Module der Auftragsfreigabe.

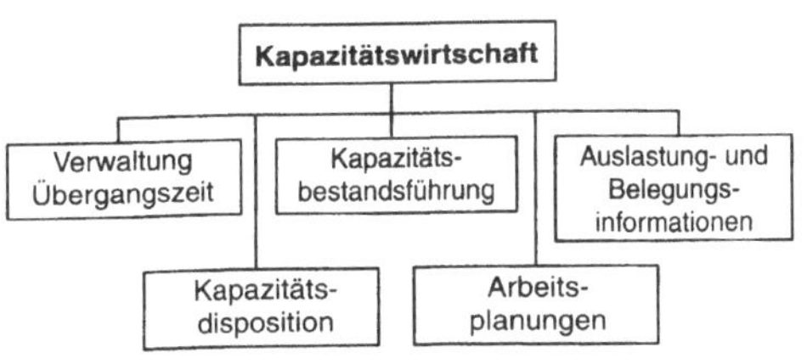

Bild E-11. Module der Kapazitätswirtschaft.

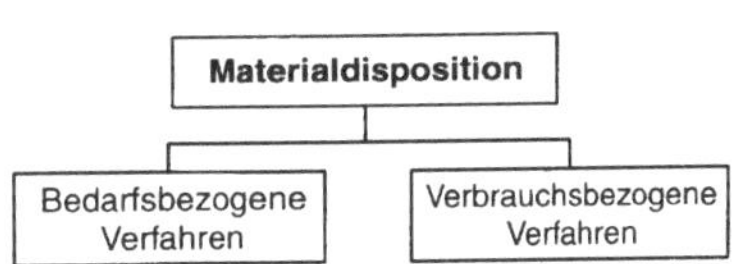

Bild E-12. Module der Materialdisposition.

Bestandsführung

Die Bestandsführung (Bild E-13) verwaltet und überwacht alle Materialien, die *physisch* im Unternehmen vorhanden sind. Die Ergebnisse sind Bestände aus *Wareneingängen* und *Lagerbeständen, Reservierungen, Bewegungsprotokolle, Verfügbarkeitsaussagen* und *Inventurlisten.* Die Bestandsführung erlaubt mehrere Lagerorte pro Artikel und mehrere Artikel pro Lagerort. Das Sperren von Lagerorten und die Reservierung von Beständen sowie ABC-Analysen sind möglich. Eine mandantenfähige Bestandsführung und Schnittstellen zum Ein-

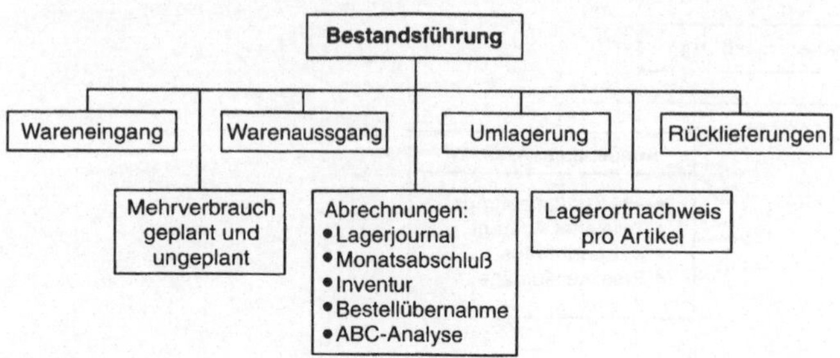

Bild E-13. Module der Bestandsführung.

kaufssystem und zur Finanzbuchhaltung sind im Modul Bestandsführung ebenfalls vorhanden.

Produktionsdatenverwaltung und Rückmeldungen

Die Produktionsdatenverwaltung (Bild E-14) beinhaltet alle Rückmeldungen von Arbeitsgängen und Fertigungsaufträgen, auch für Aktivitäten aus der Auftrags- und Angebotsplanung oder Netzplanung. Ergebnisse sind Gutmengen, Ausschußmengen, Ist-Bearbeitungszeiten, Bearbeiter und Mehrarbeit. Dieses Modul bildet die Schnittstelle zur BDE und zum Lohn/Gehaltssystem.

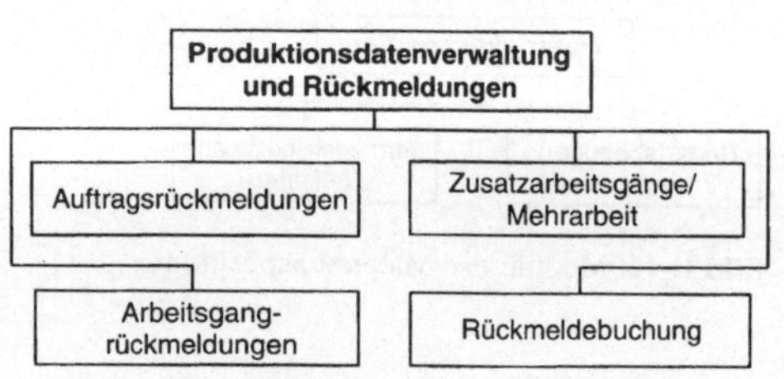

Bild E-14. Module der Produktionsdatenverwaltung.

Kalkulation

Die Kalkulation ermöglicht die Bewertung der Soll- und Istleistungen während des gesamten Auftragsdurchlaufes sowie die auftragsneutrale Kalkulation von Serien- und Lagerteilen (Bild E-15). Ergebnisse sind ein summierter und stufenbezogener Kostennachweis, differenziert in bis zu tausend Kostengruppen. Möglich sind die Vorkalkulation für Standardteile und -aufträge und eine mitlaufende Kalkulation sowie eine Nachkal-

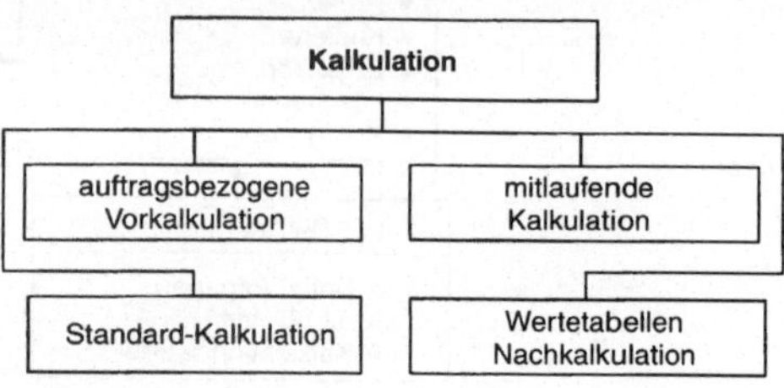

Bild E-15. Module der Kalkulation.

kulation auf der Basis von Wertetabellen (Fertigungszeiten und Maschinenstundensätze).

Einkaufssystem

Das Einkaufssystem leistet die Abwicklung aller Vorgänge, von der Bestellvorschlagsübernahme bis zur Rechnungsprüfung, die für die Beschaffung von Zukaufteilen notwendig sind (Bild E-16). Ergebnisse des Einkaufssystems sind: Fällige Bestellungen, ein detailliertes Bestellobligo, Einkaufsabrechnungen, Mahnlisten und

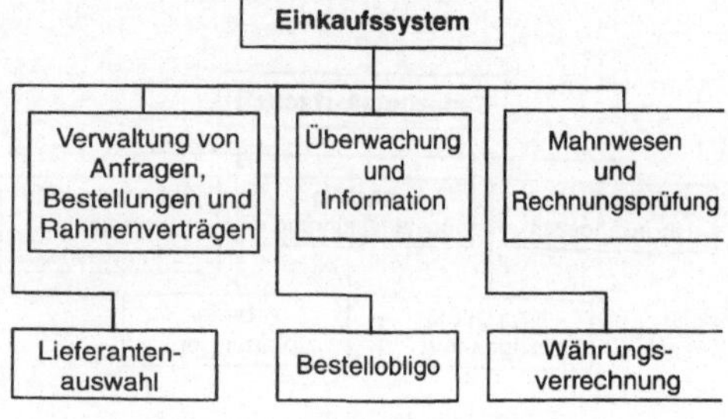

Bild E-16. Module des Einkaufssystems.

eine Bestellstatistik. Einkaufssysteme müssen die Umrechnung von Produktionseinheiten in Bestelleinheiten ermöglichen, eine Preisberechnung (auch in verschiedenen Währungen) unterstützen und eine ausführliche Überwachung und Informationsbereitstellung sichern.

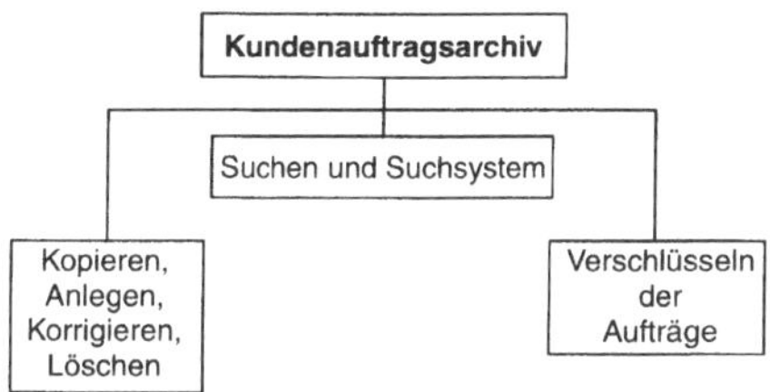

Bild E-17. Module des Kundenauftragsarchivs.

Kundenauftragsarchiv

Das Kundenauftragsarchiv (Bild E-17) verwaltet abgearbeitete Aufträge und das Wiederfinden dieser mit Hilfe des Suchsystems aus dem Modul Basis- und Suchsystem. Ergebnisse sind: archivierte Aufträge, Suchbegriffe der Aufträge, verdichtete Aufträge und die Grundlage zur Generierung neuer Aufträge.

Netzplan

Das Netzplanmodul (Bild E-18) ermöglicht die Projektplanung und -kontrolle mit gleichzeitiger Material- und Kapazitätsverfügbarkeitsprüfung. Ergebnisse sind: Terminierte Meilensteine und kritische Aktivitäten sowie kritische Pfade. Verwendet werden die CPM- Methode (critical path method; Methode des kritischen Pfades) und strukturierte Netzplanhierarchien.

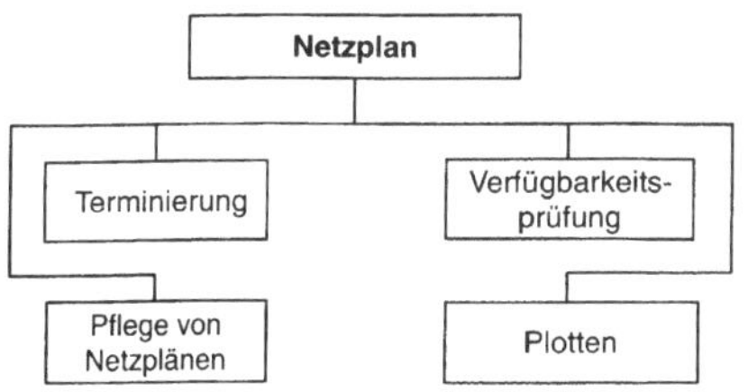

Bild E-18. Netzplanmodul.

Produktionsprogrammplanung

Die Produktionsprogrammplanung (Bild E-19) dient dem Serienfertiger zur Planung von verbrauchsgesteuerten Bedarfen (Pflege des Produktionsprogramms). Mit gesetzten Parametern kann Material, das lange Lieferzeiten hat, bestellt werden. Die prognostizierten Aufträge werden in der Programmplanung aufgelöst.

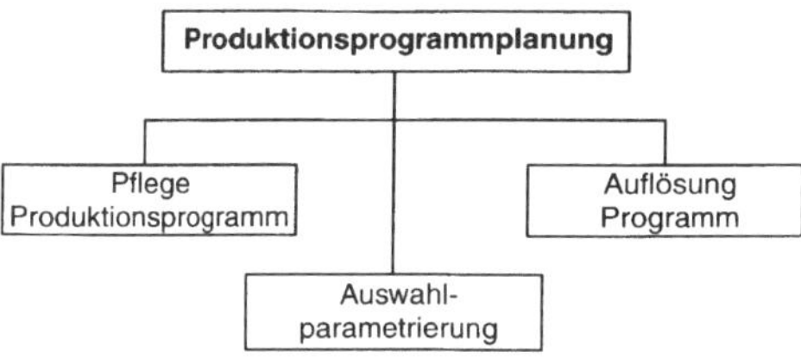

Bild E-19. Module der Produktionsprogrammplanung.

Strukturengenerator

Im Strukturengenerator (Bild E-20) erfolgt die automatische Erzeugung von Auftragsstücklisten und Arbeitsplänen unter Berücksichtigung von Kriterien, die in Entscheidungstabellen hinterlegt sind.

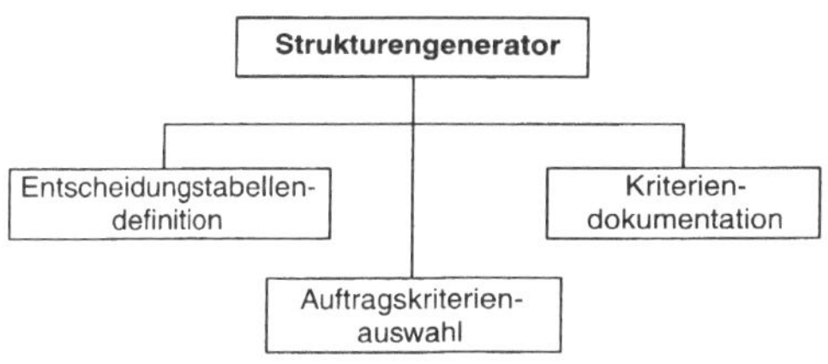

Bild E-20. Aufbau des Strukturengenerators.

Durchsetzungsebene (FLS)

Die Feinplanung, die Produktionsdurchführung und die Steuerung sind dafür verantwortlich, den einmal ermittelten und dem Kunden zugesagten Endtermin zu halten. Dabei fällt der Steuerung (Durchsetzung) die Aufgabe zu, mit den realen Bedingungen der Fertigung und mit den täglich anfallenden Störungen kurzfristig fertig zu werden. Solche Störungen können sein: Personalausfall, Maschinenausfall, Werkzeug- und Vorrichtungsausfall, Änderung von Fertigstellungsterminen, neu einzuplanende Eilaufträge und Nach- bzw. Mehrarbeit. Betrachtet man unter diesen Aspekten die Aufgaben des Disponenten bzw. Meisters in der Fertigung, so lassen sich im wesentlichen drei Aufgabenklassen unterscheiden:

1. Planungsaufgaben

Dazu gehören: *Disponieren* (Terminierung und Zuordnung) von Fertigungsaufträgen bzw. der zugehörigen Arbeitsgänge zu Arbeitsplätzen, Arbeitskräften und Betriebsmitteln (Vorrichtungen, Werkzeuge, Paletten, Material). *Kurzfristiges Umdisponieren* bei Ausfällen. Dieser Aufgabe kommt besondere Bedeutung zu, wenn man zugrunde legt, daß die durchschnittliche Verfügbarkeit von Einzelmaschinen 90% und von autonomen Fertigungszellen etwa 73% beträgt. Das bedeutet, daß der Meister einen großen Teil seiner Arbeitszeit damit verbringt, Ausfälle von Maschinen zu kompensieren. *Kurzfristige Kapazitätsplanung* für Maschinen und Arbeitskräfte. *Optimierung der Belegung* (z. B. nach Rüstkriterien) zur Erzielung hoher Maschinenauslastung und geringer Auftragsdurchlaufzeiten.

2. Verwaltungsaufgaben

Dies sind: Verwalten der Fertigungsaufträge und der zugehörigen Arbeitsgänge, der Arbeitsplätze, der Arbeitskräfte und von Material, Werkzeugen und weiteren Betriebsmitteln.

3. Überwachungsaufgaben.

Zu diesen Aufgaben gehören: Überwachung des Maschinen- und Auftragsstatus, der Fertigstellungstermine, der Produktionsmengen und der Produktqualität, der Material- und Werkzeugzuführung und -bereitstellung und auch Frühwarnung bei Termin- und Mengenabweichung.

Das Hilfsmittel zur Feinplanung und Überwachung ist ein *Fertigungsleitstand* bzw. *Fertigungsleitsystem.* Es dient der Aufbereitung der vom PPS-System übernommenen Plandaten in kurzfristige, aber detaillierte Anweisungen für die Fertigungssteuerung unter Berücksichtigung der jeweils aktuellen Produktionssituation. Die Aufgabenabgrenzung von der Planungsebene (PPS) zur Durchsetzungsebene (FLS) ist in Tabelle E-2 zu sehen. Aus den Aufgabenstellungen ergeben

sich folgende Anforderungen an ein Fertigungsleitsystem:

- Anbieten unterschiedlicher, situationsbezogener Sichtweisen auf die vorhandenen Daten des Fertigungsauftrages (z. B. Arbeitsfortschritte der einzelnen Arbeitsgänge);

- Bereitstellen von Möglichkeiten zur leichten Disposition und Umdisposition (z. B. Umsetzung von Arbeitsgängen in andere Maschinen);

- frühzeitiges Erkennen und Aufzeigen von Störungen und Schwachstellen (z. B. Überlastung von Maschinen);

- Entscheidungsunterstützung durch Aufzeigen von Alternativen (z. B. Angabe der freien Maschinen);

- Hohe Transparenz der Fertigung (z. B. übersichtliche Darstellung der maschinen- und auftragsbezogenen Fertigungssituation);

- Möglichkeiten zur Vorwärtssimulation auf der realen Fertigungssituation (z. B. Maschinenbelegung durch Hinzunahme von Eilaufträgen);

- Benutzerfreundlichkeit des Systems (z. B. leichte Bedienbarkeit des Systems durch den Meister).

Tabelle E-2. Aufgaben der Planungs- und der Durchführungsebene

---

PPS

- Materialdisposition
- Tagesgenaue Kapazitätsplanung
- Zuordnung zu Maschinengruppen bzw. Maschinenbereichen
- Zuordnung zu Fertigungsinseln

FLS

- Uhrzeitgenaue Reihenfolgeplanung
- Schichtzuordnung
- Zuordnung auf Einzelarbeitsplätze
- Warteschlangenoptimierung
- Auslastungsoptimierung
- Darstellung des Istzustandes
- Zeitgenaue Disposition
- Simulation
- Einlastung von Eilaufträgen
- Transportsteuerung

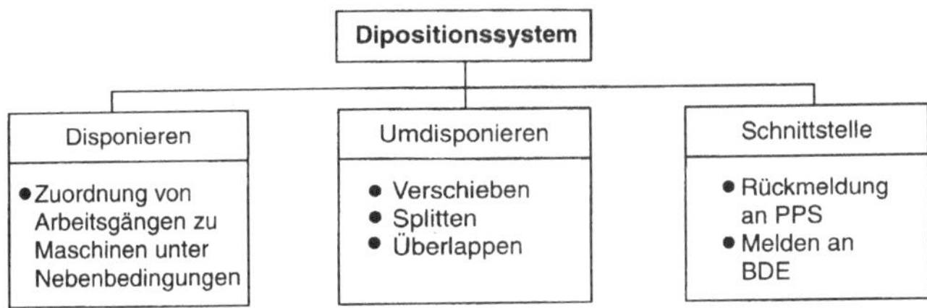

Bild E-21. Aufbau des Dispositionssystems.

Dispositionssystem

Das Dispositionssystem erlaubt das *Disponieren* und *Umdisponieren* von Fertigungsaufträgen bzw. der dazugehörigen Arbeitsgänge zu Arbeitsplätzen (Werkzeugmaschinen, Fertigungszellen, Roboter, Handarbeitsplätze, Qualitätskontrollplätze, Spannplätze und Wasch- und Kühlstationen), Arbeitskräften und Betriebsmitteln. Darüber hinaus enthält das Dispositionssystem die Schnittstellen zu PPS und BDE (Bild E-21). Im Dispositionssystem wird das Maschinenbelegungsproblem in zwei Ebenen zerlegt: In der ersten Ebene *(Disponieren)* werden alle anstehenden Arbeitsgänge unter Berücksichtigung von bestimmten Nebenbedingungen (Schicht, Woche, Monat) aufgeteilt. Hauptziel in dieser Ebene ist *Einhaltung von Endterminen.* Die zweite Ebene *(Umdisponieren)* reagiert kurzfristig auf veränderte Fertigungssituationen (z. B. Störfälle und Hinzunahme von Eilaufträgen). Der Disponent hat folgende Möglichkeiten:

● Arbeitsgänge verschieben,

● Arbeitsgänge splitten,

● Arbeitsgänge überlappen.

Die genannten dispositiven Eingriffe sind die Hauptaufgaben des Steuerers am Leitstand. Das Leitstandsystem muß eine komfortable Unterstützung solcher Eingriffe ermöglichen und eine auftragsbezogene Sichtweise (Bild E-22) und arbeitsplatzbezogene Sichtweise (Bild E-23) auf die Belegungssituation bereitstellen.

Über die *PPS-Schnittstelle* wird die Fertigstellung des Produktionsauftrages gemeldet. Über die *BDE-Schnittstelle* können Beginnmeldung, Teilfertigmeldung, Endemeldung und Unterbrechung eines Arbeitsganges abgesetzt werden.

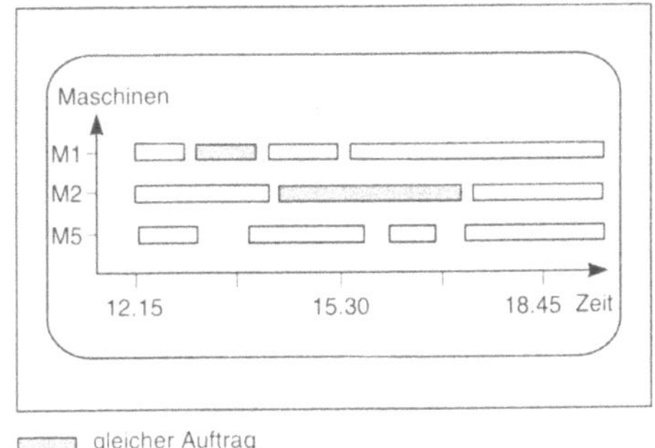

Bild E-22. Leitstandsystem: auftragsbezogene Darstellung.

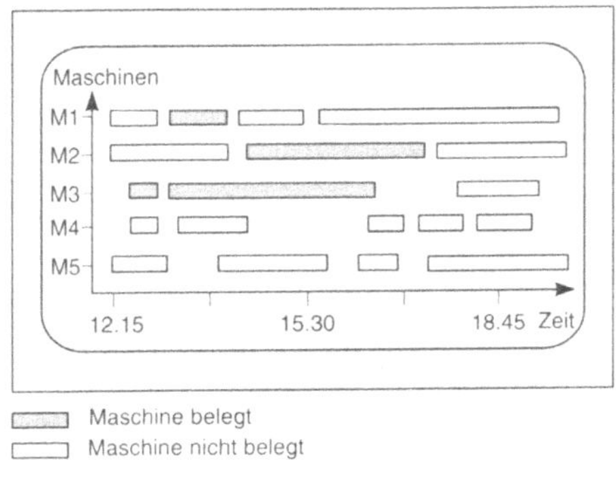

Bild E-23. Leitstandsystem: maschinenorientierte Darstellung.

Ressourcenverwaltung

Die zeitliche Verwaltung beliebiger, frei definierbarer Ressourcenklassen (z. B. Werkzeuge, Betriebsmittel und Vorrichtungen) erfolgt in einer relationalen Datenbank (Abschn. C 2) und gestat-

Tabelle E-3. Simulationsstrategien

Strategie	Erklärung
FIFO	First in, first out
KOZ	Kürzeste Operationszeit des nächsten Arbeitsganges
LOZ	Längste Operationszeit des nächsten Arbeitsganges
SRPT	Kürzeste verbleibende Restbearbeitungszeit des Auftrages
LRPT	Längste verbleibende Restbearbeitungszeit des Auftrages
FOPR	Geringste Anzahl verbleibender Arbeitsgänge
MOPR	Grö?te Anzahl verbleibender Arbeitsgänge
SLACK	Schlupfzeitregel

tet bei der Disposition von Fertigungsaufträgen einen Abgleich der Ressourcen.

Simulationssystem

Leitstände weisen gewöhnlich als Zusatzmodul ein Simulationssystem auf. Dieses dient mehreren Zwecken:

- Machbarkeit
  Vom PPS-System werden freigegebene Aufträge auf dem Leitstand eingelastet. Wenn zusätzliche Aufträge (z. B. Eilaufträge, die nicht vom PPS-System erfaßt worden sind) bearbeitet werden sollen, so erlaubt das Simulationssystem Aussagen über deren Machbarkeit. Es wird erkennbar, ob die Maschinenauslastung es erlaubt, den zusätzlichen Eilauftrag in der vorgeschriebenen Zeit durchzuführen.

- Vorwärtssimulation
  Um die Transparenz der Produktionssteuerungsabläufe für den Disponenten weiter zu erhöhen, ist es möglich, auf den momentanen Stand der Produktion aufbauend, eine längerfristige Vorwärtssimulation des Systems anzustoßen. Auf diese Weise erhält man im wesentlichen Daten über den zu erwartenden Produktionsausstoß, über geplante Maschinenauslastung und über Auftragsendtermine.

- Simulationsstrategien
  Es kann nach mehreren Simulationsstrategien (Tabelle E-3) versucht werden, eine möglichst optimale Produktionsplanung zu erreichen.

- Simulationsergebnisse
  Die Auswertung der Simulationsergebnisse kann sowohl maschinenorientiert, als auch fertigungsauftragsorientiert durchgeführt wer-

den. Die maschinenorientierte Auswertung erfolgt nach den Kriterien: Auslastung der Arbeitsplätze, Auslastung als Funktion der Zeit, Auslastung in grafischer Darstellung und zukünftige Auslastung der Arbeitsplätze.

Plantafel

Gesteuert wird das FLS über einen Grafikbildschirm. Hierbei muß auf folgende Gesichtspunkte geachtet werden:

- Darstellung der Informationen in verschiedenen Sichtweisen (maschinenorientiert, auftragsorientiert; Bild E-24 und Bild E-25);
- Konfigurierbarkeit der anzuzeigenden Informationen (z. B. unterschiedliche Zeitraster wie Tag, Woche, Schicht, Monat);
- grafische Darstellung der Arbeitsumgebung;
- Auswahl der Informationsobjekte über die Maus mit der Windows-Technik.

Die Visualisierung der Maschinenbelegung erfolgt sowohl in der Form des Balkendiagramms (Gantt-Diagramm), als auch in der Form von Hallen- und Maschinengruppenübersichten. In Form von Balkendiagrammen kann der Disponent sowohl eine maschinenorientierte als auch eine auftragsorientierte Darstellung wählen. Interessiert er sich für die Auslastung der Maschinenhalle, kann er sich eine Übersicht über einzelne Maschinen oder Maschinengruppen darstellen lassen. Ist ein spezieller Auftrag für ihn interessant, wird das komplette Fertigungsauftragsnetz des ausgewählten Auftrags über alle benutzte Maschinen auf dem Bildschirm dargestellt.

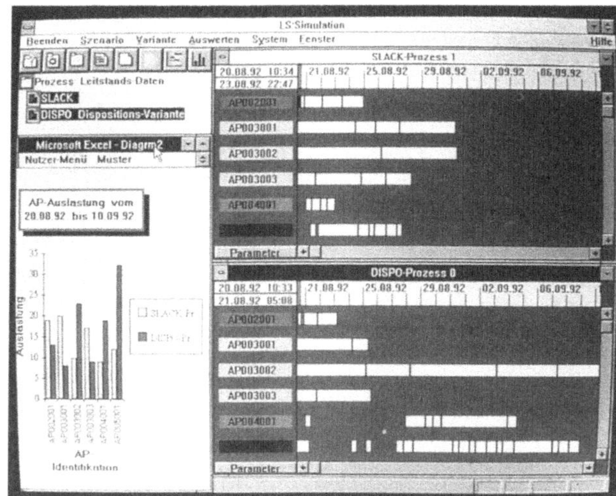

Bild E-24. Auftragsorientiertes Gantt-Diagramm (Foto: PSI AG).

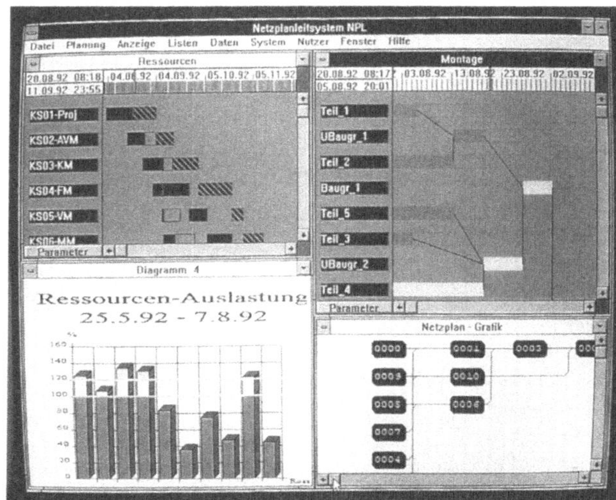

Bild E-25. Maschinenorientiertes Gantt-Diagramm (Foto: PSI AG).

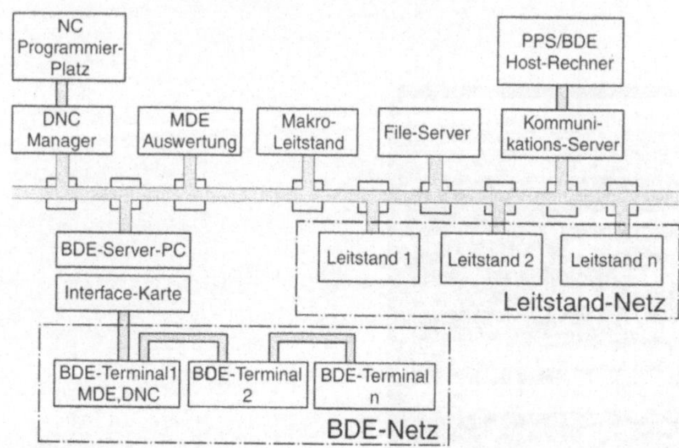

Bild E-26. Beispiel eines Leitstandnetzes.

Leitstandsnetze

Die Fertigungsbedingungen (verteilte Werkstätten und Fertigungszellen) erfordern ein verzweigtes Leitstandsnetz (Bild E-26). Dieses besteht aus folgenden Komponenten:

- Leitstände,
- BDE-Server mit BDE-Terminals,
- Kommunikationsserver (Verbindung zum Host-Rechner),
- File-Server (Verbindung mit den BDE-Terminals).

Voraussetzung für das Leitstandsnetz ist ein *lokales Netzwerk* (LAN, Abschn. F 2). Die Leitstände, der Kommunikations- und der BDE-Server sind in dieses Netz eingebunden. Der Kommunikationsserver realisiert die Kopplung zum PPS-System auf dem Host-Rechner. Jeder der Leitstände verwaltet eine bestimmte Anzahl von Belegungseinheiten (Maschinen). Im Leitstandsnetz können Fertigungsaufträge so aufgeteilt werden, daß die Arbeitsgänge von *verschiedenen* Leitständen verfolgt werden können. Der *Kommunikationsserver* ist ein notwendiger Bestandteil des Leitstandsnetzes. Er ermöglicht die Kopplung zwischen den Leitständen des Netzes und dem PPS-System bzw. über den BDE-Server mit dem BDE-System auf dem Host. Der Kommunikationsserver erfüllt folgende Aufgaben:

- Datenübernahme vom PPS-System,
- Verteilung der übernommenen PPS-Daten auf die einzelnen Leitstände,

- Verarbeitung der Rückmeldungen von den Leitständen,
- Verarbeitung der Rückmeldungen von den BDE-Terminals.

Der Kommunikationsserver arbeitet automatisch. Die Leitstände, die dem BDE-System zugeteilten BDE-Terminals und das PPS-System werden zyklisch bedient. Die Zykluszeiten sind konfigurierbar.

Im Leitstandsnetz können einer oder auch mehrere BDE-Server integriert sein. Jeder im Netz integrierte BDE-Server kann mehrere BDE-Terminals verwalten, die den verschiedenen Leitständen oder dem PPS-System zugeordnet sind. Diese Zuordnung der Terminals erfolgt auf der Grundlage einer *Parametrierung*. Ein Terminal kann nur einem Leitstand bzw. dem PPS-System zugeordnet sein. Der Datenaustausch zwischen BDE-Server und Leitstand erfolgt über das lokale Netz. Er umfaßt Plausibilitätsdaten und die Übertragung von Rückmeldungen von den Terminals an die Leitstände.

Ausführung (BDE)

Die Betriebsdatenerfassung umfaßt die Maßnahmen, die erforderlich sind, um die Daten eines Produktionsbetriebes in maschinell verarbeitungsfähiger Form am Ort ihrer Entstehung bereitzustellen. Einerseits stammen die Betriebsdaten von Personen, andererseits von einem technischen Prozeß wie einer Maschine. Betriebsdaten werden in DV-Systemen schon immer auch

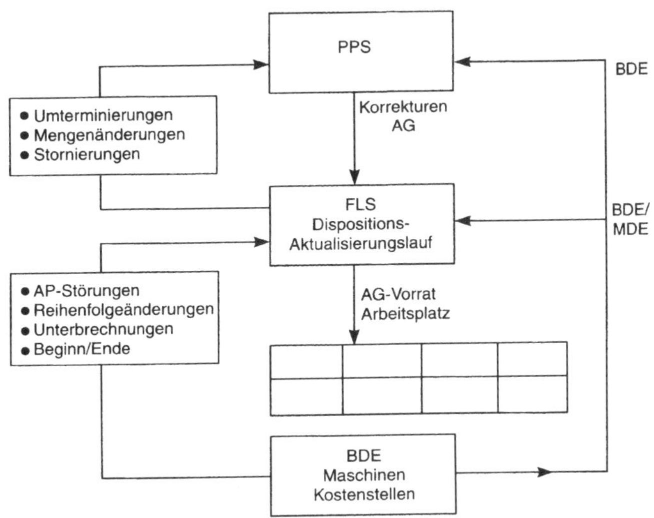

Bild E-27. Zusammenhang zwischen Leitstand und BDE.

ohne Verwendung spezieller BDE-Systeme verarbeitet. Zeiterfassungs- und Zutrittskontrollsysteme gehören zweifellos zur Betriebsdatenerfassung, werden aber hier gesondert behandelt. Informationen aus der BDE fließen beispielsweise in folgende Bereiche:

- PPS,
- FLS,
- Qualitätssicherung,
- Rechnungswesen,
- Personalwesen und
- Instandhaltung.

Ein BDE-System ist ein Verbund aus Hardwarekomponenten (z. B. BDE-Terminals, Rechner), einem Übertragungssystem (z. B. Netz oder Bus), den Daten (z. B. Maschinenzeiten) und von Software mit dem Ziel, die oben genannten Aufgabengebiete schneller, sicherer und kostengünstiger mit Informationen zu versorgen. Die BDE steigert damit den betrieblichen Informationsfluß und rationalisiert ihn (Bild E-27).

Zeiterfassung/Zutrittskontrolle

Zeiterfassungssysteme dienen der Erfassung von An- und Abwesenheitszeiten für unterschiedliche Arbeitszeitmodelle, die in personenunabhängigen

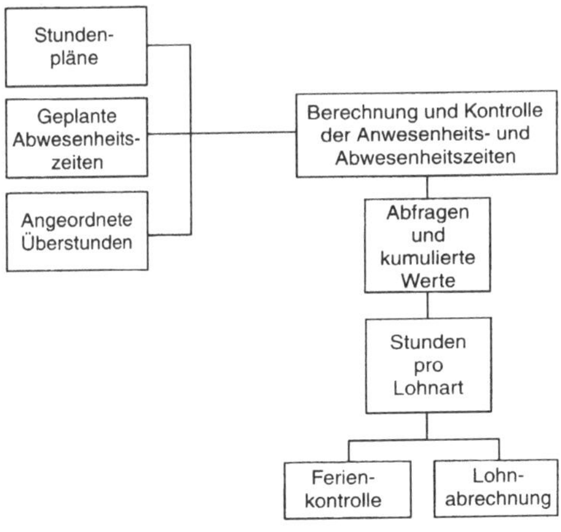

Bild E-28. Module der Zeiterfassung.

Stundenplänen festgelegt sind (Bild E-28). „Kommen" und „Gehen" werden in der Nähe des Arbeitsplatzes mit Hilfe von Kode-Karten erfaßt. An den entsprechenden Terminals können auch Gleitzeit-, Überstunden- und Feriensaldi sowie der Beginn von anderen temporären Abwesenheiten eingegeben werden. Das Zeiterfassungssystem führt für jeden Mitarbeiter folgende Zeitkonten: Flexible Arbeitszeit, Gleitzeit, Schichtstunden, Überstunden mit und ohne Zuschlag, Ferien und Teilzeit oder Kurzarbeit. Zu einem gewünschten Zeitpunkt werden diese Salden automatisch an die Lohn- und Gehaltsabrechnung übergeben.

Im konkreten Fall besteht ein solches Zeiterfassungssystem aus folgenden Teilen:

● Stamm- und Plandaten

Dazu gehören: Stundenpläne, Personalstammdaten und der Fabrikkalender. Die Stundenpläne können auf eine feste Arbeitszeit, auf Gleitzeit, auf Schichtzeit und auf solche mit Verwendungsnachweis (z. B. bei Projektarbeit) ausgerichtet sein. Die Personalstammdaten enthalten: Stammkostenstelle, Verantwortungsbereich, Beschäftigungsart, Eintrittsdatum, Ferienanspruch, Geburtsdatum, Stundenplanzuordnung, Funktionstastenberechtigung an den Zeiterfassungsterminals.

● Tagesverarbeitung

Täglich werden die Solldaten aus dem Fabrikkalender und dem jeweiligen Stundenplan mit den effektiven Zeiten verglichen und eventuelle Abweichungen vom Sollwert auf einer Prüfliste ausgegeben. Täglich werden die Zeitguthaben berechnet und kumuliert.

● Nacherfassungen

Bei fehlerhaften Eingaben ist eine Nacherfassung möglich.

● Monatsverarbeitungen

Im Laufe eines Monats, normalerweise vor dem Aufbau der Lohndaten, muß der Vormonat abgeschlossen sein. Anschließend können die Tages- und Monatsdaten des Vormonats nicht mehr geändert werden.

● Bildschirmabfragen und Listen

Am Bildschirm und auf Listen können folgende Daten ausgegeben werden: Personaldaten, Kalenderdaten, Stunden- und Schichtpläne, Abwesenheits- und Überstundenbewilligungen ausgegeben werden.

● Eingaben und Abfragen am Zeiterfassungsterminal

Der Mitarbeiter kann am Terminal selber mehrere Funktionen durchführen: „Kommen" und „Ge-

hen" eingeben. Verschiedene persönliche Zeitsaldi abfragen sowie „Gehen" und „Kommen" mit Abwesenheitsgrund eingeben.

● Schnittstellen

Die Anschlüsse an verschiedene Lohnsysteme und andere Systeme (z. B. Industrieterminals) müssen durch das Zeiterfassungssystem gesichert sein.

Häufig sind Anwesenheitszeitsysteme mit *Zutrittskontrollen* gekoppelt (Bild E-29). Kombiniert mit einer auf die Anwendung zugeschnittenen „Hardware" wie Drehtüren, Elektroschlösser, Schleusen, Schranken und Zutrittskontrollterminals wird das Zutrittskontrollsystem so den unterschiedlichsten Anforderungen im Rahmen eines Sicherheitskonzeptes gerecht. Es kann die Möglichkeit bieten, Zutrittsprofile der Benutzer „Wer hat wann und wo die Zutrittsberechtigung" zentral festzulegen und mittels Down-Load dezentral im entsprechenden Zutrittskontrollterminal anzulegen. Damit sind diese Terminals in der Lage, ihre Zutrittskontrollfunktion auch im Off-Line-Betrieb sicherzustellen. Zutrittsprotokolle, Logbücher und Alarmmeldungen werden vom System laufend dokumentiert. Zutrittskontrollsysteme arbeiten gewöhnlich mit *Raum- und Zeitzonen,* der Zutritt zu bestimmten Orten und zu bestimmten Zeiten kann festgelegt werden.

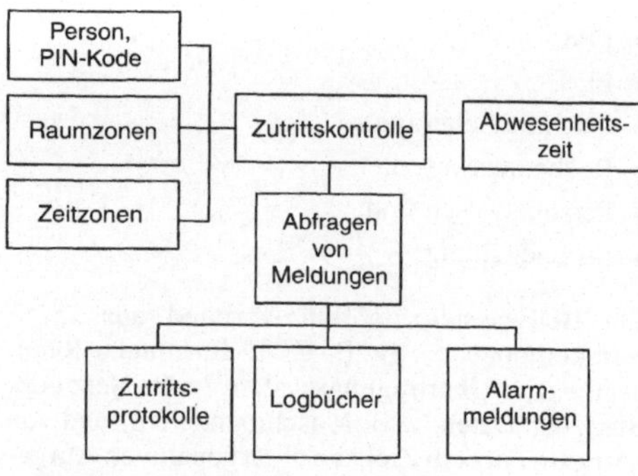

Bild E-29. Module der Zutrittskontrolle.

Maschinendatenerfassung

Die BDE ermöglicht die automatische Datenerfassung und Auswertung über Signalabgriff aus technischen Steuerungen oder durch Einbau von diskreten Gebern. Die Daten werden von Maschinenterminals aufgenommen und zur Auswertung an den Host-Rechner weitergeleitet. Die Maschinenterminals verfügen im Gegensatz zu den Bereichsterminals über integrierte Maschinenschnittstellen, wie digitale Ein- und Ausgänge als frei programmierbare Maschinenstatusabfrage, Zähler, On-Line Störgrundabfrage, Zähler für Taktüberwachung und Stückzahlüberwachung. Die so gewonnenen Daten sind die *Maschinendaten*. Eine Maschinendatenerfassung kann aus folgenden Teilen bestehen:

● Stamm- und Plandaten

Dazu gehören Maschinenstammdaten (Stammkostenstelle, Maschinenkurzbezeichnung, Instandhaltungszeiten, Standardarbeitsgang), Auftragsdaten und Fabrikkalender.

● Periodische Verarbeitung

Periodisch werden Tageszeitsummen abgeschlossen. Anschließend können die Tagesdaten nicht mehr geändert werden. Gleichzeitig wird die Reorganisation der BDE-Dateien durchgeführt (z. B. Kumulation).

● Nacherfassung

Es sind folgende Nacherfassungen und Korrekturen möglich: Arbeitswechsel, Mengen, Arbeitsfortschritt, Rüst- und Nacharbeitszeit.

● Bildschirmabfragen und Listen

Am Bildschirm und auf Listen können folgende Daten ausgegeben werden: Erfassung von Beginn und Ende eines Arbeitsgangs, Daten aller Arbeiten einer Maschine, Daten sämtlicher Arbeitsgänge eines Auftrags und Störgründe.

● Eingaben- und Abfragen am Industrieterminal

Folgende Eingaben und Abfragen können am Industrieterminal getätigt werden: Beginn, Stillstand, Ausschußmenge, Restmenge, Ändern der Sollmenge und Arbeitsfortschrittsmeldung.

● Schnittstellen

In einer Schnittstellendatei werden die Tagesdaten abgelegt, mit denen das PPS-System periodisch aktualisiert wird. Komfortable Systeme erlauben eine zeitgenaue, direkte Rückmeldung zum PPS-System (real time).

Bereichsdatenerfassung

Die Aufgabe der Bereichsdatenerfassung liegt insbesondere bei der Unterstützung von PPS-Systemen. Die Datenerfassung erfolgt an *bereichsweisen Informationspunkten* (z. B. im Meisterbereich). Es können *Bereichsdaten* wie *Arbeitswechsel, Mengen, Fortschrittsmeldungen, Material- und Qualitätsdaten* für Arbeitsgänge, Planstellen, Lohnarten, Sammelaufträge bei Einzel- und Gruppenarbeit sowie Mehrmaschinenbedienung erfaßt werden. Zur Erfassung dienen einerseits maschinell lesbare Datenträger (z. B. Barcode) und andererseits ein im BDE-Terminal integriertes Display, welcher den Dialog mit dem Benutzer sicherstellt.

Eine Bereichsdatenerfassung kann aus folgenden Teilen bestehen:

● Stamm- und Plandaten

Dazu gehören Auftragsdaten, Arbeitsplatzdaten und der Personalstamm. Das BDE-System führt eine eigene Arbeitsdatei, die periodisch mit den Daten aus dem PPS- bzw. FLS-System nachgeführt wird. Ebenfalls werden Kostenstellen/Arbeitsplätze auch innerhalb des BDE-Systems geführt. Im Personalstamm kann die Lohnart pro Person festgelegt werden (z. B. Akkordlohn, gemischte Löhne und Zeitlöhne).

● Tagesverarbeitung

Nach der täglichen Verrechnung der Personalzeiten findet der Abgleich mit den Auftragszeiten statt. Anschließend wird automatisch eine Auswertung mit Soll-Ist-Abweichungen ausgedruckt (Bild E-30). Die täglichen Zeitsummen werden in der Arbeitsdatei abgelegt und stehen damit für PPS, eine aktuelle Nachkalkulation, für die Lohnbuchhaltung sowie für Abfragen zur Verfügung.

● Nacherfassen

Es können nacherfaßt und korrigiert werden: Arbeitswechsel sowie Fortschritts- und Mengenmeldungen.

● Bildschirmabfragen und Listen

Am Bildschirm und auf Listen können ausgegeben werden: Auswählbare Aufträge, persönliche Verlustzeiten, Prüfmeldungen, Arbeitszeiten und Mengen pro Person und Auftragsfortschritt.

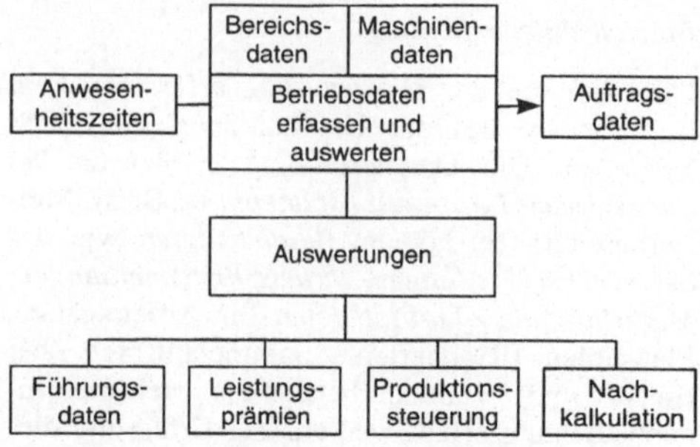

Bild E-30. Auswertung der Personalzeiten.

● Industrieterminalfunktionen

Der Mitarbeiter kann am Terminal folgende Funktionen durchführen: Arbeitswechsel für Rüsten, Nacharbeit, Arbeitsplatzwechsel und Lohnart. An Mengenmeldungen sind möglich: Teil-, Gut-Ausschuß- und Restmenge.

● Schnittstellen

Es gibt Schnittstellen des BDE-Systems zu PPS, Lohnbuchhaltung und anderen Programmpaketen (z. B. Nachkalkulation). Die PPS-Schnittstelle aktualisiert mit den Meldungen aus dem Betrieb laufend die Arbeitsgänge.

CNC-Datenabgabe

Ein durchgängiger Datenfluß vom CAD-System bis zur CNC-Datenabgabe an die Maschinen ist zur schnellen, flexiblen und fehlerfreien Produktion nach Kundenwunsch unerläßlich.

E 3 Management-Informationssysteme (MIS)

Management -Informationssysteme liefern für die Geschäftsführung *hochverdichtete Daten* über den betrieblichen Prozeß und dienen zur Steuerung des Unternehmens gemäß den Unternehmenszielen. Die Steuerung des Unternehmens ist ein *Rückkopplungsprozeß* zwischen Plan- und Ist-Daten *(Controlling)*. Ein MIS greift in der Regel immer auf die vorhandenen innerbetrieblichen Informationssysteme zurück. Softwaretechnisch sind MIS-Systeme daher sehr *schnittstellenintensiv* und müssen *hardwaretechnisch* in der Regel *netzwerkfähig* sein. Nach Bild E-31 greifen MIS-Systeme in der Regel auf PPS- und BDE-Systeme, Fakturierungs-, Lohn- und Gehalt-, Finanz- und Kostenrechnungsprogramme zu. *Verdichtung* von Informationen bedeutet, die Vielzahl der betrieblichen Daten zu *charakteristischen Kennzahlen* so zu komprimieren, daß die Unternehmensleitung in der Lage ist, das Unternehmen *zielorientiert* zu führen. Das erfordert einen ständigen *Vergleich* der Ist-Daten mit den Plan-Daten, die normalerweise in einer Datenbank des MIS-Systems abgelegt sind. In Bild E-32 werden wichtige Kennzahlen aus den verschiedenen betrieblichen Bereichen dargestellt, die für die Unternehmensführung wichtig sind.

MIS sind sehr stark von der *Größe* des Unternehmens und der *Tiefe seiner Hierarchieebenen* abhängig. Ein Konzern benötigt zu seiner Führung mehr Kennzahlen als ein mittelständischer Betrieb. In diesem Sinne wird auch das MIS mehr oder weniger Daten aus den betrieblichen Prozessen zu verdichten haben. Die Gefahr bei der Benutzung von MIS ist, daß diese Tatsache nicht genügend berücksichtigt wird und zu viele bzw. falsche Kennzahlen zur Verfügung gestellt werden. Bei der Auswahl von MIS-Systemen ist darüber hinaus besonders der Datenschutz zu berücksichtigen.

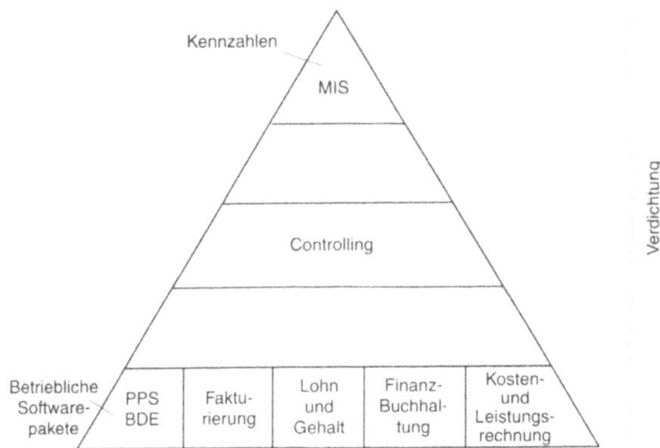

Bild E-31. Hierarchisierung der betrieblichen Informationssysteme.

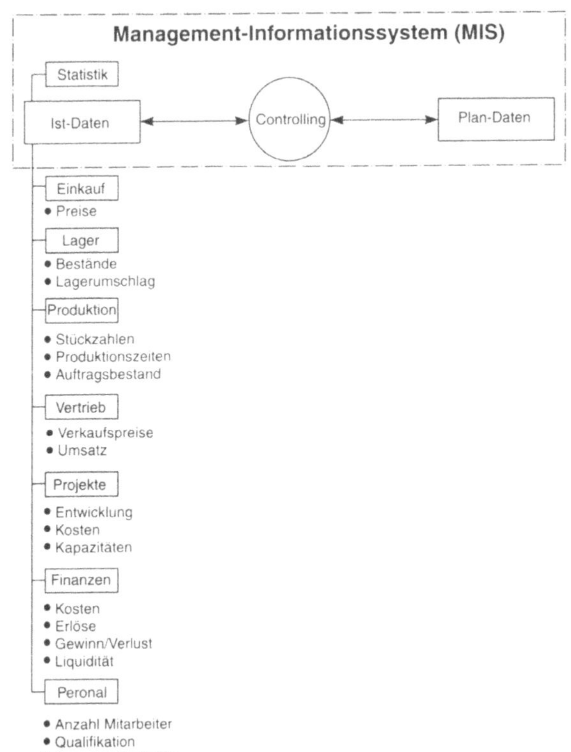

Bild E-32. Struktur eines MIS.

F Kommunikation und Kommunikationsnetze

F 1 Grundlagen

F 1.1 Kommunikationsmodell

In Bild F-1 zeigt im oberen Teilbild ein *Modell der Kommunikation*. Wenn der Teilnehmer 1 mit dem Teilnehmer 2 kommunizieren will, schickt er eine *Nachricht*. Die Nachricht des Teilnehmers 1 wird von einem *Wandler* in elektrische oder optische Signale umgewandelt, die in einem *Übertragungskanal* übertragen werden. An dessen Ende werden die Signale wieder gewandelt und als Nachricht dem Teilnehmer 2 übermittelt.

Das untere Teilbild F-1 b zeigt die technische Realisierung des Kommunikationsmodells. Dabei werden folgende Begriffe verwendet:

Anwendung

Darunter versteht man die *Nachrichtenübermittlung* über große Entfernungen hinweg zwischen zwei oder mehreren Teilnehmern vom einen bis zum anderen Ende. Dabei können die Teilnehmer Menschen oder Maschinen sein. Solche Anwendungen sind beispielsweise: Telefonieren, Faxen, Fernschreiben, Daten austauschen oder elektronische Post.

Nachrichtenübermittlung (ISDN: Teledienst)

Die Nachrichtenübermittlung überträgt und vermittelt die Nachrichten. Dies geschieht mit den *Endeinrichtungen* (z. B. Telefon, Telefax, Modem), mit denen die Wandlung der Signale in Nachrichten erfolgt. An der *Benutzerschnittstelle* werden dem Benutzer diese Nachrichten zur Verfügung gestellt.

Signalübermittlung (ISDN: Übermittlungsdienst)

Die Signalübertragung und -vermittlung erfolgt im *Nachrichtennetz*. Von Netzzugangspunkt ist es über eine *Netzschnittstelle* mit der Endeinrichtung verbunden. Zwischen diesen Netzschnittstellen werden vom Netz optische und elektrische Signale übertragen (z. B. beim analogen Fernsprechnetz elektrische Signale zwischen 300 Hz und 3400 Hz).

F 1.2 Dienste

Den Begriff des Dienstes kann man folgendermaßen definieren:

> Dienst ist die Fähigkeit eines Netzes, Informationen einer *bestimmten Art* zu übertragen. Ein Dienst ist stets mit einer Aufgabe verbunden.

Wie Tabelle F-1 an einigen Beispielen zeigt, steht für jeden Dienst ein spezielles, optimales Netz zur Verfügung. Die Vielzahl der Netze, der damit verbundenen Netzschnittstellen und Endgeräte wird durch das ISDN (Integrated Services Digital Network; Abschn. F 4) abgelöst, das alle Dienste gleich behandelt.

Man bietet besondere *Dienstmerkmale* an, damit der Anwender die Dienste möglichst optimal nutzen kann. Zu diesen Dienstmerkmalen gehören beispielsweise:

- Festverbindungen,
- Gebührenanzeige,
- automatischer Rückruf bei „Besetzt",
- Rufweiterschaltung und
- geschlossene Benutzergruppe.

F 1.3 Nachrichtenverbindung

Werden zwei Endeinrichtungen miteinander gekoppelt, um Informationen einer bestimmten Art auszutauschen, dann entsteht eine *Nachrichtenverbindung*. Abhängig vom Dienst oder Netz haben die beiden Endeinrichtungen meist eine unterschiedliche Leistungsfähigkeit (z. B. beim analogen Fernsprechnetz ein Austausch von analogen, elektrischen Signalen von 300 Hz bis 3400 Hz). Einfache Datennetze gestatten einen Austausch von binären Informationen zwischen den Endgeräten. Beim Austausch von elektronischen Briefen im Teleboxdienst der Telekom sind die Endeinrichtungen nicht direkt miteinander verbunden. Der Informationsaustausch erfolgt durch sogenannte *Boxen* (Briefkästen), in die Nachrichten abgelegt *(senden)* oder entnommen *(empfangen)* werden können.

Es gibt folgende zwei Arten der Nachrichtenverbindung:

- Direkter Kanal *(Standleitung)*
  Beide Kommunikationspartner sind dauernd miteinander verbunden.
- *Wählverbindung*
  Der Übertragungsweg wird nur bei Bedarf bereitgestellt (Bild F-2), wobei die gerade freien

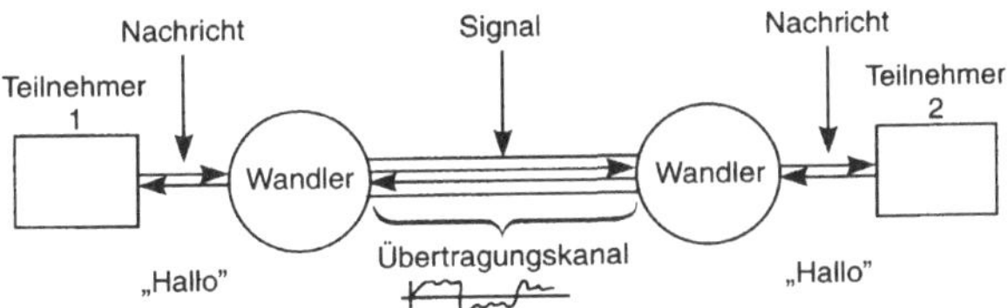

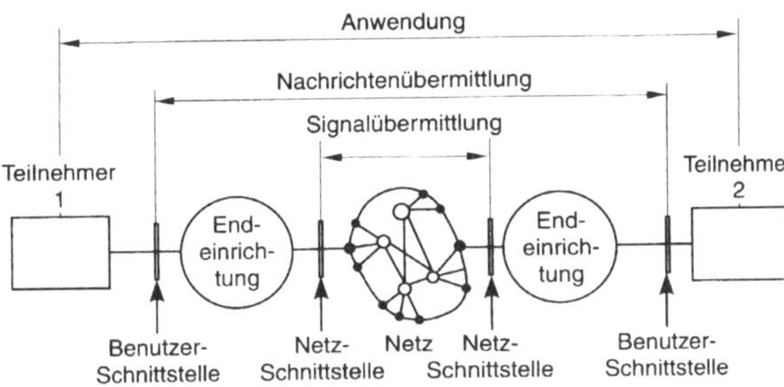

Bild F-1. Modell der Kommunikation.

Tabelle F-1. Beispiele für Dienste

Beispiel	Dienst	Netz	Kommunikationsform
Elektronische Post (electronic mail)	Telebox	DATEX-P	Daten
Datentransfer (file transfer)	Dateldienst	DATEX-L DATEX-P	Daten
Fernschreiben	Teletex	DATEX-L	Text
Faksimile	Telefax	Fernsprechnetz	Festbilder
Fernsprechen	Telefon	Fernsprechnetz	Sprache

Leitungsstücke zu einer aktuellen Verbindung zusammengefügt werden. Nach der Kommunikation werden die Leitungsstücke für andere Kommunikationspartner freigegeben. Bei dieser Verbindungsart müssen dem Netz Wahlinformationen übergeben werden, um den Weg durch das Netz bis zum Ziel festzulegen.

F 1.4 Nachrichtenübermittlung

Die Nachrichtenübermittlung kann prinzipiell *verbindungsorientiert* oder *verbindungslos* erfolgen. Der Nachrichtenaustausch zwischen den Gesprächsteilnehmern oder zwischen einzelnen Netzknoten benötigt Ziel-Informationen, die man *Signalisierung* nennt.

Bei der verbindungsorientierten Nachrichtenübermittlung geschieht der Vermittlungsablauf in folgenden drei Schritten (Bild F-3):

Verbindungsaufbau
Der Teilnehmer zeigt dem Netz den Verbindungswunsch an *(Belegung)*. Das Netz quittiert diese Belegung mit dem Wählton *(Freizeichen)*. Daraufhin wählt der Anrufer die Nummer seines Partners. Diese *Wahlinformation* ist eine Adresse, die vom Netz als Adresse der Endeinrichtung des Gesprächspartners interpretiert wird. Das Netz prüft

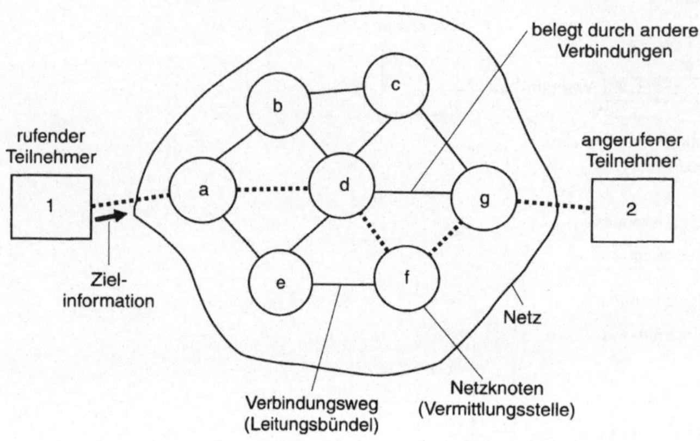

Bild F-2. Schema einer virtuellen Nachrichtenverbindung.

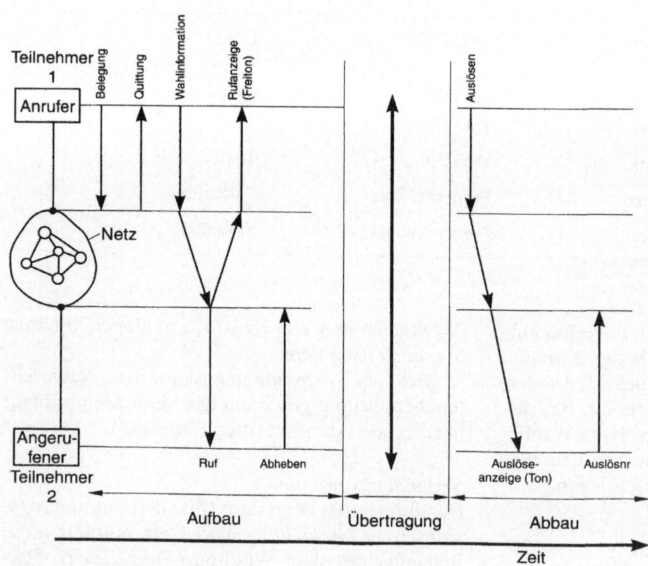

Bild F-3. Ablauf einer Nachrichtenübermittlung.

dann die Bereitschaft der Endeinrichtung des Gesprächspartners, das Gespräch zu empfangen. Ist dies gegeben, dann erfolgt die *Rufanzeige*. Der Gesprächspartner hört den Ruf und hebt gegebenenfalls den Hörer ab.

Nachrichtenübermittlung
In dieser Phase erfolgt der Nachrichtenaustausch der beiden Gesprächspartner.

Verbindungsabbau
Der Übertragungskanal und die entsprechenden Endeinrichtungen werden wieder freigegeben. Dies geschieht nach Bild F-3 in folgender Weise: Ein Gesprächspartner zeigt (signalisiert) den Wunsch zum Beenden des Gespräches *(Auslösen*, z. B. durch Auflegen des Hörers). Das Netz löst dann die Verbindung auf *(Auslöseanzeige* durch einen Ton) und stellt das Netz und die Leitungen für andere Kommunikationsmöglichkeiten wieder zur freien Verfügung.

Manche Netze gestatten eine *verbindungslose* Nachrichtenübermittlung. Beispielsweise werden in einem lokalen Netz (LAN: Local Area Network, Abschn. F 3) *Datenpakete* (Daten begrenzter Länge mit Ursprungs- und Zieladressen) übertragen. Diese Übertragungsart stellt aber nicht sicher, ob der Empfänger tatsächlich in der Lage ist, diese Pakete zu empfangen. In der Regel wird dies jedoch von dem angewandten Protokoll sichergestellt (Abschn. F 1.7).

F 1.5 Nachrichtenvermittlungsnetz

Ein Nachrichtennetz besteht aus den *Endeinrichtungen* und den *Netzknoten* sowie den *Verbindungslinien* zwischen diesen. Die Endeinrichtungen sind an den Netzknoten angeschlossen. Alle mit demselben Netzknoten verbundenen Endeinrichtungen können miteinander vermittelt werden. Werden die Netzknoten *vernetzt*, dann können auch Teilnehmer an unterschiedlichen Netzknoten miteinander kommunizieren. Üblicherweise wird zur Vernetzung das Nachrichtenvermittlungsnetz in verschiedene *Ebenen* aufgeteilt, wie Bild F-4 zeigt. Vom Anrufer zum Angerufenen muß ein möglichst kurzer Weg durch das Netz gefunden werden *(Verkehrslenkung)*. Dadurch werden möglichst wenig Netzknoten am Weg beteiligt, so daß möglichst viele Netzknoten für andere Verbindungen frei bleiben. Dies gestattet eine optimale Ausnutzung des Netzes. Die einzelnen Netzknoten werden über die Leitungen (Verbindungsleitungen: Verbindung zwischen einzelnen

Netzknoten bzw. Anschlußleitungen, Verbindung zwischen Netzknoten und Datenendeinrichtung) miteinander verbunden (Bild F-4). Gleichwertige Leitungen mit dem gleichen Ziel nennt man *Bündel*.

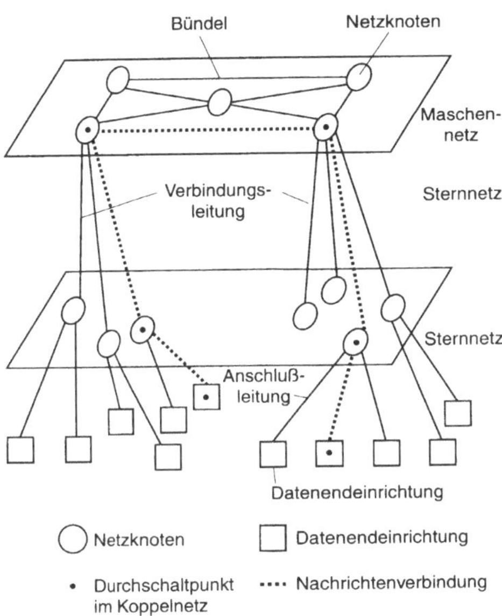

Bild F-4. Aufbau eines Nachrichtennetzes.

Die wichtigsten Netzformen *(Netztopologien)* sind in Bild F-5 zusammengestellt. Es sind dies:

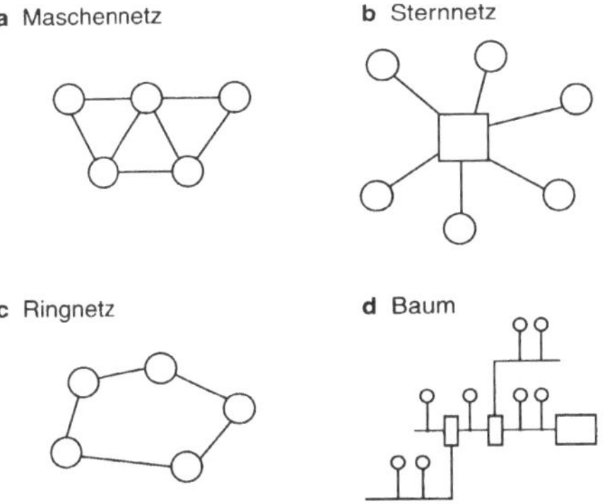

Bild F-5. Netztopologien.

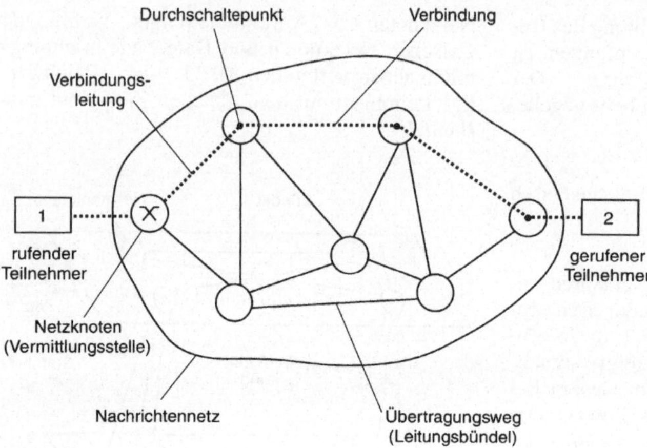

Bild F-6. Prinzip der Durchschaltevermittlung.

Maschennetze
Sie werden in höheren Netzebenen hierarchischer Netze eingesetzt (Bild F-4). Vorteilhaft ist die Schaltung einer Ersatzverbindung, wenn eine andere defekt ist.

Sternnetze
Sie brauchen am wenigsten Leitungen zwischen den Knoten des Netzes. Deshalb werden sie für die Anschlüsse der Datenendeinrichtungen an die Netze verwendet (Bild F-4), weil hier die Leitungen teuer sind.

Ringnetze
Bei ihnen werden die Informationen auf fest vorgegebenen Stationen ringförmig weitergegeben.

Baumnetze
Mehrere zusammenhängende hierarchische Netzanordnungen sind Baumnetze, z. B. eine Vielzahl verbundener Client-Server-Rechner.

Die Nachrichtenverbindung wird durch das Netz geschaltet, wenn der Weg durch das Netz über die Steuerung der Netzknoten festgelegt wurde. Die Wege zwischen den Koppelnetzen werden *Verbindungsleitungen,* die Wege von einem Netzknoten zu einer Datenendeinrichtung werden *Anschlußleitungen* genannt.

F 1.6 Vermittlungsprinzipien

In der Nachrichtentechnik werden folgende zwei Vermittlungsprinzipien eingesetzt, die

- *Durchschalte-* oder *Leitungsvermittlung* (circuit switching) und die

- *Speicher-* oder *Paketvermittlung* (store and forward switching oder packet switching).

F 1.6.1 Durchschalte- oder Leitungsvermittlung

In Bild F-6 ist das Prinzip der Durchschaltevermittlung dargestellt. Der Teilnehmer 1 fordert einen Teilnehmer 2 an. Dann wird die Nachrichtenverbindung in den Netzknoten (Vermittlungsstellen) durchgeschaltet, indem beispielsweise Schalter in den Vermittlungsstellen geschlossen werden. Diese geschaltete Verbindung stellt die Nachrichtenverbindung dar und steht den beiden Teilnehmern während des Gesprächs *ausschließlich* zur Verfügung. Es gibt zwei Prinzipien des Durchschaltens:

Raummultiplexverfahren
Dort geschieht die Kopplung der Verbindungskanäle durch elektromechanische Schalter (Relais oder Wähler) bzw. durch elektronische Koppelfelder;

Zeitmultiplexverfahren
Ein bestimmter ankommender Kanal wird in die Koppeleinrichtung eingespeichert und zu einem gewählten Zeitpunkt auf eine bestimmte Leitung ausgespeichert.

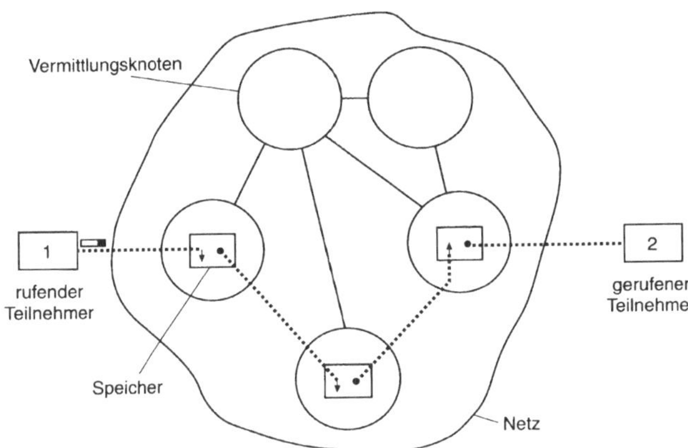

Bild F-7. Prinzip der Speichervermittlung.

F 1.6.2 Speichervermittlung

Bild F-7 zeigt das Prinzip der Speichervermittlung. Die zu übertragende Nachricht wird dabei in *Pakete* aufgeteilt. Das sind Blöcke einer bestimmten Länge. Jedes Paket besteht aus einem *Kopf* mit der *Steuerinformation,* welche die zusammengehörigen Pakete durch eine *logische Kanalnummer* kennzeichnet, und der *Nutzinformation* (Bild F-8). Über eine Leitung kann man verschiedene Pakete schicken. Deshalb läßt sich die gleiche Leitung *mehrfach nutzen.* Die *logische Kanalnummer* stellt sicher, daß zusammengehörende Pakete entsprechend gekennzeichnet werden. Es handelt sich hierbei um eine *virtuelle Verbindung.* Die Verbindung zwischen zwei Teilnehmern ist tatsächlich nur während der Laufzeit der Pakete vorhanden, während es den Teilnehmern so vorkommt, als ob eine dauernde Verbindung zwischen ihnen aufgebaut sei.

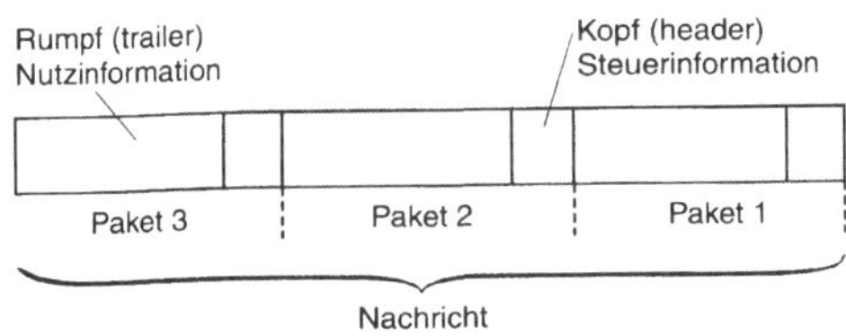

Bild F-8. Aufteilen einer Nachricht in Pakete, jeweils mit Steuer- und Nutzinformation.

F 1.7 OSI-Referenzmodell für offene Kommunikationssysteme

Systeme (z. B. Rechner oder ein Rechnerverbund), die mit anderen Systemen kommunizieren oder kooperieren (verschiedene Systeme erfüllen eine gemeinsame Aufgabe) können, sind *offene Kommunikationssysteme* (kurz: offenes System). Damit eine herstellerunabhängige, freie Kommunikation möglich wird, müssen genormte Regeln für den Informationsaustausch festgeschrieben und eingehalten werden. Das sind die *Protokolle,* die das äußere Verhalten eines offenen Systems festlegen.

Das *OSI-Referenzmodell* (Open Systems Interconnection) ist ein genormtes Architekturmodell für offene Kommunikationssysteme. Es legt folgendes fest:

- Hierarchische Gliederung der notwendigen Kommunikationsaufgaben in sieben Schichten,
- Festlegen der Aufgaben der einzelnen Schichten und
- Festlegen der Protokolle zur Kommunikation zwischen Schichten gleicher Ebene.

F 1.7.1 Sieben Schichten des OSI-Referenzmodells

In Bild F-9 sind die sieben Schichten des OSI-Referenzmodells dargestellt. Die unteren vier Schichten (Schicht 1 bis Schicht 4) beschreiben die *Transportfunktionen* und die oberen drei Schichten (Schicht 5 bis Schicht 7) die *Anwen-*

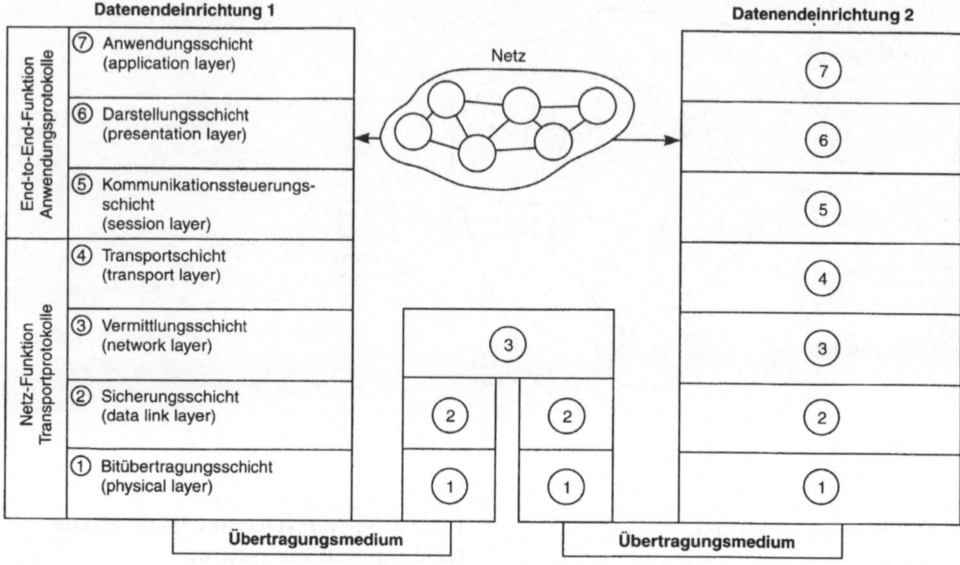

Bild F-9. Schichten des OSI-Referenzmodells.

dungsprotokolle. Die einzelnen Schichten haben folgende Aufgaben:

Schicht 1: Bitübertragungsschicht (physical layer)

In der Bitübertragungsschicht werden die binären Signale *ungesichert* übertragen. Dabei müssen die elektrischen Funktionen, die Übertragungsverfahren und das Übertragungsmedium festgelegt werden. Im wesentlichen sind folgende Funktionen zu erfüllen:

- Ein- und Ausschalten der Übertragungsstrecke,
- Zusammenschalten einzelner Übertragungsabschnitte,
- Anpassung an die physikalischen Eigenschaften des Übertragungsmediums,
- Wandlung von paralleler in serielle Übertragung (und umgekehrt),
- Überwachung des Zustands und
- Synchronisation.

Schicht 2: Sicherungsschicht (link layer)

Diese Schicht hat die Aufgabe, die ungesicherten Informationen der Schicht 1 in eine gesicherte Übertragung zu überführen. Damit wird eine zuverlässige Informationsübertragung sichergestellt. Dazu gehört sowohl der geordnete Zugriff auf das übertragende Medium als auch die Strukturierung der Daten. Die ISO-Norm 8802 teilt deshalb die Sicherungsschicht in folgende zwei Teilebenen ein: in die LLC-Teilebene (Logic Link Control Sublayer), welche die Daten strukturiert und in die MAC (Medium Access)-Teilebene, die den Zugriff auf das Übertragungsmedium vornimmt.

Die Datenstruktur in der Sicherungsschicht besteht aus einem Datenblock mit Nutzdaten sowie Kontrollinformationen wie Blocklänge, Prüfsumme, Sender- und Empfängerkennung. Mängel und Fehler einer Übertragungsstrecke werden den höheren Schichten berichtet *(Protokoll)*. Das bekannteste Protokoll dieser Schicht ist das *XON/XOFF-Protokoll* für fest geschaltete Punkt-zu-Punkt-Verbindungen über V.24-Schnittstellen (X steht hierbei für transmit ON oder OFF). In diesem Protokoll sind nur zwei Zeichen zum Beginn und Beenden einer Übertragung definiert. Bekannte Vertreter solcher *Leitungsprotokolle* (LLC-Protokolle) sind:

BSC   Binary Synchronous Control (IBM)

SDLC   Synchronous Data Link Control (IBM)

ADLCP Advanced Data Link Control Protocol
(ANSI)
HDLCP High Level Data Link Control Protocol

Bei den Protokollen gibt es folgende zwei Typen:

- *Zeichenorientierte Protokolle*
  Dabei verwendet man *Steuerzeichen* zur Signalisierung. Diese Steuerzeichen sind in einer Kodetabelle vereinbart (z. B. ISO-7-Bit-Kode, CCITT Nr. 5, DIN 6603). Dabei faßt man die zu übermittelnden Nachrichten als *Block* zusammen (Bild F-10). Ist ein solcher Block komplett übertragen worden, dann schickt die Empfangsseite eine Bestätigung (ACK: Acknowledge) bzw. eine Nichtbestätigung (NAK: Not Acknowledge) des Empfangs zurück. Wichtig beim Einsatz von zeichenorientierten Protokollen ist, daß die beteiligten Systeme den gleichen Zeichensatz verwenden.

- *Bitorientierte Protokolle*
  Sie benutzen *strukturierte Dateneinheiten* mit örtlich festgelegten Feldern *(Blöcke)* für die Aufnahme von Steuer- und Nutzinformationen zur Übertragung. Die Übertragung ist dabei unabhängig von einem bestimmten Zeichensatz und sind deshalb wesentlich komfortabler als die zeichenorientierten Protokolle.

Aufgaben dieser Schicht sind daher:

- Auf- und Abbau der Schicht 2-Verbindung,
- Steuerung der Übertragung,
- Überwachung der Übertragungsfehler,
- Aufteilung der Daten der Schicht 3 in Blöcke und Blocknumerierung und
- Erzeugen und Auswerten von Prüfbytes.

Schicht 3: Vermittlungsschicht (network layer)

Sie legt fest, wie eine Netzverbindung zwischen den Endsystemen aufgebaut und überwacht wird. Dazu gehören folgende Aufgaben:

- Kopplung der Endsysteme,
- Aufbau der Netzverbindungen,
- Verbindungslenkung (Wegefindung, Routing) und
- netzabhängige Fehlerüberwachung.

Schicht 4: Transportschicht (transport layer)

Diese Schicht transportiert die Nachrichten von einem Endsystem zum anderen. Dazu werden

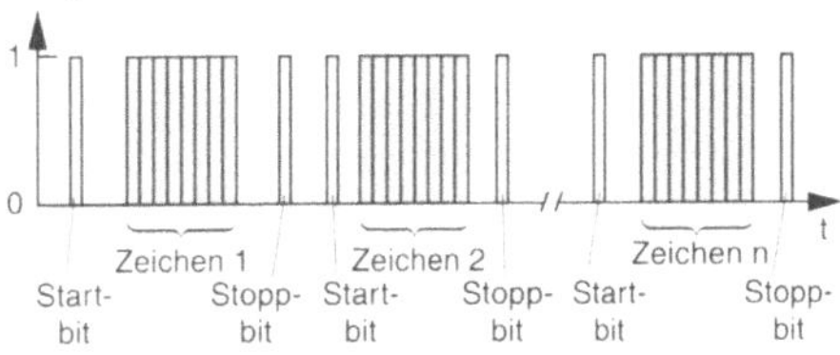

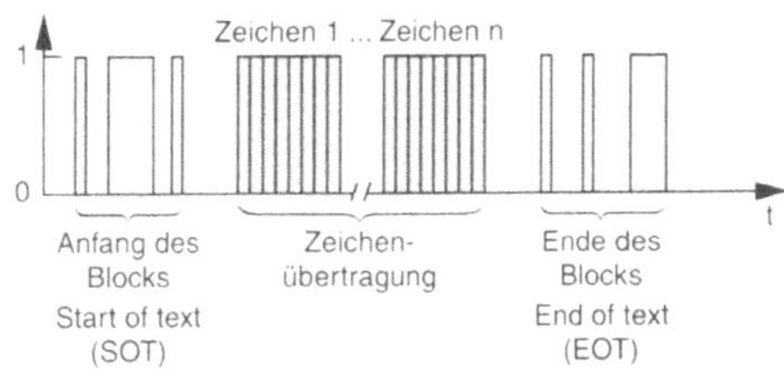

Bild F-10. Asynchrones und synchrones Datenformat.

die notwendigen Transportverbindungen errichtet, gesteuert und beendet. Folgende Aufgaben müssen erfüllt werden:

- Datensegmentierung,
- Adreßübersetzung (z. B. Name zu Rufnummer),
- Anpassung an unterschiedliche Netzeigenschaften und
- Fehlerprotokolle für die Verbindung zwischen den Endeinrichtungen.

Bei der Transportschicht gibt es fünf verschiedene Dienstklassen:

Klasse 0: einfachste Klasse ohne Fehlererkennung

Klasse 1: Grundklasse mit Fehlererkennungs- und Behebungsmechanismen bei netzseitig gemeldeten Fehlern

Klasse 2: Multiplexverbindungen

Klasse 3: Multiplexverbindungen mit Fehlerbehandlung nach Klasse 1

Klasse 4: Wie Klasse 3, aber mit einer zusätzlichen Behandlung von selbsterkannten Fehlern

Schicht 5: Kommunikationssteuerungsschicht (session layer)

Diese Schicht stellt die Mittel zur Verfügung, eine *Kommunikationsbeziehung* (Sitzung oder session) zu eröffnen, deren geordnete Durchführung zu regeln und zu beendigen. Im einzelnen sind das folgende Aufgaben:

- *Multiplexen*
  Liegen in einem System mehrere Aufträge zur Datenübertragung vor, dann muß man diese nach Prioritäten zeitlich versetzt der Datenübetragungseinrichtung zuführen.

- *Verwalten der Pufferspeicher*
  Die Nachrichten gelangen bei der Übertragung in Pufferspeicher, von denen man sie dann abholen bzw. abschicken kann. Die Speicherverwaltung (buffer management) verwaltet die Pufferspeicher, verteilt sie auf die einzelnen Teilnehmer und lagert zeitweise auf Hintergrundspeicher aus (swapping).

- *Prioritätenverwaltung*
  Die Prioritätenverwaltung (priority management) prüft bei jedem Auftrag, ob nicht ein Auftrag mit höherer Priorität vorliegt. Bei einer dynamischen Prioritätenverwaltung werden trotz vieler Aufträge mit hoher Priorität auch Aufträge niedriger Priorität berücksichtigt. Dabei wird die Priorität eines Auftrags nach jeder Nichtbearbeitung erhöht und nach jeder Bearbeitung gesenkt.

- *Austausch von Kennungen*
  Bei vielen Kommunikationsformen ist ein Austausch von Kennungen über die gerufene und die rufende Station vorgesehen. Diese Kennungen kann der Anwender auf Wunsch ausgeben.

- *Parameterübergabe*
  Da die Nachrichten meist in Paketen zusammengefaßt sind, kann hier eine Parameterübergabe stattfinden (z. B. Parameter für bevorzugte Behandlung als Eilpaket). Man kann auch Angaben über die Formatierung von Daten oder die Konvertierung von Daten in der empfangenden Anlage übergeben.

Schicht 6: Darstellungsschicht (presentation layer)

In dieser Schicht wird durch ein Protokoll festgelegt, wie die Informationen darzustellen und auszutauschen sind. Folgende Aufgaben sind zu erledigen:

- *Datenkompression*
  Werden Daten komprimiert, so können über die vorhandenen Übertragungskapazitäten mehr Informationen übertragen werden. Damit wird das Verkehrsaufkommen verringert.

- *Datenvorverarbeitung*
  Mit der Datenvorverarbeitung läßt sich die Datenmenge ebenfalls verringern, so daß nicht alle eingegebenen Datenmengen auch übertragen werden müssen.

- *Kode- und Alphabetwandlung*
  Eine Umkodierung und eine Übersetzung in ein anderes Alphabet wird notwendig, wenn zwei Systeme miteinander kommunizieren, die unterschiedliche Zeichenkodes bzw. Alphabete verwenden.

- *Formatanpassung*
  Die unterschiedlichen Datenformate müssen angepaßt bzw. entsprechend umgewandelt werden.

Schicht 7: Anwendungsschicht (application layer)

In der Anwenderschicht findet die eigentliche Nachrichtenübertragung statt. Es werden System- und Anwendungssteuerungen durchgeführt, so daß die übertragenen Nachrichten dem Endsystem unmittelbar zur Verfügung stehen. Einzelne Aufgaben sind:

- Berechtigungsprüfung für die Kommunikation,
- Identifikation der Kommunikationspartner,
- Zugang zur Kommunikation und
- Wahl der Übermittlungsparameter und Festlegen der Übermittlungsgüte.

F 1.7.2 Kommunikation zwischen den Schichten

Jede Schicht im OSI-Referenzmodell stellt eine *Instanz* (entity) dar. Diese Instanz liefert die für die Schicht typischen Funktionen. Eine Kommunikation findet nur zwischen den benachbarten Schichten (obere und untere Schicht) statt (Bild F-11), und zwar über *Dienstelemente* (primitives, d. h. unteilbare Elementarnachrichten). Diese Kommunikation ist meist nicht standardisiert. Die Instanzen erbringen, wie Bild F-11 zeigt, für die obere Schicht Dienste und fordern die Dienste der unteren Schicht an. Beispielsweise liefert die Sicherungsschicht (Schicht 2) der Vermittlungsschicht (Schicht 3) den Dienst einer sicheren Informationsübertragung und fordert von

Tabelle F-2. Eigenschaften öffentlicher Netze

	Anzahl Teilnehmer	Übertragungs-rate (Nutzdaten) kBit/s	Dauer des Verbindungs-aufbaus s	Verbin-dungs-dauer s	Bitfehlerrate
Fernsprecher	30 Millionen	analog	10	120	–
Modem	4 Millionen	0,050 bis 28.800	10	120	$2*10^{-5}$
Btx	700.000	64; 1.200; 2.400; 14.400	7	240	$2*10^{-5}$
Fax	1 Million	14.400	10	120	$2*10^{-5}$
Telex	148.000	0,050	0	0	10^{-2}
Datex-L	20.000	0,6 bis 64	1	135	10^{-6} bis 10^{-5}
Datex-P	50.000	2,4 bis 1.920	0,5	300	10^{-9}

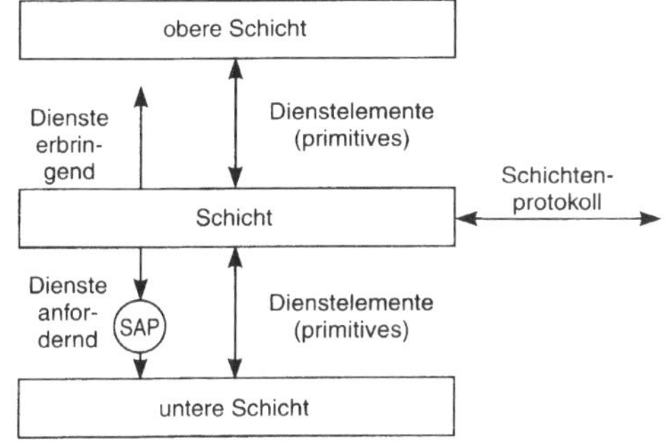

Bild F-11. Kommunikation zwischen den Schichten.

der Bitübertragungsschicht (Schicht 1) die entsprechenden Binärsignale an. Über einen *Dienstzugangspunkt* (SAP: Service Access Point) gelangt man zu den Funktionen der unteren Schicht.

Die Aufgaben einer bestimmten Schicht werden erfüllt, indem mit der entsprechenden Schicht des Partnersystems (Partnerinstanz, peer entity) Nachrichten ausgetauscht werden, d. h. eine Kommunikation stattfindet. Die Art des Nachrichtenaustausches ist normiert und wird *Protokoll* genannt. Jede Schicht hat solch ein *Schichtenprotokoll*. Die höheren Schichten erfahren nichts von diesem Protokoll, ihnen werden nur die Dienste der entsprechenden Schichten zur Verfügung gestellt. Die Dienste einer unteren Schicht werden nicht nur von der darüberliegenden Schicht ge-

nutzt, sondern stehen allen Schichten darüber zur Verfügung. Das bedeutet: Eine Schicht nutzt die Dienste aller darunterliegenden Schichten.

F 2 Öffentliche Netze

In Tabelle F-2 sind die Eigenschaften und Daten öffentlicher Netze vergleichend gegenübergestellt. Deshalb beschränken sich die folgenden Aussagen auf die zusätzlichen Besonderheiten öffentlicher Netze.

F 2.1 Fernsprechnetz

Das Fernsprechnetz bietet Übertragungswege für *Analogsignale* von 300 Hz bis 3.400 Hz. Den Aufbau des Fernsprechnetzes zeigt Bild F-12. Ein Ferngespräch wird im Ortsnetz über die Ortsvermittlungsstelle (OVSt) an das Fernnetz übergeben. Dort stehen Knotenvermittlungssstellen (KVSt), Hauptvermittlungsstellen (HVSt) und Zentralvermittlunsstellen (ZVSt) zur weiteren Verbindung zur Verfügung. Von dort aus wird es in die Ortsnetzebene des angerufenen Teilnehmers 2 weiterverbunden. Insgesamt sind in der Bundesrepublik Deutschland etwa 8.000 Ortsvermittlungsstellen und 600 Fernvermittlungstellen (KVSt, HVSt und ZVSt) im Einsatz.

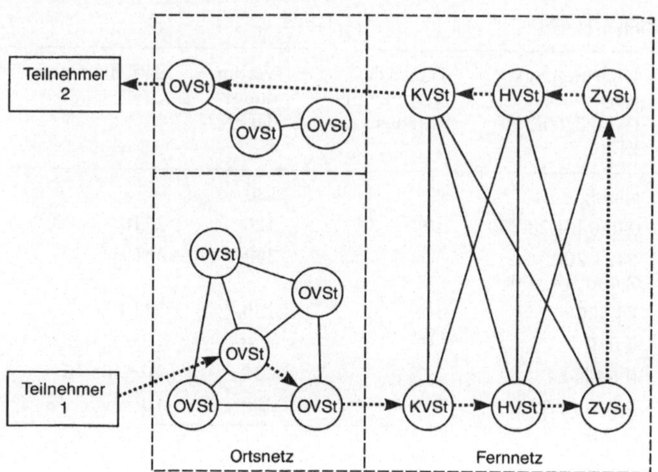

Bild F-12. Struktur des Fernsprechnetzes in der Bundesrepublik Deutschland.

Bild F-13. Datenübertragung mit Modem.

F 2.2 Datenübertragung im Fernsprechnetz

F 2.2.1 Datenübertragung über Modem

Mit einem *Modem* kann man über das Fernsprechnetz *Daten* übertragen (Bild F-13). Das Modem (ein eigenes Gerät oder eine Modemkarte im Rechner) wandelt beim Sender die digitalen Datensignale in die analogen Signale des Fernsprechnetzes (300 Hz bis 3.400 Hz) zur Übertragung um. Auf der Empfängerseite werden die analogen Signale des Fernsprechnetzes wieder durch ein Modem in digitale Signale für den Rechner gewandelt. Wichtig dabei ist, daß beide Modems mit derselben Übertragungsgeschwindigkeit arbeiten. Für die Übertragung fallen die Fernsprechgebühren an.

Mit einem *Akustikkoppler* lassen sich ebenfalls Daten von einem beliebigen Telefon aus übertragen. Hörer und Mikrofon werden dabei mit den entsprechenden Gegenstücken verbunden. Die digitalen Daten des Senders werden im Akustikkoppler in analoge Signale übertragen und beim Empfänger wieder rückgewandelt. Der Akustikkoppler arbeitet dabei in gleicher Weise wie ein Modem, benötigt jedoch einen Fernsprechapparat, um die analogen Signale in das Fernsprechnetz einzukoppeln.

Für Modem und Akustikkoppler bestehen Verbindungen zu den DATEX-L bzw. DATEX-P-Netzen (Abschn. F 2.5).

F 2.2.2 Telefax

Beim Sender tastet ein Faxgerät die Vorlage zeilenweise optisch ab. Diese Informationen werden kodiert, als Längenangaben von schwarzen und weißen Feldern einer Zeile, übertragen. Im empfangenden Faxgerät werden sie rückübertragen (Bild F-14).

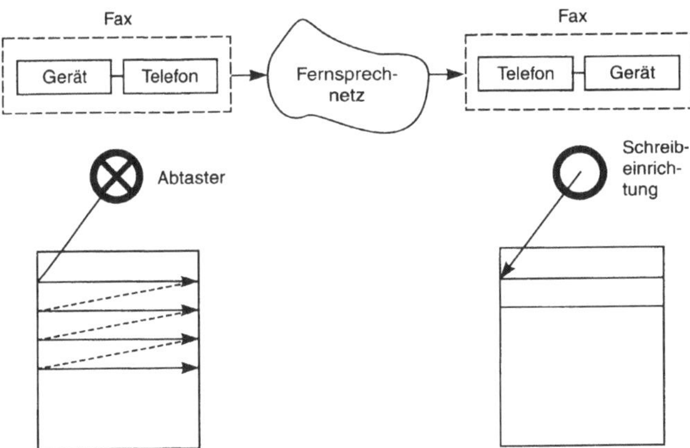

Bild F-14. Datenübertragung mit Fax.

F 2.2.3 Bildschirmtext (Btx) bzw. DATEX-J

Datex-J ist ein Dienst, der über jeden Fernsprechanschluß genutzt werden kann (J steht für Jedermann). Neben den Funktionen der Dateiübertragung (File Transfer) und Nachrichten verteilen (Mailing-Funktion) liegt seine hauptsächliche Anwendung beim Bildschirmtext (Btx).

Die übertragenen und abrufbaren Informationen sind auf *Btx-Seiten* (24 Zeilen zu je 40 Zeichen) gespeichert und bestehen aus Text und einfachen Grafiken. Diese Seiten sind auf verschiedenen Datenbanken (zur Zeit etwa 70) verfügbar, so daß Btx einen Zugriff auf *verteilte Datenbanken* (Abschn. C 2.3.5 und Bild C-33) darstellt. Mit Btx können Informationen nach Suchkriterien abgerufen werden. Ferner kann man am Bildschirm Einkaufen oder Bankgeschäfte erledigen. Unternehmen setzen häufig Btx ein, um Kundendateien zu pflegen oder einen Bestell- oder Ersatzteilservice einzurichten. Es ist möglich, mit einem Btx-Endgerät ein Fax zu schicken. Ein Fax zu empfangen, ist allerdings nicht möglich.

F 2.3 Telex

Der Telex-Dienst (Telegraphy Exchange) gehört zu den ältesten Nachrichtenverbindungen (seit 1933), ist weltweit im Einsatz und die Zeichenübertragung ist weltweit genormt (interationales Alphabet Nr. 2). Jeder Telexanschluß ist mit einer Fernschreibmaschine ausgerüstet (auch wenn ein Rechner vorhanden ist), um den Teilnehmer zu jeder Zeit erreichen zu können.

F 2.4 DATEX-L

Das DATEX-L-Netz ist in der Bundesrepublik Deutschland zweistufig und besteht aus 23 Vermittlungsstellen, die über 40.000 Kanäle miteinander vernetzt sind. Die Nachrichtenübertragung ist *leitungsgebunden* (-L), sie übermittelt alphanumerische Zeichen und Steuerzeichen. Die Übertragungsgeschwindigkeiten sind nach CCITT X.20 und X.21 wählbar.

F 2.5 DATEX-P

F 2.5.1 Prinzip der Paketvermittlung

Die Nachrichtenübertragung im DATEX-P-Netz erfolgt über die *Paketvermittlung,* bei der die Nutzdaten in Form von Datenpaketen übertragen werden. Ein *Datenpaket* ist eine Anzahl von 8-Bit-Gruppen (Oktett), mit einer nach ITU-T X.25 festgelegten Struktur. Sie besteht, wie Bild F-8 zeigt, aus einem Kopf mit den Steuerinformationen und aus einem Rumpf mit den Nutzinformationen. Die Telekom hat die Länge eines Paketes auf maximal 128 Oktetts festgelegt, die nacheinander übertragen werden. Wie Bild F-15 zeigt, werden zusätzlich zu den Datenpaketen noch *Steuerpakete* transportiert, die dem Auf- bzw. Abbau der Verbindung und der Steuerung des Datenflusses führen.

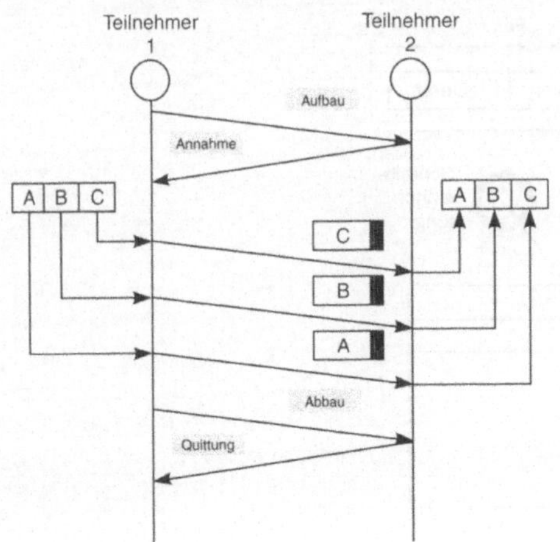

Bild F-15. Prinzip der Speichervermittlung

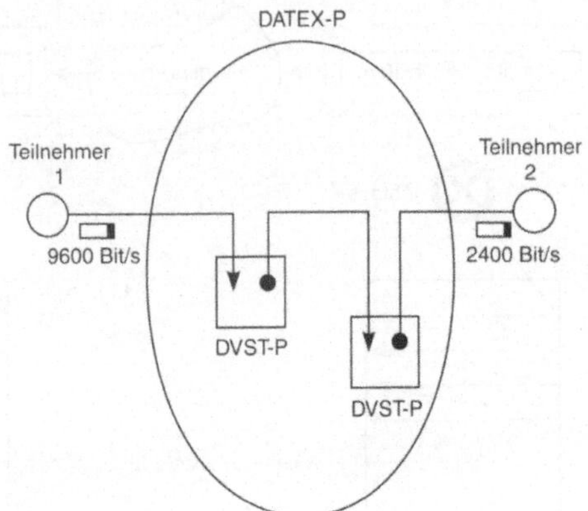

Bild F-16. Prinzip der Speichervermittlung.

Die Nachrichtenquelle erzeugt die Datenpakete und schickt diese zur Datenpaket-Vermittlungsstelle (DVST-P). Dort werden die Informationen des Paketkopfes ausgewertet und die Pakete zwischengespeichert. Nach den Informationen des Kopfes werden die Datenpakete in Richtung des Empfängers zu einer nächsten DVST-P weitergeschoben und dort zwischengespeichert. Die Übertragung erfolgt also abschnittsweise und unter Zwischenspeicherung (Bild F-16). Dadurch ist die Paketvermittlung *unabhängig* von der Übertragungsgeschwindigkeit der Datenendgeräte, d. h., es können Geräte unterschiedlicher Geschwindigkeiten angeschlossen werden.

F 2.5.2 Prinzip der virtuellen Verbindung

Eine scheinbare oder *virtuelle Verbindung* existiert zwischen zwei Teilnehmern, weil diese die Datenpakete in der richtigen Reihenfolge erhalten, obwohl keine dauernde und durchgehende Verbindung besteht. Verwirklicht wird dies dadurch, daß die zusammengehörigen Pakete im Paketkopf dieselbe *logische Kanalnummer* tragen. In den DVST-P werden die Datenpakete entsprechend den Kanalnummern vom ankommenden zum abgehenden logischen Kanal umgespeichert und weiterbefördert (Bild F-17). Die Laufzeit eines Paketes ist vom Verkehrsaufkommen abhängig, da es nur weitergeleitet werden kann, wenn es freie Übertragungskapazitäten auf der ausgehenden Leitung gibt. Nach erfolgter Über-

tragung wird die Verbindung durch spezielle Pakete (Bild F-15) wieder abgebaut.

F 2.5.3 Anpassungseinrichtungen

Das ITU-T-Protokoll X.25 regelt im DATEX-P-Netz den Datenverkehr mit den Endeinrichtungen. Für andere Protokolle oder nicht paketfähige Geräte (z. B. Akustikkoppler oder Modem) gibt es *Anpassungseinrichtungen.* In der ITU-T-Empfehlung X.3 wird eine Anpassungseinrichtung beschrieben, die man *Paketierungs-Depaketierungseinrichtung* (PAD: Packet Assembly/Disassembly Facility) nennt. Sie erfüllt folgende Aufgaben:

● Sammeln der von der Datenendeinrichtung (DEE) gesendeten Zeichenfolgen und deren Zusammenstellung zu Paketen sowie

● Empfang der Pakete, Zerlegung in Zeichenfolgen und Weiterleiten an die DEE.

Die ITU-T-Empfehlung X.28 regelt den Zeichenaustausch zwischen PAD und DEE. Bild F-18 zeigt die verschiedenen Schnittstellen.

F 2.5.4 X.25-Schnittstelle

Die X.25-Schnittstelle betrifft die ersten drei Schichten des OSI-Modells (Abschn. F 1.7.1). Nach Bild F-19 wird in den Schichten folgendes geregelt:

Schicht 1 (Bitübertragungsschicht)
Sie liefert eine synchrone Übertragung binärer

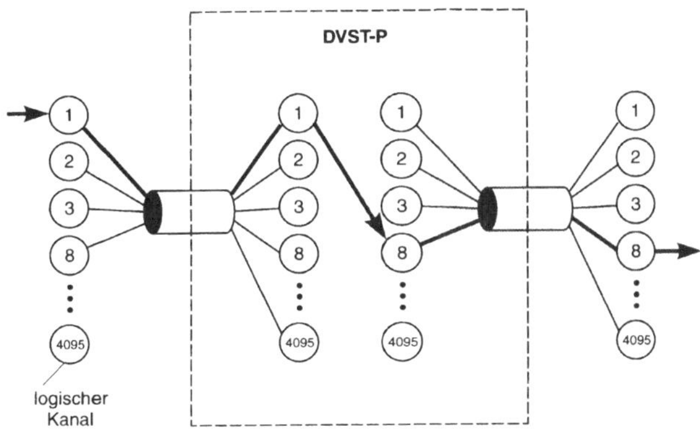

Bild F-17. Schalten einer virtuellen Verbindung.

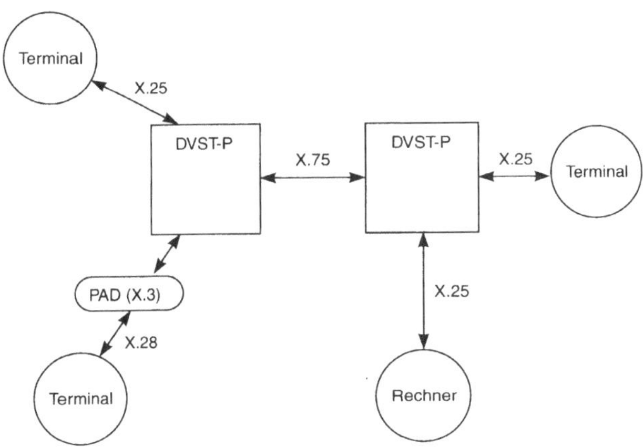

Bild F-18. Schnittstellen im Datex-P-Netz.

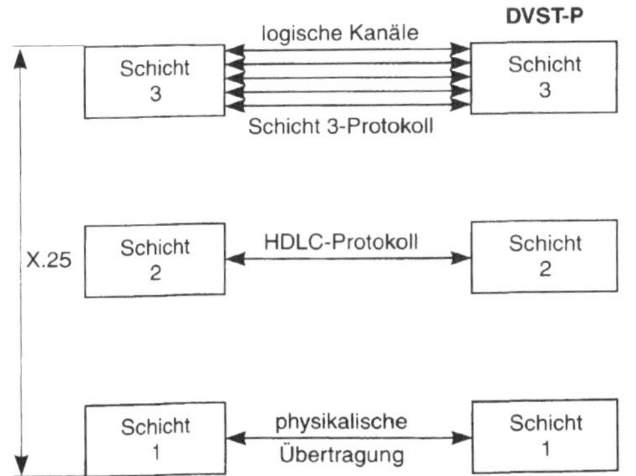

Bild F-19. X.25-Schnittstelle und Protokoll

Signale für die Schicht 2. Die Bit-Übertragung erfolgt nach der Empfehlung X.21 oder X.21bis. Eine parallele X.21-Schnittstelle wird an eine Zweidrahtleitung durch ein Datexnetzabschlußgerät angepaßt.

Schicht 2 (Sicherungsschicht)
Die Schicht 2 sichert die Daten der Schicht 1. Sie arbeitet nach dem Verfahren HDLC (High Level Data Link Control).

Schicht 3 (Vermittlungsschicht)
Die Schicht 3 erfüllt folgende Aufgaben:

- Festlegen der logischen Kanalnummern für den Nutzdatenaustausch,

- Auf- und Abbau virtueller Verbindungen zwischen Endeinrichtungen,
- Austausch der Nutzdaten als Pakete. Festlegen und Sicherstellen der
- Reihenfolge der Pakete,
- Fehlererkennung und -behebung durch Numerieren der Pakete,
- Suchen der Verbindungswege (routing),
- Vermittlung des Empfänger-Kanals (switching),
- Kontrolle des Datenflusses.

Dabei stehen die in X.25 beschriebenen Pakettypen zur Verfügung, nämlich Pakete für den

- Verbindungsaufbau und -abbau,
- die Datenübertragung,
- die Flußregelung und das Rücksetzen,
- Restart und
- Diagnose.

F 2.6 Datendirektverbindungen

Bei Datendirektverbindungen findet keine Vermittlung statt. Die Daten werden über *Standleitungen* direkt übertragen. Je nach Datenverarbeitungsanlage wird mit unterschiedlicher Software und Protokollen gearbeitet, die oft nur mit Geräten eines bestimmten Hardwareherstellers korrespondieren können.

F 2.7 ISDN

Das ISDN (Integrated Services Digital Network) ist ein *diensteintegrierendes digitales Telekommunikationsnetz,* bei dem alle Übermittlungsdienste (Sprache, Text, Bild und Daten) in einem *universellen Nachrichtennetz* zusammengefaßt sind. Bis zu acht unterschiedliche oder gleichartige Endeinrichtungen (Telefone, Faxgeräte, Bildtelefone, Datenendgeräte) können an einem einfachen ISDN-Anschluß liegen. Dies hat den Vorteil, daß über eine Leitung, d. h. eine einzige Rufnummer, verschiedene Dienste genutzt werden können. Zunächst werden bei ISDN Datenraten von 64 kBit/s angeboten, die über eine normale Kupferdoppelader des Telefonnetzes betrieben wird. Später sollen mit B-ISDN (Breitband-ISDN, Abschn. F 5) Übertragungsgeschwindigkeiten von 150 MBit/s bzw. 600 MBit/s realisiert werden. (Weitere Ausführungen zu ISDN finden sich in Abschn. F 4).

F 3 Lokale Netze (LAN)

Wie Bild F-20 zeigt, gibt es eine Fülle unterschiedlichster lokaler Netze (LAN), deren Ausdehnung meist auf ein Gebäude beschränkt bleibt. In Bild F-20 ist zusammengestellt, in welcher Weise sich die lokalen Netze durch ihre *Netztopologie,* ihr *Zugriffsverfahren,* ihr *Übertragungsmedium* und ihre *Übertragungstechnik* unterscheiden. Man benennt sie meist nach der Art der Übertragungstechnik, beispielsweise als *Basisband-* oder *Breitbandnetze.*

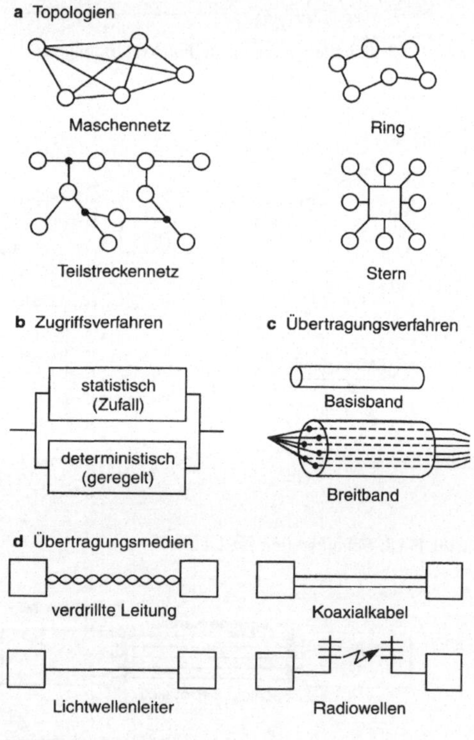

Bild F-20. Lokale Netze.

Die verschiedenen Normen für lokale Netze sind in Bild F-21 zusammengestellt. Die Normungen der ersten Schicht nach dem OSI-Modell (Bitübertragungsschicht) und der zweiten Schicht (Sicherungsschicht) betreffen die elektrischen Eigenschaften und die Zugriffssteuerung. Dabei faßt man die verschiedenen Übertragungsmedien und die Zugriffsarten in einem eigenen Block zusam-

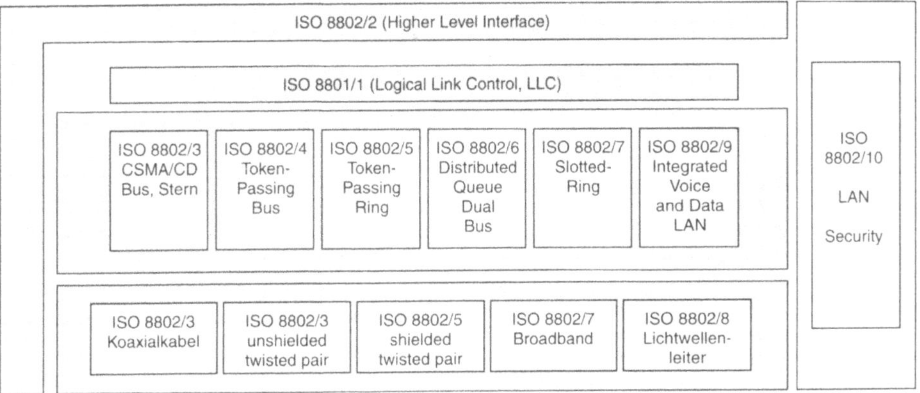

Bild F-21. Normen für lokale Netze.

men. In ISO 8802/1 wird die Schnittstelle zur Zugriffsteuerung beschrieben. Die Schnittstelle zur dritten Schicht (Vermittlungsschicht) heißt Higher Level Interface (HLI).

F 3.1 Zugriffsverfahren

Eines der wichtigsten Merkmale bei der Unterscheidung der verschiedenen LAN ist die Art des *Zugriffsverfahrens*. Tabelle F-3 zeigt die Verfahren, beschreibt den Ablauf des Verfahrens, ihre Normen und ihre Übertragungsgeschwindigkeiten.

Die Zugriffsverfahren befinden sich auf der zweiten Ebene des OSI-Modells. Man unterscheidet dabei zwischen *kollisionsbehafteten* Zugriffsverfahren und *kollisionsfreien* (mit Sendeberech-

tigungsmarke, token). Kollisionen treten dann auf, wenn zwei Teilnehmerstationen gleichzeitig anfangen zu senden. Bei einem kollisionsfreien Netz darf nur mit einer Sendeberechtigungsmarke gesendet werden.

F 3.1.1 Kollisionsbehaftete Verfahren

CSMA/CD-Verfahren

Beim CSMA/CD-Verfahren (Carrier Sense Multiple Access with Collision Detection) handelt es sich um ein kollisionsbehaftetes Verfahren mit stochastischem Zugang, d. h. ohne festgelegte Reihenfolge. Auf diese Weise will man möglichst vielen Teilnehmern mit möglichst wenigen Einschränkungen jederzeit den Zugang zum Netz

Tabelle F-3. Zugriffsverfahren bei Netzen

	Bezeichnung	Verfahren	Normen	Übertragungs-geschwindigkeit MBit/s
Kollisions-sions-behaftet	CSMA/CD CSMA/CA	Mithören und Senden bei freier Leitung	ISO 8802/3	1 bis 100 10 bis 400
Sende-berechti-gungs-marke	Token Bus Token Ring Slotted Ring FDDI-I QPSX/DQDB ATMR	beide Richtungen nur eine Richtung Nachrichtencontainer Token Ring mit Glasfaser Doppelbus Doppelring	ISO 8802/4 ISO 8802/5 ISO 8802/7 ANSI X3T9 ISO 880216 –	 1,4 und 16 10,43 100 150 622

ermöglichen. Bei diesem Verfahren prüft jede Station durch *ständiges Mithören* (carrier sensing) den Bus, ob gerade Daten übertragen werden. Ist die Leitung frei, so kann man mit der Übertragung beginnen.

Dabei ist es auch möglich, daß zwei oder mehrere Stationen gleichzeitig zu senden beginnen, was dann zu einer *Kollision* führt. Bei einer solchen Kollision wird die Übertragung sofort abgebrochen und ein Störsignal gesendet, woraufhin alle anderen sendenden Stationen ebenfalls sofort den Sendevorgang abbrechen. Nach einer zufällig gewählten Zeitspanne kann dann jede sendewillige Station erneut eine Datenübertragung beginnen. Die Kollision wird erkannt, indem der Sender *mithört*.

Bei diesem Verfahren entfällt die Notwendigkeit einer Netzverwaltung, d. h., es existiert keine zentrale Instanz, die Steuerungs- und Verwaltungsfunktionen im Netz ausübt. Bei diesem Zugriffsverfahren stehen verschiedene Übertragungstechniken und -medien zur Vefügung, die Übertragungsgeschwindigkeiten von 1 MBit/s bis 100 MBit/s erlauben.

Die Bitübertragungsschicht (erste Schicht des OSI-Modells) ist beim CSMA/CD-Verfahren, wie auch die Sicherungsschicht (zweite Schicht), in weitere *Zwischenschichten* unterteilt. Zwei wichtige Schnittstellen sind hierbei die *Medium-Schnittstelle MDI* (Medium Dependent Interface) und die Schnittstelle zur *Anschlußeinheit AUI* (Attachment Unit Interface). Diese beiden Schnittstellen ermöglichen es, die Anschlußeinheiten individuell an die entsprechenden Medien und Übertragungsgeschwindigkeiten anzupassen.

Die LLC-Zwischenschicht (Logic Link Control layer) stellt der Vermittlungsschicht Dienste bereit, die es erlauben, Datenpakete mit einer anderen Vermittlungsschicht auszutauschen. Dabei werden folgende zwei verschiedene Diensttypen unterstützt, die einen großen Bereich von Anwendungen umfassen: Der erste Typ unterstützt einen *verbindungslosen Dienst* (unacknowledged connectionless mode), der einer nichtgesicherten Verbindung mit minimalem Protokollaufwand entspricht. Der zweite Typ entspricht einem *verbindungsorientierten* Dienst (connection oriented mode), der eine gesicherte Systemverbindung herstellt. Die Verbindung zwischen diesen Schichten ist in Bild F-22 dargestellt. Wie dort dargestellt, stellt die MAC-Zwischenschicht (Medium Access Control sublayer) hierbei Dienste bereit, die es ei-

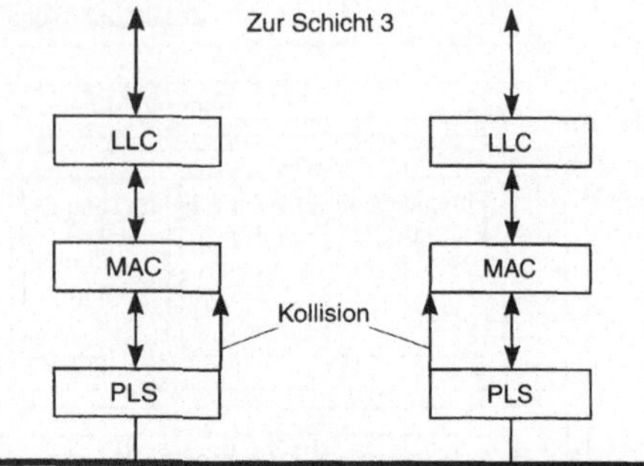

Bild F-22. Vermittlungsschichten.

ner lokalen LLC-Instanz erlauben, Daten mit einer anderen LLC-Instanz auszutauschen. Dazu stehen eine Sendefunktion und eine Empfangsfunktion zur Verfügung. Die MAC-Zwischenschicht übernimmt Daten von der LLC-Instanz, fügt ihre Informationen an und liefert einen seriellen Bitstrom an die Bitübertragungsschicht.

Diese Daten werden von der PLS-Zwischenschicht übernommen und von ihr an das physikalische Medium übertragen. Die PLS-Zwischenschicht ist dann zuständig für die kollisionsfreie Übertragung. Ist keine kollisionsfreie Übertragung möglich, so wird dieses der MAC-Zwischenschicht gemeldet, die daraufhin einen erneuten Sendeversuch einleitet. Erst nach einer bestimmten Anzahl von Fehlversuchen wird eine Fehlermeldung an die darüberliegende LLC-Zwischenschicht weitergeleitet.

Die Dienste, welche die MAC-Zwischenschicht der LLC-Zwischenschicht anbietet, sind unabhängig vom verwendeten Zugriffsverfahren und stellen deshalb einen *Konverter* der verschiedenen Zugriffsverfahren für die darüberliegenden Schichten dar. Die verschiedenen Übertragungsgeschwindigkeiten beim CSMA/CD-Verfahren sind in Tabelle F-3 und die verschiedenen Übertragungsmedien in Tabelle F-4 zu sehen.

CSMA/CA-Verfahren

Das CSMA/CA-Verfahren (Carrier Sense Multiple Access with Collision Avoidance) arbeitet bei den Teilnehmern mit paarweise unterschiedlichen Verzögerungszeiten. Dadurch tritt nach einer erfolgten Kollision keine weitere Kollision mehr auf. Eine Prioritätenregelung erteilt dabei dem nächsten sendewilligen Teilnehmer die Sen-

Tabelle F-4. Übertragungsmedien bei CSMA/CD-Verfahren

Bezeichnung	Übertragungsmedium
10BASE5	Koaxialkabel (50 Ω), Basisbandübertragung mit 10 MBit/s, maximale Leitungslänge 500 m. Abzweigung über Standard-Typ-N oder Tap-Verbinder (Thick-wire-Ethernet bzw. Yellow Cable).
10BASE2	Koaxialkabel (50 Ω), Basisbandübertragung mit 10 MBit/s. maximale Leitungslänge 200 m. Abzweigung über BNC-Steckverbindungen (Thin-wire-Ethernet bzw. Cheapernet).
10BASE-T	verdrillte Doppeladerleitung, Basisbandübertragung, 10 Mbit/s, maximale Leitungslänge ca. 70 m.
10BASE-FO	Lichtwellenleiter, Basisbandübertragung mit 10 MBit/s.
1BASE5	Doppeladerleitung, Basisbandübertragung mit 1 MBit/s, maximale Leitungslänge 500 m, sternförmige Anordnung um gemeinsame Zentrale (Starlan).
10BROAD36	Koaxialkabel (CATV, 75 ?), Breitbandübertragung (FM), Ein- und Zweikabelsysteme, maximale Leitungslänge 3600 m. Verwendung von Typ-F-Verbindern.
100BASE-VG	Koaxialkabel, LWL 100 MBits/s, CSMA/CD

deerlaubnis. Wird diese Priorität nicht genutzt, so hat wieder jeder Teilnehmer freien Zugriff auf das Übertragungsmedium. Dieses Verfahren hat den Vorteil, daß es höhere Datendurchsatzraten und geringe Kollisonen pro Zeiteinheit erlaubt. Allerdings werden Teilnehmer mit niedrigen Prioritäten benachteiligt. Da dieses Verfahren jedoch sehr wenig Flexibilität gegenüber Veränderungen der Teilnehmerzahl bietet, hat es keine starke Verbreitung gefunden.

Ein Vertreter ist zur Zeit der HYPER-Channel der Firma Network Systems, der als Backbone-Netz eingesetzt wird, um heterogene Netze aufzubauen (Übertragungsrate von bis zu 100 MBit/s und verschiedene Übertragungsmedien, z. B. Lichtwellenleiter und Koaxialkabel).

Ebenfalls nach dem CSMA/CA-Verfahren arbeitet der *CAN* (Controller Area Network)-*Bus*. Auf einer Zweidrahtleitung werden *dominante* und *rezessive* Bits gesetzt. Bei der Busvergabe erhält derjenige Teilnehmer den Bus, der während der Zuteilungsphase die am meisten dominanten Bits, d. h. die höchste Priorität besitzt. Die anderen Teilnehmer ziehen sich zurück und warten, bis der Bus wieder frei ist. Es werden Übertragungsraten bis 1 MBit/s erreicht. Der CAN-Bus

wurde von BOSCH für die Automobilindustrie entwickelt und findet sich in vielen PkwÐs der gehobenen Klasse wieder.

F 3.1.2 Kollisionsfreie Verfahren

Das *Token-Passing-Zugriffsverfahren* ist ein kollisionsfreies Zugriffsverfahren, d. h., es kommt nicht mehr zu Konfliktsituationen, wenn zwei oder mehrere Teilnehmer auf dasselbe Übertragungsmedium zugreifen wollen. Dies wird dadurch erreicht, daß man ein *charakteristisches Bitmuster,* nämlich die *Sendeberechtigungsmarke (Token)* von Station zu Station weitergibt. Diese Sendeberechtigungsmarke signalisiert allen Stationen, die sie passiert, daß sie in Sendebereitschaft gehen dürfen. Bei dem Token-passing-Zugriffsverfahren ist es notwendig, daß jede Station die Adresse ihrer Vorgänger- und Nachfolgestation kennen muß. Somit entsteht bei diesem Zugriffsverfahren immer ein *logischer Ring*, auch wenn die Stationen einen Bus als Übertragungsmedium benutzen.

Token-passing-Systeme eignen sich auch hervorragend zum Einsatz in der Fertigungssteuerung, da man dort maximale Wartezeiten bis zum Zugriff vorgeben kann. Die *Buszugriffskontrolle*

(MAC: Medium Access Control) umfaßt dabei folgende Teilfunktionen:

- Time-out-Überwachung für den Token-Empfang,
- verteilte Initialisierung,
- Time-out-Überwachung für Tokenbesitz,
- Datenpufferung,
- Adreßdekodierung,
- Nachrichtensynchronisierung,
- Fehlererkennung und
- Einfügen neuer Teilnehmer in die Tokenkette.

In Bild F-23 sind die einzelnen Zugriffsverfahren zusammengestellt.

a Weitergabe beim Token-Bus

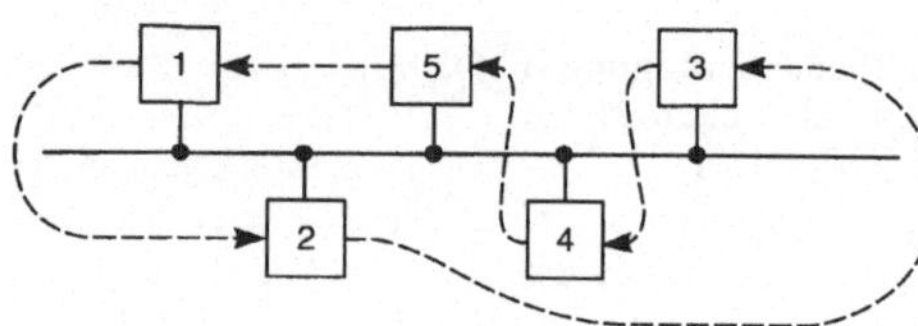

b Weitergabe beim Token-Ring

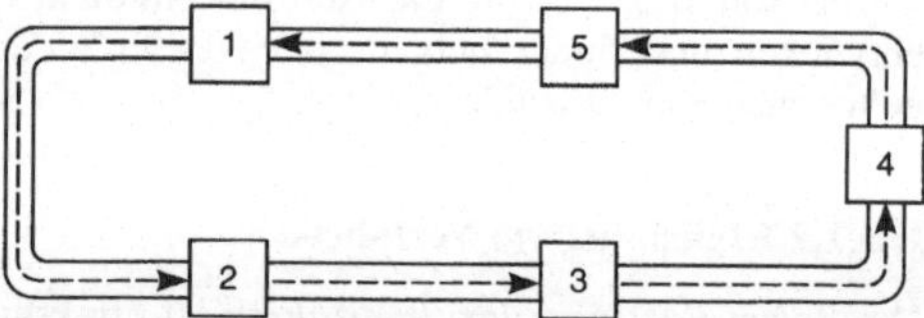

Bild F-23. Zugriffsverfahren.

Token-Bus-Zugriffsverfahren

Beim Token-Bus-Zugriffsverfahren handelt es sich um das oben beschriebene Token-passing-Zugriffsverfahren. Die physikalische Struktur entspricht hier einem Bus. Stationen, die physikalisch an den Bus angeschlossen sind, können, sofern sie noch nicht in den logischen Ring integriert sind, zwar die Vorgänge auf dem Bus mithören (monitoring), erhalten jedoch keine Sendeberechtigungsmarke und können deshalb nicht senden. Wie Bild F-23 a zeigt, sind die Stationen parallel an den Bus angeschlossen; die Daten werden moduliert übertragen (Breitbandübertragung). Die Kommunikation findet dabei auf zwei Trägerfrequenzen statt, die eine Aufgliederung in einen Sende- und Empfangskanal ermöglichen und somit eine Übertragung in zwei Richtungen gestatten. Werden neue Stationen an das Netz angekoppelt, so muß eine Initialisierungsphase ablaufen, um die Adressen zu reorganisieren. Dieses Verfahren ist im ISO-Standard 8802/4 festgelegt.

Token-Ring-Verfahren

Hierbei handelt es sich ebenfalls um ein Token-passing-Verfahren, bei dem die Teilnehmer nicht nur *logisch*, sondern auch *physikalisch* im Ring verbunden sind (Bild F-23 b). Das Token-Ring-Verfahren überträgt im Gegensatz zum Token-Bus-Verfahren nur in *einer Richtung* bitseriell. Erhält dabei eine Station die im Ring kreisende *Sendeberechtigungsmarke,* so kann sie, falls sie eine Nachricht übertragen will, das Frei-Token in ein Belegt-Token umwandeln, ihre Nachricht mitsamt Zusatzinformationen anhängen und an die nächste Station übergeben.

Dieses Datenpaket wird solange weitergereicht, bis es den Empfänger erreicht hat. Der Empfänger kopiert dann die Nachricht und schickt das Datenpaket wieder zum Absender und dieser kann nun die Nachricht überprüfen. Ist kein Übertragungsfehler aufgetreten, wird die Nachricht vom Ring entfernt und eine neue Sendeberechtigungsmarke erzeugt, die dann wieder im Netz herumgereicht wird.

Bei diesem Verfahren ist als Übertragungsmedium auch die Verwendung von Lichtwellenleitern möglich. Ein Problem ergibt sich bei steigender Zahl von Teilnehmern wegen der immer größer werdenden Umlaufzeit. Das Token-Ring-Zugriffsverfahren ist im ISO-Standard 8802/5 festgelegt. Der Anschluß der Station an den Ring erfolgt über eine Schnittstellenleitung (MIC: Medium Interface Cable).

Die definierte Übertragungsgeschwindigkeit sind dabei 1 MBit/s, 4 MBit/s und 16 MBit/s, wobei das Übertragungsmedium eine verdrillte Doppeladerleitung (Telefonleitung) ist. Die Übertragung erfolgt als Basisbandübertragung. Die Stationsverwaltung überwacht und steuert dabei die Arbeit der Zugriffssteuerung und der Bitübertragungsschicht. Eine Weiterentwicklung des Token-Ring-Zugriffsverfahrens ist durch den Einsatz von Lichtwellenleitern gegeben, da die physikalische Ringstruktur dies problemlos gestattet. Es entsteht dadurch das *FDDI-Netz* (Fibre Distributed Data

Interface), das eine Übertragungsgeschwindigkeit von 100 MBit/s erreicht.

Slotted Ring

Beim Slotted-Ring, auch *Cambridge-Ring* genannt, teilt man den Ring in *Schlitze* (slots) fester zeitlicher Länge, welche Nachrichten übermitteln können (Bild F-24). Durch Verwendung von Schieberegistern wird die Bitumlaufzeit im Ring künstlich erhöht. So lassen sich mehr Bits auf dem Übertragungsmedium darstellen. Wie Bild F-24 zeigt, erzeugt man durch die Schlitze umlaufende *Nachrichtencontainer*. Jede der am Ring beteiligten Stationen darf einen an ihr vorbeikommenden leeren Container mit Nachrichten füllen. Hat ein solcher Container den Ring umrundet, so wird er wieder geleert. Würde man die Anzahl der Container auf einen verringern, so erhielte man das Token-Ring-Zugriffsverfahren. Somit wird deutlich, daß beim Slotted-Ring die *Zugangszeit* auf das Übertragungsmedium wesentlich *kürzer* ist als beim token-ring, weil die Zeit kürzer ist, bis ein leerer Container vorbeikommt.

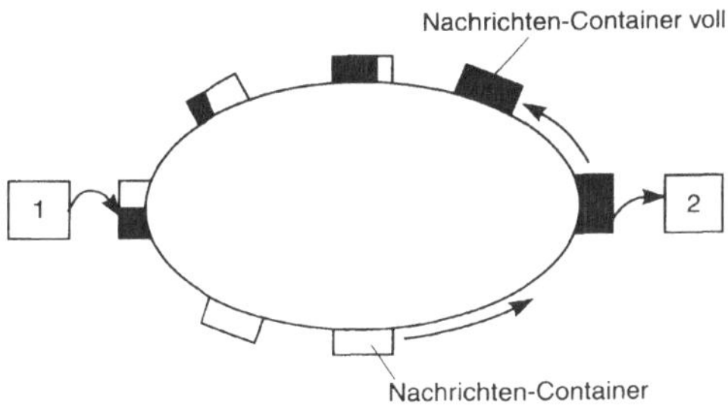

Bild F-24. Slotted Ring.

Nachteilig wirkt sich nur die begrenzte Aufnahmemöglichkeit der Container und eine hohe Redundanz aus, da in jedem Container die Adressen- und Steuerdaten mitgeschickt werden müssen. So muß eine Nachricht oft in viele Einzelteile zerlegt werden, damit diese in die Container paßt. Der Slotted-Ring ist im ISO Standard 8802/7 festgelegt, wobei Übertragungsraten von 10 MBit/s und 43 MBit/s definiert sind.

Eine Erweiterung des Slotted-Ring-Verfahrens ist der Multiplexed Slotted and Token Ring (MST), der mit 100 MBit/s arbeitet und dabei sowohl die synchrone Übertragung des Slotted

Ring benutzt, als auch den asynchronen Dienst des FDDI-I.

FDDI

Das FDDI (Fiber Distributed Data Interface) nach ANSI X3T9 ist eine Sonderform des Token-Ring-Netzes, das ein doppeltes Glasfaserkabel zur Übertragung benutzt und mit einer Übertragungsgeschwindigkeit von 100 MBit/s arbeitet (Bild F-25). Dabei können die einzelnen Segmente des Netzes bis zu zwei Kilometer lang sein, während das ganze Netz sich über hunderte von Kilometern erstrecken kann. Der FDDI-Standard umfaßt die beiden untersten Schichten des OSI-Modells (Bitübertragungsschicht und Sicherungsschicht, Bild F-9) und bietet deshalb der darüber liegenden Schicht der Netzebene (Vermittlungsschicht) eine transparente Verbindung. Dabei kann man andere Sicherungs- und Leitungsprotokolle der Sicherungs- und Bitübertragungsschicht entweder im OSI-Modell umsetzen oder in FDDI-Datenpakete verpacken *(Encapsulation-Mode)*.

Die physikalische Ebene des FDDI-Standards wird in zwei Teilebenen zerlegt, den *PHY-Sublayer* (PHYsical) nach ISO IS 9314-1 und den *PMD-Sublayer* (Physical Media Dependent nach ISO IS 9314-3). Die PHY-Teilebene ist dabei zuständig für die Kodierung der Daten und die Taktversorgung des Interfaces. Bei der Taktversorgung gibt es beim FDDI-Standard eine Besonderheit gegenüber einem einfachen Token-Ring-Netz. Im Gegensatz zum Token-Ring-Netz mit einer zentralen Taktversorgung wird beim FDDI, aufgrund der hohen Übertragungsgeschwindigkeit, der Takt in jedem Interface selbst erzeugt. Die *Synchronisierung* erfolgt dann mit dem hereinkommenden Bitstrom über einen *Clock Synchronizer*. Durch die verwendete NRZ-Kodierung (Non Return to Zero; ein Kode, bei dem der Signalpegel nur dann einen Nulldurchgang vollzieht, wenn eine „digitale Eins" übertragen wird) und die vorhergehende 4B/5B-Kodierung der Daten kann ein DPLL (Digital Phase Locked Loop) spätestens nach jedem zweiten übertragenen Bit einen Nulldurchgang feststellen und darauf synchronisieren.

Die *physikalische Ankopplung* an das Medium erfolgt in der *PMD-Schicht* (Physical Medium Dependent) über Zweifaseranschlüsse mit optischen Verstärkern *(Transceiver)* und optischen By-Pass-Schaltern. Die Transceiver arbeiten mit Leuchtdioden bei einer Wellenlänge von 1.300 nm. Liegt keine Versorgungsspannung an, so baut der By-

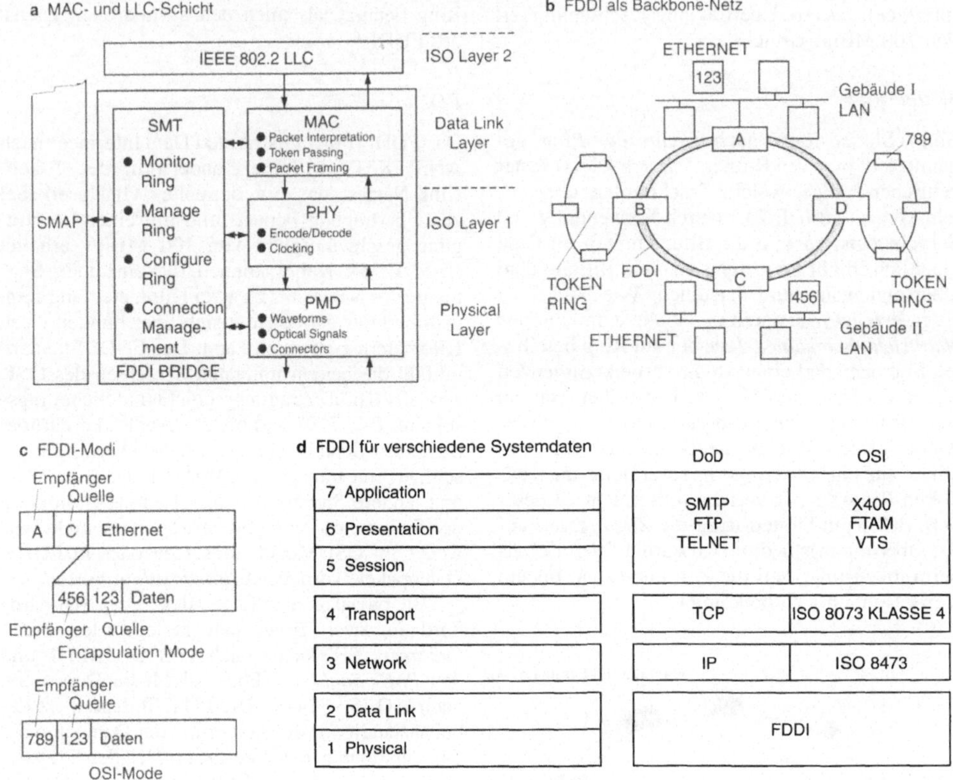

Bild F-25. FDDI-Netz.

Pass-Schalter einen optischen By-Pass auf. Die zweite Schicht im OSI-Modell, die Sicherungsschicht (Bild F-9) wird ebenfalls in zwei Teilebenen aufgespalten, in die *Zugriffskontrollebene* (Media Access Control Sublayer, FDDI-MAC) nach ISO IS 9314-2 und in die Strukturierungsebene (Logic Link Control Sublayer, FDDI-LLC Type 1) nach ISO IS 8802-1.

Die MAC-Teilebene bietet der darüberliegenden LLC-Schicht über den FDDI-Ring eine Punkt-zu-Punkt-Verbindung. Die Daten faßt man dabei zu *Blöcken* (frames) zusammen, die eine Länge von maximal 9.000 Zeichen haben können und an die Struktur der ISO 8802-Rahmen angelehnt sind. Die Erweiterungen sind dabei die Felder Frame Control (FC) und Frame Status (FS: Anzeige der Übertragungsart (synchron oder asynchron) und der Priorität).

ATMR (Asynchronous Transfer Mode Ring)

ATMR basiert auf einem Verfahren, das dem SLOTTED-Ring ähnelt. Das System besteht aus einem Doppelring, und es werden zur Übertragung der Nachrichten, wie bei ISDN und DQDB, 53 Byte große Zellen benutzt. Dadurch ist ein Übergang zu diesen Verfahren sehr einfach herzustellen. Bei ATMR werden die Zellen in zwei Prioritätsklassen eingeteilt, eine asynchrone und eine synchrone Klasse. Dadurch ermöglicht ATMR gleichzeitig die Übertragung von Daten (asynchron, nicht zeitkritisch) und Sprache, bzw. Video (synchron, zeitkritisch). Als Übertragungssystem wird ein 622-MBit/s-SDH (SDH, Synchronous Digital Hierachy) benutzt, die Spezifikationen für das Übertragungssystem stehen in den CCITT-Empfehlungen G-707/8/9. Ein internationaler Standard ist zur Zeit bei ISO in Arbeit und wurde 1994 als vorläufiger Standard verabschiedet.

QPSX/DQDB-Konzept

Das QPSX/DQDB-Konzept (Queued Packet and Synchronous Switch/Distributed Queue Dual Bus nach ISO 8802/6 ist das neueste Zugriffsverfahren und stellt ein *Mehrdienste-LAN* mit synchronen und asynchronen Diensten dar (Bild F-26). Das Konzept basiert (im Gegensatz zu FDDI) auf einer *Doppelbus-Topologie* und arbeitet mit einer Bandbreite von 150 MBit/s. Zu öffentlichen Netzen stellt man Schnittstellen nach CCITT G-702 und SONET (Synchronous Optical NETwork nach CCITT G-707/8/9) bereit. Auch SDH (Synchronous Digital Hierarchy) stehen zur Verfügung, um öffentliche Übertragungssysteme zu nutzen. QPSX/DQDB benutzt eine *Pulsrahmen-Technik.* Der Pulsrahmen (MAC Cycle Frame), der wiederum in Slots fester Länge eingeteilt ist (s. Slotted Ring), wird vom Rahmengenerator erzeugt und synchron auf beiden Bussen gesendet. Dabei entstehen zwei verschiedene Arten von Slots: einmal der *Queued-arbitrated-Slot* (QA-Slot) der für *asynchrone* Übertragungen geeignet ist und zum anderen der *Non-arbitrated-Slot,* der für die *synchrone* Übertragung zuständig ist. Die Stationen entscheiden dabei selbständig, ob sie einen vorbeikommenden QA-Slot füllen. Bedingt durch die Busstruktur entsteht eine Selbstheilungsfunktion beim Ausfall eines Teilsystems.

F 3.2 Kopplungsverfahren

Werden lokale Netze zusammengeschaltet (gekoppelt), so sind - je nach Verschiedenheit der Netze - unterschiedliche Maßnahmen zu treffen, um eine sichere Kommunikation zu gewährleisten. Bild F-27 zeigt die verschiedenen Kopplungsbauteile.

Gleiche Netze verbindet man mit *Repeatern* (z. B. Ethernet mit Ethernet), die auf der ersten Schicht des OSI-Modells (Bitübertragungsschicht) arbeiten. Sie dienen als Verstärker und werden deshalb auch *Regeneratoren* genannt. Bei einem Repeater kann auch ein Wechsel des Mediums (z. B. Koaxialkabel auf twisted pair) erfolgen. Netze mit *kompatiblen Leitungsprotokollen* werden mit *Bridges* verbunden. Hierbei sind die Netze auf der dritten Schicht (Vermittlungsschicht) des OSI-Modells gleich. Die Schichten 1 (Bitübertragungsschicht) und 2 (Sicherungs-

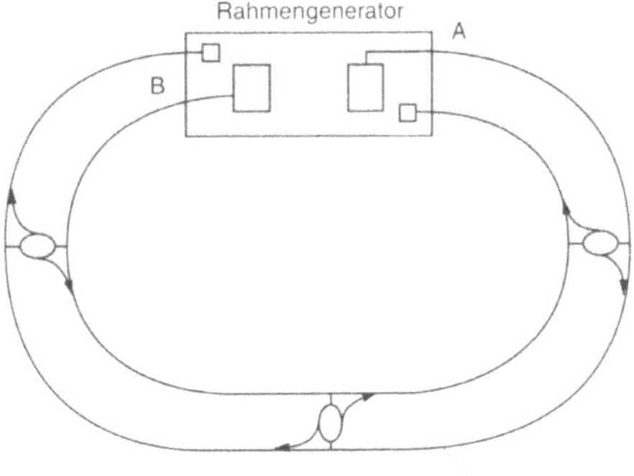

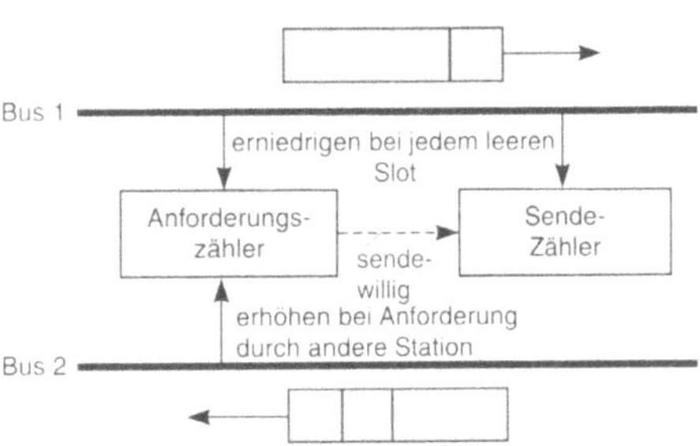

Bild F-26. QPSX/DQDB-Konzept.

schicht) können unterschiedlich sein (z. B. Ethernet mit twisted pair, CSMA/CD mit Token Ring). Dadurch können die Netze physikalisch getrennt sein. Es bleibt jedoch ein *logisches Netz* bestehen (d. h. es existiert nur eine Netzadresse).

Netze mit *unterschiedlichen Leitungsprotokollen* und *Topologien* verbindet man mit *Routern,* die auf der dritten Schicht (Vermittlungsschicht) des OSI-Modells arbeiten. Die zwei zu verbindenden Netze müssen dabei auf gleichen Transportebenen basieren (z. B. TCP/IP, XNS, DECNet oder ISO 8073). Mit Routern ist es im allgemeinen nicht möglich, ein Netz mit TCP/IP-Protokoll mit einem Netz mit XNS-Protokoll zu verbinden.

Im Gegensatz zu Bridges sind über Router zwei verschiedene Netzwerke mit unterschiedlichen Netzwerkadressen verbunden. Dadurch kann man diese Netze unabhängig voneinander entwickeln und betreiben. Auch Fehler mit großen Auswirkungen (z. B. Broadcaststürme durch feh-

a Koppel-Bauteile

Bezeichnung	Anwendung	Prinzip	Bemerkung
Repeater R	gleiche Netze	Abschnitt 1 — R — Abschnitt 2; 500 m / 500 m	Arbeitet in Schicht 1 des OSI-Modells
Bridge B	Netze mit kompatiblen Leitungsprotokollen	Abschnitt 1 — Adresse 129.0.0.1; B; Adresse 129.0.0.1 — Abschnitt 2	Arbeitet in Schicht 2 des OSI-Modells (Schicht 1 und 2 können verschieden sein)
Router Rt	unterschiedliche Netze	Netzwerk 1 — Adresse 129.0.0.1; Rt; Adresse 129.0.0.2 — Netzwerk 2	Arbeitet in Schicht 3 des OSI-Modells (Schicht 1 und 2 können unterschiedlich, Schicht 4 muß gleich sein.
Gateway G	heterogene Netze	z.B. DECnet — G — z.B. X.25 Netz; Anwendungsumsetzung 7 6 5; Transportumsetzung 4 / 4 5; Netzumsetzung 3 2 1 / 3 2 1 / 3 2 1	Arbeitet in Schicht 7 des OSI-Modells (offene Kommunikation für die Schichten)

b Beispiel

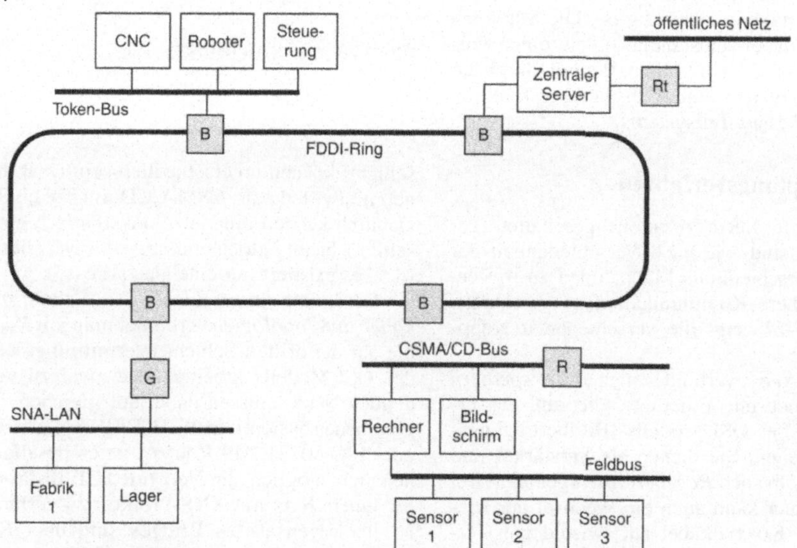

Bild F-27. Koppelbausteine für LAN.

lerhafte Netzwerkadapter) wirken sich nur auf den jeweiligen Teil des Netzwerkes aus.

Die Verbindung *unterschiedlicher,* herstellerspezifischer *Netze* geschieht mit *Gateways,* die auf der 7. Schicht (Anwendungsschicht) des OSI-Modells arbeiten. Hauptaufgabe des Gateways ist es, *Protokollumwandlungen* vorzunehmen, wobei zusätzlich überwacht wird, ob das richtige Protokoll Verwendung findet. Generelles Ziel von LAN-Gateways ist es, *offene Kommunikationsmöglichkeiten* zwischen den Stationen der Schichten 5 bis 7 (Kommunikationssteuerungsschicht, Darstellungsschicht und Anwendungsschicht) zu schaffen. Ein Gateway kann man dabei auf drei verschiedene Arten verwirklichen: durch eine *Datenendeinrichtung* (DEE), als *Voll-Gateway* in beide Netze integriert oder als *zwei Halb-Gateways,* die je in ein Netz integriert sind.

Je nach Umfang der Umsetzung für die unterschiedlichen Schichten lassen sich verschiedene Klassen von Gateways einteilen (Bild F-27 a): Die *Netzumsetzung* (Schicht 1 bis 3 ist unterschiedlich; Umsetzung von TCP/IP auf das Protokoll X.25 oder ISO 8473), die *Transportumsetzung* (Schicht 1 bis 4 ist unterschiedlich; sie muß zusätzlich das Protokoll TCP (von TCP/IP) auf ein Protokoll ISO 8073 bzw. XNS umsetzen) und die *Anwendungsumsetzung* (Schicht 1 bis 7 ist unterschiedlich; sie würde zusätzlich z. B. das FTP/TELNET (das meist mit TCP/IP implementiert ist) auf FTAM umsetzen). Bild F-27 b zeigt, an welcher Stelle des Netzes man Koppelbausteine einsetzen kann.

F 3.3 Planung von lokalen Netzen

F 3.3.1 Allgemeine Anforderungen

Bevor man ein lokales Netz auswählt, sind zuerst die Anforderungen zu ermitteln und dann den Angaben der Hersteller gegenüberzustellen. Subsysteme (autonome Informationsinseln) sollten für verschiedene Anforderungen ausgebildet und über spezielle Verknüpfungen zu einem ganzen System verbunden werden. Folgende Kriterien sind zu beachten, zu gewichten und zu bewerten:

- Nutzdatenrate,
- Übertragungsgeschwindigkeit,
- Möglichkeit der Erweiterung während des Betriebs,
- räumliche Ausdehnung des gesamten Netzes,

- Speicherbedarf der Netzsoftware (wichtig für den PC),
- Benutzerzahl,
- Selbstheilung bei Ausfällen und
- Echtzeitverfahren.

F 3.3.2 Einführung eines hierarchischen Kommunikationskonzeptes

Hierarchische Konzepte begegnen uns im täglichen Leben und in vielfältiger Form. So ist beispielsweise das Telefonnetz *hierachisch* aufgebaut (Telefon, Nebenstelle, Ortsvermittlung, Fernvermittlung) oder ein Industriebetrieb (Geschäftsführer, Hauptabteilungsleiter, Abteilungsleiter, Gruppenleiter, Meister, Werker). Deshalb ist es sinnvoll, auch die Informationsverarbeitung hierarchisch zu gliedern, da sie den Informationsfluß zwischen den verschiedenen Ebenen (z. B. eines Betriebs) widerspiegeln soll.

Eine hierarchische Gliederung bei der Planung eines lokalen Netzes ist auch deshalb sinnvoll, weil man dabei auf jeder Ebene eine informationsverarbeitende Komponente mit der jeweils der Ebene angepaßten Verarbeitungsleistung einsetzen kann. Die Konzeptionsansätze für eine hierarchische Kommunkationsarchitektur können, ausgehend vom OSI-Referenzmodell (Abschn. F 1.7.1), in verschiedenen Schichten gegliedert sein. In der Regel wird sich jedoch die *hierarchische* Gliederung auf die *transportorientierten Schichten 1 bis 4* beschränken. Hierarchisch strukturierte lokale Kommunikationsmöglichkeiten stellen für die Schichten, die nicht mehr in die Hierarchie einbezogen sind, offene Systeme dar, die den höheren Schichten transparente Kommunikationsmöglichkeiten bieten.

Die hierarchischen Konzepte haben allesamt ein einziges Ziel, nämlich die optimale Anpassung der Einzellösungen an spezifische Anforderungen der Informationsverarbeitung. Hierarchische Systeme sind zukunftsweisend im Hinblick auf Ausbaufähigkeit des Systems, Anschluß von unterschiedlichen Endgeräte-Typen, Aufteilung der Verkehrsströme, Ausfallsicherheit, Migration von bestehenden Lösungen auf neue Ansätze, Übertragungskapazität und Informationssicherheit.

In einer *Hierarchie der Verkabelung* sind drei Stufen zu unterscheiden (Bild F-28): die *primäre Verkabelung* als übergeordnete Verkabelung, die große Entfernungen überbrückt; die *sekundäre Verkabelung,* die einzelne Bereiche innerhalb von

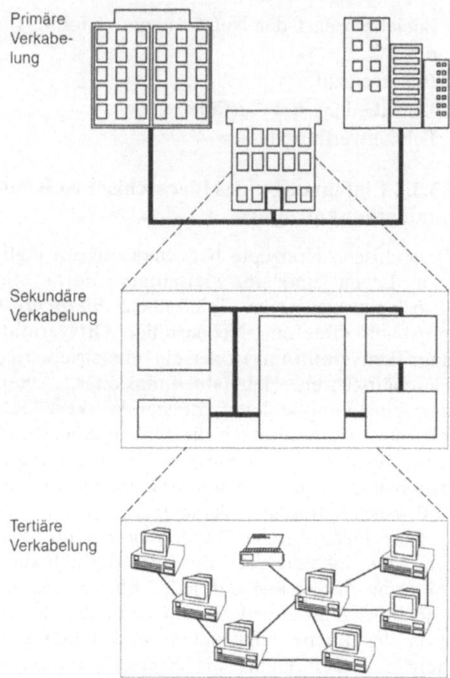

Bild F-28. Hierarchie der Verkabelung.

Gebäuden miteinander verbindet und die *tertiäre Verkabelung* als arbeitsplatznahe Verkabelung, die die einzelnen Endgeräte verbindet.

Ausgehend von einer hierarchischen Verkabelung kann auch eine *Hierarchie* der *Übertragungsraten* aufgebaut werden, die es erlaubt, die Leistungen der Primärverkabelung sehr gut zu nutzen. Die Übergänge zu höheren Stufen der Hierarchie und Konzentrationspunkte, die nicht nur physikalisch, sondern auch logisch konzentrierend ausgeführt sein können (wie z. B. Router oder Bridges). Dabei werden *Filterfunktionen* ausgeführt, welche die Sicherheit des Systems in bezug auf Ausfall und Zugangsberechtigung bzw. Broadcast-Verhalten erhöhen.

Das am weitesten verbreitete Modell einer Rechner-Hierarchie in der Produktion stammt vom National Bureau of Standards (NBS) und kennt folgende sechs Funktionsgruppen, mit denen sich die Anforderungen an die Kommunikation beschreiben lassen:

- Betriebsstätte,
- Produktionsbereich (area),
- Produktionszelle (cell),
- korrespondierende Netze auf Betriebsstättenebene,
- korrespondierende Netze auf Zellenebene,
- Workstation und Gerät (equipment).

Besonders wichtig bei der Planung von Netzen ist, daß eine getrennte Planung des physikalischen und des logischen Netzwerkes vorgenommen werden kann.

F 3.3.3 Einsatz von Lichtwellenleitern (LWL)

Lichtwellenleiter können bei lokalen Netzen sowohl im Backbone-Bereich, als auch im Anschlußbereich Verwendung finden. Für den Anschlußbereich sind inzwischen auch *optische Transceiver* mit einer ISO-8802/3-Schnittstelle im Angebot, die für eine Verbindung von Endgeräten mit Glasfaserkabeln sorgen und so ein Netzwerk nach ISO 8802/3 mit Lichtwellenleitern als Übertragungsmedium bieten (optisches Ethernet). Durch das optische Übertragungsmedium darf der maximale Abstand zwischen zwei Endgeräten 4.500 m betragen. Zentrale Elemente dieser Systeme sind *Sternkoppler,* die aktiv oder passiv ausgeführt sein können.

Optische LAN nach ISO 8802/3 sind, da LWL-Verbindungen immer als Punkt-zu-Punkt- oder Punkt-zu-Mehrpunktverbindungen betrieben werden, keine Bus-, sondern *Sternnetze,* die auch kaskadiert sein können.

Eine besondere Form des Token-Ring-Netzes ist das FDDI-Netzwerk, das man sowohl als eigenständiges LAN im Anschlußbereich sehen kann, als auch, aufgrund der hohen Übertragungsrate von 100 MBit/s, als Backbone-Netz (Bild F-27 b). Der Backbone-Bereich ist zur Zeit das wichtigste Einsatzgebiet für Lichtwellenleiter beim LAN. Hier sind große Entfernungen mit meist verschmutzter Umgebung zu überbrücken, und wegen der Hierarchie der Datenraten sind hohe Übertragungsraten erforderlich. Dabei wird ein Einsatz von *Hochgeschwindigkeitsnetzen* sich in naher Zukunft nur auf den primären und in wenigen Fällen auch auf den sekundären Bereich beschränken.

Ein Einsatz von Hochgeschwindigkeitsnetzen im tertiären Bereich ist nur für die Kopplung von Prozessen sinnvoll, die auch wirklich Hochgeschwindigkeitsübertragung verlangen (z. B. die

Kopplung von Supercomputern). Im Bereich der üblichen Endgeräte wird eine Übertragungsrate von 16 MBit/s auf lange Sicht ausreichend sein.

F 3.3.4 Vorgehensweise bei der Planung von Netzen

Tabelle F-5 zeigt das prinzipielle Vorgehen bei der Planung von Netzen. Dabei geht man in drei Phasen vor. Zunächst erstellt man vorbereitende Analysen, legt anschließend die Verkabelungsstrategie fest und wählt schließlich das Netzwerk aus.

Tabelle F-5. Systematik zur Planung von Netzen

1. Ist-Analyse
   Liste mit allen Geräten, die am Netz hängen
   Liste aller Anwendungen, die über das Netz laufen
   Erfassen aller bestehenden Netze
   – Abschätzen des Lastaufkommens

2. Bilden von Unternetzen
   – die Geräte werden in eine Hierarchie eingeordnet.

3. Einzeichnen der Geräte und Unternetze in den Gebäudegrundri?

4. Planen der hierarchischen Verkabelungsstruktur

5. Verbinden der Unternetze über Bridges oder Router

6. Festlegen eines einheitlichen Transportprotokolls (z. B. TCP/IP oder ISO 8073)

7. Auswahl des Netzbetriebssystems für Betriebssysteme, die nicht netzorientiert aufgebaut sind (z. B. MS-DOS)

Für die *Verkabelung* sind folgende Grundsätze zu beachten:

- Eine spezielle Verkabelung von Einzelsystemen sollte nicht erfolgen, sondern statt dessen eine kabeltechnische Integration aller möglichen Anwendungen auf einem Medium.
- Das Kabelnetz sollte nicht nur den aktuellen, sondern auch den abschätzbaren, zukünftigen Bedarf eines Standorts abdecken.
- Backbone-Netze sollten spezialisierte Teilnetze verbinden.

Im allgemeinen sollte man einer hierarchischen oder strukturierten Verkabelung den Vorzug geben über einer Einzellösung für das gesamte Netz geben. Dabei wird der gesamte Standort in *Verkabelungsbereiche* eingeteilt, die untereinander durch *Übergabepunkte* verbunden werden. An diesen Übergabepunkten kann auch ein *Wechsel der Netztechnik* (z. B. LAN-WAN oder Glasfaser auf Koaxialkabel) und des *Mediums* erfolgen.

Gerade bei der Auswahl des Netzbetriebssystems ist es unverzichtbar, sich bei den verschiedenen Anbietern nach Referenzkunden zu erkundigen und sich deren Erfahrungen mit den in Frage kommenden Produkten zu Nutze zu machen. Seit 1988 gibt es auch nationale Koordinierungsstellen, welche die Normenkonformität informationstechnischer Produkte prüfen und zertifizieren (in Deutschland die DEKITZ: Deutsche Koordinierungsstelle für IT-Normenkonformitätsprüfung und -Zertifizierung).

F 4 Integriertes digitales Nachrichtennetz (ISDN)

Das diensteintegrierende digitale Nachrichtennetz (ISDN: Integrated Services Digital Network) ist nach dem Stand der Spezifikationen (ITU-T, ETSI und FTZ-Richtlinien) kein streng einheitlich spezifiziertes Netz, sondern bietet einen Rahmen, innerhalb dessen die Betreiber der nationalen Netze, ihren Belangen entsprechend, ihr ISDN entwickeln können. Seit 1993 wird in Europa ein EURO-ISDN eingeführt. Verpflichtet haben sich hierzu 19 Länder in einem „Memorandum of Understanding" (kurz: mou: Absichtserklärung). Im EURO-ISDN werden einheitliche Schnittstellen und ein einheitliches D-Kanal-Protokoll (E-DSS1) festgelegt. Die Schnittstellen und das Protokoll E-DSS1 basieren auf CCITT-Empfehlungen (im wesentlichen I.431, Q.921 und Q.931 DSS1, Digital Signaling System One, Blaubuch 1988). Durch Einschränkungen möglicher Optionen hat das ETSI daraus die europäischen Spezifikationen (ETS) abgeleitet. Die Basis aller Spezifikationen sind folgende Vorgaben:

1. Grundlage für Nachrichten jeder Art (Sprache, Text, Daten und Bild) sind 64-kBit/s-Transportkanäle. Diese Kanäle werden durchgehend digital, d. h., „end-to-end" vermittelt.

2. Pro Teilnehmeranschluß sind zwei 64-kBit/s-Transportkanäle und ein 16-kBit/s-Signalisierungskanal vorgesehen. Dies gilt für

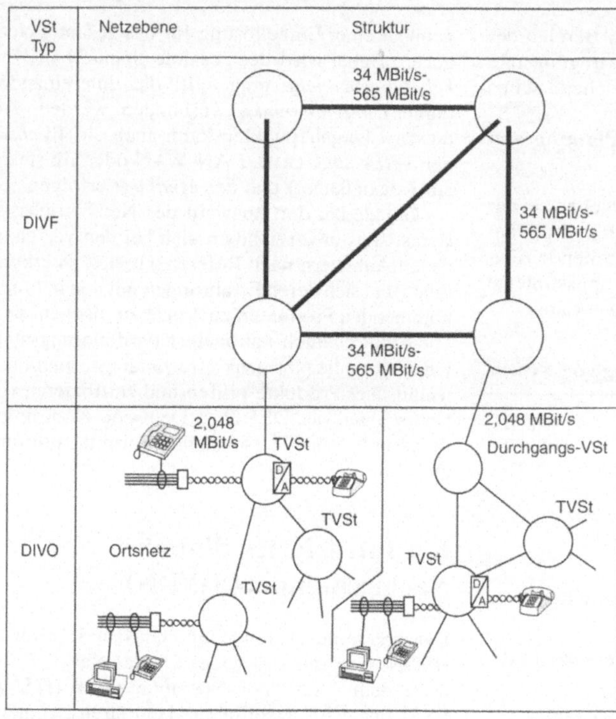

DIVO   Digitale Ortsvermittlungstechnik
DIVF   Digitale Fernvermittlungstechnik

TVSt   Teilnehmervermittlungsstelle
D/A   Wandler A/D und D/A - Anpassung analoger Schnittstellen an DIVO

Bild F-29. Struktur des ISDN.

den einfachen Basisanschluß, für Telekommunikationsanlagen (TKAnl) und für zukünftige
Anschlüsse über Glasfaser sind auch mehr als
zwei Kanäle (z. B. 30) bzw. größere Übertragungsraten vorgesehen.
3. Es ist eine einheitliche Schnittstelle festgelegt für den Teilnehmeranschluß, der hinter
einer Netzabschlußeinrichtung liegt. An dieser Schnittstelle (S_0-Schnittstelle) können über
Steckdosen beliebig Sprach-, Text- und Daten-
terminals angeschlossen werden.
4. Jeder Anschluß hat nur eine Rufnummer, unabhängig von der Anzahl und der Art der angeschlossenen Endgeräte.
5. Signalisierung und Prozeduren arbeiten nach
standardisierten Protokollen.
6. Als Substitution für das Fernsprechnetz ist das
ISDN ein weltweites, offenes Netz. Die Struk-

tur des ISDN ist daher identisch mit der Struktur des Fernsprechnetzes (Bild F-29).

F 4.1 Dienste im ISDN

Die Dienste im ISDN teilt man in *Übermittlungsdienste* (Bearer Services) und *Teledienste* (Tele
Services) ein (Bild F-30). Die Übermittlungsdienste sind nur in den Schichten 1 bis 3 des
OSI-Referenzmodells (Abschn. F 1.7.1; Bild F-
9) standardisiert, die Teledienste in allen sieben
Schichten. Beide werden vom Netz unterstützt,
d. h., Endgeräte am Netz können einen bestimmten Übermittlungsdienst oder einen bestimmten
Teledienst anfordern. Diese Anforderungen an das
Netz zur Unterstützung bestimmter Dienste sind
als Elemente im Protokoll berücksichtigt. Zusätz-

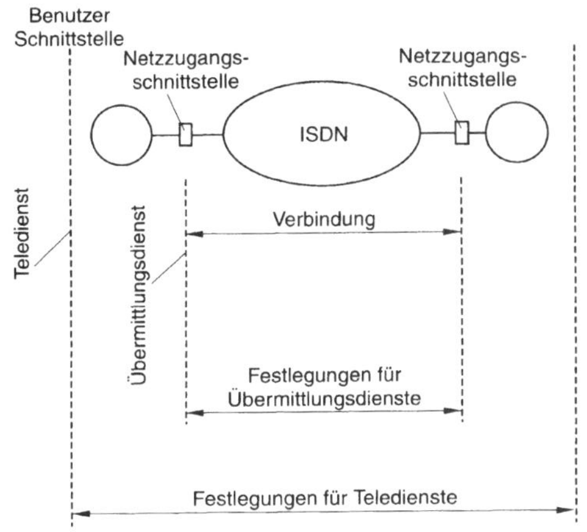

Bild F-30. Nachrichtenübertragung mit ISDN.

liche Dienste oder Leistungen können durch *Server*, die am Netz angeschlossen sind, erbracht werden. Diese Dienste werden *Mehrwertdienste* (Value Added Services) genannt. Beim Zugriff auf solche Mehrwertdienste verwenden die Benutzer die durch das Netz unterstützten Übermittlungsdienste oder bestimmte Teledienste. Zu den unterstützten Übermittlungsdiensten und den Telediensten sind jeweils auch bestimmte *Dienstmerkmale* (Leistungsmerkmale) definiert, wie beispielsweise Rückruf bei „Besetzt", „Gebührenanzeige", „Festverbindungen" und viele andere.

F 4.1.1 Übermittlungsdienste

Die Übermittlungsdienste stellen dem Benutzer einen Informationstransport zur Verfügung. Dies entspricht Festlegungen in den Schichten 1 bis 3 im OSI-Referenzmodell. Die Schichten 4 bis 7 können vom Benutzer frei ausgefüllt werden. Die Benutzer (oder die Endgeräte) müssen dabei sicherstellen, daß auf beiden Seiten die gleichen Festlegungen der Schichten 4 bis 7 verwendet werden. Grob können die Übermittlungsdienste in einen *leitungsvermittelten* Teil und einen *paketvermittelten* Teil unterschieden werden. Sie besitzen folgende Daten:

Leitungsvermittelte Übermittlungsdienste

- 64 kBit/s uneingeschränkt (für Datenübertragungen direkt über S_0 oder über TA X.21/X.21),

- 3,1 kHz Audio (für Telefondienst und a/b-Dienste),

  – Telefondienst aus dem analogen Netz,
  – Datenübermittlung über TA a/b und Modem,
  – Telefax (Gruppe 2 und 3) über TA a/b und
  – Btx über TA a/b sowie

- Sprache.

Paketvermittelte Übermittlungsdienste

Leitungsvermittelter Zugang zum Paketnetz (Übergang zum DATEX-P) im B-Kanal nach ITU-T X.31 und

- paketvermittelter Zugang mit einem Packet Handler im ISDN über den B- oder den D-Kanal.

F 4.1.2 Teledienste

Im ISDN wird eine begrenzte Anzahl an Telediensten unterstützt. Nach den heutigen Festlegungen sind dies:

1. ISDN-Fernsprechen mit 3,1 kHz Bandbreite,
2. ISDN-Fernsprechen mit 7 kHz Bandbreite,
3. ISDN-Teletex mit 64 kBit/s Übertragungsgeschwindigkeit,
4. ISDN-Telefax: Fernkopierer der Gruppe 4,
5. ISDN-Mixed Mode: Datenübertragung mit Text und Bildern,
6. ISDN-Btx mit 64 kBit/s Übertragungsgeschwindigkeit,
7. Videotelephonie,
8. Computerized Communication Service: Datenkommunikation mit standardisierten Protokollen (z. B. Filetransfer).

F 4.1.3 Dienst- und Netzübergänge (national)

Folgende Dienst- und Netzübergänge sind im EURO-ISDN für Deutschland geplant:

- 3,1 kHz Audio zum analogen Telefonnetz,
- Sprache zum analogen Telefonnetz,
- Frame Mode Bearer zum DATEX-P-Netz,
- Telefondienst zum analogen Telefonnetz und zum Funknetz B, C, D1 und D2,
- Teletex-Dienst (ISDN) zum Teletex-Dienst im ISDN, Telebox-Dienst, Btx-Dienst,

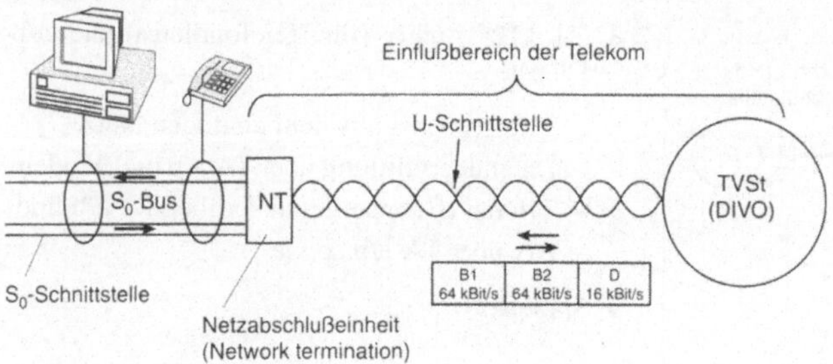

Bild F-31. Basisanschluß.

- DATEX L, DATEX P und Datenübermittlungsdienst im ISDN,
- Telefax-Dienst Gruppe 3 (ISDN) zum analogen Telefonnetz,
- Btx-Dienst 64 kBit/s und TA a/b zum Btx am analogen Telefonnetz, Übergang zum
- Telex-Dienst und Übergang zum Telefax-Dienst Gruppe 3 und 4.

F 4.1.4 Dienstmerkmale im ISDN

Dienstmerkmale sind Teile eines Dienstes und vergleichbar mit den Leistungsmerkmalen in Telekommunikationsanlagen. Man unterscheidet zwischen *Anschlußdienstmerkmalen, Verbindungsmerkmalen* und *Informationsdienstmerkmalen.* Es muß darauf hingewiesen werden, daß nicht alle Dienstmerkmale für alle Übermittlungsdienste angeboten werden, und daß nicht jedes Netz immer alle Dienstmerkmale unterstützt.

Im folgenden werden die Dienstmerkmale kurz aufgezählt:

Anschlußdienstmerkmale:

- Festverbindungen,
- Mehrdienstebetrieb,
- Dienstwechsel,
- Endgeräteauswahl am Bus,
- geschlossene Benutzergruppe und
- Paketvermittlung.

Verbindungsmerkmale:

- Anklopfen mit Anzeige,
- Rufweiterschaltung,
- Automatischer Rückruf bei „Besetzt",
- Gebührenübernahme durch den angerufenen Teilnehmer,

- automatischer Weckdienst,
- Konferenzverbindung,
- Kurzwahl,
- Ruhe vor dem Telefon,
- Aufzeichnung von Daten ankommender Gespräche und
- Anrufbeantwortung durch Sprachspeicherung.

Informationsdienstmerkmale:

- Gebührenanzeige,
- Fernsprechansage,
- Anzeige des rufenden Teilnehmers beim gerufenen Teilnehmer und umgekehrt sowie
- Ansage/Anzeige der geänderten Rufnummer.

F 4.2 ISDN-Netzzugang

F 4.2.1 Basisanschluß

Der normale Teilnehmeranschluß im ISDN wird *Basisanschluß* genannt (Bild F-31). Dieser Anschluß stellt in beiden Richtungen zwei Nutzkanäle (B-Kanäle) mit jeweils 64 kBit/s für eine transparente digitale Übertragung von Nutzinformationen (Sprache, Text, Daten oder Bilder) zur Verfügung. Die Signalisierungsinformationen werden in einem zusätzlichen 16-kBit/s-Kanal (D-Kanal) übertragen.

Die Auslastung des D-Kanals für die Signalisierung ist relativ gering. Ein ISDN-Telefon lastet den D-Kanal beispielsweise nur zu 5% aus. Im EURO-ISDN ist deshalb die Übertragung von paketvermittelten Daten zusätzlich zur Signalisierung im D-Kanal vorgesehen.

F 4.2.2 Primärmultiplexanschluß

Teilnehmereinrichtungen mit größeren Anforderungen an die Übertragungskapazität, wie Te-

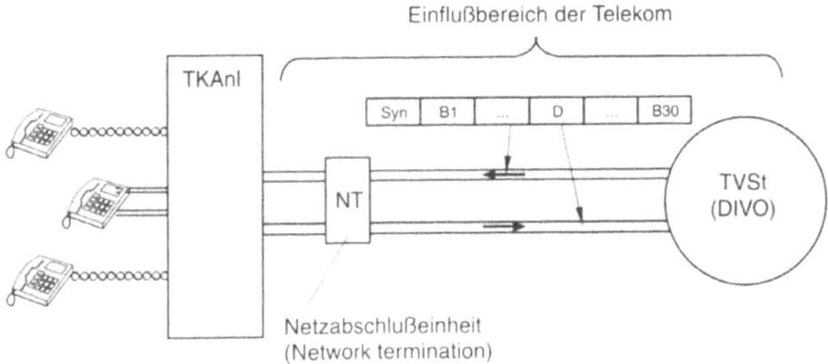

Bild F-32. Primäranschluß.

lekommunikationsanlagen (TKAnl) oder Datenverarbeitungsanlagen, können über einen besonderen Netzzugang, den Primärmultiplexanschluß PA (Primary Rate Access, Bild F-32), an die Vermittlungsstelle angeschlossen werden. Der Primärmultiplexanschluß stellt 30 Nutzkanäle mit jeweils 64 kBit/s, einen 64 kBit/s-Signalisierungskanal (D-Kanal) und einen Synchronisationskanal (ebenfalls mit 64 kBit/s) zur Verfügung. Die Verbindung zwischen der Teilnehmerendeinrichtung und der Teilnehmervermittlungsstelle erfolgt vierdrähtig, d. h., für den PA werden zwei Kupferdoppeladern benötigt.

F 4.2.3 Mehrfachausnutzung der Anschlußleitung

Dem Teilnehmer werden beim ISDN-Basisanschluß für die Nutzung von Übermittlungs- bzw. Telediensten zwei unabhängige Nutzkanäle bereitgestellt. Die unabhängige und/oder gleichzeitige Verwendung der beiden Nutzkanäle erschließen dem Teilnehmer neue Anwendungen. Ein Teilnehmer kann mit einem ISDN-Basisanschluß gleichzeitig mehrere Verbindungen zu unterschiedlichen Zielen haben oder während der Verbindung den Dienst wechseln (z. B. von Fernsprechen zu Fax). Die Vermittlungsstelle muß diese unabhängigen Verbindungen zu einem Anschluß bearbeiten und verwalten können. Jedem Basisanschluß ist dabei eine ISDN-Nummer (Rufnummer) zugeordnet, gleichgültig wieviele Endgeräte an diesem Anschluß angeschlossen sind oder welchen Dienst diese Endgeräte unterstützen. Die Konfiguration (Bild F-33) des Basisanschlusses (wieviele Endgeräte und welche Dienste) ist der Vermittlungsstelle nicht bekannt. Die Vermittlungsstelle merkt sich auch nicht, ob an einem Ba-

sisanschluß ein Endgerät eines bestimmten Dienstes erreicht werden kann oder nicht.

F 4.3 Signalisierung im ISDN

Der Austausch von Signalisierungsinformationen zwischen den Endeinrichtungen und der Teilnehmervermittlungsstelle (TVSt) über den D-Kanal ist im *Protokoll* des D-Kanals festgelegt, das eine standardisierte Vorschrift ist. Dieser Signalisierungskanal steht, unabhängig vom Verbindungszustand, jederzeit zur Verfügung. Da die Signalisierung im ISDN über einen separaten Kanal ausgetauscht wird, spricht man von *out slot-Signalisierung*. Die Signalisierungsaktivitäten der Teilnehmer oder der Endeinrichtungen werden im D-Kanal durch *standardisierte Nachrichten* (messages) übertragen. Beispiele hierzu sind in Bild F-34 zu sehen.

Zwischen den Vermittlungsstellen werden die Signalisierungsinformationen über *Zentrale Zeichengabekanäle* (ZZK) mit 64 kBit/s je Kanal ausgetauscht (Bild F-35). Das Verfahren ist nach ITU-T Nr.7 standardisiert. Hierbei wird die Signalisierung mehrerer Verbindungen in einem Zeichengabekanal zusammengefaßt. Zwischen zwei Vermittlungsstellen werden zwei Bündelarten geführt: *Sprechkreise* (Nutzkanäle) und *Zentrale Zeichengabekanäle*. Die Zentralen Zeichengabekanäle verbinden die Steuerungen der Vermittlungsstellen miteinander. In den Zentralen Zeichengabekanälen werden neben den Signalisierungsinformationen für die Nutzkanäle auch Informationen für betriebliche Zwecke zwischen den Vermittlungsstellen ausgetauscht.

Gegenüber der sprechkreisgebundenen Signalisierung im analogen Fernsprechnetz sind die Zeichengabekanäle den Nutzkanälen physikalisch nicht zugeordnet; Signalisierung und Nutzinfor-

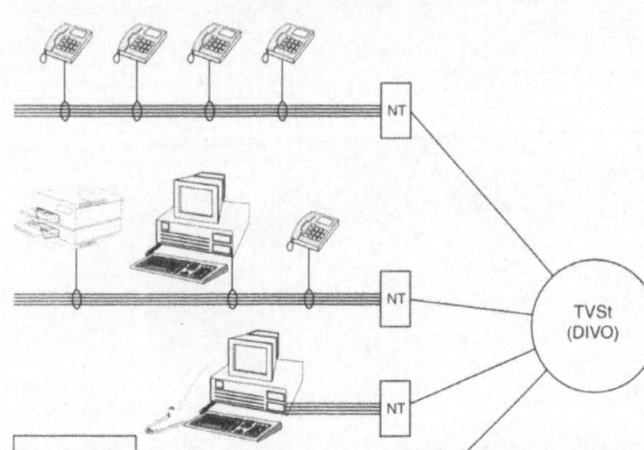

NT Netzterminal
TVSt Teilnehmervermittlungsstelle
DIVO Digitale Ortsvermittlungstechnik

Bild F-33. Konfigurationsbeispiele.

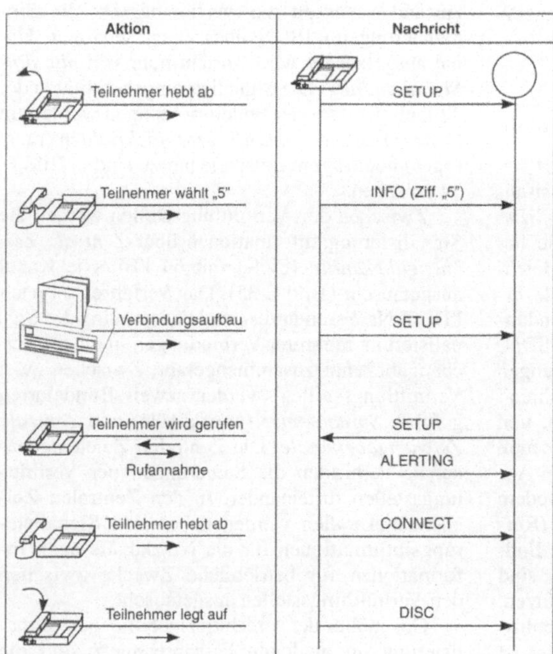

Bild F-34. Beispiele für die Signalisierung im ISDN.

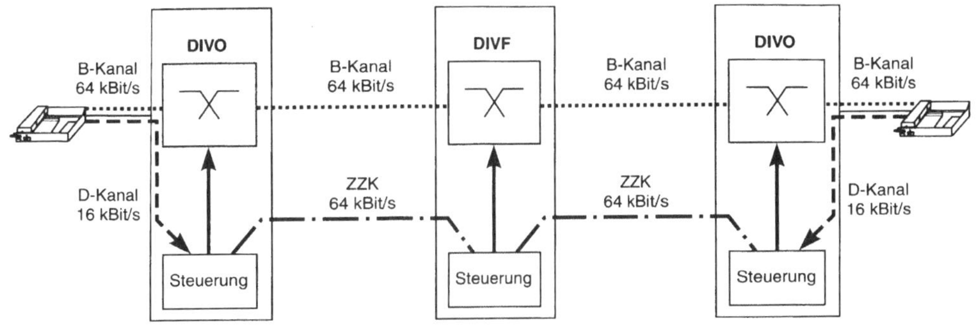

DIVO   Digitale Ortsvermittlungstechnik
DIVF   Digitale Fernvermittlungstechnik
ZZK   Zentrale Zeichenabgabekanäle

Bild F-35. Signalisierung zwischen ISDN-Vermittlungsstellen.

mationen können unterschiedliche Wege laufen (non associated signaling). Mit dem zentralen Zeichengabekanal entsteht ein dem Nutzwegenetz *überlagertes, getrenntes Zeichengabenetz.*

F 4.4 Netzübergänge

Das ISDN entsteht als Ersatz für bestehende Fernsprech- und Datennetze. In der Übergangsphase müssen daher Übergänge zu bestehenden Netzen vorhanden sein (Bild F-36). Diese Netzübergänge sind Bestandteile der ISDN-Vermittlungsstellen. Sie können auf der Ortsnetzebene vorhanden sein oder, für viele Ortsnetze gemeinsam, auf einer höheren Netzebene im Fernnetz. Die Netzübergänge setzen die Signalisierung aus der Vermittlungsstelle in die jeweilige Signalisierung des Netzes um, an dem der Netzübergang angeschaltet ist. Netzübergänge sind für das DATEX-L-Netz (hier nur für den Teletex-Dienst) und das DATEX-P-Netz vorhanden. Zum analogen Fernsprechnetz sind keine Netzübergänge erforderlich, da ISDN integraler Bestandteil des Fernsprechnetzes ist. Selbstverständlich müssen die Signalisierung und die Nutzinformationen dem analogen Fernsprechnetz angepaßt werden. Dieses sind aber keine Netzübergänge, da ISDN-Vermittlungsstellen und analoge Vermittlungsstellen zum selben Netz gehören.

F 4.5 Die S_0-Schnittstelle

F 4.5.1 Aufbau

Die S_0-*Schnittstelle* ist die ISDN-Endgeräteschnittstelle, die hinter der Netzabschlußeinrichtung zur Verfügung steht. Die S_0-Schnittstelle ist als vierdrähtiger Bus ausgelegt, an dem bis zu acht Endgeräte angeschlossen werden können (Bild F-37). Diese können beliebig vom Teilnehmer nach dessen Wünschen eingerichtet werden. Jede Kombination aus unterschiedlichen oder auch gleichen Endgeräten ist am S_0-Bus möglich. Endgeräte mit herkömmlichen Schnittstellen (z. B. a/b-Adern, V.24 oder X.21) werden über einen *Terminaladapter* (TA) an den S_0-Bus angeschlossen. Der Terminaladapter paßt die Endgeräteschnittstelle an die S_0-Schnittstelle an und übersetzt die jeweilige Signalisierung. Der S_0-Bus besteht aus zwei Kupferdoppeladern, die als Teilnehmerinstallation mit mehreren Kommunikationssteckdosen (TAE Telekommunikationsanschlußeinheit) ausgestattet sind und so den Anschluß der ISDN-Endgeräte bzw. Terminaladaptoren ermöglichen. Jede Übertragungsrichtung wird über eine Kupferdoppelader des S_0-Busses getrennt übertragen.

An eine Netzabschlußeinrichtung (NT) in einer Buskonfiguration lassen sich mehrere (im Netz der DBP Telekom bis zu acht) unterschiedliche - oder auch gleichartige - Endgeräte anschließen. Mehrere Endgeräte können gleich-

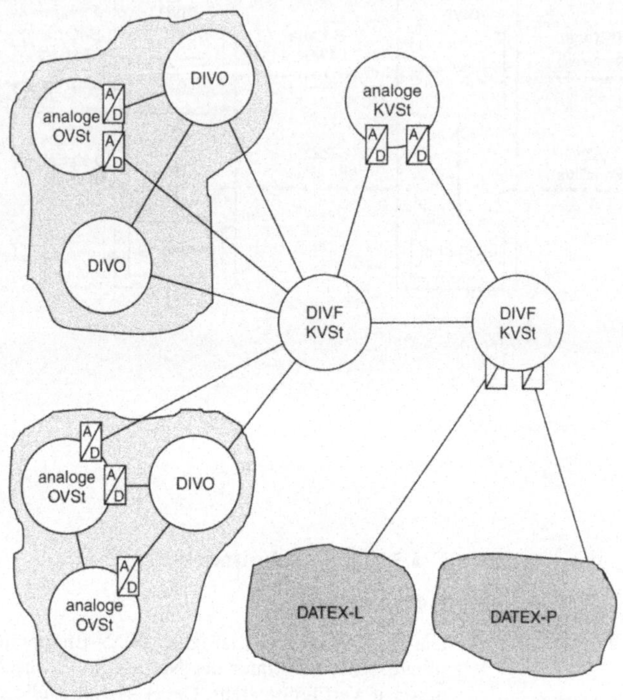

Gateway-Verbindung (Umsetzer) zwischen verschiedenartigen Netzen

Bild F-36. Netzübergänge.

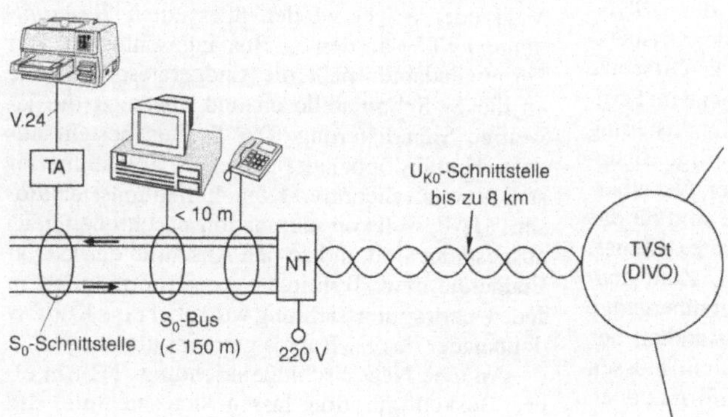

Bild F-37. S_0-Schnittstelle.

zeitig aktiv sein, indem sie beispielsweise je einen der beiden 64-kBit/s-B-Kanäle benutzen. In der S_0-Bus-Konfiguration (Bild F-37) mit bis zu acht Endgeräten ist die Reichweite auf etwa 150 m begrenzt. In dieser Bus-Konfiguration können die Endgeräte an beliebiger Stelle der Teilnehmerinstallation eingesteckt werden. Wird nur ein Endgerät angeschlossen (Punkt-zu-Punkt-Konfiguration), können etwa 1.000 m erreicht werden.

F 4.5.2 Übertragungskode

Die Übertragung an der S_0-Schnittstelle erfolgt mit einer Geschwindigkeit von 192 kBit/s. Als Übertragungskode wird in beiden Richtungen der *AMI-Kode* (AMI: Alternate Mark Inversion) verwendet, ein pseudoternärer Kode mit 100% Impulsbreite (Bild F-38). Bei diesem Kode wird die binäre 1 durch den Signalwert „stromlos" (potentialfrei), die binäre 0 durch wechselnde positive und negative Impulse dargestellt. In den Endgeräten werden die zu sendenden Daten auf den empfangenen Takt synchronisiert.

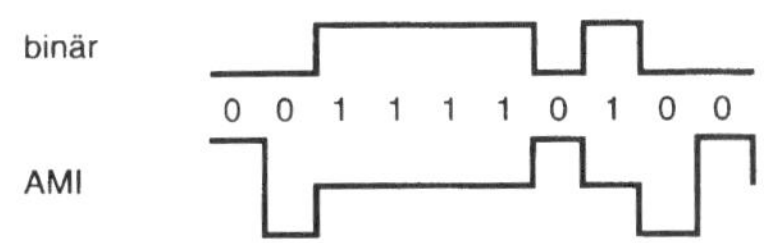

Bild F-38. AMI-Kode.

F 4.5.3 Rahmenstruktur

Der Rahmen beginnt, wie in Bild F-39 dargestellt, mit dem *Rahmensignal.* Es besteht immer aus einem positiven Impuls, gefolgt von einem negativen Impuls. Die erste binäre 0, die dem Rahmensignal folgt, ist immer negativ. Die elektrischen Eigenschaften der Schnittstellensender sind so ausgelegt, daß ein gesendeter Pegel (binär 0) gegenüber kein Pegel (potentialfrei bei der Übertragung von binärer 1) dominiert.

F 4.6 D-Kanal Zugriff

Am S_0-Bus ist als Signalisierungskanal der D-Kanal nur einmal vorhanden. Haben zwei Endgeräte am S_0-Bus gleichzeitig Signalisierungsbedarf, muß der Zugriff auf dem D-Kanal geregelt werden. Die Endgeräte sind auf den S_0-Bus synchronisiert, d. h., wenn ein Zugriff auf den D-Kanal durch zwei Endgeräte erfolgt, wird von beiden Endgeräten das gleiche Bit beeinflußt. Da die „logische 1" als stromloser Zustand dargestellt wird, wird sich immer eine (oder zwei gleichzeitig gesendete) „logische 0" durchsetzen. Die gesendete(n) „0" werden dabei nicht verfälscht. Die Endeinrichtungen überprüfen während des Sendens, ob ihre D-Kanal-Bits verfälscht werden. Hierzu steht den Endeinrichtungen das E-Bit zur Verfügung. Dieses E-Bit wird vom NT in Rich-

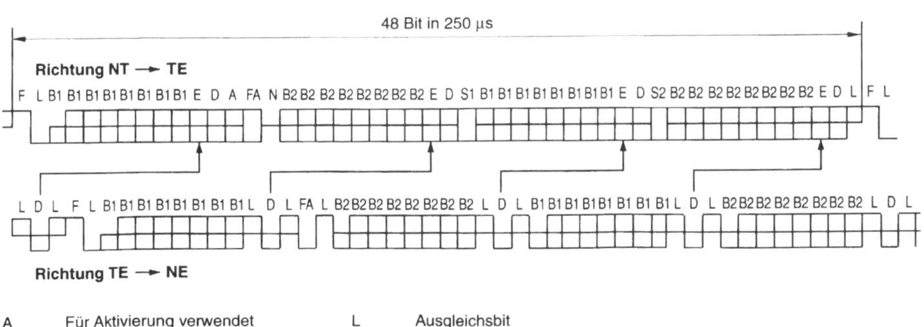

A	Für Aktivierung verwendet	L	Ausgleichsbit
B1, B2	Bit im B1- bzw. B2-Kanal	N	N-Bit als binäre 1 gesetzt
D	Bit im D-Kanal	NT	Netzabschlußeinrichtung
E	Bit im D-Echokanal	S1, S2	Füllbits, als binäre 0 festgelegt
F	Rahmenbit	TE	Endeinrichtung
FA	Zusätzliches Rahmenbit (0)		

Bild F-39. Rahmenstruktur an der So-Schnittstelle.

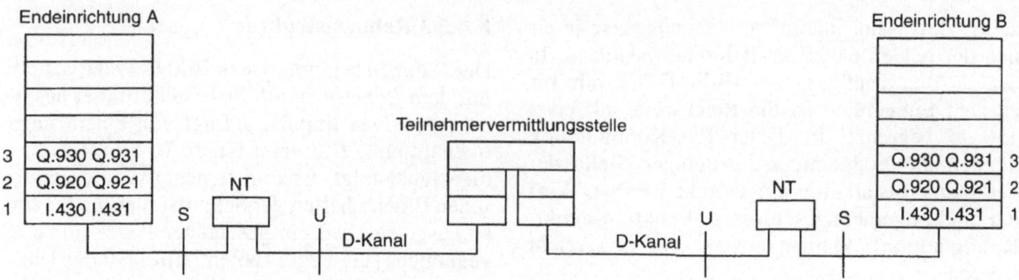

Bild F-40. OSI-Referenzmodell für die Signalisierung im D-Kanal.

tung der Endgeräte gesendet. Es entspricht dem jeweils letzten Bit, das gerade im D-Kanal in Richtung des NT gesendet wurde. Im Ruhezustand ist das Bit des D-Kanals in Richtung des NT auf „1" (stromloser Zustand) gesetzt, somit auch das Bit des E-Kanals.

F 4.7 D-Kanal-Protokoll DSS1

Die Signalisierung im D-Kanal ist für die unteren drei Schichten des OSI-Referenzmodells festgelegt (Bild F-40). Der Signalisierungsablauf (das Protokoll) basiert auf ITU-T-Empfehlungen. In den folgenden Abschnitten wird das D-Kanal-Protokoll DSS1 (Digital Subscriber Signaling System No. one) beschrieben, das in den ITU-T-Empfehlungen von 1988 (Blaubuch) festgelegt ist. Das EURO-Protokoll E-DSS1 basiert auf diesen Empfehlungen. Die Aufgaben der unteren drei Schichten sind:

Bitübertragungsschicht

Die Bitübertragungsschicht (physical layer; Schicht 1) stellt die synchronisierte Übertragung der binären Signale in den Kanälen zwischen Endeinrichtung und Netz gleichzeitig in beiden Richtungen sicher (U- und S-Schnittstelle; CCITT-Empfehlungen I.430 und I.431).

Sicherungsschicht

Die Sicherungsschicht (data link layer; Schicht 2) sichert den Nachrichtenaustausch der Schicht 3 zwischen den Endstellen und der Teilnehmervermittlungsstelle. Zusätzlich ist der Transport von paketvermittelten Daten durch die Schicht 2 vorgesehen (ITU-T-Empfehlungen Q.920 und Q.921).

Vermittlungsschicht

In der Vermittlungsschicht des D-Kanals (network layer; Schicht 3) wird die eigentliche Signalisierung zwischen den Endeinrichtungen und der Teilnehmervermittlungsstelle beschrieben (ITU-T-Empfehlungen Q.930 und Q.931). Beispiele für die Signalisierung sind:

- Teilnehmer hat abgehoben (SETUP),
- Wahlinformationen (INFO),
- Teilnehmerruf (SETUP) und
- Teilnehmer hat aufgelegt (DISC).

F 4.8 Vermittlungsarten

Entsprechend den Übermittlungsdiensten kann man drei Vermittlungsarten unterscheiden:

- leitungsvermittelte Verbindungen (B-Kanal),
- paketvermittelte Verbindungen (B-Kanal) und
- paketvermittelte Verbindungen (D-Kanal).

Entsprechend den verwendeten Übermittlungsdiensten unterscheidet sich die Signalisierung und deren Bearbeitung durch das Netz. Diese Unterschiede sollen die folgenden OSI-Referenzmodelle, angewendet auf die unterschiedlichen Übermittlungsdienste, verdeutlichen.

Alle Fernsprechverbindungen sowie die meisten Datenverbindungen verwenden *leitungsvermittelte Verbindungen*, wie sie in Bild F-41 dargestellt sind. Bei dieser Vermittlungsart werden die Nutzkanäle (B-Kanäle) mit 64 kBit/s transparent „End-to-End" vermittelt. Dazu werden, aufgrund der Signalisierung im D-Kanal, die Koppeleinrichtungen in den Vermittlungsstellen durchgeschaltet. Für die leitungsvermittelten Verbindungen gilt das OSI-Referenzmodell, in dem unterschiedliche Kanäle getrennt dargestellt werden.

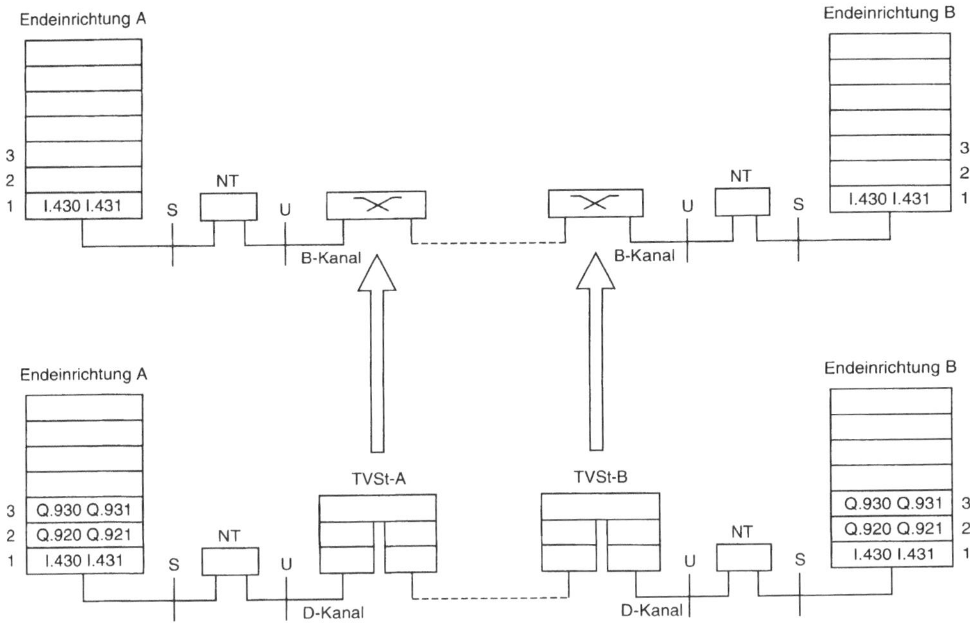

Bild F-41. Referenzmodell für eine leitungsvermittelte Verbindung.

Für den B-Kanal werden vom ISDN nur Schicht-1-Funktionen bereitgestellt. Da die *Nutzinformationsübermittlung* (B-Kanal) und die *Signalisierung* (D-Kanal) in *unterschiedlichen Kanälen* erfolgt, spricht man von *„out slot"-Signalisierung.* Für den D-Kanal werden die Schichten 1 und 2 separat für jeden Leitungsabschnitt durch die Vermittlungsstelle bearbeitet. Die Schicht 1 sorgt für die Bitübertragung zwischen den Endeinrichtungen und der Vermittlungsstelle eines Basisanschlusses. Die Schicht 2 sichert die Übertragung der Signalisierung für einen Übermittlungsabschnitt (einer Leitung) zwischen einem Endgerät und der Vermittlungsstelle.

F 4.9 Protokoll der Schicht 2

Die Schicht 2 stellt der Schicht 3 im D-Kanal den gesicherten Transport von Nachrichten der Schicht 3 und gegebenenfalls den Transport von paketvermittelten Daten für X.25-Schicht-3-Daten zur Verfügung. Die Schicht 2 verwendet für diese Aufgabe das Verfahren HDLCP-LAPD (High Level Data Link Protocol-Line Access Protocol D). Dieses Verfahren basiert auf dem HDLCP-LAPB-Verfahren, wie es von X.25 verwendet wird und das um die spezifischen ISDN-Forderungen erweitert wurde. Wie bei jedem HDLC-Verfahren werden bei HDLC-LAPD die Nachrichten der Schicht 3 in sogenannten Blöcken (Frames, Rahmen) übertragen, die mit einer Sendefolgenummer versehen und am Ende des Blockes durch eine Blockprüfsequenz gegen Bitverfälschung gesichert werden (Bild F-42). Für die Übermittlung von Schicht-2-Blöcken ist für den Basisanschluß die Fenstergröße w=1 (Multiplexanschluß w=7) festgelegt. Diese Festlegung bedeutet, daß jeder gesendete Rahmen vom Empfänger quittiert werden muß, bevor ein weiterer Rahmen gesendet werden darf. Der Rahmenzähler (Modulus, Zählerperiode) ist auf 128 festgelegt (extended format).

F 4.9.1 Blockbegrenzung (Flag)

Jeder Block beginnt und endet mit einem *Blockbegrenzungsoktett,* dem *Flag.* Das Flag ist eine im restlichen Block nicht vorkommende Bitkombination. Um dieses zu erreichen, ohne die Transparenz der im Block übertragenen Informationen

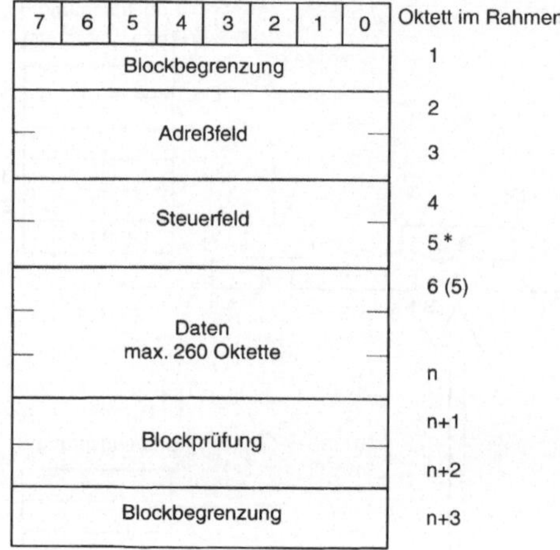

Bild F-42. Blockaufbau einer Schicht-2-Nachricht.

zu beeinträchtigen, wird an der Grenze zwischen Schicht 2 und Schicht 1 von der Schicht 2 nach jeder fünften „1“ eine „0“ eingeblendet (stuffing Bit). Die Empfänger-Schicht-2-Instanz nimmt entsprechend nach jeder fünften aufeinander folgenden „1“ eine „0“ aus dem Bitstrom. Werden vom Empfänger sechs aufeinander folgende „1“ erkannt, dann handelt es sich um ein Flag, und das Ende dieses Blockes wurde gefunden.

F 4.9.2 Adreßfeld

Das Adreßfeld (Bild F-43) besteht aus *zwei Oktetts.* Es dient der eindeutigen Kennzeichnung einer Schicht-2-Verbindung (link). Verbindungen mit unterschiedlichen *SAPI* (Service Access Point Identifier) oder *TEI* (Terminal Endpoint Identifier) sind voneinander unabhängige Verbindungen, mit eigenem Auf- und Abbau sowie einer eigenen Blocknumerierung.

7	6	5	4	3	2	1	0	Oktett im Rahmen
SAPI						C/R	EA=0	2 Adreßfeld
TEI							EA=1	3 Adreßfeld

Bild F-43. Kodierung des Adreßfeldes.

F 4.9.3 SAPI (Service Access Point Identifier)

Der SAPI entspricht einer *Informationstyp-Adresse,* welche die unterschiedlichen Dienste der Schicht 2 unterscheidet. Festgelegt sind zur Zeit drei unterschiedliche Typen der Schicht-2-Übermittlung, die Übertragung von Signalisierungsinformationen der Schicht 3 des D-Kanal-Protokolls, die Übertragung von paketvermittelten Daten und zur Festlegung eindeutiger Schicht-2-Adressen (TEI). Die Kodierung zeigt Bild F-44.

	7	6	5	4	3	2	1	0	
Signalisierung	0	0	0	0	0	0	C/R	EA=0	SAPI 0
Paketdaten	0	1	0	0	0	0	C/R	EA=0	SAPI 16
TEI-Verwaltung	1	1	1	1	1	1	C/R	EA=0	SAPI 63

Bild F-44. Kodierung der verschiedenen SAPI.

F 4.9.4 Command/Response Bit

HDLC (Higher Level Data Link Control Protocol)-Verfahren unterscheiden *Befehls-* und *Meldungsblöcke.* Ob es sich bei dem übertragenen Block um ein Befehl (Command) oder eine Meldung (Response) handelt, wird durch das *Command/Response-Bit* festgelegt. Die Endgeräte setzen bei jedem Befehl dieses Bit auf „0“, die Vermittlungsstelle (VSt) setzt dieses Bit entsprechend bei jedem Befehl auf „1“. Bei Meldungen von der VSt an das Endgerät wird das Bit auf „0“ gesetzt, umgekehrt auf „1“.

F 4.9.5 TEI (Terminal Endpoint Identifier)

Ein HDLC-Verfahren kann nur zwischen zwei Endpunkten angewendet werden, weil die Informationsblöcke, welche die Nachrichten der Schicht 3 übertragen, mit einem Sendefolgenummernzähler versehen sind und der korrekte Empfang dieses Blockes durch einen Steuerblock quittiert wird, in dem der Empfangsfolgenummernzähler um eins erhöht wurde. Da beim ISDN-Basisanschluß eine Bus-Konfiguration möglich ist, in der die Endgeräte auch zu unterschiedlichen Zeitpunkten aktiv werden können, haben die Schicht-2-Instanzen in den verschiedenen Endgeräten auch unterschiedliche Zählerstände. Diese Punkt-zu-Mehrpunkt-Konfiguration muß

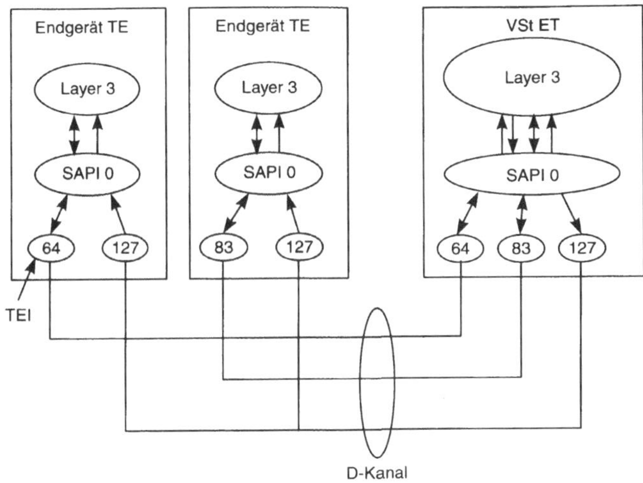

Bild F-45. Basisanschluß mit verschiedenen TEI.

aufgelöst werden in mehrere Punkt-zu-Punkt-Verbindungen. Es ist also eine eindeutige Schicht-2-Adresse erforderlich, um diese unterschiedlichen Punkt-zu-Punkt-Verbindungen in der Vermittlungsstelle zu unterscheiden. Diese Schicht-2-Adresse wird definiert durch den TEI (Terminal Endpoint Identifier). Jedem Endgerät wird ein TEI, entweder durch eine feste Einstellung am Endgerät (Schalter) oder durch eine Vergabe durch die Vermittlungsstelle zugeordnet.

Wichtig ist, daß zwischen dem Dienst und der Endgeräteidentität kein Zusammenhang besteht. Im normalen Betriebszustand ist jedem Endgerät ein unterschiedlicher TEI zugeordnet. Bei abgehenden Verbindungen wird dieser TEI vom Endgerät zum Aufbau von Schicht-2-Verbindungen, während der Informationsübertragung und beim Abbau der Schicht-2-Verbindung verwendet. Erfolgt kein Spannungsausfall beim Endgerät oder Reset in der Vermittlungsstelle, wird immer dieser TEI vom Endgerät verwendet. Kommende Verbindungen werden von der Vermittlungsstelle an alle Endgeräte gesendet. Aus der Antwort der Endgeräte erfährt die Vermittlungsstelle den TEI der antwortenden Endgeräte. Der Aufbau von Schicht-2-Verbindungen kann immer nur vom Endgerät aus erfolgen, weil die Vermittlungsstelle keine Informationen zur Konfiguration am Basisanschluß hat. Die Schicht-2-Adressen sind, wie alle Schicht-2-Parameter (z. B. SAPI oder

Zähler), je Basisanschluß vorhanden und haben keine End-to-End-Bedeutung für eine Verbindung. Der Aufbau einer Schicht-2-Verbindung erfolgt normalerweise vom Endgerät aus. In Bild F-45 ist ein ISDN-Basisanschluß im laufenden Betrieb dargestellt. Jedes Endgerät hat einen TEI von der Vermittlungsstelle erhalten (im Beispiel 64 und 83). Durch die Verwendung des jeweiligen TEI in allen Schicht-2-Blöcken wird die Punkt-(Vermittlungsstelle)-zu-Mehrpunkt-(Endeinrichtungen)-Konfiguration in mehrere Punkt-zu-Punkt-Verbindungen aufgelöst, die jeweils durch den TEI gekennzeichnet und in dieser Darstellung getrennt dargestellt sind.

Alle Endgeräte kennen im normalen Betriebszustand ihren TEI. Nur in den Fällen, daß ein Endgerät neu an den S_0-Bus gesteckt wird, oder nach Ausfall und Wiederkehr der Versorgungsspannung im Endgerät, sowie nach einem Restart der Vermittlungsstelle ist kein TEI im Endgerät verfügbar (Ausnahme: Endeinrichtungen mit fest eingestellten TEI). Wenn das Endgerät seinen TEI nicht kennt, muß es einen TEI bei der Vermittlungsstelle anfordern. Dies erfolgt vor der ersten Schicht-3-Aktion. Die TEI-Vergabeprozedur ist Bestandteil der Schicht-2-Spezifikation. Der Austausch der hierfür notwendigen Schicht-2-Blöcke erfolgt mit dem TEI 127 (von/an alle) und dem SAPI = 63 (TEI Management).

F 4.9.6 Steuerfeld

Der Aufbau des Steuerfeldes ist abhängig von der Art des Blockes (I-, S-, U-, UI-Block). Die Übermittlung der Schicht-3-Nachrichten erfolgt mit Informationsblöcken (I-Blöcke). Der nur in ihnen enthaltene Sendefolgenummernzähler numeriert die übertragenen Nachrichtenblöcke. Der korrekte Empfang von I-Blöcken kann durch einen I-Block der anderen Seite oder einen Steuerblock (S-Block) quittiert werden. Hierzu wird ein Empfangsfolgenummernzähler im I-Block oder S-Block übertragen. Wieviele I-Blöcke gesendet werden dürfen, ohne eine Quittung von der anderen Seite empfangen zu haben, regelt die sogenannte *Fenstergröße*. Beim ISDN-Basisanschluß ist sie auf eins festgesetzt, d. h., jeder gesendete I-Block muß von ˙der Gegenseite bestätigt werden, bevor der nächste I-Block gesendet werden kann. Beim Primärmultiplexanschluß ist die Fenstergröße auf sieben festgesetzt, d. h. maximal sieben I-Blöcke dürfen hintereinander gesendet werden, bevor eine Quittung empfangen wird. Wird einer der sieben gesendeten Blöcke quittiert, kann der Sender wieder einen Block senden.

Mit S-Blöcken kann der Empfänger auch seinen Zustand (empfangsbereit - Receiver Ready oder nicht empfangsbereit - Receiver Not Ready) anzeigen und bei groben Protokollfehlern einen Block abweisen, beispielsweise bei Nichteinhaltung der Sendefolgenummern-Reihenfolge (Reject - Abweisung).

Die nicht numerierten Blöcke (U: Unnumbered) dienen der Initialisierung (SABME: Set Asynchronous Balance Mode Extended), der Aufhebung einer Schicht-2-Verbindung (DISC: Disconnect), den Quittierungen hierzu (UA: Unnumbered Acknowledge), der Abweisung fehlerhafter Blöcke (FRMJ: Frame Reject) und dem unmittelbaren Abbruch einer Schicht-2-Verbindung, ohne daß eine Quittung erwartet wird (DM: Disconnect Mode). Neu im HDLC LAPD ist der UI-Block (Unnumbered Information), der Informationen der Schicht 2 (TEI-Management) oder der Schicht 3 (kommender Ruf) überträgt, ohne zuvor mit SABME die Schicht-2-Verbindung aufgebaut zu haben. UI-Blöcke werden von der Gegenseite nicht quittiert.

Das Blockprüfungsfeld ist 2 Oktetts lang. In ihm wird ein Bitmuster abgelegt, welches, wie in der Schicht 2 der X.25-Empfehlung (HDLC LAPB) beschrieben, gebildet wird und zur Fehlererkennung dient.

F 4.10 Protokoll der Schicht 3 (Vermittlungsschicht)

In der CCITT-Empfehlung Q.931 sind die Nachrichten (Messages) und deren Austausch für die Signalisierung im D-Kanal festgelegt. Zur Abwicklung des D-Kanal-Protokolls steht den Schicht-3-Instanzen ein begrenzter Satz an Nachrichtentypen zur Verfügung. Der Aufbau dieser Nachrichten ist je Nachrichtentyp festlegt. Jede Schicht-3-Nachricht besteht aus einem *Nachrichtenkopf* und zusätzlichen Elementen (Bild F-46).

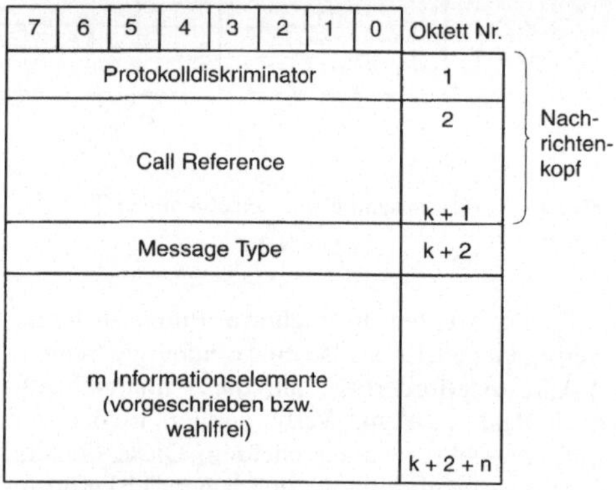

7	6	5	4	3	2	1	0	Oktett Nr.
Protokolldiskriminator								1
Call Reference								2
								k + 1
Message Type								k + 2
m Informationselemente (vorgeschrieben bzw. wahlfrei)								k + 2 + n

k = Anzahl der Oktette für die Call Reference
m = Anzahl der Elemente
n = Anzahl aller Oktette der
    Informationselemente
Maximale Anzahl aller Schicht-3-Oktette:
k + 2 + n = 260

Bild F-46. Aufbau einer Schicht-3-Nachricht.

Der Nachrichtenkopf besteht aus dem *Protokolldiskriminator*, der *„Call Reference"* und dem *„Message Type"*. Der Protokolldiskriminator kennzeichnet das verwendete Protokoll (z. B. das heutige Protokoll nach der FTZ-Richtlinie 1TR6 oder das EURO-Protokoll). Die „Call Reference" kennzeichnet alle Nachrichten, die zu einer Signalisierungsaktivität (Transaktion) gehören, um mehrere gleichzeitige Signalisierungsaktivitäten unterscheiden zu können. Der „Message Type" bezeichnet die verwendete Schicht-3-Nachricht (z. B. SETUP und CONNECT). Jedem Nachrichtentyp sind Informationselemente zugeordnet, die teilweise für den jeweiligen Nachrichtentyp vorgeschrieben sind oder wahlweise vorhanden sein können. Durch diese Informationselemente wird

7	6	5	4	3	2	1	0	Oktett Nr.
0	0	0	0	1	0	0	0	1

Protokolldiskriminator
Internatonal
nach Q.931

Protokolldiskriminator „I" kennzeichnet international standardisierte Nachrichten für
die Verbindungssteuerung zwischen Teilnehmer und Netz nach DSS1 und E-DSS1.

Bild F-47. Protokolldiskriminator des Euro-ISDN.

der eigentliche Nachrichteninhalt definiert, bei-spielsweise in der SETUP-Nachricht zu Beginn einer abgehenden Verbindung die Bestimmung des Übermittlungsdienstes und eventuell die Festlegung des zu verwendenden B-Kanals. Die Länge der Schicht-3-Nachrichten ist auf 260 Oktetts begrenzt.

F 4.10.1 Der Protokolldiskriminator

Der Protokolldiskriminator kennzeichnet alle Nachrichten eines bestimmten Protokolls. Unterschiedliche Protokolle verwenden unterschiedliche Protokolldiskriminatoren. In Bild F-47 ist der Protokolldiskriminator des E-DSS1-Protokolls dargestellt.

F 4.10.2 Die Call Reference

Bedeutung der Call Reference

Am einfachen ISDN-Basisanschluß können gleichzeitig mehrere, unabhängige Signalisierungsaktivitäten, auch innerhalb eines Endgerätes, notwendig sein. Die „Call Reference" kennzeichnet alle Nachrichten einer Signalisierungsaktivität (Transaktion) und ermöglicht es so den Schicht-3-Instanzen, die einzelnen Transaktionen zu unterscheiden. Die Call Reference wird beim Beginn einer Transaktion (z. B. der Teilnehmer hebt den Handapparat ab) vom Initiator (dem Endgerät oder der Vermittlungsstelle) festgelegt. Diese Call Reference wird in allen Nachrichten zwischen dem Endgerät und der Vermittlungsstelle bis zur Beendigung der Transaktion verwendet.

Die Call Reference hat nur lokale Bedeutung, d. h. sie kennzeichnet unterschiedliche Signalisierungsaktivitäten an einem Basisanschluß. Bei einer Verbindung zwischen einem A-Teilnehmer und einem B-Teilnehmer müssen nicht die Call Reference des A- und des B-Teilnehmers übereinstimmen.

Gleichzeitig und unabhängig voneinander ablaufende Signalisierungsvorgänge sind beispielsweise:

1. gleichzeitiges Abwickeln mehrerer Verbindungen (z. B. zwei unterschiedliche Dienste) durch ein multifunktionales Terminal;

2. Signalisierungsfunktionen für Verbindungen auf den beiden B-Kanälen und unabhängig davon das Steuern von Leistungsmerkmalen über ein drittes Terminal (z. B. Programmieren einer Weckzeit);

3. Steuerung von Dienstmerkmalen, beispielsweise beim Hin- und Her-Schalten zwischen zwei unabhängigen Verbindungen, unter Verwendung nur eines B-Kanals.

F 4.11 Beispiel-Protokollablauf für eine leitungsvermittelte Verbindung

Bild F-48 zeigt den Protokollablauf für eine leitungsvermittelte Verbindung. Nach dem Abheben des Handapparates durch den A-Teilnehmer wird die Belegung dem Netz durch Senden einer SETUP-Nachricht signalisiert. In dieser SETUP-Nachricht könnten bereits alle Wahlziffern enthalten sein. Wenn keine Wahlziffern mit der SETUP gesendet werden, wird beim Dienst „Fernsprechen" der Wählton im Nutzkanal (B-Kanal) angeschaltet. Im D-Kanal wird die Nachricht SETUP ACKnowledge an das Endgerät des A-Teilnehmers gesendet. Mit dieser Nachricht akzeptiert die Vermittlungsstelle die Belegung. Gleichzeitig wird dem Endgerät der für die Verbindung zu nutzende B-Kanal mitgeteilt. Beginnt der A-Teilnehmer zu wählen, wird für jede Wahlziffer eine INFO-Nachricht gesendet, die die gewählte Ziffer enthält. Wurde die erste Wahlziffer durch die Vermittlungsstelle empfangen, wird der Wählton abgeschaltet.

Die Nachricht CALL PROCeeding wird auch nach Empfang einer SETUP-Nachricht, in der alle Wahlziffern enthalten sind, gesendet. In diesem

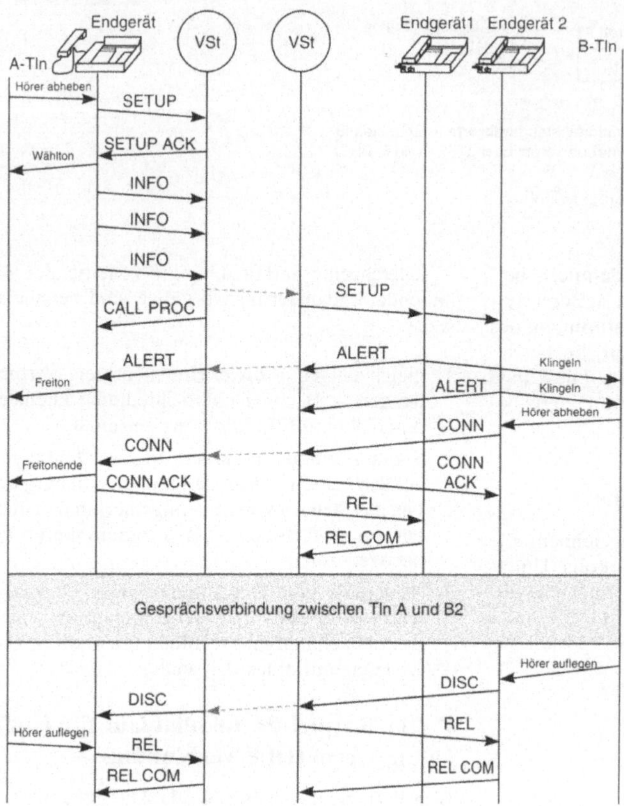

Bild F-48. Protokollablauf für eine leitungsvermittelte Verbindung.

Fall wird der zu verwendende Nutzkanal in der CALL PROC-Nachricht mitgeteilt.

Weil die Konfiguration eines Basisanschlusses in der Vermittlungsstelle nicht gespeichert ist, wird die Nachricht SETUP (kommender Ruf) auf der gerufenen Seite an alle angeschlossenen Endgeräte gesendet. Die SETUP-Nachricht enthält alle Angaben zur Kompatibilitätsprüfung, beispielsweise die Rufnummer des Gerufenen, und vor allem den geforderten Dienst der Verbindung. Die SETUP-Nachricht wird von allen Endgeräten interpretiert. Alle Endgeräte, die die geforderten Kompatibilitätsanforderungen erfüllen, antworten der Vermittlungsstelle. In diesem Beispiel zwei Telefone des gerufenen Basisanschlusses. Bei Fernsprechverbindungen rufen nun diese Telefonapparate und signalisieren dies durch Senden der ALERTing-Nachricht. Beide ALERTing-

Nachrichten enthalten die gleiche Call Reference, aber die jeweils zugehörige Schicht 2 verwendet unterschiedliche TEI. Die erste vom Netz empfangene ALERTing-Nachricht wird dem Endgerät des A-Teilnehmers mitgeteilt. Gleichzeitig wird der Freiton im B-Kanal angeschaltet. Wird der Handapparat eines der Telefone abgehoben, so sendet dieses die CONNect-Nachricht. Die CONNect-Nachricht wird dem Endgerät des A-Teilnehmers mitgeteilt. Mit ihr wird die Verbindung durchgeschaltet, und die Gebührenpflicht beginnt. Das Endgerät des A-Teilnehmers quittiert die CONNect-Nachricht mit einer CONNect ACKnowledge-Nachricht. Der Freiton am Anschluß des A-Teilnehmers wird nach Empfang der CONNect-Nachricht in der Vermittlungsstelle abgeschaltet.

Alle Endgeräte, die auf der gerufenen Seite ALERTing gesendet hatten, zu denen die Verbindung aber nicht durchgeschaltet wird, werden durch Senden der RELease-Nachricht von der Vermittlungsstelle ausgelöst. Bestätigt wird dies durch Senden der RELease COMplete-Nachricht. Diese Endgeräte befinden sich danach wieder im Ruhezustand.

Der Verbindungsabbau beginnt von einer der beiden Seiten durch Senden der DISConnect-Nachricht. In diesem Beispiel legt der B-Teilnehmer zuerst den Handapparat seines Endgerätes auf. Die DISConnect-Nachricht wird auch dem Endgerät des A-Teilnehmers gesendet. Aufgrund der DISConnect wird die Nutzkanalverbindung getrennt, die Gebührenpflicht endet. Dem Endgerät des B-Teilnehmers wird nun die Nachricht RELease gesendet. Mit dieser Nachricht wird die Freigabe des B-Kanals und der Abbau der Signalisierungsverbindung durch Freigabe der Call Reference angefordert. Bestätigt wird dies vom Endgerät durch Senden der RELease COMplete-Nachricht. Damit ist das Endgerät des B-Teilnehmers wieder im Ruhezustand. Auf der Seite des A-Teilnehmers wird die RELease-Nachricht nach dem Auflegen des Handapparates an die Vermittlungsstelle gesendet. Legt der Teilnehmer nicht innerhalb einer festgeschriebenen Zeit auf, sendet die Vermittlungsstelle die RELease-Nachricht. Die RELease-Nachricht hat auf der Seite des A-Teilnehmers die gleiche Bedeutung wie oben beschrieben. Nach Senden der RELease COMplete-Nachricht ist auch das Endgerät des A-Teilnehmers wieder im Ruhezustand.

F 5 Breitband-ISDN

Zunehmend steigt der Bedarf, private Netze (LAN) über *Hochgeschwindigkeitsnetze* intern oder an verschiedenen Standorten eines Betriebes miteinander zu koppeln. Erst eine durchgängige Hochgeschwindigkeits-Infrastruktur ermöglicht beispielsweise *verteilte Gruppenarbeit* an unterschiedlichen Standorten, die *Nutzung freier Kapazitäten anderer Rechner* oder umgekehrt die *Vermietung von Rechenleistung an interessierte Nutzer*. Im lokalen Bereich hat sich für diese Anwendungen *FDDI* (Abschn. F 3.3.3) durchgesetzt. Im öffentlichen Bereich wurde durch die Einführung des *MAN* (MAN: Metropolitan Area Network, d. h. Kommunikationsnetz für eine Stadt oder eine Region) (DATEX-M) eine Möglichkeit geschaf-

fen, LAN über Entfernungen hinweg miteinander zu koppeln. Eine erweiterte Art der Kopplung und Nutzung von Übermittlungskapazitäten verspricht zukunftig eine neue Technologie, die einen neuen Ansatz der lokalen Netze darstellt und seit 1994 im öffentlichen Netz den Probebetrieb aufgenommen hat - die *ATM-Übermittlungstechnik* (ATM: Asynchronous Transfer Mode).

Das auf 64-kBit/s-Kanäle basierende ISDN (Bild F-49) bietet zur Breitband-Kopplung von Privatnetzen nur eine sehr eingeschränkte Möglichkeit. Das ISDN wird aus diesem Grund um einen breitbandigen Anteil, dem *Breitband-ISDN*, erweitert. Dieser breitbandige Anteil basiert auf dem *ATM-Übermittlungsverfahren*, einem vereinfachten, sehr schnellen Paketvermittlungsverfahren mit besonderen Betriebsparametern.

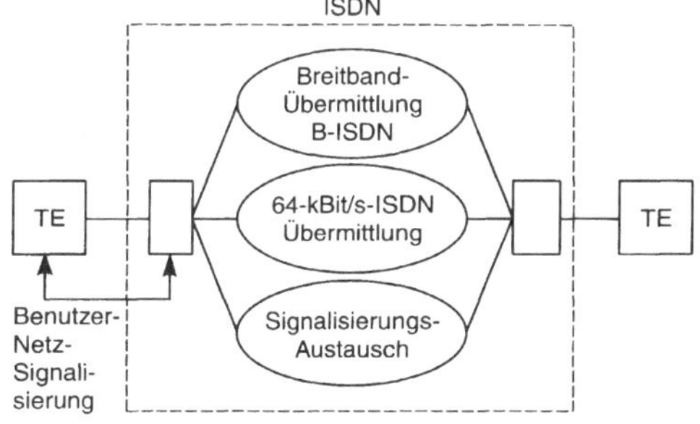

Bild F-49. Breitband-ISDN.

F 5.1 Grundsätzlicher Ansatz

Als Basis für die Realisierung des *Breitband-ISDN* wurde von der ITU-T (früher CCITT) der *Asynchrone Transfer-Modus (ATM)* gewählt. ATM ist ein spezielles Übermittlungsverfahren, das auf einem vereinfachten, verbindungsorientierten Paketvermittlungsverfahren basiert. ATM schließt als ein Übermittlungsverfahren die Übertragung und die Vermittlung von Nutzinformationen ein. Die *Nutzdaten* werden in Form von *Paketen* mit einer festen, begrenzten Länge übertragen und vermittelt. Um eine begriffliche Unterscheidung zu klassischen Paketvermittlungsverfahren zu erreichen, werden die *ATM-Pakete* als *Zellen* bezeichnet. Jede ATM-Zelle besteht aus einem *Kopffeld* und einem *Informationsfeld* (Bild F-50). Im In-

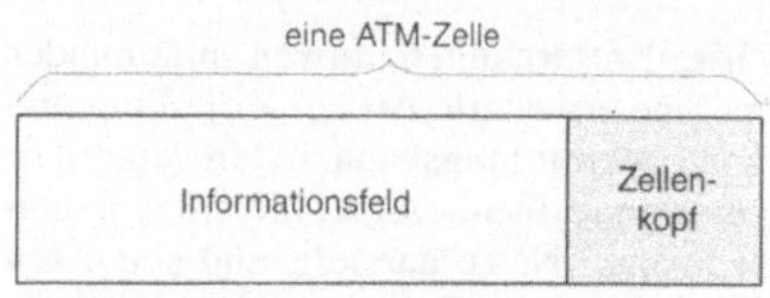

Bild F-50. Aufbau einer ATM-Zelle

formationsfeld werden die Nutz- oder auch die Signalisierungsdaten übertragen.

Der Zellenkopf dient zur Kennzeichnung aller Zellen, die zu einer Verbindung gehören (gleiche Kennzeichnung). Verschiedene, gleichzeitige Verbindungen an einem ATM-Anschluß werden durch unterschiedliche Kennzeichnungen im Kopffeld auseinander gehalten. Dabei wird zwischen *virtueller Kanal- und virtueller Path-Kennzeichnung* unterschieden. Unter einem virtuellen Path wird eine Zusammenfassung mehrerer virtueller Kanäle verstanden. Bestimmte Netzelemente im B-ISDN nutzen diese Unterscheidung aus, beispielsweise zur schnellen Lenkung der Zellen im Netz.

Nach einem Verbindungsaufbau erfolgt der *Zellentransport* anhand der im Kopffeld enthaltenen Kennzeichnungen. Am ATM-Anschluß werden die Zellen verschiedener Quellen im Multiplexverfahren übertragen (Bild F-51), die ankommenden Zellen werden, entsprechend den Kennzeichnungen im Kopffeld, an die entsprechenden Senken weitergeleitet. Ein ATM-Anschluß hat eine Anschlußdatenrate von 155 MBit/s bzw. 622 MBit/s. Die Gesamtdatenrate wird dabei *nicht in mehrere Kanäle* mit jeweils einer kleineren, begrenzten Datenrate aufgeteilt. Es wird auch *keine feste Anzahl von Zellen* je Zeiteinheit ei-

ner bestimmten Verbindung zugeordnet. Die Zuordnung einer Nutzdatenrate erfolgt dynamisch, d. h., die Häufigkeit der produzierten Zellen einer Verbindung entspricht dem tatsächlichen, momentanen Bedarf der Verbindung. Der Bedarf kann dabei von Verbindung zu Verbindung sehr unterschiedlich sein, sogar innerhalb einer Verbindung im Verlauf der Kommunikation sich ändern. Die nicht benötigte Kapazität an einem ATM-Anschluß wird durch Leerzellen aufgefüllt, so daß auf der Anschlußleitung ein kontinuierlicher Zellenstrom entsteht. Die Vermittlung in den B-ISDN-Netzelementen erfolgt auf Basis der Zellenvermittlung. Die Zellenreihenfolge wird vom Netz garantiert, es sind also keine Zellenüberholungen möglich.

Durch die *flexible Art der Datenratenzuordnung* ist das ATM-Verfahren hervorragend geeignet für *nicht kontinuierliche Datendienste* wie die *interaktive Datenkommunikation* oder auch die *asymmetrische Kommunikation*. Ein extremes Beispiel für asymmetrische Datenübertragung ist die Unterstützung von *Verteildiensten* wie Radio und Fernsehen.

Vor der Übermittlung von Nutzinformationen müssen diese in die Informationsfelder der ATM-Zellen abgebildet werden. Nachrichten, die länger sind als die Informationsfeldlänge, sind aufzuteilen, Nachrichten, die kürzer sind, sind durch *Stopfinformationen* zu der Informationsfeldlänge zu ergänzen. Diese Aufgabe muß in den *Endeinrichtungen* von entsprechenden *Wandlern* geleistet werden. Bei Netzübergängen muß diese Aufgabe von einer *Interworking Unit* (IWU) wahrgenommen werden. Für die Rekonstruktion der Nutzdaten beim Empfänger müssen zusätzlich Informationen in dem Informationsfeld übertragen wer-

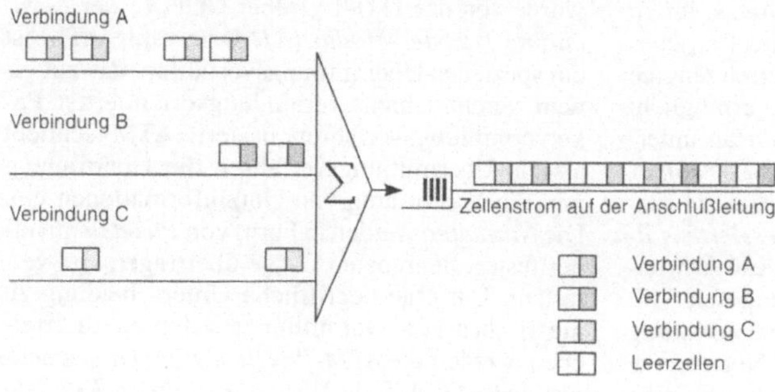

Bild F-51. Zellenmultiplex an einem ATM-Anschluß.

den, um die Nutzdaten wieder in ihre ursprüngliche Form (z. B. bezüglich Aufbau der Nachrichten oder Taktanforderungen) zu bringen. Weiterhin kann eine Sicherung der Nutzdaten in den Anpassungseinrichtungen erfolgen, um so mögliche Fehler bei Zellenverlust oder bei Verfälschung der Nutzdaten klein zu halten. Je nach Anforderung der Dienste und Datenart können verschiedene Dienstklassen für die Nutzdatenübertragung gewählt werden. Nach dem Verbindungsaufbau steht (bei symmetrischer Kommunikation) in beiden Kommunikationsrichtungen jeweils ein virtueller Kanal für den Austausch von Nutzinformationen in Form von ATM-Zellen zur Verfügung. Die Übertragung der Zellen erfolgt mit der maximalen Anschlußdatenrate, gegebenenfalls aber in Konkurrenz mit anderen Verbindungen des gleichen Anschlusses. Aufgrund der hohen Übermittlungsgeschwindigkeit im B-ISDN und den Anpassungsleistungen der Wandler ist die Übermittlung der Nutzdaten in Zellenform für die Quellen und Senken der Kommunikation nicht merklich.

F 5.2 Kommunikationsformen im Breitband-ISDN

F 5.2.1 Verbindungsorientierte Kommunikation

Das ATM-Übermittlungsverfahren ist *verbindungsorientiert:* vor dem eigentlichen Datenaustausch erfolgt ein *Verbindungsaufbau* bzw. nach dem Datenaustausch ein *Verbindungsabbau*. Beim Verbindungsaufbau werden die Betriebsmittel und Eigenschaften (z. B. Nutzdatenrate) angefordert. Erst wenn diese Forderungen von den Netzelementen bereitgestellt werden können, nimmt das Netz die Verbindungsaufforderung an. Grundsätzlich gliedert sich die wahlweise hergestellte verbindungsorientierte Kommunikation in:

Verbindungsaufbau
Auswahl des Partners bzw. der Zielendeinrichtung, Feststellung der Kommunikationsbereitschaft der Endeinrichtung und Herstellen der Verbindung.

Nachrichtenübertragung
Transparenter Informationsaustausch auf Zellenbasis zwischen den Kommunikationspartnern.

Verbindungsabbau
Freigabe der verwendeten Einrichtungen und Übertragungskanäle.

In der Verbindungsaufbauphase wird die Zielendeinrichtung vor der eigentlichen Informationsübertragung informiert (kommende Belegung). Die Zielendeinrichtung kann anschließend den Verbindungswunsch annehmen oder ablehnen.

F 5.2.2 Verbindungslose Nachrichtenübermittlung

Neben dieser verbindungsorientierten Art der Nachrichtenübermittlung unterstützt das B-ISDN auch die *verbindungslose Nachrichtenübermittlung*. In einem LAN werden beispielsweise die Daten durch den Transport von *Datenpaketen* (Daten begrenzter Länge) übertragen. Alle Datenpakete enthalten dabei Ursprungs- und Zieladresse der Übertragung. Diese Datenpakete werden von den Stationen spontan gesendet, ohne einen vorherigen Verbindungsaufbau zur Zielstation. Auch einen Verbindungsabbau gibt es in einem LAN nicht. In verbindungsloser Datenübertragung gibt es nur die Nachrichtenübertragungsphase mittels Datenpaketen, die *alle* die *Ursprungs- und Zieladressen* enthalten. Bei dieser Übertragungsart ist nicht sichergestellt, daß die Empfängerstation in der Lage ist, die Datenpakete tatsächlich anzunehmen.

Da ATM-Netze nur den Transport von Nachrichten auf der Basis von Zellen unterstützen, die Adressierung in verbindungslosen Netzen aber in den höheren Schichten definiert ist, ist ein *spezieller Server* für die verbindungslose Kommunikation im B-ISDN erforderlich. Die Wege vom und zum Server sind dabei verbindungsorientiert.

F 5.3 Signalisierung in ATM-Netzen

Auch die Signalisierung verwendet virtuelle Kanäle, die entweder im jeweiligen Netz festgelegt sind oder durch spezielle Prozeduren aufgebaut werden. Die Signalisierung und die Nutzdaten werden in unterschiedlichen logischen Kanälen transportiert. Beide verwenden im allgemeinen aber die gleiche Pfad-Kennzeichnung. Die *Signalisierungsnachrichten* werden im *Informationsfeld der Zellen* (wie auch die Nutzdaten) zwischen den Signalisierungsinstanzen (z. B. Endeinrichtung und Vermittlungsstelle) transportiert. Aufgrund der ausgetauschten Signalisierung werden in den Eingangsstufen der Vermittlungsstellen Verbindungstabellen angelegt. Innerhalb der Vermittlungsstelle werden anschließend die eintreffenden Zellen entsprechend den angelegten Tabellen und den Koppelnetzen einzeln vermittelt.

Am Beginn der Verbindung wird dem Netz der Verbindungswunsch des A-Teilnehmers angezeigt (Belegung). Mit dieser *Belegungsnachricht* werden die für die Verbindung erforderlichen Eigenschaften (Bandbreite, konstante bzw. variable Bitrate u.a.) mitgeteilt. Das *Netz akzeptiert* diese Belegung, wenn es hierzu in der Lage ist, d. h. die geforderten Eigenschaften für die Verbindung bereitstellen kann. Die Annahme der Belegung wird dem Teilnehmer durch eine *Belegungsquittung* angezeigt (signalisiert). Dem Netz kann nun das *Verbindungsziel* mitgeteilt werden, wenn nicht bereits in der Belegungsnachricht alle Adressierungsinformationen mitgeteilt wurden. Diese *Zielinformationen* (Wahlinformationen) müssen vom Netz interpretiert und der Anschluß des B-Teilnehmers ermittelt werden. Die Wahlinformationen stellen dabei eine Adresse dar, unter der die Endeinrichtung des B-Teilnehmers zu erreichen ist. Verwendet werden ISDN-Adressen nach ITU-T E.164. Anschließend prüft das Netz die *Bereitschaft der Endeinrichtung* des B-Teilnehmers, diese Verbindung anzunehmen. Ist die Endeinrichtung zur Verbindungsannahme bereit und kann sie die geforderten Eigenschaften erfüllen, wird ihr die kommende *Verbindung signalisiert*. Dem A-Teilnehmer wird gleichzeitig signalisiert, daß die Endeinrichtung des B-Teilnehmers erreicht wurde und diese in der Lage ist, die Verbindung anzunehmen. Danach erfolgt der *Austausch der Nutzinformationen,* d. h. das Netz ermöglicht den transparenten Nachrichtenaustausch auf Zellenbasis zwischen A- und B-Teilnehmer. Nach erfolgtem Nachrichtenaustausch wird die Nachrichtenverbindung wieder *abgebaut.* Hierzu wird durch einen der Kommunikationspartner der Wunsch nach Aufhebung der Verbindung angezeigt (signalisiert). Die Nachrichtenverbindung wird dann durch das *Netz aufgehoben* (aufgelöst) und die belegten Betriebsmittel (die Koppelelemente im Netz, die für die Nachrichtenverbindung notwendig waren, sowie der virtuelle Kanal) freigegeben. Nach der Freigabe der Betriebsmittel können diese anderen Kommunikationspartnern zur Verfügung gestellt werden.

F 5.4 Netzgestaltung

Im B-ISDN werden den Kommunikationsquellen keine Kanäle mit fester, begrenzter Bandbreite zugeordnet. Durch die Wahl des ATM-Übermittlungsverfahrens wird einer Kommunikationsquelle während der Informationsübermittlung eine *Bandbreite zur Nutzung* flexibel zugeordnet. Die durchschnittlich erforderliche und die maximal erforderliche Bandbreite wird vor der eigentlichen Kommunikation zwischen der Kommunikationsquelle, der Partnerendeinrichtung und den Netzelementen vereinbart. Selbst eine Änderung der Bandbreite während der Kommunikation ist in diesem Konzept möglich. Wird für eine Verbindung im Verlauf der Kommunikation eine andere als die vor Kommunikationsbeginn vereinbarte Bandbreite erforderlich, kann die Endeinrichtung eine neue Bandbreite anfordern und sich so den Erfordernissen der Anwendung anpassen. Durch die einheitliche Informationsdarstellung in Form von sehr kleinen Zellen kann sich das Netz auf den Transport dieser Zellen beschränken. Unabhängig von der erforderlichen Bandbreite können auf diese Weise einheitliche Koppelnetze verwendet werden. Die technologischen Forderungen bezüglich der Geschwindigkeit der Zellenverarbeitung und des Zellentransportes in den Netzelementen sind allerdings relativ hoch.

Das B-ISDN-Netz (Bild F-52) wird von den Vermittlungsstellen, den Netzelementen im Anschluß- und Verbindungsnetz sowie den Endeinrichtungen und Privatnetzen (TKAnl und LAN - konventionell oder auf ATM-Basis) gebildet. Zur Heranführung abgesetzter Teilnehmer können abgesetzte Einrichtungen der ATM-Vermittlungsstelle (abgesetzte ATM-Einrichtung - AAE) verwendet werden. Die Verbindungen zwischen den Netzelementen können Einrichtungen der *synchronen digitalen Hierarchie* (SDH) oder *ATM-Vorfeldeinrichtungen* (ATM-Cross-Connect) verwenden. Zur Unterstützung der verbindungslosen Kommunikation ist der Einsatz von *verbindungslosen Servern* (CLS: Connectionless-Server) geplant.

Die ATM-Vermittlungsstellen bilden die Netzknoten im B-ISDN. An ihnen sind die Endeinrichtungen, die Privatnetze und die Verbindungsleitungen zu anderen Netzknoten angeschlossen. Endeinrichtungen und Verbindungsleitungen tauschen mit der Vermittlungsstelle Signalisierungsinformationen aus, um Verbindungen zwischen den Teilnehmern oder zwischen Vermittlungsstellen zu steuern. Im Bild F-53 ist als Beispiel eine Teilnehmer-Vermittlungsstelle dargestellt, an der die Endeinrichtungen angeschlossen sind. Die Teilnehmervermittlungsstelle hat zusätzlich Ver-

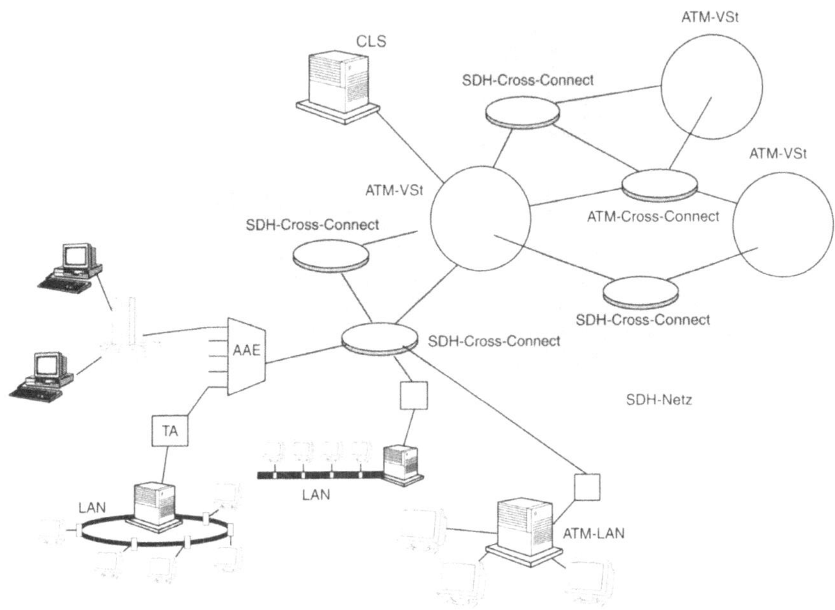

Bild F-52. B-ISDN-Netzgestaltung.

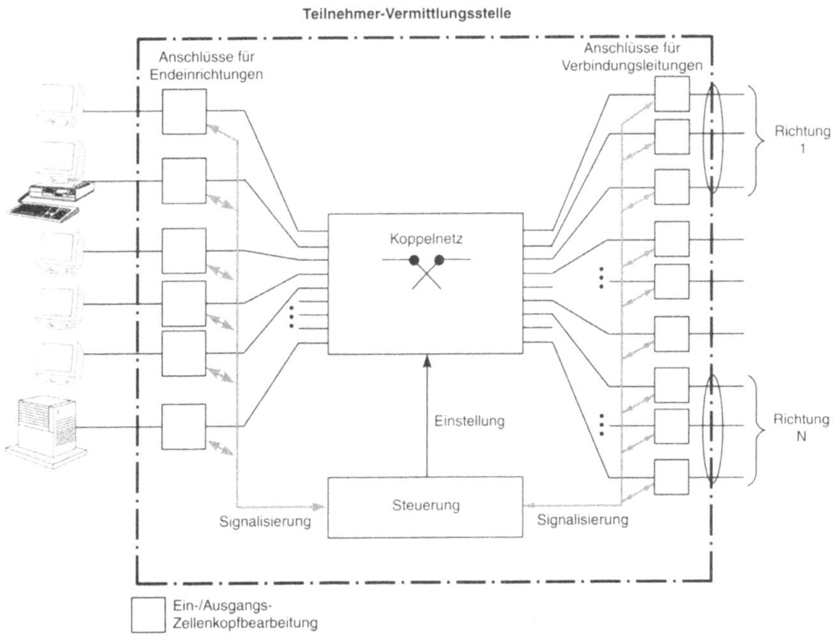

Bild F-53. Prinzipieller Aufbau einer ATM-Vermittlungsstelle.

bindungsleitungen für den Anschluß an andere Vermittlungsstellen, beispielsweise den Vermittlungsstellen der höheren Netzebene. An die Vermittlungsstellen in den höheren Netzebenen sind keine Endeinrichtungen angeschlossen, sondern nur Verbindungsleitungen, über die der Weg durch das Nachrichtennetz gesucht und die Zellen einer Verbindung entsprechend der beim Verbindungsaufbau angelegten Tabellen geleitet werden.

Der wichtigste Teil einer ATM-Vermittlungsstelle ist das *Koppelnetz*. Durch das Koppelnetz werden die Zellen von Nutzverbindungen zwischen den Anschlüssen der Endeinrichtungen und der Verbindungsleitungen ausgetauscht. Das Koppelnetz wird durch eine *Steuerung* in der Vermittlungsstelle eingestellt. Durch die Signalisierung von einer Endeinrichtung oder einer Verbindungsleitung wird der Steuerung der Vermittlungsstelle das Ziel (oder Teilziel) einer Verbindung mitgeteilt. Die Steuerung muß aufgrund dieser Zielangaben die Zellen durch das Koppelnetz der Vermittlungsstelle leiten. Dies erfolgt meist durch eine *Zellenkopfbearbeitung* an den Eingängen der Vermittlungsstelle, in der nach der Verbindungsaufbauphase *Verbindungstabellen* angelegt wurden. Die Verbindungstabellen enthalten Informationen über die Eingangskanalnummer, Ausgangskanalnummer und meistens auch Informationen zur Leitung der Zellen durch das Koppelnetz. In vielen Fällen werden den Zellen die Steuerinformationen für das Koppelnetz in der Eingangsstufe angefügt. Das Koppelnetz kann dann als ein selbststeuerndes Koppelnetz ausgelegt werden.

F 5.5 ATM-Pilotprojekt

Die Deutsche Telekom plant ein Breitband-ISDN-Pilotnetz zur Erprobung von B-ISDN-Anwendungen. An den Standorten Berlin, Hamburg und Köln werden ATM-Vermittlungsstellen mit abgesetzten ATM-Einrichtungen und jeweils einem Connectionless-Server (CLS) zur Unterstützung von verbindungsloser Kommunikation eingerichtet. An die Vermittlungsstellen werden etwa 100 B-ISDN-Endeinrichtungen angeschaltet. Über Terminaladaptoren sollen verschiedene LAN- und MAN-Anschlüsse an das Pilotnetz angeschlossen werden. In zeitlich gestaffelten Realisierungsstufen werden folgende Komponenten und Dienste im Pilotprojekt bereitgestellt:

- Phase 1 (1994): B-ISDN-Vermittlungsstellen in Berlin, Hamburg und Köln mit abgesetzten ATM-Einrichtungen (AAE) und einem Anschluß zu einem CLS. Die Kommunikation erfolgt ausschließlich über festgeschaltete Verbindungen.

- Phase 2 (Mitte 1995): Unterstützung von ATM-Wahlverbindungen, Zugangsschnittstellen für EURO-ISDN-Anschlüsse und TMN-Schnittstellen (über Q.3-Schnittstellen) für die Betriebsführung.

- Phase 3 (etwa 1995): Netzübergang zum EURO-ISDN.

- Phase 4 (1994): Breitband-Festverbindungen zu europäischen Partnern.

- Phase 5 (1995): Breitband-Wahlverbindungen zu europäischen Partnern.

Bild F-54 zeigt eine der drei Vermittlungsstellen des Pilotprojektes. Die dargestellte Vermittlungsstelle mit dem Standort Köln verfügt als einzige Vermittlungsstelle im Pilotprojekt über Anschlüsse zu Pilotprojekten europäischer Partner und einen Anschluß zum MAN in Stuttgart.

F 5.6 ATM-Privatnetze

Die ATM-Übermittlungstechnik eröffnet auch künftige Weiterentwicklungen in privaten Netzen (LAN und Backbone-Netzen). Sie erlaubt den Transport von *Echtzeit-Anwendungen,* einen sehr schnellen Datentransport und eine sehr flexible Nutzung der verfügbaren Übermittlungskapazität. ATM verbindet auf diese Weise die wichtigsten zukünftigen Anforderungen, wie beispielsweise *Multimedia-Anwendungen* in einer Technologie. Eine ATM-Infrastruktur kann damit sowohl zur Unterstützung von neuen Anwendungen in einem ATM-LAN, als auch als ein *sehr schnelles und sehr flexibles Backbone-Netz* zwischen vorhandenen LAN genutzt werden. Durch die Anwendung der ATM-Übermittlungstechnik im öffentlichen Breitband-ISDN kann diese flexible Nutzung auch standortübergreifend eingesetzt werden. Vorhandene, konventionelle LAN können über Terminaladaptoren an das öffentliche Breitband-ISDN angepaßt werden, bzw. die öffentlichen Breitband-ISDN-Dienste von Telekommunikationsanlagen oder zwischen ihnen genutzt werden.

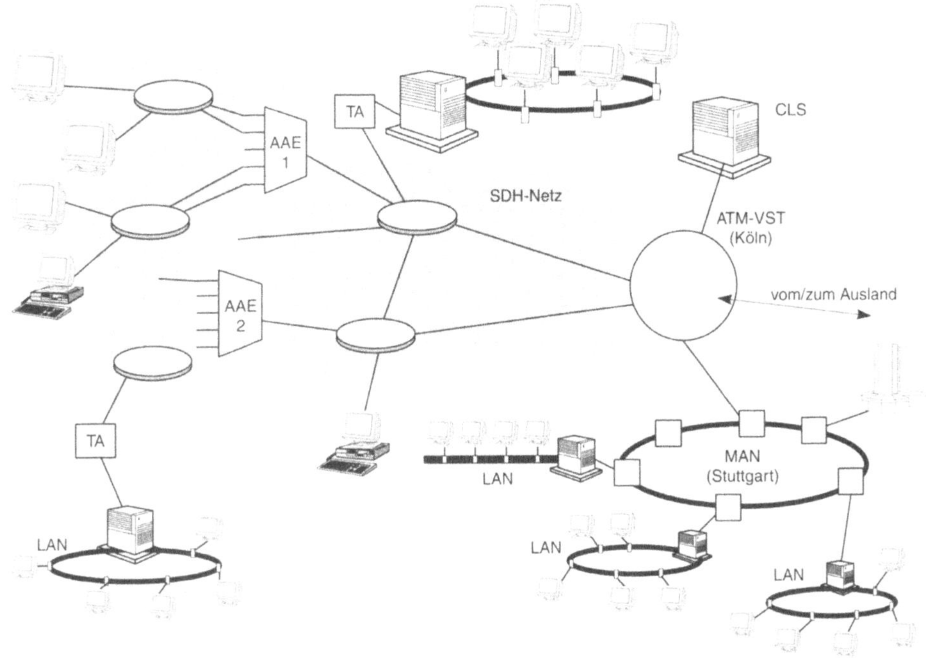

Bild F-54. Konfiguration des ATM-Pilotprojektes (ATM-VSt-Köln).

F 5.6.1 ATM-Backbone-Netze

Der sehr schnelle Datentransport und die flexible Art der Bandbreiten-Zuordnung machen ATM zur idealen Infrastruktur für ein *privates Backbone-Netz*. Vorhandene LAN können über einen zentralen ATM-Knoten (Bild F-55) beispielsweise über Glasfaserstrecken miteinander sternförmig vernetzt werden. In dieser Anwendung könnte in den ATM-Knoten direkt ein IP-Router eingebaut sein, der das Routing (Wegsuche) zwischen den einzelnen LAN übernimmt. Wenn kein privater ATM-Anschluß an diesem Netz benötigt wird, kann auf eine Unterstützung der ATM-spezifischen Signalisierung verzichtet werden. In dieser Umgebung wird nur die ATM-Übertragungstechnik genutzt. Wurde vor dem Einsatz des ATM-Knotens ein FDDI-Netz als Backbone-Netz genutzt, können die einzelnen Punkt-zu-Punkt-Segmente der FDDI-Verkabelung als Verbindungsleitungen zwischen den ATM-Knoten weiterverwendet werden. Anders als bei einem FDDI-

Backbone wird die Übertragungsbandbreite nicht zwischen den verschiedenen Kommunikationen geteilt, innerhalb des ATM-Knoten können *viele Hochgeschwindigkeits-Kopplungen* parallel behandelt werden.

Besteht dann der Bedarf, Workstations mit einer größeren Leistungsfähigkeit anzuschließen, können diese direkt an die ATM-Knoten herangeführt werden, und zwar mit der entsprechend notwendigen Unterstützung der ATM-Signalisierung in der Workstation und im ATM-Knoten. Dadurch kann in der Einführungsphase die vorhandenen LAN-Infrastruktur weiterhin genutzt werden. Die Konfiguration wird allerdings um einen Hochgeschwindigkeitskern erweitert, und das Netz ist damit vorbereitet für die eventuell später notwendige ATM-Infrastruktur bis hin zur ATM-Workstation. Zusätzlich zu den Glasfaserstrecken der FDDI-Segmente können im ATM-Privatnetz weitere Verbindungsleitungen zwischen den Knoten bereitgestellt werden, bis zu einer vollständigen Masche.

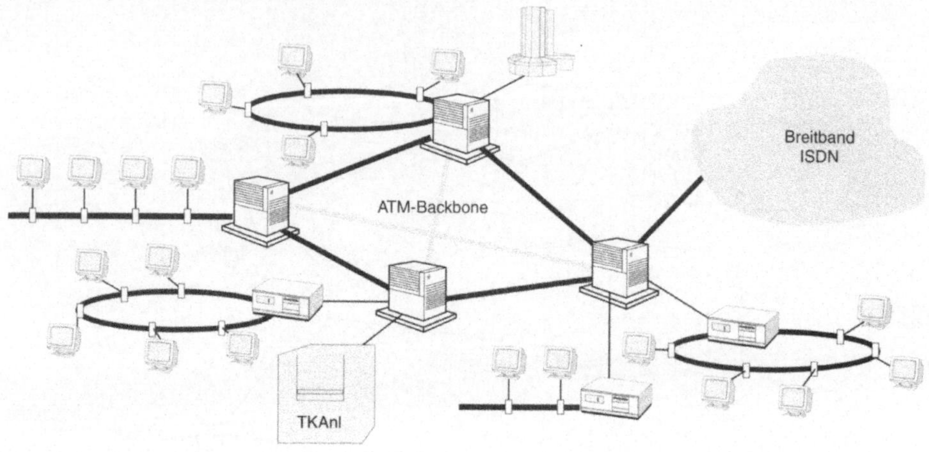

Bild F-55. ATM Backbone-Netz.

F 5.6.2 ATM-LAN

Mit der Einführung der ATM-Technologie wird bei vielen Herstellern eine neue LAN-Struktur verwendet (Bild F-56). Die klassischen LAN basierten auf einem gemeinsamen Übertragungsmedium, das von vielen Stationen und Anwendungen zur Übertragung von Daten verwendet wird. Der Zugriff der angeschlossenen Stationen erfolgt nach einem festgelegten Verfahren, dem *Kollisionsverfahren* beim *Ethernet-LAN* oder dem *Token-Verfahren* beim *Token-Ring-Netz.* Die Übertragung von gleichzeitig anfallenden Daten erfolgt, bedingt durch das entsprechende Zugriffsverfahren, nacheinander. Je nach Zugriffsverfahren, Übertragungsgeschwindigkeit und Menge der zu übertragenen Daten entstehen dadurch Wartezeiten für einzelne Anwendungen. Um diese Wartezeiten möglichst klein zu halten, wurden

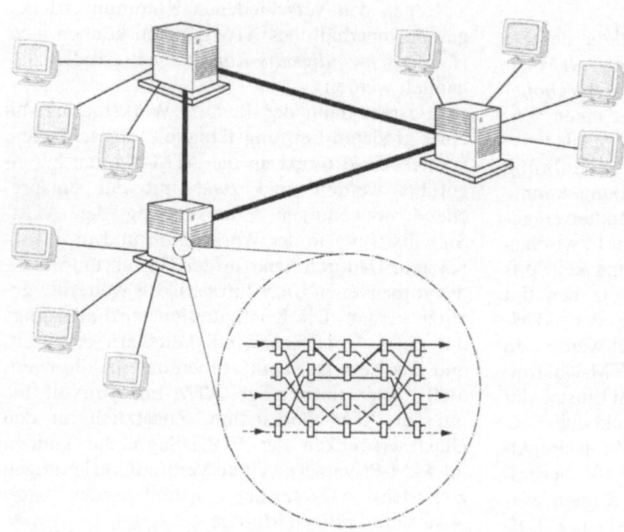

Bild F-56. Struktur eines ATM-LAN.

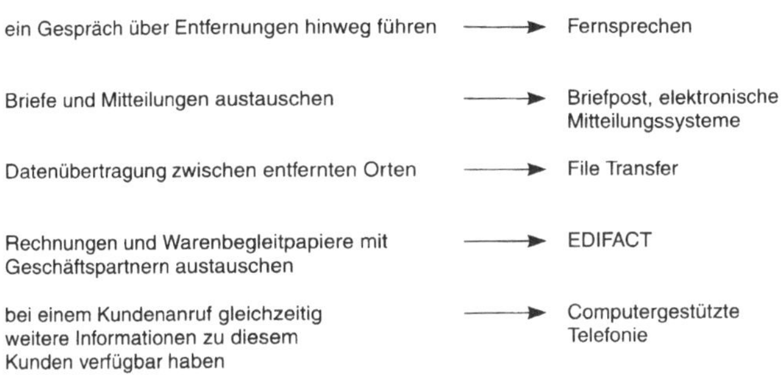

Bild F-57. Wünsche der Benutzer.

die Übermittlungsgeschwindigkeiten in den lokalen Netzen immer wieder gesteigert. Die maximale Geschwindigkeit eines gemeinsam genutzten Übertragungsmediums ist aber durch technologische und ökonomische Grenzen begrenzt. Die neuen ATM-LAN-Strukturen basieren auf Anordnungen, in denen die Stationen *sternförmig* an einen zentralen (oder mehreren dezentralen) Knoten herangeführt werden. Der Knoten ermöglicht die Schaltung mehrerer gleichzeitiger Verbindungen, d. h., die ATM-Zellen verschiedener Stationen werden *parallel* vom Knoten bearbeitet. Nur gleichzeitige Verbindungen einer Station bzw. eines Netzelements werden auch in der ATM-Übermittlungstechnik nacheinander übertragen.

Mit der Verwendung ATM-Übermittlungstechnik in privaten Netzen können die Leitungen zu den einzelnen Stationen mit 155 MBit/s bzw. 622 MBit/s betrieben werden. Im *ATM-Forum* wird weiterhin eine *Schnittstelle mit geringerer Geschwindigkeit* angestrebt, die wirtschaftlicher realisierbar ist, beispielsweise durch die Verwendung von Kupferdoppeladern. Im ATM-Knoten wird die Behandlung paralleler Verbindungen durch die Einführung von *Koppelnetzen* und einer *Verbindungssteuerung* realisiert. Die *Durchschaltung* basiert auf der *Vermittlung von ATM-Zellen*, die aufgrund einer *Verbindungstabelle* durch das Koppelfeld geleitet werden. Die Verbindungstabellen werden beim Verbindungsaufbau durch den *Austausch von Signalisierungsinformationen* zwischen der Station und dem Knoten angelegt. Der grundsätzliche Aufbau der ATM-Knoten entspricht damit dem grundsätzlichen Aufbau einer Breitband-ISDN-Vermittlungsstelle. Werden die Workstations über ATM-Schnittstellen an die Netzknoten angeschaltet, können sie die Vor-

teile der ATM-Übermittlungstechnik direkt und durchgängig nutzen.

F 6 Anwendungen

F 6.1 Einführung

Durch die Telekommunikation können Menschen oder Maschinen Mitteilungen und Informationen über Entfernungen hinweg austauschen bzw. Informationen verteilen und abfragen. Die Telekommunikationsnetze stellen lediglich die Infrastruktur für den Informationsaustausch bereit; sie legen nicht fest, was und wie transportiert wird. Vergleichbar ist dies mit der Bereitstellung von Straßen für den Transport von Menschen und Gütern. In Bild F-57 sind einige Wünsche der Benutzer von Telekommunikationsnetzen zu sehen.

Ein Benutzer sieht in der Regel ein Telekommunikationsnetz nicht unmittelbar, sondern nur dessen Möglichkeiten, Qualitäten oder auch Störungen. Um seine Wünsche an die Telekommunikation erfüllen zu können, benötigt er aber mittelbar eine effektive Kommunikationsinfrastruktur. Für den steigenden Bedarf an Datenkommunikation, wegen der Fortschritte in der Bildübertragung und um zukünftige Dienste zu berücksichtigen, sollte diese Infrastruktur unabhängig von der Art und Form der Kommunikation sein. Diese Infrastruktur bietet das ISDN. Im Abschnitt F hat man sich bisher ausschließlich mit der Infrastruktur der Telekommunikation beschäftigt. In diesem Abschnitt werden Anwendungen im Sinne des OSI-Referenzmodells betrachtet und nicht aus dem Blickwinkel des Benut-

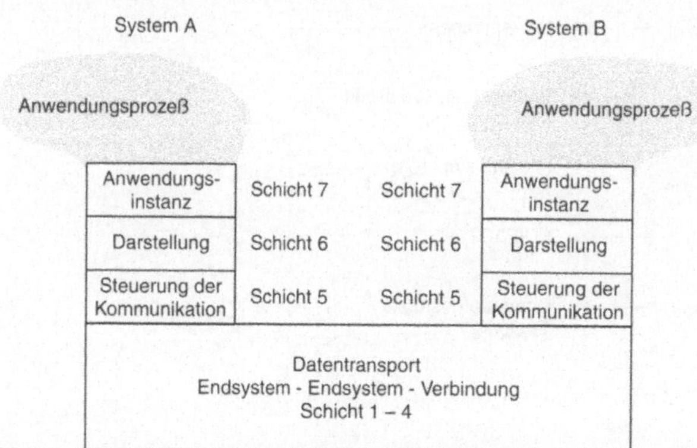

Bild F-58. Anwendungen im OSI-Referenzmodell.

zers. Hierzu müßte man die Benutzeroberflächen betrachten, die sich je nach Implementierung und Geräte sehr unterscheiden.

F 6.2 Anwendungsschicht

Als höchste Schicht (Schicht 7) im OSI-Referenzmodell (Abschn. F 1.7.1) bietet die Anwendungsschicht den Anwendungprozessen den Zugang zu anderen Systemen. Die Anwendungsprozesse befinden sich in einem realen System und sind zur Lösung ihrer Aufgabe auf die Kommunikation mit anderen Systemen angewiesen. Der für die Kommunikation wichtige Teil des Anwendungsprozesses wird durch die Anwendungsschicht (Application Layer) beschrieben. Wie Bild F-58 zeigt, ist deshalb die Schicht 7 ein Teil des Anwendungsprozesses.

Die Informationsübertragung erfolgt durch die unteren vier Schichten im Referenzmodell. Die *Schichten 1 bis 3* übernehmen die *kodeunabhängige Datenübertragung* in einem bestimmten Netz. Die Schicht 4 sorgt für einen Datentransport zwischen Endsystemen. Die höheren Schichten fordern den Datentransport von den unteren Schichten an. Sie können zur Erfüllung ihrer Aufgaben auf eine Endsystem-Endsystem-Verbindung aufsetzen. Die Schichten 5 bis 7 sorgen dafür, daß die transportierten Daten im Partnersystem verstanden werden. Die höheren Schichten sind abhängig vom Zweck der Kommunikation, d. h. von der Anwendung. Die Anwendungsschicht ist dabei das Fenster des Anwendungsprozesses zur Kommunikation und deshalb der erste Teil oder die höchste Schicht im Re-

ferenzmodell. Die Aufgaben einer Schicht 7 im Referenzmodell sind (hier nur einige Beispiele):

- Übertragen von Informationen,
- Identifizieren der Kommunikationspartner,
- Feststellen der Kommunikationsbereitschaft,
- Anfordern von erforderlichen Betriebsmitteln und
- Anfordern einer entsprechenden Dienstqualität.

Eine Anwendungsinstanz der Schicht 7 besteht aus einer Anzahl von *Anwendungsdienstelementen* (ASE: Application Service Elements), die gemeinsam die Kommunikationsfunktion der Anwendungsinstanz beschreiben. Man unterscheidet zwei Arten von Dienstelementen (Bild F-59):

- allgemeine oder *anwendungsunabhängige Dienstelemente* (CASE: Common Application Service Elements) und
- *anwendungsspezifische Dienstelemente* (SASE: Specific Application Service Elements).

Die anwendungsunabhängigen Dienstelemente (CASE) unterstützen die anwendungsspezifischen Dienstelemente (SASE). Sie können für viele verschiedene Anwendungen eingesetzt werden und stellen den SASE Grundfunktionen zur Verfügung. CASE-Beispiele sind:

- ACSE (Association Control Service Elements),
- RTSE (Reliable Transfer Service Elements),
- ROSE (Remote Operations Service Elements) und

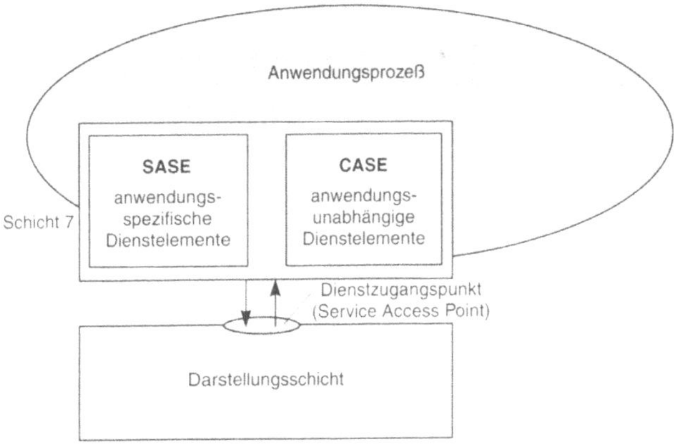

Bild F-59. CASE- und SASE-Dienstelemente.

- CCRSE (Commitment Concurrency and Recovery Service Elements).

Zu den anwendungsspezifischen Dienstelementen zählen:

- FTAM (File Transfer Access and Management),
- JTA (Job Transfer and Manipulation),
- VT (Virtual Terminal),
- MHS (Message Handling Systems),
- MMS (Manufacturing Message Service) und
- DS (Directory Service).

F 6.2.1 Anwendungsunabhängige Dienstelemente

ACSE (Association Control Service Elements)

ACSE (definiert nach ISO 8649 und 8650 sowie ITU-T X.217 und X.227) stellt Funktionen für den *Auf- und Abbau* von *Schicht-7-Kopplungen* (Assoziationen) zur Verfügung. Diese Funktion wird von allen Anwendungen benötigt. Beim Aufbau einer Assoziation können die Sprachelemente für den Informationsaustausch mit der Darstellungsschicht festgelegt werden. Die Darstellungsinstanzen kommunizieren über eine abstrakte Syntax (Transfersyntax zwischen Endsystemen) miteinander. Im ISO und in ITU-T wurde bisher nur eine Transfer-Syntax festgelegt: ASN.1 (Abstract Syntax Notation One - ISO 8824 und ITU-T X.208).

Die Kodierungsregeln sind in ISO 8825 und ITU-T X.209 festgelegt.

RTSE (Reliable Transfer Service Elements)

RTSE (festgelegt in ISO 9066 sowie CCITT X.218 und X.228) dient der zuverlässigen Übertragung von Protokolldateneinheiten der Anwendungsschicht zwischen Endsystemen. RTSE stellt einen anwendungsunabhängigen Mechanismus zur Verfügung, der auch in Fehlerfällen (Abbruch der Verbindung, Endsystemausfall) für einen zuverlässigen Datentransport sorgt. Die notwendigen Wiederholungen von Daten sollten hierbei möglichst selten vorkommen. RTSE sorgt auch dafür, daß die zu übertragenden Daten genau einmal (und nicht mehrfach) übertragen werden. Bei einer wechselseitigen Kommunikation regelt RTSE auch das Senderecht (wer darf wem Daten übertragen). Zur Erfüllung dieser Aufgabe werden Dienste von unterliegenden Schichten verwendet, beispielsweise zum Setzen von Synchronpunkten innerhalb der Übertragung, um im Fehlerfall auf diese Punkte wieder aufsetzen zu können (Bild F-60).

ROSE (Remote Operations Service Elements)

ROSE (festgelegt in ISO 9072 sowie CCITT X.119 und X.229) unterstützt interaktive Anwendungen, die auf verschiedene Endsysteme verteilt sind. ROSE wird von einer Anwendungsinstanz

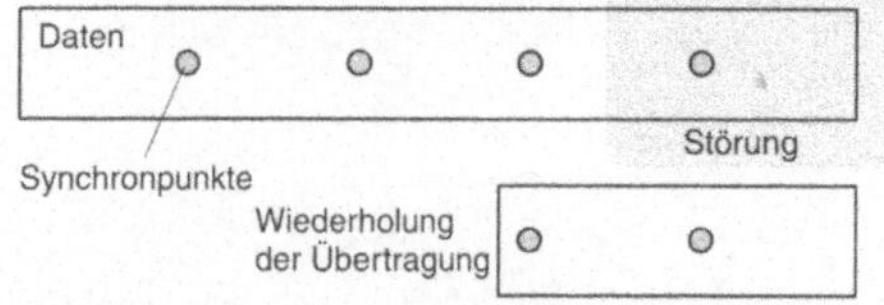

Bild F-60. Sicherung der Datenübertragung.

angefordert. Die Partnerinstanz führt die Anforderung aus und übergibt als Ergebnis an die fordernde Instanz eine Bestätigung der Ausführung oder die geforderten Daten. Die *anfordernde* Instanz wird hierbei als *Client* (Klient) und die *ausführende* Instanz als *Server* (Diensterbringer) bezeichnet (Bild F-61). Der Server bietet dem Client Leistungen auf dessen Anfragen hin an. Um die Anfrage bearbeiten zu können, muß eventuell eine weitere Kommunikation vom Server gestartet werden, die für den Client unbemerkt abläuft.

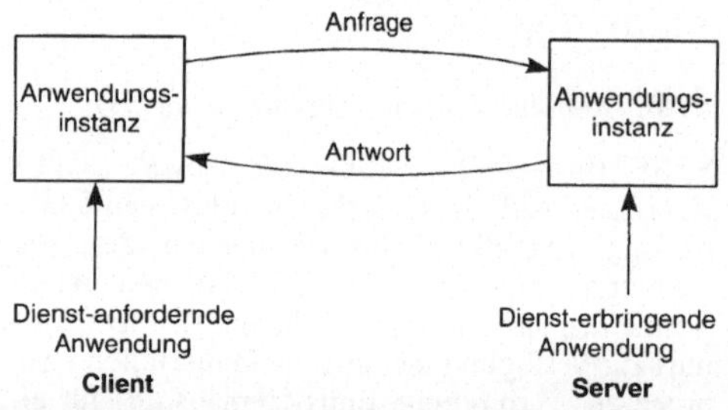

Bild F-61. Kommunikation zwischen Client und Server.

CCRSE (Commitment Concurrency and Recovery Service Elements)

CCRSE sorgt bei komplexen Anwendungen, die durch mehrere Anwendungsprozesse durchgeführt werden, für deren korrekte Durchführung. Unter Verwendung von CCRSE werden Operationen entweder vollständig oder gar nicht durchgeführt. Vor der Ausführung einer Operation werden alle beteiligten Anwendungsprozesse verpflichtet, die Anforderung durchzuführen (commitment). Das beinhaltet auch die Vermeidung von Störungen durch andere Anwendungsprozesse während der Durchführung der Operation. Dies ist beispielsweise wichtig für die

Aktualisierung von Datenbankinhalten (Bild F-62). Während des *Updates* dürfen keine Zwischenzustände an Klienten gegeben werden, sondern entweder der alte oder der neue Inhalt *(concurrency)*. Selbst bei *System-Abstürzen* sorgt CCRSE dafür, daß begonnene, aber nicht vollständig ausgeführte Operationen vollständig rückgängig gemacht werden *(recovery)*.

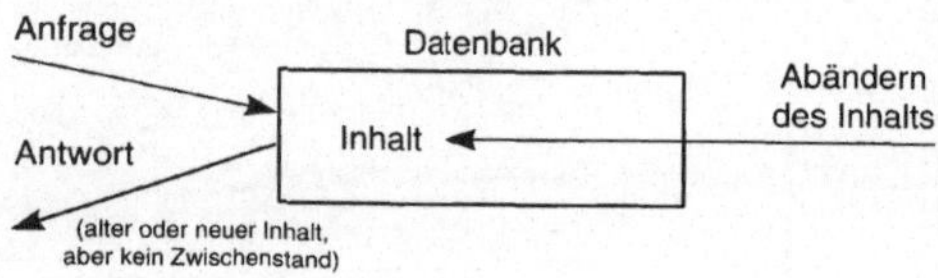

Bild F-62. Datenbankabfrage.

F 6.2.2 Anwendungsspezifische Dienstelemente (Beispiele)

FTAM (File Transfer Access and Management)

FTAM (definiert nach ISO 8571) regelt den Zugriff auf abgesetzte Dateien in anderen offenen Systemen, um Daten zu lesen, zu schreiben oder zu verwalten. Um dem Benutzer die Kenntnis des anderen Systems zu ersparen, stellt FTAM einen *virtuellen Filestore* bereit. Dadurch werden unterschiedliche Dateisysteme dargestellt und damit dem Benutzer eine einheitliche Darstellung geboten. Durch FTAM werden die virtuell beschriebenen Dateien auf die jeweiligen Systeme abgebildet.

JTA (Job Transfer and Manipulation)

JTA (definiert nach ISO 8831 und 8832) erlaubt Ausführungsanforderungen an andere Systeme. JTA ermöglicht die Delegation einer Aufgabe an ein anderes System (Rechner), die Überwachung der Ausführung und die Anforderung von Statusanzeigen über den Arbeitsfortschritt. Dieser Standard ist sehr allgemein gefaßt, auch werden viele Dinge durch andere Standards abgedeckt (z. B. X.400 und FTAM); dadurch sind Implementierungen von JTA derzeit nicht verfügbar.

VT (Virtual Terminal)

VT (definiert nach ISO 9040 und 9041) erlaubt den herstellerunabhängigen Einsatz von Termi-

MHS (Message Handling Systems)

MHS (festgelegt durch ISO 10021 und CCITT X.400) beschreibt den Nachrichtenaustausch zwischen Anwendungsprozessen.

MMS (Manufacturing Message Service)

MMS (festgelegt durch ISO 9506) behandelt den Meldungsaustausch zwischen Steuerrechner und programmierbaren Systemen einer automatischen Fertigung.

- DS (Directory Service)

DS (definiert durch ISO 9594 und CCITT X.500) stellt einen Verzeichniszugriff auf eine global verteilte Datenbank zur Verfügung, beispielsweise den Zugriff auf ein weltweites Telefonbuch mit Namen und Rufnummern (Netzadressen).

F 6.3 Standards zur innerbetrieblichen Vernetzung (MAP und TOP)

Die zur Zeit einzigen vollständigen Standardisierungsvorschläge zur innerbetrieblichen Vernetzung sind die *MAP-* und *TOP-Standards* (MAP: Manufacturing Automation Protocol; TOP: Technical and Office Protocol). Wie aus den Namen hervorgeht, dient der MAP-Standard zur Automatisierung der Fertigung (z. B. bei der Robotersteuerung), und der TOP-Standard dient der Kommunikation zwischen den technischen und kaufmännischen Abteilungen. Bild F-63 a zeigt die Lage der MAP- und TOP-Standards im OSI-Referenzmodell sowie die Möglichkeiten der Verkabelung. Grau hinterlegt sind die wesentlichen Teile des MAP-Standards. In Bild F-63 b sind die MAP- und TOP-Standards in allen Schichten vergleichend gegenübergestellt und in Teilbild F-63 c die Anwendungsschicht (Schicht 7) ausführlicher erläutert.

F 6.3.1 MAP-Standard

In der industriellen Fertigung werden alle Bereiche informationstechnisch vernetzt (CIM: Computer Integrated Manufacturing). Da die Verwendung verschiedener Rechnersysteme und Übertragungsprotokolle beim CIM-Einsatz erhebliche Schwierigkeiten bereiten, wurde mit MAP (Manufacturing Automation Protocol) ein *Kommunikationsstandard* erarbeitet, der Schnittstellen und Übertragungsprotokolle umfaßt. Als Sprache dient MMS (Manufacturing Massage Spe-

cification) nach ISO IS 9506. Bild F-64 a zeigt MAP als Teil von CIM mit der Sprache MMS. In Bild F-64 b ist eine typische Anwendung für eine Fertigungszelle zu sehen. MMS schickt die Befehle „Werkstück aufspannen", „Programm laden", „Programm starten" und nach Fertigungsende den Befehl „Werkstück abspannen" über das MAP-Netz zu den Maschinen. Von den einzelnen Maschinen wird in MMS dem Fertigungsleitstand beispielsweise mitgeteilt: „Werkstück bearbeitet", sowie eventuelle Status- und Fehlermeldungen der Maschine und einzelne Maschinen- und Produktionsinformationen.

In Bild F-65 ist ein Beispiel für MAP (und TOP) innerhalb eines dargestellt. Daraus ist zu sehen, daß über das MAP-Breitbandnetz die wichtigsten Informationen ausgetauscht werden. Daran angehängt sind Unternetze für die einzelnen Anwendungen. Interessant ist auch die Ankopplung an ein Netzwerk von außen (WAN: Wide Area Network), das über einen *Router* (Abschn. F 3.2) an das MAP-Breitbandnetz angeschlossen ist. In Tabelle F-6 sind für das OSI-Referenzmodell die einzelnen MAP-Schichten mit ihren Normen beschrieben. Der MAP-Standard kann auch auf einem Ethernet ausgeführt werden.

F 6.3.2 TOP-Standard

Ein weiterer Standard zur Schaffung einer einheitlichen Benutzeroberfläche bei unterschiedlichen Netzen ist das *TOP-Protokoll* (Technical and Office Protocol). Das TOP-Konzept verwendet zur Übertragung ein Basisbandverfahren nach ISO 8802/3 vom Typ 10BASE5 (Ethernet, Tabelle F-4). Als Zugriffsverfahren kommt dabei das CSMA/CD-Verfahren (Tabelle F-3) nach ISO 8802/3 zum Einsatz. Da man bei einem CSMA/CD-Zugriffsverfahren keine maximale Zugriffszeit festlegen kann, ist ein Netz nach dem TOP-Standard für eine Fertigungssteuerung ungeeignet. Das TOP-Protokoll ist, wie das MAP-Protokoll, eine Implementierung der Schicht 7 des OSI-Referenzmodells. Dabei werden die folgenden Protokolle benutzt (Bild 63 a und c): MHS (Message Handling Systeme, Abschn. 6.4.1), ein Mitteilungs-Übermittlungs-System nach ITU-T X.400 für die OSI-Schichten 6 und 7; ACSE (Association Control Service Element, Abschn. F 6.2.1) nach ISO DP 8649/1 bis 3 als Basis für die Schicht 7 und FTAM (File Transfer Access and Manipulation, Abschn. F 6.2.2)

a MAP und TOP im OSI-Modell

7	MMS	Directory Services X.500	Netzwerk-Management	FTAM	Virtuelles Bildschirm-protokoll	MHS X.400

(TOP; MAP; ACSE)

6	Darstellungsschicht (presentation)
5	Kommunikationssteuerungsschicht (session)
4	Transportschicht (transport)
3	Vermittlungsschicht (network)
	Sicherungsschicht (link)
2	Token-Bus 8802/4 · 8802/3 · X.25

	Basisband	Breitband	Basisband	Basisband
1	5 MBit/s 75 Ω Coax	10 MBit/s 75 Ω Coax	10 MBit/s 50 Ω Coax	4 MBit/s verdrillte Leitung

(MAP; TOP)

Basisband: Token-Bus 802.4 5 MBit/s
maximal 700m, 32 Knoten
MAP-Unternetze oder kleine
MAP-Anwendungen

Breitband: Bild, Ton, TOP, MAP, sonstige
Dienste Token-Bus 802.4
10 MBit/s maximal 38 km.
Als Backbone-Netz einer Fabrik

b Normen

Schicht	MAP-Standard		TOP-Standard
7 Application	Companion Standards SPS NC RC	Directory Service	FTAM ISO DIS 8571
	MMS (ISO DP 9506) FTAM (ISO DIS 8571)		MHS CCITT X.400 ACSE ISO DP 8649/1-3
	CASE (ISO DIS 8650/2, 8649/2) ASCE		
6 Present.	ISO DIS 8822, 8823 Presentation Kernel		
5 Session	ISO IS 8326, 8327 Session Kernel Full Duplex		
4 Transport	ISO 8072, 8073 Transport Class 4		
3 Network	ISO DIS 8348, 8473 Connectionless Internet		
2 Data Link	ISO 8802/2 LLC ISO 8802/4 MAC		ISO 8802/2 LLC(CSMA/ ISO 8802/3 MAC CD)
1 Physical	ISO 8802/4 Token Bus		10 Baseband

c Map- und TOP-Dienste

Bezeichnung	Bedeutung	Normen
FTAM File Transfer Access and Management	Übertragen und Bearbeiten von Dateien. Dateien aus verschiedenen Systemen haben gleiches Format	ISO PP 8571
MMS Manufacturing Message Specification	Sprache für die Fabrikautomatisierung. Standards für CNC und Roboter	ISO DIS 9506
ACSE Associaton Control Service Element	Verbindungsaufbau zwischen unterschiedlichen Systemen	ISO DP 8649/1-3
MHS Message handling System	Mitteilungsübermittlung. Kommunikation zwischen Benutzern (mailing)	CCITT X.400

Bild F-63. MAP- und TOP-Standards im OSI-Referenzmodell.

als Basis für die Schicht 7 und FTAM (File Transfer Access and Manipulation, Abschn. F 6.2.2) zum Dateitransfer und zur Dateibearbeitung nach ISO DP 8571.

Bild F-66 zeigt eine hierarchische Gliederung eines Unternehmens als Firma, deren Fabrik betrachtet wird, die wiederum verschiedene Bereiche umfaßt. Hierfür ist TOP der Kommunikationsstandard. Von der Fabrik bis zur Fertigungszelle und deren Informationen findet MAP Verwendung, wobei Mini-MAP nur den Teilbereich der Maschinensteuerung abdeckt. Auf der untersten Ebene setzt man Sensoren ein und gibt deren Signale über den *Feldbus* an die Maschinensteuerungen weiter. Die Fertigung wird als Feld bezeichnet; deshalb ist ein Feldbus ein Bus für die Kommunikation im Bereich der Fertigung.

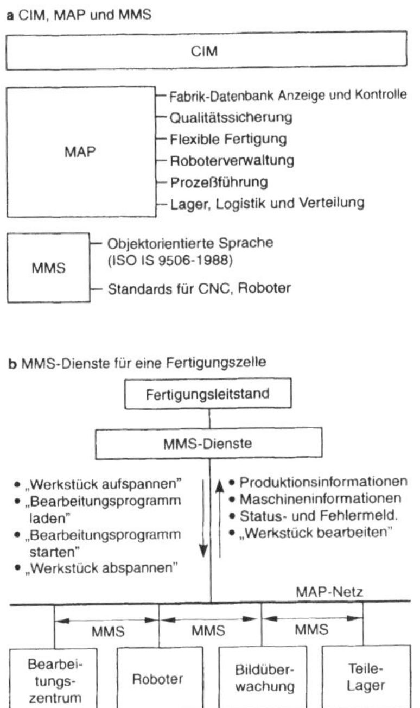

Bild F-64. MAP im Umfeld von CIM am Beispiel einer Fertigungszelle (Quelle: EUMUG).

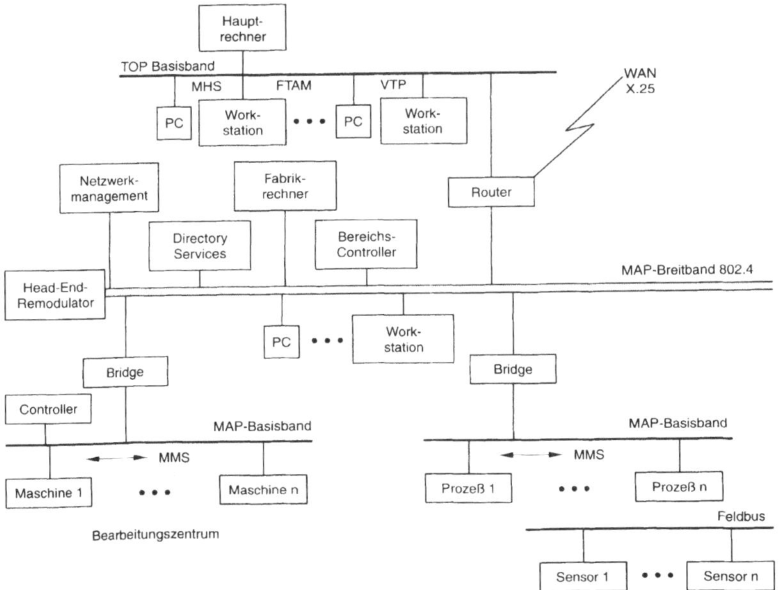

Bild F-65. MAP-Netz in einer Fabrik.

Tabelle F-6. MAP-Schichten im OSI-Modell

Schicht	Norm	Beschreibung
7 Anwendungsschicht	ISO DP 9506	Virtuelle Abbildungen der Maschinen und Teilnehmer (Sprache: MMS: Manufactoring Message Specification)
	ISO DIS 8571	Übertragen und Bearbeiten von Dateien (FTAM: File Transfer Access and Management)
	ISO DIS 8650/2	Verbindungsaufbau zwischen Benutzern (ACSE: Association Control Service Element)
6 Darstellungsschicht	ISO DIS 8822	Schaffung einer einheitlichen Darstellung zwischen den Teilnehmern
5 Sitzungsschicht	ISO DIS 8326	Kommunikation im Vollduplexbetrieb, Synchronisation von Programmen
4 Transportschicht	ISO DIS 8073	Gesicherte virtuelle Verbindung zwischen Sender und Empfänger
3 Vermittlungsschicht	ISO 8348	Kopplung von Unternetzen, Wegefindung
2 Sicherungsschicht	ISO 8802/4	Token-Passing-Zugriffsverfahren
1 Bitübertragungsschicht	ISO 8802/4	Koaxialkabel, Lichtwellenleiter mit 5 und 10 MBit/s

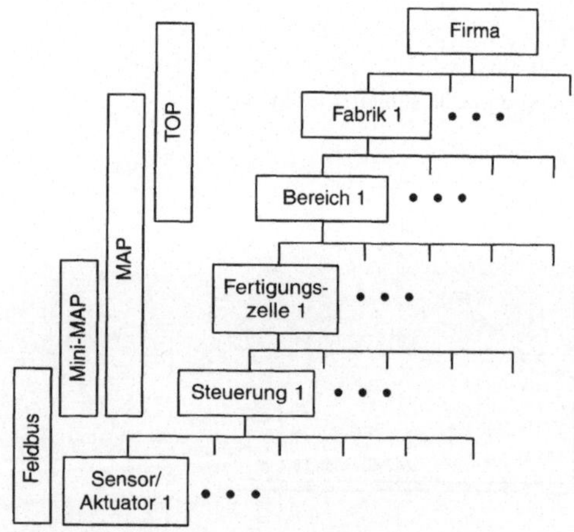

Bild F-66. Einsatz von MAP, TOP und Feldbus in einem Unternehmen (Quelle: EUMUG).

F 6.4 Spezielle Anwendungen

F 6.4.1 Message Handling-Systeme (X.400)

Message Handling-Systeme (MHS) sind nach ITU-T X.400 standardisiert. Sie sind auch bekannt unter den Namen *elektronische Post, Mailbox* oder unter der Telekom-Bezeichnung *Tele-*

box. MHS ermöglichen den Austausch von Mitteilungen über sogenannte *Boxen.* Vergleichbar sind diese Boxen mit einem Briefkasten und einem Postfach. Die Boxen sind persönliche Boxen, d. h., der Mitteilungsaustausch erfolgt von Person zu Person. Die Nachrichten werden in diesen Boxen abgelegt oder aus ihnen herausgenommen. Die Mitteilungen werden in den Boxen und beim Transport zwischengespeichert. Der Zugriff auf eine Box ist durch ein *persönliches Paßwort* geschützt (vergleichbar dem Schlüssel zum Schließfach), d. h., MHS adressieren einen Empfänger, nicht ein Empfangsgerät (z. B. bei Telex).

MHS ermöglichen den Versand und den Empfang von Texten und Daten und erfordern keine speziellen Endgeräte, wie etwa Telex oder Btx. So können beispielsweise mit einem Textverarbeitungsprogramm erzeugte Texte direkt elektronisch versandt und beim Empfänger elektronisch weiterverarbeitet werden. Sie ermöglichen so den papierlosen Informationsaustausch zwischen Personen, Firmen oder innerhalb einer Firma. Neben den *persönlichen Boxen* ist auch der *Mitteilungsaustausch* über *elektronische Anschlagtafeln* (Schwarze Bretter oder Special Bulletin Boards genannt) möglich (Bild F-67). Die von Message Handling-Systemen transportierten Mitteilungen können Text-, Daten-, Faksimile- oder Sprachin-

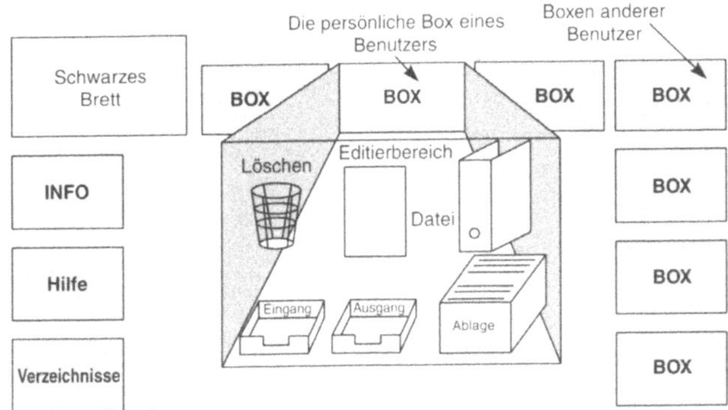

Bild F-67. Message Handling-Systeme aus Sicht des Benutzers.

formationen enthalten. Die Mitteilungen können eine Kurznotiz, ein Brief oder ein seitenlanges Dokument sein. Auf Wunsch werden sie als eingeschriebene Sendung mit einer Empfangsbestätigung verbunden sein oder enthalten eine Anforderung für eine Rückantwort. Die Mitteilungen kann man durch den Empfänger an weitere Interessenten verteilen oder speichern und ausdrucken.

F 6.4.2 X.400-Modell

Die Benutzer werden in einem *Message Handling-System* (MHS) durch *User Agents* (UA) repräsentiert (Bild F-68). Der Benutzer kann mit Hilfe des UA Nachrichten erstellen, senden und empfangen. Bei der Nachrichtensendung übergibt der Benutzer die Nachricht und weitere Parameter (z. B. Name oder Adresse des Empfängers) an seinen User Agent (UA). Der UA übermittelt dann die Nachricht an den UA des Empfängers. Die UA kommunizieren miteinander über ein *Message Transfer-System* (MTS), welches aus einer Anzahl von *Message Transfer Agents* (MTA) gebildet wird. Die MTA transferieren die Nachricht durch das Message Transfer-System, bis sie an einen Empfänger-UA geliefert werden kann. Der Nachrichtentransport erfolgt nach dem Speichervermittlungsprinzip (store and forward).

Das X.400-Modell kann eingesetzt werden als elektronische Post innerhalb eines Unternehmens und zwischen Unternehmen; es ermöglicht den Zugriff auf Telex und Telefax. Beispielsweise setzen es Korrespondenten ein, um ganz aktuelle Nachrichten sehr schnell verbreiten, senden oder in Satz geben zu können.

Das MHS-Modell ist angelehnt an die *Briefpost* (Bild F-69). Es ergeben sich viele Analogien, wenn man jeden UA durch einen Briefkasten ersetzt und jeden MTA durch ein Postamt.

Folgende Protokolle werden verwendet: Das *P1-Protokoll* definiert den *Umschlag* (Envelope) und den *Inhalt* (Content) einer Nachricht (Message). Das P1-Protokoll legt den Nachrichtenaustausch zwischen den MTA fest (Bild F-70). Das P2-Protokoll teilt den Inhalt einer Nachricht in Kopf (Header) und Körper (Body) eines Dokuments auf. Der Körper eines Dokuments kann dabei aus Textteilen bestehen (z. B. IA5 = ASCII), Faksimileteilen oder anderen festgelegten Formen (sogar Sprachsequenzen). Die Konvertierung verschiedener Formen ist ein Bestandteil der Festlegung X.400. Bild F-71 zeigt den Aufbau einer X.400-Nachricht.

F 6.4.3 X.400 Versorgungsbereiche

Das weltweite Message Handling-System (Bild F-68) ist aufgeteilt in Versorgungsbereiche (Management Domains). Man unterscheidet öffentliche Versorgungsbereiche (Administration Management Domains: ADMD) der Netzbetreiber und private Versorgungsbereiche (Private Management Domains PRMD) in privaten Organisationen, beispielsweise Firmen oder Hochschulen. Die Lage des X.400 im OSI-Referenzmodell ist in Bild F-72 zu sehen.

Eine sehr wichtige Aufgabe ist die Erstellung von *elektronischen Verzeichnissen*. Die zentrale Aufgabe dieser elektronischen Verzeichnissen (Directories) ist die Abbildung von Namen (Benutzernamen, Namen von Anwendungspro-

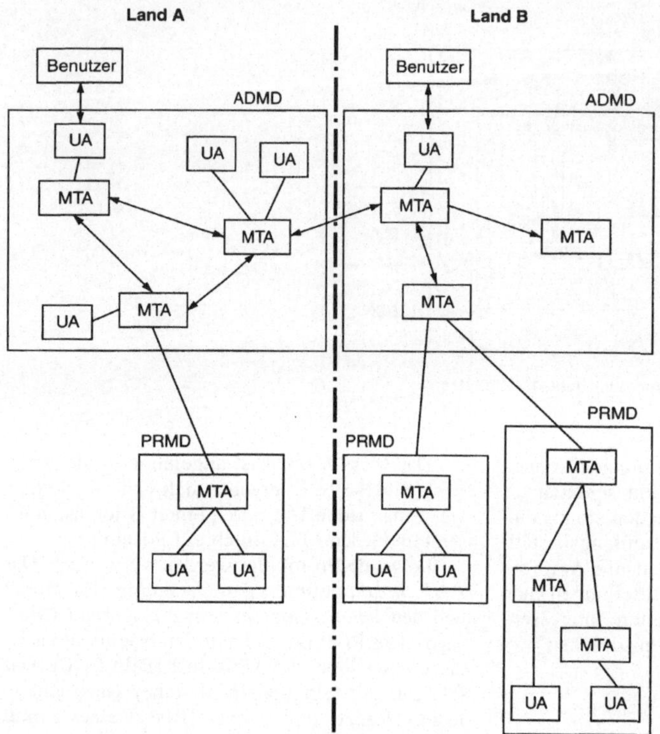

Bild F-68. Struktur eines Message Handling-Systems.

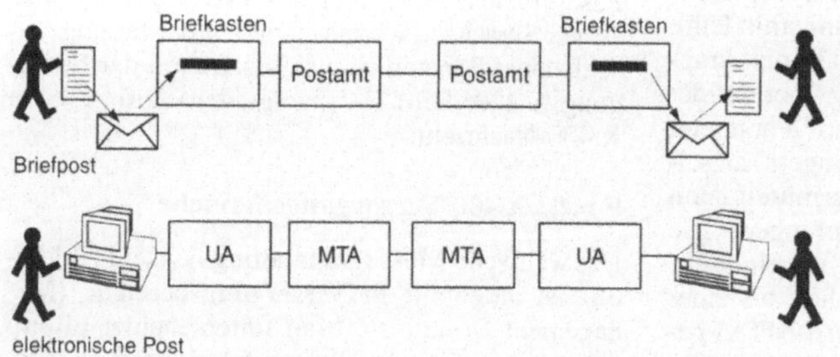

Bild F-69. Vergleich der elektronischen Post mit der Briefpost.

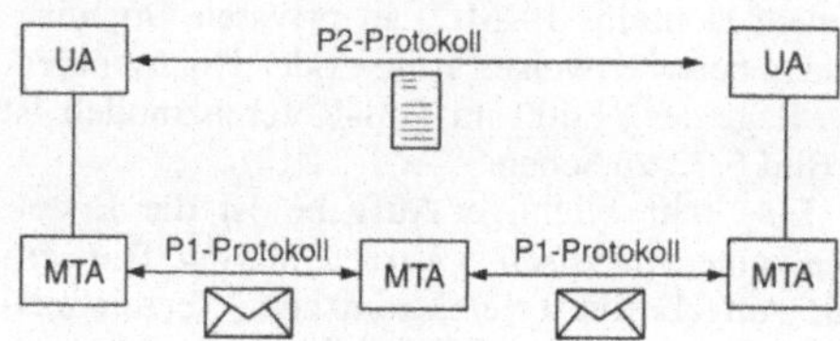

Bild F-70. Protokolle nach X.400.

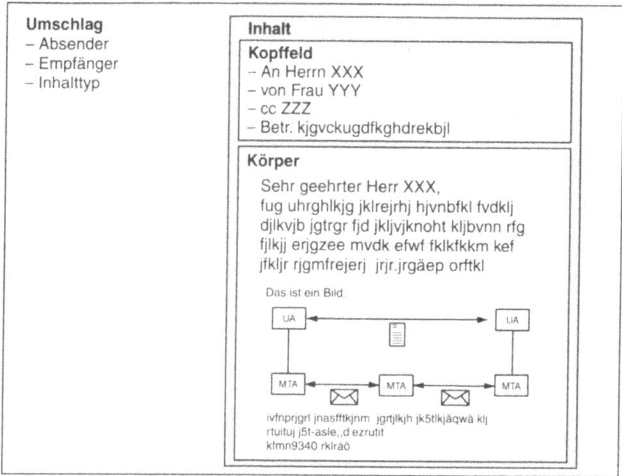

Bild F-71. Aufbau einer X.400-Nachricht

zessen) auf die von einem Kommunikationssystem verwendeten Adressen (Bild F-73). Ursprünglich wurde der Standard X.500 für Message Handling-Systeme nach X.400 entwickelt. Inzwischen ist X.500 so übergreifend festgelegt,

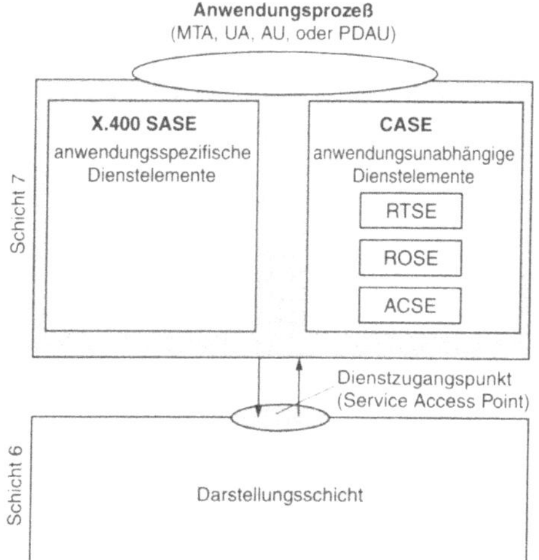

Bild F-72. X.400 im Referenzmodell.

daß sich hiermit beliebige Objekte mit ihren Eigenschaften speichern lassen und Auskunft gegeben werden kann. Mit X.500 lassen sich auch verteilte Verzeichnisse handhaben, die nicht in einem einzigen System untergebracht sind. Ein weltweit genutztes Verzeichnis (z. B. ein weltweites Telefonbuch, Vergleich von digital abgespeicherten Unterschriften) kann nicht in einem einzigen System untergebracht sein. Oft sind auch die Zuständigkeiten für die Aktualisierung eines solchen Verzeichnisses verteilt. Verzeichnisse nach X.500 können in beliebig vielen Systemen verteilt sein. Dabei stellt jedes System in einem Anwendungsprozeß einen *Directory System Agent* (DSA) bereit, der die Zugriffe auf den von ihm verwalteten Teil des Directory durchführt. Durch den DSA kann ein Benutzer (Interpersonelle Kommunikation) oder eine Anwendung auf dieser Datei Objekte suchen und lesen.

In Bild F-73 wird ein Beispiel für die Verwendung eines MHS vorgestellt: Der X.400-UA des Absenders übergibt die Nachricht dem MTA, wobei der Empfänger über einen Directory-Namen (Land, Organisation, Abteilung, Name) angegeben ist.

Der MTA ist gleichzeitig Directory User Agent (DUA) und greift hierüber auf das Directory-System zu, um aus dem Directory-Namen die Empfängeradresse zu ermitteln.

Der DSA1 stellt fest, daß der Eintrag des Empfängers nicht in seinem Datenbestand abgelegt ist, sondern im DSA2, an den er die Anforderung weiterleitet.

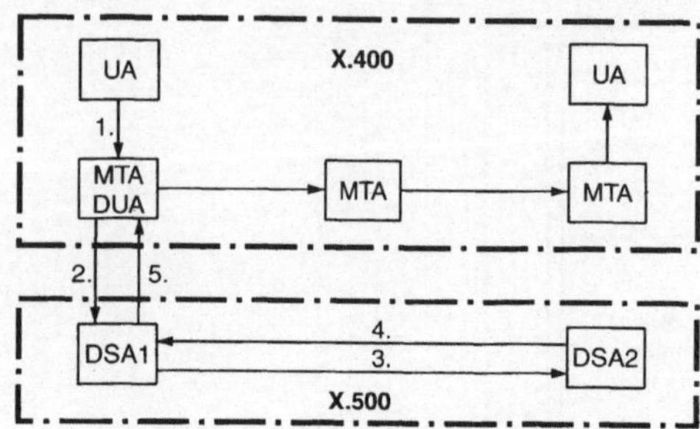

Bild F-73. Beispiel für eine MHS-Benutzung.

Der DSA2 ermittelt aus dem Directory-Namen die Empfängeradresse und gibt sie an DSA1.

DSA1 gibt die Adresse an den MTA, der nun die Nachricht im *Message Transfer-System* an den Empfänger *User Agent* weiterleiten kann.

G CA-Technologien (computerunterstützte Technologien)

G 1 Einführung

G 1.1 Rahmenbedingungen für Unternehmen

Die Rahmenbedingungen für erfolgreiche Unternehmen haben sich in den letzten Jahren sehr stark verändert. Insbesondere sind folgende Merkmale zu erkennen:

- Zunahme des Bedarfs vielfältiger und marktfähiger Produktanforderungen,
- Verringerung von Produktentwicklungszeiten, Innovationszyklen und Produktlebensdauer, Erhöhung der Reaktionsgeschwindigkeit auf Marktveränderungen,
- Begrenzung der Kapital-, Personal- und Zeitressourcen für die Produktentwicklung,
- Internationalisierung der Märkte,
- Steigerung der Produktqualität,
- Zunahme des Wettbewerbsdrucks,
- Zunahme des Kostendrucks bei Produktherstellung,
- Steigerung der Produktivität durch Rationalisierungen,
- Verkürzung der Durchlaufzeit und Verringerung der Bestände sowie
- Gesetzliche Regelungen (z. B. Produkthaftung, Dokumentationspflichten, Recycling-Anforderungen).

Vor diesem Hintergrund werden in den Unternehmen die Bereiche Produktdesign, Produktentwicklung und Produktkonstruktion immer wichtiger. Die entscheidenden Erfolgsfaktoren sind (Bild G-1):

- hohe Geschwindigkeit in Innovation und Produktion,
- vertreten auf internationalen Märkten,
- hoher Qualitätsstandard der Produkte und
- Wirtschaftlichkeit in allen Unternehmensbereichen.

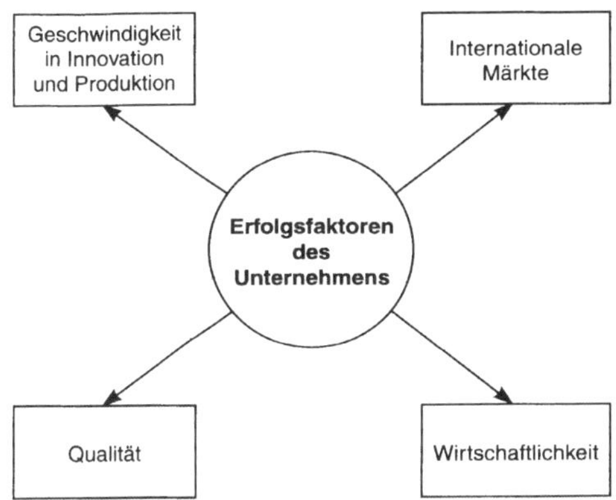

Bild G-1. Erfolgsfaktoren des Unternehmens.

Ein umfassendes Informations-, Kommunikations- und Produktionssteuerungsinstrument (Abschn. E 2) ist Voraussetzung zur Optimierung des *Entwicklungsprozesses* (Verkürzung der Entwicklungszeit, Erhöhung der Produktqualität bei einer Vielzahl von kundenspezifischen Varianten) und der *Logistikkette* (Verkürzung der Durchlaufzeiten, Senkung der Bestände, Kosteneinsparungen). Aus diesem Grunde entscheidet zunehmend im produktionstechnischen Bereich der umfassende und verknüpfte Einsatz von CA-Technologien über die Wettbewerbsfähigkeit und den Erfolg der Unternehmen.

Zur Optimierung und Verkürzung der Entwicklungszeiten sowie zur Senkung des Änderungsaufwandes dient *Simultaneous Engineering* (SE), d. h. das *gleichzeitige Erbringen* von Ingenieurleistungen aus den verschiedensten Abteilungen. Bild G-2 zeigt in einer Gegenüberstellung der arbeitsteiligen Organisation mit SE, daß viel Zeit eingespart werden kann, wenn bereits bei der

- Entwicklung die
    - Marktabstimmung erfolgt,
    - die Fertigungsprozesse gestaltet werden und die
    - Konstruktion und die Arbeitsvorbereitung aktiv werden.

Mit dieser Methode gelangt man sehr schnell zu einem *Prototypen* (Rapid Prototyping, Abschn. G 5.2). Die Erfahrungs- und Versuchswerte mit diesem Prototypen werden wieder in der Konstruktion verwertet. Somit wird das Produkt in ganz

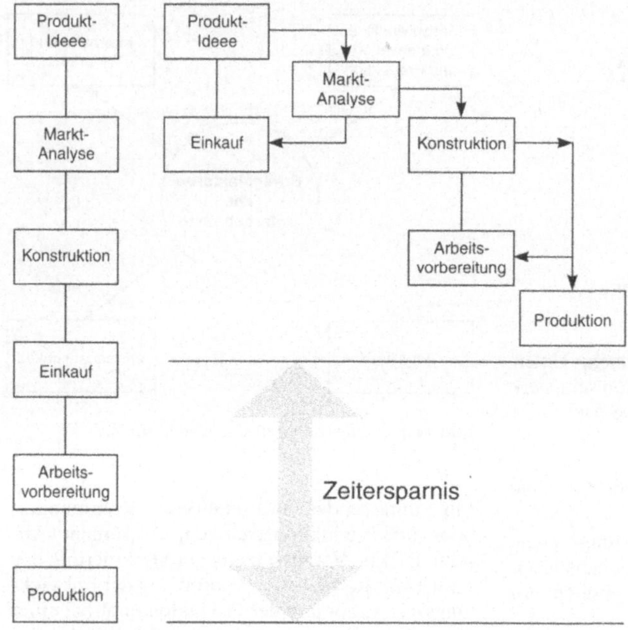

Bild G-2. Zeitersparnis durch Simultaneous Engineering.

schnellen und *kleinen Regelkreisen* ständig verbessert. Durch das dauernde Abstimmen mit allen Abteilungen können Änderungen sofort umgesetzt werden, so daß der Änderungsaufwand deutlich sinkt (bis zu 50%).

G 1.2 Überblick über CA-Technologien

Die CA-Technologien können in drei Bereiche untergliedert werden:

- betriebswirtschaftlich-kommerzielle Orientierung der Informationsverarbeitung,

- produkt- und produktionstechnische Orientierung der Informationsverarbeitung und

- Integration und Vernetzung der Teil- und Subsysteme zum Gesamtsystem.

Rechnergestützte Techniken sind überwiegend im betriebswirtschaftlich-kommerziellen Teil zu finden (z. B. in der Finanzbuchhaltung, Lohn- und Gehaltsabrechnung, Kostenrechnung, in der Materialwirtschaft und im Verkauf). Im Fertigungsbereich sind sie vor allem bei CNC-Werkzeugmaschinen, in der Konstruktion (CAD:

Computer Aided Design), in der Planung und Steuerung (PPS: Produktions-Planungs-und Steuerungssystem) der Fertigungsabläufe zu finden. Ein sinnvolles Zusammenspiel aller einzelnen CA-Techniken erfordert eine Integration der Teilsysteme zu einem Gesamtsystem und wird zunehmend wichtig. Die Integration der produktionsnahen Bereiche wird durch den CIM-Würfel in Abschn. E 2.3 veranschaulicht.

In Tabelle G-1 sind die einzelnen Bereiche und ihre Bedeutung zusammengestellt und Bild G-3 zeigt den Zusammenhang zwischen den einzelnen Teilbereichen.

In Bild G-4 ist zu sehen, welche Informationsflüsse in einem Unternehmen stattfinden und welche Kommunikationsaufgaben daraus folgen. Alle diese Bereiche und ihre Verknüpfungen können rechnergestützt (CA: Computer Aided) zusammenwirken. Ausgehend von den Unternehmenszielen und -strategien sind vor allem die Informationen aus dem Markt wichtig, weshalb sie direkt in die Geschäftspläne einfließen. Es entstehen die Produktentwürfe in Entwicklung und Konstruktion. In der Arbeitsvorbereitung werden die Arbeitspläne erstellt, die Produkte in der Ferti-

Tabelle G-1. Zusammenstellung der CA-Techniken

CAD	Computer-*A*ided *D*esign	rechnerunterstützte Konstruktion
CAE	Computer-*A*ided *E*ngineering	rechnerunterstützte Entwicklung
CAP	Computer-*A*ided *P*lanning	rechnerunterstützte Arbeitsplanung und -vorbereitung
CAM	Computer-*A*ided *M*anufacturing	rechnerunterstützte Produktion
CAA	Computer-*A*ided *A*ssembling	rechnerunterstützte Montage
CAR	Computer-*A*ided *R*obotics	rechnerunterstützte Programmierung von Robotern
CAS	Computer-*A*ided *S*imulation	rechnerunterstützte Simulation
CAO	Computer-*A*ided *O*ffice Communication	rechnerunterstützte Bürokommunikation
CAQ	Computer-*A*ided *Q*uality-Assurance/ Management	rechnerunterstützte Qualitätssicherung
CIM	Computer-*I*ntegrated *M*anufacturing	rechnerintegrierte Fertigung als Konzeption zur organisatorischen Integration von einzelnen CA-Komponenten hin zu einem ganzheitlichen System
DTP	*D*eskt*o*p *P*ublishing	rechnerunterstützte technische Dokumentation
PPS	*P*roduktions*p*lanung und -*s*teuerung	Produktionsplanung und -steuerung
MAP	*M*anufacturing *A*utomation *P*rotocol	standardisierte Fertigungsschnittstellen
TOP	*T*echnical & *O*ffice *P*rotocol	standardisierte Schnittstellen für technische und kommerzielle Bereiche

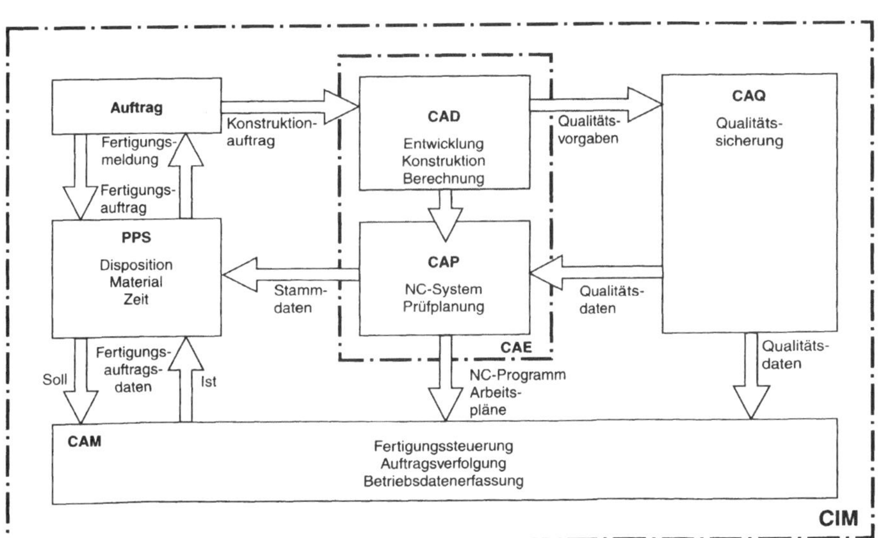

CAD: Computer Aided Design (rechnergestützte Konstruktion)
CAP: Computer Aided Planning (rechnergestützte Planunng)
CAE: Computer Aided Engineering (rechnergestützte Ingenieurtätigkeiten)
CAM: Computer Aided Manufactoring (rechnergestützte Fertigung)
CAQ: Computer Aided Quality Assurance (rechnergestützte Qualitätssicherung)

Bild G-3. CA-Technologien – ihre Bausteine und Zusammenhänge.

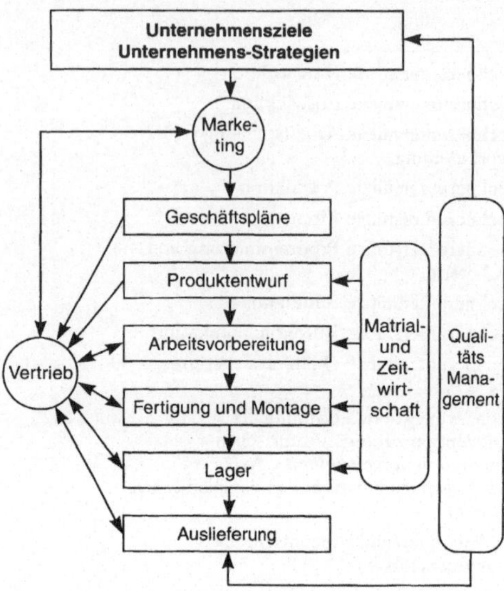

Bild G-4. Bereiche und Aufgaben eines Unternehmens; der Informations- und Kommunikationsbedarf.

gung und Montage hergestellt, im Fertigwarenlager gelagert und von der Auslieferung verschickt. Der Vertrieb steht mit dem Kunden in dauerndem Kontakt, um seine Wünsche zeitnah erfüllen zu können. Die Material- und Zeitwirtschaft spielt vom Produktentwurf bis zum Lager eine wichtige Rolle. Ein Qualitätsmanagement umschließt alle Teile des Unternehmens und stellt die Qualitätsanforderungen überall sicher (TQM: Total Quality Management).

Während die Konstruktion (CAD), die Material- und die Zeitwirtschaft (PPS) schon lange rechnergestützt eingesetzt werden, geht es zunehmend darum, die einzelnen Komponenten zu *integrieren, Schnittstellen* zu verringern und *Daten* zwischen den verschiedenen Komponenten *auszutauschen*. Erst wenn das gelingt, kann ein Unternehmen als einheitliches System rechnergestützt (CIM) schnell und sicher marktorientiert geführt werden. Das bedeutet, daß die einzelnen CA-Komponenten in eine *Gesamtkonzeption* eingebunden werden müssen (Abschn. E 2.3).

G 2 CAD (Computer Aided Design) – rechnerunterstützte Konstruktion

Der Leistungsdruck und die Anforderungen an die Konstruktion haben sich in den letzten Jahren deutlich erhöht. Ursachen dafür sind:

- Verkürzung der Produktlebenszeit und damit der Entwicklungszeit für Produkte,
- höhere Variantenvielfalt der Produkte,
- höhere Bewertung des Produktdesign und
- Verringerung der konstruktionsbedingten Fertigungskosten.

Neben der gewachsenen Bedeutung der Konstruktion ist vor allem auch die hohe *Kostenverantwortung* dieses Abschnitts maßgebend dafür, daß der rechnergestützten Konstruktion eine Schlüsselrolle zukommt. Wie Bild G-5 zeigt, werden in der Entwicklung und Konstruktion 60% der Produktkosten festgelegt und in der Arbeitsvorbereitung 20%, d. h. 80% der Kosten liegen vor der eigentlichen Produktion.

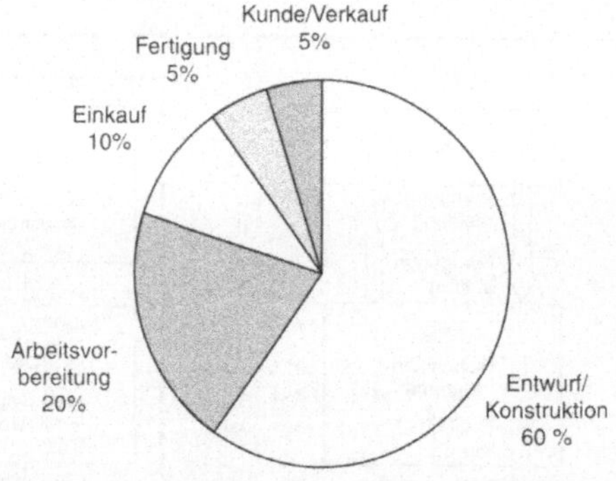

Bild G-5. Kostenverursachung der Unternehmensbereiche.

Es gibt verschiedene Arten von Konstruktionstätigkeiten. Wie Bild G-6 zeigt, sind die Anpassungs- und Variantenkonstruktion am häufigsten, gefolgt von der Neu- und Prinzipkonstruktion.

Anpassungskonstruktion

Neue Kundenforderungen werden erfüllt, indem man bestehende Konstruktionen verändert. Der

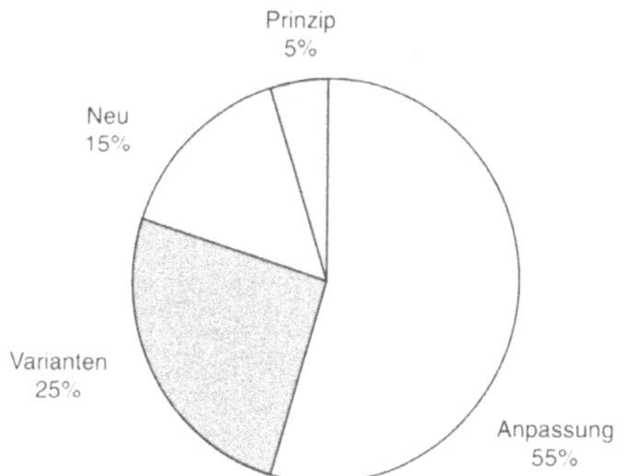

Bild G-6. Häufigkeit der Konstruktionsarten.

Anteil der Änderungskonstruktionen ist zwar vom Produktspektrum abhängig, aber er liegt in den meisten Fällen über 50%. Dies ist verständlich, weil man in vielen Fällen auf eine hohe Zahl von Gleichteilen Wert legt und nach dem Baukastenprinzip fertigt und konstruiert.

Variantenkonstruktion

Viele Produkte werden als Baureihen angeboten. Durch gezielte Änderung der Grundkonstruktion werden die erforderlichen Varianten erzielt. Oft trifft dies auf Baugruppen oder einzelne Teile zu. Im Konstruktionsprozeß werden Variablen definiert, die sich je nach Eingabewert verändern.

Neukonstruktion

Völlig neue Konstruktionen, bei denen es sich nicht lohnt oder es nicht möglich ist, auf vorhandene Konstruktionen zurückzugreifen, sind Neukonstruktionen, die im Schnitt zu 15% anfallen.

Prinzipkonstruktion

Ein kleiner Teil der Konstruktionen (5%) lassen sich auf physikalische oder technologische Prinzipien zurückführen. Physikalische Prinzipien sind beispielsweise *Ähnlichkeitsbeziehungen* wie sie in der Strömungslehre bei Reynoldszahlen vorkommen. Technologische Prinzipien oder Ähnlichkeiten in der Art der Konstruktion müssen auf einen komplexen Wissensstand zurückgreifen, der zur Zeit nur mit erheblichem Aufwand rechnerunterstützt ablaufen kann (Expertensysteme).

G 2.1 Konstruktionsprozeß

Damit der Rechnereinsatz sinnvoll und wirtschaftlich ist, muß er sich am *Konstruktionsprozeß* orientieren. Bild G-7 zeigt, daß der Prozeß des Konstruierens in folgende vier Phasen zerfällt:

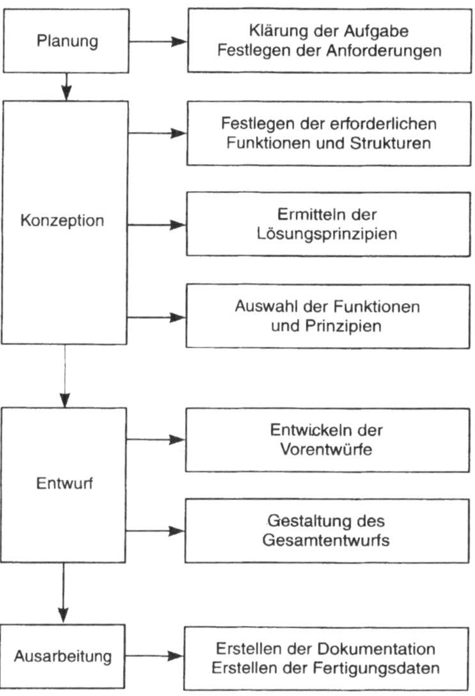

Bild G-7. Phasen des Konstruktionsprozesses.

Planungsphase

Als erstes wird die Aufgabe untersucht und die Anforderungen festgelegt. Darüber hinaus werden die zur Realisierung notwendigen Institutionen definiert.

Konzeptionsphase

Es geht darum, die zur Lösung erforderlichen Funktionen und deren Zusammenhänge zu ermitteln, die Lösungsprinzipien festzulegen, zu bewerten und entsprechend auszuwählen. Der Konstrukteur muß dabei die Fertigungs- und Montageprozesse kennen, um sie bereits in dieser frühen Phase

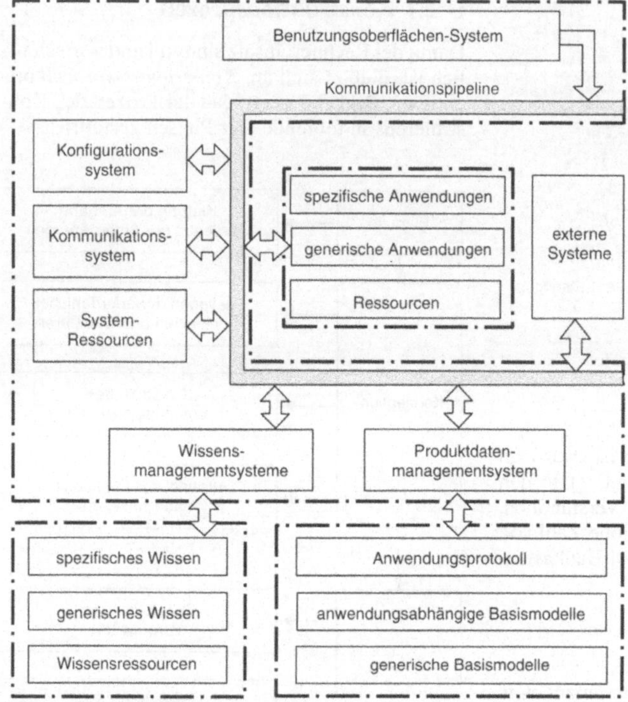

Bild G-8. Architektur des CAD-Referenzmodells (nach FZI).

miteinzubeziehen *(fertigungsgerechtes Konstruieren)*.

Entwurfsphase

Die ausgewählten Funktionen werden konkret umgesetzt und durch Berechnungen oder andere Verfahren optimiert.

Ausarbeitungsphase

Alle Konstruktionsergebnisse werden dokumentiert und die sich ergebenden Fertigungsunterlagen (Arbeitspläne, Einzelteilzeichnungen, Stücklisten) zusammengestellt.

Ziele für CAD-Anwendungen müssen sein:

- anwenderfreundliche Benutzerführung,

- anwendungsbezogene und individuelle Systemkonfiguration,

- Unterstützung des gesamten Konstruktionsablaufes,

- Wiederverwendung bestehender konstruktiver Lösungen,

- Abbildung der Wissensbasis,

- Möglichkeit der Integration und

- einfache Anwendung eines einheitlichen Modellierers.

Um diese Anforderungen zu erfüllen, wird das in Bild G-8 vorgeschlagene CAD-Referenzmodell zugrundegelegt. Dazu müssen dem Konstrukteur Informationen aus den verschiedensten Gebieten zur Verfügung gestellt werden (Bild G-9). Es sind dies vorwiegend aus folgenden drei Bereichen:

Konstruktionsbereich

Dort werden die Funktionen, die Geometrie, das Material und die Berechnungen durchgeführt sowie die Stücklisten zusammengestellt.

Fertigungsbereich

Informationen über die Fertigungstechnologie und der wichtigen Fertigungsparameter der Maschinen

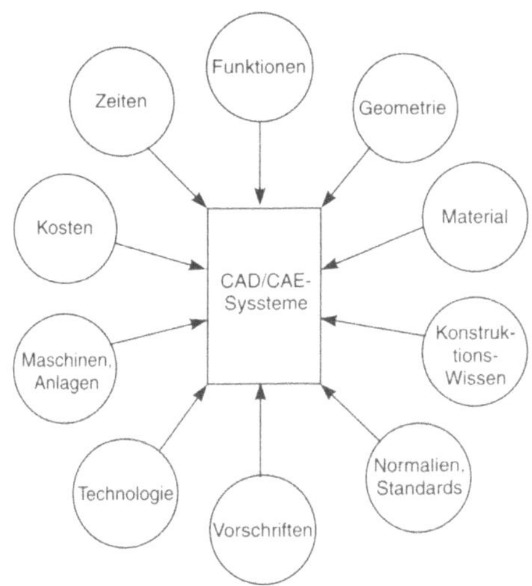

Bild G-9. Informationsbasis für CAD.

müssen verfügbar sein, um ein fertigungs- und montagegerechtes Konstruieren zu ermöglichen.

Wirtschaftlicher Bereich
Für eine wirtschaftliche Konstruktion müssen Daten über Kosten und Zeiten verfügbar sein.

G 2.2 CAD-Systeme

Die konstruktive Erfassung eines Produkts erfolgt mit Hilfe eines CAD-Systems. Dies setzt im wesentlichen auf drei Grundmodellen auf:

- dem Drahtmodell,
- dem Flächenmodell und
- dem Volumenmodell.

Bild G-10 zeigt einen Überblick über die verschiedenen Modelle, die den CAD-Systemen zugrunde liegen.

G 2.2.1 CAD 2D-Systeme

Die Beschreibung der Geometrie in der Ebene als 2D-Zeichnungen sind der Kern jedes CAD-Systems. Die Elemente von 2D-Zeichnungen sind:

- Punkt, Gerade, Kreis und Polygonzug,
- Fläche,
- Schneiden und Trimmen von Linien bzw. Geraden und Kreisen,

- Schraffuren und Muster,
- Bemaßung einschließlich Lage- und Formtoleranzen,
- Beschriftung sowie
- Berechnungen.

Der Einsatzbereich der 2D-Systeme liegt im Maschinenbau bei Werkstattzeichnungen und Schnittbildzeichnungen von 3D-Objekten sowie in der Elektrotechnik bei Leiterplatten, bei denen zweidimensionale Bauelemente mit Leiterzügen verbunden werden.

Im 2D-Bereich gibt es eine Reihe von Zeichnungshilfen, die eine wirtschaftliche Konstruktion ermöglichen. Dies sind:

- Dynamisches Zoomen,
- parametrische Variantenkonstruktion (durch Eingabe neuer Werte wird die Geometrie neu konstruiert),
- assoziatives Bemaßen (bei Änderung der Geometrie wird die Bemaßung mit verändert),

a Drahtmodell

- eindimensionale Elemente
- Punkte, Linien, Kreise
- Drafting

b Flächenmodell

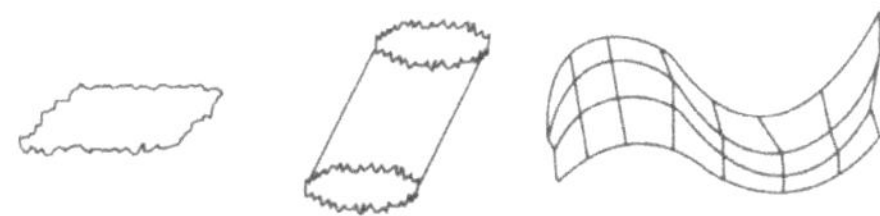

- zweidimensionale Elemente
- Flächen, Zylindermantel, Freiformflächen
- Automobil- und Flugzeugbau, NC-Bearbeitung

c Volumenmodell

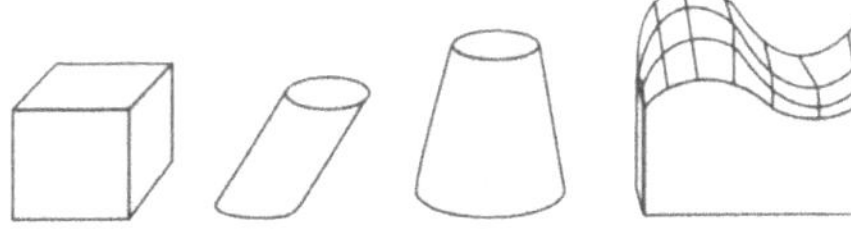

- dreidimensionale Elemente
- boolsche Operationen
- Berechnungen, Finite Elemente räumlich

Bild G-10. Geometriemodell für CAD-Systeme.

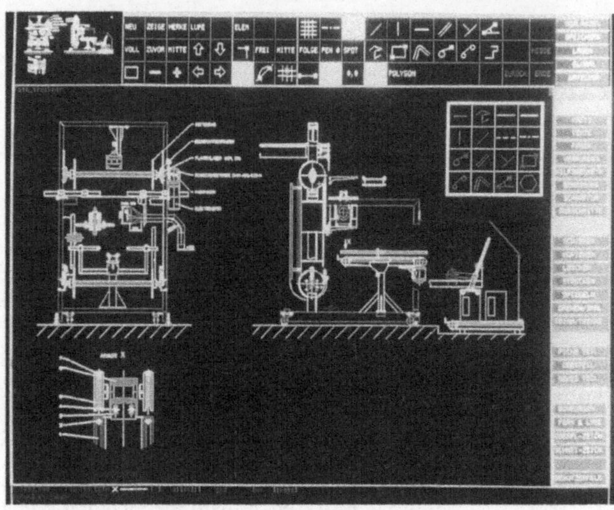

Bild G-11. 2D-Konstruktion (Foto: ISICAD RAND Technologies).

- Definieren und Verschieben ganzer Baugruppen,
- hierarchische Gliederung von Teilzeichnungen,
- Zeichnungsverwaltung,
- Makrofunktionen.

In Bild G-11 ist eine 2D-Konstruktion mit einem modernen CAD-System zu sehen. Die Benutzeroberfläche zeigt die einzelnen Menüpunkte und dazu die entsprechenden Auswahlmenüs.

Oftmals werden der 2D-Zeichnung eine dritte Koordinate (z-Koordinate) zugeordnet. Dadurch erhält eine zweidimensionale Fläche eine konstante dritte Dimension. Diese vereinfachte 3D-Darstellung nennt man 2 1/2-D. Sie ist für Werbematerialien oder als Anschauungsmaterial mit günstigen PC-Programmen erstellbar. Für eine professionelle Verarbeitung der 3D-Daten ist dies nicht geeignet.

G 2.2.2 CAD 3D-Systeme

3D-Systeme werden mit folgenden drei Modellen (Bild G-9) erstellt:

Kantenmodell oder Drahtmodell (wire frame)

Das Bauteil wird durch seine Eckpunkte und deren Verbindungslinien dargestellt. Zum Speichern wird nur wenig Platz benötigt. Das Kantenmodell hat aber folgende Nachteile:

- keine Unterscheidung zwischen Innen und Außen,
- keine Unterscheidung zwischen Material und kein Material,
- keine Berechnung von Flächen und Volumen,
- Löschen verdeckter Kanten ist sehr aufwendig, da die Vorder- und Rückseite des Objekts meist nicht eindeutig erkennbar ist.

Bild G-12 zeigt ein Beispiel für ein Drahtmodell.

Flächenorientiertes Modell

Dabei sind zwei Modelle zu unterscheiden:

- Objekte, die sich aus ebenen Regelflächen aufbauen lassen und
- Objekte, die sich aus gekrümmten Flächen zweiter und höherer Ordnung darstellen lassen.

Die flächenorientierten Modelle weisen ähnliche Nachteile wie die Kantenmodelle auf. Es sind dies:

- keine Unterscheidung zwischen Innen und Außen,
- keine Unterscheidung zwischen Material und kein Material und
- keine Berechnung von Flächen und Volumen.

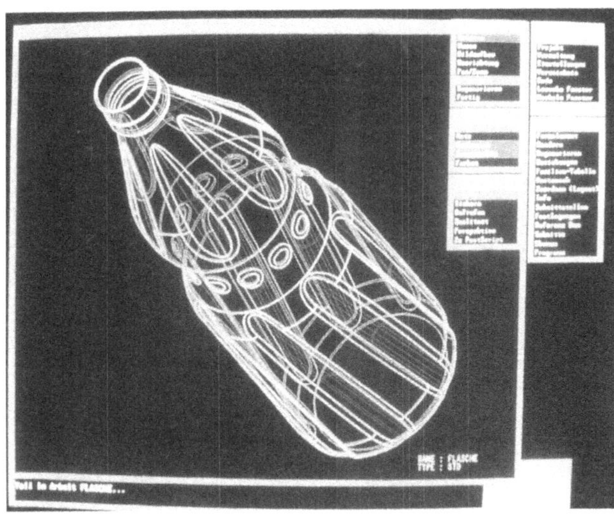

Bild G-12. Drahtmodell (Foto: ISICAD RAND Technologies).

Volumenorientierte Modelle

In Bild G-13 sind die verschiedenen Volumenmodelle zusammengestellt und am Beispiel einer
Bohrung der Unterschied gezeigt. Das *Facetten-
Modell* dient zur Veranschaulichung oder als Vorlage zur Stereolithografie (Abschn. G 5.2). Beim
Facetten-Modell wird eine Bohrung durch inein-
andergestellte Rechtecke dargestellt.

Bei *Modellen mit Booleschen Operatoren* liegen Elementarkörper zugrunde, beispielsweise
Quader, Zylinder, Kugel, Pyramide, Kegel. Man
nennt diese Modelle auch *CSG-Modelle* (CSG:
constructive solid geometry). Mit den men-
gentheoretischen Verknüpfungen der Addition,
Subtraktion, Vereinigung und Schnittmenge lassen sich schrittweise geometrische, mathematisch
exakt beschreibbare Objekte erzeugen (Bild G-
14). Eine Bohrung entsteht in diesem Modell
durch Subtraktion eines Zylinders.

Die *Grenzflächen-Modelle* (B-REP: boundary
representation model) beschreiben die Begrenzungen von Körpern. Eine Bohrung ist durch Beschreibung ihrer Randflächen definiert. Bei Modellen mit Formelementen ist die Bohrung bereits
enthalten. Es wird zusätzlich möglich, andere Eigenschaften (z. B. Oberflächenbeschaffenheit) zu
beschreiben. Bild G-15 zeigt eine Zusammenstellung von Formelementen.

Zur Beschreibung von *Freiformflächen* wer-

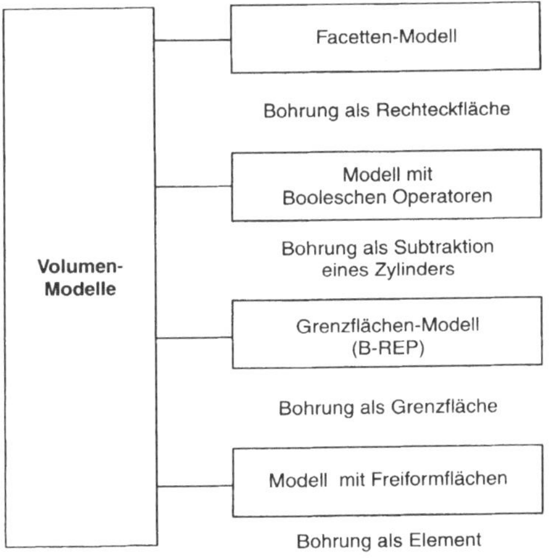

Bild G-13. Typen von Volumenmodellen.

den Polygone höherer Ordnung herangezogen.
Als mathematisches Verfahren dient dazu die
Bezier-Technik (räumliche Polygonnetze). Dadurch werden Freihandlinien nach der Beziertech-
nik erzeugt *(B-Splines)*. Genauere Näherungen
bieten die NURBS-Funktionen (NURBS: Non
Uniform Rational B-Splines), mit denen glatte

a Basiskörper

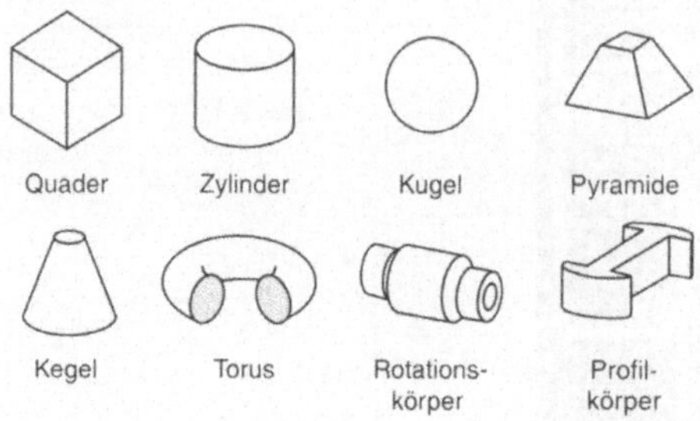

b Verknüpfung von Basiskörpern

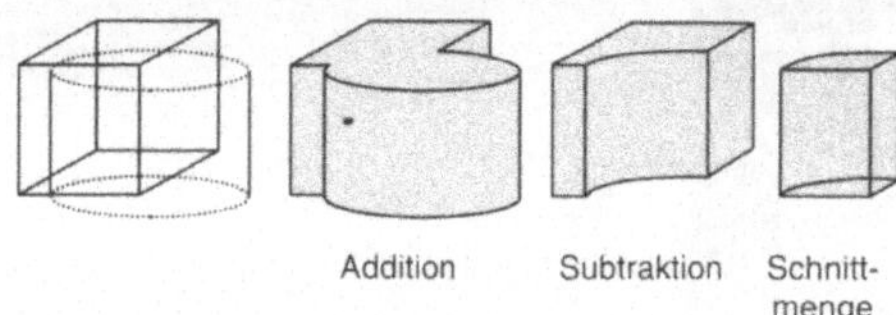

Bild G-14. Basiskörper und Verknüpfungen im Volumenmodell (Quelle: Abeln).

Kurven und Flächen mit stetigem Übergang in räumlicher Darstellung erzeugt werden können. Diese Körper können beliebig im Raum dargestellt werden. Freiformflächen sind insbesondere in der Flugzeug- und Automobilindustrie sowie in der Kunststoff- und Metallgießerei anzutreffen.

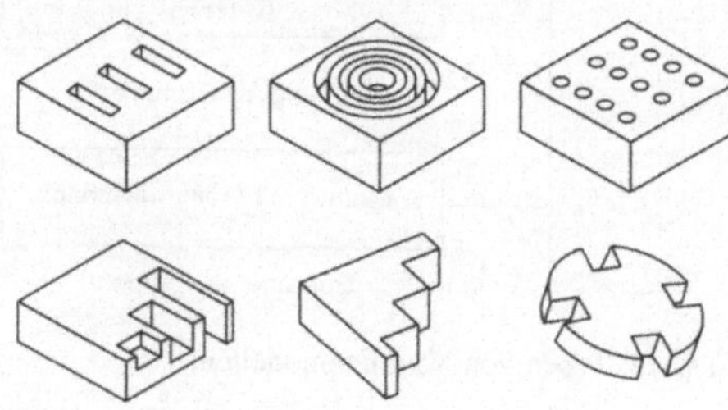

Bild G-15. Auswahl einiger Formelemente.

G 2.3 Beispiele zu Anwendungsbereichen

CAD-Systeme werden auf folgenden Gebieten eingesetzt:

Maschinenbau

In Bild G-16 ist eine 3D-Zeichnung eines Laufrades zu sehen.

Bild G-16. 3D-Darstellung eines Laufrades (Foto: ISI-CAD RAND Technologies).

Elektronik

In der Elektronik kann CAD alleine nicht angewandt werden. Es müssen gleichzeitig auch andere rechnergestützte Werkzeuge eingesetzt werden, wie Bild G-17 zeigt. In der Entwicklung ist vor allem das Zusammenspiel von CAD und CAE (Computer Aided Engineering) wichtig, ferner auch das rechnerunterstützte Testen (CAT: Computer Aided Testing). Ein Beispiel für eine Anwendung in der Elektrotechnik (Stromlaufplan) zeigt Bild G-18.

Architektur und Bauwesen

Im Architekturbereich ist CAD nicht nur ein Zeichenprogramm, sondern bietet folgende Zusatzfunktionen:

- Belastungs-, Baustoff- und Mauerwerksnachweis,
- Mengenermittlung,
- Kostenberechnung,
- Ausschreibung nach VOB (VOB, Verfahren öffentlicher Bauausschreibungen) und
- Projektmanagement (Zeit- und Kostenverwaltung).

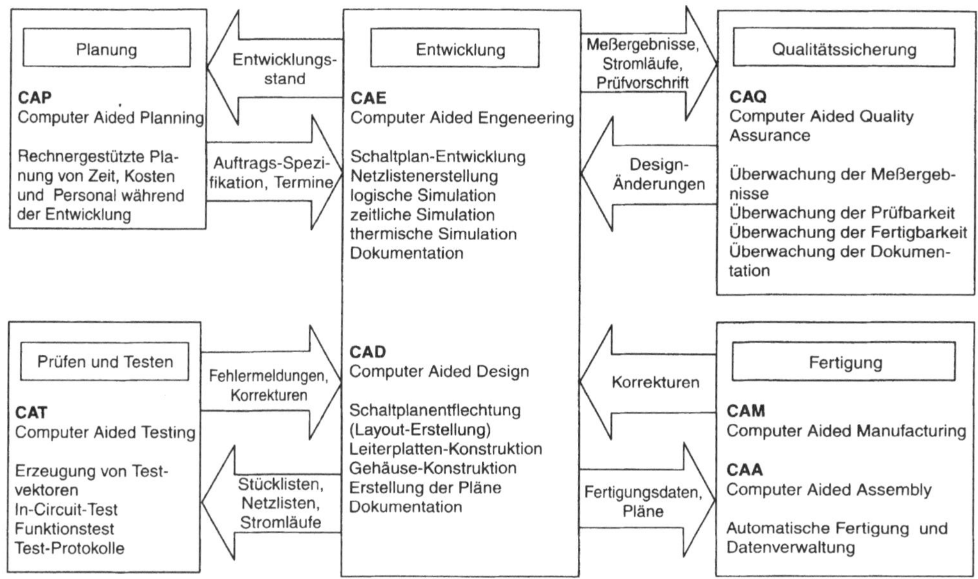

Bild G-17. Rechnergestützte Technik in der Elektronik.

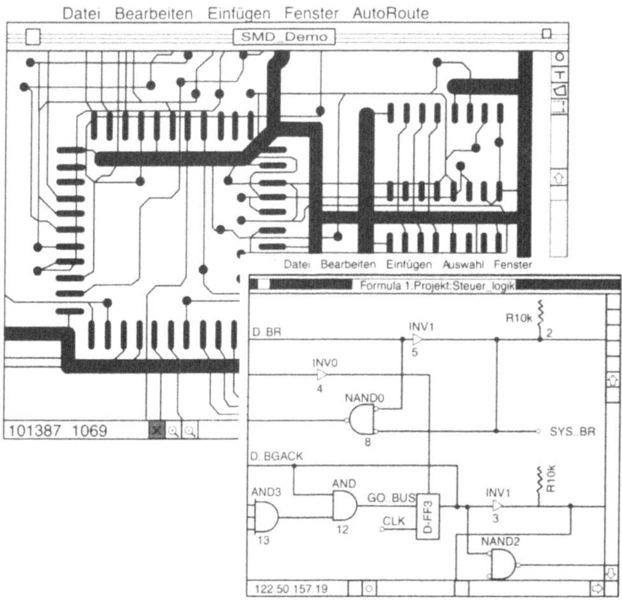

Bild G-18. Leiterplattenentwurf mit CAD.

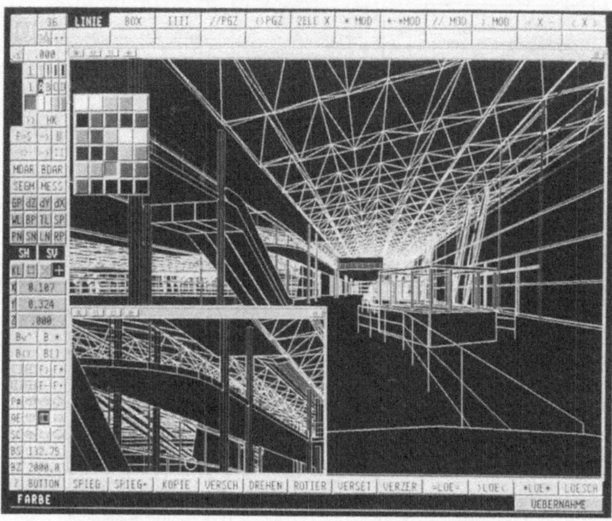

Bild G-19. Hannover Messe, Entwurf Halle 2 (Foto: Nemetschek).

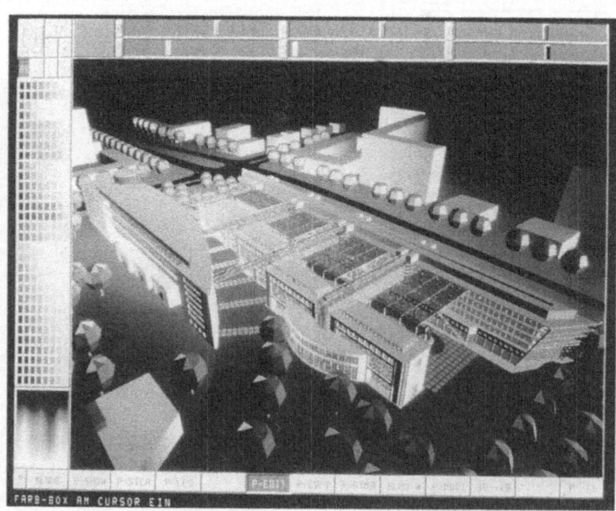

Bild G-20. Entwurf Euro Trade Center Dresden (Quelle: ALLPLAN von Nemetschek).

Bild G-19 zeigt den Entwurf der Halle 2 der Hannover Messe und Bild G-20 den 3D-Entwurf des Euro Trade Center in Dresden.

G 2.4 Geometrische Beschreibungen

G 2.4.1 Beschreibende und konstruktive Darstellung

Man unterscheidet hierbei zwei Beschreibungsformen:

Beschreibende Darstellung

Es wird die geometrische Form des Objektes beschrieben. Dazu dienen:

- Punkte, Geraden,
- Ecken, Kanten, Seiten,
- Flächen- und Volumenelemente,
- Position.

Konstruktive Darstellung

Es wird dabei der Vorgang des Konstruierens gewählt. Dazu werden Aktionen beschrieben (z. B. Spiegeln) und die Anweisungen ausgewählt, wie und in welcher Reihenfolge die einzelnen Aktionen auszuführen sind (Festlegen der Regeln). Einfache Elemente sind beispielsweise:

- Wege,
- Translation und Rotation,
- Spiegeln,
- Kopieren,
- Gruppieren,
- Verrundung und
- Abwicklung.

G 2.4.2 Koordinatensysteme

Mit einem Koordinatensystem kann man die Lage von Punkten, Linien, Ebenen und Körpern definieren. Dadurch hat man die Möglichkeit, die einzelnen Objekte voneinander zu unterscheiden und zu bezeichnen. Je nach Geometrie unterscheidet man folgende Koordinatensysteme:

Kartesische Koordinaten
Man geht von einem Punkt aus und errichtet drei zueinander senkrechte Geraden. Daraus ergibt sich die x-, y- und z-Richtung. Die Lage jedes Punktes kann man dadurch beschreiben.

Polarkoordinaten
Bei ihnen wird nur die Entfernung (als Vektor) und die zugehörigen Winkel angegeben. Mit Polarkoordinaten kann man Rotationskörper besonders einfach beschreiben.

Zylinderkoordinaten
Sie werden durch eine Kreisebene (Radius und Winkel) sowie einer Raumhöhe beschrieben.

Die einzelnen Koordinaten können ineinander umgerechnet werden. Die mathematischen Beziehungen beschreibt die *Koordinatentransformation*.
Häufig unterscheidet man bei den Koordinatensystemen noch in:

Welt-Koordinatensystem
Mit diesem Koordinatensystem ist die Lage der einzelnen Objekte im Raum bestimmt (Bild G-21 a).

lokales Koordinatensystem
Ein lokales Koordinatensystem beschreiben die Punkte eines Objektes von einer Stelle des Objektes aus (Bild G-21 b).

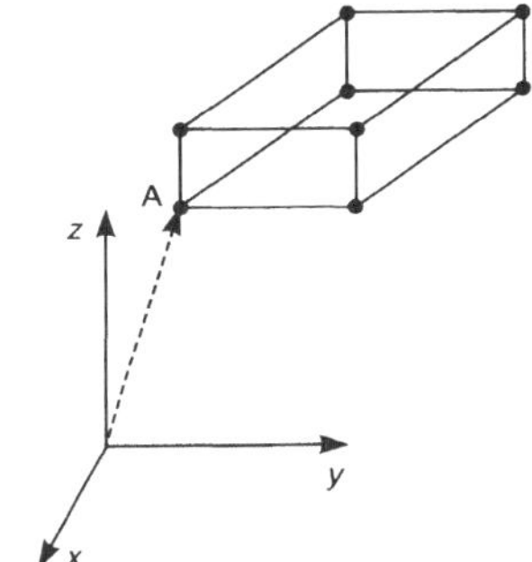

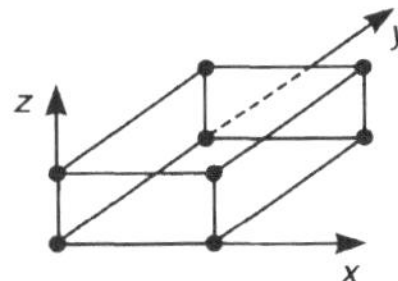

Bild G-21. Weltkoordinaten und lokales Koordinatensystem.

G 2.5 Modellorganisation

Unter Modellorganisation versteht man die Arbeitstechnik, mit der man ein CAD-System bedienen können muß. Um mit CAD-Systemen zu arbeiten, muß man bestimmte Elemente (geometrisch und nicht geometrisch) erzeugen und verändern können, Voreinstellungen an Parametern vornehmen, Modellierunterstützung und weitere Hilfestellungen erfahren.

G 2.5.1 Elemente

Man unterscheidet zwischen folgenden beiden Elementen:

geometrische Elemente

Dazu zählt man die bereits besprochenen Elemente aus dem 2D- und 3D-Bereich, also beispielsweise:

- Punkt, Linie, Kreis, Kegelschnitte und Freiformkurven,
- ebene Flächen, Kreis-, Zylinder- und Freiformflächen,
- Quader, Kugel, Kegel, Torus und Drehkörper.

nicht geometrische Elemente

Dazu zählen folgende Elemente:

- Text und Daten,
- Attribute,
- Verbindungen,
- Gruppe (z. B. Baugruppe),
- Variable (veränderliche Zahlenwerte),
- Teilmodelle (z. B. Einzelteilzeichnung),
- Ebene,
- Bildschirmaufteilung, Fenster,
- Koordinaten und
- Farben.

G 2.5.2 Unterstützungs-Funktionen

Dazu gehören folgende Funktionen:

- Editieren,
- Gitter- und Rastereinstellung (als Hilfslinien),
- Verschieben, Drehen, Ausschnitt und Vergrößerung (Zoom) des Fensters,
- Abstandsmessung,
- Rechenfunktionen,

- Makrobefehlssprache und
- spezielle grafische Programmiersprache.

G 2.6 Editieren der Geometriemodelle

Die wichtigsten Grundfunktionen für die Bearbeitung von Konstruktionszeichnungen sind:

- Aktivieren
- Selektieren
- Verschieben
- Drehen
- Kopieren
- Spiegeln
- Ein-/Ausblenden und
- Trimmen.

Eine Zusammenstellung der Veränderungsfunktionen für 2D zeigt Bild G-22.

G 2.7 Grafische Darstellungsmethoden

Die gezeichneten Bilder werden entweder als Linien *(Vektorgrafik)* oder als Punkte *(Pixelgrafik)* abgespeichert. Bei der Vektorgrafik werden gekrümmte Linien mit geraden Streckenabschnitten gezeichnet. Die Anzahl und die Größe der Streckenstücke hängt von der Auflösung des Ausgabegerätes (Bildschirm oder Plotter) ab.

Bei der Pixelgrafik werden einzelne Bildpunkte definiert, bestehend aus einem Koordinatenpaar (x, y) und einem Mittelpunkt. Die Auflösung des Anzeigegerätes wird in Anzahl von Pixel in x- und y-Richtung angegeben. Ein hochauflösender Grafikbildschirm hat 1280 x 1024 Pixel. Den einzelnen Pixeln können auch Farben zugeordnet werden. Punkte und Farben werden im Bildschirmspeicher als Sammlung von Punkten (Bitmap) gespeichert. Alle Plotter, die nach dem Prinzip eines Fotokopierers arbeiten (z. B. elektrostatische Drucker oder Tintenstrahldrucker), werten die Pixelgrafik aus.

G 2.8 Weiterverarbeitung von Konstruktionsdaten (CA- und CAD-Schnittstellen)

Die in der Konstruktion anfallenden Daten müssen zum einen mit anderen CAD-Systemen integrierbar und in anderen Unternehmensbereichen, wie PPS-Systemen oder NC-Maschinen verwertbar sein. Ferner müssen die Daten zwischen verschiedenen Unternehmen ausgetauscht werden können.

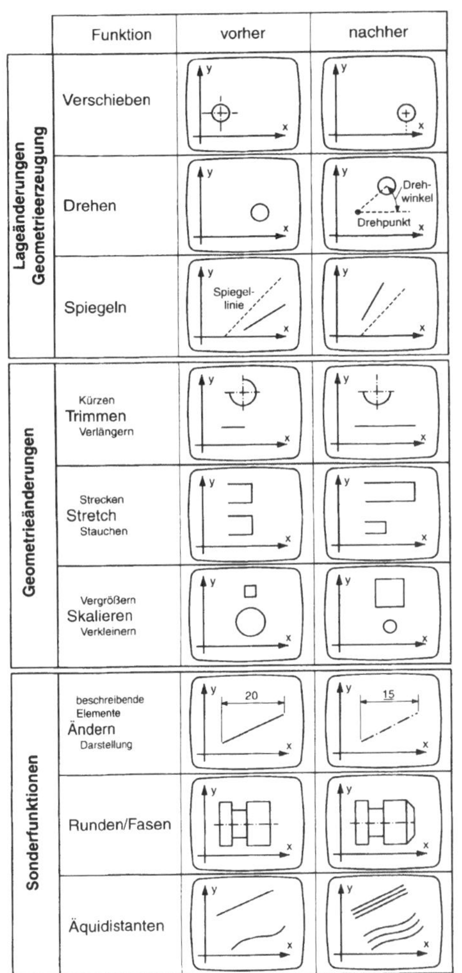

Bild G-22. Veränderungsfunktionen (Quelle: Helmerich, Schwindt).

Diese Forderungen werden mit *EDI-Systemen* (EDI: Electronic Data Interchange) erfüllt.

Im Mittelpunkt steht ein *standardisiertes Datenaustauschformat*, wie es im folgenden beschrieben wird. Bild G-23 zeigt das prinzipielle Vorgehen. Ein individuelles Datenformat des Senders (z. B. Unternehmen 1 oder CAD-System 1) wird durch einen *Präprozessor* in das Standardformat umgewandelt. Dieses Standardformat wird an den Empfänger (z. B. das Unternehmen 2 oder CAD-System 2) übertragen. Dort wandelt ein *Postprozessor* die Daten im Standardformat in das spezielle Datenformat des Empfänger

Allerdings sind Datenübertragungen in der Praxis viel komplizierter. CAD-Systeme mit speziellen Fähigkeiten und mathematischen Modellen (z. B. Algorithmen für Freiformflächen) können nur sehr eingeschränkt mit Standardformaten übertragen werden, ohne daß Einzelheiten verloren gehen. Deshalb kann es manchmal sinnvoll sein, eine *Datenkonvertierung* für zwei miteinander in Verbindung stehende Systeme vorzunehmen.

G 2.8.1 VDA-FS

Im Automobilbereich kommt es oft vor, daß Zulieferer ein anderes CAD-System einsetzen als der Hersteller. Deshalb hat der Verband der Deutschen Automobilindustrie (VDA) eine spezielle Schnittstelle entworfen, um Flächendaten (insbesondere Freiformflächen) zwischen verschiedenen CAD-Systemen austauschen zu können (VDA-FS: Verband der Deutschen Automobilindustrie für Flächen-Schnittstellen). Sie wurde in DIN 66301 festgehalten.

G 2.8.2 DXF

Das DXF-Format ist ein spezielles Zeichenformat der Firma Autodesk und wird vor allem in den Programmen AUTOCAD und AUTOSketch

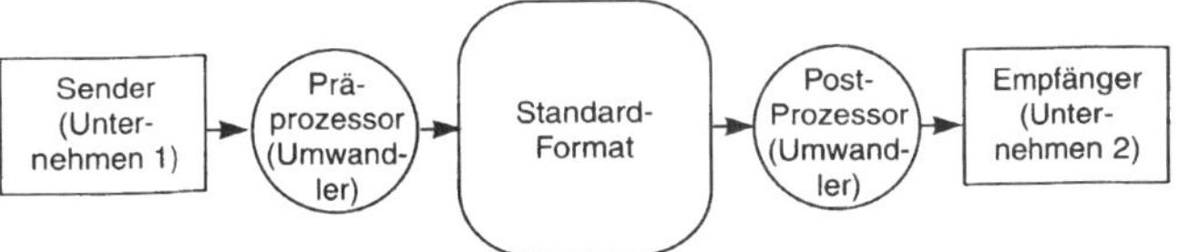

Bild G-23. Datenaustausch über eine Standardschnittstelle.

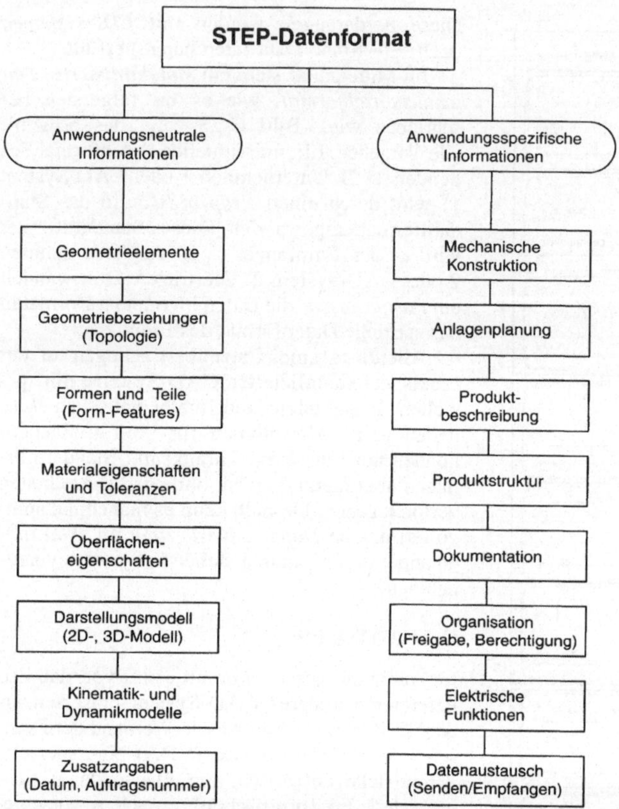

Bild G-24. Eigenschaften der STEP-Schnittstelle.

unterstützt. Viele andere Programme bieten dieses Dateiformat ebenfalls an, was die Überführung in andere CAD-Programme erlaubt. Darüber hinaus ist das DXF-Format in BASIC programmierbar.

G 2.8.3 IGES

Das Datenformat IGES (IGES: Initial Graphic Exchange Specification nach ANSI) ist universeller. Insbesondere können für die mechanische Konstruktion 2D- und 3D-Kanten- und Flächenmodelle übertragen werden. Zusätzlich ist es möglich, neben den Geometriedaten auch Attribute und Texte mit zu übertragen. Allerdings kann der Empfänger die Daten nicht ohne Nacharbeit in seine Planungssysteme übernehmen (z. B. in das PPS-System).

G 2.8.4 STEP

Internationale Abstimmungen und Normen führen zu einem Datenaustausch von CAD- und Produktionsdaten mit STEP (STEP: Standards for the Exchange of Product Model Data). Dazu gehören sowohl sämtliche Geometriedaten (Freiformflächen, 2D- und 3D-Draht- und Flächenmodelle) sowie die Produktdaten. Diese beschreiben ein Produkt und die zu seiner Herstellung notwendigen Daten. Sie werden von allen Unternehmensbereichen von der Konstruktion bis zum Vertrieb und im gesamten Lebenszyklus des Produktes von der Idee bis zum Recycling benötigt. STEP ist die Voraussetzung für eine system- und anbieterübergreifende CAD/CAM-Datenintegration. Bild G-24 zeigt eine Übersicht über den Leistungsumfang von STEP.

G 2.8.5 EDIF

Für den Datenaustausch in der Elektronik für elektronische Bauteile und Leiterplatten hat sich der internationale Standard EDIF (EDIF: Electronic Design Interchange Format) bewährt. Er sichert vor allem die Kommunikation zwischen dem Designer und dem Hersteller.

G 2.8.6 MAP/TOP-Modell

Für eine Kommunikation in der gesamten Fabrik dient der MAP-TOP-Standard nach dem ISO-7-Schichtenmodell. MAP ist vor allem in der Automobilbranche sehr weit verbreitet. Die einzelnen Maschinen sind standardmäßig mit einer MAP/MMS-Ankopplung ausgestattet. In Abschn. F 6.3 wird der MAP/TOP-Standard ausführlich besprochen.

G 2.9 CAD-Systeme und Systemkerne

Man unterscheidet folgende Systeme:

Geschlossene Systeme
Diese CAD-Systeme sind in sich komplett und es ist nicht möglich, sie zu verändern.

Offene Systeme
Diese Systeme sind nach dem Baukastenprinzip aufgebaut, d. h. man kann je nach Anforderungen die einzelnen Module verwenden. Ferner ist es möglich, eigene Anwendungen zu schreiben (Makrosprache) und auch die Benutzeroberfläche zu verändern.

Parametrische Systeme
Das sind *maßgetriebene Systeme*. Das heißt, das Modell und die Geometrie ändern sich, wenn die Maße sich ändern. Bei vielen Systemen ist die Parametrik aufgesetzt, d. h. die Geometrie wird mit parametrischen Makros erzeugt. Bei echten parametrischen Systemen ist der Systemkern parametrisch.

ACIS-Kern
Dies ist ein parametrischer Geometriekern mit Formelementen, Booleschen Operatoren und integrierten Freiformflächen. Bild G-25 zeigt einige parametrische Formelemente.

G 2.10 CAD-Arbeitsplatz

Bild G-26 zeigt einen typischen CAD-Arbeitsplatz mit zwei Bildschirmen (einen für die Grafik der andere für Text).

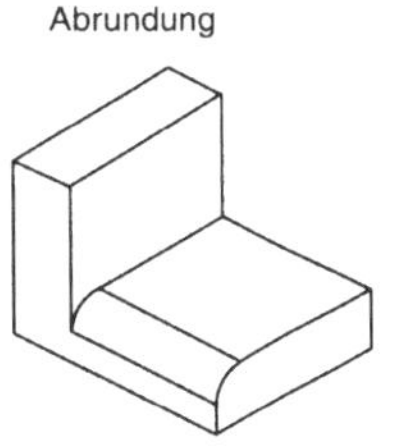

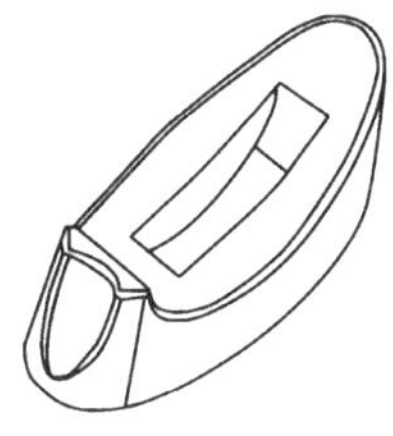

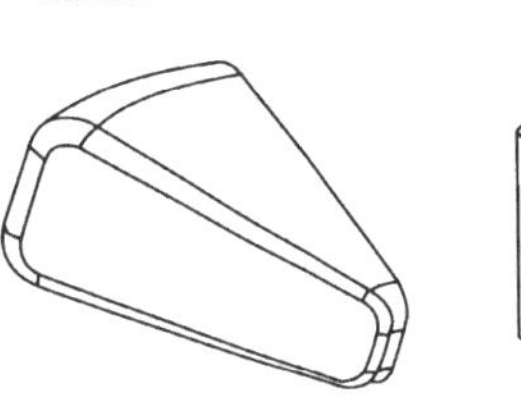
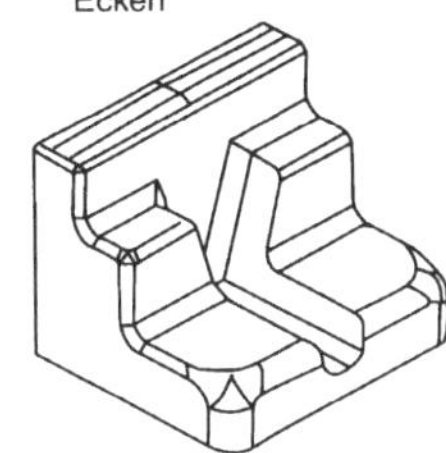

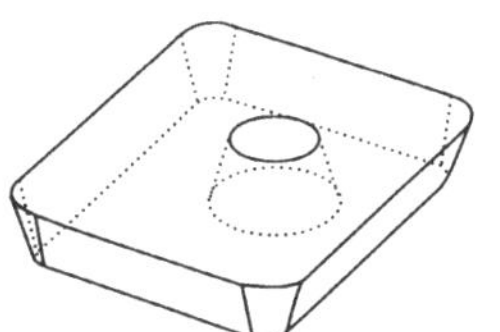
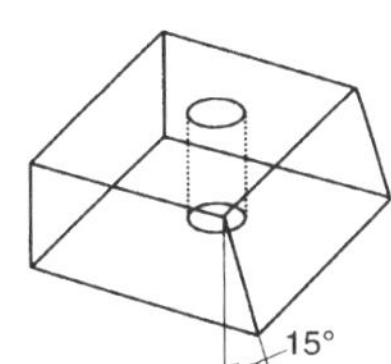

Bild G-25. Parametrische Formelemente (Foto: ProEngineer, PTC).

Die entsprechenden Eingabegeräte sind in Tabelle G-2, die der Ausgabegeräte in Tabelle G-3 dargestellt.

Je nach Anwendung kommen unterschiedliche CAD-Systeme zum Einsatz:

- bei der Hardware vom PC, Workstation bis zum Großrechner;

- von der Software von Low-Cost CAD bis zu High-End-CAD und

- von den Betriebssystemen von DOS, WINDOWS, WINDOWS-NT und UNIX.

Allgemein ist ein Trend zur dezentralisierten und arbeitsplatzbezogenen Informationsverarbeitungs-Struktur festzustellen.

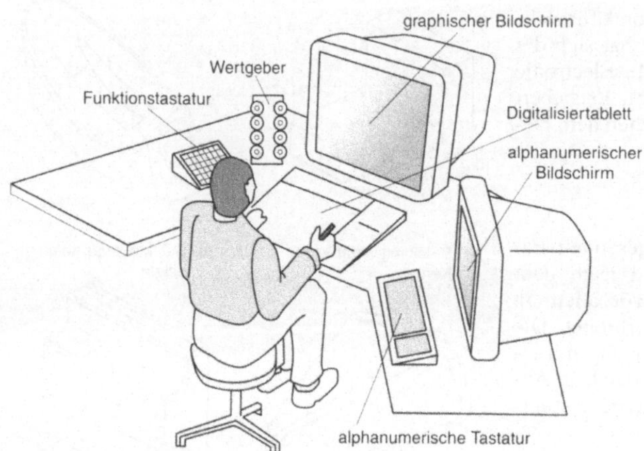

Bild G-26. CAD-Arbeitsplatz.

Tabelle G-2. Eingabegeräte eines CAD-Arbeitsplatzes

Eingabegerät	Funktion	Beschreibung
Alphanumerische Tastatur	Eingabe alphanumerischer Zeichen	Tastatur mit Zahlen und Buchstaben belegt
Funktionstastatur	Schnelle Auswahl von Befehlen und Befehlsfolgen	Tastatur mit Befehlen bzw. Befehlsfolgen belegt
Lichtgriffel	Anzeige, grafische Eingabe und Auswahl von Befehlen	auf dem Bildschirm kann direkt als Eingabegerät gearbeitet werden
Maus	Positionsbestimmung des Cursors	Positionierung relativ zur Ausgangslage
Scanner	Übertragung von Zeichnungen und Text in ein digitales Bildformat	optisches Eingabegerät
Steuerknüppel	Posistionsbestimmung des Cursors	Eingabe der Lage bestimmter Felder
Tablett	Eingabe von Befehlen bzw. Befehlsfolgen und Funktionen mit einem Digitalisierstift	besteht aus Digitalisierbrett und Digitalisierstift
Wertgeber	Lieferung von Werten von einem analogen Geber	analoges Eingabegerät

Tabelle G-3. Ausgabegeräte eines CAD-Arbeitsplatzes

Ausgabegerät	Funktion	Beschreibung
Drucker	Ausgabe von Texten und Grafik	peripheres Ausgabegerät
Plotter	Zeichnungserstellung	numerisch gesteuerte mechanische Zeichenmaschine
Sichtgerät	Bildschirmdarstellung	grafische Bildschirme

G 2.11 Auswahl eines CAD-Systems

G 2.11.1 Checkliste

Hier werden die Anforderungen an das System zusammengestellt. Es empfiehlt sich, die Anforderungen in folgende drei Bereiche zu untergliedern:

Muß-Anforderungen (K.O.-Kriterien)
Systeme, die einen dieser Anforderungen nicht genügen, kommen nicht in Frage.

Soll-Anforderungen
Das sind Forderungen, die das System in der Regel erfüllen sollte.

Kann-Anforderungen (wünschenswerte Anforderungen)
Diese Anforderungen sind zwar wünschenswert, aber ihr Fehlen ist kein großer Nachteil.

G 2.11.2 Nutzwertanalyse

Die auszuwählenden CAD-Systeme werden einer *Nutzwertanalyse* unterzogen. Man geht dabei in folgenden Schritten vor:

1. Schritt: Bestimmen der Auswahlkriterien
Die Kriterien werden festgelegt, nach denen das CAD-System ausgewählt wird. Hilfreich ist dazu eine Checkliste, in der die Anforderungen zusammengestellt sind.

2. Schritt: Gewichtung der Kriterien
Nicht alle Kriterien sind gleich wichtig. Deshalb werden, je nach Wichtigkeit bzw. Priorität, Gewichte vergeben. Die Kriterien mit der höchsten Priorität haben das größte Gewicht.

3. Schritt: Vergeben von Punkten für den Erfüllungsgrad des Kriteriums
Je nachdem, wie gut das Kriterium bei der einzelnen Alternative erfüllt ist, werden Punkte vergeben (z. B. 10 Punkte für: 100% Erfüllung, 5 für 50% usw.).

4. Schritt: Ermitteln des Einzelnutzwertes
Den Einzelnutzwert erhält man, indem man die Punktzahl mit der Gewichtung multipliziert. Diese Zahl sagt aus, wie gut die entsprechende Alternative das einzelne Kriterium erfüllt.

5. Schritt: Bestimmen des Gesamtnutzwertes
Die Einzelnutzwerte werden je Alternative zu einem Gesamtnutzwert aufsummiert. Je größer der Gesamtnutzwert, desto besser ist insgesamt die Alternative.

In Tabelle G-4 sind einige Kriterien aufgestellt, die für die Auswahl von CAD-Software maßgebend sind. Sie können in Form einer Checkliste oder als Nutzwertanalyse ausgewertet werden.

G 2.11.3 Wirtschaftlichkeitsrechnung

In Tabelle G-5 ist der Aufbau einer Wirtschaftlichkeitsrechnung zu sehen. Dabei spielen zwei Werte eine wichtige Rolle:

- Vergleich des Kostenfaktors mit der Produktivitätssteigerung

Der Kostenfaktor ist der Quotient aus Kosten des CAD-Systems und den herkömmlichen Kosten:

$$\text{Kostenfaktor } K = \frac{\text{Stundensatz der Konstruktion mit CAD}}{\text{Stundensatz der Konstruktion ohne CAD}} \cdot \tag{G-1}$$

Die Produktivitätssteigerung errechnet sich aus:

$$\text{Produktivitätssteigerung } P = \frac{\text{Konstruktionszeit mit CAD}}{\text{Konstruktionszeit ohne CAD}} \cdot \tag{G-2}$$

Liegt die Produktivitätssteigerung P über dem Kostenfaktor K, dann ist ein CAD-Einsatz sinn-

Tabelle G-4. Kriterien für die Auswahl von CAD-Software

Hauptkriterium	Anforderung	Bewertung
Allgemein	CAD-Programmsprache modularer Aufbau Erweiterung durch den Benutzer hardwareunabhängig	
Benutzerfreundlichkeit	Benutzerführung Erlernbarkeit der Befehlssprache Sicherung bei Fehlbedienung Hilfe bei Fehlern	
Bibliotheken	Form- und Funktionselemente Normteile Zukaufteile	
Bildausgabe	Ansichten Ausblenden verdeckter Kanten Darstellungsform 2D Darstellungsform 3D Gesamtansicht Teilansichten Koordinatensystem Gitter Perspektive Projektionen Zeichnungsformat Zoomen	
Editieren	Änderungen Drehen Duplizieren Eingabeform Fangfunktion Spiegeln Trimmen Verschieben	
Geometriefunktionen	Geometrische Eingabeelemente Linienelemente technische Eingaben	
Sonstiges	Makrobefehle Variantenkonstruktion	

voll (allerdings darf der zusätzliche Aufwand in der Einarbeitungs- und Umstellungsphase hier nicht berücksichtigt werden). Zu bemerken ist allerdings, daß sich die Produktivitätsfaktoren von Aufgabenstellung zu Aufgabenstellung sehr stark ändert. Wenn es keinen zu großen Aufwand bedeutet, dann sollte man einen Benchmarktest machen, wie er im nächsten Abschnitt beschrieben wird.

Wenn man nach Tabelle G-5 die Kosten ohne CAD-Einsatz von den Kosten mit CAD-Einsatz abzieht, dann erhält man die Kostenersparnis beim CAD-Einsatz.

Es muß darauf hingewiesen werden, daß alle ermittelten Zahlen in gewisser Weise einer subjektiven Einschätzung unterliegen.

G 2.11.4 Benchmark

Mit einem Benchmarktest lassen sich Hard- und Software verschiedener Hersteller vergleichen, wenn ihnen gleiche Konstruktionsaufgaben ge-

Tabelle G-5. Formular zur vereinfachten Wirtschaftlichkeitsrechnung

Nr.	Bezeichnung	Berechnungsformel	Ergebnis
1	Betriebsstunden pro Jahr h/a		
2	betriebliche Nutzungsdauer a		
3	Stundensatz ohne CAD DM/a		
4	Kosten der Hardware DM		
5	Kosten der Software DM		
6	Kosten der Installation DM		
7	Summe der Investitionskosten DM		
8	Abschreibungen DM/a	(7)/(2)	
9	Kosten der Wartung DM/a		
10	Zinskosten DM/a		
11	Fixe Kosten DM/a	(8)+(9)+(10)	
12	Variable Kosten (Lohnkosten) DM/a		
13	Summe der Kosten DM/a	(11)+(12)	
14	Bearbeitungszeit konventionell h		
15	Kostenfaktor	(13)/3	
16	CAD-Kosten ohne Abschreibung	(11)−(8)	
17	Kostenersparnis	(14)*(3)−(16)	

stellt werden. Meist wird die Bearbeitungszeit für die Konstruktion oder bzw. die Fertigstellzeit des gesamten Teiles gemessen.

G 2.11.5 Anzahl der CAD-Arbeitsplätze

Anzahl der CAD-Arbeitsplätze berechnen sich nach folgender Formel:

$$\text{Anzahl Arbeitsplätze} = \frac{\text{Anzahl Konstruktionsstunden} \cdot \text{CAD-fähiger Anteil}}{\text{Betriebsstunden} \cdot \text{Produktivitätssteigerung} \cdot \text{Verfügbarkeit}} \quad (G\text{-}3)$$

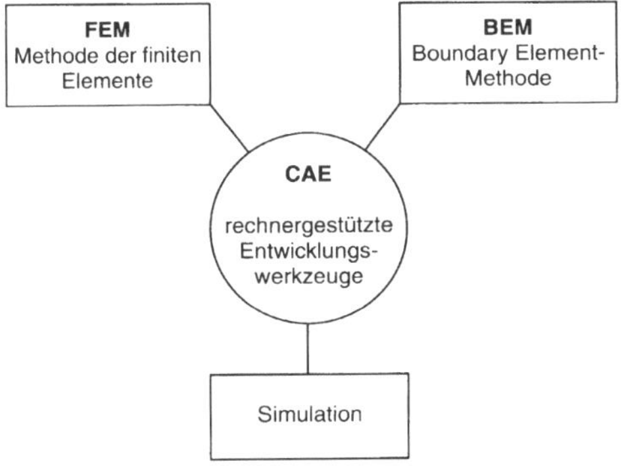

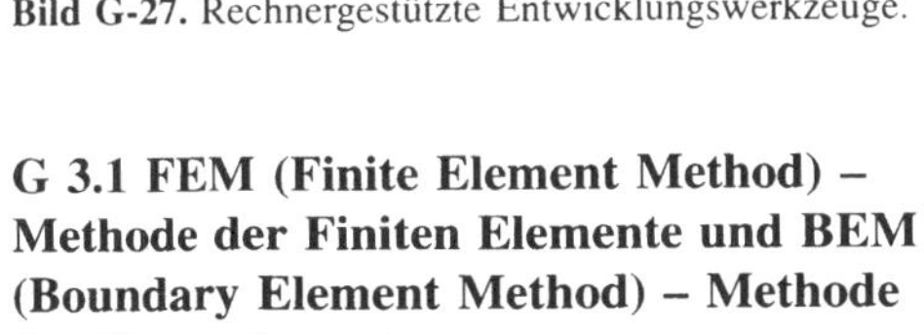

Bild G-27. Rechnergestützte Entwicklungswerkzeuge.

G 3 CAE (Computer Aided Engineering) – rechnergestützte Entwicklung

Der Begriff CAE ist in der Elektronik sehr geläufig und umfaßt dort die Entwicklung von Systemen der Elektronik (Abschn. G 2.3). Im vorliegenden Falle umfaßt CAE alle Entwicklungswerkzeuge, die rechnergestützt ablaufen, wie sie in Bild G-27 zusammengestellt sind.

G 3.1 FEM (Finite Element Method) – Methode der Finiten Elemente und BEM (Boundary Element Method) – Methode der Grenzelemente

Die Methode der finiten Elemente (FEM) wird meist in der *Elastomechanik* eingesetzt, um Verformungs- oder Spannungszustände zu berechnen und sichtbar werden zu lassen. Die Auswertungen gelten dabei für *statische* und *dynamische* (z. B. Schwingungsanalyse) Beanspruchungen. Zugrunde liegen dabei Differentialgleichungen und Extremalprinzipien, weshalb diese Methode prinzipiell ein weites Anwendungsgebiet hat. Insbesondere sind folgende Auswertungen üblich:

- Spannungen und Verformungen,
- Belastungen (Verschiebung, Kraft, Druck, Eigengewicht, Translations-, Zentrifugal- und Winkelbeschleunigung),
- Eigenfrequenzen,
- Temperaturfeldberechnung (Temperatur, Wärmeübergang, Wärmestrom, Wärmestrahlung, lineare und stationäre Temperaturfelder),
- Optimierungen (minimale Kosten, Gewicht und Eigenfrequenzen, maximaler Wärmestrom).

Das klassische Vorgehen bei der FE-Methode und die Auswerteverfahren zeigt Bild G-28. Zunächst wird das *mechanische Modell* erstellt. Dazu werden finite Elemente (Bild G-29) ausgewählt und als Netz unter Berücksichtigung von Randbedingungen entworfen. Die Krafteinleitung geschieht über Knoten. Es empfiehlt sich, bei hohen Spannungen ein engmaschiges Netz und bei geringen Spannungen ein weitmaschiges zu verwenden. Anschließend wird das Netzmodell den FEM-*Berechnungen* unterzogen. Dazu gehören, wie Bild G-28 zeigt, im wesentlichen die Statik- und Stabilitätsanalysen, ferner die Verformungs-, Spannungs- und Schwingungsanalysen. Bild G-30 zeigt eine 3D-FEM-Anwendnung am Beispiel eines Laufrades.

Mit der Methode BEM (Boundary Element Method) wird das Spannungs- und Verformungsverhalten an den Rändern von Objekten berechnet, beispielsweise für Risse oder Kerben. Die physikalischen Grundlagen der Berechnungen liegen in der Potentialtheorie. Deshalb ist die BEM nicht nur in der Elastostatik, sondern auch für Aufgabenbestellungen aus der Strömungsgeometrie (z. B. Filtergeometrien), der Wärmelehre (z. B. Spannungsverlauf bei Erwärmung) oder der Elektrizitätslehre (z. B. elektrisches Feld bei komplizierten Geometrien von Elektroden).

Der Vorteil der BEM liegt darin, daß keine Flächen untersucht werden müssen, sondern lediglich die Randlinien. Deshalb benutzt diese Methode wesentlich einfachere Modelle. Die Rechenzeiten werden jedoch wegen der genauen Digitalisierung der Randlinien nicht geringer im Vergleich zur FEM, wenn dort ein grobmaschiges

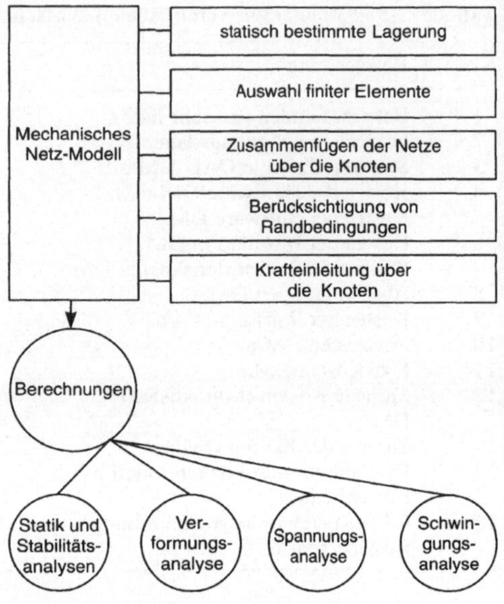

Bild G-28. Vorgehensweise bei der FEM.

und symmetrisches Netz vorliegt. Die BEM ist eine wichtige Ergänzung zur FEM.

G 3.2 Simulation von Bewegungsabläufen

Spezielle *Kinematikprogramme* erlauben die Simulation von Bewegungen einzelner Teile oder ganzer Modelle. Man sieht die relativen Bewegungen der Teile und kann auch *Kollisionsprüfungen* vornehmen. Bei Volumenmodellen ist dies besonders einfach möglich: *Kollisionsfreiheit* liegt dann vor, wenn die Schnittmenge aller in Frage kommenden Teile null ist. Bild G-31 zeigt die Bewegungssimulation eines Greiferarms.

G 4 CAP (Computer Aided Planning) – rechnergestützte Arbeitsplanung

Bei CAP werden folgende Planungsaufgaben rechnerunterstützt:

- Disposition, Einkauf und Lagerwirtschaft,
- Konstruktion,

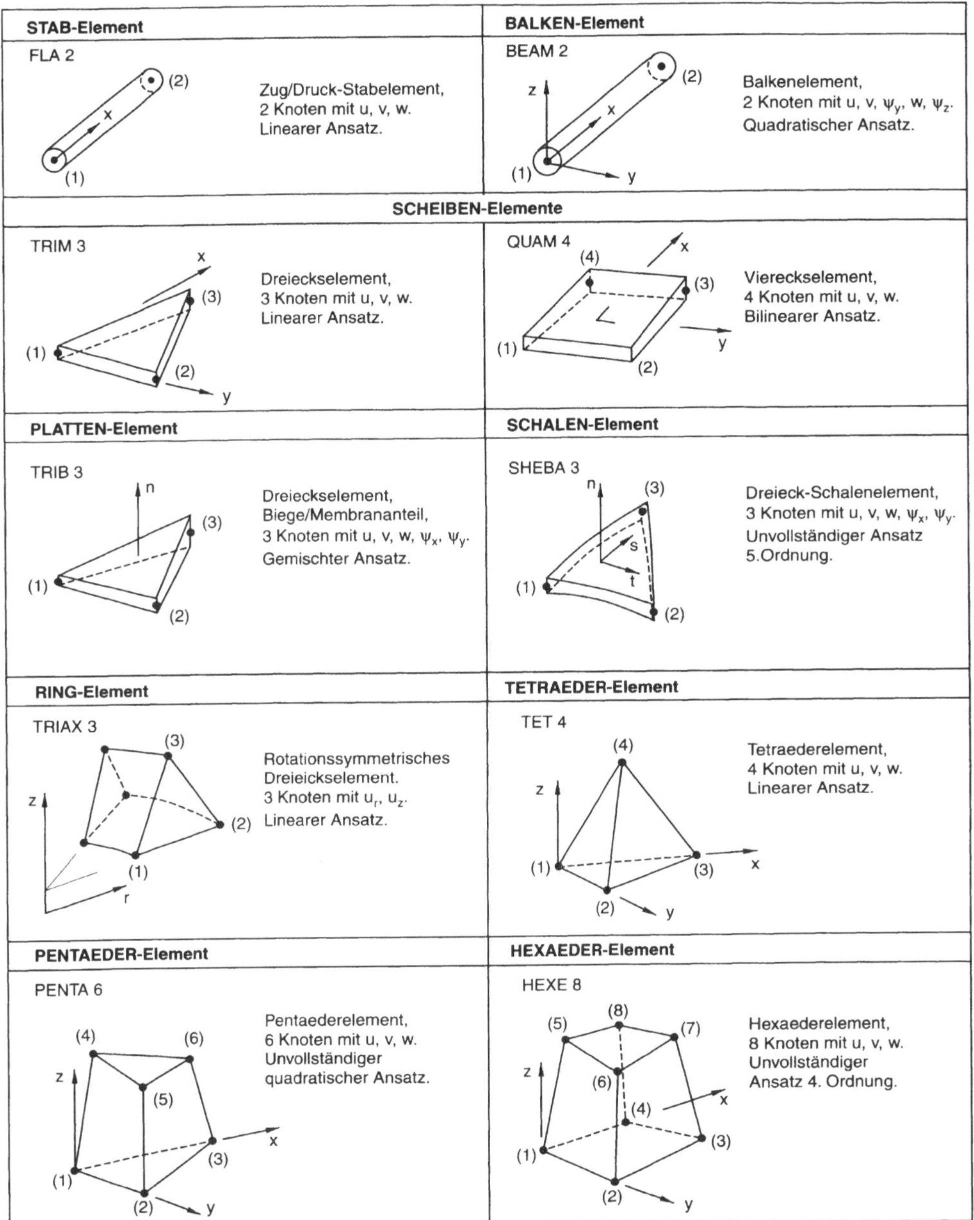

Bild G-29. Auswahl der Finiten Elemente (Quelle: Gestner).

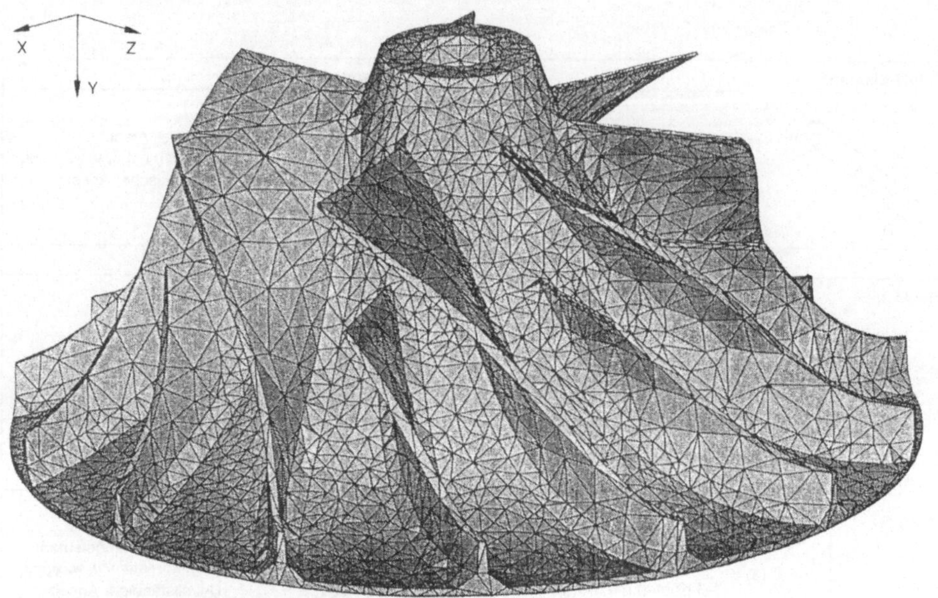

Bild G-30. 3D-FEM-Modell eines Laufrades (Foto: CADFEM).

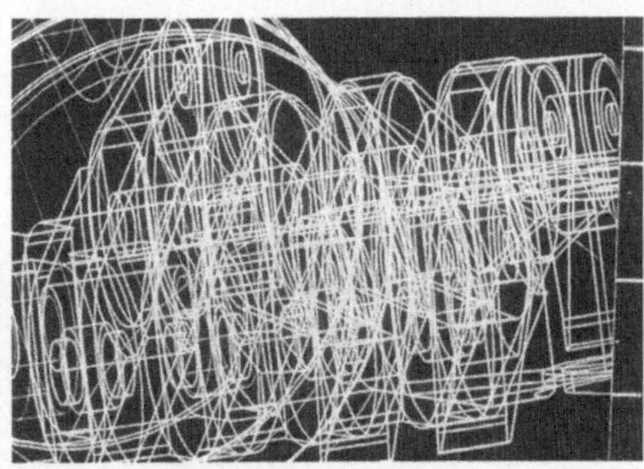

Bild G-31. Bewegungssimulation eines Greiferarms (Foto: ISICAD RAND Technologies).

- Stücklisten und Arbeitsplanerstellung,
- Vorkalkulation,
- Erstellen von Fertigungs- und Montageanweisungen,
- Auswahl der Betriebsmittel,
- Terminierung und Kapazitätsbelegung,
- Generierung von NC-Daten.

Bild G-32 zeigt die Zusammenhänge.

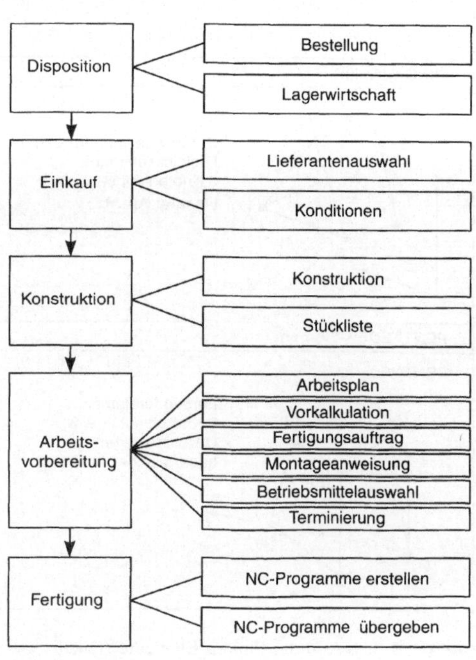

Bild G-32. Aufgaben des CAP.

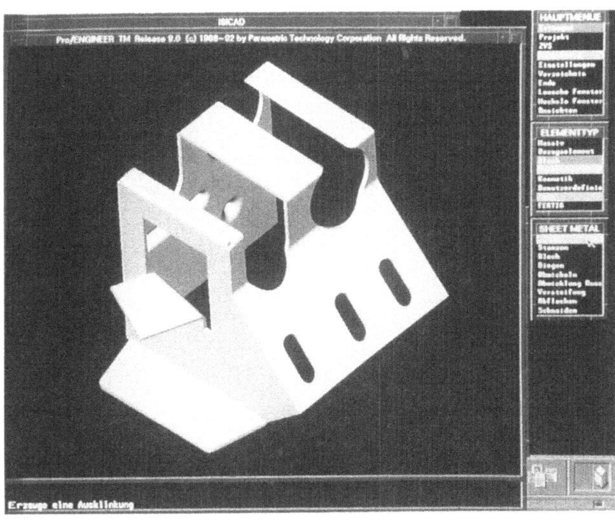

Bild G-33. Blechabwicklung (Foto: ISICAD RAND Technologies).

Häufig werden die Planungsdaten in die CAD-Daten übernommen. Von den CAD-Daten aus werden die anderen Planungsbereiche bedient. Ein Beispiel für eine rechnergestützte Arbeitsplanhilfe ist die Blechabwicklung eines Körpers, wie sie Bild G-33 zeigt.

G 5 CAM (Computer Aided Manufacturing) – rechergestützte Produktion

Die rechnergestützte Produktion steuert und überwacht die Maschinen und Anlagen des Fertigungsprozesses. Sie umfaßt folgende Teilbereiche:

- Transportieren,
- Handhaben,
- Fertigen und
- Lagern.

Mit CAM werden die in Bild G-34 aufgezeigten Ziele verfolgt.

Der Datenaustausch zwischen dem CAD-System und den Maschinen geschieht häufig über Prä- und Postprozessoren und einem Standardformat (z. B. STEP), wie es in Abschn. G 2.8 beschrieben wird.

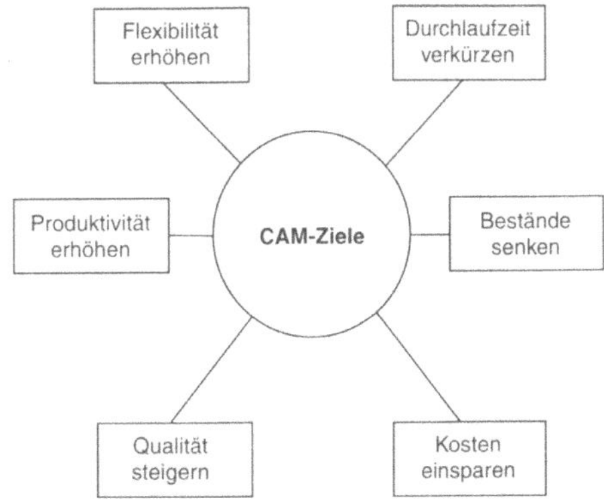

Bild G-34. Ziele des CAM-Einsatzes.

G 5.1 CAD/NC/CNC-Kopplung

Die Kopplung zwischen den CAD-Daten und den Informationen, die für die NC-Bearbeitungsmaschinen notwendig sind, geschieht auf drei Wegen (Bild G-35):

Kopplung über eine spezielle Schnittstelle

Zunächst werden die CAD-Daten konvertiert (meist in eine Maschinensteuerungssprache) und

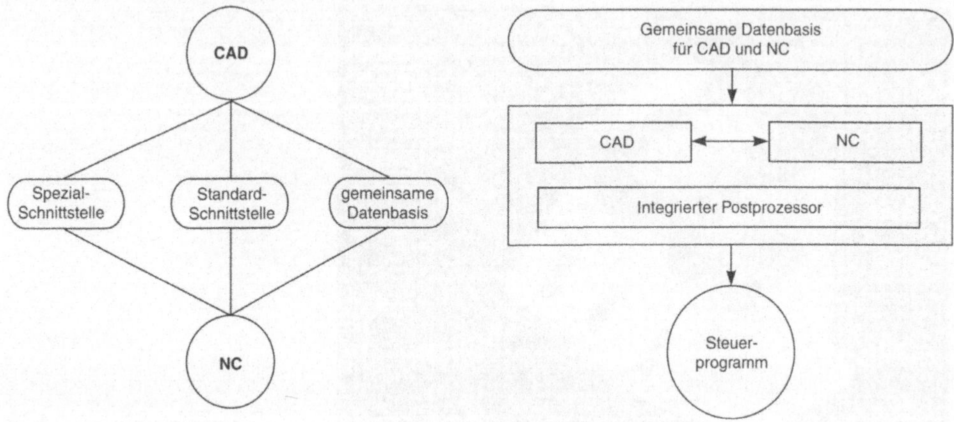

Bild G-35. CAD-NC-Kopplung.

Bild G-36. Integriertes CAD-NC-System.

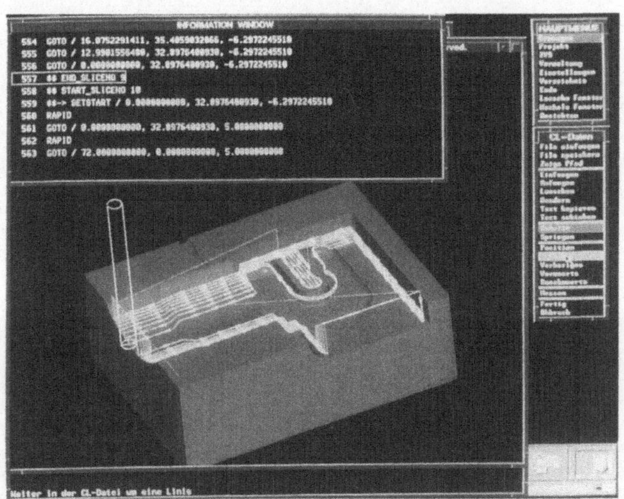

Bild G-37. NC-Fräsen mit einem integrierten CAD/CAM-Programm (Foto: ProEngineer, PTC).

die entsprechenden Steuerungsinformationen dazuprogrammiert.

Kopplung über eine Standardschnittstelle

Für den Datenaustausch zwischen CAD und NC müssen Prä- und Postprozessoren geschrieben werden (Abschn. G 2.8).

Kopplung über eine gemeinsame Datenbasis (integriertes CAD-NC-System)

Kennzeichen eines integrierten CAD-NC-Systems ist eine gemeinsame Benutzeroberfläche, über die auf eine gemeinsame Datenbasis zugegriffen wird (Bild G-36). Die CAD-Daten werden übernommen und die zusätzlich notwendige NC-Programmierung direkt vorgenommen. Wenn ein

Postprozessor vorhanden ist, wird das Steuerprogramm erzeugt, im anderen Fall ist eine nach DIN 66215 genormte CLDATA-Schnittstelle vorhanden, über die das Steuerprogramm erstellt werden kann. Bild G-37 zeigt das NC-Fräsen über eine integrierte CAD-NC-Schnittstelle.

G 5.2 Rapid Prototyping mit Stereolithografie

Für Ingenieure ist es meist unerläßlich, Prototypen zu bauen, um die Funktionsfähigkeit der Konstruktionen zu erproben, bevor die Produkte gebaut werden. Prototypen zu bauen, ist üblicherweise ein zeit- und kostenaufwendiger Prozeß. Mit einem geeigneten 3D-CAD-System und dem Verfahren der *Stereolithographie* (STL) wird dieser Vorgang enorm verkürzt, wie Bild G-38 zeigt. Aus den konstruierten Teilen lassen sich ohne mechanische Bearbeitung direkt die Modelle herstellen. Das CAD-Programm steuert dabei einen Laserscanner, der flüssige Photopolymere so aushärtet, daß der Prototyp entsteht. Der Aufbau des Modells geschieht Schicht für Schicht und berücksichtigt auch die Fertigungstoleranzen. Vor allem Änderungen an den Teilen können sehr schnell und kostengünstig vorgenommen werden. Mit dieser Technologie wird ein großer Produktivitätsfortschritt erzielt.

G 5.3 Industrieroboter

In der rechnergestützten, flexiblen Fertigung spielen die Industrieroboter eine wichtige Rolle. Nach der VDI-Richtlinie 2860 sind Industrieroboter:

> Universell einsetzbare Bewegungsautomaten mit mehreren Achsen, deren Bewegungen hinsichtlich Bewegungsfolgen und Wegen bzw. Winkeln frei programmiert bzw. sensorgeführt sind. Sie sind mit Greifern und Werkzeugen oder anderen Fertigungsmitteln ausrüstbar.

Industrieroboter können als rechnergestützte Transport- und Fördereinrichtungen oder als Produktions- bzw. Montageautomaten eingesetzt werden. Sie sind oft zusammen mit CNC-Automaten anzutreffen und dienen dort zur automatischen Zufuhr, bzw. Abnahme von Teilen. Bild G-39 zeigt einen sensorgesteuerten Industrieroboter. In folgenden Punkten unterscheiden sich Roboter:

Steuerungen Die Steuerung von Robotern sind ähnlich wie die von CNC-Automaten. Um von einem Punkt zum anderen zu gelangen, werden zwei verschiedene *Verfahrtechniken* eingesetzt:

- *Punktsteuerverhalten (PTP: point to point)*
  Der Roboter fährt einen Punkt im Raum so an, daß alle drei Raumrichtungen unabhängig gesteuert werden können;

- *Bahnsteuerverhalten (CP: continuous path)*
  Der Roboter fährt genau programmierte Bahnkurven ab.

Programmierung

- *Online-Programmierung*
  Die Programmierung geschieht vor Ort. Man benutzt meist ein Handsteuergerät, mit dem alle Roboterachsen bewegt werden können und fährt die einzelnen Arbeitspunkte ab (teach-in-Verfahren);

- *Offline-Programmierung*
  Die Aufgaben des Roboters werden von außen programmiert. Häufig ist dies von Vorteil, wenn viele Daten verarbeitet werden müssen, die oft im CAD oder im PPS vorhanden sind.

G 5.4 Flexible Fertigungssysteme (FMS: Flexible Manufacturing System)

In der Fertigungstechnik binden die Produktionsmittel immer mehr Kapital. Deshalb müssen folgende Ziele verwirklicht werden:

- Verkürzung der Durchlaufzeiten,

- Verringerung der Bestände,

- geringe Rüstzeiten,

- geringst mögliche Pausen- bzw. Stillstandszeiten,

- maximale Auslastung der Maschinen und

- Erweiterung der Kapazität durch eine dritte, werkerlose Schicht.

Im wesentlichen sind dies Forderungen nach *Produktivitätssteigerung,* nach *höherer Flexibilität* und nach *Automatisierung.* Flexible Fertigungssysteme (FMS) ermöglichen dies.

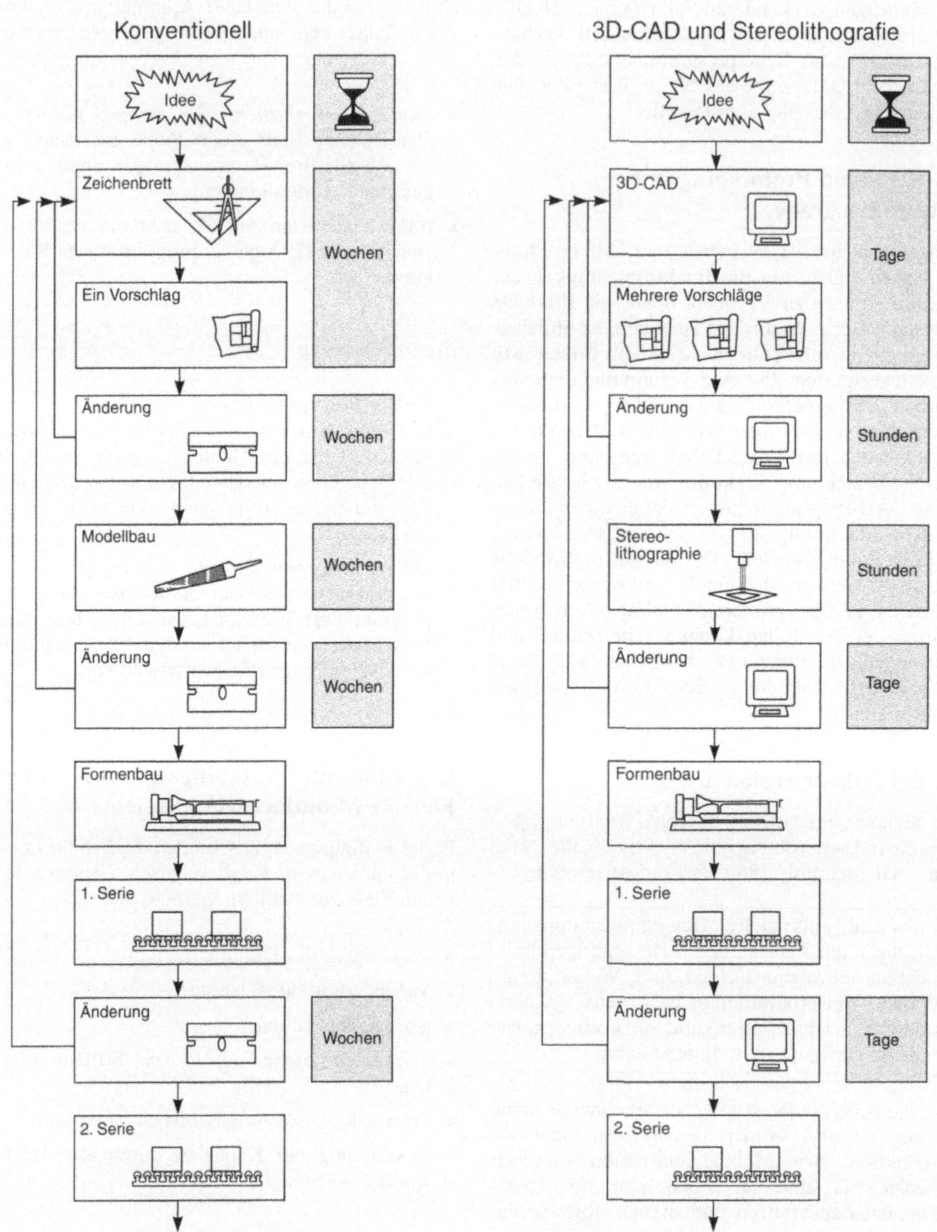

Bild G-38. Vergleich der Prototypenerstellung auf herkömmliche Art und mit Stereolithographie.

Bild G-39. Industrieroboter (Werkfoto: Transferzentrum Roboter- und Sensortechnik an der FH Aalen, Prof. Dr. Schmid).

> Bei flexiblen Fertigungssystemen sind mehrere Arbeitsstationen über einen automatischen Materialfluß und einen gemeinsamen Informationsfluß miteinander so verkettet, daß verschiedene Werkstücke nach freier Wahl bearbeitet werden können.

Die Steuerung eines flexiblen Fertigungssystems gliedert sich daher in folgende zwei Teile:

Fahrsteuerung des Transportsystems

Die Transportsteuerung ist getrennt in einen Leistungsteil, einen PLC- und einen NC-Teil. Neben der Steuerung des Transportfahrzeugs mit der Übergabe der Paletten bzw. Werkstücke an die Maschinen wird vom PLC-Teil die Bedienung der Rüstplätze gesteuert und überwacht. Über den Bedienteil der Transportsteuerung ist bei Ausfall der Systemsteuerung jederzeit ein halbautomatischer Betrieb durch die manuelle Eingabe der Transportaufträge möglich.

Systemsteuerung

Die FMS-Systemsteuerung übernimmt die zentralen Verwaltungs- und Steuerfunktionen zur Steuerung, Koordinierung und Überwachung aller Funktionsabläufe innerhalb des Fertigungssystems. Dies umfaßt die Generierung von Transportaufträgen für die Werkstück-Transportsteuerung, die Bereitstellung von Werkzeugen, die Verwaltung und Verteilung von Steuerdaten (z. B. NC-Programme, Werkzeugdaten) und die Erfassung von Maschinen- und Betriebs-

daten. Bild G-40 a zeigt die Systemkonfiguration und Bild G-40 b ein FMS im praktischen Einsatz. Es ist zu erkennen, daß in einem flexiblen Fertigungssystem das Lager, der Transport und die Fertigungsmaschine rechnergesteuert sind. Die kleinste Einheit ist die *flexible Fertigungszelle*. Sie besteht aus einem Bearbeitungszentrum, das einen automatischen Teilezuführer enthält und das automatisch die benötigten Werkzeuge wechselt. Meist findet gleichzeitig eine automatische Qualitätsprüfung statt. Die Flexibilität dieser Fertigungszellen ist sehr hoch; denn man kann damit die unterschiedlichsten Produkte in geringen Losgrößen noch wirtschaftlich fertigen. Dazu muß lediglich das Programm und die Materialzu- und -abfuhr neu festgelegt werden. Ferner sind bei einem modularen Aufbau des Systems Änderungen noch ohne weiteres möglich.

Werden zwei oder mehr flexible Fertigungszellen mit einem automatischen Transportsystem verbunden, dann entsteht eine *flexible Fertigungsinsel*. Die Gesamtanlage wird über einen *automatischen Leitstand* gesteuert, der die einzelnen Steuerungen der Maschinen koordiniert. Mit solchen Anlagen können ganze Produkte oder Teilefamilien komplett gebaut werden. Um den Aufwand an Material und an Programmierarbeit zu verringern, sollten auf solchen Anlagen *formähnliche* Produkte hergestellt werden. Dann ist die Umstellung auf andere Produkte relativ schnell und kostengünstig durchzuführen.

G 5.5 Fabrik- und Gebäudeplanung (FM: Facility Management)

Unter FM versteht man das Management aller Produktionsfaktoren eines Unternehmens, vor allem aber der *materiellen Ressourcen*. Dazu gehören die Liegenschaften und Gebäude, die maschinellen Anlagen, die Logistik in Form von Transporteinrichtungen extern und intern für Güter und Hilfsstoffe, die Kommunikationstechnik (z. B. Netze im Rechnerverbund) sowie die Organisation. Die große Bedeutung der materiellen Ressourcen (zwischen 25 % und 50 % der Vermögenswerte von Bilanzen), die Innovationen auf diesem Gebiet und der ständige Wechsel des Marktes zwingt das Unternehmen zu einem professionellen Management dieser Produktionsfaktoren. Eine hohe Planungsleistung bei ständig sich ändernden Anforderungen und Voraussetzungen unter wirtschaftlichen Gesichtspunkten gewinnt somit bei der Planung von Fabriken, Gebäuden, Anlagen

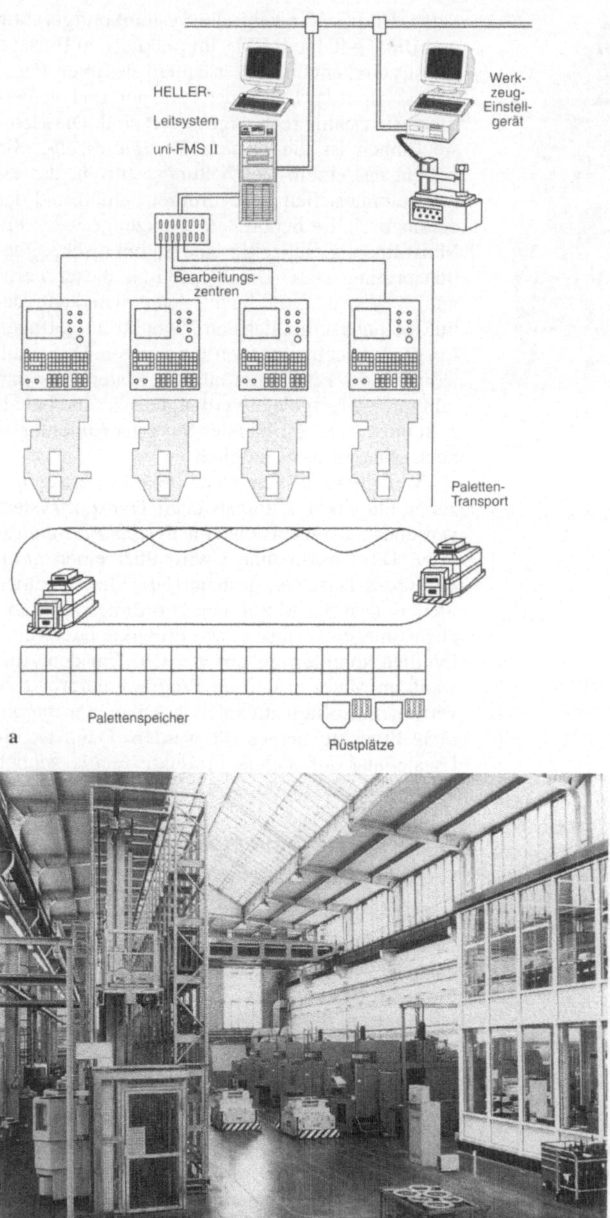

Bild G-40. Flexibles Fertigungssystem (FMS); a) Systemkonfiguration; b) praktischer Einsatz (Werkfoto: Fa. Gebr. Heller GmbH).

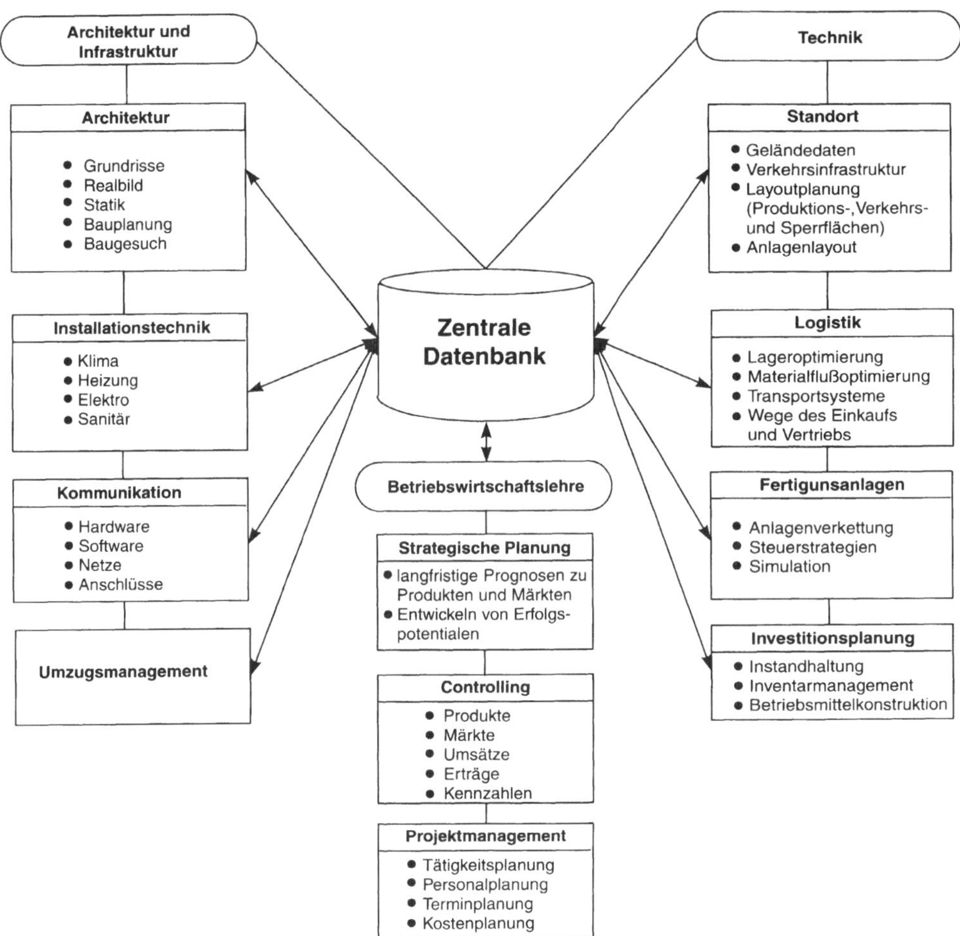

Bild G-41. Bereiche des Facility Managements.

und Einrichtungen eine immer stärkere Bedeutung. Dies ist ohne Einsatz von entsprechender Software gar nicht mehr möglich.

Bild G-41 zeigt, welche Bereiche FM umfaßt. Auch wenn noch überwiegend Insellösungen zu finden sind, so muß die Integration aller Teile zu einem an den CIM-Strukturen (Abschn. E 2.3) orientierten Fabrikplanungsprozeß stattfinden. Gerade im Fabrikplanungsbereich bestehen sehr viele Schnittstellen zu anderen Teilen des Unternehmens, weshalb eine ganzheitliche Betrachtungsweise mit genormten Elementen besondere

Bedeutung zukommt. Mit entscheidend ist dabei eine *zentrale Datenbasis* (Bild G-41). Von der Qualität dieser Daten ist die Effektivität der FM-Programme abhängig. Wegen der Vielzahl der Daten ist eine rechnergestützte Aufnahme von Ist-Daten zu empfehlen, beispielsweise mit optoelektronischen oder lasergestützten Verfahren.

Die optimale Struktur einer Fabrik wird durch interaktive Layoutplanungssysteme mit verschiedenen Optimierungsalgorithmen ermittelt. Eingabedaten sind Fertigungsablaufpläne, Materialflußmatrizen, andere technische Bestim-

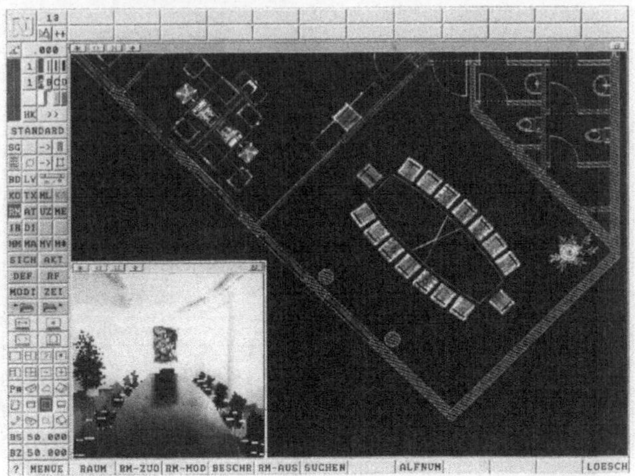

Bild G-42. FM-Beispiel für ein Besprechungszimmer (Foto: Nemetschek).

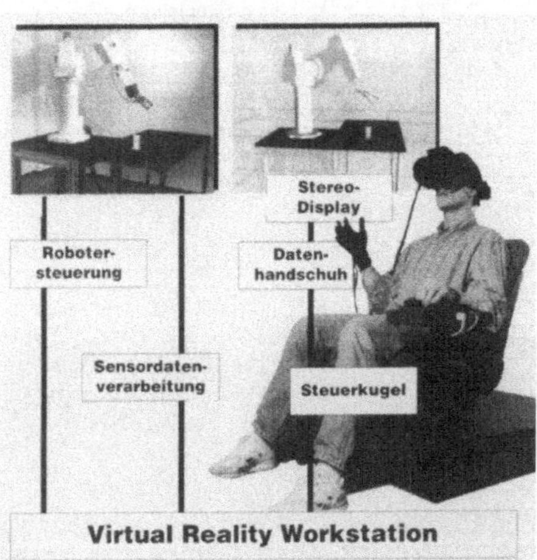

Bild G-43. Komponenten für VR (Quelle: IPA Stuttgart).

Bild G-44. VR-Robotersimulation (Foto: Transferzentrum Roboter- und Sensortechnik an der FH Aalen, Prof. Dr. Schmid).

mungsgrößen und geometrische Abmessungen der Anlagen. Die Layout-Alternativen dienen als Grundlage für die Simulation, mit der man Auskunft über die zeit- und kapazitätsabhängigen Größen (Lagerflächen, Pufferzeiten, Durchlaufzeiten, Bestände, Engpässe) erhält.

Die hohe Informationsdichte bei der Feinplanung einer Fabrikanlage und ihrer Einrichtungen erfordert ein sehr leistungsfähiges CAD-System. Dazu müssen mehrere aktuelle Zeichnungen im System aktiv gehalten und diese dynamisch gehandhabt (z. B. Verschieben und Zoomen) werden können. Bild G-42 zeigt ein Beispiel für FM.

Wie bereits erwähnt, ist ein wichtiger Bestandteil einer integrierten Fabrikplanung eine zentrale Datenbank. Ziel ist es, den Zugriff auf Daten und

Informationen definiert, schnell und eindeutig zu gestalten und gleichzeitig jede Dateneinheit nur einmal speichern zu müssen. Wird die Datenbank im Netz betrieben, dann können alle Teilnehmer sich die entsprechenden Daten abrufen. Dabei werden grafische und nicht grafische Daten miteinander verbunden. Durch Identifizierung eines Objektes in der Zeichnung werden die dazugehörigen Daten in der Datenbank gesucht und am Bildschirm angezeigt. Die nicht grafischen Daten können strukturierten Datenbankabfragen unterzogen werden (z. B. alle Maschinen mit einer Anschlußleistung von über 7 kW werden blinkend dargestellt).

G 5.6 VR (Virtual Reality)

Virtuelle Realität ist eine Technologie, mit der computererzeugte künstliche Welten erzeugt und manipuliert werden können. Die Veränderungen können über einen am Kopf befindlichen Stereodisplay, mit einem Grafikhandschuh oder mit einer 6-Achsen-Rollkugel vorgenommen werden. Der Benutzer bewegt sich in einer computererzeugten Welt, in der er sich mühelos umsehen und bewegen kann. Sensoren am Stereokopfdisplay, am Grafikhandschuh und an der Steuerkugel werden über Sensoren erfaßt. Die Kommunikation erfolgt interaktiv. Anwendungen sind zur Zeit im wesentlichen bei:

- Robotersimulationen,
- Prozeßsimulationen und
- Schulung an medizinischen Operationstechniken (z. B. bei der mikroinvasiven Chirurgie).

Mit dieser Methode ist es ebenfalls möglich, schnelle Prototypen zu erzeugen (rapid prototyping, Abschn. G 5.2), um den Entwicklungsprozeß zu beschleunigen. Bild G-43 zeigt die Elemente einer VR-Anwendung und Bild G-44 zeigt ein Beispiel aus der Robotersimulation.

G 6 CAQ (Computer Aided Quality Management) – rechnergestütztes Qualitätsmanagement

G 6.1 Qualitätsbegriff

Qualität ist in globalen, internationalen Märkten nicht nur ein strategischer Wettbewerbsvorteil.

Verschärfend kommt hinzu, daß Unternehmen, die keinen nachweisbar ausreichenden Qualitätsstandard vorweisen können (nicht zertifiziert sind), relativ schnell vom Markt verschwinden werden.

Qualität ist nach DIN 55350/ISO 8402 folgendermaßen definiert:

> *Qualität* ist die Gesamtheit der Merkmale und Merkmalswerte eines Produktes oder einer Dienstleistung bezüglich ihrer Eignung, festgelegte und vorausgesetzte Erfordernisse zu erfüllen.

Die Erfordernisse werden vom Kunden, d. h. vom Markt vorgegeben. Das bedeutet, daß nicht nur technische Funktionalität optimiert werden muß, sondern der Kunde der Meinung ist, gute Qualität erhalten zu haben. Qualität bedeutet also, die Kundenwünsche bezüglich folgender Punkte optimal zu erfüllen:

- Funktion,
- Sicherheit und Zuverlässigkeit,
- Umweltverträglichkeit,
- Lieferzeiten,
- Preise,
- Beratung und Betreuung.

Unter Qualitätssicherung wird in DIN 55350 folgendes verstanden:

> *Qualitätssicherung* ist die Gesamtheit der Tätigkeiten des Qualitätsmanagements, der Qualitätsplanung, der Qualitätslenkung und der Qualitätsprüfung.

Die Qualitätssicherung führt deshalb nicht nur Qualitätsprüfungen durch, sondern erfüllt vor allem konzeptionelle Aufgaben. Ihr obliegen insbesondere folgende Tätigkeiten:

- Festlegen von Qualitätszielen und Qualitätskriterien,
- Entwicklung eigener Tests und Analysen,
- Beratung der Linie bei Qualitätsfragen, insbesondere bei vorbeugenden Maßnahmen,
- Sicherstellen qualitätsorientierter Entwicklungs-, Produktions-, Montage- und Lieferprozesse.

Besonders wichtig sind in diesem Zusammenhang, daß folgende Ziele verfolgt werden:

Präventive Qualitätssicherung
Die Qualität muß bereits in der Entwicklung und

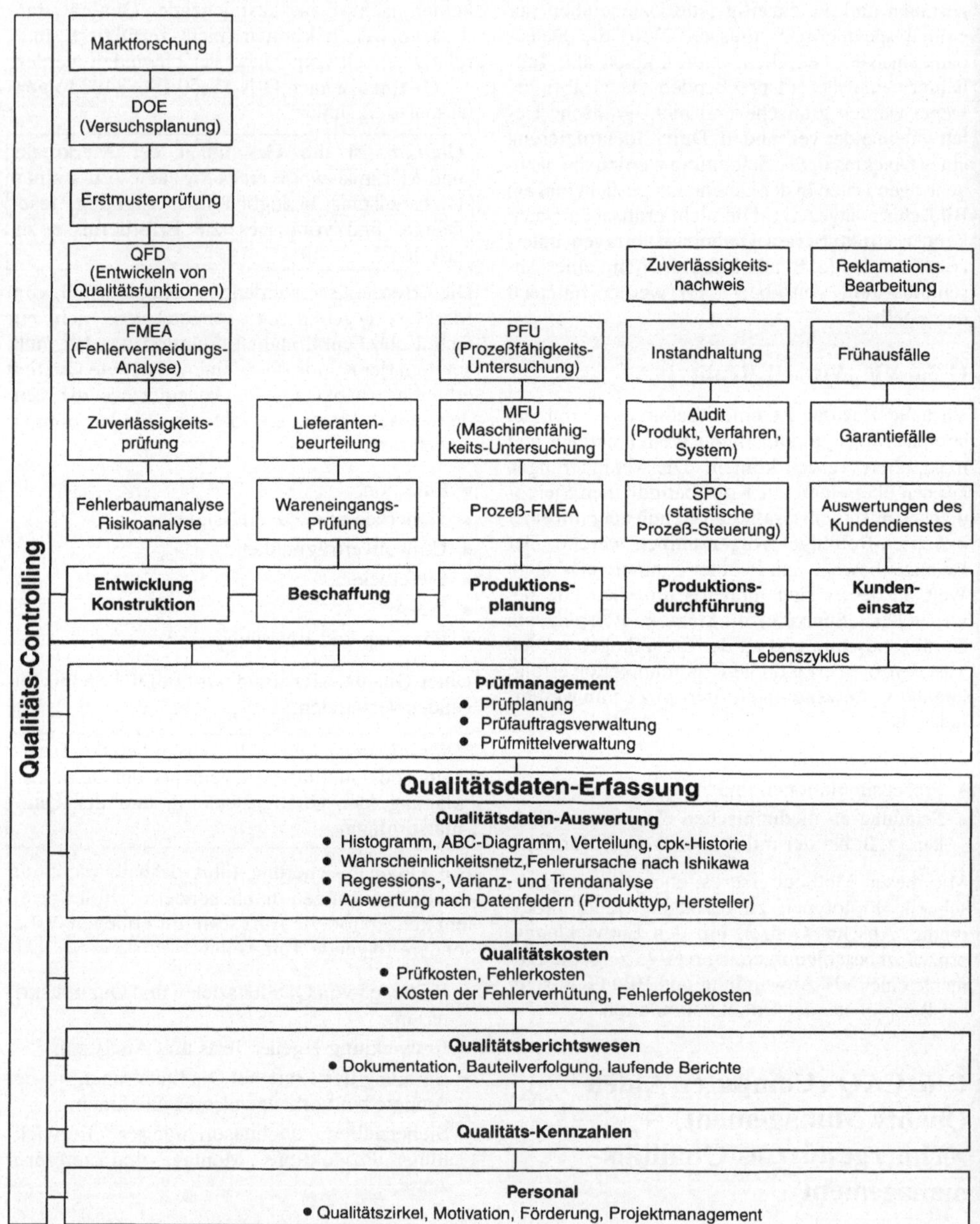

Bild G-45. Elemente des Qualitätsmanagements.

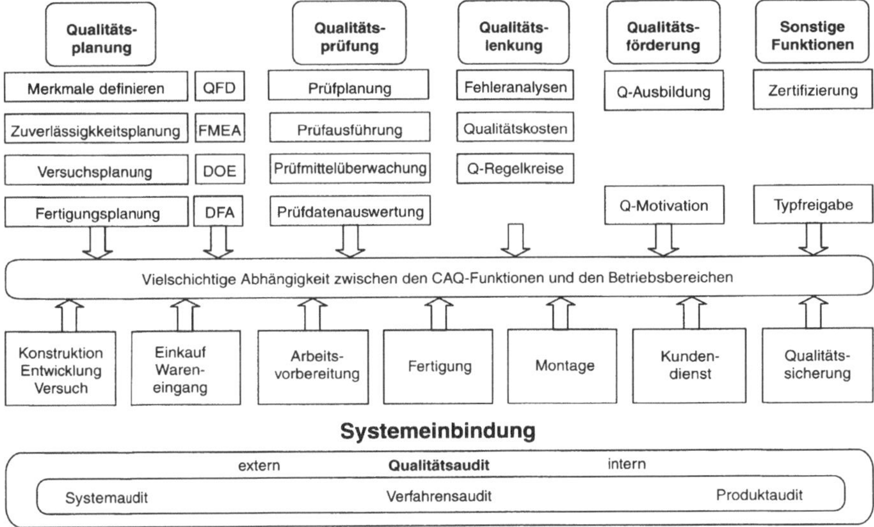

Bild G-46. CAQ-Systemelemente.

Konstruktion gesichert werden, damit ein Fehler gar nicht erst entsteht. In dieser Phase sind die Fehler noch kostengünstig zu beseitigen.

Ganzheitliches Qualitätsdenken
Qualität muß ganzheitlich, d. h. *funktionsübergreifend* (von der Produktidee bis zum Vertrieb) und in allen Phasen des *Produktlebenszyklus* (von der Produktplanung bis zum Kundendienst) begriffen werden. Deshalb kommt auch CAQ eine *Querschnittsfunktion* zu, wie Bild G-3 in Abschn. G 1.2).

Motivation der Mitarbeiter
Die positive innere Einstellung der Mitarbeiter zu ihrer betrieblichen Tätigkeit läßt Qualität erzeugen.

Verbesserte Kommunikation
Zwischen den einzelnen Bereichen der Unternehmen und zwischen den Marktpartnern (Lieferanten und Kunden) muß beste Kommunikation stattfinden.

Schlanke Produktion und Organisation
Die Verantwortung für Qualität liegt direkt bei den Ausführenden und nicht mehr zentral in einer Qualitätsabteilung.

G 6.2 CAQ-Elemente

Bild G-45 zeigt die einzelnen Qualitätselemente. Dabei unterscheidet man zwischen

- Qualitätselementen im Lebenszyklus eines Produktes und
- Qualitätselemente, die übergreifend wirken.

Die Qualitätselemente stehen zu den betrieblichen Funktionen und Strukturen in wechselseitigen Abhängigkeiten, wie in Bild G-46 zu sehen ist.

G 6.2.1 Qualitätsplanung

In der Qualitätsplanung werden die *Qualitätsmerkmale* ausgewählt, klassifiziert und gewichtet. Die ersten Qualitätsmerkmale für ein künftiges Produkt werden bei der Erforschung des Marktes und im Gespräch mit dem Kunden festgelegt. *Quality Function Deployment* (QFD) ist eine Methode, mit deren Hilfe *Kundenwünsche* systematisch erfaßt werden. In einer speziellen Matrix, die man *Haus der Qualität* nennt (Bild G-47), werden daraus – auch unter Einbeziehung des Wettbewerbers – die Anforderungen an ein Produkt festgelegt. Programme führen den Benutzer durch die einzelnen Schritte von QFD und unterstützen ihn bei der Dokumentation.

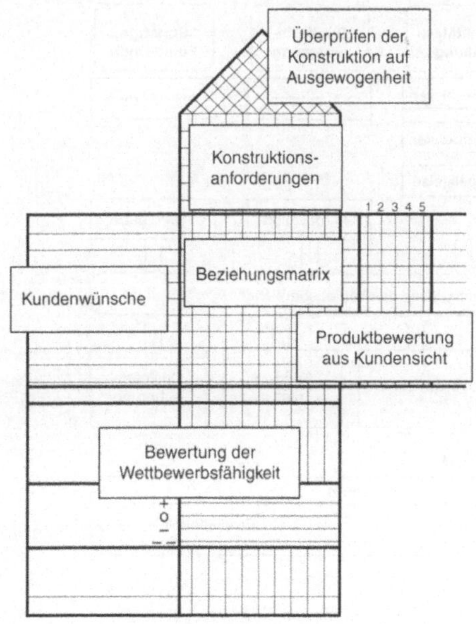

Bild G-47. Die QFD-Systematik im Qualitätshaus.

Fehlermöglichkeits- und Einflußanalyse (FMEA) ist eine Methode mit der man mögliche Fehler schon in der Planungsphase erkennen kann. Wie das FMEA-Formblatt in Bild G-48 zeigt, wird zunächst eine *Fehleranalyse* vorgenommen. Dort werden die möglichen (potentiellen) Fehler erfaßt, die Fehlerfolgen abgeschätzt und die Fehlerursachen untersucht. Anschließend erfolgt eine *Fehlerbewertung*. Je nach der Wahrscheinlichkeit des Auftretens (A), der Bedeutung für den Kunden (B) und der Entdeckungswahrscheinlichkeit (E) ergibt sich eine *Risikoprioritätszahl* RPZ. Sie liefert die nach Prioritäten geordneten Maßnahmen zur Optimierung der Produkte und Verfahren. Zum Schluß erfolgt eine *Konzeptoptimierung*. Die erforderlichen Maßnahmen werden vorgeschlagen und in Gang gesetzt. Der dadurch verbesserte Zustand wird dann mit der neuen Risikoprioritätszahl bewertet, um festzustellen, mit welchen Verbesserungen die besten Erfolge erzielt werden. Die FMEA wird von vielen CAQ-Systemen sehr gut unterstützt. Werden die Fehlerursachen und die Abhilfemaßnahmen systematisch geordnet, dann entsteht eine *Wissensbasis,*

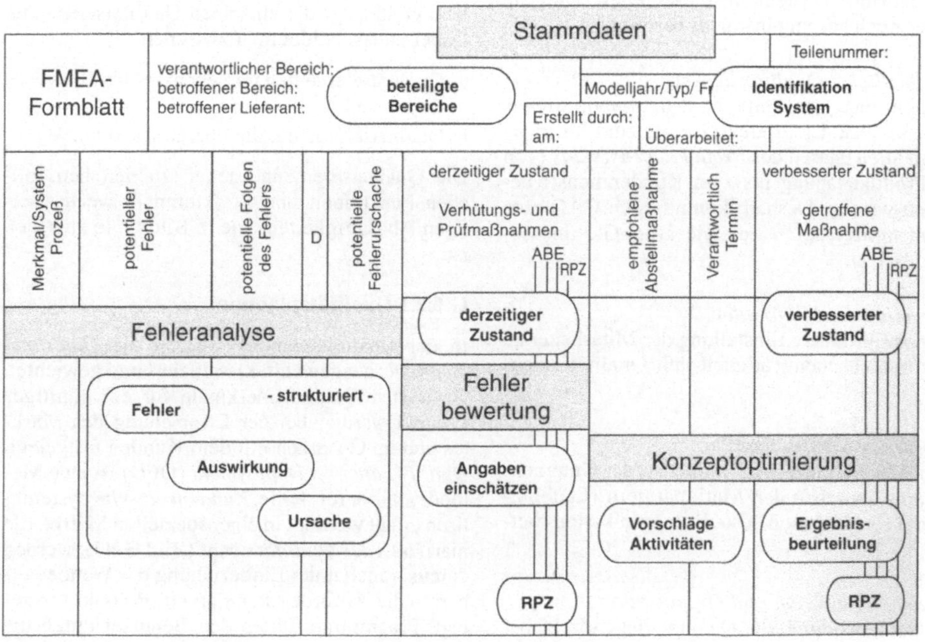

Bild G-48. FMEA-Formblatt.

mit der optimale Konstruktionen, Prozesse und Entwicklungen sehr schnell und effizient vorgenommen werden können.

Mit der Methode *Design of Experiments* (DOE oder statistische Versuchsplanung) kann man im Prüffeld mit statistischen Methoden die Zahl von Versuchen niedrig halten. Dies wird durch systematisches Verändern von Parametern erreicht (klassische statistische Methoden oder die Vorgehensweise nach Taguchi oder Shainin). Hier ist die DV-Unterstützung durch verschiedene statistische Berechnungsverfahren und grafische Darstellungen in der Dokumentation schon recht umfangreich.

G 6.2.2 Qualitätsprüfung

Die Qualitätsprüfung stellt fest, inwieweit ein Produkt die *Qualitätsanforderungen* erfüllt.

Prüfplanung

Grundlage für die Qualitätsprüfung sind *Prüfpläne*. Anschließend folgen die *Prüfausführung,* die *Prüfmittelüberwachung* und die *Auswertung der Prüfdaten* (Bild G-46). Die DV-Unterstützung reicht vom Texteditor bei einfachen Systemen bis hin zur Verwaltung von Prüfplänen mit Teile- und Merkmaldaten und automatischer Generierung von Prüfaufträgen mit Daten aus dem PPS-System.

Dynamisierung von Prüfanweisungen

Mit der Kenntnis der Qualität aus vorherigen Losen kann man die Prüfschärfe in einem Prozeß optimieren. Die Berechnung der jeweils nur für ein oder mehrere Lose geltenden Prüfschärfe nennt man *Dynamisierung.* Mit ihr wird erreicht, daß Prozesse mit schlechter Qualität häufig, solche mit guter Qualität wenig oder sogar für eine gewisse Zeit überhaupt nicht geprüft werden. Hier sind Programme eingesetzt, welche die Prüfpläne automatisch dynamisieren.

Erfassen der Qualitätsdaten

Qualitätsdaten können auf sehr unterschiedliche Weise erfaßt werden. In jedem Fall ist es jedoch nötig, die Einzelinformationen in ein *maschinenlesbares Format* zu bringen. So können Prüfergebnisse auf Papier notiert und später von einer Schreibkraft eingetippt werden. Es versteht sich von selbst, daß eine solche Arbeitsweise nur in sehr kleinem Rahmen oder zu

Testzwecken sinnvoll ist. Eine direkte Erfassung der Meßdaten am Ort der Entstehung durch elektronische Mittel kann den zeitlichen Aufwand und das Fehlerrisiko erheblich verringern. Meßmittel mit Schnittstellen zu den Rechnern sind in vielfacher Ausführung erhältlich. Das Angebot reicht vom Meßschieber über Vielstellenmeßgeräte bis hin zu Drei-Koordinaten-Meßmaschinen.

Wareneingangsprüfung

Die Qualität der zugelieferten Teile trägt entscheidend zur Qualität des Gesamtproduktes bei. Außerdem schreibt das *Produkthaftungsgesetz* die Wareneingangsprüfung ausdrücklich vor. Viele Betriebe beginnen deshalb mit CAQ beim Wareneingang. Häufig werden aus den *Wareneingängen* automatisch *Prüfaufträge* mit *dynamisiertem Stichprobenumfang* erzeugt. Die zu prüfenden Teile leitet man weiter in die Wareneingangsprüfung. Die anderen Teile lagert man ein und gibt sie erst dann für die Produktion frei, wenn die positiven Prüfergebnisse vorliegen. Werden Teile beanstandet, entscheidet der Verantwortliche über die Verwendung der Teile. Über eine direkte Verbindung zu den Einkaufsprogrammen wird der Lieferant entsprechend belastet. In dem automatisch erstellten Qualitätsbericht wird der Lieferant über die Maßnahmen im einzelnen unterrichtet. Die folgenden Lieferungen werden schärfer geprüft. Jeder Lieferant wird für jedes Teil in einer ABC-Analyse bewertet. Diese Bewertung findet mit jeder Lieferung ständig und automatisch statt.

Statistische-Prozeß-Regelung (SPC)

SPC ist eine Methode, mit der sich in der Serienfertigung Prozesse sehr wirkungsvoll überwachen und regeln lassen. Ein Fertigungsprozeß, der nach den Regeln der SPC fähig ist, fehlerfrei zu produzieren, liefert bei nur wenigen Stichproben weniger Fehler als eine 100%-Prüfung. Ein *fähiger Prozeß*, der mit SPC geregelt wird, hat erfahrungsgemäß etwa die halbe Streubreite wie ein herkömmlich geregelter Prozeß. Grundsätzlich ist zur Durchführung von SPC nur ein Bleistift und ein Blatt Papier nötig. Um die wertvolle Information für mittel- und langfristige Auswertungen nutzen zu können, ist auch hier der Einsatz von Rechnern von Vorteil, wobei zahlreiche Firmen SPC-Software anbieten. Die Meßwerte werden grafisch aufgezeichnet (Bild G-49) und sind eine große Hilfe für den Werker. Die gespeicherten

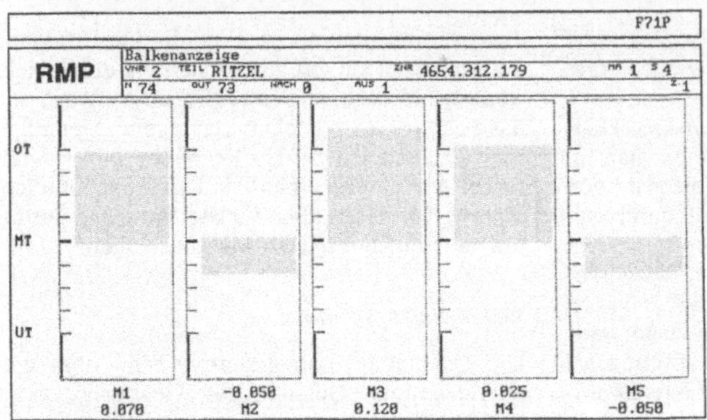

Bild G-49. SPC-Balkendarstellung.

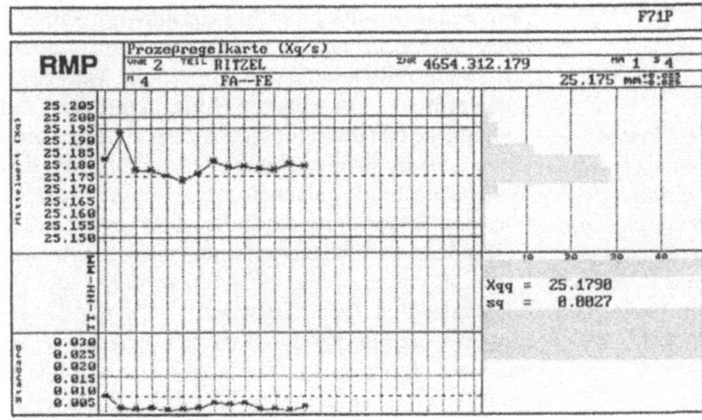

Bild G-50. SPC-Regelkarte.

Meßwerte können als Regelkarte auf dem Bildschirm angezeigt werden (Bild G-50).

Die so über einen längeren Zeitraum gespeicherten Daten können von der Qualitätssicherung ausgewertet werden. Sie geben Aufschluß über die *Qualitätsfähigkeit* der Fertigungsprozesse.

On-Line-Anbindung von Meßmaschinen

Meßmaschinen sind sehr teuer. Es ist deshalb wichtig, diese wirtschaftlich einzusetzen. Bei Meßmaschinen, die keine Kopplung zu einem übergeordneten Rechner haben, geht in der Regel viel Zeit mit der Programmierung der Meßmaschinen vor Ort verloren. Auch die Auswertung und Archivierung der gewonnen Daten lassen sich mit der Anbindung an ein HOST-System wesentlich verbessern. Den größten Komfort bietet die direkte Verbindung mit dem CAD-Rechner, um aus dessen digitalisierten Werten der *CAD-Zeichnungen* ein Meßprogramm generieren zu können. Sehr große Vorteile bietet auch die Verbindung zum NC-Archiv. Durch den schnellen Zugriff auf sehr viele Meßprogramme und den Einsatz von vorkonfigurierten Haltern für die zu messenden Teile ist es möglich, die Meßmaschinen in Sekundenschnelle umzurüsten.

Prüf- und Meßmittelüberwachung

Prüf- und Meßmittel werden wie andere Werkzeuge abgenutzt. Deshalb ist es wichtig, sie von Zeit zu Zeit zu kalibrieren. Mit der Menge der Prüf- und Meßmittel steigt auch der Verwaltungsaufwand für diese Überprüfung. Der erste Schritt einer rechnergestützten Prüf- und Meßmittelüberwachung kann aus einer einfachen Terminüberwachung bestehen. Ein modernes CAQ-System entscheidet an Hand der *Prüfhistorie* über den nächsten Kalibriertermin für das einzelne Prüf- und Meßmittel. Das heißt, die Kalibrierergebnisse werden nicht als gut oder schlecht dokumentiert, sondern als Meßwerte in einer *Datenbank* abgelegt. Daraus läßt sich dann für jedes einzelne Meßmittel ein optimaler Kalibriertermin errechnen. Noch genauer wird die Terminierung, wenn die Einsatzhäufigkeit des Prüfmittels durch die Fertigungssteuerung zurückgemeldet wird. Mit Hilfe einer rechnergestützten Einsatzplanung der Prüf- und Meßmittel kann außerdem die Kapitalbindung in diesem Bereich erheblich reduziert werden.

Informationen vom Kunden

Die Qualität eines Produktes zeigt sich beim Gebrauch. Da sich zu diesem Zeitpunkt das Produkt nicht mehr im eigenen Hause befindet, sind völlig andere Voraussetzungen für den Informationsfluß gegeben. Oft sehr weite Wege, sehr viele unterschiedliche Ansprechpartner und nicht zuletzt die Tatsache, daß der Kunde dem Lieferanten zu keinerlei Auskunft verpflichtet ist, machen die Beschaffung von Informationen aus der Gebrauchsphase des Produktes so schwierig. Eine recht zuverlässige Informationsquelle sind die *Garantie- und Mängelberichte*. Sie zeigen allerdings nur einen Teil der Qualitätsinformationen im Feld auf. Großer Wert muß darauf gelegt werden, daß der *Vertrieb* beim Gespräch mit dem Kunden die *qualitätsrelevanten Informationen* erfährt. In einer *Datenbank* stehen diese Informationen zur Verfügung. Über zum Teil die ganze Welt überspannende Netze sind oft sämtliche Vertriebsstellen mit der Firma verbunden. Dies bietet den großen Vorteil, einen weltweiten *Qualitätsvergleich* zwischen den eigenen und auch den Produkten der Mitbewerber zu besitzen, um schneller und gezielter auf Veränderungen reagieren zu können.

G 6.2.3 Qualitätslenkung

Unter Qualitätslenkung versteht man das Analysieren der Produktqualität als Voraussetzung für qualitätsfördernde Maßnahmen sowie deren Einleitung und Überwachung.

Qualitätsanalysen

Mit dem Wissen um die Qualität im Unternehmen können die Produktionsmittel wirtschaftlich und gezielt eingesetzt werden. Analysen und Auswertungen der gespeicherten Qualitätsdaten schaffen einen *Qualitätsspiegel* der Firma. Die Qualitätsdaten bieten eine wichtige Informationsquelle für die Produktentwicklung. Eine der wichtigsten Aufgaben von CAQ ist die *Information aller Beteiligten* über das Qualitätsgeschehen im Betrieb. An die Darstellung, die Aktualität und die Informationsdichte werden je nach Führungsebene verschiedene Anforderungen gestellt. Für die Geschäftsleitung sind *Trendanalysen, Qualitätskennzahlen* und langfristige Informationen über den gesamten Betrieb sowie über Produktbereiche wichtig. Sie sollen bei Bedarf schnell in ansprechender Form zur Verfügung stehen. Die mittlere Führungsebene und die Qualitätsleitung werden die Informationen in ähnlicher Form anfordern, allerdings ausführlicher und in kürzeren Zeitabständen. *Projektleiter* müssen das Qualitätsgeschehen auf ihr Projekt bezogen aktuell und *schwerpunktmäßig* übersehen (ABC-Analysen). *Schichtführer, Werker* und *Prüfer* benötigen die Qualitätsdaten und die Prozeßkennwerte auf Merkmalsebene *on line*.

Regelkreise der Qualitätsinformation

> Qualitätsinformationen haben nur soviel Wert, wie sie Maßnahmen auslösen.

Bild G-51 zeigt, wie die Informationen im *internen Regelkreis* der Fertigung und Qualitätssicherung aus der Fertigungsprüfung über die Qualitätsanalysen wieder in die Prüfplanung eingehen. Über die Qualitätslenkung wird sichergestellt, daß auch die Entwicklung in den Regelkreis mit einbezogen wird. Informationen vom *Feld* vervollständigen schließlich das Bild über die Qualität der Produkte. Es ist außerordentlich wichtig, daß die *Stimme des Kunden* in die Qualitätsregelkreise des Unternehmens integriert wird.

G 6.3 Informatik-Anforderungen an CAQ-Systeme

In Bild G-52 sind die Anforderungen an CAQ-Systeme zusammengestellt. Die einzelnen Schnittstellen zu CAD, CAE, CAP, PPS, CNC und CAQ müssen vorhanden sein, um eine Kommunikation zu ermöglichen. Die unterschiedlichsten Hardware-Plattformen und Betriebssysteme

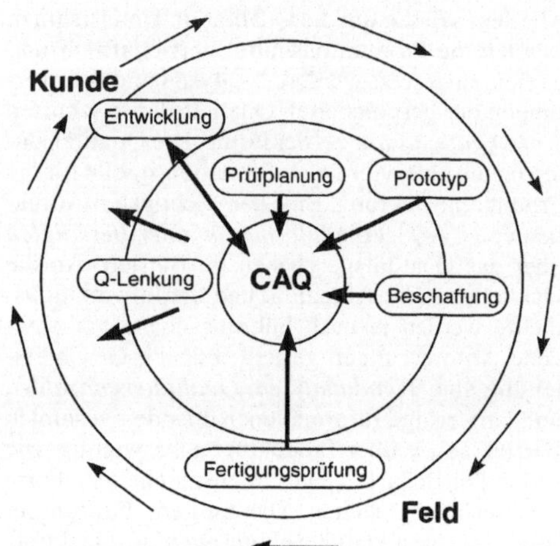

Bild G-51. Qualitäts-Informations-Regelkreise.

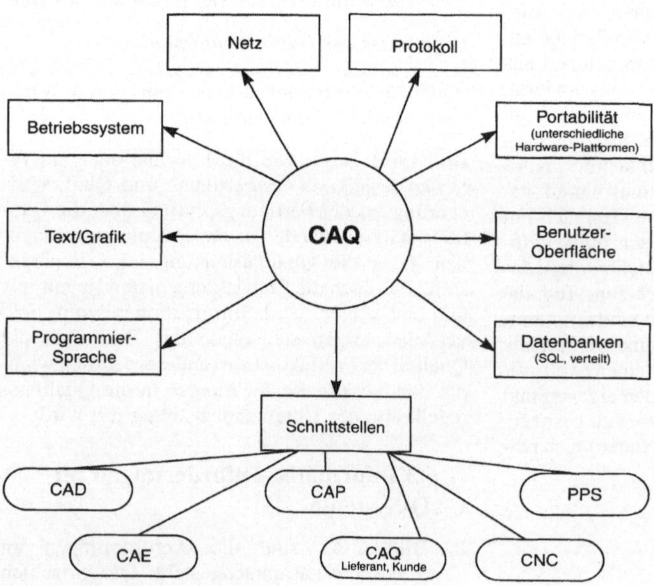

Bild G-52. Soft- und Hardwareanforderungen an CAQ.

Ist-Situation

- Historisch gewachsene Einzelnetze
- Unterschiedlichste Kabelvarianten
- Verschiedene physikalische Topologien
- Uneinheitliche Verteilerstruktur
- Mangel an Verteilerräumen
- Hoher Wartungs- und Erweiterungsaufwand
- Geringe Flexibilität bei Wachstum, Umzügen usw.
- Wachsender Kommunikationsbedarf

Ziele

- Schaffung einer universellen Infrastruktur
    - endgeräteunabhängig
    - herstellerunabhängig
    - anwendungsunabhängig
    - unabhängig vom logischen Netzwerk
    - zukunftssicher (z.B. FDDI)
- Integration vorhandener Netze
- Unterstützung der wesentlichen Standards
- Wirtschaftlichkeit auf Dauer

Verkabelungsstruktur

- Hierarchische Verkabelungsstruktur
    - Primärbereich (Gelände)
    - Sekundärbereich (Gebäude)
    - Tertiärbereich (Etage)
- Gemeinsame Verteilerräume
    - Primärverteiler (Haupt-, Geländeverteiler)
    - Sekundärverteiler (Gebäudeverteiler)
    - Tertiärverteiler (Etagenverteiler)
- Beschränkung auf wenige Kabelmedien
    - Glasfaser
    - geschirmtes/verdrilltes 4-Drahtkabel
- Vereinheitlichte Steckdosen und Stecker

Bild G-53. Zukünftige Verkabelungsstrategie.

müssen über Netze und Protokolle Informationen untereinander austauschen und mit Datenbanken in Verbindung stehen. Bild G-53 zeigt den Trend zur Schaffung einer *universellen Infrastruktur* und einer Vereinheitlichung der Verkabelungsstrategien.

Für den erfolgreichen Aufbau eines CAQ-Systems ist es entscheidend, daß die Einbindung in die vorhandene Organisation und die gewachsenen Strukturen des Unternehmens erfolgt. Je nach Betriebsgröße wird die informationstechnische Infrastruktur aus einer oder mehreren *Ebenen* bestehen (Bild G-54). Auf der *Durchführungsebene (operative Ebene)* werden in erster Linie Daten erfaßt. Sie bringen die unmittelbaren Informationen für direkte Prozeßeingriffe. Die *Steuerebene* verdichtet die Informationen und stellt sie der *Planungsebene* (Host-Ebene) für Langzeitauswertungen und bereichsübergreifende Informationsverbreitung zur Verfügung. Je nach

Systemaufbau wird die Prüfplanung auf dieser oder der Host-Ebene realisiert. Fertigungs- und Prüfaufträge vom Hostsystem werden in der *Leitebene* aufbereitet und an die *operative Ebene* zur Ausführung weitergeleitet.

Der Aufbau eines CAQ-Systems hängt entscheidend von der *Größe* eines Unternehmens ab. Weitere Faktoren sind die *Produktpalette,* die *Seriengröße* (Losgröße), die *QS-Organisation* und nicht zuletzt die Möglichkeiten der *Informationsverarbeitung.*

Die Ansprüche eines Kleinbetriebes an CAQ können in der Regel von einigen oder sogar einem einzelnen PC abgedeckt werden. Prüfplanung, Wareneingangs- und Fertigungsprüfung, oft in Verbindung mit SPC, sind die Schwerpunkte von CAQ in Kleinbetrieben. Werden mehrere Rechner eingesetzt, sollten diese möglichst vernetzt werden, damit die Informationen von allen genutzt werden können.

Im mittelständischen Unternehmen sind die Zusammenhänge schon komplexer. Insellösungen für einzelne Bereiche, wie zum Beispiel Prüfplanung oder Prüfmittelüberwachung, müssen in die Gesamtstrategie von CAQ mit einbezogen werden. Hier ist es sinnvoll, ein Rechnerkonzept mit mehreren Ebenen zu realisieren. Eine Workstation kann die Programme der Qualitätssicherung verarbeiten. Sie kann gleichzeitig als Server für die PCs und Datenerfassungsgeräte in der Produktionsebene dienen. Durch die Verbindung mit den kommerziellen und technischen Host-Systemen über Rechnerkopplung ist ein Zugriff auf vorhandene Informationen möglich.

Großunternehmen werden auf Grund ihrer Infrastruktur und Organisation sowie wegen der Vielfalt an Geräten und Anwendungen immer eine Lösung in mehreren Ebenen realisieren. Die Einbindung von vorhandenen Lösungen wird in noch größerem Maße gefordert als beim mittelständischen Unternehmen. Das IV-Umfeld ist sehr vielfältig und umfangreich. Dies bringt gewisse Einschränkungen bei der Auswahl des CAQ-Systems mit sich. Durch die Nutzung vorhandener Hardware, Netzen, Schnittstellen und Datenbanken sind jedoch sehr große Vorteile erreichbar. Sehr bewährt haben sich die *Client-Server-Architektur* (Bild G-55). Auf einem Zentralrechner (Host) werden die Daten zentral gehalten und in einem Server den anderen Stationen zur Verfügung gestellt. Auf diese Weise kann man vom PC aus mit den zentralen Daten seine individuellen Auswertungen machen.

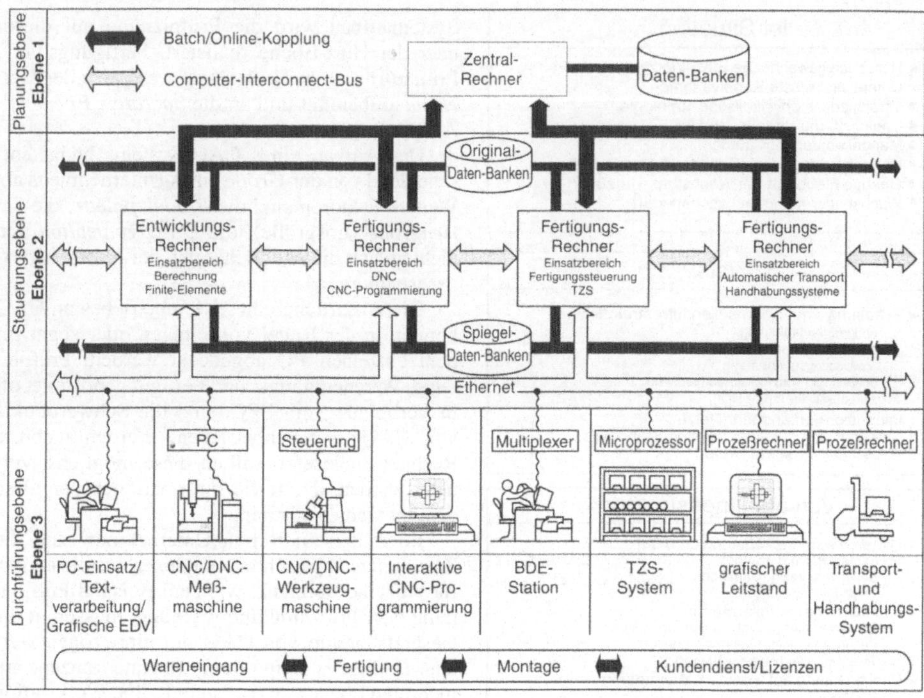

Bild G-54. Hardwarekonzeption in mehreren Ebenen.

Diese Infrastruktur kann von CAQ genutzt werden und bietet eine sehr komfortable Möglichkeit zur Qualitätsdaten-Erfassung und -Anzeige.

Durch die Verwendung von Standardkomponenten können die Endgeräte *multifunktional* eingesetzt werden, so daß an einem PC an der Maschine beispielsweise Betriebsdaten, Qualitätsdaten, Störungsdaten und Lohndaten erfaßt werden können. Zusätzlich können NC-Programme übertragen sowie SPC-Daten erfaßt und ausgewertet werden.

Qualitätsbezogene Daten bringen nur dann die gewünschten Informationen, wenn sie so verwaltet werden, daß sie *schnell verfügbar* und nach *verschiedensten Kriterien auswertbar* sind. Beziehungen zu anderen gespeicherten Daten im Unternehmen müssen aufgebaut und gepflegt werden. Entsprechend umfangreich sind deshalb die Datenbanken und komplex ihre Verbindungen. Bild G-56 zeigt die Datenbanken und ihre Verbindungen, wie sie in einem Großbetrieb aussehen können.

Die *Prüfplan-Datenbank* enthält alle teilebezogenen Informationen. Sie hat einen engen Bezug zur PPS- und Arbeitsplandatenbank. In der *Prüfauftrags-Datenbank* sind alle dispositiven Daten abgelegt. Die *Tabellen-Datenbank* enthält Zuordnungen, wie Dynamisierungs- oder Parametertabellen. Chargenbezogene Informationen (z. B. Lieferanten oder Werkstoffkennwerte) sind in der *Chargen-Datenbank* gespeichert. Merkmale, Fehlerarten und andere Kataloge sind in der *Merkmals-Datenbank* abgelegt. Prüfmittel mit den dazugehörenden Kalibrierterminen und eventuellen Einsatzorten werden in der *Prüfmittel-Datenbank* bereitgehalten. In ihr speichert man Prozeßkennwerte, die für die Qualität des Maschinenparks besonders aussagefähig sind. Die Qualitätskosten werden in der *Q-Kosten-Datenbank* gesammelt und für die Kostenrechnung bereitgestellt.

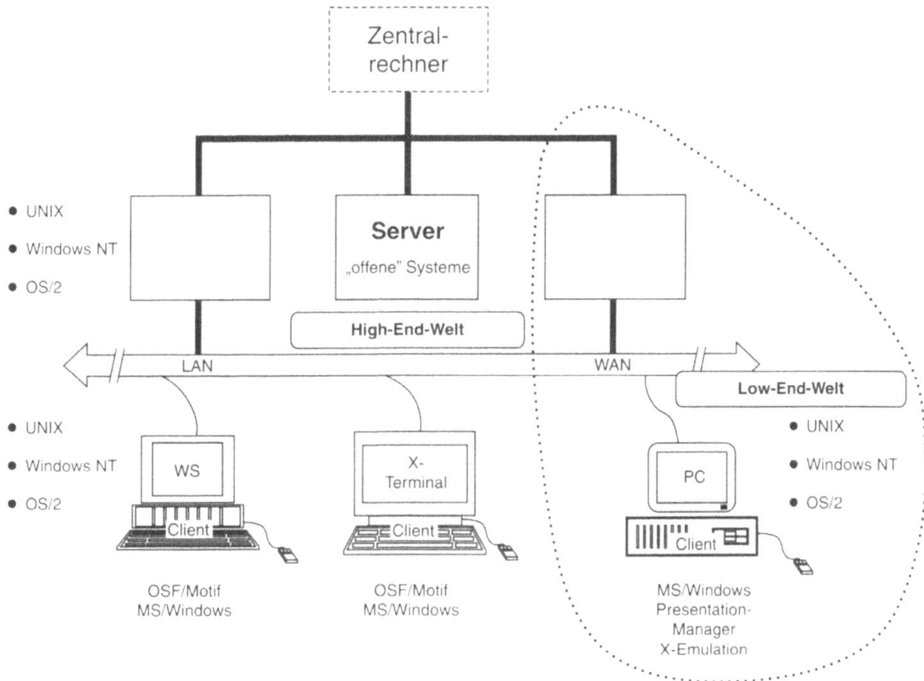

Bild G-55. Client-Server-Konzept.

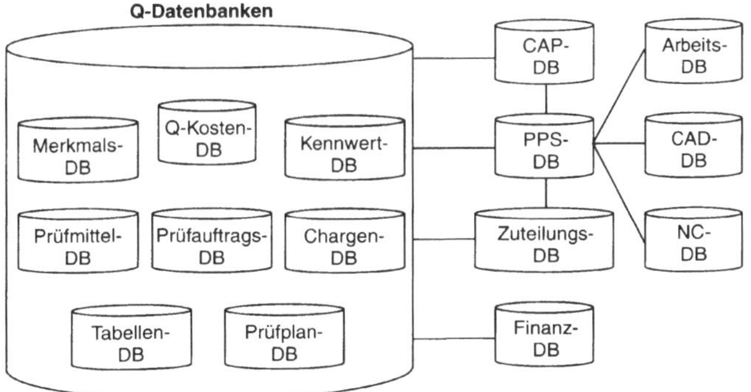

Bild G-56. Datenbanken für die Qualitätssicherung und ihre Vernetzung.

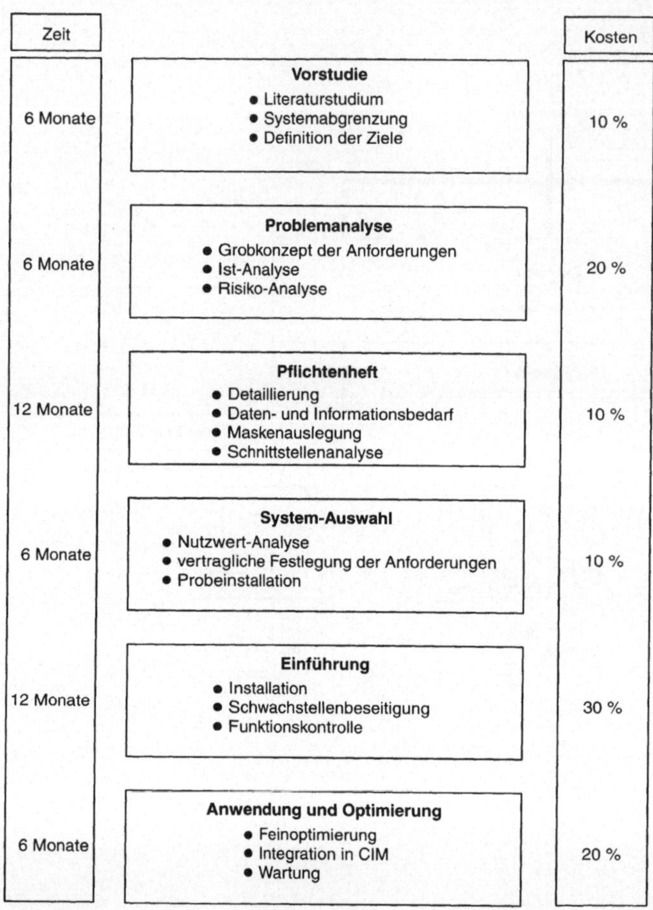

Bild G-57. Phasen der CAQ-Einführung.

G 6.4 Planung und Aufbau von CAQ-Systemen

Die Einführung von CAQ muß aus verschiedenen Gründen sehr genau geplant werden. Der Funktionsumfang eines in die CIM-Strategie integrierten CAQ-Systems ist beträchtlich. Eine sehr große Zahl von Mitarbeitern wird mit dem System arbeiten müssen. Es wird viele Schnittstellen zu anderen EDV-Systemen geben. Ein *stufenweises Vorgehen* nach Bild G-57 und ein *straffes Projektmanagement* sind Voraussetzung für die erfolgreiche Realisierung eines CAQ-Systems.

G 6.4.1 Vorstudie

Für die Vorstudie muß ein Team aus Spezialisten der verschiedenen Betriebsbereiche gebildet werden, die für diese Aufgabe von dem Tagesgeschäft weitgehend freigestellt und mit den nötigen Kompetenzen ausgestattet werden. Die Aufgabenstellung der Vorstudie wird zu Beginn mit dem Auftraggeber festgelegt. Sie muß klar formuliert und kontrollierbar sein. Solche Aufgabenstellungen könnten beispielsweise lauten:

Tabelle G-6. Fragebogen zur IST-Analyse

CAQ-Istzustand	Kostenstelle	Abteilung
	Datum	Bearbeiter
Frage	Ja/nein	Bemerkung

DV-Unterstützung vorhanden?
Sind Prüfpläne vorhanden?
Werden Maßnahmen festgelegt?
Wird die Durchführung überwacht?
Werden Prüfmittel regelmäßig überprüft?
Sind Teile dokumentationspflichtig?
Werden Formulare verwendet?
Werden fehlerhafte Teile dokumentiert?
Werden fehlerhafte Teile gekennzeichnet?
Wo wird geprüft?
Wer legt den Prüfumfang fest?
Welche Meßmittel stehen zur Verfügung?
Wer ist für die Prüfung verantwortlich?
Was erwartet der Mitarbeiter von CAQ?

1. Definition der Ziele eines CAQ, beispielsweise

- Verminderung der Ausschußkosten um 20 %,
- Verkürzung der Reaktionszeit bei Fertigungsfehlern auf 2 h,
- Verminderung der Prüfkosten um 40 %;

2. Vorgehensweise bei der Einführung von CAQ

3. Risikoanalyse

4. Kostenschätzung und

5. grobe Terminplanung.

Das Ergebnis der Studie dient als Grundlage für das weitere Vorgehen. Die Leitung des Betriebes muß an Hand der Ausführungen darüber entscheiden, ob das Projekt weitergeführt wird.

G 6.4.2 Problemanalyse

Ist diese Entscheidung positiv gefallen, wird mit der Problemanalyse begonnen. Bei der Aufnahme des Istzustandes wird sehr genau festgehalten, wie die Qualitätssicherung zur Zeit betrieben wird. Fragebogen nach Tabelle G-6 sind dabei sehr hilfreich.

Großes Augenmerk muß dem IV-Umfeld gewidmet werden. Es ist der Werkzeugkasten für CAQ. Aus diesem Grund muß bei der Aufnahme des Istzustandes ein Spezialist aus der IV-Abteilung dabei sein. Dieser wird klären, welche Rechner sich im Hause befinden und welche Programme darauf laufen. Es sollte bereits geklärt werden, zu welchen Anwendungen CAQ-Schnittstellen benötigt werden. Wie diese konkret aussehen müssen, wird später in der Feinspezifikation festgelegt. Es ist festzustellen, ob in der Firma die nötige Programmierkapazität vorhanden ist, um die gesamte CAQ-Software oder Teile davon selbst zu schreiben. Weiter ist zu untersuchen, wie die angebotenen CAQ-Programme funktionell und IV-technisch zur Firma passen. Dies sind sehr wichtige Anhaltspunkte für eine Entscheidung, Programme zu kaufen oder sie selbst zu entwickeln.

Bei der Problemanalyse werden die Anforderungen und Erwartungen deutlich, die von den Fachbereichen an das CAQ-System gestellt werden. Mit diesem Wissen können der Aufwand und die Risiken schon wesentlich besser eingeschätzt werden als bei der Vorstudie.

G 6.4.3 Pflichtenheft

Das Pflichtenheft bildet die Grundlage zur Gestaltung eines CAQ-Systems. Es baut auf dem ersten Konzept auf, das als Ergebnis der Vorstudie entstanden ist und muß alle Informationen umfassen, die für weitere Entscheidungen und für eine Kostenabschätzung notwendig sind (Bild G-58). Das

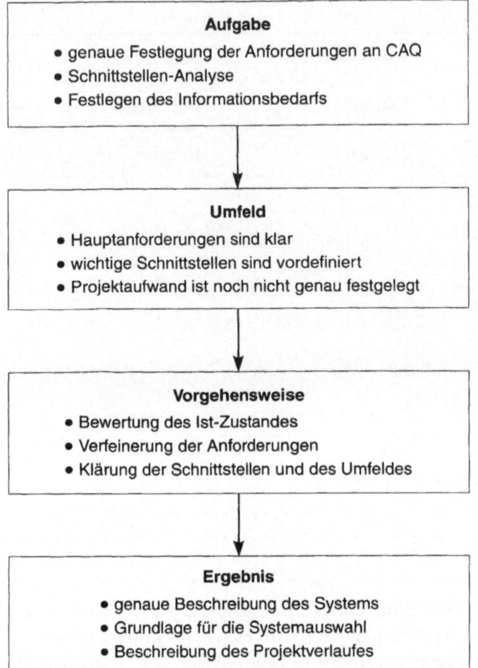

Bild G-58. Vorgehensweise bei der Erstellung des Pflichtenheftes.

Pflichtenheft ist ein *ausführlicher Anforderungskatalog* mit Angaben über die Leistungsfähigkeit des zu realisierenden CAQ-Systems. Es sind sämtliche Funktionen, Datenmengen, Prioritäten, Datendurchsatzmengen sowie Hardware- und Softwareschnittstellen im einzelnen zu beschreiben. Das Pflichtenheft muß so umfassend sein, daß mit seiner Hilfe das System neu entwickelt werden kann. Es dürfen also keine Fragen offen bleiben.

> Ein Pflichtenheft beinhaltet ausschließlich Anforderungen, aber keine Lösungen.

Um zu begründen, warum ein CAQ-System eingeführt werden soll, ist es von größter Wichtigkeit, die Ziele zu beschreiben und in entsprechender Form darzustellen. Sämtliche Funktionen des CAQ-Systems werden bis in die Einzelheiten beschrieben. Am Beispiel der Prüfplanerstellung wird im folgenden die grundsätzliche Vorgehensweise dargestellt. Sie vermittelt einen

Eindruck vom Gesamtaufbau und Inhalt des gesamten Pflichtenheftes.

Erfassung der Stammdaten zu Prüfplänen

Für die Qualitätsplanung ist es notwendig, Prüfungen nach technischen Gesichtspunkten in einem Plan festzulegen. Der Prüfplan ist teilebezogen. Er enthält keine Meßwerte.

Ein Prüfplan kann aus einem oder mehreren Prüfarbeitsgängen bestehen. Der Umfang der einzelnen Arbeitsgänge hängt von der Anzahl der zu prüfenden Merkmale ab. *Standardprüfpläne* sind Prüfpläne für *mehrere Sachnummern.* Sie sind die Bausteine zur kostengünstigen Erstellung von komplexen Prüfplänen, weil sie aus Standardprüfplänen wie ein Baukasten aufgebaut sind. Zu jedem Prüfplan wird ein Verwendungsnachweis aufgebaut. Jeder Änderungsstand wird mit Datum und Benutzerkennung dokumentiert.

Stammdaten

Prüfplan-Stammdaten werden nach Sachnummern verwaltet. Darüber hinaus sind in der Fertigung durch verschiedene Planarten Variantenprüfpläne möglich. Die Prüfplannummer setzt sich aus Sachnummer/Planart/Versionsnummer zusammen. Die für den Prüfplan relevanten Daten wie

● Benennung,

● Zeichnungsnummer,

● Werkstoff,

● Chargennummer …

werden vom Teilestamm, dem Produktionsplanungssystem oder dem Fertigungsinformationssystem bereitgestellt. Diese Daten werden am Bildschirm nur angezeigt. Sie können vom CAQ-System nicht verändert werden.

Sachnummer-spezifische Datenfelder

Die nachfolgenden Felder sind sachnummernbezogen und in der Fertigung für alle Planarten einer Sachnummer immer gleich. Eine Änderung ist stets für alle Planarten gültig.

Pflicht zur Identnummer (Serialnummer)

Wichtige Bauteile unterliegen einer stückmäßigen Verfolgung. Jedes Teil erhält deshalb eine Ident- oder Serialnummer, mit deren Hilfe eine lückenlose Dokumentation des einzelnen Teiles möglich wird.

Mögliche Eingaben in die Maske sind:

- S Serialnummernpflicht,
- Z einfache Zählnummer,
- L Laufzeitüberwachung.

Beim Anlegen eines Prüfplanes hat dieser den Status „Planung" (P). Wenn alle Mußdaten eingegeben sind, kann er vom Planer auf Status „Freigegeben" (F) gesetzt werden. Erst dann können Prüfaufträge erzeugt werden.

Die Schnittstellen zu anderen DV-Systemen und zur Peripherie ergeben sich aus der geforderten Funktionalität und dem DV-Umfeld, in dem das CAQ-System arbeiten soll. Klar beschriebene Schnittstellen schaffen eine eindeutige Zuordnung von Daten, organisatorischen Aufgaben sowie von Installations- und Inbetriebnahmearbeiten. *Hardwareseitig* müssen die Komponenten wie Kabel, Stecker, Karten oder Adapter festgelegt werden. *Softwareseitig* sind die Datenformate, Kommunikationsprogramme und Protokolle zu beschreiben. Bei Daten, die zwischen den Systemen ausgetauscht werden, muß jedes Feld mit Länge, Typ und Name festgelegt sein. Außerdem ist zu definieren, nach welchen Regeln ein Datenaustausch stattfinden soll. Daten können zyklisch oder bei bestimmten Ereignissen auf Anforderung ausgetauscht werden.

G 6.4.4 Systemauswahl

In diesem Schritt werden alle Informationen zusammengestellt und bewertet. Hierzu ist eine Nutzwertanalyse eine große Hilfe. Für die Enscheidungsfindung sind folgende Punkte von Bedeutung:

- Funktionalität,
- einmalige/laufende Kosten,
- quantifizierbarer/nicht quantifizierbarer Nutzen,
- Integrierbarkeit ins vorhandene IV-Umfeld,
- Vernetzbarkeit,
- Modularität/Erweiterbarkeit,
- Personalaufwand/Einsparung,
- Terminierung,
- Verfügbarkeit,
- Zuverlässigkeit des CAQ-Anbieters,
- strategisches Konzept der Firmenleitung.

G 6.4.5 Probeinstallation

Bei größeren Systemen ist es sehr ratsam, eine oder sogar mehrere Probeinstallationen durchzuführen. Diese müssen gründlich vorbereitet werden. Im Hause müssen Räumlichkeiten, eventuell Rechnerleistung und vor allem die nötige personelle Kapazität zur Verfügung gestellt werden. Der Einsatzbereich muß sorgfältig ausgewählt werden. Die Mitarbeiter müssen so auf die Aufgabe vorbereitet werden, daß sie willens und vor allem auch in der Lage sind, die Anlage zu bedienen und zu beurteilen. Aus dem Pflichtenheft ist ein Fragenkatalog zu entwickeln, der ein standardisiertes Vorgehen bei der Beurteilung der einzelnen Funktionen erleichtert.

G 6.4.6 Installation

Vorbereitungen

Bevor die Installation eines CAQ-Systems erfolgen kann, müssen die wesentlichen Voraussetzungen erfüllt werden. Es ist wichtig sicherzustellen, daß die zu erwartenden Informationen nicht zu widersinnigen Ergebnissen im System führen. Dies ist manchmal nicht ganz einfach, wenn eingefahrene Praktiken abgestellt werden müssen.

Schnittstellen zu anderen Systemen müssen definiert und in diesen entsprechend vorbereitet werden.

Die Datenerfassung muß organisatorisch und technisch geklärt sein.

Bei vorhandener Hardware muß die notwendige Maschinen- und Plattenkapazität vom Rechenzentrum zur Verfügung gestellt werden. Muß man die Rechner neu installieren, sind die baulichen Maßnahmen im Vorfeld nicht zu vergessen.

Für die Mitarbeiter ist eine intensive Schulung unumgänglich. Sie sollte stufenweise in den Gesamtablauf integriert werden. Die CAQ-Arbeitsplätze muß man den veränderten Bedingungen anpassen.

Vor allem ist es wichtig, bei der Belegschaft eine große Zustimmung für die Einführung eines CAQ-Systems zu schaffen.

Pilotinstallation

Es empfiehlt sich, CAQ zunächst in einem begrenzten Rahmen einzuführen, beispielsweise für ein einzelnes QS-Element. Dies gilt sowohl für die Anzahl der Mitarbeiter als auch für den Funktionsumfang. Die Prüfplanung bietet sich hier aus mehreren Gründen an:

1. Mitarbeiter in der Prüfplanung sind in aller Regel mit den Arbeiten am Bildschirm vertraut.
2. Prüfpläne sind Voraussetzung für viele andere Funktionen.
3. Die Hardware-Plattform und ein großer Teil der Software-Problematik wie Datenbanken, Schnittstellen zu anderen Systemen oder die Systemverfügbarkeit können hier sehr gut getestet werden, ohne den Betrieb zu stören.

Wenn nach einigen Wochen Testphase in der Prüfplanung erste Erfahrungen vorliegen und das System sicher läuft, kann die Datenerfassung in Angriff genommen werden. Auch hier wird ein überschaubarer Bereich ausgewählt. Die Informationen aus den Auswertungen der Originaldaten müssen sehr genau geprüft werden. Nicht nur Fehler in der Software oder der Systemeinstellung können zu falschen Informationen führen. Viel kritischer sind Informationen, die formal richtig sind, auf Grund von Mängeln in der Organisation aber dazu führen, daß aus diesen Informationen falsche Schlüsse gezogen werden. Dem Anwender dürfen nur diejenigen Informationen zur Verfügung gestellt werden, die er auch richtig interpretieren kann.

Firmenweiter Einsatz von CAQ

Sind die obengenannten Voraussetzungen erfüllt, kann das System flächendeckend zum Einsatz kommen. Es ist streng darauf zu achten, daß die Mitarbeiter und das Umfeld entsprechend vorbereitet werden, um von Anfang an eine möglichst große Akzeptanz zu erhalten. Die Qualität der Datenerfassung bestimmt die Qualität der Informationen und Auswertungen, die das System liefert. Zu Beginn werden Prüfpläne in erster Linie für neue Teile erstellt und für solche, die hohe Fehlerkosten verursachen. Aussagekräftige Auswertungen für den ganzen Betrieb können allerdings erst dann erwartet werden, wenn man die Qualitätsdaten flächendeckend erfaßt.

G 6.5 Wirtschaftlichkeit von CAQ

Höhere Qualität, bessere Termintreue und niedrigere Produktionskosten stehen nur scheinbar im Widerspruch zueinander. Wenn im Betrieb keine Fehlleistungen erbracht werden, sind alle drei Ziele erreichbar. Diesem Ziel näher zu kommen, dient CAQ. Nicht nur die Qualitätskosten, sondern die Gesamtkosten des Betriebes müssen in die Wirtschaftlichkeitsbetrachtungen von CAQ mit einbezogen werden.

In Bild G-59 unterscheidet man nach einmaligen und laufenden Kosten, um aufzuzeigen, wie Einführungs- und Unterhaltskosten anteilig verteilt sind. Daneben sind weitere Aufwendungen aufgeführt, die als nicht quantifizierbare Kosten zu berücksichtigen sind.

Der Nutzen läßt sich für den Großteil der qualitätsverbessernden Beiträge ausreichend genau bestimmen oder durch Schätzungen von Fachleuten mit hinreichender Genauigkeit belegen. Es muß bei der Darstellung des Nutzens darauf geachtet werden, daß die einzelnen Beiträge nicht vermischt oder wiederholt dargestellt werden.

Eine große Anzahl von positiven Auswirkungen, vor allem bei sehr komplexen Systemen, lassen sich sehr schlecht quantifizieren. Sie dürfen aber auf keinen Fall vernachlässigt werden, da auch sie eine Entscheidungshilfe bedeuten. Es ist zu bedenken, daß Kosten-Nutzenfaktoren auftreten werden, die zum Zeitpunkt der Planung noch nicht oder nur teilweise erkennbar waren.

Eine sinnvolle Entscheidung über die Realisierung eines CAQ-Systems ist nur möglich, wenn es gelingt, Aussagen über Kosten und Nutzen des geplanten Projektes zu machen. Vergleichbare Ergebnisse liefert zum Beispiel eine Nutzwertanalyse.

Mit ihr kann folgendes erreicht werden:

*   Komplexe Entscheidungssituationen werden nach der Zielsetzung der Entscheidungsträger geordnet.
*   Alternative Problemlösungen sind bewertbar.
*   Entscheidungen werden durch schrittweises Aufgliedern der Problemstellung erleichtert.

G 6.6 Grenzen eines CAQ-Systems und Ausblick

Die Aufgabe von CAQ-Systemen ist, Qualitätsdaten zu *erfassen,* daraus *brauchbare Auswertungen* zu erstellen und diese zur richtigen Zeit in der richtigen Form den entsprechenden Mitarbeitern zur Verfügung zu stellen. Allerdings kann Information als solche nichts bewirken. Vielmehr muß erreicht werden, daß jeder einzelne Mitarbeiter wegen seines guten Informationsstandes motiviert wird, die Qualität seiner Arbeit ständig zu verbessern.

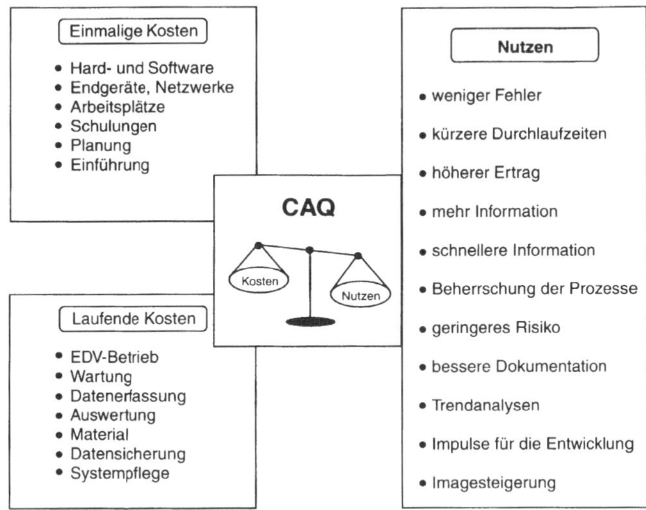

Bild G-59. Kosten und Nutzen von CAQ.

CAQ ist mit der Entwicklung in der Informationstechnik einem sehr schnellen Wandel ausgesetzt. Das aus der CIM-Strategie erwachsende große Informationsbedürfnis erfordert in Zukunft sehr komplexe Systeme mit hohem Integrationsgrad. CAQ wird dabei aus der Abteilung und über das Unternehmen hinauswachsen bis hinein in die Firmen der *Lieferanten* und des *Kunden.* Die *Datenfernübertragung* wird daher in den nächsten Jahren an Bedeutung gewinnen. Die Direktübertragung (auch von Bildern) wird für die Kommunikation im Bereich der Qualitätssicherung von großem Wert sein. Die elektronische Auswertung von farbigen Bildern wird es ermöglichen, die Qualität komplexer Bauteile und Oberflächen, die heute nur vom Menschen subjektiv beurteilt werden können, sehr objektiv zu beurteilen.

Äußerst komplexe Probleme, die mit herkömmlichen Verfahren kaum zu beherrschen sind (z. B. CIM und CAQ), werden in Zukunft durch neueste Entwicklungen wie *Fuzzy-Logic* (unscharfe Logik), *neuronale Netze* bzw. Sprachen der *künstlichen Intelligenz* eher zu lösen sein. Diese Ansätze sind besser in der Lage, komplexe vernetzte Systeme abzubilden, in denen unscharfe und widersprüchliche Entscheidungen (z. B. bei einem Kunden ist das Teil gut, beim anderen jetzt gerade nicht) getroffen werden müssen.

> Die zentrale Aufgabe von CAQ in CIM wird in Zukunft darin bestehen, in jeder neuen Entwicklungsgeneration so viel *Qualitätsinnovation* wie möglich einzubringen.

Damit werden die Entwicklungszyklen verkürzt, und außerdem steigt das Qualitätsniveau mit jedem einzelnen Zyklus steiler an.

G 7 Integration von CA-Technologien

G 7.1 CIM (Computer Integrated Manufacturing)

Die Integration aller betrieblicher Funktionsbereiche in der Fabrik ist *Computer Integrated Manufacturing* (CIM). Die einzelnen Komponenten sind in Abschn. E 2 ausführlich beschrieben und im CIM-Würfel dargestellt (Bild E-5). An dieser Stelle wird nochmals darauf hingewiesen, daß es sinnvoll ist, alle CA-Elemente in einem Integrationskonzept zusammenzubinden. Die Vorteile der Integration in der Entwicklung und Konstruktion ist in Bild G-60 und in der Produktion in Bild G-61 zu sehen. Im wesentlichen liegen die Vorteile in der Verkürzung der Entwicklungs- und

Bild G-60. Vorteile der Integration in der Entwicklung und Konstruktion.

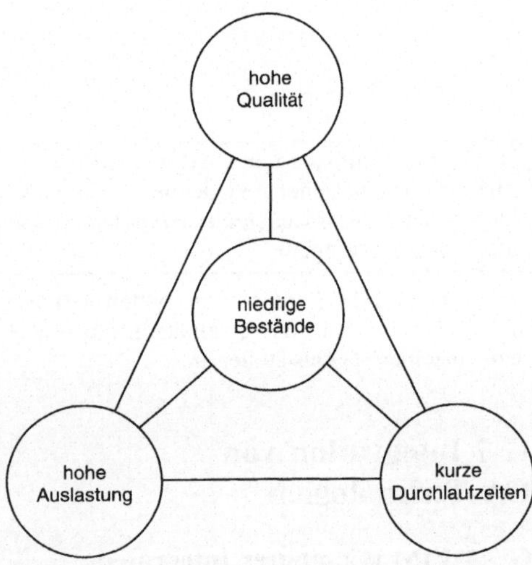

Bild G-61. Vorteile der Integration in der Produktion.

Fertigungszeiten, wobei gleichzeitig die Bestände verringert, die Qualität erhöht und Menschen und Maschinen flexibler einsetzbar werden.

Die Vorteile der Integration in Bezug auf die Daten, Funktionen, Abläufe und Mitarbeiter zeigt Bild G-62. Alle diese Vorteile können nur Stufe um Stufe erreicht werden. Dennoch ist es wichtig, sich nach einem Plan zum systematischen Ausbau der Integration zu richten.

G 7.2 Engineering Data Management (EDM) – Datenmanagement im Ingenieurbereich

Um die Integration im Unternehmen zu erreichen, spielen die Daten eine wichtige Rolle. Die Daten sind gewissermaßen das zentrale Nervensystem, von dem aus alle Aktivitäten gesteuert werden. In Bild G-63 sind die Anforderungen an die technische Realisierung von EDM-Konzepten zusammengestellt. Mit EDM werden Daten innerhalb der Unternehmung oder auch zwischen Unternehmen ausgetauscht, beispielsweise zwischen Hersteller und Zulieferer. Bild G-64 zeigt das Schema.

Wird EDM richtig eingesetzt, dann erhöht sich die Produktivität, die Flexibilität und die Schnelligkeit eines Unternehmens. Insbesondere sind folgende Vorteile zu nennen:

- kurze Durchlaufzeiten,
- Wiederverwendung technischer Lösungen,
- schneller und sicherer Informationsaustausch,
- schnellere Produktfreigabe,
- schnelle und sichere Änderungen,
- Transparenz von Daten und Prozessen,
- Verbesserung der Ablauforganisation sowie
- geringe Kosten für Lagerung, Transport, Sicherheit und Verwaltung.

Besondere Wichtigkeit hat EDM im Zusammenhang mit der *Qualitätssicherung* nach ISO 9001, bei der es um die *Überwachung der Dokumente* und um die *Identifikation und Rückverfolgbarkeit der Produkte* handelt.

G 7.3 DTP (Desk Top Publishing) – Rechnergestütztes Publizieren (Dokumentation)

Das rechnergestützte Publizieren gewinnt für die Unternehmen eine immer wichtigere Bedeutung. Zum einen kann man seine eigenen Firmenprospekte und technische Unterlagen sehr schnell und preisgünstig selbst herstellen und wieder neuen Gegebenheiten anpassen. Auf der anderen Seite müssen vor allem die umfangreichen *technischen Dokumentationen* erstellt und gepflegt werden (z. B. wegen der Produkthaftung oder der Ersatzteillieferung). Mit zunehmend kürzer werdenden Innovationszeiten und größer werdender Variantenvielfalt lassen sich diese Aufgaben nur noch rechnergestützt erledigen.

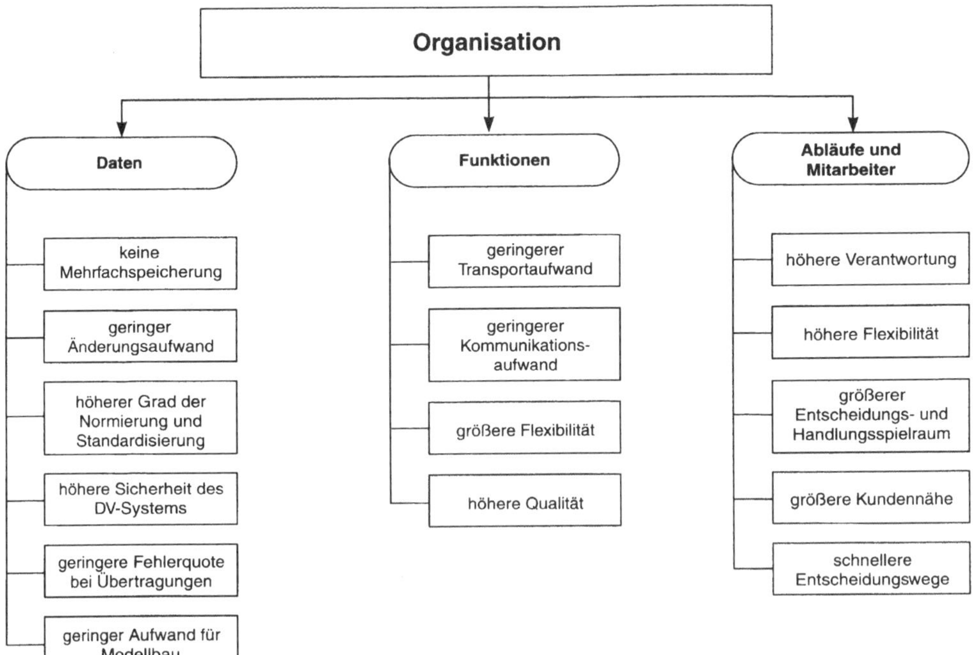

Bild G-62. Vorteile der Integration in der Organisation.

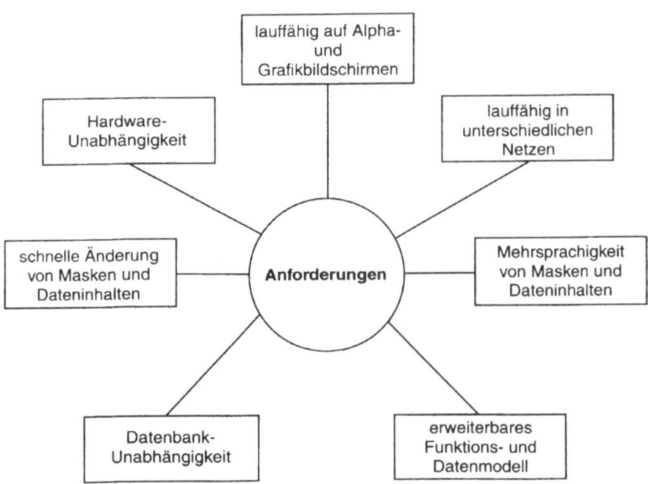

Bild G-63. Anforderungen an EDM-Systeme.

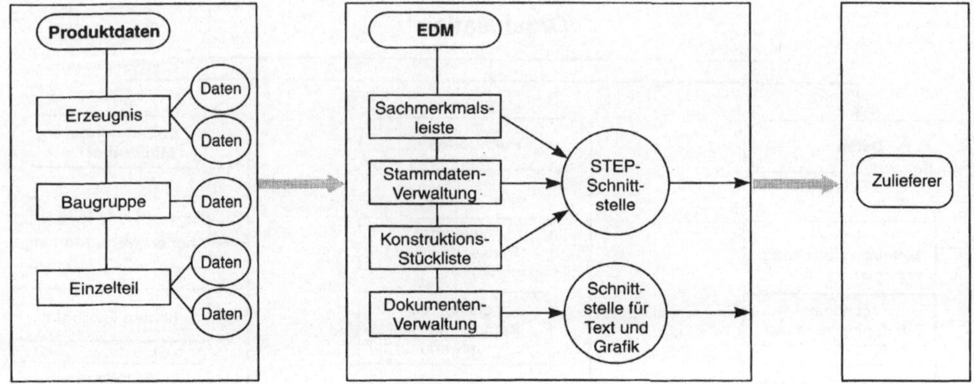

Bild G-64. EDM-Konzeption zwischen Hersteller und Zulieferer.

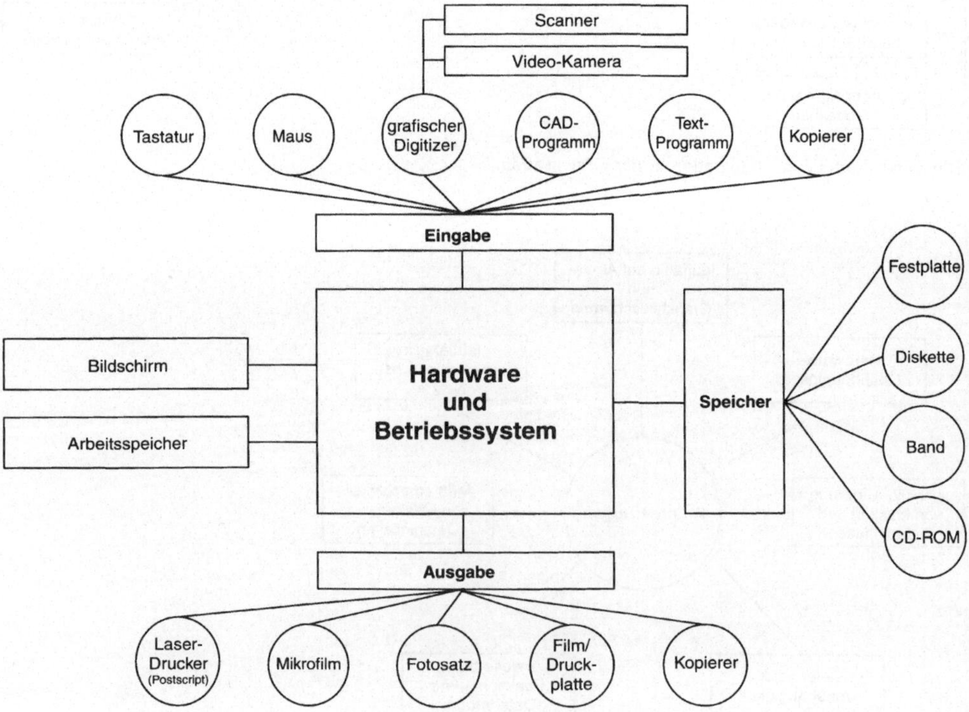

Bild G-65. Hard- und Softwarekomponenten eines DTP-Systems.

Bild G-65 zeigt die Hard- und Softwarekomponenten von DTP-Systemen.

G 7.4 Entwicklungen in der CA-Technologie

Folgende Entwicklungen sind abzusehen:

- In CAD-Systemen werden vermehrt Volumenmodelle eingesetzt und zunehmend werden zusätzlich zu den Geometrieattributen auch die Technologieattribute (z. B. Oberflächengüte oder Toleranzen) verwertet;

- bei dem Datenmanagement wird EDM eine sehr große Rolle spielen. SQL-Datenbanken werden zu einem Standard werden und zunehmend in verteilten Datenbanken zu finden sein;

- die Hardwarekonfiguration wird sich der Client-Server-Konzeption bedienen;

- der Einsatz von Multimedia wird stark zunehmen.

H Spezielle Anwendungen

H 1 Simulation

H 1.1 Wesen und Bedeutung

Simulation wird in der VDI-Richtlinie 3633 folgendermaßen definiert:

> Simulation ist die Nachbildung eines dynamischen Prozesses in einem Modell, um zu Erkenntnissen zu gelangen, die auf die Wirklichkeit übertragbar sind.

Bild H-1 zeigt das Vorgehen. Das Simulationsmodell bildet die wesentlichen *Objekte* und *Regeln* eines realen Systemes ab. Modelle, die in der Fertigung und im Bereich des Materialtransports eingesetzt werden, sind *diskrete Modelle*. Das bedeutet, daß die *Zustände* der Objekte (z. B. Werkstücke) nur an bestimmten *Entscheidungszeitpunkten* verändert werden. Man unterscheidet deshalb:

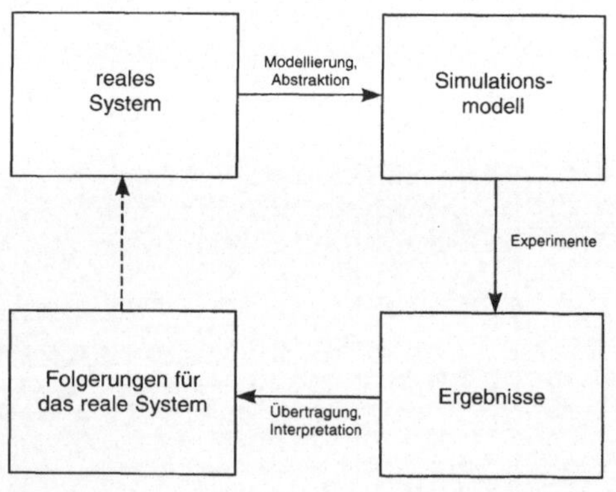

Bild H-1. Wesen der Simulation (Quelle: ASIM).

Deterministische Modelle

Die Zeitdauer zwischen zwei Entscheidungspunkten ist vorgegeben (z. B. die Bearbeitungsdauer von Teilen wird durch die Teilenummer bestimmt).

Algorithmische Modelle

Zwischen zwei Entscheidungspunkten wird deren Zeit durch einen Algorithmus bestimmt (z. B. die Reihenfolge der Bearbeitung folgt einer eingegebenen Regel).

Stochastisches Modell

Die Zeitspanne zwischen zwei Entscheidungspunkten wird zufällig ermittelt (z. B. Störungen der Maschine werden mit statistischen Methoden erzeugt).

An den Modellen werden *Experimente* vorgenommen (Bild H-1), deren Ergebnisse *interpretiert* werden und zu *Folgerungen* für das reale System führen.

H 1.2 Einsatzgebiete

Prinzipiell muß man auf die Simulation zurückgreifen, wenn folgende Situationen vorhanden sind:

- Versuche in der Realität sind nicht möglich (z. B. Mondlandung), lebensgefährlich (z. B. Crash-Versuche mit Autos), zu zeitraubend (z. B. Prüfung der Lebensdauer von Bauteilen) oder zu kostenintensiv (z. B. Planung und Bau neuer Fabrikanlagen und der Maschinen).
- Wirkungszusammenhänge sind so komplex, daß eine Aussage über Auswirkungen von Störungen durch den Menschen nicht möglich sind (z. B. Auswirkung der Umweltbelastung auf die Natur).
- Neuland muß beschritten werden (z. B. Einsatz neuer Technologien).

In der Fertigung sind insbesondere folgende Einsatzgebiete gefragt:

- Materialflußsysteme,
- Werkstattsteuerung,
- Produktionssysteme,
- Montagesysteme und
- Arbeitsverteilungssysteme.

H 1.3 Vorgehensweise

Die Vorgehensweise zur Simulation umfaßt die in Bild H-2 dargestellten sechs Phasen:

1. Phase: Zielsetzung

Vor der Modellbildung muß die Zielsetzung klar festgelegt werden. Dabei müssen der Planer und

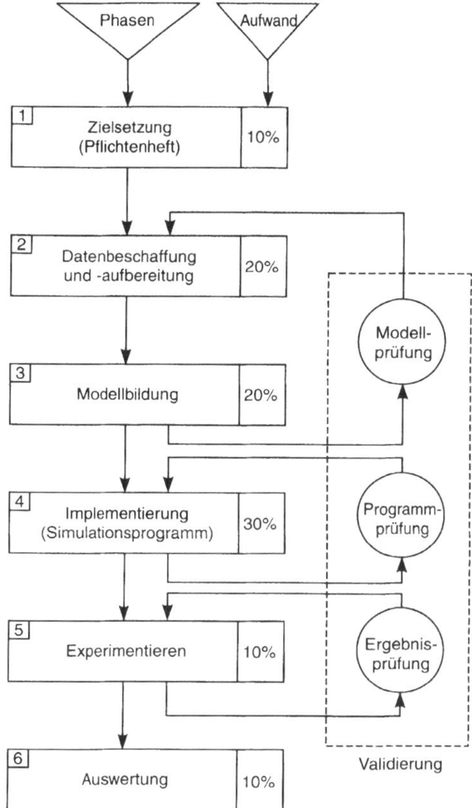

Bild H-2. Phasen des Ablaufs einer Simulation.

der Modellbauer eng zusammenarbeiten. Das Ergebnis ist ein Pflichtenheft.

2. Phase: Datenbeschaffung und -aufbereitung

Es müssen im wesentlichen Daten über *Mengen* (z. B. Stückzahl, Anzahl der Transportmittel, Lagerkapazität) und *Zeiten* (z. B. Bearbeitungs-, Transport- Rüst- und Störzeiten) beschafft werden. Auf die Qualität der zu beschaffenden Eingangsdaten ist besonderer Wert zu legen, weil sie die Güte der Simulationsergebnisse bestimmt.

Die Daten müssen meist aufbereitet werden, um in einer Simulation eingesetzt werden zu können. Dazu gehört die Auswahl der richtigen Daten, um die Zielsetzung zu beantworten, und die Prüfung der Daten auf Richtigkeit und Plausi-

bilität. Häufig müssen die Daten noch verdichtet oder klassifiziert werden.

Auch die *Ablaufregeln* müssen in dieser Phase erfaßt werden. Dazu gehören Einkaufsverhalten, Transportalgorithmen und Regeln für die Reihenfolge der Bearbeitung.

3. Phase: Modellbildung

In dieser Phase kann das Modell gebildet werden, das die einzelnen Systemelemente miteinander verbindet und die Daten mit den Ablaufregeln zuordnet. In den meisten Simulationsprogrammen ist dies am Bildschirm möglich: Es werden die entsprechenden Objekte angeklickt, ihre Verbindungen geschaffen und die Zuordnung von Daten und Ablaufregeln vorgenommen.

4. Phase: Implementierung

Die Simulationssoftware bildet das Modell ab. Dies kann sehr aufwendig sein, wenn das Modell programmiert werden muß. Es gibt eine Reihe von speziellen Simulationssprachen, die sowohl auf Großrechnern, als auch auf PCs laufen. Moderne Simulationsprogramme bieten die Möglichkeiten, das Modell aus einzelnen Bausteinen (Modulen) zusammenzusetzen sowie Objekte und Steuerungen getrennt festzulegen.

5. Phase: Experimentieren

Zusammen mit dem Planer werden die Experimente abgestellt. Um eindeutig nachvollziehbare Ergebnisse erhalten zu können, darf *immer nur ein Parameter* verändert werden, auf keinen Fall mehrere. Die Ergebnisse müssen dokumentiert werden. Sinnvollerweise werden die Experimente so geplant, daß mit einer möglichst geringen Anzahl ein Höchstmaß an Aussagekraft möglich wird.

In Bild H-2 sind auf der rechten Seite im gestrichelten Feld die Möglichkeiten der *Validierung* gezeigt. Sie besteht aus den drei Bestandteilen:

- Prüfung der Gültigkeit des Modells,
- Programmprüfung und
- Ergebnisprüfung.

Je nach Fehler müssen die einzelnen Module entsprechend des Ziels verändert werden. Das bedeutet aber nicht, daß solange simuliert wird, bis das Ergebnis stimmt. Vielmehr dienen die Erkenntnisse zur Verbesserung des Modells.

6. Phase: Auswertung

Für die Auswertung bestehen folgende Möglichkeiten:

- *Darstellen der Ergebnisse* in grafischer Form (z. B. Linien, Kreise, Balken, 3D-Diagramme);

- *statistische Auswertungen* in grafischer Form (z. B. Häufigkeitsverteilungen und ABC-Analysen);

- *Animation*. Mit der Animation erhält der Anwender einen anschaulichen Einblick in das Prozeßverhalten des Modells. Es dient auch dazu, das Modell zu begreifen und zu verbessern. Zudem ist es ein unentbehrliches Kommunikationsmittel zwischen dem Nutzer und dem Simulationsspezialisten. Meist werden *Ortsveränderungen* (z. B. Bewegung von Fahrzeugen, Teilen oder von Aufträgen) und die *zeitliche Änderung* bestimmter Größen (z. B. Lagerpuffer, Maschinenauslastung oder Streckenbelastungen) vorgeführt.

- *Interpretation*. Die Ergebnisse des Simulationslaufes müssen in Bezug auf das vorgegebene Ziel gedeutet werden; d. h. sie müssen die in der Zielformulierung gestellten Fragen beantworten können. Dabei kann es vorkommen, daß dies nicht möglich ist. In solchen Fällen müssen neue Daten gesammelt und neue Modelle entworfen, implementiert und validiert werden.

H 1.4 Beispiel

An einem Beispiel der Hinterachsfertigung eines Automobilherstellers wird die *Strukturierung*, die *Dimensionierung* und die *Steuerung* des Produktionsprozesses mit Hilfe eines Simulationsmodells gezeigt. Dabei werden die in Bild H-2 gezeigten Phasen durchlaufen.

1. Phase: Zielsetzung

Die Fertigung von Hinterachsen für Lastwagen soll so organisiert werden, daß mit geringstmöglichen Investitionen die geforderte Stückzahl gefertigt werden kann.

2. und 3. Phase: Datenbeschaffung und Modellbildung

In einem Karree-System wird in mehreren Arbeitsschritten eine Hinterachse montiert:

- An der Aufnahmestation wird die Rohachse auf den Werstückträger gelegt.

An die Achse wird der Hinterachsträger und die Radträger an drei in Reihe liegenden Arbeitsplätzen montiert. Zwischen den Arbeitsplätzen befinden sich Pufferplätze.

- Eine Drehstation verteilt die ankommenden Achsen auf die fünf parallel liegenden Arbeitsplätze nach folgender Strategie: Addition der Achsen auf den Arbeitsplätzen und den davor liegenden Pufferplätzen. Danach Transport in Richtung der niedrigsten Anzahl der Achsen.

- Nach der Bearbeitung wird die Achse über die Drehstationen zu den Montageautomaten transportiert. Dort erfolgen weitere Montageschritte. An den Montageautomaten ist das Störverhalten abgebildet.

- Auf der Drehstation nach der Kontrolle werden die Achsen, die einer Nacharbeit bedürfen, auf den Nacharbeitspuffer geschleust. Die guten Achsen werden gerade geschleust.

- Die Achsen zur Nacharbeit werden nach bestimmten Kapazitätsregeln am Nacharbeitsplatz nachbearbeitet und danach über die Automatikstationen abtransportiert.

- An der Abnahmestationen werden die fertigen Achsen abgenommen.

4. Phase: Implementierung im Simulationsprogramm

Bild H-3 zeigt die Struktur des Modells mit dem Simulationsprogramm Simple++ sowie als Ergebnis die Ausbringung über die Zeit im Plotterfenster.

5. und 6. Phase: Experimentieren und Auswerten

Es werden folgende Experimente durchgeführt und die Ergebnisse ausgewertet:

- Die Anzahl der Puffer *vor* den Montageautomaten wird verändert. Bild H-4 zeigt, daß die Anzahl der Puffer keine Auswirkung auf die Stückzahl hat.

- Die Anzahl der Puffer *nach* den Montageautomaten wird verändert (zwischen Montageautomat und Kontrolle). Wie Bild H-5 zeigt, kann bei drei statt einem Puffer die Stückzahl um etwa 5% von 625 pro Tag auf 660 pro Tag gesteigert werden.

- Zwei unterschiedliche Strategien zur *Pufferplatzbelegung* nach dem jeweiligen Drehtisch werden durchgespielt. Die Auswertung nach

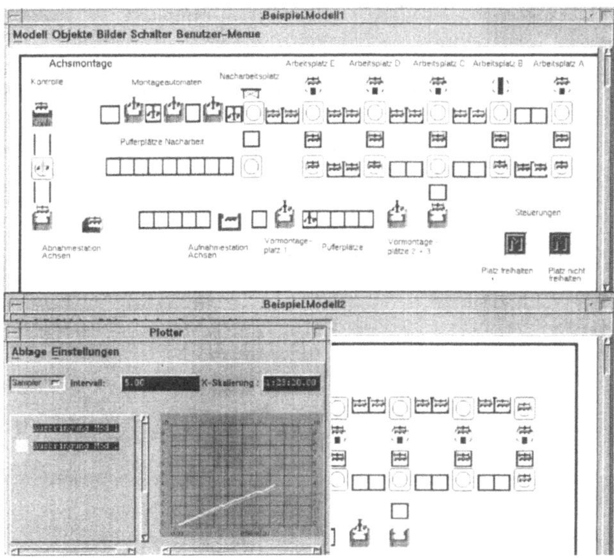

Bild H-3. Achsmontage: Strukturierung des Modells (AESOP: SIMPLE++).

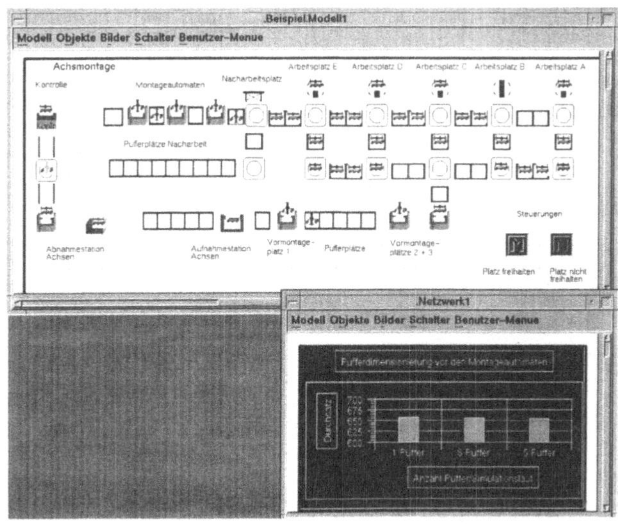

Bild H-4. Achsmontage: Simulationslauf 1: Pufferdimensionierung vor den Montageautomaten (AESOP: SIM-PLE++).

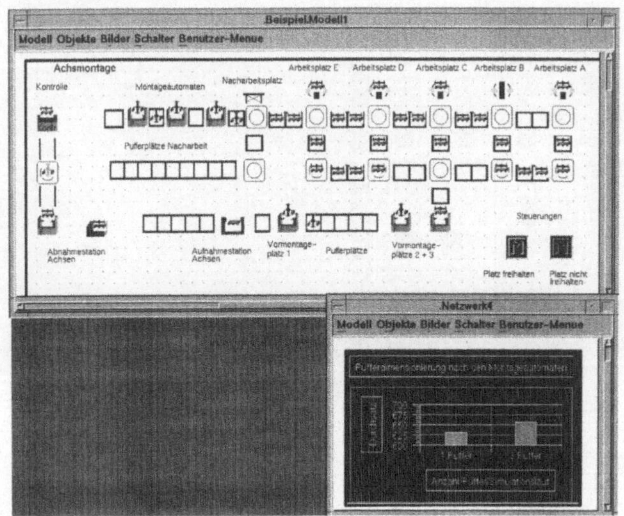

Bild H-5. Achsmontage: Simulationslauf 2: Pufferdimensionierung nach den Montageautomaten (AESOP: SIMPLE++).

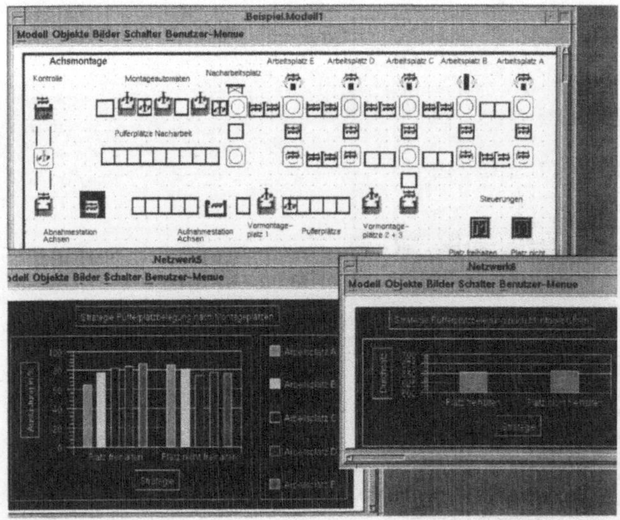

Bild H-6. Auswertung der Pufferplatzstrategien (AESOP: SIMPLE++).

Bild H-6 zeigt, daß geringe Stückzahlerhöhungen möglich sind, wenn die Plätze nicht freigehalten werden. Im Teilbild links unten ist die unterschiedliche Auslastung der Maschinen bei den verschiedenen Strategien zu sehen.

H 2 Erstellung sicherheitskritischer Software

H 2.1 Einführung

H 2.1.1 Gefahren der fehlerhaften Software

Die Erstellung von Software weist immer noch unbefriedigend hohe Fehlerraten auf. Auch wenn der überwiegende Anteil der ursprünglich vorhandenen Fehler vor der Übergabe der Software an den Benutzer gefunden und korrigiert wird, verursachen die übriggebliebenen Fehler noch lange nach der Einführung Störungen, Ärger, Frustration und unnötigen und teuren Aufwand zur Behebung. Sogar menschliche Todesfälle sind bereits auf Softwarefehler zurückgeführt worden: Computergesteuerte medizinische Geräte haben tödliche Dosen von Strahlung oder von einer Injektionslösung verabreicht.

Der Einsatz von Rechnersystemen ist bereits so umfassend, daß Teile des gesellschaftlichen Lebens völlig abhängig davon sind. Die Abwicklung des größten Teils der täglichen Transaktionen unserer heutigen Wirtschaft ist ohne Rechnersysteme nicht mehr denkbar. Moderne computergesteuerte technische Systeme mit hochkomplexer Software führen in steigendem Maße sicherheitskritische Funktionen aus. Derartige Systeme finden sich beispielsweise sowohl in Verkehrsflugzeugen (z. B. Flugkontrollsysteme, Systeme zur Steuerung automatischer Landungen) als auch am Boden. Hier sind es in erster Linie die Landeanflughilfen, die direkt an den Landebahnen der Flughäfen stehen und die Führungssignale für die landenden Flugzeuge abstrahlen, wie das seit etwa 35 Jahren international im Betrieb befindliche ILS (Instrumenten-Lande-System) oder das Nachfolgesystem MLS (Mikrowellen-Lande-System). Dazu gehören aber auch die Entfernungsmeßeinrichtungen DME (Distance Measurement Equipment) und die Anlagen VOR (bzw. DVOR) für die Navigation über Land, das heißt die Führung zwischen den Flughäfen. Dazu zählen auch die Führungssysteme bemannter Raumfahrzeuge, die Überwachungs- und Steuerungssysteme von Atomkraftwerken, Systeme zur automatischen Luftverkehrskontrolle oder Steuerungen in schnellen schienengebundenen Fahrzeugen. Nicht zu vergessen sind auch die teilweise hochkomplizierten Apparaturen, die in der Medizintechnik eingesetzt werden oder sicherheitskritische Steuerungen in Kernkraftwerken übernehmen. Diese Systeme zeichnen sich durch folgende Eigenschaften aus:

- Die Software steuert ein physikalisches System in Echtzeit.

- Das Gesamtsystem ist hoch komplex.

- Es gibt sehr viele Interaktionen zwischen den individuellen Subsystemen.

- Softwarefehler haben nicht nur das Potential, Gefahren für wertvolle Wirtschaftsgüter heraufzubeschwören, sondern können sogar gesundheits- oder lebensbedrohende Situationen auslösen.

Das entscheidende Problem besteht darin, die Sicherheit der Software in diesen Systemen zu gewährleisten.

H 2.1.2 Weitere Entwicklung

Der Einsatz von Rechnersystemen wird in den nächsten Jahren weiterhin deutlich zunehmen, was zu höheren Anforderungen hinsichtlich der Zuverlässigkeit führen wird. Mit der zunehmenden Anwendung von Computersystemen in allen Bereichen unserer Gesellschaft werden die Konsequenzen von Fehlern („Bugs") in der Software immer ernster und kostspieliger. Entweder müssen die Software-Entwickler sehr viel höheren Anforderungen hinsichtlich der Fehlerfreiheit ihrer Programme genügen oder es werden die Grenzen der aus gesellschaftlicher Sicht zu verantwortenden Anwendung der Computertechnologie erreicht. Man muß sich darüber klar werden, daß Softwarefehler vermeidbare Entwurfsfehler – menschliche Fehler seitens der Software-Entwickler – sind. Sie liegen nicht in der Natur der Sache begründet.

> Softwarefehler können im Entwurf, der Entwicklung oder der Ausführung auftreten. Sie sind generell vom Menschen verursacht.

Zielsetzung für die Zukunft muß sein, eine Grundlage für die Konstruktion beweisbar korrekter Software zu erarbeiten. Vergleichbar mit den theo-

retischen Grundlagen der klassischen Ingenieurwissenschaften muß sie gleichartige Ergebnisse
hinsichtlich Qualität, Zuverlässigkeit und Freiheit
von Entwurfsfehlern ermöglichen. So kann der
Software-Ingenieur beispielsweise vor dem ersten
Lauf beweisen, daß sein Programm die Anforderungen des Pflichtenheftes erfüllt, genau wie der
Bauingenieur in seinem Antrag auf die Erteilung
einer Baugenehmigung – also bevor das Gebäude
gebaut wird – rechnerisch belegt, daß der von ihm
geplante Bau sich selbst und die beabsichtigte Last
tragen wird.

H 2.2 Allgemeine Betrachtung von Systemen mit sicherheitskritischer Software

Die Technologie für die Realisierung computer-
gesteuerter Systeme entwickelt sich rasant. Dies
gilt sowohl für die Hardware, für die Programmiersprachen als auch für die Entwicklungswerkzeuge (engl.: tools). Ihr Einsatz in sicherheitskritischen Anwendungen ist, wie einleitend beschrieben, mittlerweile Stand der Technik. Solche
computergesteuertern Systeme bestehen sowohl
aus Hardware als auch aus Software. Die Hardware bezieht sich auf alle physikalischen Teile,
die das System körperlich ausmachen, wie integrierte Schaltkreise, diskrete Komponenten, Verkabelung, Bildschirme, Drucker, Speicher und Ta-
staturen. Die Software bezieht sich auf Befehle
und Daten, die dem Computer mitteilen, was er
zu tun hat. Software ist eine Struktur, die auf
die Hardware aufgeprägt wird, um eine sinnvolle
Funktion zu erfüllen. Was eine sinnvolle Funktion
ist, legt die Spezifikation fest.

Ein Großteil der Funktionalität eines Systems
kann in Software oder in Hardware realisiert
werden. Fehlfunktionen können durch Hardware
oder Software oder beide verursacht werden. Sie
können aber ebensogut aus Fehlern oder zwei-
deutigen Formulierungen in der Systemspezifikation oder Entwurfsfehlern im Design der Hardware und Software folgen. Die Software ist ausschließlich *immateriell* (daher auch der Name
Software). Das hat die Konsequenz, daß Software keinerlei Verschleiß- und Ausfallmechanis-
men unterliegt. Allerdings kann Software sich
durch eingebaute Programmteile selbst zerstören.
Einmal implementierte Software kann in der Regel aber nicht verfälscht werden. Alle Fehler in
der Software sind systematische Fehler. Scheinbare Programmverfälschungen in Speichern sind

Hardware-Fehler oder -Ausfälle oder falsche logische Zustände in der Hardware, verursacht durch
Störungen.

Die ständig steigenden Leistungsanforderun-
gen an computer-basierende Systeme erhöhen die
Komplexität dieser Systeme. Es wird mehr und
mehr schwieriger, einen akzeptierbaren Grad an
Fehlerfreiheit zu erreichen. Folglich muß beim
Design solcher Systeme besonderes Augenmerk
auf potentielle Fehlerquellen gelegt werden. Dies
sind in erster Linie *Unzulänglichkeiten* der *Spezifikation*, *Fehler im Entwurfsprozeß*, der gewählten
Hardware, der *Programmiersprache* oder der *Entwicklungswerkzeuge*. „Fehler" gehört zu den am
häufigsten mit unterschiedlichen Interpretationen
verwendeten Begriffen. Die englische Sprache unterscheidet da genauer; dort findet man Begriffe
wie „fault", „defect", „error" und „mistake", die
man in der deutschen Sprache wie folgt wiedergibt:

- „fault": Unzulässige Eigenschaft, die das
  Versagen einer Ausführungseinheit bewirken
  kann.

- „defect": Unzulässige Abweichung eines
  Merkmales bzw. Nichterfüllung vorgegebe-
  ner Forderungen durch einen Merkmalswert
  (Verfälschung).

- „error": Abweichung zwischen einem berechneten Wert (oder einer Bedingung) und
  dem wahren, spezifizierten oder theoretischen
  Wert (oder Bedingung).

- „mistake": Menschliche Handlung, die ein
  unerwünschtes Ergebnis zur Folge haben kann.

Es zeigt sich deutlich die große Bandbreite, die
der Begriff „Fehler" in der deutschen Sprache abdeckt. Alle Bedeutungen lassen sich zusammenfassen zu:

> Fehler ist der Oberbegriff für alle anzunehmen-
> den unerwünschten oder unzulässigen Ereig-
> nisse oder Zustände innerhalb der Betrachtungs-
> einheit. Fehler sind die Ursache für gefährliches
> Versagen.

Bild H-7 zeigt die Einflußgrößen auf dem
Weg vom Fehler zum Unfall. Bild H-8 zeigt,
wie sich die Fehler im Laufe des Software-
Entwicklungsprozesses in den einzelnen Entwicklungsphasen aufbauen (*Fehlerlawine*). Bild H-9
zeigt die Verteilung der Fehler auf die einzelnen
Entwicklungsphasen (Abschnitt D 1.2).

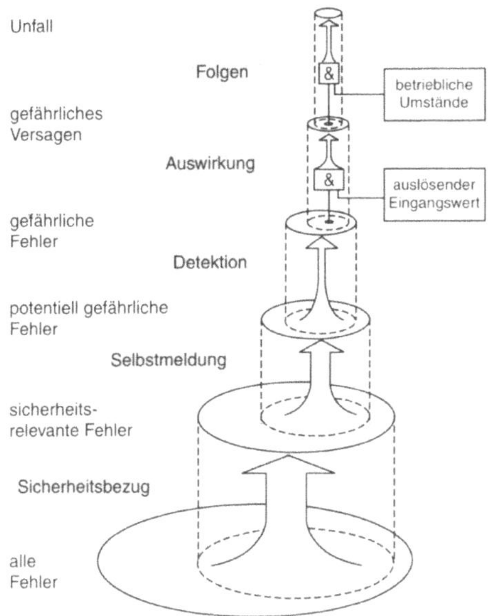

Bild H-7. Einflußgrößen auf dem Weg vom Fehler zum Unfall.

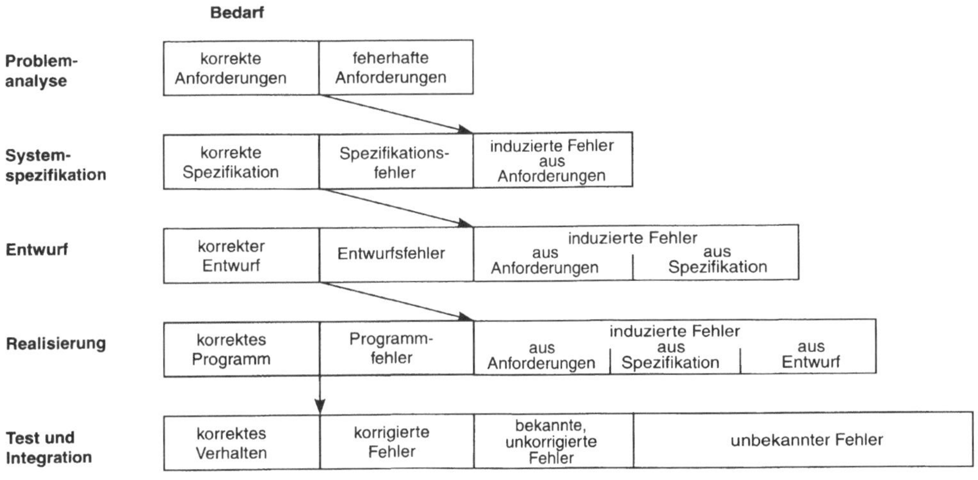

Bild H-8. Fehlerlawine.

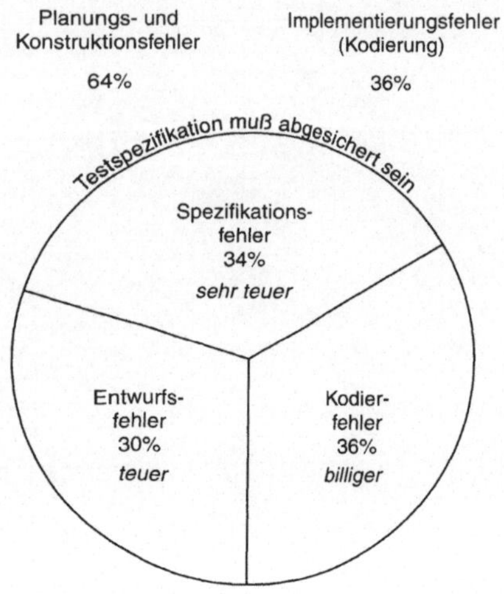

Bild H-9. Fehleranteile in den Entwicklungsphasen.

H 2.2.1 Zielsetzungen zur Sicherstellung der System-Integrität

Unter der *Integrität* eines Systems versteht man die Wahrscheinlichkeit, daß das System keine potentiell gefährlichen Zustände einnimmt, wenn einzelne Geräteteile ausfallen. Die Integrität eines Navigationssystems zur Landeanflugführung beispielsweise ist die Wahrscheinlichkeit, keine fehlerhaften Führungssignale abzustrahlen, wenn das Sende- oder Überwachungssystem ausfällt. Die Integrität eines Systems wird auf der Grundlage der Fehlerraten von Hardware-Komponenten und der Systemarchitektur bestimmt, indem man die Auswirkungen bestimmter Fehlermechanismen und deren Gefährdungspotential (FMECA: Failure Mode Effects and Criticality Analysis) untersucht. Diesen Berechnungen liegt die Annahme zugrunde, daß das System weder in der Hardware noch in der Software Entwurfsfehler enthält oder genauer, daß die Wahrscheinlichkeit dieser Fehler innerhalb der Fehlergrenzen der Berechnungen liegen. Während Hardwareausfälle zufällig im gesamten Lebenszyklus eines Systems auftreten, in der Regel gehäuft am Beginn und dann wieder in steigendem Maße gegen Ende (typische Fehlerverteilung nach der sogenannten Badewannenkurve), kennt die Software diesen Fehlermechanismus nicht. Jeder Softwarefehler wird beim Entwurf oder während der Entwicklung erzeugt

und ist folglich wie ein Hardware-Entwurfsfehler dauernd im System vorhanden.

Der vermehrte Einsatz von Software erlaubt Systemkonstruktionen mit beträchtlichen logischen Fähigkeiten. Um einen Eindruck von der Komplexität von Software zu bekommen, braucht man nur folgendes Experiment durchzuführen: Man versuche, selbst nur ein kleines Programmstück mit ein paar Schleifen und Verzweigungsbedingungen in Hardware zu modellieren. Man wird überrascht feststellen, welcher Aufwand an Registern, kombinatorischer und sequentieller Logik dazu erforderlich ist. Es besteht also immer die Gefahr, daß Systeme entstehen, deren Verhalten so komplex ist, daß leicht Entwurfsfehler gemacht werden, die im Nachhinein nur sehr schwer zu finden und zu korrigieren sind. Man muß sich darüber im klaren sein, daß die Ursache von Entwurfsfehlern im wesentlichen in der Komplexität der Systemfunktionen zu suchen ist. Dabei spielt natürlich auch die Realisierung der Systemfunktionen – in Hardware oder in Software – eine Rolle. Im Idealfall kann man die Abwesenheit von Softwarefehlern experimentell durch *Programmtests* nachweisen. In der Praxis unterliegt aber die Anwendbarkeit all dieser Methoden praktischen Beschränkungen. Sie können bestenfalls die Anwesenheit von Fehlern demonstrieren, nicht deren Abwesenheit. Als vorrangiges Ziel für die Entwicklung von Testfällen gilt daher die Regel:

> Testfälle sollen nicht versuchen, die Fehlerfreiheit eines Programms nachzuweisen, sondern müssen mit der Absicht erstellt werden, möglichst viele Fehler aufzudecken.

Die Wahrscheinlichkeit von Softwarefehlern ist gegenwärtig quantitativ nur schwer bestimmbar. Folglich gilt für den Einsatz von Software in sicherheitskritischen Systemen, daß das Entwurfsziel darin besteht, daß der Einfluß von Fehlern in der Software oder der mit ihr verbundenen Hardware (z. B. Prozessor, Speicherbausteine) auf die Gesamt-System-Integrität minimiert wird. Ungeachtet all dieser Betrachtungen gilt aber, daß Software, sauber entwickelt und vernünftig eingesetzt, oft die Fähigkeiten und sogar die Integrität eines Systems verbessern kann. Um also Software zu erhalten, die für eine Anwendung in sicherheitskritischen Systemen in der beschriebenen Weise geeignet ist, muß sie systematisch in dieser Weise entwickelt werden, daß ihr Verhalten unter allen möglichen Bedingungen logisch begründet und vorausgesagt werden kann.

H 2.2.2 Betrachtungen zum System-Design

Die Anforderungen an die System-Integrität gelten für das gesamte System-Design. Den System-Konstrukteuren stehen eine Reihe von Techniken zur Verfügung um die geforderte System-Integrität zu erreichen. Es sind dies

- die Fehlervermeidung,
- die Fehlerentdeckung und
- die Fehlertoleranz.

Von diesen Techniken ist die erstere am wertvollsten. Fehler die nicht gemacht werden, braucht man nicht zu entdecken und zu isolieren. Man muß auch keine besonderen Anstrengungen unternehmen, um das System fehlertolerant zu gestalten – eine ohnehin nicht einfache Aufgabe. Fehlervermeidung ist ein Zeichen von Qualität. Das Vorhandensein einer Software-Qualitätssicherung in einer Entwicklungsorganisation sagt noch nichts über die Qualität der entwickelten Software-Produkte aus. Die Software-Qualitätssicherung gibt höchstens die Richtlinien vor, entscheidend ist die Einstellung der Software-Entwickler; denn:

| Qualität beginnt im Kopf des Entwicklers. |

H 2.2.2.1 Fehlervermeidung

Die wichtigste Technik der Fehlervermeidung besteht in der Anwendung einer strikten, *anforderungs-basierenden Entwurfsmethodik*, die diszipliniert und sorgfältig durchgeführt sowie gut organisiert wird. Diese Vorgehensweise ist für den Entwurf jeglicher sicherheitskritischer Software zwingend erforderlich. Ein zweiter, ebenfalls wichtiger Ansatz zur Fehlervermeidung ist die Benutzung von *Entwurfsstrukturen mit geringem Risiko*. Beispielsweise kann die physikalische und logische Isolation von System-Komponenten sowohl in Software als auch in Hardware die Ausbreitung von Fehlern vermeiden. *Überwacherfunktionen*, die die Integrität von Parametern sicherstellen, müssen *physikalisch* und *logisch* von der Signalerzeugung und Regelungsfunktionen *getrennt* sein. So darf ein Rechner, der einen zu überwachenden Signalerzeugungsprozeß steuert, nicht auch noch den dazugehörenden Überwachungsprozeß steuern, obwohl man sowohl auf der

Hardware- als auch der Softwareseite nach Steuer- und Überwacherfunktionen trennen kann. Der Rechnerkern (CPU, Speicher) bleibt deswegen für beide Aufgaben trotzdem der gleiche. Bild H-10 zeigt am Beispiel des Blockschaltbildes einer typischen Funknavigationsanlage mit zwei Sendesystemen (1 Reservessystem) und dem Überwachersystem diese eindeutige Trennung von Systemfunktionen.

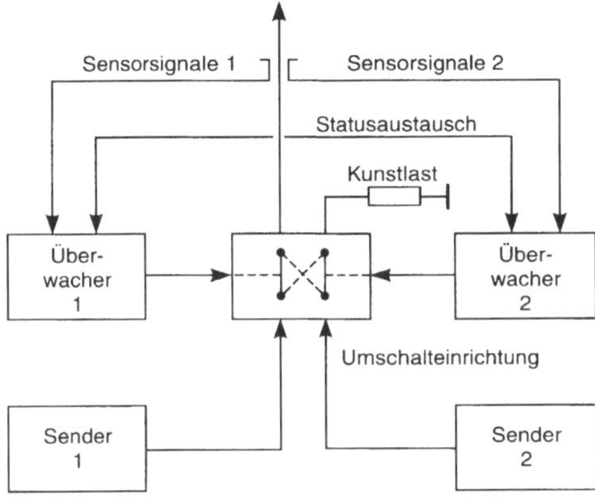

Bild H-10. Klare Trennung von Systemfunktionen.

Ein weiterer wichtiger Punkt ist der wohlüberlegte Einsatz von Techniken zum *Datenschutz*. Dazu gehört, daß die Betriebsparameter eines Systems in nichtflüchtigen Speichern (z. B. batteriegepuffertes nichtflüchtiges RAM, EEPROM, Abschnitt B 1.2.2) abgelegt sind und auch nach dem Abschalten der Spannungsversorgung erhalten bleiben. Die Betriebsdaten einer Anlage sind in der Regel nicht konstant, sondern können vom Betreiber eingestellt und verändert werden. Die letzte, vom Betreiber vorgenommene Einstellung muß nach einem Aus- und Wiedereinschalten eines Systems (oder bei Netzausfall nach der Spannungswiederkehr) wieder zur Verfügung stehen. Logischerweise gebietet schon die Frage des Benutzerkomforts diesen Lösungsweg, aber es ist selbstverständlich auch eine Sicherheitsfrage. Eine Anlage, weitab vom direkten Zugriff des Wartungspersonals (z. B. VOR, DVOR-Anlagen in der Flugsicherung), die nach der Netzwiederkehr mit falschen Daten initialisiert wird, muß vom Überwachersystem außer Betrieb gesetzt werden. Diese speziellen Speicherbereiche müssen daher durch spezielle Überwachungsschaltungen während der kritischen Ein- und Ausschaltphasen vor undefinierten Schreibzugriffen geschützt werden. In diesen Phasen ist nämlich das Bus-Zeitverhalten undefiniert, zufällige Schreibzyklen könnten den Inhalt teilweise oder ganz zerstören und damit eine Neueinstellung des Systems erfordern. Die speziell dafür entwickelten Spannungsüberwachungsschaltungen (z. B. der MAX691 von MAXIM) sind mittlerweile so gut entwickelt, daß sie diese Aufgabe problemlos lösen.

Trotzdem kann man sich nicht blind auf die Funktionsfähigkeit des RAM-Schutzes verlassen, sondern muß die Konsistenz der Betriebsdaten durch weitere Maßnahmen in der Software sicherstellen (z. B. durch Bildung einer Prüfsumme nach dem CRC-Verfahren; CRC: Cyclic Redundancy Check). Nach dem Einschalten der Spannungsversorgung stellt die Initialisierungssoftware anhand dieser Prüfsumme die Konsistenz der Daten fest. Die Reaktion im Fehlerfall kann zum einen darin bestehen, die Anlage mit vordefinierten Werten (Default-Einstellungen) zu initialisieren oder aber darin, den Betrieb zu blockieren. In jedem Fall muß dem Benutzer dieser Zustand signalisiert werden, so daß er korrigierend eingreifen kann. Kode und Steuertabellen eines Systems werden beim Hochfahren nicht von einem Massenspeicher im Hintergrund in einen Arbeitsspeicher geladen, sondern werden fest in ROM's oder EPROM's eingebrannt. Die verschiedenen Komponenten eines Systems kommunizieren beispielsweise über serielle Datenkanäle mit einer Bedieneinheit oder Steuerzentrale. In den Übertragungsprotokollen sind entsprechende Vorkehrungen für die Datensicherung zu treffen. Dies können Maßnahmen zur Fehlererkennung, aber auch zur Fehlerkorrektur sein.

Einsatz der Programmiersprache

Beim Einsatz einer Programmiersprache ist eine sichere Untermenge von Konstrukten festzulegen. So sind Befehle zu unterlassen, die zweideutig sein und Kompilierfehler erzeugen könnten. Die Programmiersprache Ada unterstützt beispielsweise die Verwaltung von *Parallelarbeit* (Tasking). Die Mechanismen hierfür sind im sogenannten ARTK (Ada Real Time Kernel) implementiert; die verwendeten Strategien sind für den Anwender nicht offengelegt und nur schwer nachvollziehbar. Daher ist dieser Teil des Ada-

Sprachumfangs bei sicherheitskritischen Anwendungen nicht einsetzbar. Der Gebrauch *einfacher logischer Strukturen* zur Formulierung des Steuerablaufes hilft Fehler zu vermeiden, der Einsatz besonders raffinierter Logik, den nur der Software-Programmierer versteht und nach spätestens zwei Wochen anderer Tätigkeit selbst nicht mehr nachvollziehen kann, muß im Design absolut vermieden werden. Die Regel: *Verzicht* auf die *GOTO-Anweisung*, d. h. *kein Spaghetti-Kode* muß für jeden Programmierer selbstverständlich sein. Tief verschachtelte Entscheidungskonstruktionen (IF-THEN-ELSE-Anweisungen) tragen eher zur Unleserlichkeit eines Programmkodes bei, verwirren und erhöhen die Fehleranfälligkeit beim Kodieren. Als Regel gilt, die Schachtelungstiefe nicht größer als drei zu wählen, und ansonsten das CASE-Konstrukt zu benutzen ist.

Das CASE-Konstrukt (Abschnitt D 2.3) ist ein hervorragendes Mittel zur Formulierung der Ablaufstrukturen. Bei seiner Anwendung muß aber immer sichergestellt sein, daß die CASE-Variable auf ihre Gültigkeit überprüft wird. Bietet die Sprache keine Überprüfung der nicht erfaßten Fälle, dann muß der Programmierer selber dafür sorgen, daß eine CASE-Variable den definierten Fallbereich nicht verläßt. In der Programmiersprache Ada beispielsweise ist die Formulierung der 'other'- Alternative immer zwingend.

Interrupts

Bei Interrupts muß man zwischen Hardware- und Software-Interrupts unterscheiden. Während letztere bewußt unter Softwarekontrolle ausgelöst werden, stellen Hardware-Interrupts in der Regel asynchrone Ereignisse dar, deren Eintreffen nicht vorausgesagt werden kann. Sofern sie nicht explizit gesperrt sind, können sie den Programmablauf also an jeder beliebigen Stelle unterbrechen. Der Prozessor reagiert auf die externe freigegebene Hardware-Interruptanforderung, indem er das laufende Programm unterbricht, den aktuellen Registerstatus (Kontext der unterbrochenen Task) rettet und in eine diesem Interrupt zugewiesene Behandlungsroutine springt. Am Ende dieser Routine stellt er den Kontext vor der Unterbrechung wieder her und setzt das unterbrochene Programm fort.

Soweit ein System nur mit einem Interrupt arbeitet, der als Taktgeber die CPU zyklisch daran erinnert, daß bestimmte Routineaufgaben anstehen (z. B. die Datenübernahme von einem A/D-

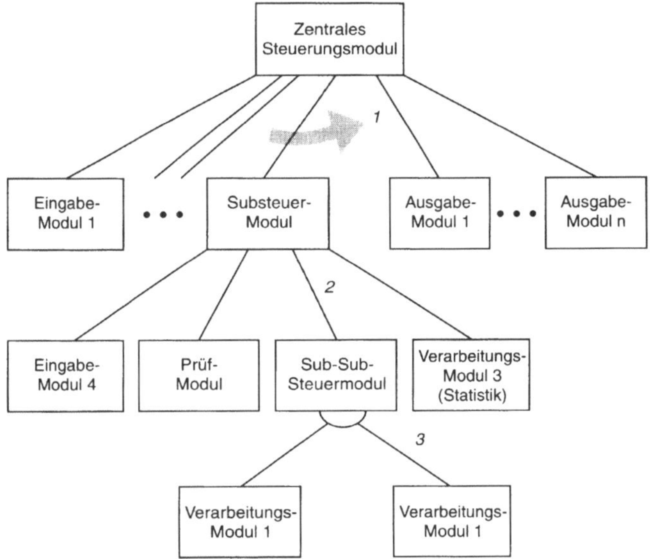

1 Solange Eingabesätze vorhanden
2 Falls kein Fehler bei der Prüfung des Satzes aufgetreten
3 Wenn Satzart = '1', dann Verarbeitungs-Modul 1 sonst Verarbeitungs-Modul 2

Bild H-11. Schema einer zentralen Programmsteuerung.

Wandler), bleibt das Programmverhalten überschaubar. Komplizierter wird es aber, wenn ein System mit mehreren Hardware-Interrupts arbeitet, deren Bearbeitung auch noch ineinander verschachtelt sein kann (*nested interrupts*). Wird beispielsweise nach dem Einsprung in eine Interrupt-Behandlungsroutine höher-priorisierten Interrupts erlaubt, die laufende Interruptroutine zu verdrängen, dann kann eine laufende Interruptbehandlung selbst wieder unterbrochen werden. Wechseln auch noch die Prioritäten der Interrupts während der Programmausführung, kann ein schwer durchschaubarer und kaum nachvollziehbarer Ablauf entstehen. Als Regel gilt daher:

> Interrupts sind für sicherheitskritische Software nach Möglichkeit zu vermeiden.

Ist dies nicht möglich, sollte man zumindest auf verschachtelte Interrupts verzichten. Die Einbindung von Interrupts in das Design muß sorgfältig geprüft werden. Interruptroutinen müssen möglichst kurze Laufzeiten haben.

Zentrale Programmsteuerung

Das zu entwickelnde Programm besitzt eine und *nur eine Komponente*, die die Ausführung der anderen, untergeordneten Komponenten zentral regelt und überwacht (Bild H-11). Dieses Modul wird als endlicher Automat (Finite State Machine, Abschnitt A 2.5.2) entworfen (Bild H-12). Allen physikalisch realisierbaren Automaten ist gemeinsam, daß sie auf gewisse Signale und Eingabe ihrer Umwelt in einer bestimmten Weise reagieren. Beispiele sind:

- Drücken von Tasten bei Schreibmaschinen oder Taschenrechnern und

- Einwerfen von Münzen bei Fahrkartenautomaten oder Fernsprechern.

Für jeden Automaten gibt es also einen typischen Satz von elementaren Signalen, mit denen die Umwelt auf den Automaten einwirken kann, und die der Automat als richtig akzeptiert. Die Menge von richtigen Eingabesignalen beziehungsweise Eingabeaktionen nennt man das Eingabealpha-

a Beispiel Kaffeeautomat

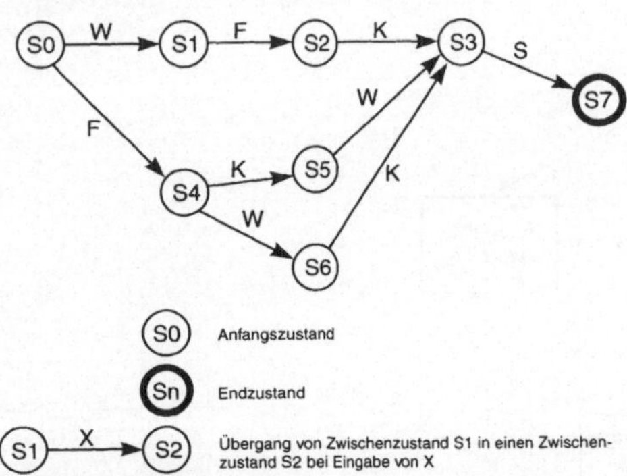

b Erweiterung des endlichen Automaten für komplexe Problemstellungen (Interpretation der zur Eingabe gehörenden Aktionen)

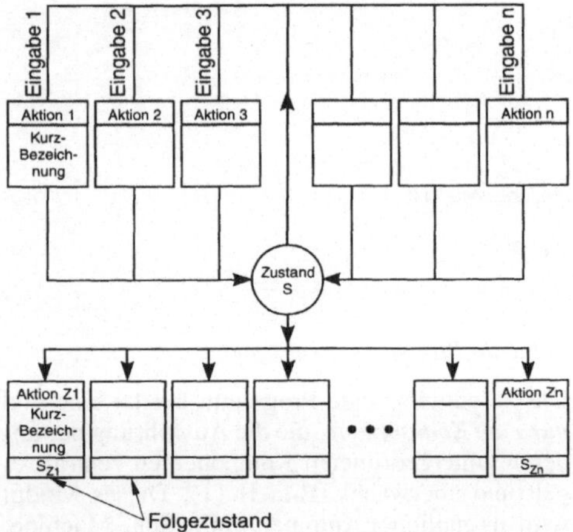

Bild H-12. Endlicher Automat (Finite State Machine) zur Formulierung des Steuerablaufes am Beispiel eines Kaffeeautomaten.

bet des Automaten. Bild H-12a zeigt das Modell des endlichen Automaten am einfachen Beispiel eines Kaffeautomaten, Bild H-12b die Erweiterung dieses Modells für komplexe Problemstellungen. Das Eingabealphabet des Kaffeeautomaten setzt sich aus folgenden einzelnen Signalen beziehungsweise Aktionen zusammen:

- Wasser einfüllen, abgekürzt mit W,
- Filterpapier einlegen, abgekürzt mit F,
- Kaffeepulver einfüllen, abgekürzt mit K und
- Strom einschalten, abgekürzt mit S.

Korrekte Eingabefolgen, die nach einiger Zeit zum gewünschten Ergebnis führen (= heißer Kaffee), sind:

- WFKS,
- FKWS,
- FWKS.

Dagegen sind die Eingabefolgen

- WFS, gefiltertes heißes Wasser,
- KWS, Kaffeesatz in der Kanne und
- SFK, Überhitzung des Gerätes,

nicht erfolgreich, das heißt gehören nicht zum Eingabealphabet des Kaffeeautomaten. Durch einzelne Eingaben und somit auch durch Eingabefolgen kann man den inneren Zustand des Automaten verändern. Innere Zustände, die ausgehend vom Anfangszustand zu korrekten Eingabefolgen gehören, nennt man Endzustände. Die formale Definition eines *endlichen Automaten* ist gegeben durch

- eine endliche Menge S von Zuständen,
- eine endliche Menge E von Eingabezeichen,
- einen Anfangszustand $S_0 \in S$,
- eine Endzustandsmenge $F < S$ und
- eine Übergangsfunktion $\sigma : S \times E \to S$.

Beispiel für eine Übergangsfunktion (Kaffeeautomat) ist:

$$
\begin{array}{c|cccc}
\sigma & W & F & K & S \\
S_0 & S_1 & S_4 & f & f \\
S_1 & f & S_2 & f & f \\
S_2 & f & f & S_3 & f \\
S_3 & f & f & f & S_7 \\
S_4 & S_6 & f & S_5 & f \\
S_5 & S_3 & f & f & f \\
S_6 & f & f & S_3 & f
\end{array}
$$

f bedeutet Fehlerzustand. Weitere Ausführungen stehen in Abschn. A 2.4.2.

H 2.2.2.2 Fehlerentdeckung

Die Fehlerentdeckung und Fehlerisolation umfaßt unter anderem die Überprüfung der Gültigkeit von Systemzuständen sowie der System-Eingaben und System-Ausgaben. Es genügt nicht, die Konsistenz von Eingaben im Bediengerät abzufangen und dem Bediener entsprechende Hinweise zu geben. Dies wird heute als selbstverständlich vorausgesetzt.

Plausibilitätsprüfungen

Die Konsistenz der Eingabedaten muß vom Empfänger, also am Verarbeitungsort selbst, verifiziert werden. Dazu gehört zunächst die Prüfung der Gültigkeit eines Daten-Telegramms anhand des mitübertragenen Prüfkodes. Ist dieser falsch, wird das gesamte Paket als unbrauchbar verworfen. Ist der Prüfkode fehlerfrei, muß anschließend der Inhalt selbst nochmals auf Plausibilität überprüft werden.

Robustheit der Hardwaretreiber

Insbesondere müssen die Treiber an den Hardware-Schnittstellen (oft Programmstücke in Assembler), die die Eingabedaten der Hardware bereitstellen, dafür sorgen, daß keine unsinnigen Eingaben ins System gelangen. Bei der Übernahme von Daten von einem am 16-Bit-Datenbus betriebenen 12-Bit-A/D-Wandler ist es selbstverständlich, daß das Eingabemodul die undefinierten oberen 4 Bit ausblendet. Hardware-Treiber, die auf das Eintreffen bestimmter Ereignisse angewiesen sind, dürfen keine endlosen Warteschleifen verursachen, d. h. sie müssen gegen Hardwarefehler robust sein. Dazu sind Warteschleifen, die auf das Eintreffen eines externen Ereignisses warten, grundsätzlich mit einem Abbruchkriterium (Zeitbedingung, Time-Out) zu koppeln. Tritt das erwartete Ereignis innerhalb einer systemtechnisch bedingten Zeitspanne nicht ein, wird die Warteschleife mit einer Fehlermeldung verlassen.

Mikroprozessorüberwachungsschaltungen (Watchdog Timer)

Mikroprozessorüberwachungsschaltungen sind spezielle Schaltkreise, die anzeigen, daß das Zusammenspiel zwischen Hardware und Software funktioniert. Die CPU muß dazu in bestimmten Abständen einen Trigger erzeugen, indem sie auf eine bestimmte Speicherzelle schreibt oder von ihr liest. Ein Dekoder registriert diesen Zugriff und triggert die Überwachungschaltung. Diese hält ihr Ausgangssignal auf Eins-Pegel, solange sie dynamische Wechsel an ihrem Eingang feststellt. Bleibt dieser Wechsel einmal aus, fällt das Ausgangssignal ab (Bild H-13). Dies sollte zum einen optisch angezeigt werden, auf der ande-

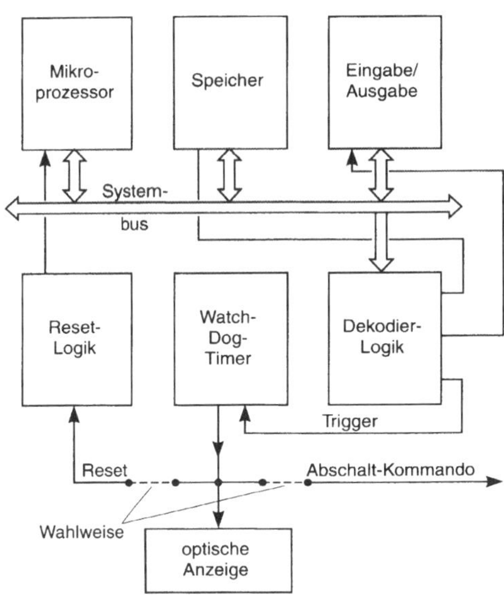

Bild H-13. Überwachung der CPU-Aktivitäten mittels einer Mikroprozessor-Überwachungsschaltung (Watch-Dog Timer).

ren Seite aber in einer Überwachungslogik weiterverarbeitet werden. Für ein bodenseitiges Navigationssystem, das Führungssignale für Luftfahrzeuge abstrahlt, kann diese Logik beispielsweise die Ausgangsleistung auf null setzen, also die Signalabstrahlung unterbinden. Das Überwachersystem reagiert dann, indem es das Reservesystem aktiviert und, wenn dieses nicht verfügbar oder ebenfalls defekt ist, die Anlage abschaltet. Watchdog-Timer kann man auch über ganze Systeme legen. So können beispielsweise auch Feldbus-Segmente oder Netze mit einbezogen werden (als Hardware-Module) oder auch bestimmte Tasks (als Software-Module), die von einem Task-Manager zwingend angesprochen werden müssen.

Hardware-Redundanz

Gravierender ist ein Hardwarefehler von Steuerbaugruppen im Überwachungssystem selbst. Da dieses in der Regel redundant aufgebaut ist, kann der Ausfall eines Überwachers noch toleriert werden. Allerdings muß dann eine entsprechende Warnanzeige den eingeschränkten Betrieb des Überwachersystems anzeigen.

Mindestens zwei unabhängige Abschaltwege

Sollte der zweite Überwacher auch noch ausfallen, muß eine Notschaltung die Anlage ausschalten. Dabei sind mindestens zwei voneinander unabhängige (redundante) Abschaltwege vorzusehen, damit bei Blockierung einer Logik noch wenigstens über den unabhängigen zweiten Weg die Anlage außer Betrieb genommen werden kann (Bild H-14). Kann der Ausfall eines Überwachers nicht toleriert werden, muß die Notabschaltung sofort erfolgen. Man kann zwischen folgenden beiden Abschaltungen wählen: Bei der ODER-Schaltung erkennt der Überwacher 1 ODER der Überwacher 2; bei der UND-Abschaltung der Überwacher 1 UND der Überwacher 2 (majority voting).

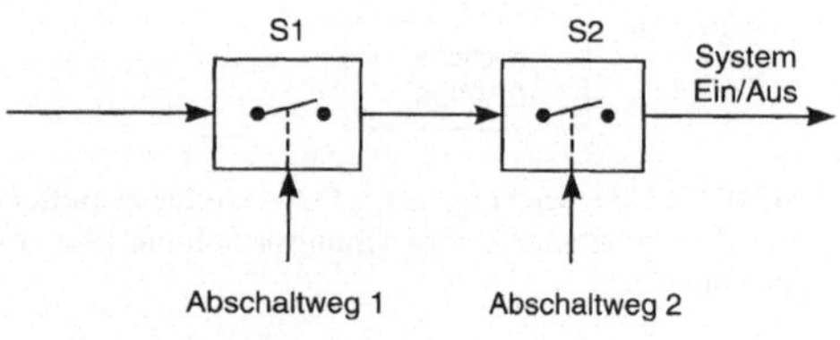

System Ein: S1 **und** S2 geschlossen

System Aus: S1 **oder** S2 offen (sicherer Zustand)

Bild H-14. Unterschiedliche Abschaltwege.

Stack-Überlaufschutz

Der Stack oder Kellerspeicher (Abschn. A 2.5.4) ist ein Datenbereich im Arbeitsspeicher des Prozessors, der mit einem speziellen Adreßregister der CPU, dem *Stack-Zeiger* (Stack Pointer) verwaltet wird. Die Stackverwaltung arbeitet nach dem LIFO-Prinzip (Last In, First Out), d. h., die zuletzt auf dem Stack abgelegte Information wird auch zuerst wieder gelesen. Der Befehlssatz eines Prozessors stellt zur Verwaltung dieses Speicher *spezielle Befehle* zur Verfügung (*Push* und *Pop*).

Der Stackbereich ist aber ein sehr sensitiver Datenbereich, weil er unmittelbar an der Ablaufsteuerung des Programms beteiligt ist. Er nimmt bei Unterprogrammaufrufen die Rücksprungadresse auf, dient zur temporären Speicherung von Registerinhalten und veranlaßt die Parameterübergabe an Unterprogramme. Eine zerstörte Rücksprungadresse führt unweigerlich

ins Chaos. Während der Programmausführung ändert sich die Lage des TOS (Top of Stack) dynamisch. Läuft ein Stack über, oder anders ausgedrückt, benutzt er mehr Speicher als zugewiesen (allocated), hat dies in der Regel fatale Folgen. Der Stack-Zeiger zeigt zum Beispiel in Datenbereiche, wo wichtige Daten zerstört werden, beispielsweise eine Case-Variable zur Ablaufsteuerung. Die Folge eines Stack-Überlaufes ist in der Regel ein Programmabsturz. Ein Stack-Monitor kann dies verhindern. Tritt ein solcher Fehler auf, kann dieser Monitor das auslösende Ereignis festhalten und die Programmausführung anhalten.

Selbsttest

Insbesondere bei sicherheitskritischen Softwaresystemen sind eine Reihe von Tests zur Eigendiagnose (Selbsttests; BIT: Built In Test) durchzuführen. Dazu zählt unter anderem die Prüfung programmierbarer Werte gegen maximal zulässige Werte, die in Tabellen im Festwertspeicher (EPROM) abgelegt sind. Liegen eine oder mehrere Werte außerhalb dieser Plausibilitätsgrenzen, beispielsweise aufgrund eines Bedien- oder Hardwarefehlers (defekte RAM-Zelle), muß das System mit einer entsprechenden Fehlerbehandlungsmaßnahme reagieren. Weitere Fehlerkennungs-Mechanismen sind Prüfungen des Speichers nach dem Einschalten und im Betrieb, Test von Ein/Ausgabe-Schnittstellen mittels lokaler Rückkopplungsschleifen (Feedback Loops), automatischer Bericht von Fehlern und die Ausgabe von Fehlerzählerständen. Die Effizienz der Prüfungen von Speicherzellen im RAM- oder EPROM-Bereich unterliegt allerdings praktischen Beschränkungen. Führen solche Speicherfehler zum Systemabsturz, müssen die in der Hardware vorgesehenen Notmaßnahmen greifen (z. B. periodischer Reset mit Wiederanlaufversuch oder Zwangsabschaltung).

Compiler-generierter Prüfkode

Hochsprachen-Compiler bieten sowohl eine Reihe statischer Überprüfungen zur Übersetzungszeit, als auch Prüfungen während der Laufzeit. Diese sollten dann im Rahmen der Vorgaben zur Verwendung der Programmiersprache soweit wie zulässig genutzt werden. Bei der Programmiersprache Ada sollte man in sicherheitskritischen Anwendungen beispielsweise auf den Gebrauch der Ausnahmebehandlung (Exception Handling) verzichten und statt dessen seine eigene Ausnahmebehandlung schreiben. Dennoch bietet die Programmiersprache Ada einige sicherheitsoptimierte Funktionen:

- Überprüfung von Arrayzugriffen,
- Prüfung von Typenverträglichkeit,
- Schutz vor Zahlenbereichsüberschreitungen und
- Stack-Monitor.

Ein Nachteil ist allerdings zu beachten: Der in der Testphase vom Compiler erzeugte Objektkode kann nicht direkt auf Quellkodebefehle zurückgeführt werden. Für diese Fälle muß man eine Analyse des vom Compiler abgesetzten Kodes auf Objekt-Kode-Ebene durchführen, um die Korrektheit solcher Kodesequenzen festzustellen.

H 2.2.2.3 Fehlertoleranztechniken

Redundanz

Sicherheitskritische Hardware- und Software-Funktionen werden seit Jahrzehnten redundant implementiert. *Redundanz* ist das funktionsbereite Vorhandensein von mehr als für die vorgesehene Funktion notwendigen technischen Mitteln. Redundanz ist in diesem Sinne positiv als nützliche Redundanz zu betrachten. Redundanz schließt keineswegs aus, daß die zueinander redundanten Komponenten gleich sind. Um auch systematische Fehler in redundanten Teilen aufdecken zu können, müssen diese in bestimmten Fällen über die Redundanz hinaus *diversitär* aufgebaut beziehungsweise programmiert sein. Unter *Diversität* versteht man hierbei den Einsatz ungleichartiger technischer Mittel zur Erreichung *nützlicher Redundanz.*

Insbesondere mit Blick auf die Software muß man sich der Tatsache bewußt werden, daß Diversität bereits auf den Lösungsansatz einer Aufgabe bezogen werden muß. Diversitäre Software bedeutet beispielsweise unterschiedliche Quellprogramme. Der Einsatz gleicher Quellsoftware auf unterschiedlichen Rechnern bewirkt keine diversitäre Software. Bei der Struktur eines Gerätes oder Systems, das als ganzes redundant aufgebaut oder programmiert ist, unterscheidet man zwischen 1-kanalig und mehrkanalig, wobei als Spezialfall für eine mehrkanalige Struktur die 2-kanalige Struktur in der Mehrzahl aller Fälle auftritt. Ein Kanal in der System-Struktur ist dabei die Gesamtheit derjenigen Komponenten, die im fehlerfreien Betrieb zum Ausführen der spezifizierten Funktion notwendig sind.

Redundante Systeme mit 2-kanaliger Struktur arbeiten je nach Anforderung im *Hot-* oder *Cold-Standby-Betrieb* (heiße oder kalte Reserve). Nur einer der beiden Kanäle des Systems erbringt dabei die geforderten Leistungen. Im Fehlerfall schaltet ein Überwachersystem auf den Reservekanal um, wobei ein System in heißer Reserve die geforderte Leistung praktisch unterbrechungsfrei weiterliefert, da das Reservesystem immer voll funktionsfähig parallel zum Hauptsystem mitläuft. Bei kalter Reserve ist der Betrieb für die Dauer der Anlaufzeit des Reservesystems unterbrochen. Neben der erhöhten Sicherheit bietet Redundanz auch eine *höhere Verfügbarkeit* eines Systems.

Diversitäre Software

Sicherheitskritische Softwarefunktionen werden erst seit kurzem redundant entwickelt. Redundante Software entwickelt man diversitär. Softwarediversität bedeutet, daß eine Funktion über zwei oder mehrere unterschiedliche Wege realisiert wird, die gleiche Ergebnisse liefern. Die möglichen Fehlerquellen sollen in den verschiedenen Realisierungswegen ebenfalls weitgehend unterschiedlich sein, so daß ein Fehler immer nur in einem Weg auftreten kann (Vermeidung von in beiden Wegen gleichzeitig auftretenden gemeinsamen Fehlern, engl.: Common Mode Failures). Softwarefehler sind ihrer Natur nach keine physikalischen Fehler, sondern immer Entwurfsfehler, die selbst nach sorgfältigem Testen nicht aufgedeckt werden. Dies gilt übrigens auch für die verwendeten Werkzeuge. Hieraus resultieren zwei grundsätzliche Vorgehensweisen für die Entwicklung von zweifach aufgebauter diversitärer Software:

- zwei Entwicklungsmannschaften,
- zwei unterschiedliche Algorithmen und
- eine Programmiersprache

oder

- zwei Entwicklungsmannschaften,
- ein Algorithmus und
- zwei Programmiersprachen.

Die Bilder H-15 und H-16 zeigen die beiden Vorgehensweisen. Beim Einsatz von Diversität muß

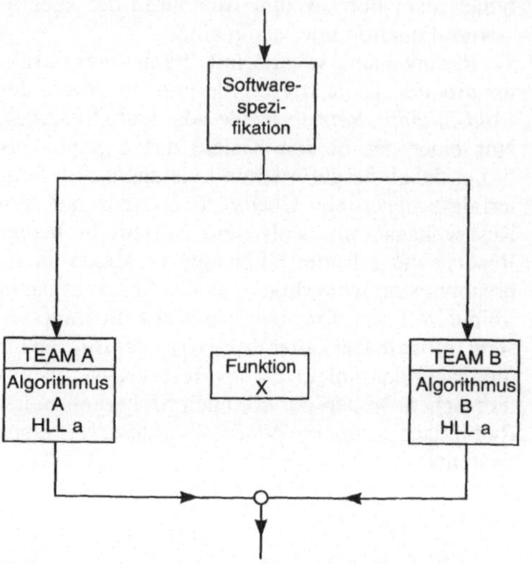

HLL   High Level Language (höhere Programmiersprache)

Bild H-15. Diversitäre Software-Entwicklung mit zwei Teams, einer Programmiersprachen und zwei Algorithmen.

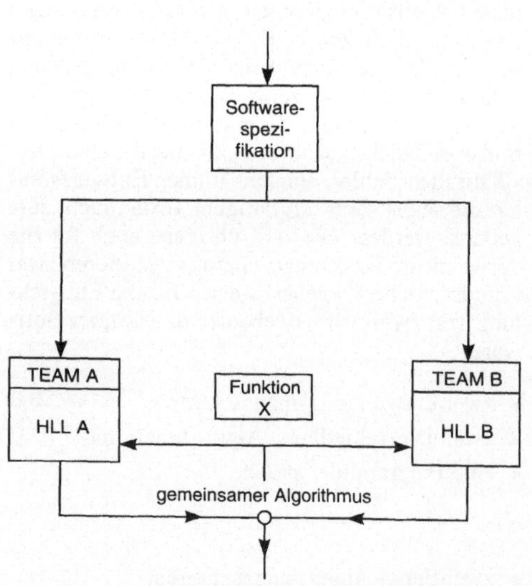

HLL   High Level Language (höhere Programmiersprache)

Bild H-16. Diversitäre Software-Entwicklung mit zwei Teams, zwei Programmiersprachen und einem Algorithmus.

man jedoch stets prüfen, ob der zusätzliche Aufwand an Zeit, Personal und Kosten den tatsächlich erzielbaren Nutzen rechtfertigt. Es muß nämlich stets klar sein, daß sich auch die diversitäre Vorgehensweise auf eine gemeinsame Quelle, die System-Spezifikation, stützt, deren absolute Fehlerfreiheit niemand verbürgen kann. Was also bleibt ist ein Restunbehagen wegen nicht erkannter Entwurfsfehler. Aus diesem Grunde sollte eine inkrementale Vorgehensweise (*inkrementale diversitäre SW-Entwicklung*) angestrebt werden (Bild H-17). Iterativ entwickelt, verifiziert und testet Team A die in der höheren Programmiersprache A (HLL A, High Level Language A) implementierte sicherheitskritische Software, wobei das Aktualisieren der Software-Spezifikation Bestandteil der Iterationsschleife ist. Erfüllt nun die von Team A entwickelte Software ihre funktionellen und operationellen Anforderungen, beginnt

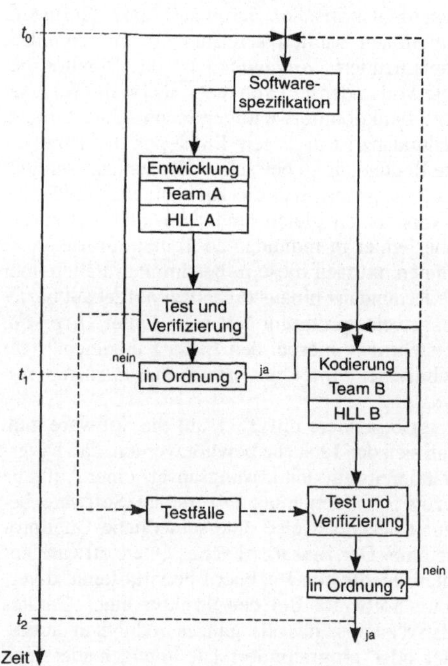

HLL   High Level Language (höhere Programmiersprache)

Bild H-17. Inkrementale diversitäre Software-Entwicklung.

Team B mit der Kodierung der diversitären Software unter Verwendung der höheren Programmiersprache B (HLL B, High Level Language B). Hierbei kann sich Team B auf eine aktualisierte Software-Spezifikation sowie auf Testdaten (Testfälle) stützen, so daß eine gegenüber Team A beschleunigte Software-Implementierung stattfindet. Des weiteren beinhalten beide diversitäre Software-Entwürfe aufgrund der beschriebenen Vorgehensweise deutlich weniger Entwurfsfehler als bei der Vorgehensweise gemäß Bild H-15 bzw. Bild H-16. Hierdurch ergibt sich eine deutliche Erhöhung der *Software-Zuverlässigkeit* (SW-Reliability). Eine weitere Verbesserung kann dadurch erreicht werden, daß die Tests und die Verifizierung von einem unabhängigen Team durchgeführt werden.

Es soll jedoch an dieser Stelle darauf hingewiesen werden, daß Studien, die in den USA zum Thema Software-Diversität durchgeführt wurden, nur marginale Verbesserungen bezüglich gleichzeitig auftretender gemeinsamer Fehler (Common Mode Failures) ausweisen. Wird für die Entwicklung sicherheitskritischer Software eine Entwicklungsmannschaft und eine Programmiersprache eingesetzt, muß die operationelle Sicherheit durch die Anwendung und Befolgung folgender Entwicklungs- und Implementierungskonzepte erreicht werden:

- Durchführung einer *Ursache-Wirkungs-orientierten* und einer *Wirkungs-Ursache-orientierten Sicherheitsanalyse* (engl.: Cause and Consequence Oriented Analysis, Bild H-18);
- Anwendung von *einfachen Entwurfsstrukturen* (engl.: low risk design structures),

d. h. keine geschachtelten Interrupts, Objektkode in EPROM's, einfache Modulstrukturen, Betriebsparameter im nichtflüchtigen Speicher (non-volatile RAM);

- *Plausibilitätsprüfungen* von Daten und Programmierbefehlen vor ihrer Benutzung beziehungsweise Ausführung;
- Prüfung der Software-Funktionalität durch *Laufzeitprüfungen* (Elapsed Time Monitor) und *Stack-Überprüfungen* (Stack Overflow Monitor);
- *Erkennung* und *Identifizierung* von Fehlern sowie deren *Ausbreitungsverhinderung*.

Robustheit

Um ein Höchstmaß an Fehlertoleranz zu erzielen, muß ein Programm in seinem Aufgabenbereich gegen alle denkbaren Störeinflüsse robust gestaltet werden. Wie bereits erwähnt, dürfen beispielsweise Hardwaretreiber, die von den Reaktionen der Hardware leben, nicht hängenbleiben, wenn eine erwartete Meldung nicht eintrifft. Sie müssen auch verhindern, daß unzulässige Eingaben ins System gelangen. Softwaremodule müssen die Konsistenz von Parametern an ihrer Eingabeschnittstelle überprüfen, Wertebereichsüberschreitungen erkennen und abfangen. Beim Einsatz von Programmiersprachen, die keine Laufzeitüberprüfungen anbieten, müssen diese explizit programmiert werden. Bei Zugriffen auf Arrays sind die Indexgrenzen abzuprüfen. Steuervariable (z.B CASE-Variable) müssen vor ihrer Verwendung gegen ihren Maximalwert getestet werden. Bei Überwachersystemen prüft man die in der Regel programmierbaren Tole-

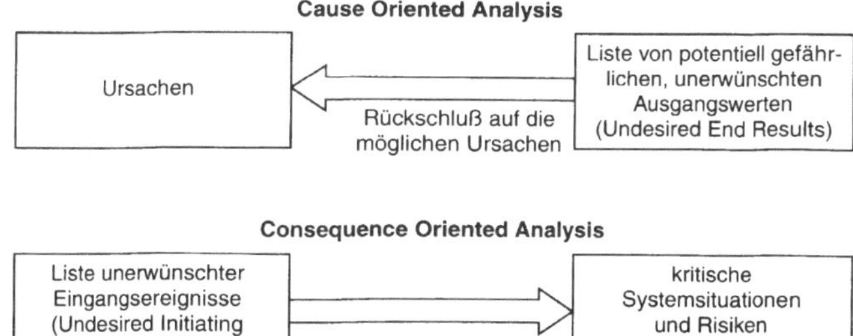

Bild H-18. Unterschied zwischen Cause-Oriented Analysis und Consequence-Oriented Analysis.

ranzgrenzen gegen maximal zulässige Werte, die in Tabellen im Festwertspeicher (EPROM) liegen. Liegen eine oder mehrere Werte außerhalb dieser Plausibilitätsgrenzen, beispielsweise aufgrund eines Bedien- oder Hardwarefehlers (defekte RAM-Zelle), muß das System mit einer entsprechenden Sicherheitsmaßnahme oder einem Maßnahmenbündel reagieren. Dies sind beispielsweise zum einen die optische und akustische Anzeige der Störung, zum anderen exekutive Reaktionen, wie der Übergang in den sicheren Zustand des Systems. Dies kann auch die Zwangsabschaltung des Systems bedeuten. Als Regel gilt:

> Etwa 30% eines Programmes bestehen aus Stabilitätskode.

Reserven

Bei der Zeitauslastung des Prozessors muß man mindestens ein Drittel Reserve als Designziel vorgeben und auch nachweisen. Der gleiche Wert gilt für die Auslastung des Speichers (sowohl Arbeitsspeicher als auch Festwertspeicher).

Komplexe Hardwarefunktionen

Komplexe Hardwarefunktionen (z. B. DMA) sollten nicht angewendet werden. Sie verringern die Übersichtlichkeit eines Systems und erhöhen den Aufwand für den Systemtest. Darüber hinaus müssen besondere Maßnahmen getroffen werden, um die Datenkonsistenz im Hauptspeicher und Cache-Speicher (Zwischenspeicher) eines Prozessors sicherzustellen.

Vordefinierte Adreßbereiche

Bei vielen Prozessoren gibt es bestimmte Adreßbereiche mit speziellen Funktionen (beispielsweise Aufnahme der *Interruptvektortabelle*, Bild H-19). Diese Bereiche dürfen weder vom Programmkode noch vom Daten- oder Stackbereich belegt werden. Sind in einer Anwendung Interrupts zugelassen, dann belegen diese nur einen Ausschnitt in der Interruptvektortabelle. Eine Interruptvektortabelle enthält die Einsprungadressen der zu einer Interruptnummer gehörenden Interrupt-Service-Routine. Bild H-19 veranschaulicht den Aufbau einer Interruptvektortabelle am Beispiel der INTEL-80x86-Prozessorfamilie für den Prozessor 80C86. Diese Prozessorfamilie unterstützt bis zu 256 Interrupts. Einige davon sind vordefiniert. Beispielsweise ist die Interruptnummer 0 für die Behandlung der Ausnahmesituation

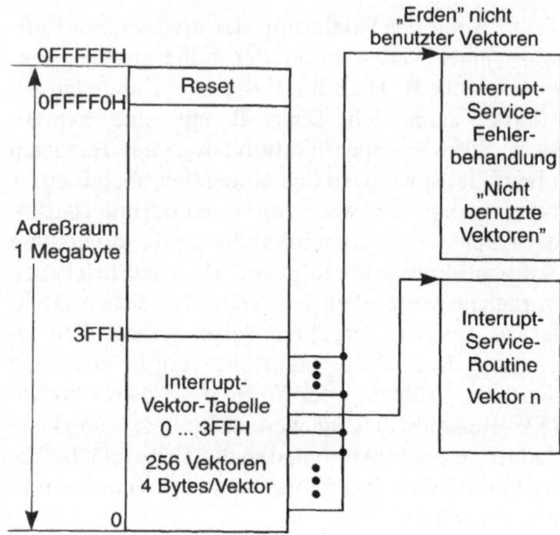

Bild H-19. Lage der Interruptvektortabelle beim Mikroprozessor 80C86. „Erden" nicht benutzter Interrupts.

Division durch Null definiert. Jede Interruptnummer belegt vier Einträge (Byte) in dieser Tabelle, das heißt die Tabelle ist 1024 Bytes lang. Sie liegt an den Speicheradressen 0 bis 1023. Dieser Bereich darf, wie oben erwähnt, nicht anderweitig zweckentfremdet werden, sondern enthält einzig und allein die Einsprungadressen von definierten Interrupt-Service-Routinen.

Alle nicht benutzten Teile dieser Tabelle sind zu erden. Was darunter zu verstehen ist, zeigt ebenfalls Bild H-19: Die nicht benutzten Einträge zeigen entweder auf eine einzige „Dummy"-Interrupt-Service-Routine, oder jeder Eintrag erhält seine persönliche „Dummy"-Prozedur. Diese Routinen enthalten als Minimum einen Fehlerzähler, der vom Steuermodul überprüft werden kann oder sie leiten direkt die Behandlung einer Ausnahmesituation ein. Im ungestörten Ablauf dürfen diese Prozedur (bzw. Prozeduren) nie angesprungen werden. Die Strategie zur Behandlung dieser schwerwiegenden Fehlersituation legt die Systemspezifikation fest.

Nichtvorhandene beziehungsweise unbenutzte Adreßbereiche

Unbenutzte Adressen müssen gegen ihre Verwendung abgesichert werden. Bei Fehlern im Befehlszähler oder in einer anderen zur Adressierung beitragenden Funktionseinheit können Speicherzugriffe zu Adressen erfolgen, die überhaupt nicht als Speicher implementiert oder unbenutzt sind und keinen definierten Inhalt haben. Um dies zumindest für die Befehlsholphase zu verhindern, muß das Lesen des offenen Datenbusses eine Ausnahmesituation auslösen. Implementierte, aber unbenutzte Speicherzellen müssen zum gleichen Zweck geeignet vorbelegt werden, beispielsweise bei EPROM's bei der Programmierung, bei RAM's bei der Initialisierung. Eine vollständige Absicherung des unbenutzten Adreßraumes gegen Zugriffe (auch gegen Datenzugriffe) kann durch die Dekodierung dieses Adreßraumes erfolgen, wobei die Dekodierlogik gleichzeitig die Verletzung dieser Regel feststellt und beispielsweise eine Ausnahmebehandlung anstößt. Dies kann auch die Abschaltung des Systems bedeuten.

Unvollständige Programmabläufe

Unzulässige unvollständige Programmabläufe dürfen nicht vorkommen. So kann ein fehlerhaftes periodisches Rücksetzen, wie es beispielsweise durch Störungen in der Spannungsversorgung vorkommen kann, bewirken, daß immer nur die erste Hälfte eines Aktionspaares durchlaufen wird (z. B. „Leistung ein – Leistung aus" oder „Verlassen des sicheren Zustandes – Einnahme des sicheren Zustandes"). Die Initialisierungsphase muß hier für Abhilfe sorgen. Beim Neustart, beispielsweise durch Rücksetzen, muß grundsätzlich immer erst der sichere Zustand durchlaufen werden. Aktionen nach außen dürfen erst nach durchgeführten Tests erfolgen. So muß beispielsweise ein Überwachersystem prüfen, ob seine Umschalt- und Abschaltwege funktionieren.

Unabhängige Abschaltwege

In diesem Zusammenhang muß noch einmal erwähnt werden, daß mindestens zwei unabhängige Abschaltwege existieren müssen, da bereits ein einzelner Fehler zum Blockieren eines Abschaltweges führen kann. In diesem Fall nutzt auch die sofortige Fehlererkennung nichts mehr.

Störsicherheit

Geräte und Systeme müssen entprechend ihrer Sicherheitsklasse, ihrer Anwendung und ihrer zu erwartenden Umgebungsbedingungen ausreichend störsicher sein. Diese Problematik taucht speziell bei der *Informationselektronik* auf, weil diese Systeme mit geringen Energien arbeiten. Neben den bekannten Maßnahmen zur Erhöhung der Störsicherheit können die Auswirkungen von Störungen durch geeignete Maßnahmen erkannt werden. Dazu gehören die *Zeitredundanz* und die *Zeitdiversität*: Steuerungsvorgänge laufen mehr als einmal und zu verschiedenen Zeiten ab. Hierbei nutzt man den Umstand, daß sich Störungen zu verschiedenen Zeitpunkten meist verschieden auswirken. Zeitdiversität kann in Hardware- und Software-Diversität bereits enthalten sein. Informationsredundanz kann beispielsweise durch fehlererkennende Kodes im Speicher realisiert werden (Abschnitt A 4.4.3.1). Störungen wirken sich auf unterschiedliche Informationen verschieden aus. Voraussetzung ist, daß die redundante Information in anderer Form vorliegt als die Nutzinformation (*Informationsdiversität*). Es ist also nicht ausreichend, Information nur doppelt abzuspeichern, sondern die redundante Information muß auch modifiziert, beispielsweise invertiert dargestellt sein.

Unabhängige Zeitbasen

Um das Versagen einer Zeitbasis zu erkennen, müssen in jedem System zwei voneinander unabhängige Zeitbasen vorhanden sein. Bei zwei- und mehrkanaligen unsynchronisierten Systemen besitzt jeder Prozessor seine eigene Zeitbasis, die in der Regel gegeneinander schweben. Dadurch ergibt sich in einem zweikanaligen Überwachersystem eine wünschenswerte Verzahnung der zeitlichen Aktivitäten der beiden Überwacher. Dies erhöht die Chance, sporadisch auftretende Fehler im überwachten Prozeß aufzuspüren.

Notstrombatterie

Die Einrichtung einer Notstrombatterie ist beispielsweise für Navigationsanlagen zwingend vorgeschrieben, um bei Netzausfall im Notbetrieb mehrere Stunden zu überbrücken. Dazu gehört aber auch die Fähigkeit, das System in einen vorhergehenden Betriebszustand zu versetzen oder bei Netzwiederkehr neu zu starten.

H 2.2.3 Software-Entwicklungs-Prozeß

H 2.2.3.1 Aufteilung Hardware und Software

Bei der Implementierung der funktionalen Anforderungen eines Systems muß die Rollenverteilung zwischen der Software und der Hardware klar festgelegt und begründet werden. Die Aufteilung der Funktionen zwischen Hardware und Software muß dabei unter dem Gesichtspunkt der Gesamtanforderungen betrachtet werden. Fragen wie Sicherheit, kritische Funktionen, Testbarkeit, Zuverlässigkeit, Verifizierung und Validierung, Wartbarkeit und Lebenszykluskosten sind hierbei besonders zu berücksichtigen. Es kann beispielsweise sinnvoll sein, nachzuweisen, daß die Software in sicherheitskritische und nicht-sicherheitskritische Module zerlegt werden kann, um den Gesamtaufwand für die nachfolgende Zertifizierung auf die erforderlichen Maßnahmenebenen zu beschränken. In einem Überwachungsystem sind beispielsweise alle Funktionen, die mit dem exekutiven Verhalten in Zusammenhang stehen, als sicherheitskritisch einzustufen. Dies sind Software-Module, die Signalparameter messen, überprüfen, anzeigen und auswerten, sowie alle in diesem Zusammenhang stehenden Einstellungen von Alarmgrenzen, Reaktionszeiten und Plausibiltätsüberprüfungen. Als nicht sicherheitskritisch sind dagegen Module einzustufen, die beispielsweise den Historienspeicher verwalten, oder beim Überschreiten bestimmter Vorwarngrenzen Warnanzeigen auslösen.

H 2.2.3.2 Software-Anforderungen

Die Anforderungen an die Software (*Software Requirements*) basieren auf einer System-Spezifikation. Es ist entscheidend für die Analyse der Software-Anforderungen, daß eine sorgfältig erstellte System-Spezifikation vorliegt, die klar und unzweideutig formuliert ist. Fehler und Unterlassungen in den Dokumenten, die die Anforderungen an das System oder die Software beschreiben, sind eine Hauptquelle von Verzögerungen und nicht vorhergesehener Kosten bei der Softwareentwicklung. Hier ist mitentscheidend, daß die Systemanwender nach Möglichkeit eng in den Prozeß der Aufstellung der Systemanforderungen einbezogen werden. So ist es sinnvoll, erfahrene Techniker, Kundendienstpersonal und Schulungspersonal zu befragen, wenn es gilt, Fragen wie Diagnose-Fähigkeiten eines Systems, System-Bedienung (System-Handling), Hilfsmittel und Reparatur-Schnittstellen, Einschaltunterstützung oder Routinewartung zu klären.

H 2.2.3.3 Design und Entwicklung

Design-Prozeß

Der Entwurfsprozeß startet mit der Formulierung einer präzise formulierten, aus den schriftlich niedergelegten Systemanforderungen abgeleiteten Software-Spezifikation. Er schreitet systematisch in immer konkreter werdenden Stufen (top down) nach dem bekannten Phasenmodell für die Softwareentwicklung fort (Abschn. D 1.2). Die im Laufe des Entwurfsprozesses entstehenden Module müssen eine klar umgrenzte, leicht zu identifizierende Funktion ausüben und in ihren Schnittstellen genau beschrieben werden. Zeitbeschränkungen müssen genannt werden. Die weitere Verfeinerung führt zum konkreten Entwurf (Detail Design). Auf jeder Stufe des Entwurfsprozesses muß die Definition jedes Moduls auf interne Konsistenz geprüft werden. Darüber hinaus ist die Vollständigkeit bezogen auf höhere Module, aus deren Sicht es ein Sub-Modul bildet, ebenfalls auf Konsistenz zu prüfen. Solche systematisch durchzuführenden Tests sollten, wo möglich, durch entsprechende Werkzeuge unterstützt werden.

Implementierung

Die letzte Stufe der Entwicklung soll im wesentlichen darin bestehen, den Feinentwurf (Detail Design) direkt in der gewählten Programmiersprache zu formulieren, wobei als Programmiersprache eine einzelne Hochsprache einzusetzen ist, deren Anwendung durch entsprechende Entwicklungswerkzeuge unterstützt wird. Das heißt, die Konstruktion des Software-Design auf der letzten Stufe sollte die direkte Abbildung in den Programmkode erlauben. Die Umsetzung eines Design in auf dem Zielsystem ablauffähigen Kode muß mit als zuverlässig bekannten Entwicklungswerkzeugen (Compiler, Assembler, Linker, Locater) durchgeführt werden.

Auswahl der Programmiersprache

Die Formulierung des Programms erfolgt in einer Hochsprache (z. B. Ada, C, Pascal), die Verwendung von Assembler sollte auf ein Minimum beschränkt werden. Der Programmkode muß gut lesbar und selbsterklärend (Namensgebung) und wo nötig entsprechend kommentiert sein. Ein Außenstehender ohne größere Detailkenntnisse sollte sich rasch in die Einzelheiten eines Designs einarbeiten können. Ist der Einsatz von Assembler unumgänglich, muß dies begründet werden. Assemblerkode muß sehr sorgfältig beschrieben werden. In der Programmiersprache Ada hat man so gut wie keine Unterstützung für die hardwarenahe Programmierung (sog. low level programming). Die Formulierung von Hardwaretreibern ist umständlich, die Laufzeiteffizienz des erzeugten Kodes oft nicht annehmbar. Der Programmierer muß daher zur effizienten Formulierung der Hardwaretreiber beim Einsatz der Programmiersprache Ada zwangsläufig auf Assembler zurückgreifen. Andere Programmiersprachen wie beispielsweise C kennen dieses Problem nicht; sie unterstützen hardwarenahe Programmierung sehr effizient. Dafür muß man andere Nachteile in Kauf nehmen. So werden die Methoden des modernen Software-Engineerings, wie beispielsweise strenge Typenprüfungen, Wertebereichsüberprüfungen und Information Hiding weniger unterstützt. Letztendlich ist, unabhängig von der gewählten Programmiersprache, das disziplinierte Vorgehen des Software-Entwicklers entscheidend. Daran wird auch die beste Programmiersprache nichts ändern.

Kodierrichtlinien

Die Anforderungen an das Erscheinungsbild eines Programmausdruckes werden in den Kodierrichtlinien eines auf das Projekt zugeschnittenen Software-Design-Standards formuliert. Weitere Vorschriften legen das Layout der Modulköpfe (Modulbeschreibung, Modul-Historie, Schnittstellenbeschreibung) fest. Wenn möglich sollte das Verhalten eines Moduls in Form einer formalen Spezifikation mit Vor- und Nachbedingungen (pre-, post-conditions) beschrieben werden. Auch tabellarische Darstellungen sind meist besser geeignet als in natürlicher Sprache formulierte Beschreibungen, weil sie auch komplizierte Sachverhalte prägnant, knapp, präzise und übersichtlich darstellen.

Sicherstellung der Konsistenz von Kode und Spezifikation

Bei der Entwicklung der Softwaremodule muß die Konsistenz zwischen Kode und Kommentaren auf der einen Seite und der Spezifikation auf der anderen Seite laufend überprüft werden. Da formale Prüfungen (*Konsistenzbeweise*) aufwendig und schwierig sind, werden diese Überprüfungen auf der Basis *manueller Kodeüberprüfungen* (Code Walk Throughs) durchgeführt.

Sicherheitskritische Software erfordert die Durchführung einer *Software-Sicherheits-Analyse* (SSA: System Safety Analysis bzw. SCA: Safety Critical Analysis). Techniken hierfür sind die bereits erwähnte Technik der FMECA (Failure Mode Effects and Criticality Analysis) oder die *Cause Oriented Analysis* und die *Consequence Oriented Analysis* (Bild H-18). Die Methode der Cause Oriented Analysis beurteilt die Funktionalität und Zuverlässigkeit von Systemkomponenten, indem sie rückwärts den Funktionsfluß verfolgt. Beginnend mit der Abarbeitung der Liste von potentiell gefährlichen, *unerwünschten Ausgangswerten* (Undesired End Results) wird nach den Software-Funktionen gesucht, die diese verursachen könnten. In ähnlicher Weise geht die Consequence Oriented Analysis vor, nur mit dem Unterschied, daß der Funktionsfluß vorwärts verfolgt wird. Für jedes aufgelistete, unerwünschte Eingangsereignis (Undesired Initiating Event) wird geprüft, ob sich hieraus eine kritische Systemsituation ergeben könnte. Den Unterschied zwischen den beiden Methoden veranschaulicht Bild H-18.

System-Sicherheits-Analyse (SSA: System Safety Analysis)

Die SSA darf nicht von einer Person des Entwicklungsteams durchgeführt werden, sondern wird entweder von einem Mitarbeiter des Qualitätswesens oder dem Softwaregruppenleiter vorgenommen. Die Ergebnisse werden protokolliert und dienen als Entscheidungsgrundlage für die Freigabe der Software-Kodierphase oder für die Einleitung von Korrekturmaßnahmen.

Software-Tests

Eine der anspruchsvollsten Aufgaben bei der Software-Entwicklung ist das Testen. Es wurde schon erwähnt, daß in einem neu erstellten Gerät oder System grundsätzlich mit Fehlern zu rechnen ist. Darüber hinaus treten in einem System, das als fehlerfrei angesehen werden konnte, nachträglich durch Ausfälle oder Störungen Fehler auf. Dies gilt allgemein, egal ob ein System nun sicherheitskritische Funktionen ausführt oder nicht. Alle Fehler aber müssen – möglichst frühzeitig – aufgedeckt werden. Es ist eine *Verifikation* durchzuführen, der Nachweis, daß eine Funktionseinheit die Spezifikation erfüllt, d. h. die Korrektheit ist nachzuweisen, nicht die Gültigkeit. Meistens bezieht man Verifikation auf systematische Fehler, nicht auf Ausfälle. Die Verifikation kann theoretisch oder praktisch erfolgen. Der *theoretische* Weg, beispielsweise das Beweisverfahren, bietet sich aber nur bei systematischen Software-Fehlern an. Den praktischen Weg nennt man Test. Im eingeschränkten Sinne beschreibt der Begriff Test diejenigen Maßnahmen, die während des Betriebes zum Aufdecken von Ausfällen und Störungsfolgen dienen (Selbsttest; BIT: Built In Test). Den Test vor Inbetriebnahme auf systematische Fehler würde man dann mit *Prüfung* bezeichnen.

Testzustand in der Praxis

Zum Testzustand in der Praxis gelten allgemein die folgenden Anmerkungen. Dabei ist generell ein unbefriedigender Zustand festzustellen, der die Durchführung der Tests auf nur sehr oberflächliche Art zuläßt und somit ein offensichtlicher Qualitätsverlust in Kauf genommen wird. Nachfolgende Fehler sind in der Praxis häufig anzutreffen:

- Die Testverantwortung ist nicht exakt genug abgegrenzt (Programmierung, Organisation/Fachabteilung).
- Intuitives Testen ohne vorgegebene Testziele und Teststrategie ist vorrangig, d. h. es mangelt an systematischem Vorgehen.
- Die Testziele sind weitgehend unbekannt (Ende-Kriterium fehlt).
- Die Teststufen werden nicht vorausgeplant (zu späte Testabnahmemöglichkeiten).
- Die Soll-Ergebnisse werden häufig nicht vordefiniert (kein Soll-Ist-Vergleich möglich).
- Die ausgewählten Testfälle decken die Aufgabenstellung nicht ab.
- Die Testdokumentation wird nicht immer angelegt.
- Testwerkzeuge sind in nicht ausreichendem Umfang und nicht ausreichender Qualität verfügbar.

Psychologie des Testens

Testen wird häufig als notwendiges, aber lästiges Übel empfunden. Man hört oft folgende Argumente:

- Testen ist kein produktives Geschäft.
  - Es ist langwierig.
  - Programmkode zu erzeugen macht mehr Spaß.

- Testen ist zu schwierig.
  - Es ist unmöglich, alle Methoden zu verstehen.
  - Programme sind endlose Folgen nicht verständlicher Logik.
  - Es ist unmöglich, komplexe zu testende Programme zu verstehen.

- Testen ist nicht wichtig.
  - Es ist zu wenig Geld dafür da.
  - Es steht zu wenig Zeit zur Verfügung.
  - Niemand kümmert sich ernsthaft darum.
  - Es gibt zuwenig Qualitätsbewußtsein.

- Die Hilfsmittel sind zu aufwendig und zu teuer.
  - Jede Aktivität erfordert viel Aufwand.

- Die Hilfsmittel sind unhandlich, ihre Ergebnisse schwer zu interpretieren.
- Die benutzten Techniken sind nicht konsistent.
  - Testen erfordert zu viel Intuition.
  - Es gibt wenig Systematik im Vorgehen.
  - Es gibt zu viele Spezialfälle.

- Der Erfolg ist negativ.
  - Wird ein Fehler gefunden, so ärgert das den Produzenten.
  - Wird kein Fehler gefunden, so ärgert das die Tester.
  - Wird ein Fehler gefunden, so ist dies ein Fehlschlag.

- Niemand liebt einen Kritiker.

Tatsächlich herrscht eine eindeutige Produktionsmentalität vor. Die produktiv-orientierten Mitarbeiter werden besser bewertet als die qualitätsbewußten. Um diesem Mangel zu begegnen, muß also in Zukunft das Belohnungssystem geändert und die vorherrschende Produktionsmentalität in eine *Qualitätsmentalität* umfunktioniert werden. Es gilt der Grundsatz:

> Lieber weniger produzieren, aber dafür fertig werden

Den Test-Mitarbeitern müssen die positiven Seiten des Testens nahegebracht werden. Dies sind:

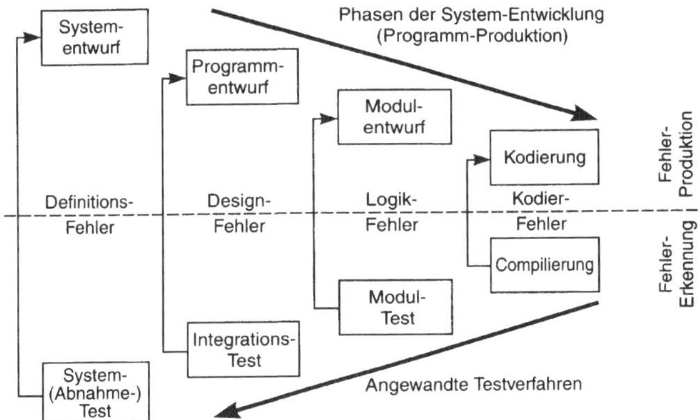

Bild H-20. Problematik beim Testen. Fehler, die zuerst gemacht werden, werden als letzte entdeckt.

- Testen macht Spaß.

  – Es handelt sich um komplizierte Probleme.
  – Testen erfordert ein hohes Maß an Kreativität und Disziplin.

- Testen ist eine Herausforderung.

  – Die Technik der Testfall-Auswahl erfordert viel Methoden-Verständnis.
  – Eine neue, bessere Methode ergibt ein besseres Produkt und geringere Kosten.

- Testen ist sinnvoll.

  – Der Tester wird durch aufgedeckte Fehler belohnt.
  – Es gibt in Zukunft weniger Fehler und weniger Wartungsärger.
  – Die Manager haben mit dem Produkt ein gutes Gefühl.

- Testen ist für die Gesellschaft wichtig.

  – Zuverlässige Software ist für alle nützlich.
  – Programm-Qualität ist ein EDV-lebensnotwendiges Ziel.

Problematik des Testens

Bild H-20 zeigt, daß ein Problem beim Testen darin besteht, daß die Fehler, die zuerst gemacht werden, als letzte entdeckt werden. Bild H-21 zeigt, wie die Kosten für die Fehlerbereinigung vom Erkennungszeitpunkt abhängen. Je später ein

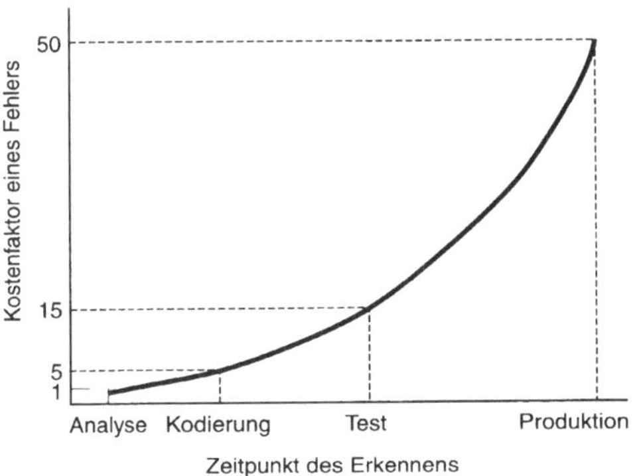

Bild H-21. Kosten eines Fehlers abhängig vom Entdeckungszeitpunkt.

Fehler entdeckt wird, desto höhere Kosten verursacht er. Zudem beweist Testen nur die Anwesenheit von Fehlern, nicht deren Abwesenheit. Nur ein geringer Teil aller möglichen Ablaufkombinationen der Programmteile (Pfade) kann ausgetestet werden. Dies wird aus dem Beispiel in Bild H-22 deutlich. Daraus ergibt sich eine notwendige Forderung für jede Testplanung:

Zur erfolgreichen Testdurchführung muß eine systematische Testplanung durchgeführt werden, die problemorientiert eine Auswahl repräsentativer Pfade unter Angabe der zu erzeugenden Soll-Ergebnisse festlegt.

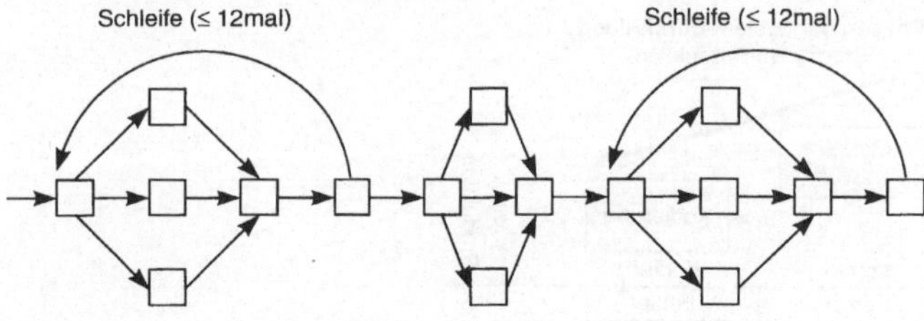

Bild H-22. Problematik des vollständigen Testens (Beispiel nach B. Böhm).

Testziele

Testen verfolgt zwei sich ergänzende Zielsetzungen. Die erste Zielsetzung besteht darin nachzuweisen, daß die Software die an sie gestellten Anforderungen erfüllt; als zweites sollte ein hoher Vertrauensgrad zeigen, daß Fehler, die zu nicht akzeptierbaren Systemzuständen während der Lebensdauer des Systems führen können, nicht vorhanden sind bzw. korrigiert wurden.

Testphilosophie

Auf der Basis eines sorgfältig ausgearbeiteten, schriftlich fixierten Testplans bildet der Einsatz verschiedener, sich gegenseitig ergänzender Testmethoden, wie beispielsweise *White-Box-* und *Black-Box-Tests, Äquivalenzklassen-* und *Randwertanalyse* sowie *Hardware-Software-Tests* die Basis zur Aufdeckung und Beseitigung möglichst aller Fehler in einem System. Jede Testmethode eignet sich speziell zur Aufdeckung bestimmter Fehlertypen. So basiert das White-Box-Testen auf der internen Programmstruktur und erlaubt eine Aussage über den Grad der Pfadabdeckung innerhalb eines Programmoduls, während das Black-Box-Testen unberührt von der internen Struktur auf das funktionale Verhalten eines Moduls abzielt. Prinzipiell muß das Testen auf der Basis der Software-Anforderungen erfolgen. Zum Nachweis der korrekten Funktion müssen geeignete Sätze von Testfällen aufgestellt werden. Dabei beeinflußt das oben genannte zweite Testziel die Bestimmung der Testfälle:

> Für das zu testende Objekt müssen Bedingungen erzeugt werden, bei denen die potentiellen Fehler mit hoher Wahrscheinlichkeit auftreten.

Das als *anforderungs-basiertes Testen* bezeichnete Vorgehen eignet sich vor allem dazu, gerade die Softwarepfade zu testen, die mit großer Wahrscheinlichkeit im praktischen Einsatz ebenfalls durchlaufen werden. Es erhöht somit die Wahrscheinlichkeit, Fehler aufzudecken. Die aufzustellenden Testfälle müssen alle Software-Anforderungen abdecken. Dabei kommen drei Techniken zum Einsatz, die sich auf verschiedene, aber überlappende Fehlerquellen beziehen (Bild H-23):

- *Hardware-* bzw. *Software-Integrations-Test* zum Nachweis des korrekten Betriebes der Software im Hardware-Zielsystem.
- *Test auf Modulebene* (Low Level Test) zum Nachweis der Pfadabdeckung.
- *Software-Integrations-Test*, um die Funktionalität der Software auf Systemebene zu verifizieren (Zusammenspiel der Module).

Test-Umgebung

Die beste Test-Umgebung bildet das Zielsystem mit integrierter Software in einem *realen Arbeitsumfeld*. Allerdings ist diese Testumgebung nicht für alle Tests sinnvoll und verfügbar. *Modul-Strukturtests* beispielsweise sind präzise nur mit einem speziellen Modul-Testtreiber isoliert vom Rest der Software durchführbar und überwachbar, während *Belastungstests* am effizientesten im realen Arbeitsumfeld ablaufen.

Auswahl der Testfälle

Bei der Auswahl der Testfälle, basierend auf den Software-Anforderungen, betrachtet man zwei Testkategorien:

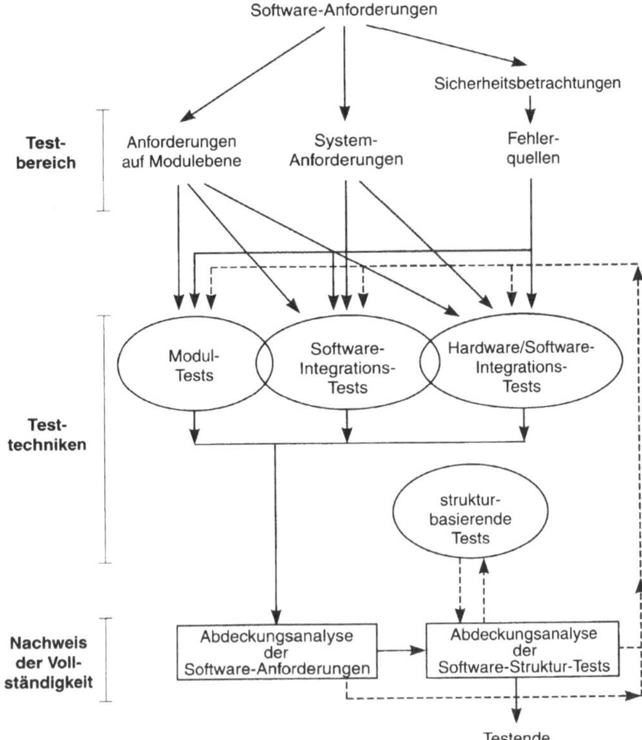

Bild H-23. Flußdiagramm des Software-Test-Prozesses.

- Tests unter *normalen* Arbeitsbedingungen und
- Tests unter *anormalen* Arbeitsbedingungen (Robustheit).

Repräsentative Tests im normalen Arbeitsbereich sind:

- Tests von *Realzahlen* und *Integervariablen* auf der Basis ihrer gültigen Äquivalenzklasse und ihrer Randwerte.

- Auf *Zeitanforderungen* basierende Funktionen wie Filter, Integratoren und Verzögerungen müssen auf ihr Gesamtverhalten im Arbeitsumfeld geprüft werden.

- Test der *Ablaufsteuerung* anhand der in den Software-Anforderungen definierten Zustände und erlaubten Transitionen zwischen diesen Zuständen.

- Anforderungen, die als *logische Gleichungen* formuliert sind, müssen verifiziert werden, in-

dem alle möglichen *Variablenkombinationen* getestet werden (multiple-condition coverage). Für komplexe Ausdrücke ist dieses Verfahren in der Praxis wegen der riesigen Anzahl von Tests nicht mehr durchführbar. Ein anderer Ansatz bietet hier die Verifizierung der Gleichungen mittels Analyse und dazu ergänzende Tests, die eine modifizierte Bedingungs- beziehungsweise Entscheidungs-Abdeckung liefern. Für eine bestimmte Bedingung wird gezeigt, daß sie den Ausgang einer Entscheidung beeinflußt, wenn man sie ändert, während alle anderen Bedingungen festgehalten werden.

Die Testprozeduren für die Robustheit-Tests müssen auch die *Fähigkeit* des Testobjektes zeigen, mit *abnormalen Bedingungen* fertig zu werden. Repräsentative Tests im abnormalen Arbeitsbereich sind:

- Tests von *Realzahlen* und *Integervariablen* auf der Basis *ungültiger Äquivalenzklassen* und der Analyse der möglichen Fehlermodi, die eingehende Daten verursachen können. Besondere Aufmerksamkeit muß man komplexen digitalen Datenströmen von externen Systemen widmen.

- Für *Schleifen*, bei denen der Wert des Schleifenzählers während der Laufzeit berechnet wird, müssen Tests erzeugt werden, die versuchen, *Schleifenzählerwerte außerhalb des gültigen Schleifenzählerbereiches* zu erzeugen, um das Verhalten des Schleifenkodes zu demonstrieren.

- Bei *zeitbezogenen Funktionen* sind Tests zu erzeugen, die das *Timeout-Verhalten* und die Initialisierung bei abnormalen Bedingungen prüfen.

- Beim *Robustheitstest* der Steuerebene werden Transitionen provoziert, die laut Spezifikation nicht auftreten dürfen, um zu zeigen, wie solche Situationen gemeistert werden.

Anforderungsbasierende Hardware- bzw. Software-Integrations-Tests

Diese Tests konzentrieren sich auf die höhere Funktionsebene der Software und auf Fehlerquellen, die aus dem Zusammenspiel von Hard- und Software folgen. Typische Fehler, die diese Tests aufdecken, sind:

- Falsche Interrupt-Behandlung,

- Nichteinhaltung von geforderten Ausführungszeiten,

- fehlerhafte Software-Reaktion auf Hardwarefehler, beispielsweise unvollständige Initialisierung bei Spannungsversorgungsschwankungen,

- Bus- oder andere Ressourcen-Konflikte,

- Unfähigkeit von Eigentests, tatsächlich Fehler zu entdecken,

- Fehler in Hardware/Software-Schnittstellen,

- inkorrektes Verhalten von Rückkopplungsschleifen,

- falsche Steuerung von programmierbaren Hardwareeinheiten und

- Stack-Überlauf,

- Einhaltung der Memory Map.

Anforderungsbasierende Software-Integrations-Tests

Der Bereich dieser Tests wächst adäquat mit der sukzessiven Integration von Modulen zu einem lauffähigen Gesamtsystem. Sie zielen auf die höhere Funktionsebene der Software, um Fehler aufzudecken, die sich aus der Abweichung des realen Verhaltens der Software gegenüber dem in den System-Anforderungen geforderten Verhalten ergeben. Typische Fehler, die diese Tests aufdecken, sind:

- Falsche Initialisierung von Variablen,

- Parameter-Übergabefehler,

- Daten-Zerstörung (insbesondere globale Daten) und

- falsche Abfolge von Ereignissen und Operationen.

Anforderungsbasierende Modultests (Low Level Tests)

Diese Tests prüfen die Bausteine (Module), aus denen ein Software-System besteht. Die Module müssen von ihrer Komplexität her so ausgelegt sein, daß sie noch mit vertretbarem Aufwand testbar sind. Typische Fehler, die diese Tests aufdecken, sind:

- Fehler eines Algorithmus (z. B. Digitalfilter),

- falsche Schleifenoperationen,

- falsche logische Entscheidungen,

- falsche Reaktion auf korrekte Eingangsbedingungen,

- fehlerhafte Reaktion auf fehlende oder falsche Eingabedaten,

- fehlerhafte Behandlung von Ausnahmebedingungen (z. B. Arithmetiküberlauf) oder Verletzung von Array-Grenzen,

- fehlerhafte Berechnungsabfolge und

- Genauigkeitsfehler (z. B. Rundungsfehler).

Analyse der Testabdeckung

Um die Testabdeckung zu prüfen, müssen die Test-Prozeduren sowohl im Hinblick auf die Abdeckung der Systemanforderungen als auch auf die Beachtung der Kodestruktur analysiert werden. Dabei muß gezeigt werden, daß

- für jede Forderung (sowohl auf System- als auch auf Modulebene) Testfälle existieren und

- die Testfälle den *Testanforderungen* gerecht werden (Konzept des *normalen* und *abnormalen* Testens).

Die Analyse der Testabdeckung im Hinblick auf die Kodestruktur soll die Strukturen aufzeigen, die nicht vollständig von den Tests erfaßt wurden. Diese Analyse erfolgt auf der Quellkode-ebene. Wie schon angedeutet, ist vom Compiler erzeugter Objektkode nicht direkt auf Quellkode-ebene verfolgbar (z. B. ein vom Compiler erzeugter Array-Grenzen-Test). Hier muß die Analyse zum Nachweis der Korrektheit auf Objektkode-ebene erfolgen. Bei der Analyse der Strukturab-deckung können Strukturen aufgezeigt werden, die beim Testen nie durchlaufen wurden. Ursache dafür sind:

- *Unzulänglichkeiten* der anforderungs-basieren-den *Test*. Die Tests müssen dann überprüft und vervollständigt werden.

- *Unzulänglichkeiten* der *Software-Spezifikation*. Die Spezifikation muß überarbeitet werden.

- *Nicht erreichbarer Kode* (dead code). Diese Kodeteile müssen entfernt, die Notwendigkeit einer erneuten Verifizierung geprüft werden.

- *Deaktivierter Kode.* Für Kode, der im norma-len Betrieb nie gebraucht und der nur bei be-stimmten Konfigurationen des Zielsystems aus-geführt wird, muß gezeigt werden, daß der Ein-sprung und die Ausführung im normalen Be-trieb tatsächlich blockiert ist, bzw. daß der Ein-sprung und die Ausführung im Ausnahmefall richtig durchgeführt wird.

H 2.2.3.4 Dokumentation

Verfolgbarkeit

Eine klare Verfolgbarkeit der Dokumentation ba-siert auf eindeutigen Verweisen in einem Do-kument, die sich auf Dokumente in höheren und niedrigen Ebenen beziehen. Die Stellung ei-nes Dokumentes in der *Dokumentenstruktur* muß in einem *Dokumentenbaum* eindeutig erkennbar sein.

Lesbarkeit

Die Forderung nach Lesbarkeit und leichter Verständlichkeit eines Dokumentes bezieht sich auf technisch geschultes Personal, setzt also ei-nen gewissen technischen Wissensstand voraus. Auch für nicht unmittelbar an der Entwicklung beteiligte technisch versierte Personen ohne spe-zielle Systemkenntnisse soll ein leichter Einstieg in das Design möglich sein.

Vollständigkeit

Alle implementierten Softwarefunktionen müssen vollständig beschrieben sein. Dies ist eine auch im Hinblick auf die spätere Wartungsphase wichtige Forderung.

Widerspruchsfreiheit

Es muß sichergestellt sein, daß in den Aussagen in den Dokumenten selbst oder zwischen den Doku-menten keine Widersprüche enthalten sind. Sol-che Inkonsistenzen aufzudecken ist beispielsweise Aufgabe des IVV (IVV: Independent Validation and Verification; Abschn. H 2.2.3.5).

H 2.2.3.5 Bewertung und Kontrolle der Software-Entwicklung

Um sicherzustellen, daß eine sichere, wartbare Software entwickelt wird, die die von ihr geforder-ten Funktionen erfüllt, müssen parallel zur Soft-wareentwicklung folgende Aktivitäten ablaufen:

- System-Sicherheits-Analyse (SSA: System Sa-fety Analysis),

- Softwarequalitätssicherung (SQA: Software Quality Assurance),

- Konfigurationsverwaltung (CM: Configuration Management) und

- unabhängige Validierung und Verifizierung (IVV, Independent Verification and Valida-tion).

System-Sicherheits-Analyse (SSA)

Die System-Sicherheits-Analyse dient vor allem der Aufdeckung von *Fehlern im Systemdesign*, insbesondere auch solcher in der *Spezifikation*. Unterlassungen in der Spezifikation können bei-spielsweise die Systemsicherheit beeinträchtigen. Ein System, das sicherheitskritische Funktionen ausführt, darf von der Software nicht in poten-tiell gefährliche Zustände gesteuert werden. Auch funktionale Unzulänglichkeiten sollen frühzeitig (vor der Kodierphase) aufgedeckt und beseitigt werden. Die in der Praxis verwendeten SSA-Methoden wurden oben bereits genannt (FMECA: Cause Oriented Analysis, Consequence Oriented Analysis) und beschrieben.

Software-Qualitätssicherung (SQA)

Die Software-Qualitätssicherung (SQA, Software Quality Assurance, Abschn. D 7) übt Kontrollfunktionen aus. Sie existiert in einer Unternehmensstruktur idealerweise als unabhängige Organisation, parallel zur Entwicklungsorganisation. Sie stellt sicher, daß die für eine Produktentwicklung festgelegten Standards von den zuständigen Entwicklungsabteilungen befolgt werden. Die Qualitätssicherungs-Maßnahmen basieren auf einem schriftlich formulierten *Software-Qualitäts-Sicherungsplan*. Sie werden in Form von *Reviews* und *Inspektionen* durchgeführt und stützen sich vornehmlich auf die Sachkenntnis der beteiligten Experten. Wie weiter oben bereits erwähnt, ist das Vorhandensein dieser Einrichtung keineswegs eine Garantie für die Entwicklung qualitativ hochwertiger Software. Entscheidend ist die *Einstellung* und das *Verhalten* der *Software-Entwickler*. Um es noch einmal zu wiederholen: Qualität beginnt im Kopf des Entwicklers.

Konfigurations-Management (CM)

Unter Konfigurations-Management (Abschn. D 7) versteht man die systematische Änderungsverwaltung eines Produktes (das gilt auch für Hardware) während seines Lebenszyklus. Jede Änderungen in einem System wird festgehalten. Damit wird seine Integrität und Verfolgbarkeit sichergestellt. Die Durchführung des Konfigurations-Managements erfolgt auf der Basis eines schriftlich niedergelegten Planes, der die dabei zu beachtenden Standards und Prozeduren beschreibt. Softwareprodukte, insbesondere bereits an Kunden ausgelieferte, müssen eindeutig identifizierbar sein, so daß eine Rückverfolgung zu den Design-Dokumenten eindeutig möglich ist. Jede laufende Version einer Softwareeinheit wird in einer Referenzdatei beschrieben. Die Kennzeichnung einer Software-Version enthält neben einer textuellen Bezeichnung die Sachnummer, die Versionsnummer und das Datum, an dem sie offiziell zur Verwendung freigegeben wird. Die für die Vergabe dieser Kennzeichnungen aufzustellenden Regeln gelten dann während der gesamten Produkt-Lebensphase.

Unabhängige Verifizierung und Validierung (IVV)

Die unabhängige Verifizierung und Validierung (IVV: Independent Verification and Validation) stellt während der Programmentwicklung die korrekte Erstellung des Produktes und seiner *Konsistenz* mit der *Spezifikation* sicher. Die Personen, die diese Aufgabe wahrnehmen, sind organisatorisch von der Entwicklungsorganisation *abgekoppelt* und *unabhängig*. *Validierung* bezeichnet den Prozeß, festzustellen, daß das Produkt, von dem die Software einen Teil darstellt, den Anforderungen auf Systemebene entspricht. Damit ist die Frage verbunden: *„Entwickeln wir das richtige Produkt?"*

Verifizierung befaßt sich mit der Frage, ob die Produkte einer Entwicklungsphase vollständig und konsistent sind im Hinblick auf die Eingangsprodukte und Standards dieser Phase. Bei diesem Prozeß stellt sich die Frage: *„Entwickeln wir unser Produkt richtig?"*.

Der Prozeß des IVV sollte entwicklungsbegleitend von einer unabhängigen Organisation (z. B. TÜV) durchgeführt werden. Die Aufgabe des IVV besteht darin, den korrekten Entwicklungsfortschritt zu überwachen und die Konsistenz des Softwareproduktes mit seiner Spezifikation sicherzustellen. Den mit der Durchführung des IVV beauftragten Personen muß der Zugriff auf die Dokumentation (Spezifikation, Entwurf, Implementierung, Analyse- und Testergebnisse) jederzeit ermöglicht werden. Auf der Basis dieser Dokumente kann auch eine Überprüfung der Software-Entwicklung gefordert werden. Einsatz und Umfang der Verifikations- und Validierungstechniken werden zwischen der Entwicklungsleitung und der durchführenden Organisation abgestimmt. Die Ergebnisse des IVV werden der Entwicklungsleitung, aber auch Beschaffungsstellen (z. B. Bundesbehörden) mitgeteilt. Der Unterschied zwischen SQA und IVV besteht also darin, daß SQA die Befolgung der Entwicklungsmethoden gemäß der vorgeschriebenen Standards sicherstellt, IVV dagegen dafür Sorge trägt, daß das entstehende Produkt seine funktionellen Anforderungen erfüllt.

H 2.2.4 Softwarewartung (software maintenance)

Die Softwarewartung beginnt nach dem Abschluß der Systementwicklung und der ersten Auslieferung an den Kunden. Sie erstreckt sich über die gesamte Lebensdauer des Produkts. Sie dient einerseits der Fehlerkorrektur, andererseits aber auch der Leistungsverbesserung des Systems. Änderungen müssen kontrolliert, entworfen, analysiert, überprüft, getestet und dokumentiert werden. Die Methoden und Standards, die während der Produktentwicklung anzuwenden sind, gelten hier nach wie vor. Es ist ungemein wichtig, daß in dieser Phase des Software-Lebenszyklus die Konsistenz zwischen Anforderungen, Entwurf und Kode gewahrt bleibt. Dies ist nur möglich, wenn die Konfigurations-Verwaltung konsequent durchgeführt wird. Die Geschichte aller Modifikationen an einem System, einschließlich der Dokumentation, muß bewahrt werden.

Änderungen eines Softwareproduktes werden erforderlich, wenn bisher nicht entdeckte Fehler festgestellt werden oder wenn Leistungsmerkmale verändert oder verbessert werden sollen. Dieser Prozeß birgt die Gefahr in sich, daß neue Fehler in ein Produkt eingebracht werden. Eine vorsichtige, defensive Vorgehensweise ist dabei zwingend erforderlich. Es gilt folgende Regel:

> Immer nur einen Änderungsschritt durchführen (inkrementale Vorgehensweise).

Sind ein oder mehrere Fehler zu beheben und steht gleichzeitig eine Verbesserung eines Leistungsmerkmales an, sind in einem ersten Schritt zunächst die gemeldeten Fehler zu beheben. Ist diese neue Softwareversion ausreichend getestet, kann in einem zweiten Schritt die geforderte Leistungsverbesserung angegangen werden. Dies entkoppelt den Fehlerbehebungsprozeß vom Leistungsverbesserungsprozeß und sorgt für eine wesentlich bessere Transparenz in der Softwarepflege.

Zur Übung

ÜH 2-1: Entwurf eines Fahrscheinautomaten mit endlichen Automaten: Der Fahrscheinautomat verkaufe Fahrkarten im Wert von 3,00 DM. Exakt dieser Betrag ist einzuwerfen und zwar entweder

- 3 mal eine 1-DM-Münze oder
- einmal eine 1-DM- und einmal eine 2-DM-Münze, wobei hier die Reihenfolge nicht vorgeschrieben ist.

Nach dem Drücken des Ausgabeknopfes erhält man den Fahrschein. Zum vorgegebenen Fahrscheinautomaten soll der zugehörige endliche Automat in grafischer Darstellung und eine entsprechende Testmethodik entwickelt werden.

H 3 Meßdatenerfassung und -auswertung

H 3.1 Einleitung

H 3.1.1 Technische Prozesse

Nach DIN 66201 versteht man unter einem technischen Prozeß einen Vorgang zur Umformung und/oder Transport von Materie, Energie und/oder Information (DIN 66201).

> Ein technischer Prozeß ist dadurch gekennzeichnet, daß seine Zustandsgrößen mit technischen Mitteln gemessen, gesteuert und/oder geregelt werden können.

Bild H-24 veranschaulicht die Definition eines technischen Prozesses.

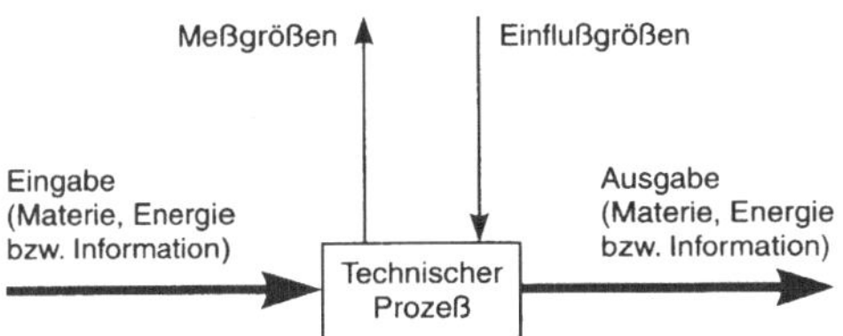

Bild H-24. Erläuterung des Begriffes „Technischer Prozeß".

Die Meßdatenerfassung und -verarbeitung spielt bei der *Prozeßautomatisierung* eine entscheidende Rolle. Systeme zur Prozeßautomatisierung werden überall dort eingesetzt, wo technische Prozesse möglichst effizient automatisiert werden sollen oder automatisiert werden müssen. Das Ziel ist

- kostengünstiger,
- qualitätsbewußter und
- in kürzeren Durchlaufzeiten

zu produzieren. Hierzu muß der Produktionsprozeß vollständig und lückenlos überwacht und geregelt werden. Möglich ist dies einerseits mit Meß- und Prüftechniken, die alle physikalischen Gegebenheiten erfassen und andererseits mit Computern, die in der Lage sind, alle gewonnenen Daten sofort zu verarbeiten. Systeme, die aus wirtschaftlichen oder technischen Gründen nicht vom Bedienpersonal oder Wartungspersonal kontrolliert werden können, müssen ihre Dienste vollautomatisch über längere Zeiträume störungsfrei erfüllen. Die Automatisierung der notwendigen Abläufe ist hier also zwingend vorgeschrieben.

Ein Beispiel aus der Zivilluftfahrt sind die Funknavigationsanlagen VOR und DVOR, (VOR: Very High Frequency Omnidirectional Range; DVOR: Doppler VOR für schwieriges Gelände, Drehfunkfeuer, die im Frequenzbereich von 108 MHz bis 118 MHz arbeiten). Sie stehen an den Kreuzungspunkten der Luftstraßen und damit selten in direkter Nähe zum Bedien- und Wartungspersonal (oft sogar in schwierigem Gelände, wie beispielsweise in Südamerika im Andengebirge). Um die geforderte hohe Verfügbarkeit sicherzustellen, arbeitet man mit zwei Sendern in sogenannter *kalter Reserve*, das heißt ein System arbeitet, das zweite ist ausgeschaltet. Ein Überwachungssystem (Monitorsystem) mit zwei unabhängigen Monitoren (Kontrollbaugruppen) stellt die Integrität der abgestrahlten Signale sicher.

Stellen die Monitore übereinstimmend einen Signalfehler fest, schalten sie den defekten Sender aus und den Reservesender ein. Fällt auch der Reservesender aus, müssen die Monitore die gesamte Anlage ausschalten. *Statusänderungen* meldet die Anlage selbständig über Telefonstandleitungen oder Wählleitungen an die regionale Wartungsstelle, die dann gegebenenfalls weitere Schritte einleiten kann (z. B. Entsendung eines Reparaturtrupps). Kennzeichen dieses Überwachungsprozesses ist die mit der Signalerzeugung schritthaltende Messung, Auswertung und Beurteilung der Signale. Dabei darf die in internationalen Spezifikationen festgelegte Zeit, in der ein fehlerhaftes Führungssignal in der Luft sein darf, nie überschritten werden. Dies ist ein typisches Merkmal für Echtzeitbetrieb.

H 3.1.2 Anbinden technischer Prozesse an den Computer

H 3.1.2.1 Grundlegendes

Um einen technischen Prozeß mit Hilfe eines Computers automatisieren zu können, müssen beide Systemteile geeignet *gekoppelt* werden. Je nach der Art dieser Anbindung unterscheidet man die folgenden Betriebsarten eines Automatisierungssystems:

- *Off-Line* (indirekte Anbindung),
- *On-Line*, *Open Loop* (einseitige Anbindung) sowie
- *On-Line*, *Closed Loop* (zweiseitige Anbindung).

Mit der Auswahl der Betriebsart legt man fest, ob und in welchem Maß tatsächlich ein Echtzeitbetrieb möglich ist. Im folgenden werden die Betriebsarten kurz vorgestellt.

H 3.1.2.1.1 Off-Line-Betrieb

Der Off-Line-Betrieb ist dadurch charakterisiert, daß die Anbindung des zu automatisierenden Prozesses an den Computer lediglich *mittelbar* über das Bedienpersonal erfolgt. Der Computer hat keinen direkten Kontakt zum technischen Prozeß (Bild H-25). Es sind keine besonderen Zeitanforderungen an die Verarbeitung der von der Meßeinrichtung gelieferten Prozeßdaten zu stellen.

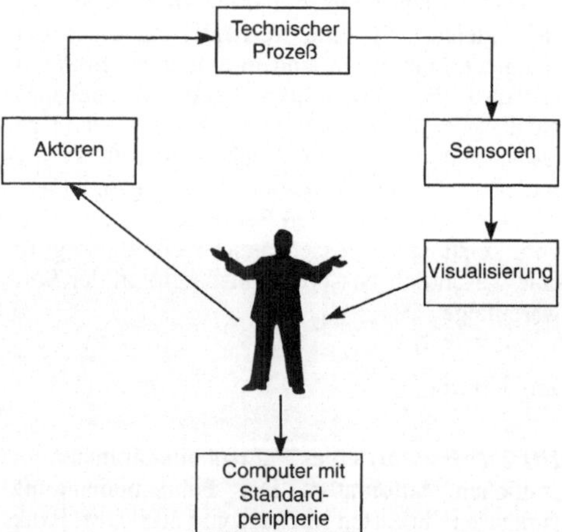

Bild H-25. Off-Line-Betrieb.

Das Bedienpersonal muß

- die erfaßten Meßwerte ablesen,
- die abgelesenen Meßwerte in den Computer eingeben (beispielsweise zum Protokollieren),
- eine Interpretation der Meßwerte vornehmen,
- basierend darauf Entscheidungen treffen sowie
- die Aktoren (Steuer- und Regeleinrichtungen) manuell bedienen.

Dabei wird das Personal in begrenztem Maße (z. B. beim Treffen von Entscheidungen) vom Computer unterstützt. Ein Beispiel für die Off-Line Datenerfassung ist die Eingabe von Daten in Datenbanksysteme.

H 3.1.2.1.2 On-Line-Open-Loop-Betrieb

Charakteristisch für den On-Line-Open-Loop-Betrieb ist, daß die Anbindung des zu automatisierenden Prozesses an den Computer nur auf der *Eingabeseite* des Computers erfolgt und dessen Ausgaben lediglich mittelbar über das Bedienpersonal an den Prozeß weitergegeben werden. Der Computer hat lediglich *einseitigen Kontakt* zu dem technischen Prozeß (Bild H-26). Der Computer übernimmt die Aufgaben

- Erfassen, Protokollieren und Visualisieren der Meßwerte,
- Datenreduktion,
- Interpretieren der Meßwerte,
- Treffen von Entscheidungen sowie
- Ausgabe der vorzunehmenden Steuer- und Regeleinstellungen an das Bedienpersonal.

Das Bedienpersonal muß diese Steuer- und Regeleinstellungen ablesen und anschließend manuell an den Aktoren vornehmen. Bei dieser Art der Anbindung ist ein Echtzeitbetrieb nur bedingt möglich.

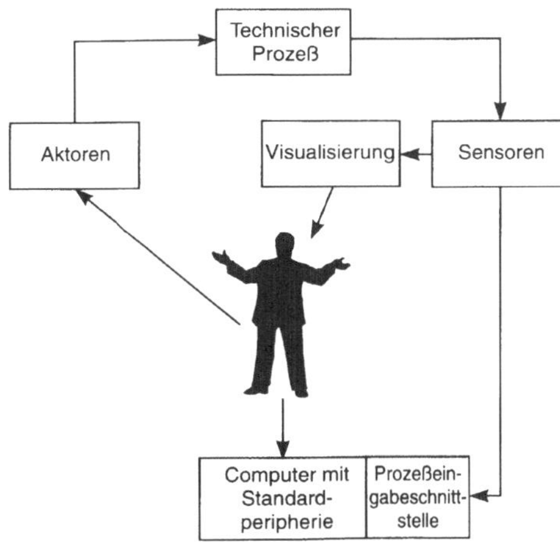

Bild H-26. On-Line-Open-Loop-Betrieb.

H 3.1.2.1.3 On-Line-Closed-Loop-Betrieb

Speziell der On-Line-Closed-Loop-Betrieb ist dadurch charakterisiert, daß der Computer und der zu automatisierende technische Prozeß sowohl auf der Eingabe- als auch auf der Ausgabeseite des Computers gekoppelt sind. Der technische Prozeß und der Computer bilden eine geschlossene Schleife (Bild H-27). Der *Computer* übernimmt *alle* vorgenannten Aufgaben einschließlich der vorzunehmenden Steuer- und Regeleinstellungen. Der Closed-Loop-Betrieb erlaubt eine automatische Regelung des Prozesses.

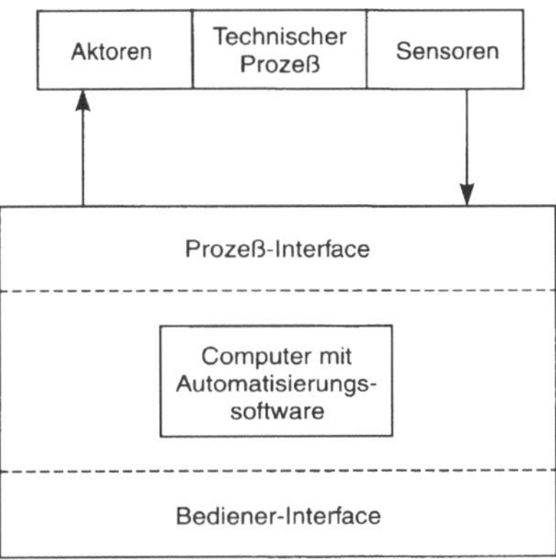

Leitstelle

Bild H-27. On-Line-Closed-Loop-Betrieb.

Über die Sensoren werden die notwendigen Meßwerte erfaßt und an die Prozeßeingabeschnittstelle des Computers weitergeleitet. Die vom Computer vorgenommene Interpretation der Meßwerte führt direkt zu Entscheidungen, die durch entsprechende Signale repräsentiert werden. Diese Signale leitet die Prozeßeingabeschnittstelle an die Aktoren weiter, die dann die entsprechenden Steuer- und Regeleinstellungen selbsttätig vornehmen. Das Bedienpersonal hat hier nur noch Überwachungs- und Wartungsaufgaben. Es greift in die automatisch ablaufenden Vorgänge nur dann (manuell) ein,

Tabelle H-1. Größenordnung von typischen Antwortzeiten beim Echtzeitbetrieb

System	typische Antwortzeit
Direkte digitale Regelung (DDC)	µs … ms
Verfahrenstechnische Prozesse	ms … s
Fertigungsautomatisierung, BDE	s … min
(Betriebsdatenerfassung)	
Interaktive Systeme	s … h

wenn Ausnahmesituationen auftreten (z. B. Notbetrieb, Reparatur). Nur hier ist ein vollständiger Echtzeitbetrieb möglich.

H 3.1.3 Begriff der Echtzeit

Die zeitlichen Anforderungen eines zu automatisierenden Vorganges bestimmen die Auswahl und Struktur der Meßdatenerfassung. Sie legen auch fest, ob der Prozeßrechner den Meßablauf unmittelbar selbst steuert oder durch entsprechende Hardware unterstützt werden muß. Dazu muß die Meßdatenerfassung von der Hardware über die durchgeführten Meßaufgaben unterrichtet werden und die bereits aufbereiteten, digitalisierten Meßwerte einlesen. Die *Art des Prozesses* legt auch fest, ob der Meßablauf *synchron* oder *asynchron* zum Prozeß ablaufen kann und bestimmt die *zeitlichen Prioritäten* der Messung und Auswertung einzelner Signale. Echtzeit bedeutet demnach:

1. *Garantierte Antwortzeit* (deterministisches Zeitverhalten)

Diese wird durch die Gegebenheiten des zu automatisierenden Vorganges (Prozesses) vorgegeben. Die Reaktionszeit und die Antwortzeit müssen stets kleiner sein als die durch den zu automatisierenden technischen Prozeß vorgegebene Zeitspanne.

2. *Direkte Kopplung* des zu automatisierenden technischen Prozesses an den Computer (online closed loop).

3. Das *Echtzeitsystem* arbeitet schritthaltend mit dem angeschlossenen technischen Prozeß.

In einem Echtzeitsystem muß

- die *Rechtzeitigkeit* (Interrupts, Prioritäten) und
- die *Gleichzeitigkeit* (Mehrprogrammbetrieb)

der Reaktion auf Ereignisse in den technischen Einzelprozessen gewährleistet sein. Dabei sind folgende Zeiten von Bedeutung (Bild H-28):

- die *Reaktionszeit*,
- die *Antwortzeit*,
- die *Zykluszeit* des technischen Prozesses sowie
- die *freie Zeit* für sonstige Aktivitäten.

In der Tabelle H-1 werden einige typische Antwortzeiten von Systemen gegenübergestellt. Die einzelnen Zeiten sind in Bild H-28 zu sehen. Die Zeiten $t_2 + t_3$ sind die Reaktionszeit; die Zeiten $t_2 + t_3 + t_4 + t_5 + t_6$ sind die Antwortzeit und die Summe t_1 bis t_7 ist die Zykluszeit des technischen Prozesses. Die Zeit t_7 sollte mindestens ein Drittel der Zykluszeit betragen. Nach t_7 folgt wieder eine spezifische Aktion des technischen Prozesses, Aktion „$n + 1$".

H 3.1.4 Komponenten eines Echtzeitsystems für die Prozeßautomatisierung

Jedes für die Automatisierung von technischen Prozessen eingesetzte Echtzeitsystem umfaßt die folgenden Komponenten (Bild H-29):

- Hardwaresystem,
- Softwaresystem,
- Sensoren,
- Aktoren und
- Einzelgeräte.

Das Hardwaresystem besteht aus einem oder mehreren Rechnern mit beliebiger Architektur und beliebiger Topologie. Das Softwaresystem umfaßt ein *Echtzeitbetriebssystem* sowie das zu entwickelnde *(Anwendungs-) Softwaresystem.* Die Sensoren wandeln die zu erfassenden Meßgrößen in elektrische Signale um, die weiterverarbeitet werden. Die Aktoren wandeln die vom Computer erzeugten Signale in Prozeßgrößen um.

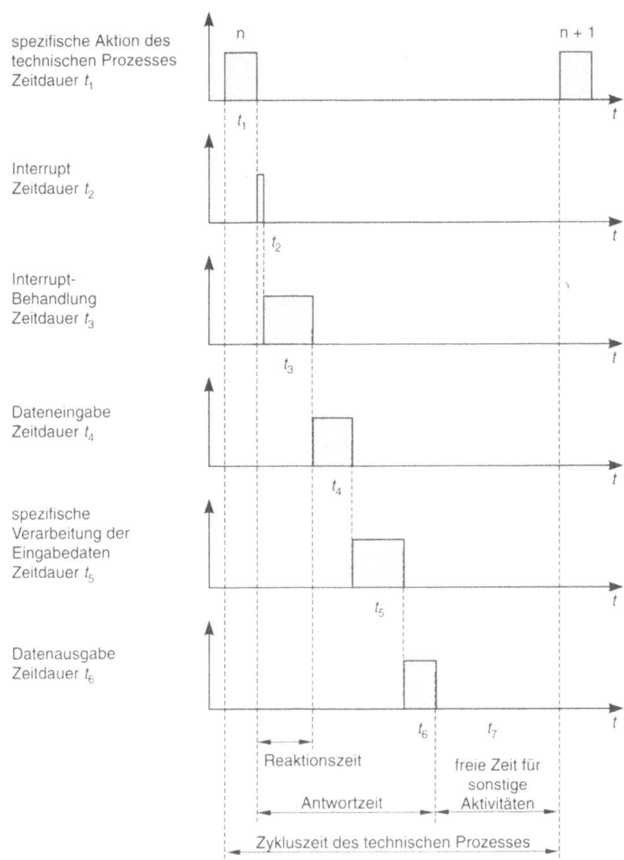

Bild H-28. Maßgebende Zeitintervalle beim Echtzeitbetrieb.

Die Einzelgeräte dienen (insbesondere bei einem Notbetrieb) zum Steuern und Regeln einzelner Prozeßfunktionen.

H 3.1.4.1 Vordergrund- bzw. Hintergrundbearbeitung

Die verfügbare Zeit (t_7 in Bild H-28) innerhalb eines Zyklus wird für weitere Aktivitäten genutzt. Dazu erfolgt eine Aufteilung der Prozesse in einen *Vordergrund-* bzw. *Hintergrund-Betrieb*. Alle für die unmittelbare Bedienung des technischen Prozesses notwendigen (*zeitkritischen*) Aktivitäten laufen dabei im *Vordergrund*, wie beispielsweise die Meßdatenerfassung. Im *Hintergrund* laufen alle weniger wichtigen (*nicht zeitkritischen*) Ak-

tivitäten. Typische Beispiele hierfür sind die Protokollierung oder die statistische Auswertung von bereits erfaßten Meßdaten, die Kommunikation mit Ausgabegeräten, oder die Durchführung von Selbsttests.

H 3.2 Grundlegende Elemente für die Meßdatenerfassung

Die meisten Aufgaben in der Meßtechnik sind praktisch immer Varianten folgender grundsätzlicher Verfahren:

- Gerätesteuerung und Schnittstellenbedienung,
- Anwendung mathematischer Methoden,
- Speicherung der (Meß-)Daten und Ergebnisse sowie

Prozeßrechner

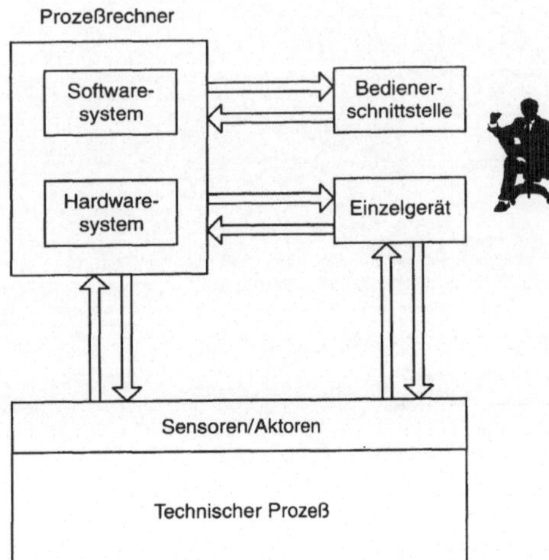

Bild H-29. Komponenten eines Echtzeitsystems für die Prozeßautomatisierung.

• grafische Darstellung (Visualisierung).

Für die rechnertechnische Weiterverarbeitung müssen Meßdaten grundsätzlich *digitalisiert* werden. Zur Digitalisierung analoger Signale werden *A/D-Wandler* und Analog-Komparatoren, die als Sinus-/Rechteckwandler, Schwellwertdetektoren oder Fensterdiskriminatoren arbeiten, eingesetzt.

Bereits als Digitalsignale vorliegende Meßwerte werden mit Zählern, Schieberegistern, Flip-Flops, Digital-Multiplexern etc. verarbeitet. Dabei spielen die programmierbaren, d.h. *softwareeinstellbaren Zähler* in der Meßtechnik eine herausragende Rolle. Sie erlauben den *Zeitablauf* von Meßablaufsteuerungen flexibel zu kontrollieren, indem sie Aufgaben wie Unterbrechungsanforderungen, Abtasttaktgeber und dergleichen mehr erfüllen.

H 3.2.1 Meßwertaufbereitung, Signalkonditionierung

Vor der Meßwertverarbeitung muß der Meßwert mit einem Sensor erfaßt und störungsfrei zum Rechner übertragen werden, damit äußere Einflüsse die Meßwerte nicht verfälschen. Die Sensorsignale sind hierzu meist ungeeignet, da ihre Pegel und Leistungen zu niedrig sind. Mit Hilfe geeigneter Meßverstärker erfolgt die

Ankopplung an die zentrale Datenverarbeitung. Diese *trennen* das Meßsignal galvanisch vom Übertragungskreis, *filtern, linearisieren* und *verstärken* es. An diese Meßverstärker können beispielsweise folgende Sensoren angeschlossen werden:

• Thermoelemente,

• Widerstands- und Halbleitertemperaturfühler,

• Druckmeßdosen,

• Dehnungsmeßstreifen (Winkel-, Längenmessung),

• Spannungsfühler (Volt-, Millivolt-Messung) und

• Stromfühler.

Sie eignen sich besonders für den Einsatz in der industriellen Meßtechnik, wo Standardlösungen für Meßaufgaben wie Temperatur-, Druck-, Winkel-, Längen-, Widerstands-, Strom- und Spannungsmessungen gefragt sind.

Hinweis:
Nicht immer ist ein Meßproblem mit Standardmeßmitteln zu lösen. In diesem Fall muß die Meßwertauswertung selbst entwickelt werden – eine interessante Aufgabe für Hard- und Softwareingenieure.

H 3.2.2 Intelligente Sensormodule

Intelligente Sensormodule der neuesten Generation sind als programmierbare, multifunktionale, mehrkanalige Meßwertumformer mit integrierter Standardschnittstelle (z.B. Feldbus-Schnittstelle) ausgeführt. Damit stehen vor Ort (dezentral) die Funktionen Messen, Steuern, Regeln, Schalten, Rechnen, Anzeigen, Überwachen und Übertragen zur Verfügung (Bild H-30).

H 3.2.2.1 Analoge Eingänge

Die Module verfügen über hochauflösende analoge Eingänge. Signale von verschiedenen Aufnehmern bzw. Sensoren (z.B. Widerstandsthermometer, Thermoelemente, Dehnmeßstreifen) können mit einer Auflösung von 16 Bit direkt verarbeitet werden. Für Messungen im Single-Ended-Betrieb (Strom, Spannung, Widerstand) stehen beispielsweise vier gleichwertige Analogeingänge zur Verfügung. Differentieller Betrieb oder Brückenschaltungen können unter Verwendung mehrerer Analogeingänge realisiert werden.

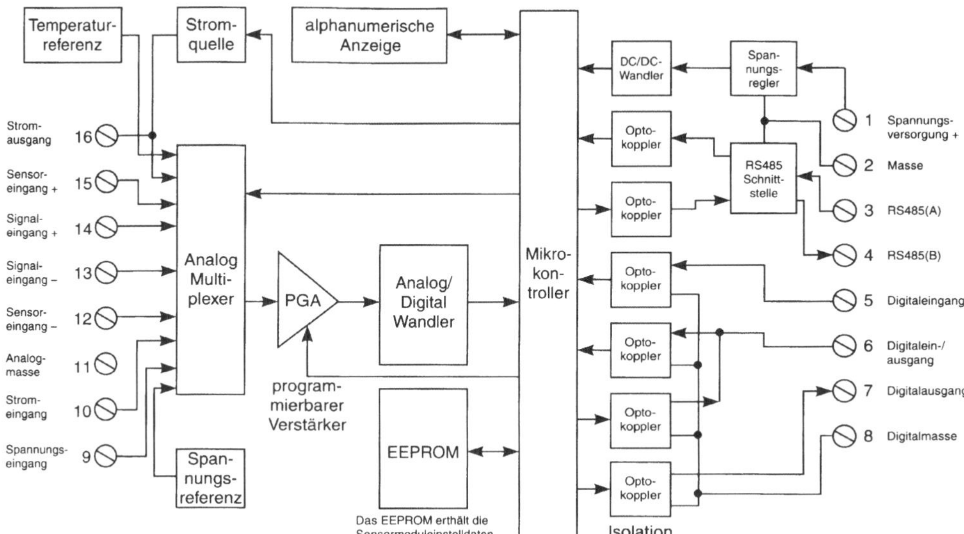

PGA Programmable Gain Amplifier

Bild H-30. Blockschaltbild eines intelligenten Sensormoduls.

H 3.2.2.2 Digitale Ein- und Ausgänge

Meist sind die Module mit zusätzlichen digitalen Ein- und Ausgängen ausgestattet. Damit werden die Möglichkeiten dieser Module besonders für Anwendungen in der *Steuer-* und *Regelungstechnik* erweitert. In der Schaltung als Eingang können Schalter, Taster, Näherungschalter, Puls- oder Frequenzgeber direkt angeschlossen werden. Damit lassen sich Statusmeldungen oder Steuerbefehle erfassen oder Weg-, Frequenz- und Zeitmessungen durchführen. Digitale Ausgänge können beispielsweise Aktoren wie Relais, Lampen und Ventile ansteuern. Mit der Ausgabe von pulsweitenmodulierten und damit quasi analogen Ausgangssignalen können Stellglieder, Pumpen, Proportionalventile und Heizungen stufenlos direkt gesteuert werden.

H 3.2.2.3 Arithmetikkanal

Erfassungsmodule mit lokalem Prozessor erlauben es, die Meßwerte bereits vor Ort zu *modifizieren* (z. B. direkte Verknüpfung von Sensorkanälen mittels arithmetischer Operationen). Es können so Umrechnungen ausgelagert werden, wie beispielsweise die Konvertierung von

Wegmeßsignalen in Längen oder Inkremente eines Winkelgebers in absolute Winkel. Darüber hinaus lassen sich Minima und Maxima festhalten und Meßwerte gegen voreingestellte Grenzwerte vergleichen.

H 3.2.2.4 Datenschnittstelle und Protokolle

Ein wichtiger Bestandteil dieser Module ist ihre Datenschnittstelle und die Unterstützung des Datenaustausches mit dem Zentralrechner. Die Konfiguration und der Datenaustausch mit dem Rechner/SPS erfolgt über eine *Feldbus-Schnittstelle*. Wird ein RS485-Zweidraht-Bus eingesetzt, so können bis zu 128 Module zu einem System zusammengeführt und Entfernungen von etwa 1,5 km überbrückt werden. Ein autonomer Betrieb der Module ohne den Steuerrechner ist – nach der Konfigurierung über RS485 oder IR-Fernbedienung – möglich. Verfügbar sind meist verschiedene ASCII- und das weit verbreitete PROFIBUS-Protokoll.

Bild H-31 zeigt den Einsatz verschiedener intelligenter Sensormodule im RS485-Bussystem. Die 2-Leiterverbindung mit der Feldbustechnik ist wesentlich kostengünstiger als die konventionelle Vielleiter-Verdrahtungstechnik bezogen auf

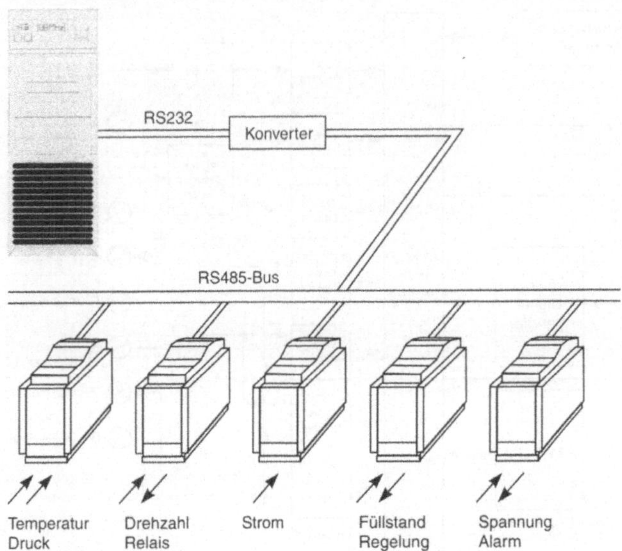

Bild H-31. Intelligente Sensormodule im RS485-Bussystem.

Installation, Wartung und Ausbaufähigkeit eines Systems.

H 3.2.2.5 Software

Die Bedienung der Module erfolgt über die RS485-Schnittstelle mit Programmen, die unter DOS oder WINDOWS laufen (Konfigurierung, Parametrisierung, Abfrage von Meßdaten, Fernsteuerung über den Bus). Die Software bietet für die Anpassung an den Sensortyp eine Bibliothek mit vordefinierten Sensoren und Aktoren. Die erfaßten Daten können einfach an Prozeß- und Visualisierungssysteme weitergegeben werden.

3.2.2.6 Installation, Inbetriebnahme

Eine Anlage mit intelligenten Sensormodulen läßt sich bereits zu einem frühen Zeitpunkt projektieren und installieren. Dazu muß der Sensortyp noch nicht bekannt sein. Erst bei der Inbetriebnahme wird der Sensor bestimmt. Eine Erweiterung einer Anlage ist jederzeit und ohne großen Aufwand möglich. Zur Montage wird das Modul auf eine DIN-Hutschiene aufgeschnappt. Der Anschluß erfolgt über steckbare Schraubklemmen. Die Spannungsversorgung und der Busanschluß aneinandergereihter Module kann mit Modul-Schnellverbindern erfolgen. Eine ungere-

gelte Gleichspannung im Bereich 10 V bis 30 V genügt für die Spannungsversorgung.

H 3.2.2.7 Einsatzgebiete

Die Einsatzgebiete sind vielfältig. Die folgende Aufzählung ist daher keineswegs erschöpfend:

- Weg- und Drehzahlmessungen in der Automobilindustrie,
- Überwachung von Wetterstationen (z. B. Luftfeuchtigkeit, Temperatur, Windgeschwindigkeit),
- Messung der Temperatur und des Eisdruckes an der Krone einer Talsperrenmauer,
- Durchflußmessungen an Zapfsäulen einschließlich Inkrementalgeber mit Überwachungsfunktionen.

H 3.2.2.8 Weiterentwicklung der Sensortechnik, Frontend-Rechner

Auch in der Sensortechnik ist der Trend zur Dezentralisierung erkennbar. Ziel ist es, daß Hauptsystem zu entlasten und für Erweiterungsmöglichkeiten offenzuhalten. Die Sensorsubsysteme erhalten mehr und mehr Intelligenz und erfüllen anspruchsvolle Aufgaben, die bisher vom Leitrechner wahrgenommen werden mußten. Vor Ort übernimmt ein *Frontend-Rechner* die Erfassung und Verarbeitung der von den Sensoren gelieferten Werte.

> Ein Frontend-Rechner erlaubt die unabhängige Steuerung eines Sensorsubsystems sowie die Verarbeitung der anfallenden Meßdaten.

Kommandoorientierte Schnittstellen erlauben auf der Basis standardisierter Protokolle die problemlose Kommunikation des Leitrechners mit den angeschlossenen Subsystemen. Frontend-Rechner müssen bei Netzausfall oder Kommunikationsunterbrechung batteriegepuffert weiter arbeiten. Die Regelung setzt in solchen Fällen auf den bisherigen Werten auf. Ein Anlagenstillstand wird somit vermieden.

H 3.2.3 Erfassung analoger Signale

H 3.2.3.1 Analog/Digital-Wandlung

Um eine analoge Größe, wie sie zum Beispiel von einem Temperatursensor geliefert wird, in eine digitale Größe umzuwandeln, benötigt man einen A/D-Wandler. A/D-Wandler werden nach zwei wichtigen Kriterien unterschieden:

- Auflösung und
- Geschwindigkeit.

Die Auflösung wird in Bit angegeben und steht für die Anzahl der Stufen, mit denen ein Analogsignal dargestellt werden kann. Ein 12-Bit-A/D-Wandler kann $2^{12} = 4.096$ Werte annehmen. Liegt die Eingangsspannung im Bereich von 0 V bis 10 V (0 V bis 20 V) oder bipolar im Bereich ±5 V (±10 V), ist der kleinste Schritt (LSB: Least Significant Bit), 2,4 mV (4,8 mV). Das entspricht 0,024% des Bereiches. Tabelle H-2 zeigt die Zusammenhänge für verschiedene Auflösun-

gen, Tabelle H-3 die entsprechende Kodierung bei verschiedenen Auflösungen.

Ein weiterer wichtiger Parameter ist die *Wandlungszeit*, die je nach Wandlungsverfahren unterschiedlich lang sein kann. Ferner gibt es noch andere Zeiten zu berücksichtigen, wie die Einschwingzeit von Multiplexer oder Sample&Hold-Bausteinen. Alle Laufzeiten zusammen bestimmen die maximale Frequenz des Eingangssignals, damit es noch eindeutig beschrieben werden kann. Gemäß dem Abtasttheorem muß die Abtastfrequenz mindestens zweimal größer sein als die maximale Frequenz eines kontinuierlichen bandbegrenzten Systems. Ebenfalls von Bedeutung ist der Eingangswiderstand eines Wandlers. Es gilt: je höher desto besser, damit das Meßsignal durch die Belastung des Wandlers nicht verfälscht wird. Es gibt eine Reihe weiterer Parameter, die für eine Analog/Digital- und, dementsprechend für die Rückführung, die Digital/Analog-Wandlung zu beachten sind.

Die meisten der heute verwendeten A/D-Wandler sind busfähig, d. h. sie können direkt an den Datenbus eines Rechnersystems angeschlossen werden. Bild H-32 zeigt das Blockschaltbild eines 12-Bit-A/D-Wandlers mit Datenbus-Schnittstelle.

H 3.2.3.2 Analog/Digital-Wandlungsverfahren

Die am häufigsten verwendeten A/D-Wandler arbeiten nach einem der folgenden Verfahren:

- *Sukzessive Approximation* (Wägeverfahren, Annäherungsverfahren),
- *Dual-Slope-Wandler* (Zwei-Rampen/Integrationsverfahren) und
- *Flash-Wandler* (Parallel-Wandler).

Tabelle H-2. Auflösungen von Analog/Digital-Wandlern

Auflösung in Bit	Teilschritte	% des Bereiches	0 bis 10 V Bereich (+/− 5 V)
8	256	0,39	39 mV
10	1.024	0,098	9,8 mV
12	4.096	0,024	2,4 mV
14	16.384	0,006	0,6 mV
16	65.536	0,0015	0,15 mV

Tabelle H-3. Meßwertkodierung für einen 12-Bit-A/D-Wandler

Meßwert (0 bis + 10 V)	Meßwert (−5 V bis + 5 V)	A/D-Wandler-Code MSB ↓		LSB ↓
0,00000 V	−5,00000 V	0000	0000	0000
0,00244 V	−4,99756 V	0000	0000	0001
...	...	...		
...	...			
5,00000 V	0,00000 V	1000	0000	0000
5,00244 V	+ 0,00244 V	1000	0000	0001
...	...	...		
...	...			
9,99756 V	+ 4,99756 V	1111	1111	1111

LSB = Least Significant Bit, Bitstelle mit der geringsten Wertigkeit.
MSB = Most Significant Bit, Bitstelle mit der höchsten Wertigkeit

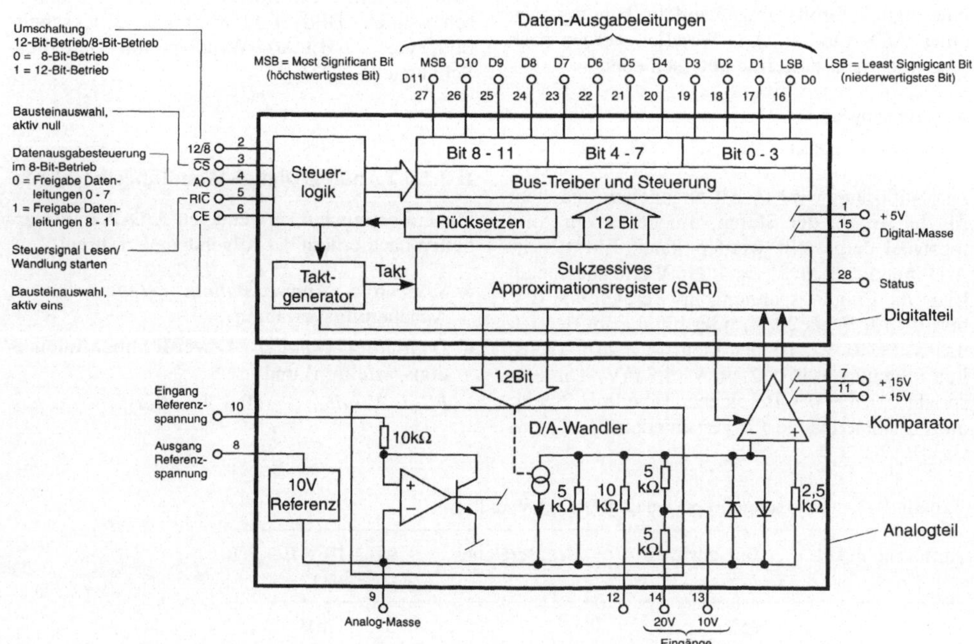

Bild H-32. Blockschaltbild eines 12-Bit-A/D-Wandlers mit Datenbus-Schnittstelle (HI-574A, Harris).

H 3.2.3.2.1 Sukzessive Approximation

Ein A/D-Wandler nach dem Verfahren der Sukzessiven Approximation besteht aus folgenden Funktionsgruppen:

- einem D/A-Wandler,

- einem Komparator,

- einem SAR Register (SAR: Sukzessives Aproximations-Register) und

- einer Referenzspannungsquelle, die je nach Typ auch extern angelegt werden kann.

Die Wandlung erfolgt in mehreren Schritten, durch den Vergleich der unbekannten Eingangsspannung mit einer bekannten Spannung, die vom D/A-Wandler mit Hilfe der Referenzspannung erzeugt wird. Durch den Vergleich beider Spannungen wird ihre *Differenz* ermittelt. Der D/A-Wandler erzeugt aus dieser Differenz eine neue Vergleichspannung. Dieser Vorgang läuft so lange ab, bis beide Spannungen identisch sind. Die Eingangsspannung entspricht dann dem digitalen Wert, der am D/A-Wandler anliegt. Für die Dauer der Umsetzung darf sich die Eingangsspannung nicht verändern. Ein Sample&Hold-Baustein erfaßt das Eingangssignal und hält es für die Dauer der Messung fest. Das Verfahren der Sukzessiven Approximation ist sehr weit verbreitet, die Umsatzgeschwindigkeiten liegen im Bereich von einigen Mikrosekunden. Bevorzugte Einsatzbereiche sind die Sprachanalyse, Prozeßdatenerfassung und PC-Meßwerterfassungskarten.

H 3.2.3.2.2 Dual-Slope-Verfahren

Das Dual-Slope-Verfahren wird auch als *Integrationsverfahren* bezeichnet. Die angelegte Eingangsspannung wird in der ersten Phase über eine bestimmte Zeit integriert. In der zweiten Phase schaltet der A/D-Wandler eine negative Referenz auf den Integrator, der so lange (ab)integriert, bis wieder 0 V erreicht werden. Die hierzu erforderliche Zeit wird von einem Zähler erfaßt. Der erreichte Zählerstand ist proportional der Eingangsspannung. A/D-Wandler, die nach diesem Verfahren arbeiten, sind relativ langsam, dafür unempfindlicher gegenüber Störungen. Einsatzbereiche sind Digitalmultimeter sowie Druck- und Temperaturmessung.

H 3.2.3.2.3 Flash-Wandler

Die *schnellsten* A/D-Wandler sind die Flash-Wandler. Die angelegte Spannung wird dabei von *einzelnen*, parallel aufgebauten *Komparatoren* erfaßt, die jeder für einen bestimmten Ausgangswert stehen. Ein 8-Bit-Flash-Wandler benötigt demnach für 255 mögliche Werte auch 255 einzelne Komparatoren, was die Bausteine entsprechend teuer macht. Die Wandlungszeit wird in Million Samples per Second (MSPS) angegeben. Ein typischer Wert für einen preisgünstigen Typ sind 20 MSPS. D.h., daß alle 50 ns ein Meßwert bereitgestellt wird. Einsatzbereiche sind die Bilderfassung, Videosignalverarbeitung, Ultraschall, Sonar, Radar und PC-Meßkarten.

H 3.2.3.2.4 A/D-Wandlerauswahl

Welcher A/D-Wandlertyp in einem System die Meßwerterfassung übernimmt, hängt von den zu wandelnden Eingangssignalen ab. Durch geeignete Auslegung eines Systems kann man oft den Einsatz teurer Flash-Wandler vermeiden. Dies soll das folgende Beispiel verdeutlichen.

Bild H-33 zeigt die Struktur eines Meßwerterfassungsystems in dem zwei 12-Bit-A/D-Wandler (Typ „Sukzessive Approximation", 25 μs Wandlungszeit) miteinander verschaltet sind. Vor den beiden A/D-Wandlern liegen jeweils Sample&Hold-Schaltungen und Signalselektoren, die eine von 32 Signalquellen auswählen. Eines dieser Signale dient zur Bestimmung der Phase eines hochfrequenten, amplitudenmodulierten Signals. Es muß deswegen zur Messung einer dem Sinusanteil und einer dem Cosinusanteil des zu bestimmenden Winkels proportionalen Spannung in einem Zeitraum von 16 μs zweimal gemessen werden. Die hier nicht gezeigte Vorverarbeitung dieses Signals liefert entsprechend angesteuert die beiden Spannungsanteile.

Anstelle eines schnellen A/D-Wandlers, der im angegebenen Zeitraum zweimal messen muß, teilen sich die beiden Wandler in Bild H-34 diese Aufgabe. Der erste erfaßt die dem Sinusanteil des Winkels proportionale Spannung, die seine Sample&Hold-Schaltung für die Dauer der Messung festhält. Der zweite A/D-Wandler startet zeitversetzt zum ersten und ermittelt die dem Cosinusanteil des Winkels proportionale Spannung. Auch hier hält die Sample&Hold-Schaltung die Signalspannung während der Messung fest. Die Ablaufsteuerung sorgt für den richtigen zeitlichen Ablauf. Am Ende der Messung kann der Steu-

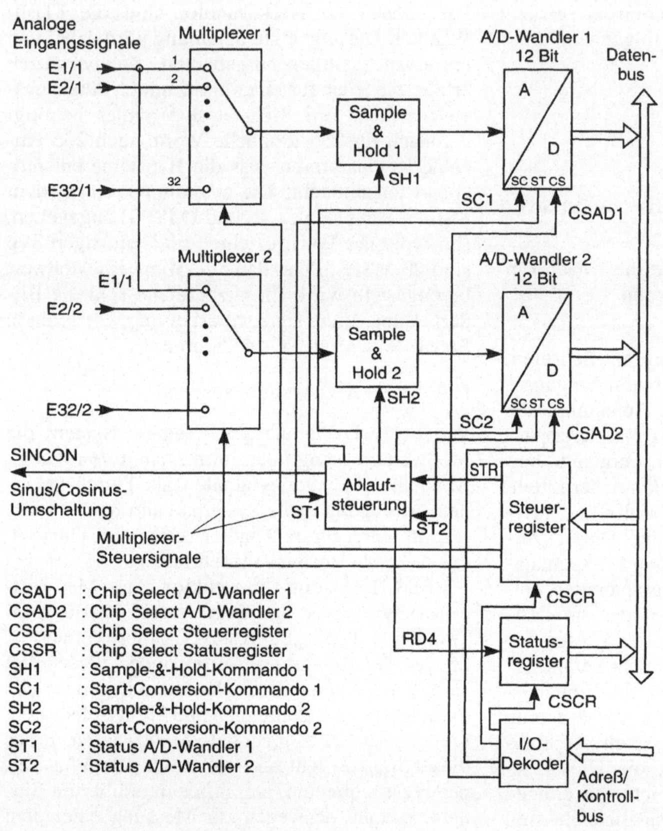

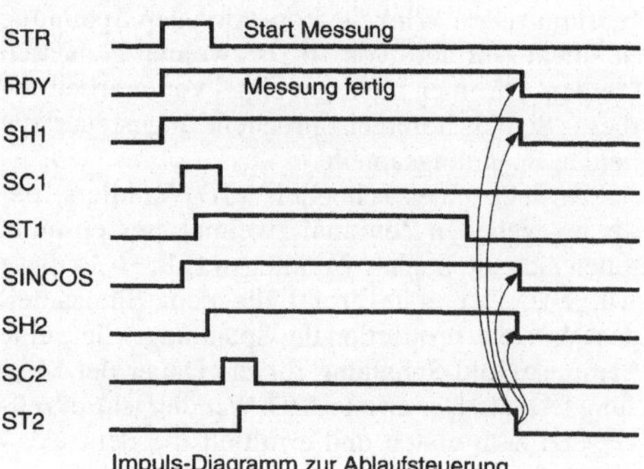

Bild H-33. Einsatz von zwei A/D-Wandlern zur schnellen zweimaligen Abtastung ein und desselben Signals.

a Betrieb an 16-Bit-Datenbussen

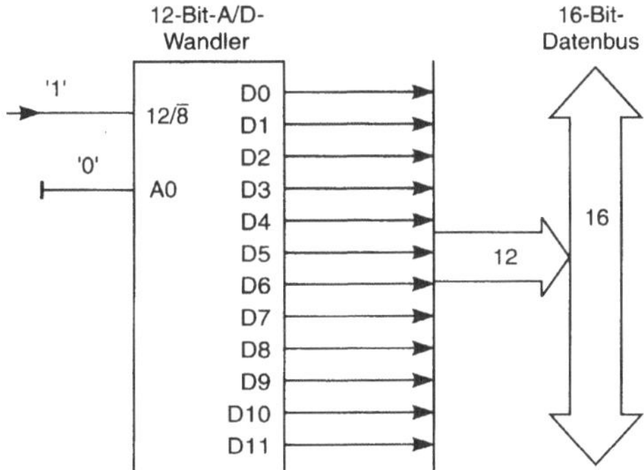

D0 - D11: Datenausgaberegister
A0　　　: Auswahl unteres/oberes Datenbyte
　　　　　(hier außer Funktion)
12/8̄　　: Auswahl 12-Bit-Mode, 8-Bit-Mode
　　　　　'1' = 12-Bit-Mode, '0' = 8-Bit-Mode

b Betrieb an 8-Bit-Datenbussen

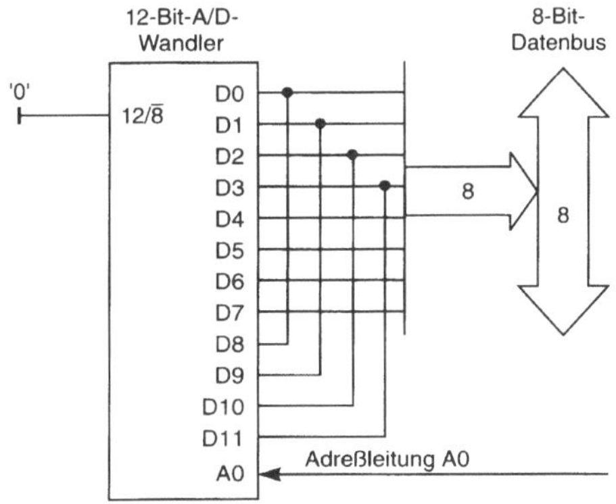

A0 = '0' :　Auswahl D0 - 07
A0 = '1' :　Auswahl D8 - 11

Bild H-34. Betrieb von 12-Bit-A/D-Wandlern an 16-
und 8-Bit-Datenbussen.

errechner die beiden Meßwerte von den A/D-
Wandlern einlesen und den Winkel mit der Arcus-
Tangens-Funktion berechnen.

H 3.2.3.2.5 Betrieb von A/D-Wandlern

Die Ankopplung eines A/D-Wandlers an den Datenbus des Steuerrechners sowie die Ansteuerung
der A/D-Wandlerkontrollsignale erfolgt mit Hilfe
eines Softwaremoduls, das als *Treiber* bezeichnet
wird. Die folgenden Ausführungen geben dazu einige allgemeine Hinweise, sind aber keineswegs
vollständig.

Betrieb von A/D-Wandlern direkt am Rechnerbus

Die heute angebotenen A/D-Wandler sind in der
Regel busfähig, d. h. sie können auf der Digital-
seite direkt am Datenbus eines Rechners betrieben werden. Bei der Auslegung der Schaltung
müssen die Systemeigenschaften des Steuerrechners berücksichtigt werden. Diese sind:

- synchrone Datenübertragung oder
- asynchrone Datenübertragung,
- Poll-Betrieb des Wandlers oder
- Interrupt-Betrieb des Wandlers.

Bei synchroner Datenübertragung hat der Prozes-
sortakt maßgeblichen Einfluß auf die Ankopplung
des A/D-Wandlers. Bei asynchron arbeitenden
Prozessoren teilt der A/D-Wandler dem Prozessor
mit einem Handshake-Signal den erfolgreichen
Datentransfer mit. Dieser fügt dann solange War-
tezyklen ein, bis der Datentransfer abgeschlossen
ist (Waitstates).

Bild H-34 zeigt den Betrieb eines 12-Bit-A/D-
Wandlers direkt am Rechnerbus. In 16-Bit- (32-
Bit-) Bussystemen, die man heute vorwiegend
vorfindet, ist der Anschluß von A/D-Wandlern
mit mehr als 8 Bit Auflösung schaltungstech-
nisch am einfachsten. Die Datenleitungen des
A/D-Wandlerausgaberegisters liegen parallel auf
dem Bus, die I/O-Dekodierung stellt das Chip-
Select-Signal und das A/D-Wandlerstartsignal bereit. Der Steuerrechner startet die A/D-Wandlung,
indem er einen „Dummy"-I/O-Schreibbefehl an
die als A/D-Wandler-Startkommandoadresse definierte I/O-Adresse ausgibt (die ausgegebenen
Daten sind in diesem Fall bedeutungslos). Der
A/D-Wandler zeigt das Ende einer Messung mit
seinem Statussignal „End Of Conversion" an und
der Steuerrechner liest die Daten ein.

Beim Betrieb eines A/D-Wandler mit mehr als
8 Bit an einem 8-Bit-Rechnerbus, werden die oberen Datenleitungen (Bit D8 bis D15) mit den unteren (Bit D0 bis D7) verbunden (Bild H-34 b).
Über den Mode-Select-Eingang wird der 8-Bit-
Betrieb festgelegt. Der Steuereingang „Low/High
Enable" schaltet entweder die unteren 8 Bit
des A/D-Wandlerausgaberegisters oder die oberen Bit auf den Datenbus. Dies muß in der I/O-
Dekoderschaltung berücksichtigt werden.

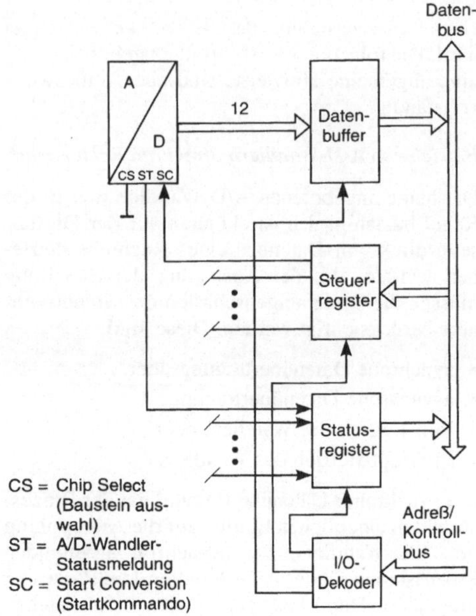

Bild H-35. Ankopplung langsamer A/D-Wandler an den Rechner-Datenbus.

Der Rechner liest die Daten in zwei Schritten ein, beispielsweise in der Reihenfolge „unteres Datenbyte, oberes Datenbyte" und legt sie separat ab. Die Verarbeitung dauert entsprechend länger. 8-Bit-Datenbus-Systeme werden in der Zukunft immer weniger anzutreffen sein. Die noch weiter steigende Integrationsdichte bei kleiner werdenden Gehäuseabmessungen erlaubt den Aufbau leistungsfähiger Systeme auf kleinstem Raum. 16-Bit-Datenbussysteme sind bereits heute Stand der Technik.

Betrieb von A/D-Wandlern indirekt am Rechnerbus

A/D-Wandler, deren Rechnerschnittstelle die Zeitanforderungen des Bussystems nicht erfüllen können (z. B. eine zu große Zugriffszeit haben), schließt man indirekt über Bustreiber an den Rechner-Datenbus an (Bild H-35). Erhält der Steuerrechner die Meldung „Wandlung beendet", liest er die A/D-Wandlerdaten über die von der Dekodierschaltung während des Lesekommandos freigegebenen Treiber ein. Die A/D-Wandlerdaten sind zu diesem Zeitpunkt mit Sicherheit stabil;

denn vom Abfragen der Quittung bis zur Ausgabe des Lesebefehls benötigt der Steuerrechner einige μs.

Bei langsamen Wandlern kann der mit einer Dekodierschaltung erzeugte Startimpuls zu kurz sein. Bild H-35 zeigt, daß der Steuerrechner den Startimpuls über ein Ausgaberegister ausgibt, so daß dessen Länge nicht mehr vom Bus-Zeitverhalten abhängt. Damit wird auch dieser Teil der Ansteuerung unkritisch.

H 3.2.3.3 Sample&Hold-Schaltungen

Sample&Hold-Schaltungen (sample: eine Probe entnehmen, abtasten; hold: halten) ermöglichen es, das zu wandelnde Signal während der Messung *einzufrieren*. So können auch Momentanwerte von schnell veränderlichen Signalen präzise erfaßt werden. Eine Sample&Hold-Schaltung besteht im Prinzip aus einer Verstärkerschaltung mit zwei Betriebsarten, die digital umschaltbar sind (Betriebsart „Sample" und Betriebsart „Hold"). Der Steuereingang S/H hat dabei folgende Funktion (Bild H-36):

- S/H = „0", Sample-Mode
- S/H = „1", Hold-Mode.

In der Betriebsart S/H=0 folgt das Ausgangssignal dem zeitlichen Verlauf des Eingangssignals. Legt man einen High-Pegel an den S/H-Steuereingang, dann hält die Schaltung den zum Schaltzeitpunkt anliegenden Augenblickswert der Eingangsspannung fest. Dieser wird in einem Haltekondensator gespeichert. Obwohl sich jetzt

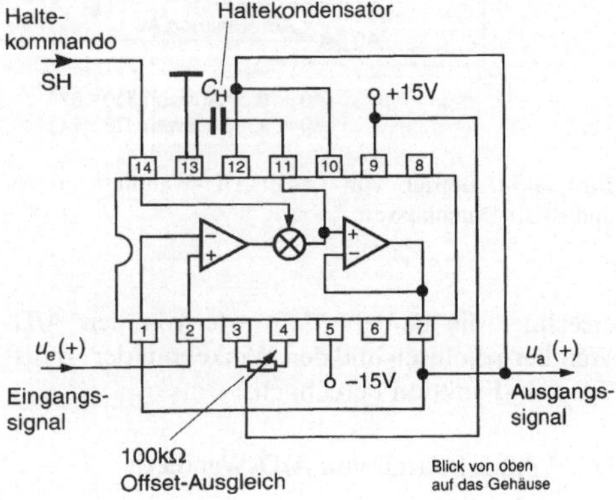

Bild H-36. Beispiel einer Sample&Hold-Schaltung (Harris HA-2420).

die Eingangsspannung ändern kann, stellt die Sample&Hold-Schaltung dem A/D-Wandler eine während der Umsetzzeit konstante Spannung zur Verfügung.

H 3.2.3.4 Analog-Multiplexer

Da die meisten auf dem Markt befindlichen A/D-Wandler nur einen Analogeingang besitzen, in einem Meßsystem aber oft mehrere Eingangskanäle abgestastet werden sollen, schaltet man dem A/D-Wandler einen Analog-Multiplexer vor. Dieser besteht aus mehreren CMOS-Schaltern, die auf einen gemeinsamen Ausgang durchgeschaltet werden. Ein digitaler Dekoder wählt den Eingangskanal aus. Meist haben diese Multiplexer noch ein weiteres Steuersignal zur Aktivierung bzw. Deaktivierung des Ausgangs. Dies ermöglicht die ausgangsseitige Zusammenschaltung der Ausgänge, um die Zahl der Eingangskanäle zu erweitern. Um beispielsweise ein 16-kanaliges Analogsystem auf 32 Kanäle zu erweitern, schaltet man zwei 16-zu-1-Analogmultiplexer ausgangsseitig zusammen, verbindet die vier digitalen Kanalauswahlsignale parallel, während man die digitalen Steuersignale für die Ausgänge mit einem fünften Steuersignal zueinander inversen Steuersignal belegt (Bild H-37), damit immer nur ein Ausgang zu einem Zeitpunkt aktiv geschaltet ist.

Hinweis:
Analog-Multiplexer kann man auch rückwärts als *Gießkanne* betreiben, d. h. ein Analogsignal wird am *Ausgang eingespeist* und erscheint dann an dem durch den Auswahlkode festgelegten Eingang. Mit dieser Methode kann man elegant Testschaltungen zum automatischen Testen von Datenerfassungsystemen aufbauen. Der testende Rechner erzeugt mit einem D/A-Wandler programmierbare Testsignale, beispielsweise Rampenfunktionen, die der rückwärts betriebene Multiplexer auf die analogen Meßwerteingänge verteilt. Der Steuerrechner kann jeden Kanal einzeln durchmessen und dessen Funktionsfähigkeit nachprüfen (Bild H-38).

H 3.2.3.5 Analogkomparatoren

Analogkomparatoren kommen in Meßschaltungen dort zum Einsatz, wo ein analoges Signal ohne großen Schaltungsaufwand auf einfachem Weg in ein auswertbares Digitalsignal umgesetzt werden soll. Sie arbeiten beispielsweise als Sinus/Rechteckwandler, Fensterdiskriminatoren oder Schwellwertdetektoren. In den folgenden Anwendungsbeispielen treten Komparatoren als

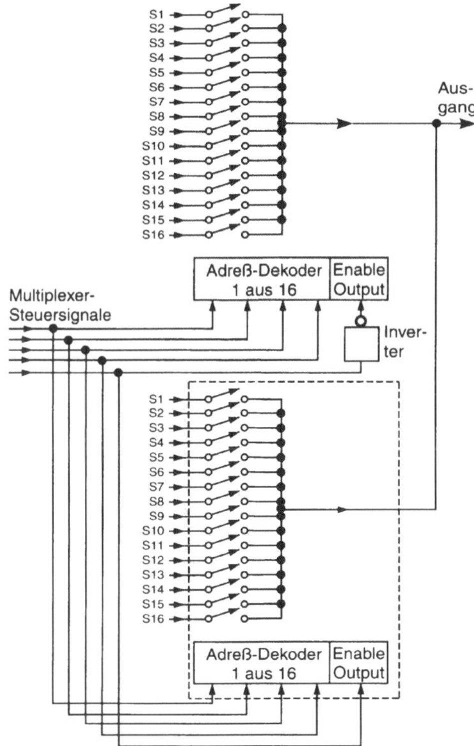

Bild H-37. Analog-Multiplexer und Kanalerweiterung.

Sinus/Rechteckwandler und Schwellwertdetektoren auf.

H 3.2.4 Erfassung digitaler Signale

H 3.2.4.1 Software-konfigurierbare Zählerbausteine

Programmierbare Zählerbausteine erfüllen in der Meßdatenerfassung als Zeitgeber zentrale Funktionen der Meßablaufsteuerung. Sie erzeugen

- periodische Signale für die äquidistante Signalabtastung,
- Meßtore für Frequenzmessungen,
- Triggersignale für Ablaufsteuerungen und
- Unterbrechungsanforderungen (Interrupts).

Nachfolgend wird der in vielen Anwendungen eingesetzte universelle Timer-Baustein 82C54

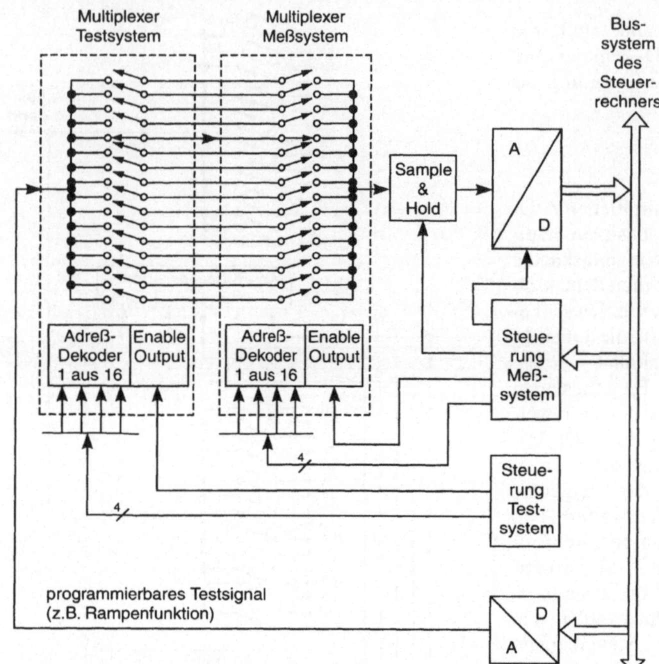

Bild H-38. Analog-Multiplexer im Rückwärts-Betrieb („Gießkanne").

von INTEL kurz vorgestellt. Der 82C54 (und kompatible Bausteine, z. B. NEC 71054), ist ein vielseitiger Timer-/Zählerbaustein, verfügt über drei unabhängige 16-Bit-Abwärtszähler. Die Zähler können im BCD- oder Binärcode zählen. Die Konfiguration des 82C54 erfolgt durch Software.

Bild H-39 zeigt das Blockschaltbild des Zählerbausteins 82C54. Über das Kontrollwort-/Steuerregister wird der Betriebsmodus und der Zählmodus (binär oder BCD-Code) jedes einzelnen Zählers individuell festgelegt und das Laden der Zählerregister gesteuert. Ein Zähler wird programmiert, indem man zuerst das Kontrollwortregister mit der betreffenden Zählernummer, dem Schreib-/Lesemodus, dem Zählsystem und der Modusnummer lädt. Danach schreibt man entsprechend dem gewählten Schreib-/Lesemodus den Anfangszustand des Zählers in dessen Zählerregister. Der Zähler dekrementiert den Zählerstand bei jeder negativen Flanke. In den einzelnen Zählmodi hat das Erreichen des Zählerendstandes (Terminal Count, Zählerstand 0), verschiedene Bedeutung:

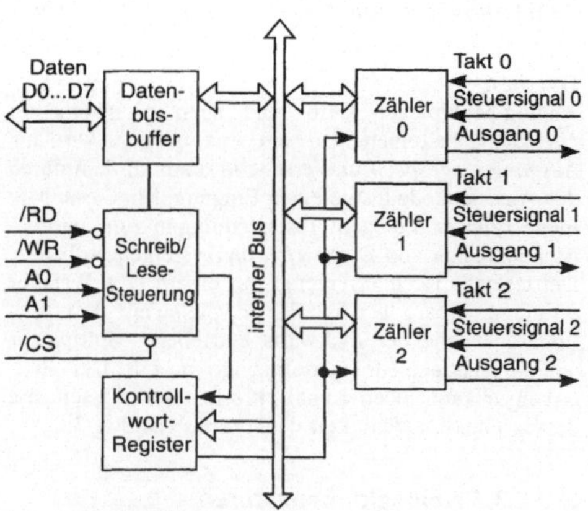

/RD : Schreibsignal, aktiv null
/WR : Lesesignal, aktiv null
/CS : Bausteinauswahl, aktiv null
A0 : Adreßleitung A0
A1 : Adreßleitung A1
A0 und A1 wählen die internen Register aus.

Bild H-39. Vereinfachtes Blockschaltbild des Timer-Bausteins 82C54.

Modus 0, Interrupt nach Zählende

Der Ausgang des in Mode 0 programmierten Zählers ist nach der Initialisierung des Bausteins zunächst auf Null-Pegel. Nach dem Laden des gewünschten Zählerregisters mit einem Zählwert beginnt der entsprechende Zähler, vom eingestellten Startwert aus abwärts zu zählen. Der Ausgang bleibt dabei auf Null-Pegel (Bild H-40). Bei Erreichen des Zählendes geht der Ausgang auf Eins-Pegel und bleibt in diesem Zustand, bis der betreffende Zähler erneut konditioniert wird (d. h. erneutes Laden des Steuerwortregisters mit einem neuen Modus) oder bis ein neuer Zählwert in das Zählerregister geschrieben wird. Auch nach Erreichen des Zählendes fährt der Zähler fort, herabzuzählen. Ein erneutes Schreiben während des Zählvorganges hat zur Folge, daß

1. beim Schreiben des ersten Bytes der momentane Zählvorgang gestoppt wird und
2. beim Schreiben des zweiten Bytes der neue Zählvorgang gestartet wird.

Ein Null-Pegel am Steuereingang stoppt den Zählvorgang, ein Eins-Pegel am Steuereingang gibt den Zählvorgang frei. Anwendung findet dieser Modus, um nach Ablauf einer bestimmten, programmierbaren Zeit eine Unterbrechungsanforderung (Interrupt) an den Steuerrechner zu senden. Ein Interrupt-Controller mit mehreren Eingängen für Hardware-Interruptsignale verwaltet die eingehenden Hardware-Interrupts (Bild H-41).

Modus 1, Hardware-nachstartbarer Einzelimpuls

Der Ausgang geht in diesem Modus beim ersten Zähltakt, der auf eine steigende Flanke am Steuereingang folgt, in den Null-Zustand. Beim Erreichen des Zählendes geht der Ausgang auf Eins-Pegel. Erneutes Laden des Zählers während der Ausgang auf Null-Pegel liegt, hat keinen Einfluß auf die Länge des Impulses bis zum folgenden Trigger. Der Zählerstand kann jedoch jederzeit ohne Auswirkung auf den momentanen Vorgang ausgelesen werden. Der Einzelimpuls ist nachstartbar. Dabei bleibt der Ausgang nach jeder steigenden Flanke des Steuereinganges für einen vollen Zähltakt auf Null-Pegel.

Modus 2, Teilerfunktion

In diesem Modus arbeitet der Zähler als „Teiler durch N". Der Ausgang liegt im Ruhezustand

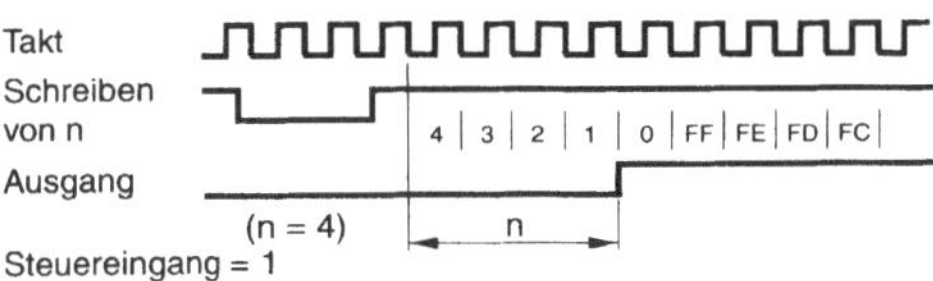

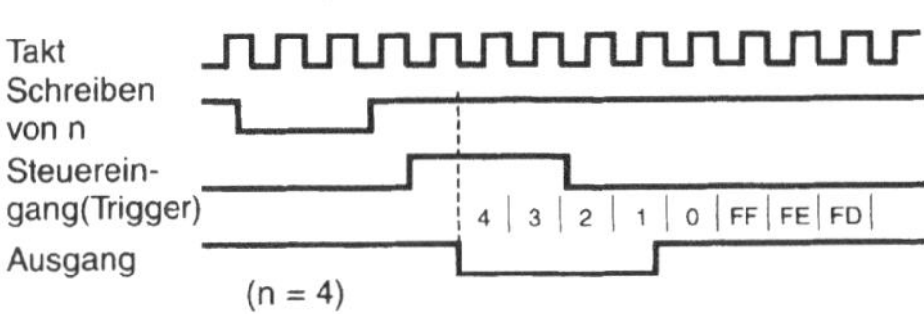

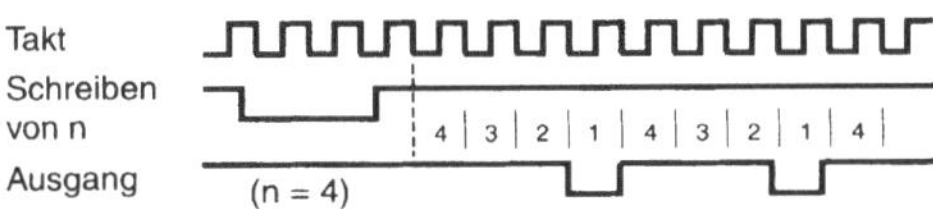

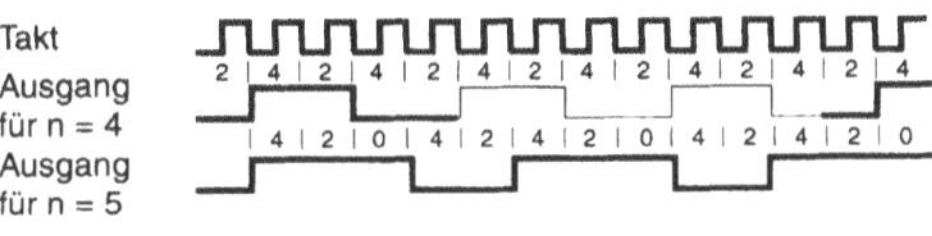

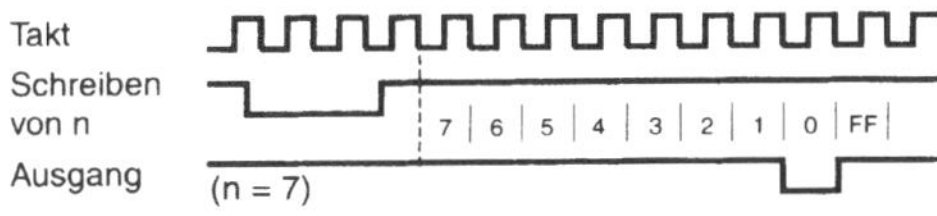

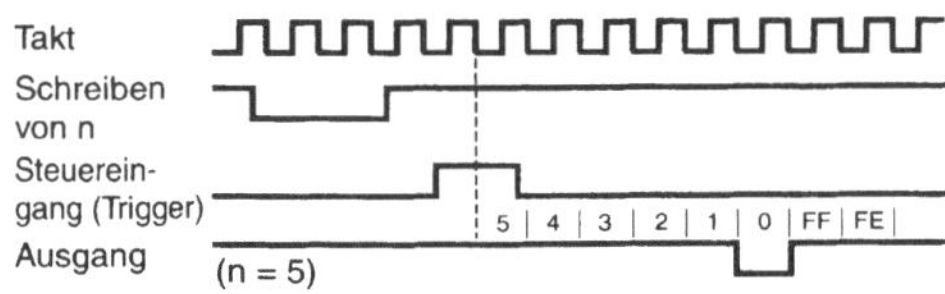

Bild H-40. Impuls-Diagramme für die verschiedenen Betriebsmodi des 82C54.

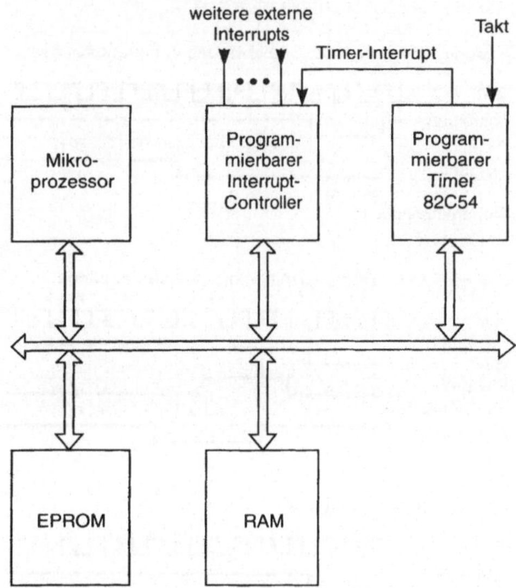

Bild H-41. Timer-Baustein 82C54 als Interruptquelle in einem Mikrorechnersystem.

auf Eins-Pegel. Erreicht der Zähler den Wert 1, geht der Ausgang für eine Taktperiode auf Null-Pegel, dann wieder auf Eins-Pegel. Der Zähler lädt wieder den Initialisierungswert und beginnt erneut abwärts zu zählen. In diesem Modus arbeitet der Zähler periodisch; die Periode von einem zum nächsten Ausgangsimpuls entspricht dem programmierten Startwert multipliziert mit der Taktperiode. Wird der Startwert zwischen zwei Impulsen erneut geladen, arbeitet der Zähler ab der folgende Periode mit dem neuen Wert, der momentane Zählvorgang bleibt davon unberührt.

Modus 3, Rechteckgenerator

Der Ablauf des Modus 3 ähnelt dem des Modus 2. Allerdings bleibt der Ausgang auf Eins-Pegel, bis die erste Hälfte des Zählwertes abgelaufen ist und geht dann auf Null-Pegel. Ist auch die zweite Hälfte des Zählwertes abgelaufen, geht der Ausgang wieder auf Eins-Pegel und der Zähler lädt automatisch den programmierten Wert. In diesem Modus erniedrigt jeder Taktimpuls den Zähler nicht um 1 sondern um 2. Das Tastverhältnis des Ausgangssignals ist bei geraden Zählwerten also exakt 1:1. Ist der Zählwert ungerade, wird der Zähler mit dem Wert „Zählwert -1" geladen. Der

Verminderte Zähltakt wird am Ende wieder hinzugefügt, so daß hier ein geringfügig asymmetrisches Tastverhältnis entsteht (High-Phase:(N + 1)/2 Takte, Null-Phase ((N - 1)/2 Takte).

Modus 4, Software-nachstartbarer Impuls

Der Ausgang des Zählers ist nach der Betriebsartfestlegung bei der Initialisierung des Timerbausteins zunächst auf Eins-Pegel. Der Zählvorgang startet mit dem Taktimpuls nach dem Laden des Zählers. Erreicht der Zähler das Zählende, springt der Ausgang für einen Taktimpuls auf Null-Pegel, um mit dem folgenden Takt wieder den Eins-Pegel einzunehmen. Das Nachladen des Zählers vor Erreichen des Zählendes verzögert den Ausgangsimpuls um die nachgeladene Anzahl von Zähltakten. Damit kann in diesem Modus der End-Puls durch Software-Nachtriggerung hinausgeschoben werden (retriggerbares Monoflop).

Modus 5: Hardware-nachstartbarer Impuls

Dieser Modus ist mit Modus 4 vergleichbar, die Nachtriggermöglichkeit erfolgt jedoch durch den Steuereingang. Der Zähler beginnt mit einer steigenden Flanke am Steuereingang zu zählen. Der Ausgang ist in der Ruhelage auf Eins-Pegel. Erfolgt während des Zählvorganges keine Nachtriggerung, geht der Ausgang nach (N+1)-Taktimpulse für eine Taktperiode auf Null-Pegel. Eine Nachtriggerung verzögert die Ausgabe des Null-Pegels um die initialisierte Anzahl von Zähltakten.

Der Steuereingang eines Zählers erfüllt modusabhängig verschiedene Funktionen. Tabelle H-4 faßt die verschiedenen Funktionen zusammen. Weitere Informationen zum 82C54 findet man in den Datenblättern des Herstellers oder in den zahlreichen Veröffentlichungen zum Thema PC-Hardware.

H 3.2.4.2 Software-konfigurierbare parallele I/O-Bausteine

Für die digitale Ein-/Ausgabe und die Steuerung der A/D-Wandlung werden universelle, programmierbare Parallel-I/O-Bausteine eingesetzt. Als Beispiel sei der 8255A von Intel mit 24 Ein-/Ausgangsleitungen angeführt (Bild H-42). Diese sind in drei 8-Bit-Register (Register A, B, C) aufgeteilt. Die Register können als 2 Gruppen (je 12 Leitungen Gruppe A und B) oder als drei individuelle 8 Bit-Register programmiert werden.

Tabelle H-4. Zusammenfassung der Steuerfunktionen der Steuereingänge beim Timer-Baustein 82C54

Modus	Null-Pegel oder Übergang zu Null-Pegel	Steigende Flanke	Eins-Pegel
0	Stoppt Zählvorgang	– – –	Ermöglicht Zählvorgang
1	– – –	1. Löst Zählvorgang aus 2. Rücksetzen des Ausgangs nach dem nächsten Takt	– – –
2	1. Stoppt Zählvorgang 2. Setzt Ausgang	1. Erneutes Laden des Zählers 2. Startet Zählen	Ermöglicht Zählvorgang des Zählers
3	1. Stoppt Zählvorgang 2. Setzt Ausgang auf Eins-Pegel	1. Erneutes Laden des Zählers 2. Startet Zählen	Ermöglicht Zählvorgang
4	Stoppt Zählvorgang	– – –	Ermöglicht Zählvorgang
5	– – –	Startet Zählen	

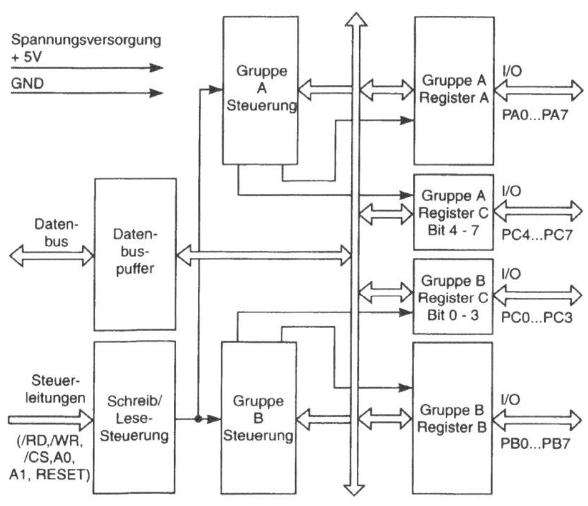

/RD: Schreibsignal, aktiv null
/WR: Lesesignal, aktiv null
/CS :   Bausteinauswahl, aktiv null
A0:   Adreßleitung A0
A1:   Adreßleitung A1
RESET: Rücksetzsignal

I/O : Eingabe/Ausgabe (Input/Output)
PA0...PA7: Ein/Ausgabeleitungen Register A
PB0...PB7: Ein/Ausgabeleitungen Register B
PC0...PC3: Ein/Ausgabeleitungen Register C, untere 4 Bit
PC4...PC7: Ein/Ausgabeleitungen Register C, obere 4 Bit

A0 und A1 wählen die internen Register aus.

Bild H-42. Vereinfachtes Blockschaltbild des Parallel-I/O-Bausteins 82C55A.

Folgenden drei Betriebsmodi können programmiert werden:

- Modus 0 – einfacher Input/Output,
- Modus 1 – strobed Input/Output,
- Modus 2 – bidirektionaler Bus sowie
- Mischungen dieser Betriebsarten.

Der Modus 0 erlaubt einfache Ein-/Ausgabevorgänge mit allen drei Registern. Dabei werden die Daten vom jeweiligen Register gelesen oder in das Register geschrieben. Handshakeleitungen sind hierfür nicht erforderlich. Mit der Konfiguration des 8255A für den Modus 0 stehen zwei 8-Bit-Register (A und B) und zwei 4-Bit-Register (unteres und oberes Nibble von Register C; Nibble: 4-Bit-Wort) zur Verfügung, die jeweils Eingaberegister (ohne Speicherung) oder Ausgaberegister (mit Speicherung) sein können.

Der Modus 1 trennt die Register nach zwei Gruppen (Gruppe A, Gruppe B). Jede Gruppe enthält ein 8-Bit-Datenregister (Register A bzw. B) und ein 4-Bit-Kontroll-/Datenregister. Das 8-Bit-Register ist dabei Ein-/Ausgaberegister, das 4-Bit-Register (oberer oder unterer Teil von Register C) übernimmt Status-, Kontrollsignale (Handshake, Interrupts) und die Funktion eines einfachen 2-Bit-I/O-Registers (PC6 und PC7). Im Modus 2 schließlich kann Port A als bidirektionales Datenregister verwendet werden. Register B wird nicht verwendet. Register C übernimmt wieder Status-, Kontrollsignale und die Funktion eines 3-Bit-I/O-Registers (PC0 bis PC2).

Der 8255A ist nicht auf den Betrieb in einem Modus beschränkt. Register A kann beispielsweise im Modus 2 arbeiten, während Register B im Modus 0 oder 1 läuft. Register C übernimmt bei den gemischten Modi grundsätzlich Kontroll- und Statusaufgaben, die verbleibenden Bits von Port C arbeiten im Modus 0 entweder als Ein- oder Ausgang.

H 3.2.4.3 Ein-Ausgabe-Register

Liegen bei einer Steuerung einer Meßeinrichtung die Datenrichtung und die Richtung der Signale der Schnittstelle zur Ablaufsteuerung fest, setzt man an Stelle programmierbarer konfigurierbarer paralleler I/O-Bausteine Ein-/Ausgaberegister mit Busstruktur ein. Bild H-43 zeigt ein Beispiel für einen Busbaustein mit gegenüberliegenden Ein- und Ausgängen. Dies vereinfacht vor allem die Layouterstellung. Liegen die Eingangs-

signale statisch an, reicht in der Regel ein Bustreiber aus. Andernfalls müssen sie in einem Register zwischengespeichert werden. Einige typische 8-Bit-Bausteine für Bussysteme sind in Bild H-43 aufgeführt. Der Technologietrend geht hier ebenfalls in Richtung hochintegrierte 16-Bit-Bausteine (z. B. ABT-Logik, Advanced BiCMOS).

H 3.2.4.4 Schieberegister, Serien-/Parallelwandlung

Schieberegister arbeiten in Digitalschaltungen als Parallel-/Serienwandler bzw. Serien-/Parallelwandler. Sie sind beispielsweise in jedem Kommunikations-Controller für serielle Datenübertragung zu finden. Als rückgekoppelte Schieberegister findet man sie in CRC-Generatoren oder in Pseudozufallsgeneratoren. Schieberegister können wie folgt ausgeführt sein:

- mit Paralleleingabe,
- mit umschaltbarer Schieberichtung oder
- mit busfähigem Ausgaberegister (die Ausgänge können hochohmig geschaltet werden; engl.: tristate).

Um längere Schiebeketten aufzubauen, können Schieberegister hintereinandergeschaltet werden. Bild H-44 zeigt den 8-Bit-Schieberegistertyp 74HC595. Für die Meßdatenerfassung sind busfähige Schieberegister vor allem für die Serien-/Parallelwandlung wichtig. Die *Tiefe* einer Schieberegisterkette hängt von der jeweiligen Meßaufgabe ab.

H 3.2.4.5 Digital-Multiplexer

Digital-Multiplexer arbeiten ähnlich wie Analog-Multiplexer. Allerdings können sie nicht rückwärts betrieben werden. Sie wählen eine von n digitalen Signalquellen aus, um beispielsweise die Zahl der Eingangssignale eines Frequenzzählers erhöhen. Bild H-45 zeigt als typischen Vertreter eines 8:1-Multiplexer den Baustein 74HC151. Über die drei Steuereingänge A,B und C wird binär kodiert der Eingang angewählt, der auf den Ausgang geschaltet werden soll.

Neben der Funktion als Signalquellen-Selektor werden Digital-Multiplexer auch als Boolesche Funktionsgeneratoren oder Parallel/Seriell-Konverter betrieben.

a bidirektionaler Bustreiber 74HC245

DIL- oder SO-Gehäuse
DIL = Dual In Line
SO = Small Outline

PLCC-Gehäuse
PLCC = Plastic Leaded Carrier Chip

Logisches Symbol

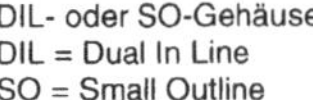

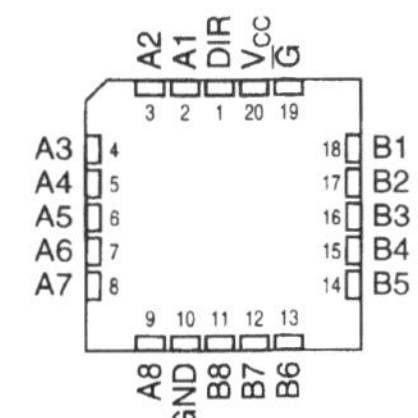

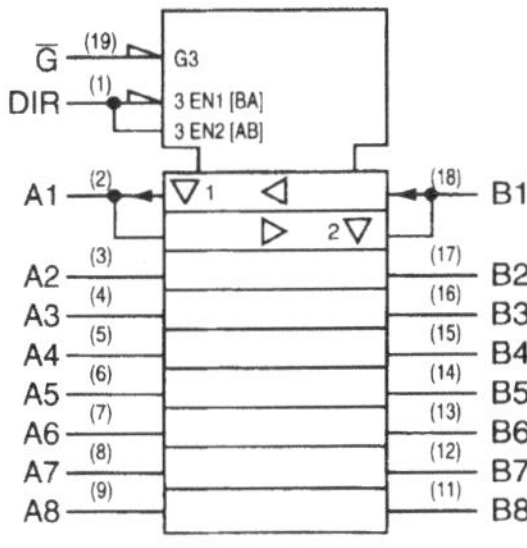

Wahrheitstabelle

Steuereingänge		Betriebsart
$\overline{G}$	DIR	
L	L	Daten von B nach A
L	H	Daten von A nach B
H	X	hochohmig

L = logisch 0   H = logisch 1   X = ohne Bedeutung

G: Datenausgänge freigeben, aktiv null

DIR: Festlegung der Datenrichtung
DIR = 0: Datenrichtung von B nach A
DIR = 1: Datenrichtung von A nach B

A1 - A8: Datenein-/ausgänge der A-Seite

B1 - B8: Datenein-/ausgänge der B-Serie

b 8-Bit-D-Flip-Flop-Register 74HC574

DIL- oder SO-Gehäuse
DIL = Dual In Line
SO = Small Outline

PLCC-Gehäuse
PLCC = Plastic Leaded Carrier Chip

Logisches Symbol

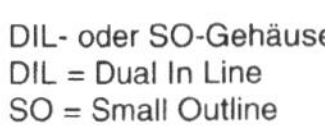

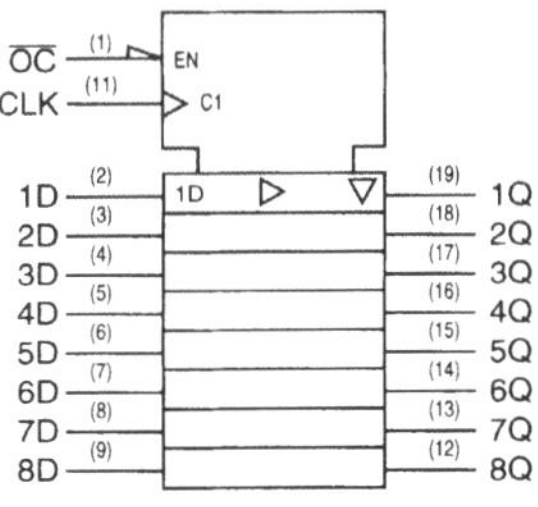

Wahrheitstabelle

Eingang			Ausgang
$\overline{OC}$	CLK	D	Q
L	↑	H	H
L	↑	L	L
L	L	X	Q_0
H	X	X	Z

L = logisch 0   H = logisch 1   X = ohne Bedeutung
Z = Ausgang hochohmig

OC: Registerausgänge freigeben, aktiv null

CLK: Taktsignal, Vorderflankentriggerung

1D - 8D: Dateneingänge

1Q - 8Q: Datenausgänge

Die Daten an den D-Eingängen werden mit der
ansteigenden Flanke des Taktsignals übernommen.

Bild H-43. Häufig eingesetzte digitale Ein-/Ausgabebausteine mit Busstruktur.

DIL- oder SO-Gehäuse
DIL = Dual In Line
SO = Small Outline

PLCC-Gehäuse
PLCC = Plastic Leaded Carrier Chip

Logisches Symbol

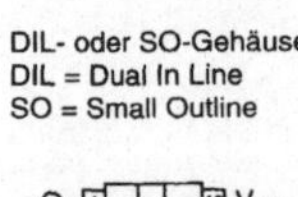

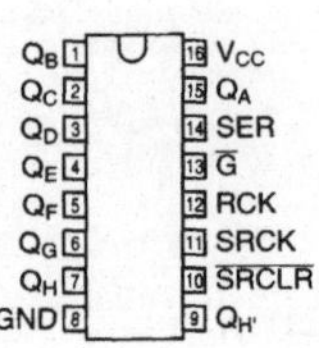

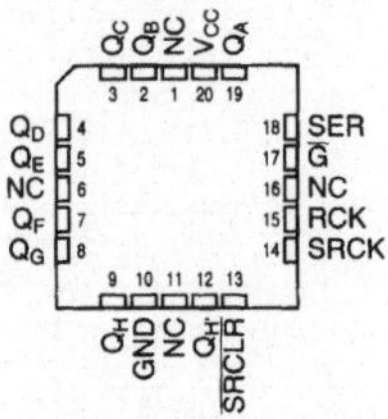

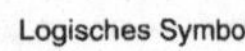

NC - No internal connection
(intern nicht verbunden)

$\overline{G}$:   Steuersignal zur Freigabe der Ausgänge, aktiv null

RCK: Übernahmetakt für das Ausgaberegister, Vorderflankentriggerung

$\overline{SRCLR}$:   Rücksetzsignal, aktiv null

SRCK: Schiebetakt, Vorderflankentriggerung, Schieberichtung
  SER → Q_A
  Q_A → Q_B
  Q_B → Q_C
  • • •
  Q_G → Q_H

SER: Serieller Eingang

Q_A . Q_H: Parallele Datenausgänge

$Q_{H'}$:   Serieller Ausgang

Bild H-44. 8-Bit-Schieberegistertyp 74HC595 mit Tristate-Ausgängen.

DIL- oder SO-Gehäuse
DIL = Dual In Line
SO = Small Outline

PLCC-Gehäuse
PLCC = Plastic Leaded Carrier Chip

Logisches Symbol

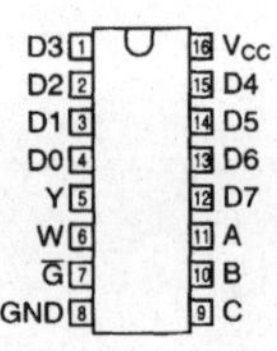

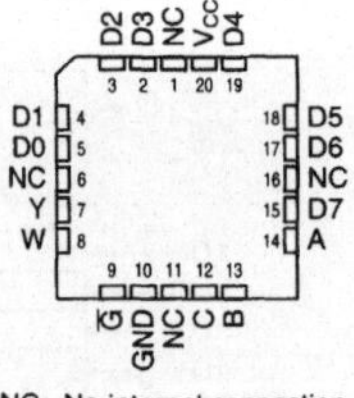

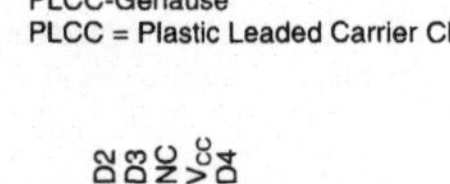

NC - No internal connection
(intern nicht verbunden)

Wahrheitstabelle

Eingänge				Ausgänge	
Auswahl			Freigabe		
C	B	A	$\overline{G}$	Y	W
X	X	X	H	L	H
L	L	L	L	D0	$\overline{D0}$
L	L	H	L	D1	$\overline{D1}$
L	H	L	L	D2	$\overline{D2}$
L	H	H	L	D3	$\overline{D3}$
H	L	L	L	D4	$\overline{D4}$
H	L	H	L	D5	$\overline{D5}$
H	H	L	L	D6	$\overline{D6}$
H	H	H	L	D7	$\overline{D7}$

L = logisch 0   H = logisch 1   X = ohne Bedeutung

$\overline{G}$:   Multiplexerfreigabe, aktiv null

A, B, C: Auswahlsignale

D0 - D7:   Eingangssignale

Y: Ausgangssignal

W: Ausgangssignal invertiert

Bild H-45. 8-zu-1-Digital-Multiplexer 74HC151.

H 3.3 Meßdatenerfassung und digitale Signalverarbeitung

H 3.3.1 Digitale Signalverarbeitung

Die digitale Signalverarbeitung befaßt sich mit der Umformung von Zahlenfolgen durch digitale Techniken.

> Unter digitaler Signalverarbeitung versteht man die Manipulation von binären Zeichenketten durch Hard- oder Software.

Der Ursprung digitaler Zahlenfolgen kann entweder in der Abtastung analoger Signale oder auch in Daten liegen, die innerhalb eines digitalen Systems anfallen, beispielsweise eines Universal- oder Prozeßrechners. Die Bearbeitung dieser Zahlenfolgen kann je nach Anwendungsgebiet sehr verschiedenartig sein, angefangen bei der numerischen Integration über die Filterung von Radarsignalen zur Festzielunterdrückung bis hin zur Kontrastverschärfung von Bildvorlagen. Einen Überblick über das Gebiet der digitalen Signalverarbeitung zeigt Bild H-46:

Nachrichtenübertragung

- Entzerrung von Datenkanälen (Unterdrückung des Impulsnebensprechens),

- Analyse und Synthese von Sprache zur Reduktion des Datenflusses bei deren Übertragung.

Seismik

- Unterdrückung von Streuungen und Dämpfungen beim empfangenen Signal. Damit sind genauere Aussagen über die Struktur der Erdschicht möglich.

Radartechnik

- Extraktion von Festzielen,

- Verbesserung der Entfernungsauflösung durch Verschärfung der Signalspitze am Empfängerausgang.

Bildverarbeitung

- Reduktion der Bandbreite zur Bildsignalübertragung (Fernsehtelefon),

- Reduktion der Parameter bei der Bilddarstellung,

- Kontrastverschärfung durch homorphe Filterung.

Durch die Fortschritte der Digitaltechnik in bezug auf Geschwindigkeit, Genauigkeit, Integrationsdichte und Leistungsverbrauch erweitert sich der Anwendungsbereich ständig. Heute sind digitale Rechensysteme in allen Größen und Preisen verfügbar. Gründe für die digitale Signalverarbeitung sind zum einen in den Vorteilen der digitalen Technik (Tabelle H-5) zu sehen, zum anderen darin, daß manche Signalumformungen, wie beispielsweise in der Bildverarbeitung durch analoge Techniken nicht oder viel zu teuer zu realisieren sind. Digitale Datenverarbeitungssysteme sind *zuverlässig, unempfindlich* und *tragbar* geworden. Sie sind auch an Orten und in Umgebungen zu finden, die für Menschen nicht zugänglich sind.

Einige typische Anwendungen sind in Bild H-47 a bis H-47 c veranschaulicht. Bild H-47 a zeigt die Umwandlung einer physikalischen Größe (z. B. eine Wegstrecke, Geschwindigkeit, Beschleunigung, Intensität, Kraft, Druck, Temperatur, Farbe, Ladung oder Wiederholfrequenz) durch einen Umformer in eine elektrische Spannung. Anschließend wird das Ausgangssignal des Umformers in regelmäßigen Zeitabständen digitalisiert (ADC: Analog Digital Converter). Die Folge von Zahlen bzw. die Abtastreihe, die von dem ADC erzeugt wird, kann für eine weitere Verarbeitung aufgezeichnet werden oder, wie in Bild H-47 a angedeutet, sofort weiterverarbeitet werden.

Eine häufige Anwendung ist die *Berechnung des Spektrums*, woraus sich die Verteilung von Amplitude, Phase, Leistung oder Energie über der Frequenz ergibt. Eine andere verbreitete Operation in der digitalen Signalanalyse ist die *digitale Filterung*. Sie erzeugt aus der Original- beziehungsweise Eingangs-Abtastreihe eine davon verschiedene Ausgangs-Abtastreihe. Anwendungsbeispiele sind Tiefpaßfilter (Eliminieren hoher Frequenzen) und das Reduzieren des Rauschanteils.

Die dritte in Bild H-47 a gezeigte Operation ist die *Korrelation*. Darunter versteht man einen speziellen Prozeß, bei dem Signale mit sich selbst oder mit anderen Signalen verglichen werden.

Ein typisches digitales Steuerungs- oder Nachrichtenübertragungssystem zeigt Bild H-47 b. In diesem System werden analoge Signale digitalisiert und einem Signalprozessor zugeführt (engl.: DSP: Digital Signal Processor). Der Prozessor führt die Datenmanipulation durch und erzeugt ein digitales Ausgangssignal. Ein Digital-Analog-Wandler (DAC: Digital Analog Converter) setzt

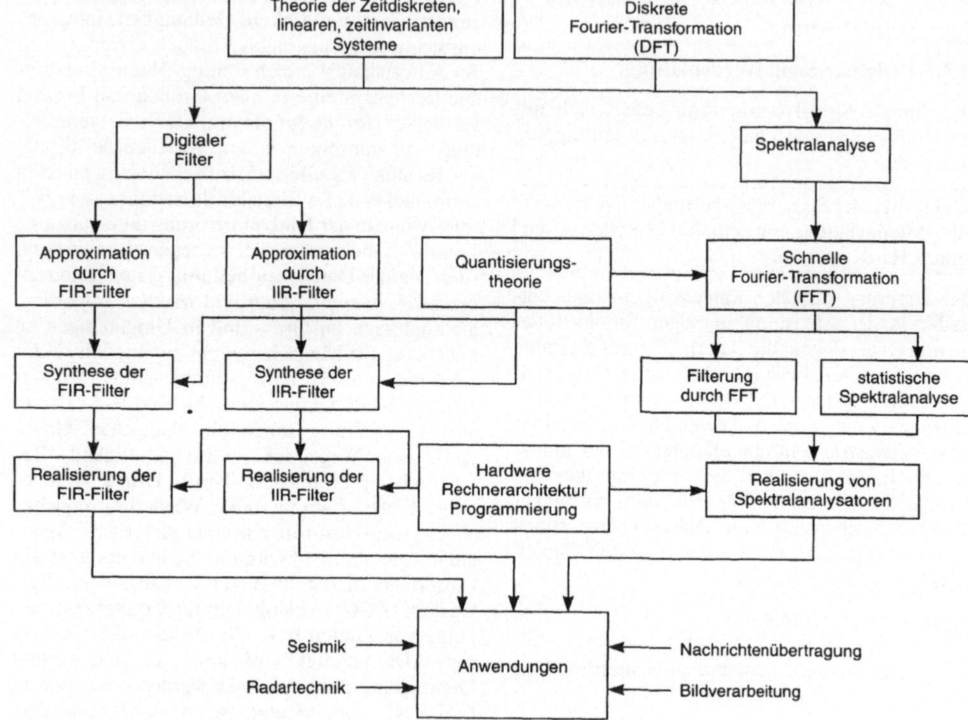

Bild H-46. Übersicht über die digitale Signalverarbeitung (nach L.R. Rabiner, B. Gold).

Tabelle H-5. Vergleich analoger und digitaler Systeme

Genauigkeit	analoges System	digitales System
	begrenzt, überproportinale Kosten	unbegrenzt, lineare Kosten
Toleranzen	vorhanden	keine
Temperatur, Alterung	vorhanden	unproblematisch
Multiplextechnik	unmöglich	grundsätzlich möglich
Aussteuerung	unbegrenzt (passive Elemente)	begrenzt (Aufwand)
Rauschen	Bauelemente	Rundung
Frequenzbereich	nach unten: unbegrenzt nach oben: unbegrenzt	nach unten: unbegrenzt nach oben: ca. 5 MHz
Integration	bedingt möglich (aktiv)	uneingeschränkt möglich

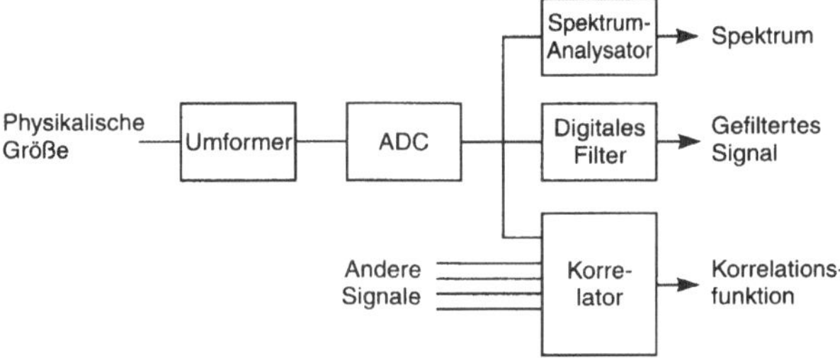

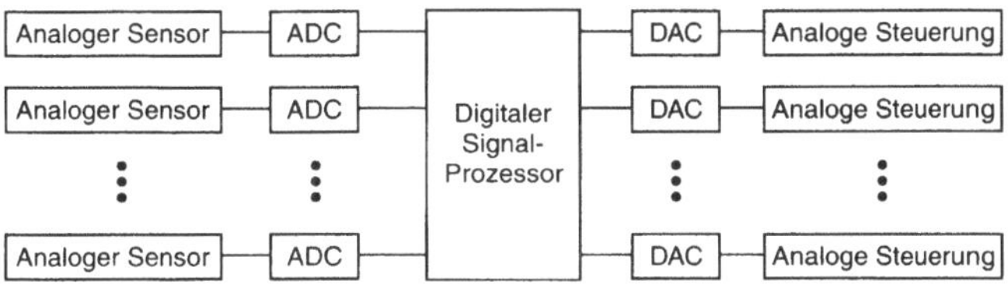

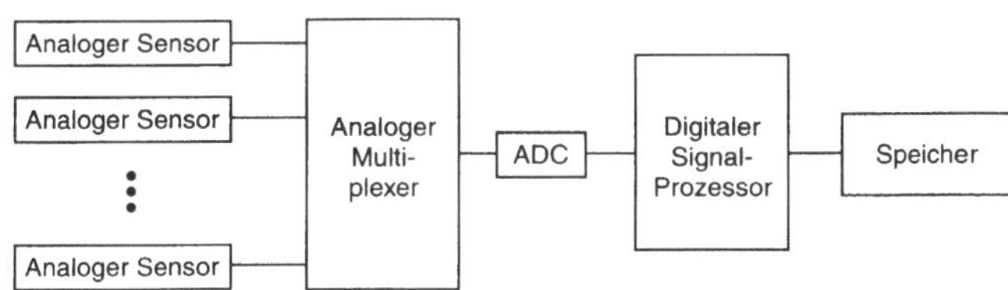

Bild H-47. Typische Operationen und Systeme in der digitalen Signalverarbeitung.

die binäre Information in ein analoges Steuersignal um.

Bild H-47 c schließlich zeigt ein typisches Datenerfassungssystem. Hier wird eine Alternative zu der Eingangsschaltung in Bild H-47 a gezeigt, in der die eintreffenden Analogsignale in Multiplextechnik zusammengefaßt werden. Dazu werden sie nacheinander abgetastet und anschließend mit Hilfe eines einzigen ADC in eine digitale Abtastfolge umgewandelt. Der Signalprozessor führt mit den Daten die erforderlichen Operationen aus, bevor er sie in einem digitalen Aufzeichnungsgerät speichert.

Bild H-48 veranschaulicht den grundsätzlichen Unterschied zwischen analogen und digitalen Systemen. Das analoge oder kontinuierliche System verarbeitet im allgemeinen eine kontinu-

ierliche zeitabhängige physikalische Größe f(t) und erzeugt eine ähnliche Größe g(t). Andererseits verarbeitet das digitale System wie oben beschrieben eine Folge von Zahlen $f_0\ f_1\ f_2 \ldots$ so, daß am Ausgang eine Zahlenfolge $g_0\ g_1\ g_2 \ldots$ entsteht.

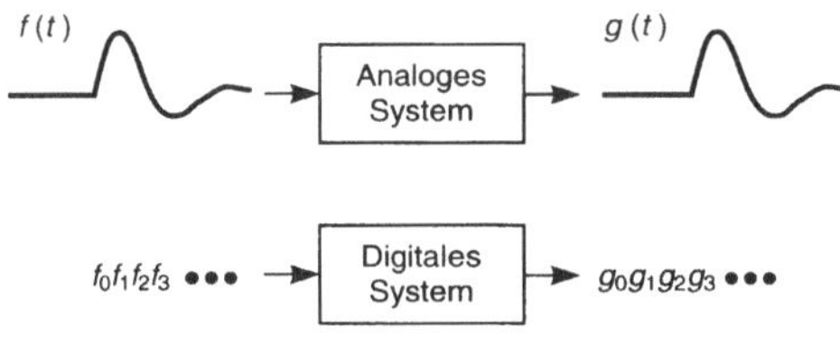

Bild H-48. Analoge und digitale Systeme.

H 3.3.2 Fourier-Anwendungen in der Signalanalyse

H 3.3.2.1 Fourier-Reihe

Fourier-Anwendungen spielen auf vielen Gebieten der Ingenieurwissenschaften eine große Rolle und ist in weiten Bereichen anwendbar. Sie schafft einen einzigartigen Weg, jede periodische Funktion durch ihre Bestandteile bei diskreten Frequenzen auszudrücken und gibt damit explizit die *Frequenzzusammensetzung* der Funktion an. Die periodische Funktion wird durch eine Ersatzfunktion, eine Reihe von harmonischen Schwingungen angenähert (Bild H-49). Im allgemeinen Fall gilt:

$$
\begin{aligned}
f(x) = a_0 \; &+ \; a_1 \cdot \cos(\omega x) + a_2 \cdot \cos(2\omega x) \\
&+ \; a_3 \cdot \cos(3\omega x) + k \\
&+ \; b_1 \cdot \sin(\omega x) + b_2 \cdot \cos(2\omega x) \\
&+ \; b_3 \cdot \sin(3\omega x) + k
\end{aligned}
\tag{H-1}
$$

Bild H-50 zeigt, daß sich die Ersatzfunktion mit steigender Anzahl der Oberwellen immer mehr der Originalfunktion annähert. Je exakter die Originalfunktion nachgebildet werden soll, umso mehr Vielfache der Grundschwingung sind notwendig. Im Grenzfall sind es unendlich viele.

$$
f(x) = a_0 + \sum_{k=1}^{\infty} b_k \cdot \sin(kx) + a_k \cdot \cos(kx)
\tag{H-2}
$$

a_0, a_k und b_k werden als *Fourierkoeffizienten* bezeichnet. Die Schwingungsamplituden der Sinusterme ergeben sich zu:

$$
b_k = \frac{2}{T} \int_0^T f(x) \sin(kx)\,dx,
\tag{H-3}
$$

die Schwingungsamplituden der Cosinusterme zu:

$$
a_k = \frac{2}{T} \int_0^T f(x) \cos(kx)\,dx.
\tag{H-4}
$$

a_0 wird als Gleichanteil bezeichnet und ergibt sich aus (H-4) für $\omega = 0$ zu:

$$
a_0 = \frac{2}{T} \int_0^T f(x)\,dx.
\tag{H-5}
$$

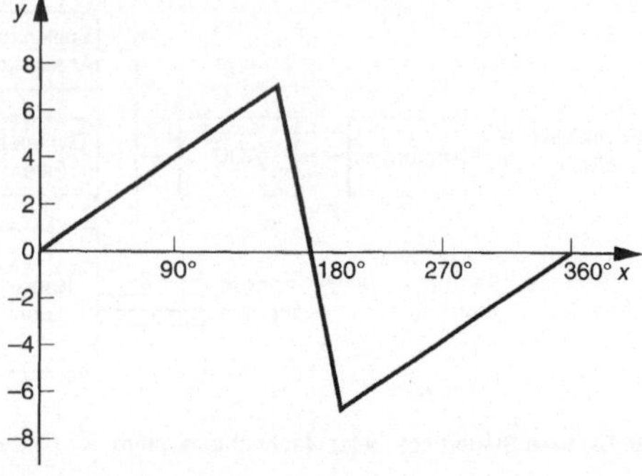

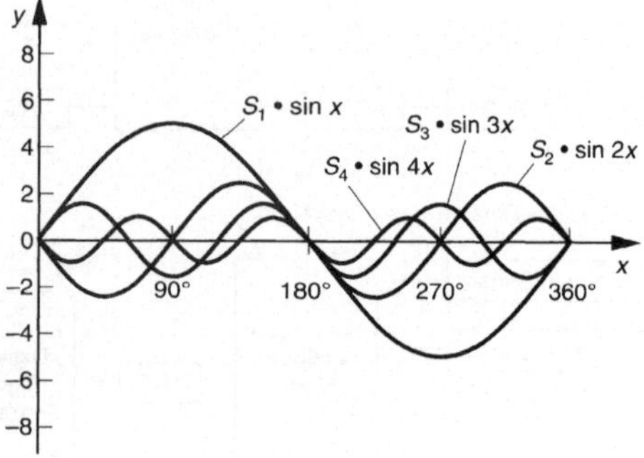

Bild H-49. Approximation einer periodischen Funktion durch eine Fourier-Reihe.

Für steigende Werte von k werden die Koeffizienten a_k und b_k immer kleiner. Deshalb werden in der Praxis nur so viele Werte a_k und b_k berechnen, wie ein signifikanter Einfluß vorhanden ist.

H 3.3.2.2 Fourier- und Laplace-Transformation

Es lassen sich nicht nur periodische Signale auf zwei gleichwertige Arten (als *Zeitfunktion* oder als *Spektrum*) darstellen, sondern auch nichtperiodische Verläufe. Während sich bei *periodischen* Signalverläufen *Linienspektren* ergeben, ergeben sich bei *nichtperiodischen kontinuierliche Spektren*. Für die Berechnung des Spektrums einer Zeitfunktion dienen im wesentlichen zwei Integralbeziehungen, die *Fourier-Transformation* und die *Laplace-*

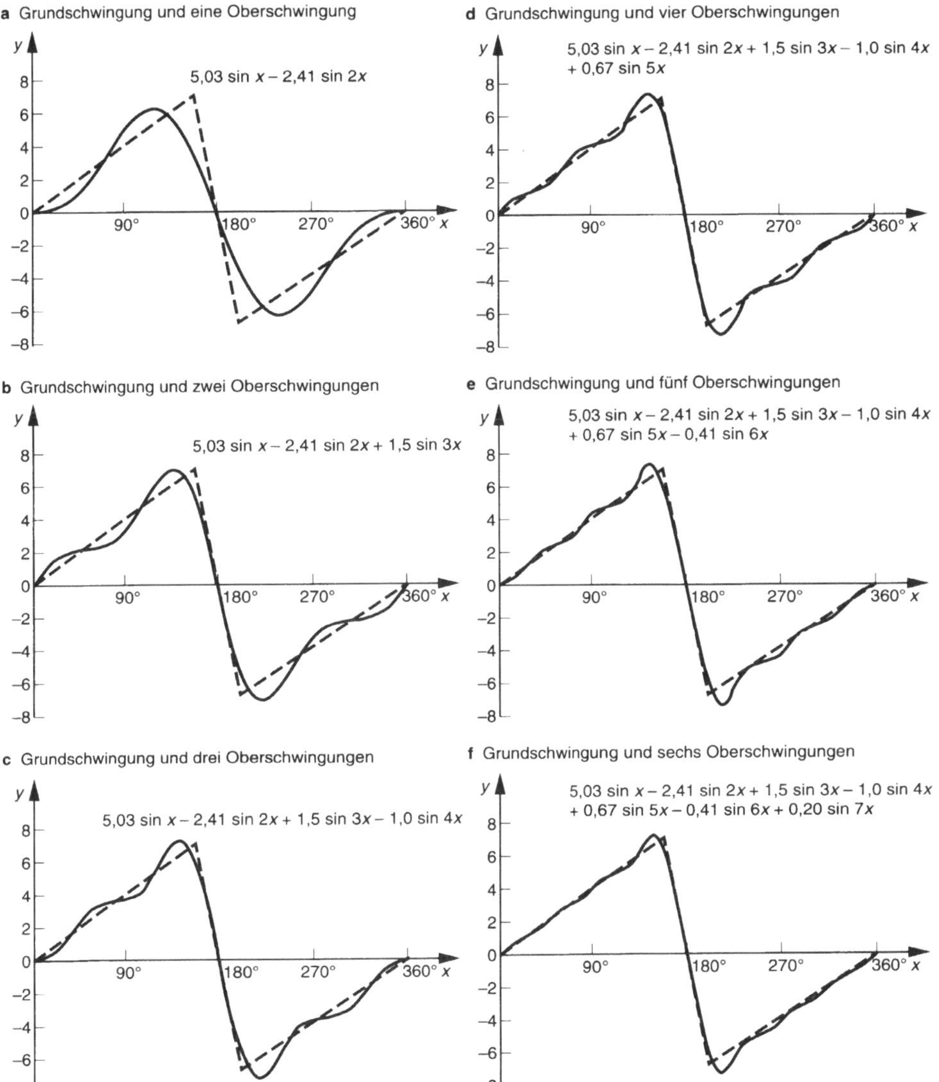

Bild H-50. Annäherung der Originalfunktion durch entsprechende Hinzunahme von weiteren Oberschwingungen.

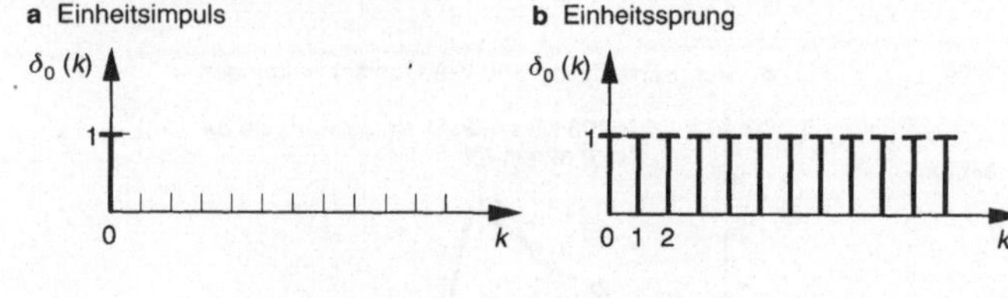

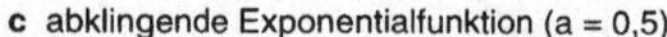

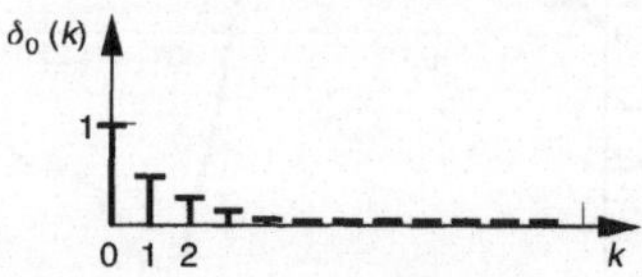

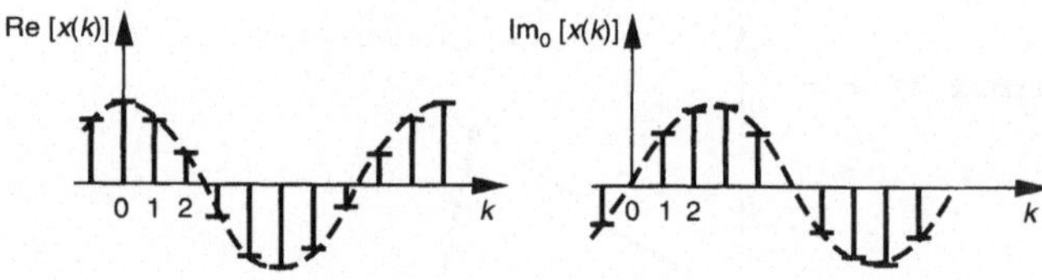

Bild H-51. Elementare diskrete Signale.

Transformation. Die Durchführung der Fourier-Transformation setzt voraus, daß die zu transformierende Funktion mit wachsendem t verschwindet. Eine sinusförmige Funktion mit konstanter Amplitude besitzt beispielsweise keine Fourier-Transformierte. Das Fourier-Transformationspaar (Fourier-Transformation und Rücktransformation) ist wie folgt definiert:

$$F(\omega) = \int\limits_{-\infty}^{+\infty} f(t)e^{-j\omega t}\,dt,$$

$$f(t) = \frac{1}{2\pi} \int\limits_{-\infty}^{+\infty} F(\omega)e^{j\omega t}\,d\omega. \qquad \text{(H-6)}$$

Die Laplace-Transformation kann als eine Modifikation der Fourier-Transformation angesehen werden, um auch die Transformation einer Funktion zu erlauben, die nicht notwendigerweise mit wachsendem t verschwindet. Dazu multipliziert man $f(t)$ mit einer abklingenden Exponentialfunktion $e^{-\alpha|t|}$, so daß mit $\alpha > 0$ das Produkt $f(t) \cdot e^{-\alpha|t|}$ jetzt mit wachsendem oder fallenden t verschwindet. Die meisten physikalischen Pro-

bleme können so definiert werden, daß ihre Funktion $f(t)$ bei 0 beginnt und für $t < 0$ gleich null ist. Damit können die Betragsstriche in $e^{-\alpha|t|}$ entfallen. Das Laplace-Transformationspaar ist wie folgt definiert:

$$F(s) = \int\limits_{0}^{+\infty} f(t)e^{-st}\,dt;$$

$$f(t) = \frac{1}{2\pi j} \int\limits_{\alpha-j\infty}^{\alpha+j\infty} F(s)e^{st}\,ds. \qquad \text{(H-7)}$$

Für die komplexen Variablen s gilt: $s = \alpha + j\omega$.

H 3.3.2.3 Analoge, diskrete und digitale Signale

Die oben genannten Anwendungen (Fourier-Reihen, Fourier-Transformation und Laplace-Transformation) gelten für analoge Signalverläufe. Bei *analogen* Signalen bilden sowohl die Zeit- als auch die Amplitudenachse ein *Kontinuum. Diskrete* Signale entstehen, wenn man die Funktionswerte einer kontinuierlichen Funktion nur noch zu bestimmten Zeitpunkten betrachtet (abtastet). Die gewonnenen Funktionswerte besitzen eine unendliche Anzahl von Stellen. Die wesentlichen elementaren diskreten Signale sind in Bild H-51 zusammengestellt. *Digitale* Signale unterscheiden sich von diskreten Signalen in einer endlichen Zahlenfolge.

H 3.3.2.4 Eigenschaften diskreter Signale im Frequenzbereich

Die Spektren diskreter Signale sind periodisch und kontinuierlich. Tastet man ein bandbegrenztes kontinuierliches Signal ab, ergibt sich das Spektrum des diskreten Signals als normierte periodische Fortsetzung des zugehörigen periodischen Signals. Ein Beispiel zeigt Bild H-52. Beide Spektren stimmen im Intervall $-\pi/T \leq \omega \leq \pi/T$ überein, wenn

1. Die Funktion $X_k(j\omega)$ bandbegrenzt ist, d. h. eine maximale Frequenzkomponente ω_{max} enthält und

2. die Abtastfrequenz $\omega_a = 2\pi f_a = 2\pi T$ mindestens doppelt so groß wie die maximale Frequenz ω_{max} von $X_k(j\omega)$ gewählt wird (Abtasttheorem).

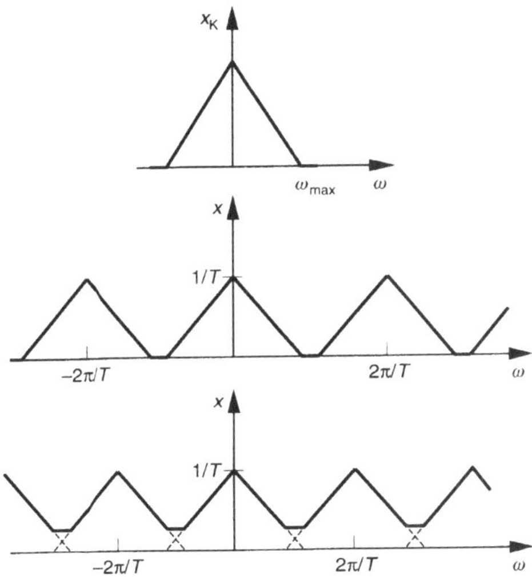

Bild H-52. Spektren eines kontinuierlichen Signals und von zwei durch verschiedene Abtastfrequenzen gewonnenen diskreten Signalen.

Ist eine dieser Voraussetzungen nicht erfüllt, überlappen sich die Teilspektren (im unteren Teil des Bild H-52 dargestellt). Dies wird als *aliasing* bezeichnet. Die ursprüngliche Funktion kann in diesem Fall nicht mehr eindeutig aus ihren Abastwerten rekonstruiert werden (Verletzung des Abtasttheorems).

H 3.3.2.5 Diskrete Fourier-Transformation (DFT)

Die diskrete Fourier-Transformation spielt in der digitalen Signalverarbeitung eine grundlegende Rolle. Sie wird im allgemeinen immer dann angewandt, wenn Abtastwerte einer kontinuierlichen Funktion weiterverarbeitet werden sollen. Ähnlich wie die Fourier-Transformation in analogen System wirkt, erzeugt die DFT aus einer *Funktion im Zeitbereich* eine *Funktion im Frequenzbereich*. Für diskrete Signale gilt für das Fourier-Transformationspaar:

$$F(\omega) = \sum_{k=-\infty}^{k=+\infty} f(k) \cdot e^{-j\omega kT};$$

$$f(t) = \frac{1}{2\pi} \int_{-\pi/T}^{\pi/T} F(\omega)\, e^{j\omega t}\, d\omega. \qquad \text{(H-8)}$$

Dabei gilt: $T = \pi/\omega_g$, wobei ω_g die Grenzfrequenz des bandbegrenzten Signals ist.

Bei der Realisierung der Fourier-Transformation mit einem Digitalrechner oder allgemein durch ein digitales System treten zwei Schwierigkeiten auf:

1. Es können nur endlich viele (z. B. N) Werte $x(k)$ verarbeitet werden ($0 \leq k \leq N-1$).

2. Neben der Zeitvariablen ($t = kT$) muß auch die Frequenzvariable diskretisiert werden ($\omega = l \cdot \Delta$).

Δ beschreibt dabei den Abstand der diskreten Spektrallinien und entspricht in den meisten Fällen der Grundfrequenz ω_0. ℓ ist eine Variable, die das Vielfache der Grundfrequenz wiedergibt (analog zu k im Zeitbereich).

Da das diskrete Signal x(k) ein periodisches Spektrum besitzt, braucht man nur eine Periode von F_ω, beispielsweise für $0 \leq \omega \leq 2\pi/T$, zu betrachten. Wegen des diskretisierten Frequenzparameters werden nur N verschiedene Frequenzpunkte innerhalb dieser Periode berücksichtigt, so daß für den Abstand Δ der Frequenzpunkte gilt:

$$2\pi/T = N \cdot \Delta \quad \text{und damit} \quad \Delta = 2\pi/NT. \text{(H-9)}$$

Die Bedingungen $0 \leq k \leq N-1$ und $\omega = 1 \cdot \Delta = 1 \cdot 2\pi/NT$ in Gl. H-8 eingesetzt liefert schließlich:

$$F(1) = \sum_{k=0}^{N-1} f(k) \cdot e^{-jkl2\pi/N}. \qquad \text{(H-10)}$$

Die Formel für die inverse diskrete Fourier-Transformation (Rücktransformation) IDFT lautet:

$$f(k) = \frac{1}{N} \sum_{1=0}^{N-1} F(1) \cdot e^{+jkl2\pi/N} \qquad \text{(H-11)}$$

Die diskrete Fourier-Transformation (DFT, Gl. H-10) und die inverse diskrete Fourier-Transformation (IDFT, Gl. H-11) unterscheiden sich bis auf die Normierungskonstante 1/N nur durch das Vorzeichen im Exponentialterm, d. h. beiden Transformationen liegt dieselbe Struktur des Rechenalgorithmus zugrunde.

H 3.3.2.6 Schnelle Fourier-Transformation

Die schnelle Fourier-Transformation (FFT: Fast Fourier Transformation) stellt eine Version der diskreten Fourier-Transformation (DFT) dar, die mit geringstem Aufwand auf einem Digitalrechner ausführbar ist. Während die DFT für N zu transformierende Werte nach Gl. H-10 N^2 komplexe Multiplikationen und Additionen benötigt, sind bei der FFT, sofern N eine Potenz von 2 ist, nur etwa $N \cdot \mathrm{ld}N$ dieser Operationen nötig (ld N = Logarithmus dualis von N). In der Folge sind für $N = 2^{10} = 1024$ etwa 99% der Operationen weniger notwendig. Grundsätzlich läßt sich die FFT nur dann anwenden, wenn N möglichst viele, auch gleichartige Teiler besitzt. Das Optimum wird dann erreicht, wenn N eine Potenz von 2 ist. Dies ist auch der praktisch bedeutendste Fall. Man unterscheidet zwei Methoden der FFT: die Reduktion im Zeitbereich (decimation in time) und die Reduktion im Frequenzbereich (decimation in frequency). Beide Methoden sind in der angegebenen Literatur ausführlich beschrieben.

H 3.3.3 Anwendungen

Im nachfolgenden sollen einige Anwendungsbeispiele beschrieben werden. Sie geben nur einen kleinen Teil aus dem vielfältigen Spektrum der Meßdatenerfassung wieder. Zur Steuerung der Meßdatenerfassung mit einem Rechnersystem sind Hardwaretreiber erforderlich, die aus Effizienzgründen (Laufzeit, Kodelänge) entweder in der Assemblersprache des Rechners oder einer hardwarenahen Programmiersprache (z. B. C) programmiert werden. Der Softwareentwickler muß mit der Arbeitsweise der Hardware im Detail vertraut sein. Dazu ist eine genaue Spezifikation der Hardware mit einer eindeutigen Beschreibung der Funktionen aus Sicht des Programmierers wichtig. Die hardwarenahe Programmierung zählt zweifellos mit zu den interessantesten Programmieraufgaben.

H 3.3.3.1 Messung niederfrequenter Wechselspannungen mit äquidistanter Signalabtastung

Das folgende Beispiel veranschaulicht die Meßwertaufnahme und -verarbeitung in einer Realzeitanwendung. Ein typisches Kennzeichen ist die mit einem programmierbaren *Zeitgeber* (Timer) realisierte Interruptsteuerung zur Meßwerterfassung. Sie teilt den Programmablauf in Vorder- und Hintergrundaktivitäten. Bild H-53 zeigt das Blockschaltbild einer Meßeinrichtung. Die auszuwertenden Signale sind niederfrequente Wechselspannungsignale mit einer Grundfrequenz von 30 Hz. Ausgewertet wird die 30-Hz-Grundfrequenz und deren Vielfache bis 150 Hz.

a Vereinfachtes Schema der Hardware

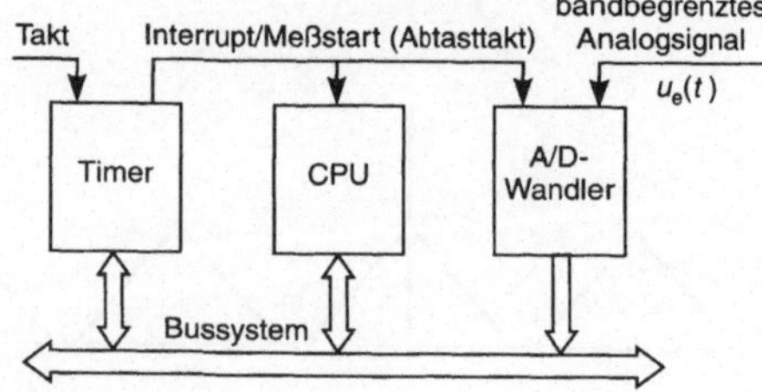

b Schema der Signalabtastung

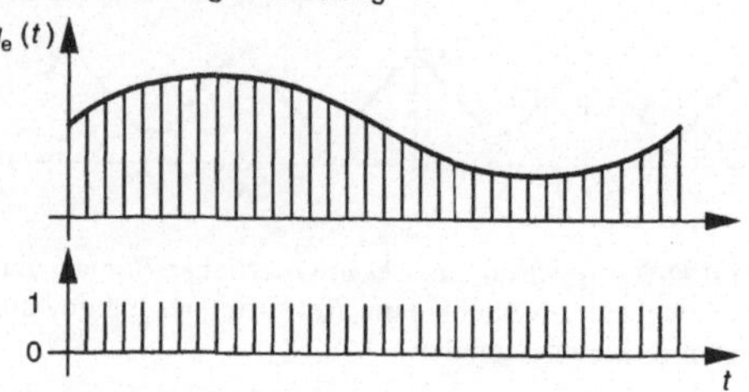

Bild H-53. Meßwerterfassung mit äquidistanter Signalabtastung.

Die Signale stammen aus verschiedenen Signalquellen (Sensoren) und werden vom Steuerrechner über einen Multiplexer nach einem bestimmten Kanalwahlschema ausgewählt, vermessen und ausgewertet. Die Frequenz des von dem Timer erzeugten Abtasttaktes beträgt das 32-fache der Grundfrequenz (32 · 30 Hz= 960 Hz), d. h. für jeden Kanal entnimmt der Rechner pro 30-Hz-Periode 32 Signalproben. Mittels einer diskreten Fourier-Transformation (DFT) analysiert er dann das jeweilige Signal eines Kanals. Je nach Anlagentyp wertet das Überwacherprogramm verschiedene Signalparameter aus. In ILS-Anlagen (ILS: Instrumentenlandesystem) ist beispielsweise die Differenz der Amplituden der 90-Hz- und 150-Hz-Schwingung eines jeweiligen Überwacherkanals von Interesse: sie stellt die Führungsinformation für landende Flugzeuge dar (links/rechts; hoch/tief). Auf der Kurslinie (gedachte verlängerte Mittellinie der Landebahn) und auf dem Gleitweg müssen beide Schwingungen die gleiche Amplitude haben.

In VOR-Anlagen (VOR: Very High Frequency (VHF) Omnidirectional Range; gerichtetes Funkfeuer) dagegen interessieren in erster Linie die Phasenlage der 30-Hz-Schwingungen zweier unterschiedlicher Überwacherkanäle. Der Senderteil einer VOR-Anlage erzeugt ein Führungssignal, das im Funkfeld mit einem geeigneten Empfänger als zwei 30-Hz-Schwingungen erkannt wird. Ihre Phasenlage ist einmal richtungsunabhängig überall gleich und einmal richtungsabhängig. Anhand der Phasendifferenz der 30-Hz-Schwingungen können Luftfahrzeuge ihren Kurs bezüglich einer Anlage feststellen und beim Überlandflug zwischen den Flughäfen navigieren. Für das Überwachersystem ist hier also die Phasenlage zweier 30-Hz-Schwingungen ein Hauptkriterium zur Beurteilung des abgestrahlten Führungssignals.

Die Erfassung und Verarbeitung der Signale muß in Echtzeit erfolgen. So darf bei obiger Navigationsanlage mit höchster Betriebsstufe ein fehlerhaftes Führungssignal maximal eine halbe Sekunde abgestrahlt werden. Danach muß das in sogenannter *heißer Reserve* mitlaufende zweite Sendesystem aktiviert werden. Sollte dieses ebenfalls ein Fehlerverhalten zeigen, muß das System nach einer weiteren halben Sekunde abgeschaltet werden.

Während bei Navigationsanlagen der ersten und zweiten Generation die Signalverarbeitung des Überwachersystems in Analogtechnik realisiert wurde, kommt heute die DFT (diskrete Fourier-Transformation) zum Einsatz. Am Beispiel der Signalaufbereitung eines VOR-Navigationssenders soll dies verdeutlicht werden.

H 3.3.3.2 Beispiel für die Anwendung der diskreten Fourier-Transformation

Signalanalyse

Die oben beschriebenen Signale des Landesystems ILS sollen rechnertechnisch erfaßt werden. Dazu ist die spektrale Zusammensetzung des abgetasteten Signals im Bereich von 30-Hz-(Grundfrequenz) bis zur 150-Hz-Oberwelle zu erfassen und auszuwerten. Beim ILS-Signal bildet die Differenz der Amplituden der 90-Hz- und der 150-Hz-Schwingung (DDM: Difference in Depth of Modulation) die Führungsinformation für Flugzeuge im Landeanflug (Bild H-54). Diese Information wertet der ILS-Bordempfänger im Flugzeug aus und stellt die Ablage (Rechts/Links- und Hoch/Tief) auf einem Kreuzzeigerinstrument dar. Bodenseitig überwacht ein Monitorsystem die Richtigkeit der abgestrahlten Signale, indem es ähnlich wie der ILS-Bordempfänger im Flugzeug, Signale von im Funkfeld aufgestellten Überwacherdipolen empfängt, demoduliert und auswertet. Dabei wird das Signal sowohl auf der Landebahnmitte (Centerline) beziehungsweise auf dem Gleitweg (bei etwa 3 Grad) und auch seitlich versetzt zur der Landebahnmitte (bzw. ober- oder unterhalb des Gleitweges) geprüft.

Die Signalauswertung basiert auf folgenden Gleichungen:

$$A_m = \sum_{n=0}^{31} x(n) \cdot e^{-j\frac{2\pi}{32}nm};$$
DFT-Formel für 32 Meßwerte $\qquad$ (H-12)

mit m = 1,2,3,4,5.
Der Term $e^{-j\frac{2\pi}{32}nm}$ läßt sich nach Euler wie folgt schreiben:

$$e^{-j\frac{2\pi}{32}nm} = \cos\left(\frac{2\pi}{32}mn\right) - j\sin\left(\frac{2\pi}{32}nm\right) \quad \text{(H-13)}$$

Für den Gleichspannungsanteil A_0 ergibt sich:

$$A_0 = \sum_{n=0}^{31} x(n) \qquad \text{(H-14)}$$

Nachfolgende Gleichungen beschreiben die komplexen Amplituden für die 30 Hz, 60 Hz, 90 Hz, 120 Hz und 150 Hz Komponenten des Signals:

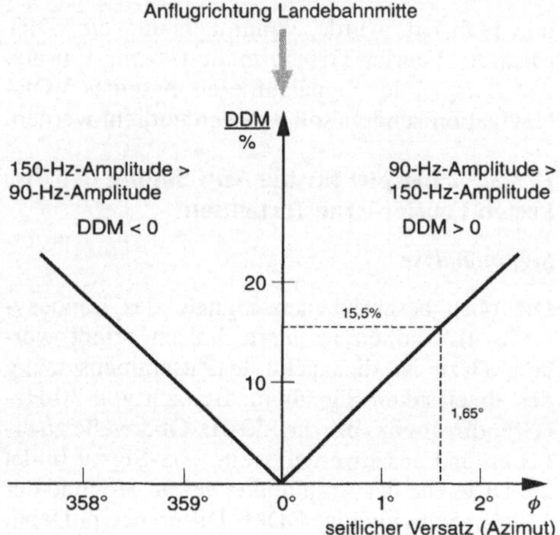

Bild H-54. Differenz der Modulationsgrade zwischen 90-Hz-Signal und 150-Hz-Signal im Funkfeld eines ILS-Kurssignals als Funktion des seitlichen Versatzes von der Landebahnmitte.

30 Hz-Komponente:

$$A_1 = \sum_{n=0}^{31} x(n) \cdot \cos\left(\tfrac{2\pi}{32}n\right)$$
$$- j \sum_{n=0}^{31} x(n) \cdot \sin\left(\tfrac{2\pi}{32}n\right) \qquad \text{(H-15)}$$

60 Hz-Komponente:

$$A_2 = \sum_{n=0}^{31} x(n) \cdot \cos\left(\tfrac{2\pi}{32}2n\right)$$
$$- j \sum_{n=0}^{31} x(n) \cdot \sin\left(\tfrac{2\pi}{32}2n\right) \qquad \text{(H-16)}$$

90 Hz-Komponente:

$$A_3 = \sum_{n=0}^{31} x(n) \cdot \cos\left(\tfrac{2\pi}{32}3n\right)$$
$$- j \sum_{n=0}^{31} x(n) \cdot \sin\left(\tfrac{2\pi}{32}3n\right) \qquad \text{(H-17)}$$

120 Hz-Komponente:

$$A_4 = \sum_{n=0}^{31} x(n) \cdot \cos\left(\tfrac{2\pi}{32}4n\right)$$
$$- j \sum_{n=0}^{31} x(n) \cdot \sin\left(\tfrac{2\pi}{32}4n\right) \qquad \text{(H-18)}$$

150 Hz-Komponente:

$$A_5 = \sum_{n=0}^{31} x(n) \cdot \cos\left(\tfrac{2\pi}{32}5n\right)$$
$$- j \sum_{n=0}^{31} x(n) \cdot \sin\left(\tfrac{2\pi}{32}5n\right) \qquad \text{(H-19)}$$

Zur Vereinfachung der Berechnung obiger Ausdrücke werden die folgenden trigonometrischen Beziehungen benutzt:

- $\sin(\Phi) = \cos(90° - \Phi)$,
- $\cos(180° - \Phi) = -\cos(\Phi)$,
- $\cos(-\Phi) = \cos(\Phi)$,
- $\cos(0°) = 1$ und
- $\cos(90°) = 0$.

Die 32 Stützpunkte lassen sich somit auf sieben reduzieren, die als Konstante im Programm wie folgt deklariert werden:

- $A = \cos(11{,}25°)$;
- $B = \cos(22{,}5°)$;
- $C = \cos(33{,}75°)$;
- $D = \cos(45°)$;
- $E = \cos(56{,}25°)$;
- $F = \cos(67{,}2°)$;
- $G = \cos(78{,}75°)$.

Die Berechnung der Gl. H-13 bis H-19 erfolgt in drei Schritten (Bild H-55):

- Summation aller Meßwerte,
- Berechnung der Summen in Gl. H-14 bis H-19 und
- Berechnung der Real- und Imaginärteile in Gl. H-14 bis H-19.

Die Beträge für A_1 bis A_5 erhält man schließlich aus

$$|A_m| = \sqrt{Re^2(m) + Im^2(m)}$$
$$m = 1, 2, 3, 4, 5. \qquad \text{(H-20)}$$

Für die Phasen ergibt sich

$$\Phi_m = \arctan\left(\tfrac{Im(m)}{Re(m)}\right)$$
$$\text{mit } m = 1, 2, 3, 4, 5. \qquad \text{(H-21)}$$

Um den Rechenaufwand möglichst gering zu halten, arbeitet das Auswerteprogramm mit in Tabellen abgelegten Zwischensummen.

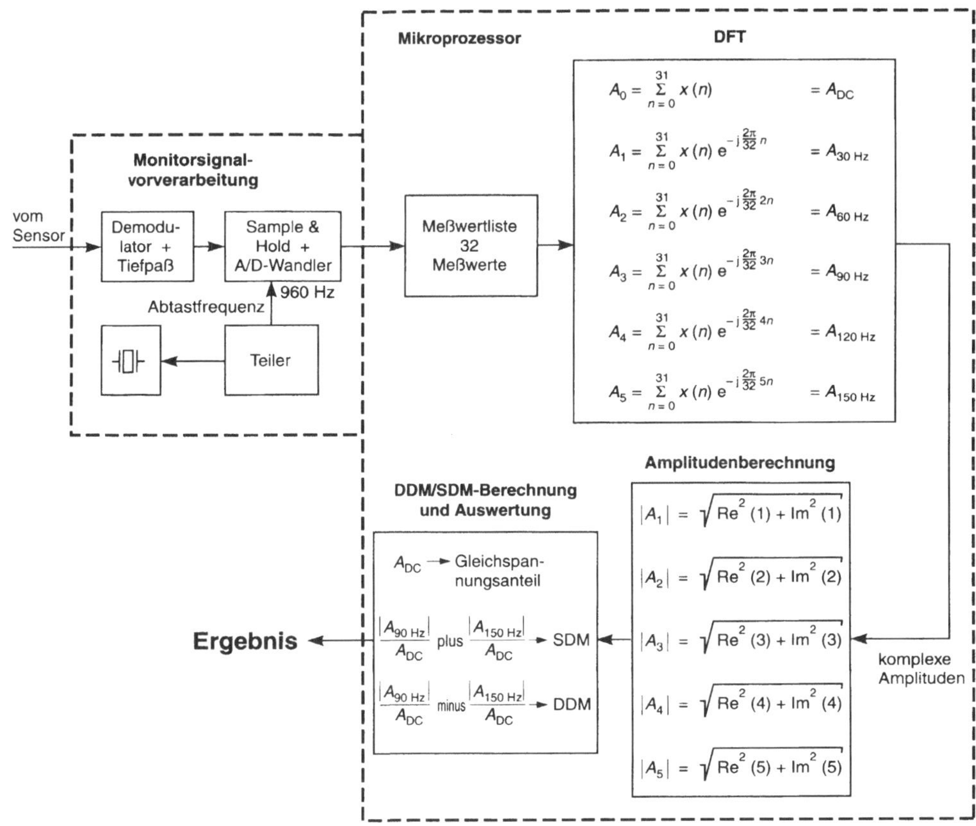

$$A_0 = \sum_{n=0}^{31} x(n) \qquad = A_{DC}$$

$$A_1 = \sum_{n=0}^{31} x(n)\, e^{-j\frac{2\pi}{32} n} \qquad = A_{30\,Hz}$$

$$A_2 = \sum_{n=0}^{31} x(n)\, e^{-j\frac{2\pi}{32} 2n} \qquad = A_{60\,Hz}$$

$$A_3 = \sum_{n=0}^{31} x(n)\, e^{-j\frac{2\pi}{32} 3n} \qquad = A_{90\,Hz}$$

$$A_4 = \sum_{n=0}^{31} x(n)\, e^{-j\frac{2\pi}{32} 4n} \qquad = A_{120\,Hz}$$

$$A_5 = \sum_{n=0}^{31} x(n)\, e^{-j\frac{2\pi}{32} 5n} \qquad = A_{150\,Hz}$$

$$A_{DC} \rightarrow \text{Gleichspannungsanteil}$$

$$\frac{|A_{90\,Hz}|}{A_{DC}} \text{ plus } \frac{|A_{150\,Hz}|}{A_{DC}} \rightarrow \text{SDM}$$

$$\frac{|A_{90\,Hz}|}{A_{DC}} \text{ minus } \frac{|A_{150\,Hz}|}{A_{DC}} \rightarrow \text{DDM}$$

$$|A_1| = \sqrt{\text{Re}^2(1) + \text{Im}^2(1)}$$

$$|A_2| = \sqrt{\text{Re}^2(2) + \text{Im}^2(2)}$$

$$|A_3| = \sqrt{\text{Re}^2(3) + \text{Im}^2(3)}$$

$$|A_4| = \sqrt{\text{Re}^2(4) + \text{Im}^2(4)}$$

$$|A_5| = \sqrt{\text{Re}^2(5) + \text{Im}^2(5)}$$

Bild H-55. Blockschaltbild der ILS-Signalauswertung.

Voraussetzung für die korrekte Signalverarbeitung ist die richtige Vorverarbeitung des demodulierten Analogsignals. Ein 300-Hz-Tiefpaßfilter begrenzt das Signalspektrum auf Frequenzkomponenten bis 300 Hz (Bild H-55). Damit werden spektrale Überschneidungen (aliasing) durch den Abtastprozeß (960-Hz-Abtastung) ausreichend unterdrückt.

H 3.3.3.3 Steuerung eines typischen Meßdatenerfassungsystems

Bild H-56 zeigt die Struktur eines typischen Meßdatenerfassungssystems, wie man sie in ähnlicher oder abgewandelter Form in vielen Systemen zur Meßdatenerfassung antrifft. Anhand dieses Beispiels soll die Aufgabenstellung zur Erstellung eines Hardwaretreibers in Assemblersprache erläutert werden.

Gegeben ist ein Meßwerterfassungssystem mit 16 analogen Eingangskanälen mit einem Eingangsspannungsbereich von -10 V bis $+10$ V (Bild H-56). Die zu messenden Signale gelangen über den 16-zu-1-Analog-Multiplexer und den nachfolgenden Impedanz-Wandler auf die Sample&Hold-Schaltung. Die Sample&Hold-Schaltung soll im Nachlaufbetrieb arbeiten. D. h., die Spannung am Ausgang der Sample & Hold-Schaltung folgt dem über den Multiplexer anliegenden Eingangssignal. Wird der Multiplexer während des Nachlaufbetriebes (Track&Hold) der Sample&Hold-Schaltung auf einen anderen Kanal umgeschaltet, muß der Ausgang der Schaltung auf den neuen Signalpegel einschwingen.

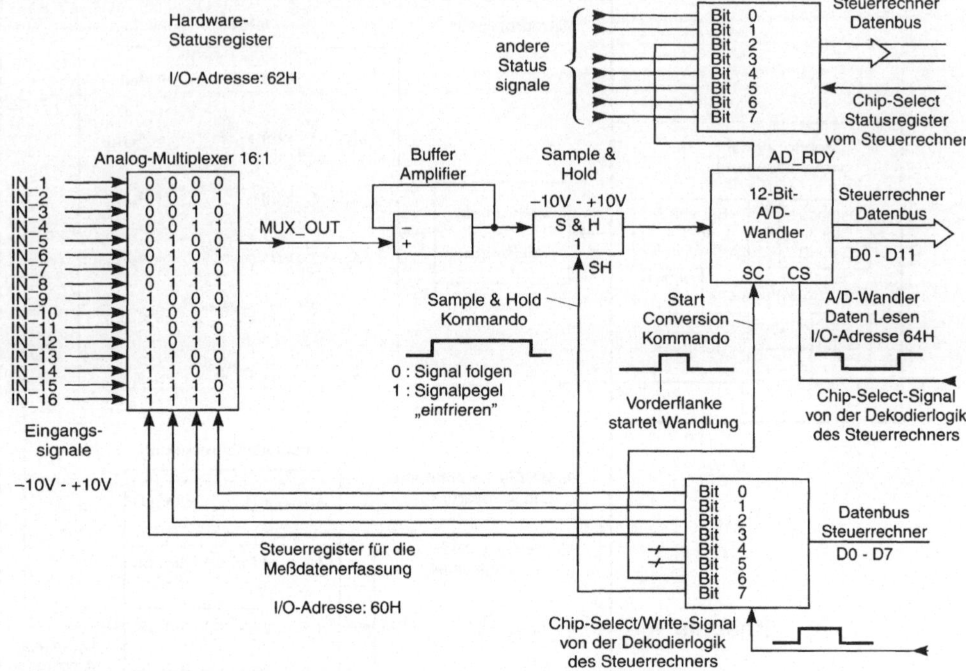

Bild H-56. Struktur eines typischen rechnergesteuerten Meßwerterfassungssystems.

Diese Zeit wird durch das Einschwingverhalten des Schaltungsteils „Multiplexer, Sample&Hold-Schaltung" als Reaktion auf einen auf die Umschaltung folgenden Spannungssprung bestimmt. Die Größe des Spannungssprunges kann im ungünstigsten Fall von -10 V auf $+10$ V, also 20 V werden. Bei der Realisierung des Treibers muß immer der ungünstigste Fall (Worst Case) berücksichtigt werden. Während der Messung wird die Sample&Hold-Schaltung auf „Hold" umgeschaltet. Das Eingangssignal wird dabei über einen internen Schalter vom Haltekondensator abgetrennt, so daß der Ausgang durch eine Änderungen des Eingangssignals nicht mehr beeinflußt wird. Der Haltekondensator ist so dimensioniert, daß der gespeicherte Signalpegel während der Wandlungszeit nicht absinkt. Der A/D-Wandler wird direkt am Datenbus betrieben. Er arbeitet mit 12 Bit Auflösung, d.h. 1 LSB entspricht 0,00488 V. Seine Wandlungszeit beträgt maximal $25 \mu s$ für eine Wandlung. Das Datenerfassungssystem wird von einem Rechnerboard mit einem 16-Bit-Mikroprozessor (z. B. 80C186) gesteuert.

In Bild H-57 ist der zeitliche Ablauf einer Messung dargestellt. Dabei werden folgende Schritte unterschieden:

1. Einstellung auf den zu messenden Kanal.

2. Warten, bis die Schaltung auf den neuen Signalpegel eingeschwungen ist.

3. Haltekommando an die Sample&Hold-Schaltung ausgeben.

4. Abwarten der Einschwingzeit der Sample&HoldSchaltung.

5. Starten des A/D-Wandlers durch Ausgabe einer 1-0-Folge an das Steuerregisters.

6. Abfrage des A/D-Wandler-Status-Flags, ob die Wandlung beendet ist. Wenn ja, kann Schritt 7 erfolgen.

Anmerkung: Hier muß das Hardwaretreiberprogramm eine Zeitüberwachung mitlaufen lassen, damit sich das Programm nicht „aufhängt", falls obige Bedingung (Rücksetzen des A/D-Wandler-Statusflags auf 0) aufgrund eines Hardwarefehlers nie eintritt!

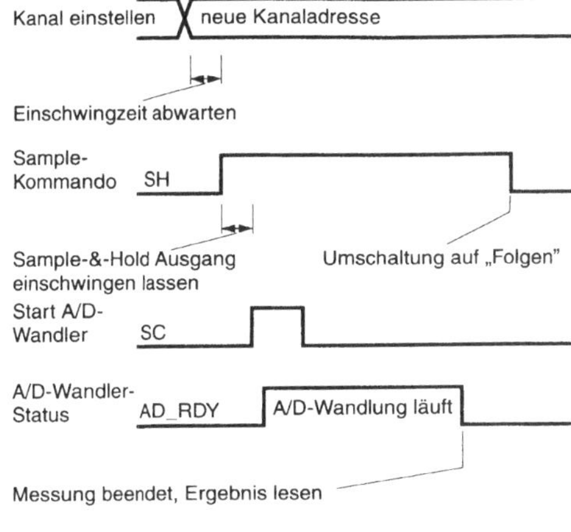

Bild H-57. Zeitdiagramm zur Steuerung des Meßdatenerfassunssystems.

7. Einlesen der Daten durch den Mikroprozessor.
8. Zurücksetzten des Sample&Hold-Kommandos; die Kanaleinstellung bleibt erhalten.

Die Kodierung des A/D-Wandlers ist binär, d. h. es gilt untenstehende Tabelle H-6.

Tabelle H-6. Kodierung des 12-Bit-A/D-Wandlers im gezeigten Beispiel

Meßwert	A/D-Wandler-Code		
	MSB ↓		LSB ↓
− 10,00000 V	0000	0000	0000
− 9,99512 V	0000	0000	0001
...	...		
...	...		
0,00000 V	1000	0000	0000
0,00488 V	1000	0000	0001
...	...		
...	...		
9,99512 V	1111	1111	1111

LSB: Least Significant Bit, Bitstelle mit der geringsten Wertigkeit.
MSB: Most Significant Bit, Bitstelle mit der höchsten Wertigkeit.

Der Hardwaretreiber, der die obige Funktionalität erfüllt, wird von einem übergeordneten Programm in einer Hochsprache aufgerufen:

```
SPANNUNGSWERT (KANALNUMMER) =
ADWANDLERMESSUNG (KANALNUMMER);
```

Beim Aufruf wird die Kanalnummer des zu messenden Kanals (Bereich 0 bis 15) als Parameter übergeben.

Hinweise zur Meßwertnormierung:

Der Meßwertbereich 0 bis 4095 ist auf den Zahlenbereich -1.000 bis +1.000 zu normieren. Grundlage für die Normierung ist der maximale Meßwertbereich (4.096 Stufen), d. h. 0 soll auf die Zahl -1.000, 4.095 auf die Zahl +1.000 abgebildet werden. Das Ausgabeprogramm stellt die Spannungswerte dann wie folgt dar:

1.000 wird als 10,00 V angezeigt (maximaler Meßwert = 4.095).
0.500 wird als 5,00 V angezeigt (Meßwert = 3.072).
0 wird als 0,00 V angezeigt (Meßwert = 2.048).
-0.500 wird als -5,00 V angezeigt (Meßwert = 1.024).
-1.000 wird als -10,00 V angezeigt (Meßwert = 0).

Bei der Bearbeitung dieser Aufgabenstellung muß der Programmierer sein Augenmerk auf folgende Punkte konzentrieren:

- Realisierung des geforderten Timings zur Meßablaufsteuerung,
- Programmtechnische Verarbeitung der Meßgrößen,
- Umwandlung/Normierung der Meßergebnisse in die geforderte Darstellung
  - mittels Tabellen oder
  - mittels Rechnung,
- Robustheitsanforderungen an den Hardware-Treiber,
- Ausblendung nicht definierter Bitpositionen bei der Meßwertübernahme,
- Ausblendung nicht definierter bzw. nicht relevanter Bitpositionen beim Lesen von Statussignalen,
- kein „Hängenbleiben" bei defekter Hardware (wegen A/D-Wandler-Statusbit, s. Aufgabenstellung oben),
- Rücklieferung im definierten Zahlenbereich (Plausibilitäts-Prüfung).

Hinweise zur Ablaufsteuerung

Das Setzen oder Rücksetzen einzelner oder mehrerer Bit-Positionen im Steuerregister darf den Zustand der anderen Bit-Positionen nicht ändern.

```
Pseudocode                                    ; Kommentar

BIT_4_SET EQUATE 00010000B                    ; Bitmuster zum Setzen von
                                              ; Bitposition 4 (B steht
                                              ; für Binary)
BIT_5_SET EQUATE 00100000B                    ; Bitmuster zum Setzen von
                                              ; Bitposition 5
STEUERREGISTER EQUATE 60H                     ; Adresse Steuerregister
                                              ; definieren
STEUERBYTE = KANALNUMMER AND 0FH              ; Ausgabewert für Steuer-
                                              ; register auf den einzu-
                                              ; stellenden Kanal setzen
STEUERBYTE = STEUERBYTE OR BIT_4_SET          ; Bit 4 im Steuerbyte
                                              ; setzen
OUTPUT STEUERREGISTER, STEUERBYTE             ; Bitmuster nach I/O-
                                              ; Adresse 60H ausgeben,
                                              ; Signal einfrieren
STEUERBYTE = STEUERBYTE OR BIT_5_SET          ; Bit 5 im Steuerbyte
                                              ; setzen
OUTPUT STEUERREGISTER, STEUERBYTE             ; Bitmuster nach I/O-
                                              ; Adresse 60H ausgeben,
                                              ; A/D-Wandler Startimpuls
                                              ; Vorderflanke, A/D-
                                              ; Wandlung beginnt
STEUERBYTE = STEUERBYTE AND NOT BIT_5_SET
                                              ; Bit 5 im Steuerbyte
                                              ; rücksetzen
OUTPUT STEUERREGISTER, STEUERBYTE             ; Bitmuster nach I/O-
                                              ; Adresse 60H aus-
                                              ; geben, A/D-Wandler-
                                              ; Startimpuls-Rückflanke
...
; ... am Ende der Messung wieder umschalten auf "Sample"
                                              ;
STEUERBYTE = STEUERBYTE AND NOT BIT_4_SET
                                              ; Bit 4 im Steuerbyte
                                              ; rücksetzen
OUTPUT STEUERREGISTER, STEUERBYTE             ; Bitmuster nach I/O-
                                              ; Adresse 60H ausgeben
                                              ; geben, Betrieb „Sample".
```

Nachfolgend eine kurze Pseudocodesequenz, die die Realisierung verdeutlicht (EQUATE definiert symbolische Konstanten).

Die Normierung der Meßergebnisse erfordert die Abbildung des Zahlenbereiches 0 bis 4.095 auf den Zahlenbereich von -1.000 bis 1.000. Dies kann durch Rechnung erfolgen oder mit Hilfe einer Tabelle. Dabei zeigt Meßwert auf einen Tabellenplatz, der den korrespondierenden Wert beinhaltet. Für 12-Bit Meßwerte ist eine Tabelle mit 4.096 Einträgen notwendig. Bild H-58 verdeutlicht diese Art der Umsetzung. Die Tabellenlösung ist eine sehr schnelle, aber speicherplatzintensivere Methode. Sie wird vor allem dann eingesetzt, wenn der benötigte Speicherplatz verfügbar ist und für die Umsetzung eine hohe Geschwindigkeit gefordert wird.

H 3.3.3.4 Abtastung von Digitalsignalen

Für die Erfassung digitaler Signale gilt die Regel, daß die Abtastfrequenz mindestens doppelt

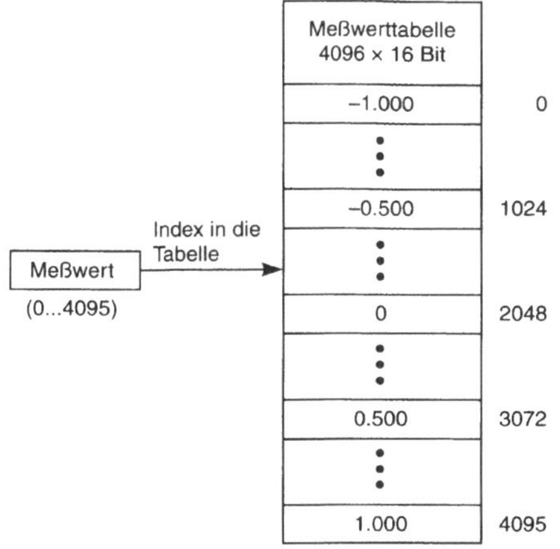

Bild H-58. Normierung von Meßergebnissen mit einer Tabelle.

so hoch wie die höchste im Signal vorkommende Frequenz sein muß. Eine Anwendung zur Abtastung von digitalen Signalen zeigt das folgende Beispiel. Bild H-59 zeigt eine Schaltung zur interruptgesteuerten Abtastung eines morsekodierten Digitalsignals. Ein „Punkt" wird durch einem positiven Impuls (logische 1) von 125 ms Länge kodiert, ein „Strich" dauert 3-mal so lange (375 ms). Der Abstand zwischen Punkten und Strichen kennzeichnet eine logische „0" von 125 ms Dauer, die Pause zwischen zwei Buchstaben eine logischen „0" von 375 ms Dauer. Die höchste Frequenz ergibt sich, wenn nur Punkte kodiert werden (Bitmuster: 1010101...) zu 1/250 ms = 4 Hz. In Bild H-59 b ist die Impulsform des Eingangssignals für die Buchstabenfolge „VOR" gezeigt. Die Meßschaltung tastet das am Eingaberegister anliegende Signal interruptgesteuert mit 1 kHz Taktfrequenz ab. Das bei jedem Interrupt ablaufende

a Blockschaltbild der Hardware

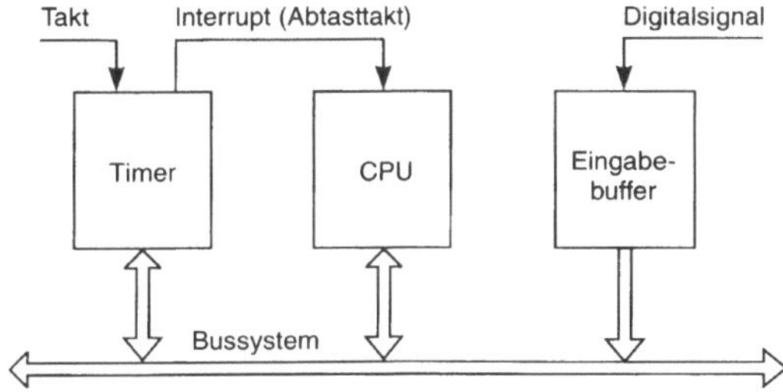

b Zeitdiagramm zur Abtastung eines morsekodierten Signals

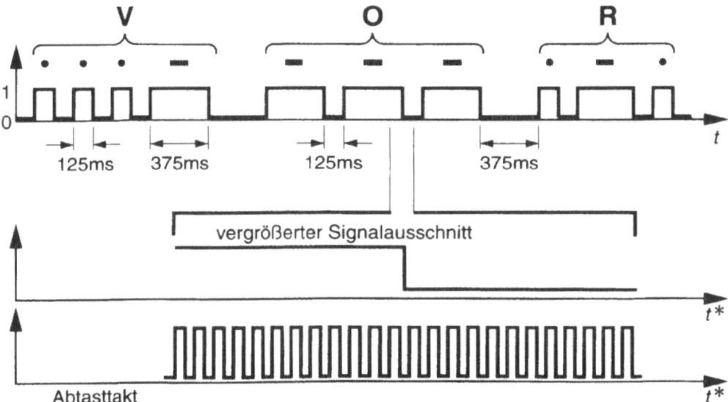

Bild H-59. Interruptgesteuerte Abtastung eines Digitalsignals.

Meßprogramm prüft den Zustand des Eingangssignals und speichert ihn in Zählvariablen für die 0- und 1-Phasen. Jeder Zustandswechsel (von 1 nach 0 oder 0 nach 1) beendet eine Meßphase und startet eine neue. Ein Auswerteprogramm ermittelt aus der Anzahl der Takte für die 0- und 1-Phasen die Folge von Punkten und Strichen, rekonstruiert die gesendete Zeichenfolge und zeigt sie an. Der relativ hohe Abtasttakt erlaubt dem Auswerteprogramm, aufgrund der genauen Signalrekonstruktion die Einhaltung der oben spezifizierten Zeiten in engen Grenzen zu überprüfen.

H 3.3.3.5 Frequenzmessung

Eine häufige Aufgabe in der Meßtechnik besteht in der Messung von Frequenzen. Liegt der Frequenzbereich der zu messenden Signale innerhalb des Meßbereiches der Zählschaltung, können sie – gegebenenfalls nach einer Analog/Digital-Wandlung – direkt von der Meßschaltung verarbeitet werden. Zur Messung hochfrequenter Signale werden Vorteiler eingesetzt, die die Signalfrequenz in den Meßbereich des Frequenzzählers transformieren. Als Beispiel dient die Messung der Synthesizer-Frequenz einer MLS-Anlage (Mikrowellen-Landesystem). Die 200 MLS-Kanäle liegen im 5-GHz-Bereich in einem 60-MHz-Band von 5031 MHz bis 5090,7 MHz. Der MLS-Kanalabstand beträgt 300 kHz. Die Synthesizer-Frequenz soll mit einem Rechner mit einer Auflösung von 1 kHz gemessen, angezeigt und überwacht werden. Der Synthesizer liefert hierzu ein durch 1024 geteiltes Digitalsignal, das mit Hilfe des Rechners vermessen wird. Das nichtdekadische Teilerverhältnis von 1024 wird durch ein 1,024-Sekunden-Meßtor wieder kompensiert. Die Vorteilung auf dem Synthesizer erfolgt durch zwei schnelle Gallium-Arsenid-Teiler und einem nachgeschalteten ECL-Teiler (ECL: Emitter Coupled Logic).

Beispiel:

- Synthesizer-Frequenz = 5 031 000 000 Hz
- Synthesizer-Meßsignal = 5 031 000 000 Hz/ 1024 = 4 913 086 Hz
- Meßsignal × Meßzeit = 4 913 086 Hz × 1,024 s = 5 031 000 Impulse

Die letzte Impulsstelle entspricht 1 kHz. Zur Messung von 5 Millionen Impulsen braucht man einen 23-Bit-Zähler (2^{23} = 8388608). Die Frequenzzählung wird mit zwei hintereinandergeschalteten 16-Bit-Zählern vom Typ 82C54 realisiert. Die Meßtorerzeugung basiert auf der genauen 1-MHz-Taktfrequenz des Rechnerboards. An ihr sind ebenfalls zwei 16-Bit-Zähler beteiligt. Der erste Zähler teilt das 1-MHz-Taktsignal durch 20 auf 50 kHz herunter. Der zweite Zähler erzeugt aus dieser Frequenz ein 50·1024 = 51200 Taktimpulse breites Meßtor. Bild H-60 zeigt das Blockschaltbild der Frequenzmeßeinrichtung. Zur Verdeutlichung ist nachfolgendes Meßbeispiel angeführt.

Meßbeispiel

Dieses Beispiel zeigt die Frequenzmessung im Binär-Mode und BCD-Mode für eine Eingangsfrequenz von 5,031 GHz. Die Zähler sind wie folgt initialisiert:

- Zähler 0 von Timer A im Mode 1 als hardware-nachtriggerbarer Einzelimpuls mit dem Anfangswert 51.200,
- Zähler 1 von Timer A im Mode 2 als Teiler durch N mit dem Anfangswert 0,
- Zähler 0 von Timer B im Mode 3 als Rechteckgenerator mit dem Anfangswert 20,
- Zähler 1 von Timer B im Mode 2 als Rechteckgenerator mit dem Anfangswert 0.

Zähler 1 von Timer A erzeugt das 50-kHz-Taktsignal für die Meßtorerzeugung. Zähler 0 von Timer A befindet sich in Triggerstellung, die beiden Impulszähler (Zähler 0, Timer B und Zähler 1, Timer B) sind gesperrt. Ein positiver Puls am Steuereingang von Zähler 0 von Timer A startet das Meßtor (Bild H-61). Die Impulszähler beginnen zu zählen. Nach Ablauf der Meßzeit stoppt die fallende Flanke des Meßtores beide Impulszähler, die nun gelesen werden können. Mit der angenommenen Eingangsfrequenz von 5031000000/1024 müssen die Zähler 5031000 Impulse erfaßt haben. Dabei ergeben sich in diesem Zählmode folgende Zählerstände:

1. Impulszähler: 65536 − (5031000 − 76 × 65536) = 15272,
2. Impulszähler: 65536 − 76 = 65460.

Diese Ergebnisse sind wie folgt umzurechnen:

1. Impulszähler: 65536 − 15272 = 50264 Impulse,
2. Impulszähler: 65536 − 65460 = 76 Impulse.

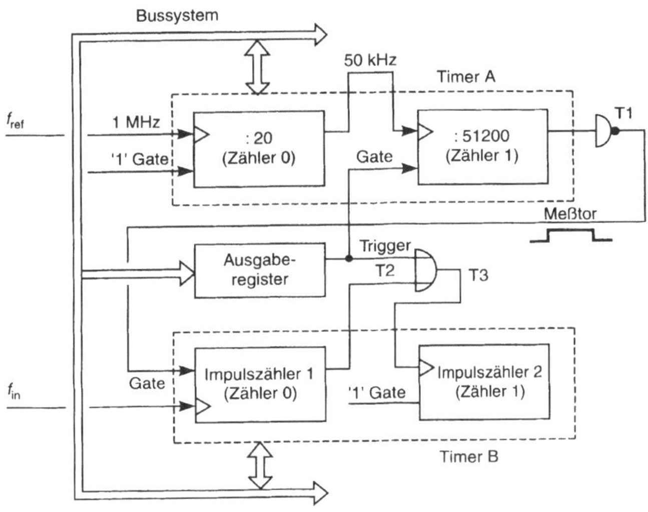

Bild H-60. Blockschaltbild einer rechnergesteuerten Frequenzmeßeinrichtung.

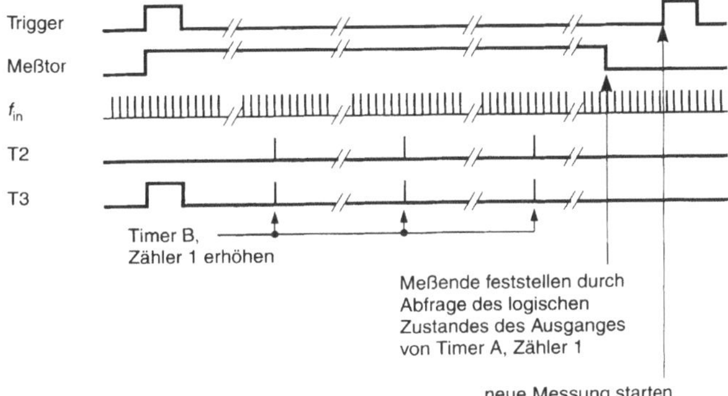

Bild H-61. Impulsdiagramm zur Frequenzmessung.

In der Summe ergibt sich:

$76 \times 65536 + 50264 = 5031000$ Impulse.

Im BCD-Mode, der nur dezimale Zählerstände erlaubt, erhält man folgende Ergebnisse:

1. Impulszähler: $10000 - (5031000 - 503 \times 10000) = 9000$,

2. Impulszähler: $10000 - 503 = 9487$.

Diese Ergebnisse sind wie folgt umzurechnen:

1. Impulszähler: $10000 - 9000 = 1000$ Impulse,

2. Impulszähler: $10000 - 9487 = 503$ Impulse.

In der Summe ergibt sich:

$503 \times 10000 + 1000 = 5031000$ Impulse.

H 3.3.3.6 Komplexe Ablaufsteuerungen

Oftmals sind die Geschwindigkeitsanforderungen an eine Meßdatenerfassung derart hoch, daß der auswertende Rechner die Meßwerterfassung nicht

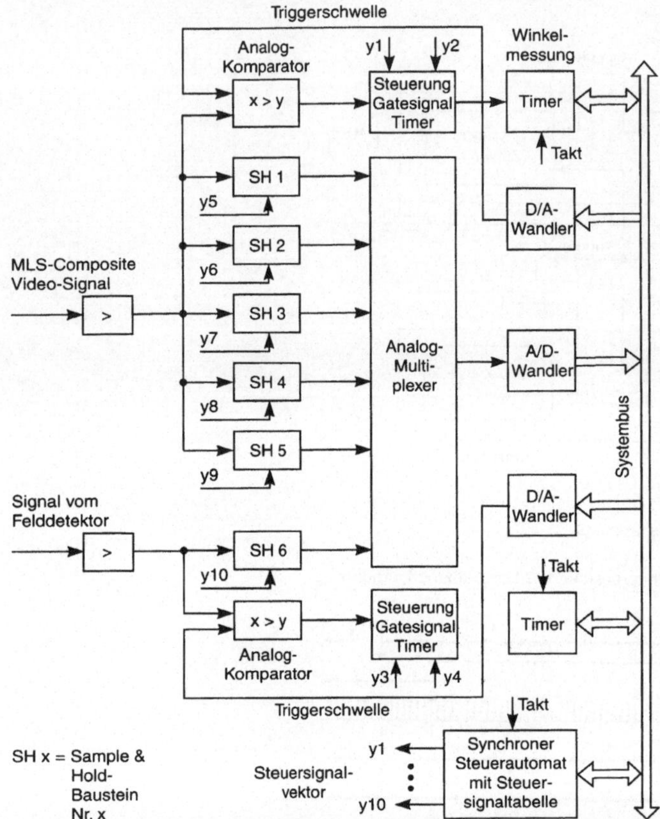

Bild H-62. Steuerung eines zyklischen Meßablaufes mittels einer Steuersignaltabelle.

direkt steuern kann, sondern durch spezielle Hardware unterstützt werden muß. Unterstützung leisten hier beispielsweise schnelle digitale Signalprozessoren (DSP's), die durch eine kommandoorientierte Schnittstelle mit dem Leitrechner verbunden sind und die Meßwertaufnahme steuern. Intelligente Ablaufsteuerungen mit DSP's benötigen natürlich ebenfalls ein Programm, das meist in Assembler oder der Programmiersprache C geschrieben ist.

Einen anderen Lösungsansatz für die hardwareunterstützte Meßwertaufnahme zeigt das folgende Beispiel aus der MLS-Monitor-Meßtechnik (MLS: Mikrowellen-Landesystem). Es muß folgende Meßaufgabe gelöst werden: ein aus verschiedenen Signalanteilen zusammengesetztes Detektorsignal (von fünf verschiedenen Antennen) sowie das Signal eines Nahfelddetektors soll

synchron zum MLS-Signalerzeugungsprozeß, der sich alle 615 ms wiederholt (MLS-Zeitrahmen, sogenannter Full Cycle) wieder in seine Einzelkomponenten zerlegt werden und anschließend vermessen und ausgewertet werden. Die Verteilung der Signalsequenzen innerhalb des MLS-Zeitrahmens ist aus systemtechnischen Gründen bewußt nicht gleichmäßig gewählt. Der eingesetzte Prozessor im Monitorrechner wäre nicht in der Lage, diesen Meßprozeß zeitgerecht zu steuern. Er erhält daher Unterstützung von einer Dual-Port-RAM-Steuerung. Bild H-62 zeigt ein stark vereinfachtes Blockschaltbild der MLS-Meßwerterfassung. Die prinzipielle Funktionsweise der Meßablaufsteuerung soll, ohne zu sehr ins Detail zu gehen, anhand von Bild H-62 erklärt werden.

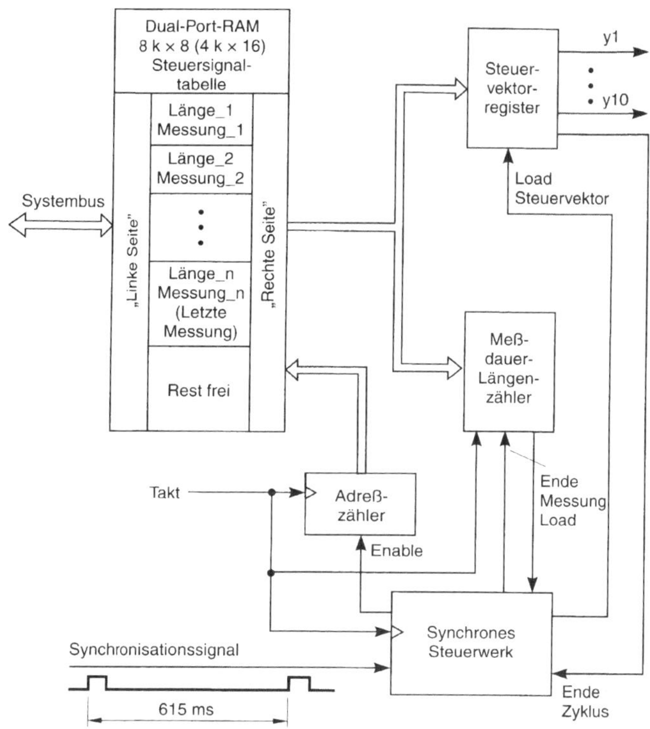

Bild H-63. Funktion des DPRAM in der Ablaufsteuerung nach

Die Aktivierung der verschiedenen Meßzweige erfolgt durch Steuersignale, die aus dem Block „Timing & Control & Synchronisation" stammen. Hinter diesem Block verbergen sich ein Dual-Port-RAM (DPRAM-RAM) mit einer Speicherkapazität von 4.096 × 16 Bit sowie die zugehörige Auslesesteuerung und die erforderlichen Synchronisationseinrichtungen. Das Dual-Port-RAM (DPRAM) nimmt die für einen MLS-Full-Cycle erforderlichen Steuersignalsequenzen zur Meßablaufsteuerung auf. Sein Inhalt leitet sich aus den im MLS-Zeitrahmen für den Sender spezifizierten Aktionen sowie der Zuordnung der Steuersignale zu den einzelnen Meßzweigen ab. Sowohl die Informationen über die Aktivierung eines Steuersignals (Bit = '1') als auch die Aktivierungsdauer in Einheiten von (μs sind in diesen DPRAM-Worten enthalten. Der Monitorrechner lädt die Ablaufsequenzen in der Initialisierungsphase in das DPRAM. Im DPRAM stehen danach in alternierender Reihenfolge jeweils die Aktivie-

rungsdauer in Vielfachen von (μs und der zugehörige Steuersignalvektor selbst. Zeitangaben sind dabei als negative Zweierkomplementzahlen im DPRAM abzulegen. Die Zeitdauer für einen Steuervektor, der beispielsweise 11,9 ms anstehen soll, wird als -11.900 im DPRAM abgelegt.

Das Dual-Port-RAM hat eine Größe von 8 kByte (4 Kiloworte). Seine linke Seite ist am Monitorrechner-Bus angeschlossen und wird im Arbeitsspeicherbereich des Monitorrechners angesprochen. Auf die rechte Seite greift die Auslesesteuerung zu. Sie hat nur lesenden Zugriff, während der Rechner von links sowohl schreibend als auch lesend zugreifen kann. Die Daten, die vom Rechner in das Dual-Port-RAM geschrieben werden, steuern die Signalverarbeitung synchron zum MLS-Signalrahmen. Die rechte Seite des DPRAM ist daher Teil des in Bild H-62 skizzierten Steuerwerkes. Bild H-63 zeigt in Blockschaltbilddarstellung die Funktion des DPRAM in diesem Steuerwerk.

Das Dual-Port-RAM enthält hierbei die Steuersequenzen (Meßvorgänge) mit den dazugehörenden Zeiten und wird vom Monitor-Rechner geladen. Die rechte Seite liest diese Steuersequenzen beginnend mit Adresse 0 am DPRAM aus und gibt die Signale an das Operationswerk weiter. In den Steuersequenzen sind auch Rückmeldungen für den Steuerautomaten kodiert, darunter auch die Ende-Information, die neben diesen weiteren Signalen vom Steuerautomaten abgefragt wird. Stellt dieser das Ende eines MLS-Zeitrahmens (615 ms) fest, setzt er den DPRAM-Adreßzähler zurück und beginnt den Auslesevorgang wieder von vorn. Das DPRAM wird für Normalbetrieb daher nicht in seiner vollen Länge (4.096 Worte) beschrieben, sondern nur soweit als erforderlich. Die Funktion auf der linken Seite (Prozessorseite) ist:

- Lesen und Schreiben des Dual-Port-RAM für Prüfzwecke,
- Laden der Meßwerk-Steuersequenzen und ihrer zugehörigen Zeit (Dauer einer Messung).

Die Aufgabe der DRAM-Auslesesteuerung (rechte Seite) ist:

- für einen Meßvorgang jeweils den spezifizierten Steuersignalvektor und dessen Zeitdauer aus dem DPRAM auszulesen,
- sie im Register „Steuervektor" bzw. im Meßdauer-Längenzähler abzulegen,
- den DRAM-Adreßzähler zu steuern,
- das Ende einer Messung festzustellen und den nächsten Meßvorgang zu laden,
- das Ende der MLS-Sequenz festzustellen und
- den gesamten Zyklus von vorne zu starten.

Das Steuerwerk ist als synchroner Automat realisiert. Die Monitor-Software muß die Amplitudenmessung der verschiedenen Signalkomponenten mit dem in Bild H-62 gezeigten A/D-Wandler zum richtigen Zeitpunkt veranlassen sowie weitere Meßwerte von den anderen, weitgehend selbständig arbeitenden Meßschaltungen rechtzeitig abholen (hier gelten Echtzeitanforderungen).

H 3.4 PC-Meßtechnik

H 3.4.1 Konzept der virtuellen Instrumente

Virtuelle Instrumente basieren auf der Philosophie, mit den grundlegenden Elementen wie Frontend-Meßinstrumenten, Analyse-Software und einem grafischen Anwender-Interface (GUI: Graphical User Interface) die Funktionalität von Labor-, Feld- and Testinstrumenten auf einem Computer nachzubilden (Bild H-65). Virtuelle Instrumente ermöglichen dem Anwender die Meßinstrumente optimal auf die Meßaufgabe hin zu definieren, um spezialisierte Instrumente für eine Anwendung zu erzeugen, die dann für weitere Anwendungen leicht modifiziert und konfiguriert werden können. Die grafische Nachbildung der Bedienoberfläche auf dem Computerbildschirm vermittelt dem Bediener das Gefühl, mit einem realen physikalischen Instrument in gewohnter Weise zu arbeiten. Dabei entspricht die Anordnung der Frontplattenelemente wie Drehknöpfe, Schalter, Schiebeschalter und Anzeigen der des realen Instrumentes (Bild H-64). Grundlage dieser Entwicklung waren neben der stetigen Weiterentwicklung der PC-Technik die dazu parallel laufende Entwicklung von Meßdatenerfassungskarten. Bild H-65 zeigt das Blockschaltbild eines virtuellen Instrumentes.

H 3.4.2 Meßdatenerfassung mit PC

Als die Meßdatenerfassung mit PC vor fast 14 Jahren mit ersten Multifunktionskarten als Weltneuheit vorgestellt wurde, war noch nicht abzusehen, welche Entwicklung diese neue Meßtechnik nehmen würde. Inzwischen stehen PC-Einschubkarten ab einigen 100 DM bis in den Bereich von 10.000 DM zur Verfügung. Damit wird der PC als Universal-Meßgerät bei nicht extremen Umweltanforderungen immer bedeutender. Der Einbau der Meßdatenerfassungskarten in bestehende PC-Plattformen ist heute durch entsprechende Softwareunterstützung problemlos möglich. Alle erforderlichen Einstellfunktionen werden von der Software vorgenommen.

Hinweis:
Es ist sinnlos, eine Meßdatenerfassungskarte zu kaufen, ohne die zugehörige Grundausstattung mit Software (möglichst mit Anwendungsbeispielen). Dazu wird vom Hersteller eine Software-Grundausstattung geliefert, die dem Anwender den Einstieg in seine Anwendung wesentlich erleichtert. Sinnvolles Kartenzubehör wie Anschlußkabel und Klemmleisten erleichtern die Anpassung an die eigene Hardware-Schnittstelle.

Die Unterschiede bei PC-Multifunktionskarten liegen in

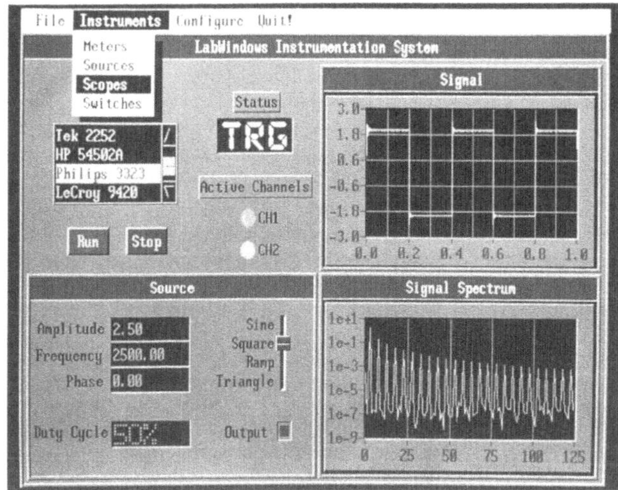

Bild H-64. Bedienoberfläche eines virtuellen Instrumentes (Werkfoto: National Instruments).

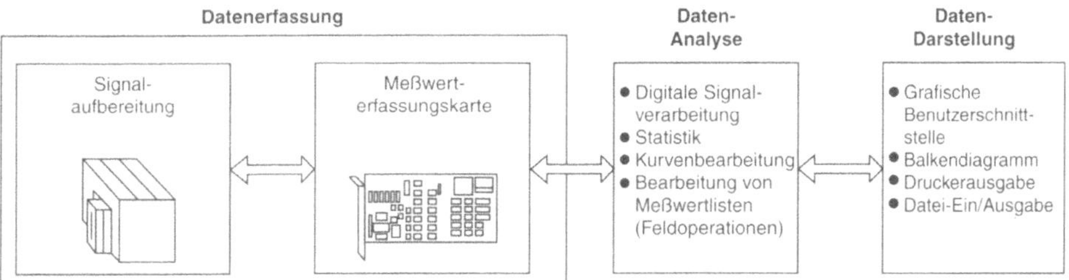

Bild H-65. Blockschaltbild eines virtuellen Instrumentes.

- der digitalen Auflösung bzw. den Abtastraten,
- dem Design und dem Layout der Karte,
- der Zuverlässigkeit,
- dem Eigenrauschen,
- der Dokumentation,
- der mitgelieferten Software,
- der langfristigen und weltweiten Verfügbarkeit und
- dem Service.

Dem Anwender bietet sich ein breites Angebotsspektrum, aus dem er die für seine Anwendung richtige Karte auswählen kann.

H 3.4.3 Kriterien zur Auswahl von Meßdatenerfassungskarten

H 3.4.3.1 Stromversorgung

Der Eingangsspannungsbereich und die Stromversorgung einer Meßdatenerfassungskarte hängen maßgeblich miteinander zusammen. Preiswerte Systeme verwenden für die Spannungsversorgung der analogen Bauteile die Stromversorgung des PC. Diese sind:

- +5-V-Stromversorgung,
- ±12 V Versorgungsspannung.

Dabei weist die ±12-V-Versorgungsspannung enorme Störspannungen und große Toleranzen auf (Entwicklungsziel war eben nicht die PC-Meßtechnik). Werden analoge Bauteile mit diesen

$\pm$ 12V versorgt, ist mit einem hohen Rauschanteil zu rechnen. Zusätzliche Probleme bereiten die relativ großen Toleranzen dieser 12-V-Versorgung. Der Arbeitsbereich von analogen Bauteilen ist in der Regel für eine Versorgungsspannung von $\pm$ 15 V spezifiziert. Es kann bei einer Worst-Case-Betrachtung mit der 12-V-Versorgung des PC also kein $\pm$ 10-V-Meßbereich spezifiziert werden. Meist ist auch schon bei typischen Daten der analogen Bauteile und der 12-V-Versorgung ein Linearitäts- und Aussteuerproblem ab einem Eingangsbereich von 9 V zu bemerken. Die Meßgenauigkeit solcher Karten ist nicht sehr hoch.

Werden Meßkarten, die direkt mit der 12-V-Versorgung des PC arbeiten, mit einem Eingangsspannungsbereich von $\pm$ 5-V spezifiziert, treten in diesem eingeschränkten Bereich keine Linearitätsfehler auf.

Eine aufwendige, jedoch für die genaue Meßtechnik notwendige Maßnahme ist der Einsatz eines DC/DC-Wandler. Er generiert aus der +5V-Spannungsversorgung des PC eine $\pm$ 15V-Versorgungsspannung für die Meßdatenerfassung. Der Wandler sollte intern abgeschirmt und richtig in das Layout der Meßdatenerfassungskarte integriert sein.

H 3.4.3.2 Kartenlayout

Eine gute, rauscharme $\pm$ 15V-Spannungsversorgung ist noch keine Garantie für eine genaue Meßdatenerfassungskarte. All zu oft werden Layoutprobleme zu wenig beachtet und erkannt. Bei einem für die Analogtechnik ausgelegten Layout ist es sehr wichtig, daß der Massebezug klar definiert ist, daß das Layout symmetrisch ist und daß keine digitalen Leitungen quer durch den analogen Bereich geführt werden. Darüber hinaus ist auf die Auswahl der Bauteile zu achten.

H 3.4.3.3 Analoge Bausteine

Die Genauigkeit der einzelnen Bausteine sollte aufeinander abgestimmt sein. Auch hier gilt, daß das Gesamtsystem nur so gut ist, wie sein schwächstes Glied. Bei der Auswahl einer Meßkarte sollte daher darauf geachtet werden, ob die *Systemgenauigkeit* spezifiziert ist. Der Eingangsmultiplexer stellt die eigentliche Verbindung zwischen Meßsensor und Meßdatenerfassungskarte her. Er sollte einen genügenden Eingangsschutz gegenüber Überspannung aufweisen. Ein im Multiplexer integrierter Vorwiderstand in Verbindung mit Ableitdioden auf $\pm$ 15 V führen Überspannungen ab. Hier gelten als typischer Wert $\pm$ 36 V Eingangsspannungsschutz bei eingeschaltetem System und $\pm$ 20 V bei abgeschaltetem System. Nachteilig ist, daß der integrierte Vorwiderstand in Verbindung mit der Ausgangskapazität des Multiplexers wie ein Tiefpaß wirkt. Bei Systemen, die hohe Abtastraten auch bei wechselnden Kanälen erlauben, müssen deshalb Multiplexer eingesetzt werden, die keinen oder nur einen kleinen Vorwiderstand haben. Dies gewährleistet ein schnelles Umschalten von Kanal zu Kanal (bis zu 1 kΩ Impedanz).

H 3.4.3.4 Bezugspotentiale

Wird bei einer Multifunktionskarte für alle Ein-/Ausgänge nur ein Massepotential (GND) angeboten (sozusagen eine „Allround"-Masse), ist mit einem hohen digitalen Rauschen zu rechnen. Bei genauen Meßkarten werden verschiedene Bezugspunkte auf die Klemmleisten herausgeführt. Dort wird mindestens zwischen einem analogen GND und digitalen GND unterschieden. Bei 12-Bit-Meßdatenerfassungssystemen lassen sich Systemgenauigkeitsklassen bis 0,03% erzielen. Systemgenauigkeit bedeutet dabei, daß vom Eingangs-Pin der Meßkarte bis zum digitalen Ergebnis alle auftretenden Fehler berücksichtigt werden. Sie schließt Fehler des Multiplexers, des Sample&Hold-Bausteins, Verstärkers und A/D-Wandlers ein. Man geht davon aus, daß Ablage- und Verstärkungsfehler abgeglichen sind.

H 3.4.3.5 Abschirmung

Echte 16-Bit-Meßtechnik bedeutet 0,0015% Genauigkeit. Diese Genauigkeit wird praktisch von keinem 16-Bit-Baustein erreicht. Nur aufwendige 16-Bit-A/D-Wandlermodule sind für echte 16-Bit-Meßtechnik einzusetzen. Oft reicht jedoch eine Systemgenauigkeit von 15 Bit bei einer Auflösung von 16 Bit aus. Soll dies mit einer PC-Meßkarte realisiert werden, so ist auf dieser unbedingt eine Abschirmung notwendig. Nur wenn der gesamte analoge Teil einer Meßkarte abgeschirmt ist, ist sichergestellt, daß unabhängig von der benachbarten Steckkarte und von den Rechenalgorithmen, die der Prozessor eventuell während der Erfassung durchführt, immer genau gleich gemessen werden kann. Eine Abschirmung ist nur wirkungsvoll, wenn sie aus einem geschlossenem Metallgehäuse besteht. Eine metallische Abdeckung reicht nicht aus.

H 3.4.3.6 Systemabgleich und Temperaturdrift

Bei 12-Bit- sowie 16-Bit-Systemen ist ein guter Ablage- und Verstärkungsabgleich notwendig. Die Meßkarten werden in der Regel vom Hersteller abgeglichen. Allerdings ist dies keine Garantie dafür, daß in der Anwendung nicht nochmals abgeglichen werden muß. Basierend auf dem Langzeitdrift der Bauelemente und dem Temperaturdrift ist ein Abgleich des Systems unter Betriebsbedingungen zu empfehlen. Je nach Meßkarte kann dies eine lästige oder langwierige Angelegenheit sein. Bei älteren Karten ist es meist notwendig, den Rechner zu öffnen, um einen manuellen Abgleich mit den Potentiometern auf der Karte durchzuführen.

Wird eine Software für den Abgleich mitgeliefert, so ist die Abgleichprozedur bereits vorgegeben. Dies ist sehr nützlich und spart Zeit. Einige Systeme ermöglichen einen automatischen Abgleich des gesamten Meßsystems, also nicht nur des A/D-Wandlers. Statt Potentiometer werden D/A-Wandler eingesetzt, damit sich der Abgleich per Software durchführen läßt. Die Abgleichwerte werden auf der Karte in elektrisch löschbaren Festwertspeichern (EEPROM: Electrically Erasable Programmable Read Only Memory) gespeichert.

H 3.4.3.7 Automatisierter, kanalspezifischer Abgleich

Bei Multiplexern oder kanalspezifischen Vorverstärkern oder Filter zur Bandbegrenzung (Anti-Aliasing-Filter), werden die Meßysteme für jeden Kanal einzeln abgeglichen. Dazu wird eine Referenzspannungsquelle eingesetzt. Eine Korrekturlogik (Real Time Error Correction Logic) sorgt dafür, daß jeweils der richtige Verstärkungs- und Ablage-Korrekturwert auf der analogen Seite eingespeist wird. Diese Einstellung berücksichtigt alle Parameter wie Kanalnummer, Verstärkerstufe und Filtergrenzfrequenz.

H 3.4.3.8 PC-Mechanik und Abschirmung

Der PC verfügt nicht über die ideale Mechanik, um ausreichend Signale von der Meßkarte herauszuführen. Die Fläche auf der Blende ist sehr klein, so daß sich maximal 50 I/O-Leitungen unterbringen lassen (Raster 2,54 mm). Daraus resultieren eine begrenzte Anzahl von Kanäle pro Karte. Sollen mehr Kanäle genutzt werden, erfolgt die Erweiterung intern. Abgeschirmte und ver-

riegelbare Miniatur-Steckverbindern garantieren, daß die strengen FTZ-Vorschriften eingehalten werden (FTZ: Fernmeldetechnische Zulassung). Sie legen die maximal zulässige Abstrahlung von Störspannungen fest.

H 3.4.4 Beispiel einer schnellen Meßdatenerfassungskarte

Die in Bild H-66 dargestellte Baugruppe ist eine schnelle A/D-Wandlerkarte mit 16 analogen Eingängen und 24 digitalen Ein/Ausgängen für den Einbau in PCs. Besondere Techniken wie Datenkomprimierung, Pufferspeicher nach dem FIFO-Prinzip (FIFO: First In First Out), verschiedene DMA-Modi (DMA: Direct Memory Access, direkter Speicherzugriff unter Umgehung des Prozessors), die Verwendung spezieller Befehle zur Verarbeitung von Zeichenketten (Repeat-String-Befehle) und der Einsatz eines digitalen Signalprozessors (DSP) gewährleisten die für eine PC-Karte hohe Abtastrate von 1 MHz bei 12 Bit Auflösung. Die Betriebsarten werden per Software eingestellt, das heißt nach dem Einbau einer Baugruppe in einen PC ist keinerlei Hardwarekonfiguration mehr nötig.

Zum Lieferumfang gehört ein umfangreiches Softwareangebot für DOS und WINDOWS. Die Baugruppe eignet sich für viele Bereiche der Datenerfassung, speziell auch zur Aufnahme schneller Signale. Dafür garantiert der Hochgeschwindigkeits-A/D-Wandler mit 16 gemultiplexten Eingängen. Ein Speicher für die Kanaleinstellungen nimmt die Informationen über die Reihenfolge der abzutastenden Signale und deren Erfassungsart auf. Auf einen Triggerimpuls hin kann jeder Kanal einzeln abgetastet werden oder alle in der Liste stehenden Kanäle in unmittelbarer Reihenfolge (sog. Blockmodus). Im Blockmodus werden – bedingt durch die hohe Abtastrate – die einzelnen Kanäle beinahe simultan erfaßt. Als Zeitversatz zwischen den Kanälen ist nur die Zeit der Wandlung selbst zu berücksichtigen ($1\,\mu s$). Das Einlesen aller 16 Kanäle benötigt demnach $16\,\mu s$, ohne Beeinträchtigung durch Umschalt- oder Einschwingzeiten der analogen Bauteile. Die Abtastfrequenz wird durch den Zeitgeber, der auf Meßraten von 0,001 Hz bis 1 MHz programmierbar ist, bestimmt oder durch einen externen Zeitgeber.

Die Option der Datenkomprimierung bietet dem Anwender die Möglichkeit, 4 vom Wandler gelieferte 12-Bit-Binärwerte in drei 16-Bit-Worte

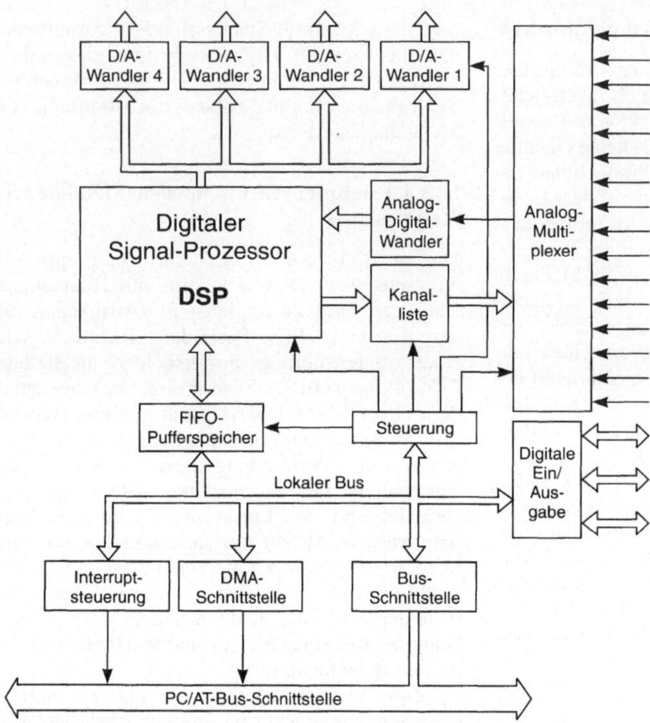

Bild H-66. Blockschaltbild einer Datenerfassungskarte.

zu packen, wodurch der PC für 4 Meßwerte nur drei Bus-Zugriffe benötigt. Der konventionelle Datenverkehr, wie Ein- und Ausgabeanweisungen oder DMA-Transfers, beschränken den Datendurchsatz auf etwa 50 kByte bis 250 kByte.

Betriebsarten wie Doppelkanal-DMA-Betrieb oder 16- beziehungsweise 32-Bit-Zeichenketten-Operationen (String-Operationen) erlauben höhere Übertragungsgeschwindigkeiten. Der Doppelkanal-DMA-Betrieb benutzt eine lückenlose DMA-Blockübertragung (DMA-Burst-Transfer) über zwei DMA-Kanäle. Während auf einem Kanal Daten erfaßt werden, werden auf dem anderen die bereits vorhandenen Daten in den Extended- oder XMS-Speicher des PC transferiert. Gegenüber herkömmlicher Technik, bei der für jeden individuellen Transfer der Bus angefordert werden muß, wird hier bei jedem Transfer ein Block von 512 Werten übertragen. Damit erreicht man Transferraten von 900 Kiloworte pro Sekunde, bei Datenkompression steigt der Durch-

satz auf über 1,2 Megaworte pro Sekunde. Alternativ erlaubt die Benutzung der Befehle zur Verarbeitung von Zeichenketten (Repeat-String-Operationen) der 80x86-Mikroprozessorfamilie ebenfalls einen sehr effizienten Datendurchsatz mit geringem Software-Aufwand.

Die 24 TTL-kompatiblen Digitalleitungen sind in 3 × 8-Bit-Register eingeteilt, deren Funktion (Eingang/Ausgang) programmierbar ist. Den Ausgängen sind entsprechende Treiber zum direkten Ansteuern von in der Industrie üblichen Halbleiter-Relais nachgeschaltet.

Die mitgelieferte Software enthält Treiber, die von Hochsprachen aus aufgerufen werden können. Sie bieten den Zugriff auf alle Kartenfunktionen, wie

- Hochgeschwindigkeits-Datenerfassung,
- digitale Ein-/Ausgabe und
- Interruptbetrieb.

Der Anwender kann sich somit auf die Entwicklung der Software zur Meßwertweiterverarbeitung konzentrieren.

H 3.4.5 Übersicht über Software-Konzepte in der Meßdatenerfassung

In der Meßdatenerfassung sind verschiedene Software-Konzepte verbreitet. Sie unterstützen die Software-Anwender in technischen und wissenschaftlichen Bereichen auf vielfältige Weise:

- Gerätesteuerung und Schnittstellenbedienung,
- Anwendung mathematischer Methoden (digitale Signalverarbeitung, digitale Filter, numerische Analyse, statistische Analyse),
- Speicherung der Meßdaten und Ergebnisse und
- grafische Darstellung.

Für diese Verfahren steht in der Regel eine einheitliche, interaktiv bedienbare Umgebung zur Verfügung, welche die heutigen Ansprüche an die Ergonomie erfüllt. Über Mehrfach-Fenster, Mausbedienung und ein durchdachtes Menükonzept wird eine leichte Bedienbarkeit auch für weniger geübte Anwender erreicht. Ein umfangreiches Hilfesystem gehört heute zum Standard. Im folgenden sind einige Hilfsmittel aufgezeigt, die dem Benutzer zur Verfügung stehen.

Treiber

Treiber bilden ein über globale Strukturen verbundenes System von Funktionen zur Ansteuerung von Hardware (beispielsweise Gerätetreiber). Oft sind Treiber *speicherresidente Programme* (TSR-Programme, TSR: Terminate and Stay Resident), die beim Starten des Rechners in einen Teil des Hauptspeichers (speicher-resident) geladen werden. Sie bilden dann als Hardware-Treiber die Schnittstelle zwischen den Hochsprachen-Anwender-Programm und der Hardwarekarte (Beispiele: Hardware-Treiber und Speicherinterface für die weitverbreiteten Programmiersprachen Turbo Pascal, Turbo-C und QuickBASIC).

Werkzeuge (Tools/Toolboxen)

Tools beziehungsweise Toolboxen (*Werkzeugkisten*) sind eine Sammlung von Hochsprachen-Routinen (beispielsweise Turbo Pascal UNITs, Turbo-C Library/Header-Dateien) zur Unterstützung der Softwareentwicklung. Der Anwender muß hier zwar selbst programmieren, zeitaufwendige Aufgaben (z. B. Menügenerierung, Mausunterstützung) erleichtert ihm jedoch die Toolbox.

Einzelprogramme (Stand-Alone Programme)

Stand-Alone-Programme sind abgeschlossene, ablauffähige Programme für die Meßdatenerfassung und -verarbeitung. Hier muß der Anwender im allgemeinen nicht selbst programmieren. Die Möglichkeiten sind jedoch eingeschränkt.

Software-Entwicklungssysteme

Software-Entwicklungssysteme stellen eine komfortable Entwicklungsumgebung mit interaktiver Benutzeroberfläche und Kodegenerator für eine oder mehrere Hochsprachen zur Verfügung. Sie beinhalten umfangreiche Bibliotheken für verschiedene Anwendungen (z. B. Meßdatenerfassung und -verarbeitung, Grafik, Dateiverwaltung). Die Programme werden mit Software-Entwicklungssystemen interaktiv erzeugt.

Grafische Programmiersysteme

Grafische Programmiersysteme sind komfortable Entwicklungsumgebungen mit interaktiver Benutzeroberfläche. Die Programmentwicklung erfolgt grafisch, beispielsweise durch Verbinden von Funktionsblöcken. Programmierkenntnisse sind hier nicht erforderlich.

Zur Übung

ÜH-3.1: Erstellen Sie den Hardwaretreiber für das in H 3.3.3.3 beschriebene Meßdatenerfassungssystem. Anstelle einer konkreten Assemblersprache können Sie auch eine Art *Pseudo*-Assembler-Kode verwenden.

H 3.5 Mikrocontroller

Mikrocontroller sind in nahezu allen elektronischen Geräten enthalten. Die unterschiedlichen Anforderungen an die Leistungsfähigkeit der Mikrocontroller führen dabei zu zwei Entwicklungsrichtungen. Zum einen gibt es eine Entwicklung zu immer *höherer Rechenleistung* durch *höhere Taktfrequenz* und *größere Busbreite*, wie sie auch bei den Mikroprozessoren beobachtet werden kann. Zum anderen wurden Mikrocontroller entwickelt, die nur 4 Bit-Datenbusbreite, wenige Byte RAM und wenige hundert Byte ROM besitzen, dafür aber extrem preisgünstig und für einfache Aufgaben ausreichend sind. Auf diese Weise ist eine ökonomisch optimale Lösung für *jede Applikation* möglich, beispielsweise vom 4 Bit-Mikrocontroller für den Einsatz im Fotoapparat bis zum 16 Bit-Mikrocontroller in der Automobilelektronik.

H 3.5.1 Prinzipieller Aufbau

Ein Mikroprozessorsystem benötigt zum Betrieb einen Prozessorkern, Speicher und, um mit der Umwelt in Kontakt treten zu können, Ein-/Ausgabemodule (Bild H-67). Mit diesen Komponenten ist es dem System möglich, Daten einzulesen, zu verarbeiten und wieder auszugeben. Untereinander kommunizieren die einzelnen Komponenten über einen Adress- und Datenbus und werden zusammen als Mikrocomputer bezeichnet.

Zunehmender Druck zur *Senkung* von Fertigungs- und Bauteilkosten sowie zur *Miniaturisierung* führen dazu, möglichst viele dieser peripheren Module zusammen mit dem Mikroprozessor in einem Bauteil zu integrieren. Diese Zusammenfassung von Mikroprozessor, Speicher und Peripherie wird als *Mikrocontroller* bezeichnet. Mikrocontroller ermöglichen im Minimalfall ein funktionsfähiges System mit nur einem Baustein, da alle unbedingt notwendigen Systemkomponenten integriert sind.

Eine zusätzliche Erweiterung mit ROM, RAM oder anderer Peripherie ist bei vielen Mikrocontrollern möglich. Voraussetzung ist allerdings, daß Adress- und Datenbus aus dem Controller herausgeführt sind. Dies ist vor allem bei Low-Cost-Varianten oft nicht der Fall.

H 3.5.2 OnChip-Peripherie

Bei den meisten Herstellern von Mikrocontrollern leitet sich eine *Controllerfamilie* von einem Standardtyp ab. Bild H-68 zeigt entsprechende Erweiterungsmöglichkeiten. Der Standardtyp wird durch Kombination mit verschiedenen Peripherien variiert. Die Varianten sind jedoch zum Standardtyp immer *aufwärtskompatibel*, d.h. Programme für den Standardtyp laufen auf allen Varianten dieser Controllerfamilie.

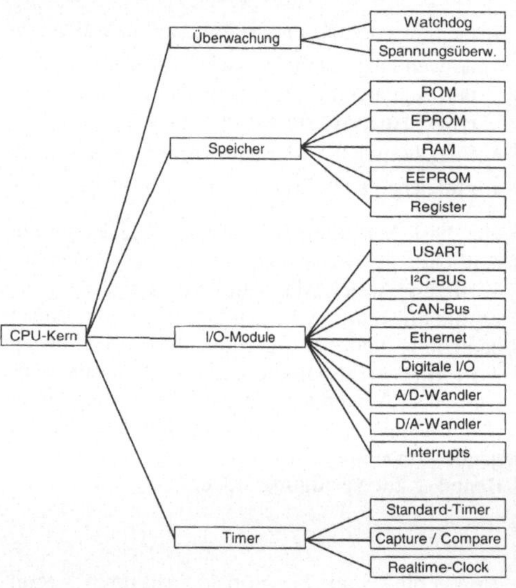

Bild H-68. Beispiele für Erweiterungen in einem Mikrocontroller.

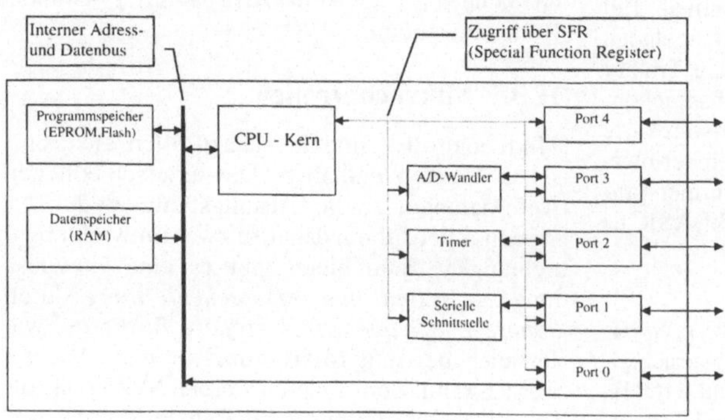

Bild H-67. Interner Aufbau eines Mikrocontrollers.

Ports

Ports stellen für den Mikrocontroller die Schnittstelle zur Außenwelt dar. Mehrere Portleitungen, meist 8 oder 16, werden intern zu einem Port zusammengefaßt. Jeder Port ist mehreren *speziellen Funktions-Registern* (SFR: Special Funktion Register) zugeordnet, über die beispielsweise konfiguriert wird, wie jede einzelne Portleitung verwendet werden soll. Die Portleitung kann als gewöhnlicher Ein- oder Ausgang verwendet werden oder in alternativer Funktion die integrierte Peripherie (z.B. Chip Select, Analogeingang), die jeder Portleitung fest zugeordnet ist, nach außen verbinden. Über ein weiteres SFR kann der Zustand jeder Portleitung direkt verändert oder, bei Verwendung als Eingang, eingelesen werden.

A/D-Umsetzer

A/D-Umsetzer gehören mit zu den wichtigsten Komponenten in Mikrocontrollern. Zwar handelt es sich bei den verwendeten A/D-Umsetzern im allgemeinen nur um 8 Bit-Umsetzer, doch durch nachfolgend beschriebene Zweifachwandlung läßt sich die Auflösung auf 10 Bit erhöhen und ist damit für sehr viele Anwendungen ausreichend. Auch wenn Mikrocontroller über mehrere Analogeingänge verfügen, so werden diese Eingänge über Multiplexverfahren mit nur einem A/D-Umsetzer verbunden, wodurch die Wandlungsrate pro Analogkanal reduziert wird.

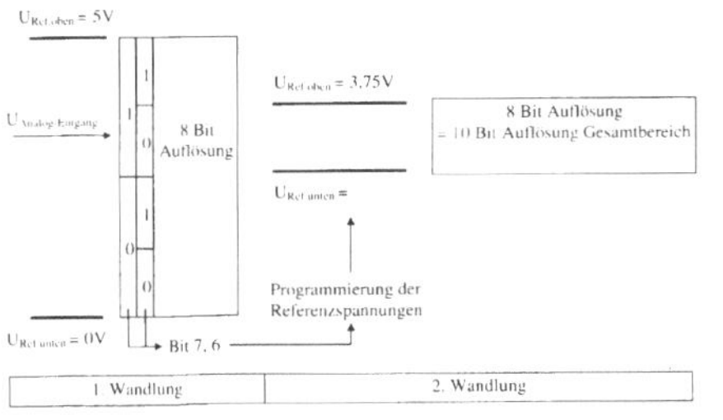

Bild H-69. Erhöhung der Wandlungsgenauigkeit durch Zweifachwandlung.

Um die geringe Auflösung des Umsetzers von 8 Bit zu erhöhen, ermöglichen viele Mikrocontroller eine Zweifachwandlung (Bild H-69). Dabei wird die Programmierbarkeit der zur Wandlung verwendeten Referenzspannungen ausgenutzt. In einer ersten Wandlung über den gesamtem Bereich (z.B. 0 V bis 5 V) wird über die oberen 2 Bits des Ergebnisses der Bereich ermittelt, in dem sich die zu messende Spannung befindet. Danach wird die untere und obere Referenzspannung so verändert, daß die zweite Messung die 8 Bit-Auflösung für den eingeschränkten Spannungsbereich ausnutzt und damit die Auflösung bezogen auf den Gesamtspannungsbereich auf 10 Bit erhöhen kann.

Serielles Interface

Die serielle Schnittstelle kann zu vielen verschiedenen Zwecken eingesetzt werden. Neben einer Kommunikation mit einem PC über RS232 dient das serielle Interface auch zum Aufbau von *Master-Slave-Systemen* (Bild H-70). Unterstützt werden synchrone und asynchrone Übertragung, wobei letztere in den meisten Fällen eingesetzt wird. Die Schnittstelle zum seriellen Interface bilden auch hier mehrere SFR, über die Übertragungsmodus, Baudrate und die Aktivierung von Empfangs- und Sendeinterrupt konfiguriert werden. Das Versenden erfolgt automatisch durch die Übertragung des Sendebytes in ein SFR. Umgekehrt steht ein empfangenes Zeichen in einem weiteren SFR zu Abholung bereit. Für beide Kommunikationsrichtungen kann jeweils ein Interrupt aktiviert werden, so daß ein empfangenes Zeichen durch die Interruptroutine ausgelesen werden kann, bevor es durch das nächste empfangene Zeichen überschrieben wird. In der selben Weise kann das nächste Sendezeichen durch eine Interruptroutine in das SFR übertragen werden, sobald das vorherige Zeichen versandt wurde.

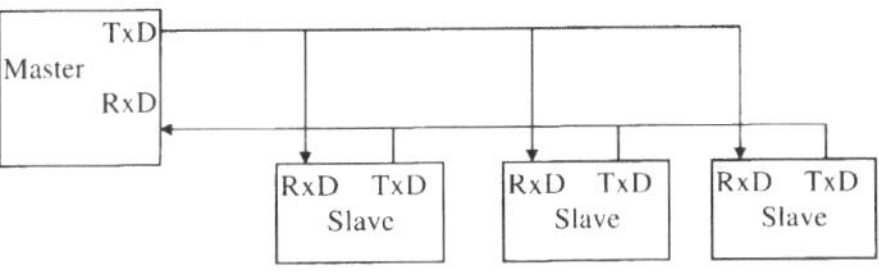

Bild H-70. Aufbau eines Master-Slave-Systems.

Timer mit Capture- / Compare- / Reload-Funktionalität

Timer mit Capture- / Compare- / Reload-Funktionalität sind für alle Arten der digitalen Signalgenerierung und Ereigniserfassung wie beispielsweise Pulsgenerierung, Pulsweitenmodulation (PWM) und Pulsweitenmessung geeignet. Diese Timer werden für folgende Anwendungen eingesetzt:

Automobilelektronik:

- Zünd- und Einspritzsteuerung
- Anti-Blockier-System (ABS).

Industrielle Anwendungen:

- Gleich-, Drehstrom- und Schrittmotorsteuerungen
- Frequenzgeneratoren
- Digital-Analog-Signalkonverter.

• Capture-Funktion

Die Capture-Funktion dient zur Erfassung von Pulsweiten. Der Zustandswechsel am Capture-Eingang bewirkt eine Speicherung des augenblicklichen Timer-Wertes in einem speziellen Capture-Register und löst einen Interrupt aus. In der zugehörigen Interruptroutine kann der Timerwert aus dem Capture-Register ausgelesen und gespeichert werden. Bei einem weiteren Zustandwechsel kann in der Interruptroutine mit Hilfe des gespeicherten Registerwertes die zeitliche Differenz zwischen den beiden Timerwerten und damit die Pulsweite errechnet werden.

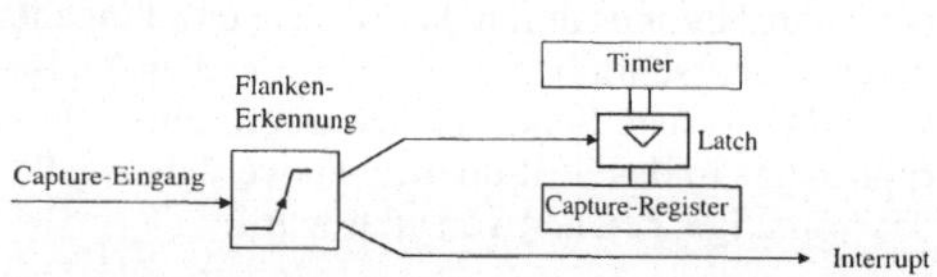

• Reload-Funktion

Die Mikrocontroller-Timer bestehend aus einem *Zähler* (je nach Prozessor 8, 16,... Bit), der durch einen externen *Taktgenerator* oder die Prozessorfrequenz mit (veränderbarem) Vorteiler getaktet wird. Mit jedem Überlauf wird ein *Timerinterrupt* ausgelöst, der im Programm eine Interruptroutine aktivieren kann. Um den Timerinterrupt an die Erfordernisse des Programms anzupassen (z.B. Aufruf der Timerinterrupt-Routine alle 1 ms), kann ein Reload-Wert festgelegt werden. Im Falle des Timer-Zählerüberlaufs beginnt der Timer nicht wieder bei 0, sondern lädt den im Reload-Register hinterlegten Wert in den Timer. Dadurch kann die Zeit zwischen zwei Interrupts so verkürzt werden, daß das gewünschte Zeitraster erreicht wird.

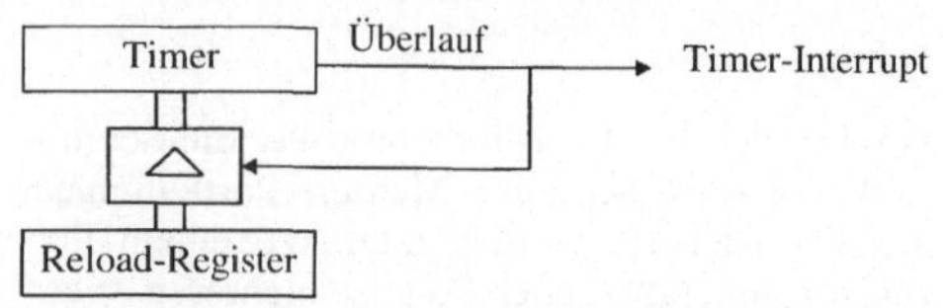

• Compare-Funktion

Die Compare-Funktion dient der Erzeugung von pulsweiten-modulierten Signalen. Da auch hier ein Timer die Zeitbasis darstellt, entspricht eine Pulsweite von 100% der Zeit für einen Timerdurchlauf (vom Timer-Reload oder 0 bis zum Überlauf). Beim Compare-Vorgang werden der Inhalt des Timer-Registers und des Compare-Registers permanent verglichen. Haben beide Register denselben Wert, wird der Compare-Ausgang gesetzt, beim nächsten Timer-Überlauf wieder zurückgesetzt.

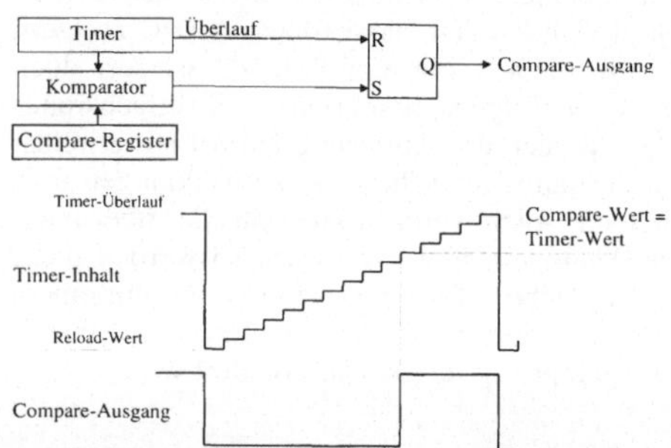

Watchdog

Durch logische Fehler in der Mikrocontroller-Software oder durch äußere Störeinflüsse (z.B. elektromagnetische Einstrahlung) kann es vorkommen, daß das Programm nicht mehr korrekt arbeitet. Bei vielen Geräten ist es zwingend notwendig, daß dieser Zustand schnell erkannt und der Mikrocontroller sofort neu initialisiert wird. Diese Funktion übernimmt der *Watchdog* (dt. Wachhund). Während des vorgesehenen Programmablaufs muß der Watchdog in regelmäßigen Abständen durch einen Schreibzugriff angesprochen werden, sonst wird nach Ablauf einer programmierbaren Reaktionszeit durch den Watchdog ein Reset ausgelöst.

Zu beachten ist, daß der Watchdog keinesfalls durch eine Interrupt-Routine (z.B. Timer-

Interrupt) bedient werden darf. Da bei einer Fehlfunktion des Programmes die Interrupt-Routinen durchaus noch funktionsfähig sein können, würde trotz Fehlfunktion durch den Watchdog kein Reset ausgelöst. Statt dessen sollte der Watchdog durch einen Programmteil aufgerufen werden, der bei normalem Programmbetrieb zyklisch durchlaufen wird. Wichtig ist auch, den Watchdog innerhalb von Schleifen aufzurufen, deren Bearbeitung länger als die Reaktionszeit des Watchdogs dauert (z.B. interne Kopierroutinen, Warteschleifen).

CAN-Interface

CAN (Controller Area Network) ist ein *Feldbussystem*, das ursprünglich zur Vernetzung der Steuergeräte im Auto (z.B. ABS, ASR, Sitz-und Spiegelverstellung, Fensterheber) entwickelt wurde. Bei CAN handelt es sich um ein serielles Bussystem, das sich durch folgende Merkmale auszeichnet:

- Multi-Master-Fähigkeit
- prioritätsorientierter Buszugriff
- Fehlererkennung und -signalisierung
- systemweite Datenkonsistenz

- automatische Wiederholung fehlerhafter Datenpakete
- Abschaltung defekter Knoten.

Aufgrund des Einsatzes von CAN in der Automobilelektronik und der immer größer werdenden Anzahl von Mikrocontrollern im Auto (Oberklassefahrzeuge haben z.T. über 40 Mikrocontroller) wird der sonst separat notwendige CAN-Controller von vielen Halbleiterherstellern in den Mikrocontroller integriert. Dadurch kann die Integrationsdichte in den Steuergeräten erhöht und die Kosten reduziert werden.

Neben der Automobilelektronik hat sich jedoch auch im industriellen Umfeld der CAN-Bus als Feldbus etablieren können. Hier wurde die physikalische Ebene des CAN-Bus um eine Applikationsschicht ergänzt und für die Anforderungen im Industriebereich optimiert. Die beiden bekanntesten Feldbussysteme, die CAN als physikalischen Unterbau verwenden, sind CANopen und DeviceNet. Grundgedanke ist bei beiden Bussystemen, daß durch ein standardisiertes Busprotokoll Geräte verschiedenster Hersteller in einem Bussystem beliebig miteinander eingesetzt werden können. Genauso kann ein Busgerät durch

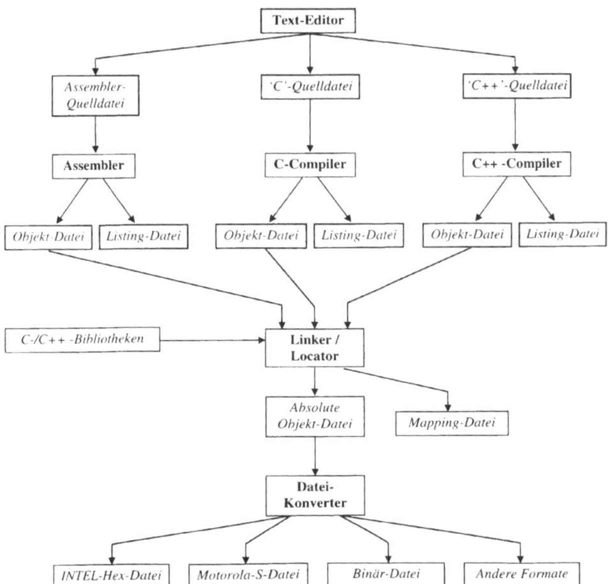

Bild H-71. Erstellen von Microcontroller-Software.

ein gleichartiges Gerät eines anderen Herstellers einfach ersetzt werden.

H 3.5.3 Werkzeuge für die Programmerstellung

Für die Erstellung der Mikrocontroller-Software müssen, wie Bild H-71 zeigt, mehrere Bearbeitungsstufen durchlaufen werden, bis ein Programm beispielsweise auf ein EPROM gespeichert werden kann. Die dazu notwendigen Werkzeuge Assembler, Compiler, Linker / Locator und Dateikonverter werden in den nachfolgenden Abschnitten beschrieben.

Assembler

Die direkte Programmierung eines Mikrocontrollers in Hex-Code ist prinzipiell zwar möglich, aber zur professionellen Programmierung völlig ungeeignet. Statt dessen stellt die Programmierung in Assembler die unterste Programmierebene in der Softwareentwicklung dar, die meist für die Mikrocontroller-Initialisierungsroutinen oder geschwindigkeitsoptimierte Unterprogramme verwendet wird.

Bei Assembler handelt es sich um einen *symbolischen Programmcode*, der keine Festlegung von absoluten Programmadressen verlangt, sondern mit symbolischen Sprungadressen arbeitet. Die Programmierung erfolgt mit einem beliebigen Editorprogramm und kann zur Dokumentation auch mit Kommentaren versehen werden.

Aufgabe des Assembler-Programms ist die Übersetzung der symbolischen Assembler-Befehle in Maschinenbefehle der Ziel-CPU. Es entsteht eine relative Objektdatei, d.h. hier werden die Programmadressen nicht absolut, sondern nur relativ zueinander festgelegt.

C / C++ -Compiler

Der mit Hilfe eines *Editorprogrammes* erstellte C oder C++-Code wird durch den Compiler in eine relative Objektdatei übersetzt. Manche Compilerhersteller gehen den Weg schrittweise: Aus einer C++-Datei wird eine C-Datei kompiliert und aus dem C-Code erstellt der Compiler statt einer relativen Objektdatei eine *Assemblerdatei*, die anschließend mit Hilfe des Assembler-Programms in die Objektdatei übersetzt wird. Über Compileroptionen kann die Übersetzung in vielfältiger Weise an die eigenen Anforderungen angepaßt werden. So bieten die meisten Compiler Optionen wie

Optimierung auf Codegröße oder Ausführungsgeschwindigkeit an. Zu Analysezwecken kann auch die Erzeugung von Listingdateien erzwungen werden. Diese enthalten neben dem C-Code mit Zeilennummerierung auch den daraus erzeugten Assemblercode und die bei der Kompilierung entstandene Warnungen und Fehlermeldungen.

Linker / Locator

Der Linker hat die Aufgabe, aus mehreren relativen Objektdateien der einzelnen Programmodule und der verwendeten Bibliotheken eine einzige relative Objektdatei zu erstellen (Bild H-72). Dazu werden unter anderem die eventuell vorhandenen Verweise auf externe Funktionen und Variablen aufgelöst. Außerdem analysiert er die Programmstruktur und kann so den Datenspeicher in *Overlay-Technik* verwalten. Dabei werden die lokalen Variablen der in der Hochsprache kodierten Funktionen immer dann überlagert, wenn sich die Funktionen nicht gegenseitig aufrufen. So ist es möglich, den Speicherbedarf des Programmes stark zu verringern.

In den meisten Fällen bildet der Linker mit dem Locator eine funktionelle Einheit. Der Locator erzeugt aus der relativen Objektdatei eine absolute Objektdatei. Dabei kann der Programmierer unter anderem folgende Festlegungen treffen:

- Startadresse des Programmcodes
- Festlegung, welche Adressbereiche als RAM und ROM fungieren
- Speicherbereiche reservieren
- bestimmte Programmsegmente an eine festgelegte Adresse platzieren.

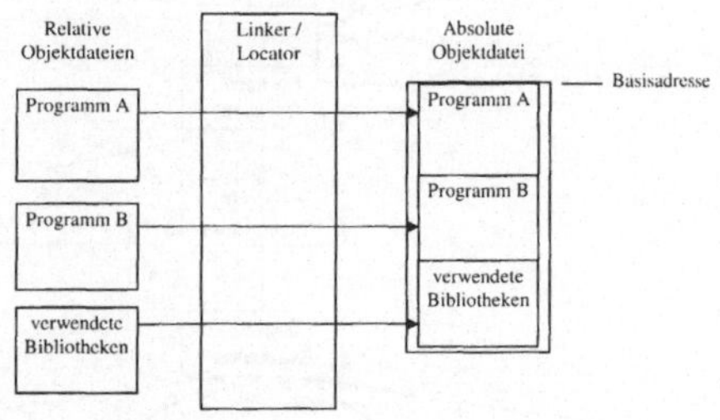

Bild H-72. Funktionsweise eines Linkers.

Abschließend generiert der Linker eine *Link-Map-Datei*. Sie enthält eine Liste aller verwendeter Variablen und Funktionen und die vom Locator festgelegte Speicheradressen sowie alle beim Linken aufgetretenen Fehler.

Dateikonverter

Zum Datenaustausch mit Geräten wie beispielsweise einem EPROM-Programmiergerät ist eine Konvertierung in ein geeignetes Format notwendig. Das am meisten verwendete Format ist das *INTEL-Hex-Format*, weitere Formate sind das Motorola S-, IEEE- und Mikrotek-Format. Bei der Intel-HEX-Datei handelt es sich um ein ASCII-File, das zeilenweise nach folgendem Schema aufgebaut ist:

```
:llaaaatt[dd...]cc
```

:	Beginn eines Intel-HEX-Datensatzes
ll	Datensatzlänge, gibt die Anzahl nachfolgender Datenbytes (dd) an
aaaa	Startadresse für die in der Zeile nachfolgenden Daten
tt	beschreibt den Typ des Datensatzes in dieser Zeile:
	00 Datensatz
	01 Dateiende-Kennung
	02 8086 Segmentadresse, Offset für nachfolgende Daten
	04 Lineare Adresse - Offset (Bit 16-31 der Adresse) für alle nachfolgenden Daten
dd	Repräsentiert ein Datenfeld und entspricht einem Datenbyte. Die Anzahl der Datenbytes in der Zeile muß mit dem Wert „ll" übereinstimmen.
cc	Checksumme aller Datenbytes in der Zeile, wird aus dem Komplement der Summe aller Datenbytes Modulo 256 gebildet.

Make-Hilfsprogramm

Bei der Weiterentwicklung und Änderung einzelner Quelldateien ist es nicht notwendig, stets alle Quelldateien neu zu kompilieren. Um eine *selektive Kompilierung* durchzuführen, liefern die meisten Compilerhersteller ein Hilfsprogramm, das diesen Vorgang automatisiert. Die bekanntesten sind MAKE von Borland und NMAKE von Microsoft. Das nachfolgende Beispiel bezieht sich auf NMAKE.

Die auszuführenden Funktionen werden mit Hilfe einer Beschreibungssprache festgelegt und in einer Datei gespeichert (*Makefile*). Die Grundlage für die Abarbeitung ist immer ein Befehlsblock mit den Komponenten Ziel, Abhängigkeiten und Befehl.

```
<Ziel>:    <Abhängigkeiten>
           <Befehl>
```

Ziel:	Eine Datei, deren Existenz oder Speicherzeitpunkt relativ zu den abhängigen Dateien geprüft werden soll.
Abhängigkeiten:	Eine oder mehrere Dateien, von deren Speicherzeitpunkt die Ausführung des Befehls abhängt.
Befehl:	Befehl, der ausgeführt wird, wenn eine der Abhängigkeiten neueren Speicherzeitpunktes ist als das Ziel oder das Ziel nicht existiert.

Beispiel:

```
;Datei 'Beispiel.mak'
  modul.abs    : modul1.obj, modul2.obj
               linker.exe modul1.obj,
               modul2.obj TO modul.abs
  modul1.obj   : modul1.c, modul1.h
               compiler.exe modul1.c
  modul2.obj   : modul2.c, modul2.h
               compiler.exe modul2.c
```

Wird beispielsweise eine Änderung an „modul2.c" vorgenommen, ist diese Datei neueren Speicherdatums als „modul2.obj". Aus diesem Grund wird der Befehl „compiler.exe ..." aufgerufen und eine neu Objektdatei „modul2.obj" kompiliert. Danach ist die Datei „modul2.obj" neueren Speicherdatums als die Datei „modul.abs", worauf der Befehl „linker.exe..." ausgeführt wird. Durch diesen Automatismus wird die Datei „modul1.obj", wie gewünscht, nicht neu erstellt.

Neben dieser expliziten Regel kann eine Make-Datei folgende Komponenten enthalten:

- *Makros*
  Wiederkehrende Befehle können durch ein Makro ersetzt werden. Die Makrodefinition erfolgt durch eine Zuweisung mit Hilfe des Zuweisungsoperators: <Makro>=<Makrodefinition>
  Aufgerufen wird das Makro mit $(<Makro>)

- *Implizite Regeln*
  Durch implizite Regeln können die expliziten Regeln verallgemeinert werden. D.h. für die

Abhängigkeit von zwei Dateien, die sich nur in der Dateiendung unterscheiden, kann eine verallgemeinerte Regel festgelegt werden.

Beispiel:

```
.c.obj:
    compiler.exe $<

modul1.obj: modul1.c, modul1.h
```

Ergibt sich durch die Abhängigkeiten, daß die Datei „modul1.obj" gegenüber „modul1.c" veraltet ist, so wird die für den Übergang von c-Datei nach obj-Datei vereinbarte Regel angewandt und die Datei „modul1.c" neu kompiliert.

- *Kommentare*
  Kommentare werden mit „#" eingeleitet, der Rest der Zeile wird als Kommentar betrachtet.
- *Direktiven*
  Direktiven entsprechen im wesentlichen den Anweisungen eines C-Präprozessors. In der Make-Datei wird die Direktive jedoch mit „!" statt „#" eingeleitet. So sind durch die Schlüsselworte „if", „elif", „else" und „endif" eine bedingte Abarbeitung der Make-Anweisungen möglich.

H 3.5.4 Werkzeuge zur Fehlersuche

Bei der Kompilierung können Assembler und Compiler zwar syntaktische, jedoch keine logischen Fehler im Programmcode erkennen. Für die Suche nach logischen Fehlern stehen drei Hilfsmittel zur Verfügung: Simulator, Monitorprogramm und Emulator.

Simulator

Ein Simulator ist ein Programm, das den *Zielprozessor vollständig nachbildet*. Bei der Simulation eines Programmes können die Inhalte der Register, des Stacks und anderer Speicherbereiche permanent beobachtet oder während der Simulation verändert werden. Ein- und Ausgänge eines Prozessors lassen sich ebenfalls in die Simulation einbinden, so daß die gesamte Peripherie des Zielsystems nachgebildet werden kann. Der Simulator bietet sich vor allem für die Entwicklung von Programmen an, zu denen noch keine Hardware vorhanden ist.

Allerdings hat der Simulator auch einige Nachteile. So stellt die Simulation der Eingänge

bzw. der später dort angeschlossenen Peripherie zur Nachbildung der Zielhardware einen nicht unerheblichen Aufwand dar. Außerdem ist die Simulation um ein Vielfaches langsamer als das reale Zielsystem, so daß sich das Echtzeit-Verhalten der Software nicht untersuchen läßt.

Monitorprogramm

Das Monitorprogramm ist ein sehr kostengünstiges Entwicklungshilfsmittel zur Fehlersuche. Beim Monitorprogramm handelt es sich um eine Software, die zusammen mit dem zu testenden Programm auf der Zielhardware läuft und über eine serielle Schnittstelle mit dem PC verbunden ist. Auf dem PC dienen entweder ein Debugger-Programm oder nur ein einfaches Terminalprogramm als Benutzeroberfläche. Das Monitorprogramm arbeitet im Interrupt der seriellen Schnittstelle und damit quasiparallel zur Software, die getestet werden soll. Über die Benutzeroberfläche können Speicherinhalte, Stackpointer und Registerinhalte abgefragt und verändert werden.

Um in Programm Haltepunkte setzen zu können, bedient sich das Monitorprogramm eines Tricks, da die Programmabarbeitung nicht angehalten werden kann. Das Monitorprogramm ersetzt an der Stelle, an der ein Haltepunkt gesetzt wurde, den ursprünglichen Programmcode durch eine eigene, wenige Byte große Routine. Diese bewirkt, daß das Programm an dieser Stelle angehalten wird. Kommt der Befehl „weiter", wird der alte Zustand des Programmcodes wieder hergestellt. Damit das Ersetzen von Code überhaupt möglich ist, ist es notwendig, daß das Programm aus dem RAM läuft. Aus diesem Grund ist der Einsatz einer entsprechend modifizierten Hardware notwendig.

Weiterer Nachteil des Monitorprogrammes ist, daß durch das Monitorprogramm die serielle Schnittstelle belegt wird und durch die Einbindung des Monitorprogramms der Programmablauf nicht unter realen Bedingungen getestet wird.

In-Circuit-Emulator (ICE)

Für die professionelle Entwicklung von Mikrocontroller-Software wird üblicherweise ein In-Circuit-Emulator eingesetzt. Dabei handelt es sich um ein Gerät, das aus einer *Interface-Hardware* und einer *Bedienoberfläche* auf einem PC besteht. Der Emulator enthält einen separaten Mikrocontroller vom selben Typ wie der Zielprozessor und den Programmspeicher. Über einen Adapter wird

der Emulator mit dem Prozessorsockel der Zielhardware verbunden. Bei den teureren Varianten der Emulatoren wird eine spezielle Version
des Mikrocontrollers eingesetzt, der sogenannte
Bond-Out-Chip. Dabei handelt es sich um einen
Mikrocontroller, aus dem mehr Leitungen herausgeführt wurden als bei der üblichen Version. Dadurch hat der Emulator die Möglichkeit, interne
Abläufe zu überwachen und beispielsweise das interne RAM und alle Register direkt zu überwachen
und Haltepunkte bei bestimmten Registerwerten
zu realisieren. Der Emulator ermöglicht, das Programm in der Zielhardware ohne Einschränkungen und vor allem in Echtzeit zu testen.

Durch gezieltes Setzen von Haltepunkten kann
man an potentiell fehlerbehafteten Programmstel-
len und bei bestimmten Situationen anhalten. Ein
Haltepunkt beispielsweise durch folgendes definiert werden:

- eine bestimmte Programmzeile
- bei Datenzugriff auf eine bestimmte Adresse
- die Änderung einer festgelegten Variablen
- auf einen bestimmten Wert einer festgelegten
  Variablen.

Nach einem Haltepunkt kann die weitere Abarbeitung des Programmcodes auch schrittweise

erfolgen, d.h. auf es kann sowohl auf Assembler-
Ebene als auch auf Hochsprachen-Ebene (z.B.
„C") jede Befehlszeile einzeln abgearbeitet werden. Auf diese Weise läßt sich der Programmablauf und der momentane Inhalt von Speicherzellen und Registern genau verfolgen.

Besonders hilfreich bei der Fehlersuche ist die
Trace-Funktion, die in den meisten Emulatoren
integriert ist. Hier kann der gesamte Programmablauf aufgezeichnet werden, so daß im Falle eines Programmfehlers der Programmablauf und
damit eventuell die Bedingungen, die zum Fehler führten, analysiert werden können. Die Auf-
zeichnungstiefe der *Trace-Funktion* wird lediglich
durch den vorhandenen Trace-Speicher begrenzt
(Bild H-73).

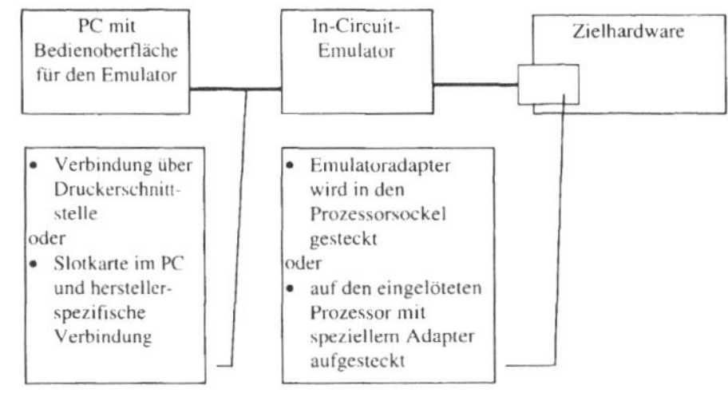

Bild H-73. Funktionsweise des In-Circuit-Emulator.

I Neue Betriebssysteme und Programmiersprachen

I 1 Linux

I 1.1 Entwicklung

Im Jahr 1991 schrieb der finnische Student Linus Torvalds ein minimales Betriebssystem für seinen PC mit Intel-Prozessor. Er nannte es Linux (Linus-UNIX). Torvalds stellte den Sourcecode unter die Verantwortung der GPL (GNU General Public Licence). Somit konnte dieser von interessierten Programmierern frei kopiert und erweitert werden. Durch die Möglichkeiten des Internets schritt die Entwicklung von Linux schnell voran.

Linux ist heute ein ausgereiftes Betriebssystem, welches auch im Hinblick auf Funktionsumfang und Stabilität gleich gut oder besser ist als andere Betriebssysteme. Dies wird deutlich, wenn man sieht, dass immer mehr Firmen, darunter auch IBM und Corel, eigene Linux-Distributionen anbieten. Ein grosser Vorteil von Linux ist der Preis. Distributionen mit gedruckter Dokumentation bekommt man schon für 30 bis 100 DM. Ohne Handbücher ist Linux auch kostenlos zu haben.

I 1.2 Wichtige Merkmale

Linux weist folgende wichtige Merkmale auf:

- Es läuft auf PC's mit Intel-80386-kompatiblen Prozessoren.
- Es ist multitasking- und multiuser-fähig.
- Es unterstützt die Nutzung mehrerer Prozessoren.
- Es unterstützt eine Vielzahl von PC-Hardware.
- Linux ist auch für andere Rechnerplattformen verfügbar (Alpha, Motorola 680x0, Sparc, MIPS).

I 1.3 Installation

Linux kann als Einzelsystem auf einem Rechner oder parallel zu anderen Betriebssystem installiert werden. Zum Beispiel sind folgende Kombinationen möglich:

- reines Linuxsystem.
- DOS/Win95/98 und Linux.
- WinNT und Linux.
- OS/2 und Linux.
- Win95/98, OS/2 und Linux.

Am einfachsten ist die Installation nur eines Betriebssystems auf dem Rechner. Bei mehr als einem Betriebssystem ist die Verwendung eines Bootmanagers sinnvoll. Linux bietet hierfür den Linux Loader (LILO) an. Auch Windows NT und OS/2 stellen eigene Bootmanager zur Verfügung. Nachfolgend soll kurz aufgeführt werden, was bei der Nutzung mehrerer Betriebssysteme auf einem Rechner zu beachten ist.

DOS/Windows 95/98 und Linux

Voraussetzung ist, dass DOS/Windows und Linux jeweils eine eigene primäre Partition unterhalb der 1024-Zylinder-Grenze zur Verfügung haben. Zum Starten der Betriebssysteme wird LILO verwendet. Eine Typische LILO-Konfigurations-Datei könnte aussehen wie in Tabelle I-1 beschrieben.

Zur Vorsorge sollte eine Linux Bootdiskette angelegt werden, da es vorkommen kann, dass Windows den MBR (Master Boot Record) einfach überschreibt.

Windows NT und Linux

Bei dieser Konfiguration sollte der Windows NT-Bootmanager zum Starten der Betriebssysteme verwendet werden, da LILO beim Starten neuerer Versionen von Windows NT Probleme hat.

Nach der Installation von Windows NT wird Linux in eine zweite Partition installiert. LILO wird nicht in den MBR sondern in die Linux-Rootpartition geschrieben. Danach muss der LILO-Bootsektor in eine Datei (z.B. bootsek.lin) im Hauptverzeichnis des NT-Systems kopiert werden. Zuletzt muss noch die Windows NT-Datei *boot.ini* durch den Eintrag *c:\bootsek.lin=„Linux"* ergänzt werden, damit im NT-Bootmanager Linux gestartet werden kann.

OS/2 und Linux

Es kann LILO oder der OS/2-Bootmanager verwendet werden. Wird der OS/2-Bootmanager verwendet, so benötigt Linux eine startbare primäre Partition. Da OS/2 Zusatzinformationen in bestimmten Sektoren des MBR speichert, kann es zu Konflikten kommen, wenn Partitionen mit

Tablle I-1. Typische LILO-Konfigurations-Datei

```
# LILO Konfigurations-Datei
# Start LILO global Section
boot=/dev/hda                          # LILO Installationsziel: MBR
backup=/boot/MBR.hda.990428            # Backup-Datei für alten MBR
                                       # vom 28. April 1999
#compact                               # schneller, läuft aber nicht auf allen Systemen
#linear
message=/boot/message                  # LILO's Begrüßungsmeldung
prompt
password = q99iwr4                     # Allgemeines LILO Passwort
timeout=100                            # 10 s am Prompt warten, bevor Voreinstellung
                                       # gebootet wird
vga = normal                           # normaler Textmodus (80x25 Zeichen)
# End LILO global section
# Linux bootable partition config begins
image = /boot/vmlinuz                  # Voreinstellung
root = /dev/hdb3                        # Root-Partition für Kernel
read-only
label = Linux
# Linux bootable partition config ends
# DOS bootable partition config begins
other = /dev/hda1
label = DOS
loader = /boot/chain.b
table = /dev/hda
# DOS bootable partition config ends
```

„fdisk"-Programmen anderer Betriebssysteme angelegt werden. Um dies zu verhindern, sollten alle benötigten Partitionen mit fdisk von OS/2 angelegt werden. Danach muss der Typ der späteren Linux-Partitionen mit Hilfe des fdisk-Programms von Linux in 83 geändert werden, damit OS/2 diese ignoriert.

I 1.4 X Window System

I 1.4.1 X-Server

Bei Windows oder OS/2 sind die grafische Benutzeroberfläche und das Betriebssystem fest miteinander verbunden. Bei Linux sind die funktionalen Schichten voneinander getrennt. Auf der einen Seite das Betriebssystem, welches beispielsweise die Rechnerressourcen verteilt, auf der anderen Seite das X Window System, welches für die grafische Bildschirmausgabe zuständig ist. Der X-Server stellt durch standardisierte Schnittstellen die Verbindung zwischen beiden Seiten dar. Er kann auf die Hardware zugreifen (Grafikkarte), stellt einige Grundfunktionen zum Zeichnen von Punkten, Rechtecken, Text usw. zur Verfügung und beinhaltet ein Netzwerkprotokoll. Damit ist

es möglich, ein Programm auf einem Rechner auszuführen und die grafische Ausgabe auf einem anderen Rechner darzustellen.

Das X Window System mit der Bezeichnung X11 wurde von DEC und dem Projekt Athena am MIT entwickelt. Die aktuelle Version ist X11R6 (X Version 11, Release 6). Sie enthält XFree86, eine freie Portierung des X Window Systems für Intel-80386-kompatible Prozessoren.

I 1.4.1.1 Konfiguration

Bevor der X-Server gestartet werden kann, muss er konfiguriert werden. Bei den meisten aktuellen Distributionen wird dies wahrscheinlich schon bei der Installation geschehen, falls das X Window-Paket mit ausgewählt wurde. Ist dies nicht der Fall, so gibt es Hilfsprogramme, wie xf86config, mit welchen man die Einstellungen für die vorhandene Hardware vornehmen kann. Oft werden Grafikkarte, Maus oder Monitor auch schon automatisch erkannt, so dass nur noch in seltenen Fällen diese Daten durch den Benutzer angegeben werden müssen. In Bild I-1 ist das Dialogfenster des Programms SaX des SuSE Linux zu sehen, mit welchem diese Einstellungen einfach und übersichtlich durchgeführt werden können.

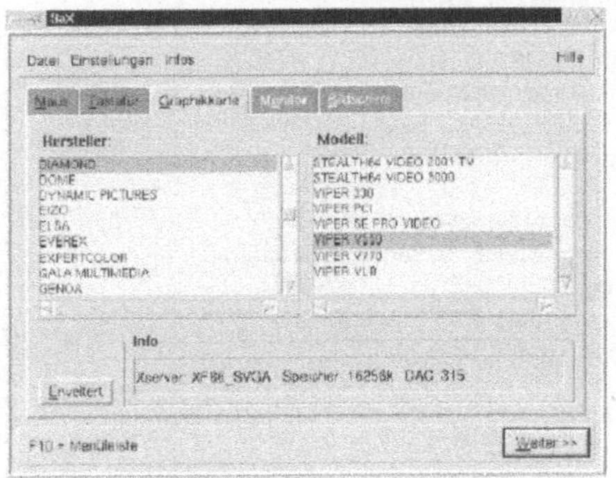

Bild I-1. Dialogfenster des Programms SaX

Alle Einstellungen des X Window Systems werden in der Datei XF86Config gespeichert.

I 1.4.1.2 Windowmanager

Neben dem X-Server wird im allgemeinen auch ein Windowmanager installiert. Er wird benötigt, um der Benutzeroberfläche ein besseres Aussehen oder auch eine bessere Bedienbarkeit zu verleihen. Anders als bei Windows, kann hier unter verschiedenen Oberflächen ausgewählt werden, beispielsweise

- Fvwm1, Fvwm2, Fvwm2.2 oder Fvwm95
- KDE - K Desktop Environment
- GNOME - GNU Network Object Model Environment.

Die Auswahl eines geeigneten Windowmanagers hängt somit vom persönlichen Geschmack, der Leistungsfähigkeit des PCs und des benötigten Funktionsumfangs ab. Windowmanager wie KDE oder GNOME sollten wegen ihres Speicherbedarfs erst ab 64 MB Hauptspeicher eingesetzt werden. Mit dem Fvwm95 hat man auch unter Linux eine ähnliche Oberfläche wie in Windows95/98.

I 1.5 Netzwerk

In der heutigen Zeit ist eine Anbindung an ein Netzwerk zur Selbstverständlichkeit geworden. Linux bietet alle Voraussetzungen zur Einbindung in diverse Netzwerkstrukturen. Es spielt keine Rolle, ob der Computer in einem LAN betrieben oder über Modem mit dem Internet verbunden wird.

I 1.5.1 LAN

Um Linux in einem LAN zu betreiben, muss eine entsprechende Netzwerkkarte vorhanden sein. Linux unterstützt mittlerweile eine grosse Anzahl von Netzwerkkarten – ob Ethernet, Arcnet oder TokenRing. Gängige Netzwerkprotokolle wie TCP/IP, IPX oder AppleTalk werden ebenfalls unterstützt.

Für die Netzwerkkonfiguration stehen oft schon Hilfsprogramme zur Verfügung. Soll die Konfiguration manuell erfolgen, so müssen die Dateien */etc/rc.config*, */etc/hosts*, */etc/networks*, */etc/host.conf* und */etc/resolv.conf* von Hand editiert werden.

I 1.5.2 Samba

Das Programmpaket Samba ermöglicht die Verbindung von UNIX-Rechnern mit DOS-, Windows- oder Windows NT-Rechnern. Hierfür stellt es das SMB-Protokoll (Server Message Block-Protokoll) zur Verfügung. Das SMB-Protokoll wird von der Firma Microsoft für Windows 3.11, 95/98 und NT genutzt, um den gemeinsamen Zugriff auf Laufwerke und Drucker zu gestatten.

Die Samba-Konfiguration für Linux wird ausschliesslich durch die Datei */etc/smb.conf* (Tabelle I-2) gesteuert. Diese Datei bestimmt, welche Ressourcen das System nach aussen anbietet und welche Einschränkungen hierbei festgelegt sind.

I 1.5.3 Modem

Da wohl die Mehrzahl der Benutzer keine direkte Verbindung, z.B. über ein LAN, ins Internet haben, muss diese mittels Modem oder ISDN-Karte erfolgen. Als Übertragungsprotokoll hat sich hierfür das Point to Point-Protokoll (PPP) durchgesetzt. Es ermöglicht beispielsweise die Nutzung von TCP/IP über eine serielle Verbindung. Die Konfiguration des Modems übernimmt zumeist ein Hilfsprogramm, so dass nur in wenigen Fällen Schwierigkeiten zu erwarten sind.

I 1.6 Anwendungen

Da ein Betriebssystem ohne zusätzliche Anwendungsprogramme nicht sinnvoll ist, gibt es inzwi-

Tablle I-2. Samba-Konfiguration der Datei */etc/smb.conf*

```
; /etc/smb.conf
; Achtung:    Der Server muss nach Durchfuehren der Aenderungen in dieser Datei
;             zunächst gestoppt und dann erneut gestartet werden:
;             /etc/rc.d/init.d/smb stop
;             /etc/rc.d/init.d/smb start
[global]
; Die folgende Zeile ist zu entkommentieren, wenn Gaesten der Zugriff erlaubt werden soll.
; guest account = nobody
  log file = /var/log/samba-log.%m
  lock directory = /var/lock/samba
  share modes = yes
[homes]
  comment = Home Directories
  browseable = no
  read only = no
  create mode = 0750
[tmp]
  comment = Temporary file space
  path = /tmp
  read only = no
  public = yes
```

schen auch für Linux eine grosse Anzahl von Anwendersoftware. Viele nützliche Programme sind in den Linuxpaketen oft schon enthalten.

Die Textverarbeitung befriedigt alle Ansprüche, angefangen von einfachen Editoren (z.B. vi) bis zum kompletten Office-Paket (z.B. StarOffice). Ebenfalls sind alle Programme zur Systemadministration, zum Anzeigen von Bildern oder Abspielen von Musikdateien, WWW-Browser, Faxprogramme oder Spiele vorhanden.

I 1.7 Wichtige Dateien und Verzeichnisse

Die meisten Systemprogramme und Anwendungen werden unter Linux durch Skripte gesteuert. Das sind einfache Textdateien, zu vergleichen mit *config.sys, autoexec.bat* oder *system.ini* bei DOS oder Windows. In Bild I-2 ist ein Linux-Verzeichnisbaum dargestellt. Je nach System können einzelne Dateien oder Verzeichnisse auch an anderer Stelle stehen.

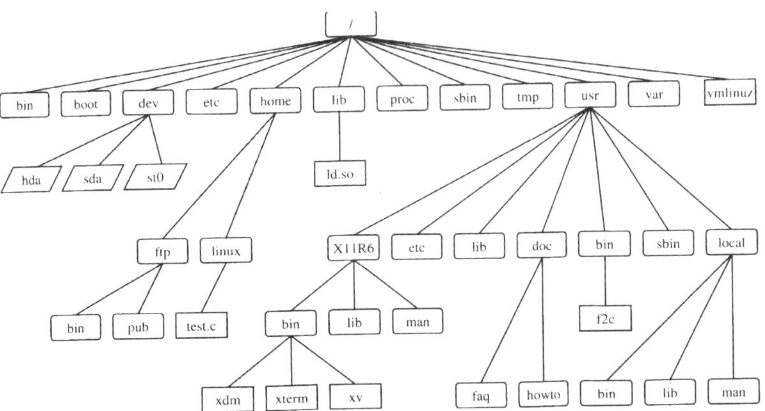

Bild I-2. Linux Verzeichnisbaum

/	Wurzel-Verzeichnis
/etc	Dateien zur Systemkonfiguration
/dev	Gerätedateien
/bin	Kommandos zur Systemverwaltung
/sbin	Kommandos zur Systemverwaltung (nur Benutzer *root*)
/usr	Enthält sämtliche Anwendungsprogramme
/home	Verzeichnisse der Benutzer
/lib	Shared Libraries
/tmp	Temporäre Dateien

Wichtige Gerätedateien in /dev

/dev/fd0 [1]	1. [2.] Floppylaufwerk
/dev/hda [b-l]	1. [2.-12.] AT-Bus-Festplatte
/dev/sda [b-p]	1. [2.-16.] SCSI-Festplatte
/dev/cdrom	Link auf das verwendete CD-ROM-Laufwerk (z.B. /dev/hdc)
/dev/mouse	Link auf die verwendete Maus-Schnittstelle (z.B. /dev/ttyS0)
/dev/modem	Link auf die verwendete serielle Schnittstelle (z.B. /dev/ttyS1)

Wichtige Konfigurationsdateien in /etc

/etc/rc.config	Zentrale Konfigurationsdatei des Systems
/etc/inittab	Konfigurationsdatei für den init-Prozess
/etc/lilo.conf	Konfigurationsdatei des Linux Loaders
/etc/xf86config	Konfigurationsdatei des X Window Systems
/etc/passwd	Benutzerdatenbank
/etc/group	Benutzergruppen

I 2 HTML

I 2.1 Definition

Die Grundlage für die Entstehung von HTML (Hyper Text Markup Language) war die Entwicklung von SGML (Standard Generalized Markup Language) Mitte der 80er Jahre. SGML ist eine sehr komplexe, standardisierte Sprache, deren Ziel es war, die Struktur eines Dokumentes von seiner layoutorientierten Erscheinungsform zu trennen. SGML bildete die Grundlage für HTML, wobei HTML jedoch nur einen Bruchteil der Beschreibungsmöglichkeiten von SGML nutzt. Eine der wichtigsten Eigenschaften von HTML ist die Plattformunabhängigkeit. HTML benutzt eine logische Beschreibung („markup"),

welche vom jeweiligen Web-Browser auf den verschiedenen Clients entsprechend interpretiert werden kann. HTML enthält dafür Befehle („Tags"), die hauptsächlich zum Formatieren der Informationen, wie Überschriften, Absätze, oder Tabellen dienen. In einer HTML-Datei sind sowohl die Informationen als auch die Befehle für die Darstellung dieser Informationen gespeichert. Ein wichtiger Bestandteil von HTML ist die Möglichkeit, Verweise („Hyperlinks") zu erstellen. Diese können sowohl auf eine Referenz in der HTML-Datei selbst, als auch außerhalb verweisen.

I 2.2 Entwicklungsstufen

Für die Standardisierung von HTML ist das W3C (World Wide Web Consortium) verantwortlich. Jedoch implementieren die Herstellerfirmen der WWW-Browser oftmals Funktionalitäten, welche noch nicht oder gar niemals in den Standard aufgenommen werden. Daher kommt es häufig zu unterschiedlichen Darstellungsformen der Informationen. Deshalb ist zu empfehlen, sich an dem Standard des W3C zu orientieren. Das W3C hat hierzu die Möglichkeit auf seinen Web-Seiten geschaffen, eine HTML-Datei auf Fehler hinsichtlich des Standards zu prüfen. Im seit Februar 1998 gültigen HTML 4.0-Standard wurden Frames, CSS (Cascade Style Sheets) und Scriptsprachen implementiert. Dieser Standard wird von Web-Browser-Versionen ab 1997/98 teilweise unterstützt.

I 2.3 Syntax

HTML-Befehle befinden sich immer zwischen einem mathematischen „Kleiner als"-Zeichen (<) und einem „Größer als"-Zeichen (>). Alle Elemente in HTML, beispielsweise Formatfestlegungen für Textdarstellung, werden von diesen Zeichen (< >) begrenzt. Ein Befehls-Anfangszeichen steht in diesen Klammern (`<Befehlanfang>`), ein Befehls-Endzeichen (`</Befehlende>` hat innerhalb dieser „Klammern" zusätzlich vor dem Befehl ein „/".Es gibt einige Befehle, die kein Endzeichen benötigen, wie `<p>` für einen neuen Absatz – jeder neue Absatz beendet automatisch den vorherigen.

I 2.3.1 Editieren

Grundsätzlich ist davon abzuraten, Programme zum Erstellen der HTML-Seiten zu benutzen, die Formatierungen des Textes vornehmen. Diese Programme werden den HTML-Anforderungen nicht gerecht (z.B. können keine Tabulatoren umgesetzt werden).

Verwendet man einen ASCII-basierten HTML-Editor (z.B. Editor oder Notepad), sind folgende Regeln zu beachten:

- Zeilenumbrüche und Leerzeichen müssen so gesetzt werden, dass die Übersichtlichkeit im Quelltext gewahrt bleibt. Diese Umbrüche werden jedoch vom WWW-Browser ignoriert. Textabschnitte im Browser werden automatisch je nach vorhandener Fenstergröße umgebrochen;
- Zeilenumbrüche, die im WWW-Browser dargestellt werden sollen, müssen mit den entsprechenden HTML-Befehlen definiert werden, wie beispielsweise Absatzschaltungen;
- Tabulatoren sind in HTML nicht vorgesehen. Einrückungen sind aber beispielsweise durch die entsprechende Positionierung in Tabellen möglich.

Mehrere Leerzeichen hintereinander kann der WWW-Browser nicht interpretieren Er fasst diese zu einem Leerzeichen zusammen. Um das Aneinanderfügen von Leerzeichen zu erzwingen, kann die Zeichenfolge   (dies ist die Zeichenfolge für ein geschütztes Leerzeichen) beliebig oft hintereinander eingegeben werden.

I 2.3.2 Konventionen für Dateinamen

WWW-Server und Dateinamen

Da im heutigen WWW die meisten Server-Rechner UNIX-Rechner sind, wird bei Dateinamen streng zwischen Groß- und Kleinschreibung unterschieden. Wenn man WWW-Seiten in einer Windows-Umgebung erstellt und diese Dateien auf einen Server-Rechner überspielt, kann es sein, dass bestimmte Links innerhalb der Dokumente nicht mehr funktionieren. Wenn nicht auf die unterschiedliche Schreibweise geachtet worden ist, wird ein Verweis (z.B. „name.gif" in Kleinschreibung) auf beispielsweise eine Grafik (z.B. „Name.gif" in Großschreibung) diese Grafik-Datei nicht darstellen. Deshalb ist es sicher, alle Dateinamen grundsätzlich in Kleinbuchstaben zu vergeben, damit alle Verweise gefunden werden können.

Kompatibilität und Dateinamen

Moderne UNIX-Systeme – die meisten der WWW-Server – erlauben Dateinamen bis zu 256 Zeichen Länge, wobei deutsche Umlaute, „ß", Satzzeichen, Sternzeichen und andere Sonderzeichen nicht dargestellt werden können. Aus der Palette der Sonderzeichen ist der Unterstrich „_" erlaubt. Leerzeichen sind zu vermeiden. Sollen die Dateien beispielsweise als Download angeboten werden, sind die Grenzen von Dateinamen, die MS-DOS-kompatibel sind, zu beachten. Folgenden Regeln sind einzuhalten: Zwischen dem Dokument-Namen und der Dateiendung darf nur ein Punkt zur Trennung verwendet werden; der Teil vor dem Punkt (also der Dateiname) darf nur 8 Zeichen umfassen; für die Dateiendung sind nur 3 Zeichen zur Verfügung. Dies bedeutet auch, dass bei ausführbaren Java-Applets (Abschn. I 3.6.2) diese Regel gebrochen werden muss; denn Java-Applets erfordern zwingend die Endung „.class".

Dateiendungen

Grundsätzlich ist zu beachten, dass die üblichen Dateiendungen eingehalten werden müssen:

HTML-Dateien:	.html oder .htm
GIF-Dateien:	.gif
JPEG-Dateien:	.jpg
Java-Applets:	.class
JavaScript-Dateien:	.js
CSS-Style-Sheet-Dateien:	.css

Auch bei allen anderen Dateitypen ist es sicherer, die Standard-Datei-Endungen beizubehalten.

Default / Index-Datei bei WWW-Servern

Für die Startdatei bzw. „Startseite" ist von den meisten heutigen WWW-Servern ein bestimmter HTML-Dateiname vorgegeben. In der Regel heißen diese Dateien index.htm, index.html, default.htm oder default.html. Auf diese default- oder index-Datei wird bei der Eingabe der WWW-Adresse automatisch vom WWW-Browser zugegriffen, ohne den Dateinamen im Adressfeld anzugeben. Deshalb können die WWW-Adressen ohne Angabe eines HTML-Dateinamens angegeben werden, beispielsweise http://www.xyz.com oder http://www.xy.net/verzeichnis/.

I 2.4 Elemente einer HTML-Datei

I 2.4.1 Grundelemente einer HTML-Datei

Eine HTML-Datei besteht grundsätzlich aus drei Bereichen:

Bereich 1: die *HTML-Kennzeichnung*, die mit dem Befehl <html> eingeleitet und mit dem Befehl </html> abgeschlossen wird;

Bereich 2: der *Kopf (Header)*, in dem der Titel des Dokuments festgeschrieben wird; der einleitende Befehl lautet <head> und der abschließende Befehl </head>;

Bereich 3: der *Körper (Body)*, in dem sich der eigentliche Inhalt des Dokumentes befindet; der einleitende Befehl ist <body> und der Endbefehl </body>; in diesem Bereich stehen der Text und verschiedene Verweise.

Die Einteilung in die genannten Bereiche 1, 2 und 3 ist durch die Verschachtelung auf den ersten Blick nicht sofort erkennbar, aber notwendig für die Definition.

```
<html>
<head>
<title>Hier steht der Titel des Dokuments</title>
</head>
<body>
Hier stehen die Texte, Verweise, Grafikreferenzen
usw.
</body>
</html>
```

I 2.4.2 SGML-gerechter Dokumenttyp

Da die Besonderheiten, die ein WWW-Browser darstellen können muss, immer vielfältiger werden, ist es sinnvoll, in den HTML-Dateien die SGML-gerechte Angabe zur HTML-Version in den Dateien zu vermerken. Auch wenn die Angabe der Version momentan noch keinen Einfluß auf die Darstellung im WWW-Browser hat, kann die Angabe der Version in der Zukunft von Bedeutung sein, beispielsweise für das automatische Starten bestimmter Programme. Der Hinweis auf die Version ist noch vor dem einleitenden <html>-Befehl wie folgt einzugeben:

```
<!doctype html public
         "-//w3c//dtd html 4.0//en"
<html>
</html>
```

Die Angabe "doctype html public" bedeutet, dass die öffentlich verfügbare HTML-DTD der Bezug ist. Danach folgt der Hinweis auf das w3c, also das W3-Consortium, das die zugrunde liegende HTML-Version als Standard verabschiedet hat. Die darauf folgende Angabe dtd html 4.0 bedeutet, dass in der Datei der SGML-

Dokumenttyp "html" in der Sprachversion 4.0 verwendet wird. en ist ein Landeskürzel und steht für Englisch als verwendete HTML-Sprache – unabhängig von der Sprache, die im tatsächlichen Dokument verwendet wird. Da alle HTML-Befehle aus der englischen Sprache kommen, sollte an dieser Stelle immer Englisch verwendet werden. Entsprechend können folgende Hinweise am Anfang der HTML-Datei vermerkt werden:

```
<!doctype html public "-//w3c//dtd html
4.0//en">
```
– für den HTML-Sprachstandard 4.0.

```
<!doctype html public "-//w3c//dtd html
4.0 transitional//en">
```
– für den HTML-Sprachstandard 4.0 und die zusätzliche Information, dass Style-Sheets und/oder Skriptsprachen in der Datei verwendet werden.

```
<!doctype html public "-//w3c//dtd html
4.0 frameset//en">
```
– für den HTML-Sprachstandard 4.0 und die zusätzliche Information, dass in der Datei ein Frameset definiert wird.

Wird keine solche Angabe in die HTML-Datei eingefügt, wird automatisch vom HTML-Standard 2.0 ausgegangen.

I 2.4.3 Titel

Aus den folgenden Gründen ist die Definition des Titels im Kopf einer HTML-Datei von großer Bedeutung:

- Bei der Anzeige im WWW-Browser steht der Titel der Datei in der Titelzeile des Anzeigefensters.
- Beim Setzen von Lesezeichen wird der Titel der Datei als Name des Lesezeichens verwendet.
- In der Liste der besuchten Seiten im WWW-Browser wird der Titel der Datei aufgeführt.
- Viele automatische Suchprogramme nutzen den Titel der Datei zum Auffinden.

Aus den genannten Gründen ist auch darauf zu achten, dass der Titel präzise den Dateiinhalt wiedergibt; besonders auf die Beschränkung der Länge ist zu achten.

```
<head>
<title>HTML-"Uberblick - Der Titel</title>
andere Angaben im Dateikopf ...
</head>
```

I 2.4.4 Meta-Angaben

Die Meta-Angaben sind ebenfalls im Kopf der HTML-Datei vermerkt. Die dort hinterlegten Angaben können Anweisungen für WWW-Server, WWW-Browser und für automatische Suchprogramme enthalten. Ausserdem kann in den Meta-Angaben der Autor der HTML-Datei vermerkt werden sowie Angaben zum Inhalt der Datei. Eine automatische Weiterleitung des WWW-Browsers an eine andere Adresse wird ebenfalls in den Meta-Angaben verzeichnet. Es gibt noch keinen verbindlichen Standard zum Gebrauch der Meta-Angaben, der von den WWW-Autoren auch tatsächlich eingehalten wird. Die Qualität der Suchdienste im Internet, die die Meta-Angaben bei den Treffern entsprechend darstellen, hängt entscheidend vom Vorhandensein und von der Aussagekraft der Meta-Angaben ab – deswegen wäre eine Standardisierung in diesem Bereich vorteilhaft. Derzeit arbeitet das W3-Consortium in bezug auf die Standardisierung der Meta-Angaben an einer Sprache namens Resource Description Framework (RDF).

Generell ist anzumerken, dass die folgenden Meta-Angaben am verbreitetsten sind:

- Angabe des Autors
- Kurzbeschreibung des Inhaltes
- charakteristische Stichworte
- das Publikationsdatum.

```
<head>
<meta name="description" content="Dieser Be-
schreibungstext soll einem Anwender im Suchdienst
bei Auffinden dieser Datei erscheinen">
<meta name="author" content="Ihr Name">
<meta name="keywords" content="HTML, Meta,
Suchprogramme, HTTP">
<meta name="date" content="2000-05-22" ...
andere Angaben im Dateikopf ...
</head>
```

Der erste Teil der Meta-Angaben bestimmt mit `<meta name="description" content="Be-schreibungstext">` einen Beschreibungstext, dessen eigentlicher Wortlaut sich in Anführungszeichen nach dem Begriff `"content"` befindet.

Der Autorenname der HTML-Datei findet sich nach dem gleichen Schema in Anführungszeichen im Bereich `"content"`.

Im Bereich `"content"` der `"keywords"` müssen verschiedene Schlüsselwörter eingefügt sein, die zentrale Themen der Datei beschreiben, an denen sich eine Suchmaschine orientiert. Die einzelnen Schlüsselwörter sind durch Kommata zu trennen.

Eine mögliche Zusatzinformation kann die Angabe des Publikationsdatums der Datei sein (im obigen Beispiel der 22. Mai 2000).

I 2.5 Wichtige HTML-Befehle (Tags)

I 2.5.1 Text formatieren

Überschrift `<h1>...</h1>` **bis** `<h6>...</h6>`

In HTML werden 6 Überschriftenebenen unterschieden, um die in Dokumenten vorhandene Hierarchieverhältnisse abzubilden. In HTML definierte Überschriften werden vom Browser – je nach Hierarchiestufe – größer und meist fetter dargestellt, damit die Gliederung des Dokumentes gut erkennbar ist. Dabei beschreiben die Zahlen 1 bis 6 nicht die Größe, sondern die „Ebene", wobei h1 (vom englischen Heading 1) die höchste und h6 die unterste Ebene anzeigen. Dabei sollten optische Gesichtspunkte der Reihenfolge untergeordnet werden. Des weiteren müssen die Nummern des Anfangs- und End-HTML-Befehls identisch sein.

```
<h1>Überschrift 1. Ordnung</h1>
<h3>Überschrift 3. Ordnung</h3>
```

Schriftschnitt

`<b>` und `</b>` kennzeichnen den in den Klammern stehenden Text als fett; `<i>` und `</i>` als kursiv und `<u>` und `</u>` als zu unterstreichen. Da die HTML-Befehle aus der englischen Sprache kommen, werden auch diese Formatierungsanweisungen aus den englischen Kürzeln abgeleitet – „b" für bold, „i" für italic und „u" für underlined. Ausser diesen Befehlen kommen logische Anweisungen wie beispielsweise `<strong>` für hervorgehoben oder `<em>` für betont. Bei den beiden letzten Befehlen kann jedoch die Darstellung von Browser zu Browser variieren.

Schriftgröße

Man kann verschiedene Textabschnitte mit einer bestimmten Schriftgröße versehen. Dieser Befehl zur Definition der Schriftgröße heißt `<font size=...>`.

Die Schriftgrößen werden in 7 Kategorien eingeteilt, wobei 1 die kleinste Schriftgröße und 7 die größte Schriftgröße darstellt.

```
<font size=1>Schriftgroesse 1</font>
<br><font size=2>Schriftgroesse 2</font>
<br>Schriftgroesse 3
<br><font size=4>Schriftgroesse 4</font>
<br><font size=5>Schriftgroesse 5</font>
<br><font size=6>Schriftgroesse 6</font>
<br><font size=7>Schriftgroesse 7</font>
```

Der Wert kann absolut in Zahlen zwischen 1 und 7 angegeben werden bzw. relativ im Verhältnis zur Normalschriftgröße mit +(Zahl) bzw. −(Zahl). Die Normalschriftgröße ist 3. Der Befehl `</font>` beendet den Abschnitt mit der definierten Schriftgröße. Dabei ist generell zu beachten, dass es sich bei den Angaben zur Schriftgröße immer um relative Werte handelt. Deshalb hat der Befehl `<font size=5>` eine andere Wirkung, ob der Anwender eine 9-Punkt- oder eine 12-Punkt-Schrift eingestellt hat.

In Tabellen müssen die Angabe zur Schriftgröße in jeder einzelnen Tabellenzelle wiederholt werden, wenn alle Tabellenzellen die gleiche Schriftgröße haben sollen.

Schriftart

Für beliebige Textabschnitte können Schriftarten bestimmt werden.

```
<font face="Arial,Helvetica,sans-serif">
Das ist Text in der Schriftart Arial, oder, falls
Arial nicht darstellbar, in Helvetica oder, wenn beide
nicht darstellbar sind, in einer anderen Sans-Serif-
Schrift</font>
```

Damit der Text auf unterschiedlichen Systemen (Microsoft, Macintosh) so dargestellt wird, wie vom Verfasser vorgesehen, empfiehlt es sich, mehrere alternative Schriftarten anzugeben, um sicherzugehen, dass eine der Schriftarten auf dem Anwender-Rechner vorhanden ist. Damit kann man sicherstellen, dass die Gesamtdarstellung der HTML-Datei erhalten bleibt. Wenn mehrere Schriftarten angegeben werden, müssen die Schriftartennamen durch Kommata getrennt werden. Der WWW-Browser versucht nach und nach, die angegebenen Schriftarten auf dem Anwendersystem zu finden. Ist die erste Schriftart nicht installiert, wird versucht, die zweite Schriftart darzustellen. Ist keine der angegebenen Schriftarten darstellbar, bleibt die Angabe zur Schriftart ohne Wirkung, und der Text wird in der vom Anwender eingestellten Schrift angezeigt. Deshalb ist es wichtig, die exakten Schriftartnamen zu verwenden. Für die Definition von Schriftarten in Tabel-

len gilt das gleiche wie für die Schriftgröße, d.h. in jeder einzelnen Tabellenzelle muß die Angabe zur Schriftart definiert werden.

Kommentare

Im HTML ist es möglich, Kommentare an beliebigen Stellen der HTML-Datei einzufügen. Der WWW-Browser zeigt diese nicht als Text an. Die Kommentare werden eingeleitet durch die Zeichenfolge "<!--". Dann beginnt der Kommentartext, hier können auch HTML-Befehle aufgeführt werden. Erstreckt sich der Kommentar über mehrere Zeilen, ist er durch die Zeichenfolge "//-->" abzuschließen

```
<!-- Dieser Text ist ein Kommentar -->
```

Absatz, Zeilenumbruch und Leerzeichen

Damit der Text – genau wie bei einem Textdokument – unterteilt werden kann, ist es notwendig, die folgenden HTML-Befehle zu verwenden:

```
<p>
<!-- vom englischen Begriff „paragraph" für Absatz -->
<br>
<!-- vom englischen Begriff „break" für Umbruch -->
 
<!-- vom englischen Begriff „nonbreaking space" – für das
Einfügen eines Leerzeichens. //-->
```

Die beiden ersten Begriffe können ohne die zugehörigen End-Befehle verwendet werden, da beispielsweise ein neuer Absatzbefehl sowohl den neuen Absatz einleitet, als auch den vorhergehenden Absatz beendet.

Text ausrichten

In HTML-Dateien wird der Text standardmäßig linksbündig ausgerichtet. Eine rechtsbündige Ausrichtung muss für den jeweiligen Textteil definiert werden. Einen entsprechenden Befehl gibt es für das Zentrieren von Text. Obwohl nicht so häufig verwendet (nicht alle WWW- Browser können den Blocksatz darstellen), ist es auch möglich, Blocksatz festzulegen. Alle diese Definitionen zur Textausrichtung beginnen mit dem Befehlsteil `<p align=...>` und werden dann durch den jeweiligen englischen Begriff für die Ausrichtung ergänzt. Folgende Ausrichtungsbefehle können verwendet werden:

- linksbündig (Standard)
- rechtsbündig   `<p align=right>`
- zentriert   `<p align=center>`
- Blocksatz   `<p align=justify>`

Wie bei der Darstellung von Leerzeichen wird immer nur ein Absatzzeichen beachtet. Mehrere Absatzzeichen hintereinander werden automatisch auf eines reduziert. Ist die Darstellung mehrerer Leerzeilen gewünscht, muss mehrmals hintereinander ein Absatz und ein Leerzeichen definiert werden (beispielsweise <p> <p> <p> um drei Leerzeilen durch den WWW-Browser darzustellen).

```
<!-- Hier ist ein Absatz zu Ende -->
<p align=center>
<!-- Hier beginnt ein neuer Absatz, der zentriert
ausgerichtet wird //-->
<p align=right>
<!-- Hier beginnt ein neuer Absatz, der rechts ausgerichtet
wird //-->
<p align=justify>
<!-- Hier beginnt ein neuer Absatz mit Blocksatz -->
```

Liste

Aufzählungen und Numerierungen können im HTML-Dokument wie in einem Textdokument verwendet werden. Numerierte Listen beginnen mit dem HTML-Befehl <OL> (englisch für „ordered list"), Aufzählungen mit dem Befehl <UL> (englisch für „unordered list"). Die einzelnen Listeneinträge werden jeweils mit <LI> eingeleitet. Die entsprechenden Endbefehle für Numerierungen bzw. Aufzählungen lauten </OL> bzw. </UL>.

Sonderzeichen und Umlaute

In HTML gehören alle deutschen Umlaute zu der Palette der Sonderzeichen und müssen neu definiert werden. Einige der wichtigsten Sonderzeichen und deren Darstellung in HTML finden sich im folgenden:

ä : ä	Ä: Ä
ü : ü	Ü: Ü
ö : ö	Ö: Ö
ß : ß	
" : "	
&: &	

Linien

Zum Anordnen bzw. Ordnen der Informationen sind Linien zur optischen Trennung möglich. Über den Befehl <hr> („horizontal rule") können waagerechte Linien eingefügt werden. Die Länge dieser Linien kann mit dem Befehl <hr width=...> bestimmt werden, die Breite über <hr size=...>. Bei diesen Angaben ist es möglich, entweder die

Länge der Linie in % von der Browserfensterbreite anzugeben oder ein absolutes Maß in Pixeln (Bildpunkten).

I 2.5.2 Verweise

Datei-Verweise – Web-Verweise - Dokument-Verweise (Anker)

Die besondere Eigenschaft von HTML ist es, dass auf andere Dateien (Links) oder andere Internet-Adressen (Hyperlinks) verwiesen werden kann.

```
<a href="Datei_auf_die_verwiesen_werden_soll.html">
Hier steht der Text des unterstrichenen Links</a>
```

Wenn die Datei nicht im selben Ordner liegt, muss eine entsprechende Angabe des Pfades erfolgen, unter dem die Datei zu finden ist. Dies bezeichnet man als „relativen Link"; innerhalb von Websites findet man in der Regel relative Links zu den anderen Seiten, beispielsweise von einer Unterseite „zurück zur Startseite".

```
<a href="../startseite.html">zurück zur Startseite</a>
```

Soll jedoch auf eine andere Datei im Internet verwiesen werden, muss hingegen ein „absoluter Link" eingegeben werden. Dieser besteht in der Angabe der kompletten Internet-Adresse der Datei.

```
<a href="http://www.domain.de/verweisdokument.html">
Hier steht der Text des absoluten Links</a>
```

Innerhalb der eigenen Website ist es nicht sinnvoll, absolute Links zu verwenden, da dieser Link dann nur nach Einwahl in das Internet funktioniert.

Neben dem Verweisen auf eine andere Datei können Links auch innerhalb eines langen Dokumentes verwendet werden, um von einer Stelle im Dokument zu einer anderen zu springen. Diese Links werden als Anker („anchor") bezeichnet.

```
<!-- Definition des Ankers an einer beliebigen Stelle
im Dokument //-->
<a name="Der_erste_Anker">Erstes Kapitel</a>
<!-- Link zu diesem Anker -->
<a href="#Der_erste_Anker">Ein Klick hier
befoerdert Sie zum ersten Kapitel</a>
```

Anker werden oft dazu benutzt, um am Anfang eines langen Textes ein Inhaltsverzeichnis vorzuschalten, von dem aus man per Mausklick zu den einzelnen Abschnitten bzw. Kapiteln gelangt.

e-mail-Verweise / Download-Verweise

Der e-mail-Link nimmt eine besondere Stellung innerhalb der Links ein. Dadurch wird automatisch eine neue e-mail an die angegebene e-mail-Adresse angelegt.

```
<a href="mailto:ich@mein-internetname.de">
e-mail an mich </a>
```

Für den Download von Dateien gibt es keinen speziellen HTML-Befehl. Die meisten WWW-Browser bieten bei einem Verweis auf bestimmte Dateitypen den Download automatisch an. Das dafür bekannteste Dateiformat ist das ZIP-Format; dies sind Dateien, die durch Komprimierung mehrere andere Dateien oder sogar ganze Verzeichnisstrukturen enthalten können. Nach dem Download einer solchen „.zip"-Datei muss diese dekomprimiert („entpackt") werden.

```
<a href="html_anleitung.zip">Dokument
downloaden</a>
<a href=
"http://www.xxyyzz.de/download/html_anleitung.zip">
Dokument downloaden </a>
```

I 2.5.3 Tabellen

Um Daten übersichtlich darzustellen, können im HTML Tabellen definiert werden. Dieses dient auch dazu, um Grafik oder Text optisch ansprechend und WWW-Browser unabhängig anzuordnen. Die Tabellen können mit oder ohne Gitternetzlinien dargestellt werden..

```
<table border>
<!-- hier steht der Inhalt einer Tabelle mit
Gitternetzlinien //-->
</table>
```

```
<table>
<!-- hier steht der Inhalt einer Tabelle ohne
Gitternetzlinien //-->
</table>
```

Um die Tabelle mit Inhalten zu füllen, müssen Zeilen und Spalten definiert werden.

Zeilen und Spalten definieren

Normalerweise besteht eine Tabelle aus mindestens einer Zeile, meistens jedoch aus mehreren. Ebenso hat die Tabelle meistens mehrere Spalten. Eine neue Tabellenzeile wird mit dem Befehl `<tr>` eingeleitet (tr = table row = Zeile der Tabelle). Danach definiert man die Zellen

(Spalten) der betreffenden Reihe. Das Ende einer Tabellenzeile wird durch `</tr>` festgelegt. In einer Tabelle sind meist Kopfzellen und gewöhnliche Datenzellen vorhanden. Kopfzellentext wird mit `<th>` und `</th>` (th = table header = Tabellenkopf) hervorgehoben, und er ist meist fett und zentriert ausgerichtet. Der Befehl `<td>` und `</td>` dagegen definiert eine normale Datenzelle (td = table data = Tabellendaten). Hinter dem Befehl folgt der Inhalt einer Zelle. Dies können beliebige Elemente sein, beispielsweise auch Verweise oder Grafik in HTML. Auch die Definition einer weiteren Tabelle innerhalb der Tabelle ist möglich. Die Anzahl der Spalten der gesamten Tabelle werden in der ersten Zeile definiert. Für den Inhalt der Tabelle gelten die gleichen Regeln für die Angabe von Sonderzeichen wie im Fliesstext. Um die Darstellung innerhalb der Tabelle im HTML-Text übersichtlich zu halten, empfehlen sich Einrückungen bzw. Umbrüche, da diese nicht im Dokument dargestellt werden.

Wenn in einer Tabellenzelle keine Daten stehen, ist es möglich, dass die WWW-Browser die Zelle als „nicht vorhanden" behandeln können. Für leere Zellen sollte folgender Befehl angewendet werden `<td> </td>`.

```
<table border>
<tr>
<td>Zelle: 1. Zeile, 1. Spalte</td>
<td>Zelle: 1. Zeile, 2. Spalte</td>
<td>Zelle: 1. Zeile, 3. Spalte</td>
</tr>
</table>
```

I 2.5.4 Grafiken (.jpg, .gif, .png) einbinden

In HTML-Dateien werden Grafiken nicht direkt gespeichert, sondern bleiben eigene Dateien auf dem Server bzw. auf der Festplatte. Die HTML-Datei kann also ohne Grafiken in sehr kurzer Zeit geladen werden, wenn der Betrachter dies möchte. In der jeweiligen HTML-Datei befindet sich nur ein Verweis für den Browser, welche Grafik eingefügt werden soll, und wo sie abgelegt ist. Insofern ähneln diese Grafikverweise den Links; der HTML-Befehl ist jedoch etwas anders: `<image src="testbild.gif">` ("image src": „image source" - Dateiquelle). Da nicht alle Browser Grafiken im .png-Format (ohne Plug In) darstellen können, empfiehlt es sich, nur .gif- und .jpg-Grafikformate zu verwenden. Grafiken, die aus dem Internet von anderen Webseiten gespeichert wurden, sollten nicht verwendet werden, da sie dem Copyright unterliegen.

Damit der Nutzer, der das Anzeigen der Grafiken im WWW-Browser ausgeschaltet hat, dennoch einen Hinweis darauf erhält, was an dieser Stelle eingefügt ist, gibt es die Möglichkeit, der Grafik einen ALT-Text (alternative Textangabe) zuzuordnen, der über den Mauszeiger angezeigt wird.

```
<img src="die_erste_grafik.jpg"
alt="Kurzbeschreibung der ersten Grafik">
```

Die Ausrichtung von Grafiken kann ähnlich wie Text durch den "align"-Befehl erfolgen:

```
<img src="..." align=right>
<!-- Grafik rechtsbündig -->
<img src="..." align=top>
<!-- Grafik an den oberen Rand -->
<img src="..." align=middle>
<!-- Grafik in die Mitte -->
<img src="..." align=bottom>
<!-- Grafik an den unteren Rand -->
```

I 2.6 Farben

I 2.6.1 Festlegung (Hintergrund, Text, Links, besuchte Links, aktive Links)

Zur Verwendung im WWW gibt es 216 sichere Farben, d.h. Farben, die auf jedem Bildschirm und mit jeder Grafikkarte gleich dargestellt werden. Die Definition der Farben für die HTML-Datei befinden sich am Anfang des <body>-Bereiches direkt im <body>-Befehl. Die Farben werden in diesen Befehlen in der Form #rrggbb festgelegt. rr, gg und bb sind dabei hexadezimale Zahlenangaben für den Rot-, Grün- und Blau-Anteil. Die Beschränkung auf 216 Farben ergibt sich aus der ausschließlichen Verwendung von Kombinationen aus 00, 33, 66, 99, CC und FF.

Damit die Darstellung der Farben der HTML-Datei durch den jeweiligen WWW-Browser nicht verfälscht wird, müssen alle im Dokument verwendeten Farben in der HTML-Datei definiert werden. Geschieht dies nicht, greift der WWW-Browser auf die in ihm festgelegten Standardeinstellungen zurück. Werden Text, Hintergrund-

farbe und die Farbe der Links (Grundeinstellung, aktiv und besucht) im HTML-Dokument festgelegt, stellt der WWW-Browser dies entsprechend dar, wobei darauf zu achten ist, dass die Text- bzw. Linkfarben auf dem Hintergrund gut lesbar sind.

```
<body bgcolor="#FFFFFF" text="#000000"
link="#0000CC" vlink="#FF0000"
alink="#663399">
```

I 2.6.2 Hintergrundbilder – Ausnahme

Hintergrundbilder können anstelle von Hintergrundfarben verwendet werden (und bedecken den ganzen Hintergrund des Dokumentes), da sie beispielsweise in Kachelform einmalig vom Browser geladen und dann ständig wiederholt werden. Werden Hintergrundbilder verwendet, ist auf den Verweis zur Hintergrundgrafik zu achten.

I 2.7 Ausblick

Durch die rasante Entwicklung des World Wide Web in den letzten Jahren und den Anspruch von mehr Funktionalitäten, wie die Einbindung multimedialer Komponenten, wird der HTML-Standard ständig erweitert. Die Entwicklung von HTML zeichnet sich in Richtung XML (Extensible Markup Language) ab, welcher ebenfalls die Beschreibungssprache SGML zugrunde liegt. Im Januar 2000 wurde die Zwischenstufe XHTML 1.0 (Extensible Hyper Text Markup Language) als Standard verabschiedet. Er entspricht dem Funktionsumfang von HTML 4.0. XHTML beinhaltet jedoch im Gegensatz zu HTML die strengen Syntaxregeln von XML: Der Quellcode muss ohne Fehler sein, und alle Befehle müssen abgeschlossen werden. Damit hat XHTML die Eigenschaft von Programmiercodes, in denen ebenfalls keine Fehler enthalten sein dürfen.

Der Unterschied zwischen XML und HTML besteht darin, dass XML darauf ausgerichtet ist, Informationen über Daten zu liefern. Damit eignet sich XML ebenfalls für die Verarbeitung mit Programmen (z.B. in Datenbanken) und den Austausch zwischen diesen Programmen. Dies wird dem Bedarf an der ständigen Verfügbarkeit sich schnell ändernder Informationen gerecht.

I 2.8 Zusammenfassendes Beispiel

HTML-Quellcode im ASCII-Editor

```
<!doctype html public -//w3c//dtd html 4.0 transitional//en\>
<html>

<head>
<title>HTML-Beispielseite</title>
<meta name="description" content="Beispielseite zum Verständnis von HTML">
<meta name="author" content="Heinrich Beispiel">
<meta name="keywords" content="html, meta, tags, links">
<meta name="date" content="2000-05-22">
</head>

<body bgcolor="#FFFFFF" text="#000000" link="#0000CC"
vlink="#FF0000" alink="#663399">
So sieht die HTML-Beispielseite im WWW-Browser aus:
<h1>Überschrift 1. Ordnung</h1>
<p><font size="5">Schriftgroesse 5</font></p>
<p><b><i>Kursiv und Fett</i></b></p>
<p><font face="Arial, Helvetica, sans-serif">Schriftart Arial,
wenn nicht vorhanden Helvetica und dann Sans-Serif</font></p>
<!--Hier könnte ein Kommentar stehen-->
<p align="right">Dies ist ein rechts ausgerichteter Text</p>
<p><a href="../verweis_datei.htm">Verweis auf eine Datei</a></p>
<p>Jetzt kommt eine Tabelle</p>
<table border>
<tr>
<td>Zelle: 1. Zeile, 1. Spalte</td>
<td>Zelle: 1. Zeile, 2. Spalte</td>
<td>Zelle: 1. Zeile, 3. Spalte</td>
</tr>
</table>
</body>

</html>
```

Bild I-3 zeigt die Darstellung im WWW-Browser.

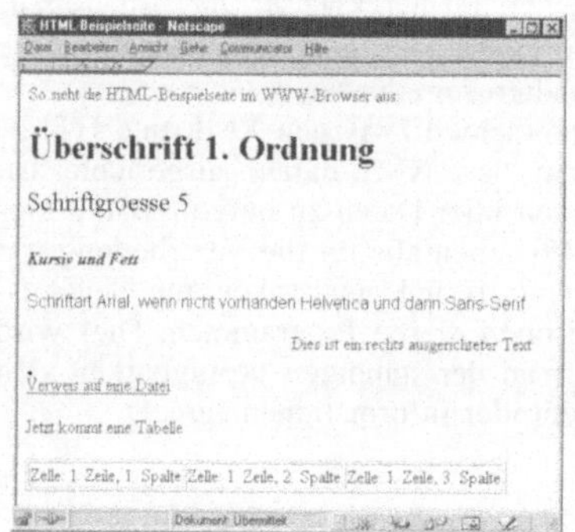

Bild I-3. HTML-Programmierung und Darstellung im WWW-Browser

I 3 Java

I 3.1 Eigenschaften

Java ist eine *objektorientierte* Sprache, die in der Syntax an C++ angelehnt ist, aber dennoch einige Unterschiede aufweist. Der eigentliche Kern ist sehr kompakt, die Sprache ist daher verhältnismäßig leicht zu erlernen. Java hat einige interessante Eigenschaften, von denen die wichtigsten im folgenden kurz vorgestellt werden.

Zunächst ist Java *plattformunabhängig* und daher *portabel*. Dies wird durch Verwendung eines *Zwischencodes* (Java-Bytecode) erreicht. Das eigentliche Java-Programm, das mit einem Standardeditor geschrieben werden kann, wird zunächst mit dem Java-Compiler übersetzt. Der erzeugte Java-Bytecode ist auf jedem Computersystem der gleiche. Jedes andere Computersystem, für das die Java Virtuelle Maschine (Java VM) implementiert ist, kann diesen Code ausführen, solange keine maschinen- oder betriebssystemspezifischen Aktionen ausgeführt werden (Bild I-4 und I-5).

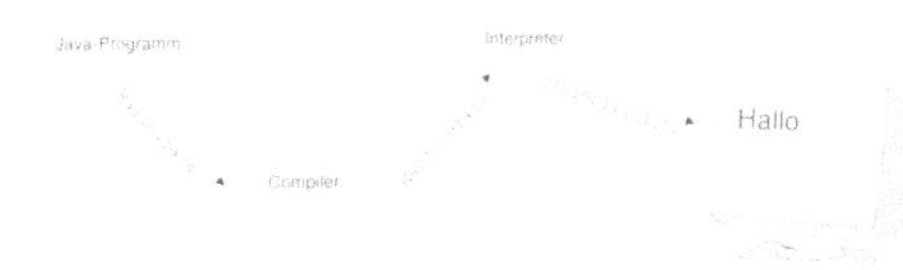

Bild I-4. Ausführung eines Java Programmes durch einen Interpreter, der den Java Bytecode interpretiert

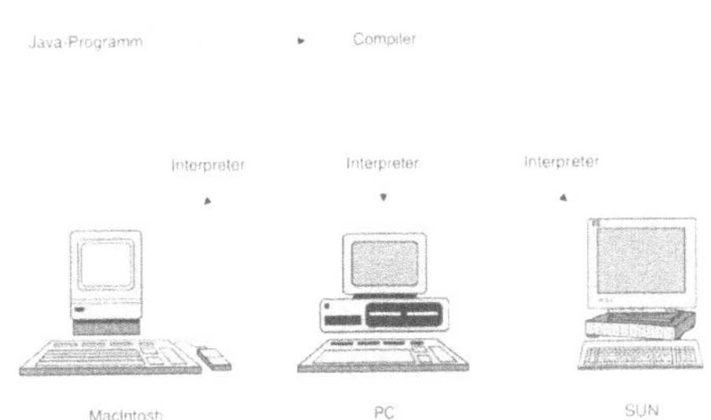

Bild I-5. Java Programme sind portabel, d.h. sie laufen auf jeder Rechnerarchitektur, auf der die Java VM implementiert ist

Der Aufruf zur Übersetzung eines Java-Programmes lautet in der Java-Entwicklungsumgebung von SUN Microsystems:

```
javac Programmname.java
```

Falls keine Syntaxfehler vorliegen, erzeugt der Java-Compiler daraus ein oder mehrere Dateien mit der Dateierweiterung `.class`, die den Java-Bytecode enthalten. Dieser Code wird nun interpretiert. Der Aufruf dazu lautet:

```
java Programmname
```

Damit wird der Java-Interpretierer gestartet, der das Programm liest und schrittweise ausführt, indem er die einzelnen Anweisungen interpretiert (Bild I-4). Es ist klar, dass ein solches Programm langsamer ist als ein Programm, das in einem Code vorliegt, den der Prozessor direkt versteht

(Maschinencode). Für zeitkritische Anwendungen existiert deswegen in verschiedenen Laufzeitumgebungen ein sogenannter „Just in time Compiler" (*JIT Compiler*), der den Code vor der Ausführung in nativen Maschinencode übersetzt.

Eine weitere wichtige Eigenschaft von Java ist, dass Klassen eines laufenden Programms *dynamisch* in den Interpreter geladen werden können. Dies ist insbesondere in Zusammenhang mit der Netzwerkfähigkeit von Java interessant, da so Programme geladen werden können, die über das Netz verteilt sind. Beim Laden und Ausführen eines Applets in einem Web-Browser passiert genau das: Immer wenn die Laufzeitumgebung feststellt, dass eine Klasse nachgeladen werden muss, wird dies unter der im Programm angegebenen Adresse erledigt. Der Programmierer muss dies während der Programmentwicklung nicht berücksichtigen.

Vor allem bei der Ausführung von interaktiven Multimedia-Anwendungen passieren in einem Programm oft mehrere Dinge quasi gleichzeitig: Es wird eine Klangdatei abgespielt, gleichzeitig will der Benutzer innerhalb eines Textes scrollen. Dies kann am einfachsten durch die Ausführung paralleler Prozesse verwirklicht werden. In Java ist die Ausführung eigenständiger Prozesse durch *Threads* realisiert. Anders als in anderen Programmiersprachen ist diese Multithread-Fähigkeit allerdings bereits in der Sprache eingebaut und muss nicht durch komplizierte Programmierung erzeugt werden.

Zusammengefasst ist Java also vor allem für die Programmierung von *Netzwerkanwendungen*, *interaktiven* Anwendungen und *Multimedia-Anwendungen* geeignet. Java ist aber als vollständige Programmiersprache ebenfalls für alle anderen Anwendungsfelder einsetzbar. Dabei macht vor allem die Eigenschaft von Java, Klassen dynamisch nachzuladen zu können, Java sehr leicht erweiterbar. So existieren neben dem kompakten Kern von Java umfangreiche „Packages", die den Funktionsumfang von Java stark erweitern. Beispielhaft seien hier die Möglichkeit der Einbindung von Softwarekomponenten (OLE/COM/Active-X, Java-Beans), die Anbindung von Datenbanken (JDBC: Java Database Connectivity) sowie eine komplette Bibliothek von Werkzeugen zur Erzeugung von grafischen Benutzeroberflächen (Java Swing) erwähnt.

Durch den kompakten Kern und die leichte Erweiterbarkeit, lässt sich Java auf sehr vielen, auch kleinen Systemen implementieren. SUN hat auch einen eigenen Java Prozessor entwickelt, dessen Maschinencode der Java Bytecode ist. Da mittlerweile in sehr vielen Geräten kleine Computer zur Steuerung eingesetzt werden, war ein Entwicklungsziel von SUN, Java als eine Sprache zu etablieren, die auf vielen solcher Geräte etwa der heimischen Stereoanlage oder einer Mikrowelle läuft.

I 3.2 Objektorientierte Konzepte

I 3.2.1 Klassen

Klassen stellen Sammlungen von *Daten* und *Methoden* dar, mit denen ein Programmierer den Zustand und das Verhalten von Objekten beschreiben kann. Man kann eine Klasse als eine Art Schablone ansehen, die benutzt wird, wenn ein Objekt erzeugt wird. Im einfachsten Fall wird eine Klasse durch

```
class Klassenname {
   Klassenelemente }
```

definiert. *Klassenelemente* können sowohl *Variablen* als auch *Methoden* sein. Als Beispiel wird hier eine Klasse Kreis definiert, die als Klassenelemente die x- und y-Koordinaten des Mittelpunktes sowie den Radius beinhalten. Damit kann der Zustand als Lage und Größe eines Objektes vom Typ Kreis beschrieben werden. Die Klassendefinition enthält noch eine Methode Umfang() sowie eine Methode Flaeche(), die bei Aufruf den Umfang bzw. die Fläche des betreffenden Objektes berechnen und an das aufrufende Programm zurückgeben.

```
class Kreis {
   float x;
   float y;
   float radius;
   float Umfang()
    { return 2*3.14159*radius;}
   float Flaeche ()
    { return 3.14159*radius*radius;}
}
```

I 3.2.2 Objekte

Diese Klassendefinition kann benutzt werden, um Objekte vom Typ Kreis anzulegen. Man spricht vom *Instanziieren* eines Objektes einer Klasse; ein Objekt ist eine Instanz einer Klasse. Durch den einfachen Aufruf

```
Kreis k1;
```

wird allerdings noch kein Objekt der Klasse Kreis angelegt sondern zunächst nur eine Referenz. Ein Objekt wird erst erzeugt, wenn dies explizit verlangt wird. Zwei Möglichkeiten dies zu tun, sind

```
Kreis k2;
...
k2 = new Kreis();
Kreis k3 = new Kreis();
```

Im ersten Fall wird zunächst eine Variable k2 angelegt, die eine Referenz auf ein Objekt der Klasse Kreis enthält. Sie kann im späteren Verlauf des Programm dazu benutzt werden, um auf ein mit dem Operator new() angelegtes Objekt zu zeigen.

Im zweiten Fall werden die Referenz und das Objekt zusammen angelegt.

Referenzvariablen können in gewisser Hinsicht mit Zeigervariablen verglichen werden. Der wesentliche Unterschied ist aber, dass bei Referenzvariablen keinerlei Manipulationen der Zeiger- oder Speicheradressen möglich ist. Damit ist sichergestellt, dass Laufzeitprüfungen und Sicherheitsmechanismen von Java nicht umgangen werden können.

Der Zugriff auf die Daten eines Objekts erfolgt durch die gleiche Syntax, wie sie in C oder C++ verwendet wird:

```
Kreis k = new Kreis();
k.x = 50;
k.y = 50;
k.radius = 10;
```

Im Beispiel wird ein Objekt der Klasse Kreis erzeugt, der Kreismittelpunkt auf die Koordinaten (50, 50) gesetzt und der Radius mit 10 festgelegt.

In ähnlicher Weise erfolgt der Zugriff auf die Methoden eines Objekts. Interessiert beispielsweise der Umfang eines Objektes der Klasse Kreis, kann er auf einfache Weise berechnet werden:

```
float u;
u = k.Umfang();
```

Vielleicht sieht es zunächst etwas ungewöhnlich aus, dass der Routine Umfang() keine Parameter übergeben werden müssen. Die Zusammenfassung von Daten und Methoden eines Objektes in der Klassendefinition bewirkt aber genau dies: Die Methode Umfang() gehört zur Klasse und hat daher direkten Zugriff auf die Daten des Objektes, mit dem sie aufgerufen wird. Intern wird dies dadurch realisiert, dass alle Methoden ein implizites

Argument haben, das eine Referenz auf das Objekt beinhaltet, mit dem die Methode aufgerufen wird. Diese Referenz kann auch vom Programmierer durch Verwendung des Schlüsselwortes „this" benutzt werden.

I 3.2.3 Konstruktoren

Im obigen Beispiel wird das Kreisobjekt nach dem Anlegen mit gewissen Werten initialisiert. Die dazu verwendete Schreibweise ist jedoch umständlich, insbesondere, wenn mehrere Objekte angelegt und initialisiert werden müssen. Java bietet die Möglichkeit, dieses mit Hilfe eines Konstruktors einfacher zu formulieren. Ein Konstruktor ist eine Methode, die beim Anlegen eines Objektes aufgerufen wird. Er trägt immer den Namen der Klasse. Selbst wenn der Programmierer einen Konstruktor nicht explizit definiert, wird von Java automatisch ein Standardkonstruktor verwendet, der allerdings in der Regel keine Aktionen ausführt. In unserem Beispiel kann ein Konstruktor definiert werden, der die Objektvariablen initialisiert:

```
class Kreis {
   float x, y;
   float radius;
   Kreis(float InitX, InitY, InitR) {
      x = InitX; y = InitY; radius = InitR;
   }
   ...
}
Kreis k = new Kreis(50, 50, 10);
```

Java gestattet auch die Verwendung mehrerer Konstruktoren. Da Konstruktoren immer den Namen der Klasse tragen, muss der Compiler die Konstruktoren irgendwie unterscheiden können. Er verwendet dazu die sogenannte *Signatur der Methode*. Zur Signatur gehört der Methodenname sowie die Typen der Parameter, die zur Methode gehören. Daraus folgt, dass sich die Konstruktoren entweder in der Anzahl oder bei gleicher Anzahl im Typ der verwendeten Parameter unterscheiden müssen. Das Konzept, verschiedene gleichnamige Methoden verwenden zu können, wird als *Überladen* bezeichnet. Im folgenden Beispiel ist neben dem Verwenden mehrerer Konstruktoren die explizite Verwendung des Schlüsselwortes „this" zur Lösung von Nameskonflikten gezeigt. Die Parameter der Konstruktoren haben die gleichen Namen wie die Datenvariablen, für deren Initialisierung sie zuständig sind:

```
class Kreis {
   float x, y;
   float radius;
   Kreis(float x, y, radius) {
      this.x = x; this.y = y;
      this.radius = radius;
   }
   Kreis(float x, y) {
      this.x = x; this.y = y;
   }
   Kreis(Kreis k) {
      this.x = k.x; this.y = k.y;
      this.radius = k.radius;
   }
   ...
}
Kreis k1 = new Kreis(50, 50, 10);
Kreis k2 = new Kreis(50, 50);
Kreis k3 = new Kreis(k1);
```

Im Beispiel ist die Klasse Kreis mit drei Konstruktoren definiert, die jeder eine unterschiedliche Signatur haben. Interessant ist vor allem der dritte Konstruktor, der einen Kreis erzeugt, dessen Daten von einem anderen Kreis kopiert werden.

I 3.2.4 Destruktoren

Das Gegenstück zum Konstruktor ist der Destruktor, der in Java als *Finalizer* bezeichnet wird. Der Finalizer wird von der Garbage Collection der Java Laufzeitumgebung aufgerufen, bevor das Objekt freigegeben wird. Die Garbage Collection in Java wird vom System automatisch ausgeführt. Dies passiert frühestens dann, wenn auf ein Objekt keine Referenz mehr verweist. Im Unterschied zu C++ garantiert Java allerdings nicht, wann dies geschieht. Der Programmierer kann also nicht davon ausgehen, dass der Finalizer aufgerufen wird, wenn die Lebenszeit eines Objektes endet. Finalizer werden vor allem programmiert, um Ressourcen freizugeben, die vom Garbage Collector nicht automatisch freigegeben werden können, wie etwa offene Dateideskriptoren oder Sockets, einem Mechanismus für die Kommunikation zwischen verschiedenen Rechnersystemen.

I 3.2.5 Vererbung

Ein weiteres wichtiges Konzept der objektorientierten Programmierung ist die Vererbung. In einer neu definierten Klasse (Subklasse) können Eigenschaften, d.h. Daten und Methoden aus einer *an-*

deren Klasse (Basisklasse) *übernommen* werden. Damit erbt die Subklasse die gesamte Funktionalität der Basisklasse. Die vorher definierte Klasse Kreis hat zum Beispiel alle wesentlichen Eigenschaften, die man zur mathematischen Beschreibung eines Kreises sowie zum Berechnen einiger Größen braucht. Man könnte diese Klasse nun erweitern, indem man einfach weitere Methoden und Variablen hinzufügt. Wird die Klasse aber in mehreren Softwareprojekten verwendet, die Erweiterung aber nur in einem Projekt benötigt, ist es günstiger, eine *Subklasse* zu erzeugen. Im folgenden Beispiel wird eine neue Klasse ZeichenKreis erzeugt, um in einem einfachen grafischen System Kreise zu zeichnen:

```
class ZeichenKreis extends Kreis {
   Color rand;
   Color fuellung;
   ZeichenKreis(float x, y, radius,
            Color rand, fuellung) {
      super(x, y, radius);
      this.rand = rand;
      this.fuellung = fuellung;
   }
}
```

Die Erweiterung bzw. Ableitung funktioniert wie folgt:

- Die Ableitung einer Subklasse von einer Basisklasse erfolgt durch das Schlüsselwort „extends" gefolgt von der Nennung der Basisklasse.
- Auch abgeleitete Klassen haben Konstruktoren. Der Aufruf des Konstruktors der Basisklasse erfolgt durch Verwendung des reservierten Bezeichners „super". „super" ist ähnlich wie „this" implizit in jeder Klasse vorhanden.
- Selbst wenn der Aufruf des Konstruktors der Basisklasse nicht explizit formuliert wird, wird er von Java implizit eingefügt. Er ist immer der erste Befehl im Konstruktor der abgeleiteten Klasse.

Die Verwendung der Klasse ZeichenKreis erfolgt nach dem gleichen Prinzip wie bei der Klasse Kreis.

```
ZeichenKreis k1 = new ZeichenKreis(50,
50, 10, black, yellow);
```

Auch wenn die von uns definierte Klasse Kreis offenbar von keiner Basisklasse abgeleitet ist, hat sie dennoch eine implizite Basisklasse. In Java ist die Klasse Object Basisklasse zu allen Klassen, entweder durch implizite Ableitung, wie im vorliegenden Beispiel, oder dadurch, dass sie in einer längeren Ableitungskette Basiskasse ist, „Object" wird daher als Stammklasse bezeichnet. Die Klasse „Object" stellt die Basisfunktionalität zur Verfügung, die in Java benötigt wird

I 3.2.6 Zugriffsrechte

Bei der Vererbung kommt ein weiteres Konzept ins Spiel, das in der objektorientierten Programmierung eine wesentliche Rolle spielt: die Frage, auf welche Daten oder Methoden einer Superklasse die abgeleitete Klasse Zugriff hat. In den bisherigen Beispielen wurden der Übersichtlichkeit wegen die sogenannten *Zugriffsmodifizierer* weggelassen. Dies hat zur Folge, dass von außerhalb der Klasse alle Variablen und Methoden zugreifbar sind. Normalerweise weist man explizit darauf hin, indem man den Modifizierer „public" verwendet. Daneben gibt es die drei weiteren Modifizierer „protected", „package" und „private". In der nachstehenden Tabelle wird erläutert, wie die Zugriffsrechte den Zugriff auf Daten oder Methoden anderer Klassen jeweils einschränken. Dabei ist der Begriff des „Package" verwendet, der kurz erläutert werden soll. Bei größeren Entwicklungsprojekten schreibt man den Code nicht in einer Datei, sondern strukturiert in mehreren Dateien. Dabei kann man jeweils angeben zu welchem „Package" eine Klasse jeweils gehört. Als „Package" packt man üblicherweise jeweils logisch zusammengehörende Einheiten zusammen.

Mit den nun bekannten Modifizieren werden die bisherigen Klassendefinitionen neu geschrieben als:

```
public class Kreis {
  public float x, y;
  public float radius;
  public Kreis(float x, y, radius) {
    this.x = x; this.y = y;
    this.radius = radius;
  }
  public Kreis(float x, y) {
    this.x = x; this.y = y;
  }
  public Kreis(Kreis k) {
    this.x = k.x; this.y = k.y;
    this.radius = k.radius;
  }
}
public class ZeichenKreis extends Kreis {
  public Color rand;
```

Tabelle I-3. Die Vererbungsmechanismen für die verschiedenen Zugriffrechte in Java

Zugriff für	Sichtbarkeit			
	public	protected	package	private
Gleiche Klasse	Ja	Ja	Ja	Ja
Klasse im gleichen Package	Ja	Ja	Ja	Nein
Subklasse in anderem Package	Ja	Ja	Nein	Nein
Keine Subklasse, anderes Package	Ja	Nein	Nein	Nein

```
public Color fuellung;
public ZeichenKreis(float x, y, radius,
      Color rand, fuellung) {
  super(x, y, radius);
  this.rand = rand;
  this.fuellung = fuellung;
}
}
```

I 3.3 Datentypen, Konstanten, Variablen

I 3.3.1 Primitive Datentypen

Die in Java existierenden primitiven Datentypen haben einige Eigenschaften, die Java von anderen Programmiersprachen unterscheidet:

- Die Größe aller Datentypen ist wegen der Plattformunabhängigkeit fest definiert.

- Alle numerischen Datentypen sind vorzeichenbehaftet.

- Alle Datentypen haben einen Defaultwert.

Die Länge der Datentypen, ihre Größe sowie ihre Minimal- und Macximalwerte sind Tabelle I-4 zu entnehmen.

Daten vom Typ „boolean" sind anders als in vielen anderen Programmiersprachen keine numerischen Datentypen. Sie können insbesondere nicht in Berechnungen verwendet oder in Zahlen umgewandelt werden. Zu den ganzzahligen (integralen) Datentypen zählen char, byte, short, int und long. Mit Ausnahme von char sind sie vorzeichenbehaftet. Beim Datentyp char wird die sogenannte Unicode-Codierung (Unicode 2.0 Standard) verwendet, die mit 16 bit Länge alle länderspezifischen Besonderheiten darstellen kann. char Literale können im Unicode (\uxxxx) oder in einfachen Hochkommata ('a') angegeben werden. Im Unterschied zu C oder C++ existieren in Java keine Zeiger.

I 3.3.2 Referenzdatentypen

Komplexe Datentypen in Java sind Objekte und Felder (*Arrays*). Die Adresse von Objekten oder Arrays wird in einer Variablen gespeichert. Werden sie an eine Methode übergeben, so erfolgt diese Übergabe „by reference", weshalb sie häufig als *Referenzdatentypen* bezeichnet werden. Im Gegensatz dazu erfolgt die Übergabe der primitiven Datentypen „by value", d.h. es wird tatsächlich der Inhalt einer Variable übergeben.

Da Objekte im Zusammenhang mit Klassen schon behandelt wurden, werden im folgenden Beispiel einige Felddefinitionen beschrieben.

```
int    Feld1[100];
long[] Feld2 = new long[10];
float  Feld3[10][20];
double Feld4[][][];
```

Feld1 ist ein Array mit 100 Elementen vom Typ „int". In Java werden Feldelemente beginnend beim Index 0 indiziert. Daher sind hier alle Elemente Feld1[0], ..., Feld1[99] zugreifbar. Beim Über- oder Unterschreiten stellt die Java Laufzeitumgebung einen Fehler fest und generiert eine Ausnahme (exception). Diese „exception" kann der Programmierer abfangen und für eine Fehlerbehandlung verwenden.

Feld2 ist ein Feld mit 10 Elementen vom Typ „long". Die Länge des Feldes wird nicht direkt in der Definition festgelegt. Zunächst erfolgt die Definition der Referenz und danach wird eine Instanz mit 10 Elementen erzeugt.

Feld3 ist ein zweidimensionales Feld mit 10 x 20 Elementen vom Typ „float".

Feld4 schließlich ist eine Referenz auf ein dreidimensionales Feld. Diese Referenz zeigt aber noch auf keine Instanz. Erst durch Zuweisen einer Instanz oder durch Anlegen einer neuen Instanz zeigt Feld4 auf einen dreidimensionalen Array:

Tabelle I-4. Die verschiedenen primitiven Datentypen in Java

Typ	Größe	Default	Wertebereich Min	Max
boolean	1 bit	false	true oder false	
char	16 bit	\u0000	\u0000	\uFFFF
byte	8 bit	0	-128	127
short	16 bit	0	-32.768	+32.767
int	32 bit	0	-2.147.483.648	+2.147.483.647
long	64 bit	0	-9.223.372.036.854.775.808	+9.223.372.036.854.775.807
float	32 bit	0.0	±1,40239846E-45	±3.40282347E+38
double	64 bit	0.0	±4,94065645841246544E-324	±1,79769313486231570E+308

```
double Feld5[10][8][16];
Feld4 = Feld5;
```

I 3.4 Kontrollstrukturen

I 3.4.1 Blöcke

In Java werden Blöcke durch Klammerung mit geschweiften Klammern notiert:

```
{
    Anweisungen
}
```

Blöcke haben ihre eigenen Geltungsbereiche für lokale Variablen. Variablen, die in einem Block definiert sind, sind außerhalb des Blocks nicht sichtbar.

I 3.4.2 Unvollständige Alternative

Die unvollständige Alternative ist eine if-Anweisung. Sie führt eine Codeblock nur aus, wenn eine Bedingung erfüllt ist:

```
if (Bedingung) Anweisung;
```

oder

```
if (Bedingung) {
    Anweisung 1;
    Anweisung 2;
    ...
}
```

I 3.4.3 Vollständige Alternative

Die vollständige Alternative hat zusätzlich noch einen else-Teil. Es wird also abhängig von einer Bedingung einer von zwei Codeblöcken ausgeführt:

```
if (Bedingung) Anweisung1;
    else Anweisung2;
```

oder

```
if (Bedingung) {
    Anweisung A1;
    Anweisung A2;
    ...
}
else {
    Anweisung B1;
    Anweisung B2;
    ...
}
```

I 3.4.4 switch-Anweisung

Falls eine Variable, die für eine Entscheidung benötigt wird, nur vorher bekannte integrale Werte annehmen kann, ist die switch-Anweisung geeignet:

```
switch (Ausdruck) {
    case Wert1:
      Anweisungsfolge1;
     break;
    case Wert2:
      Anweisungsfolge2;
     break;
    ...
    case WertN:
      AnweisungsfolgeN;
     break;
    default:
      AnweisungsfolgeSonst;
     break;
}
```

I 3.4.5 while-Schleifen

Die „while-Schleife" führt einen Interationsblock aus, solange eine Bedingung erfüllt ist. Da die Bedingung beim Eintritt in die Schleife zum ersten Mal ausgeführt wird, spricht man auch von einer potentiell abweisenden Schleife:

```
while (Bedingung) Anweisung;
```

oder

```
while (Bedingung) {
    Anweisung 1;
    Anweisung 2;
    ...
}
```

I 3.4.6 do-Schleife

Die „do-Schleife" ist der while-Schleife sehr ähnlich. Sie führt ebenfalls einen Iterationsblock aus, solange eine Bedingung erfüllt ist. Allerdings wird die Bedingung am Ende der Iteration geprüft, so dass man diese Art der Schleife auch potentiell anziehend nennt.

```
do Anweisung while (Bedingung);
```

oder

```
do {
    Anweisung 1;
    Anweisung 2;
    ...
    Anweisungsfolge;
} while (Bedingung);
```

I 3.4.7 for-Schleife

Die „for-Schleife" hat die folgende Struktur:

```
for (Initialisierungsteil;
        Testteil; Inkrementteil)
    Anweisung;
```

oder

```
for (Initialisierungsteil;
        Testteil; Inkrementteil) {
    Anweisung 1;
    Anweisung 1;
    ...
}
```

Der Initialisierungsteil besteht aus einer oder mehren durch Kommata getrennten Anweisungen, die vor Beginn der ersten Iteration aus-

geführt werden. Der Testteil enthält einen logischen Ausdruck, der einmal pro Schleifendurchlauf ausgewertet wird. Ergibt der Ausdruck den Wert „true", so wird ein weiterer Schleifendurchlauf durchgeführt, ist das Ergebnis „false" so wird die Schleife beendet.

I 3.5 Ausnahmebehandlung

Bei vielen Anweisungen können Fehler entstehen: Bei einer Division kann der Divisor 0 sein, beim Zugriff auf eine Datei kann passieren, dass die Datei nicht geöffnet werden kann und beim Indizieren eines Arrays kann der Index außerhalb des erlaubten Bereiches liegen. Bei vielen Programmiersprachen mussten die Fehler durch meist komplizierte Alternativen abgefragt und entsprechend behandelt werden. Die Programme waren daher meist schwer lesbar. Java bietet wie manche andere neuere Programmiersprache eine bessere Lösung: Die Laufzeitumgebung generiert für die meisten denkbaren Fehlerfälle eine Ausnahme oder „exception", die der Programmierer abfangen und behandeln kann. Der generelle Aufbau sieht folgendermaßen aus:

```
try {
    Anweisungsfolge;
    }
    catch (IrgendeineException1 e)
    {
    Ausnahmebehandlung;
    }
    catch (IrgendeineException2 e)
    {
    Ausnahmebehandlung;
    }
    ...
    finally
    {
    AbschließendeMaßnahmen;
    }
```

Wird während der Anweisungsfolge im try-Block eine Ausnahme generiert, für die es eine catch-Anweisung gibt, so wird die Ausführung an der Fehlerstelle unterbrochen und die passende catch-Anweisung ausgeführt. Unabhängig davon, welche catch-Anweisung ausgeführt wird, wird zum Schluß die finally-Anweisung ausgeführt.

Durch seinen objektorientierten Ansatz erlaubt Java die Erweiterung der Ausnahmeklassen und damit die Generierung und Behandlung eigener Ausnahmen.

I 3.6 Applikationen und Applets

In Java können prinzipiell zwei verschiedene Arten von Anwendungen geschrieben werden: Applikationen und Applets. Applikationen sind Anwendungen, die unter einem Standardbetriebssystem ablauffähig sind und entweder zeilenorientiert oder innerhalb eines Fensterbetriebssystems wie Windows laufen. Applets sind Anwendungen, die unter der Kontrolle eines Browsers (z.B. Netscape, Microsoft Internet Explorer) laufen.

I 3.6.1 Applikationen

Der prinzipielle Aufbau einer Applikation ist einfach. Für eine einfache kommandozeilenorientierte Anwendung erstellt der Programmierer eine oder mehrere Klassen, welche die Funktionalität der Anwendung enthalten. Die oberste Klasse muss nach außen sichtbar sein, d.h. sie muss den Zugriffsmodifizierer „public" haben und sie muss eine Routine „main()" mit fester Signatur enthalten. Das folgende Beispiel ist das bekannte „Hallo Welt"-Beispiel als Kommandozeilen-Applikation:

```
public class Hallo {
  public static void main(String argv[]) {
    System.out.println("Hallo Welt!");
  }
}
```

Das Schlüsselwort „static" in der Signatur der Methode „main()" bewirkt, dass die Routine nur einmal angelegt wird, auch wenn mehrere Instanzen der Klasse Hallo erzeugt werden sollten. Man nennt eine solche Methode *Klassenmethode*, um anzudeuten, dass sie zur Klasse gehört. Methoden, bei denen das Schlüselwort „static" nicht in der Definition enthalten ist, heißen *Instanzenmethoden*, da die Methode zu jeder Instanz der Klasse gehört. Die Methode „System.out.println()" stellt den als Parameter übergebenen Text auf der Standardausgabe dar.

Will man ein Programm mit einer grafischen Benutzeroberfläche programmieren, so kann man eine der von Java für diesen Zweck zur Verfügung gestellten Klassen benutzen. Die einfachste Möglichkeit ist die Ableitung von Frame. Ein „Frame" stellt ein Hauptfenster einer Anwendung dar. Durch das Prinzip der Vererbung stellt der Frame der davon abgeleiteten Klasse die wesentlichen Eigenschaften und die wichtigste Funktionalität für den Ablauf unter einem Fensterbetriebssystem zur Verfügung. Im folgenden Bei-

spiel ist das „Hallo Welt"-Programm als Anwendung unter einer grafischen Benutzeroberfläche programmiert:

```
import java.awt.*;
public class Hallo extends Frame {
  public static void main(String argv[]) {
  Hallo HalloApp = new Hallo();
  }
    Hallo() {
    super("Hallo");
    resize(200, 80);
    show();
    }
  public void paint(Graphics g) {
    g.drawString("Hallo Welt!", 65, 45);
    }
}
```

Die „import"-Anweisung besagt, dass das Programm Klassen aus anderen „Packages" benutzt, in diesem Fall solche aus dem AWT (Abstract Windowing Toolkit), einem Paket, das Klassen für die Programmierung von grafischen Benutzeroberflächen beinhaltet.

I 3.6.2 Applets

Ein Applet ist eine Anwendung, die unter einem Browser abläuft. Der Browser und das Applet kommunizieren dabei über eine fest vorgegebene Schnittstelle. Diese Schnittstelle beinhaltet die folgenden Methoden:

- Die Methode „init()" der Klasse wird vom Browser beim ersten Aufruf des Applet ausgeführt. Sie dient zur Initialisierung des Applet.
- Die Methode „destroy()" wird aufgerufen, kurz bevor das Applet endgültig beendet wird. Sie kann benutzt werden, um die vom Applet benutzten Ressourcen freizugeben.
- Die Methode „start()" wird aufgerufen, um das Applet zu starten. Hier wird normalerweise die eigentliche Funktionalität des Applets implementiert.
- Die Methode „stop()" wird vom Browser aufgerufen, wenn das Applet temporär versteckt oder unsichtbar ist.

Alle genannten Methoden sind von der Klasse Applet bereits definiert und sind zunächst leer. Der Programmierer kann die von ihm benötigten Methoden überschreiben und dem Applet damit die gewünschte Funktionalität verleihen. Ein Rahmen für ein Applet sieht typischerweise wie folgt aus:

```
import java.awt.*;
import java.applet ;

public class myApplet extends Applet {
    myApplet() {
        ...
    }
    public void init() {
        ...
    }
    public void start() {
        ...
    }
    public void stop() {
        ...
    }
    public void destroy() {
        ...
    }
    ...
}
```

Um dem Browser mitzuteilen, welches Applet er laufen lassen soll und welche Parameter gegebenenfalls an das Applet übergeben werden sollen, existiert in der Sprache HTML ein entsprechender Befehl („Tag").

Ein einfaches Applet, wie das Beispiel „Hallo Welt", kommt ganz mit der von der Klasse Applet vordefinierten Schnittstelle aus. Es muss lediglich der eigentliche Zeichenbefehl zur Ausgabe des Textes programmiert werden:

```
import java.applet.Applet;
import java.awt.Graphics;
public class Hallo extends Applet {
    public void paint(Graphics g) {
        g.drawString("Hallo Welt !", 65, 45);
    }
}
```

I 3.7 Ereignisbehandlung

Eine Schlüsselstellung bei der Realisierung von grafischen Benutzeroberflächen nimmt die Reaktion eines Programms auf Eingaben des Benutzers ein. Allgemeiner wird gesagt, wie ein Programm auf externe Ereignisse reagiert.

In der Version Java 1.0 war die Reaktion auf Ereignisse durch vordefinierte Methoden in der Klasse Component, einer Basisklasse für Applets und Applikationen, realisiert. Die Klasse Component besitzt eine Methode „handleEvent()", die bei Auftreten eines Ereignisses aufgerufen wird und ihrerseits das Ereignis an typspezifische Methoden weiterleitet. Da nicht alle denkbaren Ereig-

nisse implementiert sind, kann der Programmierer die Methode „handleEvent()" überschreiben und somit erweitern. Im folgenden kurzen Programmbeispiel sind Methoden für die Reaktion auf die Ereignisse „Maustaste wurde gedrückt" (mouse-Down()) sowie „Maus wurde bewegt" (mouse-Drag()) als Rahmen abgedruckt:

```
import java.applet.*;
import java.awt.*;
public class EreignisReaktion extends
    Applet { ...
 public boolean mouseDown(Event e, int x,
                          int y) { ... }
 public boolean mouseDrag(Event e, int x,
                          int y) { ... }
}
```

Beide Funktionen erhalten die Referenz auf ein Objekt vom Typ Event sowie die x- und y-Koordinate, bei der das Ereignis aufgetreten ist. Somit kann die Methode auf alle für das Ereignis relevanten Daten zugreifen.

In Java 1.1 wure das Ereignismodell grundlegend überarbeitet und basiert jetzt auf dem Konzept eines „Event-Listeners". Ein Event-Listener ist ein Objekt, das Ereignisse abfangen möchte. Jede Quelle von Ereignissen pflegt eine Liste von Event-Listenern, die benachrichtigt werden, wenn ein bestimmtes Ereignis auftritt. Dieses Ereignismodell wird vom AWT (Abstract Windowing Toolkit) benutzt, einem Werkzeug zur Erstellung von grafischen Benutzeroberflächen. Die entsprechenden Klassen werden im Paket java.awt.event zusammengefasst. Sie stellen bestimmte „Interfaces" bereit, die das Benutzerprogramm implementieren muss. Als Beispiel sei der gleiche Programmrahmen wie im Java 1.1 Event-Modell gegeben:

```
import java.applet.*;
import java.awt.*;
import java.awt.event.*;
public class EreignisReaktion extends
    Applet
    implements MouseListener,
    MouseMotionListener {
 ...
 public void init() {
  this.addMouseListener(this);
  this.addMouseMotionListener(this);
 }
 public void mousePressed(MouseEvent e)
 { ... }
 public void mouseDragged(MouseEvent e)
 { ... }
 // Nicht benutzte Methoden der Inter-
 // faces müssen ebenfalls als leere
 // Methoden implementiert werden
```

```
public void mouseReleased(MouseEvent e)
{ ; }
public void mouseClicked(MouseEvent e)
{ ; }
public void mouseEntered(MouseEvent e)
{ ; }
public void mouseExited(MouseEvent e)
{ ; }
public void mouseMoved(MouseEvent e)
{ ; }
}
```

Neu ist hier das Schlüsselwort „implements", mit dem angegeben wird, dass bestimmte Methoden implementiert werden müssen. Welche Methoden dies sind, ist in einem sogenannten „Interface" festgehalten. Interfaces werden mit einer ähnlichen Syntax wie Klassen definiert und geben an, welches Verhalten eine Klasse haben muss, wenn sie ein bestimmtes Interface implementieren möchte. Die Interfaces für die Ereignissteuerung sind ein gutes Beispiel für diese Programmiertechnik. Die Laufzeitumgebung muss jetzt lediglich dafür sorgen, dass die in den Interfaces angegebenen Methoden bei Generierung eines entsprechenden Ereignisses aufgerufen werden.

Im Anschluss ist ein vollständiges Applet abgedruckt, mit dem ein Programm zum Zeichnen auf der Fensterfläche realisiert wird. Dieses Beispiel wird in vielen Büchern und Tutorials von Programmiersprachen verwendet, die mit grafischen Benutzeroberflächen arbeiten.

```
import java.applet.*;
import java.awt.*;
import java.awt.event.*;
public class Scribble2 extends Applet
      MouseListener,
      MouseMotionListener {
 private int last_x, last_y;
 public void init() {
  this.addMouseListener(this);
  this.addMouseMotionListener(this);
 }
 public void mousePressed(MouseEvent e) {
  last_x = e.getX();
2last_y = e.getY();
 }
 public void mouseDragged(MouseEvent e) {
 Graphics g = this.getGraphics();
 int x = e.getX(), y = e.getY();
 g.drawLine(last_x, last_y, x, y);
 last_x = x; last_y = y;
 }
 // Nicht benutzte Methoden des Interface
 // MouseListener
 public void mouseReleased(MouseEvent e)
 {;}
 public void mouseClicked(MouseEvent e)
 {;}
 public void mouseEntered(MouseEvent e)
 {;}
```

```
public void mouseExited(MouseEvent e)
{;}
// Nicht benutzte Methoden des
// Interface MouseMotionListener
public void mouseMoved(MouseEvent e)
{;}
}
```

Da Applets innerhalb eines Browsers laufen, muss auch eine HTML-Datei für den Browser existieren. Dabei wird davon ausgegangen, dass die Java Programmdatei Scribble.java und die vom Compiler erzeugte Klassendatei Scribble.class heißt. Der Code lautet:

```
<html>
<head>
   <title> Scribble Applet </title>
</head>
<body>
   <applet CODE="Scribble.class"
      WIDTH=300 HEIGHT=400></applet>
</body>
</html>
```

I 3.8 Perspektiven

Java ist eine Programmiersprache, die sich rasant weiter entwickelt. Trotz der kompakten Sprachdefinition ist Java aufgrund seiner Erweiterbarkeit und der vielen verfügbaren „Packages" sehr mächtig. Für die professionelle Programmentwicklung sind vor allem die Grafikmöglichkeiten (2D und 3D), die Unterstützung von Multimediaanwendungen, die Anbindung von Datenbanken, die Möglichkeit verteilter Programme sowie die Unterstützung von komponentenbasierten Programmen interessant. Die meisten der erwähnten Pakete sind von SUN Microsystems als kostenlose Testversionen verfügbar.

I 4 Programmierung mit C++

Die objektorientierte Programmierung findet bei der Entwicklung von Software in zunehmenden Maße Verwendung. Ursachen sind Forderungen nach immer *kürzer werdenden Entwicklungszeiten* (time-to-market) und der *kontinuierlich steigende Funktionalitätsumfang* von Softwareprodukten. Dem kann bei der Entwicklung nur entsprochen werden, wenn die Programmiersprache unter anderem folgende Eigenschaften besitzt:

- Die *Wiederverwendbarkeit* von Programmteilen ist gegeben, d.h. einmal geschriebene Programmodule können ohne Änderungen in Folgeprojekten verwendet werden.

- Die *programminterne Datensicherheit* ist gewährleistet, d.h. die Daten sind vor unbeabsichtigter Veränderung durch nicht berechtigte Programmroutinen geschützt. Dies kann beispielsweise durch die bei C++ verwendete Kapselung erreicht werden.
- Die Programmentwicklung durch ein *Team* wird durch die Programmiersprache unterstützt. Dies ist besonders bei objektorientierten Sprachen der Fall, da nach Festlegung der Objektschnittstellen die Entwicklung und der Test der Objekte durch die Teammitglieder unabhängig voneinander erfolgen kann. Ebenso ist ein Zukauf und Einsatz von Objektbibliotheken möglich und meist wirtschaftlich sinnvoll.

Diese Forderungen kann C++ als objektorientierte Sprache erfüllen. Ein großer Vorteil gegenüber anderen objektorientierten Sprachen ist jedoch, daß das klassische ANSI-C eine Untermenge von C++ darstellt und jeder C++-Compiler in der Lage ist, C-Programme zu übersetzen. Elemente von C und C++ können in einem Programm parallel verwendet werden. Durch die Kompatibilität von C++ mit C können bestehende Projekte Zug um Zug umgestellt werden. Der Einsatz einer anderen objektorientierten Sprache würde eine völlige Neuentwicklung erfordern und viele Millionen Zeilen C-Code wären nicht mehr verwendbar.

I 4.1 Klasse - Instanz - Objekt

I 4.1.1 Die Klassendefinition

Als Klasse wird ein benutzerdefinierter Typ bezeichnet, der sowohl Variablen, Objekte und Methoden (Funktionen in einer Klasse) beinhalten kann. Als Klassenelemente bezeichnet man alle in der Klasse deklarierten Variablen, Objekte und Methoden.

Unter C++ erfolgt die Klassendefinition mit Hilfe des Schlüsselwortes „class" und folgendem formalen Aufbau (Angaben in [ ] sind optional):

```
class [Klassenname [: Liste der
                      Basisklassen]]
{
    Klassenelemente;
}[Objektdeklaration];
```

Beispiel:
Das Beispiel zeigt eine Klasse für eine Steuerung. Sie besitzt 100 Parameter und einen Betriebsstundenzähler. Mit Hilfe der Klassenmethoden können

die Parameter gesetzt und gelesen bzw. die Maschine gestartet und gestoppt werden.

```
class CSteuerung
{
private:
    int Parameter[100];
protected:
    unsigned int Betriebsstundenzaehler;
public:
    void    Start(void);
    void    Stop(void);
int     ParameterLesen(int);
    void    ParameterSetzen(int,int); }
```

Nach der Definition der Klasse müssen die Methoden definiert werden. Dazu wird dem Methodennamen der Name der Klasse vorangestellt und durch den Gültigkeitsbereichsoperator „::" von diesem getrennt.

```
void CSteuerung :: ParameterSetzen
    (int ParameterNr, int ParameterWert)
{
Parameter[ParameterNr] = Parameterwert;
}
```

I 4.1.2 Erzeugung von Objekten (Klasseninstanzen)

So wie eine Variable eine Instanz eines Basis-Datentyps (z.B. char, int, ..) darstellt, ist ein Objekt eine Instanz einer Klasse. Werden mehrere Objekte einer Klasse instanziiert, werden diese als erste, zweite, dritte,.... Instanz einer Klasse bezeichnet.

Die Deklaration von Objekten erfolgt durch die Angabe der Klasse und einer oder mehrerer Objektbezeichnungen. Die nachfolgend beschriebene Instanziierung wird als statische Instanziierung bezeichnet, da der Compiler bereits die Objektadresse festlegt. Bei der dynamischen Instanziierung wird das Objekt erst zur Programmlaufzeit erzeugt und die Objektadresse festgelegt. Auf die dynamische Instanziierung wird in Abschnitt I I 4.6 näher eingegangen.

Objekt-Deklaration

```
<Klassenname>
<Objektname>[, <Objektname>];
```

Beispiel:

```
CSteuerung Anlagensteuerung;
    //1.Instanz der Klasse CSteuerung
CSteuerung Robotersteuerung;
    //2.Instanz der Klasse CSteuerung
```

I 4.1.3 Konstruktor und Destruktor

Ein Konstruktor ist eine Methode, die automatisch aufgerufen wird, wenn ein Objekt erzeugt wird. Ein Destruktor ist eine Methode, die automatisch aufgerufen wird, bevor ein Objekt aus dem Gültigkeitsbereich entfernt wird.

Jede Klasse besitzt einen Konstruktor und einen Destruktor. Aufgabe des *Konstruktors* ist die *Initialisierung des Objektes* bei seiner Instanziierung. Dazu gehört die Initialisierung von Zeigern bei der Verwendung virtueller Basisklassen und virtueller Funktionen (auf die später eingegangen wird), Aufruf der Konstruktoren eventuell verwendeter Basisklassen und Klassenelemente. Für diese Initialisierungen wird vom C++-Compiler ein Standardkonstruktor erstellt, der für den Programmierer nicht sichtbar ist. Sind weitere Objektinitialisierungen gewünscht, definiert man einen eigenen Konstruktor, der automatisch vom Standardkonstruktor aufgerufen wird. Der Konstruktor hat immer denselben Namen wie die zugehörige Klasse. Man kann ihm einen oder mehrere Aufrufparameter übergeben, jedoch liefert der Konstruktor keinen Rückgabewert.

Das Gegenstück zum Konstruktor ist der *Destruktor*. Er wird aufgerufen, wenn ein *Objekt entfernt* wird, beispielsweise wenn der Gültigkeitsbereich eines lokal deklarierten Objektes verlassen, das Programm beendet oder ein dynamisch erzeugtes Objekt mit „delete" explizit beseitigt wird. In der Destruktormethode erledigt man alle notwendigen Aufräumarbeiten, bevor das Objekt aufhört zu existieren. Sehr wichtig ist es, vom Objekt dynamisch belegten Speicher (z.B. durch „new") wieder freizugeben (z.B. mit „delete"). Geschieht dies nicht, wird dieser Speicherbereich weiterhin als verwendet verwaltet. Der vom C++-Compiler erzeugte Standarddestruktor führt seine Aufrufe in umgekehrter Reihenfolge wie der Standardkonstruktor durch. Er ruft zuerst einen eventuell vorhandenen Destruktor auf, danach werden die Destruktoren von Objekten aufgerufen, die als Klassenelement eingebettet sind und abschließend die Destruktoren eventuell vorhandener Basisklassen. Wie der Konstruktor hat der

Destruktor immer denselben Namen wie die zugehörige Klasse, der Destruktor-Methode wird jedoch zur Unterscheidung das Wiederholzeichen („~") vorangestellt. Im Gegensatz zum Konstruktor akzeptiert der Destruktor weder Funktionsparameter noch liefert er einen Rückgabewert.

Beispiel:
Es werden die ersten zwei Parameter bei der Instanziierung des Objektes vorbelegt und bei Programmende zur Sicherheit die „Stop"-Funktion der Steuerung aufrufen. Die Klassendefinition der Klasse CSteuerung lautet dann:

```
class CSteuerung
{
public:
  CSteuerung(int, int);
  // unser Klassen-Konstruktor
  ~CSteuerung();
  // unser Klassen-Destruktor
  ...};
```

Anschließend werden Konstuktor und Destruktor definiert:

```
CSteuerung::CSteuerung(int Parameter0,
                       int Parameter1)
{
    Parameter[0] = Parameter0;
    Parameter[1] = Parameter1;
}
CSteuerung :: CSteuerung( )
{
    Stop( );
}
```

Bei abgeleiteten Klassen ist zu beachten, daß vom Konstruktor zwar der Standardkonstruktor der Basisklasse aufgerufen wird, nicht jedoch ein Basisklassen-Konstruktor, der die Übergabe von Aufrufparametern erwartet. Dieser muß durch den Klassen-Konstruktor explizit aufgerufen werden.

```
<Klassenname>::<Klassenname>
(<Parameterliste>):
                <Basiskonstruktorenliste>
{
    <Konstruktoranweisungen>;
}
```

Beispiel:
Eine abgeleitete Klasse CRoboter basiert auf der Basisklasse CSteuerung. Auch in der Klasse CRoboter werden die ersten zwei Parameter der Basisklasse mit zwei Werten vorbelegen. Da die Pa-

rameter in der Basisklasse CSteuerung jedoch als „private" definiert sind, kann man von CRoboter aus die zwei Parameter nur über die Parameterzugriffsfunktionen initialisieren.

```
CRoboter :: CRoboter(int Parameter0,
                     int Parameter1)
{
    ParameterSetzen(0, Parameter0);
    ParameterSetzen(1, Parameter1);
    RoboterInitialisieren( );
}
```

Einfacher geht es mit dem Aufruf des Basisklassen-Konstruktors:

```
CRoboter :: CRoboter(int Parameter0,
                     int Parameter1) :
CSteuerung(Parameter0, Parameter1)
{
    RoboterInitialisieren( );
}
```

I 4.2 Vererbung

Vererbung ist die Aufnahme einer oder mehrerer bestehender Klassen, den Basisklassen, in eine neu definierte Klasse.

I 4.2.1 Einfachvererbung

Bei der *Einfachvererbung* wird eine Klasse von einer anderen Klasse, der Basisklasse, abgeleitet. Dabei erbt die neu entstandene Klasse die Eigenschaften (Variablen, Objekte) und Methoden der Basisklasse, d.h. die Basisklasse ist vollständig in der neuen Klasse enthalten (Bild I-6).

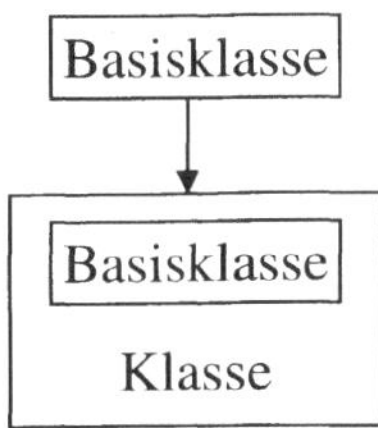

Bild I-6. Ableitung einer Klasse von einer Basisklasse

Ob die abgeleitete Klasse auch auf alle Klassenelemente der Basisklasse zugreifen kann, hängt von der Zugriffspezifizierung ab, mit der die Klasse von der Basisklasse abgeleitet wird. Dieser

Sachverhalt wird in Abschnitt I 4.3 erläutert. Die Einfachvererbung erfolgt nach dem Schema:

```
class <Klasse>:[<Zugriffspezifizierer>]
               <Basisklasse>
{
    Klassenelemente;
};
```

Der Zugriffspezifizierer ist optional. Wird er weggelassen, erfolgt die Ableitung von der Basisklasse als „private".

I 4.2.2 Mehrfachvererbung

Die Vererbung ist keineswegs auf eine Klasse beschränkt. Oft ist es praktisch, die Eigenschaften von zwei oder mehr Basisklassen in einer neuen Klasse zu vereinen. Jede der Basisklassen ist in der abgeleiteten Klasse vollständig enthalten (Bild I-7).

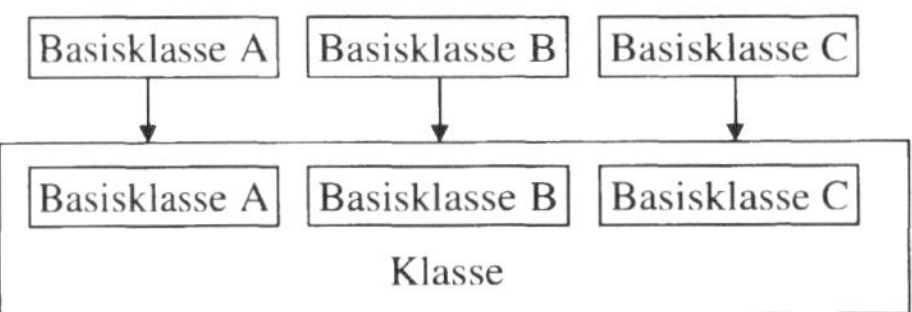

Bild I-7. Ableitung einer Klasse von mehreren Basisklassen

Die Mehrfachvererbung hat folgendes Format:

```
class <Klasse>:[<Zugriffsspezifizierer>]
<Basisklasse> , [<Zugriffssp.>]
<Basisklasse>,..
{
    Klassenelemente;
};
```

Grundsätzlich kann eine Klasse auf die Klassenelemente seiner Basisklassen zugreifen, als seien es eigene Klassenelemente (sofern vom Zugriffspezifizierer freigegeben). Ein Problem ergibt sich jedoch, wenn in verschiedenen Basisklassen Klassenelemente mit gleichem Namen verwendet werden. Gibt es beispielsweise in zwei Basisklassen die Methode „Initialisierung( )", kann der Compiler nicht entscheiden, in welcher der beiden Basisklassen er diese Methode aufrufen soll. In diesem Fall muß beim Methodenaufruf die gewünschte Basisklasse angegeben werden (z.B. <Basisklasse>::Initialisierung( )).

Beispiel:
Es wird die Klasse „CSteuerung" zur Steuerung einer Anlage verwendet. Zusammen mit einer anderweitig erstellten Klasse „CVisualisierung" soll daraus eine Klasse „CMaschinenleitstand" entstehen, die die Anlage steuert und die Abläufe gleichzeitig visualisiert.

```
class CMaschinenleitstand:
            public CSteuerung,
            public CVisualisierung
{    <Klassenelemente>;     };
```

Jetzt kann von der Visualisierungsebene aus die Maschine gestartet und gestoppt werden (auf diese „public" definierten Methoden kann jeder zugreifen) oder der Betriebsstundenzähler angezeigt werden (nur möglich, da dieser als „protected" definiert und CMaschinenleitstand von CSteuerung abgeleitet ist).

I 4.3 Datenkapselung

Datenkapselung ist die Einrichtung von verschiedenen Zugriffsberechtigungen auf die Variablen, Objekte und Methoden einer Klasse.

I 4.3.1 private - protected - public

Eine der wichtigsten Eigenschaften der objektorientierten Programmierung mit C++ ist die Datenkapselung. Sie erhöht die Datensicherheit gegenüber unbeabsichtigter Datenveränderung wie sie beispielsweise bei fehlerhaften Zeigeroperationen oder bei Überschreitung der Grenzen eines Variablenfeldes leicht stattfinden kann. Unerlaubte Zugriffe lösen bei C++ sofort eine Exception aus bzw. werden im günstigsten Fall bei der Programmerstellung schon vom Compiler entdeckt.

C++ kennt *drei* verschiedene *Kapselungsebenen*, die über *Zugriffspezifizierer* festgelegt werden. Sie können mit Sicherheitsbereichen in einem Gebäude verglichen werden. Werden die Zugangsbeschränkungen nicht sinnvoll genutzt, ist die Sicherheit nicht gewährleistet:

private:
Wie der Name schon sagt, ist ein Zugriff auf ein als „private" markiertes Klassenelement (Variablen oder Methode) nur für Methoden dieser Klasse gestattet. Zugriffe von außerhalb der Klasse sind, auch für abgeleitete Klassen, nicht möglich.

protected:
Auf ein als „protected" markiertes Klassenelement kann nur eine Methode dieser Klasse oder einer abgeleiteten Klasse zugreifen.

public:
Auf das Klassenelement kann von innerhalb und außerhalb der Klasse zugegriffen werden. Diese Klassenelemente bilden die Schnittstelle zu einem Objekt.

Um eine hohe Sicherheit der Daten zu gewährleisten, definiert man nach Möglichkeit alle **wichtigen Daten** als *„private"* oder *„protected"* und gewährt den Zugriff auf die Daten von außerhalb der Klasse nur über „public" definierte Zugriffsfunktionen. Ein versehentliches Verändern der Daten, beispielsweise durch Bereichsüberschreitung bei einem Feldzugriff, ist dann nicht mehr möglich. Nachteilig ist, daß für jeden Datenzugriff eine Funktion aufgerufen werden muß. Dies ist aufwendiger als der direkte Zugriff und verursacht deshalb eine Verlangsamung des Programmablaufes. Aus diesem Grund ist immer zwischen *maximaler Datensicherheit* und *maximaler Programmgeschwindigkeit* abzuwägen.

Wird eine Klasse B von einer Basisklasse A abgeleitet, beeinflußt die bei der Vererbung angewendete Kapselungsmethode den Zugriff auf die Klassenelemente der Basisklasse A. Durch den verwendeten Zugriffspezifizierer in der Basisklasse A und den bei der Ableitung der Klasse B verwendeten Zugriffspezifizierer ergeben sich dann eine ganze Reihe von Kombinationsmöglichkeiten (Tabelle I-5).

Beispiel:
Die bereits vorgestellte Steuerungsklasse CSteuerung dient als Basisklasse für eine Klasse CRoboter

```
class CRoboter : public CSteuerung
{
public:
    RoboterStart( );
};
```

Die Klasse CRoboter kann

- die Methoden Start( ) und Stop( ) der Basisklasse CSteuerung aufrufen (a-A),

- den Betriebsstundenzähler der Basisklasse CSteuerung ändern (a-B),

- die Parameter der Basisklasse CSteuerung nicht direkt verändern (a-C), sondern nur über die Pa-

Tabelle I-5. Kombinationsmöglichkeiten der Ableitungsklassen

Ableitung der Klasse B von Basisklasse A als:

			public **(a)**	**protected** **(b)**	**private** **(c)**
Elementzugriff	**public**	(A)	public	protected	private
in der	**protected**	(B)	protected	protected	private
Basisklasse A	**private**	(C)	kein Zugriff	kein Zugriff	kein Zugriff

Zugriff auf die Klassenelemente der Basisklasse A in der abgeleiteten Klasse B

rameterfunktionen „ParameterLesen" und „ParameterSetzen" (a-A).

I 4.3.2 friend

Diese oben erläuterten Zugriffsbeschränkungen können nur von Klassen und Funktionen umgangen werden, die das Vertrauen der Klasse genießen und daher als „friend"-Klassen bzw. „friend"-Funktionen bezeichnet werden. Durch das Schlüsselwort „friend" wird in der Klassendefinition die befreundete Klasse oder Funktion definiert.

Beispiel:

```
class CSteuerung
{
    friend class CVisualisierung;
    ...
};
```

Die Visualisierungklasse hat als „friend"-Klasse vollen Zugriff auf die Parameter und den Betriebsstundenzähler.

Die allzu häufige Verwendung von friend-Klassen und friend-Funktionen kann jedoch ein Indiz für eine schlecht durchdachte Objekthierarchie oder Bequemlichkeit bei der Programmierung sein. Die Datensicherheit wird erheblich eingeschränkt, da ein „friend" beliebig Daten verändern kann. Eine ansonsten vernünftige Datenkapselung wird völlig außer Kraft gesetzt.

I 4.4 Virtuelle Klassen und Methoden

I 4.4.1 Virtuelle Methoden

Virtuelle Methoden sind Methoden, die in einer abgeleiteten Klasse neu definiert werden können und in der gesamten Klasse statt der ursprünglichen Methode verwendet werden.

Gelegentlich kommt es vor, daß man Methoden der Basisklasse an die Funktionalität der abgeleiteten Klasse anpassen möchte. So wurde im Beispiel des Abschnitts I I 4.1 eine Funktion „ParameterSetzen" definiert. In einer von CSteuerung abgeleiteten Klasse CRoboter soll nach jedem Schreibzugriff auf die Parameter eine Checksumme über alle Parameter gebildet werden. Dazu könnte eine neue Methode definieren werden, die „ParameterSetzen" ausführt und anschließend die Checksumme neu berechnet. Leider ist dies nicht praktikabel, denn alle Aufrufe von „ParameterSetzen" in der Basisklasse ändern die Parameter weiterhin ohne die gewünschte Checksummen-Berechnung.

Die Lösung des Problems ist ein Vorgang, der als *„Späte oder Dynamische Bindung* (engl. late binding)" bezeichnet wird, da die Methode erst zur Programmlaufzeit mit ihrer Adresse eingebunden wird. Dazu wird die Methode der Basisklasse, die in einer abgeleiteten Klasse neu definiert werden kann, mit dem Schlüsselwort „virtual" als virtuelle Methode deklariert. Diese Methode der Basisklasse kann nun in einer abgeleiteten Klasse neu definiert werden, allerdings muß die Methode identische Aufrufparameter und Rückgabetyp besitzen. Der Compiler legt, veranlaßt durch das Schlüsselwort „virtual", im Code nicht die Adresse der Methode fest sondern markiert nur die Stelle des Methodenaufrufs. Erreicht das Programm einen solchen Methodenaufruf, wird zur Laufzeit die Objekthierarchie nach dieser Funktion durchsucht und die Fundstelle als Methodenadresse eingetragen. Bild I-8 zeigt den Unterschied zwischen statischer und dynamischer Bindung.

Im nachfolgenden Bild wird in der Methode A der Basisklasse1 die Methode B aufgerufen. Von der Methode B gibt es zwei Versionen, eine Methode B der Basisklasse1 und eine Methode B in der abgeleiteten Klasse1. Da die Methode B der Basisklasse1 nicht virtuell deklariert ist, verwen-

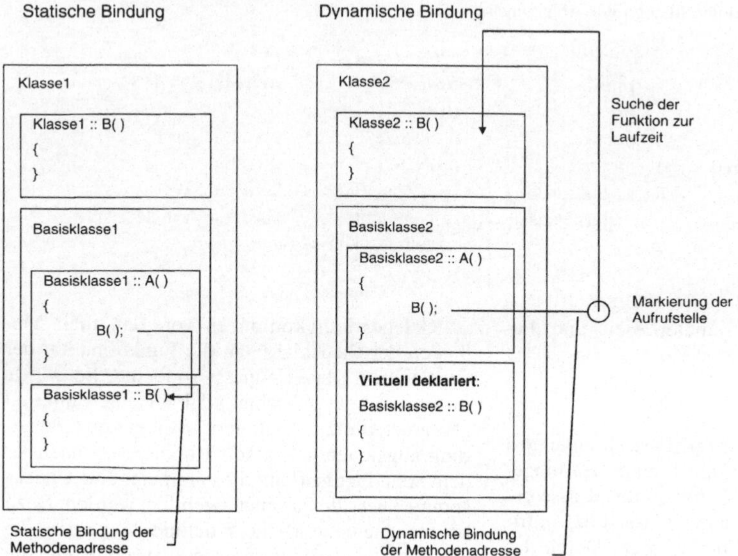

Bild I-8. Unterschied zwischen statischer und dynamischer Bildung

det der Compiler die Methode B der Basisklasse und setzt an der Aufrufstelle der Methode diese Adresse fest ein, d.h. die Adresse wird statisch gebunden, da sie durch den Compiler festgelegt wird.

Anders bei Klasse2, hier wurde die Methode B in der Basisklasse als „virtuell" deklariert. Daraufhin markiert der Compiler in der Methode A lediglich die Aufrufstelle der Funktion B statt eine Adresse einzutragen. Zur Programmlaufzeit durchsucht das Programm nun das Objekt nach einer Methode B, wobei die Suche in der letzten Ableitungsebene, hier die Klasse2, begonnen wird. Die erste Fundstelle einer passenden Methode wird nun aufgerufen, d.h. die Aufrufadresse der Methode B wird dynamisch, da zur Laufzeit, gebunden.

Beispiel:
In der von CSteuerung abgeleiteten Klasse CRoboter soll nach jeder Parameteränderung die Checksumme über alle Parameter neu berechnet werden. Dazu wird in der Basisklasse die Methode „ParameterSetzen" als virtuell deklariert:

```
class CSteuerung
{
private:
  int           Parameter[100];
protected:
  unsigned int  Betriebsstundenzaehler;
public:
  void
Start(void);
  void          Stop(void);
int               ParameterLesen(int);
  virtual void  ParameterSetzen(int,int);
}
```

In der abgeleiteten Klasse CRoboter wird nun die Methode „ParameterSetzen" mit denselben Aufrufparametern und Rückgabetyp deklariert:

```
class CRoboter :: public CSteuerung
{
    private:
        int ParameterChecksumme;
        void ChecksummeBerechnen(void);
    public:
    void ParameterSetzen(int, int);
}
```

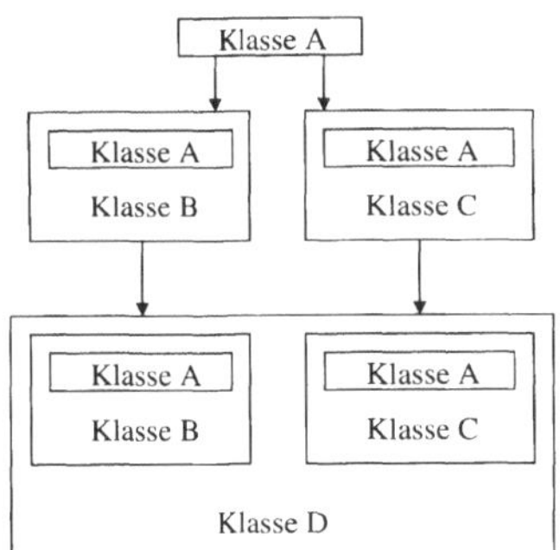

Bild I-9. Mehrfachvererbung ohne virtuelle Klassen

Abschließend wird die Methode „Parameter-Setzen" in der Klasse CRoboter neu definiert:

```
void CRoboter :: ParameterSetzen
   (int ParameterNr,int ParameterWert)
{
   Parameter[ParameterNr] = Parameterwert;
   ChecksummeBerechnen( );
}
```

I 4.4.2 Virtuelle Klassen

Virtuell abgeleitete Basisklassen (virtuelle Klassen) können in einer abgeleiteten Klasse mit gleichen Basisklassen zu einer Basisklasse zusammengeführt werden.

Da eine Klasse für mehrere abgeleitete Klassen als Basisklasse dienen kann, stellt sich die Frage, was passiert wenn diese abgeleiteten Klassen durch Mehrfachvererbung eine weitere, gemeinsame Klasse bilden. Der Compiler übernimmt bei der Vererbung alle Variablen und Methoden jeder Basisklasse mit in die abgeleitete Klasse. Für den oben genannten Fall bedeutet das, daß die Ur-Basisklasse (Klasse A) in der entstandenen Klasse doppelt vorhanden ist, wie Bild I-9 zeigt. Dadurch wird unnötig Speicherplatz verbraucht.

Abhilfe schafft auch hier das Schlüsselwort „virtual", allerdings wird es hier für eine Klasse eingesetzt. Wird eine Basisklasse X als virtuell deklariert, werden alle in einer abgeleiteten Klasse vorhandenen, virtuell deklarierten Basisklassen X durch eine einzige Kopie ersetzt. Nicht-virtuell abgeleitete Basisklassen sind weiterhin mit einer eigenen Kopie in abgeleiteten Klassen enthalten, wie Bild I-10 zeigt.

I 4.5 Überladen von Funktionen und Operatoren

Als Überladen bezeichnet man die mehrfache Definition einer Funktion oder eines Operators innerhalb eines Gültigkeitsbereiches.

I 4.5.1 Überladen von Funktionen (Funktionspolymorphie)

Von einer Funktion können innerhalb eines Gültigkeitsbereiches (z.B. einer Klasse, einer Quelldatei) *mehrere Definitionen gleichzeitig* existieren. Der Compiler verwendet für einen Funktionsaufruf die Definition, die in Anzahl und Typ der Aufrufparameter mit dem Funktionsaufruf übereinstimmt. Die verschiedenen Definitionen können sich zwar auch im Typ des Rückgabewertes unterscheiden. Dies ist für den Compiler jedoch kein Kriterium bei der Auswahl der passenden Funktionsdefinition.

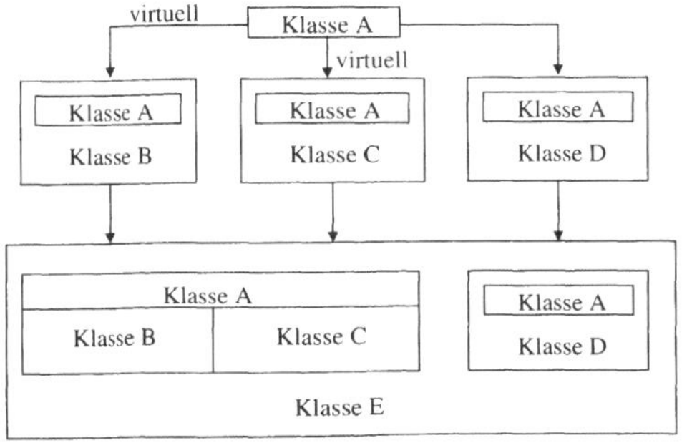

```
class B : virtual public A
class C : virtual public A
class D : public A


class E :    public B,
             public C,
             publicD
```

Bild I-10. Mehrfachverebung mit virtuellen Klassen

Der Vorteil der Funktionspolymorphie besteht für den Programmierer darin, daß er für *gleichartige Funktionen* ein- und *denselben Funktionsnamen* verwenden kann.

Beispiel:
1. Funktionsdefinition: Es wird der Durchschnitt zweier char-Werte berechnet und das Ergebnis als char-Wert zurückgegeben.

```
char Durchschnitt (char cWert1,
                   char cWert2)
{
    return (cWert1+cWert2)/2;
}
```

2. Funktionsdefinition: Dieselbe Operation wird mit float-Werten durchgeführt.

```
float Durchschnitt (float fWert1,
                    float fWert2)
{
    return (fWert1+fWert2)/2;
}
```

I 4.5.2 Überladen von Operatoren (Operatorpolymorphie)

Das Überladen von Funktionen läßt sich auf Operatoren übertragen. Auch hier unterscheidet der Compiler aufgrund der Operandentypen, welche Definition des Operators verwendet werden soll. Beim Überladen von Operatoren sind jedoch einige Einschränkungen zu beachten:

- Es können keine neuen Operatoren definiert, sondern nur bestehende überladen werden.
- Präprozessorsymbole können nicht überladen werden.
- Kann ein Operator als unitärer (z.B. „*Zeiger") und binärer (z.B. „A * B") Operator verwendet werden, können beide Definitionen separat überladen werden.
- Der Zuweisungsoperator („=") kann nur durch eine Elementfunktion überladen werden. Er ist auch der einzige Operator, der nicht vererbt wird.
- Tabelle I-6 zeigt, welche Operatoren überladen werden können.

Sehr verbreitet ist die Überladung des Zuweisungsoperators, um damit den gesamten Inhalt eines Objektes in ein anderes Objekt gleichen Typs zu kopieren.

Beispiel:
In der Klasse CSteuerung wird der Zuweisungsoperator überladen, um eine Kopie der Steuerungsparameter in eine andere Klasse zu übernehmen. Der Betriebsstundenzähler soll jedoch nicht kopiert werden.

```
CSteuerung& CSteuerung::operator=
                     (CSteuerung&Stg)
{
    for(int i=0; i<100; i++)
        Parameter[i] = Stg.Parameter[i];
    return *this;
}
```

Im Programmablauf könnte dies wie folgt aussehen:

```
{
  // Konstruktor mit Parameter-
  // initialisierung
  CSteuerung Steuerung1(25,33);
  // Standardkonstruktor
  CSteuerung Steuerung2;

  Steuerung1.ParameterSetzen(56,10);
  // gleiche Parameter in beiden
  // Steuerungen erzeugen
  Steuerung2 = Steuerung1;
}
```

I 4.6 Dynamische Instanziierung

Objekterzeugung zur Programmlaufzeit wird als dynamische Instanziierung bezeichnet.

Oft kommt es vor, daß in einem Programm Objekte verwaltet werden sollen, über deren Anzahl bei der Programmerstellung kein Aussage gemacht werden kann, beispielsweise ein Objekt „Messdatensatz". Da nicht bekannt ist, wie viele Datensätze aufgezeichnet werden sollen, könnte bei der Programmerstellung eine gewisse Anzahl von Messdatensätzen festgelegt werden. Nachteil ist, daß das Programm immer für die maximale Anzahl Datensätze Speicher belegt, auch wenn diese nicht benötigt werden. Die Aufzeichnungsgrenze wird jedoch schnell erreicht, wenn die Zahl der Datensätze zu niedrig angesetzt wurde.

Hier bietet sich die dynamische Instanziierung als Lösung an. Für jeden aufgezeichneten Datensatz wird ein neues Objekt zur Programmlaufzeit erzeugt:

```
<Klassenname>* <Objektzeiger> =
new <Klassenname>;
```

Tabelle I-6. Überladen von Operatoren

Operator	+	-	*	/	%	^	!	=	<	>	+=	-=	^=	&=
Überladen	ja	ja	ja	ja	ja	ja	ja	ja	ja	ja	ja	ja	ja	ja

Operator	<<	>>	<<=	<=	>=	&&	||	++	--	()	[]	new	delete	&
Überladen	ja	ja	ja	ja	ja	ja	ja	ja	ja	ja	ja	ja	ja	ja

Operator	~	*=	/=	%=	>>=	==	!=	,	->	->*	.	.*	::	?:
Überladen	ja	ja	ja	ja	ja	ja	ja	ja	ja	ja	nein	nein	nein	nein

Operator	sizeof	!=	|	=
Überladen	nein	ja	ja	bed

Der Speicherbedarf der Anwendung steigt mit der Anzahl der erzeugten Objekte, bis der zur Verfügung stehende Speicher aufgebraucht ist und keine weiteren Objekte erzeugt werden können. Genauso dynamisch, wie die Objekte erzeugt werden, können sie auch wieder gelöscht werden:

```
delete <Objektzeiger>;
```

Nachteil der dynamischen Instanziierung von Objekten ist der damit verbundene Overhead, da die Speicherverwaltung mit jedem „new"-Befehl Speicher anfordern und den zur Verfügung gestellten Speicher als verwendet verwalten muß. Bei häufigem „new" und „delete" kann es außerdem aufgrund der Fragmentierung für die Speicherverwaltung notwendig werden, den Speicher neu zu organisieren. Diese Funktionen verursachen eine Verlängerung der Programmlaufzeit, die zudem nicht deterministisch ist.

Sehr wichtig ist es, mit „new" erzeugte Objekte spätestens vor dem Programmende mit „delete" wieder zu löschen, da sonst der durch das Objekt belegte Speicher nicht freigeben wird und es zu einem Speicherfehler kommt. Daher darf der Zeiger auf ein Objekt erst gelöscht werden, wenn zuvor der allokierte Speicher mit „delete" freigeben wurde.

I 4.7 Perspektiven

C++ ist heute bei der Entwicklung von professionellen PC-Anwendungen, insbesondere Windows-Anwendungen, Stand der Technik. Von den Compilerherstellern zur Verfügung gestellte Klassenbibliotheken (z.B. MFC von Microsoft, OWL von Borland) sind dabei nahezu unverzichtbar und erleichtern dem Programmierer die Arbeit wesentlich. Da die Klassenbibliotheken jedoch herstellerspezifisch sind, ist der Programmcode nicht portabel und stellt eine Festlegung auf einen Compilerhersteller für die gesamte Projektlaufzeit dar.

Im Bereich der Steuerungstechnik mit Echtzeitanforderungen konnte sich C++ gegenüber C bisher nicht durchsetzen. Ursache dafür ist, daß C++-Funktionen wie beispielsweise Mehrfachvererbung und virtuelle Funktionen viel Programmcode erzeugen oder viele aufwendige Speicheroperationen durchführen, so daß die Ausführungszeit nicht mehr den Kriterien einer Echtzeitanwendung entspricht. Abhilfe soll EC++ schaffen, das auf laufzeitkritische und Code-intensive Komponenten von C++ verzichtet. EC++ wird vom „Embedded C++ Technical Committee" definiert, dem zahlreiche namhafte Compilerhersteller angehören.

J Lösungen der Übungsaufgaben

A Theoretische Grundlagen

Ü A 4-1:
Oktalsystem zur Basis 8,
Hexadezimalsystem zur Basis 16,
Dualsystem zur Basis 2,
binäres Zahlensystem zur Basis 2.

Ü A 4-2:
a) 0, 1, 2, 3, 4, 5, 6, 7, 8, b) z.B. 2_9 oder 2_N, c) der Übertrag erfolgt bei der Zahl 8, d) $9_D = 10_N$ $10_D = 11_N$ $23_D = 25_N$ $100_D = 121_N$.

Ü A 4-3:
a) 17311_D, b) $439F_H$, c) es handelt sich um eine positive Zahl.

Ü A 4-4:
a) VBD:10000, ZKD: 10000, b) VBD: 11111, ZKD: 10001, c) VBD: 1 0100 0000 1100 1010, ZKD:1 1011 1111 0011 0110, d) VBD: 1 0110 0111 1000 0101, ZKD:1 1001 1000 0111 1011, e) VBD: $12C_H$, ZKD: $1D4_H$.

Ü A 4-5:
a) ZKD: –, 0_D, b) ZKD: 1000 0000, -127_D, c) ZKD: 1010 1011, -85_D, d) ZKD: 1100 1101, -51_D.

Ü A 4-6:
Eine normalisierte Mantisse liegt dann vor, wenn das Nachkommabit sich vom Vorzeichenbit unterscheidet. Bei einer positiven Zahl ist das Nachkommabit eine „1", da das Vorzeichenbit für positive Zahlen die „0" ist. Im binären Zahlensystem entspricht $0,1_B \, 2^{-1} = 0,5_D$.

Ü A 4-7:
$(A + B) \cdot (A + C) = A + B \cdot C$. Angewandt wurden Distributivgesetz und Absorptionsgesetz.

Ü A 4-8:
Die de Morganschen Gesetze.

Ü A 4-9:
Wenn er aus einem ursprünglichen Zeichenvorrat mit Hilfe von Kodierungsregeln erzeugt wurde.

Ü A 4-10:
a) Ein einschrittiger Kode unterscheidet sich beim Übergang von einem zum nächsten Wert nur in einer Stelle. b) Gray-Kode. c) Wird eine Stelle bei der Übertragung gestört, so ändert sich die Wertigkeit nur um ± 1. d) Die Hammingdistanz ist 1.

Ü A 4-11:
a) $d_{\min} = 2$, b) $d_{\min} = 3$.

Ü A 4-12:
a) $F_{e\max} = 5$, b) $F_{k\max} = 2$, c) $F_E = 1$.

B Hardware

Ü B 1-1: Registerorientierte Arbeitsweise: Zwischenergebnisse werden in Register innerhalb des Prozessors gehalten; stackorientierte Arbeitsweise: Zwischenergebnisse werden ausgelagert.

Ü B 2-1: getrennte Busse für Befehls- und Datenspeicher.

Ü B 3-1: Problematisch bei Cache Speichersystemen ist die Datenkonsistenz bei DMA-Zugriffen. Sie muß entweder programmtechnisch oder durch den Prozessor durch *Bus-Snooping* sichergestellt werden. Im ersten Fall werden Variable in einen definierten nicht-cachebaren Bereich des Speichers verlagert, beim Bus-Snooping beobachtet der Prozessor den externen DMA-Zugriff.

Ü B 3-2: berührungslose Aufzeichnung: der Schreib-/Lesekopf fliegt über der Plattenoberfläche; berührende Aufzeichnung: der Schreib/Lesekopf gleitet auf der Plattenoberfläche; berührungslose Aufzeichnung.

D Software Engineering

Ü D 2.1-1:

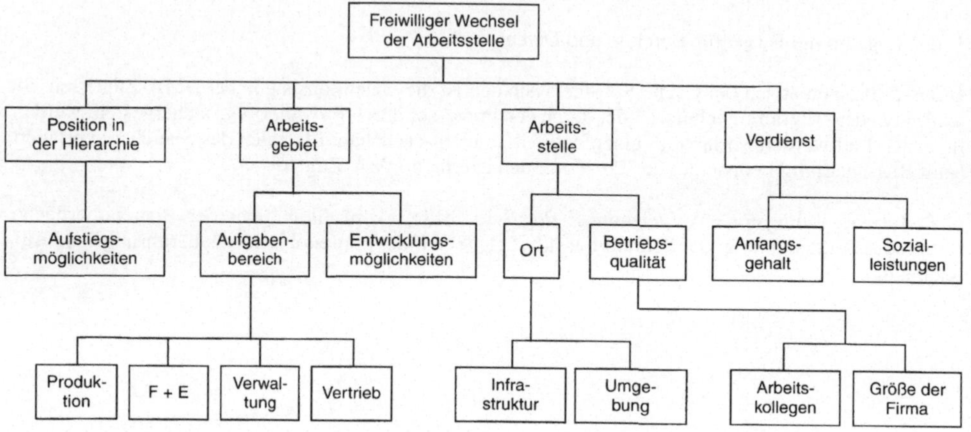

Ü D 2.2-1:

ET Bestellbearbeitung		R1	R2	R3	R4	R5	R6	ELSE
Wenn (Bedingungen B)	B1 Teilenummer gültig	J	J	J	J	J	J	
	B2 Teil lieferbar	J	J	J	J	N	N	
	B3 Lagerbestand ausreichend	J	J	N	N	–	–	
	B4 Letzte Bestellposition	J	N	J	N	J	N	
Dann (Aktionen A)	A1 Auftragsbestätigung für Bestellposition ausdrucken	×	×	×	×	×	×	–
	A2 Versandpapiere für Bestell- position ausdrucken	×	×	–	–	–	–	–
	A3 Bearbeitung der nächsten Bestellposition	–	×	–	×	–	×	–
	A4 Gehe nach Rechnungsschreibung	×	–	×	–	×	–	–
	A5 Bildung einer Rückstandposition	–	–	×	×	–	–	–
	A6 Auftrag an die Fertigung	–	–	×	×	–	–	–
	A7 Ermittlung der Ersatzlieferung	–	–	–	–	×	×	–
	A8 Vorschlag für Ersatzlieferung	–	–	–	–	×	×	–
	A9 Hinweis: „Teilnehmernummer ungültig" / Abbruch	–	–	–	–	–	–	×

Ü D 2.2-2:

	1	2	3	4
Auftrag Inland	Y	N	–	–
Auftrag Ersatzteile	–	–	Y	N
Expreßauftrag	N	N	N	Y
Zuständig ist ABI	×	–	–	–
Zuständig ist ABA	–	×	–	–
Zuständig ist ABE	–	–	×	–
Zuständig ist ABX	–	–	–	×

Beim Prüfen der Entscheidungstabelle fällt auf:

- Regel 1 und 2 sowie Regel 2 und 3 überschneiden sich,
- Regel 5 fehlt: –, Y, Y.

Die Ursache für die Überschneidung liegt darin, daß der Fall: Y Y N (Regel 1 und 2), d. h. Ersatzteilaufträge aus dem Inland, nicht Expreß in den Kompetenzbereich der Abteilungen ABI und ABE fallen. Für die Überschneidung von Regel 2 und 3 trifft für die ausländischen Ersatzteilaufträge dasselbe zu. Die Regel 5 fehlt, d. h. die Entscheidungstabelle gibt keine Auskunft über Expreßaufträge von Ersatzteilen.

Ü D 2.2-3:

ET		Regeln					
Buchung für Abflug		R1	R2	R3	R4	R5	R6
Wenn (Bedingungen B)	B1 Ticket 1.Klasse gewünscht	J	J	J	N	N	N
	B2 Ticket 2.Klasse gewünscht	N	N	N	J	J	J
	B3 Ticket einer anderen Klasse akzeptiert	–	J	N	–	J	N
	B4 Platz in 1. Klasse frei	J	N	N	–	J	J
	B5 Platz in 2. Klasse frei	–	J	J	J	N	N
Dann (Aktionen A)	A1 Reservierung 1. Klasse	×	–	–	–	×	–
	A2 Reservierung 2. Klasse	–	×	–	×	–	–
	A3 Warteliste	–	–	×	–	–	×

Ü D 2.3-1:

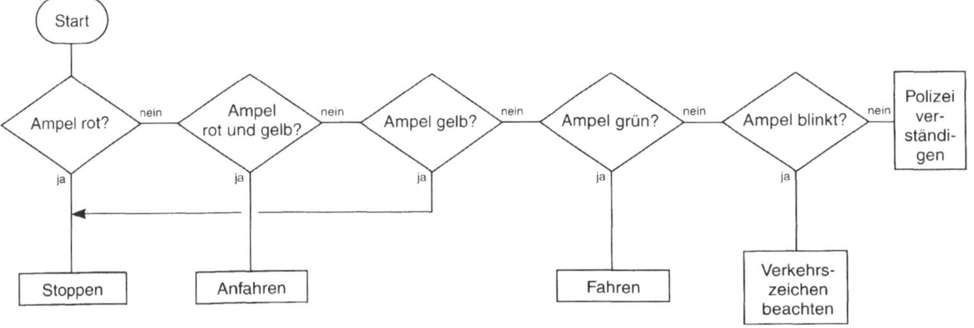

Ü D 2.3-2:

Start
Reserviere je 500 Speicherplätze für Kunden: Kunden (500) und je 100 Speicherplätze für Artikelpreise: Preis (100)
Eingabe
Anzahl Kunden: KA
Anzahl Artikel: LA
Wert = 0
K = 1
L = 1
Preis (I) > 2000 bis 4999?
nein
Preis (I) ≥ 5000?
nein
ja
Preis (I) = Preis (I) −10%
ja
Preis (I) = Preis (I) −20%
Wert = Wert + Preis (I)
L = L + 1
L > LA?
nein
ja
Wert > 35 000?
nein
ja
Wert = Wert −10%
Wert drucken
K = K + 1
K > KA?
nein
ja
Ende

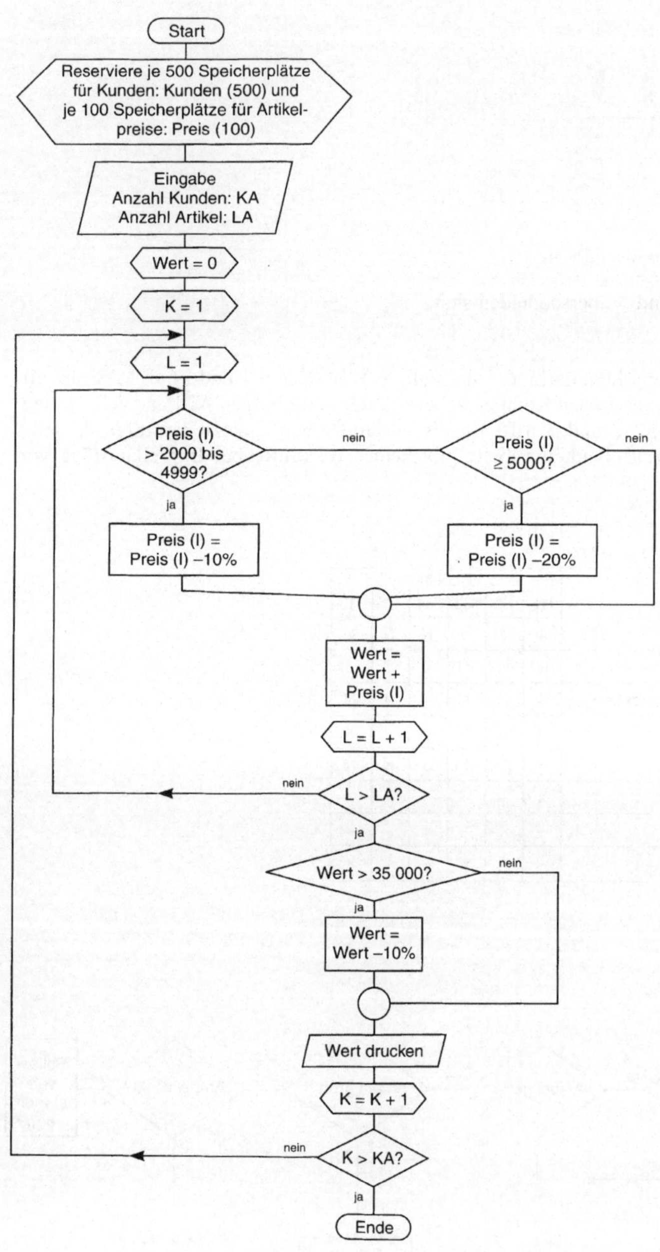

Ü D 2.4-1:

Strukturprogramm

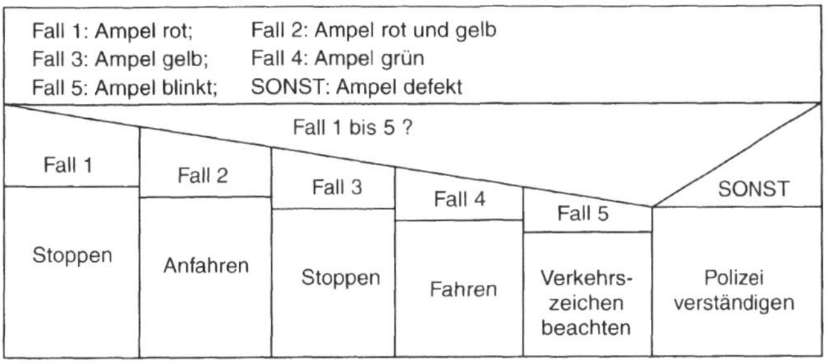

| Fall 1: Ampel rot;   Fall 2: Ampel rot und gelb |
| Fall 3: Ampel gelb;   Fall 4: Ampel grün |
| Fall 5: Ampel blinkt;   SONST: Ampel defekt |

Fall 1 bis 5 ?

Fall 1	Fall 2	Fall 3	Fall 4	Fall 5	SONST
Stoppen	Anfahren	Stoppen	Fahren	Verkehrs-zeichen beachten	Polizei verständigen

Pseudokode

```
CASE      Ampel    OF     Fall 1 bis 5
          FALL 1:  Stoppen
          FALL 2:  Anfahren
          FALL 3:  Stoppen
          FALL 4:  Fahren
          FALL 5:  Verkehrszeichen beachten
OTHERCASE          Polizei verständigen
ENDCASE
```

Ü D 2.4-2:

Struktogramm

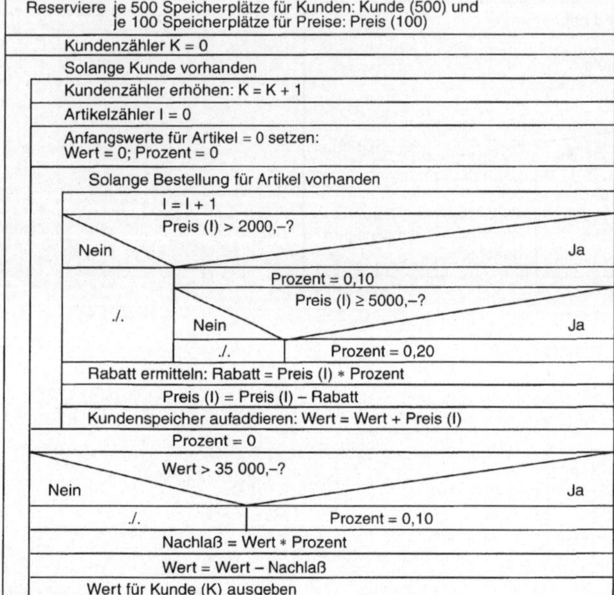

Pseudokode

```
Reservieren der Speicherplätze für Kunden: Kunde (500) und Artikelpreise
Preis (100)
        Kundenzähler K = 0
        DOWHILE      Kunde vorhanden
            K = K + 1
            I = 0
            Wert = 0
            Prozent = 0
            DOWHILE Bestellung für Artikel vorhanden
                I + I = 1
                IF    Preis (I) > 2000
                    THEN Prozent = 0,10
                    IF Preis (I) ≥  5000
                        THEN Prozent = 0,20
                    ENDIF
                ENDIF
                Rabatt = Preis (I) * Prozent
                Preis (I) = Preis (I) – Rabatt
                Wert = Wert + Preis (I)
            ENDDO
            Prozent = 0
            IF wert > 35 000
                THEN Prozent = 0,10
            ENDIF
            Nachlaß = Wert * Prozent
            Wert = Wert – Nachlaß
            Wert ausdrucken
        ENDDO
```

Ü D 2.5-1:

Mitarbeiter
Trennen in Lohn- und Gehaltsempfänger
Gehälts-empfänger
Lohn-empfänger
Stunden
Gehalts-gruppe
Errechne Gehalt
Lohn-gruppe
Errechne Lohn
Errechne Zulagen
gesetzlich
Errechne Zulagen
Außer-planmäßig
Außer-planmäßig
Brutto-Lohn
Errechnen der Abzüge
Sozial-abgaben
Lohn-steuer
Netto-Lohn
Nettolohn-beleg
Sonstige Abzüge

Ü D 2.5-2:

Einheiten-Zähler
Hand vermittlung
BTX
Tele-gramm
Erzeuge Telefonrechnung
Kunden
Fernsprech-einrichtungen
Frei-Einheiten
Sonstige Zuschläge/ Entlastungen
Telefon-rechnung
Fernsprechamt
Kunden
Gebühren
Monate

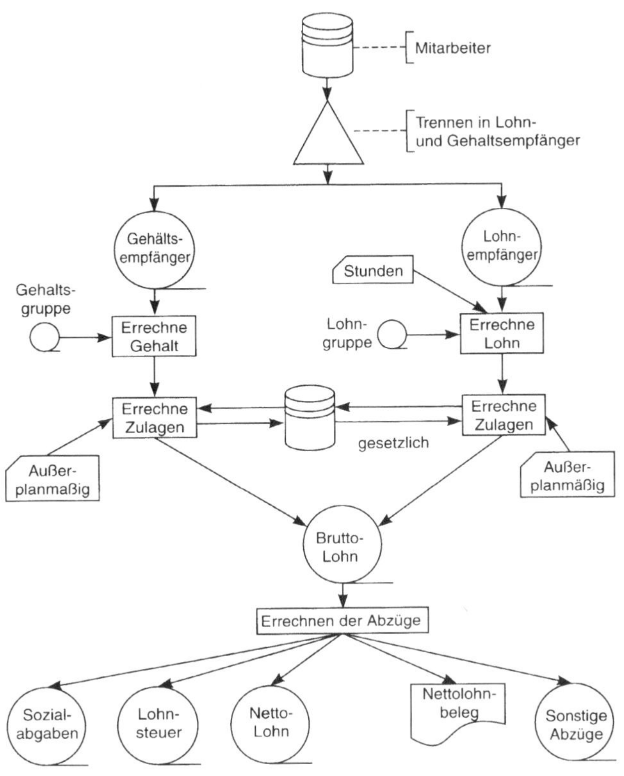

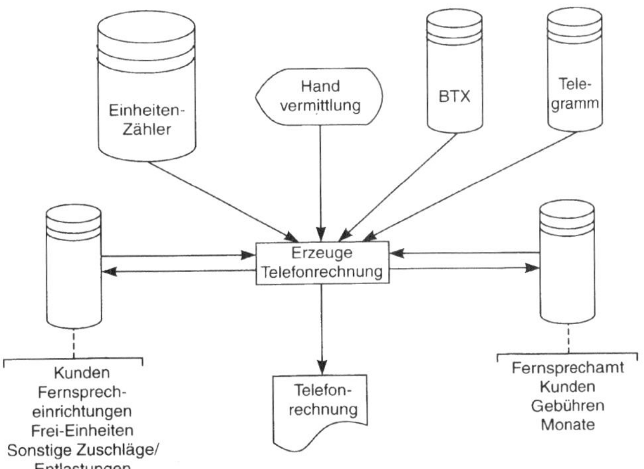

Ü D 2.6-1:

Hierarchie-Diagramm
Artikel-Umsatz-Statistik
Nettoumsatz errechnen
Artikelpreis bestimmen
Kunden festlegen
Vertreter bestimmen
Umsatz-schmäle-rungen
Umsatz kumulieren
Zeit-abgrenzung
Gesamt-preis
Stück-zahl
Stück-preis
Artikel-bezeichnung
Artikel-nummer
Skonto
Rabatt
Kunden-nummer, Adresse
Periodi-sierter Gesamt-umsatz
Adresse
Vertreter-Nummer

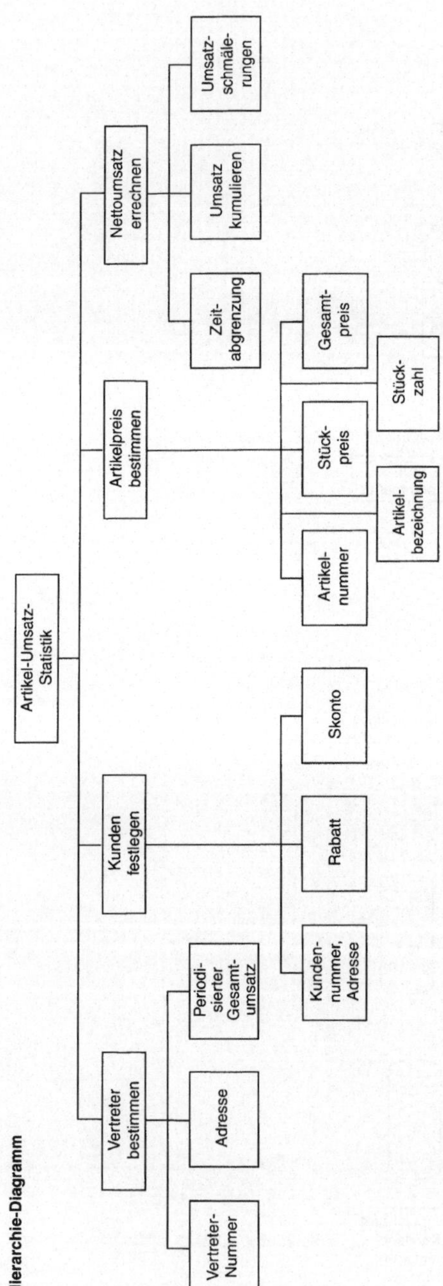

Aktivitäten-Diagramm

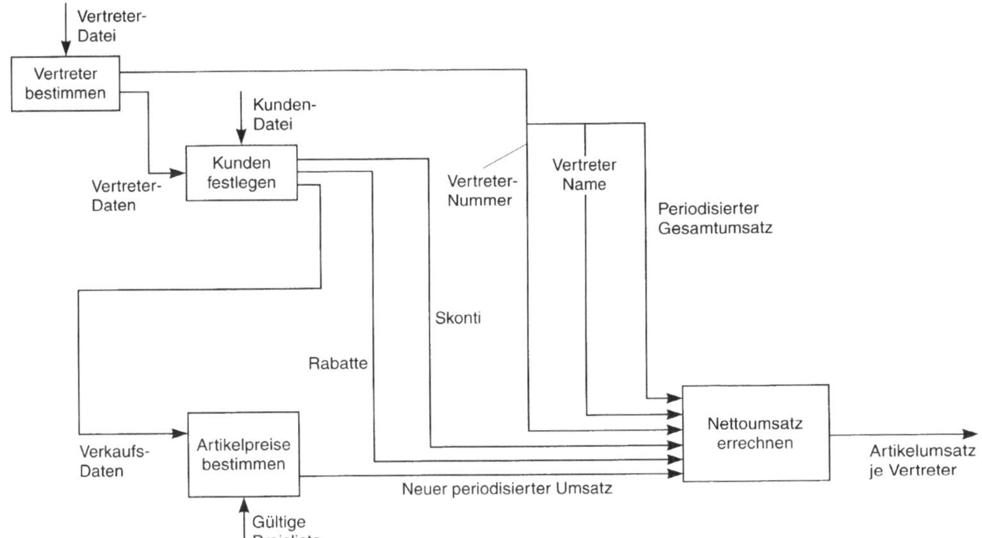

Daten-Diagramm

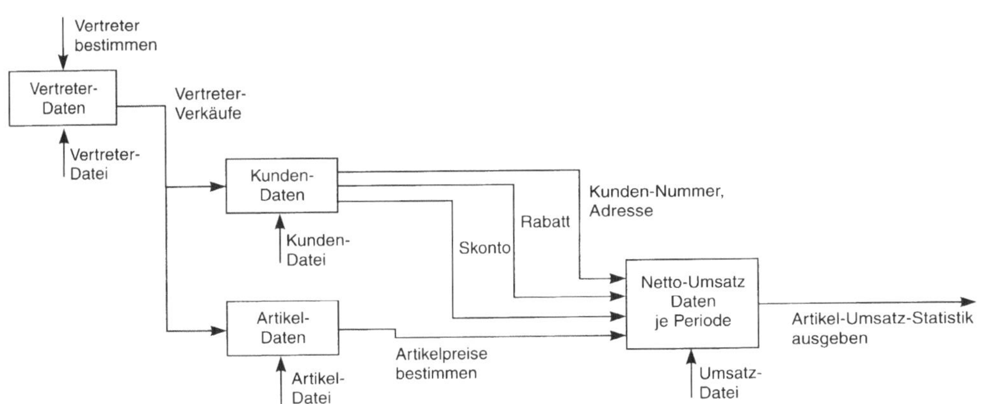

Ü D 2.7-1:

a SND-Diagramm

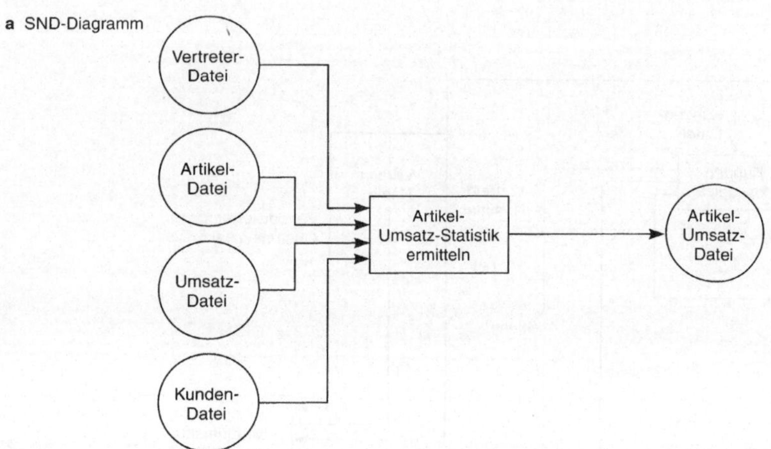

b Jackson-Baum

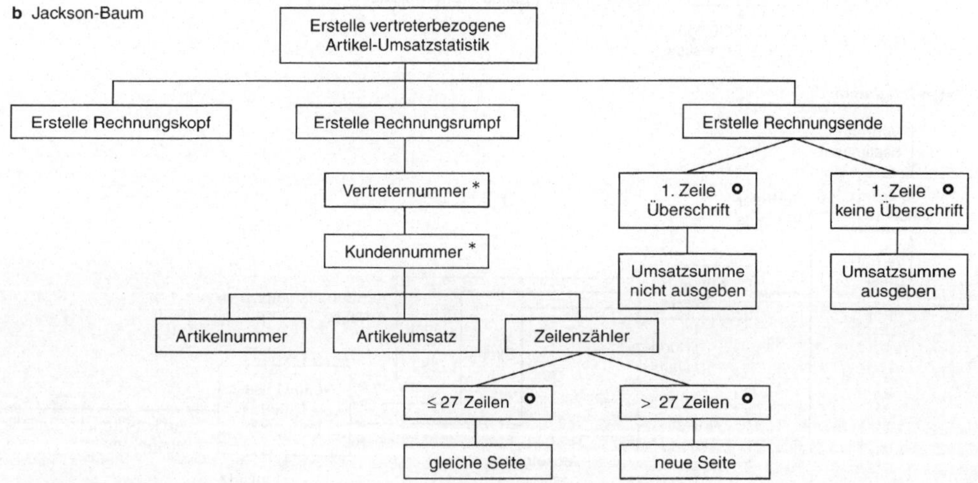

Ü D 2.8-1:

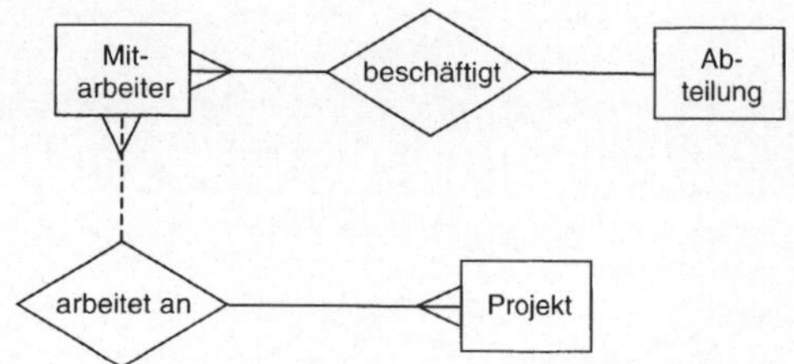

Ü D 2.8-2:

Kühler
besteht aus
Motor
spezif.
Motor-
kenndaten
besteht aus
besteht aus
besteht aus
Ansaug-
rohr
an
Zylinder
Kolben
Kurbelwelle
besteht aus
besteht aus
besteht aus
dreht
Auslaß-
ventil
Einlaß-
ventil
Kolben-
ring
Starter
in
Ventil
startet
Ansaug-
gemisch
Zünd-
schlüssel

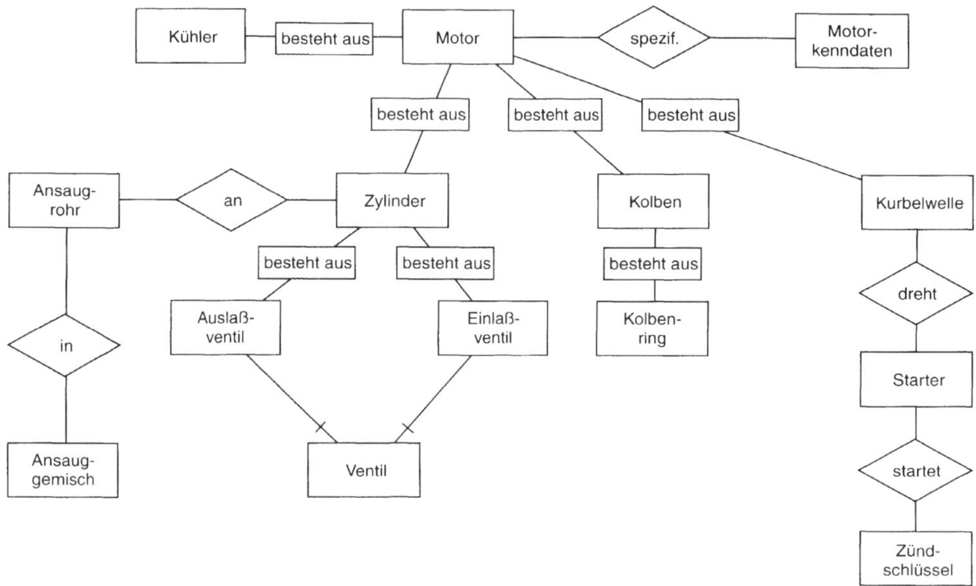

Entitätenbericht

1 ER-Entitäten

1.1 DAE „Ansauggemisch"

Attribute
MotorSerienNummer
GemischTemperatur
GemischDruck
GemischFließGeschwindigkeit

1.2 DAE „Ansaugrohr"

Attribute
MotorSerienNummer

1.3 DAE „Auslaßventil"

Attribute

1.4 DAE „Einlaßventil"

Attribute

1.5 DAE „Kolben"

Attribute
MotorSerienNummer
ZylinderNummer
Stellung

1.6 DAE „Kolbenring"

Attribute
MotorSerienNummer
ZylinderNummer
KolbenNummer
RingNummer

1.7 DAE „Kühler"

Attribute
MotorSerienNummer
KühlTemperatur

1.8 DAE „Kurbelwelle"

Attribute
MotorSerienNummer
AktuelleDrehzahl
MaxDrehzahl

1.9 DAE „Motor"

Attribute
MotorSerienNummer
MotorTyp
ArbeitsModus

1.10 DAE „Motorkenndaten"

Attribute
MotorTyp
StartDrehzahl

1.11 DAE „Starter"

Attribute
MotorSerienNummer
Zustand

1.12 DAE „Ventil"

Attribute
MotorSerienNummer
ZylinderNummer
VentilNummer
Position

1.13 DAE „Zündschlüssel"

Attribute
MotorSerienNummer
Position

1.14 DAE „Zylinder"

Attribute
MotorSerienNummer
ZylinderNummer
ZylinderLänge
ZylinderQuerschnitt

Ü D 2.9-1:

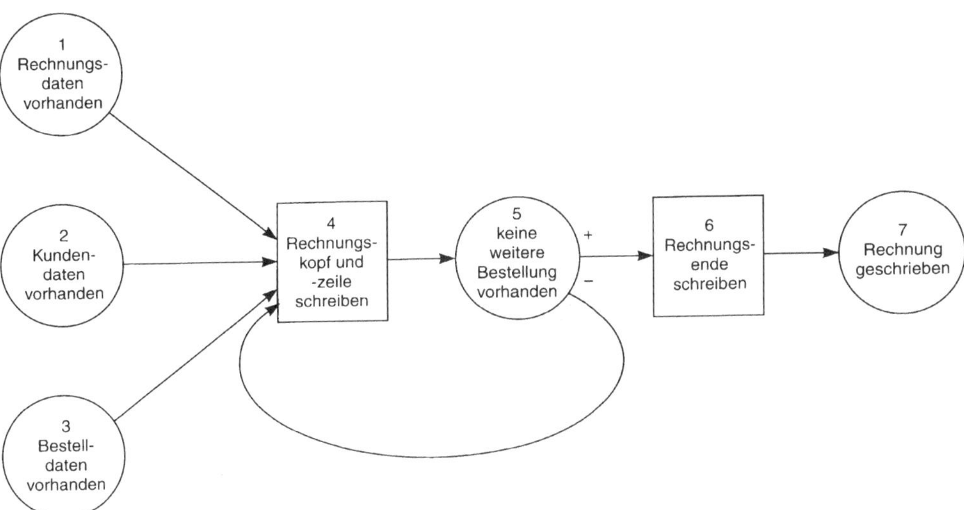

Ü D 2.9-2:

Kein Geld
Kredit beantragen
Kredit beantragt
Kredit prüfen
Kredit geprüft
+
-
Auszahlung
Geld vorhanden
Auto kaufen
Auto ist gekauft
Auszahlung
Kredit ablehnen
Keinen Kredit bekommen
Bürgen suchen
+
-
Bürge ist gefunden
verbürgten Kreditbetrag festsetzen
verbürgter Kreditbetrag ist festgesetzt
Kredit neu beantragen
Kredit aufs Neue beantragt
Bürge prüfen
Bürge ist geprüft
+
-
keinen Bürgen gefunden
Autokauf aufgeben
Autokauf aufgeben
kein Auto

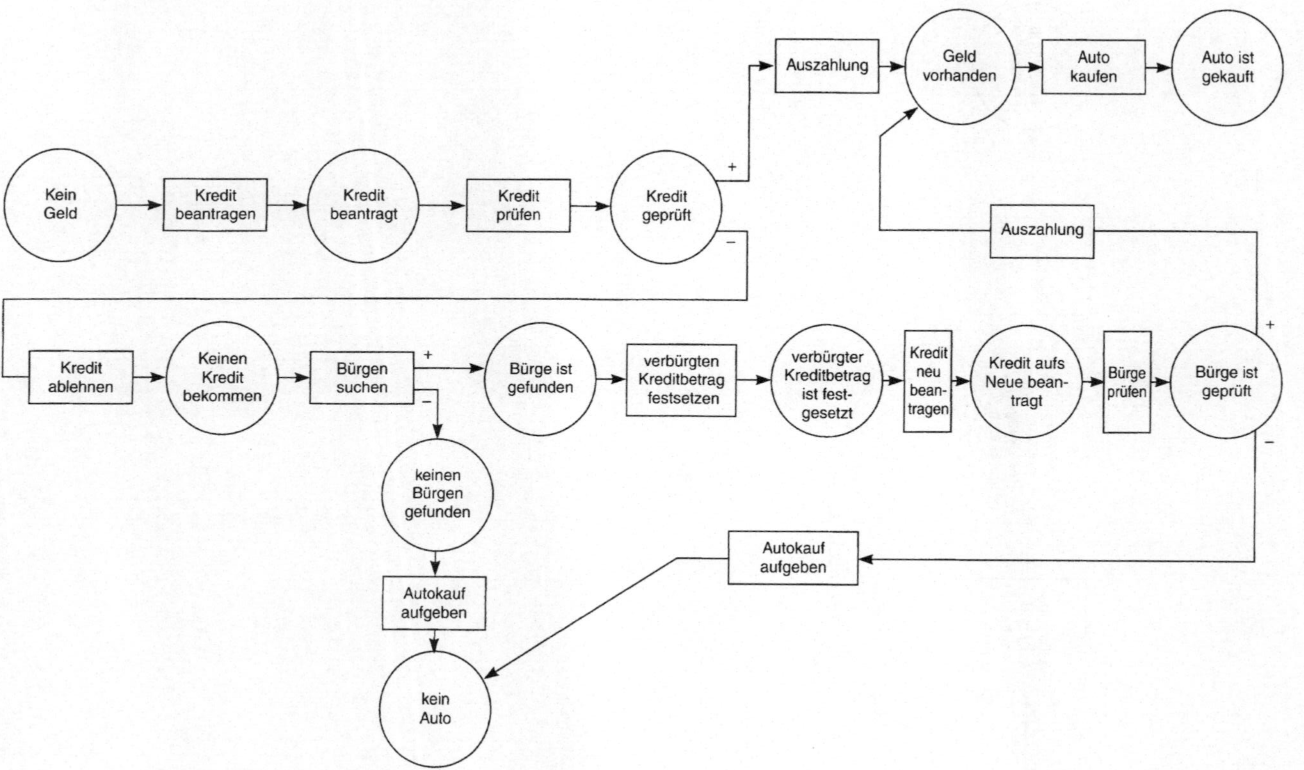

Ü D 2.10-1:

```
Schalter: mahleEin
 AnzeigFertig.schalteAus
 AnzeigeMahlt.schalteEin
 Pulverschublade.notiereStatus (leer)
 Bohnenbehälter.notiereFüllstand (voll)
 Deckel.schließe
 Mahwerk.starte
 IF Füllstandssensor.gibFüllstand = "leer"
  THEN Bohnenbehälter.notiereFüllstand (leer)
   Pulverschublade.notiereFüllstand (nichtLeer)
   Mahlwerk.stoppe
 ENDIF
```

Ü D 2.10-2:

Status	(bei ihr selbst definiert)
Füllzustand	(ererbt von der Klasse *Deckel*)

Ü D 4-1:

Das semantische Netz sollte die Bereiche grundlegende Beobachtungen (Barometer steigt, Wolken, Jahreszeit), Wetterprognosen (Regen, Sonne), das Vorhaben und die Ausrüstung (Spaziergang, Hut) und die Ausweichmöglichkeiten (Taxi, Bus) beinhalten. Unsicherheitsverarbeitung ist zumindest für die Wetterprognose notwendig. Ein regelbasiertes System wird drei Stufen umfassen:

Herleitung der Wetterprognose nach dem Muster:
WENN Beobachtung IST …DANN Wetterprognose IST …MIT Plausibilität …

Herleitung der Empfehlungen nach dem Muster:
WENN Wetterprognose IST …UND Vorhaben IST …DANN Empfehlung IST …MIT Plausibilität.

Herleitung der Entscheidung nach Regeln wie
WENN PLAUSIBILITÄT VON Empfehlung IST Regenschirm GRÖSSER ALS PLAUSIBILITÄT VON Empfehlung IST kein Regenschirm UND Risikofreude IST gering DANN Entscheidung IST Regenschirm.

In einer formaleren PROLOG-ähnlichen Sprache liest sich diese Regel folgendermaßen:

Entscheidung(Regenschirm):
-((P(Empfehlung(Regenschirm))>P(Empfehlung (kein_Regenschirm))),(Risikofreude$\leq$gering)).

Ü D 4-2:

Das semantische Netz muß neben den Eigenschaften des Kaufobjekts (hat_Teile, kostet, wiegt, hat_Eigenschaften), mögliche Nutzungen (Grafik, Telekommunikation, Schreiben_im_Zug), die Ziele des Kunden (möchte_nutzen, benötigt) und die Relationen zwischen Ausstattung und Nutzung (erleichtert, lässt_zu, ist_ungeeignet_für) beinhalten.

Die Unsicherheit kann durch einen dreidimensionalen Plausibilitätsraum repräsentiert werden. Jede Dimension zeigt dabei die Argumente, die für bzw. gegen das jeweilige Gerät sprechen (Bild Ü D 4-2).

Ü D 4-3:

Zu jedem Punkt gibt es eine zuführende und eine abführende Linie. Die Längeneinheit im quadratischen Raster sei 1. Dies ist die Länge aller senkrechten oder waagrechten Linien zwischen direkt benachbarten Punkten. Da die linken und rechten Randpunkte mindestens eine schräge (d. h. nicht senkrechte oder waagrechte) Verbindungslinie besitzen, und die Länge einer schrägen Linie mindestens $\sqrt{2}$ ist (Diagonale der Verbindung zwischen zwei Punkten), ist die Gesamtlänge mindestens $6 + 4\sqrt{2}$.

Diese Länge wird von zwei Tourenplänen erreicht, sie ist also die kürzest mögliche, die zugehörigen Tourenpläne sind optimal.

Ü D 4-4:
Mögliche Heuristiken sind allgemein und am Beispiel 3,77 DM:

- Reine Barzahlung. Verwende von der jeweils größten Münze soviel wie möglich. Wende dann die Heuristik auf den Restbetrag an.
  2 DM + 1 DM + 50 Pf + 10 Pf + 10 Pf + 5 Pf + 2 Pf (7 Münzen)
- Mit Herausgeben: Versuche, mit der jeweils größten Münze eine gute Annäherung zu erhalten. Wende dieselbe Heuristik auf den Restbetrag an.
  2 DM + 2 DM - 10 Pf - 10 Pf - 5 Pf + 2 Pf (6 Münzen)
- Zerlegen in Teilprobleme: Teste den nächst höheren und den nächst niedrigen DM-Betrag nach folgendem Verfahren: Bestimme eine gute Lösung für den DM-Betrag (z. B. durch eine der obigen Heuristiken). Bestimme eine gute Lösung für den (zuzuzahlenden bzw. zurückzugebenden) Pfennigbetrag

  2 DM + 2 DM − 10 Pf − 10 Pf − 2 Pf − 1 Pf (6 Münzen)
  2 DM + 1 DM + 50 Pf + 10 Pf + 10 Pf + 5 Pf + 2 Pf (7 Münzen)

Ü D 4-5:
Der Zustandsraum von Tic-Tac-Toe ist in einem naiven Ansatz gegeben durch alle Belegungen der 9 Zellen mit Kreuz-Kreis-Leer. Dies sind $3^9 = 19.683$ Möglichkeiten. Davon fallen aber viele weg, weil sich die Anzahl der Kreuze und Kreise nur um 1 unterscheiden kann und weil bei einigen Konstellationen das Spiel vorher beendet wäre. Es ist also sinnvoll, nur diejenigen Zustände zu repräsentieren, die im Laufe des Spiels bzw. des Lernprozesses wirklich auftauchen. Außerdem kann wegen der Symmetrie des Brettes der Zustandsraum reduziert werden. Es gibt dann zu jedem Zeitpunkt im Spiel einige hundert Konstellationen, auf die der Spieler durch Auswahl eines der noch freien Kästchen reagieren muß. Diese Züge werden dann je nach Gewinn oder Verlust im Spiel und der Restspieldauer bewertet. Die Anzahl der relevanten Konstellationen reduziert sich durch den Anschluß von „Verliererzügen" sehr schnell. Nach einer Einspielphase gewinnt das System dann sehr schnell an Erfahrung. (In einem wissensbasierten Ansatz könnte man ein heuristisches System mit Regeln wie „versuche Dreierreihen zu erreichen, vermeide offene Zweierreihen für den Gegner" implementieren. Dieses wäre aber dann nicht lernfähig).

Ü D 5-1:
2.33: deterministische Variable (dV),
warm: linguistische Variable (lV),
20: dV,
zwanzig: dV,
knapp zwanzig: lV,
Druck=200 bar: dV.

Ü D 5-2:
Geschwindigkeit kann vom Variablentyp deterministisch *oder* linguistisch sein. Die Unterscheidung erfolgt anhand der Terme!

Ü D 5-3:
Die unscharfe Menge $\tilde{A}$, aus der die linguistische Variable hoch abgeleitet wird, könnte beispielsweise wie folgt aussehen:
a) $\tilde{A} = \{(1, 0), (2, 0.2), (3, 0.5), (4, 0.8), (5, 1), (6, 1)\}$.

b)

Zugehörigkeit $\mu_{\tilde{A}}(x)$
1,0
0,8
0,5
0,2
1; 0
2; 0,2
3; 0,5
4; 0,8
5; 1,0
6; 1,0
1
2
3
4
5
6
Stockwerke

Ü D 5-4:

negativ   mittel   positiv
1
Zugehörigkeit
0
0   50   100   %

stark   leicht   mittel   leicht   stark
negativ   negativ   positiv   positiv
1
Zugehörigkeit
0
0   50   100   %

stark   mittel   leicht   mittel   leicht   mittel   stark
negativ   negativ   negativ   positiv   positiv   positiv
1
Zugehörigkeit
0
0   50   100   %

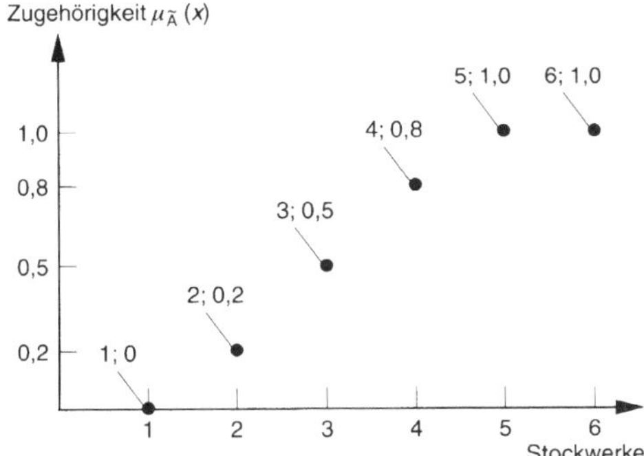

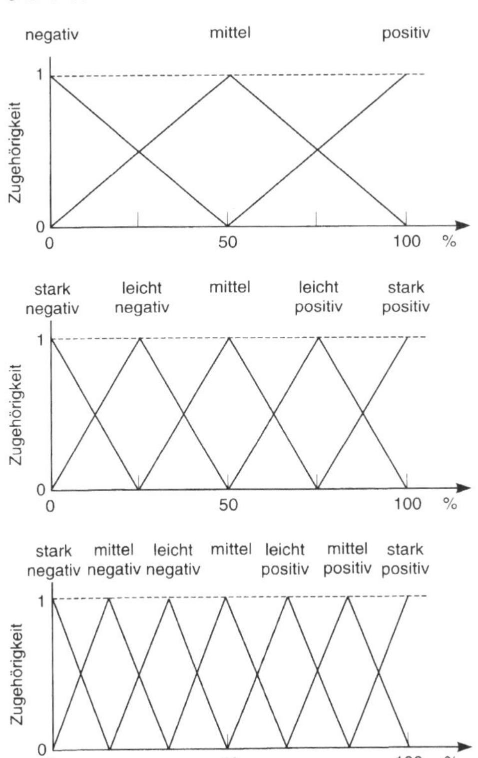

Ü D 5-5:

a)

sehr nah
nah
weit
sehr weit
Zugehörigkeit
1
0
0
100
200
300
Entfernung in m

niedrig
mittel
hoch
Zugehörigkeit
1
0
0
50
100
Geschwindigkeit in km/h

nicht
leicht
mittel
stark
Zugehörigkeit
1
0
0
10
20
30
Bremskraft in bar

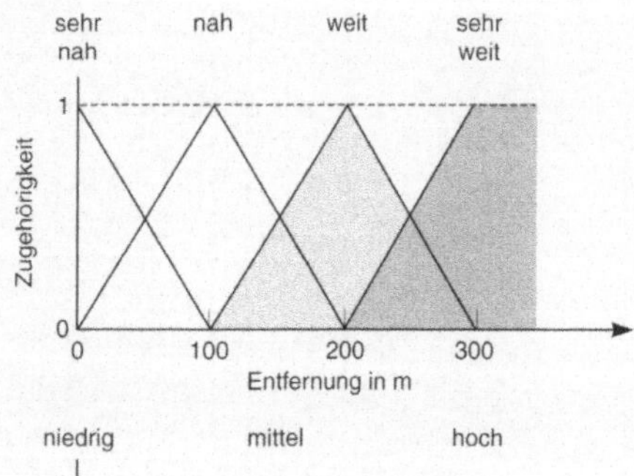

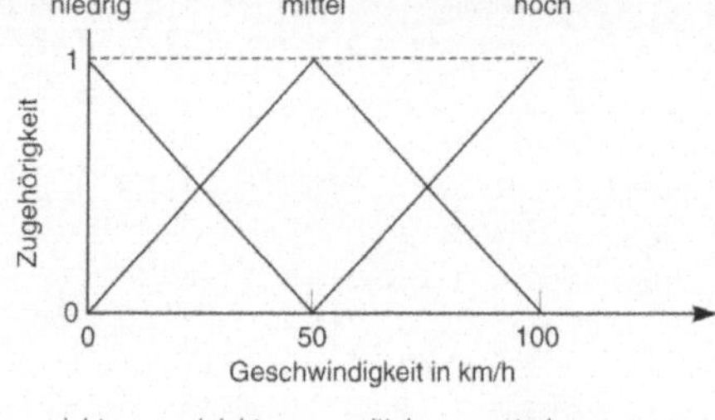

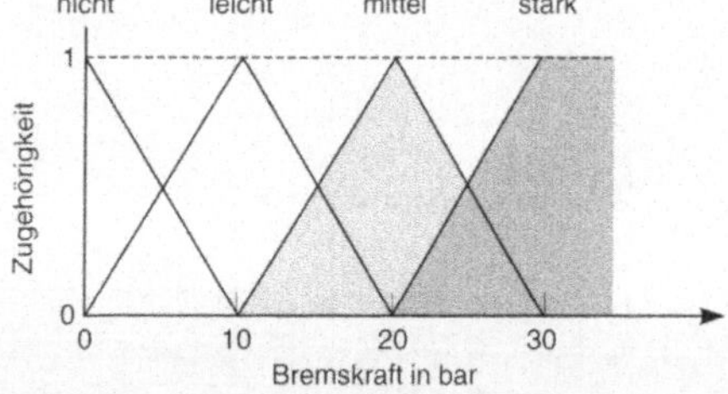

b) Regel 1: $\max[0.8, 0.5] = 0.8$
Regel 2: $\min[0, 0.2] = 0$

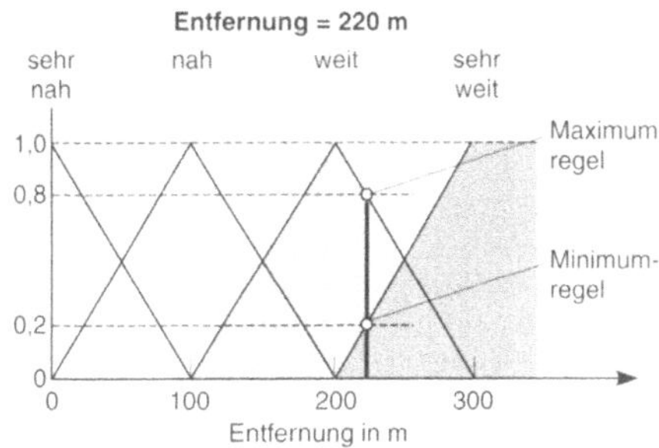

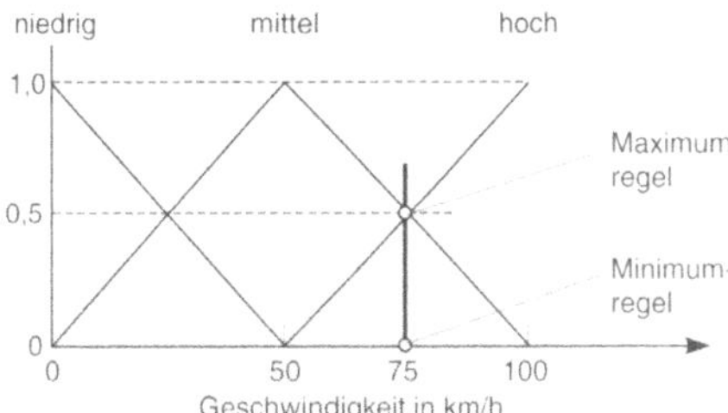

c)

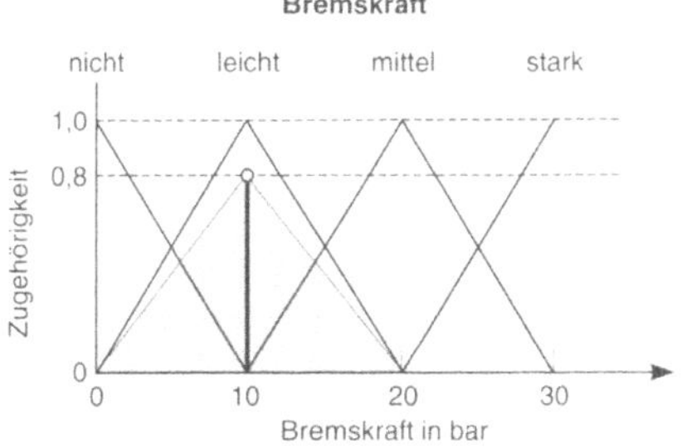

d)
WENN die Entfernung *sehr nah*
UND die Geschwindigkeit *mittel*
DANN bremse *stark*.

WENN die Entfernung *nah*
UND die Geschwindigkeit *mittel*
DANN bremse *mittel*.

e)

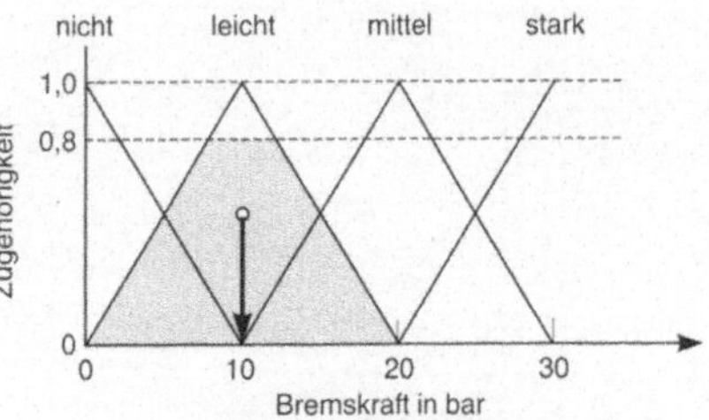

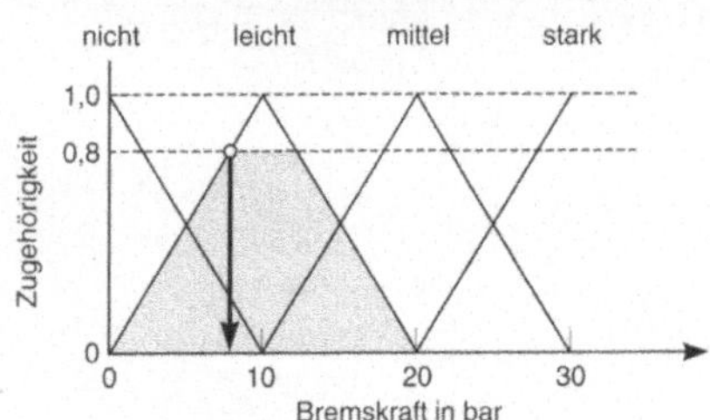

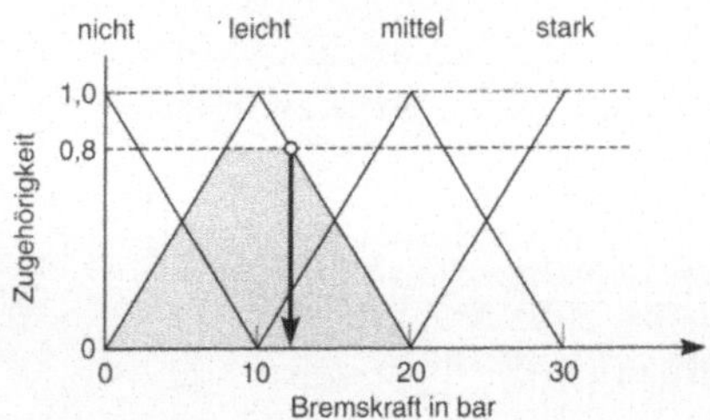

Ü D 5-6:

a) $S_{\tilde{O}} = \{(42, 0.2), (75, 0.4), (100, 0.8), (120, 1)(150, 1), (180, 0.8), (200, 0.5), (240, 0.1)\}$;

b) $S_{\alpha} = \{(100, 0.8), (120, 1)(150, 1), (180, 0.8), \}$;

c)

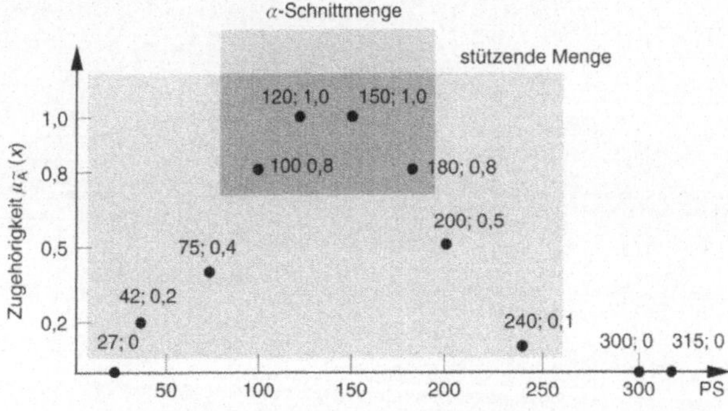

H Spezielle Anwendungen

Ü H 2-1:
Fahrschein-Automat (einfache Ausführung):

Das Eingabealphabet besteht aus den Aktionen:

- Einwerfen einer 1-DM-Münze, abgekürzt mit 1,
- Einwerfen einer 2-DM-Münze, abgekürzt mit 2 und
- Drücken der Geldrückgabetaste, abgekürzt mit G und
- Drücken der Ausgabetaste, abgekürzt mit A.

Der Fahrscheinautomat besitzt vier Zustände:

- S0: Anfangszustand, auf den Einwurf der ersten Münze wird gewartet,
- S1: 1-DM-Münze bereits eingeworfen, weitere Münzen werden erwartet,
- S2: 2-DM-Münze bereits eingeworfen, 1-DM-Münzen wird noch erwartet und
- S3: 3 DM sind eingeworfen; das Betätigen der Ausgabetaste wird erwartet.

Der Automat geht durch die Fahrscheinausgabe vom Zustand S3 wieder in den Anfangszustand S0 über. Das Drücken der Geldrückgabetaste bewirkt in jedem Zustand den Übergang in den Grundzustand S0. Bei Überzahlung im Zustand S3 reagiert der Automat mit der Rückgabe des zuviel eingeworfenen Geldes.
   Zum Eingabealphabet des Automaten gehören beispielsweise die Eingabefolgen

- S0: 1A2A (entspricht der Zustandsfolge S0, S1, S3, S0),
- 111A (Zustandsfolge S0,S1, S2, S3, S0) und
- 2AA1A12A (Zustandsfolge S0, S2, S2, S3, S0, S1, S3, S0).

Der Automat akzeptiert eine Eingabefolge F, wenn die zu F gehörende Zustandsfolge in einen der Endzustände führt. Die Menge aller akzeptierten Eingabefolgen nennt man die Sprache des Automaten.

Beispiel

111A ist ein Wort in der Sprache des Automaten, 1AA1 jedoch nicht.

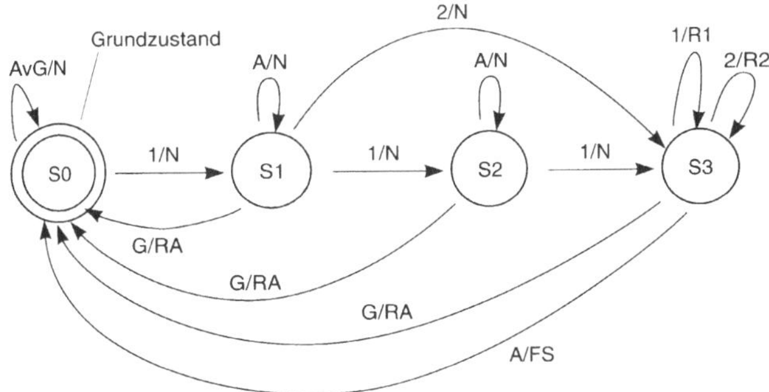

Erklärungen:

x/y	$\hat{=}$ Eingabe/Ausgab, v $\hat{=}$ oder	N	$\hat{=}$ Keine Ausgabe
1	$\hat{=}$ Einwurf 1 DM	RA	$\hat{=}$ Rückgabe eingeworfenes Geld
2	$\hat{=}$ Einwurf 2 DM	R1	$\hat{=}$ Rückgabe 1 DM
A	$\hat{=}$ Drücken der Ausgabetaste	R2	$\hat{=}$ Rückgabe 2 DM
G	$\hat{=}$ Drücken der Geldrückgabetaste	FS	$\hat{=}$ Fahrscheinausgabe

● *Testende-Kriterium beim endlichen Automaten:*

Teste solange, bis alle Zustände mindestens einmal mit einem Testfall erreicht wurden unter Berücksichtigung aller Eingabezeichen pro Zustand.

Ü H 3-1:

```
NAME ADWANDLUNG

CGROUP GROUP CODE
DGROUP GROUP DATA

ASSUME CS:CGROUP, DS:DGROUP

DATA SEGMENT PUBLIC 'DATA'

DATA ENDS

CODE SEGMENT PUBLIC 'CODE'

; Start-of-Code

; Stack-Layout

; [BP + 4] -> vom aufrufenden Programm übergebene Kanalnummer im Bereich
;                 0 ... 7
;
; Rückgabe: normierter Meßwert in AX, wenn Messung erfolgreich
; OFFFFH in AX, bei A/D-Wandler-Time-Out-Fehler

PUBLIC ADWANDLERMESSUNG

ADR_HW_CTRL       EQU 60H      ; Adresse des Hardware-Steuerregisters
ADR_HW_STATUS     EQU 62H      ; Adresse des Hardware-Statusregisters
ADR_AD_RESULT     EQU 64H      ; Adresse des A/D-Wandler-Ausgaberegisters
SAMPLE_ON         EQU 80H      ; Bit-Muster zum Setzen von Bit 7 im Hardware-
                              ; Steuerregister zum Einfrieren des
                              ; Signalpegels
AD_START          EQU 40H      ; Bit-Muster zum Setzen von Bit 6 im
                              ; Hardware-Steuerregister zum Starten des
                              ; A/D-Wandlers
AD_READY_FLAG     EQU 4H       ; Bit-Maske zum Ausblenden des A/D-Wandler-
                              ; Ready-Flags an Bitposition 2 im Hardware-
                              ; Statusregister
FEHLER            EQU OFFFFH   ; Rückgabewert im Fehlerfall
BIT_MASKE         EQU OFFFH    ; Bitmaske zum Ausblenden der oberen (unde-
                              ; finierten) 6 Bit nach dem Lesen des A/D-
                              ; Wandler-Ausgaberegisters

; Vorgehen bei der Normierung:
;
; Man multipliziere den Maximalwert 4096 mit einer Normierungskonstante x
; so daß sich das Ergebnis
;
; 2000 * 65536
;
; ergibt. Durch Abschneiden der unteren 16 Bit des Ergebnisses (entspricht
; Division durch 65636) bleibt 2000 übrig. Durch Abzug von 1000 ergibt sich
; dann der gewünschte Endwert von 1000.
```

```
; Ermittlung der Normierungskonstanten :
; Es gilt folgende Bedingung:
;
; 4096 (Maximalwert) * x (Normierungskonstante) = 2000 * 65536
;
; -> x = 2000 * 65536/4096 = 32000

NORM_KONST          EQU 32000    ; Normierungskonstante für die Normierung der
                                 ; Meßwerte auf 2000
RUNDUNGAD           EQU 32768    ; Rundungskonstante

ADWANDLERMESSUNG PROC NEAR

; Prolog, Stackframe aufsetzen

PUSH BP                          ; Base Pointer retten
MOV BP,SP                        ; Base Pointer = Stack Pointer

                                 ; Kodierung

MOV AX, [BP + 4]                 ; übergebene Kanalnummer (Bereich 0 - 7)
AND AX, OFFH                     ; für die Hardwaresteuerung nur AL benutzen
MOV DX, ADR_HW_CTRL              ; I/O-Adresse Hardware-Steuerregister nach DX
OUT DX, AL                       ; Kanal einstellen
OR AL, SAMPLE_ON                 ; Bitposition für "Signalpegel einfrieren" in
                                 ; AL setzen
OUT DX, AL                       ; Signalpegel für Messung einfrieren
OR AL, AD_START                  ; Bitposition für "A/D-Wandler starten" in AL
                                 ; setzen
AND AL, NOT AD_START             ; Bitmuster für "A/D-WAndler starten" in AL
                                 ; rücksetzen
OUT DX, AL                       ; Bit-Muster ausgeben
MOV BL, AL                       ; Bit-Muster in AL nach BL umspeichern, Status
                                 ; "Kanaleinstellung + Signal eingefroren"

; A/D-Wandler-Status in einer Schleife abfragen, maximal 5 Durchläufe

MOV CX, 5                        ; maximal 5 mal A/D-Wandler-Ready-Flag
                                 ; abfragen
MOV DX, ADR_HW_STATUS            ; I/O-Adresse Wandler-Status-Registers nach DX

; Warteschleife, Abfrage des A/D-Wandler-Status-Flags

LOOP_AD_RDY:

IN AL, DX                        ; Hardware-Statusregister lesen
TEST AL, AD_READY_FLAG           ; prüfen des A/D-Wandler-Ready-Flags
JNZ AD_M1                        ; A/D-Wandler fertig, kein Time-Out-Fehler
                                 ; gehe nach Meßergebnis lesen
LOOP LOOP_AD_RDY                 ; A/D-Wandlung noch nicht beendet

; Time-Out-Fehler, Sample&Hold wieder in Nachlaufbetrieb schalten,
; Meßvorgang mit Fehlermeldung abbrechen

MOV DX, ADR_HW_CTRL              ; I/O-Adresse Hardware-Steuerregister nach DX
MOV AL, BL                       ; Bitmuster "Kanaleinstellung + Signalpegel
                                 ; eingefroren" wieder nach AL rückspeichern
```

```
AND AL, NOT SAMPLE_ON            ; Bitmuster für "Sample&Hold in den
                                 ; Nachlaufbetrieb schalten" wiederherstellen
OUT DX, AL                       ; Sample&Hold wieder in Nachlaufbetrieb
MOV AX, FEHLER                   ; A/D-Wandler-Fehler
JMP ENDE                         ; Messung mit Fehlermeldung abbrechen


; kein Time-Out-Fehler, A/D-Wandler-Meßergebnis lesen

AD_M1:
MOV DX, ADR_AD_RESULT            ; I/O-Adresse des A/D-Wandler-Ausgangs nach DX
IN AX, DX                        ; Meßergebnis lesen
AND AX, BIT_MASKE                ; untere 12 Bit ausblenden

; Normierung des Meßergebnisses auf den Endwert

MOV CX, NORM_KONST               ; Normierungskonstante nach CX
MUL CX                           ; AX \cdot CX -> DX:AX (32-Bit-Ergebnis)
ADD AX, RUNDUNGAD                ; Rundungskonstante zu AX addieren
ADC DX, 0                        ; Carry zu DX addieren, Carry wird nur ge-
                                 ; setzt, wenn der Wert in AX >= 32768 ist
                                 ; (entspricht 0,5)


; Normiertes Endergebnis steht in DX, nach CX retten. Die unteren
; 16 Bit des Multiplikationsergebnisses in AX werden nach der Rundung
; nicht mehr gebraucht

MOV CX, DX

; Sample&Hold wieder in Nachlaufbetrieb schalten

MOV DX, ADR_HW_CTRL              ; I/O-Adresse Hardware-Steuerregister nach DX
MOV AL, BL                       ; Bitmuster "Kanaleinstellung + Signalpegel
                                 ; eingefroren" wieder nach AL rückspeichern
AND AL, NOT SAMPLE_ON            ; Bitmuster für "Sample&Hold in den
                                 ; Nachlaufbetrieb schalten" wiederherstellen
OUT DX, AL                       ; Sample&Hold wieder in Nachlaufbetrieb

MOV AX, CX                       ; Ergebnis nach AX umspeichern. Die aufrufende
                                 ; Prozedur erwartet das Ergebnis in AX.
SUB AX, 1000                     ; Ergebnis in Bereich -1000 - +1000
                                 ; transformieren

ENDE:

; Epilog

POP BP                           ; alten Wert des Base Pointers wieder vom
                                 ; Stack holen
RET 2                            ; Stackzustand vor der Paramterübergabe
                                 ; wiederherstellen

ADWANDLERMESSUNG ENDP

; End-of-Code

CODE ENDS

END
```

Weiterführende Literatur

Kapitel A

DIN-Normen

DIN 66233 Teil 1
Bildschirmarbeitsplätze; Begriffe.

DIN 66233 Teil 2
Bildschirmarbeitsplätze; Übersicht von Begriffen aus anderen Normen.

DIN 66234 Teil 1
Bildschirmarbeitsplätze; Geometrische Gestaltung der Schriftzeichen.

DIN 66234 Teil 2
Bildschirmarbeitsplätze; Wahrnehmbarkeit von Zeichen auf dem Bildschirm.

DIN 66234 Teil 3
Bildschirmarbeitsplätze; Gruppierung und Formatierung von Daten.

DIN 66234 Teil 3 Beiblatt 1
Bildschirmarbeitsplätze; Gruppierung und Formatierung von Daten; Hinweise und Beispiele.

DIN 66234 Teil 5
Bildschirmarbeitsplätze; Kodierung von Information.

DIN 66234 Teil 5 Beiblatt 1
Bildschirmarbeitsplätze; Kodierung von Information; Verwendung von Grafik.

DIN 66234 Teil 5 Beiblatt 2
Bildschirmarbeitsplätze; Kodierung von Information; Farbkombinationen.

DIN 66234 Teil 6
Bildschirmarbeitsplätze; Gestaltung des Arbeitsplatzes.

DIN 66234 Teil 6 Beiblatt 1
Bildschirmarbeitsplätze; Gestaltung des Arbeitsplatzes; Beispiele.

DIN 66234 Teil 7
Bildschirmarbeitsplätze; Ergonomische Gestaltung des Arbeitsraumes; Beleuchtung und Anordnung.

DIN 66234 Teil 7 A1
Bildschirmarbeitsplätze; Ergonomische Gestaltung des Arbeitsraumes; Beleuchtung und Anordnung; Änderung 1.

DIN 66234 Teil 8
Bildschirmarbeitsplätze; Grundsätze ergonomischer Dialoggestaltung.

EG-Richtlinie

EG-Richtlinie über die Mindestvorschriften bezüglich der Sicherheit und des Gesundheitsschutzes bei der Arbeit an Bildschirmgeräten (Stichtag 31.12.1992).

VDI-Richtlinien

VDI 2242 Blatt 1
Konstruieren ergonomiegerechter Erzeugnisse; Grundlagen und Vorgehen.

VDI 2242 Blatt 2
Konstruieren ergonomiegerechter Erzeugnisse; Arbeitshilfen und Literaturzugang.

Berufsgenossenschaftlicher Arbeitsmedizinischer Dienst: Informationen und Hilfen für Arbeitnehmer an Bildschirmarbeitsplätzen, 13. Auflage. Bonn: 1990.

Krueger, H.: Arbeiten mit dem Bildschirm - aber richtig, 9. Auflage. München: Bayerisches Staatsministerium für Arbeit und Sozialordnung 1989.

Kapitel B

Zuiderveen, E. A.: Handbuch der digitalen Schaltungen. München: Franzis-Verlag GmbH.

Beuth, K.: Elektronik 4, Digitaltechnik. Würzburg: Vogel Buchverlag.

Philippow, E.: Taschenbuch der Elektrotechnik, Bd. 1 u. 2. München, Wien: Carl Hanser Verlag.

Philippow, E.: Grundlagen der Elektrotechnik. Leipzig: Akademische Verlagsgesellschaft Geest & Portig KG.

Texas Instruments: Advanced CMOS Logic Designer's Handbook.

Texas Instruments: Advanced CMOS Logic Qualification Data.

Burton, E. A.: Transmission-Line Methods Aid Memory-Board Design Elektronic Design, Januar 1989, S.58 bis S.62.

PCMCIA PC Card Standard Release 2.01, November 1992.

Coy, W.: Aufbau und Arbeitsweise von Rechenanlagen. 2. verb. und erweiterte Auflage, Braunschweig; Wiesbaden: Vieweg 1992.

Rhein, D. und Freitag, H.: Mikroelektronische Speicher Speicherzellen, Schaltkreise, Systeme New York: Springer Verlag Wien, 1992.

Schnurer, G.: Kleiner, schneller, sparsamer; Memory Cards: Typen-Wirrwarr behindert Masseneinsatz c't 1991, Heft 4, S. 50-56 [Kap. 2.2].

Lippert, P.: Alles auf einer Karte Die Speicherkartenstandards JEIDA und PCMCIA c't 1991, Heft 4, S. 308-312 [Kap. 2.3].

Moosburger, G.: Das andere Speichermedium Flash-Speicher als Ersatz fuer ROMS, SRAMs, DRAMs und mechanische Laufwerke. Elektronik 17/1992 S. 77-82 [Kap. 3.2.].

Zimmer, P.: So entwickelte sich der PCMCIA-Standard. Markt und Technik 1992, 11. Dezember, S. 54-56 [Kap. 2.3]

Legg, G.: Flash Memory Challenges Disk Drive. EDN, February 18, 1993, S. 99-104

Schmidt, F.: Miniatur-Steckkarten mit PCMCIA; Grundlagen ueber PCMCIA. mc, August 1993, S.100-105 [Kap. 2.3]

Kapitel C

Heuer, A.: Objektorientierte Datenbanken. Düsseldorf: Addison Wesley 1992.

Hughes, K.: Objektorientierte Datenbanken. München: Hanser Verlag 1992.

Lockemann, P. C. und Schmidt, J. W.: Datenbank-Handbuch. Berlin: Springer Verlag 1987.

Martin, J.: Einführung in die Datenbanktechnik. München: Hanser Verlag 1981.

Noltemeier, H.: Informatik III, Einführung in Datenstrukturen, 2. Auflage. München: Hanser Verlag 1988.

Schlageter, G. und Stucky, W.: Datenbanksysteme: Konzepte und Modelle, 2. Auflage. Teubner 1983.

Schnupp, P.: Standard-Betriebssysteme, 2. Auflage. München: Oldenbourg 1990.

Siegert, W.: Betriebssysteme: Eine Einführung, 2. Auflage. München: Oldenbourg 1989.

Tanenbaum, A. S.: Betriebssysteme, Entwurf und Realisierung. München: Hanser 1990.

Vossen, G. und Witt, K. U.: Entwicklungstendenzen bei Datenbanksystemen. München: Oldenbourg 1991.

Wedekind, H.: Datenorganisation, 3. Auflage. Berlin: Walther de Gruyter Lehrbuch 1975.

Wiederhold, G.: Datenbanken, Analyse - Design - Erfahrungen, Band 2: Datenbanksysteme. München: Oldenbourg Verlag 1981.

Kapitel D

Angstenberger, J.: atp-Marktanalyse: Software-Werkzeuge zur Entwicklung von Fuzzy-Reglern, in atp 35, Heft 2, 1993.

Angstenberger, J., Kasper, C., von Dewitz, H.: Entwicklungen und Applikationen von Hardware-Lösungen mit integrierter Fuzzy-Logik, Studie MIT GmbH. Aachen: 1993.

Bandemer, H. und Gottwald, S.: Einführung in Fuzzy-Methoden. Frankfurt 1990.

Bandemer, H. und Näther, W.: Fuzzy Data Analysis. Boston, London, Dodrecht 1992.

Bezdek, J., C. und Pal, S.,K.: Fuzzy Models for Pattern Recognition. New York: 1992.

Deutsche Gesellschaft für Qualitätssicherung: Software-Qualitätssicherung, DGQ-NTG-Schrift Nr. 12-51. Frankfurt 1986.

Elektrotechnische Zeitschrift (etz): Sonderheft Expertensysteme 11/91.

Hering, E.: Software-Engineering. Wiesbaden: Vieweg-Verlag, 3. Auflage 1992.

Hesse, W., Merbeth, G. und Frölich, R.: Software-Entwicklung, Vorgehensmodelle, Projektführung, Produktverwaltung. Handbuch der Informatik, Band 5.3. München, Wien: Oldenbourg Verlag 1992.

Holmblad, L. P. und Ostergaard, J.-J.: Control of a Cement Kiln by Fuzzy Logic. FLS review Nr. 67, 1992.

Jones, G. W.: Software Engineering. New York: John Wiley Sons 1990.

Kahlert, J. und Frank, H.: Fuzzy-Logik und Fuzzy-Control. Wiesbaden: Vieweg-Verlag 1994.

Kacprzyk, J. und Fedrizzi, M.: Fuzzy Regression Analysis. Heidelberg: 1992.

Kauffmann, A. und Gypta, M.: Introduction to Fuzzy Arithmetic: Theory and Applications. New York: Van Nostrad Reihold 1985.

Kosko, B.: Neural Networks and Fuzzy Systems. New Jersey: 1992.

Lipp, H.-P.: Fuzzy Technologien in der Industrie-Automatisierung. Superelectronics Jahrbuch 1993. Würzburg: Vogel Verlag 1993.

MIT GmbH: Studie zur Datenanalyse. Aachen: 1993.

Nickels, W.: Ein wissensbasiertes System zur Produktionsplanung und -steuerung in der Papierindustrie. Düsseldorf: 1990.

OMRON: Fuzzy Leitfaden. Düsseldorf: OMRON Electronics GmbH 1990.

Ott, Hans J.: Software-Systementwicklung, Praxisorientierte Verfahren und Methoden. München, Wien: Carl Hanser Verlag 1991.

Page-Jones, M.: Praktisches DV-Projektmanagement, Grundlagen und Strategien - Regeln, Ratschläge und Praxisbeispiele. München, Wien: Carl Hanser Verlag 1991.

Pressman, R. S.: Software Engineering. MacGraw Hill, 2nd edition 1987.

Rothhardt, G.: Praxis der Softwareentwicklung. Berlin: Dr. Hüthig 1987.

Ruan, D.: A critical study of widely used fuzzy implication operators an their influence on the inference rules in fuzzy expert systems. Ph.D. Thesis, Gent: 1990.

Schalkoff, R.: Pattern Recognition - Statistical, Structural and Neural Aproaches. New York: 1992.

Schmidt, K. P.: Rahmenprüfplan für Software. Arbeitspapier 312 der GMD. Gesellschaft für Mathematik und Datenverarbeitung, 1988.

Schnupp, P. (Hrsg.): Moderne Programmiersprachen. München: Oldenbourg Verlag 1991.

Schimpe, H. und Weber, R.: Wissensbasierte Datenanalyse mit Fuzzy Logik, in ist-Intelligente Software Technologien 4, 1992, S. 12-18.

Sommerville, I.: Software Engineering. Addison-Wesley, 3rd edition 1989.

Sugeno, M. (Hrsg.): Industrial Applications of Fuzzy Control. Amsterdam: North Holland 1985.

Stürner, G.: ORACLE. München: Markt & Technik 1990.

Teodorescu, H. N.: Chaos in Fuzzy Systems and Signals, in Proceedings of the 2nd Industrial Conference on Fuzzy Logic and Neural Networks, Iizuka, Japan, Juli 1992, S. 21-50.

Terna, T., Asai, K. und Sugeno, M.: Fuzzy Systems Theory and ist Application. New York: Academic Press 1987.

Tilli, T.: Fuzzy-Logik: Grundlagen, Anwendungen, Hard- und Software. München: Franzis Verlag 1991.

Trauwaert, E., Kaufman, L., Rousseeuw, P.: Fuzzy Clustering Algorithms based on the Maximum Likelihood Principle, in FSS 42, 1991, S. 213-227.

v. Altrock, C.: Industrielle Anwendung von Fuzzy Logic. ct: Zeitschrift für Computertechnik, 3/91. Hannover: Heise Verlag.

v. Altrock, C. und Weber, F.: Fuzzy-Logic. mc: Die Mikrocomputer-Zeitschrift, 1/91.

v. Altrock, C.: Fuzzy Logic mit 1 PS. ct: Zeitschrift für Computertechnik, 3/91. Hannover: Heise Verlag.

v. Altrock, C.: Fuzzy Logic in der Sensorik. Zeitschrift SENSOR 8/91.

Wallmüller, E.: Software-Qualitätssicherung in der Praxis. München: Hanser-Verlag 1990.

Weber, R.: Entwicklung und Anwendung von Verfahren zur automatischen Akquisition unsicheren Wissens. Düsseldorf: 1992.

Yager, R. R. et al.: Fuzzy Sets and Applications. Selected Papers by L. Zadeh. New York: Wiley Verlag 1987.

Zadeh, L.: Outline of an New Approach to the Analysis of Complex Systems an Decision Processes. IEEE Transaction on Systems, Man and Cybernetics. Vol.: SMC-3, 1/73.

Zheng, Li: A practical guide to tune of proportional an integral (PI) like fuzzy controllers, in: Proceedings IEEE International Conference on Fuzzy Systems. San Diego: 1992.

Zimmermann, H.-J. Devijer, E. et al.: Fuzzy Sets in Pattern Recognition, Pattern Recognition Theory and Applications. NATO ASI Series. Heidelberg: Springer Verlag 1987.

Zimmermann, H.-J., Zadeh, L. und Gaines, F. (Hrsg.): Fuzzy Sets and Decision Analysis. Amsterdam: North Holland 1984.

Zimmermann, H.-J.: Fuzzy Set Theory - and ist Application. Boston: Kluwer 1990.

Zimmermann, H.-J.: Fuzzy Technologien: Prinzipien, Werkzeuge, Potentiale. Düsseldorf: VDI Verlag 1993.

Zimmermann, H.-J.: Operations Research Methoden und Modelle, 2. überarbeitete Auflage. Wiesbaden: Vieweg Verlag 1992.

Zimmermann, H.-J.: Fuzzy Set Theory and its Applications, 2. Auflage. Bosten, Dordrecht, Lancaster: 1991

Kapitel F

Altehage, G. (Hrsg): Digitale Vermittlungstechnik für Fernsprechen und ISDN. Heidelberg: R. v. Decker's Verlag, G. Schenck 1991.

Babatz, R., Bogen, M. und Pankoke-Babatz, U.: Elektronische Kommunikation - X.400 MHS. Wiesbaden: Vieweg Verlag 1990.

Barz, H. W.: Kommunikation und Computernetze. München: Hanser Verlag 1991.

Bahr, K.: Innerbetriebliche Telekommunikation. Heidelberg: R. v. Decker's Verlag 1991.

Bergmann, K.: Lehrbuch der Fernmeldetechnik, 5. Auflage. Berlin: Fachverlag Schiele & Schön, 1986.

Beyschlag, U. (Hrsg.): OSI in der Anwendungsebene. Pulheim: DATACOM Buchverlag 1988.

Bocker, P.: Datenübertragung, Band I, Grundlagen. Berlin: Springer Verlag 1978.

Conrads, D.: Datenkommunikation. Wiesbaden: Vieweg Verlag 1989.

Halsall, F.: Data Communications, Computer Networks and Open Systems, 3. Auflage. Wokingham, England: Addison-Wesley Verlag 1992.

Herter, E. und Lorcher, W.: Nachrichtentechnik, Übertragung und Vermittlung. München: Hanser Verlag 1987.

Kaderali, F.: Digitale Kommunikationstechnik I. Braunschweig: Vieweg Verlag, 1991.

Kanbach, A. und Körber, A.: ISDN-Die Technik. Heidelberg: Hüthig Verlag, 1990.

Kruckeberg, F. und Spaniol, O. (Hrsg.): Lexikon Informatik und Kommunikationstechnik. Düsseldorf: VDI Verlag 1991.

Kubicek, H. (Hrsg.): Telekommunikation und Gesellschaft, kritisches Jahrbuch der Telekommunikation, Band 1. Karlsruhe: Verlag C. F. Müller 1991.

Lindemann, B.: Lokale Rechnernetze. Düsseldorf: VDI Verlag 1991.

Martini, P.: Leistungsbewertung von Medienzugangsprotokollen für lokale Hochgeschwindigkeitsnetze. Heidelberg: Hüthig Verlag 1988.

Müller, S.: Lokale Netze - PC-Netzwerke. München: Hanser Verlag 1991.

Plattner, B., Lanz, C., Lubich, H., Müller, M. und Walter, T.: Elektronische Post und Datenkommunikation. X.400: Die Normen und ihre Anwendung. Bonn: Verlag Addison Wesley 1989.

Ricke, H. (Hrsg.): ISDN, BERKOM - Breitbandkommunikation im Glasfasernetz, Teil 1, Übersicht und Zusammenfassung 1986 - 1991. Heidelberg: R. v. Dekker's Verlag, G. Schenck 1991.

Schicker, P.: Datenübertragung und Rechnernetze, 3. Auflage. Stuttgart: B.G. Teubner Verlag 1988.

Schmidt, K-H. (Hrsg.): TTKom6 - Endgeräte am analogen Telekommunikationsnetz. Heidelberg: R. v. Dekker's Verlag, G. Schenck 1991.

Siegmund, G.: ATM - Die Technik des Breitband-ISDN. Heidelberg: R. v. Decker's Verlag, G. Schenck 1993.

Siegmund, G.: Grundlagen der Vermittlungstechnik, 2. Auflage. Heidelberg: R. v. Decker's Verlag, G. Schenck 1993.

Tannenbaum, A.: Computer-Netzwerke, 2. Auflage. Attenkirchen: Wolfram's Fachverlag 1990.

Walke, B.: Datenkommunikation I. Heidelberg: Hüthig Verlag 1987.

Welzel, P.: Datenfernübertragung. Wiesbaden: Vieweg Verlag 1990.

Kapitel G

Abeln, O.: Die CA-Techniken in der industriellen Praxis; Handbuch der computergestützten Ingenieur-Methoden. München: Hanser Verlag 1990.

DGQ: Rechnerunterstützung in der Qualitätssicherung (CAQ), DGQ-Schrift 14 bis 20. Frankfurt: Deutsche Gesellschaft für Qualität 1994.

Eversheim, W., Dahl, B. und Spenrath, K.: CAD/CAM-Einführung; Leitfaden mit Arbeitsmitteln für den Maschinenbau. Köln: Verlag TÜV Rheinland 1989.

Franz, D.: CAD/CAM im CIM-Umfeld. Frankfurt: VDMA Maschinenbau Verlag 1988.

Franz, L. und Hofmann, M.: CAD/CAM-Systeme; Grundlagen und Anwendungen. Heidelberg: Hüthig Verlag 1989.

Geitner (Hrsg.), U. W.: CIM Handbuch. Braunschweig: Vieweg Verlag 1991.

Grätz, J.-F.: 3D-Technik; Modellierung mit 3D-Volumensystemen. Berlin, München: Verlag Siemens AG 1989.

Helmerich, R. und Schwindt, P.: CAD-Grundlagen; Lehr- und Arbeitsbuch für Konstrukteure und technische Zeichner. Würzburg: Vogel Verlag 1989.

Henning, H.: CAD-Technologie; Entscheidungskriterien für den wirtschaftlichen Einsatz in der Konstruktion. Heidelberg: Hüthig Verlag 1988.

Hering, E., Triemel, J. und Blank, H.-P.: Qualitätssicherung für Ingenieure, 2. Auflage. Düsseldorf: VDI-Verlag 1994.

Hering, E., Triemel, J.: CAQ – Rechnergestützte Qualitätssicherung im Industriebetrieb. Wiesbaden: Vieweg 1995.

Horn, T.: CAD-Kompendium; Vergleich der gängigsten CAD-Programme, der wichtigsten Zusatzprogramme und der benötigten Hardware für PCs. München: Markt-und-Technik-Verlag 1988.

Hoß, D., Lay, G. und Schneider, R.: CAD/NC-Integration; Verbreitung – Einsatzvarianten – Arbeitsanforderungen und -gestaltung. Köln: Verlag TÜV Rheinland 1991.

IG Metall (Hrsg.): CIM oder die Zukunft der Arbeit in rechnerintegrierten Fabrikstrukturen; Ergebnisse einer Fachtagung. Frankfurt: Union-Druckerei und Verlagsanstalt 1987.

Jäger (Hrsg.), K.-W.: CIM-Bausteine; Grundwissen für Anwendung und Ausbildung, Teil 1. Heidelberg: Hüthig Verlag 1990.

Jäger (Hrsg.), K.-W.: CIM-Bausteine; Grundwissen für Anwendung und Ausbildung, Teil 2. Heidelberg: Hüthig Verlag 1990.

Jäger (Hrsg.), K.-W.: Rechnerunterstützte Konstruktion & Produktion; CAD/CAM-Systeme richtig einführen (Band 2). Nürnberg: VWP-Verlag Praxis u. Wissen 1989.

Kief, H. B.: NC/CNC-Handbuch 1993/94. München: Hanser Verlag 1993.

Klause, G.: CAD-CAE-CAM-CIM-Lexikon. Stuttgart: Taylorix-Fachverlag 1989.

Koller, R.: CAD; Automatisiertes Zeichnen, Darstellen und Konstruieren. Berlin/Heidelberg: Springer-Verlag 1989.

Messina, M., Bartz, W. J. und Wippler, E. (Hrsg.): CIM-Einführung; Rationalisierungschancen durch die Anschaffung und Integration von CA-Komponenten. Ehningen: Expert-Verlag 1990.

Milberg (Hrsg.), J.: Von CAD/CAM zu CIM. Berlin/Heidelberg: Springer-Verlag 1992.

Noack, M., Wegner, K., Gluch, D. und Dienhart, U. (Hrsg.): IM – Integration und Vernetzung; Chancen und Risiken einer Innovationsstrategie. Berlin/Heidelberg: Springer-Verlag 1990.

Obermann, K.: CAD/CAM-Handbuch 1994. München: CAD CAM Verlag für Computergrafik 1993.

Pahl, G.: Konstruieren mit 3D-CAD-Systemen. Grundlagen, Arbeitstechniken, Anwendungen. Berlin/Heidelberg: Springer-Verlag 1990.

Paul, G.: CIM-Basiswissen für die Betriebspraxis; Für Unternehmer und Führungskräfte kleiner und mittlerer Unternehmen. Wiesbaden: Vieweg Verlag 1991.

Poths, W.: CAD-Systeme richtig nutzen, Kein Geheimnis für Mitarbeiter und Chefs. Frankfurt: VDMA Maschinenbau Verlag 1990.

Poths, W. und Löw, R.: CAD/CAM – Entscheidungshilfen für das Management. Frankfurt: VDMA Maschinenbau Verlag 1989.

Rembold, U. Biehn, A., Fehrle, L. und Fischer, H. (Hrsg.): CAM-Handbuch. Berlin/Heidelberg: Springer-Verlag 1990.

Robert, J.: Fertigungstechnik der 90er Jahre. Frankfurt: Diebold Deutschland GmbH.

Rooney, J. und Steadman, P. (Hrsg.): CAD; Grundlagen von Computer Aided Design. München/Wien: Oldenbourg Verlag 1990.

Rugenstein, J. (Hrsg.): CAD für Konstrukteure. Heidelberg: Hüthig Verlag 1990.

Sachs, M. C.: Computergestützte Qualitätssicherung (CAQ). München: Verlag Franz Vahlen 1993.

Scheer, A.-W.: CIM Computer Integrated Manufacturing. Der computergesteuerte Industriebetrieb. Berlin/Heidelberg: Springer-Verlag 1988.

Schreuder, S. und Upmann, R.: CIM-Wirtschaftlichkeit. Vorgehensweise zur Ermittlung des Nutzens einer Integration von CAD, CAP, CAM, PPS, CAQ. Köln: Verlag TÜV Rheinland 1988.

Schwaiger, L.: CAD-Begriffe, Ein Lexikon. Berlin/Heidelberg: Springer-Verlag 1987.

Triemel, J.: Integration von CAQ-Komponenten in die CIM-Welt eines Motorenherstellers. VDI-Bericht Nr. 929 (1991) zum Seminar in Braunschweig: „Integration der Qualitätssicherung in CIM".

Triemel, J.: Erfahrungen bei der Einführung von CAQ bei einem Motorenhersteller. Vortrag: CIM-Fabrik Hannover 1991 anläßlich Seminar: „Qualitätssicherung im Produktionsbetrieb".

Ulrich, P.: Rechnerintegrierter automatisierter Betrieb. München: Hanser Verlag 1990.

VDI-Gesellschaft Entwicklung Konstruktion Vertrieb (Hrsg.): Rechnerintegrierte Konstruktion und Produktion, CIM-Management (Band 1). Düsseldorf: VDI-Verlag 1990.

VDI-Gesellschaft Entwicklung Konstruktion Vertrieb (Hrsg.): Voraussetzungen und Konsequenzen erfolgreichen CAD/CAM-Einsatzes, Ergebnisse einer Tagung. Düsseldorf: VDI-Verlag 1985

Wingert, B., Duus, W., Rader, M. und Riehm, U.: CAD im Maschinenbau; Wirkungen, Chancen, Risiken. Heidelberg: Springer-Verlag 1984.

Kapitel H

Berg, H. et al.: Formal Methods of Program Verification. Englewood Cliffs: Prentice Hall 1982.

Böhm, B.: Seven Basic Principles of Software-Engineering in Infotech State of the Art Report-Software Engineering, Maidenhead: 1977.

Böhm, B: The High Cost of Software, Software World 6 (1975), S. 1-10.

Booch, G.: Software Engineering with Ada, 2. Auflage. Menio Park Kalifornien: Benjamin/Cummings.

Bossel, H.: Modellbildung und Simulation. Wiesbaden: Vieweg-Verlag 1992.

DOD-STD-2167A: Defense System Software Development, Revision February 1988.

Endres, A.: Analyse und Verifikation von Programmen. München: Oldenburg Verlag 1977.

Fagan, M.: Design and Code Inspections to Reduce Errors in Program Development, IBM Systems Journal, Vol. 15, No. d3, 1976.

GES: Systematische Testverfahren, Gesellschaft für elektronische Systemforschung, Training Packages, 2. Auflage. Allensbach 1986.

Gilb, T.: Software Metrics. Cambridge: Winthrop Publisher 1977.

Hering, E., Hermann, A. und Kronmüller, E.: Unternehmenssimulation mit dem PC. Wiesbaden: Vieweg Verlag 1989.

Hölscher H. und Rader J.: Mikrocomputer in der Sicherheitstechnik. Köln: Verlag TÜV Rheinland 1984.

IEEE: Standard for Software Verification and Validation Plans, ANSI/IEEE Std 1012-1986.

Infotech: State of the Art Report on Software Testing. Maidenhead: Infotech 1987.

Meyers, J.: Methodisches Testen von Programmen. München: R. Oldenburg Verlag 1982.

Miller, E.: Software Testing Techniques. San Fransisco: Software Research Associates 1977.

Myers, J.: Reliable Software through Composite Design. New York: Petrocelli 1975.

Myers, J.: Software Reliability, Principles & Practices. New York: John Wiley 1976.

Myers, J.: The Art of Software Testing. New York: John Wiley 1979.

Pfisterer R. und Mehl R.: Seminar Software Qualitätssicherung. Stuttgart: Alcatel SEL AG 1989.

Richthammer, E.: Seminar Systematisches Testen. Stuttgart: Alcatel SEL AG 1992.

RTCA (Radio Technical Commission for Aeronautics)/EUROCAE (European Organisation for Civil Aviation Equipment): Document DO-178B/ED-12B, Software Considerations in Airborne Systems and Equipment Certification.

Sneed, H.: Software Entwicklungsmethodik, 3. Auflage. Köln: Rudolf Müller Verlag 1985.

The Programming Language Ada Reference Manual, ANSI/MIL-STD-1815A-1983. New York: Springer-Verlag.

Dembowski, K: PC-Werkstatt. München: Markt & Technik Verlag 1992.

Harris Semiconductor. Data Acquisition Book 1992.

Hering, E., Bressler, K. und Gutekunst, J.: Elektronik für Ingenieure, 2. Auflage. Düsseldorf: VDI-Verlag 1994.

Higgins, R. J.: Digital Processing in VLSI. Prentice Hall 1989.

Intel. Microprocessors and Embedded Controllers, Volume II, 1993.

Pegden, C. D., Shannon, R. E. und Sadowski, R. P.: Introduction to Simulation Using SIMAN. New York: McGraw-Hill 1990.

Pritsker, A. B.: Introduction to Simulation and SLAM II. Third Edition. New York: John Wiley 1986.

Richardson, G. P. und Pugh III, A.: Introduction to Systems Dynamics Modeling with DYNAMO. Fifth Press. Cambridge, Mass.: MIT Press 1988.

Steinbuch, K. und Rupprecht, W.: Nachrichtentechnik Band I und II. Heidelberg: Springer-Verlag 1982.

Stearns, S. D.: Digitale Verarbeitung analoger Signale. München: Oldenburg-Verlag 1988.

Texas Instruments. ABT BiCMOS Bus Interface Logic, Data Book 1993.

Sachwortverzeichnis

CAM, 441, 449, 463 ff.
CAN (Controller Area Network) , 571
CAN-Interface, 571
candidate key, 177
CAO, 441
CAP, 441, 449, 460 ff.
Capture-Funktion, 570
CAQ, 441, 449, 471 ff.
CAR, 441
Card Metaformat, 144
Card-Edge-Connector, 132
Carrier Sense Multiple Access with Collision
    Avoidance (CSMA/CA), 394
Carrier Sense Multiple Access with Collision
    Detection (CSMA/CD), 393
CAS, 71, 72, 441
CASE OF, 209, 251 ff., 352, 502, 509
CAT, 449
CCRSE, 429, 430
CD-DA, 125
CD-ROM, 125 ff.
character, 167, 168
CICS-Mikroprozessor, 79 ff.
CIM, 357, 359, 360, 441, 487 ff.
Client-Server, 186, 479, 481
Cluster, 112
CLV-Verfahren, 127
CM, 519, 520
CMOS, 63, 64, 65, 66, 67
CMOS-RAM, 103
COBOL, 303
CODASYL, 189 ff.
Coddsche Normalisierung, 175 ff.
Cold-Standby-Betrieb, 507
Command/Response-Bit, 413
Commitment Concurrency and Recovery Service
    Elements (CCRSE), 429, 430
Compact Disk-Digital Audio (CD-DA), 125
Compare-Funktion, 570
Computer Aided Assembling (CAA), 441, 449
Computer Aided Design (CAD), 441, 442 ff.
Computer Aided Engineering (CAE), 441, 449,
    459 ff.
Computer Aided Manufacturing (CAM), 441,
    449, 463 ff.
Computer Aided Office Communication (CAO),
    441
Computer Aided Planning (CAP), 441, 449,
    460 ff.
Computer Aided Quality Management (CAQ),
    441, 449, 471 ff.
Computer Aided Robotics (CAR), 441
Computer Aided Simulation (CAS), 441

Computer Aided Tesing (CAT), 449
Computer Integrated Manufacturing (CIM), 441,
    487 ff.
concatinated key, 177
Configuration Management (CM), 519, 520
Constant Linear Velocity (CLV)-Verfahren, 126
Controlling, Software-Qualitäts-, 329 ff.
Cpg, 304
CPM-Chart, 353
CPU, 148
CRC, 502
CSMA/CA-Protokoll, 393, 394
CSMA/CD-Protokoll, 393
CSS (Cascade Stayle Sheets) , 580
CSS-Style-Sheet-Datei (.css), 581
Current-Page-Register, 109
Cyclic Redundancy Check (CRC), 502

D
D-Flip-Flops, 62
D-Kanal, 411, 412
D/A-Wandler, 529, 531, 533
DAM, 112
Darstellungsschicht, 386
DAT, 123
Data Address Mark (DAM), 112
Data Manipilation Laguage (DML), 190
Data Storage Description Model (DSDL), 189 ff.
Datei, 169
Dateidienst, 379
Dateikonverter, 573
Daten, 590
Daten-Kapselung, 243, 602
Daten-Modell, 220
Datenaufzeichnungsformat, 145
Datenaustauschformat, 453
Datenbank, Aufgabe 180
–, Multimedia-, 192
–, Qualitäts-, 480, 481
–, relationale, 184
–, verteilte, 185
– -Architektur, 187
– -Entwurf, 187 ff.
– -Managementsystem (DBMS), 165
– -Modell, 182
– -System, 165 ff.
– sprache, 189 ff.
Datenbus, 533, 534
Datenerfassung, Hochgeschwindigkeits-, 566
Datenfeld, 167, 168
Datenfluß, 173 ff.
Datenflußplan, 174, 199, 217 ff.
Datenformat, 129